U0420602

土木工程施工组织设计精选系列 1

交 通 体 育 工 程

中国建筑工程总公司 编著

中 国 建 筑 工 业 出 版 社

图书在版编目（CIP）数据

土木工程施工组织设计精选系列．1，交通体育工程/中国建筑工程总公司编著．—北京：中国建筑工业出版社，2006

ISBN 978-7-112-08632-0

Ⅰ．土… Ⅱ．中… Ⅲ．①土木工程－施工组织－案例-中国②交通工程-施工组织-案例-中国③体育建筑-建筑施工-施工组织-案例-中国 Ⅳ．TU721

中国版本图书馆CIP数据核字（2006）第099624号

多年来的施工实践表明，施工组织设计是指导施工全局、统筹施工全过程，在施工管理工作中起核心作用的重要技术经济文件。本书精选了14篇施工组织设计实例，皆为优中择优之作，基本上都是获大奖的工程和一些极其引人注目的工程。例如：广州新白云国际机场获“詹天佑土木工程大奖”、“2005年全国十大建设科技成就奖”；南京奥体中心获“2005年全国十大建设科技成就奖”、2006年度“鲁班奖”；西安咸阳国际机场新航站楼工程获2004年度“鲁班奖”。上海旗忠网球中心等。还有很多为获“鲁班奖”工程。希望这些高水平建筑公司的一流施工组织设计佳作能够得到读者的喜爱。

本书适合从事土木工程的建筑单位、施工人员、技术人员和管理人员，建设监理和建设单位管理人员使用，也可供大中专院校师生参考、借鉴。

* * *

责任编辑：郭　栋
责任设计：郑秋菊
责任校对：邵鸣军　王金珠

土木工程施工组织设计精选系列　1

交通体育工程

中国建筑工程总公司　编著

*

中国建筑工业出版社出版、发行（北京西郊百万庄）
新　华　书　店　经　销
霸州市顺浩图文科技发展有限公司制版
北京富生印刷厂印刷

*

开本：787×1092毫米　1/16　印张：68¾　插页：2　字数：1714千字
2007年3月第一版　2007年3月第一次印刷
印数：1—3000册　定价：**120.00**元
ISBN 978-7-112-08632-0
（15296）

版权所有　翻印必究

如有印装质量问题，可寄本社退换
（邮政编码 100037）

本社网址：http://www.cabp.com.cn
网上书店：http://www.china-building.com.cn

编辑委员会

主　　　任：易　军　刘锦章

常务副主任：毛志兵

副　主　任：杨　龙　吴月华　李锦芳　张　琨　虢明跃
　　　　　　蒋立红　王存贵　焦安亮　肖绪文　邓明胜
　　　　　　符　合　赵福明

顾　　　问：叶可明　郭爱华　王有为　杨嗣信　黄　强
　　　　　　张希黔　姚先成

主　　　编：毛志兵

执 行 主 编：张晶波

编　　　委：

中建总公司：张　宇

中 建 一 局：贺小村　陈　红　赵俭学　熊爱华　刘小明
　　　　　　冯世伟　薛　刚　陈　娣　张培建　彭前立
　　　　　　李贤祥　秦占民　韩文秀　郑玉柱

中 建 二 局：常蓬军　施锦飞　单彩杰　倪金华　谢利红
　　　　　　程惠敏　沙友德　杨发兵　陈学英　张公义

中 建 三 局：郑　利　李　蓉　刘　创　岳　进　汤丽娜
　　　　　　袁世伟　戴立先　彭明祥　胡宗铁　丁勇祥
　　　　　　彭友元

中 建 四 局：李重文　白　蓉　李起山　左　波　方玉梅
　　　　　　陈洪新　谢　翔　王　红　俞爱军

中建五局：蔡　甫　李金望　粟元甲　赵源畴　肖扬明
喻国斌　张和平
中建六局：张云富　陆海英　高国兰　贺国利　杨　萍
姬　虹　徐士林　冯　岭　王常琪
中建七局：黄延铮　吴平春　胡庆元　石登辉　鲁万卿
毋存粮
中建八局：王玉岭　谢刚奎　马荣全　郭春华　赵　俭
刘　涛　王学士　陈永伟　程建军　刘继峰
张成林　万利民　刘桂新　窦孟廷
中建国际：王建英　贾振宇　唐　晓　陈文刚　韩建聪
黄会华　邢桂丽　张廷安　石敬斌　程学军
中海集团：姜绍杰　钱国富　袁定超　齐　鸣　张　愚
刘大卫　林家强　姚国梁
中建发展：谷晓峰　于坤军　白　洁　徐　立　陈智坚
孙进飞　谷玲芝

前　言

施工组织设计是指导项目投标、施工准备和组织施工的全面性技术、经济文件，在工程项目中依据施工组织设计统筹全局，协调施工过程中各层面工作，可保证顺利完成合同规定的施工任务，实现项目的管理精细化、运作标准化、方案先进化、效益最大化。编制和实施施工组织设计已成为我国建筑施工企业一项重要的技术管理制度，也是企业优势技术和现代化管理水平的重要标志。

中建总公司作为中国最具国际竞争力的建筑承包商和世界500强企业，一向以建造“高、大、新、特、重”工程而著称于世：中央电视台新台址工程、“神舟”号飞船发射平台、上海环球金融中心大厦、阿尔及利亚喜来登酒店、香港新机场、俄罗斯联邦大厦、美国曼哈顿哈莱姆公园工程等一系列富于时代特征的建筑，均打上了“中国建筑”的烙印。以这些项目为载体，通过多年的工程实践，积累了大量的先进技术成果和丰富的管理经验，加以提炼和总结，形成了多项优秀施工组织设计案例。这是中建人引以为自豪的宝贵财富，更是中建总公司在国内外许多重大项目投标中屡屡获胜的“法宝”。

此次我们将中建集团2000年后承揽的部分优势特色工程项目的施工组织设计案例约230余项收录整理，汇编为交通体育工程、办公楼酒店、文教卫生工程、住宅工程、工业建筑、基础设施、安装加固及装修工程、海外工程8个部分共9个分册，包括了各种不同结构类型、不同功能建筑工程的施工组织设计。每项施工组织在涵盖了从工程概况、施工部署、进度计划、技术方案、季节施工、成品保护等施工组织设计中应有的各个环节基础上，从特色方案、特殊地域、特殊结构施工以及总包管理、联合体施工管理等多个层面凸现特色，同时还将工程的重点难点、成本核算和控制进行了重点描述。为了方便阅读，我们在每项施工组织设计前面增加了简短的阅读指南，说明了该项工程的优势以及施工组织设计的特色，读者可通过其更为方便的找到符合自己需求的各项案例。该丛书为优势技术和先进管理方法的集成，是“投标施工组织设计的编写模板、项目运作实施的查询字典、各类施工方案的应用数据库、项目节约成本的有力手段”。

作为国有骨干建筑企业，我们一直把引领建筑行业整体发展为己任，特将此书呈现给中国建筑同仁，希望通过该书的出版提升建筑行业的工程施工整体水平，为支撑中国建筑业发展做出贡献。

目　　录

第一篇

广州体育馆钢结构屋架安装工程施工组织设计

编制单位：中建三局
编 制 人：李鸿生　祁祖伟

【简介】 广州体育馆钢结构屋架安装工程的特色主要表现在：控制吊装中的几何变形技术（包括受力状况的动态分析、验算）、预应力施工中的空中张拉与安装、整个屋架安装过程的测量控制以及焊接技术等，该施工组织设计中对上述几个方面都作了很好的说明，并且在施工组织管理、人员职责分配、质量安全控制、文明施工措施等方面也很有特色，值得借鉴。

目 录

1 工程目标

充分发挥集团技术优势和成熟的大型钢结构施工经验，科学组织施工程序，精心施工，坚持本企业“质量第一，服务周到，业主满意，不断地把最优秀的建筑安装工程产品贡献于人类与社会”的质量方针，严格履行合同，以一流的项目管理，一流的工程质量，一流的安全生产与文明施工，一流的效率，一流的服务，圆满完成工程任务，确保实现如下目标。

1.1 工程质量目标

确保钢结构工程验评质量达到优良，为整个工程评广州市“五羊杯”创造条件。

1.2 施工工期目标

总工期 234d（2000 年 6 月 28 日清场完毕）

主场馆 110d（2000 年 3 月 10 日～2000 年 6 月 28 日）

训练馆 95d（2000 年 3 月 18 日～2000 年 6 月 21 日）

大众活动中心 97d（2000 年 3 月 10 日～2000 年 6 月 15 日）

1.3 安全施工目标

杜绝重大伤亡事故，月轻伤率控制在 1.2‰以下，确保达到广州市“安全生产样板工地”标准。

1.4 文明施工目标

确保达到广州市“文明施工工地”标准，力争广州市“文明施工样板工地”。

1.5 科技目标

充分发挥集团技术优势，大力推广空间钢结构技术和轻型钢结构技术；继续保持与清华大学的广泛合作，对主要施工工况进行准确验算，确定最佳安装程序，确保满足设计要求。

1.6 服务目标

服务周到，业主满意。

2 工程概况及特点

2.1 工程概况

工程名称：广州体育馆钢结构屋架安装工程。

建设单位：广州珠江实业集团有限公司。

设计单位：法国ADP公司（方案设计）、广州市设计院（建安工程施工图设计）。

监理单位：广州珠江工程建设监理公司。

广州体育馆工程位于新广从公路旁，东方乐园南侧，白云苗圃地段；是为第九届全国运动会提供比赛、训练、生活的主要设施之一，列入广州市1998年重点工程建设项目。

广州体育馆由主场馆、训练馆、大众活动中心三部分组成，其结构类型为钢筋混凝土结构，均为三层。屋架结构为轻钢屋盖，每个屋架几何形状均由圆锥体在对称轴两侧切去一部分再合并而成。各场馆主要指标见表2-1。

各场馆主要指标 **表2-1**

主要指标	主场馆	训练馆	大众活动中心
纵轴长度(m)	160	151.5	140
横轴长度(m)	110	70	30
投影面积(m^2)	12700	7748	2772
上弦圆锥角(°)	24.5	26	36
用钢量(kg/m^2)	120	100	80
总用钢量(t)	1766.97	929.68	420.39

（1）屋架结构形式及主要构件

屋架由纵向主桁架、辐射桁架、周边箱形水平钢环梁及支撑拉索组成的空间结构。纵向主桁架断面呈梯形，采用钢管焊接而成，沿跨长断面及宽度变化，端部仅保留上弦断面。箱形钢环梁断面高1200mm、宽550～650mm，用20～30mm厚钢板焊接而成。辐射桁架上端与主桁架闭合框焊接，下端用端板与周边钢环梁连接，各馆每个辐射桁架下端高度相同，以横轴剖面最大长度的辐射桁架为基础桁架，其余辐射桁架在纵轴平面交点处长度截去基础桁架的上段取得。辐射桁架主要特征见表2-2。

辐射桁架主要特征 **表2-2**

主要指标	主场馆	训练馆	大众活动中心
辐射桁架之间角度(°)	3.34	2.88	1.68
辐射桁架下端间距(m)	5	5	5
辐射桁架下端高度(m)	1.28	1.295	1.305
辐射桁架上端高度(m)	4.8	2.7	1.6
投影长度(m)	55	35	15
下弦曲率半径(m)	461.49		

屋盖上弦面设置间距10m环向主檩条，周边端开间设交叉钢索支撑，上弦面另有四道径向水平交叉钢索支撑。辐射桁架间在上弦主檩条位置加设环向垂直交叉钢索支撑，钢索在各种荷载作用下均保持受拉状态，并确保辐射桁架下弦出平面稳定。所有交叉钢索均施加25～40kN预应力，屋盖施工完成后，垂直交叉索应保持15kN以上的预应力。同一榀桁架的两根垂直索力差不大于5kN。

（2）主要采用的规范目录

《低合金结构钢技术条件》(GB 1591—94)

《预应力混凝土用钢丝》(GB 5224—85)

《优质碳素结构钢钢号及一般技术条件》(GB 699—88)

《合金结构钢技术条件》(GB 3077—88)

《钢结构用高强度大六角头螺栓》(GB 1228—91)

《建筑钢结构焊接技术规程》(JGJ 81)

《钢结构工程施工及验收规范》(GB 50205—95)

《网架结构设计与施工规程》(JGJ 7—91)

《普通螺栓基本尺寸》(GB 196—81)

《钢焊缝手工超声波探伤规范》(GB 11345—92)

《焊接用钢丝》(GB 1300—77)

《低合金钢焊条》(GB 5118—85)

《气焊、手工焊及气体保护焊焊缝坡口的基本形式与尺寸》(GB 985)

《钢结构设计规范》(GBJ 17—88)

《预应力锚具、夹具和连接器应用技术规程》(JGJ 85—92)

《钢绞线、钢丝束无粘结预应力筋》(JGJ 3006—93)

《钢结构高强螺栓连接的设计、施工及验收规程》(JGJ 82—91)

《高耸结构设计规范》(GBJ 135—90)

《钢结构用高强度垫圈》(GB/T 1230—91)

《钢结构用高强度大六角头螺母》(GB/T 1229—91)

2.2 工程特点及难点

(1) 屋盖结构是由纵向主桁架、辐射桁架、周边箱形水平钢环梁及支撑拉索组成的空间结构，在地面组装和高空拼装过程中，在屋面檩条和支撑拉索未安装前，各构件的受力状况与设计受力状况是不同的，施工过程中的主要施工工况均需计算核定。

(2) 由于本工程跨度大、重量大、几何尺寸细长，决定了各构件在组装和拼装过程中刚度小、稳定性差，吊装阶段要对吊点反力、挠度、杆件内力等进行施工验算，必要时需采取加固措施。垂直交叉拉索对辐射桁架的下弦压杆稳定，保证吊装过程中几何不变形，是本工程重点。

(3) 本工程屋盖安装与预应力钢拉索协同进行，需要根据吊装安装方案和预应力钢索张拉顺序进行工况计算，以满足拆除临时支撑后的工况内力接近屋盖在该阶段的设计内力。主馆在屋盖材料安装完毕，拆除支撑后中点挠度值应小于 10cm。控制屋盖下沉量为本工程的难点之一。

(4) 预应力施工难度大。本工程屋盖结构需全部完成预应力拉索后才形成整体稳定空间结构，预应力钢索具有索多、拉力小；锚固端位于辐射桁架下弦节点，在初始应力状态难以确定张拉控制应力；张拉后又有桁架的变形引起拉索预应力损失的不定因素；施工时需在空中张拉，调试复杂等特点；屋盖施工完成后垂直交叉索力应保证 15kN 以上，同一榀桁架的两根垂直索力差不大于 5kN，精度要求高。预应力施工为本工程难点中的难点。

(5) 焊接质量及工艺要求高。对接焊缝要求为全熔透焊接，焊缝质量为一级；同时，本工程杆件间连接基本采用焊接，应选择合理的工艺顺序并采取有效措施，减小焊接变形及焊接应力。

(6) 屋盖系统单个构件外形均以弧形为主，分杆件的型号繁多，截面尺寸及长度各异，要求在制作和组装过程严格管理，避免错用。

(7) 测量精度要求高。由于各屋架跨度大，几何尺寸细长，存在着杆件变形不确定因素，因此必须保证测量精度，以确保各杆件能准确就位。

(8) 工期紧。整个钢屋架吊装要求在112日历天内完成。

3 施工组织与部署

我们与清华大学联合，组织了高效、精干的项目管理班子，以及技术素质好、能打硬仗的工人班组，将按照“项目法”的模式，运用科学的管理手段，采用先进、严谨的施工方法，按照“工期、质量、安全、文明施工、服务”五个一流的要求完成广州体育馆钢结构屋架安装工程。

3.1 施工组织

(1) 人员组织

现场施工人员分为两大类：施工管理层及施工劳务层，他们在项目法管理模式下共同完成工程施工任务。

1) 项目法管理模式

科学合理的管理体制、统一有效的工程指挥系统是顺利施工的重要保证，为此，我们将在本工程的施工组织上推行“项目法施工”管理，并与清华大学联合组建广州体育馆钢结构屋架安装工程项目班子。

以项目经理为首的管理层全权组织施工生产诸要素，对工程项目进度、技术、质量、安全、文明施工等进行高效率、有计划的组织、协调和管理。项目经理将随时听取清华大学专家组的意见，并协调项目与专家组的工作，及时为施工提供细化设计和各工况内力验算，指导施工。

项目管理层由施工、技术、质安、机电、材料、总包、财经部和综合办公室七个职能部门组成。其中，技术部全面负责项目的技术工作，同时负责与设计院、制作单位的联系；施工部由吊装队、焊接队、拉索施工队、测量队组成，负责测量放线、结构吊装、焊接及预应力拉索张拉；质安部负责质量、安全监督、焊接无损检测；机电部负责机械调度、维修、保养及施工用电；财经部负责项目劳动人事、预算统计及财务；综合办公室负责文件资料、后勤保卫；总包部负责对各分包单位管理协调。

项目作业层由具有专业操作技术和经验的工人班组组成，具体实施各项施工作业。

2) 管理人员

本工程的结构特点和重要意义决定了管理人员必须具有较高的专业素质和管理水平。我们作为国家一级建筑施工企业，曾施工过以深圳地王大厦钢结构、辽宁彩色电视发射塔（超长预应力）、汉川2×30万kW电厂等为代表的许多超高层钢结构和大跨、异形网架结构、预应力结构工程，在施工管理、技术能力、施工设备和协调控制方面都有很大的优势，在管理人员的组织上更有广泛的选择，在组建本工程项目管理班子时，我单位将选派管理能力强、技术素质高、经验丰富的人员组建项目管理层。

本项目拟配备管理人员 35 名，占总人数的 18%。

3）劳务班组

劳务班组是施工的实际操作人员，是施工质量、进度、安全、文明施工的直接保证者，从本工程拟定的整套施工程序及施工工艺出发，我们在选择劳务人员时的要求是：具有良好的安全、质量意识；具有较高的技术等级；具备类似工程施工经验，技术工人数 130 人，占总工人数 83.9%，平均技术等级为 25 级。

（2）机具设备组织

机械设备是完成工程施工的保证条件，在本工程的施工中我们采用的主要施工机械设备如下：

200t 履带吊车	2 台	CO_2 电焊机	16 台
150t 履带吊车	4 台	0.5t 电动葫芦	12 台
120t 汽车吊车	2 台	120kW 发电机	1 台
50t 汽车吊车	2 台	20t 平板拖车	1 台
20t 汽车吊车	2 台	8t 汽车	1 台
直流电焊机	10 台		

现场施工设备的使用、调度、维修、保养工作由机电队负责。

（3）现场场地组织

收到中标通知书后，我们将按规定时间进入施工现场，进行现场交接的准备，重点是对各控制点、控制线、标高、预埋件等进行交接复核，对施工场地进行规划布置，为我们进场做准备；同时，也为制作单位等分包单位做好场地安排，这些工作全部在规定的进场日期前完成。

3.2 施工部署

（1）施工区段的划分与施工流程

根据设计图纸，将整个工程分为主场馆、训练馆、大众活动中心三个施工区段，由于工期紧，不组织流水，平行施工；每馆施工过程中组织单向流水施工，施工流程如下：

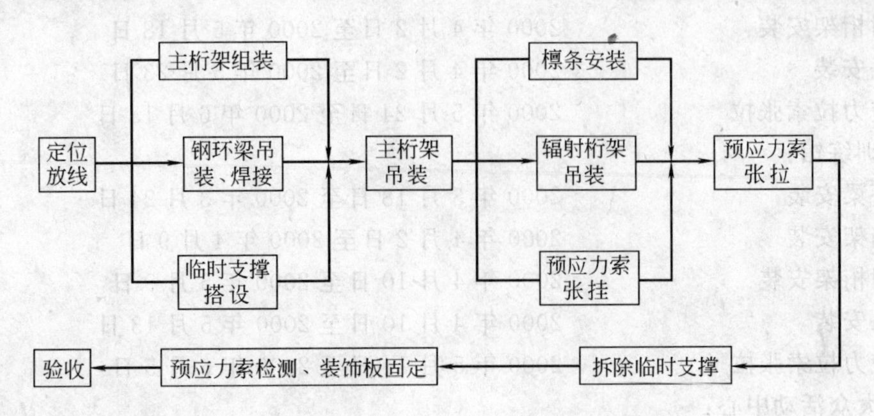

因水平钢环梁焊接量较大，考虑主场馆与大众活动中心同时施焊，待主场馆焊接完毕后，开始训练馆焊接。

考虑到主桁架安装的重要性，安排其吊装顺序为主场馆→训练馆→大众活动中心，便于集中指挥，确保顺利实施。

屋盖临时支撑拆除按大众活动中心→训练馆→主场馆的顺序先后实施，确保临时支撑拆除顺利进行。

(2) 吊装方案总体构想

每馆安装顺序：周边箱形水平钢环梁→纵向主桁架→辐射桁架→支撑拉索。

1) 周边箱形水平钢环梁

主场馆分 28 段，训练馆分 24 段，大众活动中心分 20 段制作，现场原位拼装成形。

2) 纵向主桁架

主场馆采用地面分四段组装，高空原位拼装成形的方法，接头处设三座组合钢构架临时支撑。

训练馆、大众活动中心分十段，工厂制作，现场高空原位拼装成形的方法，下设钢管脚手架支撑。

3) 辐射桁架

辐射桁架要求对称于纵向主桁架进行安装。

主场馆：RT2-RT13、RT29-RT40 采用地面拼装成型，单机吊装就位的方法；RT14-RT28 在地面分两段组装，高空拼装成型，接头处设移动式钢支撑。

训练馆：场外地面组装成型，单机吊装就位。

大众活动中心：工厂制作成型，现场单机吊装就位。

4) 支撑拉索

拉索安装服从辐射桁架的吊装顺序，待主檩条安装后即跟进安装。

每条拉索均分两级张拉完成。随拉索施工跟进施工。第一级张拉 30%～50%，间隔三榀，第二级张拉至 100%，按照结构对称、节点对称的顺序施工。

(3) 工期控制点

1) 主场馆：

钢环梁安装	2000 年 3 月 10 日至 2000 年 3 月 17 日
主桁架安装	2000 年 3 月 25 日至 2000 年 4 月 1 日
辐射桁架安装	2000 年 4 月 2 日至 2000 年 5 月 18 日
檩条安装	2000 年 4 月 2 日至 2000 年 5 月 23 日
预应力拉索张拉	2000 年 5 月 24 日至 2000 年 6 月 13 日

2) 训练馆：

钢环梁安装	2000 年 3 月 18 日至 2000 年 3 月 24 日
主桁架安装	2000 年 4 月 2 日至 2000 年 4 月 9 日
辐射桁架安装	2000 年 4 月 10 日至 2000 年 5 月 9 日
檩条安装	2000 年 4 月 10 日至 2000 年 5 月 13 日
预应力拉索张拉	2000 年 5 月 14 日至 2000 年 6 月 5 日

3) 大众活动中心：

钢环梁安装　　2000 年 3 月 10 日至 2000 年 3 月 18 日
主桁架安装　　2000 年 4 月 10 日至 2000 年 4 月 17 日
辐射桁架安装　　2000 年 4 月 18 日至 2000 年 5 月 10 日
檩条安装　　2000 年 4 月 18 日至 2000 年 5 月 15 日
预应力拉索张拉　　2000 年 5 月 16 日至 2000 年 5 月 30 日

4 施工准备

熟悉合同、图纸及规范，参加图纸会审，做好施工现场调查记录。其程序如图 4-1。

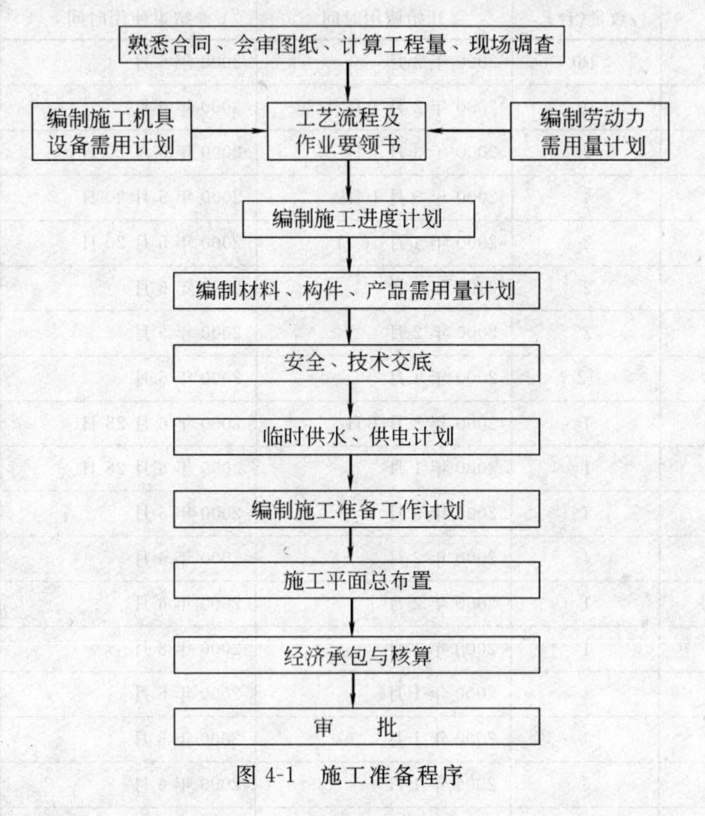

图 4-1　施工准备程序

4.1　施工技术准备

(1) 参加图纸会审，与设计、监理充分沟通，确定钢结构各节点、构件分节细节及工厂制作图，尽早开始构件加工。

(2) 进一步确认与各承包之间的配合工作内容，确定具体工作计划，尤其是钢结构加工制作单位、钢索供应单位的材料采购、构件加工及运输进场日程安排，以便合理安排现场各工序施工。

(3) 各专项工种施工工艺确定，并组织必要工艺试验，如加工厂、现场焊接工艺试验、钢索张拉施工及检测工艺工序的计算验证。

(4) 进一步计算构件安装时各工况构件受力及确定抗失稳的技术措施、要求。

(5) 对现场周边交通状况进行调查，确定大型设备及钢构件进场路线。

4.2　设备准备

本工程结构安装采用大型吊装设备较多，工期紧，在施工准备阶段，根据现场施工要求，编制施工机具设备需用量，根据工地现场各单位施工现状、场地情况，确定各设备进场日期、安装日期及临时堆放场地，确保在不影响其他单位的施工活动的同时，保证机具设备按现场吊装施工要求安装到位。

现场施工机具设备需用计划见表 4-1。

施工机具需用计划　　表 4-1

设备名称	数量(台)	开始使用时间	结束使用时间	备　注
CO_2 焊机	16	2000 年 2 月	2000 年 6 月	
直流焊机	10	2000 年 2 月 1 月	2000 年 6 月	
200t 履带吊	2	2000 年 3 月 1 日	2000 年 5 月 20 日	60～70m 臂长
150t 履带吊	4	2000 年 3 月 1 日	2000 年 5 月 20 日	60m
120t 汽车吊	2	2000 年 4 月 16 日	2000 年 5 月 20 日	50m
20t 汽车吊	2	2000 年 2 月	2000 年 6 月	
50t 汽车吊	2	2000 年 2 月	2000 年 6 月	
电动葫芦(0.5t)	12	2000 年 4 月	2000 年 6 月	
20t 平板拖车	1	2000 年 3 月 1 日	2000 年 6 月 28 日	
8t 汽车	1	2000 年 1 月	2000 年 6 月 28 日	
全站仪(2s)	1	2000 年 2 月	2000 年 6 月	
J_2 经纬仪	4	2000 年 2 月	2000 年 6 月	
测距仪(2mm)	1	2000 年 2 月	2000 年 6 月	
S1 自动安平仪	1	2000 年 1 月	2000 年 6 月	
S3 普通水准仪	1	2000 年 1 月	2000 年 6 月	
50m 钢卷尺	1	2000 年 1 月	2000 年 6 月	
5m 钢卷尺	3	2000 年 1 月	2000 年 6 月	
激光铅直仪(5s)	2	2000 年 1 月	2000 年 6 月	
焊条烘箱	1	2000 年 2 月	2000 年 6 月	
空压机	4	2000 年 2 月	2000 年 6 月	

4.3　材料准备

（1）根据施工图，测算各主耗材的数量，做好定货安排，确定进场时间。

（2）各施工工序所需临时支撑，钢结构拼装平台，脚手架支撑、安全防护器材数量确认，安排进场搭设、制作。

（3）根据现场吊装安排，编制钢结构件进场计划，提供制作方，安排制作运输计划。

（4）根据桁架安装工期，确定屋架内包装饰板、钢索进场计划。

主副材进场计划见表 4-2。

材料进场计划 表 4-2

材料及构件名称	进场计划	备注
脚手架钢管	2000 年 1 月～5 月	
角钢、钢管型材	2000 年 1 月～3 月	临时支撑及胎架用
焊接材料	2000 年 1 月	
高强螺栓	2000 年 3 月 1 日	
临时螺栓	2000 年 3 月 1 日	
水平钢环梁	2000 年 2 月 3 日～3 月 3 日	
主桁架	2000 年 2 月 1 日～3 月 5 日	
辐射桁架	2000 年 3 月 10 日～5 月 10 日	
主檩条	2000 年 3 月 10 日～5 月 15 日	
内包装饰板	2000 年 4 月 20 日～5 月 20 日	
钢索	2000 年 3 月 10 日～5 月 10 日	
油漆	2000 年 4 月 5 日	构件现场补漆

4.4 劳动力准备

(1) 现场管理机构建立

工程中标后，项目经理及各主要管理人员即进驻现场，开始安排各项施工准备工作，各管理人员合理分工，密切协作。

(2) 劳动力需求计划

根据施工方案，制定制定劳动力需求计划，并按开工日期及需求计划组织工人进场，安排职工生活，并进行安全、防火和文明施工等教育。

5 测量方案

5.1 本工程测量放线的特点

(1) 结构形式独特，屋盖由圆锥体在对称轴两侧切去一部分再合并组成，高度较高，跨度长，测量放线作业面与屋盖施工面落差较大，放线工作有一定难度。

(2) 屋顶圆锥体圆的曲率半径大，尤其训练馆和活动中心圆心均在建筑物外部，受建筑物本身障碍，不便利用圆心直接放线。

(3) 由于场馆四周为看台，放线作业面不是一个平面，而是阶梯形作业面。

(4) 钢结构工程安装精度要求较高，测量放线的精度亦较高。

5.2 主轴线的定位及标识

以主场馆为例，主轴线定位及标识方法如图 5-1 所示。

如图 5-1 所示，根据土建单位提供的主轴线控制点在场馆底部及看台上，将主轴线逐

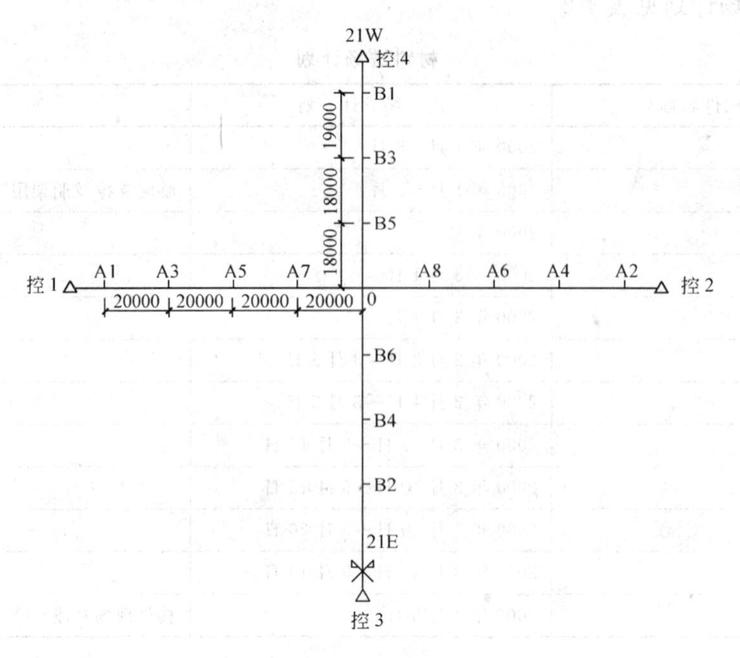

图 5-1　主轴线定位及标识

一弹在地面上（台阶侧面也弹线），为便于量距及检查，纵轴上设四个控制点。横轴上设三个控制点，在已浇筑好的混凝土的立面上也弹上轴线控制线，供细部放线时使用。

训练馆和大众活动中心也按类似方法，进行主轴线的定位及标识。

5.3　环形钢梁及其预埋件的定位

主场馆　使用全站仪配备精密光靶测定预埋件及钢梁中心位置，具体方法如下：

（1）圆心定位：

$$半径:a=5\times0.5\alpha\sin(\alpha/2)\quad(\alpha\ 为辐射桁架间夹角)$$

$$圆心距中心点距离为:S=R-L\quad(L\ 为1/2横轴长度)$$

且位于横轴上，因此直接量距即可定出圆心点。

（2）预埋件及钢梁定位：

根据现场实际情况，拟使用两台经纬仪（其中一台为全站仪）采用方向交会法初步定位，然后采用全站仪精确定位，两种方法相互检验的方法进行定位，具体方法如图 5-2 所示。

1）内业计算：

如上图所示，$\alpha_i=\alpha_0+(i-1)\beta$（$\beta$ 为辐射桁架间夹角）

则水平距离，$OC_i=(R^2+O_1O^2-2\times R\times O_1O\times\cos\alpha_i)^{1/2}$

$$\sin(180-\alpha_i')=\sin\alpha_i\times R/OC_i\quad(i\ 为\ 1\sim21)$$

即 OC_i 和 α_i' 均可求出，中心点 O 到水平圈梁的高差 H 已知，即可计算出视距即地面中心点 O 到圆弧点 C_i 的斜距为：

$$S_i=(OC_i{}^2+H^2)^{1/2}$$

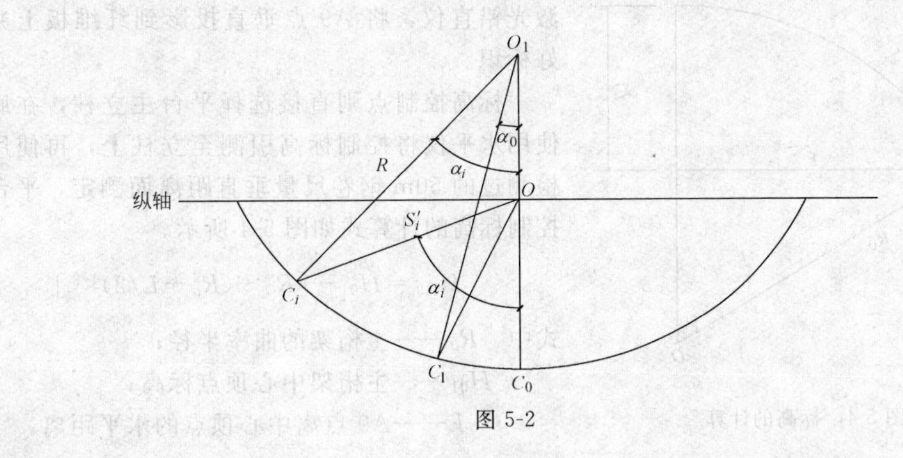

图 5-2

2）现场放样：

在 O_1 点架设普通经纬仪，在 O 点架设全站仪，分别后视横轴方向，转角 α'_i 和 α_i，采用方向交会法初步定出 C_i 点，在 C_i 点上架设精密觇牌，测定距离 S_i，与理论距离 S_i 比较，并调整至误差在±2mm 内；另外，为防止现场不通视的条件限制，由于 OC_i 和 α'_i 均已知，地面可采用放射线法将圆弧测设在地面，当不通视时可采取吊线坠或激光铅直仪垂直投点的方法测设上述圆弧。

测设完圆弧点 C_i（$i=1$，…，21）后，可采用弦线法配备圆弧模板的方法定出圆弧线。

训练馆和大众活动中心的内业计算与主场馆相同，但由于其圆心点在馆外，被主场馆土建结构所阻挡，具体定位方法有如下几点变化：

只在 O 点架设全站仪，采用转角和测斜距 S_i 的方法定位，而不在 O_1 点架普通经纬仪方向交会。

在中心点 O，利用角度 α'_i 和距离 OC_i 在地面（或楼面）测设圆弧，采用吊线坠或激光铅直仪投点的方法测定圆弧点。

上述两种方法可同时采用，亦可相互检验。

5.4 纵向主桁架的定位

根据吊装方案，在主桁架施工时，拟搭设三个操作平台，即中心点一个，在距离中心点两侧一定距离各搭设一个，除在地面标识轴线控制点并用铅直仪加以控制外，在平台上则进一步标识控制轴线和标高控制点，以控制主桁架的安装。现以主场馆为例，说明具体控制方法。

操作平台轴线点及标高的标识如图 5-3 所示。

操作平台搭设时，在其中心点处应预留激光光束通道，在平台顶端中心处固定一透明

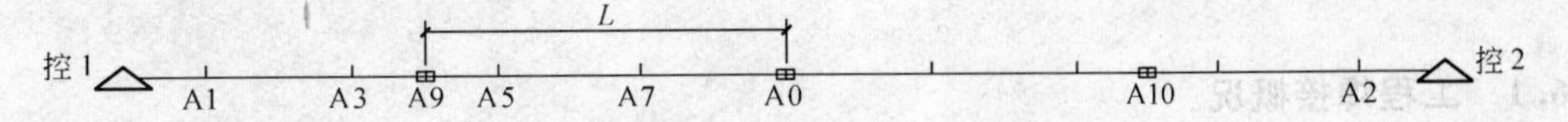

图 5-3 操作平台轴线点及标高的标识

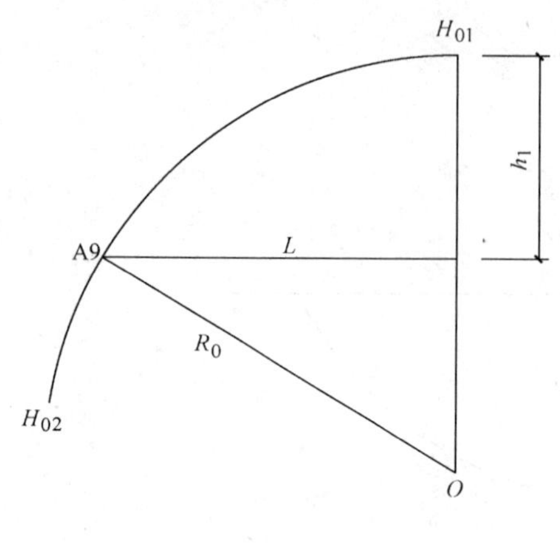

图 5-4　标高的计算

纤维板，在底部做好控制点 A9（或 A10），架设激光铅直仪，将 A9 点垂直投影到纤维板上并做好标识。

标高控制点则直接选择平台主立柱，在底部使用水平仪将控制标高引测至立柱上，再使用经检测过的 50m 钢卷尺量垂直距离而测定，平台处控制标高的计算式如图 5-4 所示。

$$H_{A9}=H_{01}-[R_0-(R_0^2-L/2)^{1/2}]$$

式中　R_0——主桁架的曲率半径；

H_{01}——主桁架中心顶点标高；

L——A9 点离中心顶点的水平距离。

5.5　辐射桁架的定位

箱形水平钢环梁和纵向主桁架安装完毕即定出了辐射桁架的上下端点。

在辐射桁架吊装过程中，主场馆在圆心 O_1 点架设 J_2 经纬仪复核，训练馆和大众活动中心在中心 O 点架设全站仪复核。

5.6　标高控制方法

标高控制均采用水准仪抄平和钢卷尺垂直量距方法进行控制。在底层将标高引测至某一垂直并无障碍的立面，采用 50m 钢卷尺量距，将标高引至钢圈梁；然后，在钢梁上采用水准仪抄平控制桁架下端标高，在主桁架施工阶段，搭设三个平台后，采用相同办法控制主桁架标高，辐射桁架上端标高即根据主桁架实际标高确定。

5.7　劳动力组织及主要仪器

由于本工程工期较紧，测量工作内业计算量较大，现场测量工作较繁琐，因此，需配有仪器操作工 3 人，放线工 6 人，形成三组放线人员，满足施工要求。

主要仪器配备见表 5-1。

测量仪器表　　　　**表 5-1**

名　称	精度要求及规格	数　量	名　称	精度要求及规格	数　量
全站仪	2s	1 台	普通水准仪	S3	3 台
经纬仪	J_2	3 台	钢卷尺	50m	3 把
测距仪	2mm	1 台	钢卷尺	5m	3 把
自动安平仪	S1	1 台	激光铅直仪	5s	2 台

6　结构焊接及无损检测

6.1　工程焊接概况

本工程结构中焊接圆钢管、方钢管、焊接工字形主檩条、水平钢环梁采用 Q345 低合金结构钢；辐射桁架下弦的无缝钢管、实心钢棒、连接套筒、主桁架无缝钢管采用16Mn钢，其中管径最大为$\phi273\times14$，最大钢梁截面尺寸为1200mm×650mm×32mm，钢板最厚为50mm。

本工程现场焊接施工主要为主桁架、辐射桁架、水平钢环梁的现场拼接焊缝及三者间连接的焊缝；主檩条、次檩条与辐射桁架之间有相当数量贴角焊缝。现场焊接接点多，焊接量大，焊缝全部要求达到一级焊缝质量。

6.2 焊接方法和焊接材料选择

根据工程焊接量大、工期紧的特点，结合焊接接点位置，现场焊接施工采用CO_2气体保护焊，半自动焊为主、手工焊为辅的焊接方法。

6.3 现场焊接施工组织

（1）现场焊接劳动力、设备计划

现场焊接施工考虑到三个体育场馆同时开始施工，焊接量大、质量要求高、工期短，本工程将精心挑选30名有多年钢结构工程现场焊接施工经验的焊工，分为三个组，分别负责3个场馆的焊接施工。

（2）焊接施工准备

1）焊工培训。

针对本工程现场焊接施工的各种焊接接点，对将参加焊接施工的焊工进行培训，让每个焊工熟练掌握结构中各种位置接点的焊接施工，并对将要施工的工程焊接状况有清楚认识。

2）焊接工艺试验及节点初步设计。

因体育馆屋盖系统在设计、构造上有其特殊性，在施工准备阶段，需对结构各构件的现场拼接接点进行细化设计，并进行焊接工艺评定试验，验证现场焊接工艺及节点构造的可行性。现初步拟定以下现场拼接节点细节及焊接工艺试验内容。

① 连接节点细节图：

② 工艺试验内容：

焊接工艺试验可验证焊接接头的强度满足设计要求，并确定焊接工艺参数，即焊接电流、电压、焊接速度等一系列工艺参数（表6-1）。

工艺试验 表6-1

接点编号	外观检查	UT探伤	面弯	背弯	侧弯	拉伸
a	√	√	2	2		2
b	√	√	2	2		2
c	√	√	2	2		2
d	√	√			4	2
e	√	√	2	2		2
f	√	√			4	2

6.4 焊接施工管理措施

（1）焊接材料：所有焊材均要有质保书并符合规范要求，入库后分类管理，并保证通风干燥，焊条使用前严格按使用说明进行烘焙，CO_2 气体纯度和含水量符合规范要求；

（2）焊接设备接地良好，并经常检修，使其处于良好工作状态；

（3）焊工操作平台搭设牢固，并做好防护；

（4）焊工工具配备齐全，施工时妥善放置；

（5）对焊缝坡口尺寸进行检查、记录；

（6）空气相对湿度大于85%时，应对焊接施工点进行吸湿、干燥处理后进行焊接；

（7）焊接接点处的铁锈、油漆、水分及其他影响焊接质量的杂物，应于电焊前清除；

（8）焊接中应严格按工艺规范要求进行施焊，随时注意焊接电流、电压及焊接速度；

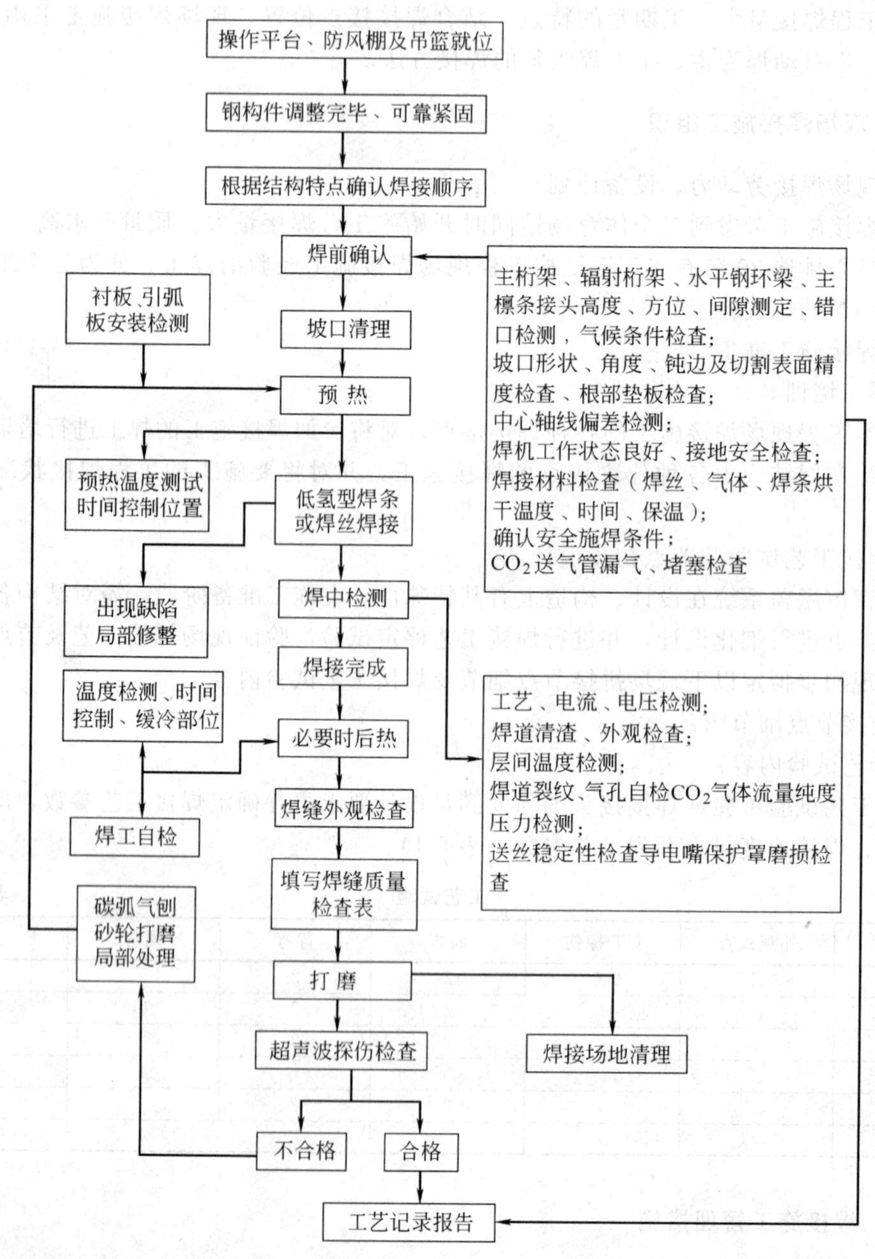

图 6-1　焊接施工工艺流程图

如发现问题，应立刻上报，整改后才可继续焊接。

焊接施工工艺流程如图 6-1 所示。

6.5 结构焊接施工顺序

焊接施工顺序及对焊接变形及焊后残余应力有很大影响，在焊接时，为尽量减小结构焊接后的变形和焊后残余应力，结构焊接应尽量实行对称焊接，让结构受热点在整个平面内对称、均匀分布，避免结构因受热不均匀而产生扭曲和较大焊后残余应力。特制定结构焊接的施工顺序，以主场馆水平钢环梁的现场焊接为例，从两边中心向两端均匀、对称施焊，将结构焊接变形及焊后残余应力减至最小。

6.6 焊接检查与探伤

为保证焊接质量及检验的公正、可信性，我单位将聘请机械工业部无损检测技术中心作为第三方对现场焊缝进行 100％检测。

(1) 所有焊缝均需由焊接工长 100％进行目视检查，并记录成表；对接焊缝 100％UT 探伤；

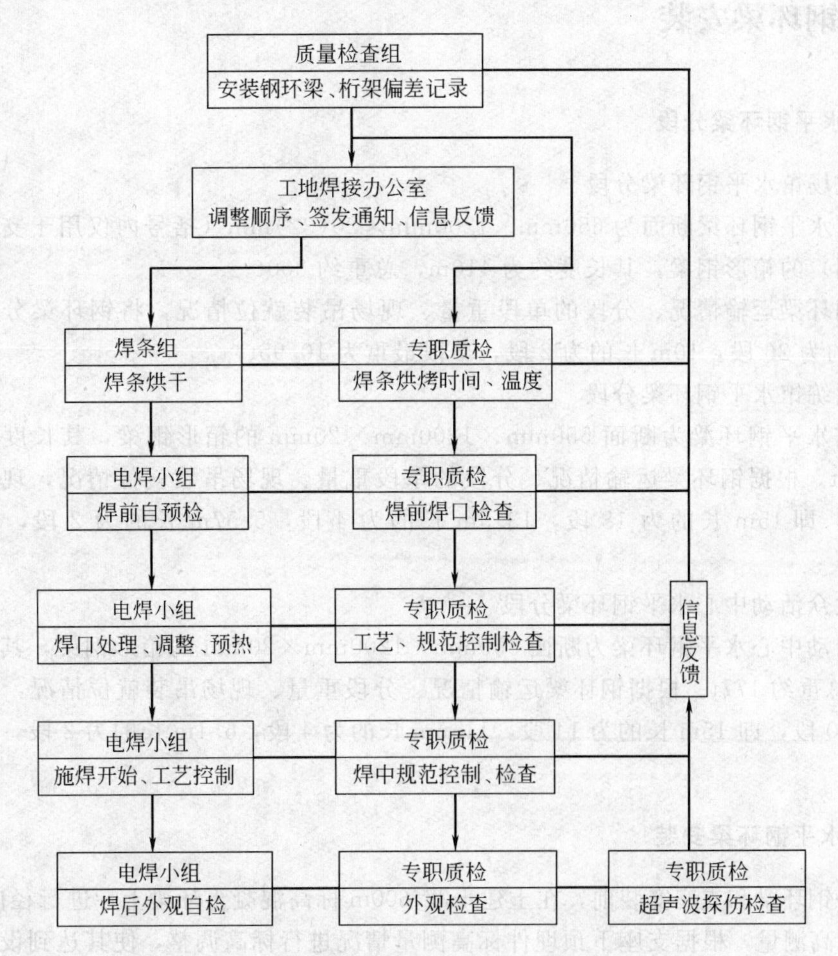

图 6-2 焊接质量保证程序图

（2）焊缝表面严禁有裂纹、夹渣、焊瘤、咬肉、气孔等缺陷；

（3）对焊道尺寸、焊角尺寸、焊喉进行检查记录；

（4）焊缝UT探伤应在焊缝外观尺寸检查合格后进行，并必须在焊缝冷却24h后进行；

（5）探伤人员必须具有二级探伤资格证，出具报告者必须是三级探伤资质人员；

（6）探伤不合格处必须返修，在探伤确定缺陷位置两端各加50mm清除范围，用碳弧气刨进行清除，在深度上也应保证缺陷清理干净，然后再按焊接工艺进行补焊；

（7）同一部位返修不得超过两次。

6.7 焊接质量保证程序

我局曾多次参加大型钢结构工程的施工，在钢结构的现场焊接施工中积累了相当成熟的经验，对圆钢管、方钢管、厚板的焊接有实际经验，本工程将组织有经验的焊接工程师和焊接工人进行施工，焊接施工的质量目标为：第三方探伤一次合格率为98%，监理、业主检查一次合格率为100%。焊接质量保证程序如图6-2所示。

7 水平钢环梁安装

7.1 水平钢环梁分段

（1）主场馆水平钢环梁分段

主场馆水平钢环梁断面为650mm×1200mm×20(32)mm（括号内仅用于支撑主桁架的局部范围）的箱形钢梁，其长度约为410m，总重约300t。

根据钢环梁运输情况、分段的单段重量、现场吊装就位情况，将钢环梁分为28段，即15m长的为26段，10m长的为2段，单段最重为10.95t。

（2）训练馆水平钢环梁分段

训练馆水平钢环梁为断面550mm×1200mm×20mm的箱形钢梁，其长度约335m，总重约223t。根据钢环梁运输情况、分段的单段重量、现场吊装就位情况，现将钢环梁共分24段，即15m长的为18段，13.5m长的为4段，5.57m长的为2段，单段最重为10.1t。

（3）大众活动中心水平钢环梁分段

大众活动中心水平钢环梁为断面550mm×1200mm×20mm的箱形钢梁，其长度约为266.2m，总重约177t。根据钢环梁运输情况、分段重量、现场吊装就位情况，现将钢环梁共分为20段，即15m长的为14段，11.5m长的为4段，5.1m长的为2段，单段最重为10.1t。

7.2 水平钢环梁安装

在水平钢环梁和支座安装前，在土建+27.600m标高混凝土环梁上，进行径向、切向、等轴线和标高测量，根据支座下预埋件标高测量情况进行标高调整，使其达到设计要求标高，确保支座和钢环梁安装标高。用履带吊在场外将各段依次直接吊装就位，每段就位必须调整，测量校正，合格后临时连接固定；待全部安装完毕、测量合格后，进行焊接。

主场馆水平钢环梁吊装采用2台200t履带吊在主场馆内直接进行施工；训练馆和大众活动中心水平钢环梁吊装均采用2台150t履带吊在场外直接进行施工。

8 屋架吊装方案

8.1 主场馆

8.1.1 纵向主桁架

(1) 纵向主桁架分段

主场馆纵向主桁架为倒梯形变截面的空间结构，其水平投影长度为160m，矢高23.931m（29.309～53.240m），总重量约138t。根据现场组拼装条件、分段重量、现场吊装就位情况，将纵向主桁架分为4大段吊装，每大段投影长度约40m。中间两大段，每段重量约44t，两边两大段，每段重量约25t。考虑运输情况，每大段可分为3小段，运送现场后拼装成大段。分段位置应避开桁架节点。

(2) 主桁架地面拼装

制作单位按12小段制作，运至现场，在现场每3小段拼装为1大段。

地面拼装工作由制作厂负责，必须在现场指定位置安设拼装胎架，用吊车将每3小段在胎架上进行拼装临时连接、调整、测量，合格后固定焊接。

(3) 纵向主桁架吊装

主场馆纵向主桁架采用地面分段组装、高空拼装成形的施工方法。吊装设备选用2台200t履带式起重机。纵向主桁架原位下方共设五座钢结构临时支撑，其中三座钢支撑位于安装接头处，另两座钢支撑设置在第一四大段合适位置，以增强桁架就位后的稳定性。以1号钢支撑为例，用贝雷架组成截面为6m×6m、高为3m的单节，共安装11节，顶上再安装具有桁架安装调节功能的顶部调节结构节，保证桁架拼装对接时轴线标高能够调整到正确位置，对于2号钢支撑，考虑运输路线畅通，支撑沿横轴方向内空宽度设置为4m。

在纵向主桁架安装小段拼装胎架的同时，安装临时钢支撑，钢支撑上以醒目的标志标出控制标高及轴线位置。纵向主桁架地面拼装好后，利用2台200t履带吊分段进行吊装就位，先吊装第二、第三大段，后吊装第一、第四大段。每吊装一大段，在顶部调节结构节上临时固定，经调整、校核测量轴线和标高，准确无误后固定。纵向主桁架安装完毕，复测纵向主桁架轴线、标高，确保纵向主桁架在吊装辐射桁架的过程中保持位置准确，并防止扭转。

主要吊点位置经计算确定。

8.1.2 辐射桁架

(1) 辐射桁架分段

主场馆辐射桁架共78榀，水平投影长度由16～55m变化（RT2～RT21）。根据运输情况，不同长度的辐射桁架可分别分为整段（如RT2）、两段（如RT3～RT6）、三段（如RT7～RT13）、四段（如RT14～RT21）（对称部位桁架分段亦同此）。典型的RT21桁架最长、最重（约23.2t），共分为4小段。

(2) 辐射桁架地面拼装

辐射桁架地面拼装工作由制作厂负责实施，必须在现场指定位置进行拼装。拼装前，在地面指定位置安装拼装胎架并测量，保证各拼装支座处在同一直线上；同时，各拼装支座必须具备调节功能，确保辐射桁架在地面拼装准确。

(3) 辐射桁架吊装

主场馆辐射桁架共有78榀，其中长度在50m以上的桁架就有42榀之多，这样随着辐射桁架的不断吊装就位，剩下辐射桁架的拼装将没有地面位置进行。因此，根据现场实际情况和设计受力情况，采取两步骤进行：

首先，整段吊装两头辐射桁架RT2～RT13和RT29～RT40（对称部位亦同），在主场馆内地面上分段拼装，共48榀，沿主桁架两侧同步对称，采用200t履带吊整体吊装。具体吊装时，分两阶段进行：第一阶段，对称安装主桁架两端各6榀辐射桁架；第二阶段，对称安装剩余36榀辐射桁架。

其次，对于剩下的30榀辐射桁架，即RT14～RT28（对称部位亦同），采取分两大段空中拼装成形的安装方法。在主场馆内指定的看台边搭设移动式拼装胎架，胎架内侧的分段辐射桁架在主场馆内地面上拼装，利用120t汽车吊吊装就位；胎架外侧的分段辐射桁架在主场馆外地面上拼装，利用200t履带吊吊装就位。

辐射桁架吊点经计算验证。

RT7～RT13、RT29～RT35辐射桁架整榀吊装就位后，由于桁架就位状态出现外失稳，因此，在辐射桁架吊装就位松钩前，先安装2根中间主檩条，然后才能松钩，确保辐射桁架在就位状态下的稳定。

8.1.3 檩条安装

主场馆钢檩条分为主檩条和次檩条。主檩条有6道，为Ⅰ320×250×9×14（mm），重量为74.7kg/m。两主檩条之间设有8道次檩条，为Ⅰ200×70（mm），由上、下70mm×6.5mm翼板和中间ϕ10波浪钢筋组成，重量为8.2kg/m。

主檩条吊装分为两部分进行。一部分主檩条根据辐射桁架吊就位需要，必须与辐射桁架同时吊装就位，即在安装RT7～RT13、RT29～RT35辐射桁架的同时，进行部分辐射桁架安装（每榀至少2根主檩条）；另一部分主檩条吊装则安排在每榀辐射桁架吊装就位之后进行，即安装一榀辐射桁架，立即进行此档主檩条吊装，增强辐射桁架的侧向稳定。

辐射桁架每档最长距离5m，次檩条单根最重不超过41kg，可以采取吊车直接吊装，也可以采用人工来安装。人工安装方法，即在次檩条安装连接处设置2只滑轮，地面工人通过麻绳进行垂直运输，待次檩条拉到位后，由上面两端各1人进行安装。

8.1.4 拆撑时屋盖下沉控制措施

主场馆屋盖安装完毕，支撑拆除，屋盖下沉与钢结构屋盖系统的原材料材质、型号、规格、加工制作、运输、拼装、支撑设置、吊装、预应力施工、拆除支撑程序控制等全过程关系紧密，因此，钢结构屋盖施工必须对以上全过程严格控制。

(1) 拆除支撑程序控制：屋盖拆除工作至关重要。根据验算确定支撑拆除顺序如下：

第一步：拆除4号、5号支撑；第二步：1号、2号、3号支撑分四次同步下降完毕，各分次下降量见表8-1。

下 降 量 表 8-1

支 撑 号	第一次	第二次	第三次	第四次
1号支撑每次下降量(mm)	10	15	20	25
1号支撑累计下降量(mm)	10	25	45	70
2号、3号支撑每次下降量(mm)	7	10	14	18
2号、3号支撑累计下降量(mm)	7	17	31	49

拆除方法：首先，缓慢下降4号、5号支撑上的千斤顶，待千斤顶与主桁架脱离后，再拆除4号、5号钢支撑架；其次，同步逐级下降1号、2号、3号支撑上的千斤顶；最后，千斤顶与主桁架脱离，再拆除1号、2号、3号钢支撑架。

(2) 原材料材质品质控制：应用于广州体育馆屋盖金属结构的原材料，使用前必须进行材质分析、试验，如物理性能、化学成分等，因此，必须对原材料进行严格把关，确保原材料材质品质与设计一致。

(3) 材料型号规格控制：钢结构屋盖钢构件材料型号规格较多，在使用制作过程中必须严格核对，绝对不可混用，确保所用材料型号、规格与设计图相同。

(4) 加工制作控制：制作厂在钢构件加工制作过程中，必须对各加工工序进行严格控制。桁架加工制作必须在气体加工切割、弯曲加工、平面组对、立面组对、测量、预组装、焊接等各工序严格把关，严格控制制作误差在规范允许范围内。

(5) 运输控制：钢构件在运输过程中，心须严格把关，确保钢构件，特别是桁架在运输装卸过程中不变形。桁架运输必须采用胎架支撑固定。

(6) 拼装控制：钢构件，特别是桁架在现场拼装或堆放时，必须设置胎架支撑，确保不变形，现场拼装误差应严格控制在规范允许范围内。

(7) 支撑设置：桁架拼装就位，支撑设置位置和数量必须通过计算选定和支持，确保桁架、屋盖在安装过程中各受力杆件和体系稳定。

(8) 吊装控制：屋盖系统安装过程中，必须在单榀桁架吊点选定得到计算支持，各桁架安装顺序设置合理，符合设计受力要求。

(9) 预应力施工控制：本工程屋盖系统预应力施工，必须根据本工程结构情况，设计受力意图，在各拉索施工顺序、预应力张拉次数和张拉力方面得到最合理的安排和施工控制。

通过对以上各施工环节进行严格施工和控制，钢结构屋盖在拆除支撑后的下降值，即可得到可靠保障。

8.1.5 吊车通道

根据主场馆屋盖吊装方案，2台200t履带吊和2台120t汽车吊均需进入主场馆比赛场地范围吊装。200t履带吊需50～60t平板车运输，根据现场实际情况，拟在1/00轴出口技术通道处预留宽×高＝4m×5m的通道，室外设坡道，与场内坡道连接为吊车出入通道。

考虑50～60t平板车长度，贝雷架临时支撑距入口距离不得小于18m，供吊车停止、行走的场馆周边环形通道需按吊车技术要求进行处理，必要时铺路基箱。

8.2 训练馆

8.2.1 纵向主桁架

（1）纵向主桁架分段

训练馆纵轴长度为151.5m，横轴长度为70m，馆内为楼层结构，吊车不能进去施工，只能在馆外进行吊装作业。

训练馆纵向主桁架为倒梯形变截面的空间结构，矢高16.528m（29.039～45.567m），总重量约57t。根据现场吊装就位情况、分段重量、运输情况，将纵向主桁架分为10段。分段位置应避开桁架节点。

（2）纵向主桁架吊装

训练馆纵向主桁架采用分段高空拼装成形的施工方法。吊装设备选用两台150t履带式起重机，沿纵向主桁架下方搭设支撑钢管脚手架，作为纵向主桁架高空拼装和施工平台之用。

在训练馆安装水平钢环梁的同时，开始搭设支撑钢管脚手架和安装钢平台，并以醒目的标志标出控制标高及轴线位置。利用两台150t履带吊分段进行吊装就位，纵向主桁架吊装顺序为由中间向两端依次进行。每段吊装就位后，在平台上临时固定，调整校核，测量轴线和标高，准确无误后固定。纵向主桁架安装完毕，复测纵向主桁架轴线标高，保证纵向主桁架在吊装辐射桁架的过程中，保持位置准确，并防止扭转。

8.2.2 辐射桁架

（1）辐射桁架分段

训练馆辐射桁架共66榀，水平投影长度由5～35m变化（RT2～RT18），根据运输情况，不同长度的辐射桁架可分为整段（如RT2～RT4），两段（RT5～RT18）（对称部位桁架分段同此）。典型的RT18桁架最长最重（约8.4t）。

（2）辐射桁架地面拼装

辐射桁架地面拼装工作由制作厂负责实施，必须在现场指定位置进行拼装，方便吊装。拼装前，在地面指定位置安装拼装胎架并测量，保证各拼装支座处在同一直线上；同时，各拼装支座必须具备调节功能，确保辐射桁架在地面拼装准确。

（3）辐射桁架吊装

训练馆辐射桁架采用地面分段组装，整榀吊装就位的施工方法。根据本工程设计受力情况、施工特点，采取两步骤进行：

首先，在训练馆外分段拼装，整段吊装两端部辐射桁架，即RT2～RT4、RT32～RT34共12榀辐射桁架（对称部位亦同）。采用两台150t履带吊在训练馆外侧同步对称进行吊装。之后，进行对称中轴线上RT18两榀桁架同步吊装。

其次，对于剩下的52榀辐射桁架，即RT5～RT17和RT19～RT31（对称部位同），在训练馆外地面上分段拼装，整榀对称同步吊装就位。

8.2.3 檩条安装

训练馆钢檩条分为主檩条和次檩条。主檩条为Ⅰ280×250×9×14，重量为72.75kg/m。次檩条为Ⅰ120mm×70mm，由上下70mm×6.5mm翼板和中间ϕ10波浪钢筋组成，重量为8.2kg/m。

主檩条吊装在每榀辐射桁架吊装就位之后进行，即安装一榀辐射桁架，立即安装该档主檩条，增强辐射桁架的侧向刚度和稳定。

辐射桁架之间最大距离为5m，次檩条单根最重不超过41kg，可以采取吊车直接吊装，也可以采用人工来安装。人工安装方法，即在吊车将次檩条吊运至楼面后，在次檩条安装连接处设置两只滑轮，每端地面上设置两人，通过麻绳进行垂直运输，待次檩条拉到位后，由上面两端各一人进行安装。

8.2.4 支撑拆除

训练馆屋盖安装完毕，即拆除支撑。拆撑程序及方法原理同主场馆。

8.3 大众活动中心

8.3.1 纵向主桁架

(1) 纵向主桁架分段

大众活动中心纵轴长度为140m，横轴长度为30m，馆内为楼层结构，吊车不能进去施工，只能在馆外进行吊装作业。

大众活动中心纵向主桁架为倒梯形变截面的空间结构，矢高10.401m（28.759～39.160m），总重量约55t。根据现场吊装就位情况、分段重量、运输情况，将纵向主桁架分为10段。分段位置应避开桁架节点。

(2) 纵向主桁架吊装

大众活动中心纵向主桁架采用分段高空拼装成形的施工方法。吊装设备选用两台150t履带式起重机。沿纵向主桁架下方搭设支撑钢管脚手架，作为纵向主桁架高空拼装和施工平台之用。

在大众活动中心安装水平钢环梁的同时，开始搭设支撑钢管脚手架和安装钢平台，并以醒目的标志标出控制标高及轴线位置。利用两台150t履带吊分段进行吊装就。纵向主桁架吊装顺序为由中间向两端依次进行。每段吊装就位后，在平台上临时固定，调整校核，测量轴线和标高，准确无误后固定。纵向主桁架安装完毕，复测纵向主桁架轴线标高，保证纵向主桁架在吊装辐射桁架的过程中，确保位置准确，并防止扭转。

8.3.2 辐射桁架吊装

大众活动中心辐射桁架共50榀，水平投影长度由3～15m变化（RT3～RT15），根据运输情况，这50榀辐射桁架不必分段，可以全部整榀运输进场。辐射桁架RT15最长、最重，重量约为3.61t。

大众活动中心辐射桁架采用整榀吊装就位的施工方法。根据本工程设计受力情况，施工特点，采取两步骤进行：

首先，在大众活动中心外侧地面上合适位置设置辐射桁架堆场，利用两台150t履带吊对称同步吊装RT3～RT5、RT25～RT27共12榀辐射桁架（对称部位亦同）；接着，同步对称吊装中轴线上RT15两榀桁架。

其次，对于剩下的36榀辐射桁架，即RT6～RT14和RT16～RT24（对称部位同），采用两台150t履带吊同时对称吊装就位。

8.3.3 檩条安装

大众活动中心钢檩条分为主檩条和次檩条。主檩条为Ⅰ240×240×9×14（mm），重量为67.8kg/m。次檩条为Ⅰ120×70（mm），由上下70mm×6.5mm翼板和中间ϕ10波浪钢筋组成，重量为8.2kg/m。

主檩条吊装在每榀辐射桁架吊装就位之后进行，即安装一榀辐射桁架，立即安装该档主檩条，增强辐射桁架的侧向刚度和稳定。

辐射桁架之间最大距离为5m，次檩条单根最重不超过41kg，采用吊车吊运至脚手架顶人工安装。

8.3.4　支撑拆除

大众活动中心屋盖安装完毕，即拆除支撑。拆撑程序及方法同“8.1主场馆”。

8.4　其他工程

（1）人行及灯光马道

拆除贝雷架临时支撑后，主场馆场地范围上的人行及灯光马道，采取地面分段组装，电动葫芦分段提升就位的安装方法。

（2）屋架内包装饰板

拆除贝雷架临时支撑前，屋架内包装饰板，采取电动葫芦提升，辅以人工就位，临时固定，拆除支撑后固定的施工方法。

（3）补漆

补漆为人工涂刷，在桁架按设计就位后进行。

补漆前，应清渣、除锈、去油污，自然风干，并经检查合格。

（4）脚手架及安全通道

为保证安装过程中人员交通方便、安全，主场馆和训练馆辐射桁架安装就位后在其上弦设置人行护栏，作为施工人员的交通便道；同时，制作一定数量的钢筋挂篮，作为操作人员的辅助平台。

训练馆主桁架投影位置搭设6m宽通长钢管脚手吊架作为操作面。主场馆和训练馆拉索施工时，搭设移动式非承重脚手架（立杆间距1.8～2.2m）。

大众活动中心主桁架投影位置搭设6m宽通长承重脚手架作为临时支撑，其余部分搭设满堂非承重脚手架。

9　支撑拉索安装、张拉及检测方案

支撑拉索是本工程难点中的难点。我们经过建立模型和计算分析，得到如下结果：

张拉时对前三榀桁架交叉索力影响绝对值仅为10^{-2}～10^{-1}数量级，占前三榀索力绝对值0.1%～0.7%，对紧后榀桁架索力影响较小，对后二榀影响为零。

张拉时对紧前榀桁架交叉索力影响值为增量，增量约为0.7%，对前二、三榀桁架交叉索力影响值为减量，减幅仅为0.15%左右，对前四榀桁架交叉索力影响为零。

因此，我们认为：张拉力大小对相邻桁架交叉索力影响及交叉索力损失可以忽略不计；同榀桁架交叉索对称张拉，可确保同榀桁架的两根垂直索力差不大于5kN；按设计施加25～40kN的预应力，屋面施工完成后，垂直交叉索力可保证在15kN以上。

根据分析结果，我们拟定按下列方法施工：

9.1 拉索安装

紧随辐射桁架吊装进度，在主檩条安装后跟进安装。

（1）主场馆拉索安装顺序。

（2）训练馆拉索安装顺序。

（3）大众活动中心拉索安装顺序。

9.2 预应力张拉

每条拉索均分两级张拉完成，第一级张拉30%～50%，检测正常后第二级张拉至100%。

（1）第一级张拉

第一级张拉紧随拉索安装进度，间隔三榀跟进施工。

张拉时严格按照同榀对称原则，避免张拉对屋架造成不利影响。

（2）第二级张拉

第二级张拉在第一级张拉检测合格后进行。遵循结构对称、同榀对称的原则，按照$CB_6 \rightarrow CB_7 \sim CB_{11} \rightarrow CB_1 \sim CB_5$的顺序，张拉分8个小组对称相向施工。

9.3 预应力检测

（1）测量原理

1）频率法索力测量原理：

拉索在环境激励或强迫下自由振动时，用下列仪器可以直接测量拉索的固有振动频率，通过固有振动频率与拉索张力的关系，即可测出拉索的张力。其测试原理如图9-1所示。

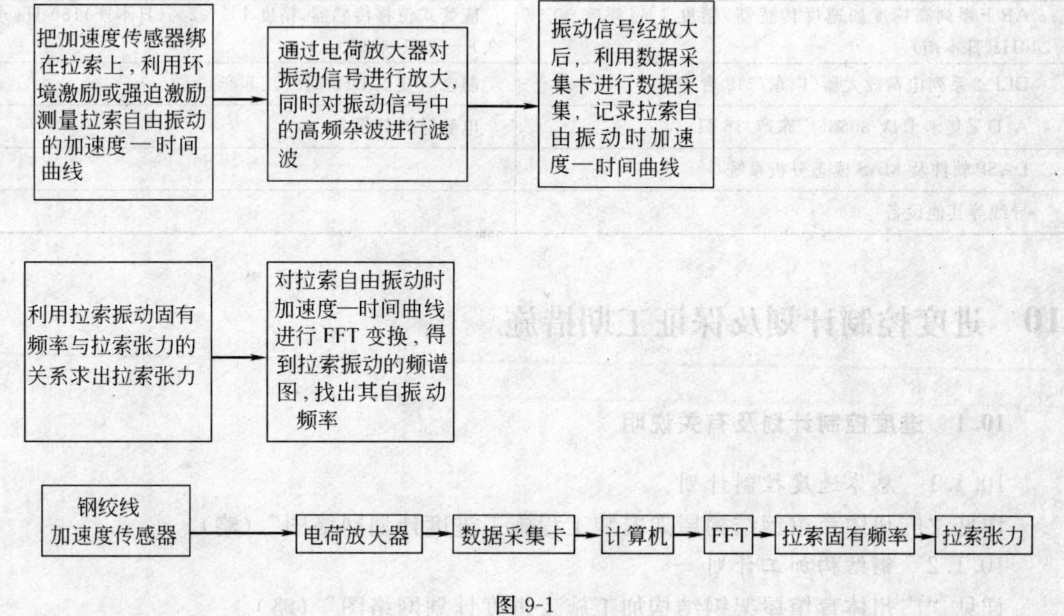

图9-1

2）变形测量原理：

采用应变式位移传感器，试验时把传感器两端卡在拉索上，按两次读数法取伸长值。

测试程序如下：

应变式位移传感器→静态应变仪→计算机处理。

（2）施工阶段

根据双控要求，对每根拉索进行以下两种测量：

1）索力：用频率法测量，施工完成后撤除仪器；

2）变形值：第一级张拉：在拉索上设标定点，按二次读数法取伸长值。

第二级张拉：用电阻应变式位移传感器测量。

（3）建成以后

变形值与索力：用136个（主场馆100个，训练馆36个）永久保留的电阻应变式位移传感器测量。布置说明：

1）根据模型计算结果（计算挠度有屋盖主挠度分布点及数值图），说明屋架各点在拆除临时支撑后，即有水平位移也有垂直位移（固定点除外），除沿主桁架中心点十字线方向为平面位移，其余各点的位移在三维空间变动；同时，考虑到广州地区风向情况，所以，在结构对称的四分之一区域设水平及垂直拉索小型管状传感器，而因变化不一样，为此，在此重点布置了61个小型管状传感器。

2）根据结构受力对称性，除重点布置沿主桁架中心十字线划分的四分之一区域外，其他区域按对称原则，减量布置。

3）根据主场馆对小型管状传感器布置的原理，训练馆布置了小型管状传感器36个。

（4）检测仪器

所用检测仪器见表9-1。

检测仪器 **表9-1**

频 率 法	变 形 值
AR-F系列高精度加速度传感器，精度1%，频响30～240Hz（日本产）	应变式位移传感器，精度1%～2%（日本产）130只（永久）+32只（临时）
DLF-2系列电荷放大器（广东产）3台	静态应变仪DH3815（江苏产）
A/D采集卡INV-3060（广东产）16只	电脑导线等设备
DASP软件及MAS模态分析系统	
导线等其他设备	

10 进度控制计划及保证工期措施

10.1 进度控制计划及有关说明

10.1.1 总体进度控制计划

详见“广州体育馆钢结构屋架安装工程施工进度计划网络图”（略）。

10.1.2 钢结构加工计划

详见“广州体育馆屋架钢结构加工施工进度计划网络图”（略）。

10.1.3 有关说明

(1) 本项目以1999年11月10日作为工程起始点，计划于2000年6月30日完成整个招标内容的工作，总工期为234d。

(2) 于1999年11月10日前完成施工方案的完善及协助业主签订材料供应，构件加工、运输合同。

(3) 为了保证工程按期完成，拟设置以下工期控制点：

1) 2000年3月10日前，完成所有与吊装有关的准备工作，正式开始屋架结构吊装；

2) 2000年3月30日前，完成主场馆主桁架的吊装工作；

3) 2000年5月18日前，完成主场馆辐射桁架吊装工作；

4) 2000年6月14日前，完成主场馆预应力锚索的张拉及检测工作；

5) 2000年6月28日前，所有场馆与屋盖安装有关的工作。

(4) 在计划编制时，已在主导工序如辐射桁架吊装、预应力锚索张拉的工序持续时间上适当留有余地，以便实施时能集中力量确保工程按期完成。

(5) 考虑到主桁架安装的重要性，在计划安排时已有意识地将三个馆的吊装时间错开安排，以便实施时能集中力量，确保安装正常进行。

(6) 考虑到预应力锚索张拉、检测的重要性，在计划安排时已考虑将工序适当错开，确保张拉质量。

(7) 考虑到临时支撑拆除的重要性，在计划安排时已考虑大众活动中心→训练馆→主场馆的先后实施，以利临时支撑拆除顺利进行，并为降低结构沉降量创造条件。

(8) 本计划中已考虑了构件运输，现场拼装对构件堆场及拼装场地的要求，构件现场拼装将与吊装顺序及拼装场地的限制等加以调整。

10.2 工期保证措施

10.2.1 总则

任何一个工程项目，要保证其实施时能按计划顺利、有序地进行，并达到预定的目标，必须对有可能影响工程按计划进行的因素进行分析，事先采取措施，尽量缩小计划进度与实际的偏差，实现对项目的主动控制。就本项目而言，影响进度的主要因素有计划因素、人员因素、技术因素、材料和设备因素、机具因素、气候因素等，对于上述影响工期的诸多因素，我们将按事前、事中、事后控制的原则，分别对这些因素加以分析、研究，制定对策，以确保工程按期完成。

10.2.2 事前控制

(1) 计划因素

根据本项目的工程特点及难点，合理安排各工序的作业时间。在各工序持续时间的安排上将根据以往同类工序的经验，结合本工程的特点，留有一定的余地，并充分争求有关方面意见加以确定；同时，根据各个工序的逻辑关系，应用目前国内较先进的梦龙网络软件，编制总体网络控制计划，明确关键线路，确定若干工期控制点，同时将总计划分解成月、旬、周、日作业计划，以做到以日保周、以周保月、以月保总体计划的工期保证体系。

(2) 人员因素

我们将充分发挥大型企业集团的人才优势，在本项目配备具有同类型工程施工经验的强有力的项目管理班子及满足各工种工艺技能要求的足够数量的技术工人。在人员的配置上加以保证，并设置适合于工程特点的组织机构及各种岗位，制定各种规章制度，以确保机构正常运行，从而做到在人员数量、素质、机构设置、制度建设等方面加以保证。

(3) 技术因素

针对本工程技术含量高、施工难度大等特点，我们在充分发挥本企业的技术优势的同时，横向与清华大学进行联合，并加强与业主、设计、监理、业主指定分包等各方面的联系，事前对本工程的实施难点、关键点加以分析、研究，充分理解设计意图；大力推广空间钢结构技术和轻型钢结构技术；制定切实可行的施工方案及各工序的作业指导书，对参与实施人员提前进行有针对性的技术再培训及各项工艺的前期设计、试验工作，从而做到在技术上加以保证。

(4) 材料构件与设备控制

在工程实施前，将组织专业人员对所需的材料和设备进行市场调查、货源落实、材质检验、构件加工及运输方法、路线等方面的工作，并在制作单位派驻专职驻厂监造人员确保材料构件与设备满足施工需要。

(5) 机具因素

在工程实施前，将组织专业人员对本工程所需的机具加以落实，进行全面检查，确保所需机具的工艺良好；同时，将根据我们以往的经验，配置各种机具易损部件，以尽可能地减少机具影响，确保工程顺利进行。

(6) 气候因素

在工程实施前，与有关气象部门取得联系，了解工程所在地区历年来的气候情况，制定具体措施；同时，将根据气候情况安排施工进度计划。

(7) 其他因素

在事前控制阶段，除了要做好上述诸多因素的控制以外，还应开展如下几项具体工作：

1) 制定实施阶段目标分解图；

2) 确定施工阶段进度控制的主要工作内容和深度；

3) 明确各类人员进度控制的具体分工；

4) 确定与进度控制有关的各项工作的时间安排、总的工作流程；

5) 进度控制所采取的具体措施（包括进度检查日期、收集数据方式、进度报表形式、统计分析方法等）；

6) 进行进度目标实现的风险分析。

10.2.3　事中控制

(1) 计划因素

根据确定的进度检查日期，及时对实际进度进行检查，并据此做出各期进度前锋线，及时利用微机对实际进度与计划进度加以分析、比较，及时对计划加以调整，在具体实施时应牢牢抓住关键工序及设定的各控制点两个关键点，一旦发生关键工序进度偏差，应及时采取增加投入或适当延长日作业时间等行之有效的方法加以纠偏。

(2) 人员因素

在实施过程中应采取各种有效措施，如开展劳动竞赛、设立各种奖励机制、做好后勤服务、开展合理化建议等方式充分调动项目全体人员的工作积极性与创造性，采取以人为本的策略，以确保工期按期完成。

（3）技术因素

在项目实施过程中，严格按照已确定的施工方案及作业指导书进行操作，同时及时总结实施过程中出现的各种情况并加以调整，以确保项目实施更趋合理、有效，达到预期效果。

（4）材料、构件与设备控制

在项目实施过程中，严格按方案中确定的材料、构件及设备进场计划组织进场，特别应派专门人员驻守构件加工分包方处，负责构件加工、验收等方面的监督、协调工作；同时，应重视构件的运输工作，及时了解运输市场行情及运输线路上的路况，并应有应急运输方案，以确保项目所需材料、构件及设备按计划、有序地进入施工现场，满足现场施工所需。

（5）机具因素

在项目实施时，应严格按施工方案及各机具的操作规程操作机具；同时，做好机具设备的日常保养工作，现场配备专业维修人员在最短的时间内处理有可能发生的各种机具故障，确保工程顺利进行。

（6）气候因素

在项目实施时密切保持以气象部门的联系，掌握每日的气象变化情况，并在出现异常气候时能及时调整日作业计划，把气候可能对工程进度的影响降低在最低限度。

（7）其他因素

在事中控制阶段，除了及时做好上述因素的控制工作以外，还需开展如下几项工作：

1）要求项目全体人员能坚守工作岗位，深入施工现场第一线，及时解决或处理施工中出现的各种问题；

2）严格进行进度检查，做好施工进度记录；

3）组织定期与不定期的进度专题会议，及时分析施工进度状况；

4）加强与业主、设计、监理、分包方的联系，协同工作。

10.2.4　事后控制

事后控制是指完成整个施工任务后的进度控制工作，具体内容有：

（1）协助有关单位及时进行工程的验收工作。

（2）及时做好各项资料的整理、归档工作。

（3）及时进行现场收尾、退场工作，为业主后期工期的按期展开创造条件。

11　总平面布置及管理

为便于工程文明施工管理，结合本工程现场条件，我们将把生产区、办公区与生活区严格分开，各区根据自身特点制订不同的管理制度，一定把工地建设成为“广州市文明施工样板工地”。

11.1　总平面布置

11.1.1　现场平面布置

现场平面全部硬地化，道路设置成环状回路，排水采用明沟排水，穿过道路的地方用钢筋焊板铺盖，厨房、厕所及生活污水全部用暗管排出，利于现场文明。

施工用水量较小，主要是生活用水，采用市政自来水源，接至各需用点。

11.1.2　生活区布置

生活区主要为宿舍、食堂、厕所、洗衣及冲凉房、开水房和活动场，布局合理，整洁卫生。

11.1.3　办公区布置

办公区位于生活区与办公区之间，为管理办公室、会议室及小五金仓库，为双层集装箱房，顶部为轻钢龙骨、薄钢板遮阳棚，布置整齐、简洁，形象按我局CI手册要求，辅以绿化映衬，为管理人员提供一个良好的办公环境。

11.1.4　施工区布置

施工区有堆场、组装场、吊装场、道路及排水沟；发、配电间、机修间、工具房，布置依从施工工艺的要求，考虑到构件的运输、堆放、组装、转运、吊装及减少现场搬运，考虑吊车的行走、运作的技术要求，考虑吊装工艺的要求。

11.1.5　施工道路布置

11.2　总平面管理

(1) 明确目标，提高认识

我们将在进场施工之日起，就确立把广州体育馆工程项目创建为全国一流的“文明样板工地”的目标，为了使这一目标变成每一位职工的具体行动，我们将开展广泛、深入的宣传活动，提高职工的文明意识，使文明施工成为每个人的自觉行动。

(2) 建立机构，健全规章

项目班子组建的同时，我们就将成立了以项目经理为组长，有关管理人员为成员的文明施工小组，负责研究、制定文明施工措施、方案，小组内部分工明确、职责清晰。依据《广州市建设工程文明施工管理规定》和我局程序管理文件，制订《现场文明施工管理细则》、《文明公约》、《住房管理规定》及各工种文明施工的管理制度、奖罚措施等，并组织学习，使项目所有人员能够认识文明施工管理的重要性和必要性。

(3) 科学规划，分片包干

1) 针对工地施工实际情况，项目对平面布置精心规划，细致安排，现场生产区、办公区、生活区划分明确；

2) 集装箱办公室、临建设施格局明朗、完整统一，堆场物资要求摆放紧凑规则、落落有致，并根据工程进展的实际情况作出合理必要的调整，使得整个施工现场秩序井然；

3) 按照不同的施工区域，项目对文明施工采取了分片包干，责任到人的管理方式，由各部门负责包干区域的文明施工。

(4) 完善设施，美化环境

我们将在工地张挂施工现场“六牌两图”：

1) 各办公室岗位责任制、各班组安全生产及安全操作规程等宣传标牌，还将开办宣传板报，内容半月一新，用于进行安全文明施工的宣传教育；

2) 项目将在生活区设置活动广场，丰富员工业余生活，购置绿色植物和花卉，美化办公、生活环境。

工地临建设施配套完整，功能齐全，搭建时严格按照我局CI系统的要求执行，要求做到：

1）厕所自动冲水，干净无蝇；食堂按广州市标准建设装饰，饭菜可口；

2）为方便员工生活，增设开水房和洗衣间，宿舍宽敞舒适，并专门为所有工人统一购买了铁床、蚊帐、军被、凉席，统一发放上装，宿舍统一制作碗柜、衣柜，一切实施准军事化管理；

3）项目将安排专人负责生活区的卫生，各项卫生指标均达到劳动卫生的要求；

4）卫生防疫工作按照广州市卫生防疫部门的要求，由项目医务室执行实施，预防了流行病的传播，保障了施工生产。

（5）定期检查，落实整改

项目的文明施工领导小组，每天对现场文明施工进行巡检，每周六上午组织一次由项目经理主持的文明施工大检查，发现问题后，在当日下午发出整改通知单，并监督实施。项目还将成立青年监督岗，每周三检查施工现场，对文明施工存在的问题发出整改通知，周四复查，落实整改。

（6）开展竞赛，奖罚兑现

项目内部开展文明施工竞赛，层层签订文明施工责任状，项目经理与各施工队长签订责任状，各施工队长与各施工班组也签订责任状，层层相扣，与经济挂钩。各施工队长不仅要向施工班组进行施工技术交底，而且要进行文明施工交底，项目定期举行安全文明施工大会，在会上公开奖励文明施工先进班组，对落后班组予以批评和罚款。通过严格内部规章，奖罚兑现，加强文明施工管理，做到有章可依，违章必究，规范全体施工人员的工作行为。

（7）接受监督，不断进步

广州市城管部门对现场文明施工提出的意见和建议，我们将认真落实、积极配合整改，我们还将虚心接受并落实来自业主、监理和其他单位的意见，使工地的文明施工水平不断提高，把广州体育馆工地创建成为文明施工样板工地，为美丽的广州增色添彩。

12　施工现场临时用水、用电计划

12.1　现场临时用水方案

（1）施工现场生活用水

$$q_1=\frac{P_1N_3K_3}{2\times8\times3600}+\frac{P_2N_4K_4}{24\times3600}$$

式中　P_1——高峰期施工人数，$P_1=250$ 人；

P_2——施工现场居住人数，$P_2=250$ 人；

N_3——施工现场施工人员用水定额，$N_3=60\text{L}/(\text{人}\cdot\text{d})$；

N_4——施工现场居住人员生活定额，$N_4=120\text{L}/(\text{人}\cdot\text{d})$；

K_3、K_4——用水不平衡系数，$K_3=1.5$，$K_4=2.5$。

这样，$q_1=1.26L/s$

（2）供水管径的计算

取 $v=1.5m/s$；

$$D=\sqrt{\frac{4Q}{\pi\times v\times 1000}}=\sqrt{\frac{4\times 1.26}{3.14\times 1.5\times 1000}}=0.033m=1.3in$$

现场提供的2in供水管可满足现场生活用水要求。

现场生活区用水选用 $D25mm$ 镀锌水管，由现场接驳点引至生活区，并单独安装水表。

（3）现场用水的保证措施

对进入施工现场的施工人员进行开源节流教育，阐述节约用水的重要性和必要性，使每位员工对节约能源创造效益有正确的理解和认识。

现场供水管的安装维修由专业管工进行，加强巡回检查监护，出现故障及时处理，确保生活用水、消防用水畅通。

12.2　施工现场临时用电方案

12.2.1　方案设计说明

（1）现场施工用电设备台数很多，设备之间容量相差悬殊，为简化计算，按需用系数计算，需用系数为估计值。

（2）通过正确计算，合理分配负荷，使三相均衡。

（3）深入负荷中心，根据供电负荷容量及分布情况，使二级配电箱尽量靠近负荷中心。

（4）合理进行补偿，提高功率因数。

12.2.2　施工用电总负荷计算

（1）根据现场施工设备使用情况计算现场用电需求量，见表12-1。

钢结构现场施工用电量计算表　　**表12-1**

项目或设备名称	额定功率	数　量	合计功率
生活用电	66kW	1	66kW
CO_2 焊机	24kW	16	384kW
空压机	24kW	4	8kW
卷扬机	5kW	3	15kW
现场照明	$2.0W/m^2$	$23220m^2$	$46.44kW/m^2$
直流焊机	24kW	10	240kW
焊条烘箱	5kW	1	5kW

（2）总用电需求量　$P=1.1\times[0.7\times(8+15)/0.65+0.6\times(384+240)+0.8\times 66+1.0\times 46.44]=548kV\cdot A$

业主提供 $1000kV\cdot A$ 容量，满足施工需求。

12.2.3　现场平面设计、布置及线路走向

现场每个场馆由甲方提供1个接驳点，独立安装电表，生活用电使用独立的三相五线

制电缆引至生活区；现场施工用电由二级配电箱引至施工作业面内，电缆靠边悬空挂设，配电箱内需设置自动空气开关、漏电开关，各配电箱必须作重复接地，现场所有设备实施一机、一闸、一漏电开关制。

12.2.4 保护接零和工作接地

为防止电气设备或系统的金属外壳因绝缘损坏而带电，必须将正常情况下不带电的金属外壳或构架例如焊机的底座、配电箱和开关箱的金属箱体等与PE线相连，并作重复接地，即保护接零。保护零线（即PE线）由工作接地线、配电房的零线或第一级漏电保护器的电源侧引出，保护零线除在配电房外接地外，还需在配电线路的中间处和末端处重复接地，接地电阻不大于10Ω，接地体采用50mm×50mm×5mm的角钢焊接而成，深埋2.5m左右，配电箱、设备外壳的接地线采用直径不小于2.5mm^2的多股铜芯线。

12.2.5 安全用电技术措施和电气防火措施

（1）安全用电技术措施

1）施工现场的一切用电设备的安装必须严格按施工组织设计进行；

2）供电干线、配电装置、发电房、配电房完工后，必须会同设计者、动力科、质安科共同检查验收合格后才允许通电运行；

3）电气设备的设置、安装、防护、使用、维修、操作人员都必须符合JGJ 46—88施工现场临时用电安全技术规范要求；

4）接地装置必须在线路及配电装置投入运行前完工，并会同动力科及设计者共同检测其接地电阻值。接地电阻不合格者，严禁现场使用带有金属外壳的电器设备，并应增加人工接地体的数量，直至接地体完全合格为止；

5）施工现场专用的中性点直接接地的低压电力线路中，必须采用TN-S接零保护系统；

6）保护零线应与工作零线分开，单独敷设，不作它用，保护零线PE必须采用绿/黄双色线；

7）保护零线必须在配电室配电线路中间和末端至少三处作重复接地，重复接地线应与保护零线相连接；

8）保护零线的截面应不小于工作零线截面的1/2，同时必须满足机械强度要求；

9）一切用电的施工机具运至现场后，必须由电工检测其绝缘电阻及检测各部分电气附件是否完整无损，绝缘电阻小于0.5Ω或电气附件损坏的机具不得安装使用；

10）保护移动式设备的漏电开关、负荷线每周检查一次；保护固定使用设备的漏电开关应每月检查一次；防雷接地电阻每年3月1日前进行全面检测。

11）电气设备的正常情况下不带电的金属外壳等均应作保护接零；

12）施工现场的配电箱和开关箱至少配置两级漏电保护器，漏电保护器应选用电流动作型；

13）漏电保护器只能通过工作线，开关箱应实行一机一闸制；

14）配电系统中开关电器必须完好，设置牢固、端正；

15）带电导线接头间必须绝缘包扎，严禁挂压其他物体；

16）配电箱、开关箱应配锁，专人负责，定期检修；

17）检修人员必须遵守电工操作规程，使用绝缘工具，统一组织，专人指挥。

（2）电气防火装置

1）在电气装置和线路周围不堆放易燃、易爆和强腐蚀物质，不使用火源；

2）在电气装置相对集中场所，配置绝缘灭火器材，并禁止烟火；

3）合理设置防雷装置，加强电气设备相间和相地间绝缘，防止闪烁；

4）加强电气防火知识宣传，对防火重点场所加强管制，并设置禁止烟火标志。

13　质量保证措施

13.1　质量保证体系

建立健全质量保证管理机构，推行 ISO 9000 标准质量管理体系。我单位于 1995 年通过 ISO 9000 质量体系认证，于 1998 年通过复审的具有一级资质的建筑安装工程施工企业，我单位的质量方针为"质量第一，服务周到，业主满意，不断地把最优秀的建筑安装工程产品贡献于人类与社会。"为实现我单位这一质量方针，我单位将在本工程项目推行 ISO 9000 标准质量保证体系，制定"施工组织设计和项目质量保证计划"、"质量记录"等质量体系文件，在质量目标、基本的质量职责、合同评审、文件控制、物质采购的管理、施工过程控制、检验和试验物质的贮存的搬运、标识和可追溯胜、工程成品保护、培训、质量审核、质量记录、统计技术与选定等与质量有关的各个方面，遵照规范与工程质

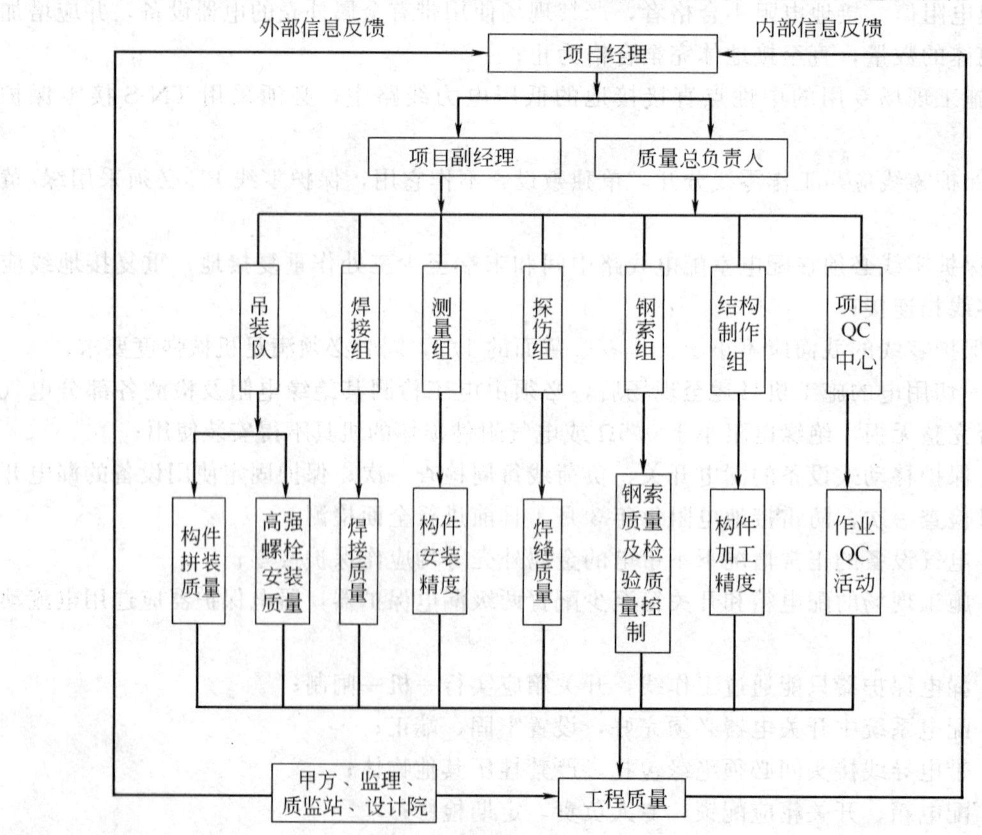

图 13-1　质量保证组织机构

量有关的工作的具体做法；同时，在项目建立一个由项目经理领导的质量保证机构，形成一个横到边、纵到底的项目质量控制网络，并使工程质量处于有效的监督和控制状态。本项目的质量保证机构及职能如图 13-1 所示。

13.2 项目各级人员质量职责

(1) 项目经理质量职责

1) 代表我单位履行同业主的工程承包合同，执行我单位的质量方针，实现工程质量目标；

2) 作为我单位在项目上的全权代表，负责协调同业主、总承包商、建设监理等各方面的关系；

3) 确保按合同要求进行施工并完成合同规定的施工内容；

4) 确定项目组织机构，选择合适人选并上报上级主管部门；

5) 确定项目工作方针、工作目标、组织项目员工学习，要求项目员工按规定的职责及工程程序工作；

6) 主持项目工作会议，审定或签发对内对外的重要文件；

7) 对重大问题包括施工方案、人事任免、技术措施、设备采购、资源调配、进度计划安排、合同及设计变更等会同上级主管部门进行决策，组织项目有关人员制订“项目质量保证计划”；

8) 制定项目安全生产责任制；

9) 协调各施工工种及各分包商之间关系，对分包商进行监督和评审；

10) 组织编制项目员工培训计划；

11) 监督执行质量检查规程，对不合格的分部分项单位工程负有直接责任，及时制定纠正措施，并找出失误的原因上报；

12) 确定项目经理部各人员的职责，监督考核；

13) 审查并批准现场人员工资名单、工程费用报告及财务；

14) 安排竣工验收工作，以及竣工设施向业主移交的工作；

15) 安排竣工后的结算工作和竣工资料的移交及其后续工作；

16) 负责责任范围内的质量记录的编制和管理；

17) 其他应由项目经理担负的责任。

(2) 副经理质量职责

1) 负责项目质量保证体系的建立及运行；

2) 统筹项目质量保证计划及有关工作的安排，开展质量教育，保证各项制度在项目得以正常实施；

3) 负责项目工程技术管理工作；

4) 参加工程的设计交底和图纸会审；

5) 规划施工现场及临时设施的布局；

6) 参与“项目质量保证计划”的编制及修改工作，主持项目施工组织设计的编制及修订工作；

7) 组织实施“项目质量保证计划”及“施工组织设计”；

8）安排进行图册、文件、资料的分配、签发、保管和日常处理；

9）主持处理施工中的技术问题，参加质量事故处理和一般质量事故技术处理方案的编制；

10）核定分包商的施工方案，督促其配合总体方案的实施；

11）审批有关物资贮存、搬运等作业计划及作业指导书；

12）负责推广应用“四新”科技成果；

13）组织主持关键工序的检验、验收工作；

14）负责责任范围的质量记录的编制与管理；

15）项目经理交办的其他事情。

（3）内业技术员质量职责

1）负责项目内业技术管理工作；

2）参加设计交底和图纸会审，并做好会审记录；

3）深入施工现场参加施工中的技术问题，参加质量事故的处理和一般质量事故技术处理方案的编制；

4）参加项目特殊工序作业计划及作业指导书的编制，并负责指导实施。组织推广应用“四新”科技成果，并负责资料的收集、整理、保管工作，撰写施工技术总结；

5）负责项目技术档案工作；

6）与本单位技术部门联系，做好工程技术信息传递工作；

7）负责责任范围内的质量记录的编制与管理；

8）项目经理交办的其他工作。

（4）质量安全监督员的质量职责

1）依据我单位的质量管理程序文件及相关规范、法规，全面负责项目的质量安全监督管理工作，监督不合格品的整改，参加项目的质量改进工作；

2）参与进场职工安全教育，督促执行安全责任制及安全措施，定期组织质量安全检查，并发出质量安全检查通报。调查处理违章事故，提交项目质量安全报告；

3）负责设置现场安全标志，监督项目的各种安全质量措施及操作规程的执行；

4）领导交办的其他工作。

（5）工长质量职责

1）参与施工方案的编制及实施；

2）编制施工计划，报项目经理综合平衡后实施；

3）熟悉度掌握设计图纸、施工规范、规程、质量标准和施工工艺，向班组工人进行技术交底，监督指导工人的实际操作；

4）按施工方案、技术要求和施工程序及作业指导书组织施工；

5）合理使用劳动力，掌握工作中的质量动态情况，组织操作工人进行质量的自检、互检；

6）检查班组的施工质量，制止违反施工程序和规范的行为；

7）参与上级组织的质量检查评定工作，并办理签证手续；

8）对因施工质量造成的损失，要迅速调查、分析原因、评估损失、制订纠正措施和方法，经上级技术负责人批准后及时处理；

9）负责现场文明施工及安全交底；

10）做好成品保护；

11）运用适当的统计技术对工序和产品进行统计分析；

12）负责责任范围内的质量记录的编制和管理；

13）项目经理交办的其他职责。

（6）机械设备管理员质量职责

1）根据施工要求提出设备需用计划，并提交设备租赁站和其他有关部门；

2）办理机械进场手续；

3）负责机械设备的使用、维修和日常保养工作，对不能解决的设备维修及时报设备租赁站协助解决；

4）负责机械设备安全措施的落实；

5）督促机械工填写机械运转记录并审核；

6）对分包商机械设备是否按施工平面图、现场文明施工规定布置，是否符合安全规定进行督促检查；

7）定期组织机操工安全学习；

8）负责责任范围内的质量记录的编制和管理；

9）项目经理交办的其他职责。

（7）材料员质量职责

1）按施工进度计划平衡后，编制并向料具租赁站申报材料分阶段使用计划，或向采购员提供物资需用计划；

2）负责落实原材料、半成品的外加工定货的质量和供应时间，并做好原材料、半成品的保护；

3）规定现场材料使用办法及重要物资的贮存保管计划；

4）对进场材料的规格、质量、数量进行把关；

5）负责现场料具的验收、保管、发放工作，按现场平面布置图做好堆放工作；

6）严格执行限额领料制，做好限额领料单的审核、发料和结算工作，建立工程耗料台账，严格控制工程用料；

7）负责制定降低材料成本措施并执行；

8）及时收集资料和原始记录，按时、全面、准确上报各项资料；

9）负责责任范围内的质量记录的编制和管理；

10）项目经理交办的其他职责。

13.3 钢结构制作工程质量保证措施

我们将在加工制作工厂派驻质量管理监管人员，对构件制作加工质量进行管理监督，以确保加工质量。

（1）钢结构制作工程质量保证措施

1）在钢结构加工制作的全过程中，除了严格执行设计图纸、技术文件规定的技术要求及有关规范、标准所规定的要求外，还将确立质量目标，用历年工程所积累的成熟制作工艺、检测手段，确保工程总体质量；

2）在钢结构放样、制作、拼装过程中，采用同一把经检定的合格量具，确保尺寸精度；

3）钢屋架所用钢材全部进行预埋处理，以确保制作过程中的防锈和下道涂装质量；

4）板材的对接焊缝尽量采用自动焊，角焊缝尽量采用半自动焊，运用工厂工程制作保证体系，选派有丰富经验持证焊工、探伤人员上岗；

5）编制详细的施工工艺，并实行监督和反馈制度；

6）专材专用，钢材、油漆、焊条及其他材料具有质量证明书，并按使用区域逐项登记。

（2）钢结构制作、拼装、焊接及油漆工程质量控制程序

质量的保证依赖于科学的管理和严格的要求，为此，制定本工程钢结构制作、拼装、焊接及油漆工程质量控制程序图。如图 13-2～图 13-5 所示。

（3）预应力钢索施工、检测质量保证措施

1）预应力拉索和锚具要按规定进行抽检，并具备出厂合格证明等有关保证资料；

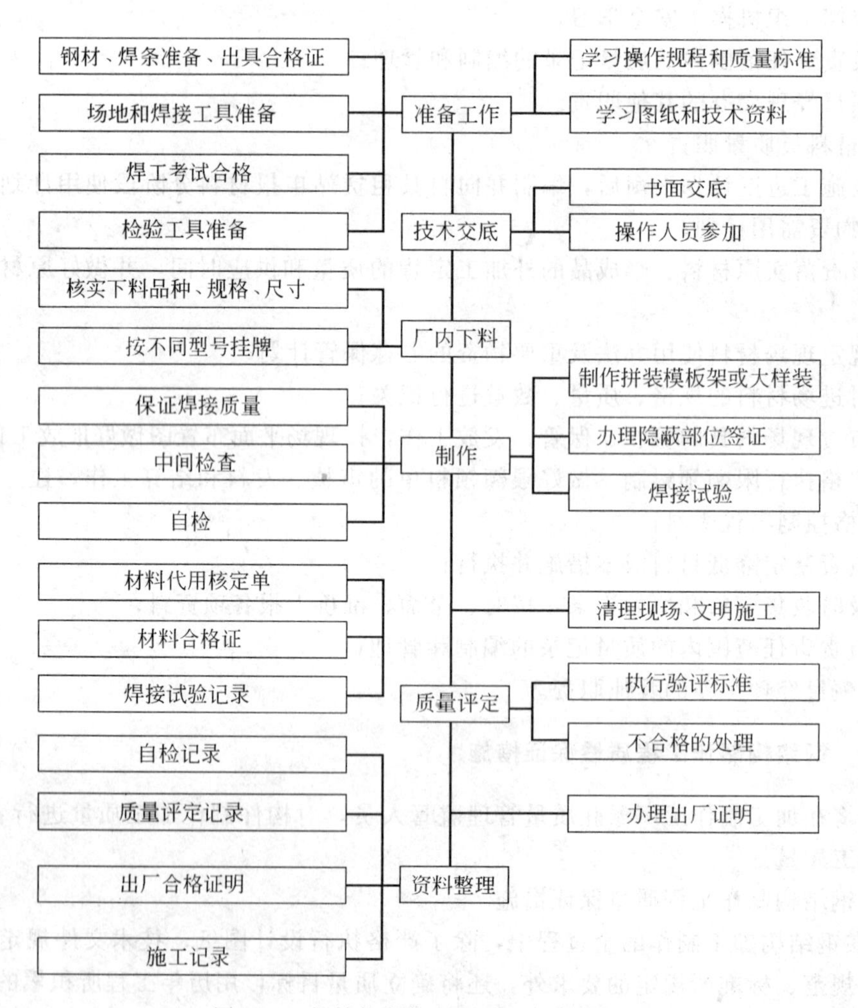

图 13-2 钢结构制作工程质量程序控制图

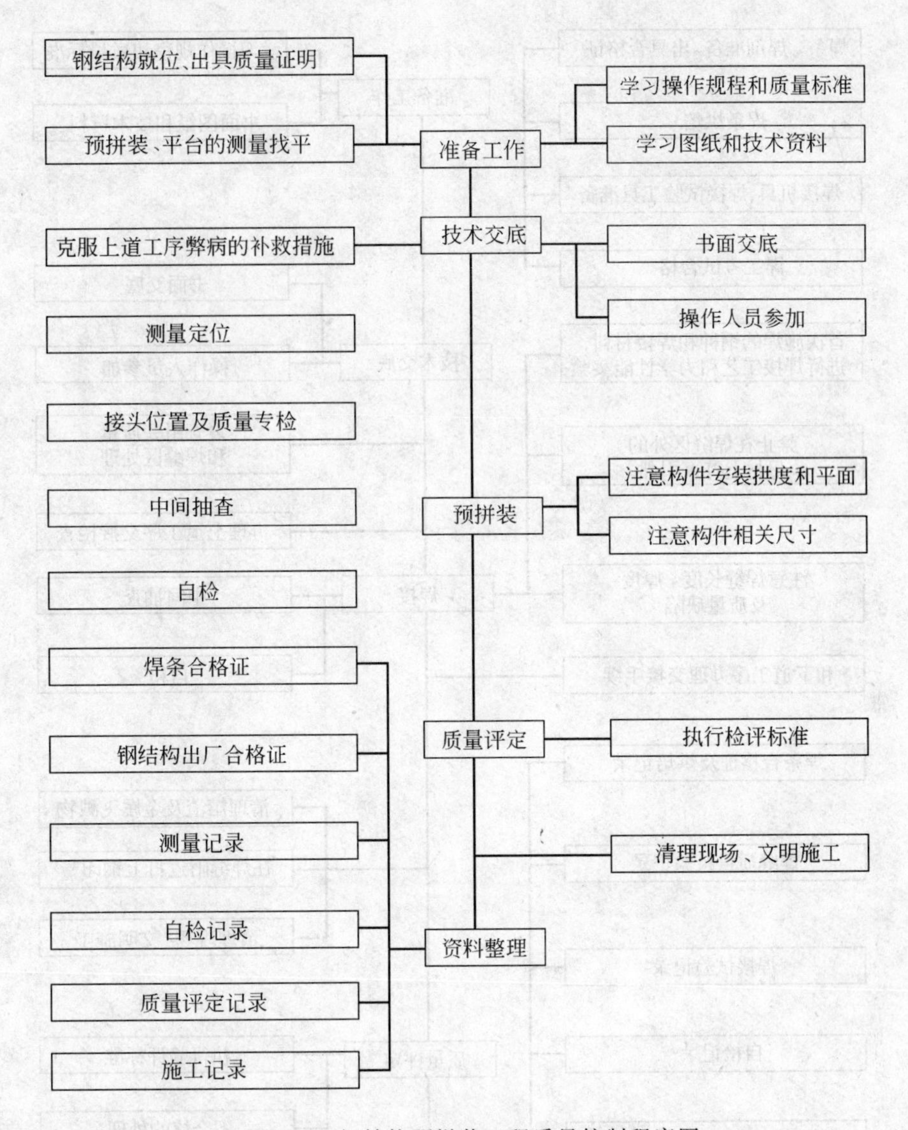

图 13-3　钢结构预拼装工程质量控制程序图

2）对所有测试设备按规定进行标定、调试，施工前做好准备；

3）通过计算和理论分析，确定最佳张拉方案；

4）通过建模和计算分析，确定张拉力大小对相邻桁架的交叉索力影响范围及张拉索力损失的规律；

5）对拉索施工按施工安装和最终设计分析阶段分别分级进行，减少损失误差；

6）所有安装人员由专业技术工人组成，具备多个大型预应力工程施工经验；

7）对所有施工人员认真进行技术交底，做好作业指导书等技术准备工作；

8）为保证测试原始数据采集的准确性，激振应控制在一定的幅度，注意避免背景干扰，数据采集由专业工程技术人员进行；

9）认真进行成品保护，物品是130个永久保留的传感器及电缆要认真保护，并在要求的时间内进行检测。

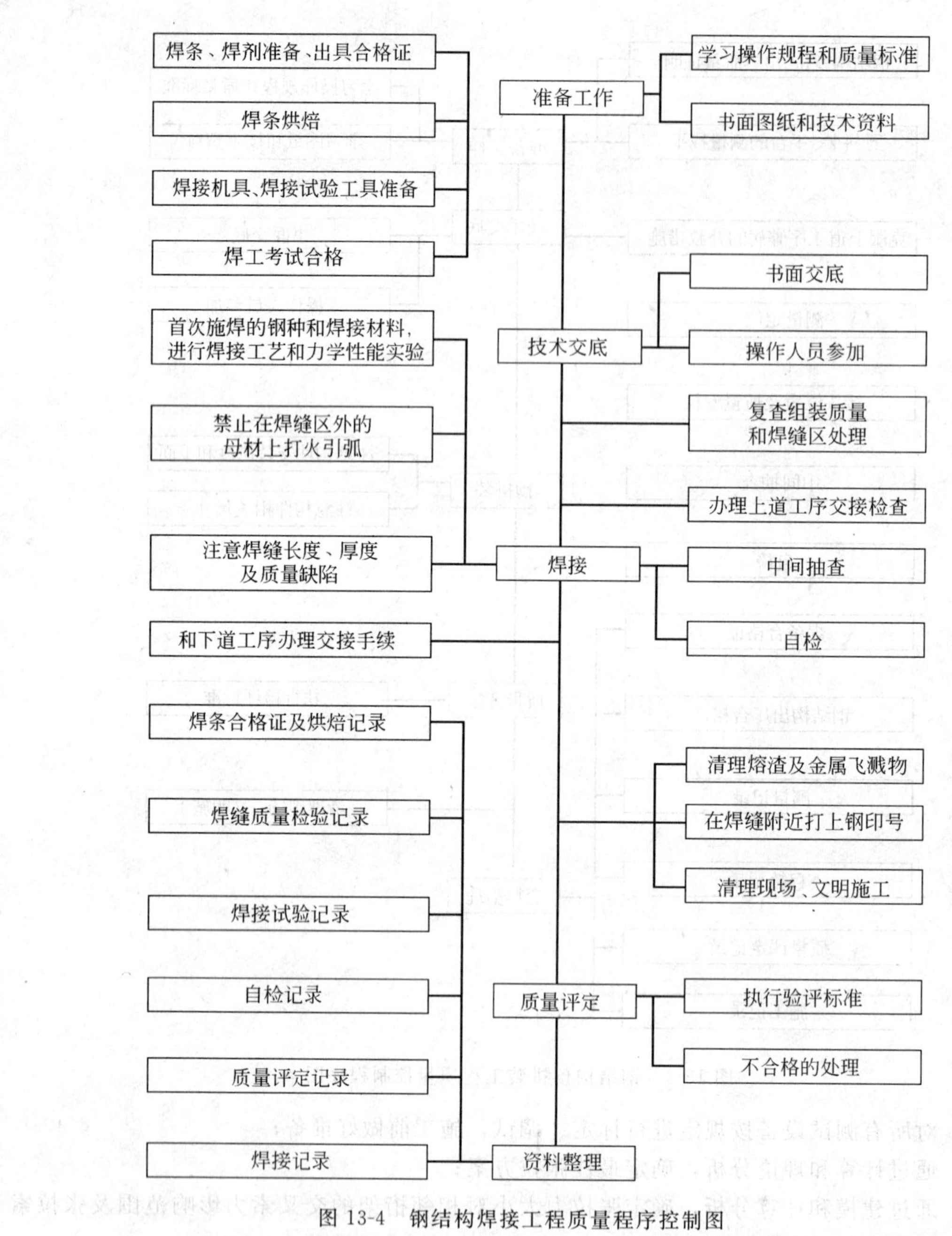

图 13-4　钢结构焊接工程质量程序控制图

13.4　现场钢结构安装质量控制措施

（1）优化施工方案和合理安排施工程序，做好每道工序的质量标准和施工技术交底工作，搞好图纸审查和技术培训工作。

（2）严格控制进场原材料的质量，对钢材等物资除必须有出厂合格证外，尚需经试验进行复检并出具复检合格证明文件，严禁不合格材料用于本工程。

（3）合理配备施工机械，搞好维修保养工作，使机械处于良好的工作状态。

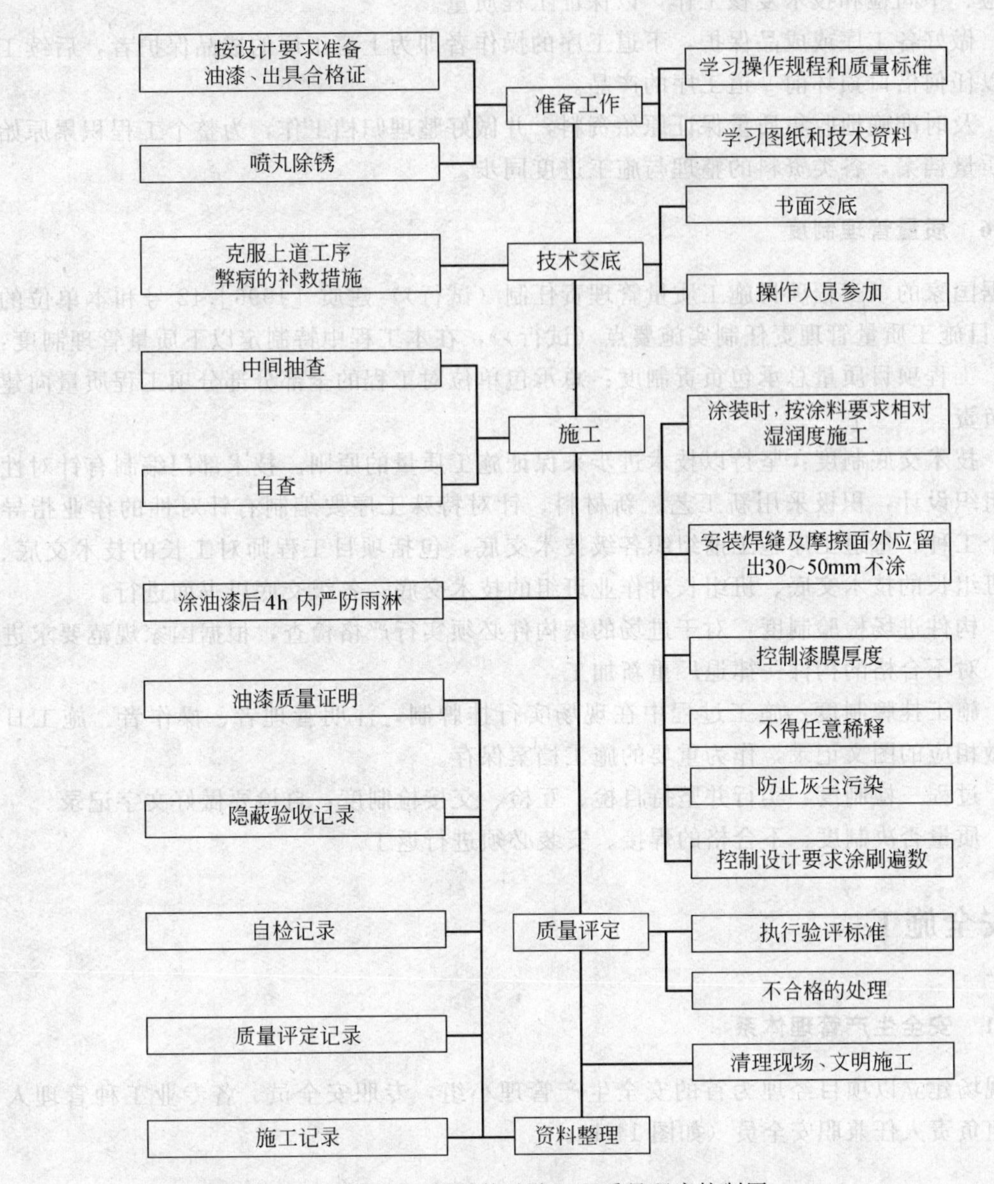

图 13-5　钢结构油漆工程质量程序控制图

(4) 对产品质量实现优质优价，使工程质量与员工的经济利益密切相关。

(5) 采用质量预控法，把质量管理的事后检查转变为事前控制工序及因素，达到“预控为主”。

13.5　施工过程中的质量控制

(1) 加强施工工艺管理，保证工艺过程的先进、合理和相对稳定，以减少和预防质量事故、次品的发生。

(2) 坚持质量检查与验收制度，严格执行“三检制”，上道工序不合格不得进入下道工序施工，对于质量容易波动，容易产生质量通病或对工程质量影响比较大的部位和环节加强预检、中间检和技术复核工作，以保证工程质量。

（3）做好各工序或成品保护，下道工序的操作者即为上道工序的成品保护者，后续工序不得以任何借口损坏前一道工序的产品。

（4）及时准确地收集质量保证原始资料，并做好整理归档工作，为整个工程积累原始准确的质量档案，各类资料的整理与施工进度同步。

13.6　质量管理制度

根据国家的《工程项目施工质量管理责任制（试行）》建质［1996］42号和本单位的《工程项目施工质量管理责任制实施要点（试行）》，在本工程中特制定以下质量管理制度：

（1）工程项目质量总承包负责制度：总承包单位对工程的全部分部分项工程质量向建设单位负责。

（2）技术交底制度：坚持以技术进步来保证施工质量的原则。技术部门编制有针对性的施工组织设计，积极采用新工艺、新材料、针对特殊工序要编制有针对性的作业指导书。每个工种、每道工序施工前组织各级技术交底，包括项目工程师对工长的技术交底、工长对班组长的技术交底、班组长对作业班组的技术交底。各级交底以书面进行。

（3）构件进场检验制度：对于进场的钢构件必须实行严格检查，根据国家规范要求进行检查，对不合格的构件一律退厂重新加工。

（4）施工挂牌制度：施工过程中在现场实行挂牌制，注明管理者、操作者、施工日期，并做相应的图文记录，作为重要的施工档案保存。

（5）过程三检制度：实行并坚持自检、互检、交接检制度，自检要做好文字记录。

（6）质量否决制度：不合格的焊接、安装必须进行返工。

14　安全施工

14.1　安全生产管理体系

在现场建立以项目经理为首的安全生产管理小组，专职安全员、各专业工种管理人员，班组负责人任兼职安全员（如图14-1）。

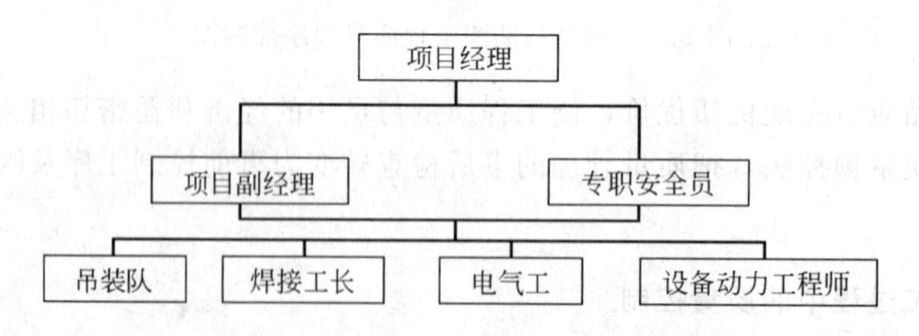

图14-1　安全生产管理系统

确定各管理人员安全生产岗位责任，主要内容见下：

（1）项目经理（项目安全第一责任人）职责

1）负责贯彻执行国家及上级有关安全生产的方针、政策、法律、法规、批示和决定；

2）督促本项目工程技术人员、工长及班组长在各项目的职责范围内做好安全工作，不违章指挥；

3）组织制定或修订项目安全管理制度和安全技术规程，编制项目安全技术措施计划并组织实施；

4）在组织项目工程业务承包，确定安全工作的管理体制，明确各业务承包人的安全责任和考核指标，支持、指导安全管理人员的工作；

5）健全和完善用工管理手续，录用外包队必须经局批准；认真做好专业队和上岗人员安全教育，保证他们的健康和安全；

6）组织落实施工组织设计中安全技术措施，组织并监督项目工程施工中安全技术交底制度和设备、设施验收制度的实施；

7）领导、组织施工现场定期的安全生产检查，发现施工生产中不安全问题组织制定措施，及时解决；对上级提出的生产与管理方面的问题要定时、定人、定措施予以解决；

8）不打折扣地提取和用好安全防护措施费，落实各项安全防护措施，实行工地安全达标；

9）每天亲临现场巡查工地，发现问题通过整改指令书向工长或班组长交待；

10）定期召开工地安全工作会，当进度与安全发生矛盾时，必须服从安全；

11）发生事故，要做好现场保护与抢救工作，及时上报，组织配合事故的调查，认真落实制定的防范措施，吸取事故教训。

(2) 项目副经理（项目安全生产直接责任人）职责

1）认真执行本企业的领导和安全部门在安全生产方面的指示和规定，对本项目的职工在生产中的安全健康负全面责任；

2）在计划、布置、检查、总结和评比安全生产工作的同时计划、布置、检查、总结和评比安全生产工作；

3）经常检查生产现场和建筑物、机械设备及其安全装置、钢管架、工夹具、原材料、成品、工作地点以及生活设施等是否符合安全卫生要求；

4）按时提出本项目安全技术措施计划项目，经上级批准后负责对措施项目的实施；

5）制定和修订本项目的安全管理制度，经安全科审查，提出意见，企业主管领导或安委会批准后负责执行；

6）经常对本项目职工进行安全生产思想和技术教育，对新调入项目的工人进行安全生产现场教育；对特种作业的工人，必须严格训练，经考试合格并持有操作合格证，方可独立操作；

7）发生事故时，应及时向主管领导和安全部门报告，并协助企业领导和安全部门进行事故的调查、登记和分析处理工作；

8）开展各项安全管理工作，制定具体的安全管理措施；

9）定期向安全第一责任人填报季度报告书。

(3) 专职安全员的职责

1）认真执行国家有关安全生产方针、政策和企业各项规章制度；

2）督促项目财务提足安全技术措施费，做到专款专用；

3）每天对各施工作业点进行安全检查，掌握安全生产情况，查出安全隐患，及时提出整改意见和措施，制止违章指挥和违章作业，遇有严重险情，有权暂停生产，并报告领导处理；

4）参加项目组织的定期安全检查，做好检查记录，及时填写隐患整改通知书，并督促认真进行整改；

5）配合工长开展好安全宣传教育活动，特别是要坚持每周一次的安全活动制度，组织班组认真学习安全技术操作规程；

6）对劳动保护用品、保健食品和清凉饮料的发放使用情况进行监督检查；

7）发生因工伤亡及未遂事故要保护现场，立即上报，并如实向事故调查组反映事故情况；

8）提出安全事故处理意见，并报主管部门。

（4）施工工长的职责

1）认真执行国家有关安全生产的方针、政策和企业的各项规章制度；

2）向班组下达施工任务前，认真向班组进行安全技术交底，并填写安全技术交底单；

3）每天对安排施工任务的作业点进行检查，查出安全隐患及时进行整改，并制止违章作业，遇有险情及时停止生产，并向上级报告；

4）接受上级及安全监督员的监督检查，对上级及安全监督员提出的安全隐患及时安排整改，并监督整改的落实情况；

5）定期对工人进行安全技术教育，防患于未然；

6）领取和发放使用好班组的劳动保护用品、保健食品和清凉饮料等；

7）参加项目组织的安全生产检查，对检查中发现的问题及时进行整改；

8）发生因工伤亡及未遂事故要保护好现场，立即上报，并配合事故的调查。

14.2 现场安全施工管理

（1）施工现场安全生产交底

1）贯彻执行劳动保护、安全生产、消防工作的各类法规、条例、规定，遵守局、工地的安全生产制度、规定、要求。

2）施工负责人必须对职工进行安全生产教育，增强法制观念和提高职工的安全生产思想意识及自我保护能力，自觉遵守安全纪律、安全生产制度，服从安全生产管理。

3）所有的施工及管理人员必须严格遵守安全生产六大纪律，正确穿戴和使用好劳动防护用品。

4）认真贯彻执行工地分部分项、工种及施工技术交底要求。施工负责人必须检查具体施工人员的落实情况，并经常性督促、指导，确保施工安全。

5）施工负责人应对所属施工及生活区域的施工安全、质量、防火、治安、生活卫生各方面全面负责。

6）按规定做好“三上岗”、“一讲评”活动，即做好上岗交底、上岗检查、上岗记录及周安全活动，定期检查工地安全活动、安全防火、生活卫生，做好检查活动的有关记录。

7）对施工区域、作业环境、操作设施设备、工具用具等，必须认真检查发现问题和隐患，立即停止施工并落实整改，确认安全后方准施工。

8）机械设备、脚手架等设施，使用前需经有关单位按规定验收，并做好验收及交付使用的书面手续，严禁在未经验收或验收不合格的情况下投入使用。

9）对于施工现场的脚手架、设施、设备的各种安全设施、安全标志和警告牌等不得擅自拆除、更动，必须经规定负责人及安全管理员的同意，并采取必要、可靠的安全措施后方能拆除。

10）特殊工种的操作人员必须按规定经有关部门培训，考核合格后持有效证件上岗作业。起重吊装人员遵守“十不吊”规定，严禁不懂电气、机械的人员擅自操作、使用电器、机械设备。

11）必须严格执行各类防火防爆制度，易燃易爆场所严禁吸烟及动用明火，消防器材不准挪作他用。电焊、气割作业应按规定办理动火审批手续，严格遵守十不烧规定，严禁使用电炉。冬期作业如必须采用明火加热的防冻措施时，应取得工地防火主管人员同意。配备有一定数量干粉灭火器，落实防火、防中毒措施，并指派专人值班。

12）工地电气设备，在使用前应先进行检查，如不符合安全使用规定时应及时整改，整改合格后方准使用，严禁擅自乱拖乱拉私接电气线路。

13）其他未经交底人员一律不准上岗，新进人员上岗，须经施工负责人作补充交底。

（2）现场安全生产技术措施

1）要在职工中牢牢树立起安全第一的思想，认识到安全生产，文明施工的重要性，做到每天班前教育、班前总结、班前检查，严格执行安全生产三级教育；

2）进入施工现场必须戴安全帽，高空作业必须系好安全带；

3）吊装前起重指挥要仔细检查吊具是否符合规格要求，是否有损伤，所有起重指挥及操作人员必须持证上岗；

4）高空操作人员应符合超高层施工体质要求，开工前检查身体；

5）高空作业人员应佩戴工具袋，工具应放在工具袋中不得放在钢梁或易失落的地方，所有手动（如手锤、扳手、撬棍），应穿上绳子套在安全带或手腕上，防止失落，伤及他人；

6）钢结构是良好导电体，四周应接地良好，施工用的电源线必须是胶皮电缆线，所有电动设备应安装漏电保护开关，严格遵守安全用电操作规程；

7）高空作业人员严禁带病作业，禁止酒后作业，并做好防暑降温工作；

8）吊装时应架设风速仪，风力超过6级或雷雨时应禁止吊装，夜间吊装必须保证足够的照明，构件不得悬空过夜；

9）CO_2 及乙炔属易爆、易燃物品，应妥善保管，严禁在明火附近作业，严禁吸烟；

10）焊接平台搭设后应做好防火措施，防止火花飞溅。

14.3 安全保障设施

体育馆钢结构安装高空作业量大，需用安全设施多，为确保施工安全，现场将组建专业安全班组，负责工程安装中所需的一切安全设施的搭设。工程中安全设施主要为以下内容：

（1）主桁架、辐射桁架高空拼装、焊接的安全设施

主桁架、辐射桁架高空拼装处均有从楼板或底板搭设起的临时支撑平台，此支撑平台

也将是各施工人员上施工作业面通道，拼装作业面、焊接作业处将搭设安全通道、作业平台铺板、安全挑网及挂设灭火设施。

（2）辐射桁架吊装、焊接、钢索安装安全设施

1）所有的辐射桁架在吊装前，于地面安装通道扶手钢丝绳，便于施工人员行走时挂安全带。

2）钢索安装时，人员使用软梯上下辐射桁架，在专用的非承重脚手架钢管平台上安装、张拉钢索。

3）主场馆辐射桁架与主桁架拼装，接点处安装焊接平台，主桁架在吊装前，于地面在辐射桁架对接点处搭设脚手架平台，便于辐射桁架的吊装及焊接。

（3）现场防火及台风、水灾、地震的防护

1）气象机关发布暴雨、台风警报后，守卫及有关单位应随时注意收听报告台风动向的广播，转告项目经理或审查主管。

2）台风接近本地区之前，应采取如下预防措施：

① 关闭门窗，如有特别防范设备，亦应装上，井架、外架上绑扎防护物并与建筑物拉结牢固；

② 熄灭炉火，关闭不必要电源或煤气；

③ 重要文件及物品放置于安全地点；

④ 放在室外淋雨易损坏的物品，应搬进室内或加以适当遮盖；

⑤ 准备手电筒、蜡烛、油灯等照明物品及雨衣、雨鞋等雨具；

⑥ 门窗有损坏应紧急修缮，并加固房屋屋面及危墙；

⑦ 指定必要人员集中待命，准备抢救灾情；

⑧ 准备必要药品及干粮。

3）强台风袭击时，应采取下列措施：

① 关闭电源或煤气来源；

② 非绝对必要不可生火，生火时应严格戒备；

③ 重要文件或物品应有专人看管；

④ 门窗破坏时，警戒人员应采取紧急措施；

⑤ 为防止雷灾，易燃物不应放在高处，以免落地，造成灾害；

⑥ 为防止被洪水冲击之处，应采取紧急预防措施。

15　文明施工

15.1　文明施工管理细则

（1）建立文明施工管理机构

成立现场文明施工管理组织，按生产区和生活区划分文明施工责任区，并落实人员，定期组织检查评比，制定奖罚制度，切实落实执行文明施工细则及奖罚制度。

（2）建立健全施工计划及总平面管理制度

1）认真编制施工单位时间的作业计划，合理安排施工程序，并建立工程工期考核记

录，以确保总工期目标的实现；

2）按现场总平面布置要求，切实做好总平面管理工作，定期检查执行情况，并按有关现场文明施工考证办法进行考核。

（3）建立健全质量安全管理制度

1）建立质量安全管理制度，严格执行岗位责任制严格执行“三检”（自检、互检、交接检）和挂牌制度，特殊工种人员应持证上岗，进场前进行专业技术培训，经考试合格后方可使用；

2）严格执行现场安全生产有关管理制度，建立奖罚措施，并定期检查考核。

（4）建立健全现场技术管理制度

1）工程开工前，依据施工图纸及有关规范等要求，编制实施阶段施工组织设计及单项作业设计，并严格执行；

2）严格执行各级技术交底制度，施工前，认真进行技术部门对项目交底、项目技术负责人对工长交底、工长对作业班组的技术交底工作；

3）分项工程严格按照单项作业设计及标准操作工艺施工，每道工艺要认真做好过程控制，以确保工程质量。

（5）建立健全现场材料管理制度

1）严格按照现场平面布置图要求堆放原材料、半成品、成品及料具，现场仓库内外整洁干净，防潮、防腐、防火物品应及时入库保管，各杆件、构件必须分类按规格编号堆放，做到妥善保管、使用方便；

2）及时回收拼装余料，做到工完场清，余料统一堆放，以保证现场整洁；

3）现场各类材料要做到账物相符，并有材质证明，证物相符。

（6）建立健全现场机械管理制度

1）进入现场的机械设备应按施工平面布置图要求进行设置，严格执行《建筑机械使用安全技术规程》（JGJ 33—86）；

2）认真做好机械设备保养及维修工作，并认真做好记录；

3）设置专职机械管理人员，负责现场机械管理工作。

（7）施工现场场容要求

1）加强现场场容管理，现场做到整洁、干净、节约、安全，施工秩序良好，现场道路必须保持畅通无阻，保证物质材料顺利进退场，场地应整洁，无施工垃圾，场地及道路定期洒水，降低灰尘对环境的污染；

2）积极遵守广州市地方政府对夜间施工的有关规定，尽量减少夜间施工。若为加快施工进度或其他原因必须安排夜间施工的，则必须先办理“夜间施工许可证”再进行施工，并采取有效措施，尽量减少噪声污染；

3）施工现场内设置公共厕所，并设置化粪池，污水经处理后方可排入市政污水管道；

4）现场设置生活及施工垃圾场，垃圾分类堆放，经处理后方可运至环卫部门指定的垃圾堆放点。

15.2 文明施工检查措施

（1）检查时间

项目现场文明施工管理组每周对施工现场做一次全面的文明施工检查，生产技术部门组织有关职能部门每月对项目进行一次文明施工大检查。

(2) 检查内容

施工现场文明施工的执行情况，包括质量安全、技术管理、材料管理、机械管理、场容场貌等方面的检查。

(3) 检查方法

除定期对现场文明施工进行检查之外，还应不定期地进行抽查，每次抽查应针对上次检查出现的问题作重点检查，确认是否已做了相应的整改。对于屡次出现并整改不合格的，应当进行相应惩戒。检查采用百分制记分评分的形式。每次检查认真做好记录，指出其不足之处，限期责任人整改合格，并落实整改情况。

(4) 奖惩措施

为了鼓励先进、鞭策后进，将现场文明施工落到实处，制定现场文明施工奖罚措施，对每次检查中做的好的进行奖励，差的进行惩罚，并敦促其改进，明确有关责任人的责、权、利，实行三者挂钩。

16　成品保护措施

16.1　成品保护组织机构

本工程工期紧，如何进行成品保护必将对整个工程的质量产生其重要的影响，必须重视并妥善地进行好成品保护工作，才能保证工程优质高速地进行施工。这就要求我们成立成品保护专项管理机构，协调屋架制作及其他业主指定分包单位一致动作，有序地进行穿插施工，对制作、运输堆放、拼装、吊装及已完部分进行有效保护，确保整个工程的质量及工期。

成品保护管理组织机构是确保成品、半成品保护，得以顺利进行的关键。拟由安装单位组织牵头，制作单位、屋面板安装单位、机电施工单位及土建单位参与，共同进行成品、半成品保护，由业主或监理单位最终评价。

成品保护管理组织机构首先根据实际情况制定具体的成品、半成品保护措施及奖罚制度，落实责任单位或个人；然后定期检查，督促落实具体的保护措施，并根据检查结果，对贡献大的单位或个人给予奖励，对保护措施不得力的单位或个人，采取相应的处罚手段。

16.2　成品保护的实施措施

工程施工过程中，制作、运输、拼装、吊装及机电和屋面板施工单位均需制定详细的成品、半成品保护措施，防止屋架变形及表面油漆破坏等，任何单位或个人忽视了此项工作均将对工程顺利开展带来不利影响，因此，制定以下成品保护措施：

(1) 防止变形

纵向主桁架、辐射桁架在运输、堆放过程中建议设计专用胎架，拼装时必须设计专用胎架。转运和吊装时吊点及堆放时搁置点的选择均须通过计算确定，确保桁架各杆件内力及变形不超出允许范围。辐射桁架堆放时应立放。

运输、转运、堆放、拼装、吊装过程中应防止碰撞、冲击而产生局部变形，影响构件质量。

(2) 禁止随意割焊

施工过程中，任何单位或个人均不得任意割焊。凡需对构件进行割焊时，均须提出局面原因及割焊方案，报监理单位或设计院批准备后实施。

(3) 防止油漆破坏

所有构件在运输、转运、堆放、拼装及安装过程中，均需轻微动作。搁置点、捆绑点均需加软垫。

屋架安装就位后，机电、屋面板安装单位在穿插施工中，应特别注意交叉施工部位的保护，任何人均不得随意敲打杆件。现场禁止随意动火。

17 总承包管理与协调

17.1 总则

根据招标文件要求，总承包单位应负责与设计单位的技术协调管理；负责与屋架加工单位协调加工、运输的计划安排及管理，提供构件的堆放场地，对屋架工程施工安全性、可行性检查；负责预应力拉索的分析计算及屋盖在不同工况下的内力、位移的分析计算；负责与屋面板安装单位及土建、水电、设备安装单位的施工协调；对工程质量督促检查、验收；负责竣工资料归档等管理责任。

为此，项目成立总包管理部，负责承包范围内的工程施工管理及履行总包责任。

对于总包责任的履行，我们主要从两个方面来实现：

(1) 通过施工现场内部施工各方的相互协调配合来实现。

由于我们负责施工钢屋架安装、预应力拉索张拉等工程，这部分是整个工程的骨架，其施工对整个工程的质量、进度等都起着至关重要的作用，因此，我们通过加强承包范围内工程的施工管理，尽量创造施工作业面，为分包单位创造条件；同时，为分包单位提供垂直运输工具等配合其施工，并且要求分包单位在我单位总体施工部署指导下有条不紊地进行其各自的施工，凡事从大局出发，从整个工程的施工利益出发，从业主的利益出发，与我单位紧密配合，团结一致，为高速、优质、安全、文明完成整个工程的施工任务这一共同目标而努力。

(2) 通过我单位与参加该工程项目建设的其他各方包括业主、设计单位、监理单位等的合作，以及与地方政府各主管部门包括质监站、建委、城监部门、环卫部门等的配合协作，和与施工现场周围的各社会团体组织、企事业单位、居民等建立良好的社区关系，保证有良好的外部条件和施工氛围来实现。

17.2 与施工各方相互协调、管理

(1) 与设计单位的技术协调

1) 负责细化屋架吊装方案及预应力拉索施工方案，经清华大学专家组验算后提交设计院审核，确保施工工况满足设计要求；

2) 负责安装节点细化设计，并提交设计院审查；

3) 参加图纸会审，负责将我方疑问提交设计院澄清。

（2）与屋架制作单位的管理协调

1）屋架制作单位作为业主指定分包单位，总承包单位负有不可推卸的总包管理责任；

2）制定钢屋架进场计划，负责提供堆放场地及组装场地；

3）派专职驻厂监督员，监控其采购的原材料质量及加工制作质量，并负责出厂验收，严禁不合格构件出厂；

4）对进入现场的构件进行严格的质量检查，并做好记录，严禁不合格构件进场；

5）审查拼装方案，监控拼装质量；对移交我单位的拼装好的构件进行严格的质量检查，并做好记录，严禁不合格构件用于工程上；

6）提供必要的生产临时设施和水电接驳点。

（3）与屋面板安装单位及土建、水电、设备安装单位的施工协调

1）平衡协调施工顺序、施工进度；

2）清除施工场地障碍，提供必要的工作面，提供水、电接驳点；

3）在总承包单位现场施工期间，提供必要的施工用临时设施；

4）上述单位提出的其他专业配合。

（4）与清华大学专家组的协调

清华大学专家组作为技术依托单位，参与项目决策。

1）对我单位的安装节点细化设计提出建设性意见；

2）负责对我单位细化的屋架吊装方案中，各构件在安装过程中的主要工况计算，并提出相应的加固措施；

3）负责为支撑拉索施工方案提供计算依据或理论推导；

4）负责对屋盖形成共同受力的空间结构，拆除临时钢支撑后屋盖下沉量计算，并提出控制措施。

（5）与拉索分包单位的协调

拉索施工单位作为我们的分包单位，我们应负全面管理责任，并负责对其产品进行验收。

1）负责审查其施工方案，并对其正确性负责；

2）负责提供必要的生产和生活临时设施及水、电接驳点；

3）负责清除施工场地障碍，提供工作面及运输条件；

4）按我单位的总控网络计划，平衡协调其施工进度；

5）负责其施工的工程验收和成品保护；

6）负责各种工程技术档案资料的收集和整理。

17.3　项目主要人员总承包管理职责

（1）项目经理

1）主持编制项目总包责任管理方案，确定项目管理的目标与方针；

2）确定项目总包责任管理组织机构的构成并配备人员，制定规章制度，明确有关人员的职责，组织项目经理部开展工作；

3）及时、适当地作出项目管理决策，其主要内容包括人事任免决策、重大技术方案决策、财务工作决策、资源调配决策、工期进度决策及变更决策等；

4）审批各分包商的技术方案与管理方案，并监督协调其实施行为；

5）与业主、监理保持经常接触，解决随机出现的各种问题，替业主、监理排忧解难，确保业主利益；

6）积极处理好与项目所在地政府部门及当地街道居委会的关系，确保当地政府部门利益并促使本项目成为“爱民工程”。

（2）项目总工程师

1）在项目经理领导下，具体主持项目质量管理保证体系的建立，并进行质量职能分配，落实质量责任制；

2）审核各分包商的施工组织与施工方案，并协调各分包商之间的技术质量问题；

3）与设计、监理及清华专家组保持经常沟通，保证设计、监理的要求与指令在各分包商中贯彻实施；

4）组织技术骨干力量对本项目的关键技术难题进行科技攻关，进行新工艺、新技术的研究，确保本项目顺利进行；

5）组织有关人员对材料、设备的供货、质量进行监督、验收、认可，对不合格者坚决退货；

6）及时组织技术人员解决工程施工中出现的技术问题。组织安全管理人员监督整个工程项目的施工安全，保证施工安全与工程质量。

（3）项目副经理

1）全面组织管理施工现场的生产活动，合理调配劳动力资源；

2）负责使项目的生产组织、生产管理和生产活动符合施工方案的实施要求；

3）负责项目的安全生产活动，管理项目的安全管理组织体系；

4）协调各分包商及作业队伍之间的进度矛盾及现场作业面冲突，使各分包商之间的现场施工有序、合理地进行；

5）具体抓住项目的进度管理，从计划进度、实际进度和进度调整等多方面进行控制，确保项目如期施工；

6）进行施工现场的标准化管理，确保本工地达到市文明工地称号。

（4）材料组与机电队

1）按质量要求和施工方案，提供合格的机械设备与材料；

2）强化原材料、半成品的质量管理。提高设备的完好率及使用率，杜绝设备带病运转；

3）严格控制无质保文件和不符合技术规范指标的材料投入施工，对不合格材料一律拒之门外；

4）实施工程现场管理标准化，对材料设备的堆放安置做出科学合理的安排，使操作现场的工作环境不影响工程施工质量。

（5）质安监理组

1）按质量文件与合同要求，实施全过程的质量控制和检查、监督工作；

2）负责对分部、分项工程及最终产品的检验，并参与最终产品的质量评定工作，独立行使施工过程中的质量监督权力；

3）负责项目的安全生产工作；

4）负责各种质量记录资料的填制、收集、立卷工作；

5）对施工全过程进行质量控制，对不合格产品坚决不予放行，待其进行整改后再进行检查验收；

6）负责对各分包商的工作进行质量安全监督，确保整个工程的施工质量与安全。

（6）预算、成本员

1）具体实施项目的合同管理；

2）编制项目预决算，并进行工程款的收取与支付；

3）做好项目成本管理，合理组织资金周转；

4）做好成本分析计算，为项目经理提供决策依据；

5）组织进行经济类台账报表的记载、分析与上报工作。

（7）项目资料员

1）负责文件的资料的登记、分办、催办、签收、用印、传递、立卷、归档和销毁等工作；

2）来往文件资料收发应及时登入台账，视文件资料的内容和性质，准确、及时递交项目经理、业主、设计、监理和有关部门指示和办理；

3）负责接收各部门文件资料责任人按阶段递交的已立卷的文件资料，并按规定进行审核、归档和保管；

4）注意保密的原则；

5）在工程竣工后，负责文件资料立卷移交业主。

17.4 对分包管理总体措施

（1）管理人员将认真学习合同文本，全面理解和掌握合同文本的要求。

在工程实施中，以合同为依据，自始至终将其贯彻执行到整个施工管理全过程中去，确保工程优质如期完成。

按合同规定的承包施工范围内的工程质量、工期、安全、文明施工等要求，编制详细、完善的施工组织设计，由总工程师签发后，进行实施。

（2）编制施工总进度网络计划，以此有效地对工程进度计划进行总控制。

以总工期为依据，编制工程阶段实施计划（施工准备计划、劳动力进场计划、施工材料、设备、机具进场计划、材料进场计划、各分包工程分包队伍进场计划等）。

各分包编制出分包工程分部分项详细的施工方案，报我局审批同意后实施。

（3）每周定期与分包单位召开一次协调会，解决生产过程中发生的问题和存在的困难。按周计划要求，检查分包每周工作完成情况及布置下周施工生产任务。

现场管理人员与分包管理人员，在施工高峰时，每天收工前开一次碰头会，协商解决当天及第二天生产过程中发生的问题，应由我局负责解决的问题决不拖迟和延期。

施工过程中各类业务联系，除必须口头通知外，我单位均以书面指示书形式及时发给各分包执行。

（4）各分包单位与我单位业务交往过程中，以业务联系单、备忘录等书面形式进行联系，由我单位解决的事将立即处理。

我单位诚恳接受业主、监理对我单位管理工作的指导性意见和要求，相互紧密合作，确保工程顺利进行。

17.5 对分包管理实施细则

(1) 进入现场施工的必备条件

1) 提交由业主确认为指定分包商的证明文件；

2) 分包工程的投标书及投标过程情况说明；

3) 中标通知书；

4) 指定分包商的经营范围及资质等级证书复印件；

5) 填妥"指定分包商情况登记表"；

6) 分包商应按国家法律、法规、法令取得合法地位和资质等级证书；

7) 提交施工许可证复印件，确保施工队伍能进入现场施工；

8) 提交分包工程的施工方案，内容必须包括：

① 施工方案简介；

② 分包工程施工进度计划；

③ 主要技术措施方案；

④ 质量保证措施；

⑤ 安全保证措施；

⑥ 材料设备进场计划；

⑦ 劳动力进场计划。

做到有方案再施工。

9) 提供分包商施工简历；

10) 提供分包商施工组织体系简况；

11) 按合同规定做好分包工程保险等事宜；

12) 分包工程的施工质量过程控制要点；

13) 提供本分包工程的质量、计划编制书；

14) 质量计划与目标；

15) 图纸会审情况及技术交底；

16) 作业指导书及工序控制点；

17) 过程参数和产品特性的监控；

18) 对人、机、料、法、环五大因素的控制；

19) 产品的验收交付；

20) 施工过程的质量监控要点：

① 对作业人员进行工艺过程技术交底，并做好交底记录；

② 实施有关质量检验的规定，并做好质量检验记录；

③ 对工序间的技术接口实行交接手续；

④ 复验原材料、半成品、成品的产品合格证及质保书；

⑤ 做好不合格品处理的记录及纠正和预防措施工作；

⑥ 加强产品保护和施工现场落手清工作；

⑦ 接受我单位和监理单位的检查；

⑧ 认真做好本分包工程的验收交付；
⑨ 按合同规定，做好本分包工程的回访保修工作；
⑩ 重大质量事故应及时向总承包报告，并做出事故分析调查及善后处理事宜。
(2) 分包工程的进度控制要点
1) 编制本分包工程施工进度计划：
① 制定施工方案，明确施工方法的确定，施工顺序的安排；
② 编制施工项目进度计划；
③ 编制资源供应计划，包括物料供应计划、机械设备的进场计划、劳务计划等；
④ 编制图纸深化及送审的进度计划。
2) 执行月报制度：
① 按月向我单位报告本分包工程的执行情况；
② 提交月度施工作业计划；
③ 提交各种资源与进度配合调度状况。
3) 做好协调照管工作：
① 参加有关分包工作协调会议，积极参与对总工期的协调；
② 及时根据我单位工作安排作出进度的调整计划；
③ 在进度上有重大提前及延误应及时向总包责任方报告；
④ 分包在施工过程中向我单位提出的建议，要求及时回复和解决。
(3) 有关安全、消防、现场标准化管理等工作
1) 遵守各种安全生产规程与规定：
① 签订各种安全生产规程与规定；
② 签订本分包工程的安全协议书；
③ 完善和健全安全管理各种台账，强化安全管理软件资料工作；
④ 开展安全教育工作，做好分部（分项）工程技术安全交底工作；
⑤ 特殊工种必须持证上岗；
⑥ 接受我单位安全监控，参与工地的安全检查工作，并落实整改事宜；
⑦ 发生重大伤亡事故的应及时向我单位报告。
2) 做好消防与治安管理工作：
① 开展消防与治安的教育工作；
② 配合总承包做好治安管理工作；
③ 严格执行动火申报制度；
3) 做好现场标准化管理工作：
① 按要求做好场容场貌管理工作，建筑材料设备划区域整齐堆放，施工区域内“工完料尽场地清”；
② 遵守文明施工的有关规定，维护安全防护设施的完好，保持工地卫生、文明，努力做好宿舍卫生工作。

17.6 会议协调安排

现场会议协调安排见表 17-1。

会议协调安排　　　　表 17-1

序号	会议名称	时间	地点	出席范围	负责部门	资　料	备注
1	总计划会	每月一次	另定	总包各部门负责人、分包负责人	内业技术组	月总分包计划文本	邀请业主代表及监理参加
2	工程协调会	每周一次	另定	分包代表、总包内业技术组、安监组	内业技术组	周计划协调纪要	邀请业主代表及监理参加
3	设计协调会	每月一次	另定		内业技术组	出图计划协调纪要	
4	安全巡视会	每月一次	另定	分包负责人、总包代表	质安部	巡视纪要	邀请业主代表及监理参加
5	技术专题会	随机	另定	待通知	内业技术组	专题纪要	邀请业主代表及监理参加
6	联席会		另定	分包代表、总包方代表	项目经理	会议纪要	邀请业主代表及监理参加

17.7　与业主、监理及地方政府主管部门、社区等公共关系处理

（1）项目公共关系对象图

公共关系图如图 17-1。

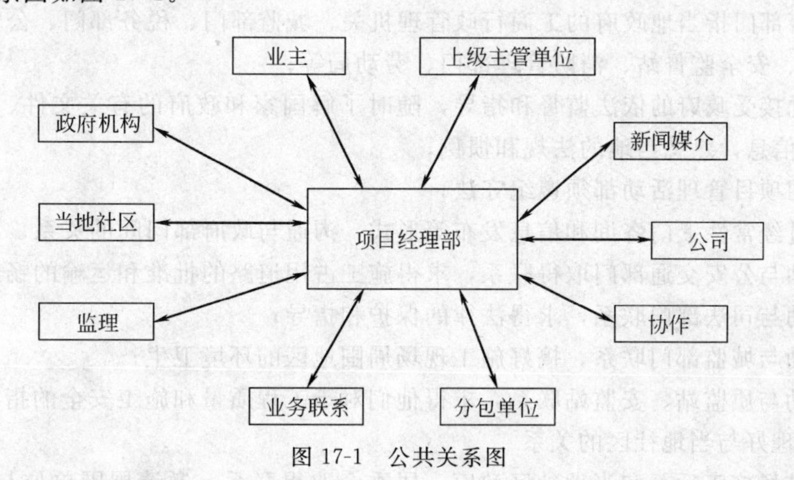

图 17-1　公共关系图

（2）与业主的关系处理

1）项目经理的外部关系中，最主要的是处理好与业主的关系，项目经理部全体人员确认“业主是顾客、是上帝”的观念，把业主期望的工期和工程质量作为核心，为业主建造一流的建筑产品，让业主满意；

2）定期向业主提供工程进度报告，对于合同允许条件下的工程进度延误或超合同条件下施工，必须及时请业主或监理书面认可；

3）为保证项目的顺利建设，应积极与业主交流汇报，主动为业主排忧解难，想业主所想，急业主所急，和业主融洽相处；

4）经常核实项目建设的施工范围是否与签订的标书、与图纸一致；发现有不符的及时查找原因，并请业主或监理核实和签证。

（3）与监理具体工作程序

1）于开工前书面报告施工准备情况，获监理认可后方可开工；

2）开工前，将正式施工组织设计及施工计划报送监理工程师审定；

3）各类检测设备和重要机电设备的进场情况向监理申报，并附上年检合格证明或设备完好证明；

4）施工用各类建筑材料均向监理报送样品、材质证明和有关技术资料，经监理审核批准后再行采购使用；

5）工程隐蔽前，在检查合格的基础上，提前24h书面通知监理；

6）若监理对某些工程质量有疑问，要求复测时，项目总工将给予积极配合，并对检测仪器的使用提供方便；

7）及时向监理报送分部分项工程质量自检资料；

8）若发现质量事故，及时报告监理和业主，并严格按照共同商定的方案进行处理；

9）合同签订后，向监理和业主报送施工图预算；

10）工程全部完工后，经认真自检，再行向监理工程师提交验收申请，经监理复验认可后，转报业主，组织正式竣工验收；

11）在竣工验收前7d，将质量保证资料交监理审查。

（4）与政府部门之间的关系处理

1）政府部门指当地政府的工商行政管理机关、城监部门、税务部门、公安交通部门、质量监督站、安全监督站、消防管理部门、劳动局等；

2）自觉接受政府的依法监督和指导，随时了解国家和政府的有关文件、政策，掌握近期的市场信息，熟悉当地的法规和惯例；

3）一切项目管理活动都须遵纪守法；

4）通过经常性上门咨询和信息发布等形式，沟通与政府部门间的关系；

5）主动与公安交通部门取得联系，求得施工占用道路的批准和运输的畅通；

6）主动与司法部门联系，求得法律的保护和指导；

7）主动与城监部门联系，搞好施工现场周围地区的环境卫生；

8）主动与质监站、安监站联系，求得他们对于工程质量和施工安全的指导与认可。

（5）处理好与当地社区的关系

1）在进场施工后，和当地社区政府、居委会取得联系，邀请周围单位与居民参加座谈会、联欢会、新闻发布会等，听取周围单位与居民的意见，并通报工程的性质、概况和建设意义，求得周围单位与居民的支持与谅解；

2）对受施工影响的单位和居民采取必要的弥补措施；同时，也积极采取预防措施，减少这些危害，尽可能地保护周围单位和居民们的利益；

3）通过赞助和参与的形式，支持当地社区公共事业和活动。

（6）与新闻媒介的关系

通过新闻媒介取得社会对项目建设的了解和支持，并扩大所属企业和项目经理部的社会影响力。

（7）与设计单位的合作关系处理

1）招标文件要求总包负责与设计单位在设计工作方面的协调；

2）施工前，将施工方案送交设计院审阅，征求意见，以便完善；

3）开工前，做好图纸会审工作，领会设计意图，认真听取设计院的交底；施工中，严格按设计图纸实施；

4）对钢屋架及环梁在施工期间不同工况的内力及位移计算书，及时送交设计院审核；

5）做好安装部分的细化设计，满足设计要求；

6）积极主动与设计院联系，解决施工中发现的图纸技术问题；

7）对设计院做出的设计变更及时调整现场施工，予以认真落实。

第二篇

广州新白云国际机场飞机维修设施钢结构工程施工组织设计

编制单位：中建三局钢结构公司

编 制 人：鲍广鑑　王宏　王朝阳　徐重良

【简介】 广州新白云国际机场维修设施钢结构工程采用的计算机控制液压同步提升技术，及其配套的虚拟仿真、地面拼装、提升设计、提升过程的监测与监控技术形成了一整套完整的施工工艺，是我国钢结构施工技术领域的一次创新，该工程的成套技术与安装精度在国内尚无先例，形成了多个创新与发明点，为以后类似的大吨位、大跨度、大面积钢屋盖提升工程提供了宝贵经验，推动了我国建筑钢结构技术的进步。除此之外，该施工组织设计在钢结构某些具体工艺安排及计算方面有详细说明，值得借鉴。

目　录

1 工程概况

1.1 工程简介

工程名称：广州新白云国际机场飞机维修设施工程。

建设单位：广州飞机维修工程有限公司。

建设地点：新机场位于花都区花东镇与白云区人和镇交界处的新机场规划用地红线内。拟建的飞机维修设施工程靠北进场道东侧，紧邻机场东跑道，西边与南方航空股份有限公司机务区相连接。

设计单位：本工程的设计方案由澳大利亚斯塔公司（STRARCH INTERNATIONAL）提供，国内配套的建安工程施工图的设计单位是中国航空工业规划设计研究院。

监理单位：上海市建筑科学研究院建设工程咨询监理部。

1.2 建筑概况

本工程建筑占地面积 55818m²，建筑面积 103413m²。维修机库由 10 号机库、12 号地面设施维修库及其附楼、室外工程、门房等组成。有钢结构、框架结构、网架结构等多种结构形式。其建筑风格与新机场航站楼遥相呼应，三连跨圆拱形的机库顶盖像两个大雁并肩展翅高飞，成为新机场内的标志性建筑之一。

1.2.1 10 号维修机库

10 号维修机库（图 1-1）由维修机库、喷漆机库、航材库和附楼等组成（图中未注明部分为附楼），建筑面积 95120m²。

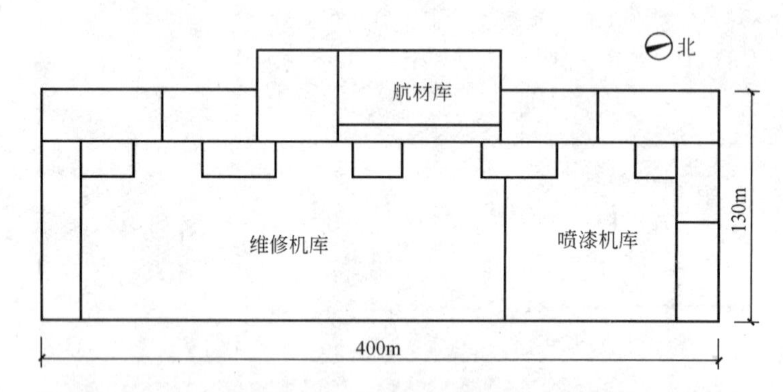

图 1-1 10 号维修机库

机库大厅跨度 100m+150m+100m（自南向北纵跨），进深 96.5m（自东向西横跨），屋架下弦标高 29m，局部 18m，建筑物限高 45m，单层，钢筋混凝土柱，钢桁架屋架。

围绕机库大厅的南、北、西面为一层至五层的附楼，部分楼面预留一层作发展层。附楼用作地面设备存放间、维修间、办公室等，层高 4.2～5.5m。

航材库紧靠附楼西侧，平面尺寸 42m×97.8m，柱网 42m×8m，下弦标高 12.000m，单层，钢筋混凝土柱，钢网架结构。

1.2.2 12号地面设施维修库

12号地面设施维修库是10号飞机维修机库附属建筑之一，位于其西北侧。占地面积6037m^2，建筑面积7234m^2，为单层框架，钢筋混凝土柱，钢网架屋面。附楼为三层框架。网架平面尺寸72m×60m，下弦标高8.8m，建筑物高度13.2m。

1.2.3 14号门房

14号门房与保卫室位于10号机库的西南侧，建筑面积146.5m^2，水池建筑面积127.6m^2。门房平面尺寸8m×16m，建筑高度5.2m。

1.3 结构概况

1.3.1 主机库

10号机库屋盖采用型钢桁架空间体系，支撑于周边混凝土和钢柱上，总重约为8663t(包括钢柱和墙架)，屋盖体系主要由F、M、S、C、B型等型钢桁架组成，钢柱为格构式钢柱。桁架与钢柱采用了适合于整体提升的牛腿结构连接。各类钢结构相关指标见表1-1。

桁架钢结构指标 **表1-1**

序 号	项 目	最大标高(m)	最大跨度(m)	底标高(m)	备 注
1	钢柱	37.3		26.5	
2	F型桁架	37.3	100+150+100	26.8	F1～F6
3	M型桁架	34.3	100	23.3	M1～M2
4	B型桁架	37.3	45	29.3	
5	R型桁架	31.8	45	29.3	
6	S型桁架	37.3	76.5	29.3	
7	C型桁架	33.8	20.56	29.3	
8	T型桁架	34.3	21.25	29.3	
9	TP1型桁架	31.8	20.0	29.3	

机库大厅分为三个区，其主桁架（F型）跨度为100m＋150m＋100m，进深100m。主桁架为长跨箱形空间组合钢桁架，支撑在型钢格构柱上，钢柱下部伸入混凝土矩形柱中。型钢格构柱顶标高为26.5m，下部埋入混凝土柱的长度为4m，最大截面为4.2m×2.0m。混凝土矩形柱最大截面为5.0m×2.8m，混凝土柱顶的最高标高为26.2m。所有桁架均由H型钢栓焊连接组合而成，跨度从76～20m不等。在桁架的上弦设置有高度不同的短钢柱用于支撑曲形屋面，屋面最大标高为44.00m。一、二区(2/A)～K轴线间所有的同类桁架均处于同一标高上，而三区(2/A)～(2/D)轴线间桁架与一、二区桁架处于同一标高，而(2/D)～(H)轴线间桁架降低11m。

1.3.2 航材库

航材库为正放四角锥抽空网架，焊接球节点。网架平面尺寸：96m×42m，网架周边上弦节点支撑于34根下部混凝土柱顶。

1.3.3 十二号维修库

12号维修机库为正放四角锥网架，焊接球节点。网架平面尺寸：72m×62m，网架周边和中部设有混凝土柱支撑网架下弦节点。

1.3.4　不锈钢网架

14号门房结构为正放四角锥螺栓球不锈钢网架结构，位于10号库①～④轴和Ⓒ～Ⓓ轴间，由屋盖网架与墙面网架两部分组成。其中：

(1) 屋盖网架为R=94742mm的弧形屋盖，平面投影尺寸35.550m×12.50m，网架矢高为742～1900mm的变矢高；上弦点支撑在柱顶标高处，支座与柱铰接。

(2) 墙面网架厚度为800mm，上弦点支撑。

1.3.5　其他钢结构

本工程其他钢结构包括：钢楼梯、钢检查走道平台、地沟盖板、室外消防铁爬梯等小型钢结构。

根据工程概况，本工程的难点、重点在10号主飞机维修设施，其余钢结构均为常规工程。因此，本工程所有的工作安排、施工组织、施工方法、施工计划主要以10号主机库施工为重点展开。

1.4　工程特点、难点及施工对策

1.4.1　工程特点、难点

(1) 本工程性质重要、影响大：广州新白云国际机场飞机维修设施工程是全国三大枢纽机场之一的新白云国际机场迁建工程的重要组成部分。

(2) 本工程建筑规模大，面积大，设计先进，技术要求高。

(3) 本工程质量要求高：按照总承包的要求，整体工程要确保“广州市五羊杯”和“广东省优质样板工程”，并争创“鲁班奖”，土建工程必须确保优质。

(4) 本工程工期短：要确保本工程按业主及总承包要求的节点控制工期完成，保证维修机库工程按期投入使用。近万吨钢结构现场安装工期仅145d；同时，还需与土建、安装、幕墙交叉施工，工期紧张，需采用非常合理的施工工艺和施工步骤。

(5) 材料的采购难：本工程主飞机维修设施钢结构采用英钢标准，主桁架的构件采用厚钢板轧制型钢，材料需要全部进口，因材料规格繁多，材料的定货、采购、损耗率的把握都非常困难。

(6) 结构跨度大：机库入口处柱间跨度100～150m，采用型钢组合桁架结构，由两榀10.5m高架型钢组合桁架通过支撑连接成为空间桁架，最大重量近700t，该桁架的制作、安装难度大。

(7) 桁架预拱难：因机库屋盖结构跨度大，在自重作用下桁架下挠值大，设计采用预拱的方法解决。预拱采用设计和拼装预拱，设计预拱所有杆件长度和标高均需重新设计，深化设计和现场拼装控制难度大。

(8) 提升节点设计难和加固复杂：采用提升方案，提升吊点和提升塔架需要计算、设计。本工程提升重量大，提升点少，提升过程与最终的屋盖体系受力系统不同，节点需要加固处理。技术含量高且工作量大。

(9) 厚板焊接困难：采用英钢的轧制型钢，钢板厚度最大达77mm，桁架拼装长度普遍在76m以上，最大250m，现场拼装焊接量大，焊接位置差，焊接变形和应力大，焊接顺序、工艺需要严格控制。

1.4.2 工程施工对策

(1) 材料的采购对策：我联合体选择有钢材进出口经验的制作单位和相应的材料员、报关员；作好深化设计图纸，保证材料计划准确、及时；打通航运的流通渠道，组织好码头的卸货和装车。

(2) 结构跨度对策：选择合理的安装方案；合理安排工序；准备好现场分段拼装场地。

(3) 施工工期对策：在总包的统一规划下，做好工序交接，保证每一个工期节点。

(4) 桁架预拱对策：采用分类预拱的方式，对于预拱值较大的桁架采用设计预拱，即在深化设计阶段就考虑预拱值进行构件的几何尺寸和节点设计，对于预拱值较小的桁架，采用现场拼装预拱，通过拼装节点调节桁架高度。

(5) 提升节点设计和加固复杂对策：进行详尽的节点和桁架的施工过程分析计算，通过分析来设计合理的措施和提升装置。

(6) 厚板焊接困难对策：选择高素质有类似经验的焊接工人；安排合理的焊接顺序；通过焊接工艺评定选择合理的焊接工艺。加强现场焊接施工管理，保证一次合格率。

2 施工部署

2.1 施工总体部署

2.1.1 施工方案概述

(1) 本工程钢结构施工由制作单位和现场安装单位组成联合体，并由现场安装单位为主体组成钢结构施工项目经理部，在总包的统一管理下进行本工程的施工活动；

(2) 在接到业主开工令并收到业主发放的施工图后，由制作单位进行钢结构施工的图纸深化；

(3) 深化设计图纸在得到原施工图设计单位的认可后，施工单位将按照深化设计图纸进行工艺设计和构件制作；

(4) 无法组装运输的大型桁架构件均在工厂进行下料、成型，下料长度要考虑运输方便和现场吊装的分段，焊接坡口均在工厂制作；构件散件运输到工地现场后，在现场进行桁架的分段拼装；

(5) 可以成榀运输的小型桁架在工厂制作、装配完成后，运输至现场直接吊装或分段构件组拼后吊装；

(6) 主机库一区、二区在Ⓐ/2～Ⓗ轴区域的屋盖安装主要采用地面拼装、整体提升工艺；

(7) 一区、二区钢屋盖整体提升内容：屋盖结构、支撑系统、屋顶立柱檩条结构、检修走道等，即除屋面板外所有屋盖体系中的钢构件；

(8) 三区安装采用分区高空散件组装，即在拼装胎架（脚手架）上组装F5、F6型桁架及M型桁架，其余桁架结构采用单机或双机抬吊整榀吊装，高空直接就位；

(9) Ⓗ～Ⓚ轴线间的桁架采用履带吊跨内整榀吊装工艺；

(10) 根据现场实际情况，机库四周的抗风柱和墙架采用履带吊、塔吊吊装；

(11) 网架结构安装：航材库、12号库、14号不锈钢网架均采用胎架滑移和高空拼装方法进行施工。

2.1.2　方案要点

(1) 一区、二区采用地面拼装，整体提升方案，要求吊车的行走路线合理，尽量减少履带吊的长距离往返移动；

(2) 一区、二区F型桁架端头留设履带吊退出口；

(3) 桁架应按照设计要求进行预拱，以保证提升到位时桁架与柱之间的准确连接；

(4) 根据提升吊点反力设计提升系统支撑平台；

(5) 整体提升各吊点必须协调一致，并要采取有效的监控措施。

2.2　施工平面布置情况

2.2.1　施工平面布置原则

施工总平面布置合理与否，将直接关系到施工进度的快慢和安全文明施工管理水平的高低，为保证现场施工顺利进行，具体的施工平面布置原则如下：

(1) 在总承包的统一布置协调下进行钢结构施工的现场平面布置设计；

(2) 紧凑有序，节约用地，尽可能避开拟建工程用地；即在满足施工的条件下，尽量节约施工用地；

(3) 适应各施工区生产需要，利于现场施工作业；

(4) 满足施工需要和文明施工的前提下，尽可能减少临时设施的投资；

(5) 在保证场内交通运输畅通和满足施工对材料要求的前提下，最大限度地减少场内运输，特别是减少场内二次倒运；

(6) 尽量避免对周围环境的干扰和影响；

(7) 符合施工现场卫生及安全技术要求和防火规范；

(8) 钢结构工程是本工程的重点和难点，尽量保证足够的钢结构施工用地；

(9) 现场临建布置将服从总包安排，设置生活区、办公区、仓库。办公区将考虑联合体各成员单位的办公、会议等。需要生活区在考虑不影响现场施工的条件下，尽量靠近施工现场。

2.2.2　施工平面计划

根据业主提供的机库施工场地分布示意图，结合总包的总体规划，钢结构施工将采用布置于机库大门外侧的K50/50型行走式塔吊和在场地内循环行走的两台100t履带吊、两台80t履带吊作为主要垂直运输设备；同时，配备两台45t汽车吊可进行辅助吊装，堆场设在主机库东侧的施工场地，如图2-1所示。

2.3　钢结构施工顺序

2.3.1　钢结构施工顺序整体安排

(1) 总分包合同签订后，制作单位立即开始进行图纸深化设计，并根据原设计图纸编制钢结构进口钢材的采购计划，进行钢材采购；

(2) 材料在广州新风港报关、验货后，转运到制作厂进行下料、制作；制作根据现场拼装、安装工序分批进行；

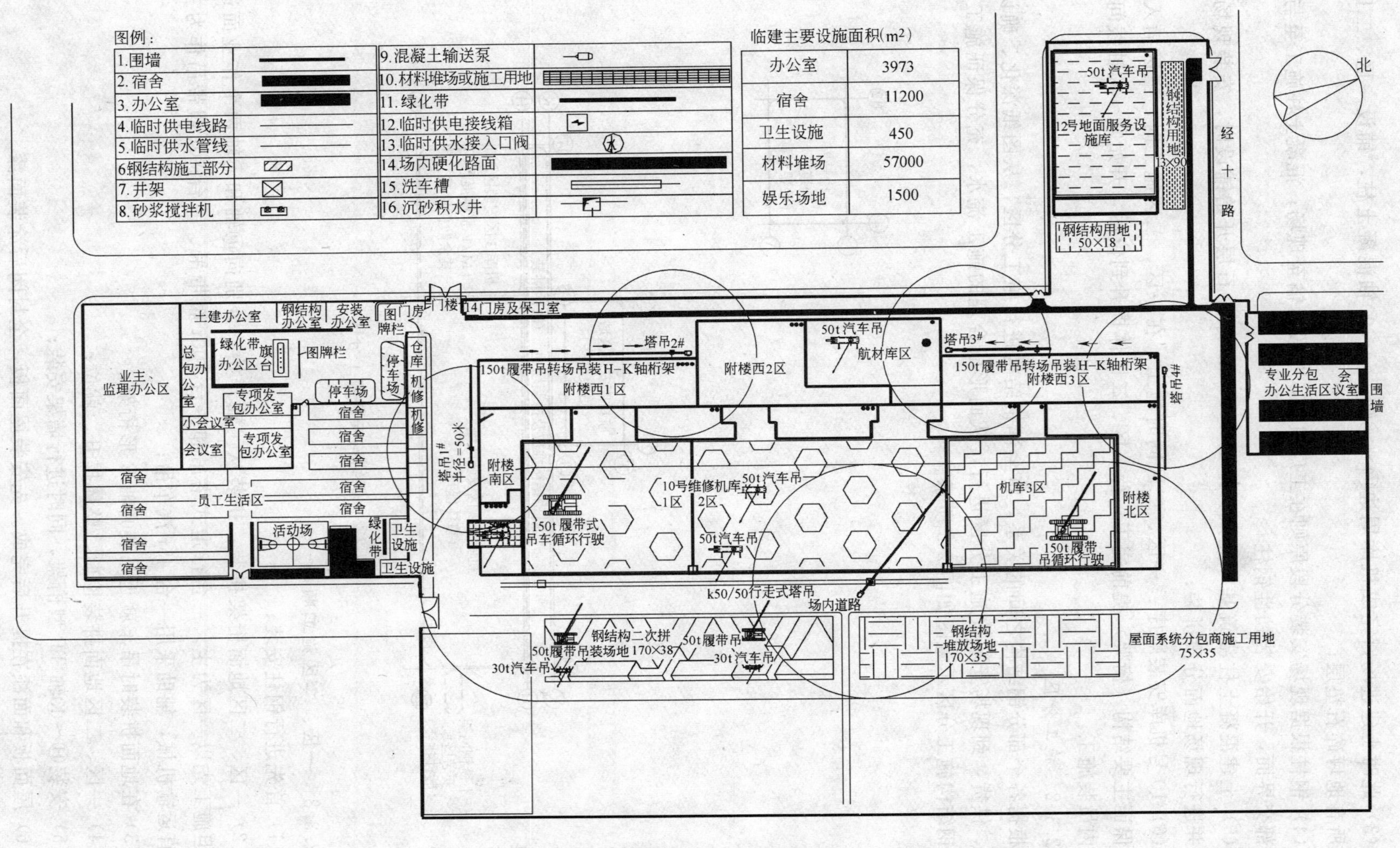

图 2-1 钢结构施工平面布置图

(3) 此时土建进场，完成机库周边⑴⁄₄～⑵⁄₄₇轴，⑵⁄Ⓐ～Ⓚ轴混凝土柱，铺设一区、二区、三区所有地坪碎石垫层；

(4) 钢柱根据现场安装分段原则在工厂组装，整段运输至现场；混凝土柱施工至与钢柱底部交界面，开始安装劲性钢柱；

(5) 土建混凝土柱浇筑基本完成，地面1000mm厚碎石层开始铺设时，安装现场塔吊，并进行现场地面分段拼装；

(6) 10号机库安装顺序：一区、二区同时施工；在一区、二区施工时，三区插入施工，保证主要结构（桁架）提前完工；待一区、二区体提升到位后，开始Ⓗ～Ⓚ轴线间桁架跨内吊装施工。

2.3.2 施工分区

根据各个部分钢结构之间的关系，将全部钢结构进行施工分区，从图纸深化、确认、加工、供货，到现场安装按施工分区进行，从而形成合理的施工流水，充分保证施工工期。钢结构施工分区示意图如图2-2所示。

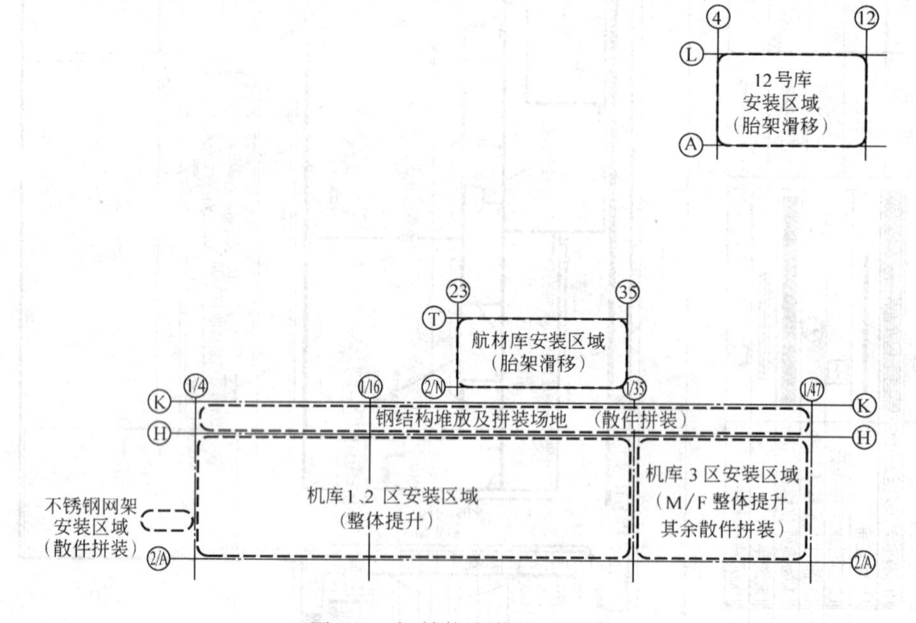

图2-2 钢结构安装施工分区

2.3.3 一区、二区施工顺序

(1) 首先进行钢柱安装；

(2) 一区、二区地面桁架拼装：拼装从⑴⁄₁₆轴开始，分别向⑴⁄₄轴和⑵⁄₃₅轴两个作业面进行，但施工先以一区为主。一台行走式塔吊和一台100t履带吊、一台80t履带吊作为主要垂直运输机械，辅助采用一台45t汽车吊；

(3) 在地面拼装时吊车就近吊装Ⓚ轴R形桁架；

(4) 一区、二区地面拼装检验、整体提升、就位；

(5) 安装Ⓗ～Ⓚ轴TP型桁架，同时进行墙架安装；

(6) 屋面板和面漆在提升后完成。先安装屋面板，全封闭后涂装面漆。

2.3.4 三区施工顺序

(1) 三区先进行 M1、M2、F5、F6 型桁架在胎架上组拼；同时，就近安装 B、R 型和Ⓗ～Ⓚ轴 TP 型桁架，一台 100t 履带吊、一台 80t 履带吊作为主要垂直运输机械，一台 45t 汽车吊辅助吊装；

(2) M、F 桁架在胎架上组拼完后，依次安装 S、C、TP 型桁架；

(3) 安装三区上部屋盖结构；

(4) ⑵₃₅轴 S4、S4a 桁架下部混凝土柱，待钢结构安装完成后再施工；

(5) 安装三区墙架和附属结构；

(6) 屋面板安装和面漆施工在所有结构安装完成后进行；先安装屋面板，全封闭后涂装面漆；

(7) 在土建具备条件时，随机插入网架施工，网架施工与 10 号机库施工没有时间顺序上的搭接关系；

(8) 钢结构进行机库施工时，土建可进行附楼施工；

(9) 安装设备尽量在提升前在地面安装就位，减少高空作业。

2.4 施工工艺流程

由于本工程工期要求很紧，钢结构分包将在总包的统一协调指挥下尽量展开工作面，合理安排工作内容。为此，将钢结构部分的工作分为以下的“主要工作”和“穿插工作”。其中，“主要工作”部分的完成是工期的主要控制点，“穿插工作”部分的工作应及时合理地安排在“主要工作”完成之后，并以“主要工作”的完成时间作为“穿插工作”完成时间的控制点。

2.4.1 主要工作

(1) 安装钢柱；

(2) 一区、二区在⑵ₐ～Ⓗ轴区域间屋盖地面拼装；

(3) 一区、二区在⑵ₐ～Ⓗ轴区域间屋盖整体提升；

(4) 搭设三区 M、F 型桁架安装胎架（脚手架），并在胎架上组装三区 M、F 型桁架；

(5) 安装Ⓗ～Ⓚ轴区域 TP 型桁架。

2.4.2 穿插工作

(1) 安装 3 区 B、S、C、T 型桁架；

(2) 安装Ⓗ～Ⓚ轴区域 R 型桁架（包括 1、2、3 区）；

(3) 安装航材库网架；

(4) 安装 12 号库网架；

(5) 安装不锈钢网架；

(6) 安装楼梯、走道、墙面等附属结构。

具体的安装工艺流程见“钢结构安装工艺流程”。

2.5 劳动力计划与管理

2.5.1 劳动力计划

施工劳动力是施工过程中的实际操作人员，是施工质量、进度、安全、文明施工最直接的保证者。我们选择劳动力的原则为：具有良好的质量、安全意识；具有较高的技术等级；具有相类似工程施工经验的人员。

劳动力划分为二大类：第一类为专业性强的技术工种，包括起重、焊工、测量、机操工、机修、维修电工等工种，这些人员均为我项目曾经参与过相类似工程的施工、具有丰富的施工经验、持有相应上岗操作证的自有职工；第二类为非技术工种，此类人员的来源为长期与我项目合作的成建制施工劳务队伍，进场人员具有一定的专业素质。

劳务层组织由项目经理部根据项目部的每月劳动力计划，在单位内进行平衡调配。本工程在整个土建施工过程中，所有劳动力月平均人数在289人左右，高峰期总人员数将达到319人。

劳动力组织配备详见劳动力需用量动态计划表（表2-1）。

劳动力需用量动态计划表　　**表2-1**

年　度	2002年						2003年		
工种＼月份	7	8	9	10	11	12	1	2	3
铆工	6	17	22	22	22	22	22	22	10
架子工	14	38	38	38	38	38	38	18	6
电焊工	16	32	42	42	42	42	42	38	20
起重工	16	32	42	42	42	42	42	38	20
测量工	6	14	18	18	18	18	18	10	6
电工	2	4	4	4	4	4	4	4	2
塔司		3	3	3	3	3	3	3	3
油漆工			8	20	20	20	50	50	10
机操工		6	12	12	12	12	12	12	6
气焊工		4	8	8	8	8	8		
普工	30	50	100	132	132	132	132	70	30
合计	90	200	301	344	344	344	344	274	113

2.5.2　劳动力管理措施

（1）采用内部劳务招标的形式选拔高素质的施工作业班组进行本工程的施工。竞标的主要指标是各自承诺的质量、安全、工程进度、文明施工等。

（2）对工人进行必要的技术、安全、思想和法制教育，教育工人树立“质量第一，安全第一”的正确思想；遵守有关施工和安全的技术法规。

（3）搞好生活后勤保障工作：在大批施工人员进场前，做好后勤工作的安排，为职工的衣、食、住、行、医等予以全面考虑，认真落实，以便充分调动职工的生产积极性。

2.6　主要施工机械选择情况

2.6.1　机械设备维修保养及人员

由于本工程施工所要求的机械设备均要连续作业，所以机修人员不仅要跟班作业，而且当机械出现故障时，要能在施工工艺允许的时间范围内进行抢修。因此，拟在施工现场布置一个机械设备维修车间，机修人员均为经培训持证上岗，具有丰富的维修经验；同时，施工现场要留置一小块空地放置少量的备用设备，并作为保养的场地，所有机械均进行三级保养。如果现场作业的设备经检验确定维修时间较长，会对工程造成较大的损失，则直接利用现场设备进行更换，确保工程的顺利进行。如现场的机械设备满足不了工期要求，项目经理部将向监理打申请报告，同意后向外界租用性能优越又能满足施工需要的机械设备。

2.6.2 工厂加工、制作设备

工厂加工制作设备见表 2-2。

加工制作设备 **表 2-2**

序号	设备名称	规格型号	数量
1	平面磨床	M7120A 型，200mm×600mm	1
2	NC 多头火焰切割机	6×16m，6×18m，6×22m	3
3	光电跟踪多头火焰切割机	4.5×18m	2
4	数控等离子切割机	$\delta=12$mm，4×15m，氧等离子	1
5	数控等离子切割冲孔机	$\delta=16$mm，$B_{max}=300$mm，$\phi=24$mm，空气等离子	1
6	剪板机	$\delta_{max}=19$mm，$B=2500$mm	1
7	圆盘冷锯	$H=1000$mm，$B=400$mm，$\phi=450$C，带定尺装置	2
8	GA5070 带锯	$H=700$m，$B=350$mm，$\phi=530$mm，带定尺装置	1
9	抛丸机	八轮：4.4m×3.6m	2
10	无气喷涂油漆泵	9C.1：64	6
11	桥式(门式)行车	10～50t	37
12	龙门行车	20～50t	4
13	汽车吊和履带吊	40t	4
14	镗铣机	铣削范围 2300mm×5550mm	1
15	端面铣	铣削范围 1800mm×3600mm	1
16	折弯机	400t×2	1
17	摇臂钻床	$\phi=4.8$～125mm	12
18	TDU1000/6 六轴电算控钻床	$\phi_{max}=39$mm，$H=600\times1000$mm	1
19	双缸油压机	400t×2	1
20	七辊矫直机	$\delta=8$～32mm，$B_{max}=2500$mm	1
21	HR-5080F 矫正机	$\delta=40$mm，$H=300$～1000mm，$B=200$～800mm	1
22	双丝焊机	UCT-24，前丝 $\phi6.4$mm/后丝 $\phi4.8$mm，1500A	2
23	自动埋弧焊机	$\phi=3.2$～5.8mm，1000A	23
24	半自动埋弧焊机	LN-9，$\phi2$～2.4mm	5
25	二氧化碳气体保护焊机	$\phi=1.0$～2mm，LN-7，LN-8DC60	43
26	交直流焊机	300～600A	150
27	NC 单轴平面钻床	$\delta=60$～80mm，$B=500$～500mm，$L=1100$～4000mm	3

2.6.3 工厂制作检验设备

工厂制作检验设备见表2-3。

检验设备表 表2-3

序号	设备名称	型号	数量
1	微机碳硫自动分析仪	测定范围:碳0.05%~6.00%,硫0.005%~0.24% 分析时间:高速引燃炉(65s)	1
2	拉力试验机	WE-30、WE-60、30~60t	2
3	冲击试验机	WE-30、WE-60、30~60t	1
4	大型金相显微镜	JB-30B,范围:0~294J	1
5	大工件金相检查仪		1
6	超声波探伤仪	4MHz、5MHz	3
7	磁粉探伤仪	直流,交流,旋转式,干湿两用	7
8	X射线拍片机	穿透厚度6~50mm	4
9	激光经纬仪	J2-JD、J2-JC	2
10	全站仪	GTS-701	1
11	自动温湿记录仪		1
12	温湿度仪		4
13	漆膜测厚仪	Elcometer345F	3

2.6.4 现场安装所需主要设备与材料

现场安装所需主要设备与材料见表2-4。

主要设备与材料表 表2-4

序号	设备名称	规格型号	数量
1	行走式塔吊	K50/50	1台
2	履带吊	100t	2台
3	履带吊	80t	2台
4	汽车吊	45t	2台
5	20/30t平板车	斯太尔1291	各2台
6	8t卡车	EQ1141G	4台
7	CO_2焊机	600A	20台
8	直流电焊机	AX-500-7	30台
9	空压机	$0.6m^3$	10台
10	碳弧气刨	TH-10	12台
11	电动扳手	扭剪型	12台
12	手动扳手		40把
13	测力扳手		2把
14	远红外线烘干炉	ZYHC-60	3台
15	保温箱	150℃	2台
16	焊条筒	TRB系列(5kg)	100只

续表

序号	设备名称	规格型号	数量
17	空气打渣机气铲	CZ2	10 台
18	角向砂轮磨光机	ϕ100/ϕ200	50 台
19	冲砂抛丸机	GYP	1 台
20	喷漆机	6C	4 台
21	火焰喷枪	SQP-1	2 只
22	半自动切割机	CG-30	8 台
23	O_2 和 C_2H_2 装置		40 套
24	活动焊机房		5 个
25	螺旋千斤顶	3t/5t/10t/32t	10/10/10/30
26	对讲机	摩托罗拉 G88	10 台
27	振动式压路机	18t	2 台
28	脚手架钢管、拼装胎架		以实际发生工程量为主
29	空气压缩机	AW-9008	3

2.6.5 现场屋盖整体提升所需设备

现场屋盖整体提升设备见表 2-5。

提升设备表　　表 2-5

序号	设备名称	规格型号	数量
1	提升油缸	200t	18
2	提升油缸	350t	12
3	液压泵站		16
4	比例阀小车		45
5	减压阀组		45
6	控制柜		2
7	激光测距仪		13
8	激光测距仪通信盒		16
9	压力传感器		18
10	A/D 通信盒		12
11	通信中继器		40
12	油缸信号盒		45
13	油缸位置传感器		45
14	油缸锚具传感器		80
15	电线		若干

2.6.6　现场安装检验及测量的主要设备

现场安装检验及测量设备见表2-6。

检验及测量设备表　　　　　　　　**表2-6**

序号	仪器设备名称	规格型号	单位	数量
1	超声波探伤仪	USL-32/CTS-22	台	2
2	冲击试验机	JB30B 6706U	台	1
3	电子拉力机	DCS-10T JB6	台	1
4	涂装厚度检测仪		台	1
5	自动安平水准仪	ST30ZDS3	台	1
6	测温仪	ST-30-320C-S450C	只	2
7	激光铅直仪		台	1
8	全站仪	拓普康 GTS602	台	1
9	经纬仪	J2 正像 苏一光	台	3
10	激光经纬仪	J2-JD 苏一光	台	1
11	自动安平水准仪	ZDS3 苏一光	台	2
12	测力扳手		2把	

2.7　施工进度计划

施工进度计划详见“广州新白云国际机场飞机维修设施工程钢结构施工进度计划”（略）。

3　钢结构安装

3.1　吊装设备布设

综合考虑工程特点、现场的实际情况、工期等因素，经过各种方案反复比较，从吊装设备、与土建交叉配合要求及本企业的施工实践，钢结构吊装选择一台K50/50型行走式塔吊及两台100t履带吊、两台80t履带吊作为钢结构安装的主要设备，配合使用两台45t汽车吊。选用平板车作为转运设备。

3.1.1　塔吊的布设

（1）K50/50塔吊布设

在(2/A)轴外侧布设一台K50/50行走式塔吊，塔吊的最大起重量20t，臂长71.85m，安装高度56.09m（塔吊升到第7节）。塔轨中心线距(2/A)轴11.5m，两钢轨中心间距为8m。

（2）轨道铺设

K50/50行走式塔吊路基土壤承载力要求达到15t以上，现场条件满足此承载能力后，满铺500mm厚石子，架设枕木，铺设“H”形轨道梁及钢轨，钢轨中心距8m，枕木间距 0.6m，长 1.8m，塔吊轨道与钢轨以轨道钢钉连接，钢轨间以拉杆固定。塔吊行走轨道长 387.5m，轨道起点为⑭轴线向①轴线方向 12.5m，轨道终点为㉗轴线向㊿轴线方向 25m。

轨道梁选用 H600×300×14×30，钢轨选用 Qu70 型钢轨，按起重机有关构造要求用压铁间距 600mm 固定在 H600×300×14×3 钢梁上缘。

(3) 行走式塔吊安装主要步骤

1) 测量定位：按塔吊平面布设图测放塔吊平面位置与标高。

2) 基础开挖与回填：清理基坑所需要开挖范围内所有障碍物。采用压挖土机开挖塔机基坑及人工修整靠㉖轴线内侧轨道先挖掘至深 1m，宽 3.4m，然后采用 15t 振动式压路机压实压至 5 遍，至不在下沉，再铺设泥结石灌缝压实成二面卸水形状作防水作用。

填 200～400mm 毛石到自由面，并压实。现场其标高为绝对标高 14.7m（系±0.00m），考虑到场内填石标高为绝对标高 14.2m（－0.50m），故掘深应考虑挖至绝对标高 13.4m（系－1.30m）。

施工外侧轨道，采取同样方法进行基础开挖与回填。

3) 铺设碎石（大小不等，粒度为 20～40mm）成梯形。截面尺寸上底宽为 2.8m，下底宽为 3.2m，高为 0.4m。

4) 铺设枕木（2400mm×200mm×150mm）、铺设工字轨道梁，并铺设轨道，填满枕木之间的碎石。

5) 路基排水：在塔吊中心位置布设排水沟。

6) 在汽车吊（一台 100t 汽车吊、一台 80t 汽车吊）的配合下，安装行走式塔吊。

7) 塔吊安装完成后，应进行试用、调整，并按规范进行超载试验，以确保使用安全。

3.1.2 *履带吊的布设*

一区、二区选择一台 100t 履带吊、一台 80t 履带吊作为吊装（拼装）的主要设备，配备使用一台 45t 汽车吊作为钢构件卸车、转运设备。

三区选择一台 100t 吨履带吊，一台 80t 履带吊作为吊装（拼装）的主要设备，配备一台 45t 汽车吊作为构件卸车、转运设备。

3.2 钢柱安装

3.2.1 钢柱分段

根据结构特点、构件重量以及现场吊装设备起重能力、提升要求，进行钢柱分段，每段钢柱指标见表 3-1 钢柱分段表。

钢柱分段表 **表 3-1**

钢柱名称	整榀重量(t)	整榀长度(m)	分段数量	分段长度(m)（第1/2段/3段）	分段重量(t)（第1段/第2段/第3段）	备注
SC1	32	14.85	3	5.2/5.167/4.483	7/14/7	桁架支座 4t
SC2	78	14.71	3	5.2/5.25/4.26/	24/23/21/	桁架支座 10t
SC3	69	14.69	3	SC3－1－A＝7.132/ SC3－1－B＝6.092/ 3.83/3.724	21/15/15/14	桁架支座 4t

注：其余钢柱重量均能满足现场吊装设备起重要求，对超长钢柱可根据深化情况分成两段。

3.2.2 钢柱吊装

(1) 由于钢柱的下部有3.4m埋设在混凝土内，所以，混凝土柱的浇筑在钢柱底部需断开。首先，验收土建混凝土柱施工精度与钢柱柱底预埋件是否达到规范、设计要求，原设计中未考虑钢柱柱底预埋件，事先请设计方进行增设钢柱柱底预埋件。

(2) 根据钢柱分段重量和塔吊布设位置，选用以塔吊作为钢柱吊装主要设备，100t履带吊进行辅助吊装钢柱。

(3) 根据现场施工要求，以先浇筑混凝土，吊装㉒Ⓐ、Ⓗ、⑭、㉓⑤轴线的混凝土柱、钢柱，以便一区、二区㉒Ⓐ～Ⓗ轴区域钢屋盖地面组拼尽早施工。

(4) 钢柱吊装前，混凝土柱到一定强度后，方可吊装。第一段（劲性钢柱）穿插于土建混凝土柱的浇筑中进行，其他段钢柱在桁架系统拼装前完成。

(5) 测量放线，设置垫铁调整第一分段钢柱（劲性钢柱部分）柱底的标高、轴线到规范允许的范围之内，吊装钢柱的第一段钢柱，校正后将钢底与预埋钢板按设计图纸进行连接，所有单根钢柱吊装到位，测量精校后，再进行整体校正与牢固连接。在第一段钢柱基础上，安装其他段钢柱，并测量、校正。

(6) 钢柱整体校正到位后，按照对称焊接的施焊顺序组织焊接，焊接施工须事先编制严谨可行的焊接指导书，确保焊后变形、接头收缩变形均在控制范围内。

(7) 钢柱安装到位后，进行提升支架的安装，最后安装提升油缸支撑结构，提升支架、油缸支撑结构见“4 钢屋盖整体提升技术计算”和“5 钢屋盖整体提升技术方案”。

3.3 钢桁架分段

考虑到构件运输、投入本工程的起重设备的起重能力及最大程度地符合设计意图，桁架分段尽可能遵循原设计图纸上的分段；另外，由于F型桁架高10.5m，M型桁架高11m，S型桁架高8m，部分B型桁架（B1～B8）高8m。若高度方向不分段则会出现以下弊端：

桁架竖放：在桁架上弦拼装焊接时有大量仰焊的作业，施工质量进度相对难以保证。

桁架卧放：虽解决了上述矛盾，但桁架整体拼装结束后，桁架翻身正放成提升姿态存在很大的难度。

综上所述，可将F、M、S、B1～B8型桁架每一设计分段沿桁架高度方向将桁架分成上、中、下三部分。桁架斜腹杆均沿设计本身连接板处进行分段。相关分段指标见表3-2、表3-3桁架分段表。

F、M、S、B型桁架散件（弦杆、腹杆）分段表 表3-2

构件名称	段数	段号	长度(m)	重量(t)	
				上弦	下弦
F1、F2	4	F1-1、F2-1	25.602	23	24
		F1-2、F2-2	30.49	15	16
		F1-3、F2-3	25.56	9	9
		F1-4、F2-4	28.635	9	9

续表

构件名称	段数	段号	长度(m)	重量(t)	
				上弦	下弦
F3、F4	6	F3-1、F4-1	19.915	14	14
		F3-2、F4-2	24.89	17	18
		F3-3、F4-3	24.89	22	17
		F3-4、F4-4	19.908	18	14
		F3-5、F4-5	19.908	18	12
		F3-6、F4-6	30.202	19	14
F5、F6	5	F5-1、F6-1	17.5	5	4
		F5-2、F6-2	20	7	6
		F5-3、F6-3	25	9	8
		F5-4、F6-4	20	7	6
		F5-5、F6-5	17.5	5	4
M1、M2	5	M1-1、M2-1	18	7	6
		M1-2、M2-2	20	10	7
		M1-3、M2-3	25	12	9
		M1-4、M2-4	20	10	7
		M1-5、M2-5	17.657	6	5
S1、S1a	4	S1-1、S1a-1	21.875	4	4
		S1-2、S1a-2	20.625	5	4
		S1-3、S1a-3	12.75	4	2
		S1-4、S2a-4	21.25	4	4
S2、S2a	4	S2-1、S2a-1	21.875	4	4
		S2-2、S2a-2	20.625	5	4
		S2-3、S2a-3	12.75	4	2
		S2-4、S2a-4	21.25	4	4
B1	2	B1-1	14.96	3.5	3.1
		B1-2	13.96	3.5	3.2
B2	2	B2-1	20.4	5.5	4.3
		B2-2	19.4	5.4	4
B3	2	B3-1	14.41	3.5	3.1
		B3-2	13.41	3.2	2.9
B5	2	B5-1	22	7	7
		B5-2	21	6.6	6.6
B6	2	B6-1	14.5	3.5	3.5
		B6-2	13.5	3.2	3.1

续表

构件名称	段数	段号	长度(m)	重量(t)	
				上弦	下弦
B7	2	B7-1	22	7	7
		B7-2	21	6.6	6.6
B8	2	B8-1	6.5	1.8	1.9
		B8-2	6.5	1.6	1.6

S、B、R、C型桁架成榀分段表 **表3-3**

桁架名称	整榀重量(t)	整榀长度(m)	分段数量	分段长度(第1/2段)(m)	分段重量(t)(第1段/第2段)
S3	12	28	2	14.5/13.5	6.5/5.5
S4 S4a	12	23	2	12/11	6.5/5.5
S5	14	21.5	2	11.25/10.25	7.5/6.5
S6	32.5	46.62	2	23.81/22.81	16.5/16
S7	16.5	29.88	2	14.94/13.94	8.5/8
S8	8.5	23.25	2	12.13/11.13	4.5/4
S8a	8.5	23.18	2	12.09/11.09	4.5/4
B4	12.5	13	1	13	12.5
B9	12.5	29.71	2	15.355/14.355	6.5/6
B10	30.5	40	2	20.5/19.5	15.5/15
B11	12.5	29.46	2	15.23/14.23	6.5/6
R1	7.249	30	2	15.5/14.5	3.745/3.504
R2 R3	2.674	8	1	8	2.674
R4	4.36	16	1	16	4.36
R5	6.002	24	2	12.5/11.5	3.307/2.695
R6	5.13	20	1	20	5.13
R7	5.295	20	1	20	5.295
R8	2.688	8	1	8	2.688
R9	4.56	17	1	17	4.56
R10	9.48	30	2	15.5/14.5	4.99/4.49
R11	4.765	17	1	17	4.765
R12	2.674	8	1	8	2.674
R13	5.305	20	1	20	5.305
R14	4.2	15	1	15	4.2
R15	7.04	30	2	15.5/14.5	3.76/3.28
R16	5.1	15	1	15	5.1

续表

桁架名称	整榀重量(t)	整榀长度(m)	分段数量	分段长度 (第1/2段)(m)	分段重量(t) (第1段/第2段)
R17	3.08	8	1	8	3.08
R18	5.713	17	1	17	5.713
R19	6.54	30	2	15.5/14.5	3.78/2.76
C1a-C5am	7.374	22.06	1	22.06	7.374
C1b-C5b	8.38	24.99	1	24.99	8.38
C1c-C5c	8.38	24.99	1	24.99	8.38
C1d-C5d	8.215	25.32	1	25.32	8.215
C1e-C5e	8.62	25.22	1	25.22	8.62
C1f- C5f	8.62	25.22	1	25.22	8.62
C1g-C5g	8.62	25.22	1	25.22	8.62
C1h-C5h	8.62	25.22	1	25.22	8.62
C1k-C5k	8.62	25.22	1	25.22	8.62
C1m-C5m	8.62	25.22	1	25.22	8.62
C6a-C10a	12.1	32.5	2	16.75/15.75	6.3/5.8
C11a	11.9	32.5	2	16.75/15.75	6.2/5.7
C6b-C10b	12.63	35	2	18/17	6.57/6.06
C11b	11.74	35	2	18/17	6.14/5.6
C6c-C10c	12.1	32.5	2	16.75/15.75	6.3/5.8
C11c	11.74	32.5	2	16.75/15.75	6.12/5.62
T1	1.83	20	1	20	1.83
T2 T3	2.33	21.25	1	21.25	2.33
T4	1.75	19.33	1	19.33	1.75
T5	1.78	19.33	1	19.33	1.78
T6	1.75	20	1	20	1.75
T8	3.71	19.33	1	19.33	3.71
T9	4.01	20	1	20	4.01
T10	3.17	19.33	1	19.33	3.17
TP1	2.67	20	1	20	2.67
TP2	3.03	20	1	20	3.03
TP3	2.85	20	1	20	2.85
TP4	3.15	20		20	3.15
TP5	3.3	20	1	20	3.3

3.4 钢桁架起拱

结构在荷载的作用下，会产生挠度。为了避免在使用过程中主要桁架出现过大的挠度，在制作时要使其呈与使用时方向相反的弯曲。确定起拱值的原则是，在自重和恒荷载的标准值作用下，桁架的挠度基本为零。结构自重和恒荷载作用下桁架的挠度，即是所要的桁架预拱值。

对于F、S、M、B型桁架，采用设计预拱，即在深化设计阶段考虑预拱值进行构件的几何尺寸和节点设计，拼装胎架按照预拱曲线设置。F、S、M、B型桁架预拱值如图3-1～图3-10所示。

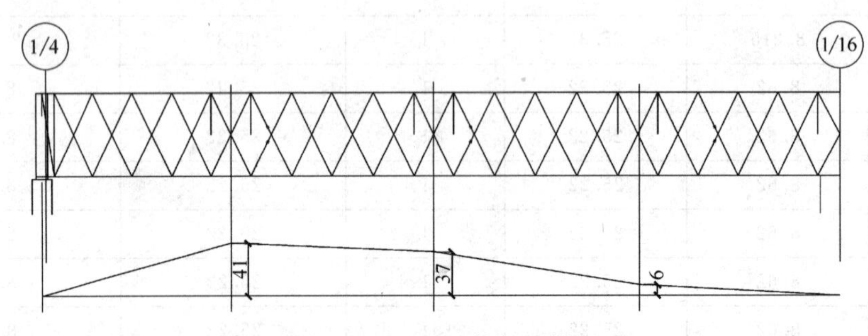

图 3-1 F1、F2 桁架预拱图

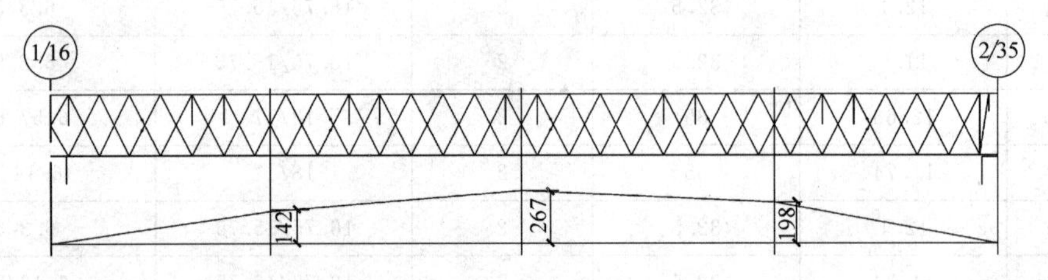

图 3-2 F3、F4 桁架预拱图

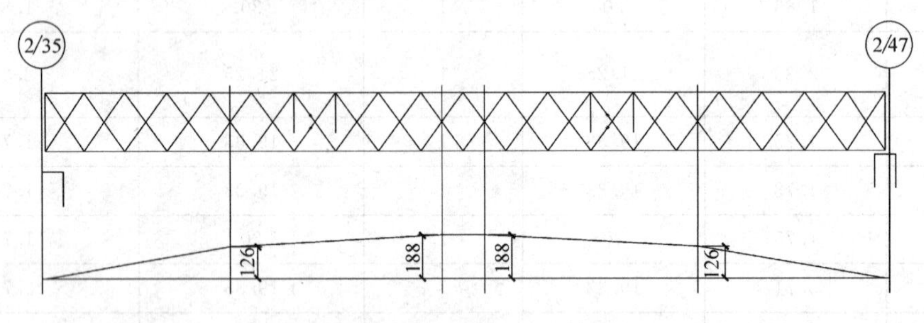

图 3-3 F5、F6 桁架预拱图

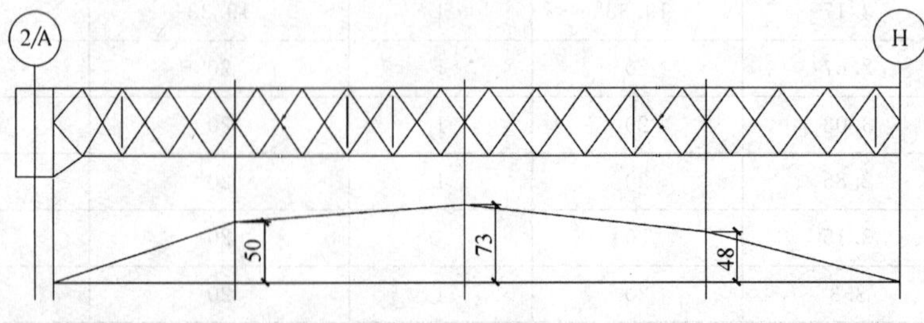

图 3-4 S1 桁架预拱图

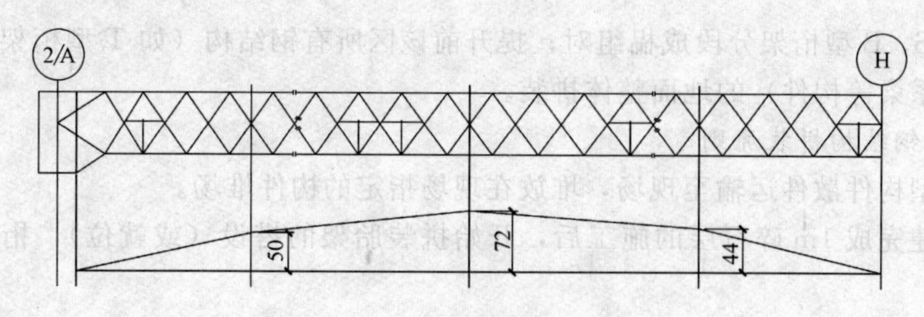

图 3-5 S2 桁架预拱图

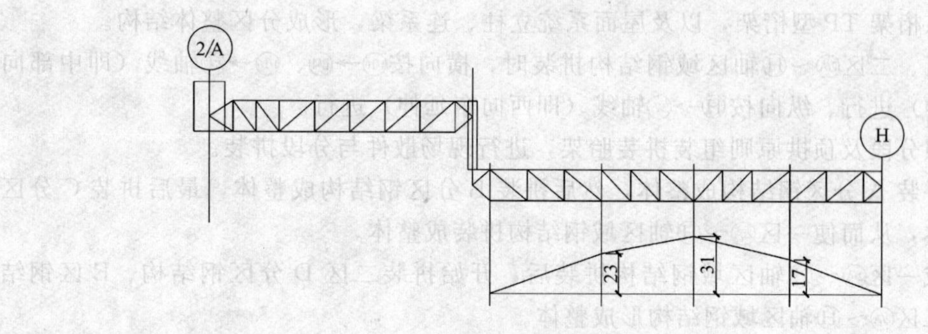

图 3-6 S6 桁架预拱图

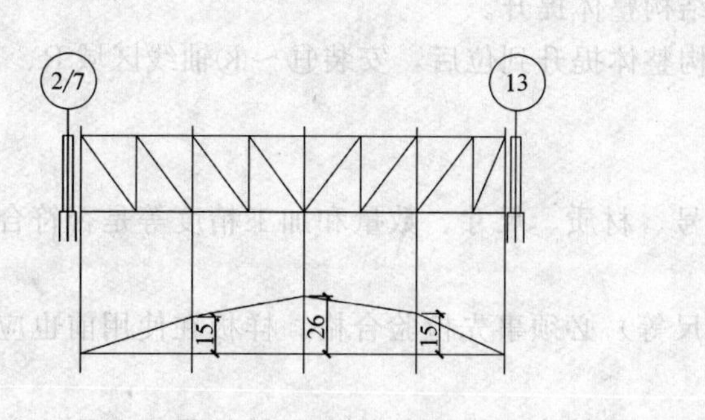

图 3-7 B2 桁架预拱图

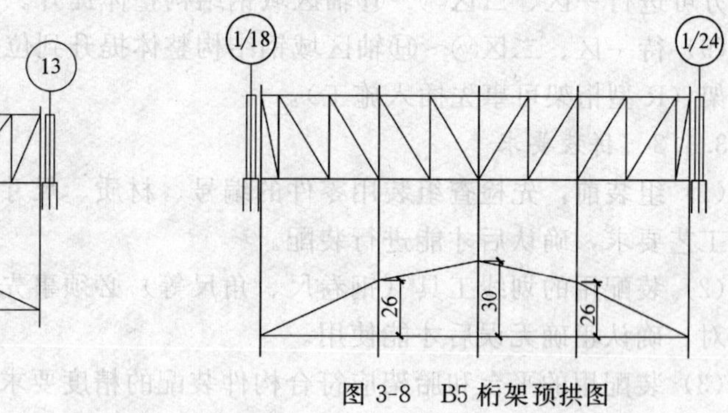

图 3-8 B5 桁架预拱图

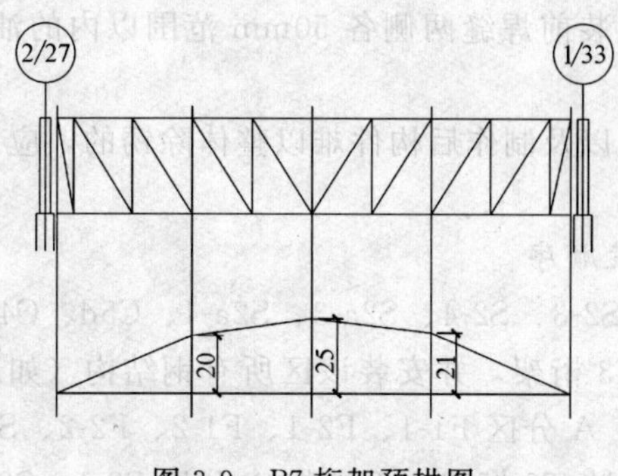

图 3-9 B7 桁架预拱图

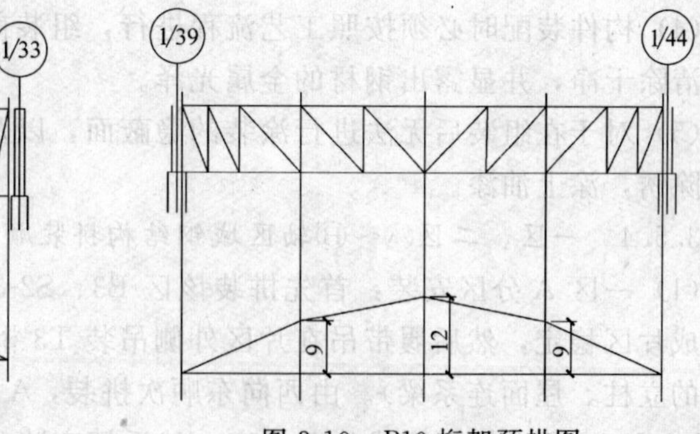

图 3-10 B10 桁架预拱图

3.5 一区、二区Ⓐ～Ⓗ轴区域钢结构地面整体拼装

3.5.1 地面组拼安装方案的概述

一区、二区Ⓐ～Ⓗ轴区域钢结构拼装包括 F、S、B 型桁架散件在现场地面拼装；C 型

桁架，部分 S、B 型桁架分段成榀组对；提升前该区所有钢结构（如 T 型桁架，屋面系统的立柱、连系梁等构件）的地面整体拼装。

3.5.2 钢结构拼装原则

（1）大型构件散件运输至现场，堆放在现场指定的构件堆场。

（2）土建完成 1m 碎石层的施工后，开始拼装胎架的搭设（或就位），桁架的整体拼装等工序。

（3）按照先主后次原则，先拼装主要 F、S、B 型桁架，然后分段成榀组对 C 型桁架，最后安装连系桁架 TP 型桁架，以及屋面系统立柱、连系梁，形成分区整体结构。

（4）一区、二区Ⓐ~Ⓗ轴区域钢结构拼装时，横向按Ⓘ→Ⓙ、Ⓘ→Ⓚ轴线（即中部向南北两端延伸）进行、纵向按Ⓗ→Ⓐ轴线（即西向东延伸）进行。

（5）按照分段及预拱原则组装拼装胎架，进行现场散件与分段拼装。

（6）先拼装 A 分区钢结构成整体，然后拼装 B 分区钢结构成整体，最后拼装 C 分区钢结构成整体，从而使一区Ⓐ~Ⓗ轴区域钢结构拼装成整体。

（7）完成一区Ⓐ~Ⓗ轴区域钢结构拼装后，开始拼装二区 D 分区钢结构、E 区钢结构，从而使二区Ⓐ~Ⓗ轴区域钢结构形成整体。

（8）一区、二区Ⓐ~Ⓗ轴区域钢结构拼装成整体后，布设提升系统设备。经检验无误后，方可进行一区、二区Ⓐ~Ⓗ轴区域钢结构整体提升。

（9）待一区、二区Ⓐ~Ⓗ轴区域钢结构整体提升到位后，安装Ⓗ~Ⓚ轴线区域 R、TP 型桁架（R 型桁架可事先插入施工）。

3.5.3 拼装要求

（1）组装前，先检查组装用零件的编号、材质、尺寸、数量和加工精度等是否符合图纸和工艺要求，确认后才能进行装配。

（2）装配用的划线工具（钢卷尺、角尺等）必须事先检验合格。样板在使用前也应仔细核对，确认正确无误后才能使用。

（3）装配用的平台和胎架应符合构件装配的精度要求，并具有足够的强度和刚度，经检查验收后才能使用。

（4）构件装配时必须按照工艺流程进行，组装前焊缝两侧各 50mm 范围以内的油污、水分清除干净，并显露出钢材的金属光泽。

（5）对于在组装后无法进行涂装的隐蔽面，以及制作后构件难以整体除锈的，应于组装前除锈，涂上油漆。

3.5.4 一区、二区Ⓐ~Ⓗ轴区域钢结构拼装顺序

（1）一区 A 分区安装：首先拼装该区 B3、S2-3、S2-4、S2a-3、S2a-4、C5d、C4d 桁架形成片区稳定，然后履带吊在片区外侧吊装 T3 桁架，并安装该区所有钢结构（如屋面结构的立柱、屋面连系梁）。由西向东顺次拼装，A 分区 F1-1、F2-1、F1-2、F2-2、S2-2、S2a-2、C3d、C2d 桁架形成片区稳定，然后填充装 T2 桁架。再拼装 A 分区 S2-1、S2a-1、C1d 桁架形成片区稳定，最后利用塔吊装填 T1 桁架。如图 3-11、图 3-12 所示。

（2）一区 B 分区安装：首先拼装该区 B1-1、B1-2、B2-1、B2-2、S1-4、S2-4、S1-3、S2-3、C4a、C4b、C4c 桁架形成片区稳定，然后履带吊在片区外侧吊装 T3 桁架，并安装该区所有钢结构（如屋面结构的立柱、屋面连系梁）。如图 3-13 所示。

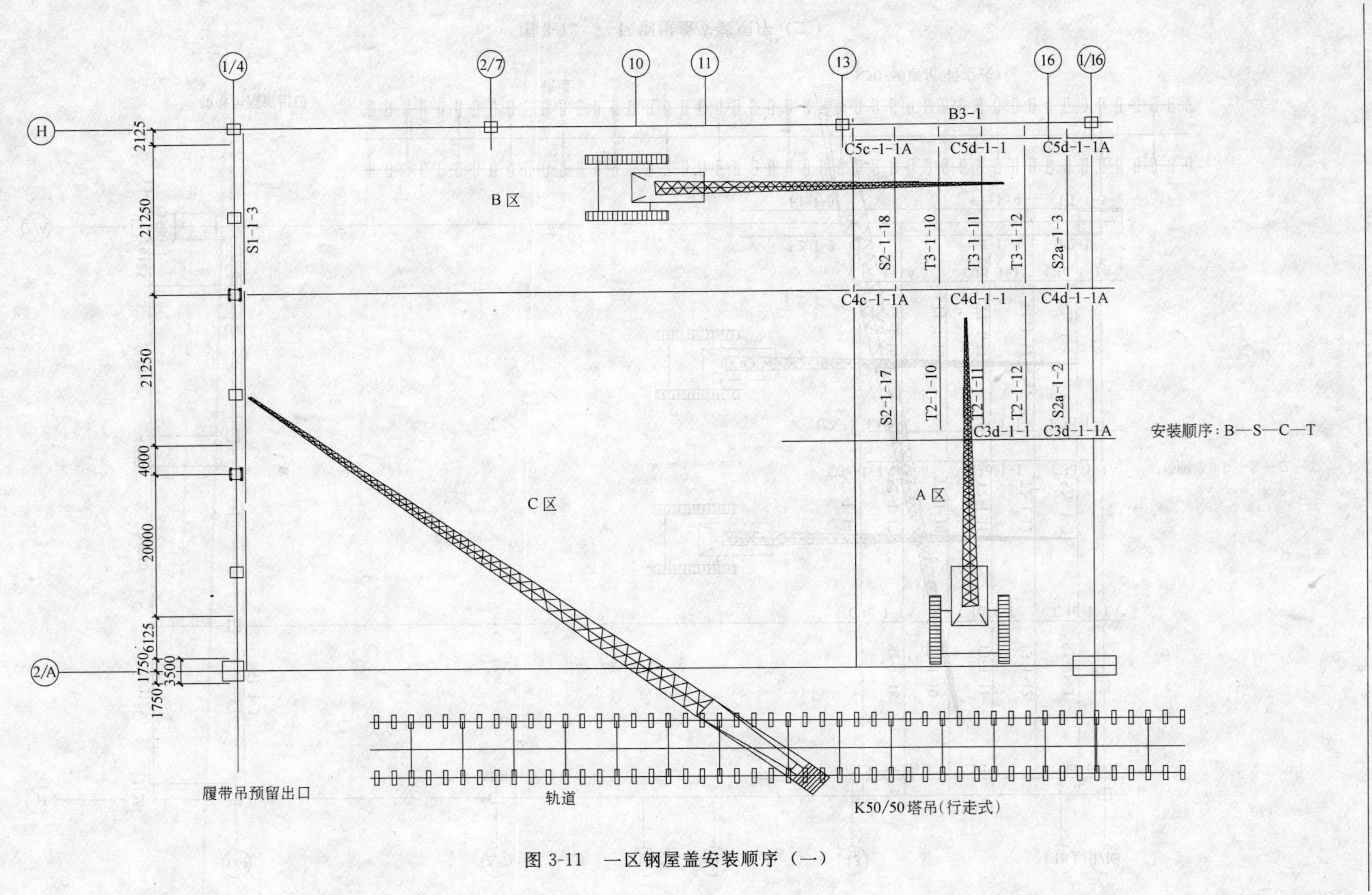

图 3-11 一区钢屋盖安装顺序（一）

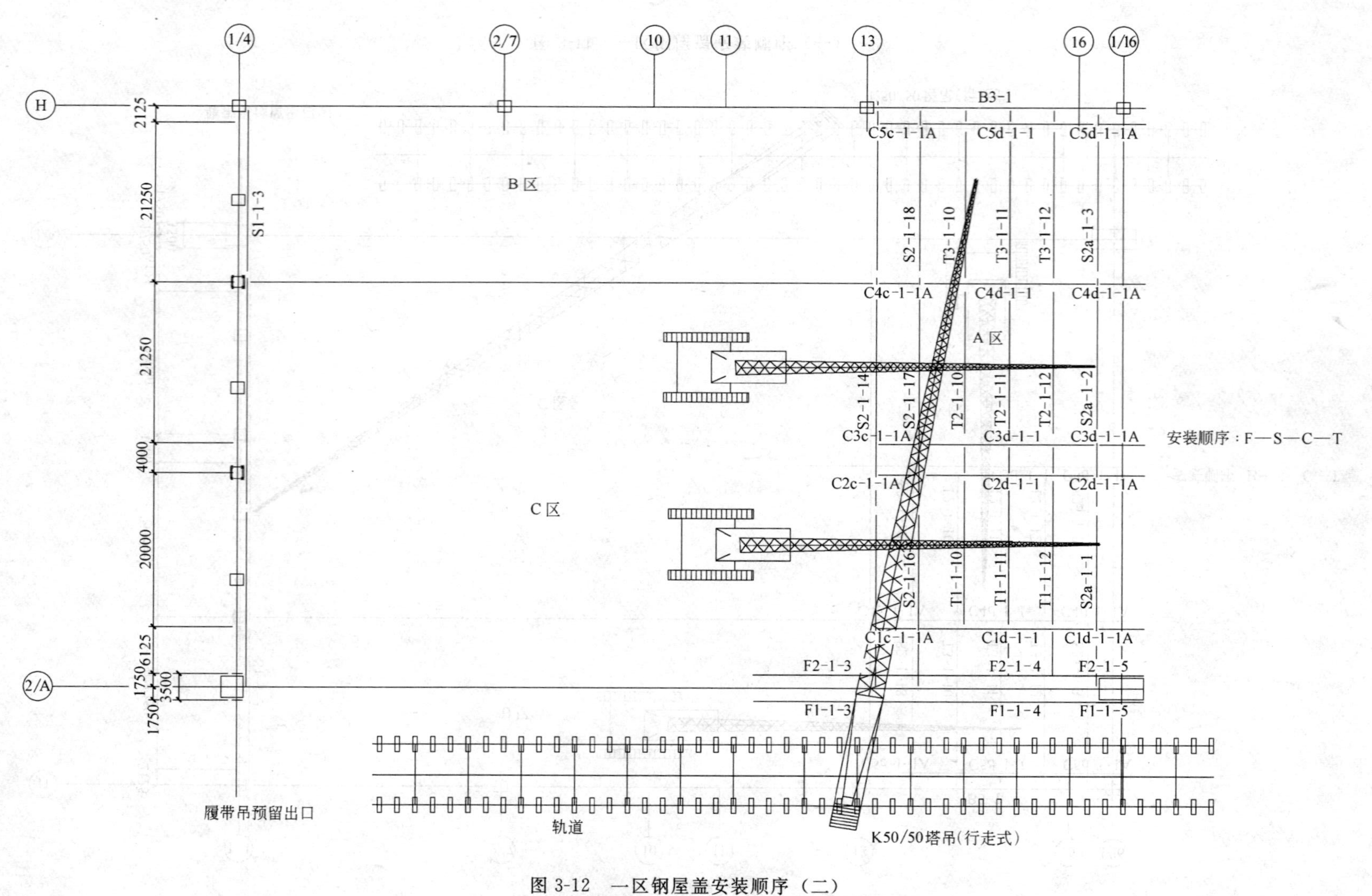

图 3-12 一区钢屋盖安装顺序（二）

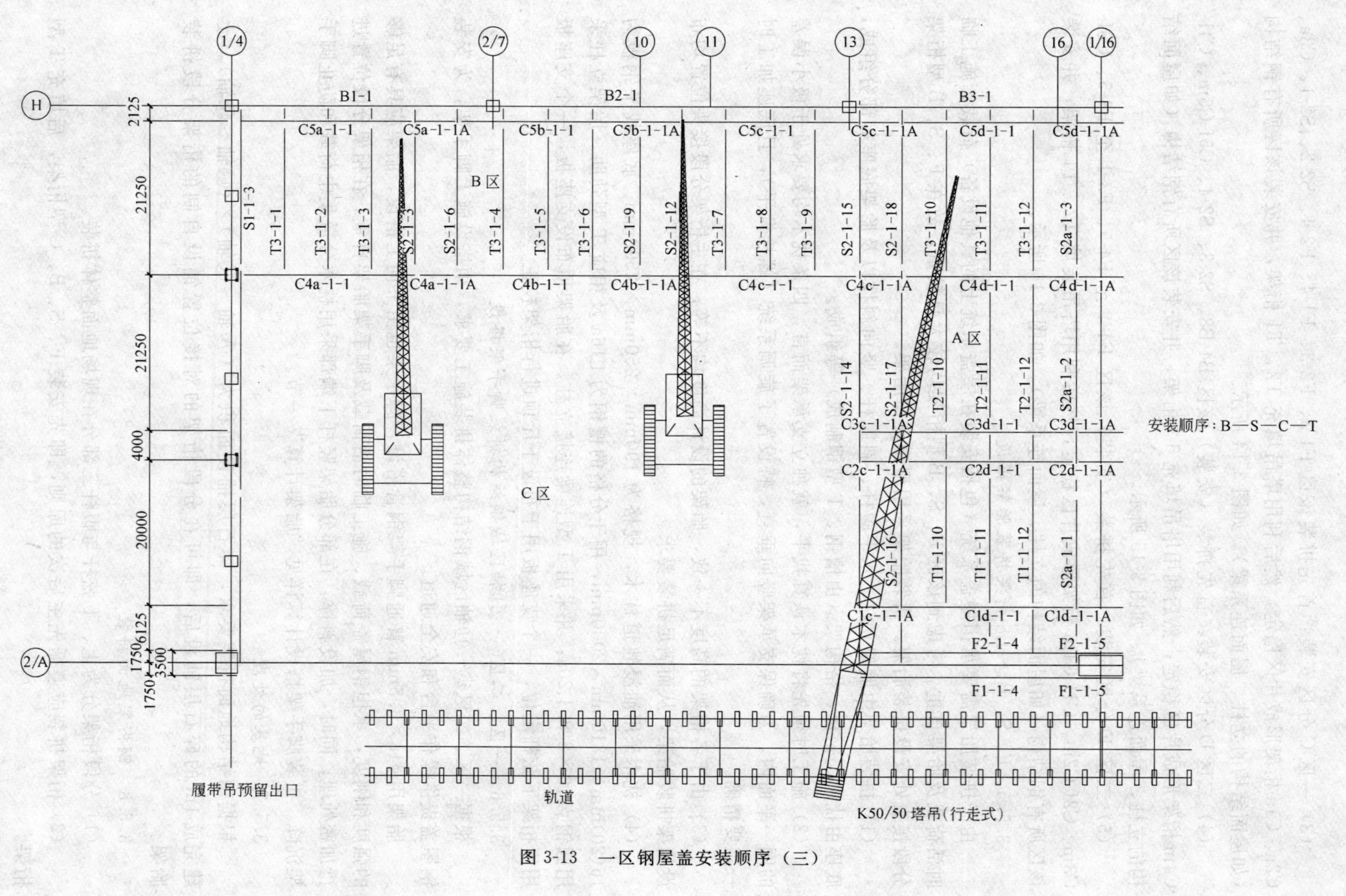

图 3-13　一区钢屋盖安装顺序（三）

（3）一区C分区安装：首先拼装该区F1-3、F2-3、F1-4、F2-4、S2-2、S2-1、C3a、C2a、C1a桁架形成片区稳定，然后利用塔吊填充T2、T1桁架，并安装该区所有钢结构（如屋面结构的立柱、屋面连系梁）。如图3-14所示。

（4）二区D分区安装：首先拼装（安装）该区B4-B8、S2-3、S2-4、C5f-C5m、C4f-C4m桁架形成片区稳定，然后利用塔吊填充T3桁架，并安装该区所有钢结构（如屋面结构的立柱、屋面连系梁）。如图3-15所示。

（5）二区E分区安装：首先拼装（安装）该区F4-1至F4-5、F3-1至F3-5、C3f-C3m、C2f-C2m、C1f-C1m桁架形成片区稳定，然后利用塔吊装填T2、T1桁架，并安装该区所有钢结构（如屋面结构的立柱、屋面连系梁）。如图3-16所示。

3.5.5 F、S、B1～B8桁架拼装胎架搭设

由于拼装胎架需要承担屋盖系统（包括安装在屋盖系统上的其他设备）荷载、施工临时活荷载及胎架自重。考虑到该区F、S、B型桁架均较大且较重，故在F、S、B型桁架分段接头处安设拼装胎架。拼装胎架采用型钢支撑胎架。

（1）拼装胎架由胎架立柱、水平腹杆、斜腹杆、竖向斜撑以及胎架底座等部分组成，底座由枕木、钢板、格构架（由槽钢、T型钢制成）等组成。

（2）施工时须先将枕木认真找平，就独立支承架而言，四条枕木均要求处于极小误差的同一平面内。为确保支承架竖向垂直，特设置了旋调系统（螺栓调平），且底座加工时一定要精确。

（3）由于各桁架的高度不一致，胎架的设计高度均不等；在主桁架分段接头位置均布设桁架拼装胎架，从而满足拼装要求。

（4）枕木采用油浸轨道枕木，规格为190mm×250mm×2500mm。底座找平钢板为16(20)mm×1810mm×2000mm，用于分格的槽钢为⊏16a及相应T型劲肋。胎架立柱采用圆钢ϕ219×8和Ⅰ20a，并采用T型连梁连接立柱。在胎架顶布设支座板，一个支座板用于桁架下弦杆定位，一个支座板用于布设千斤顶进行桁架校正。

3.5.6 一区、二区(2/A)～Ⓗ轴区域钢结构拼装脚手架搭设

根据一区、二区(2/A)～Ⓗ轴区域钢结构整体拼装施工要求，须搭设施工脚手架，为安装钢屋盖提供操作平台和安全通道。

胎架用ϕ48×3.5mm普通脚手架钢管搭设，脚手架也由下向上搭设。胎架应具有足够的强度和刚度，承担钢屋盖荷载、施工临时活荷载及脚手架胎架自重。在桁架分段位置进行加密处理；同时，加设斜撑，在部分胎架竖杆下端部采用枕木分散集中荷载和防止脚手架沉降。拼装脚手架搭设计算详见“胎架计算”一节。

3.5.7 地基的处理

根据钢结构地面拼装要求，碎石层铺设面积为（Ⓐ轴～Ⓚ轴）×（(1/4)轴～(2/47)轴）。土建完成1m的碎石层铺设后，即可在分段桁架的对接位置铺设自制的桁架分段拼装胎架。

3.5.8 钢桁架地面拼装

（1）分段桁架分为上、下弦杆与腹杆三部分在现场地面整体拼装。

（2）桁架拼装应遵循先主后次的原则，即先安装F、S、B、C型桁架，后填充T型桁架。

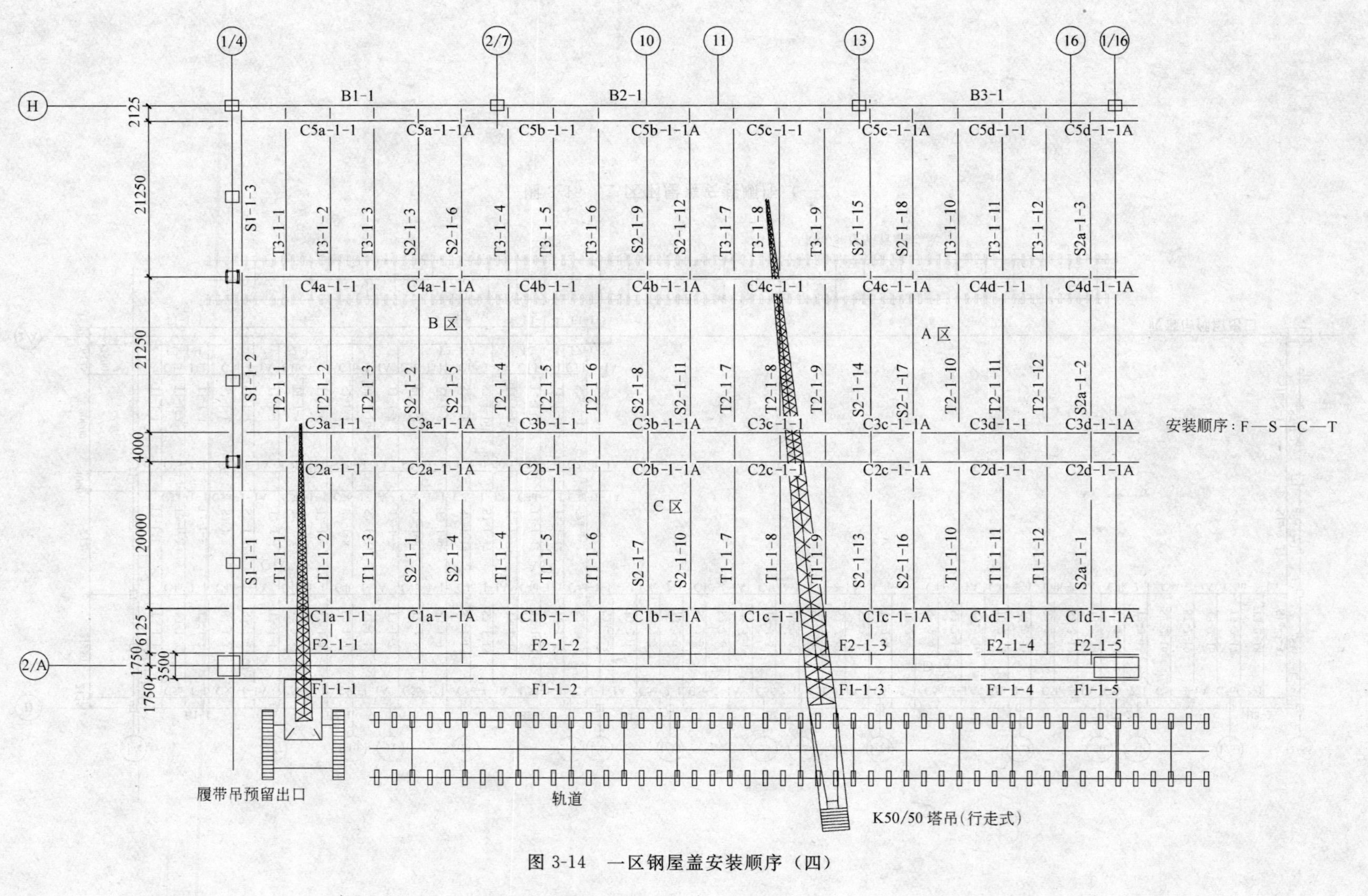

图 3-14 一区钢屋盖安装顺序（四）

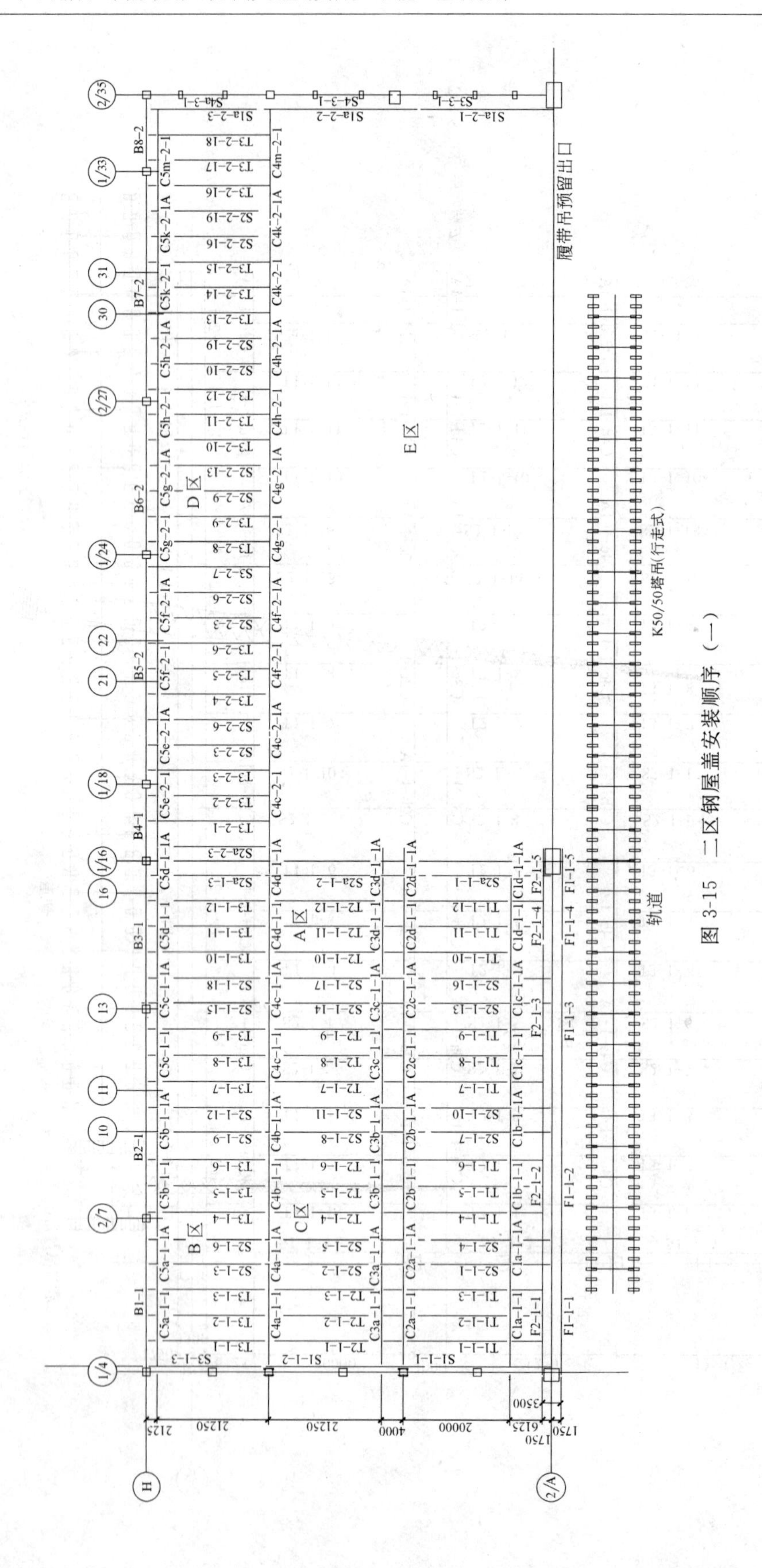

图 3-15 二区钢屋盖安装顺序（一）

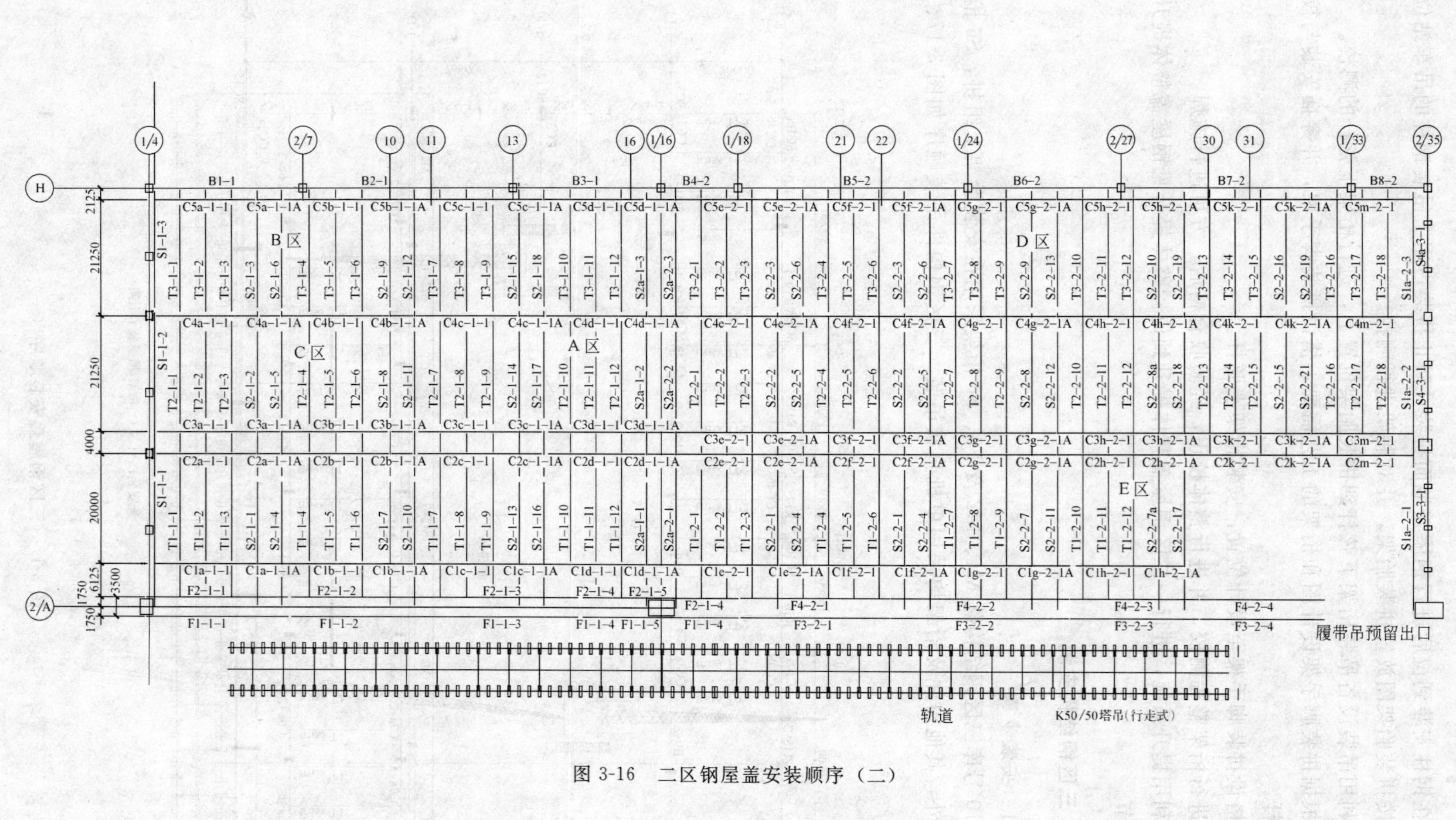

图 3-16 二区钢屋盖安装顺序（二）

（3）在钢柱安装到位后进行钢屋盖地面拼装，防止拼装占用了吊装钢柱的吊车站位。

（4）按拼装胎架图放置拼装胎架，并对胎架进行测控。

（5）利用吊装设备吊装桁架下弦杆到拼装胎架位置上，进行桁架下弦杆的测校。

（6）根据拼装脚手架设计图和桁架的工艺需要，搭设拼装脚手架，并穿插安装与校正钢桁架腹杆。

（7）搭设拼装脚手架至设计位置，安装桁架上弦杆。

（8）进行桁架整榀测校，并进行整体校正，经验收合格后，方可进行施焊。

（9）利用提升系统，进行一二区钢屋盖整体提升到位。整体提升见钢屋盖整体提升技术方案章节。

3.6 三区钢结构安装

3.6.1 安装步骤

（1）10号库三区钢结构除M1、M2及F5、F6桁架采用在安装胎架上组拼，S6桁架双机抬吊外，其他构件及桁架均采用单机直接吊装。三区钢构件吊装顺序如图3-17、图3-18所示。

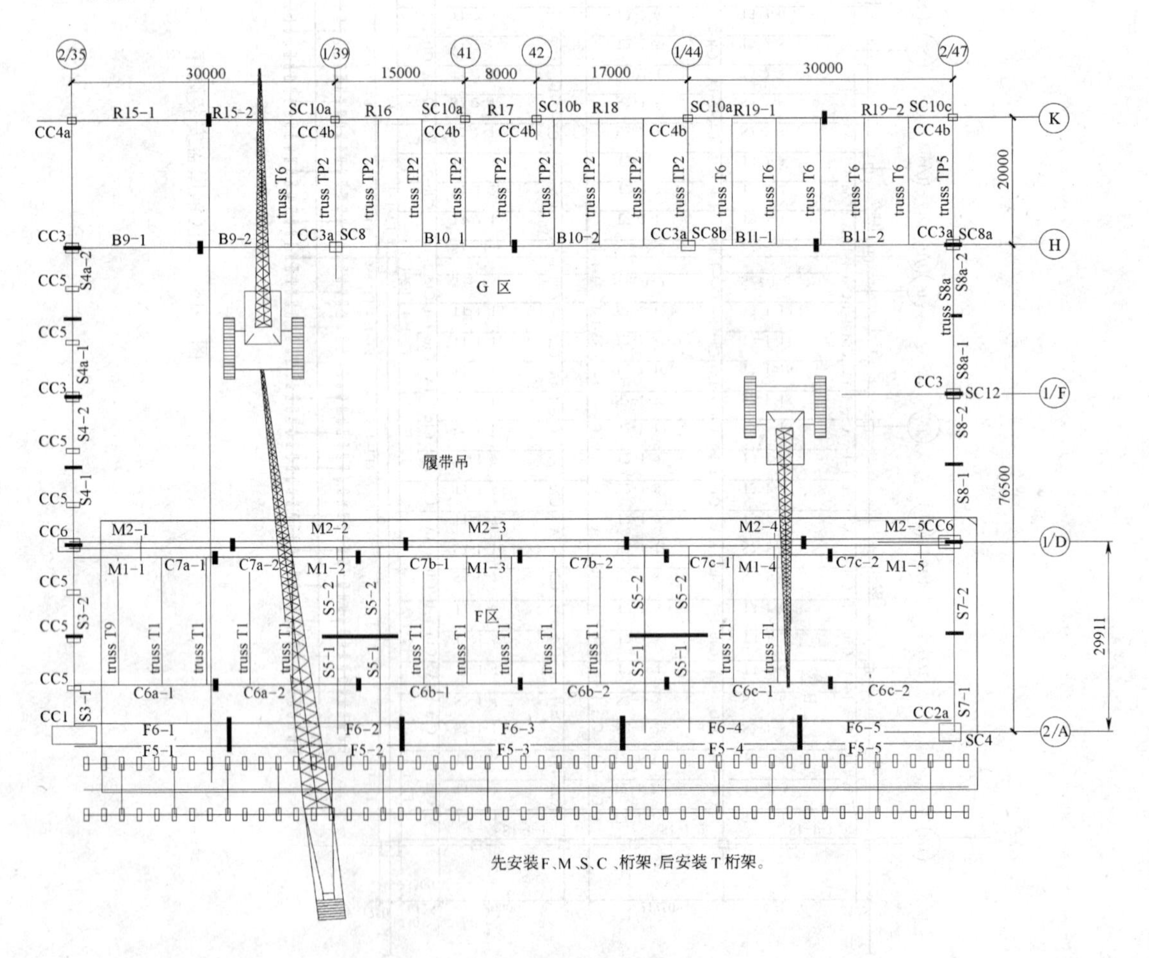

图3-17 三区钢屋盖安装顺序（一）

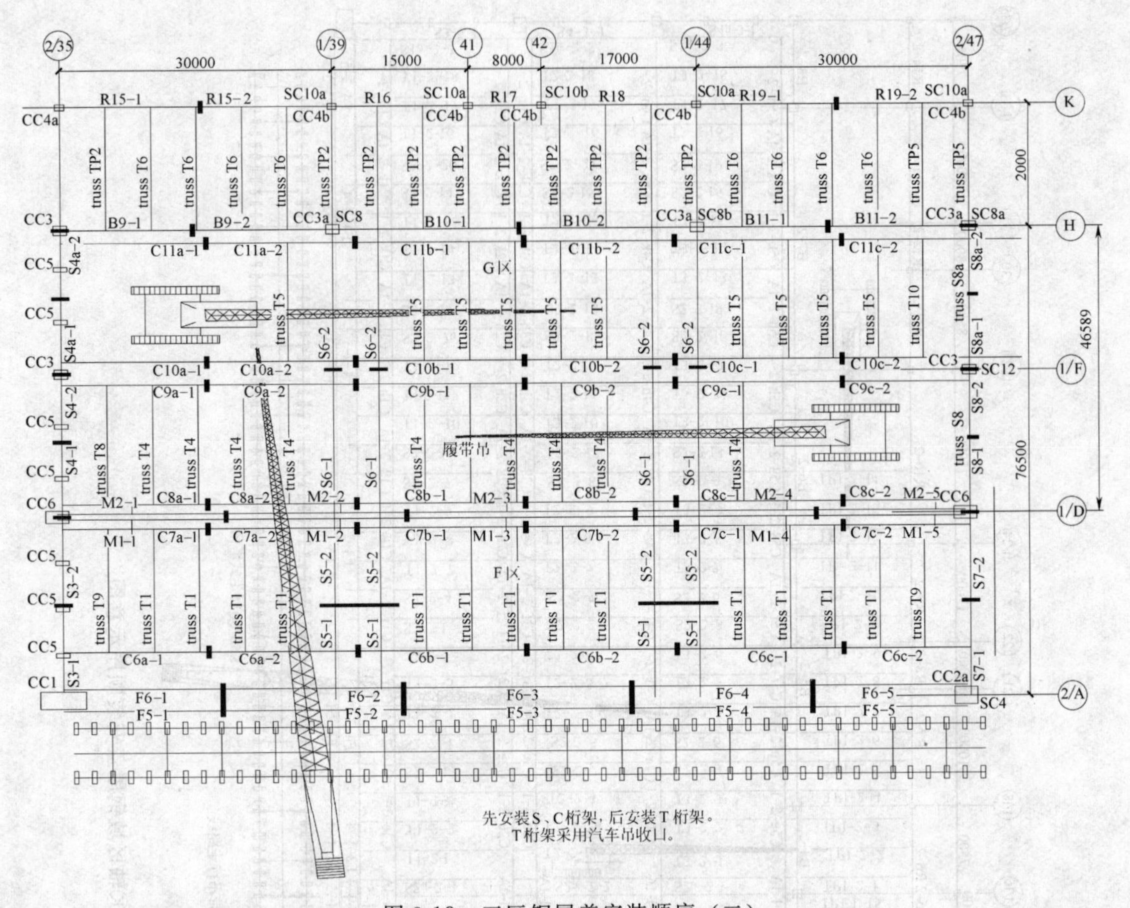
先安装S、C桁架，后安装T桁架。
T桁架采用汽车吊收口。
G区
F区
履带吊

图 3-18 三区钢屋盖安装顺序（二）

（2）安装 H 至 K 轴线间的 R、B、TP 型桁架如图 3-19 所示。

（3）搭设 M1、M2 及 F5、F6 型桁架拼装胎架。

（4）先拼装 M1、M2 型，再拼装 F5、F6 型桁架。

（5）安装 S5、S6 型桁架及上部屋盖结构。

（6）安装 C、T 型桁架及上部屋盖。

3.6.2 F5、F6 及 M1、M2 桁架安装胎架搭设

根据 F5、F6 及 M1、M2 桁架拼装工艺要求，须搭设施工脚手架至桁架标高位置，为安装钢屋盖提供操作平台和安全通道。拼装脚手架如图 3-20～图 3-23 所示。

胎架用 $\phi48\times3.5$mm 普通脚手架钢管搭设，脚手架也由下向上一次性搭设到位。胎架应具有足够的强度和刚度，承担钢屋盖荷载、施工临时活荷载及脚手架胎架自重。在桁架分段位置进行加密处理，同时加设斜撑，在部分胎架竖杆脚采用枕木分散集中荷载和防止脚手架沉降。拼装脚手架搭设计算详见胎架计算章节。

3.6.3 M 桁架和 F 桁架拼装

（1）M 桁架和 F 桁架均分为上、下弦杆与腹杆三部分在现场拼装脚手架上整体拼装。

（2）桁架拼装应遵循先主后次的原则，即先安装 F、M 型桁架，后安装 S 型桁架。

（3）搭设拼装脚手架，并对拼装脚手架进行测控。

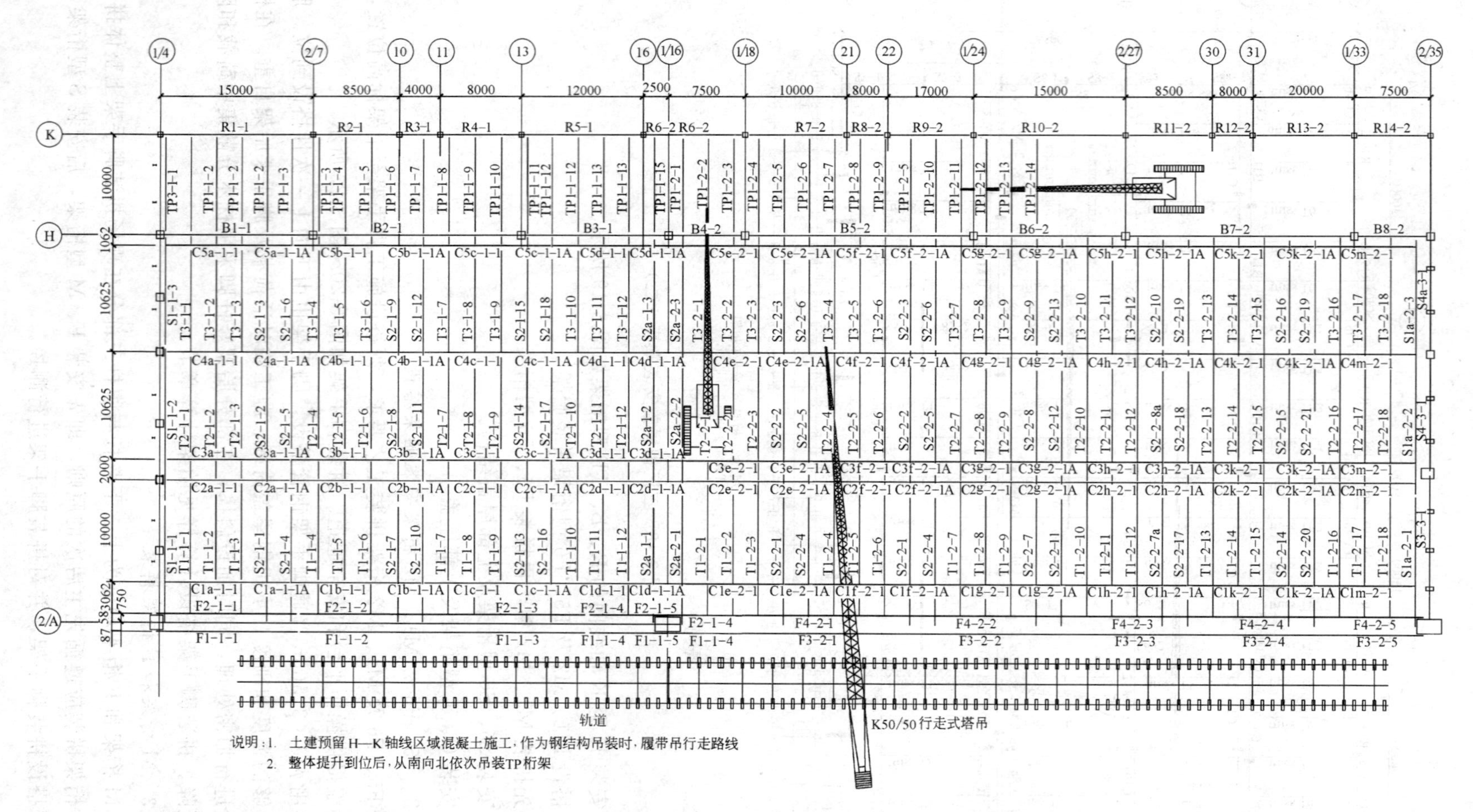

图 3-19 Ⓗ～Ⓚ轴区域钢屋盖安装顺序示意图

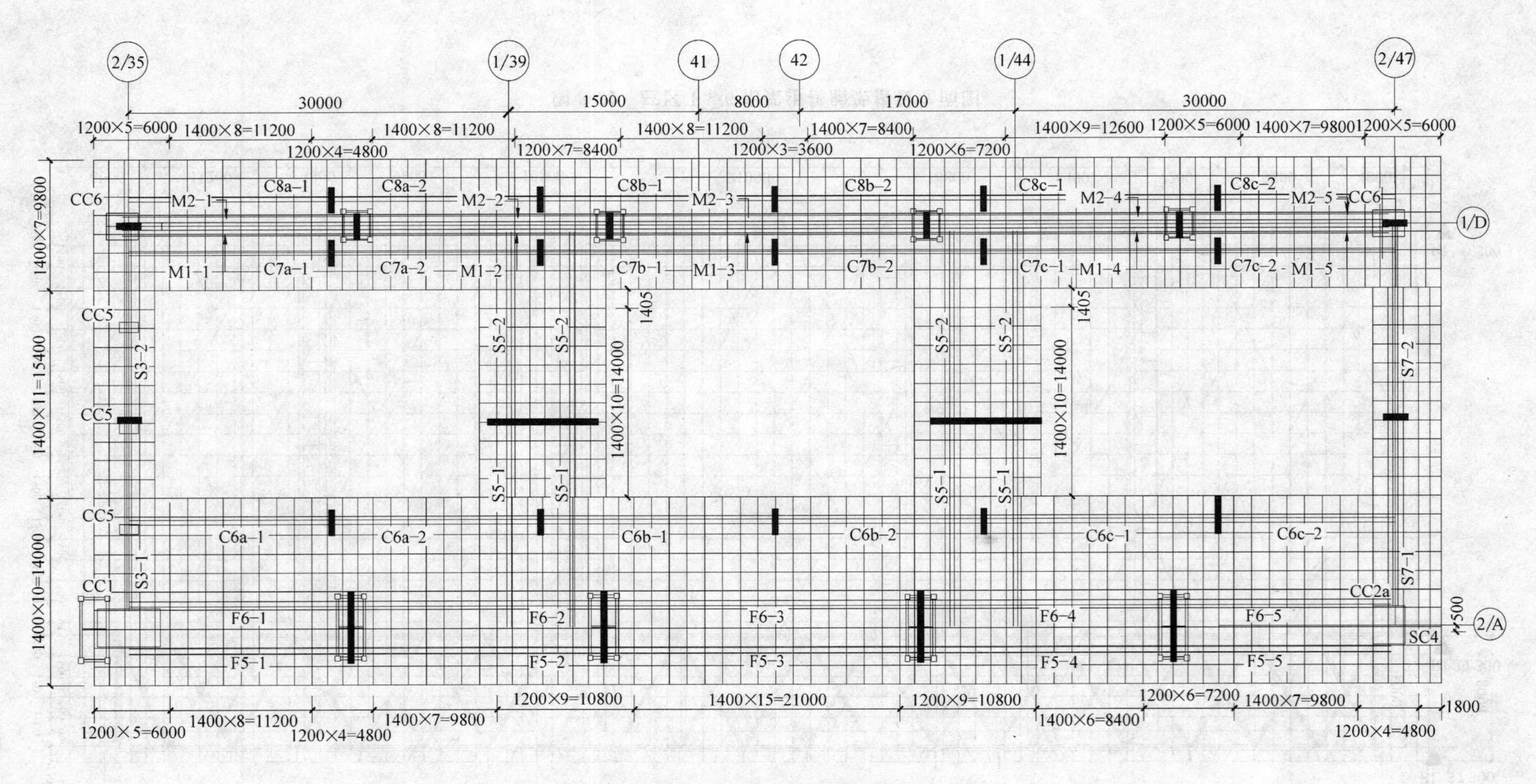

图 3-20　三区 F5/6 桁架组拼胎架搭设平面图

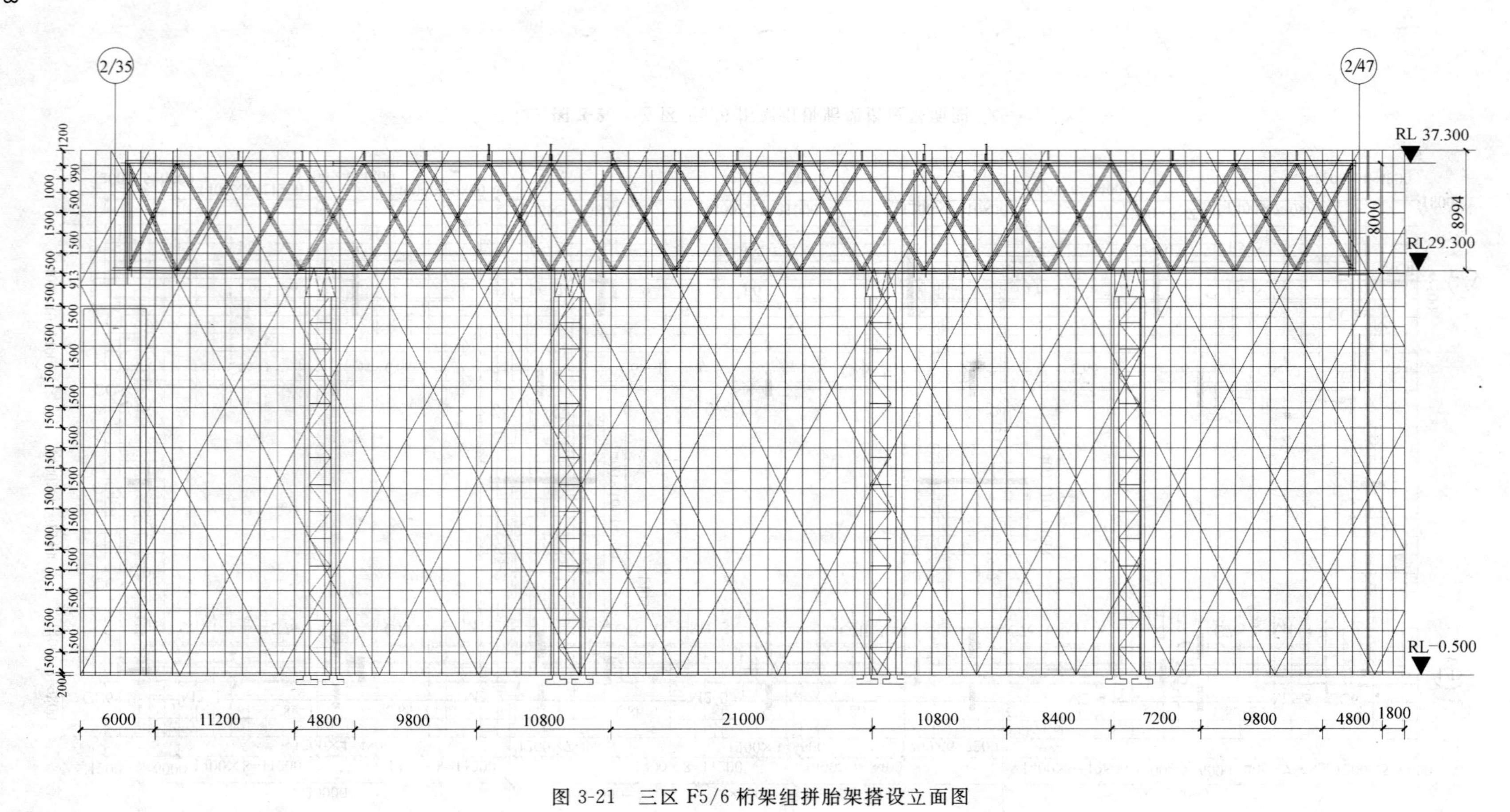

图 3-21 三区 F5/6 桁架组拼胎架搭设立面图

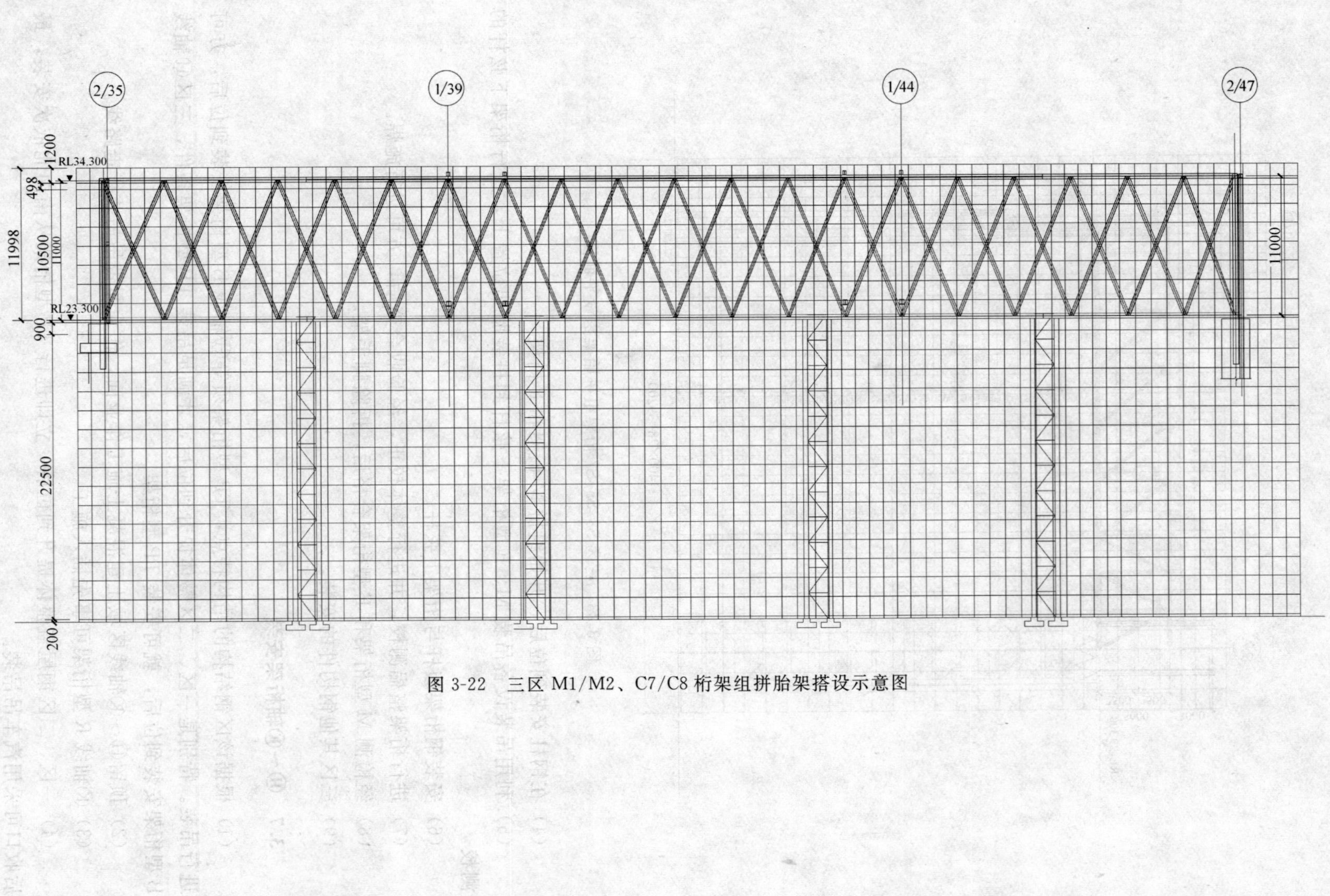

图 3-22 三区 M1/M2、C7/C8 桁架组拼胎架搭设示意图

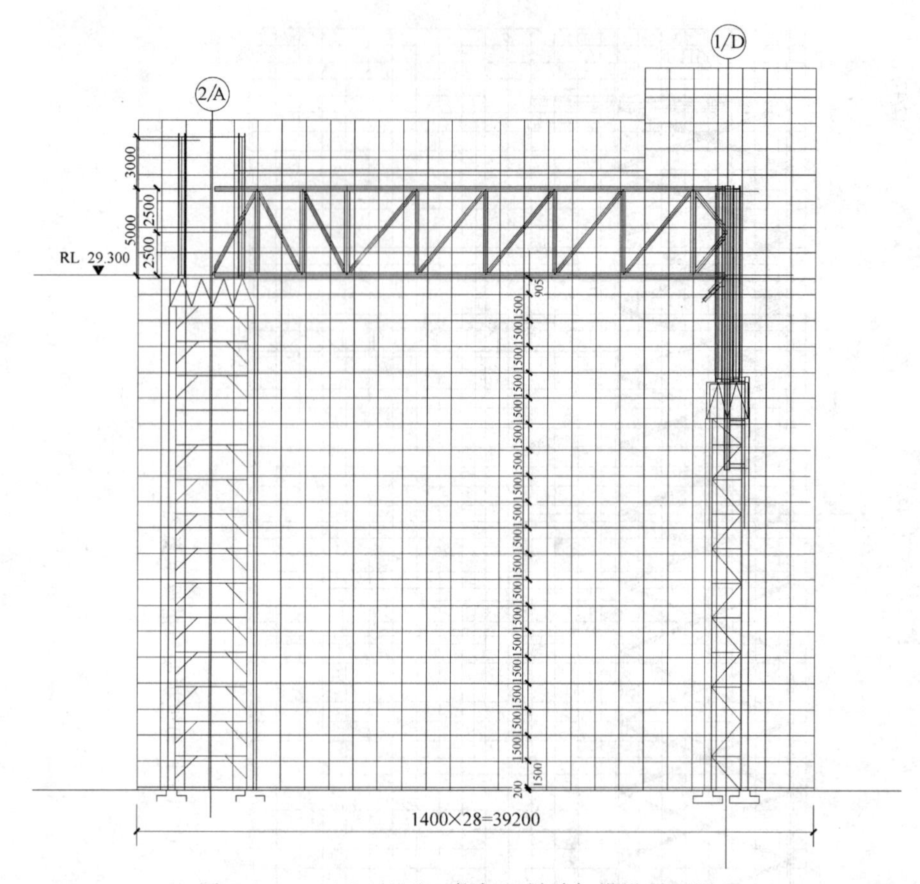

图 3-23　三区 S3/S5/S7 桁架组拼胎架搭设平面图

（4）在钢柱安装到位后，开始组拼 M 桁架和 F 桁架。

（5）利用吊装设备吊装 M、F 型桁架下弦杆到拼装胎架位置上，进行桁架下弦杆的测校。

（6）安装钢桁架腹杆与桁架上弦杆。

（7）进行桁架整榀测校，并进行整体校正，经验收合格后，方可进行施焊。

（8）经检测 M 型桁架和 F 型桁架合格后，拆除脚手架。

（9）三区其他钢构件的安装。

3.7　Ⓗ～Ⓚ轴桁架安装

（1）根据该区钢结构的结构特点，TP 型桁架须等Ⓗ轴线 B 型桁架安装到位后，方可进行吊装。特别是一区、二区整体提升到位后，才满足吊装 TP 型桁架条件，三区Ⓗ轴线 B 型桁架安装到位后，就可安装 TP 型桁架。

（2）预留Ⓗ～Ⓚ轴线区域土建混凝土施工作业面，作为履带吊吊装行走路线。

（3）Ⓚ轴线 R 型桁架可事先插入施工。

（4）一区、二区钢屋盖整体提升到位后，立即进行 TP 型桁架从南向北依次安装，最后收口可采用汽车吊吊装。

4 钢屋盖整体提升技术计算

4.1 整体提升设计

本工程钢结构部分平面结构规则，适于用整体提升；同时，跨度大，结构复杂，也向整体提升施工提出了挑战。

首先，确定提升点。提升点的布置要和结构的刚度分布相一致，同时也要保证提升状态的结构受力情况和实际使用状态的结构受力情况基本吻合。故提升点的位置选在屋盖系统的支座处。提升点编号如图 4-1 所示。

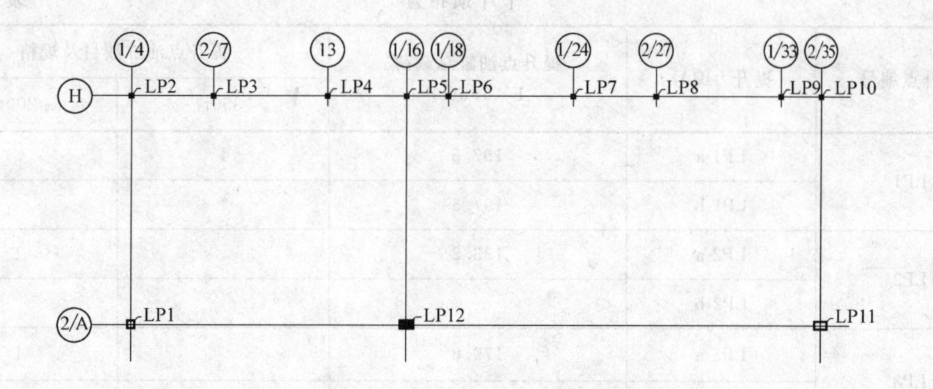

图 4-1 一、二区提升点布置图

然后，确定提升力。运用有限元分析软件，为提升状态的屋盖系统建立整体模型（图 4-2），选择适当的荷载，如结构自重等屋盖恒荷载，计算得出各提升点所需的力。

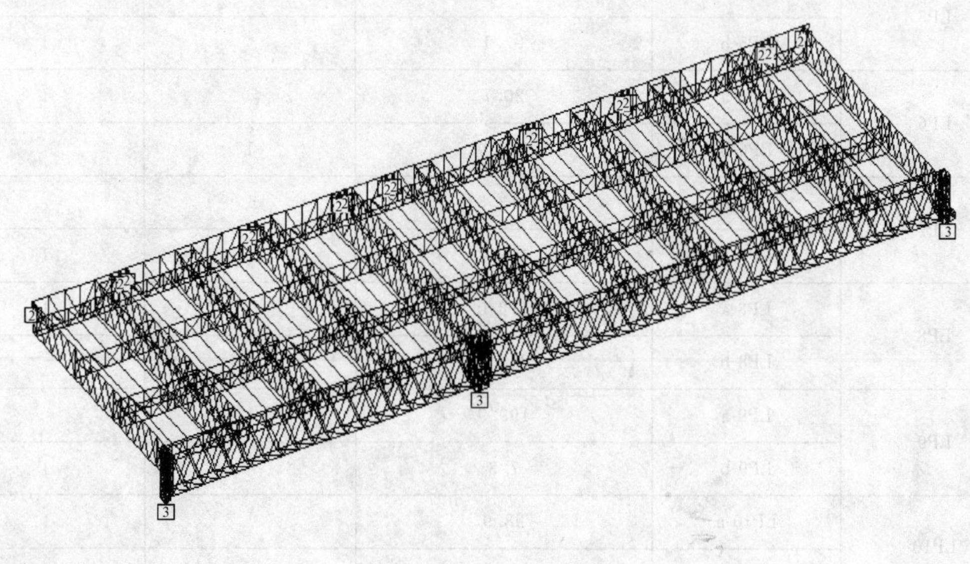

图 4-2 一区、二区模型图

一、二区整体提升荷载取值见表4-1。

提升荷载取值 表4-1

项目名称	荷载取值	项目名称	荷载取值
大厅檩条	0.07kN/m²	屋盖结构支撑	0.10kN/m²
屋面支撑系统	0.10kN/m²	机械及电气管线	0.15kN/m²
第三级桁架	0.15kN/m²	检修走道	0.05kN/m²

运用有限元分析软件，为提升状态的一、二区屋盖系统建立整体模型，选择适当的荷载，如结构自重等屋盖恒荷载，计算得出各提升点所需各提升点反力，并以此为根据布置千斤顶，千斤顶布置考虑以下原则（表4-2）：

千斤顶布置 表4-2

提升点编号	提升力编号	提升点油缸总载荷 F×1.5(t)	提升点油缸数目及规格	
			350t	200t
LP1	LP1-a	197.5	1	
	LP1-b	197.5	1	
LP2	LP2-a	133.2		1
	LP2-b	—		
LP3	LP3-a	179.0		1
	LP3-b	99.3		1
LP4	LP4-a	88.4		1
	LP4-b	214.7	1	
LP5	LP5-a	115.7		1
	LP5-b	97.1		1
LP6	LP6-a	20.7		1
	LP6-b	198.9	1	
LP7	LP7-a	212.5	1	
	LP7-b	112.2		1
LP8	LP8-a	112.0		1
	LP8-b	218.2	1	
LP9	LP9-a	199.9	1	
	LP9-b	7.3		1
LP10	LP10-a	98.9		1
	LP10-b	—		

续表

提升点编号	提升力编号	提升点油缸总载荷 F×1.5(t)	提升点油缸数目及规格	
			350t	200t
LP11	LP11-a	251.8	1	
	LP11-b	251.8	1	
	LP11-c	251.8	1	
	LP11-d	251.8	1	
LP12	LP12-a	315.5	1	
	LP12-b	315.5	1	
	LP12-c	315.5	1	
	LP12-d	315.5	1	
	LP12-e	315.5	1	
	LP12-f	315.5	1	
	LP12-g	315.5	1	
	LP12-h	315.5	1	

注：油缸的提升力储备系数为1.5。

（1）在自重作用下的柱顶支座反力；

（2）选择200t、350t常用千斤顶；

（3）根据桁架与柱的连接对称布置（除Ⓗ轴两端部可选择单边布置）；

（4）考虑1.5倍提升储备系数；

（5）各提升力的平面布置如图4-3所示。

4.2 钢柱的稳定性

对于如此大跨度、大面积的空间桁架，支柱数量相对较少。单根柱子高度高，受荷载大，不言而喻，是整个结构中最重要的部分。通常柱的强度容易保证，而且强度破坏不具突发性，而柱的稳定性破坏具有突然性，需要给予足够的重视。

在本工程中应用的柱为钢和混凝土组合柱，下部为混凝土柱，上部为钢构柱，为了提升需要，在原有的柱子高度基础上，增加了3.5m。针对这种较为特殊的柱子，并结合现有钢结构规范，采用如下的思路验算柱子的稳定性：

首先，用有限元分析软件对包括钢柱（含上部提升支架3.5m）和混凝土柱的整根柱子进行特征值屈曲分析，求得特征值屈曲荷载。从特征值屈曲模态可以分析出，由于混凝土柱截面大且为实心，刚度大，而钢柱截面小且为格构，刚度小，钢柱顶与混凝土柱顶侧移比为26∶1，而钢柱顶与混凝土柱顶高度比仅为1.6∶1。屈曲破坏主要发生在钢柱部分，可以不用去验算混凝土柱部分的稳定性。

然后，对钢柱分别施加竖向力和水平力，得出相应的位移。通过此位移，分别求出钢柱的等效抗压刚度（EA）和等效抗弯刚度（EI）。

然后，通过前面特征值屈曲荷载（P_{cr}）和等效抗弯刚度（EI），求得钢柱的计算长

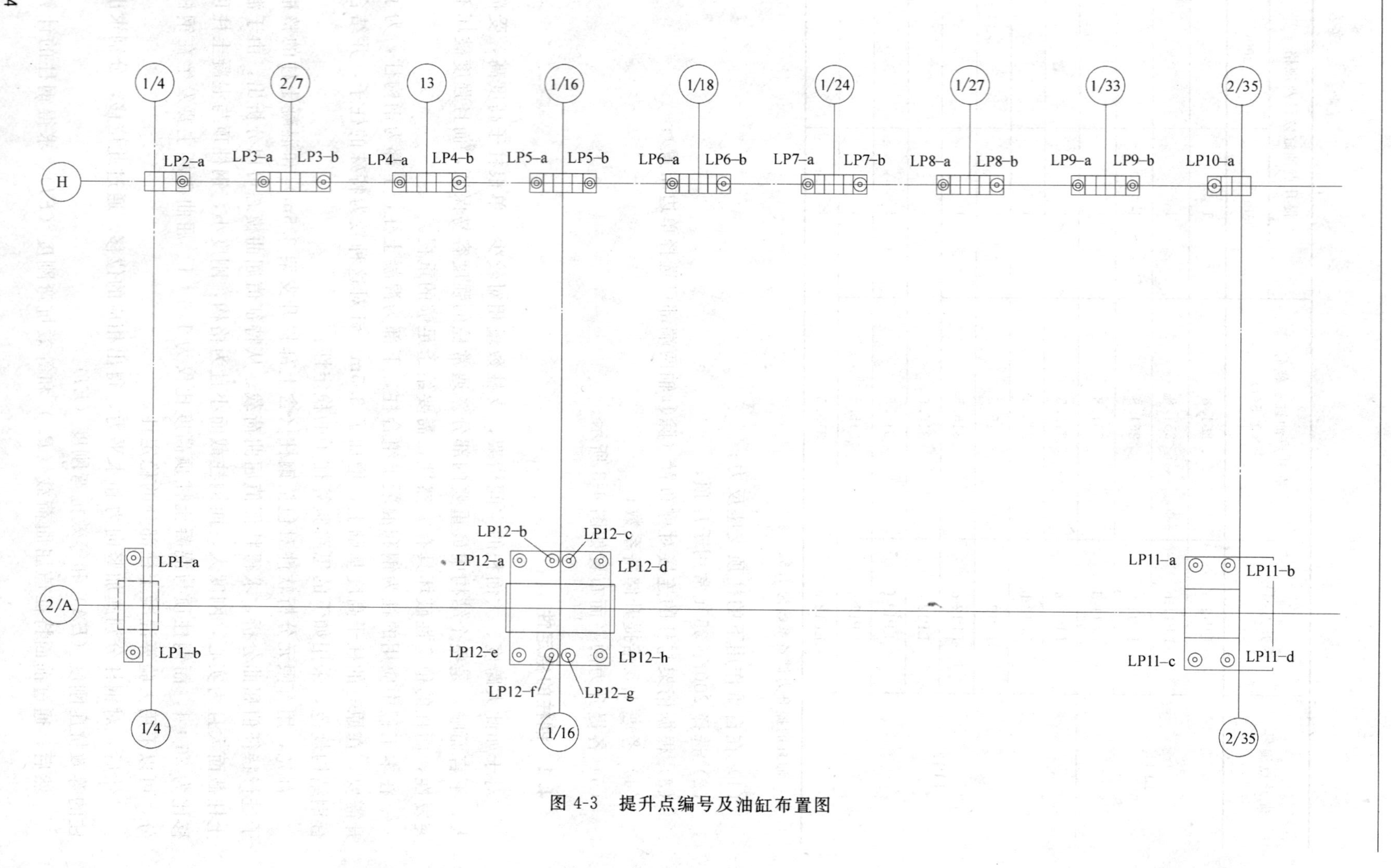

图 4-3 提升点编号及油缸布置图

度系数（μ）和长细比（λ）。

最后按照轴心受压构件稳定公式，验算钢柱的整体稳定性。

4.2.1 SC1（LP1）（按受荷载 400t 验算）

整柱的特征值屈曲荷载 $P_{cr}=332.8\times10^6$ N

等效刚度 $EA_{eff}=2.05\times10^{10}$ N，$EI_{x_{eff}}=3.33\times10^{10}$ N·m²，$EI_{y_{eff}}=3.76\times10^{10}$ N·m²

由 $P_{cr}=\dfrac{\pi^2 EI_{eff}}{(\mu l)^2}$，$l=15.64$m，得计算长度系数 $\mu=2.008$，长细比 $\lambda=24.65$，按 Q345b 类截面查柱子曲线，得，$\varphi=0.936$。

按照轴心受压构件稳定公式，$\dfrac{N}{\varphi A}=41.7$MPa，满足稳定性要求。

4.2.2 SC2（LP12）（按受荷载 2800t 验算）

整柱的特征值屈曲荷载 $P_{cr}=643.9\times10^6$ N

等效刚度 $EA_{eff}=5.09\times10^{10}$ N，$EI_{x_{eff}}=2.87\times10^{11}$ N·m²，$EI_{y_{eff}}=5.94\times10^{10}$ N·m²。

由 $P_{cr}=\dfrac{\pi^2 EI_{eff}}{(\mu l)^2}$，$l=15.64$m，得计算长度系数 $\mu=1.929$，取为 2，长细比 $\lambda=28.9$，按 Q345b 类截面查柱子曲线，得，$\varphi=0.922$。

按照轴心受压构件稳定公式，$\dfrac{N}{\varphi A}=119.4$MPa，满足稳定性要求。

4.2.3 SC3（LP11）（按受荷载 1400t，偏心 913mm 验算）

整柱的特征值屈曲荷载 $P_{cr}=620.1\times10^6$ N

等效刚度 $EA_{eff}=5.29\times10^{10}$ N，$EI_{x_{eff}}=5.75\times10^{10}$ N·m²，$EI_{y_{eff}}=3.957\times10^{10}$ N·m²。

由 $P_{cr}=\dfrac{\pi^2 EI_{eff}}{(\mu l)^2}$，$l=15.64$m，得计算长度系数 $\mu=1.935$，取为 2，长细比 $\lambda=30.0$，按 Q345b 类截面查柱子曲线，得，$\varphi=0.913$。

按照压弯构件稳定公式，

$$\frac{N}{\varphi_x A}+\frac{\beta_{mx}M_x}{W_{1x}(1-\varphi_x N/N_{Ex})}$$

$$=\frac{1.4\times10^7}{0.913\times0.2568\times10^6}+\frac{1.4\times10^7\times913\times1200}{0.2568\times10^{12}\ (1-0.913\times1.4\times10^7/6.2\times10^8)}=120.7\text{MPa},$$

满足稳定性要求。

4.2.4 SC5（LP3-9）（按受荷载 400t 验算）

整柱的特征值屈曲荷载 $P_{cr}=46.6\times10^6$ N

等效刚度 $EA_{eff}=1.64\times10^{10}$ N，$EI_{x_{eff}}=5.97\times10^9$ N·m²，$EI_{y_{eff}}=4.21\times10^9$ N·m²

由 $P_{cr}=\dfrac{\pi^2 EI_{eff}}{(\mu l)^2}$，$l=12.52$m，得计算长度系数 $\mu=2.384$，长细比 $\lambda=58.9$，按 Q345b 类截面查柱子曲线，得，$\varphi=0.742$。

按照轴心受压构件稳定公式，$\dfrac{N}{\varphi A}=65.7$MPa，满足稳定性要求。

4.2.5 SC5（LP2-10）（按受荷载200t，偏心1200mm验算）

整柱的特征值屈曲荷载 $P_{cr}=46.6\times10^{6}\text{N}$

等效刚度 $EA_{eff}=1.64\times10^{10}\text{N}$，$EI_{x_{eff}}=5.97\times10^{9}\text{N}\cdot\text{m}^{2}$，$EI_{y_{eff}}=4.21\times10^{9}\text{N}\cdot\text{m}^{2}$

由 $P_{cr}=\dfrac{\pi^{2}EI_{eff}}{(\mu l)^{2}}$，$l=12.52\text{m}$，得计算长度系数 $\mu=2.384$，长细比 $\lambda=58.9$，按Q345b类截面查柱子曲线，得，$\varphi=0.742$。

按照压弯构件稳定公式，

$$\frac{N}{\varphi_{x}A}+\frac{\beta_{mx}M_{x}}{W_{1x}(1-\varphi_{x}N/N_{Ex})}$$

$$=\frac{2\times10^{6}}{0.742\times0.0796\times10^{6}}+\frac{2\times10^{6}\times1200\times525}{0.02898\times10^{12}\quad(1-0.742\times2\times10^{6}/46.6\times10^{6})}=78.8\text{MPa}$$

满足稳定性要求。

4.3 提升部位设计和加固

由于提升时的支座与使用时的支座不一样，所以提升点附近的部分结构的受力状态有所变化。为了保证提升时结构安全可靠，必须对重要部位进行加固和设计。

LP1-11提升点都设在桁架的节点处，因此，提升点附近的桁架杆件仍以承受轴力为主，与其在工作状态下的受力情况相近，所以，不会出现薄弱环节。

LP12（SC2）提升吊点设在桁架弦杆中部，而且承受荷载较大，所以，对桁架采用大面积加劲钢板进行加固，并在相邻节点添加加劲肋。以下是计算模型（图4-4）。

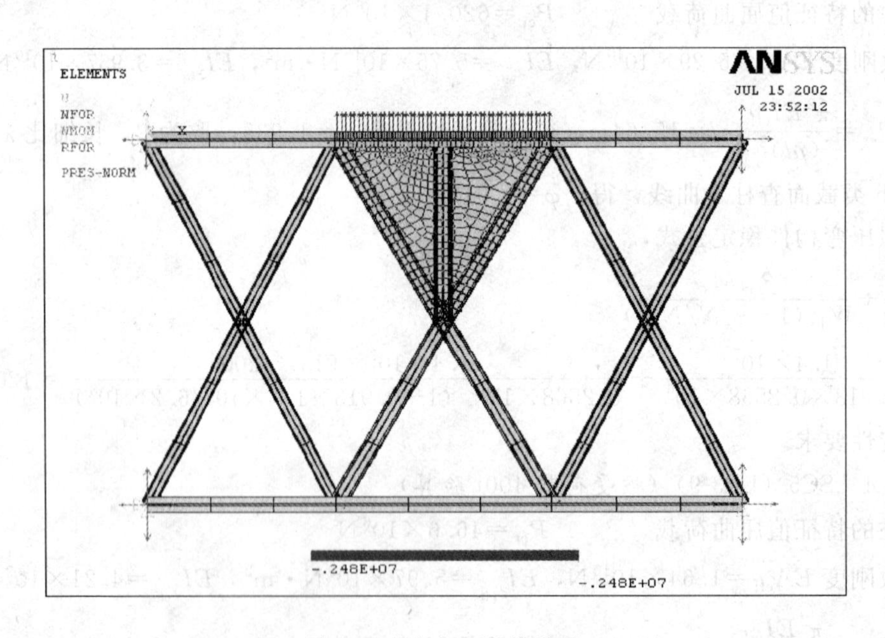

图4-4 桁架加固计算模型

经过计算，加劲钢板中竖向最大拉应力为95.5MPa，最大压应力为15.2MPa；水平向最大拉应力为99.9MPa，最大压应力为112MPa；整块加劲钢板的von Mises应力最大为174MPa＜f=290MPa，满足！

轴压力最大发生在腹杆处，需要验算其稳定性。

轴压力 N=3750kN

X 轴整体稳定系数 $\varphi_x(b)=0.863$

Y 轴整体稳定系数 $\varphi_y(b)=0.648$

X 轴应力 $\sigma_x=142.43\text{N/mm}^2<\text{N}/\varphi_x A=290\text{N/mm}^2$ 满足！

Y 轴应力 $\sigma_y=189.58\text{N/mm}^2<\text{N}/\varphi_y A=290\text{N/mm}^2$ 满足！

提升锚具与桁架结构用高强螺栓连接，采用 10.9 级承压型高强螺栓 M24，连接板厚 40mm，表面喷砂后涂无机富锌漆。

单个螺栓的抗剪承载力：

$$N_{v_1}^b=n_v\frac{\pi d^2}{4}f_v^b=140.2\text{kN}$$

$$N_{v_2}^b=1.3\times0.9n_v\mu P=105.3\text{kN}$$

$$N_c^b=d\cdot\sum t\cdot f_c^b=566.4\text{kN}$$

取三者中最小者 105.3kN。

LP12 处的提升荷载为 8×3500kN，每个千斤顶对应的提升点至少需要 34 个 10.9 级承压型高强螺栓 M24，每面至少 17 个。

4.4 提升平台设计及结构验算

按照各提升点提升油缸数量及规格，设计千斤顶支撑平台，为了保证钢结构部分整体提升就位，必须在提升点设置提升支架。提升平台设计考虑如下原则：

(1) 提升平台高于柱顶 3.5m；

(2) 3.5m 高提升塔架立柱与原钢柱相同；

(3) 平台面积满足千斤顶布置；

(4) 平台采用悬挑箱形钢梁结构；

(5) 提升锚固端设在桁架上弦；

(6) 钢梁上开槽满足钢绞线安装。

4.4.1 提升平台验算

提升支架可以把提升力均匀地传递到结构柱上，使结构柱在设计状态下受荷，避免出现不利受力状态；同时，支架为施工提供了操作平台。根据千斤顶的提升力，计算支架在提升力作用下的反应，从中选出最不利的构件进行验算。在前面的钢柱稳定验算中考虑的是钢柱和提升平台共同承受千斤顶传来的提升反力，故在此只对提升平台进行局部构件的验算，作为对前面钢柱的整体稳定验算的补充。

对于这种由杆件通过空间构形而成的格构式的支架，各杆件受力以轴力为主，因此，支座采用刚接或铰接对于计算出来的结构内力的影响是很小的，本节计算模型支座采用刚接。

提升支架采用 Q345 钢，截面见马钢材料表（略）。其细部连接与构造参照图 4-5～图 4-11。

(1) LP1（2/A～1/4轴线）

1) 计算模型（图 4-12）。

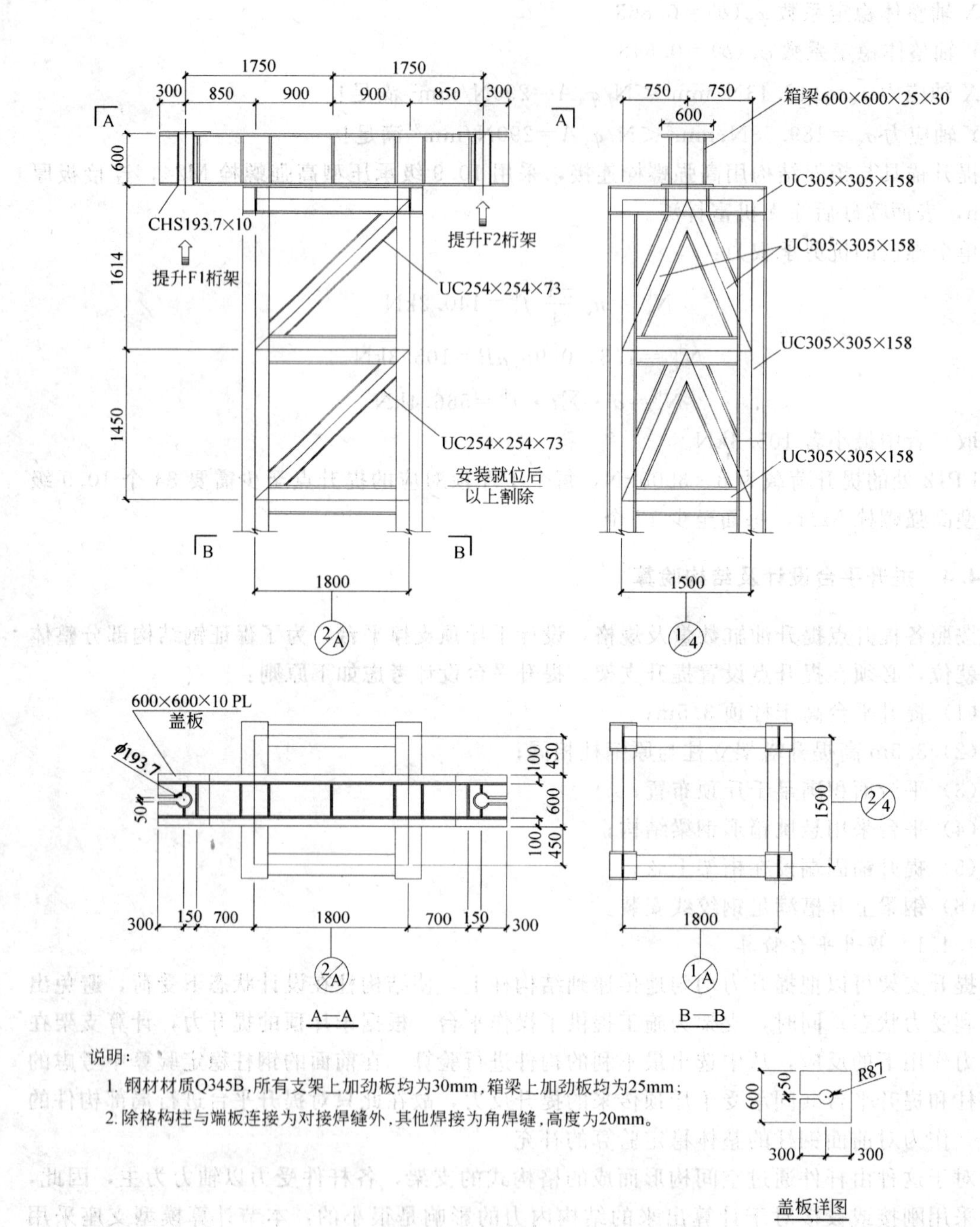

图 4-5 LP1 提升点支撑结构图

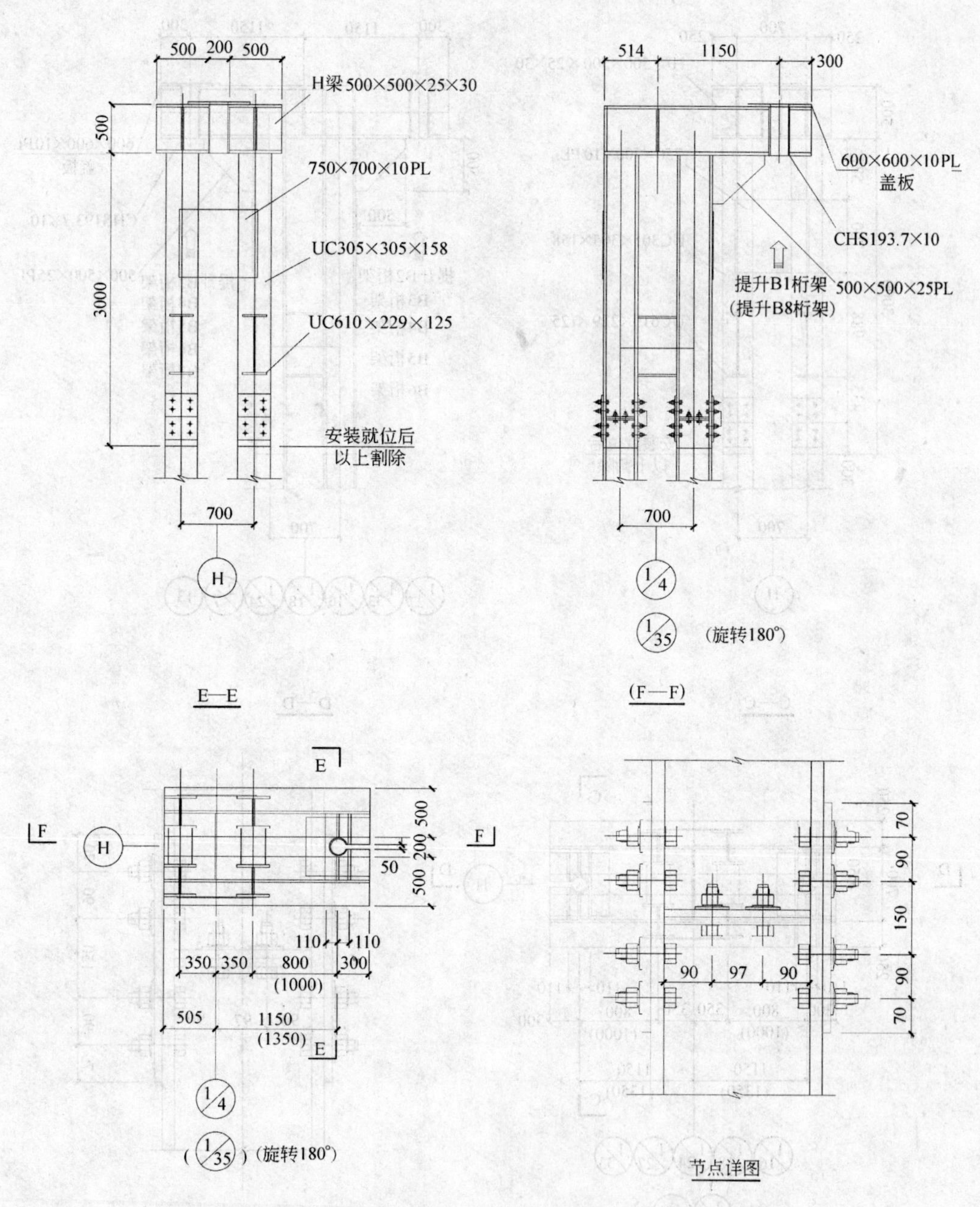

说明：钢绞线排放就位后，箱梁端部加焊PL1200×600×16。

图 4-6　LP2 提升架（LP10 提升架）

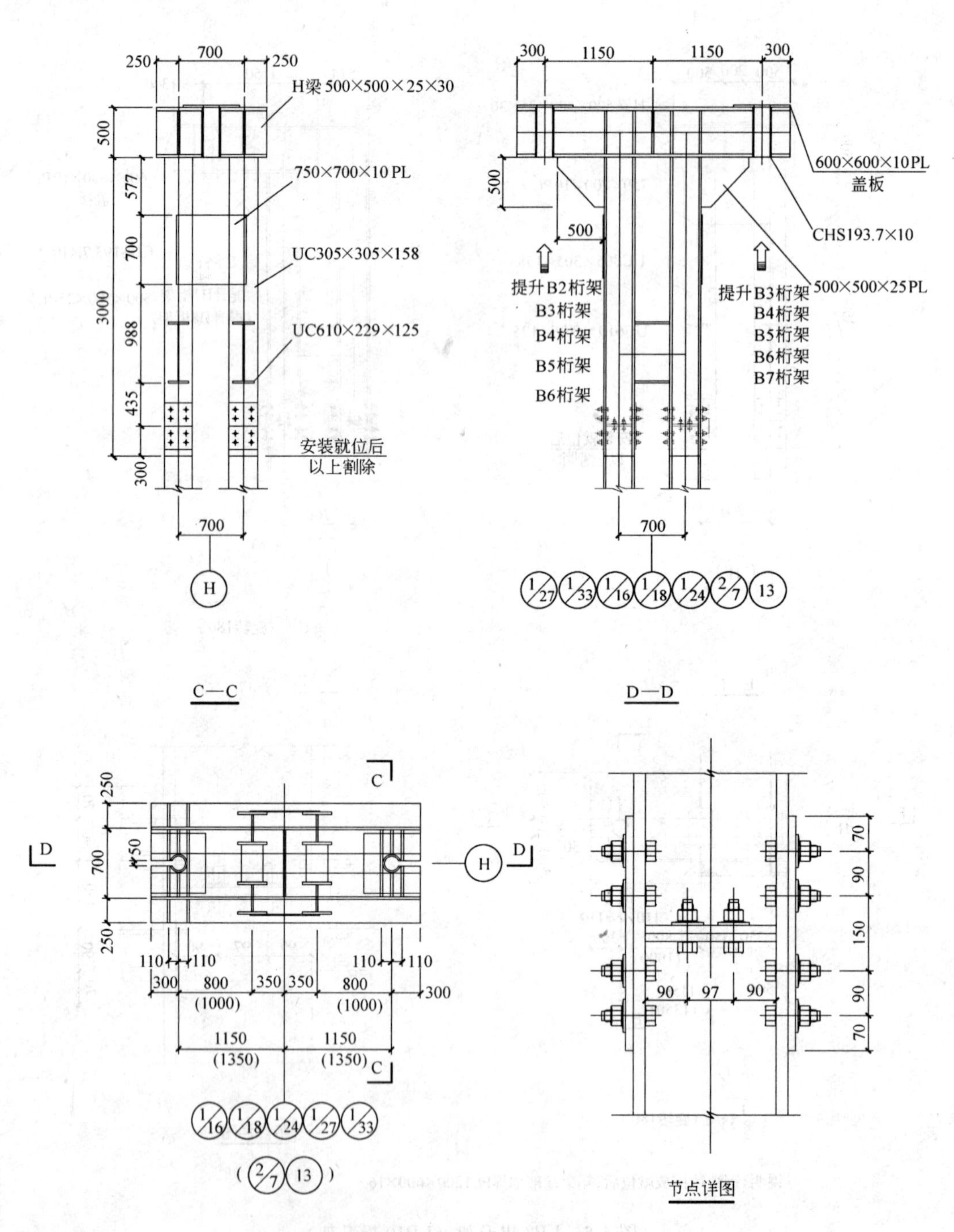

说明：钢绞线排放就位后，箱梁端部加焊PL1200×600×16。

图 4-7 LP5、LP6、LP7、LP8、LP9 提升点支撑结构图

（LP3、LP4 提升点支撑结构图）

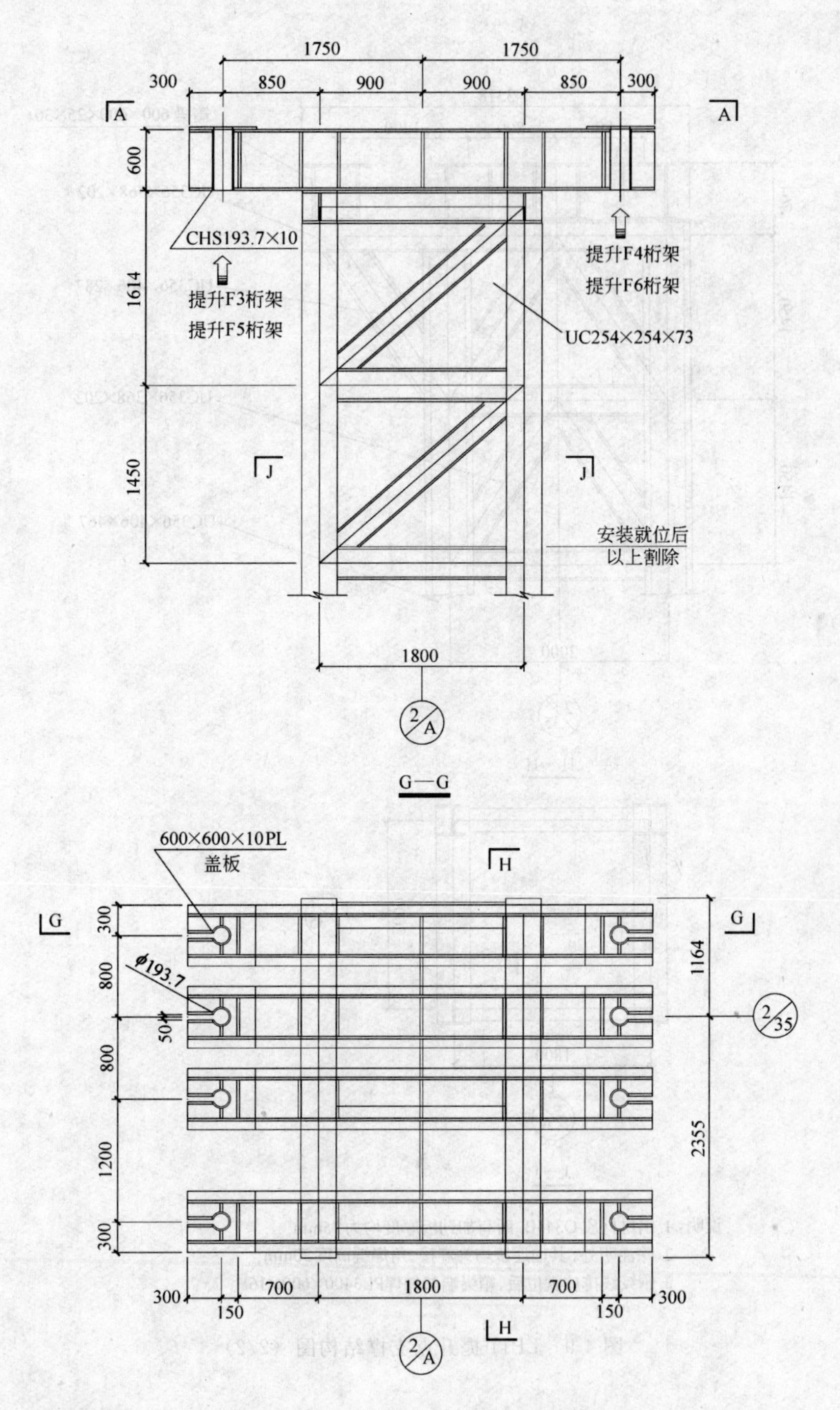

图 4-8 LP11 提升点支撑结构图（1/2）

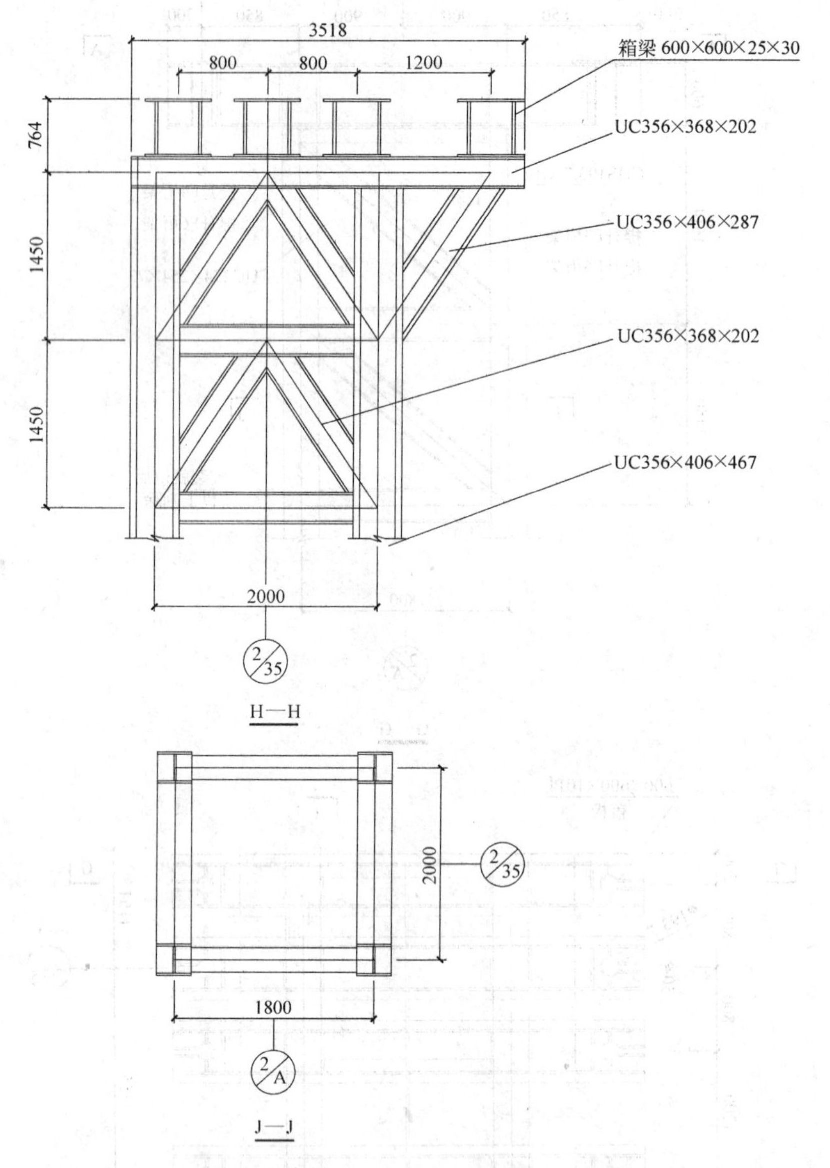

说明：1. 钢材材质 Q345B，所有加劲板厚度均为 25mm；
2. 除注明外，其他连接均为焊接，角焊缝高度20mm；
3. 钢绞线排放就位后，箱梁端部加焊PL3400×600×16。

图 4-9 LP11 提升点支撑结构图（2/2）

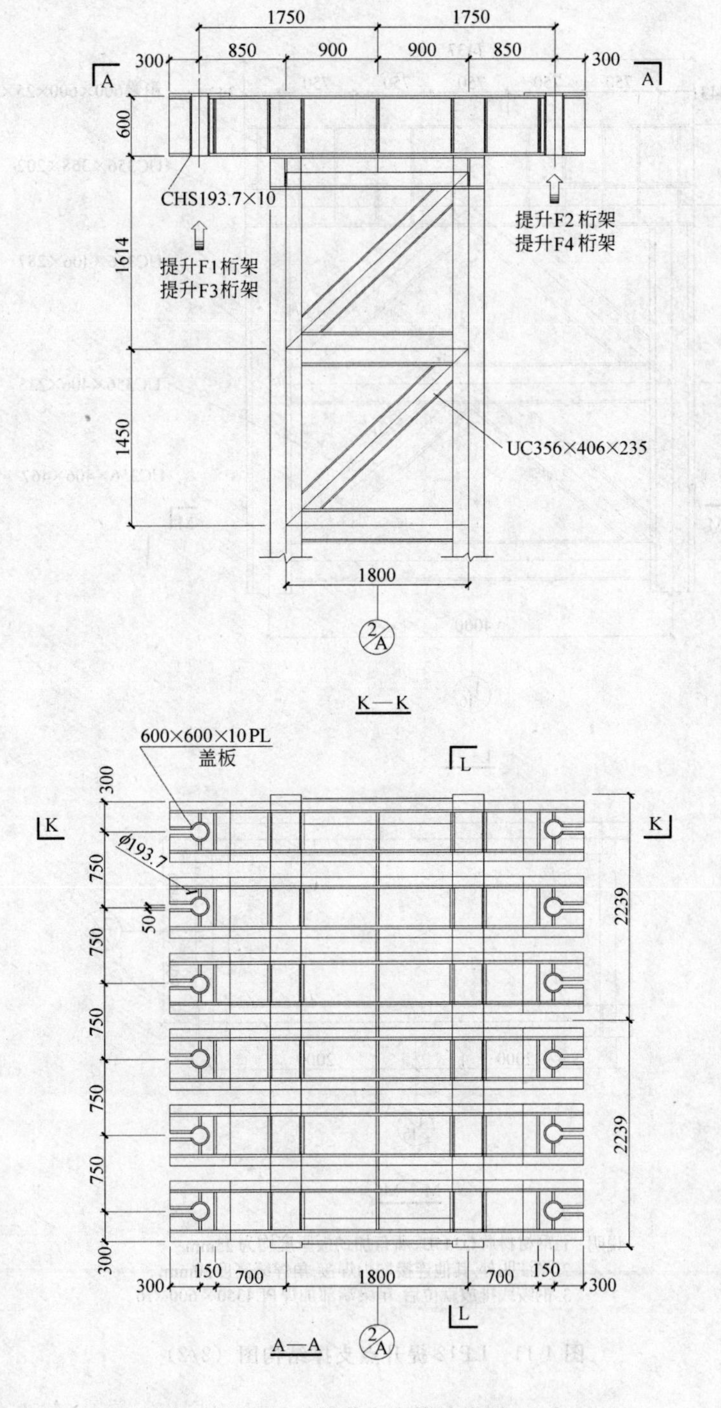

图 4-10　LP12 提升点支撑结构图（1/2）

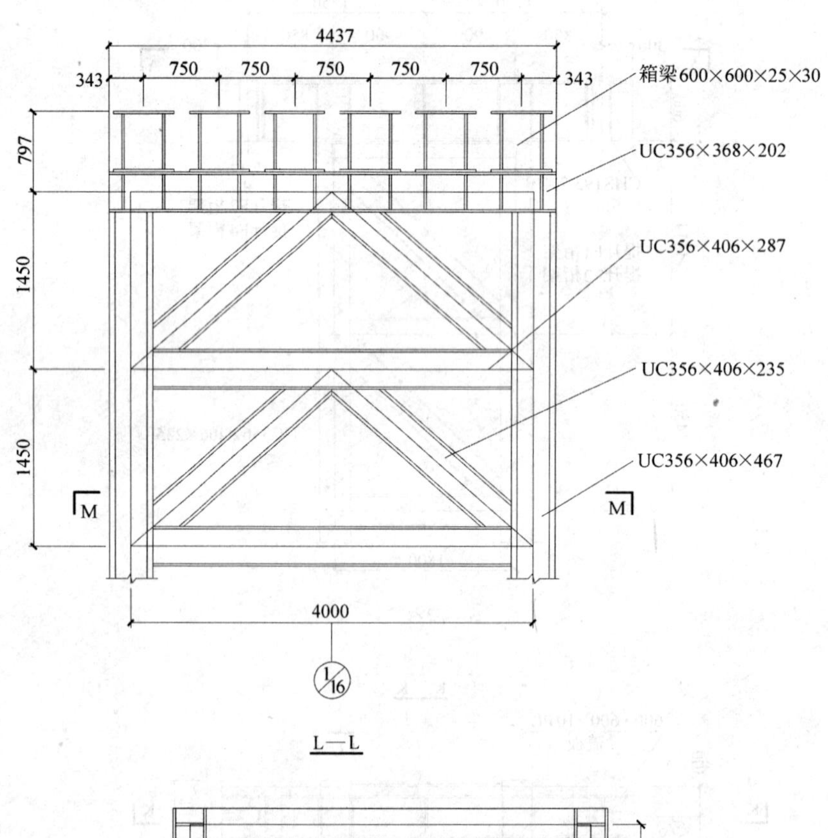

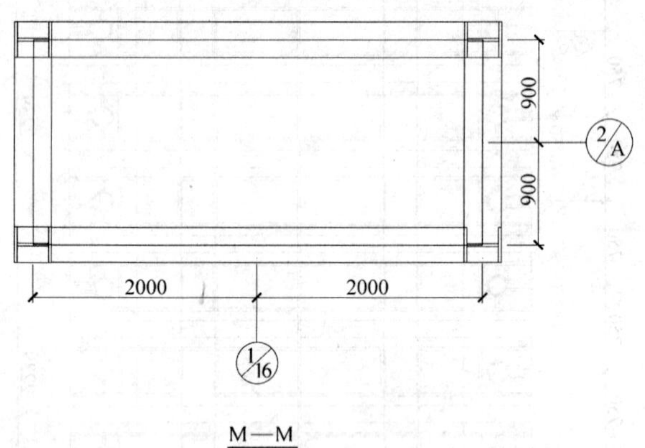

说明：1.钢材材质Q345B，所有加劲板厚度均为25mm。
2.除注明外，其他连接均为焊接，角焊缝高度20mm。
3.钢绞线排放就位后，箱梁端部加焊PL4350×600×16。

图 4-11　LP12 提升点支撑结构图（2/2）

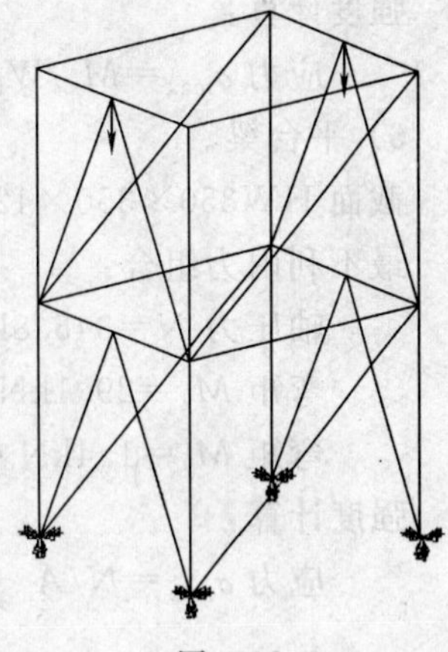
图 4-12

2）立柱。

截面 HW350×350×12×19，长度 1750mm

最不利内力组合：

轴压力 N＝860.5kN

弯矩 M_x＝15.3kN·m

弯矩 M_y＝2.5kN·m

强度计算：

应力 $\sigma_{max}=N/A_n+M_x/W_{nx1}+M_y/W_{ny1}=59.63<300N/mm^2$ 满足！

整体稳定计算：

面内 $\sigma_{x1}=N/\varphi_x A+\cdots=60.93N/mm^2<300N/mm^2$ 满足！

面外 $\sigma_{y1}=N/\varphi_y A+\cdots=62.21N/mm^2<300N/mm^2$　　满足！

3）人字撑杆。

截面 HW350×350×12×19，长度 1904mm

最不利内力组合：

轴压力 N＝919.8kN

弯矩 M_x＝2.6kN·m

弯矩 M_y＝3.5kN·m

强度计算：

应力 $\sigma_{max}=N/A_n+M_x/W_{nx1}+M_y/W_{ny1}=58.82<300N/mm^2$　　满足！

整体稳定计算：

面内 $\sigma_{x1}=N/\varphi_x A+\cdots=60.52N/mm^2<300N/mm^2$　　满足！

面外 $\sigma_{y1}=N/\varphi_y A+\cdots=61.73N/mm^2<300N/mm^2$　　满足！

4）斜撑杆。

截面 HW250×250×9×140，长度 2510mm

最不利内力组合：

轴压力 N＝77.9kN

弯矩 M_x＝2kN·m

弯矩 M_y＝0.7kN·m

强度计算：

应力 $\sigma_{max}=N/A_n+M_x/W_{nx1}+M_y/W_{ny1}=12.91N/mm^2<300N/mm^2$ 满足！

整体稳定计算：

面内 $\sigma_{x1}=N/\varphi_x A+\cdots=13.84N/mm^2<300N/mm^2$　　满足！

面外 $\sigma_{y1}=N/\varphi_y A+\cdots=14.37N/mm^2<300N/mm^2$　　满足！

5）千斤顶梁。

截面箱梁 600×750×40×25（mm）

最不利内力组合：

弯矩 M_x＝1700kN·m

强度计算：

应力 $\sigma_{max}=M_x/W_{nx1}=123<300N/mm^2$ 满足！

6）平台梁。

截面 HW350×350×12×19（mm）

最不利内力组合：

轴压力 $N=345.8kN$

弯矩 $M_x=29.1kN \cdot m$

弯矩 $M_y=1.4kN \cdot m$

强度计算：

应力 $\sigma_{max}=N/A_n+M_x/W_{nx1}+M_y/W_{ny1}=34.07N/mm^2<300N/mm^2$ 满足！

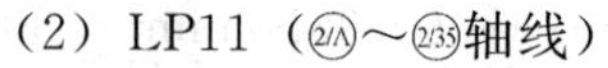

（2）LP11（2/A～2/35轴线）

1）计算模型（图 4-13）。

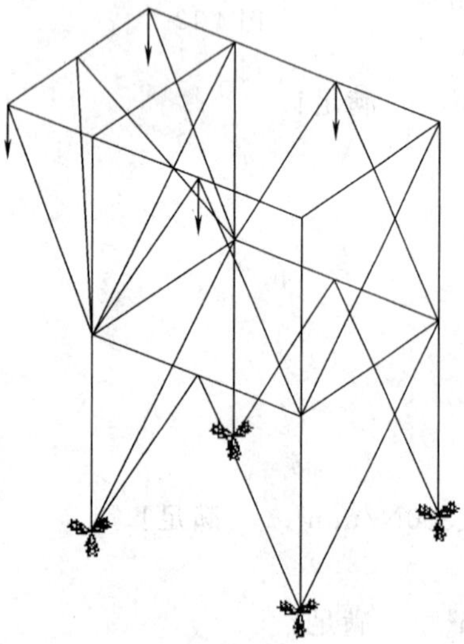

图 4-13

2）立柱。

截面组合工字钢 436×416×36×58（mm），长度 1750mm

最不利内力组合：

轴压力 $N=2350kN$

弯矩 $M_x=50.7kN \cdot m$

弯矩 $M_y=10.6kN \cdot m$

强度计算：

应力 $\sigma_{max}=N/A_n+M_x/W_{nx1}+M_y/W_{ny1}=48.32N/mm^2<315N/mm^2$ 满足！

整体稳定计算：

面内 $\sigma_{x1}=N/\varphi_x A+\cdots=49.31N/mm^2<315N/mm^2$ 满足！

面外 $\sigma_{y1}=N/\varphi_y A+\cdots=49.83N/mm^2<315N/mm^2$ 满足！

3）人字撑杆。

截面 HW400×408×21×21mm，长度 2028mm

最不利内力组合：

轴压力 $N=1440kN$

弯矩 $M_x=1kN \cdot m$

弯矩 $M_y=3.2kN \cdot m$

强度计算：

应力 $\sigma_{max}=N/A_n+M_x/W_{nx1}+M_y/W_{ny1}=60.97N/mm^2<290N/mm^2$ 满足！

整体稳定计算：

面内 $\sigma_{x1}=N/\varphi_x A+\cdots=62.38N/mm^2<290N/mm^2$ 满足！

面外 $\sigma_{y1}=N/\varphi_y A+\cdots=63.87N/mm^2<290N/mm^2$ 满足！

4）斜撑杆。

截面 HW250×250×9×14（mm），长度 2510mm

最不利内力组合：

轴压力 $N=88.6\text{kN}$

弯矩 $M_x=1.2\text{kN}\cdot\text{m}$

弯矩 $M_y=1\text{kN}\cdot\text{m}$

强度计算：

应力 $\sigma_{max}=N/A_n+M_x/W_{nx1}+M_y/W_{ny1}=14.05\text{N/mm}^2<300\text{N/mm}^2$ 满足！

整体稳定计算：

面内 $\sigma_{x1}=N/\varphi_x A+\cdots=15.22\text{N/mm}^2<300\text{N/mm}^2$ 满足！

面外 $\sigma_{y1}=N/\varphi_y A+\cdots=15.66\text{N/mm}^2<300\text{N/mm}^2$ 满足！

5）千斤顶梁。

截面箱梁 600×750×40×25（mm）

最不利内力组合：

弯矩 $M_x=1700\text{kN}\cdot\text{m}$

强度计算：

应力 $\sigma_{max}=M_x/W_{nx1}=123\text{N/mm}^2<300\text{N/mm}^2$ 满足！

6）平台梁。

截面 HW400×408×21×21（mm）

轴压力 $N=642.6\text{kN}$

弯矩 $M_x=32.8\text{kN}\cdot\text{m}$

弯矩 $M_y=1.1\text{kN}\cdot\text{m}$

强度计算：

应力 $\sigma_{max}=N/A_n+M_x/W_{nx1}+M_y/W_{ny1}=35.82\text{N/mm}^2<290\text{N/mm}^2$ 满足！

（3）LP12（2/A～1/16轴线）

1）计算模型（图 4-14）。

2）立柱。

截面组合工字钢 436×416×36×58（mm），长度 1750

最不利内力组合：

轴压力 $N=6780\text{kN}$

弯矩 $M_x=179.3\text{kN}\cdot\text{m}$

弯矩 $M_y=32.3\text{kN}\cdot\text{m}$

强度计算

应力 $\sigma_{max}=N/A_n+M_x/W_{nx1}+M_y/W_{ny1}=143.62\text{N/mm}^2<290\text{N/mm}^2$ 满足！

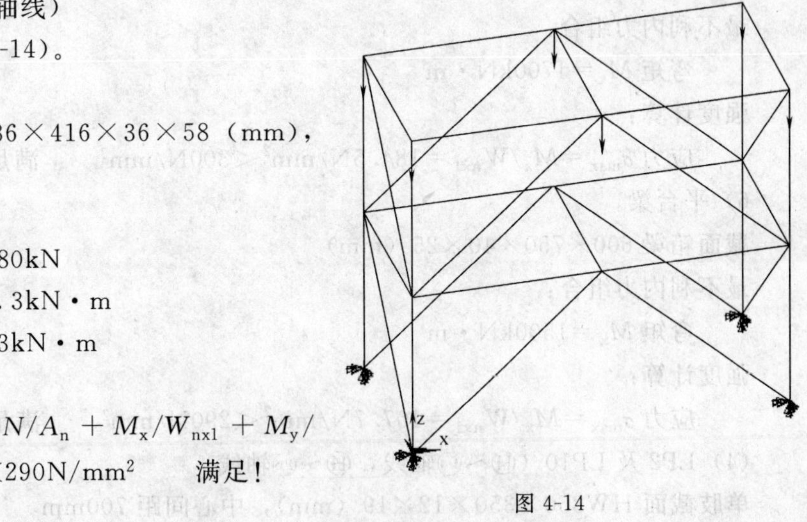

图 4-14

整体稳定计算

面内 $\sigma_{x1}=N/\varphi_x A+\cdots=146.62\text{N/mm}^2<290\text{N/mm}^2$ 满足！

面外 $\sigma_{y1}=N/\varphi_y A+\cdots=148.23\text{N/mm}^2<290\text{N/mm}^2$ 满足！

3）人字撑杆。

截面 HW428×407×20×35（mm），长度 2658mm

最不利内力组合：

轴压力 $N=4430\text{kN}$

弯矩 $M_x=10.3\text{kN}\cdot\text{m}$

弯矩 $M_y=10\text{kN}\cdot\text{m}$

强度计算：

应力 $\sigma_{max}=N/A_n+M_x/W_{nx1}+M_y/W_{ny1}=130.35\text{N/mm}^2<290\text{N/mm}^2$ 满足！

整体稳定计算：

面内 $\sigma_{x1}=N/\varphi_x A+\cdots=133.90\text{N/mm}^2<290\text{N/mm}^2$ 满足！

面外 $\sigma_{y1}=N/\varphi_y A+\cdots=138.54\text{N/mm}^2<290\text{N/mm}^2$ 满足！

4）斜撑杆。

截面 HW250×250×9×14，长度 2510mm

最不利内力组合：

轴压力 $N=250.1\text{kN}$

弯矩 $M_x=3.4\text{kN}\cdot\text{m}$

弯矩 $M_y=1.5\text{kN}\cdot\text{m}$

强度计算：

应力 $\sigma_{max}=N/A_n+M_x/W_{nx1}+M_y/W_{ny1}=35.91\text{N/mm}^2<315\text{N/mm}^2$ 满足！

整体稳定计算：

面内 $\sigma_{x1}=N/\varphi_x A+\cdots=38.47\text{N/mm}^2<315\text{N/mm}^2$ 满足！

面外 $\sigma_{y1}=N/\varphi_y A+\cdots=40.46\text{N/mm}^2<315\text{N/mm}^2$ 满足！

5）千斤顶梁。

截面箱梁 600×600×30×25（mm）

最不利内力组合：

弯矩 $M_x=1700\text{kN}\cdot\text{m}$

强度计算：

应力 $\sigma_{max}=M_x/W_{nx1}=184.5\text{N/mm}^2<300\text{N/mm}^2$ 满足！

6）平台梁。

截面箱梁 600×750×40×25（mm）

最不利内力组合：

弯矩 $M_x=1500\text{kN}\cdot\text{m}$

强度计算：

应力 $\sigma_{max}=M_x/W_{nx1}=107.7\text{N/mm}^2<290\text{N/mm}^2$ 满足！

（4）LP2 及 LP10（Ⓗ～(1/4)轴线，Ⓗ～(2/35)轴线）

单肢截面 HW350×350×12×19（mm），中心间距 700mm

缀板 750mm×750mm×10mm，轴线距离 1230mm

缀条截面 HN606×201×12×20（mm），轴线距离 3880mm

最不利内力组合：

$N=2000\text{kN}$

$$M_x = 2300\text{kN}\cdot\text{m}$$

两个单肢组成的分肢整体稳定计算：

面内 $\sigma_{x1} = N/\varphi_x A + \cdots = 116.5\text{N/mm}^2 < 315\text{N/mm}^2$ 满足！

面外 $\sigma_{y1} = N/\varphi_y A + \cdots = 107.8\text{N/mm}^2 < 315\text{N/mm}^2$ 满足！

钢柱整体稳定计算：

面内等价于分肢的验算满足！

面外 $\sigma_{y1} = N/\varphi_y A + \cdots = 112.3\text{N/mm}^2 < 315\text{N/mm}^2$ 满足！

(5) LP3～LP9（Ⓗ轴线，由⑭轴线至㉓轴线）

单肢截面 HW350×350×12×19，中心间距 700mm

缀板 750mm×750mm×10mm，轴线距离 1230mm

缀条截面 HN606×201×12×20，轴线距离 3880mm

最不利内力组合：

$$N = 4000\text{kN}$$

$$M_x = 370\text{kN}\cdot\text{m}$$

两个单肢组成的分肢整体稳定计算：

面内 $\sigma_{x1} = N/\varphi_x A + \cdots = 81.8\text{N/mm}^2 < 315\text{N/mm}^2$ 满足！

面外 $\sigma_{y1} = N/\varphi_y A + \cdots = 72.5\text{N/mm}^2 < 315\text{N/mm}^2$ 满足！

钢柱整体稳定计算：

面内等价于分肢的验算满足！

面外 $\sigma_{y1} = N/\varphi_y A + \cdots = 81.6\text{N/mm}^2 < 315\text{N/mm}^2$ 满足！

4.4.2 提升平台接长柱的连接

接长柱与原结构柱采用顶板螺栓连接，选用 10.9 级承压型高强螺栓 M24，顶板表面喷砂后涂无机富锌漆；侧面的加劲肋均为 Q345 钢。

单根螺栓的抗剪承载力：

$$N_{v1}^{b} = n_v \frac{\pi d^2}{4} f_v^b = 140.2\text{kN}$$

$$N_{v2}^{b} = 1.3 \times 0.9 n_v \mu P = 105.3\text{kN}$$

$$N_c^b = d \cdot \sum t \cdot f_c^b = 566.4\text{kN}$$

取三者中最小者 105.3kN

单根螺栓的抗拉承载力：$N_t^b = 0.8P = 180\text{kN}$

根据螺栓布置和单根螺栓的抗拉承载力，由 $t \geqslant \sqrt{6M_{max}/(\gamma_x f)}$ 确定顶板厚度为 40mm，Q345 钢。

各柱连接处内力如下，验算均满足要求。

SC1（LP1）轴力 $N = 1035\text{kN}$，剪力 $V = 51\text{kN}$，弯矩 $M_x = 35.9\text{kN}\cdot\text{m}$，$M_y = 3.1\text{kN}\cdot\text{m}$

SC2（LP12）轴力 $N = 7136\text{kN}$，剪力 $V = 568.9\text{kN}$，弯矩 $M_x = 125.6\text{kN}\cdot\text{m}$，$M_y = 293.6\text{kN}\cdot\text{m}$

SC3（LP11）轴力 $N = 2547\text{kN}$，剪力 $V = 119.5\text{kN}$，弯矩 $M_x = 44.1\text{kN}\cdot\text{m}$，$M_y =$

41.0kN·m

4.5 提升过程验算

4.5.1 提升不同步情况验算

提升过程是由千斤顶在各提升点同步工作下完成的。提升系统中设置一个标准提升点，系统瞬态采样其他提升点的位移值，并保证差值在±15mm以内。千斤顶只能向结构提供向上的力，即仅能提供单向约束，所以对计算结果应加以校验。

各提升点的位移差的出现会使结构的受力状态发生改变，因此，需要计算在可能出现的位移差的情况下结构的受力情况，确保提升过程的安全可靠。

提升点有数十个之多，有许多种荷载组合，需要从中选出比较危险的情况。提升点的位移差会造成构件内力变大甚至变号，并且遵循如下的原则：

(1) 一个提升点的位移变化只会影响该提升点附近的构件的内力，而对于较远位置的构件则几乎没有影响。

(2) 一个提升点的位移变化会对跨度较小的相邻构件的内力产生显著影响，而对跨度较大的相邻构件则几乎没有影响。

按照上面的原则，选择了如下的提升位移差的组合工况。提升点位置如图4-1所示。一、二区位移差见表4-3。

一区、二区（标准点LP12，图4-1中的红色提升点）位移差情况　表4-3

组合工况	正位移差(+15mm)	负位移差(−15mm)	零位移差
1	LP2	LP1、LP3	其余提升点
2	LP3	LP2、LP4	其余提升点
3	LP4	LP3、LP5	其余提升点
4	LP5	LP4、LP6	其余提升点
5	LP6	LP5、LP7	其余提升点
6	LP7	LP6、LP8	其余提升点
7	LP8	LP7、LP9	其余提升点
8	LP9	LP8、LP10	其余提升点
9	LP10	LP9、LP11	其余提升点
10		LP1、LP11	其余提升点

图4-15～图4-24显示了在典型的提升位移差的情况下，结构的变形情况。

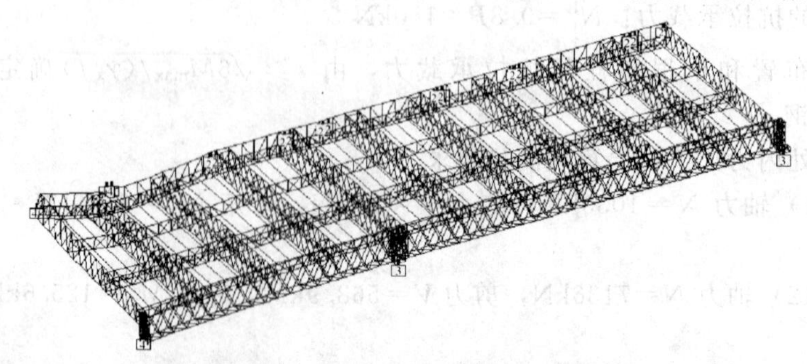

图4-15　一、二区在工况1下的变形

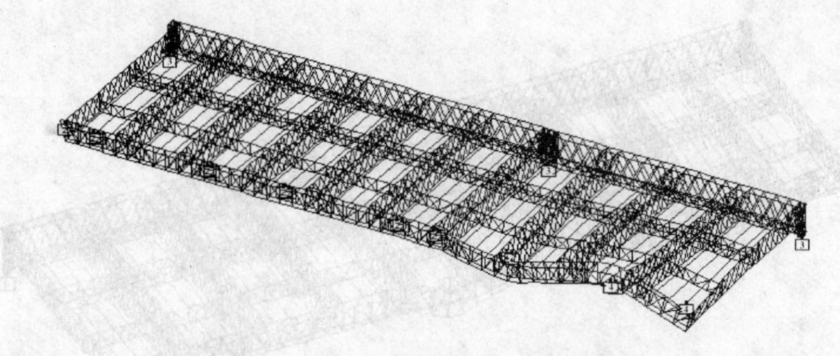

图 4-16　一、二区在工况 2 下的变形

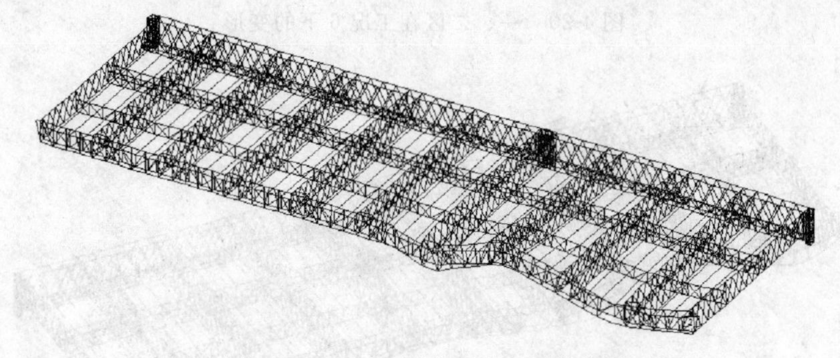

图 4-17　一、二区在工况 3 下的变形

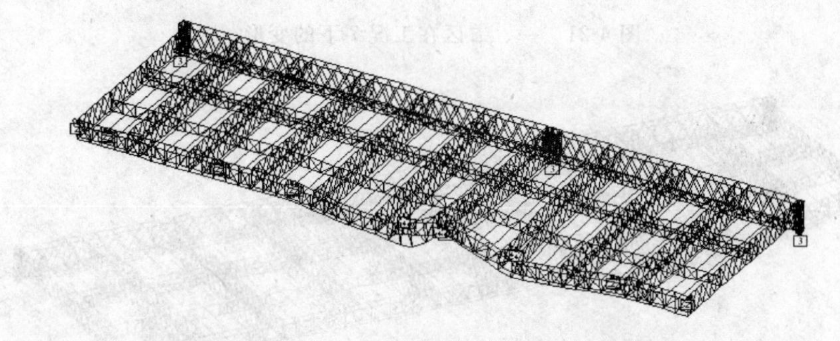

图 4-18　一、二区在工况 4 下的变形

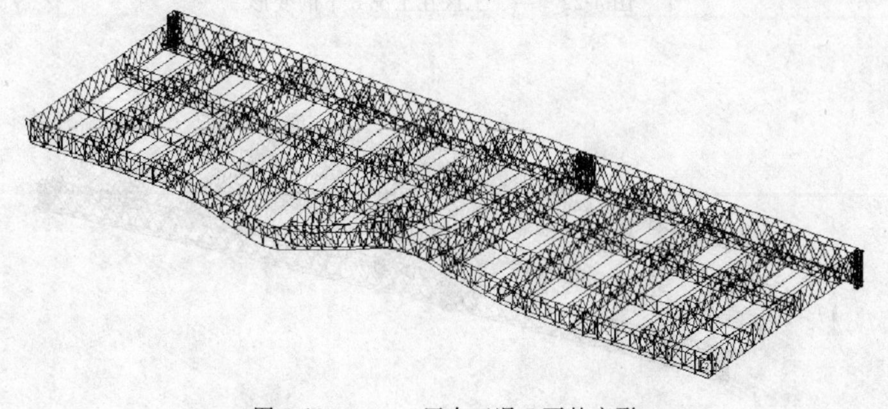

图 4-19　一、二区在工况 5 下的变形

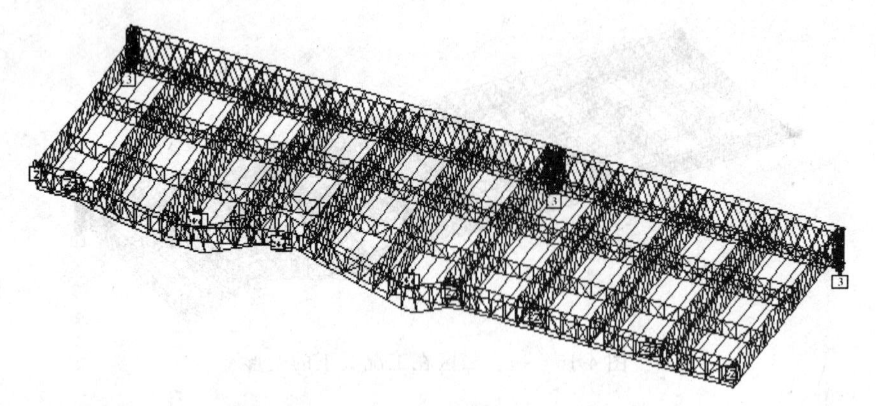

图 4-20　一、二区在工况 6 下的变形

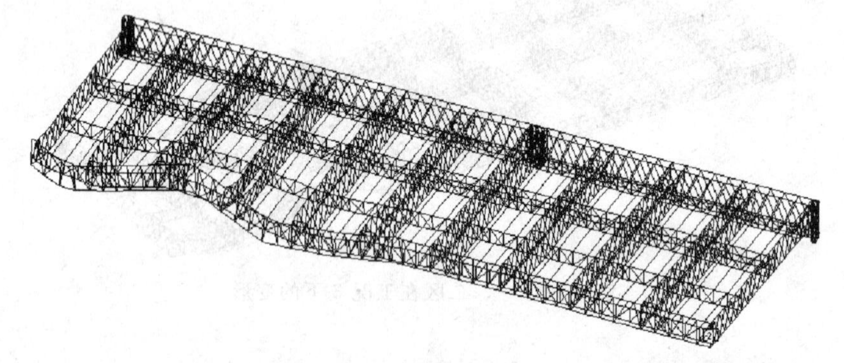

图 4-21　一、二区在工况 7 下的变形

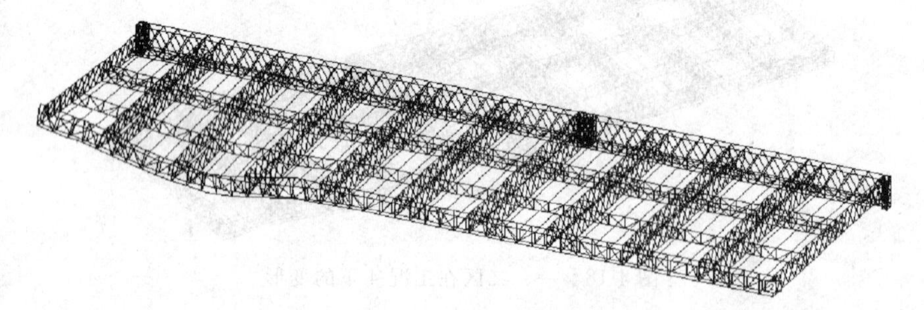

图 4-22　一、二区在工况 8 下的变形

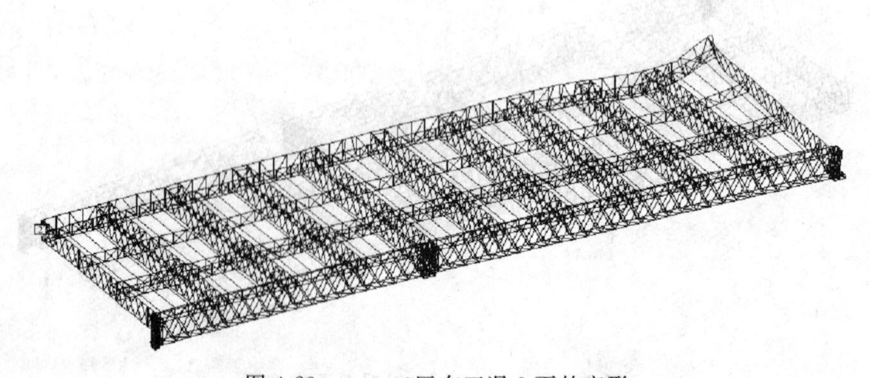

图 4-23　一、二区在工况 9 下的变形

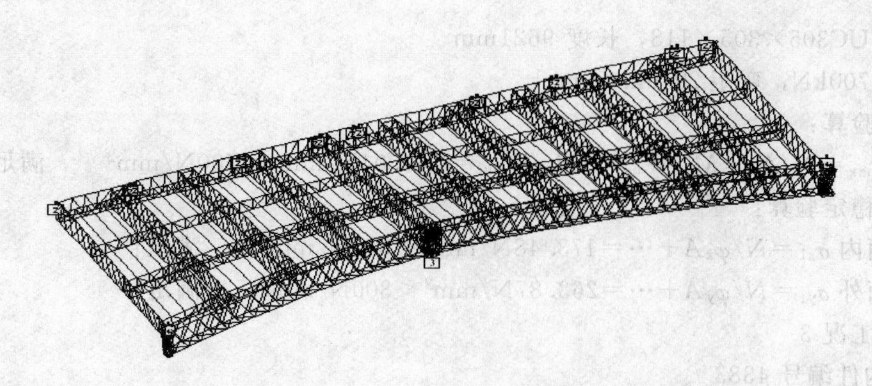

图 4-24　一、二区在工况 10 下的变形

通过计算在各种组合工况下的结构内力，选出内力变化显著的构件进行强度和稳定性的验算。下面为一、二区整体提升过程验算：

(1) 工况 1

1) 构件编号 4104

截面 UC305×305×97，长度 5813mm

轴力 522.6kN，弯矩－18.9kN·m

强度验算：

$\sigma_{max}=N/A_n+M_x/W_{nx1}+M_y/W_{ny1}=80.43N/mm^2<300N/mm^2$　满足！

整体稳定验算：

面内 $\sigma_{x1}=N/\varphi_x A+\cdots=86.00N/mm^2<300N/mm^2$　满足！

面外 $\sigma_{y1}=N/\varphi_y A+\cdots=121.31N/mm^2<300N/mm^2$　满足！

2) 构件编号 4200

截面 UC356×406×235，长度 6500mm

轴力 316.37kN，弯矩－83.1kN·m

强度验算：

$\sigma_{max}=N/A_n+M_x/W_{nx1}+M_y/W_{ny1}=56.68N/mm^2<315N/mm^2$　满足！

整体稳定验算：

面内 $\sigma_{x1}=N/\varphi_x A+\cdots=63.85N/mm^2<315N/mm^2$　满足！

面外 $\sigma_{y1}=N/\varphi_y A+\cdots=62.55N/mm^2<315N/mm^2$　满足！

(2) 工况 2

1) 构件编号 4375

截面 UC305×305×158，长度 8000mm

轴力 1500kN，弯矩－40.2kN·m

强度验算：

$\sigma_{max}=N/A_n+M_x/W_{nx1}+M_y/W_{ny1}=132.71N/mm^2<300N/mm^2$　满足！

整体稳定验算：

面内 $\sigma_{x1}=N/\varphi_x A+\cdots=180.03N/mm^2<300N/mm^2$　满足！

面外 $\sigma_{y1}=N/\varphi_y A+\cdots=267.84N/mm^2<300N/mm^2$　满足！

2) 构件编号 4376

截面 UC305×305×118，长度 9621mm

轴力 700kN，弯矩 29.9kN·m

强度验算：

$\sigma_{max}=N/A_n+M_x/W_{nx1}+M_y/W_{ny1}=143.04N/mm^2<300N/mm^2$　满足！

整体稳定验算：

面内 $\sigma_{x1}=N/\varphi_x A+\cdots=173.48N/mm^2<300N/mm^2$　满足！

面外 $\sigma_{y1}=N/\varphi_y A+\cdots=263.87N/mm^2<300N/mm^2$　满足！

(3) 工况 3

1) 构件编号 4383

截面 UC305×305×118，长度 8525mm

轴力 925kN，弯矩 87kN·m

强度验算：

$\sigma_{max}=N/A_n+M_x/W_{nx1}+M_y/W_{ny1}=108.80N/mm^2<300N/mm^2$　满足！

整体稳定验算：

面内 $\sigma_{x1}=N/\varphi_x A+\cdots=138.50N/mm^2<300N/mm^2$　满足！

面外 $\sigma_{y1}=N/\varphi_y A+\cdots=212.68N/mm^2<300N/mm^2$　满足！

2) 构件编号 4347

截面 UC305×305×97，长度 8000mm

轴力 919kN，弯矩 48kN·m

强度验算：

$\sigma_{max}=N/A_n+M_x/W_{nx1}+M_y/W_{ny1}=76.84N/mm^2<300N/mm^2$　满足！

整体稳定验算：

面内 $\sigma_{x1}=N/\varphi_x A+\cdots=99.59N/mm^2<300N/mm^2$　满足！

面外 $\sigma_{y1}=N/\varphi_y A+\cdots=162.43N/mm^2<300N/mm^2$　满足！

(4) 工况 4

1) 构件编号 4394

截面 UC305×305×198，长度 8189mm

轴力 1105kN，弯矩 34.6kN·m

强度验算：

$\sigma_{max}=N/A_n+M_x/W_{nx1}+M_y/W_{ny1}=60.12N/mm^2<300N/mm^2$　满足！

整体稳定验算：

面内 $\sigma_{x1}=N/\varphi_x A+\cdots=77.37N/mm^2<300N/mm^2$　满足！

面外 $\sigma_{y1}=N/\varphi_y A+\cdots=128.54N/mm^2<300N/mm^2$　满足！

2) 构件编号 4390

截面 UC305×305×158，长度 8246mm

轴力 1704kN，弯矩 39.6kN·m

强度验算：

$\sigma_{max}=N/A_n+M_x/W_{nx1}+M_y/W_{ny1}=119.08N/mm^2<290N/mm^2$　满足！

整体稳定验算：

面内 $\sigma_{x1}=N/\varphi_x A+\cdots=162.35\text{N/mm}^2<290\text{N/mm}^2$ 满足！

面外 $\sigma_{y1}=N/\varphi_y A+\cdots=276.26\text{N/mm}^2<290\text{N/mm}^2$ 满足！

（5）工况 5

1）构件编号 4394

截面 UC305×305×198，长度 8188mm

轴力 1812kN，弯矩 122kN·m

强度验算：

$\sigma_{max}=N/A_n+M_x/W_{nx1}+M_y/W_{ny1}=116.63\text{N/mm}^2<300\text{N/mm}^2$ 满足！

整体稳定验算：

面内 $\sigma_{x1}=N/\varphi_x A+\cdots=149.54\text{N/mm}^2<290\text{N/mm}^2$ 满足！

面外 $\sigma_{y1}=N/\varphi_y A+\cdots=235.66\text{N/mm}^2<290\text{N/mm}^2$ 满足！

2）构件编号 4246

截面 UC305×305×198，长度 1724mm

轴力 1234kN，弯矩 258kN·m

强度验算：

$\sigma_{max}=N/A_n+M_x/W_{nx1}+M_y/W_{ny1}=134.03\text{N/mm}^2<290\text{N/mm}^2$ 满足！

整体稳定验算：

面内 $\sigma_{x1}=N/\varphi_x A+\cdots=135.13\text{N/mm}^2<290\text{N/mm}^2$ 满足！

面外 $\sigma_{y1}=N/\varphi_y A+\cdots=140.91\text{N/mm}^2<290\text{N/mm}^2$ 满足！

（6）工况 6

1）构件编号 4403

截面 UC305×305×198，长度 8127mm

轴力 1912kN，弯矩 122kN·m

强度验算：

$\sigma_{max}=N/A_n+M_x/W_{nx1}+M_y/W_{ny1}=116.63\text{N/mm}^2<290\text{N/mm}^2$ 满足！

整体稳定验算：

面内 $\sigma_{x1}=N/\varphi_x A+\cdots=146.16\text{N/mm}^2<290\text{N/mm}^2$ 满足！

面外 $\sigma_{y1}=N/\varphi_y A+\cdots=222.25\text{N/mm}^2<290\text{N/mm}^2$ 满足！

2）构件编号 4411

截面 UC305×305×198，长度 8125mm

轴力 1305kN，弯矩 56kN·m

强度验算：

$\sigma_{max}=N/A_n+M_x/W_{nx1}+M_y/W_{ny1}=70.77\text{N/mm}^2<290\text{N/mm}^2$ 满足！

整体稳定验算：

面内 $\sigma_{x1}=N/\varphi_x A+\cdots=89.26\text{N/mm}^2<290\text{N/mm}^2$ 满足！

面外 $\sigma_{y1}=N/\varphi_y A+\cdots=142.42\text{N/mm}^2<290\text{N/mm}^2$ 满足！

（7）工况 7

1）构件编号 4411

截面 UC305×305×198，长度 8125mm

轴力 1937kN，弯矩 58kN・m

强度验算：

$\sigma_{max}=N/A_n+M_x/W_{nx1}+M_y/W_{ny1}=96.27N/mm^2<290N/mm^2$　满足！

整体稳定验算：

面内 $\sigma_{x1}=N/\varphi_x A+\cdots=123.78N/mm^2<290N/mm^2$　满足！

面外 $\sigma_{y1}=N/\varphi_y A+\cdots=202.17N/mm^2<290N/mm^2$　满足！

2）构件编号 4410

截面 UC305×305×137，长度 8150mm

轴力 1267kN，弯矩 38.4kN・m

强度验算：

$\sigma_{max}=N/A_n+M_x/W_{nx1}+M_y/W_{ny1}=102.93N/mm^2<290N/mm^2$　满足！

整体稳定验算

面内 $\sigma_{x1}=N/\varphi_x A+\cdots=135.57N/mm^2<290N/mm^2$　满足！

面外 $\sigma_{y1}=N/\varphi_y A+\cdots=224.29N/mm^2<290N/mm^2$　满足！

（8）工况 8

1）构件编号 4423

截面 UC305×305×118，长度 9422mm

轴力 9116kN，弯矩－6.5kN・m

强度验算：

$\sigma_{max}=N/A_n+M_x/W_{nx1}+M_y/W_{ny1}=11.42N/mm^2<300N/mm^2$　满足！

整体稳定验算：

面内 $\sigma_{x1}=N/\varphi_x A+\cdots=14.57N/mm^2<300N/mm^2$　满足！

面外 $\sigma_{y1}=N/\varphi_y A+\cdots=24.19N/mm^2<300N/mm^2$　满足！

2）构件编号 4420

截面 UC305×305×198，长度 8191mm

轴力 1691kN，弯矩 41.3kN・m

强度验算：

$\sigma_{max}=N/A_n+M_x/W_{nx1}+M_y/W_{ny1}=81.44N/mm^2<300N/mm^2$　满足！

整体稳定验算：

面内 $\sigma_{x1}=N/\varphi_x A+\cdots=105.37N/mm^2<300N/mm^2$　满足！

面外 $\sigma_{y1}=N/\varphi_y A+\cdots=175.57N/mm^2<300N/mm^2$　满足！

（9）工况 9

1）构件编号 4103

截面 UC305×305×198，长度 5813mm

轴力 1519kN，弯矩－51kN・m

强度验算：

$\sigma_{max}=N/A_n+M_x/W_{nx1}+M_y/W_{ny1}=77.79N/mm^2<290N/mm^2$　满足！

整体稳定验算：

面内 $\sigma_{x1}=N/\varphi_x A+\cdots=88.63N/mm^2<290N/mm^2$　满足！

面外 $\sigma_{y1}=N/\varphi_y A+\cdots=113.07\text{N/mm}^2<290\text{N/mm}^2$ 满足！

2）构件编号 4423

截面 UC305×305×118，长度 9422mm

轴力 726kN，弯矩 4kN・m

强度验算：

$\sigma_{max}=N/A_n+M_x/W_{nx1}+M_y/W_{ny1}=52.20\text{N/mm}^2<290\text{N/mm}^2$ 满足！

整体稳定验算：

面内 $\sigma_{x1}=N/\varphi_x A+\cdots=78.56\text{N/mm}^2<290\text{N/mm}^2$ 满足！

面外 $\sigma_{y1}=N/\varphi_y A+\cdots=159.82\text{N/mm}^2<290\text{N/mm}^2$ 满足！

（10）工况 10

1）构件编号 4210

截面 UC305×305×240，长度 5810mm

轴力 679kN，弯矩 −228kN・m

强度验算：

$\sigma_{max}=N/A_n+M_x/W_{nx1}+M_y/W_{ny1}=114.31\text{N/mm}^2<290\text{N/mm}^2$ 满足！

整体稳定验算：

面内 $\sigma_{x1}=N/\varphi_x A+\cdots=125.45\text{N/mm}^2<290\text{N/mm}^2$ 满足！

面外 $\sigma_{y1}=N/\varphi_y A+\cdots=123.17\text{N/mm}^2<290\text{N/mm}^2$ 满足！

2）构件编号 4227

截面 UC305×305×198，长度 5140mm

轴力 947kN，弯矩 32kN・m

强度验算：

$\sigma_{max}=N/A_n+M_x/W_{nx1}+M_y/W_{ny1}=89.16\text{N/mm}^2<290\text{N/mm}^2$ 满足！

整体稳定验算：

面内 $\sigma_{x1}=N/\varphi_x A+\cdots=104.28\text{N/mm}^2<290\text{N/mm}^2$ 满足！

面外 $\sigma_{y1}=N/\varphi_y A+\cdots=100.36\text{N/mm}^2<290\text{N/mm}^2$ 满足！

4.5.2 B 桁架验算

B 桁架吊点的设计如图 4-25 所示。由于在提升过程中和在使用过程中，B 桁架的受力状态不同，分别如分段简支梁和连续梁。因此，需要对提升状态下的 B 桁架进行验算。验算采用以下步骤进行：计算模型采用 B 桁架在提升点处断开的情形，计算结构在这种工况下的内力，取出其中内力改变最大的构件进行强度和稳定验算。另外，在断开处的 B 桁架两端在提升过程中的位移差必须严格控制在±10mm 以内。验算结果如下：

（1）B1 桁架

1）截面 UC356×368×153，长度 5000mm，受轴力 −525kN

强度计算：

$\sigma_n=N/A_n=28.13\text{N/mm}^2<300\text{N/mm}^2$ 满足！

整体稳定计算：

$\sigma_x=N/\varphi_x A=31.07\text{N/mm}^2<300\text{N/mm}^2$ 满足！

$\sigma_y=N/\varphi_y A=35.73\text{N/mm}^2<300\text{N/mm}^2$ 满足！

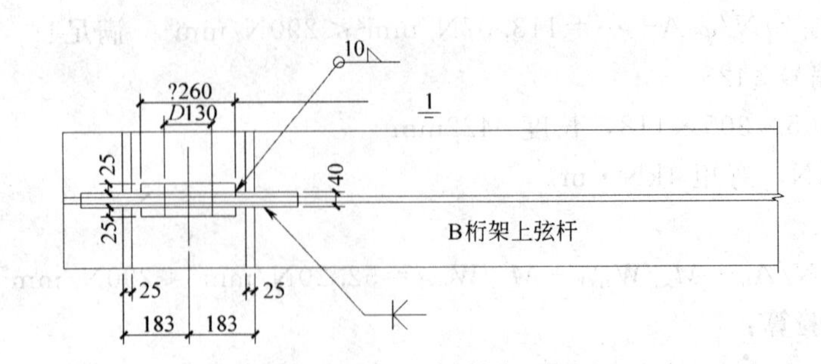

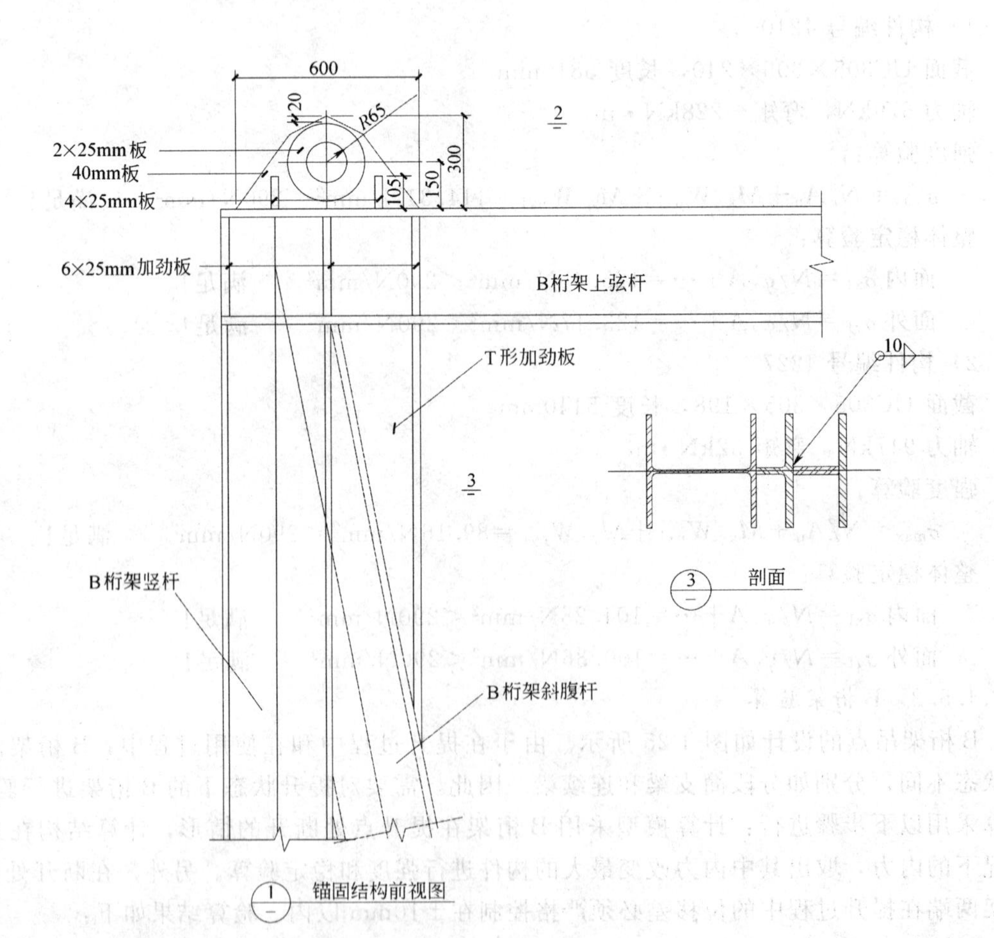

图 4-25　B 桁架提升点锚固结构图

2）截面 UC356×368×129，长度 5000mm，受轴力＋624kN

强度计算：

$$\sigma_n = N/A_n = 39.69\text{N/mm}^2 < 300\text{N/mm}^2 \qquad 满足！$$

（2）B2 桁架

1）截面 UC356×368×202，长度 5140mm，受轴力－1356kN

强度计算：

$$\sigma_n = N/A_n = 53.56\text{N/mm}^2 < 290\text{N/mm}^2$$ 满足！

整体稳定计算：

$$\sigma_x = N/\varphi_x A = 59.29\text{N/mm}^2 < 290\text{N/mm}^2$$ 满足！

$$\sigma_y = N/\varphi_y A = 68.46\text{N/mm}^2 < 290\text{N/mm}^2$$ 满足！

2）截面 UC356×368×129，长度 5140mm，受轴力＋1340kN

强度计算：

$$\sigma_n = N/A_n = 85.23\text{N/mm}^2 < 300\text{N/mm}^2$$ 满足！

（3）B3 桁架

1）截面 UC356×368×153，长度 5000mm，受轴力－278kN

强度计算：

$$\sigma_n = N/A_n = 14.89\text{N/mm}^2 < 300\text{N/mm}^2$$ 满足！

整体稳定计算：

$$\sigma_x = N/\varphi_x A = 16.45\text{N/mm}^2 < 300\text{N/mm}^2$$ 满足！

$$\sigma_y = N/\varphi_y A = 18.92\text{N/mm}^2 < 300\text{N/mm}^2$$ 满足！

2）截面 UC356×368×129，长度 5000mm，受轴力＋241kN

强度计算：

$$\sigma_n = N/A_n = 15.33\text{N/mm}^2 < 300\text{N/mm}^2$$ 满足！

（4）B5 桁架

1）截面 UC356×368×202，长度 4975mm，受轴力－1808kN

强度计算：

$$\sigma_n = N/A_n = 71.42\text{N/mm}^2 < 290\text{N/mm}^2$$ 满足！

整体稳定计算：

$$\sigma_x = N/\varphi_x A = 78.63\text{N/mm}^2 < 290\text{N/mm}^2$$ 满足！

$$\sigma_y = N/\varphi_y A = 89.96\text{N/mm}^2 < 290\text{N/mm}^2$$ 满足！

2）截面 UC356×368×202，长度 4975mm，受轴力＋1753kN

强度计算：

$$\sigma_n = N/A_n = 69.24\text{N/mm}^2 < 290\text{N/mm}^2$$ 满足！

（5）B6 桁架

1）截面 UC356×368×129，长度 4990mm，受轴力－1083kN

强度计算：

$$\sigma_n = N/A_n = 68.88\text{N/mm}^2 < 300\text{N/mm}^2$$ 满足！

整体稳定计算：

$$\sigma_x = N/\varphi_x A = 76.19\text{N/mm}^2 < 300\text{N/mm}^2$$ 满足！

$$\sigma_y = N/\varphi_y A = 87.56\text{N/mm}^2 < 300\text{N/mm}^2$$ 满足！

2）截面 UC356×368×129，长度 4990mm，受轴力＋1499kN

强度计算：

$$\sigma_n = N/A_n = 95.34\text{N/mm}^2 < 300\text{N/mm}^2$$ 满足！

（6）B7 桁架

1）截面 UC356×368×202，长度 4975mm，受轴力－1978kN

强度计算：

$\sigma_n = N/A_n = 78.13\text{N/mm}^2 < 290\text{N/mm}^2$　　满足！

整体稳定计算

$\sigma_x = N/\varphi_x A = 86.02\text{N/mm}^2 < 290\text{N/mm}^2$　　满足！

$\sigma_y = N/\varphi_y A = 98.42\text{N/mm}^2 < 290\text{N/mm}^2$　　满足！

2）截面 UC356×368×202，长度 4975mm，受轴力＋1982kN

强度计算：

$\sigma_n = N/A_n = 78.29\text{N/mm}^2 < 290\text{N/mm}^2$　　满足！

5　钢屋盖整体提升技术方案

5.1　工程概况

广州新白云机场飞机维修设施工程屋面钢结构Ⅰ、Ⅱ区需要整体提升的结构尺寸为(150m＋100m)×76m，结构重量约 4000t，提升高度为 26.5m。

对跨度较大的大型钢结构进行整体提升，无论是位置控制，还是荷载控制均有较高的难度。计算机控制液压同步提升技术为确保屋面钢结构的安全施工提供了保障。

5.2　计算机控制液压同步提升技术

5.2.1　计算机控制液压同步提升技术简介

计算机控制液压同步提升技术是一项新颖的构件提升安装施工技术，它采用柔性钢绞线承重、提升油缸集群、计算机控制、液压同步提升新原理，结合现代化施工工艺，将成千上万吨的构件在地面拼装后，整体提升到预定位置安装就位，实现大吨位、大跨度、大面积的超大型构件超高空整体同步提升。

我国从 20 世纪 90 年代开始自主研究和开发这项技术，先后应用于上海东方明珠广播电视塔钢天线桅杆超高空整体提升、北京西客站主站房 1800t 钢门楼整体提升、北京首都机场四机位库和乌鲁木齐机场二机位库大型钢屋架提升、上海大剧院 6075t 钢屋架整体提升、广州环城高速公路丫髻沙大桥竖转施工、连徐高速公路京杭运河特大桥竖转施工、深圳市民中心钢结构大屋盖整体提升等一系列重大建设工程，获得了成功，取得了显著的经济效益和社会效益。

计算机控制液压同步提升技术的核心设备采用计算机控制，可以全自动完成同步升降、实现力和位移控制、操作闭锁、过程显示和故障报警等多种功能，是集机、电、液、传感器、计算机和控制技术于一体的现代化先进设备。

计算机控制液压同步提升技术具有以下特点：

（1）通过提升设备扩展组合，提升重量、跨度、面积不受限制；

（2）采用柔性索具承重，只要有合理的承重吊点，提升高度与提升幅度不受限制；

（3）提升油缸锚具具有逆向运动自锁性，使提升过程十分安全，并且构件可在提升过程中的任意位置长期可靠锁定；

(4) 提升系统具有毫米级的微调功能，能实现空中垂直精确定位；

(5) 设备体积小，自重轻，承载能力大，特别适宜于在狭小空间或室内进行大吨位构件提升；

(6) 设备自动化程度高，操作方便灵活，安全性好，可靠性高，适应面广，通用性强。

计算机控制液压同步提升技术的特点和工程实践表明，它是一项极具应用前景的新技术。

5.2.2 系统组成

计算机控制液压同步提升系统由钢绞线及提升油缸集群（承重部件）、液压泵站（驱动部件）、传感检测及计算机控制（控制部件）和远程监视系统等几个部分组成。

钢绞线及提升油缸是系统的承重部件，用来承受提升构件的重量。用户可以根据提升重量（提升荷载）的大小来配置提升油缸的数量，每个提升吊点中油缸可以并联使用。本工程采用的提升油缸有350t、200t两种规格，均为穿芯式结构。穿芯式提升油缸的结构示意图如图5-1所示。钢绞线采用高强度低松弛预应力钢绞线，公称直径15.24mm，抗拉强度为1860N/mm²，破断拉力为260.7kN，伸长率在1%时的最小载荷221.5kN，每米重量为1.1kg。钢绞线符合国际标准ASTM A416-87a，其抗拉强度、几何尺寸和表面质量都得到严格保证。

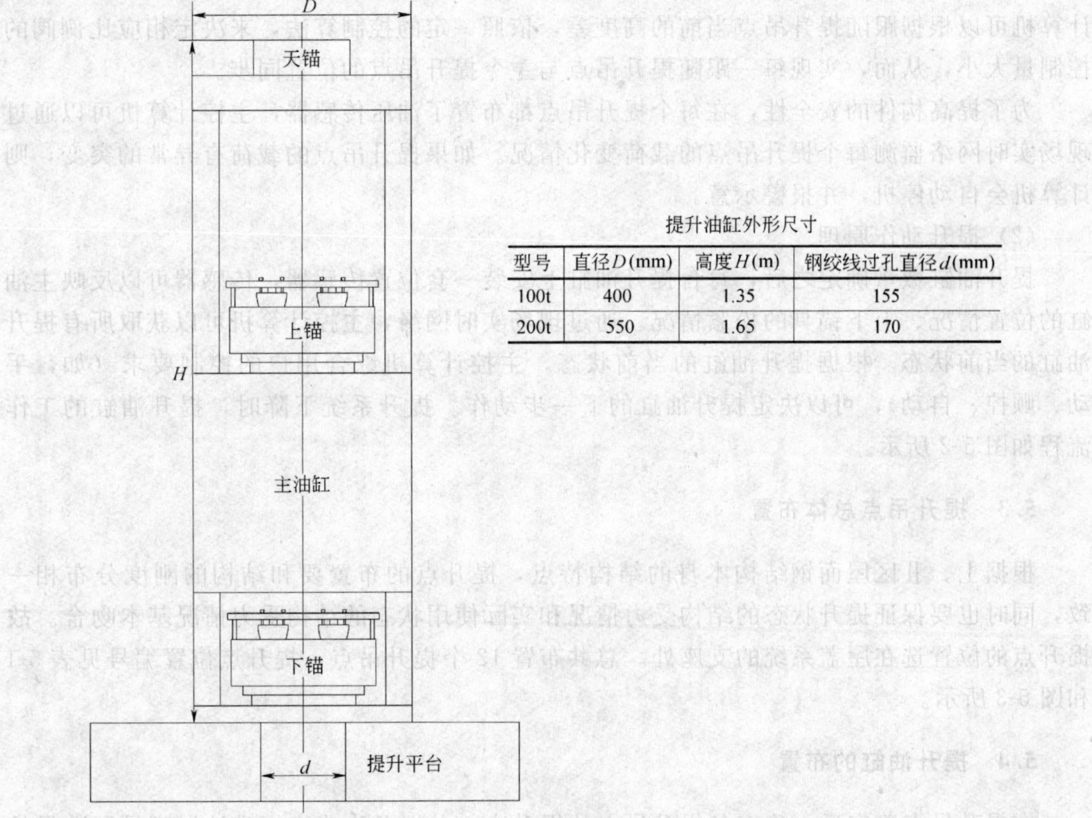

提升油缸外形尺寸

型号	直径D(mm)	高度H(m)	钢绞线过孔直径d(mm)
100t	400	1.35	155
200t	550	1.65	170

图5-1 穿心式提升油缸示意图

液压泵站是提升系统的动力驱动部分，它的性能及可靠性对整个提升系统稳定可靠工作影响最大。在液压系统中，采用比例同步技术，这样可以有效地提高整个系统的同步调节性能。

传感检测主要用来获得提升油缸的位置信息、载荷信息和整个被提升构件空中姿态信息，并将这些信息通过现场实时网络传输给主控计算机。这样，主控计算机可以根据当前网络传来的油缸位置信息决定提升油缸的下一步动作；同时，主控计算机也可以根据网络传来的提升载荷信息和构件姿态信息决定整个系统的同步调节量。

5.2.3 同步提升控制原理及动作过程

(1) 同步提升控制原理

主控计算机除了控制所有提升油缸的统一动作之外，还必须保证各个提升吊点的位置同步。在提升体系中，设定主令提升吊点，其他提升吊点均以主令吊点的位置作为参考来进行调节，因而，都是跟随提升吊点。

主令提升吊点决定整个提升系统的提升速度，操作人员可以根据泵站的流量分配和其他因素来设定提升速度。根据现有的提升系统设计，最大提升速度不大于6m/h。主令提升速度的设定是通过比例液压系统中的比例阀来实现的。

在提升系统中，每个提升吊点下面均布置一台激光测距仪，这样，在提升过程中这些激光测距仪可以随时测量当前的构件高度，并通过现场实时网络传送给主控计算机。每个跟随提升吊点与主令提升吊点的跟随情况可以用激光测距仪测量的高度差反映出来。主控计算机可以根据跟随提升吊点当前的高度差，依照一定的控制算法，来决定相应比例阀的控制量大小，从而，实现每一跟随提升吊点与主令提升吊点的位置同步。

为了提高构件的安全性，在每个提升吊点都布置了油压传感器，主控计算机可以通过现场实时网络监测每个提升吊点的载荷变化情况。如果提升吊点的载荷有异常的突变，则计算机会自动停机，并报警示意。

(2) 提升动作原理

提升油缸数量确定之后，每台提升油缸上安装一套位置传感器，传感器可以反映主油缸的位置情况、上下锚具的松紧情况。通过现场实时网络，主控计算机可以获取所有提升油缸的当前状态。根据提升油缸的当前状态，主控计算机综合用户的控制要求（如，手动、顺控、自动），可以决定提升油缸的下一步动作。提升系统下降时，提升油缸的工作流程如图5-2所示。

5.3 提升吊点总体布置

根据Ⅰ、Ⅱ区屋面钢结构本身的结构特点，提升点的布置要和结构的刚度分布相一致，同时也要保证提升状态的结构受力情况和实际使用状态的结构受力情况基本吻合。故提升点的位置选在屋盖系统的支座处。总共布置12个提升吊点，提升点位置编号见表5-1和图5-3所示。

5.4 提升油缸的布置

在提升吊点确定后，确定各提升吊点的提升力，并以此为确定提升油缸型号和数量的依据。运用有限元分析软件，为提升状态的Ⅰ、Ⅱ区屋盖系统建立整体模型，选择适当的

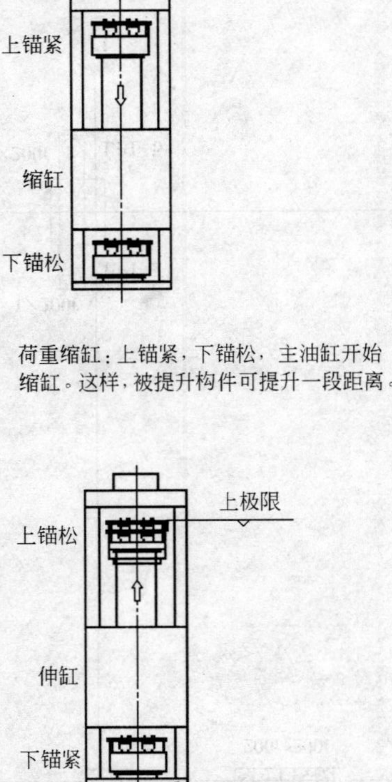

第一步　荷重缩缸：上锚紧，下锚松，主油缸开始缩缸。这样，被提升构件可提升一段距离。

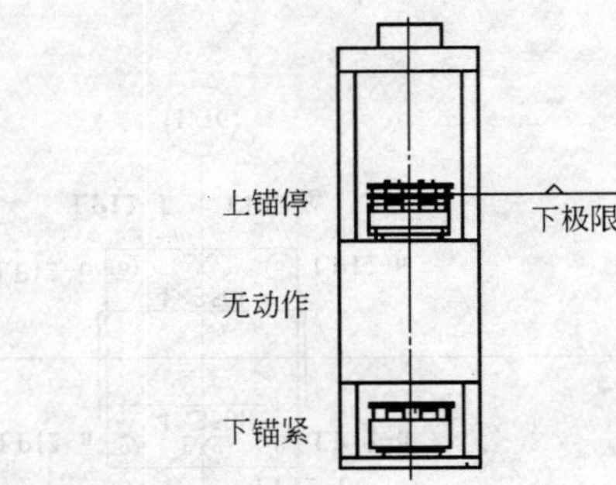

第二步　锚具切换：主油缸缩缸至距下极限还有一小段距离，停止缩缸，下锚紧

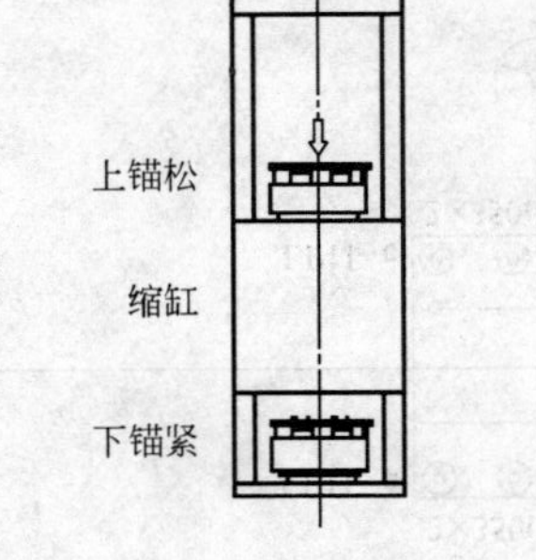

第三步　缩缸拔上锚：主油缸再缩缸一小段距离，可松开上锚。

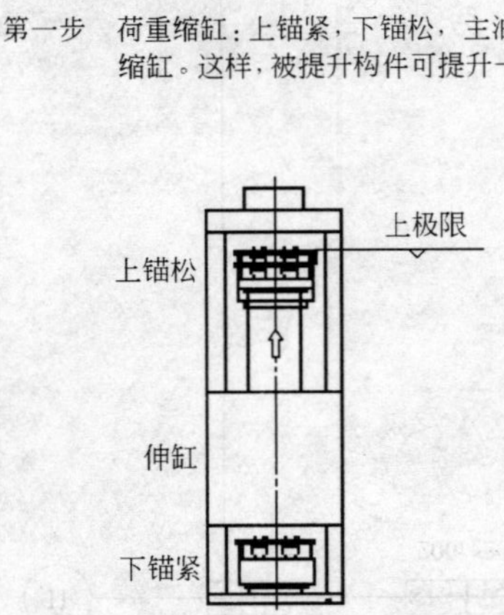

第四步　空载伸缸：上锚松，下锚紧，主油缸伸缸至距上极限还有一小段距离，停止伸缸。

上锚紧
上极限
无动作
下锚停

第五步　锚具切换：上锚紧，下锚停，主油缸无动作。

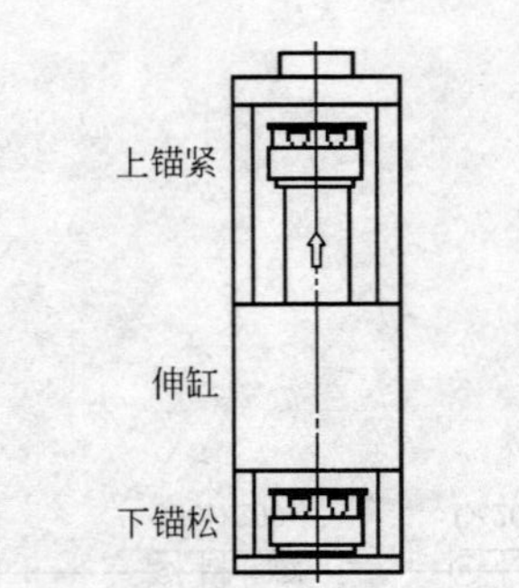

第六步　荷重伸缸，拔下锚：上锚紧，主油缸再伸缸小段距离，松下锚段第一步。

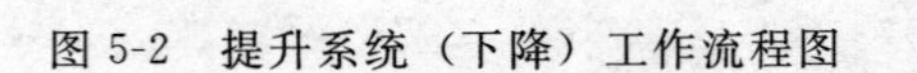

图 5-2　提升系统（下降）工作流程图

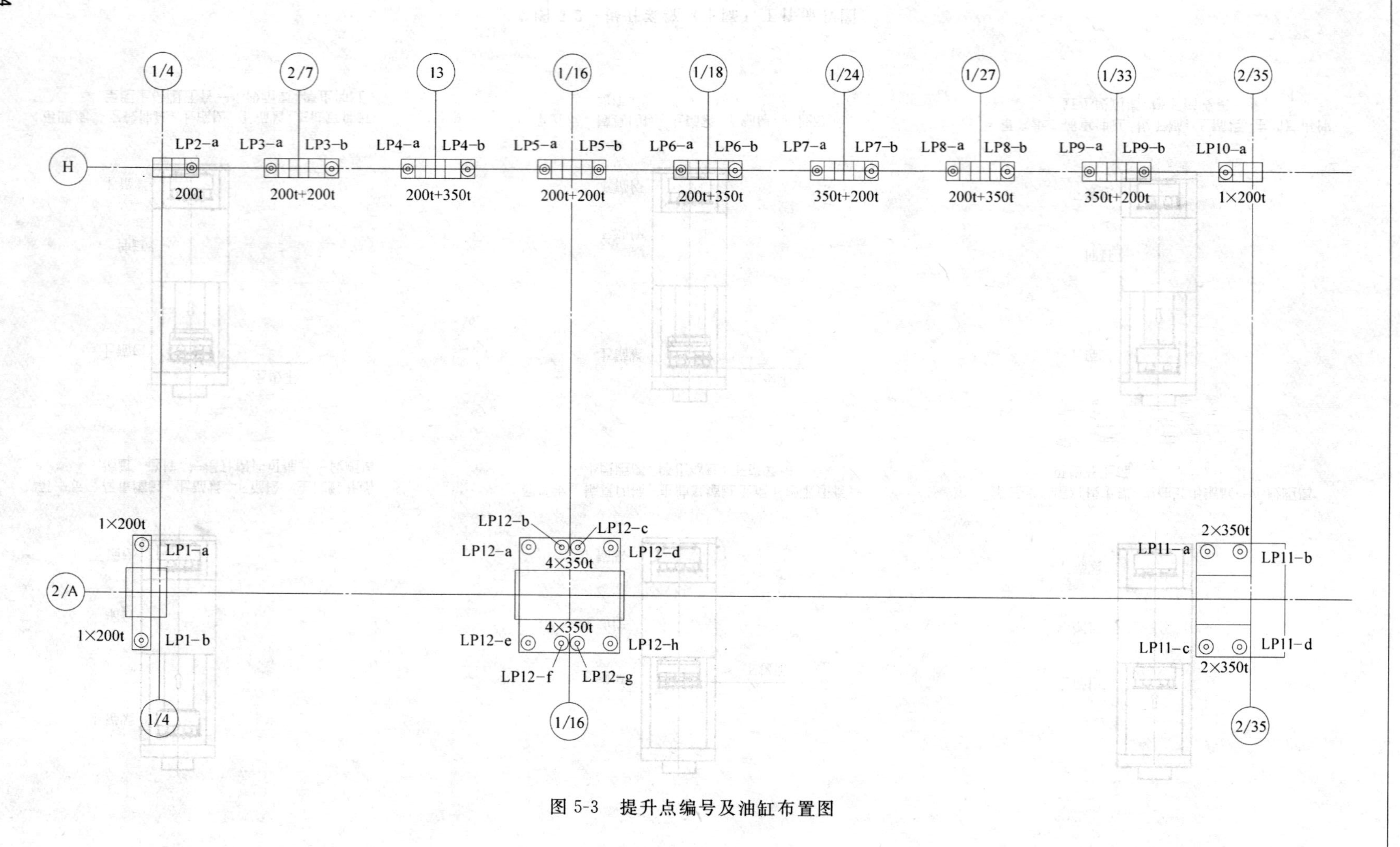

图 5-3 提升点编号及油缸布置图

荷载，如结构自重等屋盖恒荷载，计算得出各提升点所需的提升点反力，布置提升油缸。提升油缸的布置考虑以下原则：

（1）在自重作用下的柱顶支座反力；

（2）选择 350t、200t 常用提升油缸；

（3）根据桁架与柱的连接对称布置，尽量减小提升柱子的偏心受压（除Ⓗ轴两端部可选择单边布置）；

（4）考虑 1.5 倍提升储备系数。

Ⅰ、Ⅱ区各提升吊点具体提升油缸的布置 **表 5-1**

提升点编号	提升力编号	提升点油缸总载荷 $F\times1.5$(t)	提升点油缸数目及规格	
			350t	200t
LP1	LP1-a	197.5	1	
	LP1-b	197.5	1	
LP2	LP2-a	133.2		1
	LP2-b	—		
LP3	LP3-a	179.0		1
	LP3-b	99.3		1
LP4	LP4-a	88.4		1
	LP4-b	214.7	1	
LP5	LP5-a	115.7		1
	LP5-b	97.1		1
LP6	LP6-a	20.7		1
	LP6-b	198.9	1	
LP7	LP7-a	212.5	1	
	LP7-b	112.2		1
LP8	LP8-a	112.0		1
	LP8-b	218.2	1	
LP9	LP9-a	199.9	1	
	LP9-b	7.3		1
LP10	LP10-a	98.9		1
	LP10-b	—		
LP11	LP11-a	251.8	1	
	LP11-b	251.8	1	
	LP11-c	251.8	1	
	LP11-d	251.8	1	
LP12	LP12-a	315.5	1	
	LP12-b	315.5	1	
	LP12-c	315.5	1	
	LP12-d	315.5	1	
	LP12-e	315.5	1	
	LP12-f	315.5	1	
	LP12-g	315.5	1	
	LP12-h	315.5	1	

注：油缸的提升力储备系数为 1.5。

5.5　液压泵站的布置

根据各提升吊点的油缸种类和数量，以及要求的提升速度来布置液压泵站。液压泵站的布置遵循以下的原则：泵站提供的动力应能保证足够的提升速度；就近布置，缩短油管管路；提高泵站的利用效率。

根据Ⅰ、Ⅱ区各提升吊点具体提升油缸的布置、以及屋架的提升速度6m/h的要求，Ⅰ、Ⅱ区整体提升时液压泵站的布置为：

（1）LP1：1台40型泵站；

（2）LP2和LP3：1台40型泵站和1台小液压泵站；

（3）LP4和LP5：1台40型泵站和1台小液压泵站；

（4）LP6和LP7：1台60型泵站和1台小液压泵站；

（5）LP8、LP9和LP10：1台60型泵站、1台小液压泵站和1台减压阀；

（6）LP11：2台60型泵站；

（7）LP12：2台超级泵站。

5.6　计算机控制系统的布置

5.6.1　传感器的布置

（1）激光测距仪：在每个提升吊点处，选择适当的位置，安装1台激光测距仪；激光测距仪的目标靶子安装在被提升结构上，随着被提升结构的提升，激光测距仪的测量距离越来越短；

（2）压力传感器：在每个提升吊点的油缸中，选择一个油缸安装压力传感器；压力传感器安装在油缸的大腔侧，由于同一提升吊点的所有油缸的进油口并联，压力相同，所以一个油缸的压力就代表同一提升吊点的压力；

（3）锚具及油缸位置传感器：在每个油缸的上下锚具油缸上各安装1只锚具传感器，在主缸上安装1只油缸位置传感器。

将各种传感器同各自的通讯模块连接。

5.6.2　现场实时网络控制系统的连接

（1）地面布置1台计算机控制柜，从计算机控制柜引出比例阀通讯线、电磁阀通讯线、油缸信号通讯线、激光信号通讯线、工作电源线；

（2）通过比例阀通讯线、电磁阀通讯线将所有泵站联网；

（3）通过油缸信号通讯线将所有油缸信号盒通讯模块联网；

（4）通过激光信号通讯线将所有激光信号通讯模块、A/D通讯模块联网；

（5）通过电源线将所有的模块电源线连接。

5.6.3　系统布置

当完成传感器的安装和现场实时网络控制系统的连接后，计算机控制系统的布置就完成。

5.7　提升吊点同步控制的措施

5.7.1　提升油缸动作同步

现场网络控制系统根据油缸位置信号和锚具信号，确定所有油缸的状态，根据提升油缸的当前状态，主控计算机综合用户的控制要求，决定提升油缸的下一步动作。当主控计算机决定提升油缸的下一步动作后，向所有液压泵站发出同一动作指令，控制相应的电磁阀统一动作，实现所有提升油缸的动作一致，同时锚具动作、同时伸缸、缩缸或同时停止。

5.7.2 提升吊点位置同步

在每个提升吊点处，各安装一台激光测距仪，用于测量各提升吊点的高度。

在提升过程中，设定某一点为主令点，其余11点为跟随点。根据用户希望的提升速度设定主令点的比例阀电流恒定，进而主令点液压泵站比例阀开度恒定，提升油缸的伸缸速度恒定，主令点以一定的速度向上提升。其余跟随点通过主控计算机分别根据该点同主令点的位置高差来控制这点提升速度的快慢，以使该跟随点同主令点的位置高度跟随一致。现场网络控制系统将各激光测距仪的高度信号采集进主控计算机，主控计算机通过比较主令点同每个跟随点的高度得出跟随点同主令点的高差。如果某跟随点与主令点的高差为正，表示跟随点的位置比主令点高，说明该跟随点的提升油缸速度快，计算机在随后的调节中，就降低驱动这点提升油缸的比例阀控制电流，减小比例阀的开度，降低提升油缸的提升速度，以使该跟随点同主令点的位置跟随一致；反之，如果某跟随点比主令点慢了，计算机控制系统就调节该点的提升油缸伸缸快一些，以跟随上主令点，保持位置跟随一致。

根据屋面的结构特点，以LP12为主令点，其余为跟随点。

为了保证提升过程中的位置同步，系统中还设置了超差自动报警停机功能。一旦某跟随点同主令点的同步高差超过某一设定值，系统将自动报警停机，以便检查。

整体提升同步控制系统如图5-2所示。

5.8 施工准备

5.8.1 液压提升系统

液压提升系统中所有元件、部件必须经过严格的检测后才能进场使用。试验依据请参阅“5.14 液压提升系统试验大纲”。应保存所有的试验原始记录。

5.8.2 钢绞线安装

（1）根据各点的提升高度，考虑提升结构的状况，切割相应长度的钢绞线；

（2）钢绞线左、右旋各一半，要求钢绞线两头倒角、不松股，将其间隔平放地面，理顺；

（3）将钢绞线穿在油缸中，上下锚一致，不能交错或缠绕，每个油缸中的钢绞线左右旋相间；

（4）钢绞线露出油缸上端30cm；

（5）压紧油缸的上下锚；

（6）将钢绞线的下端根据油缸的锚孔位置捆扎，做好标记；

（7）用起重机将穿好钢绞线的油缸安装在提升平台上；

（8）按照钢绞线下端的标记，安装钢绞线地锚，确保从油缸下端到地锚之间的钢绞线不交叉、不扭转、不缠绕；

（9）安装地锚时，各锚孔中的三片锚片应能均匀夹紧钢绞线，其高差不得大于

0.5mm，周向间隙误差小于0.3mm；

（10）地锚压板与锚片之间应有软材料垫片，以补偿锚片压紧力的不均匀变形。

5.8.3 梳导板和安全锚就位

（1）为了保证钢绞线在油缸中的位置正确，在安装钢绞线之前，每台油缸应使用一块梳导板；

（2）安装安全锚的目的是油缸出现故障需要更换时使用；另外，它也可以起安全保护作用；

（3）梳导板和安全锚在安装时，应保证与油缸轴线一致、孔对齐。

5.8.4 油缸安装及钢绞线的梳导

（1）所有油缸正式使用前，应经过负载试验，并检查锚具动作以及锚片的工作情况；

（2）油缸就位后的安装位置应达到设计要求；否则，要进行必要的调整；

（3）油缸自由端的钢绞线应进行正确的导向；

（4）钢绞线预紧，在地锚和油缸钢绞线穿好之后，应对钢绞线进行预紧。每根钢绞线的预紧力为15kN。

5.9 整体提升实施

5.9.1 试提升

（1）解除屋面钢结构与地面的所有连接；

（2）检查屋面钢结构，并去除一切计算之外的载荷；

（3）检查整体提升系统的工作情况（结构地锚、钢绞线、安全锚、液压泵站、计算机控制系统、传感检测系统等）；

（4）运用前述的控制策略，采用顺控方式完成油缸的第一个行程；行程结束后，认真检查屋面钢结构、提升平台、提升地锚的情况；确认一切正常后，再完成第二、第三行程，此即试提升阶段；

（5）试提升结束，经指挥部确认后，提升至预定高度。空中停滞24h以上，观察屋面钢结构和整个系统的情况。

5.9.2 正式提升

（1）在正式提升过程中，控制系统运行在自动方式；

（2）整体提升过程中，认真做好记录工作；

（3）正常提升需6～8h；

（4）按照安装的要求，整体提升至预定高度；若某些吊点与支座高度不符，可进行单独的调整；

（5）调整完毕后，锁定提升油缸下锚，完成油缸安全行程。

5.10 结构最终就位

（1）在结构牛腿安装焊接完成后，逐点手动控制每点油缸上升或下降，直至所有负载完全承受在结构牛腿上；

（2）在单点下降过程中，严格控制下降操作程序，防止油缸偏载；

（3）在单点卸载过程中，严格控制和检测各点的负载增减状况，防止某点过载；

（4）拆卸提升设备。

5.11 安全措施

5.11.1 设备安全措施

（1）在钢绞线承重系统中增设多道锚具，如安全锚、天锚等；

（2）每台提升油缸上装有液压锁，防止失速下降；即使油管破裂，重物也不会下坠；

（3）液压和电控系统采用联锁设计，以保证提升系统不会出现由于误操作带来的不良后果；

（4）控制系统具有异常自动停机、断电保护等功能；

（5）控制系统采用容错设计，具有较强抗干扰能力。

5.11.2 现场安全措施

（1）钢绞线在安装时，地面应划定安全区，以避免重物坠落，造成人员伤亡；

（2）在正式施工时，也应划定安全区，禁止交叉作业；

（3）结构提升空间内不得有障碍物；

（4）在提升的过程中，应指定专人观察地锚、安全锚、钢绞线等的工作情况。若有异常，直接通知指挥控制中心；

（5）在施工过程中，要密切观察结构的变形情况；

（6）提升过程中，未经许可不得擅自进入施工现场；

（7）防火：液压提升现场严禁烟火，并要求配备灭火设备；

（8）防盗：露天放置的液压提升设备应派专门人员负责安全保卫工作；

（9）应备有灾害天气的应急措施。

5.12 主要设备

（1）350t 提升油缸：14 台（其中 2 台备用）

（2）200t 提升油缸：19 台（其中 1 台备用）

（3）液压泵站：10 台

（4）小液压泵站：4 台

（5）控制柜：2 台（其中 1 台备用）

（6）激光测距仪：13 台（其中 1 台备用）

（7）激光测距仪通信盒：16 只（其中 3 只备用）

（8）压力传感器：18 只（其中 2 只备用）

（9）A/D 通信盒：12 只（其中 2 只备用）

（10）通信中继器：40 台（其中 5 只备用）

（11）油缸信号盒：45 只（其中 9 只备用）

（12）油缸位置传感器：45 只（其中 9 只备用）

（13）油缸锚具传感器：80 只（其中 8 只备用）

（14）电线：若干

（15）油管：若干

5.13　整体提升工程实施细则

根据广州新白云机场飞机维修设施屋面钢结构整体提升工程要求，结合液压同步提升技术的特点，为确保屋面钢结构按照设计要求顺利提升成功，特制订本实施细则，凡参与本提升工程的人员，包括现场指挥组、施工设计组、操作组、观测组、现场服务组，希共同遵守。

5.13.1　提升前整体检查

（1）屋面钢结构检查

1）主体结构质量、外形均符合设计要求；

2）主体结构上确已去除与提升工程无关的一切荷载；

3）提升将要经过的空间无任何障碍物、悬挂物；

4）主体结构与其他结构的连接是否已全部去除。

（2）液压提升系统检查

1）提升油缸。

① 油缸上锚、下锚和锚片应完好无损，锚片螺钉外伸长度相同（误差 0.2mm），复位良好；

② 油缸安装正确。

2）液压泵站：

① 泵站与油缸之间的油管连接必须正确、可靠；

② 油箱液面，应达到规定高度；

③ 每个吊点至少要备用 1 桶液压油，加油必须经过滤油机；

④ 提升前检查溢流阀：

⑤ 根据各点的负载，调定主溢流阀；

⑥ 锚具溢流阀调至 4～5MPa；

⑦ 提升过程中视实际荷载，可作适当调整；

⑧ 变量机构应调到规定位置；

⑨ 利用截止阀闭锁，检查泵站功能，出现任何异常现象立即纠正；

⑩ 泵站要有防雨措施。

（3）控制系统检查

1）各路电源，其接线、容量和安全性都应符合规定；

2）控制装置接线、安装必须正确无误；

3）应保证数据通讯线路正确无误；

4）各传感器系统，保证信号正确传输；

5）记录传感器原始读值备查；

6）控制系统必须安放在房顶隔热、下铺木板的 $10m^2$ 的控制室内，并配有制冷设备。

5.13.2　商定提升日期

（1）提升时的天气要求：3～5d 内不下雨；风力不大于 5 级。

（2）成立“提升工程现场指挥组”；

（3）现场指挥组根据工程进度、天气条件、工地准备情况，与各方商定提升日期。

5.13.3 试提升

为了观察和考核整个提升施工系统的工作状态，在正式提升之前，按下列程序进行试提升：

(1) 解除主体结构与胎架等结构之间的连接；

(2) 按下列比例，进行20%、40%、60%、70%、80%、90%、95%、100%分级加载（始终不脱架）。

每次加载，须按下列程序进行，并做好记录：

1) 操作：按要求进行分级加载，使油缸受力达到规定值；

2) 观察：各个观察点应及时反映观察情况；

3) 测量：各个测量点应认真做好测量工作，及时反映测量情况；

4) 校核：数据汇交现场施工设计组，比较实测数据与理论数据的差异；

5) 分析：若有数据偏差，有关各方应认真分析；

6) 决策：认可当前工作状态，并决策下一步操作。

(3) 试提升

试提升，须按下列程序进行，并做好记录：

1) 操作：按要求进行分级加载，使油缸受力达到预定值；

2) 观察：各个观察点应及时反映测量情况；

3) 测量：各个测量点应认真做好测量工作，及时反映测量数据；

4) 校核：数据汇交现场施工设计组，比较实测数据与理论数据的差异；

5) 分析：若有数据偏差，有关各方应认真分析；

6) 决策：认可当前工作状态，并决策下一步操作。

(4) 空中停滞

提升离地后，空中停滞24h。悬停期间，要定时组织人员对结构进行观察。有关各方也要密切合作，为下一步作出科学的决策提供依据。

5.13.4 正式提升

(1) 过试提升后，观察后若无问题，便进行正式提升；

(2) 正式提升过程中，记录各点压力和高度。

正式提升，须按下列程序进行，并做好记录：

1) 操作：按要求进行加载和提升；

2) 观察：各个观察点应及时反映测量情况。

3) 测量：各个测量点应认真做好测量工作，及时反映测量数据；

4) 校核：数据汇交现场施工设计组，比较实测数据与理论数据的差异；

5) 分析：若有数据偏差，有关各方应认真分析；

6) 决策：认可当前工作状态，并决策下一步操作。

(3) 提升注意事项

1) 考虑到控制系统下降的风险较大，提升结束位置应稍微低于理论标高，就位时再作进一步的精确调整；

2) 应考虑突发灾害天气的应急措施；

3) 提升关系到主体结构的安全，各方要密切配合；每道程序应签字确认。

5.14　液压提升系统试验大纲

5.14.1　前言

为确保广州新白云机场飞机维修设施屋面钢结构整体提升工程顺利实施，在设备正式启用之前，参照实际工况，在试验台上进行全面的设备性能考核。在确认设备正常以后才能进场安装就位。所有的进场设备都要经过试验，并做好记录备查。

试验内容参照我国液压缸出厂试验标准（JB/JQ 20302—88），结合实际工况的要求，适当进行增删。对过去经过实际使用确已证明设备性能有保障的项目，本次试验不再重复。

5.14.2　试验回路

油缸试验采用液压加载，试验回路。所用仪表精度不低于液压测试C级精度的要求。

5.14.3　试验项目

（1）空载试验

空载试验项目名称、目的、方法和要求见表5-2。

空载试验目的、方法和要求　　表5-2

序号	项目名称	试验目的	试验方法	试验要求
1	功能检验	验证系统及诸元件动作的正确性	油缸置于地面，并与泵站相联，用手控使油缸完成全部动作	各种功能和动作均符合设计要求
2	空载压力测定	1. 测量油缸的最低启动压力 2. 测量系统压力损失	1. 逐步提高供油压力，记录活塞启动时的压力 2. 在伸缸与缩缸时间接近实际工作要求情况下，用压力表测定泵出口压力与油缸进口压力	空载压力损失油缸不大于额定压力5%。 泵站压力损失不大于额定压力10%
3	油缸泄漏检测	测定油缸的内外泄漏	油缸一腔进油，升压至25MPa（锚具缸5MPa）保压5min，从另缸一腔油口测定泄漏量	不得有明显内漏和外漏

（2）负载试验

负载试验目的、方法和要求见表5-3。

负载试验目的、方法和要求　　表5-3

序号	项目名称	试验目的	试验方法	试验要求
1	满负载试验	检验系统满负载工作时的性能	液压加载，使油缸工作压力为25MPa（相当于2000kN），按实际工作要求循环工作	每台油缸和泵站必须试验；工作总行程上升和下降3m
2	耐久性考核	检验系统满负载工作时的可靠性	按满负载试验方法进行	抽查2个油缸；行程累计上升60m和下降2m；性能不得有明显变化
3	同步试验	检测系统的自动操作性能	采用4个油缸提升，每个负载700kN。分别由四组控制系统控制，模拟实际工况的自动操作和顺控操作功能	能顺利完成自动和顺控操作；同步误差在规定范围内
4	耐压试验	检验油缸超载承受能力	将油缸伸出不到底的情况下，大腔加载到31.25MPa，保压5min	全部零件不得有损坏或永久变形现象

（3）应急试验

应急试验目的、方法和要求见表5-4。

应急试验目的、方法和要求 表 5-4

序号	项目名称	试验目的	试验方法	试验要求
1	油管破裂	在油管破裂情况下保证系统安全	荷重提升过程中,系统突然失压,观察系统闭锁情况	荷重能自动停止
2	手动误操作	手动误操作对系统安全性影响	在油缸工作时通过手动开关误操作夹片	误操作能自动闭锁,不影响系统安全
3	抗电磁干扰	检测在电磁波干扰情况下系统工作可靠性	系统工作时人为产生电磁干扰,观察系统工作情况	电磁波不能影响系统工作
4	断电安全性	检测突然停电后的安全性	提升过程中突然去掉电源,观察系统安全性	提升停止、不失控

5.15 提升系统固定锚固支架

图 5-4～图 5-9 分别是 200t 和 350t 固定锚支架制造图。

5.16 提升系统固定锚支架计算书

广州新白云机场飞机维修设施工程屋面钢结构是大跨度结构，根据施工工艺要求，其屋盖采用整体提升工艺。由机库屋盖重心分布情况和实际支撑条件，需要使用 200t 和 350t 总计两种规格的提升油缸。提升固定锚支架需要牢固地与被提升的屋盖连接，作为安放提升系统固定锚的支座。当然，为适应不同油缸规格，需要设计相应的两种支架。本计算书就是针对该结构进行的校核，主要验算支架结构的强度和焊缝强度。支架结构的强度分析利用大型有限元程序 ANSYS 完成的，该有限元系统是国际上领先的有限元分析系统之一，在国际国内得到广泛应用并率先通过了 ISO 9000 质量认证，具有多种分析计算功能和强大的前后处理功能，其计算精度和可靠性是得到国际公认的。由于焊缝应力极其复杂，没有可靠的电算软件，根据实际条件，焊缝验算是手工计算。

5.16.1 计算条件

(1) 支架制造材料

支架采用 Q345 钢材制造，弹性模量 $E=2.05\times105$MPa，泊松比 $\mu=0.29$，密度 $\rho=7.85$g/mm^3。虽然该钢材名义屈服应力 $\sigma_s=345$MPa，但因为需要承受很大的集中力，支架都采用厚钢板制造。为了防止出现材料偏析等缺陷，母材的设计许用应力取下限 $[\sigma]=210$MPa。贴角焊缝的许用应力 $[\tau_h]=0.8[\sigma]/\sqrt{2}\sim[\sigma]/\sqrt{2}=120\sim150$MPa，具体取值将由工艺条件确定，如果能对焊缝做精确检查，许用应力可以适当提高；反之，则只能取下限。

(2) 载荷

两种地锚支架分别支持 200t 和 350t 地锚，考虑重量和重心计算误差以及地锚卸载受力不均等因素，支架设计载荷分别取 250t 和 400t。由于提升油缸动作平稳，不考虑起升冲击系数。

5.16.2 计算模型

支架结构用钢板焊接而成，考虑到受力特征其在实际计算离散为板壳单元，在 ANSYS 中对应的单元是 SHELL63 单元。单元的板厚与实际板的厚度相对应。

支架底板中心开孔供钢绞线穿过，而地锚则通过垫板作用于支架底板上。考虑到结构变形很小，可以认为提升载荷通过垫板均匀地作用于支架上。因此，根据提升载荷和支架受压面积计算出均布压力，将该压力施加到底板的受压面上。

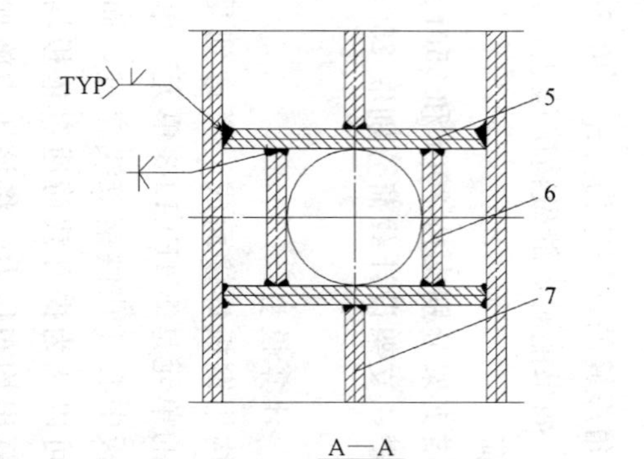

序号	代号	名称	数量	材料	重量(kg) 单件	重量(kg) 总计	备注
7	−40×360×195	侧筋	2	Q345	19.2	38.4	
6	−40×360×180	竖筋	2	Q345	20.3	40.6	
5	−40×461×360	横筋	2	Q345	62.3	124.6	
4		垫板	1	20	18.8	18.8	加工件
3		底板	1	Q345	96.8	96.8	
2	−40×795×650	耳板	2	Q345	100.3	200.6	
1		顶板	1	Q345	96.8	96.8	

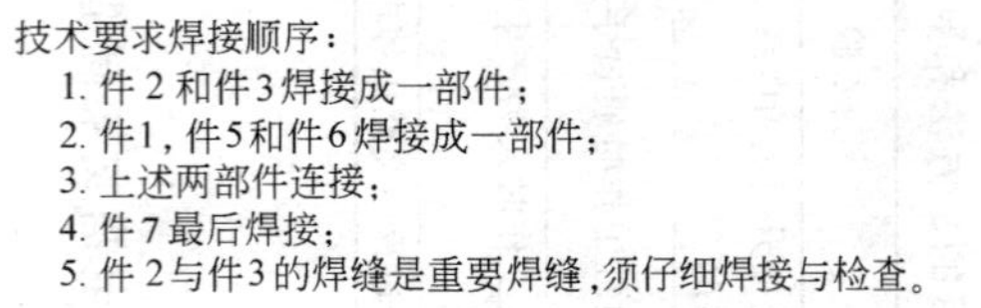

技术要求焊接顺序：
1. 件 2 和件 3 焊接成一部件；
2. 件1，件5和件6焊接成一部件；
3. 上述两部件连接；
4. 件7最后焊接；
5. 件 2与件3的焊缝是重要焊缝，须仔细焊接与检查。

图 5-4　200t 固定锚支架总图

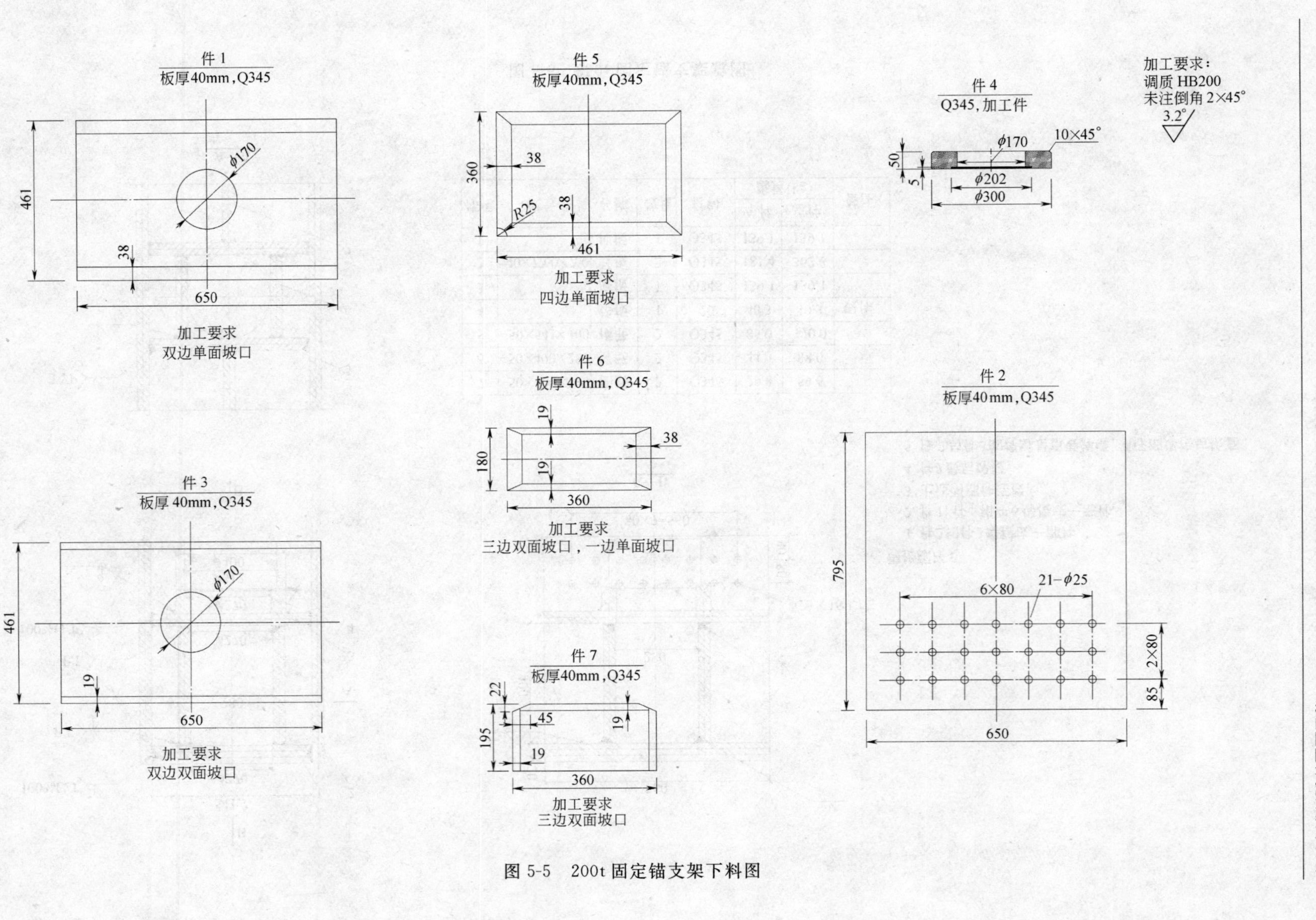

图 5-5 200t 固定锚支架下料图

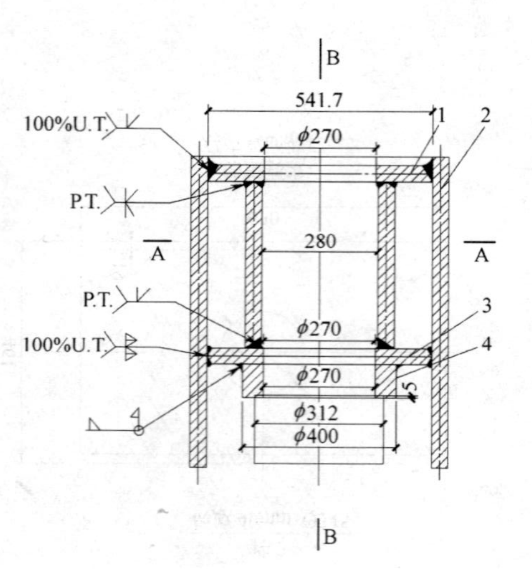

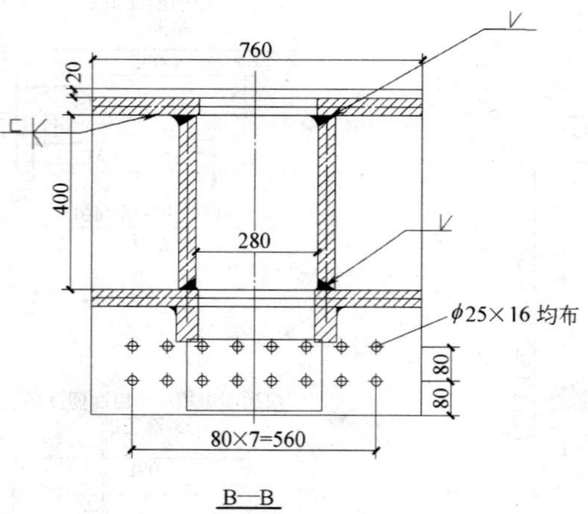

焊接顺序：

1. 件2和件3焊接成一部件；
2. 件1，件5和件6焊接成一部件；
3. 上述两部件连接；
4. 件7最后焊接；
5. 件2与件3的焊缝是重要焊缝，须仔细焊接与检查。

序号	代号	名称	数量	材料	单件重量(kg)	总件重量(kg)	备注
7	−50×400×190	侧筋	2	Q345	29.8	59.6	
6	−50×400×280	竖筋	2	Q345	44.0	88.0	
5	−50×541×400	横筋	2	Q345	85.0	170.0	
4		垫板	1	20	40.3	40.3	锻件
3		底板	1	Q345	139.1	139.1	
2	−40×7760×760	耳板	2	Q345	181.4	362.8	
1		顶板	1	Q345	139.1	139.1	

图 5-6　350t 固定锚支架总图

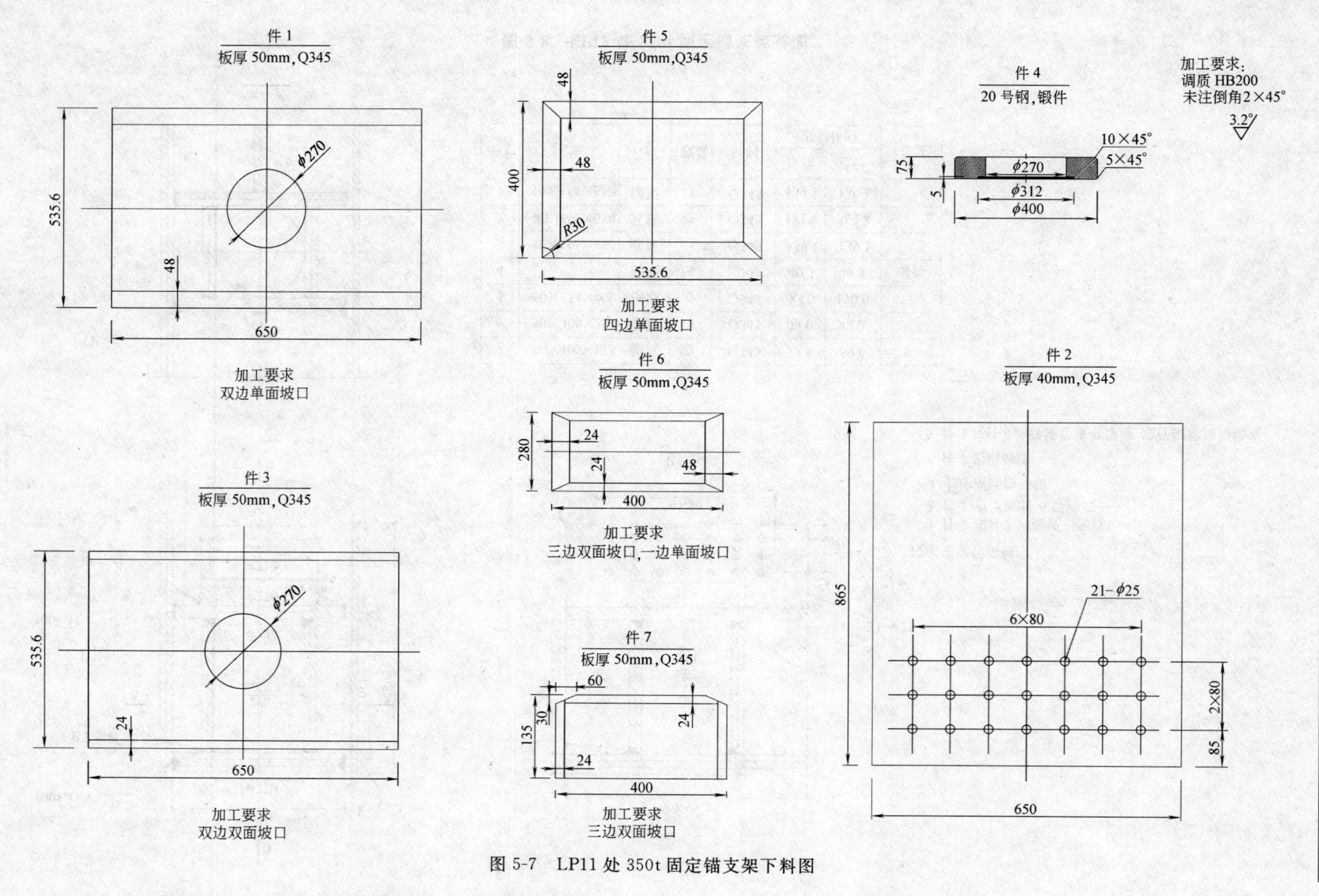

图 5-7 LP11 处 350t 固定锚支架下料图

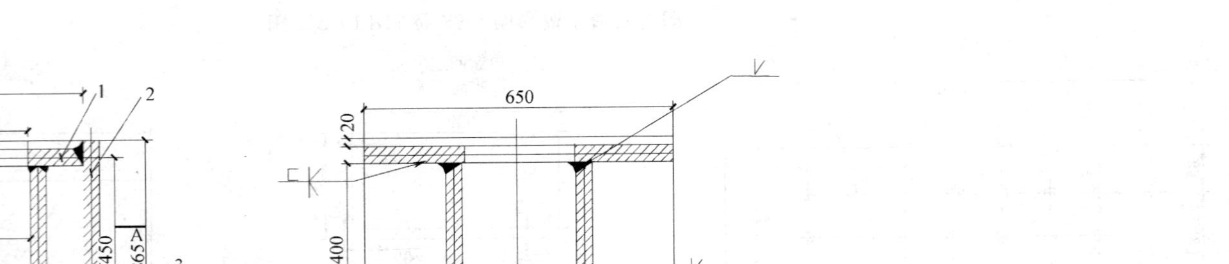

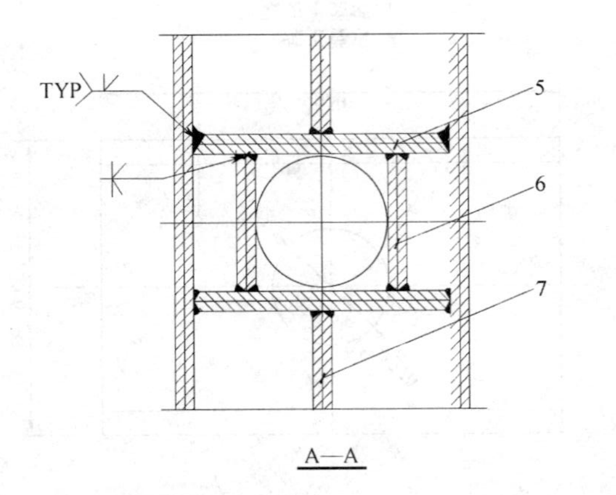

技术要求焊接顺序：

1. 件2和件3焊接成一部件；
2. 件1、件5和件6焊接成一部件；
3. 上述两部件连接；
4. 件7最后焊接；
5. 件2与件3的焊缝是重要焊缝，须仔细焊接与检查；

序号	代号	名称	数量	材料	单件重量(kg)	总计重量(kg)	备注
7	−50×400×135	侧筋	2	Q345	29.8	59.6	
6	−50×400×280	竖筋	2	Q345	44.0	88.0	
5	−50×554×400	横筋	2	Q345	85.0	170.0	
4		垫板	1	20	40.3	40.3	锻件
3	−50×554×650	底板	1	Q345	139.1	139.1	
2	−40×865×650	耳板	2	Q345	181.4	362.8	
1	−50×554×650	顶板	1	Q345	139.1	139.1	

图5-8　LP12处350t固定锚支架总图

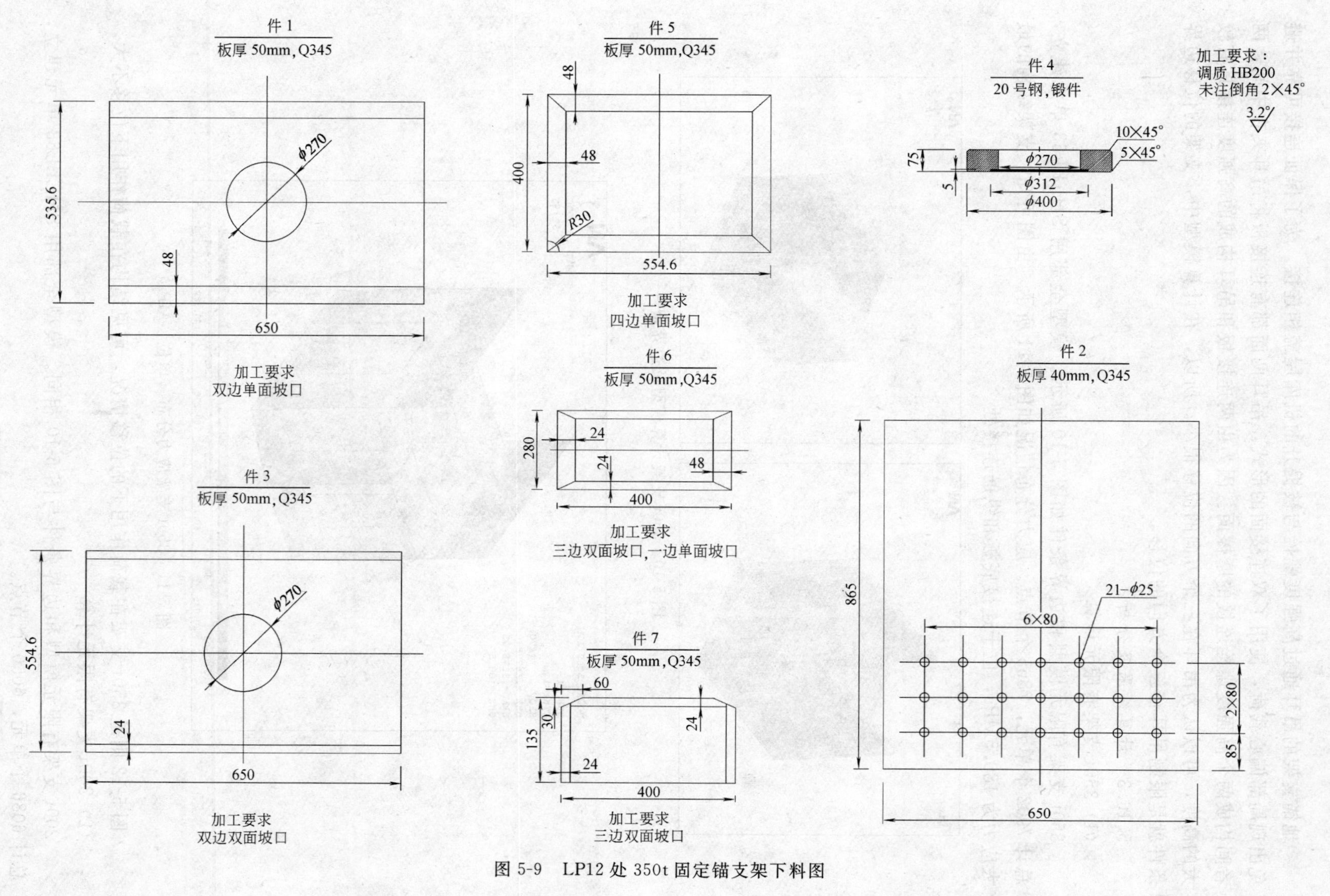

图 5-9 LP12 处 350t 固定锚支架下料图

地锚支架的吊耳通过高强度螺栓与被提升的机库屋盖相连接。为了保证连接可靠并避免出现局部偏心载荷，使用了双连接面的形式。吊耳两面都有连接板将吊耳夹在中间，两者间构成两个高强度螺栓连接的摩擦面。因为由两连接板和吊耳构成的高强度连接具有较大的高度，可以认为吊耳在三个方向的位移很小。所以，在计算模型中，支架的位移边界条件就是限制吊耳在三个方向的位移。

5.16.3 计算结果及分析

（1）350t 支架有限元计算

350t 支架有限元模型和边界条件如图 5-10 所示。模型全部用 SHELL63 单元建立，总计 7902 个单元，7865 个节点。应力分布情况如图 5-11 所示。由图可知，支架结构的最大应力为 180.5MPa，位于连接底板和纵筋连接处。

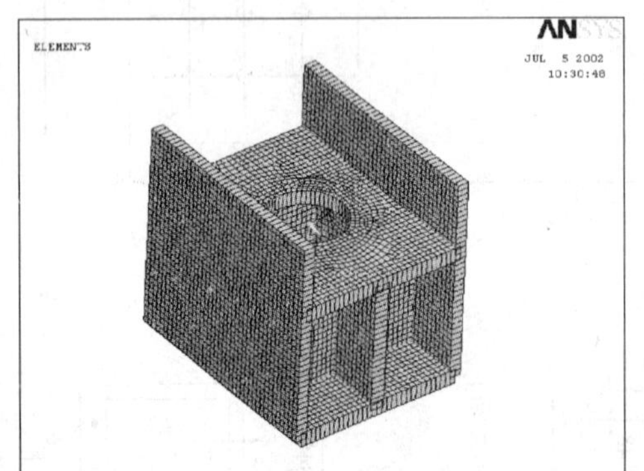

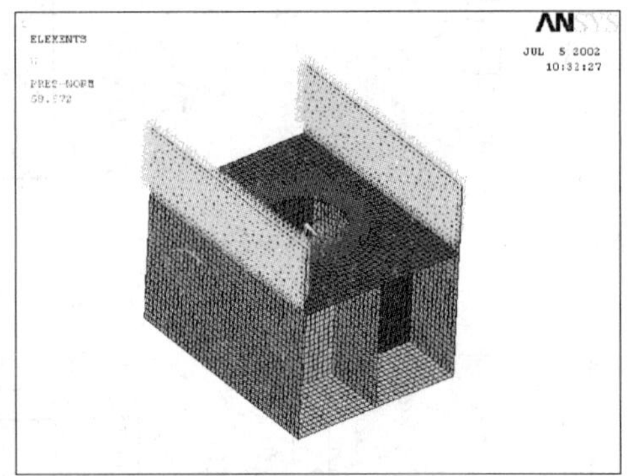

图 5-10 350t 支架计算模型及边界条件

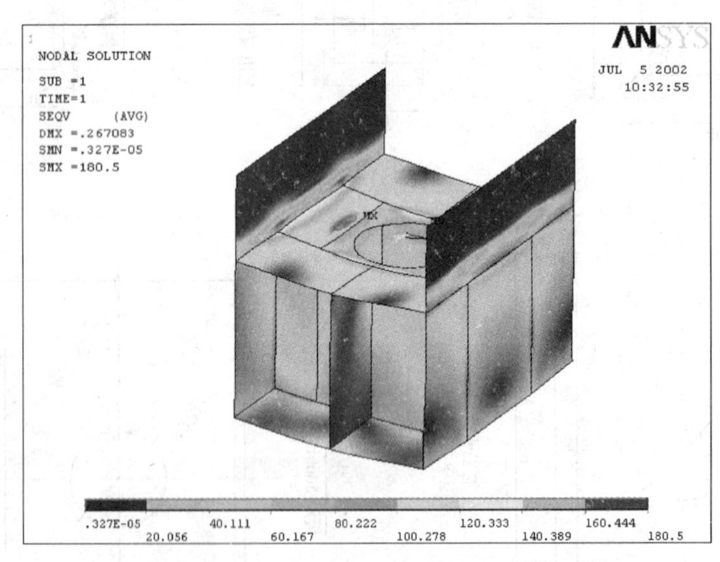

图 5-11 350t 支架应力分布（单位：MPa）

图 5-12 则是 350t 支架在载荷作用下的位移情况，可见结构在载荷作用下位移不大。

（2）200t 支架有限元计算

200t 支架有限元模型和边界条件与图 5-10 相同。模型全部用 SHELL63 单元建立，总计 6086 个单元，6050 个节点。

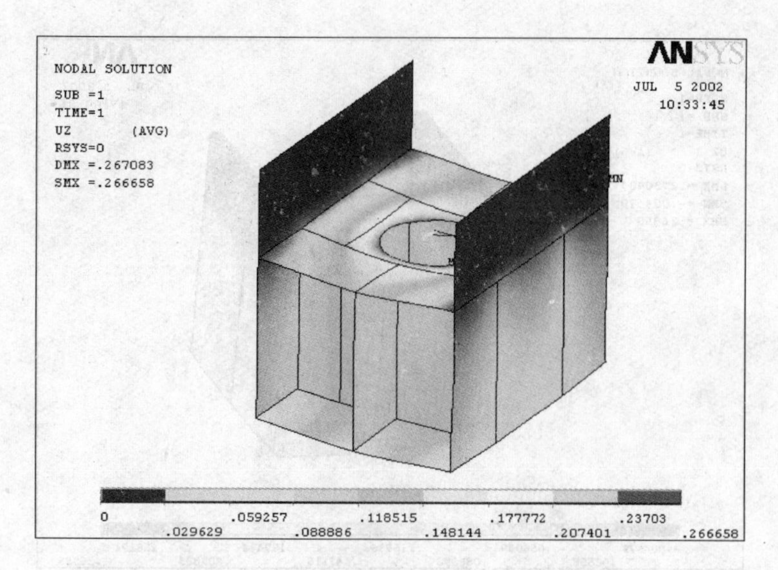

图 5-12 350t 支架位移分布（单位：mm）

应力分布情况见图 5-13。由图可知，支架结构的最大应力为 188.6MPa，位于连接底板和吊耳的连接处。

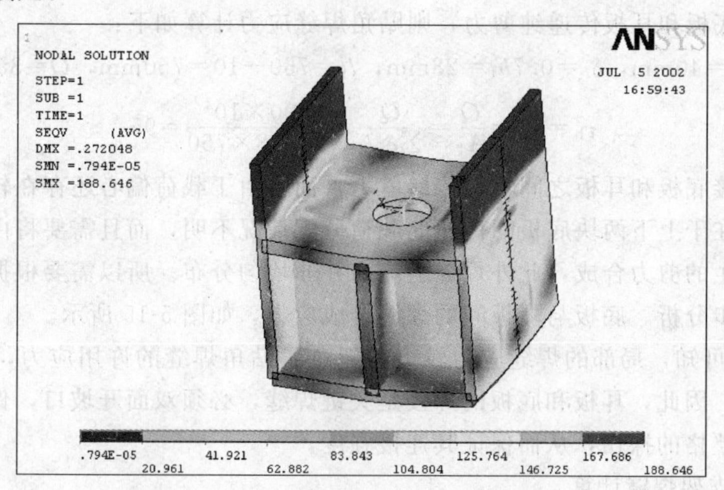

图 5-13 200t 支架应力分布（单位：MPa）

图 5-14 则是 200t 支架在载荷作用下的位移情况，可见结构在载荷作用下位移不大。

5.16.4 焊缝计算

虽然支架的各条焊缝均开坡口焊接，但考虑到焊接缺陷等因素，在验算焊缝强度时都按照贴角焊缝对待。在支架的全部焊缝中，以底板和吊耳连接的焊缝最为重要，因为它直接将吊耳上的载荷传递到锚具上。

贴角焊缝的应力状态非常复杂，工程中一般按照名义计算剪应力来计算焊缝静强度：

$$\tau_{\mathrm{h}}=\tau_{\mathrm{Q}}+\tau_{\mathrm{M}}=\frac{Q}{A_{\mathrm{f}}}+\frac{My_{\max}}{I_{\mathrm{f}}}=\frac{Q}{\sum\delta_{\mathrm{f}}l_{\mathrm{f}}}+\frac{M}{W_{\mathrm{f}}}$$

其中，Q 为剪力，$\delta_{\mathrm{f}}=0.7h_{\mathrm{f}}$ 为贴角焊缝计算厚度，h_{f} 为焊角高度，M 为作用在焊缝上的弯矩，W_{f} 为焊缝计算截面的抗弯模量，l_{f} 为贴角焊缝计算长度。

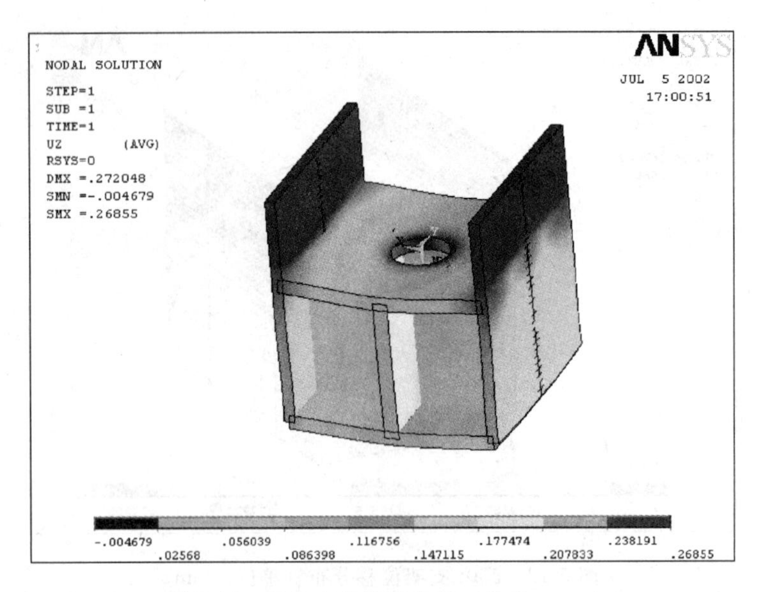

图 5-14 200t 支架位移分布（单位：mm）

（1）350t 支架焊缝计算

假设连接底板和耳板传递纯剪力，则贴角焊缝应力计算如下：

$$h_f=40\text{mm},\ \delta_f=0.7h_f=28\text{mm},\ l_f=760-10=750\text{mm},\ Q=350\text{t}$$

$$\tau_h=\tau_Q=\frac{Q}{A_f}=\frac{Q}{\sum\delta_f l_f}=\frac{400\times10^4}{2\times28\times750}=95$$

实际上连接底板和耳板之间不但传递剪力，而且由于载荷偏心还存在较大的弯矩。但是计算的困难在于上下两块底板间传递的载荷分配情况不明，而且需要将由弯矩产生的应力和剪应力产生的剪力合成，此外焊缝上应力并非均匀分布。所以需要根据有限元的计算结果进行进一步分析。底板与耳板间的焊缝合成应力，如图 5-15 所示。

由图 5-15 可知，局部的焊缝应力较大，超过了贴角焊缝的许用应力，但小于对接焊缝的许用应力。因此，耳板和底板的焊接是关键焊缝，必须双面开坡口，保证足够的焊缝高度，并进行严格的探伤，从而保证其连接强度。

（2）200t 支架焊缝计算

假设连接底板和耳板传递纯剪力，则贴角焊缝应力计算如下：

$$h_f=30\text{mm},\ \delta_f=0.7h_f=21\text{mm},\ l_f=600-10=590\text{mm},\ Q=250\text{t}$$

$$\tau_h=\tau_Q=\frac{Q}{A_f}=\frac{Q}{\sum\delta_f l_f}=\frac{250\times10^4}{2\times21\times590}=101$$

实际上，连接底板和耳板之间不但传递剪力，而且由于载荷偏心还存在较大的弯矩。但是计算的困难在于上下两块底板间传递的载荷分配情况不明，而且需要将由弯矩产生的应力和剪应力产生的剪力合成，此外焊缝上应力并非均匀分布。所以需要根据有限元的计算结果进行进一步分析。底板与耳板间的焊缝合成应力，如图 5-16 所示。

由图 5-16 知局部的焊缝应力较大，超过了贴角焊缝的许用应力，但小于对接焊缝的许用应力。因此，耳板和底板的焊接是关键焊缝，必须双面开坡口，保证足够的焊缝高度，并进行严格的探伤，从而保证其连接强度。

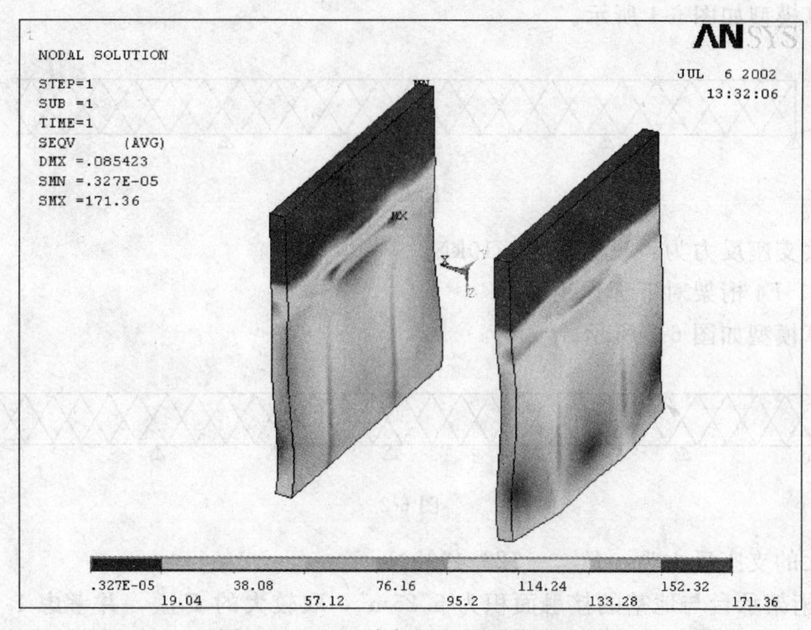

图 5-15 350t 支架耳板焊缝部位应力

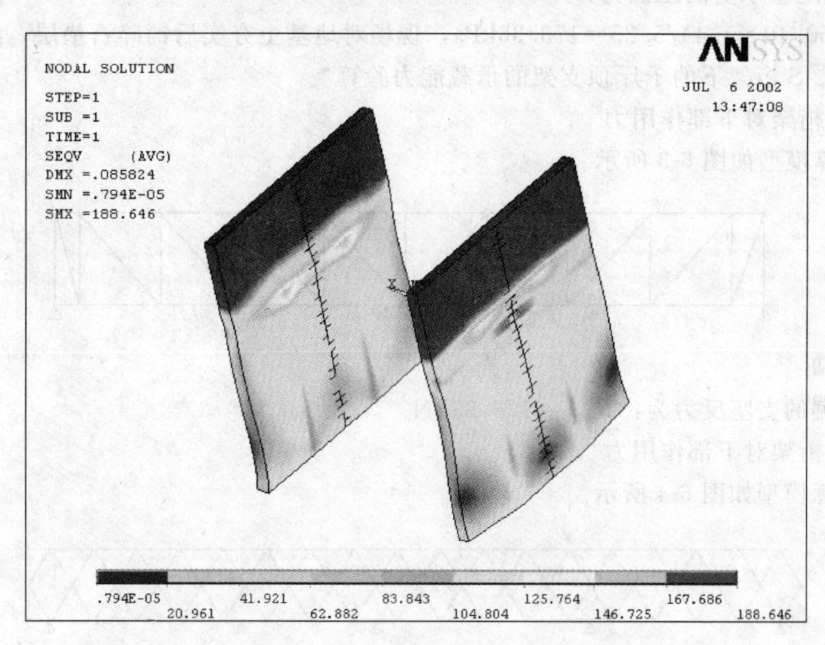

图 5-16 200t 支架耳板焊缝部位应力

6 钢屋盖安装胎架、脚手架的验算

6.1 一区、二区钢屋盖整体提升胎架、脚手架的验算

6.1.1 一区、二区桁架支撑胎架的设计与验算

(1) F1、F2 桁架对下部作用力

1）计算模型如图 6-1 所示。

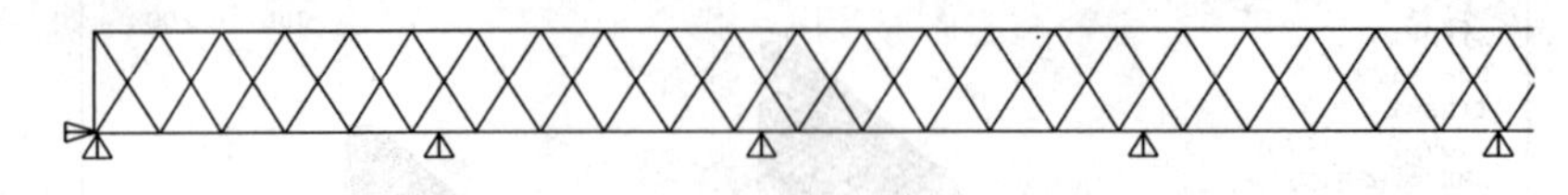

图 6-1

2）最大支座反力为：F_{max}＝650.10kN

（2）F3、F4 桁架对下部作用力

1）计算模型如图 6-2 所示。

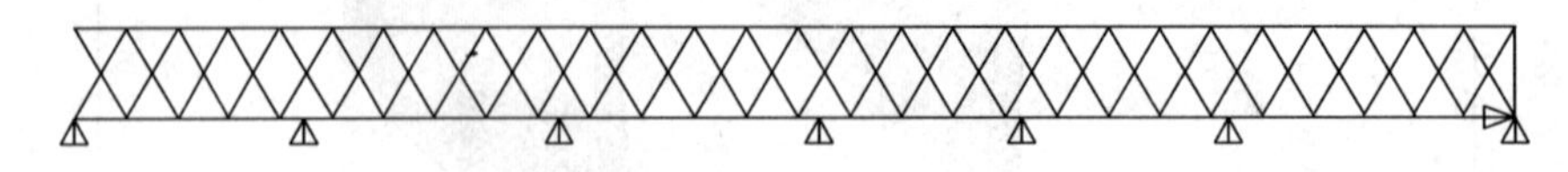

图 6-2

2）最大的支座反力为：F_{max}＝523.490kN

（3）F 桁架承台与地基的接触面积为 5.25m^2，取较大的 F_{max}，并考虑 1.4 倍的分项系数，那么地基承受的压强为：

p＝(650.10×1.4)/5.25＝173.36kPa，现场对地基土夯实后铺碎石垫层，满足！

（4）B、S 桁架下的千斤顶支架的承载能力验算

1）B5 桁架对下部作用力

① 计算模型如图 6-3 所示。

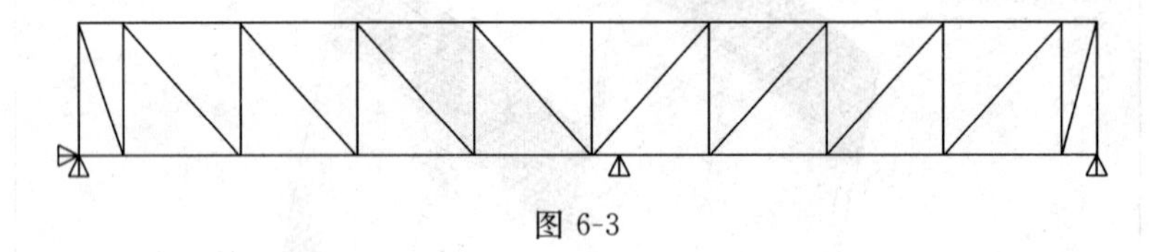

图 6-3

② 最大的支座反力为：F_{max}＝176.93kN

2）S1 桁架对下部作用力

① 计算模型如图 6-4 所示。

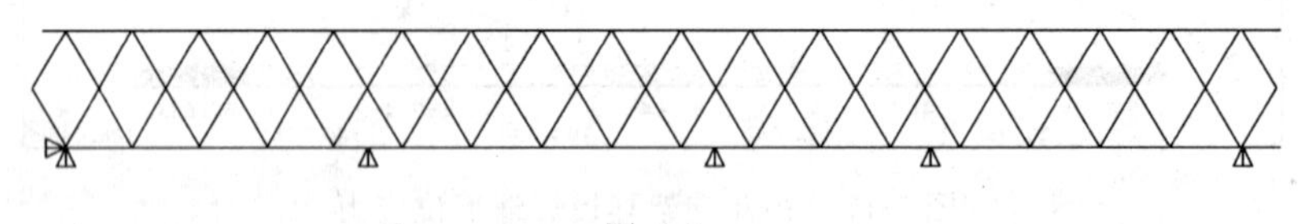

图 6-4

② 最大的支座反力为：F_{max}＝102.76kN

3）千斤顶支架的计算

计算模型如图 6-5 所示。

将最大的支座力 F_{max}＝176.93kN，乘以 1.4 的分项系数以后，分别施加于千斤顶座处和临时固定支座处，计算出来的千斤顶支架的应力只达到 47.6MPa（压应力），满足，稳定验算略。

6.1.2 一区、二区桁架支撑脚手架验算

本工程拼装脚手架高度高、体积大、重量重，要求搭设的脚手架必须具有足够的刚度、强度和稳定性，以满足桁架的拼装需要。同时也应考虑到了经济性，以便节约施工成本。由于桁架的形式各异，对脚手架的搭设和布置也应区别对待。

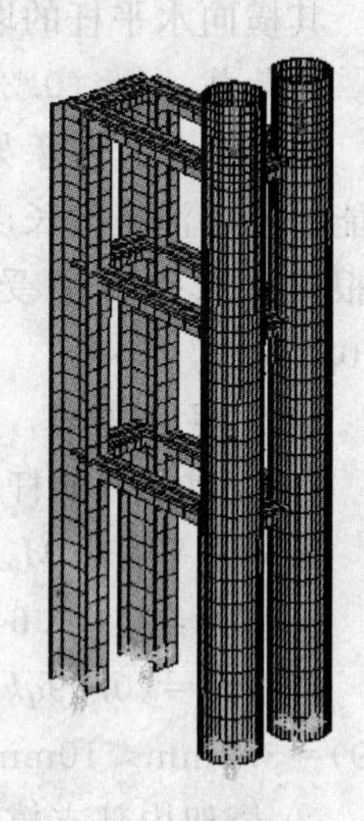

图 6-5

脚手架的搭设材料为 $\phi48\times3.5$ 钢管，采用扣件式连接。

(1) F桁架搭设宽度为 9.8m，选用 6m 长的钢管和 4m 长的钢管搭接而成，要求搭接位置左右对称，交错布置。高度为 11.5m，纵向布置 8 排立杆，其中桁架内 2 排，桁架外 3 排，以便于桁架有足够的施工通道，满足施工需要。立杆间距 1.2m，在顶部F桁架上弦支撑处的横杆加密，其横向水平杆总数不小于 60 根。纵杆由下向上按 1.2m 的步距搭设，并按照脚手架设计规范加设支撑。

(2) S桁架的脚手架搭设宽度为 9.2m，共搭设 6 排，其中 2 排在桁架内，桁架外各布置 2 排，立杆间距 1.5m，顶部横杆加密，总横杆数不少于 50 根，用于支撑桁架的上弦和腹杆。纵向水平杆沿竖向间距为 1.2m。横杆间距 1.5m。

(3) C桁架脚手架的搭设宽度为 7.2m，设 3 排立杆，桁架间 1 排，桁架外侧各 1 排，其余搭设要求同S桁架。立杆间距 1.2m，顶部支撑横杆不少于 70 根。

(4) B桁架的搭设宽度 6.6m，立杆间距 1.2m，设 6 排立杆，桁架内 2 排，桁架外侧各 2 排。顶部横杆加密，总根数不少于 45 根。

6.1.3 F桁架支撑脚手架的验算

考虑到F桁架尺寸和重量变化大，为满足安全与经济性，将其分成两类进行验算(表 6-1)。

F桁架类型 **表 6-1**

类　型	型　号	最大重量(t)	备　注
Ⅰ类	F1-1、F2-1、F3-3、F4-3、F3-6、F4-6 、F3-4、F4-4、F3-5、F4-5 、F3-2、F4-2	23t	
Ⅱ类	F1-2、F2-2、F1-3、F2-3、F3-1、F4-1、F1-4、F2-4	15t	

(1) Ⅰ类桁架支撑脚手架的验算

1) 荷载取值

荷载的取值：脚手架板采用木板，沿桁架外的通道上，横向搭设在纵向水平杆上，以增加桁架横向刚度。在桁架内部，脚手板则沿纵向搭设在横向水平杆上。

① 对于走道部分的纵向水平杆，其荷载取值如下：

木板：0.35kN/m^2；水平杆自重：0.0384kN/m^2；脚手架挡板架：0.152kN/m^2

施工活荷载（含人、设备架）：1.5kN/m^2

则其线荷载为：$q=(0.35\times1.4+0.0384+0.152)\times1.2+1.5\times1.4\times1.4=3.76\text{kN/m}$

② 对于在桁架内支撑桁架的纵横杆：

其横向水平杆的取值如下：

线荷载：$q=(0.35\times0.4+0.0384)\times1.2+1.4\times0.4\times1=0.774\text{kN/m}$

集中荷载：脚手架顶层横杆要支撑长26.5m，总重230kN的桁架。考虑到横杆的承载能力，需沿桁架长度方向均匀搭设不少于100根的短横杆，以均匀分担桁架自重。平均每根横向水平杆承受的荷载为：$F=230\times1.4/100=3.22\text{kN}$；横向水平杆间距平均为0.25m。

2）脚手架验算

① 走道部分的杆件计算：

纵向水平杆：$M_{max}=0.1q1.2=0.1\times3.76\times1.2=0.54\text{kN}\cdot\text{m}$

支座力：$V=0.6\times3.76\times1.2=2.71\text{kN}<8\text{kN}$；满足扣件抗滑要求。

挠度 $f=(0.99qkL4)/(100EI)=(0.99\times3.76\times1.24)/(100\times12.19\times10-8\times206\times109)=3.1\text{mm}<10\text{mm}$，全部满足要求。

② 桁架内部支撑桁架上弦的横向水平杆：

$$M_{max}=(0.1065\times0.774\times1.2^2+0.213\times3.22\times1.2)=0.942\text{kN}\cdot\text{m}$$

$$\sigma=M/\omega=0.942/5.08=185\text{MPa}<205\text{MPa}$$

支座 $V=(0.5315\times0.774\times1.2+0.575\times3.22)=2.35\text{kN}<8\text{kN}$，满足抗滑要求。

挠度 $f=(1.615\times3.22\times1.2^3)/(100\times206\times109\times12.19\times10-8)+(0.99\times0.24\times1.24)/(100\times206\times109\times12.19\times10-8)=4.21\text{mm}<10\text{mm}$

③ 桁架内部支撑横向水平杆的纵向水平杆：

对于纵向水平杆，立杆间距为1.2m，而横杆间距取为0.25m。

则计算如下：

$$F=2.34\times1.1=2.57\text{kN}$$

$$q=(0.35\times0.7+1\times0.7+0.0384)\times1.2=1.18\text{kN/m}$$

$$M_{max}=0.457\times2.57\times1.2+1.18\times0.1\times1.22=1.588\text{kN}\cdot\text{m}$$

支座力 $V=2.842\times2.57+1.1\times1.18\times1.2=8.86\text{kN}>8\text{kN}$

挠度 $f=(1.883\times2.57\times1.2^3+0.677\times1.18\times1.24)/(100\times206\times109\times12.19\times10-8)=3.9\text{mm}<10\text{mm}$，挠度满足要求。

弯矩和支座反力均不满足要求，考虑到脚手架走道部分立杆与脚手架内支撑桁架的立杆的关系，将立杆的间距调整为：走道部分立杆间距1.5m，桁架内的立杆间距为0.75m。经验算满足要求。

④ 立杆的稳定性：

(a) 荷载取值：

立杆自重：$12\times0.0384=0.461\text{kN}$；扣件自重：$12\times2\times0.0145=0.384\text{kN}$；

杆件重量：$11\times1.2\times2\times0.0384=1.014\text{kN}$；施工荷载传重：2.71kN

桁架传重：6.8kN；共计：11.34kN

风荷载：$\omega_k=0.7\times1.52\times0.23\times0.45=0.11\text{kN/m}^2$；

$$M_w=1.4qwkh2/10=1.4\times0.165\times1.22/10=0.033\text{kN}\cdot\text{m}$$

(b) 稳定性验算：

$\lambda=(nh)/i=(1.55\times1.2)/(1.58\times10-2)=117.7$，$\psi=0.464$，$A=4.89\text{cm}^2$

则 $N/(\varphi A)+M\omega/W=(11.34\times10^{3})/(0.464\times4.89\times10-4)+(0.033\times10^{3})/(5.08\times10-6)=50\text{MPa}<205\text{MPa}$，满足要求。

故对Ⅰ类桁架，支撑脚手架验算结果为：立杆在走道部分间距取 1.5m，沿桁架两侧的 4 排立杆加密，间距 0.75m。

（2）对于Ⅱ类桁架支撑脚手架的验算

1）其立杆间距采用 1.5m，经验算，走道上的纵横杆可以满足要求。

2）支持桁架上弦的横向水平杆：

其线荷载为：$q=(0.35\times0.5+0.0384)\times1.2+1\times1.4\times0.5=0.96\text{kN/m}$

点荷载：脚手架要支撑长度 19.9m，总重 150kN 的桁架，考虑到桁架的承载能力，沿桁架长度方向均匀搭设不少于 80 根的短横杆，搭设间距平均为 0.25m，局部加密。

每根横杆承受的荷载为：$F=150/80\times1.4=2.25\text{kN}$

则根据Ⅰ类桁架的计算来看，可以满足要求。

支撑横向水平杆的纵向水平杆：

对于纵向水平杆，立杆的间距为 1.2m，横杆间距平均为 0.3m。

$$F=0.5375\times0.6\times1.2+0.575\times2.25=1.681\text{kN}$$

$$M_{max}=0.419\times1.681\times1.2+0.97\times0.1\times1.22=0.985\text{kN}\cdot\text{m}$$

$$V=3.417\times1.681+1.2\times0.97\times1=6.9\text{kN}<8\text{kN}$$

挠度 $f=(3.029\times1.658\times1.23)/(100\times206\times109\times12.19\times10-8)+(0.97\times0.677\times1.24)/(100\times206\times109\times12.19\times10-8)=7.9\text{mm}<10\text{mm}$，满足要求。

6.1.4 B桁架支撑脚手架的验算

（1）由前述桁架验算可知，立杆间距取 1.4m；走道部分不需要验算，即可满足要求。

（2）对于顶部横向水平杆的验算：

桁架上弦重 70kN，长度 22m，取 45 根横杆支撑桁架，顶层横杆平均排距可取为 0.5m，则横杆的线荷载为：

$$q=(0.35\times0.5+0.03847)\times1.2+1\times1.4\times0.5=0.96\text{kN/m}$$

集中荷载：$F=70\times1.4/45=2.18\text{kN}$

$$M_{max}=0.0859\times0.96\times1.22+0.213\times2.2\times1.2=0.655\text{kN}\cdot\text{m}$$

支座力 $V=0.575\times2.2+0.5472\times2\times0.96\times1.2=1.9\text{kN}$

（3）顶部纵向水平杆计算：

F 为 1.9kN，$q=0.774\text{kN/m}$，则：

$$M_{max}=0.267\times1.9\times1.4+0.774\times0.1\times1.42=0.82\text{kN}\cdot\text{m}$$

支座 $V_{max}=2.267\times1.9+1.1\times0.774\times1.4=5.5\text{kN}$

由前述计算可知，挠度满足要求。

（4）由前述验算可知立杆应满足要求。

6.1.5 C桁架支撑脚手架的验算

（1）立杆间距采用 1.2m，走道上的纵横杆可以满足要求。

（2）对于顶层支撑桁架的短横杆：

集中荷载：脚手架要支撑长度 25m，总重 86.2kN 的桁架。考虑到横杆的承载力，沿桁架长度方向均匀搭设不少于 70 根短横杆，平均搭设间距为 0.36m，每根横杆承受的荷载为：

$F=86.2\times1.4/70=1.724\text{kN}$，$q=0.96\text{kN/m}$，根据前面的计算可知，内力满足要求。

$$M_{\max}=0.109\times0.96\times1.42+1.724\times0.213\times1.4=0.924\text{kN}\cdot\text{m}$$

支座 $V_{\max}=0.575\times1.724+0.5325\times0.96\times1.42=1.72\text{kN}$

（3）对于纵向水平杆，立杆间距为 1.2m 计算：

$$P=2.25\times1.2=2.4\text{kN},\ q=0.96\text{kN/m}$$

$$M_{\max}=0.244\times2.4\times1.2+0.1\times0.96\times1.22=0.82\text{kN}\cdot\text{m}$$

支座 $V_{\max}=1.1\times0.96+2.267\times2.4=6.5\text{kN}<8\text{kN}$

挠度 $f=(1.883\times2.4\times1.23)/(100\times206\times103\times12.19\times10-8)+(0.677\times0.96\times1.24)/(100\times206\times103\times12.19\times10-8)=3.57\text{mm}<10\text{mm}$

由前述验算可知立杆满足要求。

6.1.6 S 桁架支撑脚手架的验算

将其立杆设为 1.2m 间距，在顶层支撑桁架，应加设横杆，顶层支撑桁架处铺设 50 根短横杆支撑桁架。

（1）横向水平杆的计算：

集中荷载 $P=50/50\times1.4=1.4\text{kN}$

线荷载为：$q=(0.35\times0.4+0.0384)\times1.2+1\times0.4\times1.4=0.73\text{kN/m}$

$$M_{\max}=0.213\times1.4\times1.6+0.73\times0.11\times1.6\ 2=0.683\text{kN}\cdot\text{m}$$

$$\sigma=M/\omega=134\text{MPa}<205\text{MPa}$$

支座力 $V_{\max}=0.575\times1.4+0.525\times1.6\times1.531=1.94\text{kN}<8\text{kN}$

挠度 $f=(1.615\times1.4\times1.63)/(100\times206\times103\times12.19\times10-8)+(0.99\times0.73\times1.64)/(100\times206\times109\times12.19\times10-8)=9.3\text{mm}<10\text{mm}$

由以上计算可知，满足要求。

（2）纵向水平杆的计算：

集中荷载 $P=1.94\times1.2=2.33\text{kN}$，线荷载 $q=1.23\text{kN/m}$

$$M_{\max}=0.267\times2.33\times1.2\ +1.236\times0.1\times1.22=0.93\text{kN}\cdot\text{m}$$

支座 $V_{\max}=2.267\times2.33+1.1\times1.236\times1.2=7.1\text{kN}<8\text{kN}$

挠度 $f=(0.677\times1.236\times1.24)/(100\times206\times103\times12.19\times10-8)+(1.883\times2.33\times1.23)/(100\times206\times103\times12.19\times10-8)=9.1\text{mm}<10\text{mm}$

（3）由前述计算可知，立杆亦满足要求。

6.2 三区胎架、脚手架的验算

在施工过程中，对三区的 F 桁架和 M 桁架进行高空分段拼装，在分段点对脚手架进

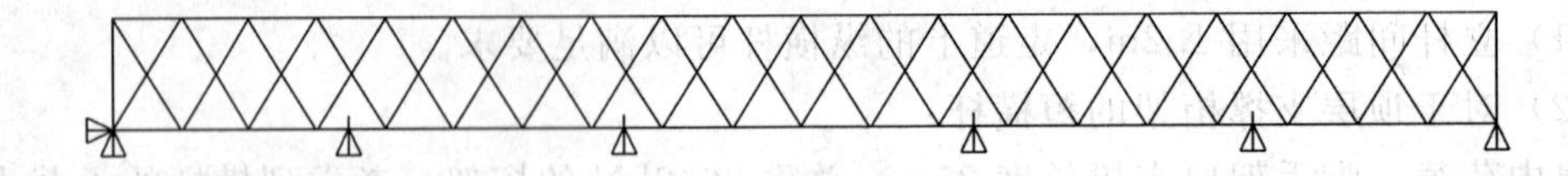

图 6-6

行加密，并验算脚手架的稳定性。验算的思路是，先建立F和M桁架的计算模型，在拼装分段点设竖向支座，求出在自重作用下支座处的支座反力 F。再将此支座反力 F 施加于下部脚手架，偏保守地不计侧向支撑，验算脚手架的稳定性。

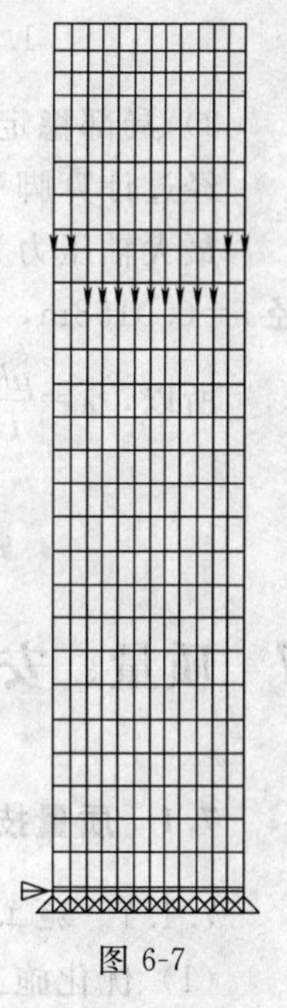
图 6-7

6.2.1　三区 F 桁架下部脚手架验算

（1）F5、F6 桁架对脚手架的作用力计算

1）计算模型如图 6-6 所示。

2）计算出最大的支座反力为：$F_{\max}=213.72\text{kN}$

（2）脚手架稳定验算：

1）计算模型如图 6-7 所示。

2）整体稳定验算。

通过有限元计算可以得到脚手架发生整体失稳的临界荷载为：

$$P_{\text{cr}}=8306.6\text{kN}$$

而取施工活荷载为 1kN/m^2，脚手架上承受的总压力为

$1.2\times2\times213.72+1.4\times1\times6\times9.2=590.208\text{kN}<P_{\text{cr}}$，满足！

3）局部稳定验算。

经过有限元软件计算出脚手架各杆件的内力以后，挑选最不利的受压杆件进行稳定验算：

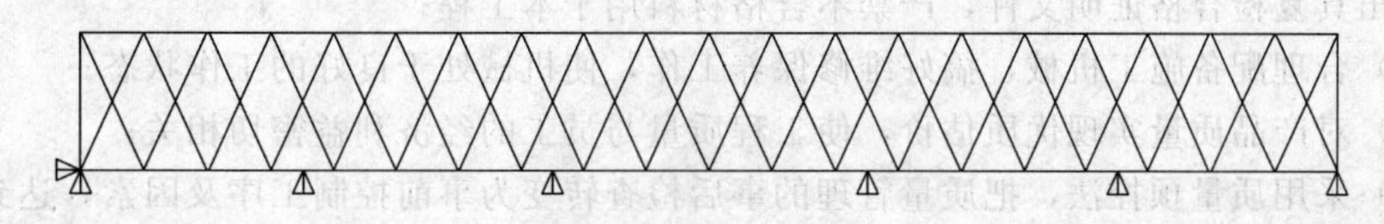
图 6-8

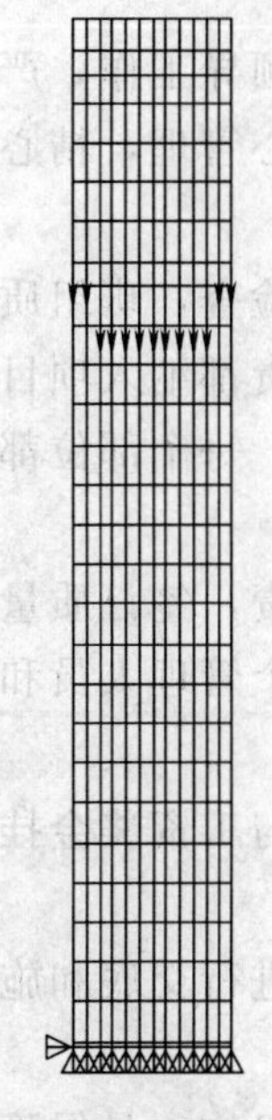
图 6-9

最大轴压力为：$N_{\max}=14.1\text{kN}$，最长的受压杆长度 $h=1.5\text{m}$，脚手架钢管的回转半径 $i=0.0158\text{m}$，

所以，$\lambda=\dfrac{\mu h}{i}=\dfrac{1.5\times1.5}{0.0158}=142$，$\varphi=0.340$

$$\frac{N}{\varphi A}=\frac{8.988\times10^3}{0.34\times4.89\times10^2}=54.06\text{MPa}<f=205\text{MPa}，满足！$$

6.2.2　三区 M 桁架下部脚手架计算

（1）M1、M2 桁架对脚手架的作用力计算

1）计算模型如图 6-8 所示。

2）计算出最大的支座反力为：$F_{\max}=262.71\text{kN}$

（2）脚手架稳定验算

1）计算模型如图 6-9 所示。

2）通过有限元计算可以得到脚手架发生整体失稳的临界荷载为：

$$P_{\text{cr}}=8306.6\text{kN}$$

而取施工活荷载为 1kN/m^2 脚手架上承受的总压力为：

$$1.2\times2\times262.71+1.4\times1\times6\times9.2=707.79\text{kN}<P_{cr}$$，满足！

3）局部稳定验算：

经过计算脚手架各杆件的内力以后，挑选最不利的受压杆件进行稳定验算。

最大轴压力为 $N_{max}=10.78\text{kN}$，最长的受压杆长度 $h=1.5\text{m}$，脚手架钢管的回转半径 $i=0.0158\text{m}$，

所以，$\lambda=\frac{\mu h}{i}=\frac{1.5\times1.5}{0.0158}=142$，$\varphi=0.340$

$$\frac{N}{\varphi A}=\frac{10.78\times10^3}{0.34\times4.89\times10^2}=64.84\text{MPa}<f=205\text{MPa}$$，满足！

7　质量、安全、环保技术措施

7.1　质量技术措施

7.1.1　施工准备过程的质量控制

（1）优化施工方案和合理安排施工程序，作好每道工序的质量标准和施工技术交底工作，搞好图纸审查和技术培训工作；

（2）严格控制进场原材的质量，对钢材等物资除必须有出厂合格证外，需经试验进行复检并出具复检合格证明文件，严禁不合格材料用于本工程；

（3）合理配备施工机械，搞好维修保养工作，使机械处于良好的工作状态；

（4）对产品质量实现优质估价，使工程质量与员工的经济利益密切相关；

（5）采用质量预控法，把质量管理的事后检查转变为事前控制工序及因素，达到"预控为主"的目标。

7.1.2　施工过程中的质量保证措施

根据本工程钢结构施工难度大、质量要求高特点，必须加强质量管理的领导工作，严格执行规范、标准，按设计要求进行控制施工，把施工质量施工在首位，精心管理，精心施工，保证质量目标的实现。

（1）建立由项目经理直接负责，项目副经理中间控制，专职检验员作业检查，班组质量监督员自检、互检的质量保证组织系统，将每个岗位、每个职工的质量职责都纳入项目承包的岗位责任合同中，并制定严格的奖罚标准，使施工过程的每一道工序、每个部位都处于受控状态，并同经济效益挂钩，保证工程的整体质量水平；

（2）制定项目各级管理人员，施工人员质量责任制，落实责任，明确职责，签订质量责任合同，把每道工序，每个部位的质量要求，标准，控制目标，分解到各个管理人员和操作人员；

（3）根据工序要要求，制定项目质量管理奖罚条例，岗位职责质量目标与工资奖金挂钩，实行质量一票否决权；

（4）编写本工程钢结构施工的关键工序作业指导书，严格按作业指导书进行交底和施工操作，做到施工有序控制和监控检查；

（5）施工现场的检查机构，由项目经理和质量总负责牵头建立质量检查机构，是保障

工程质量的重要环节。根据工种不同设专职质量检查员，人员职责实到位，分兵把关贯彻工程全过程，通过检查机构职能运行，把技术要求、质量要求传达到班组质检员，逐级负责控制各专业技术岗位和质量目标通过每一系统的质量把关。施工质量检查组织机构图如图 7-1 所示。

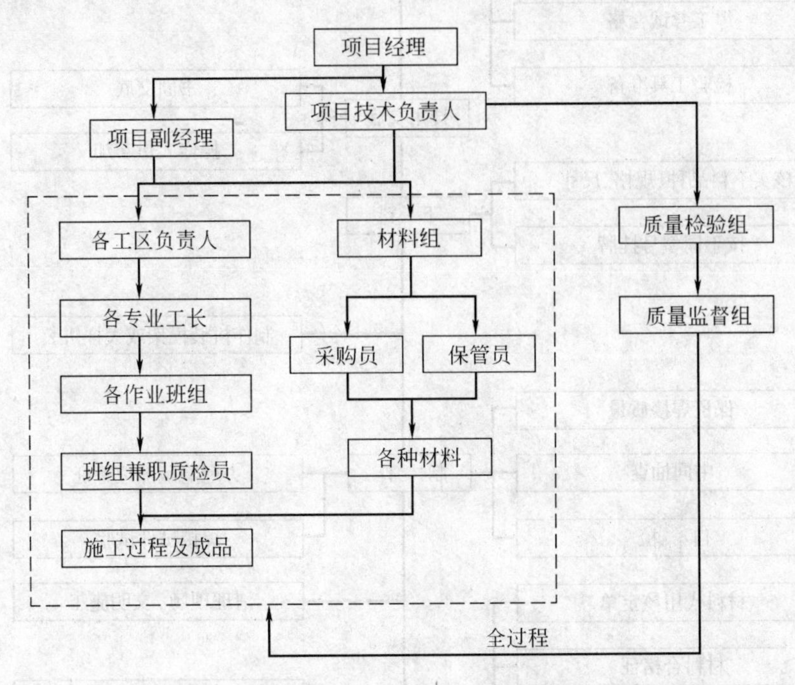

图 7-1 施工质量检查组织机构图

7.1.3 质量控制程序

(1) 认真贯彻执行 GB/ISO 9000 系列质量标准、质量手册和程序文件，将其纳入规范化、标准化的轨道。

(2) 质量依赖于科学管理和严格的要求，为确保工程质量，特制定本工程钢结构制作、构件预拼装、安装、焊接、高强螺栓施工、油漆质量、防火喷涂质量控制程序，并且符合规范及现行标准的要求。各项施工质量控制程序如图 7-2～图 7-8 所示。

7.1.4 质量控制措施

(1) 执行各工序的质量检验；

(2) 编制各工序施工工艺指导书，严格执行；

(3) 以生产指令单指导生产；

(4) 采购管理：

1) 采购执行部门对所有涉及制作、计划和收货所有事情负责，该部门由以下成员组成：采购人员、材料管理人员。

2) 执行部门应当准备采购说明和质量保证要求，并送交供货方，同时还要复核和认可供货方提供的材料，质量负责人准备质量保证标准并分发，还要审核供货方的质保程序。

3) 收货检验及审核供货方的质保能力由项目的质量负责人委托专职质检员负责。

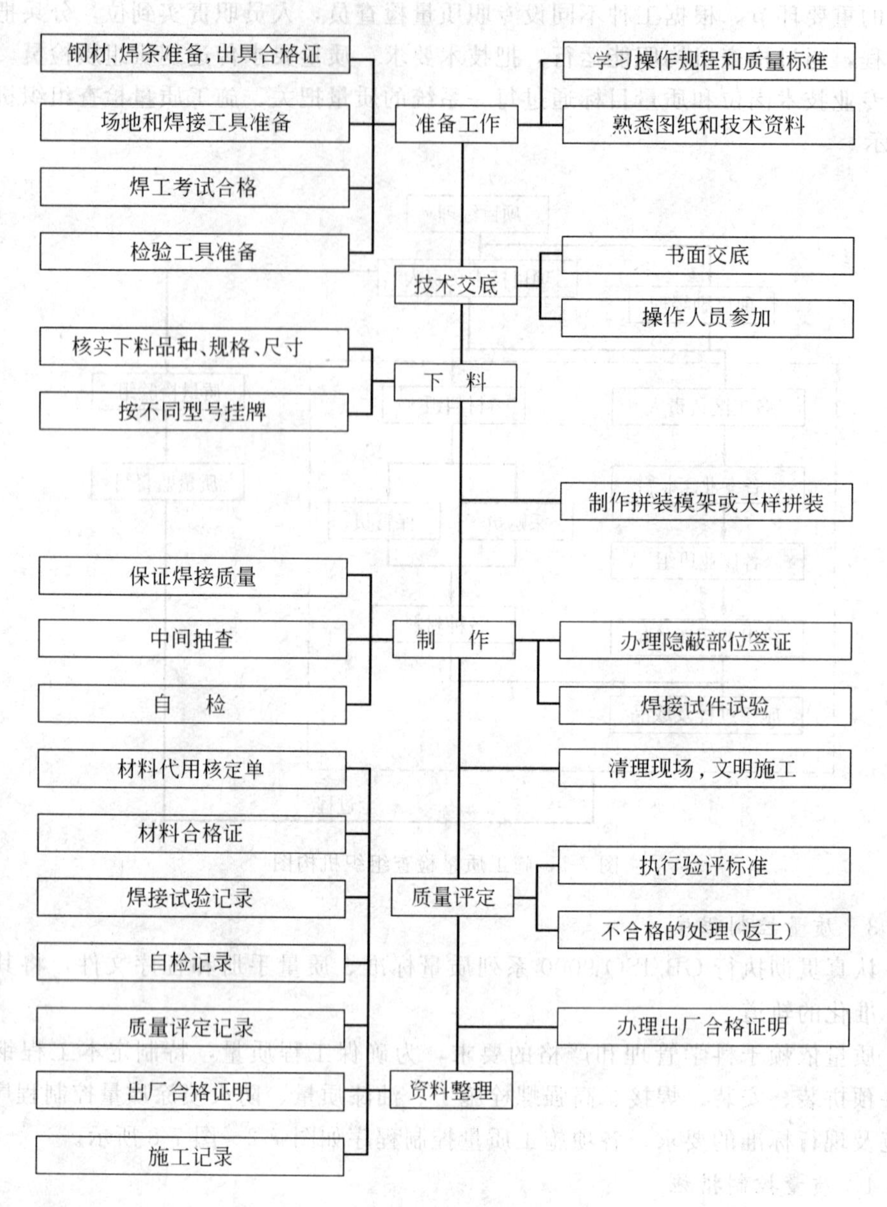

图 7-2　钢结构制作质量控制程序

4）采购执行部门负责协调发货并督促发货方汇报生产进度。

（5）过程管理：

为确保每道工序都能满足质量要求，建立了一个过程控制系统，要求理解和无条件地执行这些质量管理程序：

1）部件和组装件应当检验，以防止损坏，仅当部件和组装件完全满足质量要求时，才能转入下一道工序。

2）采用合格的焊接。

3）关于变更的修改应当彻底执行。

过程控制系统应当是有效的，并完全符合相应的标准、规则、规范。用于本工程的过

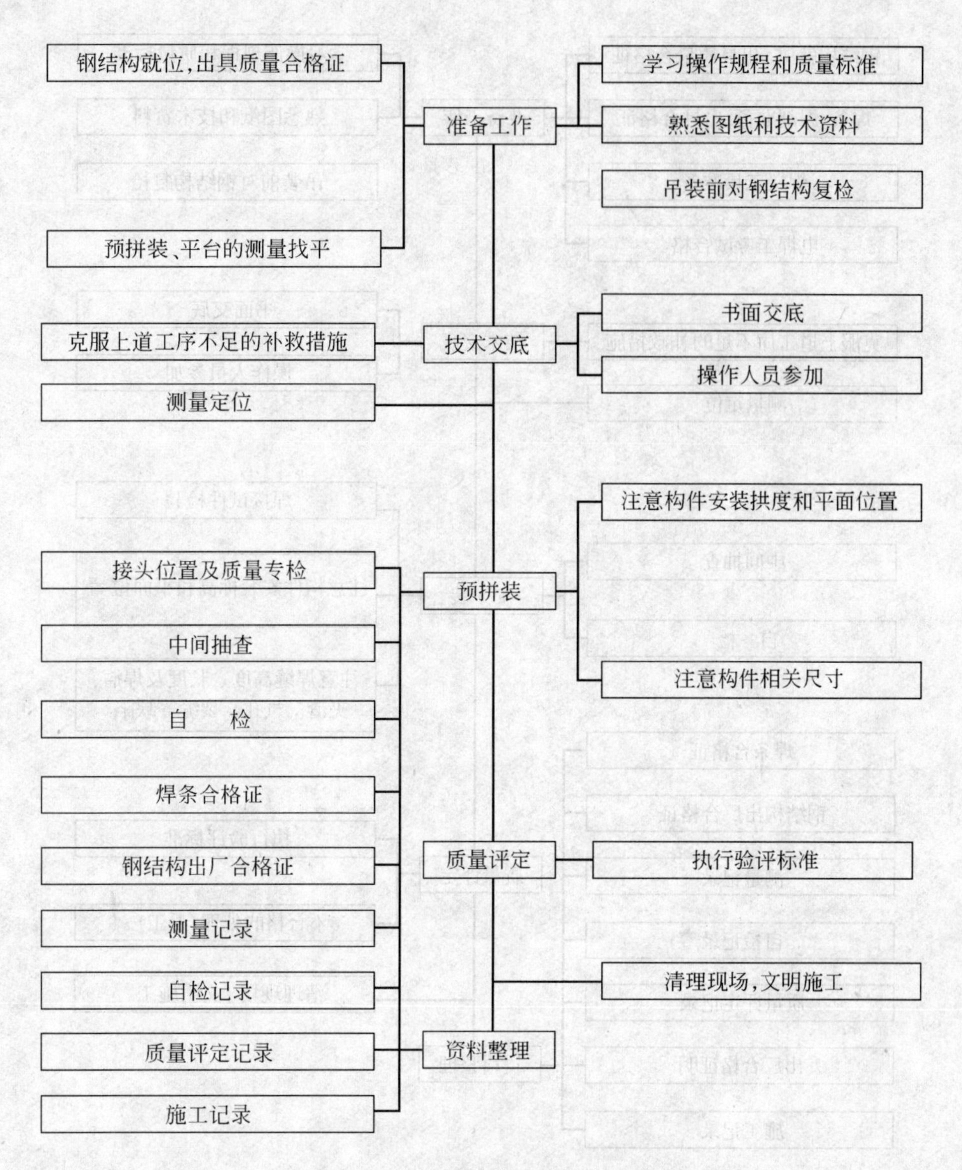

图 7-3　构件预拼装质量控制程序

程管理系统如下：

1）施工方案；

2）材料检验；

3）过程中的检验；

4）尺寸控制；

5）焊接无损伤检验；

6）缺陷清单、不合格、修改等。

（6）材料管理

项目质量负责人将保证所收到的材料、零部件符合购货的要求。材料、部件和组装件要进行严格的制作检验，建立适用于本工程检验程序，以保证不合格材料、原部件可及时

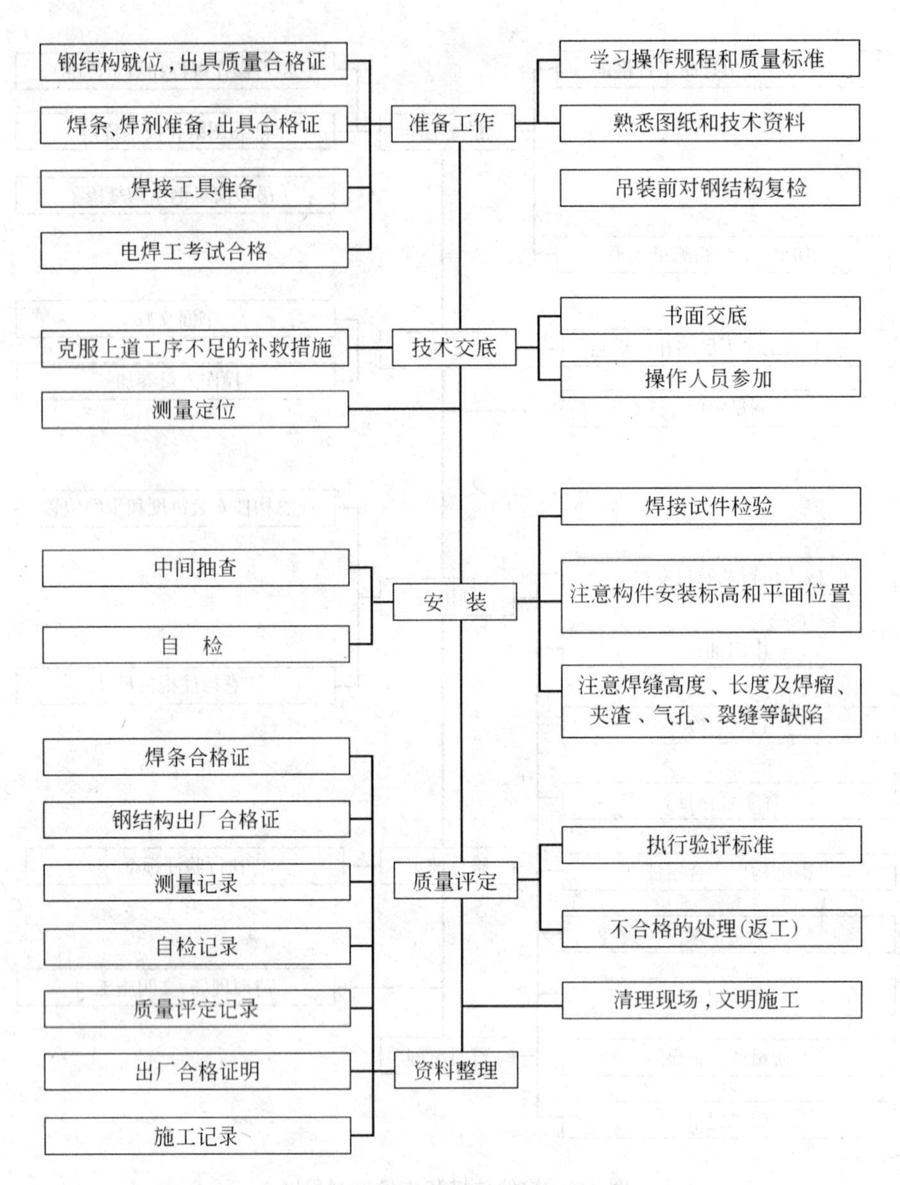

图 7-4　钢结构安装质量控制程序

被识别，确保该批材料、零部件符合要求方可用于下一道工序。材料易于确认、分隔和分放，以防止安装时误用。

1）所有收到的钢材应随带其各自的材料试验证明，并交由项目质量负责人检验其尺寸、材料标准、质量、机械性能等，这些试验证书需由认可的检验机构批准核查；

2）钢材还应带有各自证明书上相对应的标志；

3）焊接材料应符合 GB 17—98 标准并附带生产许可说明；

4）螺栓及栓钉应带有材料证明；

5）所有与规格不相符合的材料应作不合格材料处理并分隔放置。

（7）检测与检验：

1）项目质量负责人应建立能够及时发现包括标高和定位误差质量情况的检验和测试

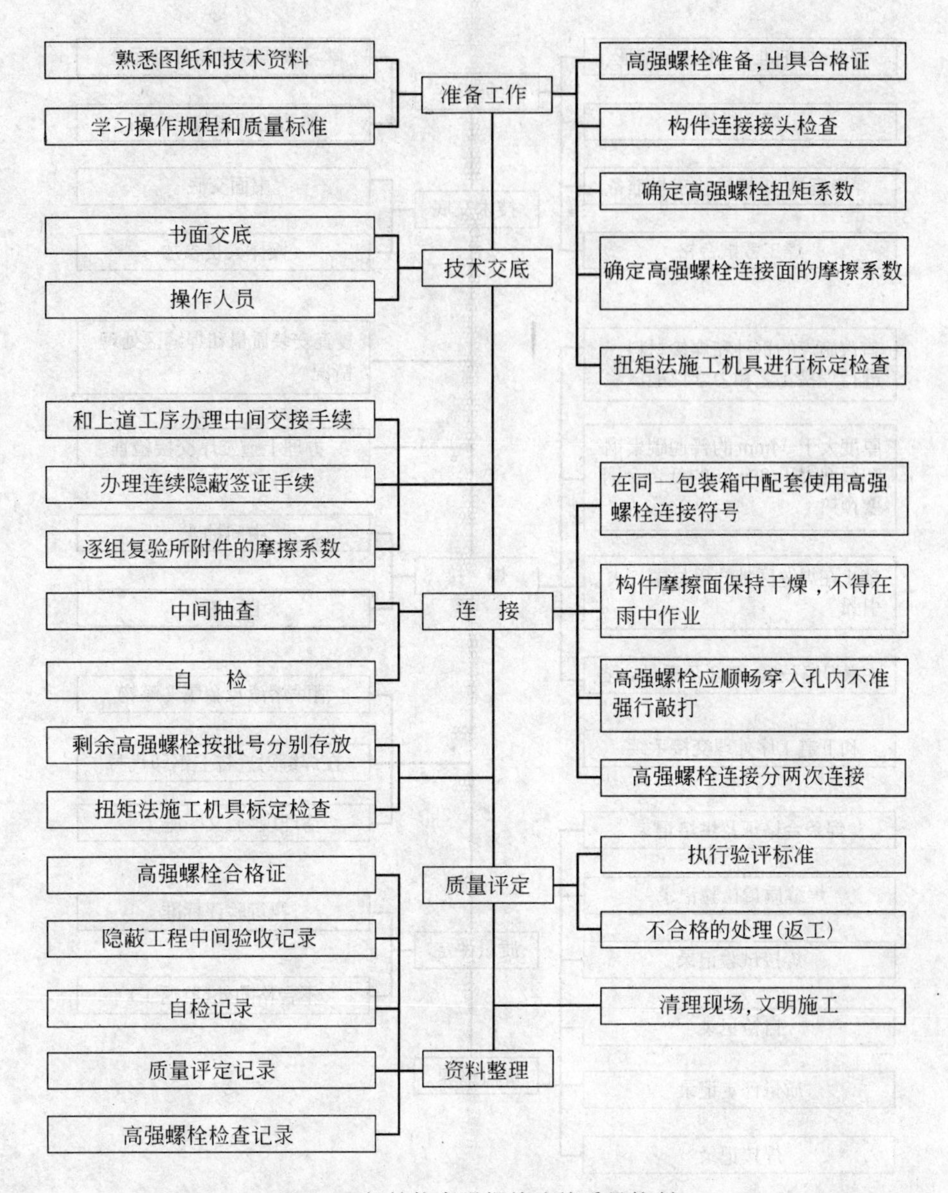

图 7-5　钢结构高强螺栓连接质量控制

工艺；

2）项目质量负责人应按照业主要求的规格和可适用的规则包括收货标准制订检测标准，并分发至各施工工段，制订标准时应指定检测的项目；

3）项目质量负责人应复验关键的记录和其他有关检验记录以及材质证明的记录，并检验在合同中说明的与同类部门认可和认证过的所有质量要求；

4）项目总工如有必要应制订一份施工指导书，作为检查和测试工艺的补充；

5）检测设备应具备足够和可靠性，在使用前要校准和维修；

6）质安员应当与总包单位（工程监理）就检测范围的要求保持密切联系，并让专门的检验机构按要求进行检测；

7）如果总包单位（工程监理）要求现场监督检测，质安员应在这些检测开始前 3d 通

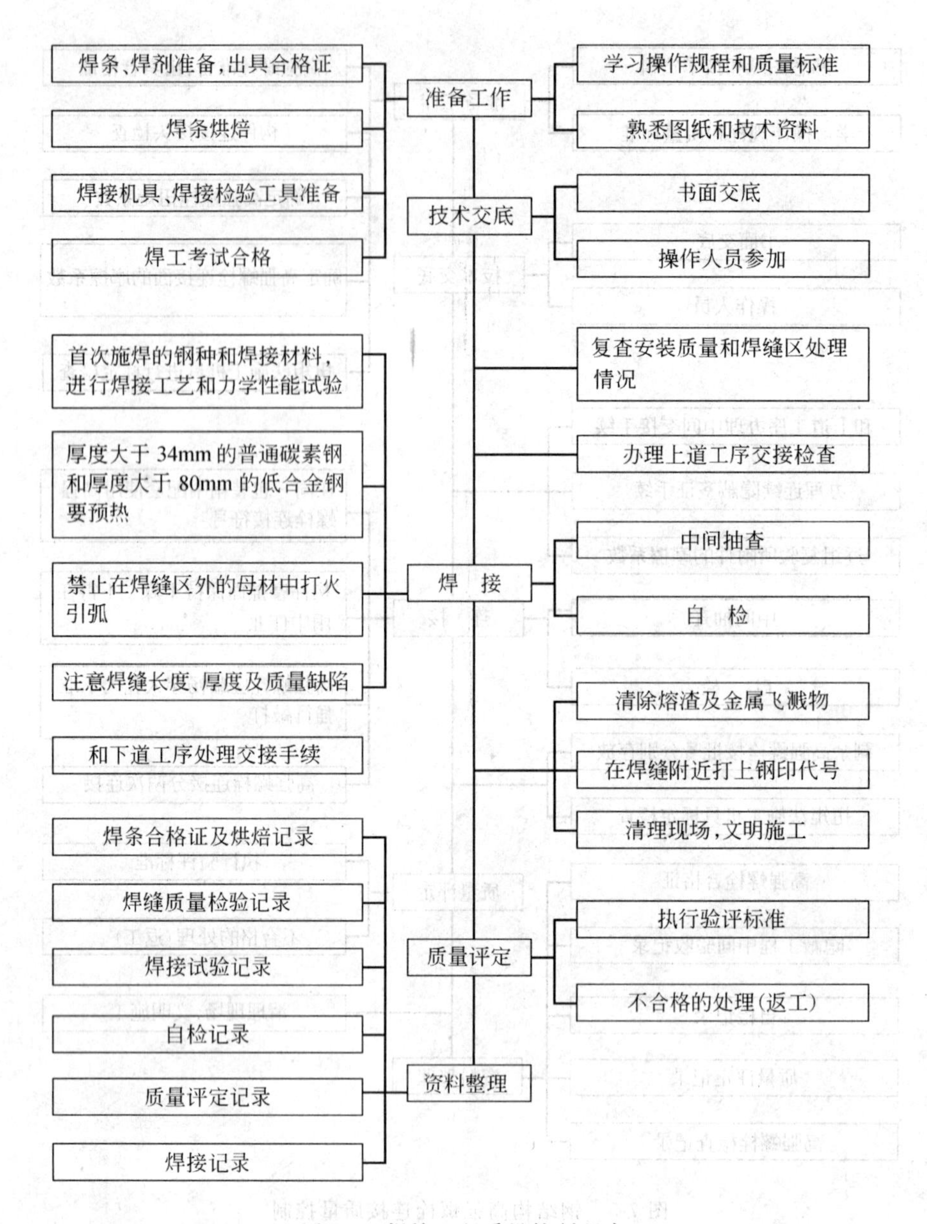

图 7-6 焊接工程质量控制程序

知总包单位（工程监理）。

（8）不合格的管理。

1）不合格是指不符合质量要求或业主指定的要求：

① 工程监理认为已完成的工作，材料或工艺中的某一部分不能满足要求；

② 工程监理认为与确认的样品或试验不一致，与已经施工的部分不匹配，或会影响或损害以后部分的工作，都将认为是不合格。

2）不合格材料、构件和产品应完全按本部分的措施正确地验证、隔离和弃用。

3）不合格施工材料应撤掉并从现场移走，采用代换或按照认可通过的方式进行处理。

4）主管质量管理的工程师有权处理不合格品。

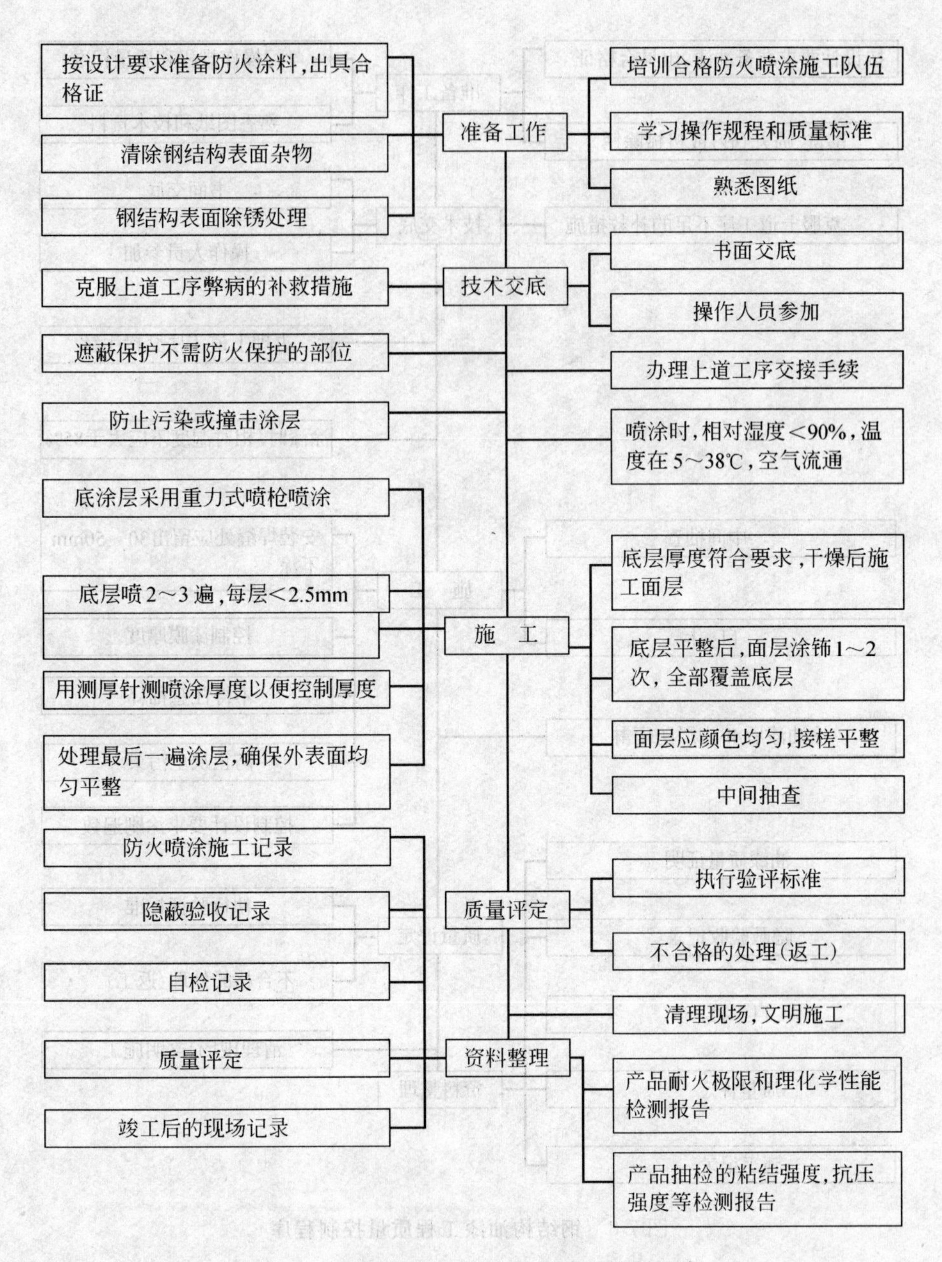

图 7-7　钢结构防火喷涂工程质量控制程序

5）当设计变更或材料替代品对质量情况有明显的影响时，应由项目总工应及时向总包单位（工程监理）汇报，由工程监理在修复工作进行前复核并认可修复工艺。

（9）文件管理。

确保最新的图纸说明，工艺等被钢结构制作和施工部门使用，保留所有与质检相关的文件，证明我们的施工符合设计。有关规范和业主的要求，所有文件应标明内容编号，复核编号和分发编号。

项目质检员应按照要求的标准和规范来填写报告，并就这些报告对工程监理及代表其他相关的机构和专门部门的最终鉴定负责。报告应包括：

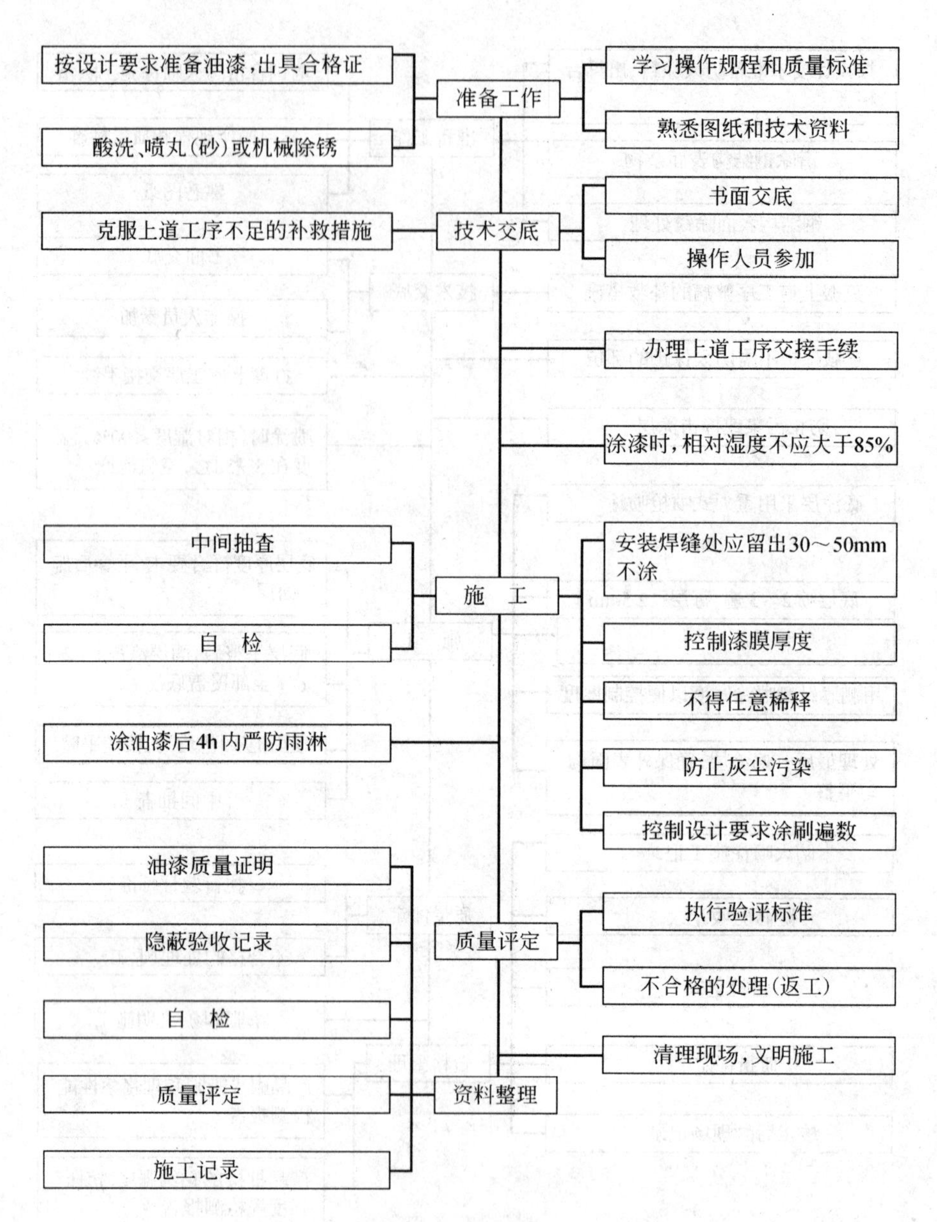

图 7-8　钢结构油漆工程质量控制程序

1）零件、部件、单批或成批产品的证明；

2）观测及检测的数量；

3）发现缺陷的数量和类型；

4）采取的所有改正措施的详细内容。

（10）记录的保存

项目质检员配合资料员根据业主的要求，采取适当方式负责保存记录文件。

7.2　安全技术措施

“安全第一，预防为主”方针是指导和开展安全生产的依据、方法，认真贯彻此方针，加强安全管理，落实各项生产规章、标准、规范，实现安全生产，文明施工，既保障了员工在施工过程中的安全与健康，又是项目创效益的首要条件。

“安全第一”，突出了安全工作的重要性和地位，也深化了我们安全生产的意识，要求我们要定期作安全生产教育工作和活动，确定安全生产的激励机制、安全生产责任制；“预防为主”，为我们安全生产、安全管理提出了方法，预先做好安全设施，认真搞好安全布设，预警为主，绝不容犯错。

制定健全的安全管理体系，应建立从公司到班组的三级安全管理责任制；做好安全布设，认真布置安全施工保障措施；做好安全交底；定期开安全例会和开展安全评比活动。

7.2.1 安全生产管理体系

在现场建立以项目经理为组长，项目副经理、项目总工为副组长，专职安全员、各部组负责人为组员的项目安全生产领导小组，在项目形成纵横网络管理体制。

7.2.2 现场施工安全管理

（1）施工现场安全生产交底

施工现场安全生产交底，须施工工长签字，然后向作业班组交底，并要求所有班组人员会签，以加强每个人的责任心和自律，起到安全交底的作用，让工作落到实处。

1）贯彻执行劳动保护、安全生产、消防工作的各类法规、条例、规定，遵守工地的安全生产制度和规定。

2）施工负责人必须对职工进行安全生产教育及自我保护能力，自觉遵守安全纪律、安全生产制度，服从安全生产管理。

3）所有的施工及管理人员必须严格遵守安全生产纪律，正确穿戴和使用好劳动防护用品。

4）认真贯彻执行工地分部分项、工种及施工技术交底要求。施工负责人必须检查具体施工人员的落实情况，并经常性督促、指导，确保施工安全。

5）施工负责人应对所属施工及生活区域的施工安全质量、防火、治安、生活卫生各方面全面负责。

6）按规定做好“三上岗”、“一讲评”活动，即做好上岗交底、上岗检查、上岗记录及周安全评比活动，定期检查工地安全活动、安全防火、生活卫生，做好检查活动的有关记录。

7）对施工区域、作业环境、操作设施设备、工具用具等必须认真检查，发现问题和隐患，立即停止施工并落实整改，确认安全后方准施工。

8）机械设备、脚手架等设施，使用前需经有关单位按规定验收，并做好验收及交付使用的书面手续。租赁的大型机械设备现场组装后，经验收、负荷试验及有关单位颁发准用证方可使用，严禁在未经验收或验收不合格的情况下投入使用。

9）对于施工现场的脚手架、设施、设备的各种安全设施、安全标志和警告牌等不得擅自拆除、变动，必须经指定负责人及安全管理员的同意，并采取必要可靠的安全措施后方能拆除。

10）特殊工种操作人员必须按规定经有关部门培训，考核合格后持有效证件上岗作业。严禁不懂电气、机械的人员擅自操作使用电器、机械设备。

11）必须严格执行各类防火防爆制度，易燃易爆场所严禁吸烟及动用明火，消防器材不准挪作它用。电焊、气割作业应按规定办理动火审批手续，严禁使用电炉。冬期作业如必须采用明火加热的防冻措施时，应取得工地防火主管人员同意。施工现场配备有一定数量干粉灭火器，落实防火、防中毒措施，并指派专人值班。

12）工地电气设备，在使用前应先进行检查，如不符合安全使用规定时应及时整改，整改合格后方准使用，严禁擅自乱拖乱拉私接电气线路。

13）未经交底人员一律不准上岗。

（2）现场安全生产技术措施

1）要在职工中牢牢树立起安全第一的思想，认识到安全生产，文明施工的重要性，做到每天班前教育，班前总结，班前检查，严格执行安全生产三级教育。

2）进入施工现场必须戴安全帽，2m以上高空作业必须带安全带；

3）吊装前起重指挥要仔细检查吊具是否符合规格要求，是否有损伤，所有起重指挥及操作人员必须持证上岗；

4）高空作业人员应佩戴工具袋，工具应放在工具袋中不得放在钢梁或易失落的地方，所有手工工具（如手锤、扳手、撬棍），应穿上绳子套在安全带或手腕上，防止失落，伤及他人；

5）钢结构是良好导电体，四周应接地良好，施工用的电源线必须是胶皮线，所有电动设备应安装漏电保护开关，严格遵守安全用电操作规程；

6）高空作业人员严禁带病作业，施工现场禁止酒后作业，高温天气做好防暑降温工作；

7）吊装时应设风速仪，风力超过6级或雷雨时应禁止吊装，夜间吊装必须保证足够的照明，构件不得悬空过夜；

8）氧气、乙炔、油漆等易爆、易燃物品，应妥善保管，严禁在明火附近作业，严禁吸烟，严禁氧气、乙炔混装；

9）焊接平台上应做好防火措施，防止火花飞溅。

（3）全保障设施

1）桁架上的安全保障措施：

① 每榀纵桁架（东西向）顶面铺安全网，顶面中央铺三块板宽的通道，供人行走；顶面两侧距上弦杆约600，在横向杆上焊1000高安全立柱，每12m一根，上系安全绳；

② 南北两边横向连系桁架，顶面铺安全网，顶面中央铺三块跳板宽的人行通道。中间的片状横向连系桁架，上弦每12m焊一根安全立柱，上系安全绳；

③ 当每跨的压型钢板安装后，靠压型钢板一侧的安全立柱、安全绳可撤，供循环使用；

④ 安装时，人字柱顶、混凝土柱顶要搭设安装平台，并附有安全设施；

⑤ 安全网、跳板须经检测后方能用。

2）胎架上桁架拼装焊接。胎架上要安装焊接平台、拼装平台。平台上铺安全网。

3）脚手架的搭设要有方案上报，并附有安全设施。经上级部门批准后方可施工。

（4）现场安全用电

1）现场施工用电执行一机、一闸、一漏电保护的“三级”保护措施。其电箱设门、设锁、编号、注明责任人。

2）机械设备必须执行工作接地和重复接地的保护措施。

3）电箱内所配置的电闸、漏电、熔丝荷载必须与设备额定电流相等。不使用偏大或偏小额定电流的电熔丝，严禁使用金属丝代替电熔丝。

4）牵引胎架的卷扬机须搭设安全棚，确保操作人员安全。

5）切割机未加盖禁止使用。

(5) 现场防雷击措施

塔吊设避雷针，通过引下线至地极，接地电阻不得大于4Ω。

(6) 现场防火及台风的防护

1）气象机关发布暴雨、台风警报后，应随时注意收听报告风动向的广播。

2）台风接近本地区前，应采取如下措施：

① 加固胎架和塔吊，确保不出安全事故；

② 屋面可动的物品器材，应捆绑好或取下放到安全部位。

3）强台风袭击时，应采取下列措施：

① 关闭电源或煤气来源；

② 非绝对必要，不可生火，生火时应严格戒备；

③ 重要文件或物品应有专人看管；

④ 门窗破坏时，警戒人员应采取紧急措施；

⑤ 为防止雷灾，易燃物不应放在高处，以免落地造成灾害。

7.2.3 *安全生产活动*

提高和加强安全意识，必须定期做安全教育工作。项目依照惯例，每周一上午开工前，开展安全生产例会，由安全员总结上周安全生产工作，对近期表现好的个人给予公开表扬，对无视安全规章制度的行为给予公开批评、警告甚至罚款处理。对存在的安全隐患定人、定期内部整改并根据本周施工进度，安排本周的安全工作。再由项目生产经理作总结。

安全管理的过程监控很重要，加强过程监控并做详细的记录。对违反安全法规的个人，屡教不改者，由安全总监上报项目领导，勒令其退场。

确定安全生产激励机制。由安全总监造计划，项目领导批准，对危险部位（如：整个桁架吊装完成），对遵守安全规定的优秀个人给予安全奖励；同时，对无视安全纪律（如：不戴安全帽、高空不系安全带、安全帽不系好帽带及高空乱扔东西等危险行为）、肆意破坏的个人应加以经济处罚和通报批评，性质严重者勒令其退场。

加强安全宣传，是让安全意识深入人心的有力措施。为此，应专门设一块黑板，广做安全宣传，现场危险部位立警示牌、宣传板等，让安全思想得到贯彻和落实。

7.3 现场文明施工技术措施

7.3.1 文明施工保证措施

(1) 建立文明施工管理机构

成立现场文明施工管理组织，按生产区和生活区划分文明施工责任区，并落实人员，定期组织检查评比，制定奖罚制度，切实落实执行文明施工细则及奖罚制度。

(2) 施工现场设置

施工现场按照主办人（中建三局）CI标准设置“六牌一图”。即 质量方针、工程概况、施工进度计划、文明施工分片包干区、质量管理机构、安全生产责任制、施工总平面布置图。

（3）建立健全施工计划及总平面管理制度

1）认真编制施工作业计划，合理安排施工程序，并建立工程工期考核记录，以确保总工期目标的实现；

2）按照现场总平面布置要求，切实做好总平面管理工作，定期检查执行情况，并按有关现场文明施工考核办法进行考核。

（4）建立健全质量安全管理制度

1）建立质量安全管理制度，严格执行岗位责任制，严格执行“三检”（自检、互检、交接检）和挂牌制度；

2）特殊工种人员应持证上岗，进场前进行专业技术培训，经考试合格后方可使用；

3）严格执行现场安全生产有关管理制度，建立奖罚措施，并定期检查考核。

（5）建立健全现场技术管理制度

1）工程开工前，依据施工图纸及有关规范等要求，编制阶段施工组织设计及单项作业设计，并严格执行。

2）严格执行各级技术交底制度，施工前，认真进行技术部门对项目交底、项目技术负责人对工长交底、工长对作业班组的技术交底工作。

3）分项工程严格按照单项作业设计及标准操作工艺施工，每道工艺要认真做好过程控制，以确保工程质量。

（6）建立健全现场材料管理制度

1）严格按照现场平面布置图要求堆放原材料、半成品、成品及料具。现场仓库内外整洁干净，防潮、防腐、防火物品应及时入库保管。各杆件、构件必须分类按规格编号堆放，做到妥善保管、使用方便。

2）及时回收拼装余料，做到工完场清，余料统一堆放，以保证现场整洁。

3）现场各类材料要做到账物相符，并有材质证明，证物相符。

（7）建立健全现场机械管理制度

1）进入现场的机械设备应按施工平面布置图要求进行设置，严格执行《建筑机械使用安全技术规程》（JGJ 33—86）；

2）认真做好机械设备保养及维修工作，并认真做好记录；

3）设置专职机械管理人员，负责现场机械管理工作。

（8）施工现场场容要求

1）加强现场场容管理，现场做到整洁、干净、节约、安全、施工秩序良好，现场道路必须保持畅通无阻，保证物资材料顺利进退场，场地应整洁，无施工垃圾，场地及道路定期洒水，降低灰尘对环境的污染；

2）积极遵守广州市地方政府对夜间施工的有关规定，尽量减少夜间施工。若为加快施工进度或其他原因必须安排夜间施工的，则必须先办理“夜间施工许可证”后进行施工，并采取有效措施尽量减少噪声污染；

3）现场设置生活及施工垃圾场，垃圾分类堆放，经处理后方可运至环卫部门指定的垃圾堆放点。

7.3.2 文明施工管理措施

(1) 临建办公区

1) 现场临时办公室、会议室全部按设计要求布置，并按总承包人（中建三局）CI标准进行油漆；

2) 围栏设置高度不低于2.0m，大门整洁醒目，形象设计有特色，“五牌一图”齐全完整；

3) 办公区域公共清洁派专人打扫，各办公室设轮流清洁值班表，并定期检查；

4) 施工现场配备医疗急救箱，并设置一定数量的保温桶和开水供应点。

(2) 生活区

1) 宿舍管理以统一化管理为主，制定详尽的“宿舍管理条例”，要求每间宿舍排出值勤表，每天打扫卫生，以保证宿舍的清洁。宿舍内不允许私拉私接电线及各种电器。对宿舍要定时消毒，灭蚊、蝇、鼠、蟑螂措施到位。

2) 施工现场的食堂应符合《食品卫生法》，明亮整洁，设置冷冻、消毒器具，生熟食品分开存放，防蝇设施完好。食堂有卫生许可证，炊事员进行体检合格有健康证后方能上岗操作，证件用铝合金镜框悬挂。并保证食堂清洁卫生、无杂物、无四害。食堂墙面粉刷清洁，地面铺贴防滑地砖。

3) 厕所内外要求清洁，便后冲洗，大小便器无黄色污垢，并每日派专人打扫，以保证厕所卫生、清洁。

7.3.3 文明施工检查措施

(1) 检查时间

项目现场文明施工管理组每周对施工现场作一次全面的文明施工检查，生产技术部门组织有关职能部门每月对项目进行一次文明施工大检查。

(2) 检查内容

施工现场文明施工的执行情况，包括质量安全、技术管理、材料管理、机械管理、场容场貌等方面的检查。

(3) 检查方法

除定期对现场文明施工进行检查外，还应不定期地进行抽查，每次抽查应针对上次检查出现的问题作重点检查，确认是否已做了相应的整改。对于屡次出现并整改不合格，应当进行相应惩戒。检查采用百分制记分评分的形式。

(4) 奖惩措施

为了鼓励先进、鞭策后进，将现场文明施工落到实处，制定现场文明施工奖罚措施，对每次检查中做的好的进行奖励，差的进行惩罚，并敦促其改进，明确有关责任人的责、权、利，实行三者挂钩。

8 经济效益分析

广州新白云机场飞机维修设施钢结构工程采取地面组拼、整体提升技术工艺，仅用一台塔吊和一台履带吊作为主要拼装设备，并采用一套提升设备就能够完成两万多平方米、重达4300t的钢屋盖安装到位。若按常规施工方法（高空分段拼装、整体吊装或高空滑移等）相比，可明显节约大量的拼装脚手架、胎架等措施和大吨位吊车的成本。在工期方面，整体提升有低位安装的便利优势；有大吨位、大跨度、大面积的大型构件高空整体同步提升规模趋向大型化的优点，施工周期短，为广州新机场的投入使用、运营创造了条件。

本工程在大吨位、大跨度、大面积钢屋盖上采用计算机控制液压同步提升技术，无论从设计到施工都是一次尝试，将为以后类似工程提供宝贵的经验。总结大面积大跨度超重型钢屋盖整体提升技术，形成施工工艺，确保在这方面技术优势，为公司与中建三局承接同类工程创造条件。同时，从结构设计、整体提升同步性控制、到提升系统开发、全方位总结，并已成功获得了国家级工法，向全国建筑行业类似工程积极推广。在整体提升施工过程中，建设部、中建总公司、广州市政府主要领导、省市建设系统领导以及建筑业、海内外同行多次来现场视察参观，进一步扩大了影响，大大地提高了我企业知名度和信誉。机库特大重型钢屋盖整体提升技术的成功，将为中国建筑新技术的交流、推广与发展发挥重要作用。

第三篇

广州新白云国际机场航站楼钢结构工程施工组织设计

编制单位: 中建三局钢结构公司

编 制 人: 鲍广鑑　王宏　王朝阳　陆建新　杨正军

【简介】 广州新白云国际机场航站楼钢结构工程结构新颖，桁架跨度之大比较罕见，针对其构造复杂、施工难度很大的情况，该工程施工采用多轨道、变高度胎架、曲线滑移、分组安装等施工工艺，解决了大空间曲面屋盖体系的安装就位难题，在国内属首次。施工中运用及创新的施工方法很多，诸如大跨度管桁架曲线整体滑移技术、塔折式滑移胎架的设计与计算、人字形钢柱旋转就位施工工艺、大直径管结构全位置焊接技术及检测技术等都在本施工组织设计中有所说明，对大型复杂钢结构安装工程的程序及注意事项更有详细阐述。

目　录

1 工程概况

1.1 工程概况

工程名称：广州新白云国际机场旅客航站楼钢结构工程；

建设地点：广州市白云区人和镇与花都区交界处；

建设单位：广州白云国际机场有限公司；

设计单位：美国派森斯公司；

广东省建筑设计院；

监理单位：上海市建筑科学研究院建设工程咨询监理部；

广东海外建设监理有限公司。

航站楼建筑群分成四部分：主航站楼、连接楼、指廊和高架连廊。

主航站楼是整个新机场的枢纽，布置于航站楼建筑群的中心部位，其平面尺寸为302m(长)×212m(宽)，总建筑面积为147640m^2，结构共分五层，地上三层，地下一层，主楼屋盖最高点距首层地面约为55.8m。

主航站楼楼盖系统采用预应力混凝土框架体系，典型区域采用了18m×18m的柱网，其首层平面由两片反向75m(宽)×288m(长)的圆弧形带组成，每片圆弧形带的内缘和外缘半径分别为945m和1020m。

1.2 主航站楼钢结构工程概况

主楼屋盖系统采用曲面钢结构桁架体系，总重为5556t，主体结构为长跨倒三角形立体钢桁架，支撑于内部大混凝土空心柱和外部人字形钢格构柱上，桁架跨度76.9m，外端悬挑7.6～22.7m，主桁架间距约为18m。主桁架对称分布于南北两侧，每侧18榀，共计36榀，单榀重量为86～104t。主桁架的两排支撑柱按弧线排列，柱顶标高为19.297～40.231m，人字形柱为三角形钢管格构柱，与主桁架连接的节点标高为13.722～34.656m。南北向两排大混凝土柱之间设一帽形桁架，用以支撑东西向带状玻璃纤维张拉膜，主桁架之间铺设跨长约14m的屋面压型钢板，充当屋面板支撑体系。

1.3 主航站楼钢结构工程施工难点

(1) 大直径钢管煨弯

本工程中，主桁架上、下弦杆ϕ508钢管及拱型桁架上弦杆500mm×300mm矩形钢管均需根据建筑要求，在工厂弯曲成弧线。大直径钢管的弯曲过程中，曲率半径、钢管口径的几何形状的保证将是本工程质量控制的重点。

(2) 吊装方案的选择

由于屋架单边长度100多米，单榀最重达138t，桁架体积庞大，所有桁架的长度、安装高度、安装角度均不同，且在X、Y、Z三个面内均为曲线，经济合理并有可操作性的吊装方案选择异常困难。

(3) 相贯线切割

本工程管桁架结构采用管—管直接相贯焊接，要求采用五维数控切割机进行管材的下料、切割，相贯线的切割、相贯线焊缝的焊接是本工程的又一个难题。

（4）桁架拼装

主桁架截面尺寸较大（5.25m×5m），无法在工厂拼装成整体，只能分段运输，需在现场散件拼装，如何保证拼装质量及协调好拼装及安装的交叉作业，将是本工程钢结构施工组织协调中重点考虑的内容。

（5）主桁架安装质量控制

为实现屋盖整体曲面效果，每榀主桁架就位高度和倾斜角度均不相同，且为三维曲面。因此，主桁架的定位、测量控制及安装校正是现场安装的难题之一。

（6）钢结构防腐

本工程钢结构防腐室内采用无机富底漆、中间漆、面漆三层；室外采用电弧喷铝、中间漆、面漆。电弧喷铝是目前国内积极推广的新型建筑钢结构防腐材料，防腐性能好，但施工比较困难；同时，安装完成以后的面漆修补高空作业也存在难题。

（7）屋面板安装

本工程屋盖采用厚钢板压型，此种板型的压型、安装国内尚无成套的经验。钢板跨度达14m，直接搭设在主桁架上，存在钢板压型、合成、安装、焊接等难题。

2　施工总体部署与资源配置

2.1　施工总体部署

（1）本工程钢结构施工由制作单位和现场安装单位组成联合体，并由现场安装单位作为联合体主办人。

（2）在接到业主开工令并收到业主发放的施工图后，由制作单位进行钢结构施工的图纸深化设计。

（3）深化设计图纸在得到原施工图设计单位的认可后，施工单位将按照深化设计图纸的材料需求，要求业主采购钢结构主要材料。

（4）所有桁架构件均在工厂进行下料和弯曲，下料长度要考虑运输和现场吊装的分段，所有辅助构件和焊接坡口均在工厂制作成型。

（5）构件散件运输到工地现场后，在离航站楼一定距离的地方进行桁架的整榀拼装。整榀拼装时，按现场安装分段要求进行分段。

（6）桁架在现场整榀拼装完成后，分段运输至滑移初始位置进行高空组拼。组拼好以后滑移至安装位置就位。安装顺序为先安装南半部，再安装北半部，每个分部从中间向两边安装。

2.2　施工平面布置

根据业主提供的航站楼施工场地分布示意图，所有运输车辆和大型吊机的进场路线为南部入口。施工场地的布置按照业主的要求，堆场设置和构件拼装场地设在航站楼南侧的钢结构施工场地。吊机的布置和行走路线、安装用场地等的布设见主航站楼钢结构施工总平面布置图（图2-1）。

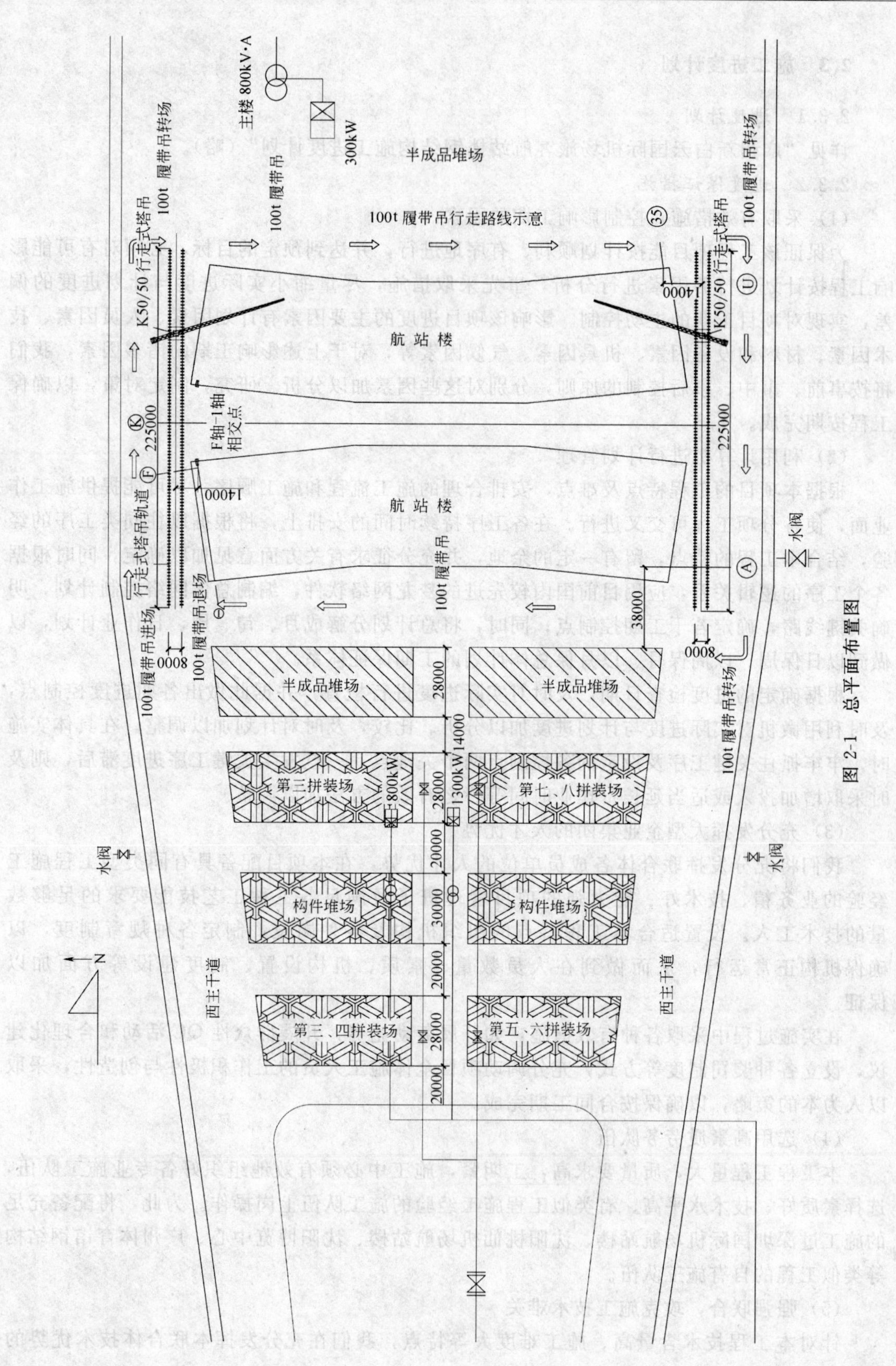
主楼 800kV·A
300kW
半成品堆场
100t履带吊行走路线示意
100t履带吊转场
100t 履带吊
K50/50 行走式塔吊
航站楼
14000
225000
F轴-1轴
相交点
行走式塔吊轨道
100t履带吊退场
100t履带吊进场
100t履带吊
38000
8000
水阀
28000
14000
20000
30000
800kW
1300kW
第三拼装场
第七、八拼装场
构件堆场
第三、四拼装场
第五、六拼装场
西主干道
N

图 2-1 总平面布置图

2.3　施工进度计划

2.3.1　进度计划

详见“广州新白云国际机场旅客航站楼钢结构施工进度计划”（略）。

2.3.2　进度保证措施

（1）采取有效措施，控制影响工期的因素

为保证该工程项目能按计划顺利、有序地进行，并达到预定的目标，必须对有可能影响工程按计划进行的因素进行分析，事先采取措施，尽量缩小实际进度与计划进度的偏差，实现对项目工期的主动控制。影响该项目进度的主要因素有计划因素、人员因素、技术因素、材料和设备因素、机具因素、气候因素等，对于上述影响工期的诸多因素，我们将按事前、事中、事后控制的原则，分别对这些因素加以分析、研究，制定对策，以确保工程按期完成。

（2）利用计算机进行计划管理

根据本项目的工程特点及难点，安排合理的施工流程和施工顺序，尽可能提供施工作业面，使各分项工程可交叉进行。在各工序持续时间的安排上，将根据以往同类工序的经验，结合本工程的特点，留有一定的余地，并充分征求有关方面意见加以确定，同时根据各个工序的逻辑关系，应用目前国内较先进的梦龙网络软件，编制总体网络控制计划，明确关键线路，确定若干工期控制点；同时，将总计划分解成月、旬、周、日作业计划，以做到以日保周、以周保月、以月保总体计划的工期保证体系。

根据确定的进度检查日期，及时对实际进度进行检查，并据此做出各期进度控制点，及时利用微机对实际进度与计划进度加以分析、比较，及时对计划加以调整。在具体实施时，牢牢抓住关键工序及设定的各控制点两个关键点。一旦发生关键工序进度滞后，则及时采取增加投入或适当延长日作业时间等行之有效的方法加以调整。

（3）充分发挥大型企业集团的人才优势

我们将充分发挥联合体各成员单位的人才优势，在本项目配备具有同类型工程施工经验的业务精、技术好、能力强的项目管理班子及满足各工种工艺技能要求的足够数量的技术工人。设置适合本工程特点的组织机构及各种岗位，制定各种规章制度，以确保机构正常运行，从而做到在人员数量、素质、机构设置、制度建设等方面加以保证。

在实施过程中采取各种有效措施，如开展劳动竞赛，开展群众性 QC 活动和合理化建议，设立各种奖罚制度等方式，充分调动项目全体施工人员的工作积极性与创造性，采取以人为本的策略，以确保按合同工期完成。

（4）选用高素质劳务队伍

本工程工程量大，质量要求高，工期紧，施工中必须有效地组织好各专业施工队伍，选择素质好、技术水平高、有类似工程施工经验的施工队伍上岗操作。为此，将配备充足的施工过深圳国际机场航站楼、沈阳桃仙机场航站楼、沈阳博览中心、广州体育馆钢结构等类似工程的自有施工队伍。

（5）强强联合，攻克施工技术难关

针对本工程技术含量高、施工难度大等特点，我们在充分发挥本联合体技术优势的同时，横向与清华大学联合，并加强与业主、设计、监理等各方面的联系，事前对本工程的实施难点、关键点加以分析、研究，充分理解设计意图；根据本工程的结构特点提出多种施工方案，通过对比从中选择既能保证质量、满足设计要求，又能缩短工期的施工方案，并根据施工方案制定各工序的作业指导书，对参与实施人员提前进行有针对性的技术再培训及各项工艺的前期设计、试验工作，从而做到在技术上加以保证。

(6) 积极应用新技术，优化施工方案

在本工程施工中，将充分发挥联合体施工图深化技术、计算机放样下料技术、大型管材相贯线多维数控切割技术、大跨度桁架单榀整体吊装技术、激光（全站仪）测量技术、现场半自动 CO_2 气体保护焊及质量管理和质量保证、计算机及软件应用等技术优势，编制最优化的施工方案。

(7) 确保材料、构件、设备保质保量按计划到位

施工中根据施工进度计划和施工预算中的工料分析，编制工程材料、构件及相关设备需用量计划，作为定货、备料、供料和确定仓库、堆场面积及组织运输的依据。按计划分批进场，并做好进场验收、发放和保管工作。

(8) 严格质量管理，确保一次达到优良标准

根据设计图和规范的要求，制定各工序的操作规程和质量标准，并在施工中严格执行，确保一次达到优良标准。

(9) 严格安全管理，杜绝重大事故发生

在本工程施工开始前，由联合体主办人制定严格的安全管理制度，并发放至联合体其他成员；同时，将结合本工程的具体情况，制定周密的安全技术方案和安全操作规程，并在施工中狠抓落实，杜绝重大安全事故发生。

(10) 充分处理好各方关系

协调好与政府部门、业主、设计、监理、及土建和其他单位的关系，保持良好的外部条件和施工氛围，确保工程顺利施工。

2.4 主要施工机械

2.4.1 工厂加工设备

工厂加工设备见表 2-1。

2.4.2 工厂制作设备

工厂制作设备见表 2-2。

2.4.3 现场拼装施工设备

现场拼装主要设备见表 2-3。

2.4.4 现场安装主要设备

现场安装主要设备见表 2-4。

2.4.5 制作检验及测量设备

制作检验及测量设备见表 2-5。

2.4.6 现场安装检验及测量设备

现场安装检验和测量设备见表 2-6。

工厂加工设备表 表 2-1

序号	设备名称	规格型号	产地	数量	出厂时间	使用时间
1	钢材预处理线		自制	1	1994	7
2	钢管预处理线		自制	1	1991	10
3	五维钢管切割机	HID-600EH	日本	1	1999	2
4	五维钢管切割机	HID-600EH	日本	1	1999	2
5	三维钢管切割机	700HC-5	美国	1	1992	9
6	门式切割机	F. P. 9000D	中国	2	1994	7
7	三轴数控切割机	VERTEX-9000	日本	2	1992	9
8	光电切割机	CORTA	中国	2	1996	5
9	数控型钢加工线	FICEP	意大利	1	1996	3
10	数控型钢加工线	PAUL FERD	德国	1	1997	4
11	数控弯管机	DB275CNC	英国	1	1985	16
12	程控立体弯管机	CDW28PC	中国	2	1981	20
13	中频弯管机	KW440	中国	2	1986	15
14	油压弯管机	300～800t	自制	2	1995	6
15	油压机	400～1500t	中国	4	1991	10
16	液压板料折弯机	WC67Y-400D	中国	2	1991	10
17	锯切机		中国	1	2000	1
18	镗床	WT-200、T612	中国	1	1992	9
19	车床	CW6163C	中国	2	1994	7
20	钻床	Z3080	中国	2	1995	6

工厂制作设备表 表 2-2

序号	设备名称	规格型号	产地	数量	出厂时间	使用时间
1	直流电焊机	AX-320	中国	20	1998	3
2	交流电焊机	Bx1(2)-500	中国	5	1995	6
3	埋弧焊机	Bx2-1000	中国	10	1999	2
4	CO_2 焊机	CPXS-500	日本	10	1999	2
5	焊接回转胎架	ZT-6、ZT-10	中国	2	1997	4
6	碳刨机	ZX5-630	中国	2	1996	1
7	焊条烘箱	YGCH-X-400	中国	2	1996	5
8	电热焊条保温筒	TRB 系列	中国	20	2000	1
9	角向砂轮机	SJ125	中国	30	2000	1
10	空气压缩机	XF200	中国	2	1998	3
11	冲砂抛丸机	GYP	中国	2	1998	3
12	喷漆机	6C	中国	4	1999	2
13	电弧喷枪	JZY300	中国	1	1999	2
14	火焰喷枪	SQP-1	中国	1	1999	2
15	各类吊机	20～150t	中国	10		
16	各类车辆	8～40t	中国	10		
17	50m 钢卷尺					
18	100m 钢卷尺					

现场拼装主要设备表 **表 2-3**

序号	设备名称	规格型号	产地	数量	出厂时间	使用时间
1	100t 履带吊	KH7150	日本	1	1995	6
2	50t 履带吊	KH180-3	日本	2	1995	6
3	16t 汽车吊	DB275CNC	中国	2	1996	5
4	20t 平板车	斯太尔 1291	中国	1	1999	2
5	8t 卡车	EQ1141G	中国	2	1998	3
6	直流电焊机	AX-320	中国	40	1998	3
7	CO_2 焊机	CPXS-500	日本	10	1999	2
8	碳刨机	ZX5-630	中国	2	1996	1
9	电焊条烘箱	YGCH-X-400	中国	2	1998	3
10	电热焊条保温筒	TRB 系列	中国	60	2000	1
11	角向砂轮机	JB1193-71	中国	30	2000	1
12	空气压缩机	XF200	中国	2	1998	3
13	冲砂抛丸机	GYP	中国	1	1998	3
14	喷漆机	6c	中国	4	1999	2
15	火焰喷枪	SQP-1	中国	1	1999	2
16	超声波探伤仪	USL-32、UM2	比利时	3	1999	2
17	磁粉探伤仪	DCT-E	中国	2	1998	3
18	电子全站仪	GTS-701	法国	1	1997	4
19	激光经纬仪	J2-JD、2-JC	中国	3	1997	4
20	钢平台	5000m^2	自制		1995	6

现场安装设备表 **表 2-4**

序号	名　称	规格/型号	数 量	备 注
1	塔吊	K50/50	2 台	桁架拼装、屋面板吊装、胎架组装
2	履带吊	100t	2 台	人字柱拼安装、桁架及屋面板辅助安装
3	汽车吊	20t	1 台	构件倒运及吊装
4	履带吊	40t	1 台	屋面板吊运
5	平板车	10t	2 台	构件倒运
6	平板车	30t	2 台	构件倒运
7	卷扬机	10t	3 台	塔架滑移
8	卷扬机	3t	10 台	次桁架及压型板安装
9	滑轮	3 轮滑车(20t)	4 对	塔架滑移
10	滑轮	单轮	40 个	次桁架安装
11	二氧化碳焊机	600UG	20 台	自备
12	直流焊机	AX-500-7	20 台	自备
13	空压机	0.6m^3	6 台	自备
14	碳弧气刨		10 台	自备
15	焊条筒		30 只	自备
16	保温箱	150	2 台	自备
17	高温烘箱	0～500℃	2 台	自备
18	空气打渣器		10 台	自备
19	自动切割机		2 台	自备
20	O_2 和 C_2H_2 装置		30 套	自备
21	油压千斤顶	10t/32t	4/8	自备
22	对讲机	MOTOROLA	16 台	自备

制作检验和测量设备表 表 2-5

序号	设备名称	规格型号	产地	数量	出厂时间	使用时间
1	万能试验机	KH7150	日本	1	1995	6
2	压力试验机	KH180-3	日本	1	1991	10
3	冲击试验机	DB275CNC	中国	1	1988	13
4	电子拉力机	DCS-10T	中国	1	1996	5
5	布氏硬度机	98-1875N	中国	1	1998	3
6	金相显微镜	NEOPHOT-1	中国	1	1998	3
7	电子天平	MD100-1	中国	1	1999	2
8	激光经纬仪	J2-JD、2-JC	中国	2	1998	2
9	全站仪	GTS-701	日本	2	1997	4
10	X 光机(周向)	波涛 3005	中国	1	1998	3
11	超声波探伤仪	USL-32、UM2	比利时	2	1999	2
12	磁粉探伤仪	DCT-E	中国	2	1998	3
13	自动温湿记录仪		中国	1	2000	1
14	温湿度仪		中国	4	2000	1
15	漆膜测厚仪		中国	3	2000	1
16	水平仪		中国	2	2000	1

现场安装检验和测量设备表 表 2-6

序号	设备名称	规格型号	产地	数量	出厂时间	使用时间
1	超声波探仪	USL-32	台	2	质检仪器	1
2	冲击试验机	JB30B 6706U	台	1	试验设备	2
3	电子拉力机	DCS-10T JB6	台	1	试验设备	3
4	涂装厚度检测仪		台	1	质检仪器	4
5	自动安平水准仪	ZDS3	台	2	质检仪器	5
6	测温仪	300℃	只	15	质检仪器	6
7	激光铅直仪		台	1	质检仪器	7
8	全站仪	2″	台	1	质检仪器	8
9	经纬仪	J2	台	2	质检仪器	9

2.5 劳动力组织情况

2.5.1 厂内加工、制作劳动力计划

工厂加工制作人员计划见表 2-7。

工厂加工制作人员计划表 表 2-7

项目	工种	人数	备注
加工制作准备	深化设计	16	工程师
	工艺评定试验	8	工程师
	放样及样板制作	12	技工
钢管加工制作	钢管号料	8	
	钢管矩形管切割下料	12	
	钢管相贯线接头切割	16	
	检验员	8	
支座制作	号料切割下料	4	
	装配焊接	16	
	机械加工	12	
桁架制作	节点板制作	8	
	钢管拼接	8	

2.5.2 厂内拼装劳动力计划

工厂内拼装劳动力计划见表 2-8。

工厂内拼装劳动力计划表 **表 2-8**

项　目	工　种	人　数	备　注
现场管理	管理人员	12	专业部门负责人
现场制作预拼装	装配工	40	
	电焊工	60	
	风割工	10	
	起重工	12	
	司机	10	
	钳工	8	
	电工	4	
	涂装	10	
	检验、探伤	6	
	校正工	6	
	测量工	4	
	安全员	2	
	消防、保卫员	2	
	辅助工	18	

2.5.3 施工现场劳动力计划

施工现场劳动力计划见表 2-9。

施工现场劳动力计划表 **表 2-9**

工　种	人　数	工　种	人　数
安装铆工	24	架子工	2
后勤	10	测量工	7
电焊工	54	吊车司机	10
起重工	28	机操工	8
塔司	6	维修电工	4
平板车司机	6	管理人员	20
仓库	3	辅工	120
合计		302人	

2.5.4 劳动力动态图

劳动力用量动态图如图 2-2 所示。

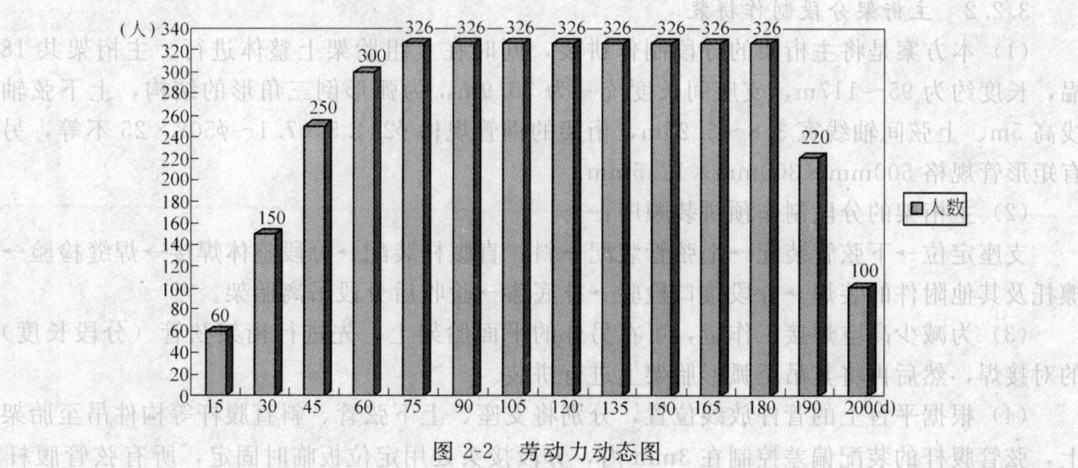

图 2-2 劳动力动态图

3 钢结构现场拼装

3.1 现场制作拼装方案

（1）由于钢桁架截面和长度尺寸较大，且呈弧线形，不但难以在工厂制成分段后长途运输，还可能由于在长途运输过程中造成桁架整体或局部的变形，而影响工程的质量和进度。因此，采用散部件运输，现场拼装的方法，在机场航站楼施工现场，设置拼装胎架，对钢桁架及人字柱进行单件分段制作预拼装，（分段接头不焊）以保证工程的质量和进度。

桁架分段划分示意如图 3-1～图 3-5 所示。

（2）拼装胎架之间与堆场之间，留出适当宽度的道路，用于堆放构件及桁架成品运送的汽车或吊车使用。

（3）根据主桁架 36 榀、纵向次桁架 160 榀和人字柱 36 套的数量及拼装的周期，拟布置 4 榀主桁架、4 榀次桁架和 2 组人字柱拼装的胎架。

3.2 主桁架制作拼装

3.2.1 主桁架地面分段制作预拼装胎架

（1）主桁架的分段制作拼装，在地面设 4 组胎架。为保证桁架弧线的尺寸精度，桁架以卧造的方式进行整体分段制作预拼装。

（2）在地面钢平台上，画出主桁架各弦管腹杆中心线及轮廓线的投影线。主桁架的长度方向，按每个节点预放 2mm 的焊接收缩余量放线，宽度方向不放收缩余量。

（3）根据放线尺寸，按主桁架每个节点间设两个支撑架的原则，设立弧形胎架及模板，胎架高度应便于全位置焊接，模板距节点中心约 800mm，以不影响腹杆的装焊。

（4）由于主桁架中间 75m 段形状相同，仅两端的形状各异。因此，放线竖胎架时，应考虑到桁架两端构件的变化及位置。

（5）由于每榀主桁架的安装角度不同，其斜铰支座的定位胎架，拟采用可调式销板支架的装置，来固定并调整桁架铰支座，安装支架的基础应牢固，尺寸角度位置准确。

（6）主桁架分段制作预拼装的胎架布置，如图 3-6 所示。

3.2.2 主桁架分段制作拼装

（1）本方案是将主桁架的分段制作拼装，同时在 4 组胎架上整体进行。主桁架共 18 榀，长度约为 95～117m，支座间长度统一为 75.9m，为弧形倒三角形的结构，上下弦轴线高 5m、上弦间轴线宽 3.8～5.25m，桁架的钢管规格 ϕ244.5×7.1～ϕ508×25 不等，另有矩形管规格 500mm×300mm×12.5mm。

（2）主桁架的分段制作预拼装顺序：

支座定位→下弦管装配→上弦管装配→斜、直腹杆装配→分段整体焊接→焊缝检验→檩托及其他附件的装焊→分段接口检验→补底漆→验收后分段吊离胎架。

（3）为减少高空焊接工作量，可在另外的平面胎架上，先进行桁架弦管（分段长度）的对接焊，然后再将其吊至弧形胎架上进行拼装。

（4）根据平台上的管件放线位置，分别将支座、上下弦管、斜直腹杆等构件吊至胎架上，弦管腹杆的装配偏差控制在 3mm 内，分段接头处用定位板临时固定，所有弦管腹杆

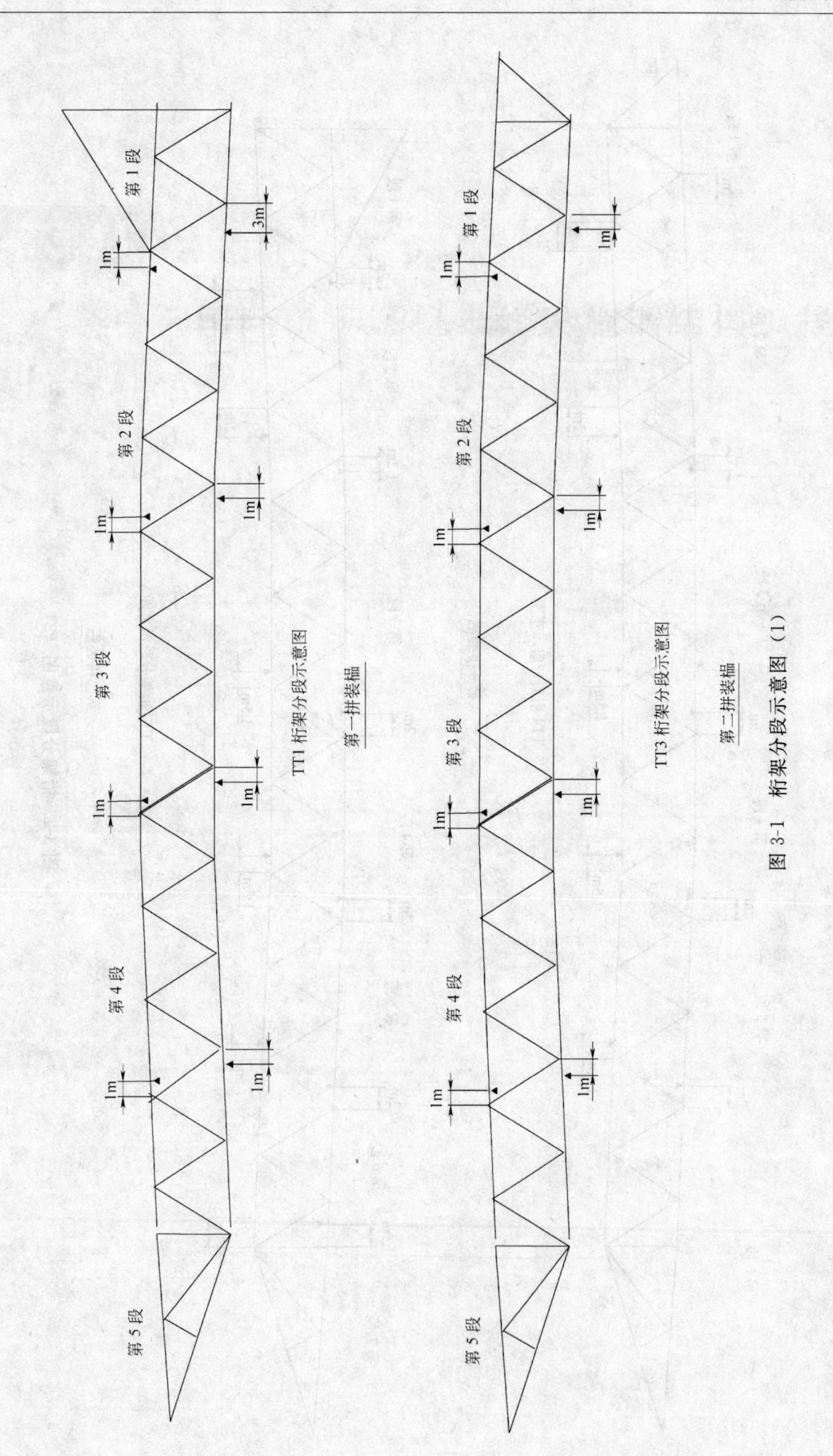

图 3-1 桁架分段示意图（1）

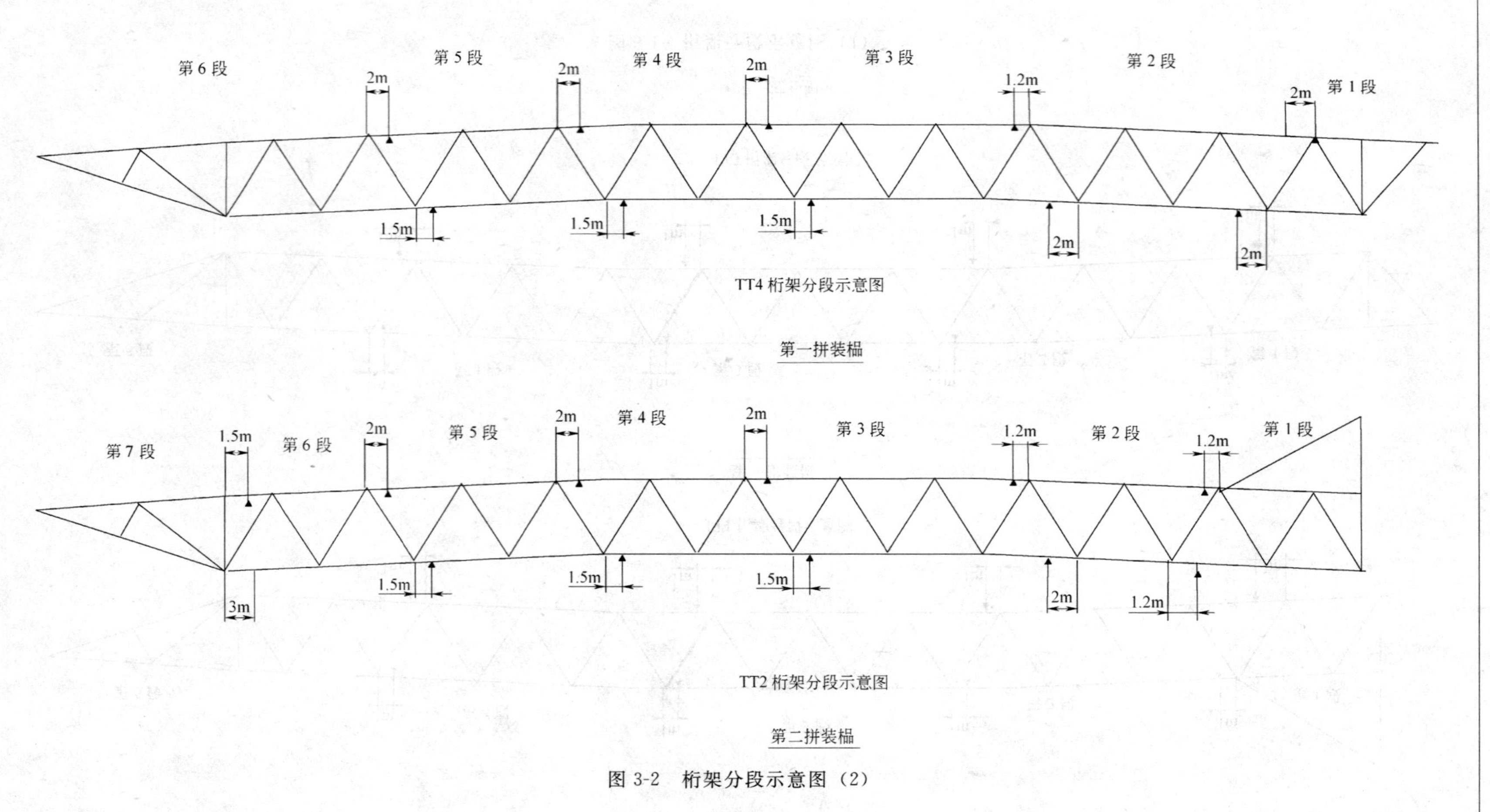

图 3-2 桁架分段示意图（2）

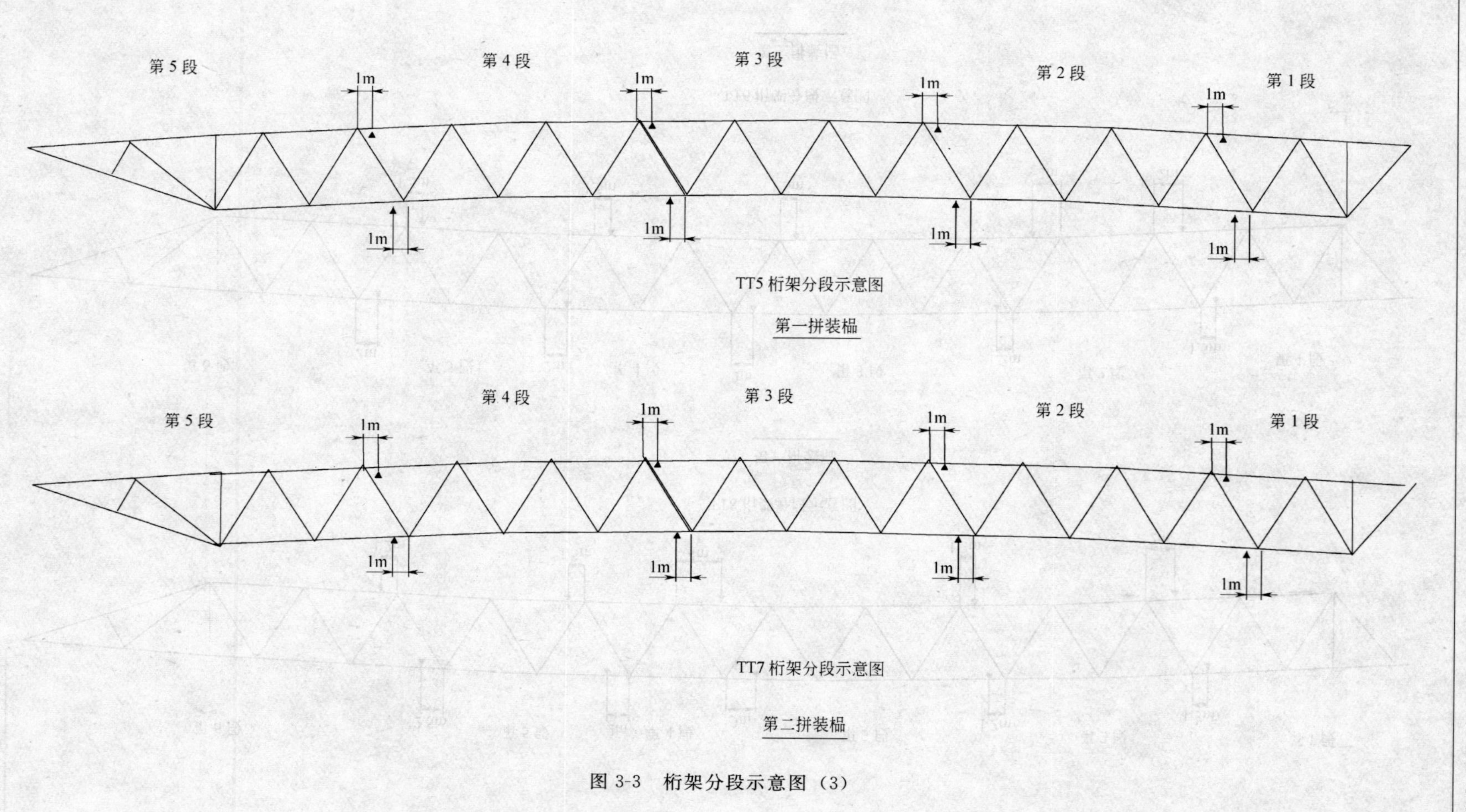

图 3-3 桁架分段示意图（3）

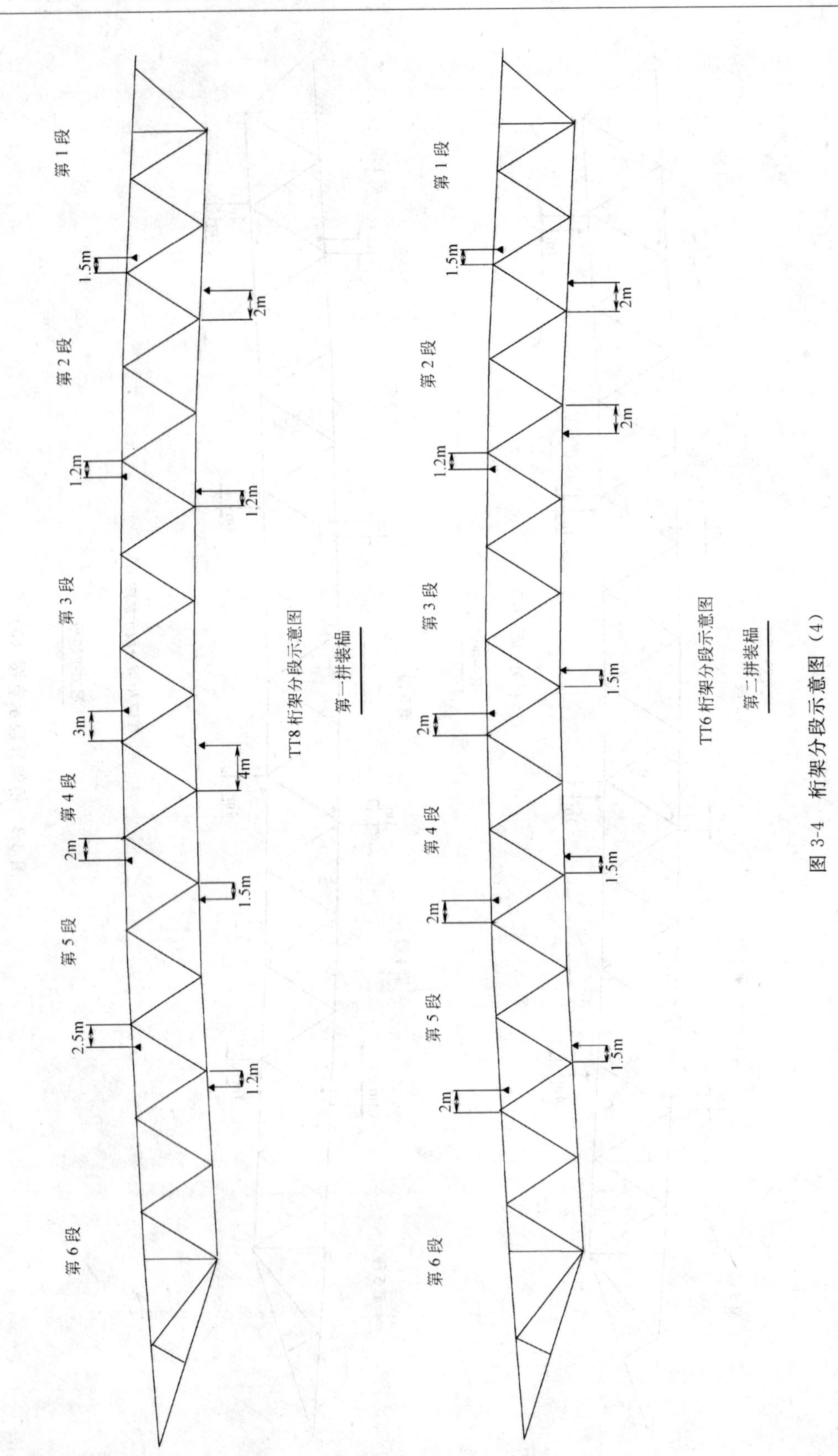

图 3-4　桁架分段示意图（4）

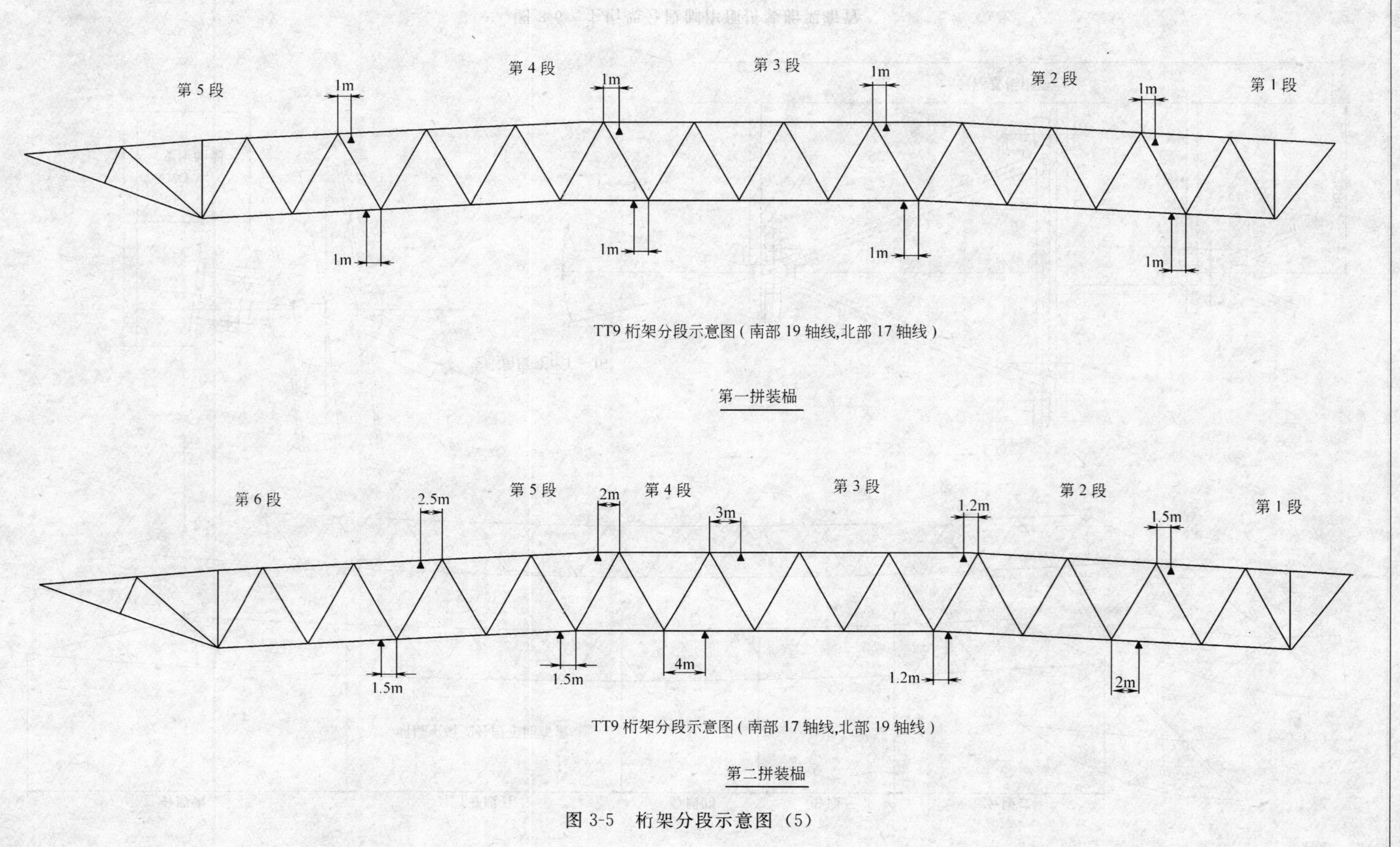

图3-5　桁架分段示意图（5）

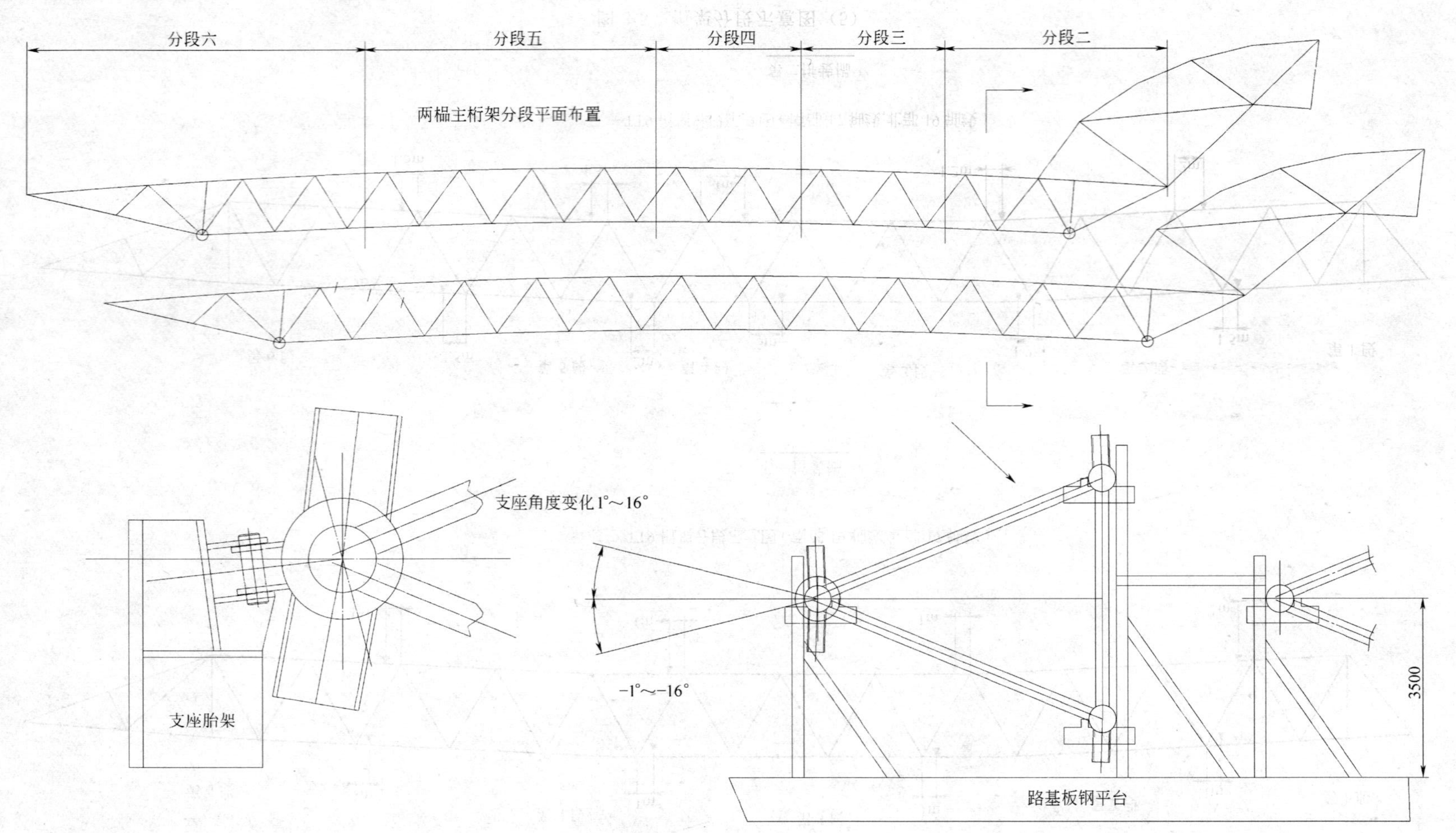

图 3-6 主桁架分段制作预拼装胎架布置

装配并检查尺寸后，进行焊接。

(5) 装配焊接时，应注意斜支座铰板的角度偏差，并及时调整；分段焊接应从中间向两端对称进行，以减少结构的变形。

(6) 主桁架在胎架上整体制作拼装完成后，解除工装夹具等对主桁架的约束固定，使主桁架处于自由状态，并在此状态下测量桁架的各项控制尺寸，提交监理进行主桁架预拼装的验收。

(7) 主桁架的分段制作预拼装结束并补涂底漆后，将分段分别编号、吊离胎架由安装单位运至楼面拼装胎架。

3.3 次桁架的制作拼装

(1) 次桁架为主航站楼的纵向连接桁架，为垂直面和平面桁架。有钢管相贯线组合桁架、H型钢角钢组合桁架、矩形管钢管组合桁架等结构形式。

(2) 次桁架在制作拼装时采用卧造方式，平面胎架及装焊方法，可参照主桁架的制作拼装工艺要求进行。

次桁架的胎架布置图如图3-7所示。

3.4 人字柱现场拼装

3.4.1 人字柱预拼装胎架

(1) 人字柱为航站楼的主桁架前端支撑柱，由两根直柱组成人字形，成双斜角度形式安装。单根柱为三弦管成等边三角形，两端小中间大的双锥形式，弦管间为钢板肋连接，长度分别为15～36m。人字柱顶部已在工厂形成人字形柱铰组合件，底部也已在工厂形成单根柱铰组合件，现场是将两端柱铰组合件与中间弦管钢板肋散件组装成型。

(2) 人字柱的制作预拼装，在地面设4组胎架，以卧造的方式进行整体制作预拼装。

(3) 在地面钢平台上，画出人字柱弦管钢板肋中心线及轮廓线的投影线。人字柱的长度方向，按每个肋板预放2mm的焊接收缩余量放线。

(4) 根据放线尺寸，按人字柱每个钢板肋间设一个支撑架的原则，设立倾斜胎架及模板，胎架高度应便于全位置焊接，胎架距节点中心约800mm，以不影响钢板肋及接头的装焊。

(5) 由于人字柱的长度角度不同。因此，放线竖胎架时，应考虑到人字柱形状的变化及位置。

(6) 由于人字柱铰支座的安装角度相同，铰支座的定位胎架，将采用可移动式固定销板支架的装置，来定位人字柱铰支座。安装支架的基础应牢固，尺寸角度位置准确。

人字柱预拼装的胎架布置图，如图3-8所示。

3.4.2 人字柱分段预拼装

(1) 人字柱的预拼装顺序：

顶部支座组件定位→中间段下侧弦管装配→钢板肋装配→上侧弦管装配→底部支座组件定位→整体焊接（一组三弦管）→焊缝检验→分段接口检验（另一组三弦管）→补涂底漆→验收后吊离胎架。

(2) 为减少拼装时的焊接工作量，可在另外的平面胎架上，先进行人字柱弦管的对接焊，然后再将其吊至胎架上进行拼装。

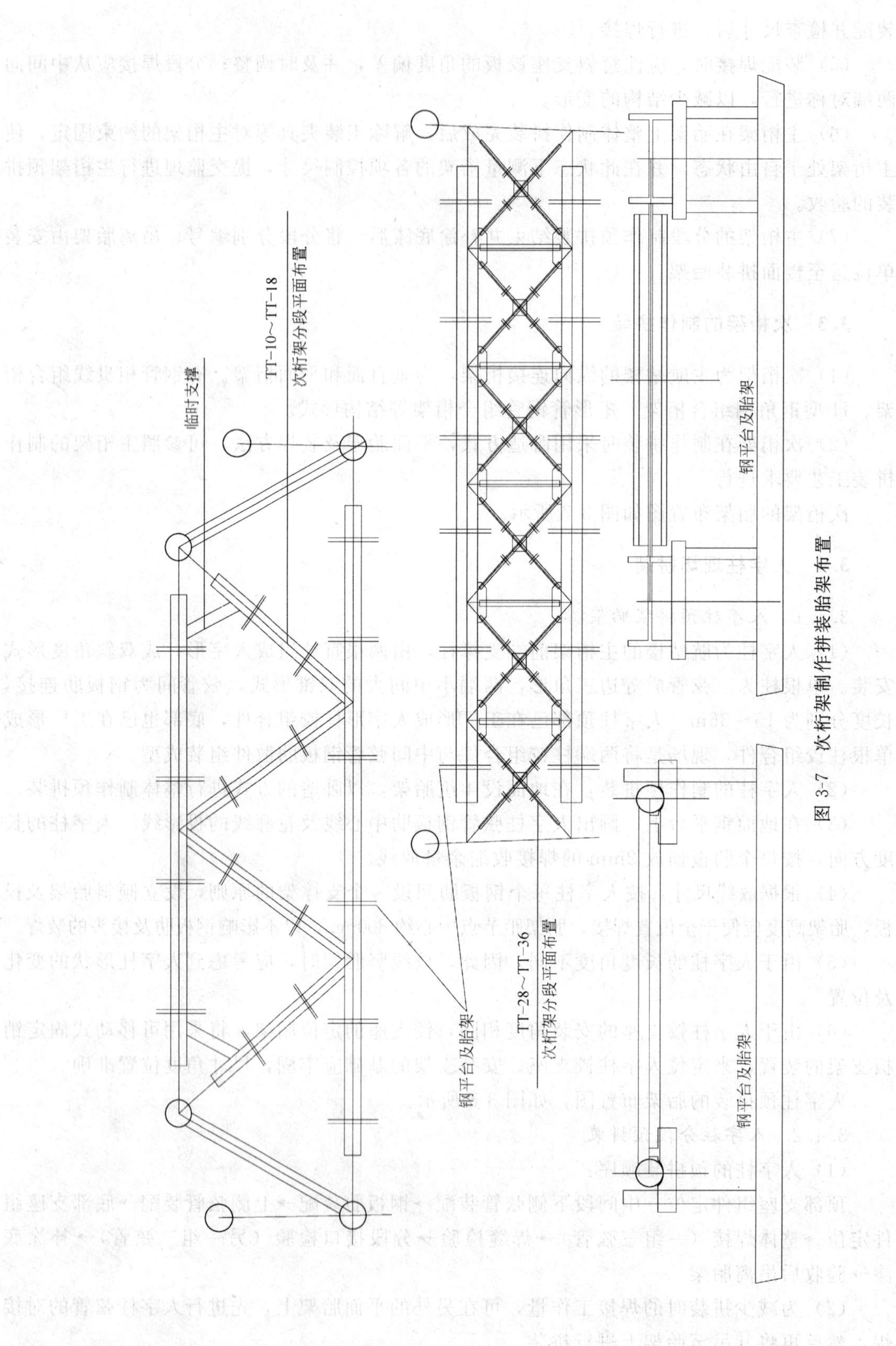

图 3-7 次桁架制作拼装胎架布置

（3）根据平台上的管件放线位置，分别将支座、上下弦管、钢板肋等构件吊至胎架上，弦管钢板肋的装配偏差控制在3mm内，分段接头处用定位板临时固定，所有弦管钢板肋装配并检查尺寸后，进行焊接。

（4）装配焊接时，应注意支座铰板的角度偏差，并及时调整；焊接应从中间向两端对称进行，以减少结构的变形。

（5）人字柱在胎架上整体制作预拼装完成后，解除工装夹具等对人字柱的约束固定，使其处于自由状态，并在此状态下测量人字柱的各项控制尺寸，提交监理进行制作拼装的验收。

（6）人字柱的制作预拼装结束并涂装后，将人字柱分段分别编号、吊离胎架，并用履带吊或平板车将其运至楼面拼装胎架。人字柱的整体拼装由安装单位按照施工方案在设计位置进行。

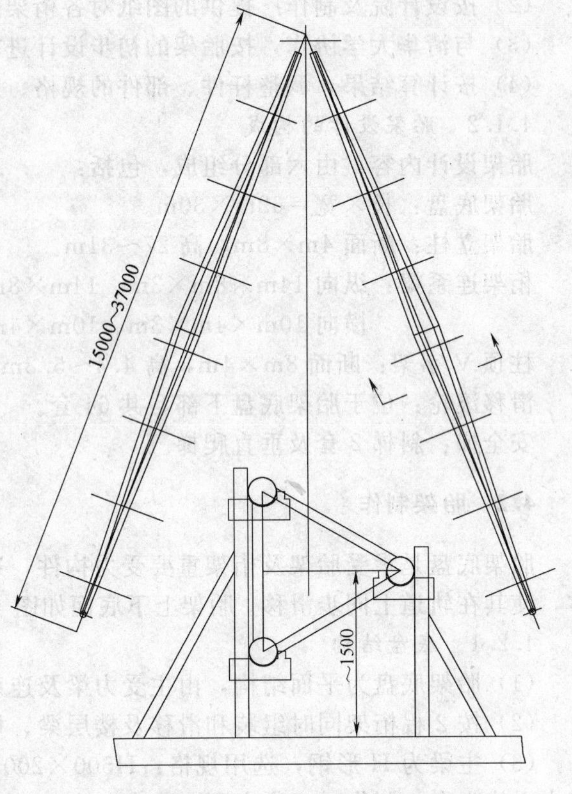

图3-8 人字柱制作预拼装胎架布置

3.5 现场构件的转运

（1）主桁架、次桁架及人字柱在胎模上拼装好以后，用100t履带吊将桁架分段吊离胎架。放在长板车或炮车上，将其驳运至安装地附近处。

（2）桁架及人字柱分段运至安装地附近后，用100t履带吊或塔吊卸货。

4 胎架设计、制作与拼装

4.1 胎架的设计

施工方案是胎架设计的基础。方案要求在主航站楼东西两侧组装行走式塔吊2台，型号：K50/50，且在+7.5m层①轴与㉟轴处进行胎架和桁架的组装。沿四条轨道从两侧向中部滑移。按TT9—TT9、TT8—TT7、TT6—TT5、TT4—TT3、TT2—TT1顺序安装。先施工南半部，再施工北半部。次桁架随同主桁架一起滑移施工。压型钢板紧随其后，另设置简易工具吊装、滑移就位。

4.1.1 设计依据及程序

（1）楼层受力状况。经与广东省建筑设计研究院航站楼钢结构设计负责人讨论，对梁、柱、板受力状况进行分析和验算，同意按550t的桁架及胎架总荷载进行滑移使用。

（2）按设计院及制作厂提供的图纸对各桁架的总重及分段重量进行核算。

（3）与清华大学协作，按胎架的初步设计进行整体及各部件的强度和稳定性的计算。

（4）按计算结果，调整杆件、部件的规格、尺寸，控制滑移总重在要求范围内。

4.1.2　胎架设计的构成

胎架设计内容：由六部分组成，包括：

胎架底盘：长×宽＝62m×30m。

胎架立柱：断面4m×8m，高27～31m。

桁架连系梁：纵向14m×8m×3m、14m×8m×2m；

横向10m×4m×3m、10m×4m×2m。

柱顶V字架：断面8m×4m，高4.4～5.3m。

滑移滚轮：位于胎架底盘下部，共64套。

安全梯：斜梯2套及垂直爬梯。

4.2　胎架制作

胎架底盘是承受胎架及桁架重要受力构件，通过底盘将上部八个胎架柱、梁组合成一体，使其在轨道上同步滑移。胎架上下底面如图4-1～图4-8所示。

4.2.1　底盘结构

（1）胎架底盘为平面结构，由主受力梁及连系杆件组成。如图4-9所示。

（2）按2榀桁架同时组装和滑移及楼层梁、柱结构特点，确定底盘基本框架尺寸。

（3）主梁为H形钢，选用规格：H500×200×8×14，单件长30m，组装时与弧形轨道中心线吻合。制作时应注意到这一点，有两处0.5°折角。

（4）纵向连系杆件I25b共6条，横向连系杆件I25b共13条，组成8个8m×4m方框，与胎架柱断面尺寸相对应。

（5）胎架底盘有两条中心线，与相邻2榀桁架中心线完全吻合。使其滑移到位后，桁架能顺利就位。

（6）为防止滑移起动不同步而产生主梁位移，在底盘中部布置6个水平剪刀撑，以克服和减轻位移现象。

4.2.2　胎架立柱

（1）胎架立柱是管式立体结构，断面为8m×4m，4个侧面均有剪刀撑，以克服弯曲和扭转变形。

（2）胎架柱的高度低于桁架下弦对应点1m。

（3）胎架柱由分节组合，组合后最大的高度满足TT9桁架安装要求。其他桁架使用时可逐节递减，降低标高以符合各桁架安装要求。

（4）每榀桁架有4组胎架柱，4组胎架柱的标高是有规律的变化，与桁架坡度保持一致。

（5）胎架柱的顶部有一节装有耳板和转轴，可从中心打开向两侧翻转，以降低胎架柱高度，顺利退出该桁架地点，进行下一循环施工。

（6）胎架柱各节由法兰、高强螺栓连接，以便于组装和拆卸。

4.2.3　桁架梁

（1）桁架梁连接8组胎架柱使其成为一空间整体桁架，有纵向梁和横向梁。按上、中、下三个部位连接，以保证胎架柱的整体稳定性，如图4-10～图4-17所示。

（2）每榀桁架有4组胎架柱和有3榀纵向桁架梁，一套滑移装置供2榀桁架组对、安

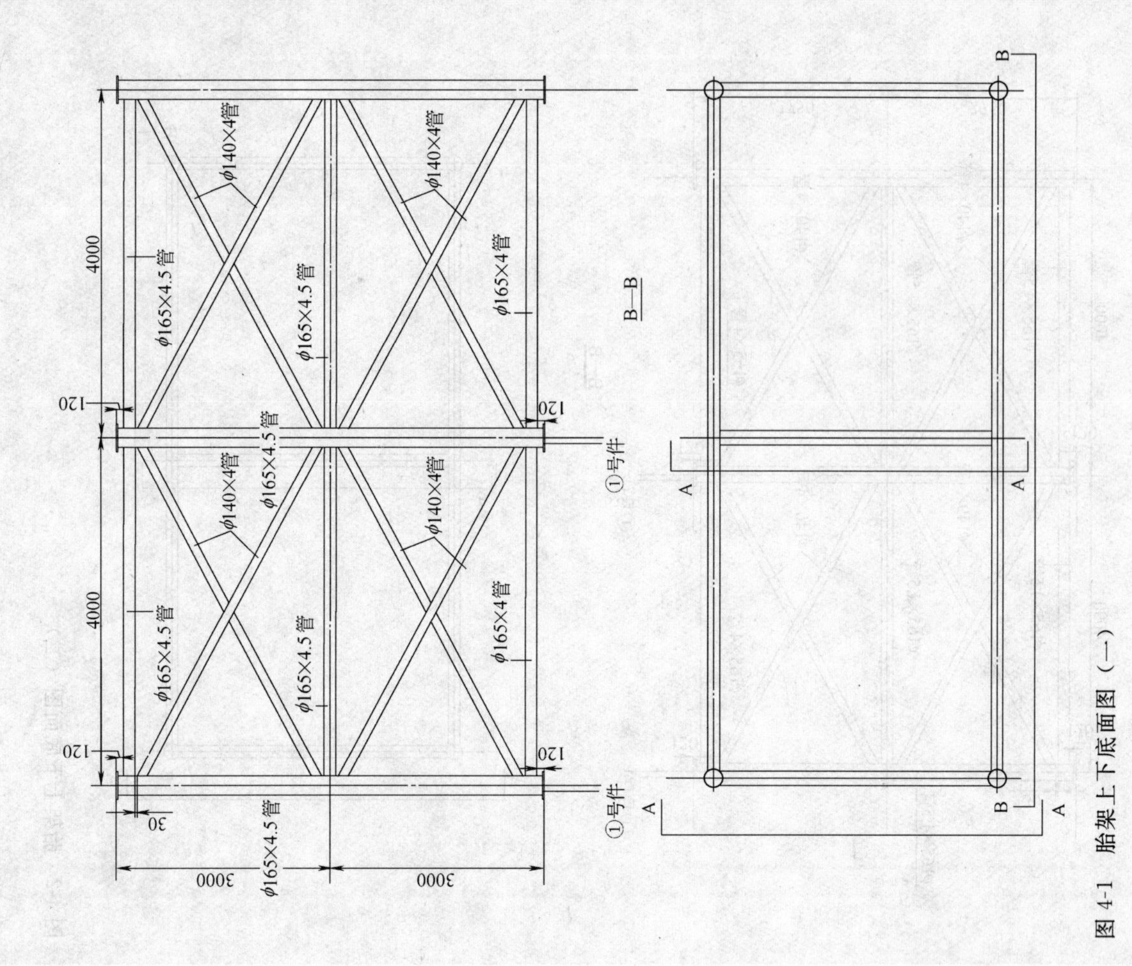

图 4-1 胎架上下底面图（一）

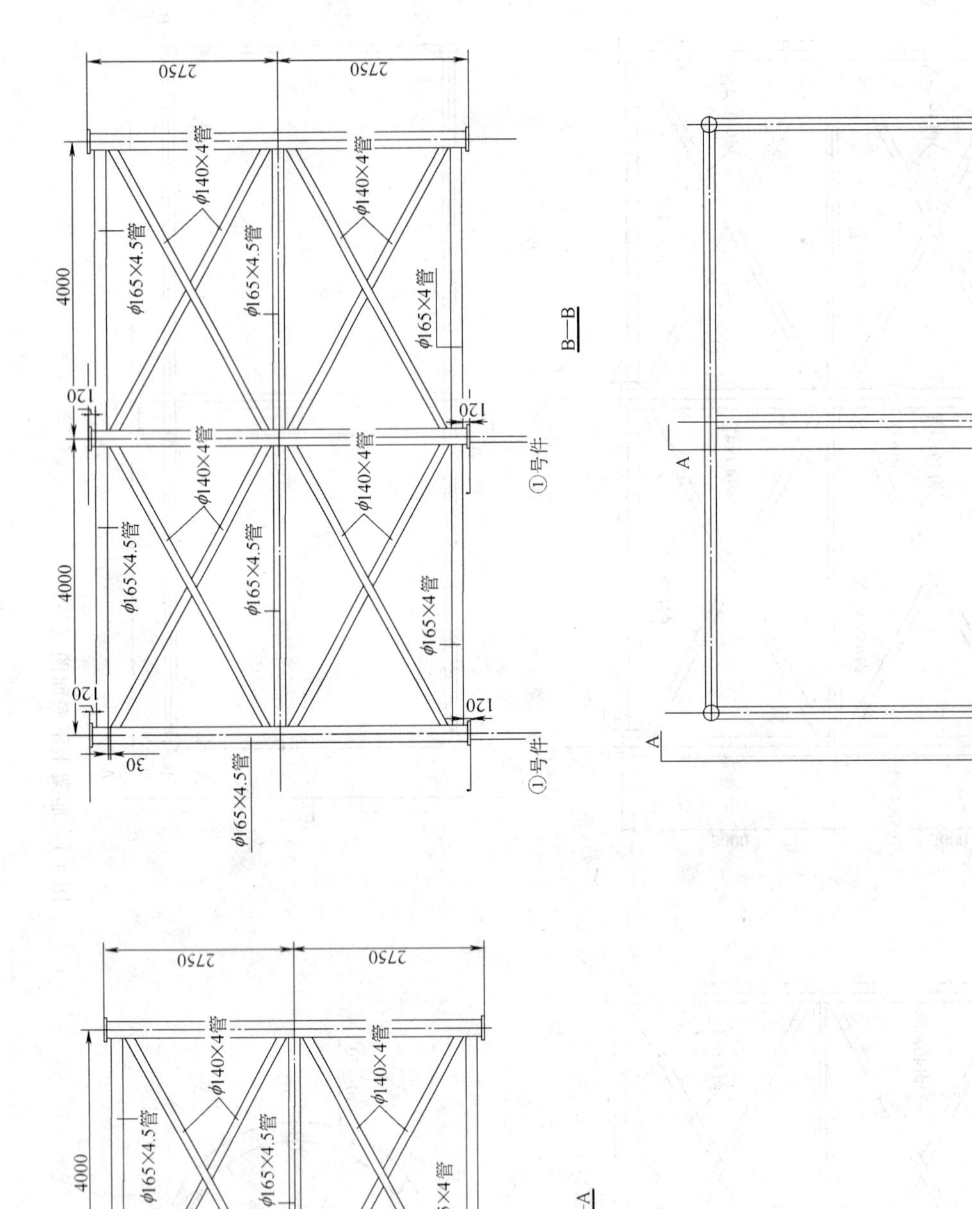

图 4-2 胎架上下底面图（二）

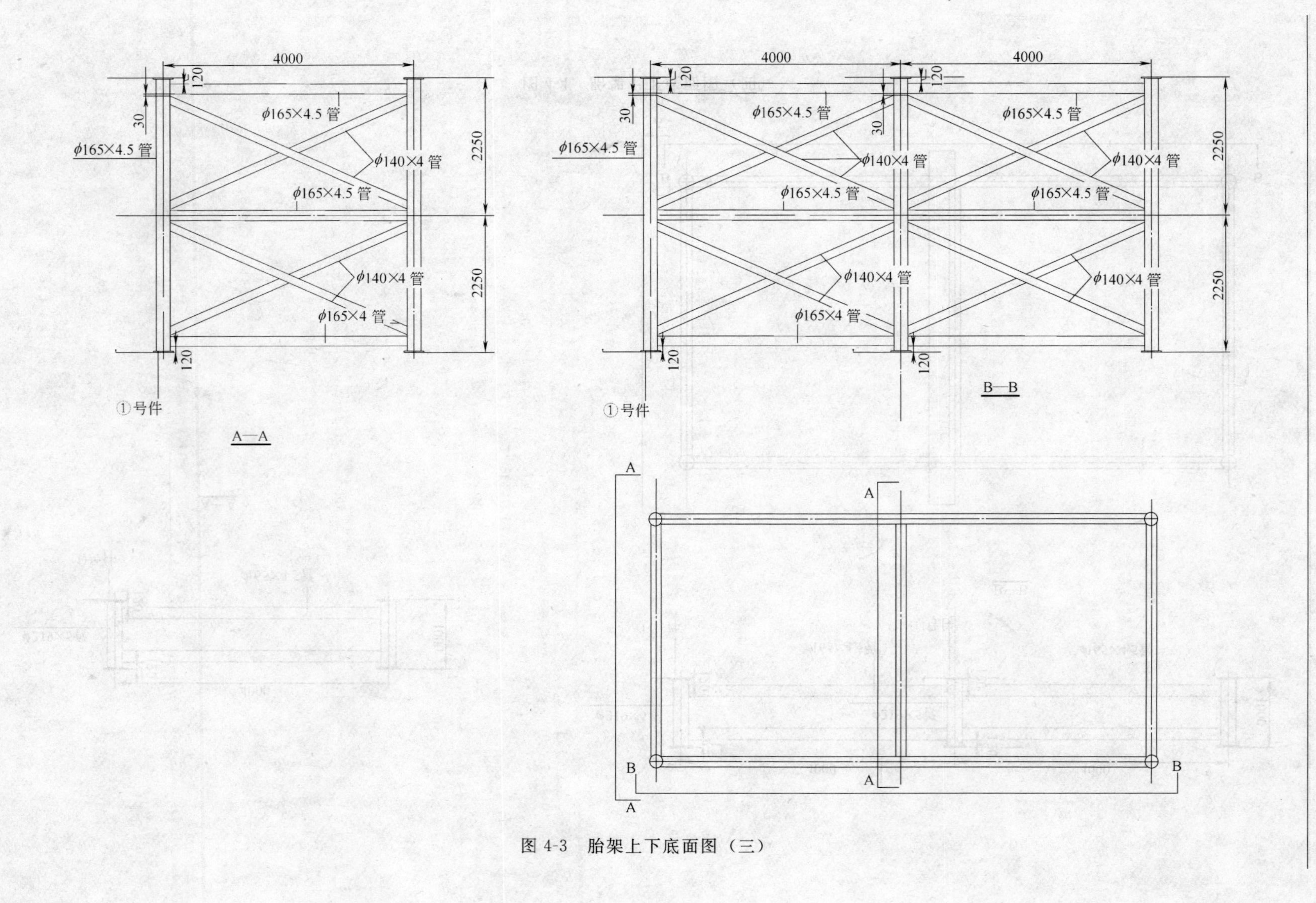

图 4-3 胎架上下底面图（三）

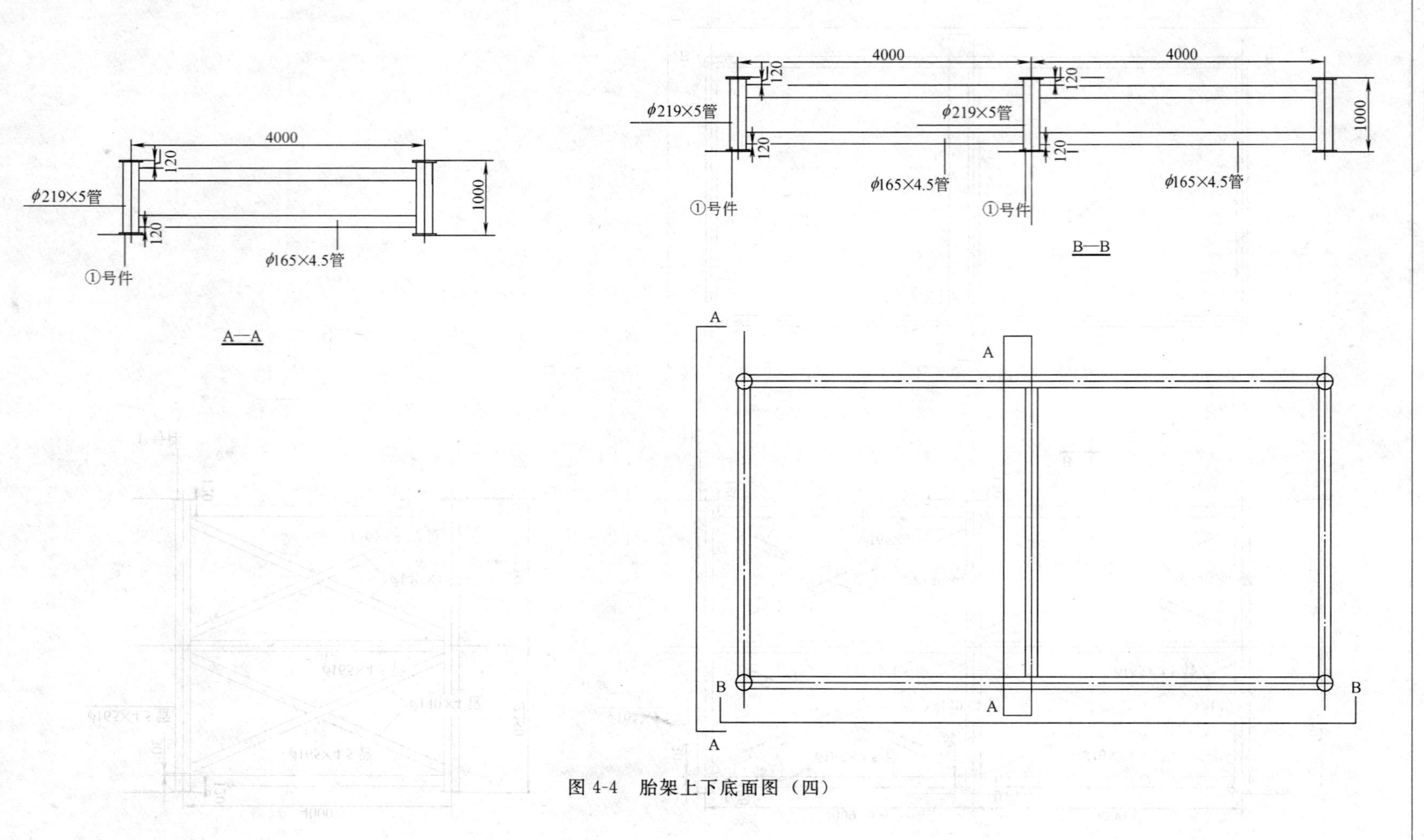

图 4-4 胎架上下底面图（四）

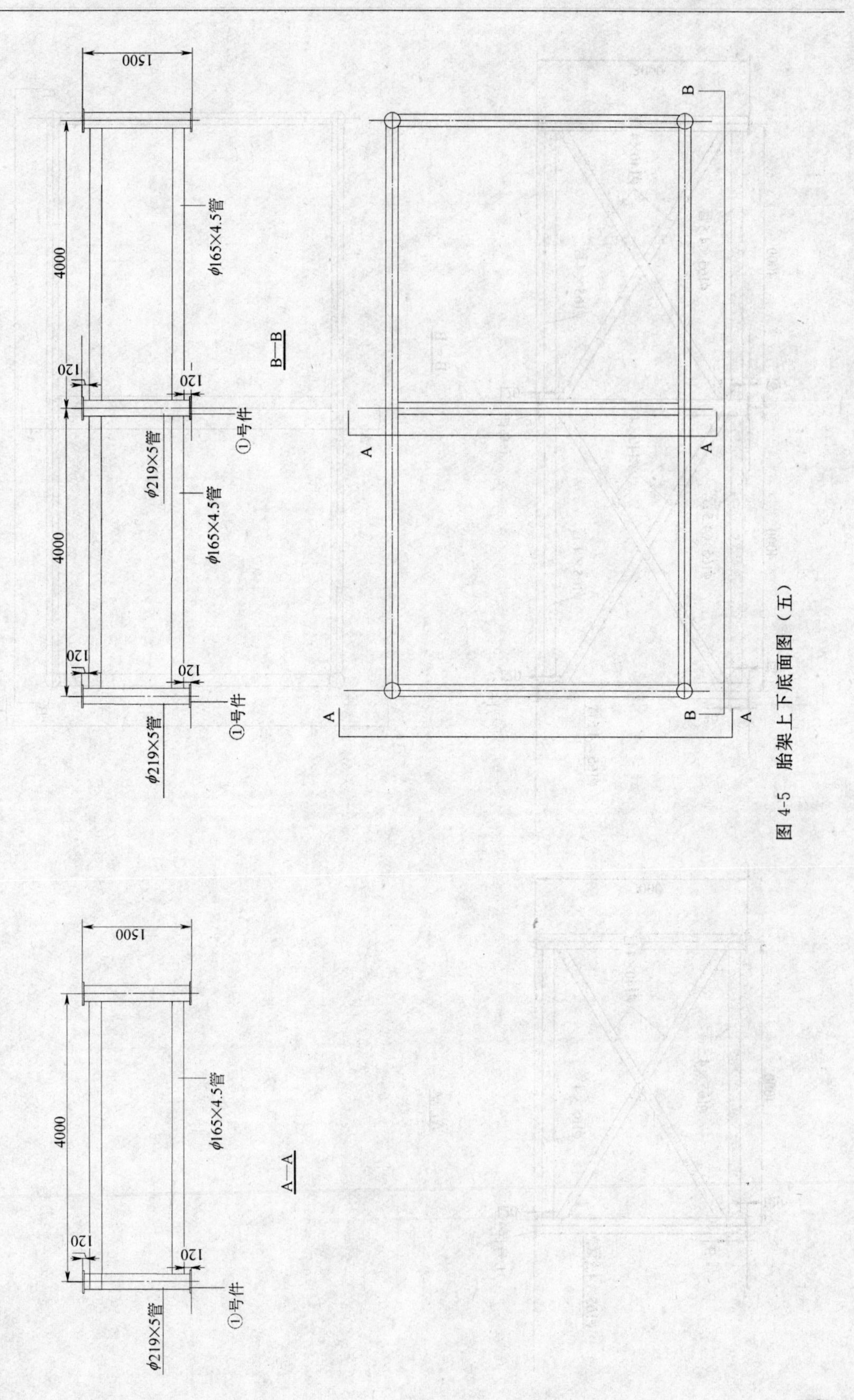

图 4-5 胎架上下底面图（五）

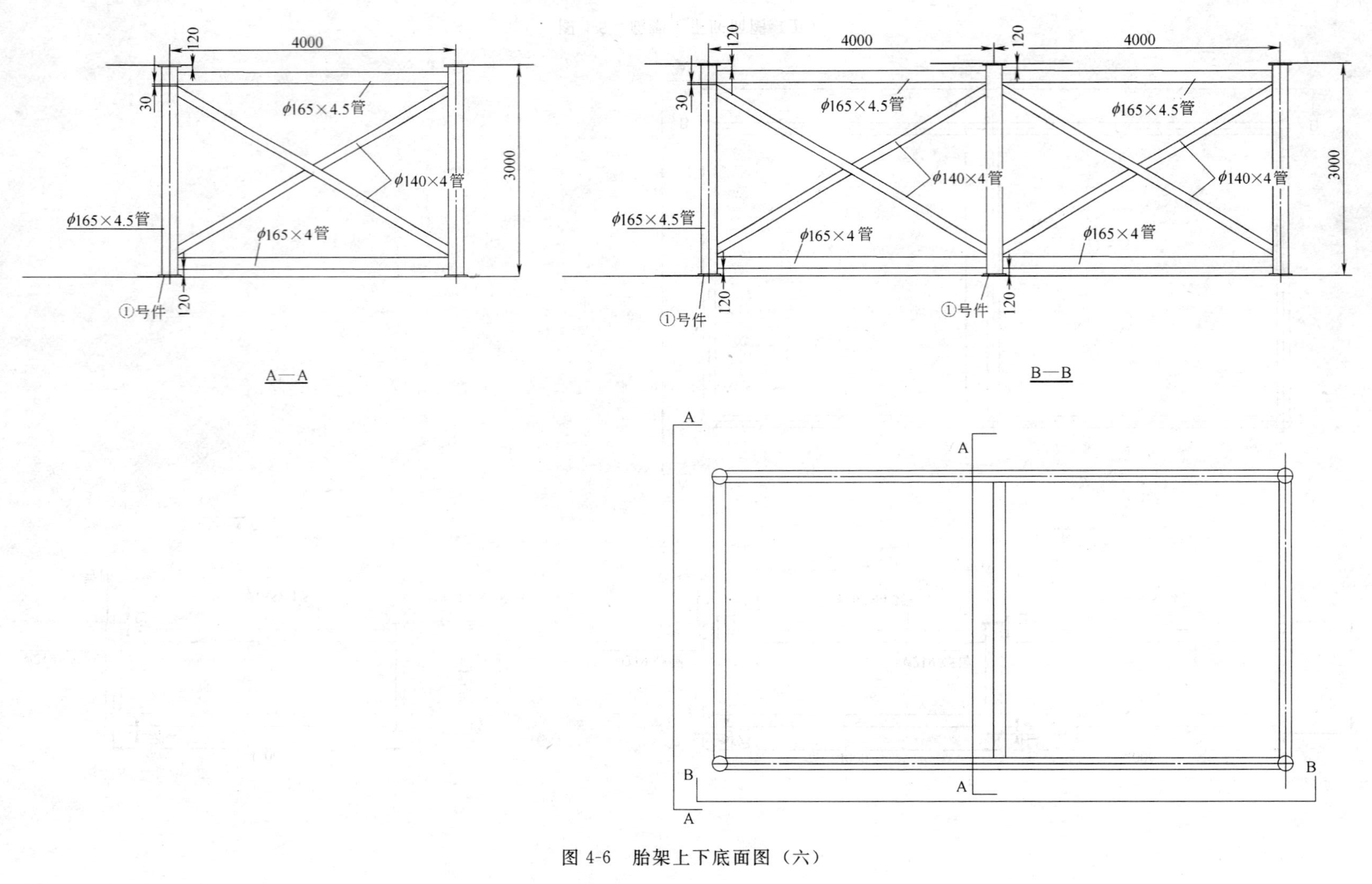

图 4-6 胎架上下底面图（六）

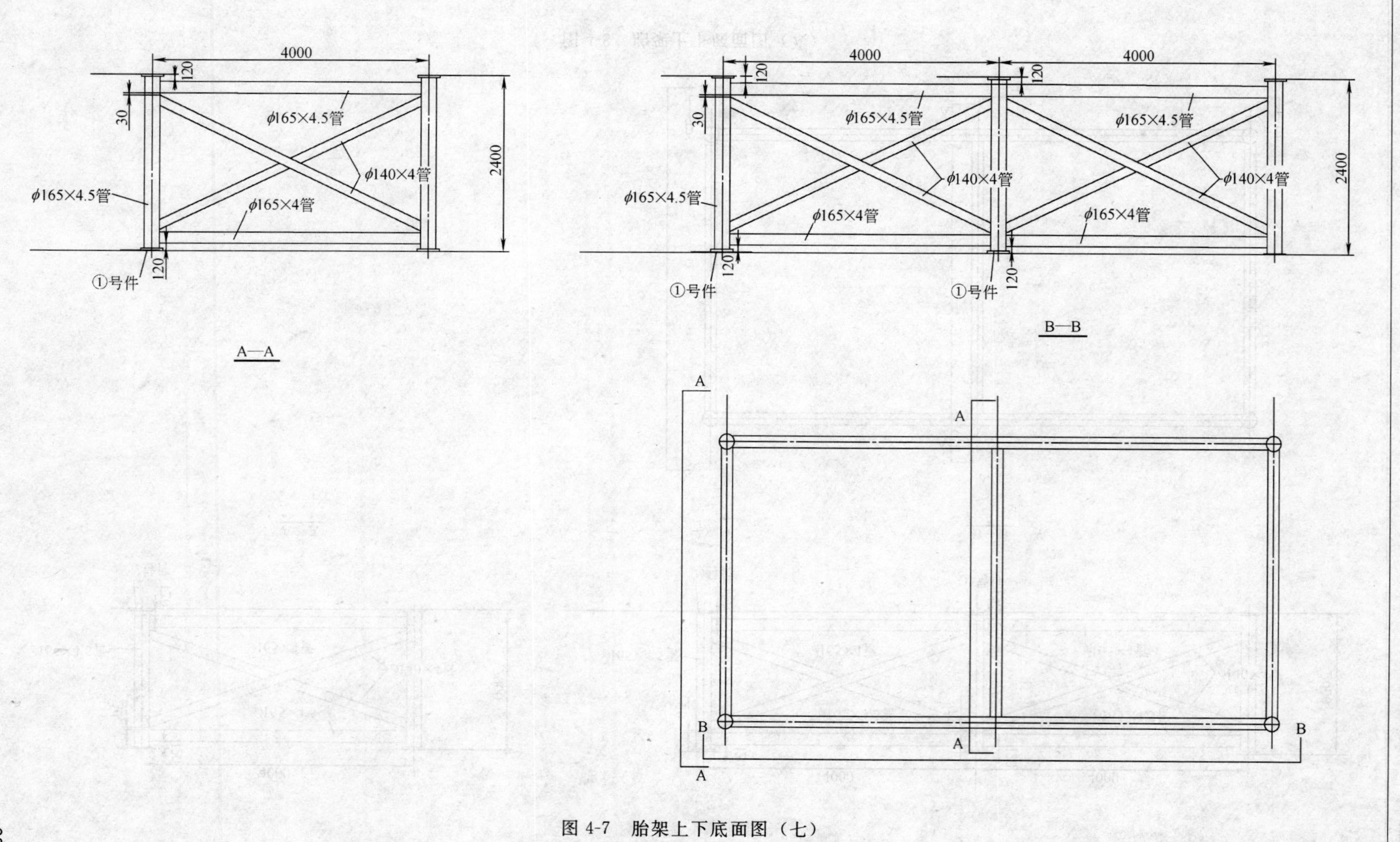

图 4-7　胎架上下底面图（七）

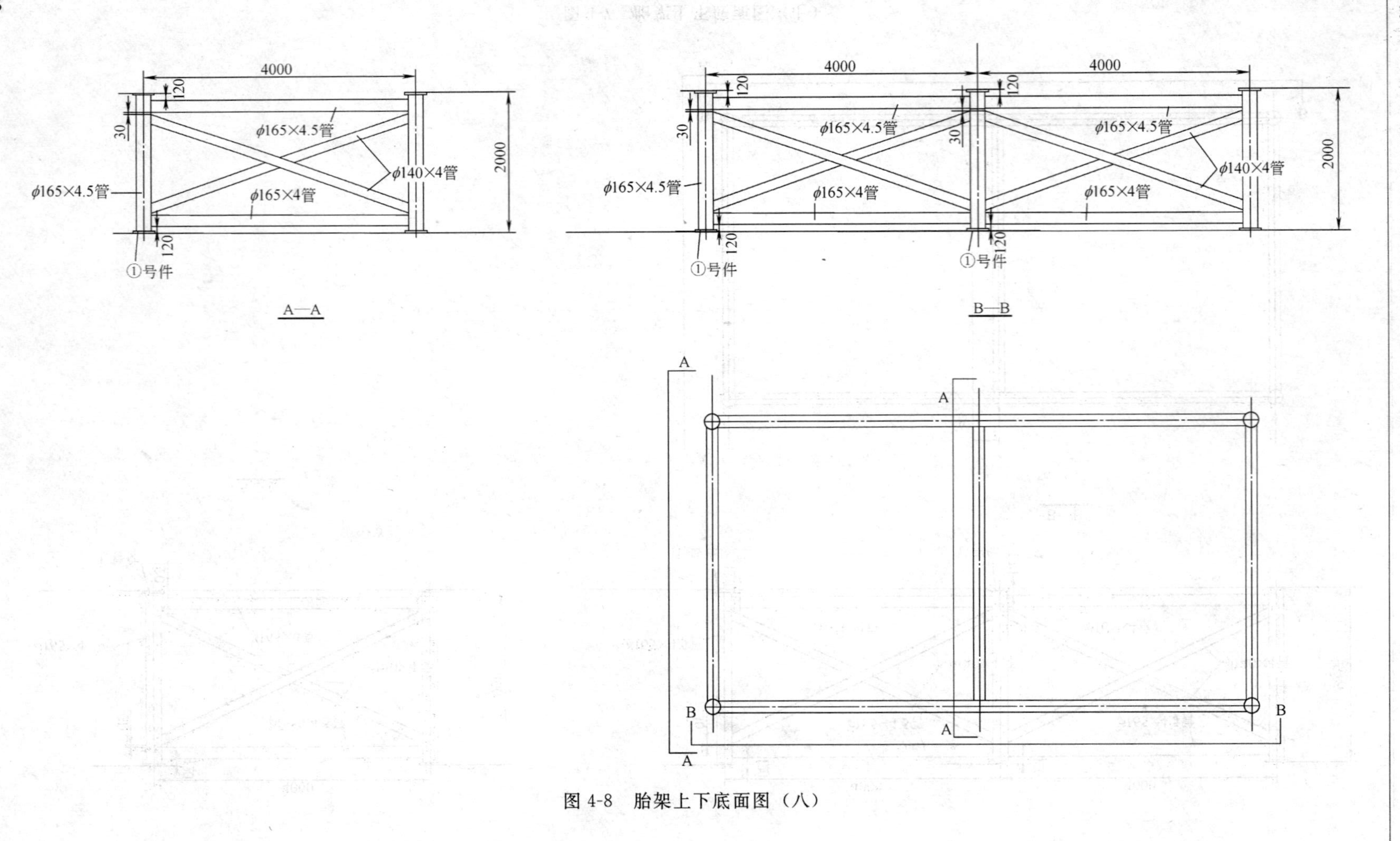

图 4-8 胎架上下底面图（八）

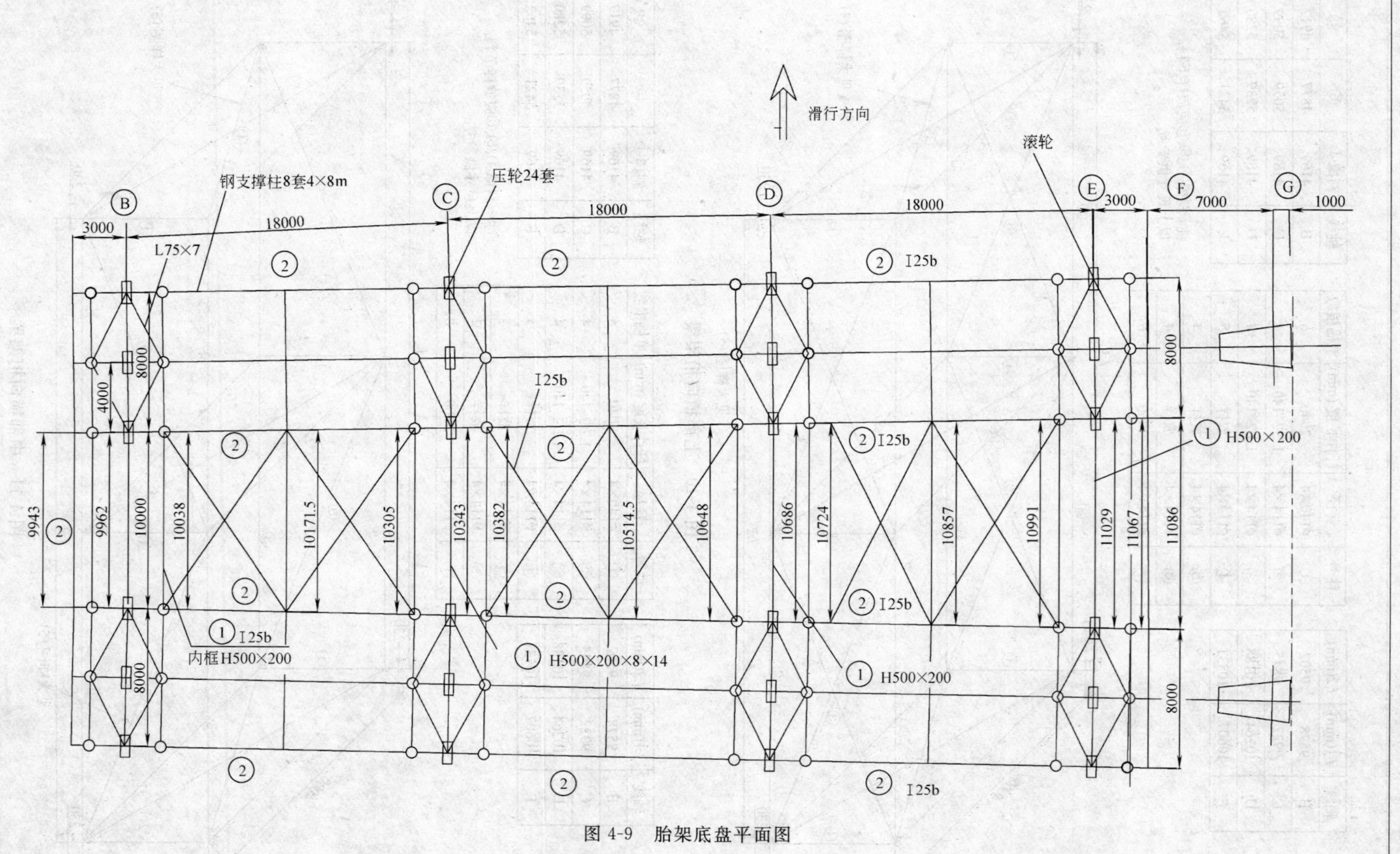
滑行方向
滚轮
压轮24套
钢支撑柱8套4×8m
L75×7
内框H500×200
H500×200
H500×200×8×14
I25b
B
C
D
E
F
G
3000
18000
18000
18000
3000
7000
1000
8000
4000
8000
8000
8000
9943
9962
10000
10038
10171.5
10305
10343
10382
10514.5
10648
10686
10724
10857
10991
11029
11067
11086

图 4-9 胎架底盘平面图

轴线	L1(mm)	L2(mm)
B	9578	9502
C	9922	9845
D	10264	10188
E	10607	10531

件号	管径	杆件长度 (mm)	单榀根数
①	ϕ140×4	2040	6
②	ϕ114×4	L2/2−140	4
③	ϕ114×4	L1/2−140	4
④	ϕ114×4	放样	5
⑤	ϕ114×4	放样	4
⑥	ϕ114×4	放样	4
⑦	ϕ114×4	3860	6

轴线	斜撑④	⑤	⑥
B	4169	4877	4917
C	4169	5059	5099
D	4169	5239	5280
E	4169	5421	5462

注：斜撑④、⑤、⑥应放样下料，以上尺寸供参考。

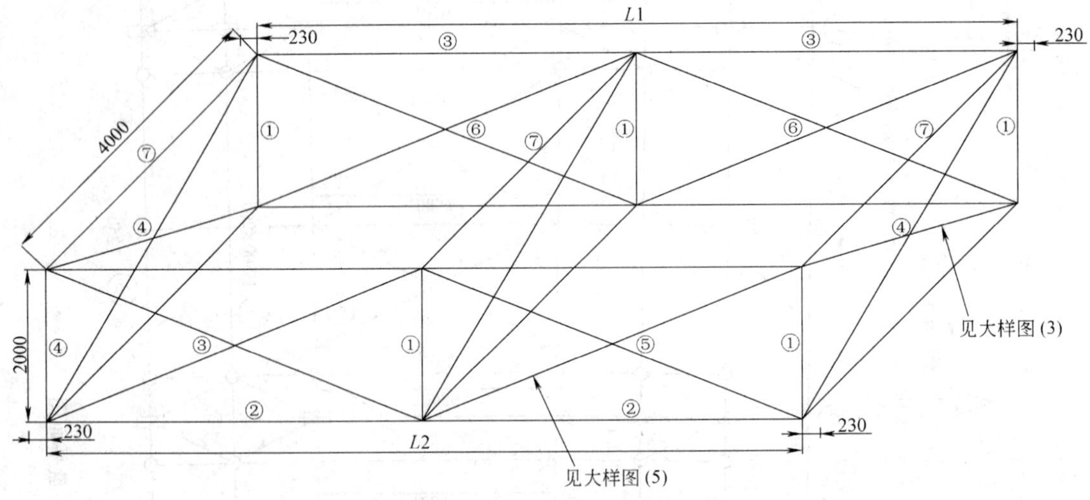

图 4-10　上部横向桁架梁

轴线	L1(mm)	L2(mm)
B	9578	9502
C	9922	9845
D	10264	10188
E	10607	10531

件号	管径	杆件长度 (mm)	单榀根数
①	ϕ140×4	2040	6
②	ϕ114×4	L2/2−140	4
③	ϕ114×4	L1/2−140	4
④	ϕ114×4	放样	5
⑤	ϕ114×4	放样	2
⑥	ϕ114×4	放样	2
⑦	ϕ114×4	3860	6

轴线	斜撑④	⑤	⑥
B	4169	4877	4917
C	4169	5059	5099
D	4169	5239	5280
E	4169	5421	5462

注：斜撑④、⑤、⑥应放样下料，以上尺寸供参考。

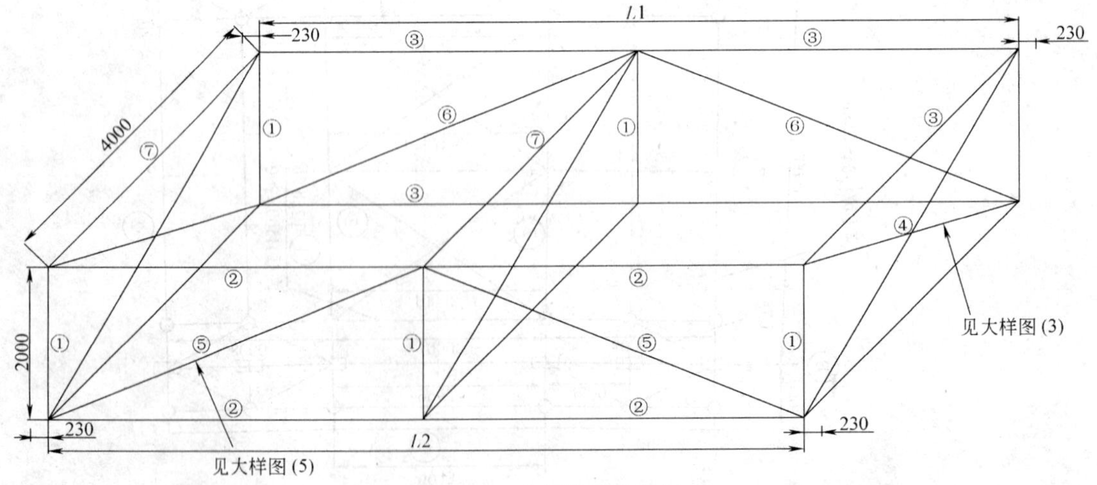

图 4-11　中部横向桁架梁

L1、L2 均指中心线。

轴线	L1(mm)	L2(mm)	加工数量(件)
B	9578	9502	2
C	9922	9845	2
D	10264	10188	2
E	10607	10531	2

注：230=ϕ219/2+ϕ140/2+50间距

件号	管径	杆件长度(mm)	8件数量(根)
①	ϕ140×4	2920	12×4=48
②	ϕ114×4	3860(凹底)	12×4=48
③	ϕ114×4	L1/2-140(凹底)	8×4=32
④	ϕ114×4	L2/2-140(凹底)	8×4=32
⑤	ϕ114×4	放样	4×4=16
⑥	ϕ114×4	放样	4×4=16
⑦	ϕ114×4	放样	8×4=32
⑧	ϕ114×4	放样	4×4=16

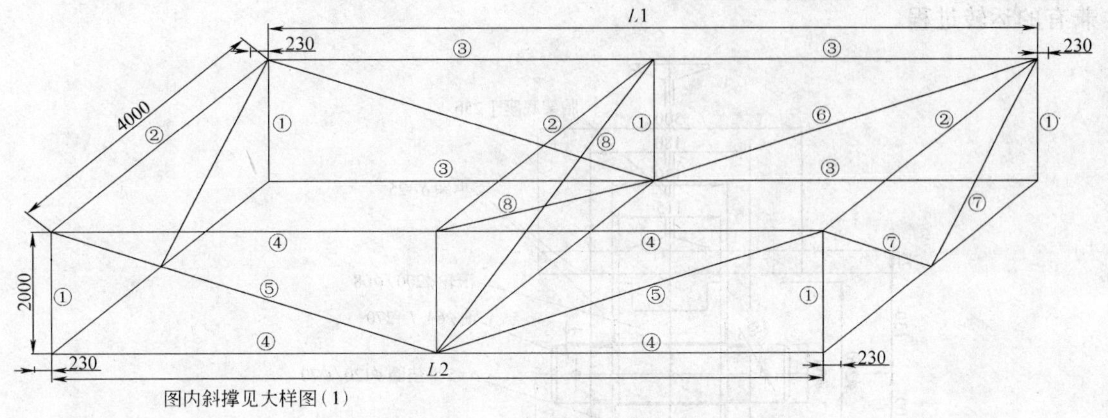

图 4-12 底部横向桁架梁

装，按上、中、下三个部位共 18 榀纵向桁架梁。

(3) 相邻两榀桁架间的胎架立柱有横向梁连接，4 对胎架柱即有 4 榀横向梁，按上、中、下三个部位计有 12 榀横向梁。

(4) 桁架梁为管式立体桁架结构，侧面有剪刀撑或人字斜撑。桁架两端立柱与胎架立柱用连接板焊接。

(5) 上部纵向桁架实为承重梁，因桁架分段接口部分离开柱顶平面而在纵向桁架上方，故 V 字架须放在纵向梁连接柱头法兰上，以利组对操作。

(6) 下部纵向桁架梁立管与胎架底盘工字钢 I25b 焊接，使其形成一整体。全部组装后胎架底盘已从平面结构变为立体结构。I25b 工字钢连系杆件的挠度会明显减少。

(7) 下部纵向桁架梁两端立管与胎架柱立管用连接板焊接。以使胎架柱、底盘、桁架梁形成一整体。构件的强度、刚度稳定性都处于最佳状态。

4.2.4 柱顶 V 字架

(1) V 字架是直接供桁架分段对接操作使用的，有上、下弦操作平台，操作高度在 800～1250mm 范围内变化。

(2) V 字架是承接桁架荷载的第一受力构件，其强度、刚度和稳定性均应满足使用要求。

(3) V 字架由两半组成可以向两侧翻转，降低标高，以便于桁架就位后顺利退出该桁架安装地点。

(4) 因桁架呈倒三角形放置，而且从 1°～16°逐榀倾斜，故 V 字架的开口角度应能满足这个要求。

(5) V 字架设计有两处可调节部位。其一，下弦支承横梁是可调节的供千斤顶使用；其二，上弦操作平台宽度是可拆卸的，由法兰螺栓连接，下部立杆也是活动的，可满足不同角度、不同宽度的要求。

（6）V字架与下部对开节柱可连成一体，两件可合并翻转，操作方便。

4.2.5　滚轮架

（1）滚轮架供整个桁架、胎架整体滑移使用，共32套，其中有8套是辅助使用的，均在4条轨道缓慢滚动滑移。

（2）如图4-13所示，滚动架由中心轴、滚轮、支承立板（图4-14）、支承平板组成，其中有两种运转过程，即：轮子与轨道的滚动摩擦运转过程、轮子与中心轴的滚动及滑动兼有的运转过程。

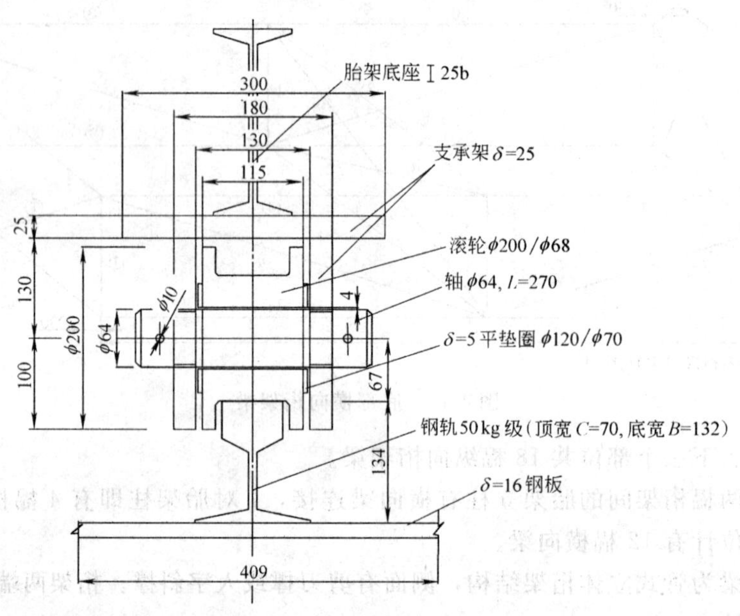

图4-13　胎架滚轮组件图

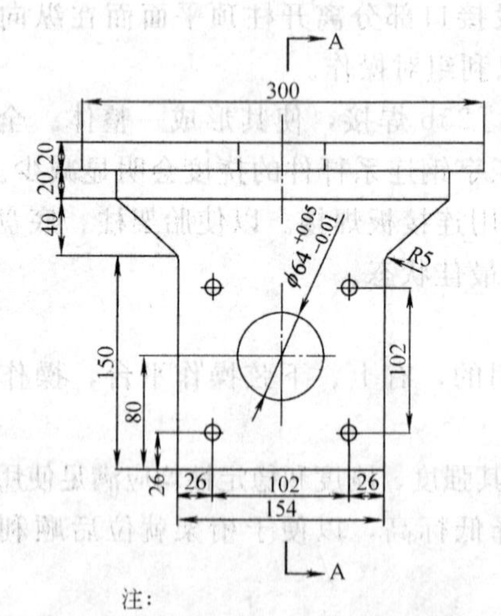

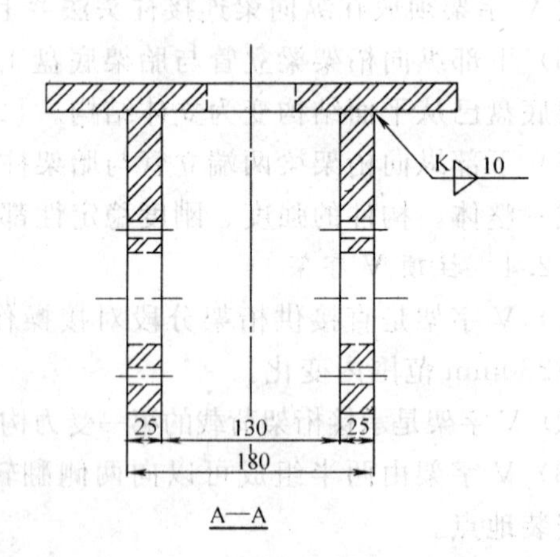

注：
1. 焊接部位应加工坡口，30°～35°；
2. 焊接前两立板应加二道板条对称固定，防止偏移和变形，确保130mm间距；
3. $\phi 64^{+0.05}_{-0.01}$ 进行铣孔，确保加工尺寸；
4. 立板与卡板配套定位钻孔，再攻丝。

材质：Q345B（δ=25）
数量：128块

图4-14　滚轮架立板

(3) 为减轻滚轮与钢轨的侧向摩擦，支承平板由上下两块组成，中心有旋转轴，两平板间有油槽线，可加少量黄油，以便平板之间转向灵活方便。如图 4-15 所示。

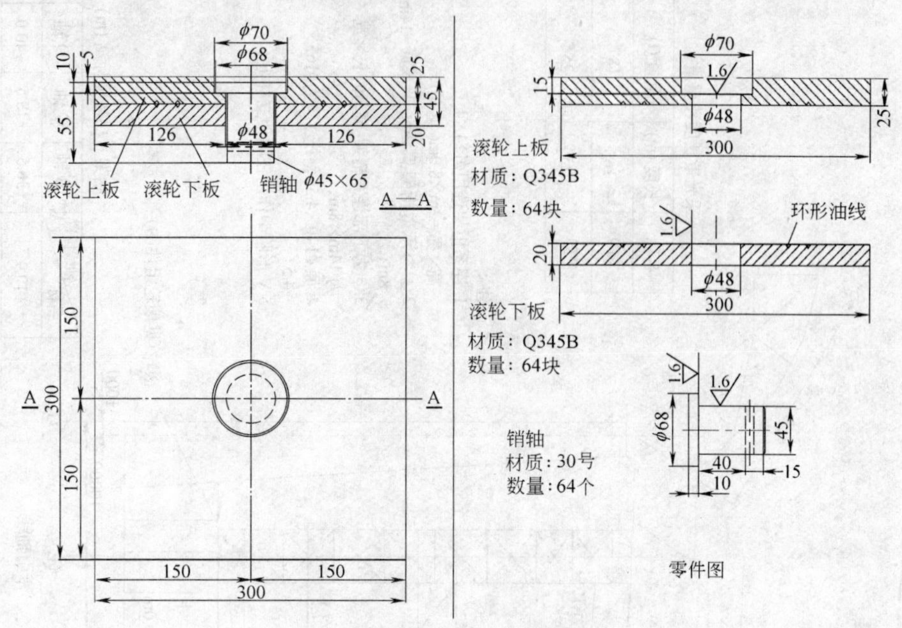

图 4-15 滚轮旋转板组件图

4.2.6 安全梯

(1) 两套滑移装置在胎架柱内部各安装一副安全梯，共 10 件。操作人员可从楼面负重至柱顶。

(2) 每组胎架柱另有钢筋垂直爬梯，焊接在胎架柱 ϕ219×5 立管内侧，以利上下方便。

4.3 胎架的拼装

4.3.1 胎架拼装前的准备工作

(1) 四条轨道安装完毕。曲线、标高、轨距由测量提供原始记录，主管领导签字认可。

(2) 楼层梁、柱加固完毕，经业主、监理验收认可。

(3) 2 台塔吊试运转合格，并领取操作使用证。

(4) +7.5m 楼层空缺部位（⑯～⑳轴线）的承重脚手架安装验收合格。

(5) +7.5m 楼层（板、柱、梁）及相应混凝土柱强度基本达到 90%。

(6) 组装人员进行技术和安全交底，安全措施完善。

4.3.2 胎架拼装程序

(1) 首先在轨道平面上拼装胎架底盘，胎架底盘由六大片组成。先组对外侧三大片，再组对内侧三大片（以塔吊为基准）。先进行Ⓒ～Ⓓ段，再进行Ⓑ～Ⓒ、Ⓓ～Ⓔ段，最后进行中间杆件连接。如图 4-16 所示。

(2) 用多个千斤顶将胎架底盘整体抬高 380mm，并用短道木平稳垫好，并由测量人员抄平。

(3) 在抄平合格后，进行滚轮架的安装。注意滚轮中心与轨道中心线的关系。

(4) 初步组装完毕的底盘和滚轮架在四条轨道上第一次进行手动滑移。反复 3～5 次，细心观察滚轮与轨道中心及侧边摩擦情况，做好记录，以便分析和调整，至合格为止。

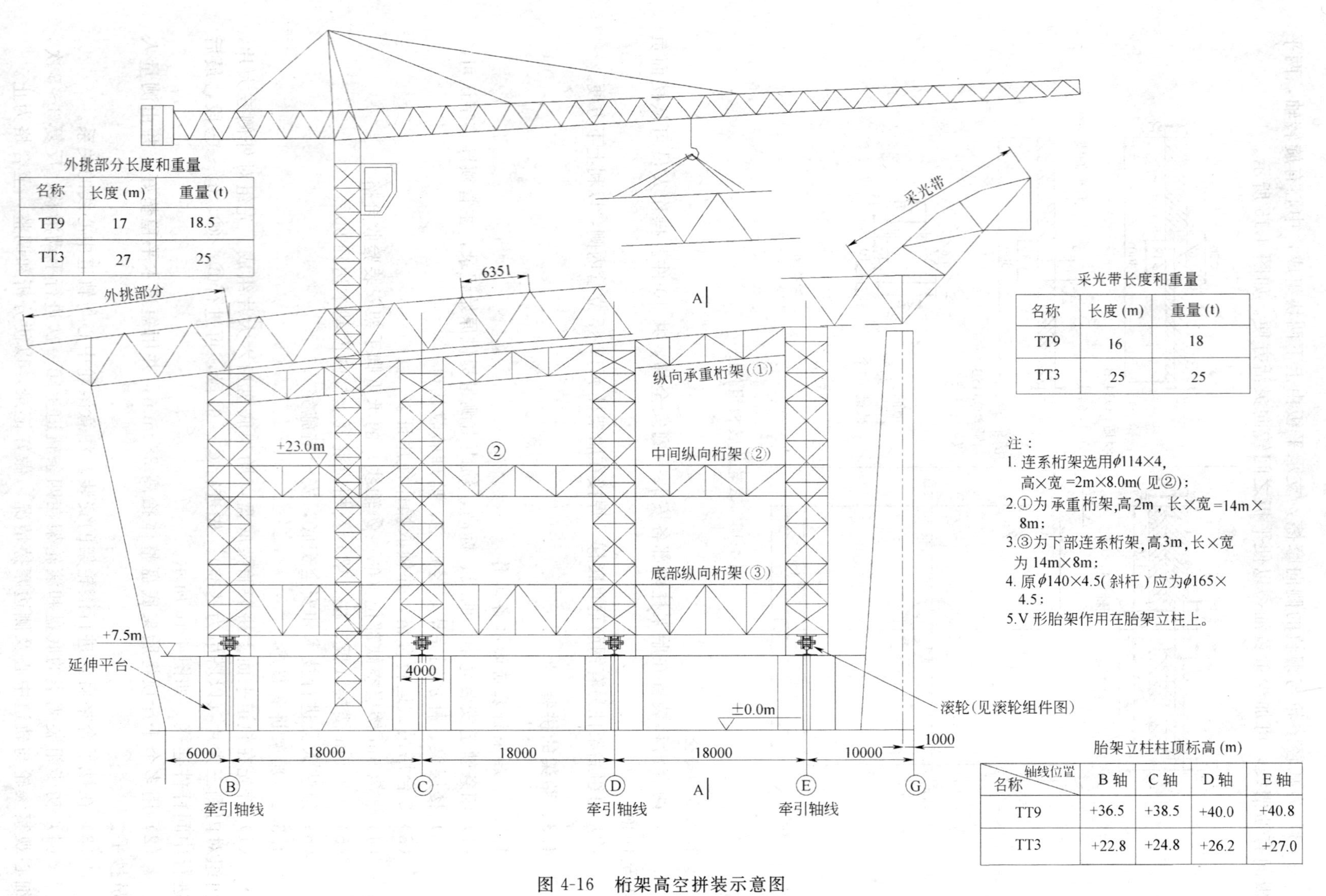

图 4-16 桁架高空拼装示意图

（5）底盘滚轮滑移合格后，在其平面进行两榀桁架中心线的标注，即可进行胎架 8 个 6m 底节的安装，先装Ⓒ～Ⓓ段、再装Ⓑ～Ⓒ段、Ⓓ～Ⓔ段，即由中间向两端展开。由测量配合测定垂直度。柱底节垂直合格后即可与胎架底盘上翼缘进行对称性焊接，焊后再次测定垂直度，至合格为止。

（6）柱底节合格后，可进行底部纵、横向桁架梁的组装。柱节下部与Ⅰ25b 焊接两侧，用 δ10mm 连接板搭接立杆，使底盘、底节柱、底部桁架三位连成一体，此时，部件强度、刚度、稳定性处于最佳状态。

（7）胎架组合件进行第二次试滑移，观察情况，排除问题，至合格为止。

（8）继续进行立柱，中部桁架梁的安装，立柱组装顺序按立柱组合立面图进行。

（9）上部纵向梁有两种：一是带法兰的承重梁；二是不带法兰普通的连系梁，前者用在 TT8、TT6、TT4、TT2 桁架上，后者用在 TT7、TT5、TT3、TT1 桁架上。

（10）上、中、下横向桁架梁按Ⓑ、Ⓒ、Ⓓ、Ⓔ轴线不同尺寸制作安装。由测量人员反复测定两榀胎架纵向中心线与桁架中心线保持重合，方可进行横向梁及底部横向杆件的全部安装。

（11）V 字架及下部 3m 的回转柱之间有耳板转轴连接，耳板插入管内焊接。如图 4-17 所示。

（12）V 字架与下部回转柱可在地面进行一次回转试验，以鉴定工作状况是否良好。

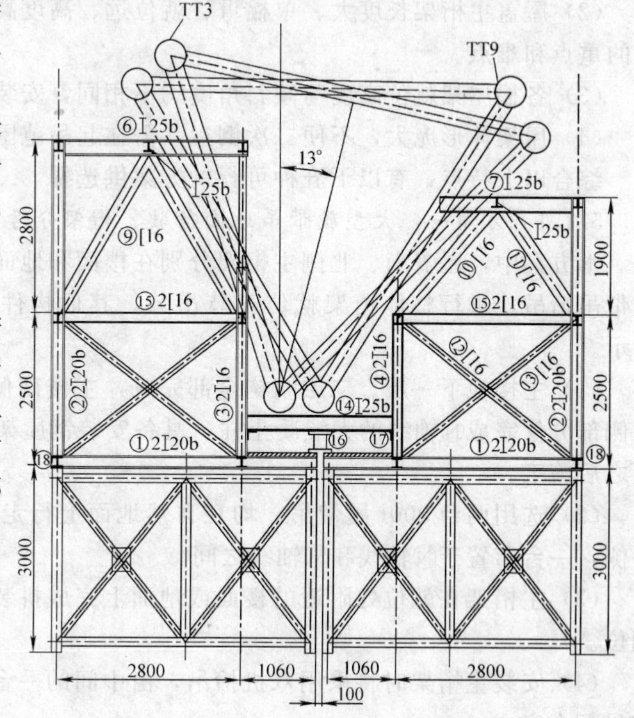

图 4-17　上部 V 形胎架立面图

（13）在胎架组装的同时，边完善安全措施，垂直爬梯、钢斜梯、安全网、安全绳、跳板捆扎等均需配套完成。

（14）胎架组装全部完成，桁架未吊装之前进行第三次试滑移，观察轮轨中心线变化及轨道擦边情况，调整至合格为止。

4.3.3　拼装质量要求

（1）轨道不平度（36m 范围内）　　＋3mm

（2）轨道间距　　＋3mm

（3）滚轮及轨道中心定位尺寸偏差（三轮一组）　　≤3mm

（4）胎架底盘两中心线与桁架两中心线偏差　　≤5mm

（5）胎架底盘上平面不平度偏差　　＋5mm

（6）胎架立柱垂直度偏差、全高　　≤20mm

（7）胎架立柱对角尺寸偏差（上、中、下）　　≤20mm

5 钢结构安装

5.1 主航站楼施工方案选择

本工程钢结构施工具有以下特点：

（1）主航站楼屋盖支撑体系采用大混凝土柱与人字形钢柱相结合，人字形柱需采取临时措施提前安装到位。

（2）屋盖主桁架长度大、单榀重、就位远、高度高，顺利安装到位是本工程钢结构施工的重点和难点。

（3）各榀屋架就位高度与倾斜角度均不相同，安装措施不能完全重复利用。

（4）屋架体形庞大，不便二次倒运，需在起吊范围内现场拼装。

综合以上特点，有以下五种可行的方案供选择。

5.1.1 方案一：大型履带吊地面行驶、桁架分跨整体抬吊

本方案中，屋盖南、北侧主桁架分别在楼面和地面上就近拼装，两台大吨位地面行走履带吊抬吊，进行整体桁架就位安装吊装，其他构件采用常规方法散件安装，如图 5-1 所示。

（1）主楼地下一层、二层结构全部完成，主楼南侧地上混凝土结构柱及楼板已完成，北侧部分仅完成Ⓝ轴线的大混凝土柱，具备安装钢屋架的条件，其余结构将留待钢屋盖安装之后施工。

（2）选用两台 300t 履带吊，均在自然地面上行走，其中一台布置于屋盖南（北）向外侧，一台布置于Ⓝ轴线和Ⓜ轴线之间。

（3）主桁架在就位处附近的楼面或地面上完成拼装，相应的人字形支撑柱已临时安装到位。

（4）安装主桁架时将采用双机抬吊，由中间的一台 300t 履带吊与跨外的一台 300t 履带吊配合完成。

（5）每两榀相邻主桁架就位，立即进行连接次桁架及屋面压型钢板安装。

5.1.2 方案二：桁架整榀侧向组装，屋盖分片侧向滑移

按照屋架的施工缝设置，将屋盖分成 6 个片区进行施工，各片区主桁架在设计位置侧向以外 40m 处高空安装，所有该片区内的构件均在滑移前进行安装，连接成稳定的刚度单元，设置滑移支撑系统和滑移轨道，再滑移到设计位置，如此循环进行其余 5 个片区的滑移施工；最后，完成全部屋盖系统的安装，如图 5-2 所示。

（1）配备一台 150t 和一台 300t 履带吊，履带吊南、北同侧地面行走。

（2）按伸缩缝分布自然地将屋盖分为 6 个片区，中部 2 个对称片区各含有 6 榀主桁架，其余 4 个片区都含 4 榀。TT1、TT2 桁架安装位于屋盖东、西端部，可采用双机抬吊，直接安装到位。

（3）在吊装过程中，跨外的 150t 和 300t 履带吊将在屋盖同侧，桁架就近拼装，整榀抬吊。

（4）滑移单元将后退 40 多米进行整体拼装，相应地，滑移轨道也将向外延伸 40 多米。整个滑移轨道分地面和楼面两部分，在楼面的轨道，布置于楼盖的大梁范围内。

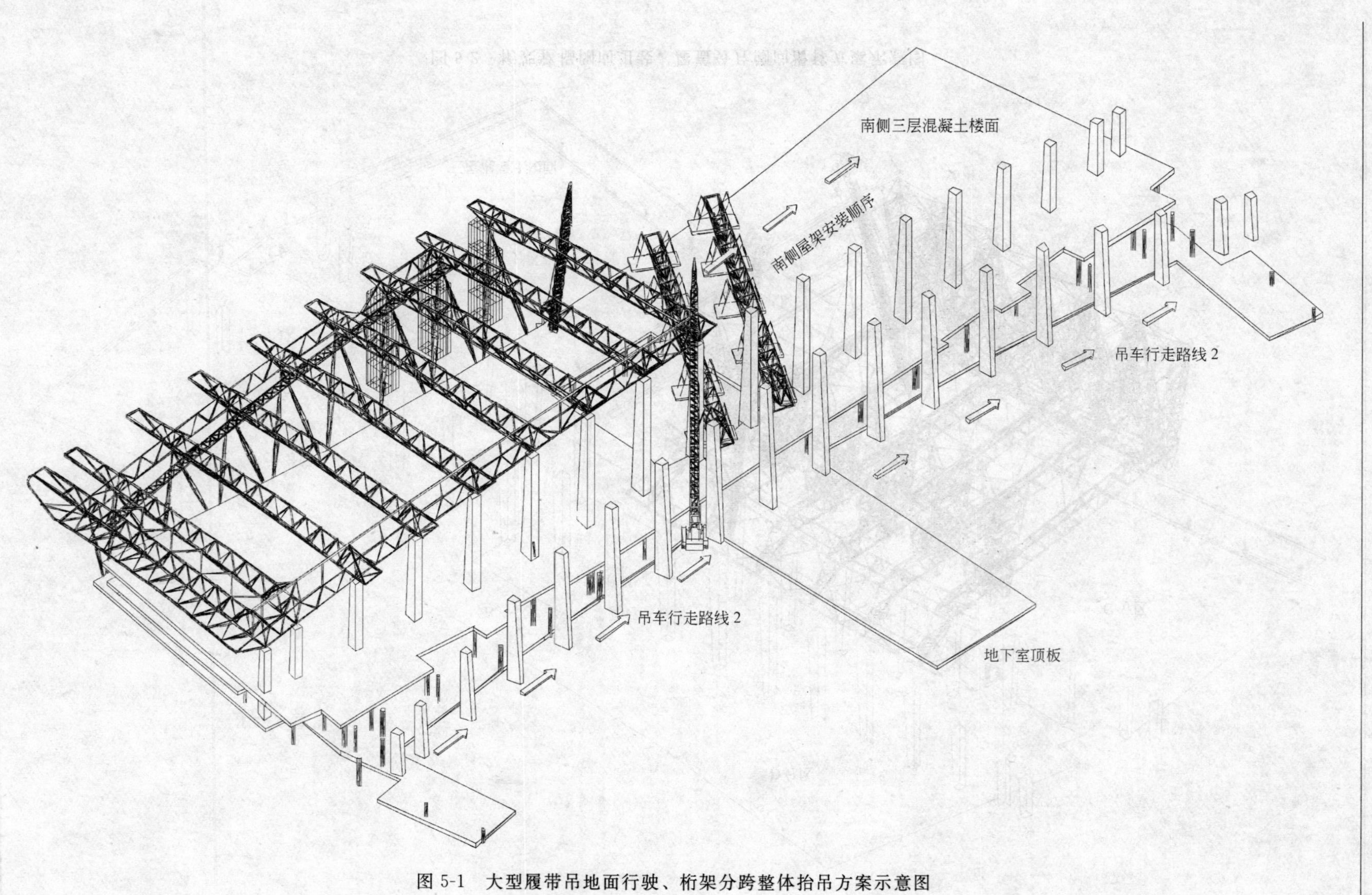

图 5-1 大型履带吊地面行驶、桁架分跨整体抬吊方案示意图

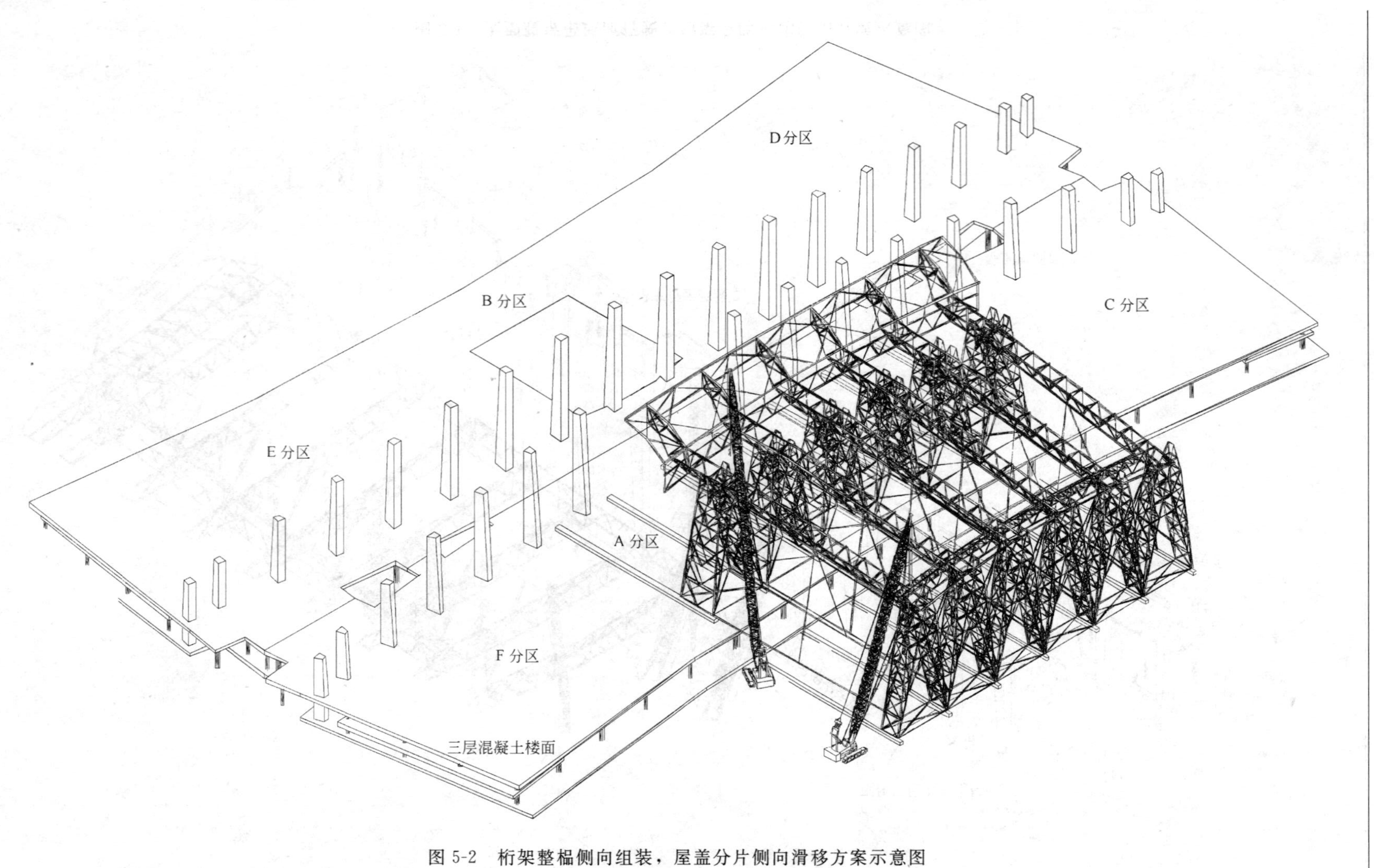

图 5-2 桁架整榀侧向组装，屋盖分片侧向滑移方案示意图

(5) 支撑桁架的人字形柱作为滑移系统的组成部分，与较靠近混凝土柱对应的桁架节点处设置的临时支撑共同构成滑移支撑系统，保证人字形柱与桁架同时安装到位。

(6) 逐榀吊装人字柱、滑移支撑架、主桁架（包括拱形桁架），逐跨吊装次桁架、屋面压型钢板等分片中屋盖系统的所有构件。

(7) 由于滑移支架较高，滑移支点处力较大，为保证滑移过程中系统的稳定性与屋盖整体滑移的同步性，需采取相应的加固措施。

(8) 选用液压同步千斤顶作为牵引设备，用同步牵引设备缓慢地拉动屋盖及临时支撑体系，直至指定位置。牵引设备的布置应保证整体滑移的同步性。

(9) 安装、固定人字柱底及混凝土柱支座后，拆除临时支撑，转移轨道及滑移支架到下一片区，继续下一片区钢结构滑移。

5.1.3 方案三：分段拼装、高空组对、胎架曲线滑移

在①轴和㉟轴线外侧分别布设一台行走式塔吊，在楼面上安装4条滑移轨道，滑移轨道呈圆弧布置，塔架沿滑移轨道的轨迹滑移。

塔架安置在离塔吊最近的位置，就近组装两整榀桁架，通过转向牵拉设备，四点牵拉，将桁架滑移单元滑移到设计位置。塔架反向滑移到原组装位置，降低塔架高度后，进行下两榀桁架的组装、滑移。如图5-3所示。

(1) 屋盖分为A、B、C、D四个区域。

(2) 在①轴和㉟轴线外侧分别布设一台行走式塔吊。

(3) 在楼面安装两榀桁架的安装塔架，安装塔架采用格构式钢管构架，连接采用法兰连接，以便装拆。

(4) 在南侧楼面上Ⓑ、Ⓒ、Ⓓ、Ⓔ轴和北侧楼面Ⓟ、Ⓡ、Ⓢ、Ⓣ轴线（四排混凝土柱上方）安装四条滑移轨道，滑移轨道呈圆弧布置，塔架沿滑移轨道的轨迹滑移。

(5) 施工顺序为：A、B区同时施工，完成后转移至C、D区同时施工，塔架和滑移轨道可重复利用。

(6) 先进行A区、B区屋盖安装：将塔架安置在离塔吊最近的位置，就近组装最中间两榀TT-9、TT-8桁架，组装的构件包括整榀桁架、采光带的一半、两榀桁架间的连接桁架、连接相邻桁架的一半连接桁架、屋面板等所有两榀桁架间构件。

(7) 塔架下部安装滑动滚轮，利用转向牵拉设备，四点牵拉，将桁架滑移单元滑移到设计位置。

(8) 人字形柱在地面拼装（柱脚方向需修改），桁架滑移单元滑移到设计位置后，将人字形柱旋转牵引就位并固定。

(9) 塔架反向滑移到原组装位置，降低塔架高度后，进行下两榀桁架的组装、滑移。重复进行上述步骤，安装A区、B区屋盖。

(10) TT1、TT2桁架直接利用塔架组装就位，不需要滑移。

(11) 倒运塔架和滑移轨道进行C、D区域的安装。

5.1.4 方案四：履带吊楼面行驶，桁架整体抬吊

楼面上行驶的履带吊站位在两桁架间的Ⓚ轴混凝土柱位进行站位吊装，履带吊空车行驶到下一个混凝土柱位后，进行下一步倒运，楼面加固的荷载计算要根据此原则进行。如图5-4所示。

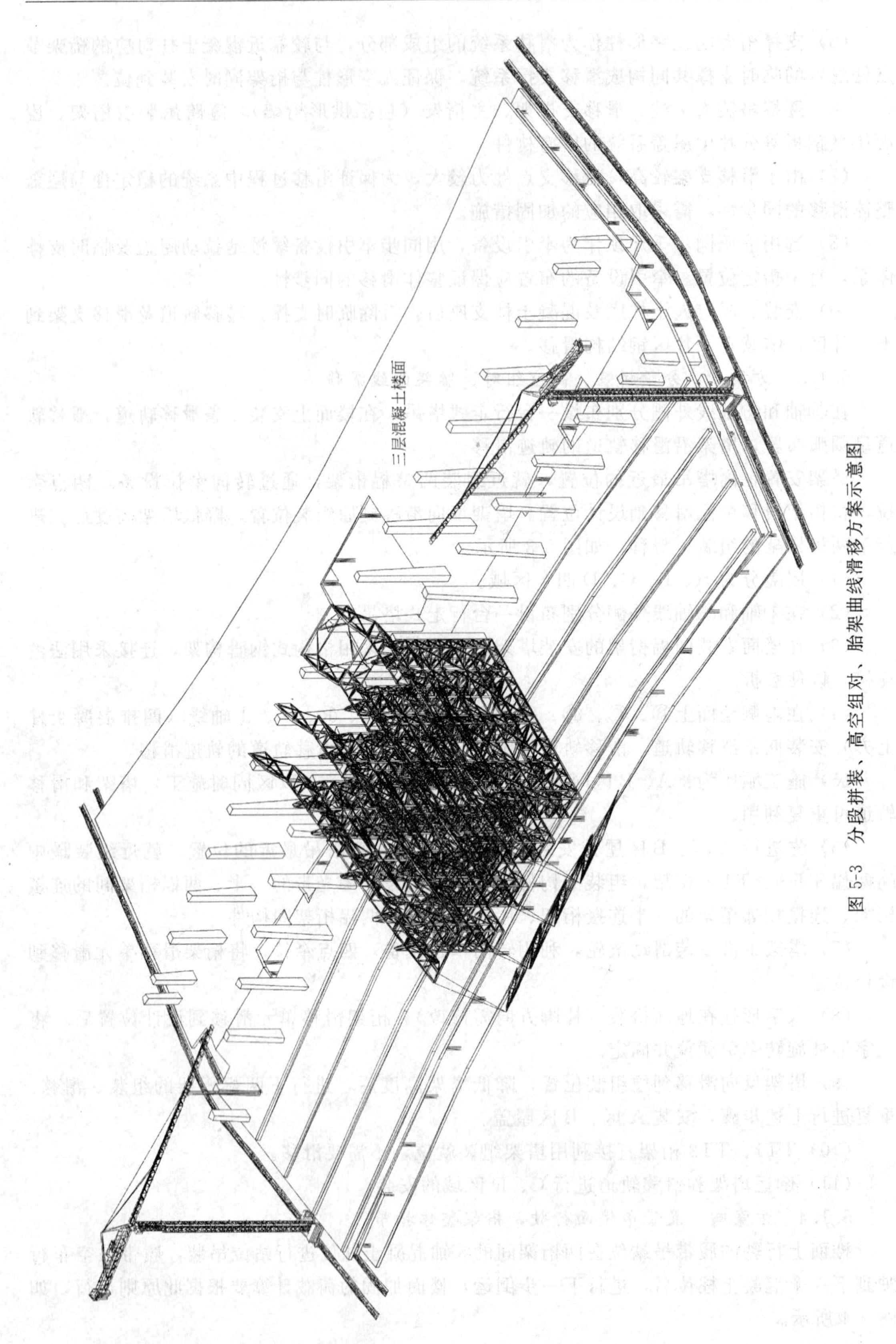

图 5-3 分段拼装、高空组对、胎架曲线滑移方案示意图

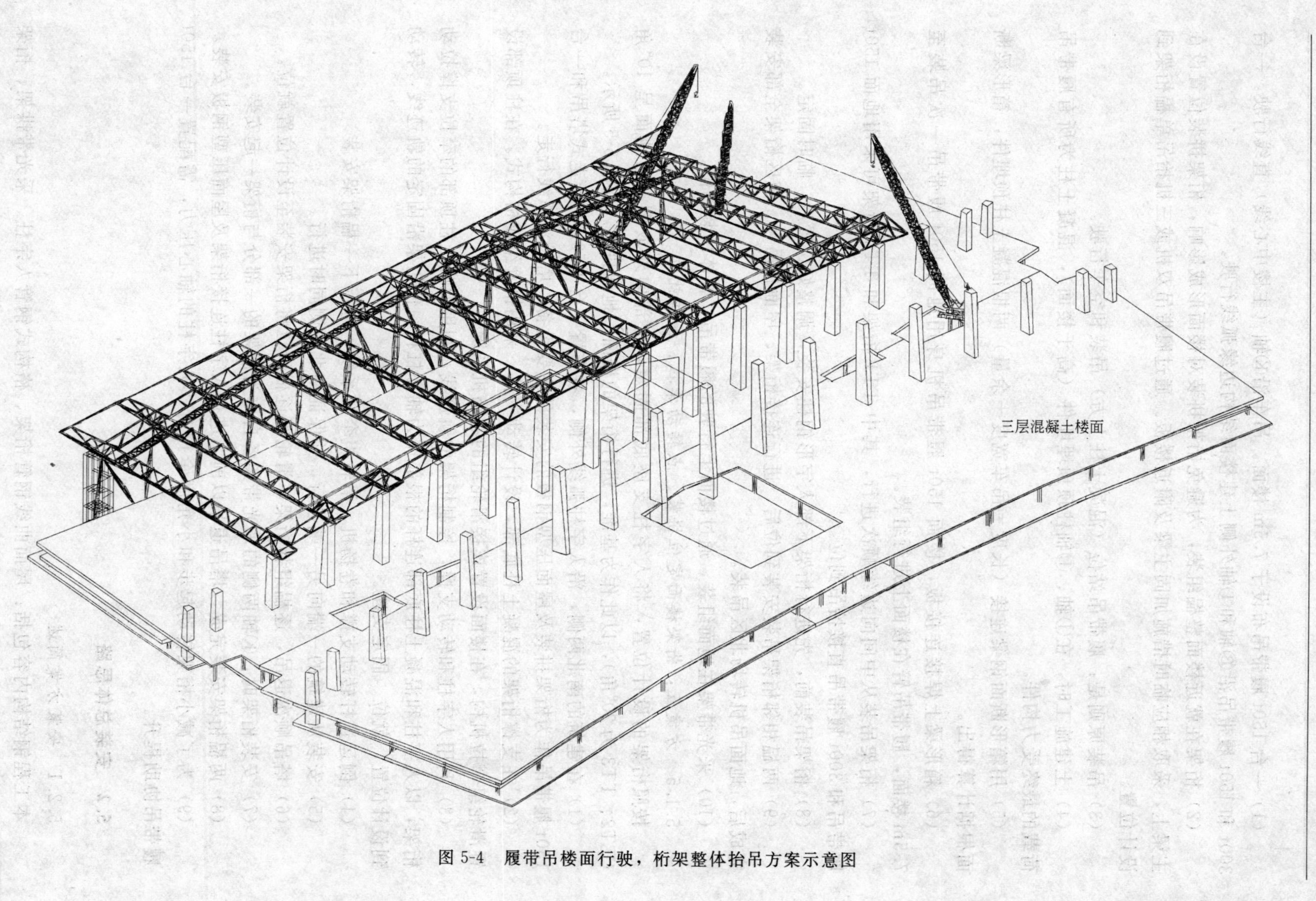

图 5-4 履带吊楼面行驶，桁架整体抬吊方案示意图

(1) 一台150t履带吊布设于7.5m楼面。吊车沿Ⓚ轴(主楼中心线)直线行驶。一台300t和150t履带吊沿Ⓑ轴和Ⓣ轴外侧土建楼面结构边缘弧线行驶。

(2) 桁架在就近楼面整榀组装,为避免桁架拼装对楼面形成影响,桁架拼装位置设在主梁上,采取相应临时措施加固主梁及附近楼板。通过履带吊双机或三机抬吊单榀桁架到设计位置。

(3) 吊装原则是:履带吊站位(混凝土柱上方)吊装和空车行驶。

(4) 土建施工时,在Ⓙ轴、Ⓛ轴柱顶预埋埋件(高于楼面),混凝土柱为所有履带吊荷载的最终受力构件。

(5) 用箱形断面钢梁连接(长度=吊车宽度+余量)两根混凝土柱预埋件,箱形梁断面根据计算得出。

(6) 箱形梁上焊接连接板,楼面150t履带吊机身用地面150t履带吊一次吊装至7.5m楼面,履带吊臂在楼面上进行组装。

(7) 桁架吊装从中间向边缘顺次进行,其中TT1桁架和TT2桁架可采用地面150t履带吊和300t履带吊直接抬吊到位。

(8) 桁架吊装前,先进行桁架下部人字形钢柱安装,调整好位置后,临时固定。

(9) 两榀相邻桁架吊装安装到位后,进行连接桁架、屋面板吊装。南区桁架全部安装完成后,地面吊机转场北区吊装。

(10) 采光带架在地面组装,通过楼面上行驶的履带吊,整体吊装到位。

5.1.5 方案五:桁架楼面定位拼装、点转动牵拉、旋转就位

按照桁架的设计位置,将人字柱支座底部固定,上部向外放倒,与地面呈10°角(TT2、TT3为20°角),以此作为基准,进行桁架的楼面、地面拼装,如图5-5所示。

(1) 在建筑的南北两侧,沿人字柱弧线外侧,各布置一台K50/50行走式塔吊和一台150t履带吊作为桁架拼装及屋面压型钢板的安装的主要设备,塔吊沿弧线行走。

(2) 在支撑桁架的混凝土柱底部,设计转动支撑,采用钢管组成格构式。在柱顶部设置滑轮组牵拉机构,在楼面设置连接滑轮组的卷扬机系统。

(3) 利用人字柱和转动支撑,控制桁架的轨迹线,利用混凝土柱顶部的牵拉支撑拉动桁架,以人字柱和混凝土柱底部连杆的根部作为轴心杠杆,使桁架沿固定的轨迹线,转动到设计位置,就位、固定支座。

(4) 倒运连杆转动支撑和卷扬机、滑轮组牵拉系统,进行下一榀桁架安装。

(5) 安装从建筑的一端向另一端进行,并保证南北两侧同时进行。

(6) 塔吊顺次退吊,逐榀组装桁架,滑轮组逐榀牵拉将桁架安装至设计位置就位。

(7) 安装桁架时,Ⓚ轴两侧的采光带架各自作为桁架的一部分与桁架一起安装。

(8) 两榀桁架安装完成,塔吊退吊以前,进行人字柱连接桁架及屋面压型钢板安装。

(9) 为了减小桁架转动起步和小角度牵拉时,人字柱的轴心压力,需配置一台150t履带吊协助提升。

5.2 安装总体思路

5.2.1 安装方案简述

本工程钢结构内容包括:屋面曲线钢管桁架、格构式钢管人字柱、采光带拱架、桁架

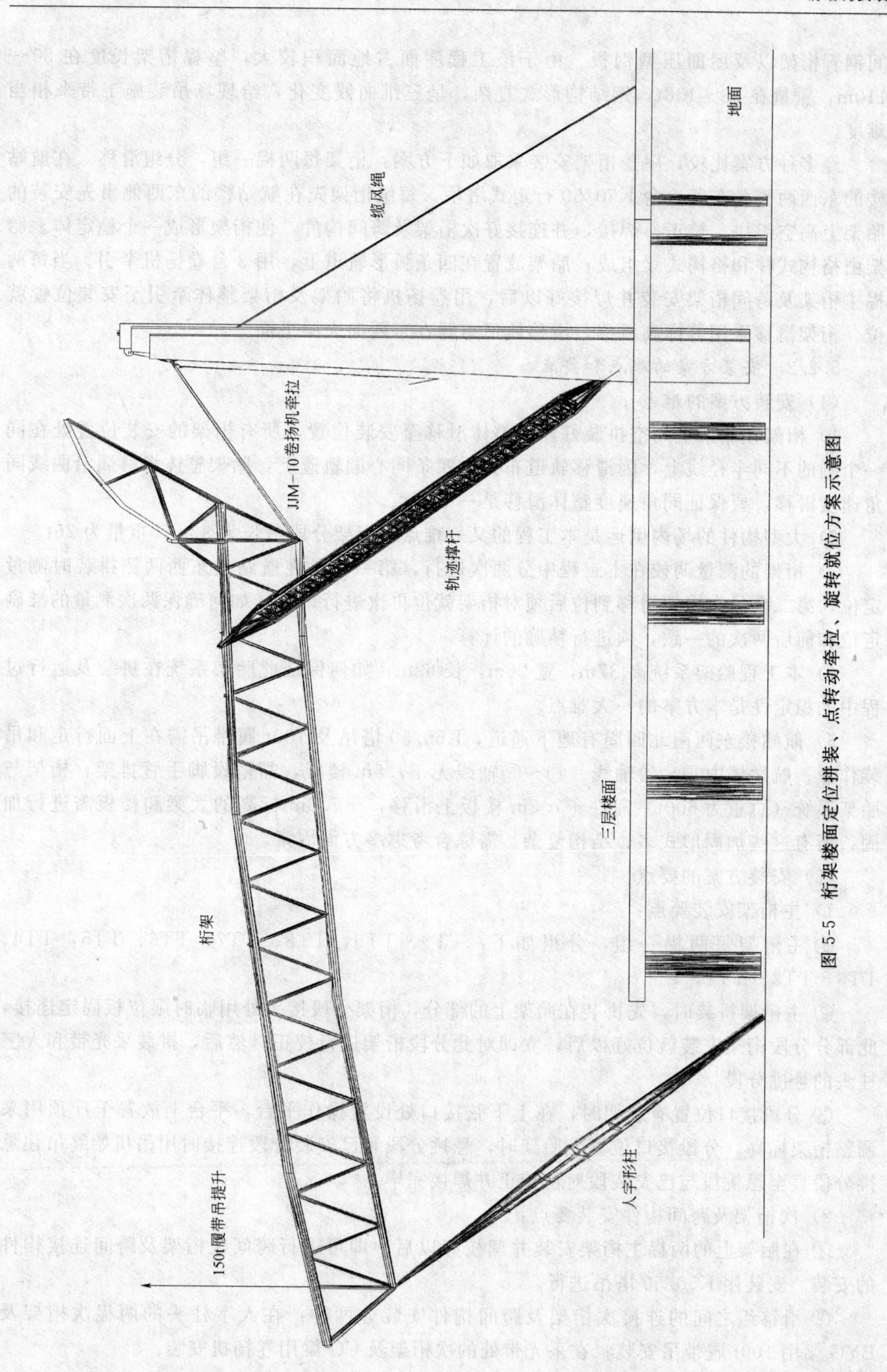

图 5-5 桁架楼面定位拼装、点转动牵拉、旋转就位方案示意图

间钢管桁架以及屋面压型钢板。由于该工程屋面占地面积较大，整榀桁架长度在80～110m，重量在98～138t，钢结构形式复杂，呈三维曲线变化，给现场吊装施工带来相当难度。

经多种方案比较，屋盖桁架安装采取如下方案：桁架每两榀一组，分组滑移。在航站楼的东西两侧各布置一台K50/50行走式塔吊，每组桁架先在航站楼的东西侧事先安装的胎架上高空组拼、校正、焊接，并连接好次桁架及跨间构件，使桁架形成一个稳定体。胎架由格构式柱和格构式梁组成，胎架放置在四条弧形轨道上，用3台卷扬机牵引。当每两榀主桁架及跨间桁架安装并焊接好以后，用卷扬机将胎架及桁架整体牵引至安装位置就位。桁架滑移采用等标高滑移，滑移轨道布置在东西向大梁上面。

5.2.2　安装方案的难点和要点

(1) 安装方案的难点

1) 桁架在胎架上高空拼装好以后整体滑移至安装位置，所有桁架的安装位置处在同一个圆的不同半径线上，因滑移轨道布置在四条同心圆轨迹上，胎架整体滑移属沿曲线同角速度滑移，要保证同角速度整体滑移是一个难点。

2) 大型构件的场内倒运是本工程的又一难点，桁架分段最长为32m，重量为26t。

3) 桁架的测量调校在本工程中分两次进行，第一次是在航站楼东西两侧拼装时测量定位，第二次是在桁架滑移到位后须对桁架就位再次进行调校。如何确保两次测量的准确定位和前后两次的一致，须进行精确的计算。

4) 本工程胎架系统高37m，宽26m，长62m，如何保证此胎架系统在拼装及运行过程中的稳定性是本方案的一大难点。

5) 航站楼东西南北四周有地下通道，K50/50塔吊及100t履带吊需在上面行走和吊装作业；航站楼内⑯～⑳轴线、Ⓒ～Ⓔ轴线无+7.5m楼板，需搭设脚手管排架；桁架与胎架系统（总重为600t）需在+7.5m楼板上滑移，+7.5m标高的大梁和楼板需进行加固，所有这些加固形式多、结构复杂。需综合考虑多方面因素。

(2) 安装方案的要点

1) 主桁架安装要点：

① 主桁架每两榀一组，分组如下：TT9、TT9，TT8、TT7，TT6、TT5，TT4、TT3，TT2、TT1。

② 主桁架拼装时，先拼装在胎架上的部分，桁架分段接头处用临时限位板固定连接，此部分分段桁架安装就位好以后，立即对此分段桁架进行校正；然后，拼装采光带和人字柱头的悬挑分段。

③ 分段接口位置有胎架时，在上下弦接口处设置操作平台，平台上放置千斤顶用来调整桁架标高。分段接口位置无胎架时，悬挑分段和已安装分段连接时用吊机始终吊住悬挑分段直至悬挑段与已安装段对位校正并焊接完毕。

2) 次桁架及跨间构件安装要点：

① 在胎架上的两榀主桁架安装并调校好以后，即可进行跨间次桁架及跨间连接构件的安装。安装用K50/50塔吊进行。

② 滑移组之间的连接次桁架及跨间构件安装分两种：在人字柱头的两榀次桁架及BYG梁用100t履带吊安装；在采光带处的次桁架及CG梁用卷扬机安装。

3）人字柱安装要点：

① 在桁架滑移到安装位置就位校正后，即可进行人字柱的安装。

② 人字柱安装前，先在人字柱安装位置拼装人字柱；人字柱拼装时，须固定人字柱下端的铰支座，然后在胎架上拼装人字柱。

③ 人字柱拼装好以后，100t 履带吊在桁架上弦管外侧吊住人字柱的一条腿将人字柱旋转吊装到位。

5.2.3 施工顺序

（1）为便于组织流水作业，将整个施工平面划分为南面、北面两个分区施工，根据土建单位的施工进度先施工南面分区。施工南面分区时，在东西两侧同时进行胎架上桁架拼装施工和滑移就位施工，桁架的安装顺序是从中间向两边依次进行。北面分部的施工与南部分区施工完全相同。

（2）南、北两面的桁架组对拼装的顺序依次是 TT9 与 TT9、TT8 与 TT7、TT6 与 TT5、TT4 与 TT3、TT2 与 TT1。

5.3 施工准备

5.3.1 基准点交接与测放

复测土建提供的基准点，并以此为根据，进行钢结构基准线和轴线的放线和测量，并与土建进行轴线和标高交接。

（1）交接轴线控制点和标高基准点。

（2）测放桁架、人字柱定位轴线和定位标高。

5.3.2 预埋件验收

土建与钢结构安装单位进行预埋件（包括钢结构施工措施预埋铁件）交接，并提供施工记录资料。安装单位派专业测量人员进行验收，检测预埋件的轴线与标高偏差。验收合格后方可进入吊装工序。

5.3.3 设备准备

（1）设备的选择

综合考虑工程特点、现场的实际情况、工期等因素，经过各种方案反复比较，从吊装设备、与土建交叉配合要求及本企业的施工实践，钢结构主桁架吊装选用两台 K50/50 塔吊和一台 100t 履带吊，K50/50 塔吊是主桁架分段高空拼装的主要设备，100t 履带吊主要用来辅助拼装桁架靠人字柱头最外的一段桁架，吊装靠近人字柱头的次桁架及 BYG 梁。人字柱安装和运送压型钢板到屋面选用一台 40t 履带吊。另外选用两台 100t 履带吊、两台 20t 汽车吊和三部平板车作为地面倒运桁架分段、压型钢板和其他构件的设备。

（2）吊装设备的布设

如图 5-6 所示，在①、㉟轴外侧各布设一台 K50/50 塔吊，塔吊沿直线行走，最大起重高度为 62m，臂长 70m，塔吊最靠近①、㉟轴线的位置为在Ⓕ轴线上，塔吊中心离①、㉟轴线的距离为 14m；辅助吊装的履带吊选用 57m 主杆，布置在Ⓐ、Ⓤ轴线的外侧，来往于Ⓐ、Ⓤ轴线的东西两头，帮助塔吊抬吊桁架拼装最外的分段及吊装靠近Ⓑ轴的次桁架。40t 履带吊选用 42m 主杆，布置在Ⓐ、Ⓤ轴线的外侧，用来拼装、安装人字柱，吊运压型钢板到屋面。负责装车的 100t 履带吊布置在桁架拼装堆场，选用 30m 主杆。

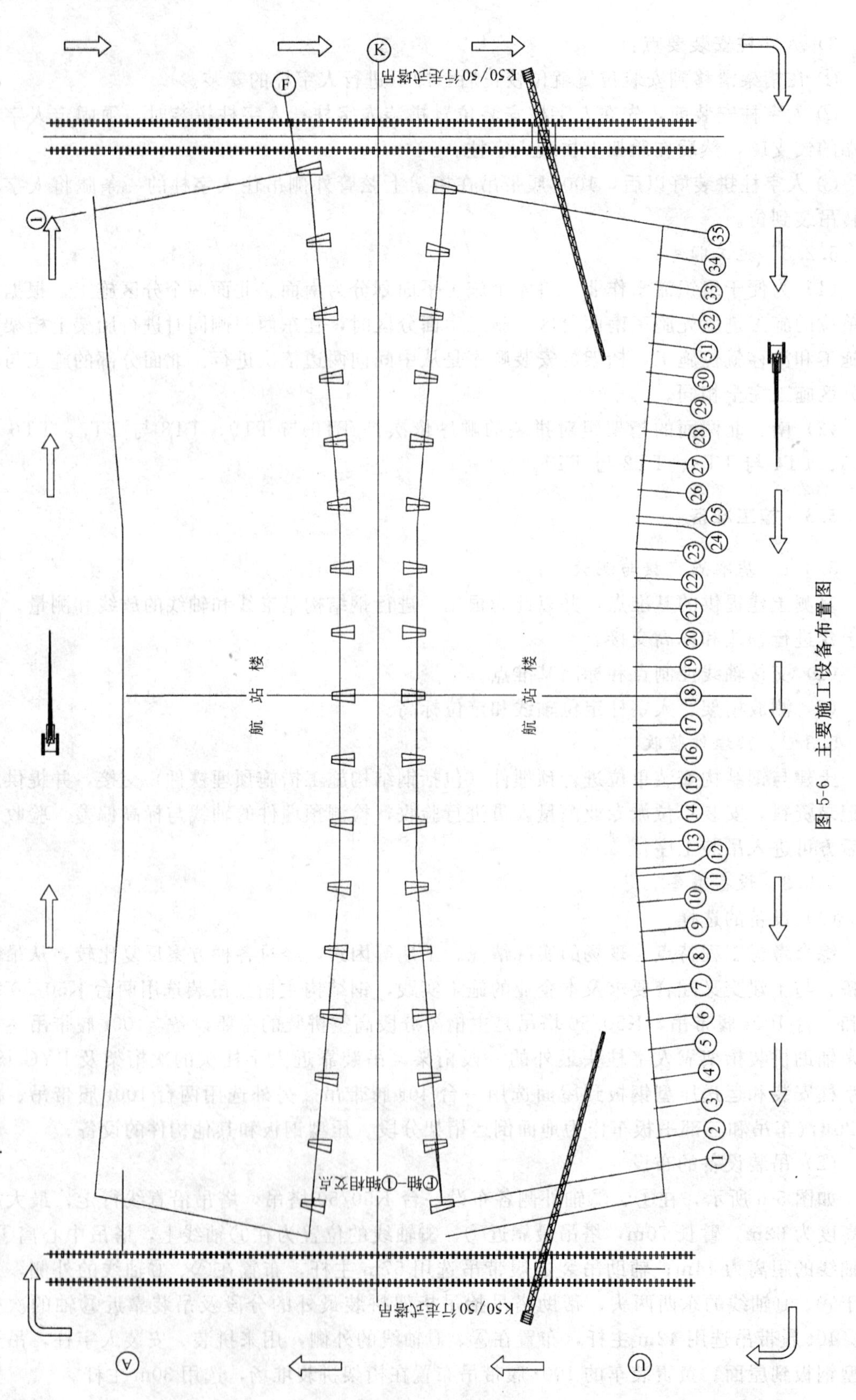

图5-6 主要施工设备布置图

（3）分段桁架的验收、倒运

1）桁架在拼装平台用散件整拼，根据安装单位的要求分段，分段处暂不焊接，分段处设置定位连接板。

2）释放胎架约束，进行桁架杆件、几何尺寸、焊缝、配套辅助构件验收，合格后办理构件验收和工序交接手续。

3）所有计量检测工具严格按规定统一定期送检。

4）根据安装顺序将分段桁架用平板车，短途运输到安装现场进行楼面组对整拼。

5.4 钢结构安装工艺

5.4.1 延伸平台

为了使桁架拼装时尽可能靠近塔吊，在标高＋7.5m 楼板的东西楼板侧沿着四条轨道的轨迹分别向外搭设一个 5.3m 长、5m 宽、7.5m 高的延伸平台（延伸平台如图 5-7 所示）。平台用型钢制作成，数量共为 8 个。平台上铺设轨道，桁架起始拼装时胎架安放在延伸平台上面。延伸平台靠近航站楼的柱腿搁放在±0.000 的大梁上，大梁下面加固。延伸平台外侧的柱腿搁放在地下室挡土墙上。为了保证＋7.5m 的四条轨道下大梁在①、㉟轴线外的悬挑部分的强度，须在悬挑梁的下部加设支撑。

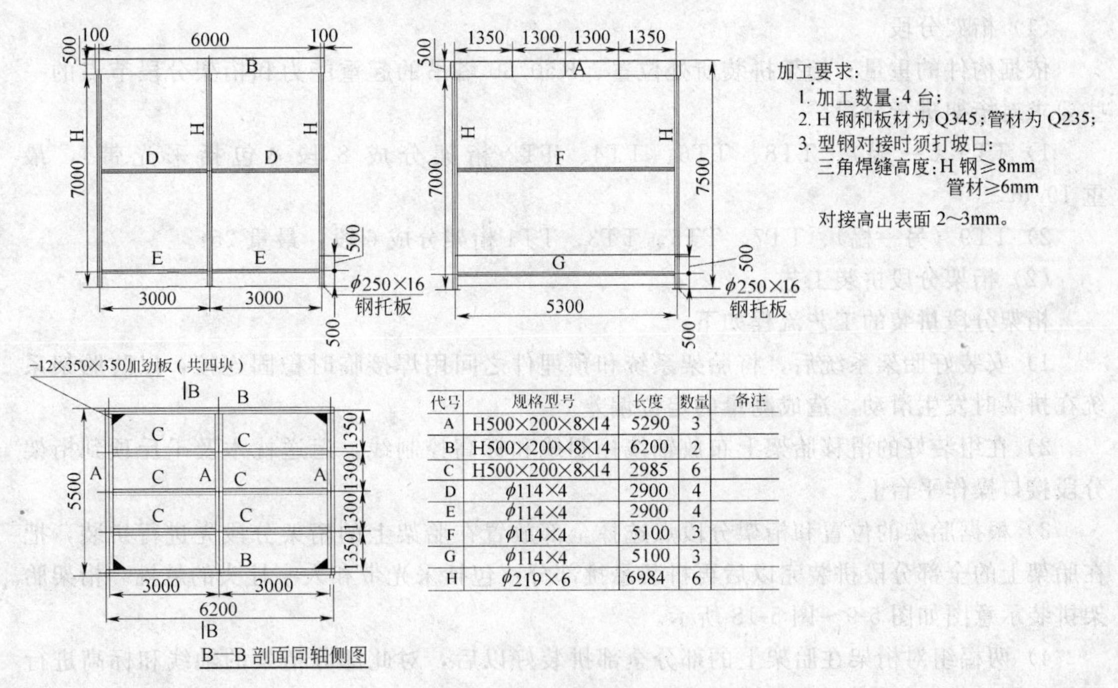

代号	规格型号	长度	数量	备注
A	H500×200×8×14	5290	3	
B	H500×200×8×14	6200	2	
C	H500×200×8×14	2985	6	
D	φ114×4	2900	4	
E	φ114×4	2900	4	
F	φ114×4	5100	3	
G	φ114×4	5100	3	
H	φ219×6	6984	6	

图 5-7 延伸平台结构示意图

5.4.2 ＋7.5m 楼层板上轨道及限位板安装

（1）在土建单位施工＋7.5m 楼板时，在四条滑移轨道位置的混凝土大梁上布设预埋件，预埋件按与滑移轨道相同的曲率布置，埋件间的弧长间距为 750mm，预埋件尺寸为 14mm×400mm×300mm，下带四根 φ20×400 锚固钢筋。埋设时，要控制好埋件的上表面标高。

（2）在土建混凝土楼板凝固后，检测预埋件的上表面高度，确定一个标准高度，高出部分用钢凿剔除，偏低部分用垫块找平。

（3）在+7.5m楼面和楼面外的钢平台上布放安装胎架轨道的控制线，此控制线将作为布置轨道的依据。

（4）逐条安装、调校钢轨，调校时要确保四条滑移轨道的圆弧为同心圆。

（5）根据测量放线，在每榀桁架的安装位置设置限位板，限位板跨座在轨道上，与楼板预埋件焊接固定。

5.4.3 卷扬机及导向滑轮布设

（1）根据桁架和胎架的总重及钢轨与滑轮间的摩擦系数，确定滑移牵引采用3台10t卷扬机（桁架和胎架总重取600t，摩擦系数取0.205，计算得牵引力为123t），每台卷扬机的牵引力约为42t，牵引钢丝绳采用ϕ22钢芯钢丝绳。

（2）卷扬机布置在航站楼Ⓖ轴与Ⓝ轴之间⑰、⑱轴线附近，卷扬机的安放位置预埋固定卷扬机钢板，卷扬机布置如图5-8所示。

（3）卷扬机牵引转向滑布置在Ⓑ、Ⓓ、Ⓔ（南部），Ⓠ、Ⓡ、Ⓣ（北部）轴线上，转向滑选用10t 3门滑轮。转向滑在轨道弧线上每隔18m布置一个。

5.4.4 桁架拼装

（1）桁架分段

依据构件的重量、桁架拼装所处位置、K50/50塔吊的起重能力和桁架分段节点的一些要求对桁架进行分段。

1）TT9（一榀）、TT8、TT6、TT4、TT2桁架分成8段（包括采光带），最重19.6t。

2）TT9（另一榀）、TT7、TT5、TT3、TT1桁架分成6段，最重25t。

（2）桁架分段拼装工艺

桁架分段拼装的工艺流程如下：

1）安装好胎架系统后，将胎架系统和预埋件之间用焊接临时稳固连接，以防胎架系统在拼装时发生滑动，造成测量的定位偏差。

2）在组装好的滑移胎架上布放轴线控制线和标高控制线，运送枕木及千斤顶到桁架分段接口操作平台上。

3）根据胎架的位置和桁架分段点选择全部放置在胎架上的桁架分段先进行拼装，把在胎架上的全部分段拼装完以后再拼装悬挑部分：包括采光带和人字柱头的悬挑。桁架胎架拼装示意图如图5-9～图5-18所示。

4）两榀组对桁架在胎架上的部分全部拼装好以后，对此部分桁架的轴线和标高进行调校，调校好以后把桁架和胎架用捯链固定好，准备进行悬挑部分的吊装。

5）采光带拼装用K50/50塔吊直接吊住连接，拼装时，先把接口处用临时连接板锁住，然后对桁架的轴线和标高进行调校，分段桁架离对接口最近的下弦与腹杆、上弦与腹杆节点作为整榀桁架的控制节点。在拼装胎架的铺板上弹出上下弦轴线的投影线，控制节点的投影点，据此把桁架调校好以后即对连接处实施焊接。

6）人字柱头的悬挑段用K50/50塔吊或用K50/50塔吊和100t履带吊双机抬吊进行就位拼装，拼装时用吊机吊住进行连接、校正和焊接，焊接好以后吊机才能松钩。

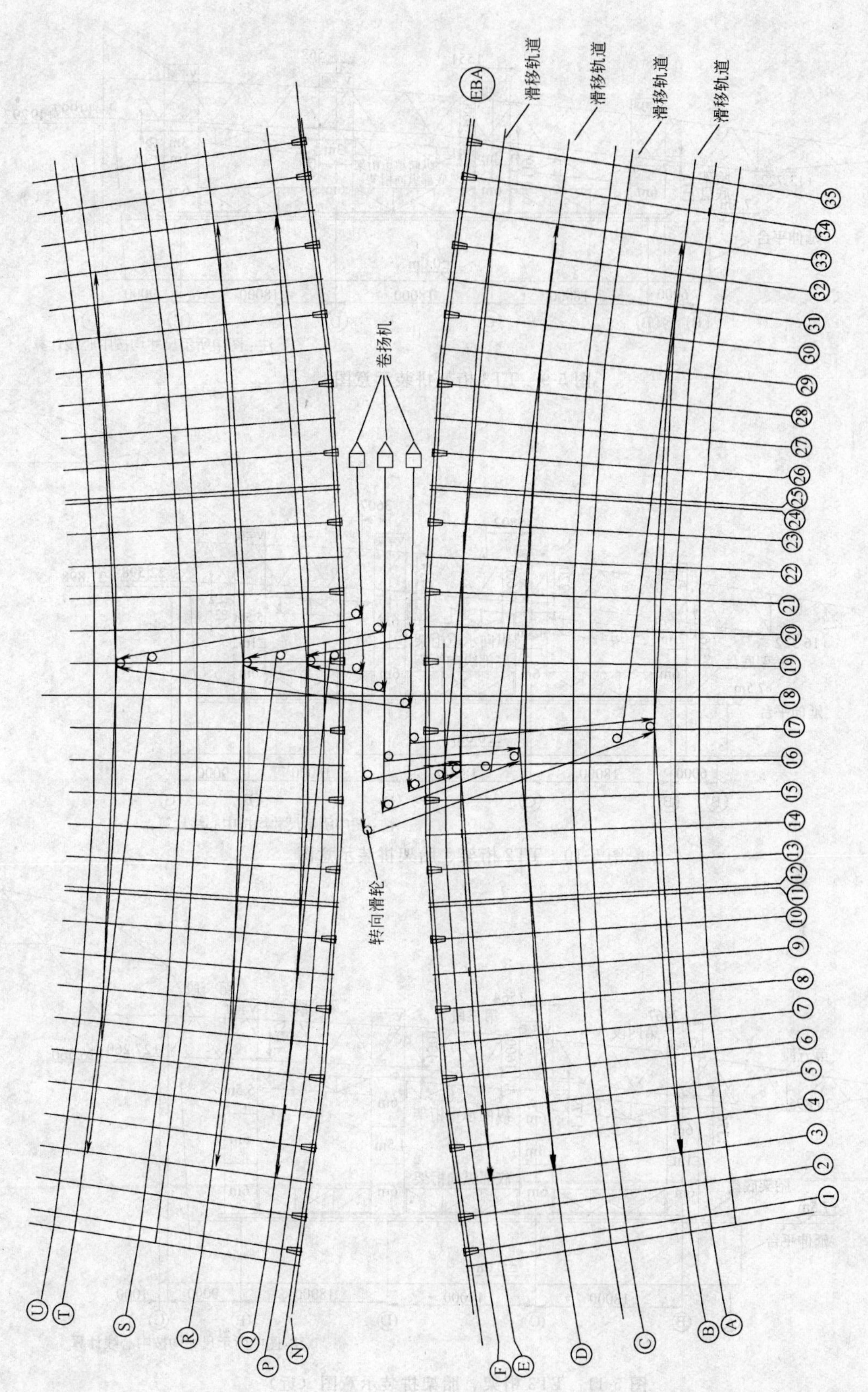

图 5-8　3 台 10t 卷扬系统布置图

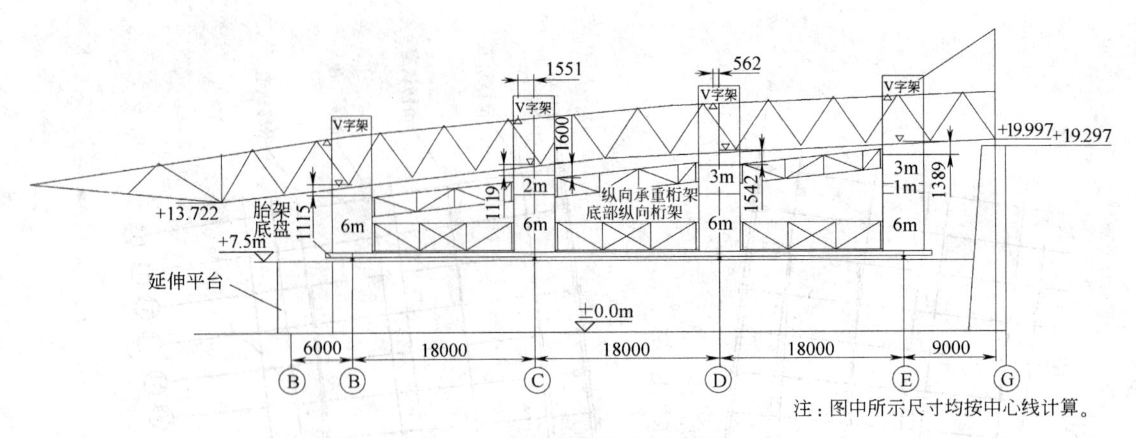

图 5-9　TT3 桁架拼装示意图

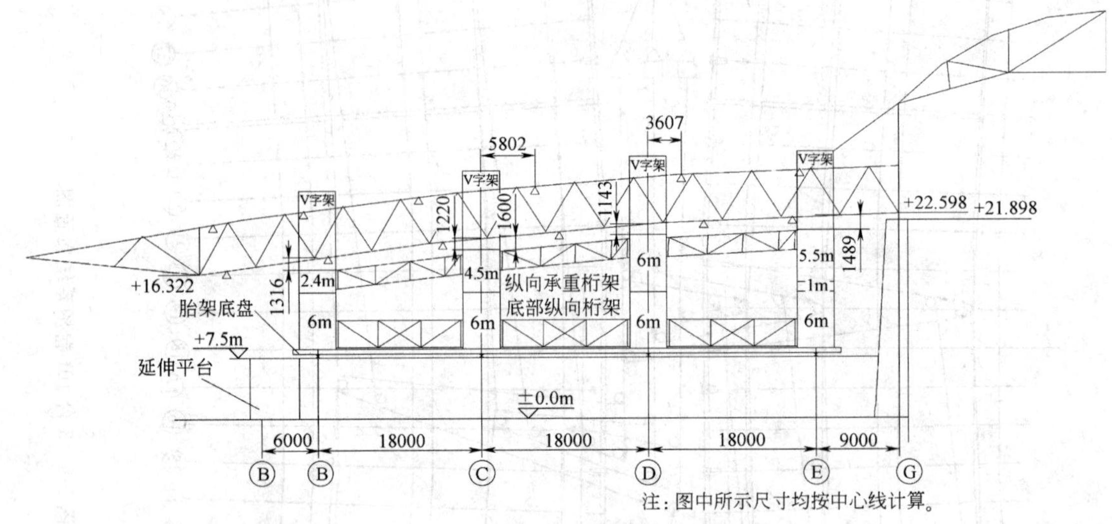

图 5-10　TT2 桁架、胎架拼装示意图

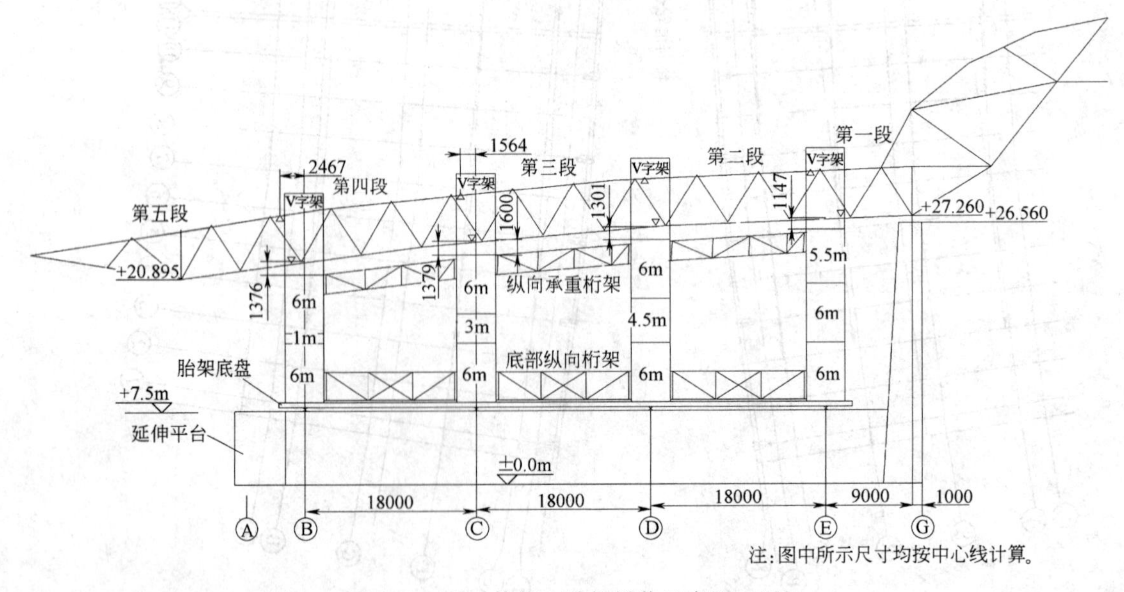

图 5-11　TT3 桁架、胎架拼装示意图（近）

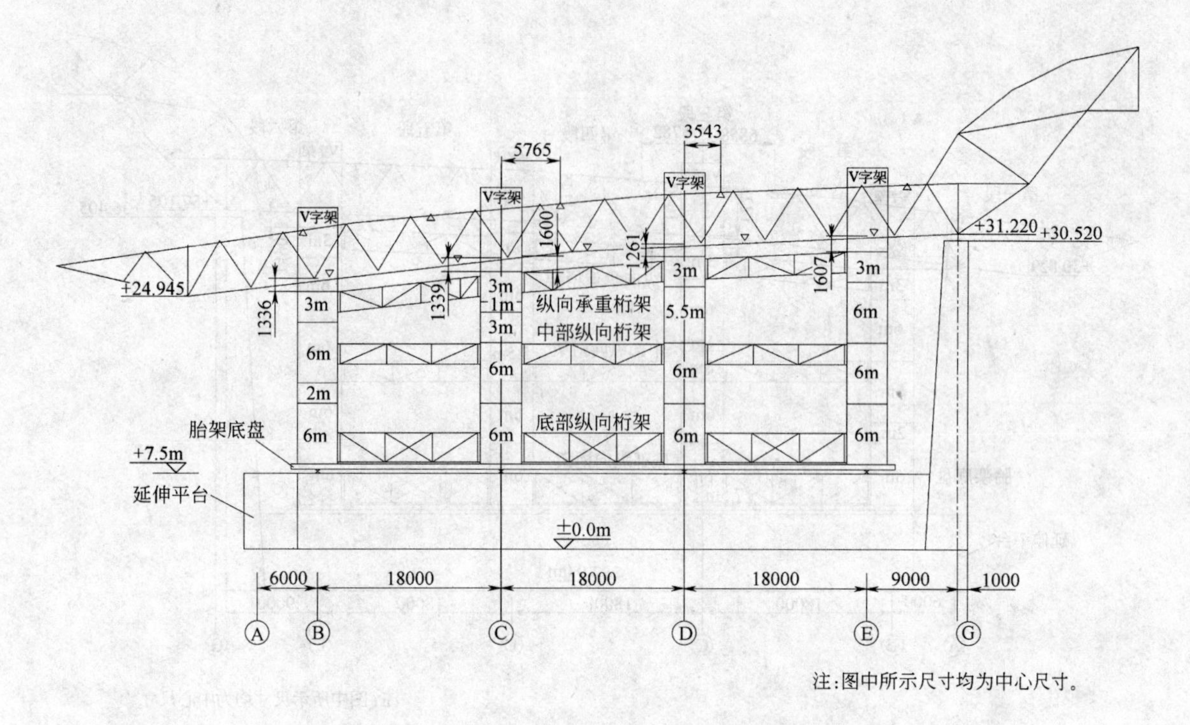

图 5-12 TT4 桁架、胎架拼装示意图

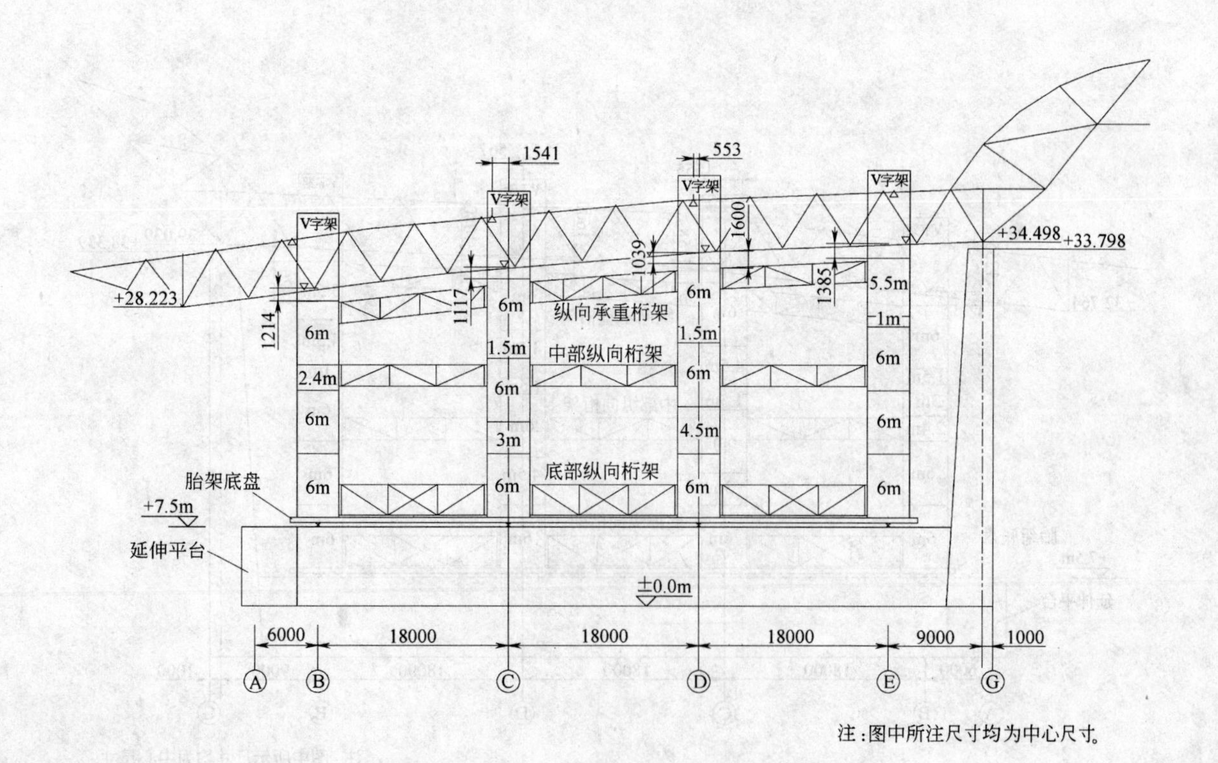

图 5-13 TT5 桁架、胎架拼装示意图

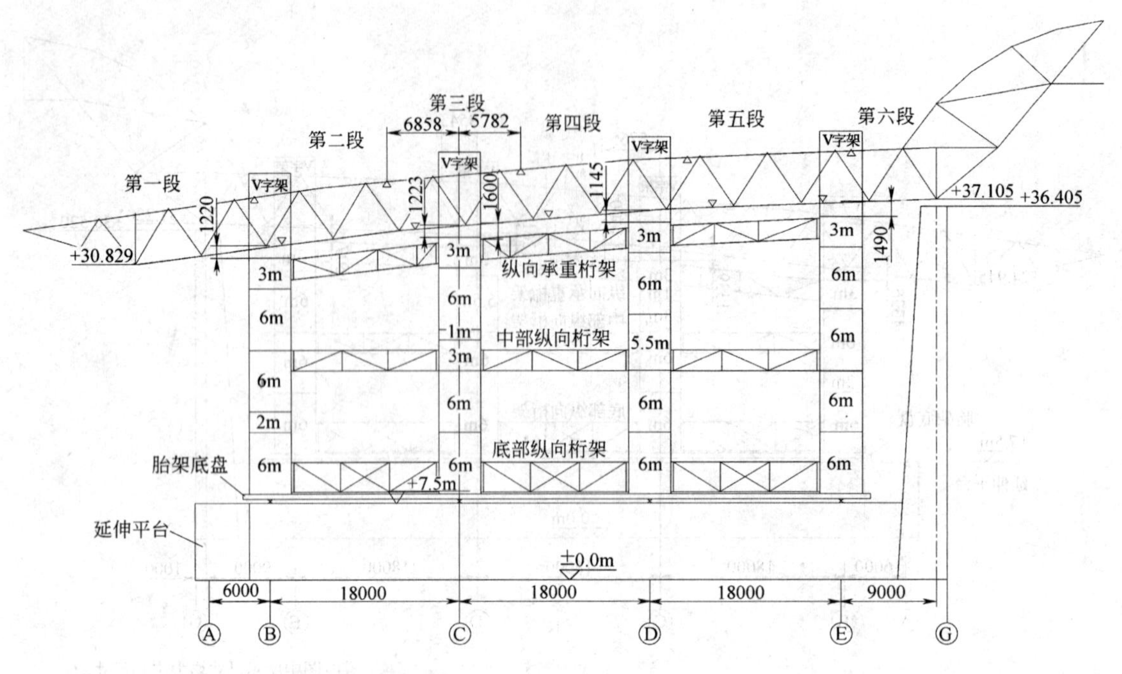

图 5-14　TT6 桁架、胎架拼装示意图

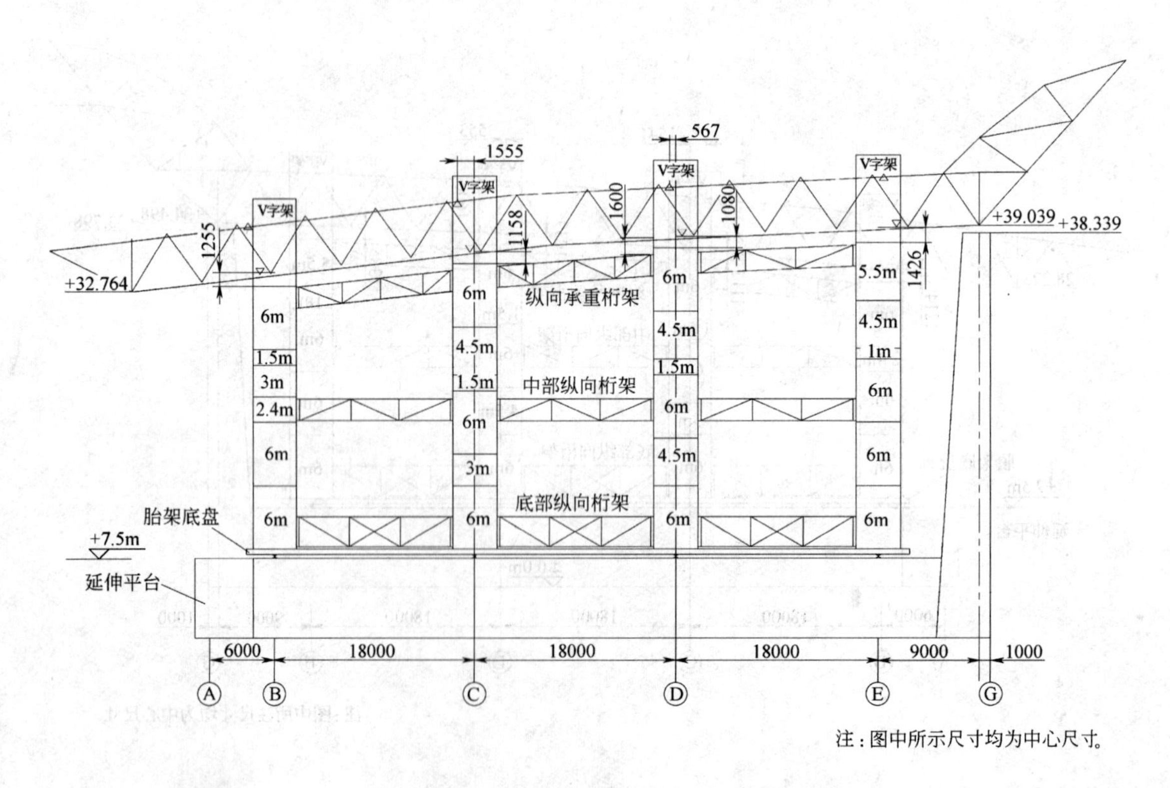

图 5-15　TT7 桁架、胎架拼装示意图

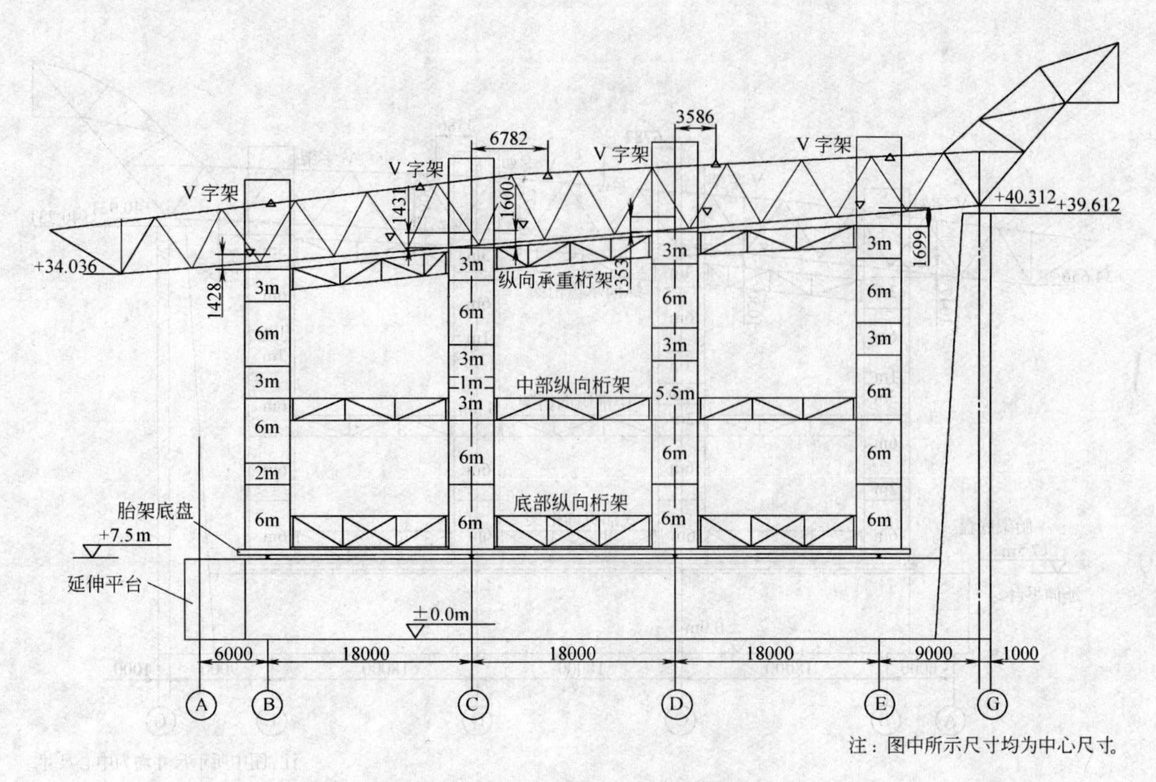

图 5-16　TT8 桁架、胎架拼装示意图

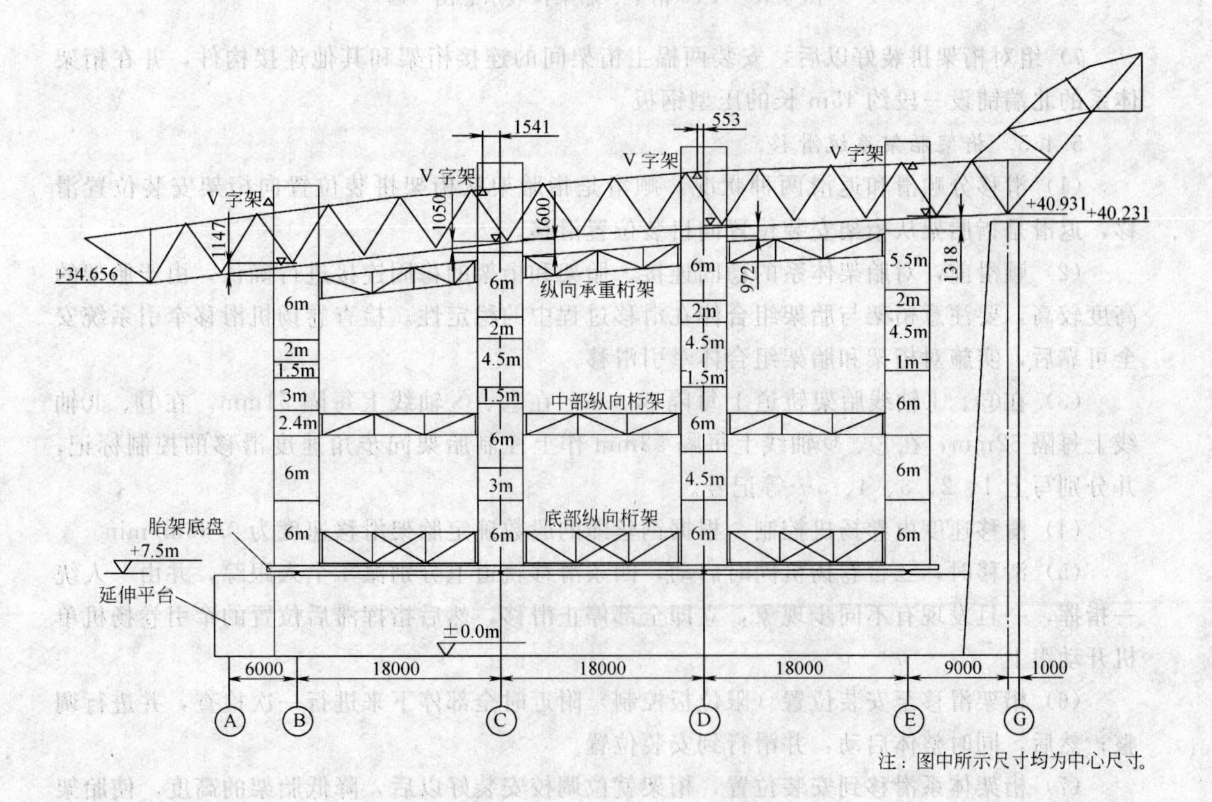

图 5-17　TT9 桁架、胎架拉装示意图（近）

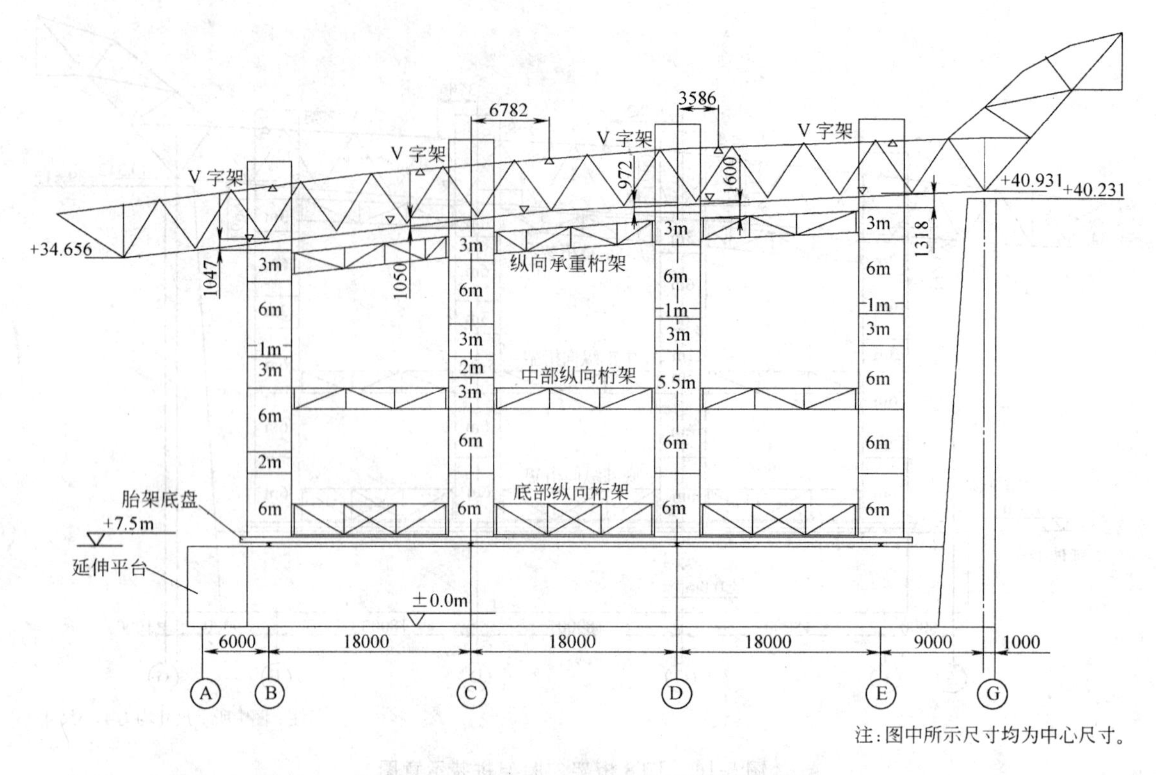

图 5-18 TT9 桁架、胎架拉装示意图（远）

7）组对桁架拼装好以后，安装两榀主桁架间的连接桁架和其他连接构件，并在桁架体系的北端铺设一段约 45m 长的压型钢板。

5.4.5 *桁架胎架系统滑移*

（1）滑移分顺滑和返滑两种状况，顺滑是指胎架从桁架拼装位置向桁架安装位置滑移，返滑是指胎架从桁架安装位置向拼装位置滑移。

（2）顺滑前，对胎架体系的稳固连接、胎架和桁架的稳固连接进行确认，由于胎架的高度较高，要注意桁架与胎架组合体在滑移过程中的稳定性。检查卷扬机滑移牵引系统安全可靠后，实施对桁架和胎架组合体牵引滑移。

（3）在Ⓑ、Ⓣ轴线胎架轨道上每隔 50mm，在Ⓒ、Ⓢ轴线上每隔 51mm，在Ⓓ、Ⓡ轴线上每隔 52mm，在Ⓔ、Ⓠ轴线上每隔 53mm 作上控制胎架同步角速度滑移的控制标记，并分别写上 1、2、3、4、5…等记号。

（4）滑移速度由卷扬机控制，根据钢丝绳的股数确定胎架滑移速度为 0.86m/min。

（5）滑移时，三台卷扬机同时启动，四条滑移轨道上分别派 4 个人跟踪，并由一人统一指挥，一旦发现有不同步现象，立即全部停止滑移，然后指挥滞后位置的牵引卷扬机单机开动跟上。

（6）桁架滑移至安装位置（限位板控制）附近时全部停下来进行一次检查，并进行调整；然后，同时整体启动，并滑行到安装位置。

（7）桁架体系滑移到安装位置，桁架就位调校安装好以后，降低胎架的高度，使胎架能从安装的桁架下面返滑出来。

(8) 返滑采用的设备仍是牵引顺滑的3台卷扬机，胎架每返滑18m作为一个段落，因为牵引返滑的180°反向滑轮每隔18m要往前移动一次。

(9) 返滑同样要求是同角速度滑移，控制方法与顺滑基本相同。

(10) 为保证胎架系统正式滑移时能一次成功，在胎架安装时要进行两次试滑。第一次是在安装胎架底盘时，把轮子和胎架底盘焊接连接好以后，对底盘进行一次试滑；第二次是胎架全部安装完以后，在桁架拼装以前，对整个胎架系统进行试滑。把试滑过程中出现的问题全部解决以后，才能进行桁架拼装。

5.4.6 胎架柱、梁的高度调整

(1) 胎架柱、梁的高度调整分两次，第一次调整是胎架滑移到安装位置调校固定好以后，胎架顶面需降到低于较低的一榀桁架的下弦管的高度；第二次调整是胎架返滑到桁架拼装位置后需降低到下一榀桁架拼装的高度。

(2) 第一次柱、梁调整的工序：桁架滑移就位调校安装好以后，将最上面一层的纵横向的胎架梁用卷扬机拆放到中间一层的胎架梁上并用倒链固定好（胎架梁与胎架柱是通过绑板焊接的)，然后打开离塔吊近的四组胎架的V字架内半侧，再打开离塔吊较远四组胎架的上端部分，以保证胎架能够顺利返滑。

(3) 第二次柱、梁调整的工序：胎架返滑到拼装位置后，根据胎架柱的组合情况用塔吊调整胎架柱的高度。每榀桁架下面的胎架柱高度如图5-19～图5-22所示。

5.4.7 支座安装

(1) 桁架与混凝土柱通过预埋螺栓和桁架支座连接，桁架支座高于混凝土柱面约500mm，为了避免桁架滑移到支座位置时，支座因高度过高而影响到桁架直接就位。安装桁架支座可先降低支座的高度。

(2) 利用支座二次灌浆、支座与柱顶预埋件之间存在160mm间隙的设计特点，将支座与桁架分开制作，先进行支座安装。

(3) 特制预埋螺栓，将螺纹长度加长60mm。

(4) 先安装支座，使其低于设计标高80mm。

(5) 桁架就位后，将支座提升到设计位置。

(6) 垫好垫铁件，紧固螺栓，支座二次灌浆。

5.4.8 桁架就位安装

(1) 桁架安装以前，先将Ⓖ、Ⓝ轴线混凝土柱顶的桁架底座基本到位，桁架底座预先比设计标高降低8cm左右，这样可以保证桁架等标高顺利滑移到安装位置，等桁架滑移到位后再将底座提升到位。

(2) 桁架滑移基本到位后，对桁架的轴线和标高再进行一次整体调校，调校好以后将胎架下部和轨道固定，开始安装人字柱和对混凝土柱顶的底座与桁架实施焊接连接。

(3) 由于两榀组对桁架在中间段位置没有连接杆件，中间段位置的压型钢板在桁架拼装时也没有事先安装。这样，当桁架下的胎架卸载后，桁架由于自身重量在中间段将造成较大的挠度。为了减小这种挠度，在胎架卸载前，在两榀组对桁架的中间段位置用钢丝绳将两榀桁架下弦对上弦对拉起来。

(4) 以上工作完成以后，对桁架两端的人字柱顶连接和混凝土柱顶连接进行检查，确认安全无误后即可对桁架下的胎架进行卸载。卸载完后，拆除胎架顶部一段降低胎架的高

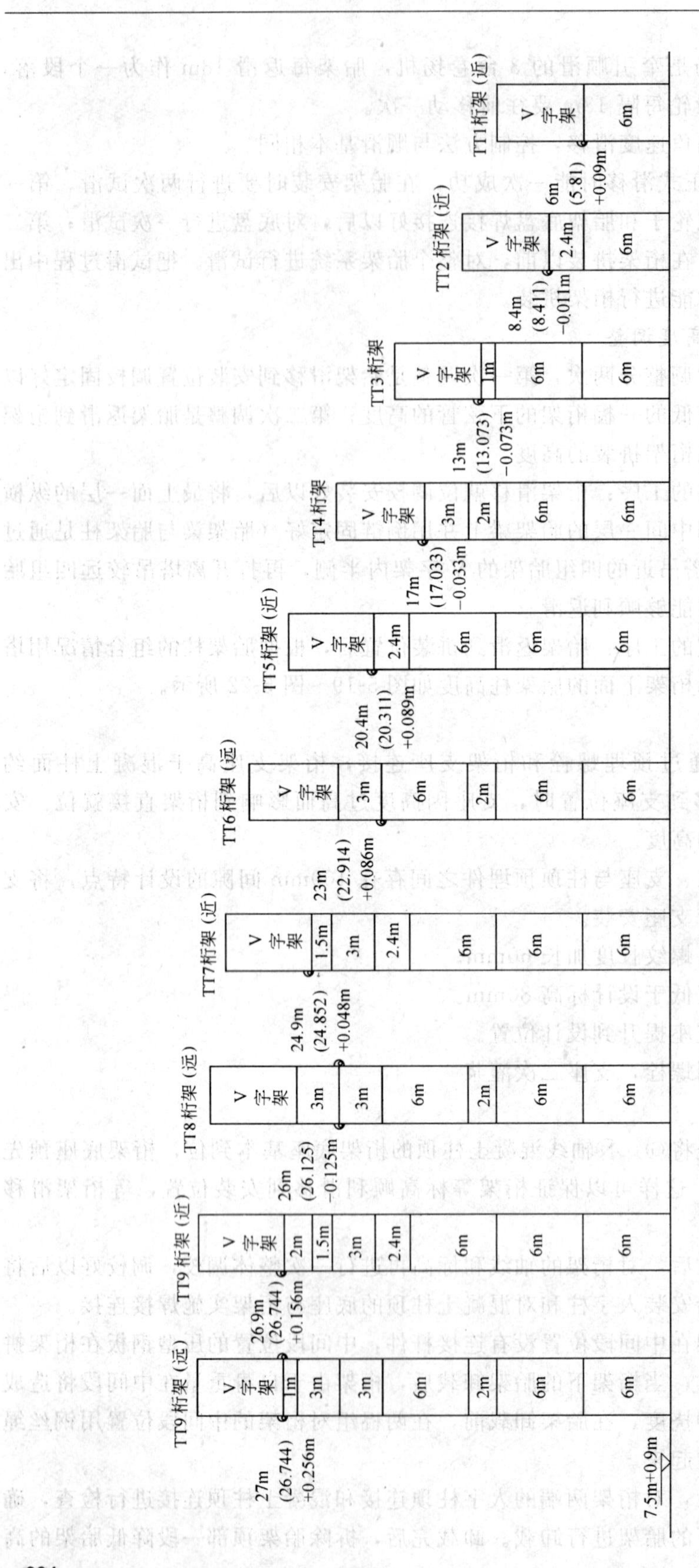

图5-19 B轴线胎架柱组合图

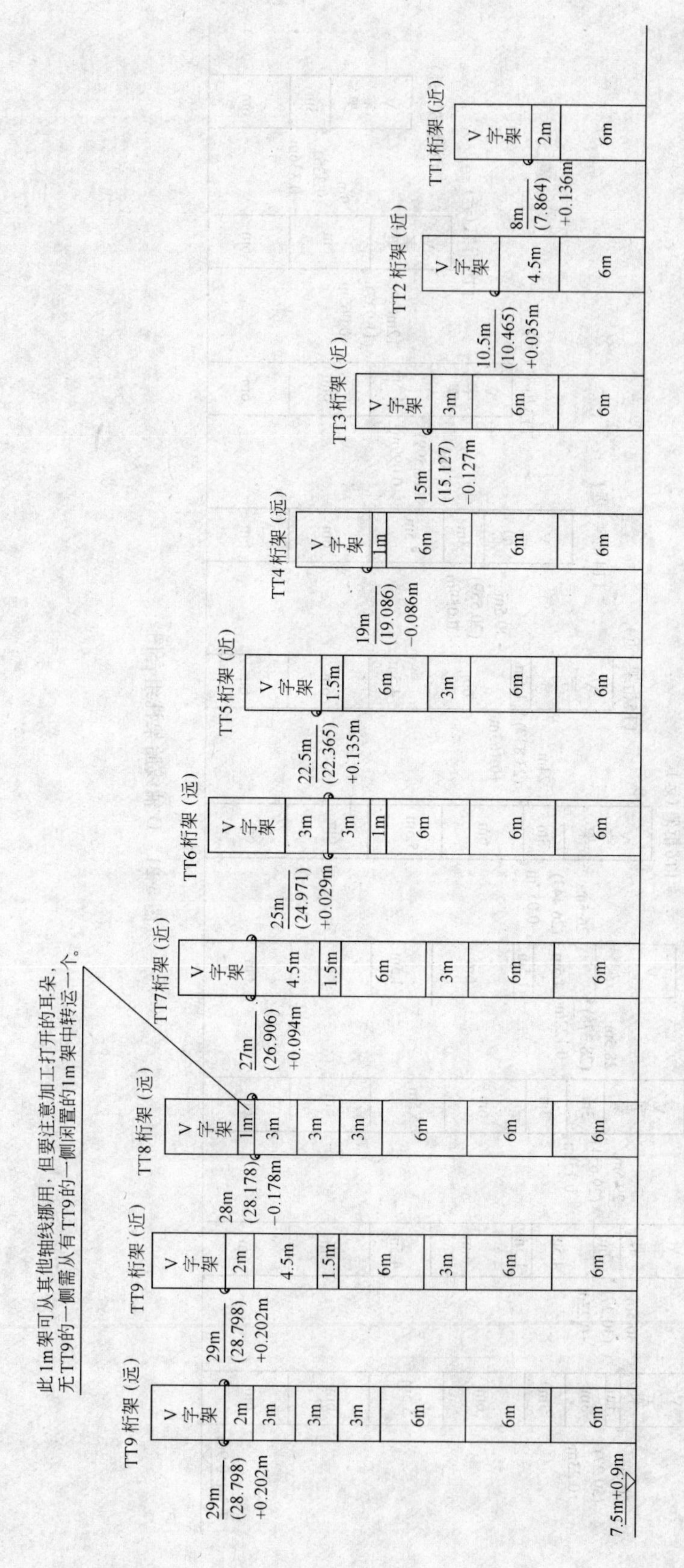

图 5-20 C轴线胎架柱组合图

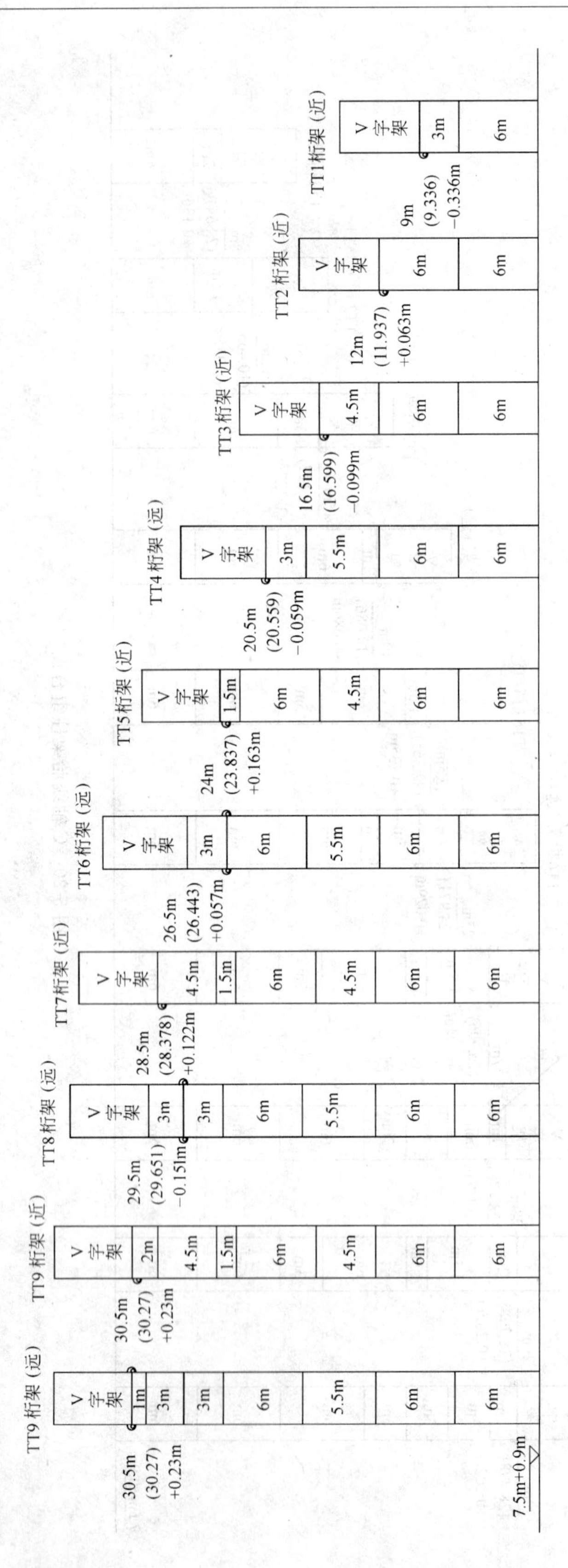

图 5-21 D轴线胎架柱组合图

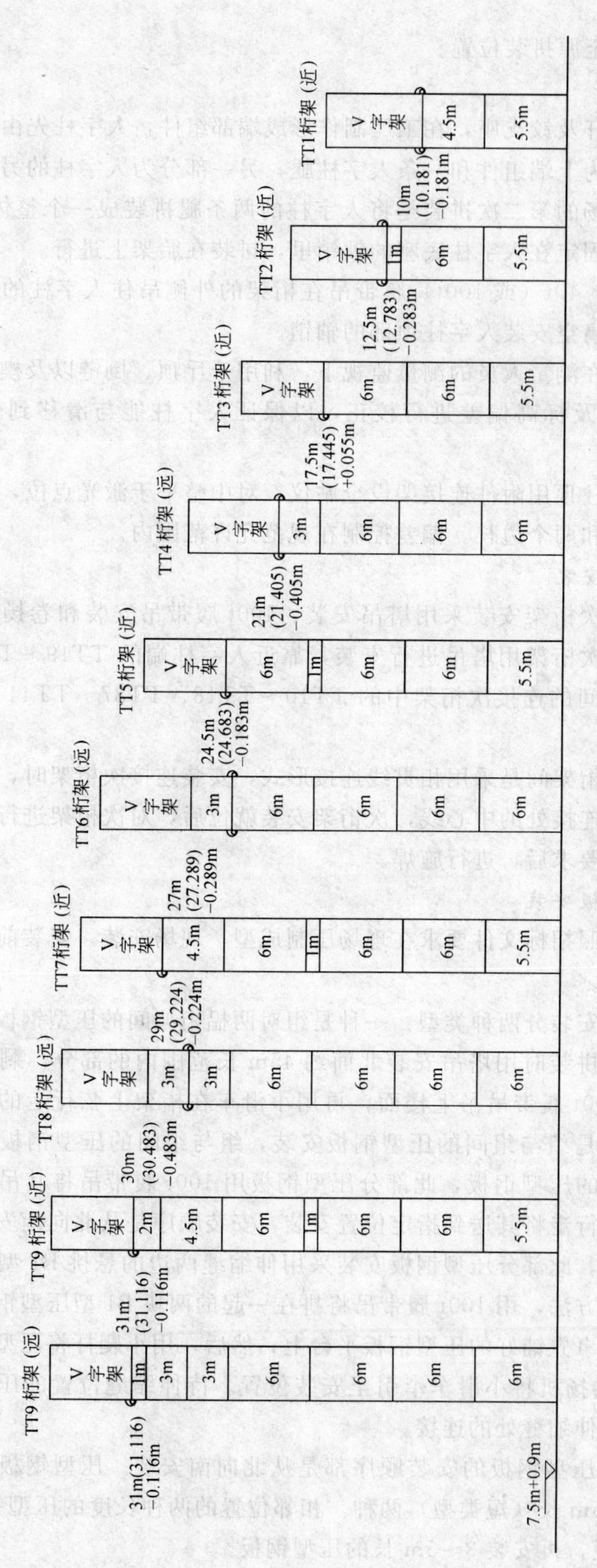

图 5-22 E轴线胎架柱组合图（离塔吊近）

度，然后将胎架倒退滑移至原拼装位置。

5.4.9 人字柱安装

(1) 人字柱两端三弦杆及铰支座，在工厂制作形成端部组件，人字柱先由制作厂在现场拼装成两部分，一部分为上端组件和一条人字柱腿，另一部分为人字柱的另一条腿。

(2) 人字柱在安装现场的第二次拼装是将人字柱的两条腿拼装成一个整体，拼装时，人字柱的两条腿的端部应固定在人字柱底座的轴销里，拼装在胎架上进行。

(3) 桁架滑移到位后，40t（或100t）履带吊在桁架的外侧吊住人字柱的一条腿，将人字柱吊起旋转到位，在高空安装人字柱顶部的轴销。

(4) 斜柱连接时，应在测量人员的测量监视下，利用千斤顶、捯链以及楔子等对其的垂直度偏差、轴线偏差以及标高偏差进行校正，以保证人字柱能与滑移到位的桁架连接上。

(5) 钢柱校正后，在柱顶用附件连接架设全站仪，对中整平于激光点位，分别瞄准另两个柱脚点位，检测夹角和两个边长。偏差控制在规范允许范围内。

5.4.10 连接次桁架安装

(1) 桁架间横向连接次桁架安装采用塔吊安装、100t履带吊安装和卷扬机安装三种方法。组对桁架间的连接次桁架用塔吊进行安装，靠近人字柱端的TT19～TT36桁架用100t履带吊安装，组与组间的连接次桁架中的TT10～TT18、TT37～TT44桁架用卷扬机进行安装。

(2) 连接次桁架与主桁架间是采用相贯线连接形式，安装连接次桁架时，根据设计图纸在主桁架上画出次桁架连接处的中心线，次桁架安装就位后，对次桁架进行轴线和标高的校正，达到设计与规范要求后，进行施焊。

5.4.11 屋面压型钢板安装

(1) 屋面压型钢板按照招标文件要求在现场压制成型，现场安装。安装前，两块槽形板组合成矩形，分块吊装。

(2) 屋面压型钢板的安装分两种类型：一种是组对两榀桁架间的压型钢板安装，组对两榀桁架间的压型钢板在拼装时用塔吊安装北面约45m长范围内的部分，剩余压型钢板等桁架滑移到位后，用100t履带吊吊上楼面，再用小滑车在桁架上弦行走的办法将其送到指定位置安装；另一种是组与组间的压型钢板安装，组与组间的压型钢板又分成两部分。一部分是非伸缩缝处的压型钢板，此部分压型钢板用100t履带吊将其吊上屋面；然后，用小滑车在桁架上弦行走将其送到指定位置安装，安装顺序是从北向南安装；另一部分是伸缩缝处的压型钢板，此部分压型钢板安装采用伸缩缝两边的悬挑B1型压型钢板临时组合在一起整体安装的方法，用100t履带吊将拼在一起的两块B1型压型钢板吊至屋面靠人字柱的位置，搁放在事先铺好的压型钢板平台上；然后，用小爬杆将压型钢板倒运到小滑车上，用两台1t的卷扬机将小滑车牵引至安装位置。待伸缩缝位置的压型钢板全部安装完以后，一次性切除伸缩缝处的连接。

(3) 所有以上位置的压型钢板的安装顺序都是从北向南安装。压型钢板按长度分有14m长（长类型）和3～5m长（短类型）两种。相邻位置的两种长度的压型钢板安装时，先安装14m长的压型钢板，再安装3～5m长的压型钢板。

6 胎架滑移吊装方案分析

本次计算为补充计算，有两个目的：一是保证胎架滑移吊装过程安全，因而调整了胎架结构的部分布置方案，特别是底盘结构的布置；二是提供下部主体结构加固方案所需的可靠数据。

6.1 胎架计算模型

6.1.1 杆件截面

按现场已制作完成的胎架截面尺寸取值，钢材 HPB235。模型如图 6-1 所示。

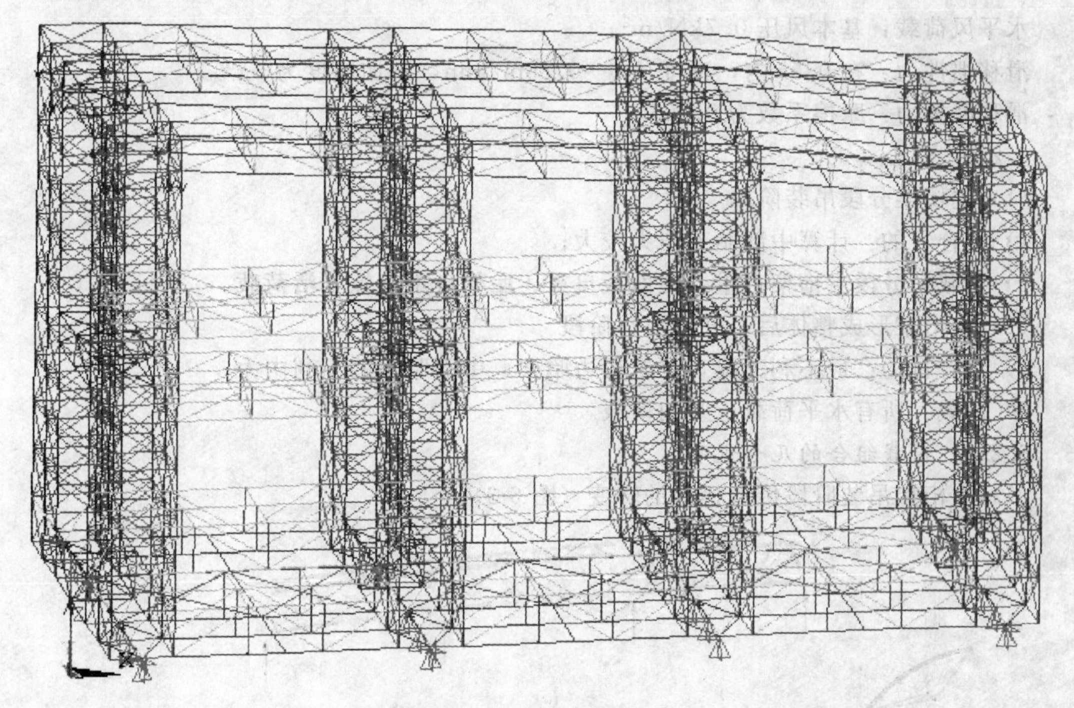

图 6-1 胎架整体计算模型

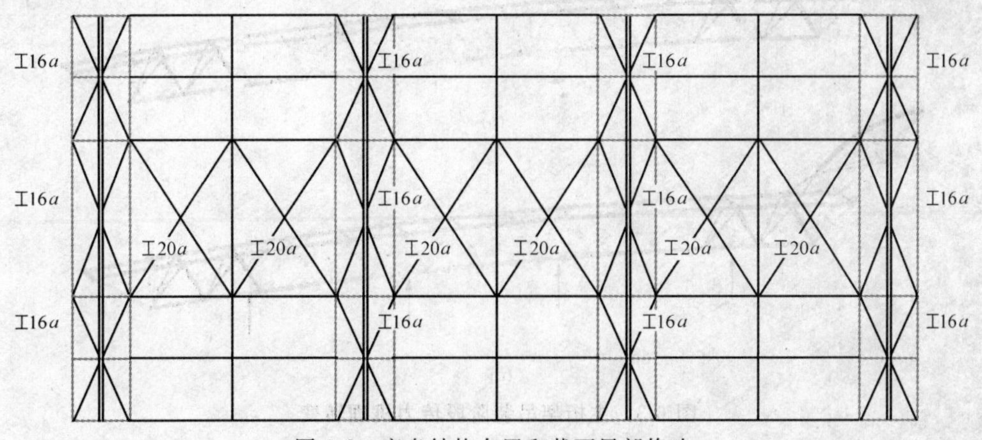

图 6-2 底盘结构布置和截面局部修改

6.1.2　胎架底盘结构布置

胎架底盘结构布置及局部修改，如图 6-2 所示。

6.2　荷载及组合

6.2.1　基本荷载

（1）竖向荷载

主桁架自重；纵向次桁架自重；

胎架自重；屋面板自重；

施工活荷载：胎架顶部局部范围内 $3kN/m^2$。

（2）水平荷载

水平风荷载：基本风压 $0.7kN/m^2$；

滑移惯性力：在 0.5s 内，速度从 0～0.86m/min，则加速度为 3g‰；

滑移摩擦力：摩擦系数为 0.205。

6.2.2　组合工况

（1）主桁架分段吊装阶段

1）组合目的：计算中部胎架压力较大；

2）荷载：分段主桁架自重、屋面板自重、胎架自重、施工活荷载。

（2）主桁架形成整体后，开始滑移阶段

1）组合目的：最不利工况，可求得边胎架、中部胎架的不利内力；

2）荷载：所有水平荷载＋竖向荷载。

6.2.3　荷载组合的几个说明

（1）主桁架吊装阶段传力机理的转变（图 6-3）

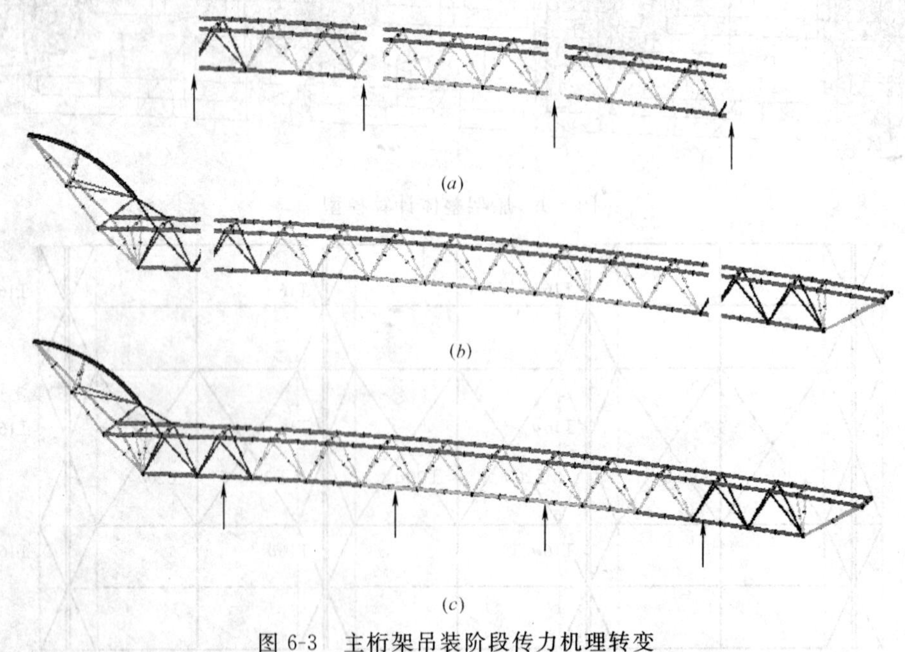

图 6-3　主桁架吊装阶段传力机理转变

(a) 静定结构；(b) 阶段 2；(c) 全部拼装完成阶段

图中（a）为分段阶段：两端的悬挑部分尚未连接，分段主桁架对胎架而言是简支结构，中间胎架受到较大的压力，两端胎架受压力较小；

图中（b）为过渡阶段：中部的几榀分段主桁架已拼装成整体，两端悬挑部分经吊车悬吊与中间段主桁架焊接形成整体；

图中（c）为主桁架拼装结束，吊车松钩，主桁架重量全部作用在四榀胎架上。由于两端悬挑部分的作用，中间胎架压力减小，而两端胎架压力大幅增加。

（2）水平荷载最不利组合

最大牵引力荷载组合：胎架由静止状态进入滑动阶段，起步时需克服相同方向作用的水平风荷载、静止的惯性力和滑动摩阻力，此时需要的牵引力最大。

匀速滑移时：胎架受到同向的水平风荷载和滚动摩阻力作用，该组合作用较小，计算时可不予考虑。

6.3 分析结果

计算采用美国ANSYS软件，计算时引入几何非线性，以考虑结构整体变形产生的整体附加效应（二阶效应 $P\text{-}\Delta$）和杆件局部变形产生的局部效应（二阶效应 $P\text{-}\delta$）的影响。

6.3.1 胎架结构

（1）空间整体结构，构造措施强大：底盘为纵横向交叉支撑结构，面内刚度大，面内变形可以忽略不计，可以认为是一个刚体；

（2）胎架结构最大高宽比为1.45，在最不利水平力作用下，抗倾覆满足施工设计要求；

（3）胎架结构的最大横向侧移（沿滑行方向）为30.4mm，如图6-4所示；整体稳定性、刚度满足施工设计要求；

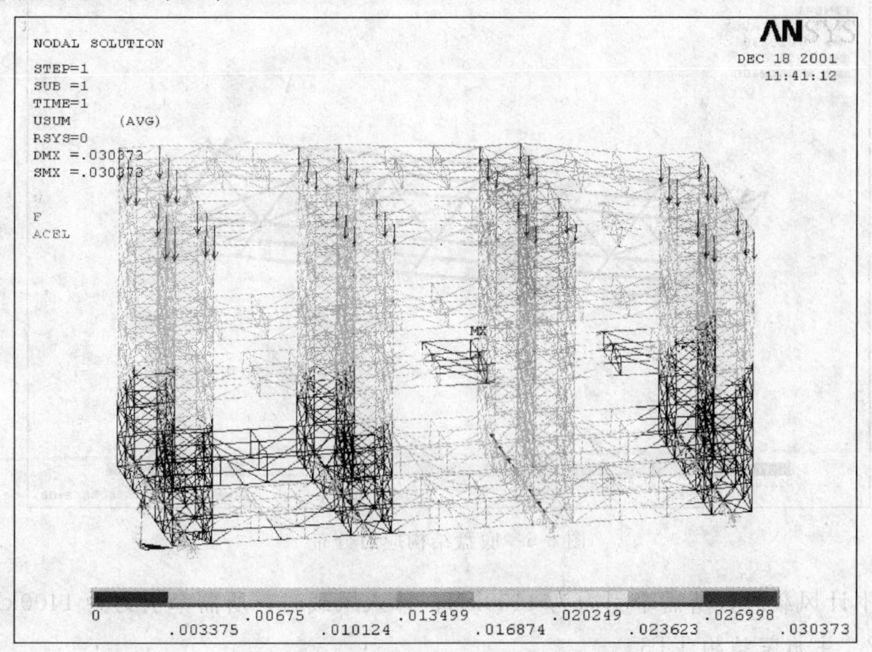

图6-4 胎架整体结构变形分布

（4）杆件最大稳定应力≤100N/mm²，如图 6-5、图 6-6 所示；杆件的强度、稳定性、刚度均满足施工设计要求；

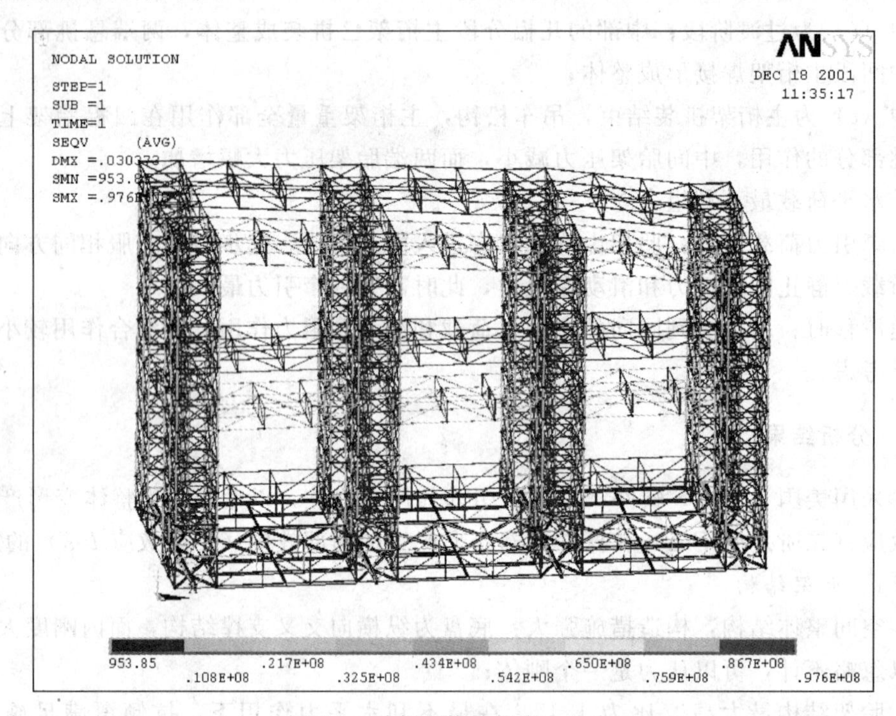

图 6-5　胎架整体结构应力分布

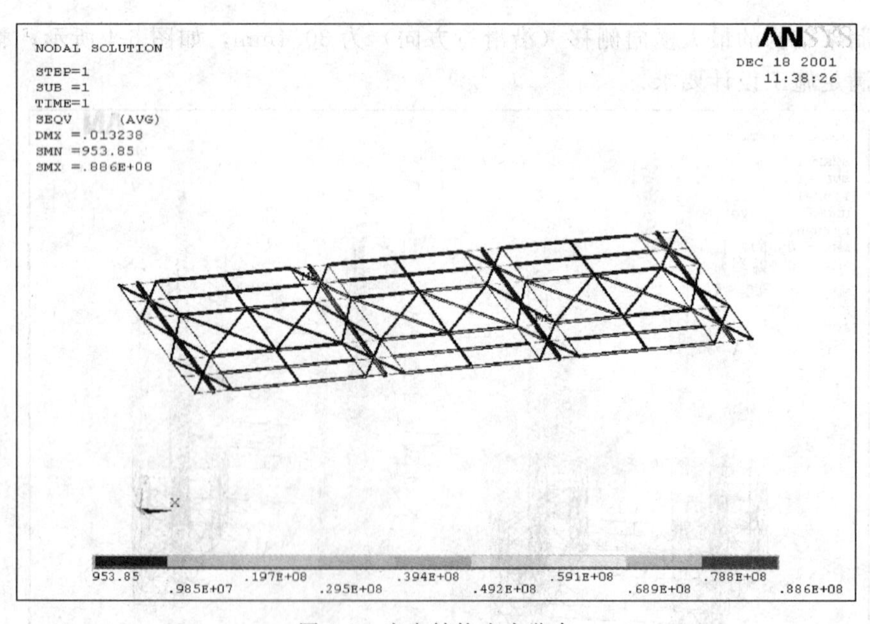

图 6-6　底盘结构应力分布

（5）不计风载时，所需牵引力为 1100kN；计入风载时，所需牵引力为 1400kN。

6.3.2　主桁架结构 TT3

由于 TT3 主桁架两端悬挑较大，在胎架滑移过程中处于最不利状态，因此，补充计算只复核该榀桁架的内力与变形。作用在 TT3 的荷载有：自重、次桁架、局部范围屋面板。

从图 6-7～图 6-9 TT3 桁架的挠度和应力分布图可看出：

(1) TT3 桁架采光带悬挑段的侧向位移超过竖向挠度，建议：

1) 滑移过程中应将所有主桁架采光带悬挑段用缆风绳侧向固定于胎架上，避免其侧向倾覆；

2) 缆风绳尽量置于水平面状态，若与水平面成一夹角，要保证其产生的竖向分力较小，

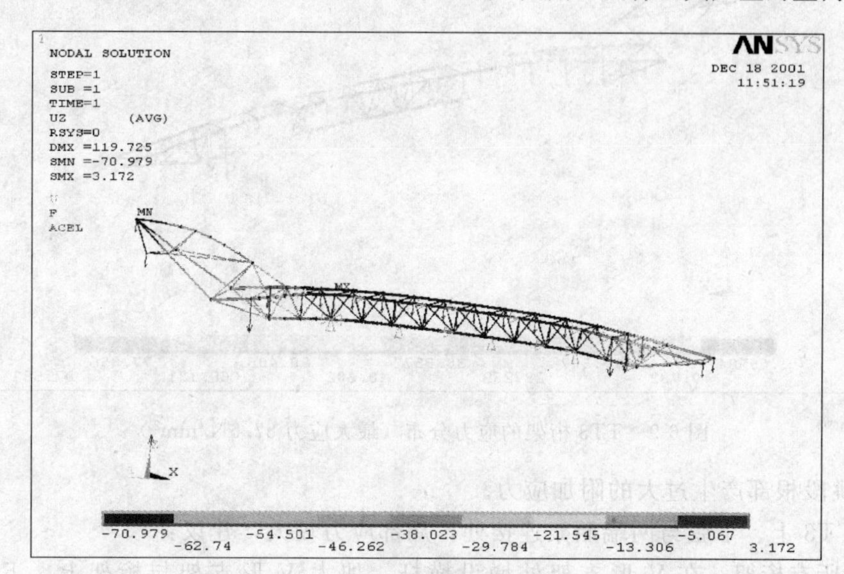

图 6-7 TT3 桁架的竖向挠度（下挠 71mm）

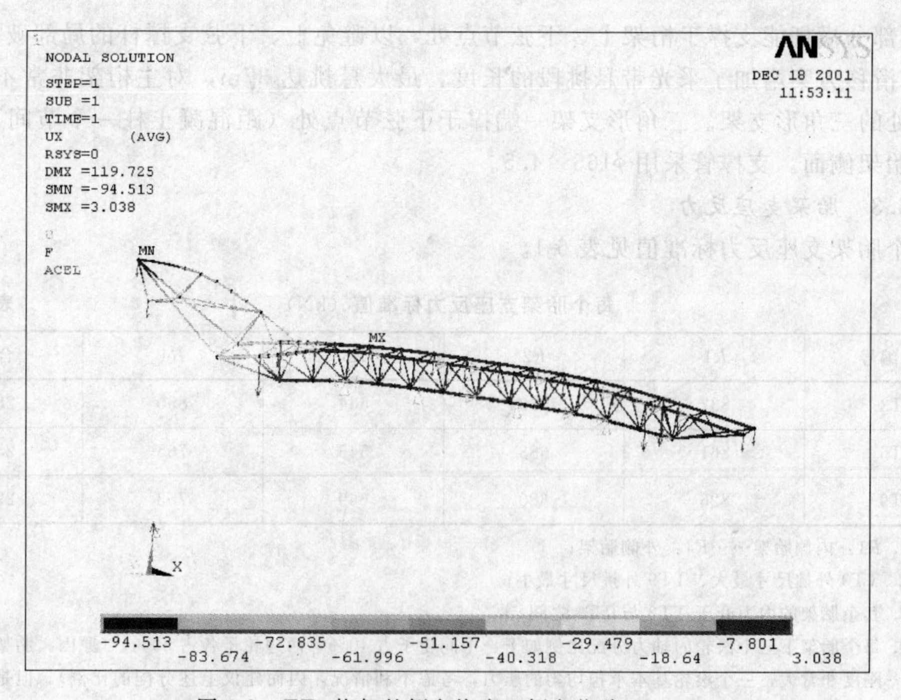

图 6-8 TT3 桁架的侧向挠度（侧向位移 94mm）

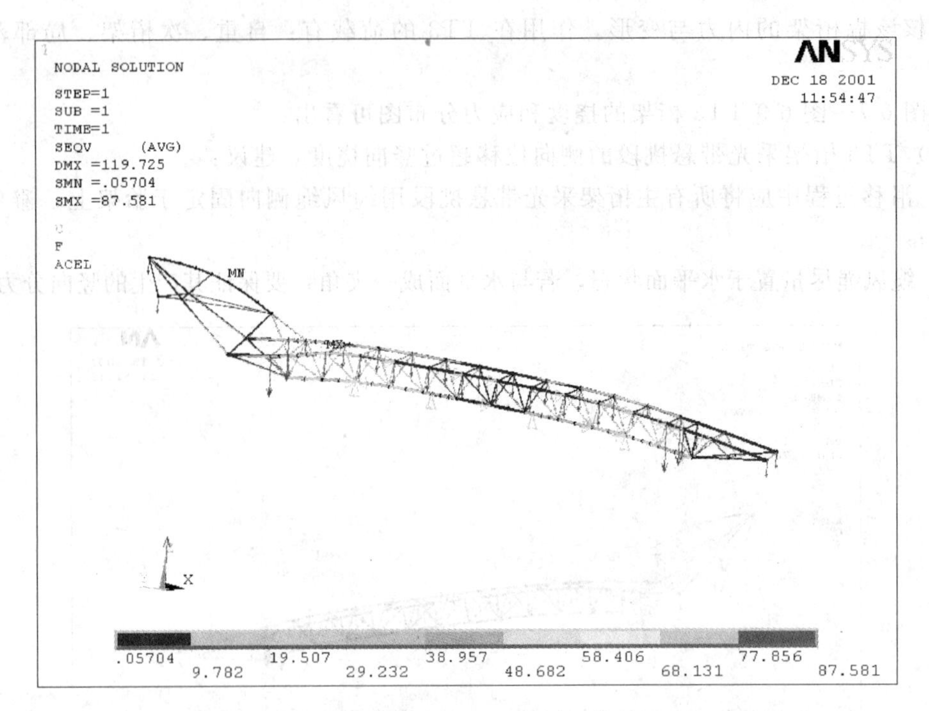

图 6-9　TT3 桁架的应力分布（最大应力 87.5N/mm²）

避免在悬挑段根部产生过大的附加应力。

(2) TT3 上、下弦与两端胎架连接处，局部应力较大，建议：

1) 对所有桁架，在 V 形支架处增设横杆，加大 V 形支架与桁架上、下弦接触的面积；

2) 部分横杆能支撑于桁架上、下弦节点处，以避免上、下弦支撑杆的局部破坏；

3) 滑移方案增加了采光带悬挑段的长度，最大悬挑达 37m，对主桁架非常不利，需增设此处的三角形支架。三角形支架一端撑于下弦节点处（距混凝土柱一个节间），另一端撑于胎架侧面。支撑管采用 $\phi165\times4.5$。

6.3.3　胎架支座反力

每个胎架支座反力标准值见表 6-1。

每个胎架支座反力标准值（kN）　　　　**表 6-1**

桁架编号	$R1$	$R2$	$R3$	$R4$	合计
TT3	837	563	564	850	2814
TT6	861	683	545	765	2854
TT9	826	680	669	753	2928

注：1. $R1$：内侧胎架……$R4$：外侧胎架；
2. TT3 外挑尺寸最大、TT9 外挑尺寸最小；
3. 其余胎架的内力介于 TT3 与 TT9 之间；
4. 每个胎架下三个滚轮的轴力分配比例如下：中间轮子占 40%，两边轮子各占 30%。(原因：胎架沿其竖向刚度非常大，三个滚轮基本承担均匀的压力，考虑不利情况，因而建议上述分配的比例)。但是，提供加固设计数据时，建议每个轮子的分配比例均为 0.4。

6.4 V形支架

V形支架位于胎架顶端，用于固定主桁架。建议V形支架两侧面增设交叉支撑，截面为双角钢组成的T形截面，角钢型号∟75×7；V形支架变截面交界处两根横梁之间设置短杆连接，保证上下梁共同工作；

同一平面内的V形支架至少用4个8.8级M20高强螺栓连成整体（在V形支架变截面处下方）。

6.5 结论

在理论计算分析的基础上，按照上述建议的加强措施，胎架和主桁架结构强度、稳定、刚度能满足施工设计要求；因此，滑移吊装方案是安全可靠的。

7 质量、安全、环保技术措施

7.1 质量技术措施

7.1.1 施工准备过程的质量控制

(1) 优化施工方案和合理安排施工程序，作好每道工序的质量标准和施工技术交底工作，搞好图纸审查和技术培训工作。

(2) 严格控制进场原材的质量，对钢材等物资除必须有出厂合格证外，需经试验进行复检并出具复检合格证明文件，严禁不合格材料用于本工程。

(3) 合理配备施工机械，搞好维修保养工作，使机械处于良好的工作状态。

(4) 对产品质量实现优质优价，使工程质量与员工的经济利益密切相关。

(5) 采用质量预控法，把质量管理的事后检查转变为事前控制工序及因素，达到“预控为主”的目标。

7.1.2 施工过程中的质量保证措施

根据本工程钢结构施工难度大，质量要求高，必须加强质量管理的领导工作，严格执行规范、标准，按设计要求进行控制施工，把施工质量放在首位，精心管理，精心施工，保证质量目标的实现。

(1) 建立由项目经理直接负责，项目副经理中间控制，专职检验员作业检查，班组质量监督员自检、互检的质量保证组织系统，将每个岗位、每个职工的质量职责都纳入项目承包的岗位责任合同中，并制定严格的奖罚标准，使施工过程的每一道工序、每个部位都处于受控状态，并同经济效益挂钩，保证工程的整体质量水平。

(2) 制定项目各级管理人员，施工人员质量责任制，落实责任，明确职责，签定质量责任合同，把每道工序和每个部位的质量要求、工作标准、控制目标，分解到各个管理人员和操作人员。

(3) 根据工序要求，制定项目质量管理奖罚条例，岗位职责质量目标与工资奖金挂钩，实行质量一票否决权。

(4) 编写本工程钢结构施工的关键工序作业指导书，严格按作业指导书进行交底和施工操作，做到施工有序控制和监控检查。

（5）施工现场的检查机构，由项目经理和质量总负责牵头建立质量检查机构，是保障工程质量的重要环节。根据工种不同设专职质量检查员，人员职责落实到位，分兵把关贯彻工程全过程，通过检查机构职能运行，把技术要求、质量要求传达到班组质检员，逐级负责控制各专业技术岗位和质量目标通过每一系统的质量把关（图 7-1）。

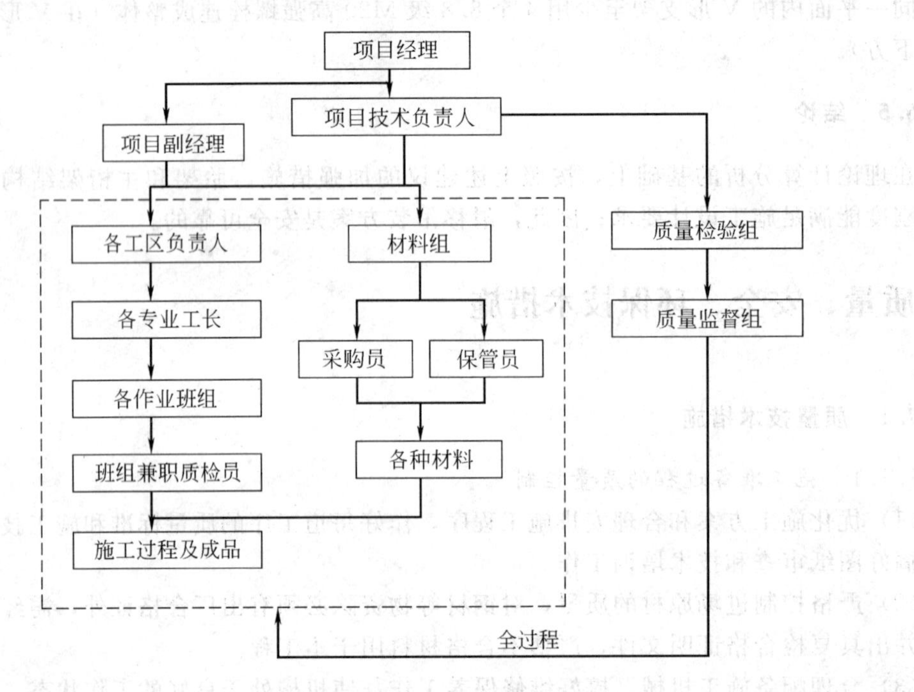

图 7-1　施工质量检查组织机构图

7.1.3　质量控制程序

（1）认真贯彻执行 GB/ISO 9000 系列质量标准、质量手册和程序文件，将其纳入规范化、标准化的轨道。

（2）质量依赖于科学管理和严格的要求，为确保工程质量，特制定本工程钢结构制作、构件预拼装、安装、焊接、高强螺栓施工、油漆质量、防火喷涂质量控制程序，并且符合规范及现行标准的要求。各项施工质量控制程序如图 7-2～图 7-8 所示。

7.1.4　质量控制措施

（1）各工序的质量检验。

（2）编制各工序施工工艺指导书，严格执行。

（3）以生产指令单指导生产。

（4）采购管理：

1）采购执行部门对涉及制作、计划和收货的所有事情负责，该部门由以下成员组成：采购人员、材料管理人员；

2）执行部门应当准备采购说明和质量保证要求，并送交供货方；同时，还要复核和认可供货方提供的材料，质量负责人准备质量保证标准并分发，还要审核供货方的质保程序；

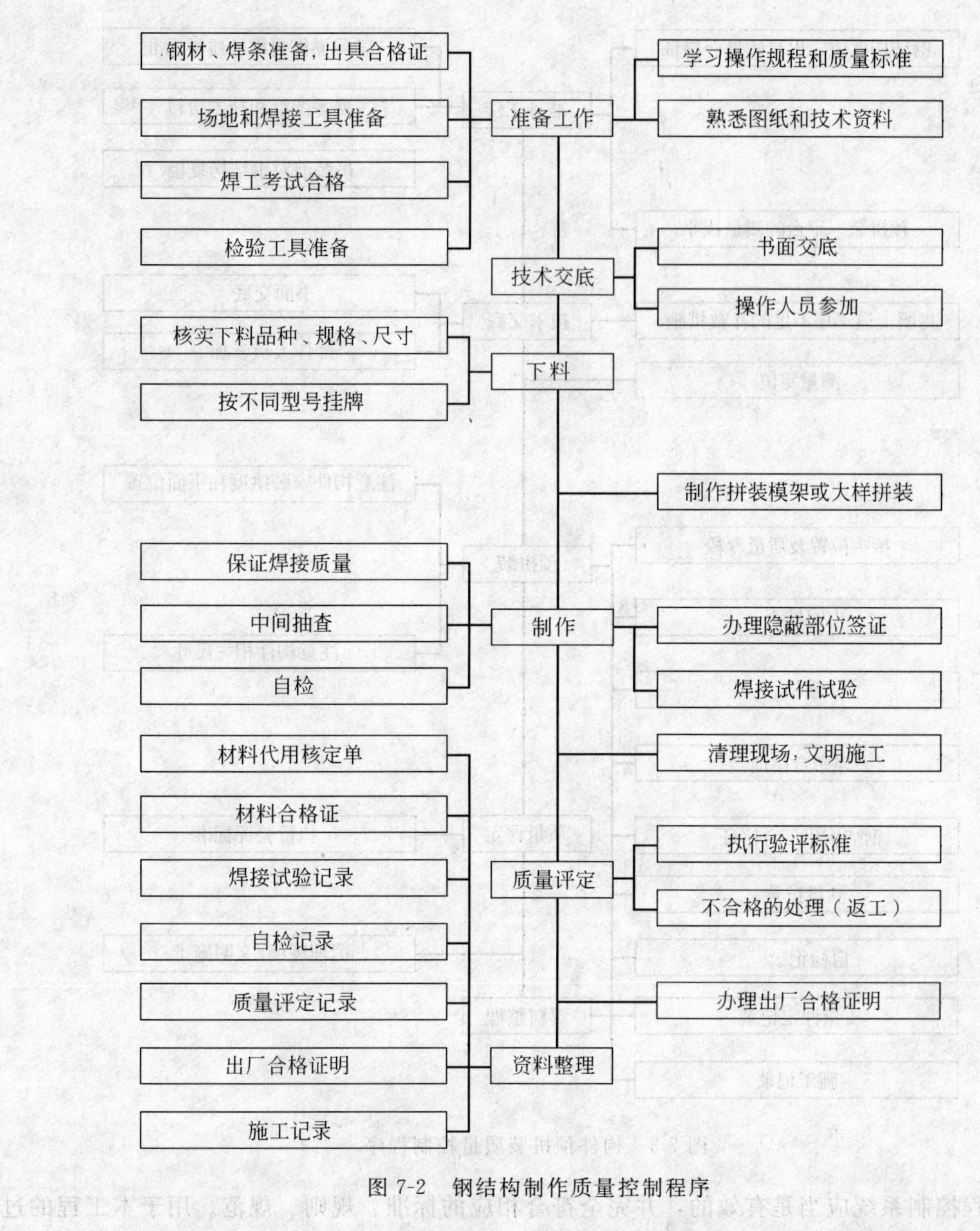

图 7-2 钢结构制作质量控制程序

3）收货检验及审核供货方的质保能力由项目的质量负责人委托专职质检员负责；

4）采购执行部门负责协调发货并督促发货方汇报生产进度。

（5）过程管理：

为确保每道工序都能满足质量要求，建立了一个过程控制系统，要求理解和无条件地执行这些质量管理程序：

1）部件和组装件应当检验，以防止损坏，仅当部件和组装件完全满足质量要求时，才能转入下一道工序；

2）采用合格的焊接；

3）关于变更的修改应当彻底执行。

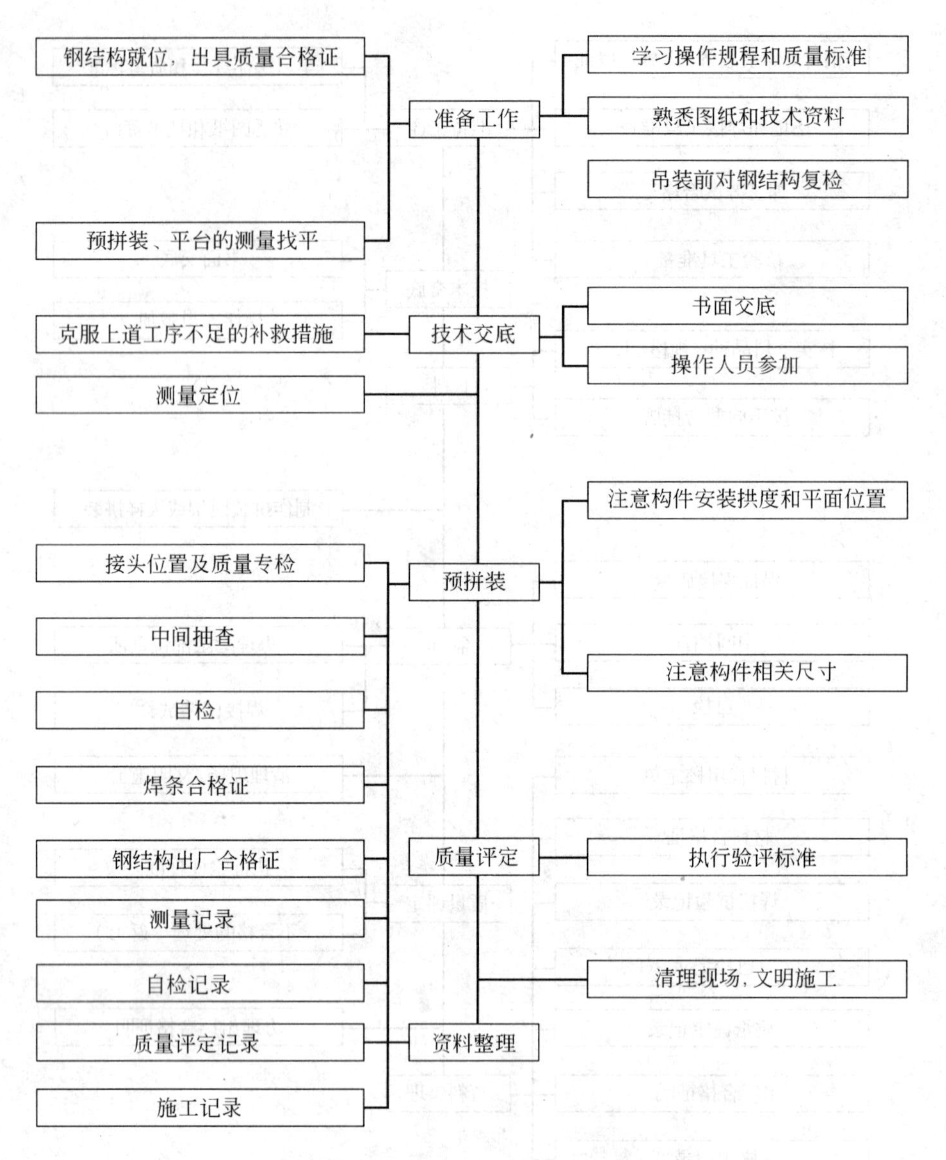

图 7-3 构件预拼装质量控制程序

过程控制系统应当是有效的，并完全符合相应的标准、规则、规范。用于本工程的过程管理系统如下：

① 施工方案；

② 材料检验；

③ 过程中的检验；

④ 尺寸控制；

⑤ 焊接无损伤检验；

⑥ 缺陷清单、不合格、修改等。

（6）材料管理

项目质量负责人将保证所收到的材料、零部件符合购货的要求。材料、部件和组装件

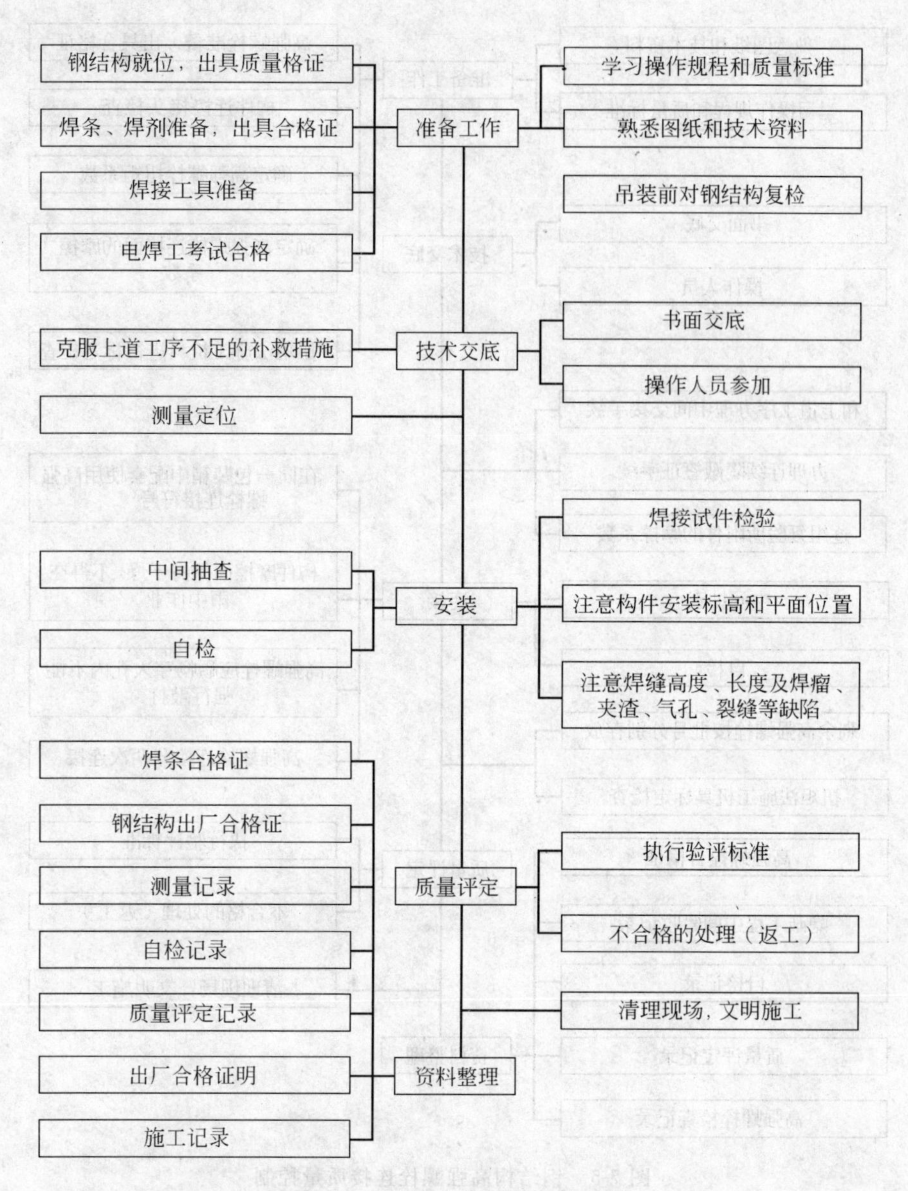

图 7-4 钢结构安装质量控制程序

要进行严格的制作检验，建立适用于本工程检验程序，以保证不合格材料、原部件可及时被识别，确保该批材料、零部件符合要求方可用于下一道工序。材料易于确认、分隔和分放，以防止安装时误用。

1）所有收到的钢材应随带其各自的材料试验证明，并交由项目质量负责人检验其尺寸、材料标准、质量、机械性能等，这些试验证书需由认可的检验机构批准核查；

2）钢材还应带有各自证明书上相对应的标志；

3）焊接材料应符合 GB 17—98 标准，并附带生产许可说明；

4）螺栓及栓钉应带有材料证明；

5）所有与规格不相符合的材料应作不合格材料处理，并分隔放置。

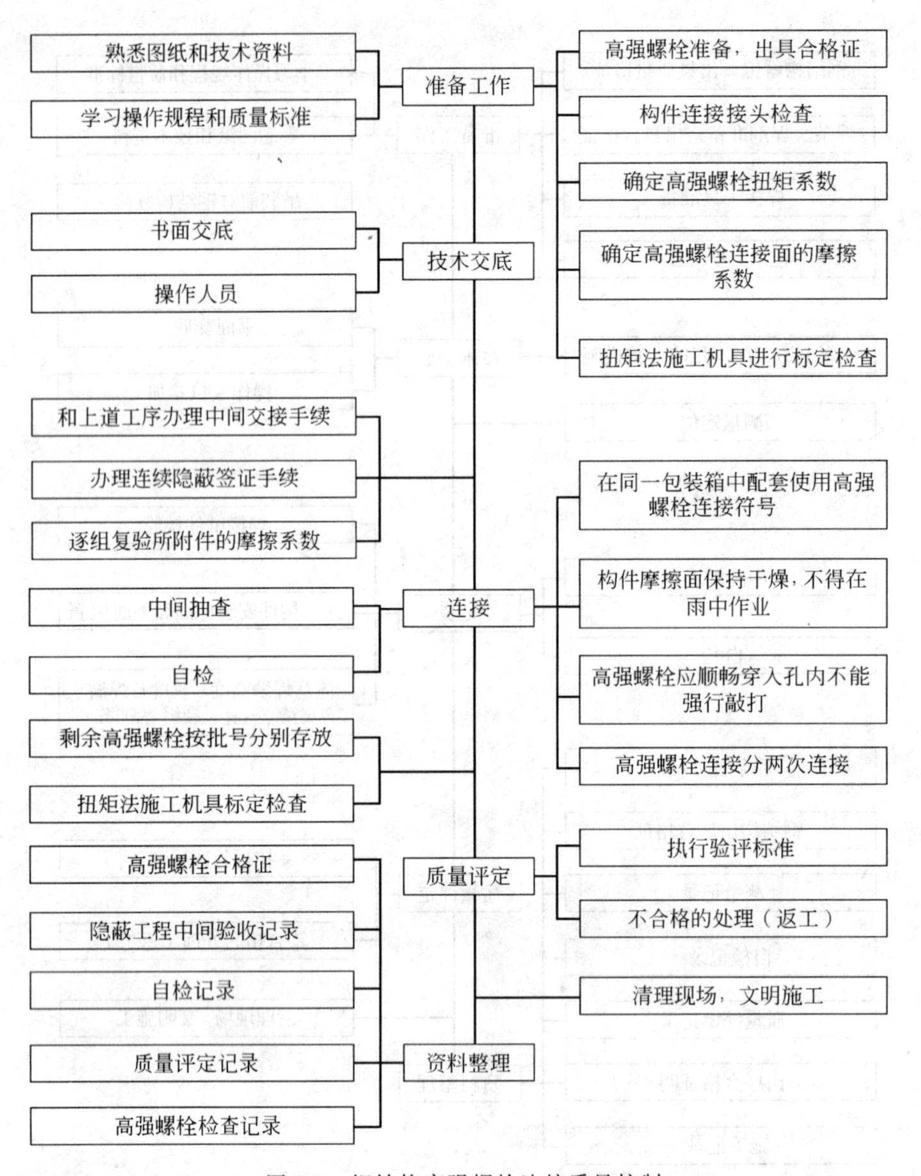

图 7-5　钢结构高强螺栓连接质量控制

（7）检测与检验

1）项目质量负责人应建立能够及时发现包括标高和定位误差质量情况的检验和测试工艺；

2）项目质量负责人应按照业主要求的规格和可适用的规则包括收货标准制定检测标准，并分发至各施工工段，制订标准时应指定检测的项目；

3）项目质量负责人应复验关键的记录和其他有关检验记录以及材质证明的记录，并检验在合同中说明的与同类部门认可和认证过的所有质量要求；

4）项目总工如有必要应制订一份施工指导书作为检查和测试工艺的补充；

5）检测设备应具备足够性和可靠性，在使用前要校准和维修；

6）质安员应当与总包单位（工程监理）就检测范围的要求保持密切联系，并让专门

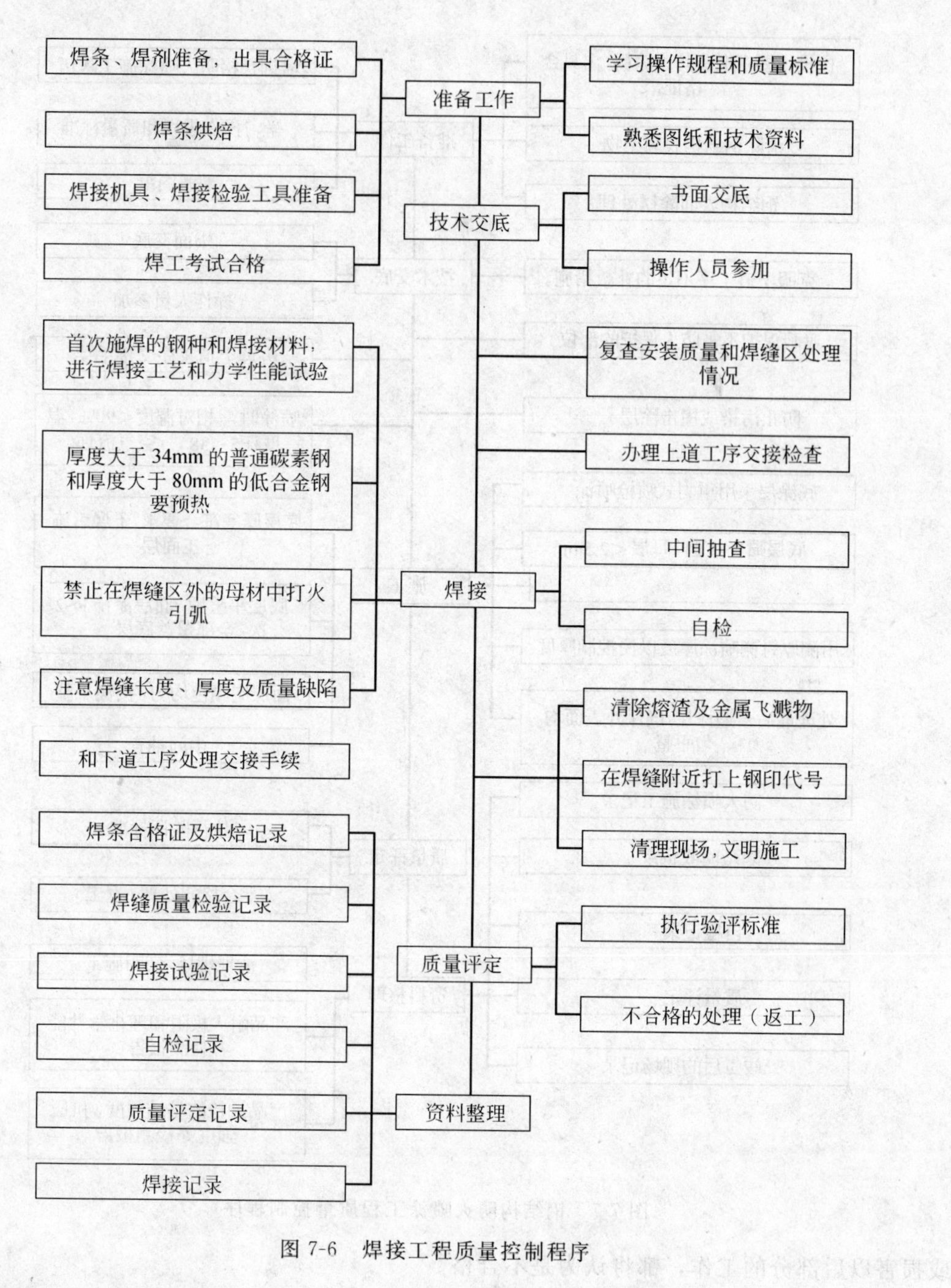

图 7-6 焊接工程质量控制程序

的检验机构按要求进行检测；

7）如果总包单位（工程监理）要求现场监督检测，质安员应在这些检测开始之前 3d 通知总包单位（工程监理）。

（8）不合格的管理

1）不合格是指不符合质量要求或业主的要求：

① 工程监理认为已完成的工作，材料或工艺中的某一部分不能满足要求；

② 工程监理认为与确认的样品或试验不一致，与已经施工的部分不匹配，或会影响

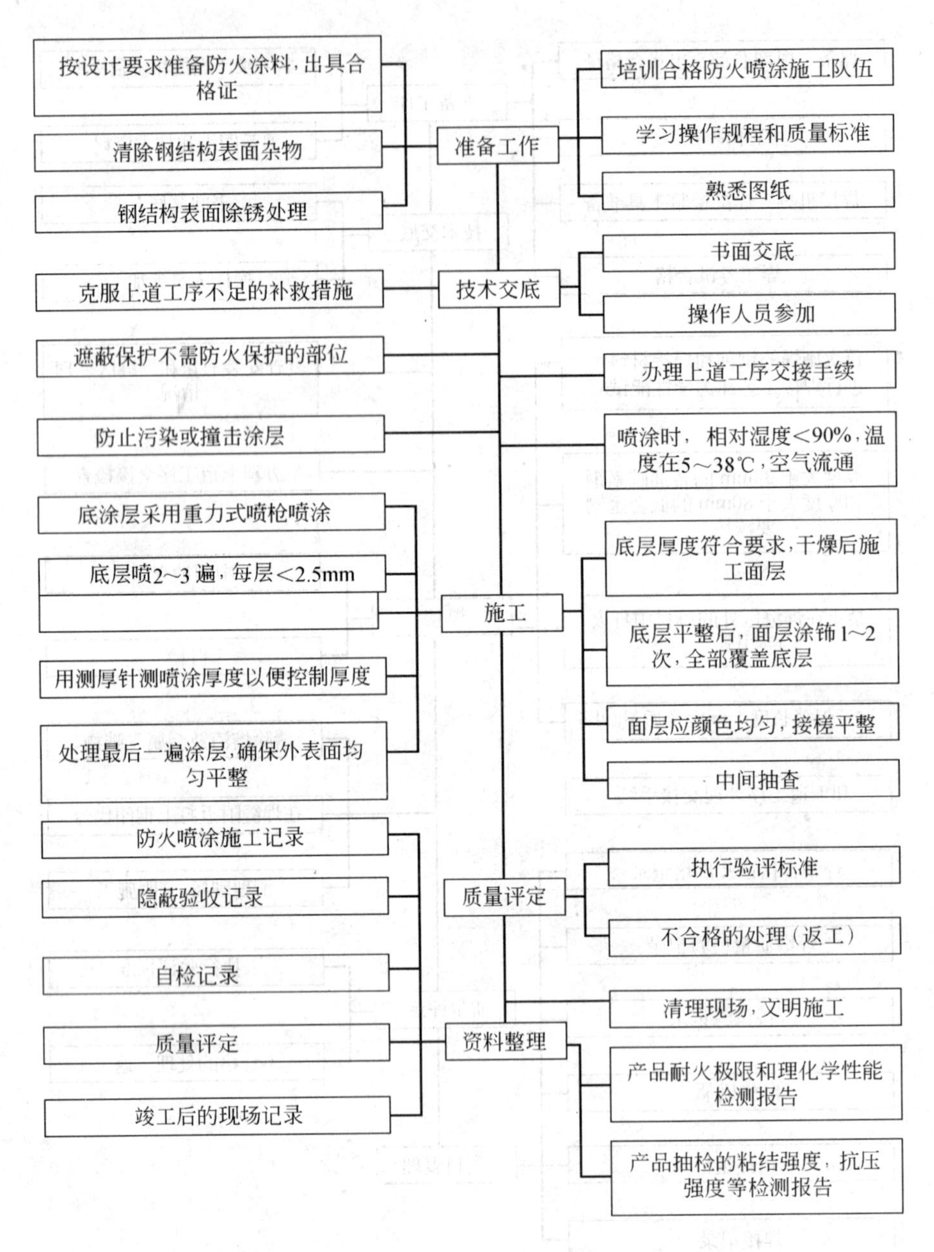

图 7-7　钢结构防火喷涂工程质量控制程序

或损害以后部分的工作，都将认为是不合格。

2）不合格材料构件和产品应完全按本部分的措施正确地验证、隔离和弃用；

3）不合格施工应撤掉并从现场移走，采用代换或按照认可过的方式进行处理；

4）主管质量管理的工程师有权处理不合格品；

5）当设计变更或材料替代品对质量情况有明显的影响时，项目总工应及时向总包单位（工程监理）汇报，由工程监理在修复工作进行前复核，并认可修复工艺。

（9）文件管理

确保最新的图纸说明、工艺等被钢结构制作和施工部门使用，保留所有与质检相关的

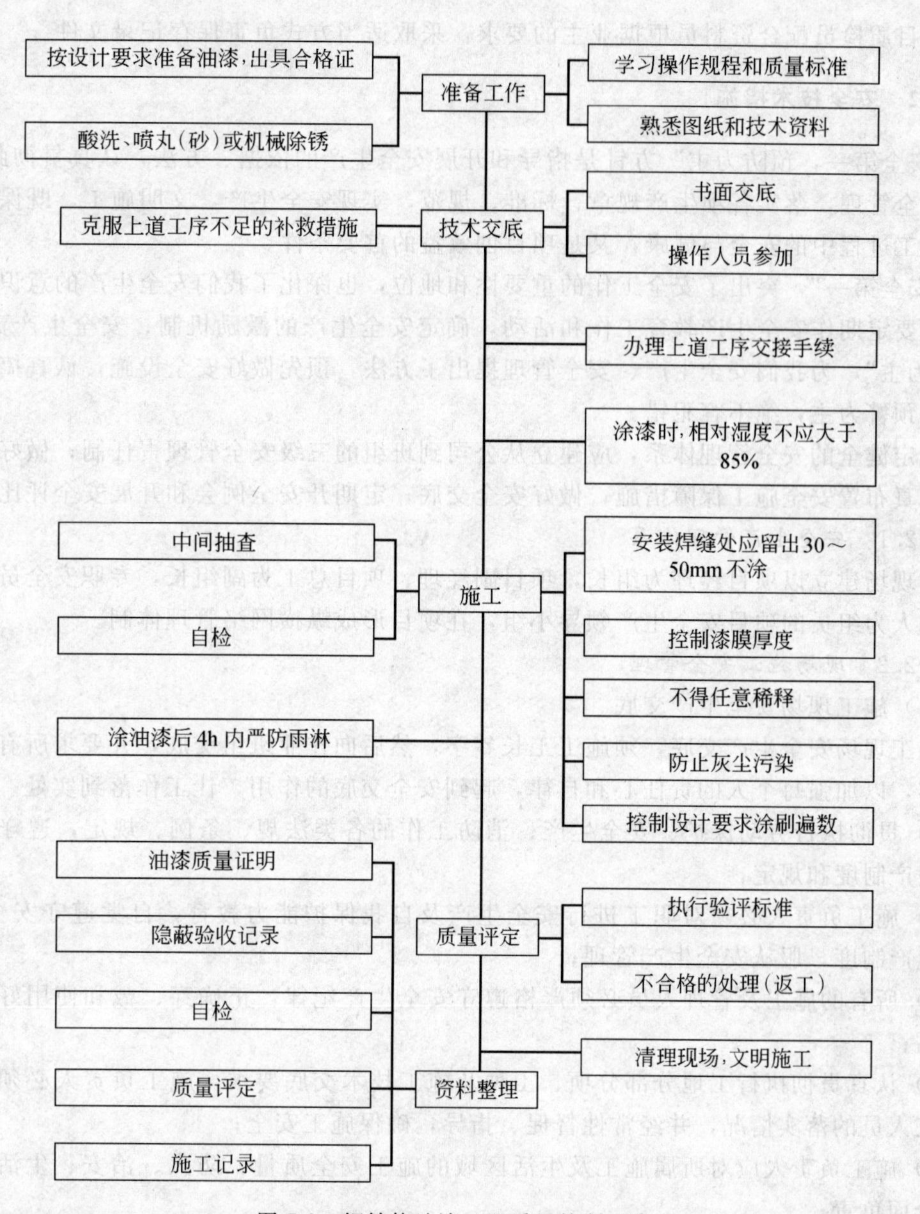

图 7-8 钢结构油漆工程质量控制程序

文件，证明我们的施工符合设计、有关规范和业主的要求，所有文件应标明内容编号，复核编号和分发编号。

项目质检员应按照要求的标准和规范来填写报告，并就这些报告对工程监理及代表其他相关的机构和专门部门的最终鉴定负责。报告应包括：

1）零件、部件、单批或成批产品的证明；

2）观测及检测的数量；

3）发现缺陷的数量和类型；

4）采取的所有改正措施的详细内容。

（10）记录的保存

项目质检员配合资料员根据业主的要求，采取适当方式负责保存记录文件。

7.2　安全技术措施

“安全第一，预防为主”方针是指导和开展安全生产的依据、方法，认真贯彻此方针，加强安全管理，落实各项生产规章、标准、规范，实现安全生产，文明施工，既保障了员工在施工过程中的安全与健康，又是项目创效益的首要条件。

“安全第一”，突出了安全工作的重要性和地位，也深化了我们安全生产的意识，这要求我们要定期作安全生产教育工作和活动，确定安全生产的激励机制、安全生产责任制；“预防为主”，为我们安全生产、安全管理提出了方法，预先做好安全设施，认真搞好安全布设，预警为主，绝不容犯错。

制定健全的安全管理体系，应建立从公司到班组的三级安全管理责任制；做好安全布设，认真布置安全施工保障措施；做好安全交底；定期开安全例会和开展安全评比活动。

7.2.1　安全生产管理体系

在现场建立以项目经理为组长，项目副经理、项目总工为副组长，专职安全员、各部组负责人为组员的项目安全生产领导小组，在项目形成纵横网络管理体制。

7.2.2　现场施工安全管理

（1）施工现场安全生产交底

施工现场安全生产交底，须施工工长签字，然后向作业班组交底，并要求所有班组人员会签，以加强每个人的责任心和自律，起到安全交底的作用，让工作落到实处。

1）贯彻执行劳动保护、安全生产、消防工作的各类法规、条例、规定，遵守工地的安全生产制度和规定；

2）施工负责人必须对职工进行安全生产及自我保护能力教育，自觉遵守安全纪律、安全生产制度，服从安全生产管理；

3）所有的施工及管理人员必须严格遵守安全生产纪律，正确穿、戴和使用好劳动防护用品；

4）认真贯彻执行工地分部分项、工种及施工技术交底要求。施工负责人必须检查具体施工人员的落实情况，并经常性督促、指导，确保施工安全；

5）施工负责人应对所属施工及生活区域的施工安全质量、防火、治安、生活卫生各方面全面负责；

6）按规定做好“三上岗”、“一讲评”活动，即做好上岗交底、上岗检查、上岗记录及每周安全评比活动，定期检查工地安全活动、安全防火、生活卫生，做好检查活动的有关记录；

7）对施工区域、作业环境、操作设施设备、工具用具等必须认真检查，发现问题和隐患，立即停止施工并落实整改，确认安全后方准施工；

8）机械设备、脚手架等设施，使用前需经有关单位按规定验收，并做好验收及交付使用的书面手续。租赁的大型机械设备现场组装后，经验收、负荷试验及有关单位颁发准用证方可使用，严禁在未经验收或验收不合格的情况下投入使用；

9）对于施工现场的脚手架、设施、设备的各种安全设施、安全标志和警告牌等不得擅自拆除、变动，必须经指定负责人及安全管理员的同意，并采取必要可靠的安全措施后方能拆除；

10）特殊工种操作人员必须按规定经有关部门培训，考核合格后持有效证件上岗作业。严禁非电气、机械专业工种的人员擅自操作使用电器、机械设备；

11）必须严格执行各类防火防爆制度，易燃易爆场所严禁吸烟及动用明火，消防器材不准挪作它用。电焊、气割作业应按规定办理动火审批手续，严禁使用电炉。冬期作业如必须采用明火加热的防冻措施时，应取得工地防火主管人员同意。施工现场配备有一定数量干粉灭火器，落实防火、防中毒措施，并指派专人值班；

12）工地电气设备，在使用前应先进行检查，如不符合安全使用规定时，应及时整改，整改合格后方准使用，严禁擅自乱拖乱拉私接电气线路；

13）未经交底人员一律不准上岗。

（2）现场安全生产技术措施

1）要在职工中牢牢树立起安全第一的思想，认识到安全生产，文明施工的重要性，做到每天班前教育，班前总结，班前检查，严格执行安全生产三级教育；

2）进入施工现场必须戴安全帽，2m 以上高空作业必须带安全带；

3）吊装前起重指挥要仔细检查吊具是否符合规格要求，是否有损伤，所有起重指挥及操作人员必须持证上岗；

4）高空作业人员应佩戴工具袋，工具应放在工具袋中不得放在钢梁或易失落的地方，所有手工工具（如手锤、扳手、撬棍），应穿上绳子套在安全带或手腕上，防止失落，伤及他人；

5）钢结构是良好导电体，四周应接地良好，施工用的电源线必须是胶皮线，所有电动设备应安装漏电保护开关，严格遵守安全用电操作规程；

6）高空作业人员严禁带病作业，施工现场禁止酒后作业，高温天气做好防暑降温工作；

7）吊装时，应设风速仪，风力超过 6 级或雷雨时，应禁止吊装，夜间吊装必须保证足够的照明，构件不得悬空过夜；

8）氧气、乙炔、油漆等易爆、易燃物品，应妥善保管，严禁在明火附近作业，现场严禁吸烟，严禁氧气、乙炔混装；

9）焊接平台上应做好防火措施，防止火花飞溅。

（3）安全保障设施

1）桁架上的安全保障措施：

① 每榀纵桁架（东西向）顶面铺安全网，顶面中央铺三块板宽的通道，供人行走；顶面两侧距上弦杆约 600mm，在横向杆上焊 1000mm 高安全立柱，每 12m 一根，上系安全绳；

② 南北两边横向连系桁架，顶面铺安全网，顶面中央铺三块跳板宽的人行通道。中间的片状横向连系桁架，上弦每 12m 焊一根安全立柱，上系安全绳；

③ 当每跨的压型钢板安装后，靠压型钢板一侧的安全立柱、安全绳可撤，供循环使用；

④ 安装时，人字柱顶、混凝土柱顶要搭设安装平台，并附有安全设施；

⑤ 安全网、跳板须经检测后方能用。

2）胎架上桁架拼装焊接。胎架上要安装焊接平台、拼装平台。平台上铺安全网。

3）脚手架的搭设要有方案上报，并附有安全设施。经上级部门批准后方可施工。

(4) 现场安全用电

1) 现场施工用电执行一机、一闸、一漏电保护的“三级”保护措施。其电箱设门、设锁、编号，注明责任人。

2) 机械设备必须执行工作接地和重复接地的保护措施。

3) 电箱内所配置的电闸、漏电、熔丝荷载必须与设备额定电流相等。不使用偏大或偏小额定电流的电熔丝，严禁使用金属丝代替电熔丝。

4) 牵引胎架的卷扬机须搭设安全棚，确保操作人员安全。

5) 切割机未加盖禁止使用。

(5) 现场防雷击措施

塔吊设避雷针，通过引下线至地极，接地电阻不得大于4Ω。

(6) 现场防火及台风的防护

1) 气象机构发布暴雨、台风警报后，应随时注意收听报告风动向的广播；

2) 台风接近本地区之前，应采取如下措施：

① 加固胎架和塔吊，确保不出安全事故。

② 屋面可动的物品器材，应捆绑好或取下放到安全部位。

3) 强台风袭击时，应采取下列措施：

① 关闭电源或煤气来源；

② 非绝对必要，不可生火，生火时应严格戒备；

③ 重要文件或物品应有专人看管；

④ 门窗破坏时，警戒人员应采取紧急措施；

⑤ 为防止雷灾，易燃物不应放在高处，以免落地造成灾害。

7.2.3 安全生产活动

(1) 提高和加强安全意识，必须定期做安全教育工作。项目依照惯例，每周一上午开工前，开展安全生产例会，由安全员总结上周安全生产工作，对近期表现好的个人给予公开表扬，对无视安全规章制度的行为给予公开批评、警告甚至罚款处理。对存在的安全隐患，定人、定期内部整改并根据本周施工进度，安排本周的安全工作，再由项目生产经理做总结。

(2) 安全管理的过程监控很重要，加强过程监控并做详细的记录。对违反安全法规的个人，屡教不改者，由安全总监上报项目领导，勒令其退场。

(3) 确定安全生产激励机制。由安全总监定计划，项目领导批准，对危险部位（如：整个桁架吊装完成），对遵守安全规定的优秀个人给予安全奖励；同时，对无视安全纪律（如：不戴安全帽、高空不系安全带、安全帽不系好帽带以及高空乱扔东西等危险行为），肆意破坏的个人应加以经济处罚和通报批评，性质严重者勒令其退场。

(4) 加强安全宣传，是让安全意识深入人心的有力措施。为此，应专门设一块黑板，广做安全宣传，现场危险部位立警示牌、宣传板等，让安全思想得到贯彻和落实。

7.3 现场文明施工技术措施

7.3.1 文明施工保证措施

(1) 建立文明施工管理机构

成立现场文明施工管理组织，按生产区和生活区划分文明施工责任区，并落实人员，定期组织检查评比，制定奖罚制度，切实落实执行文明施工细则及奖罚制度。

（2）施工现场设置

施工现场按照主办人（中建三局）CI标准设置“六牌一图”。即质量方针、工程概况、施工进度计划、文明施工分片包干区、质量管理机构、安全生产责任制、施工总平面布置图。

（3）建立健全施工计划及总平面管理制度

1）认真编制施工作业计划，合理安排施工程序，并建立工程工期考核记录，以确保总工期目标的实现；

2）按照现场总平面布置要求，切实做好总平面管理工作，定期检查执行情况，并按有关现场文明施工考核办法进行考核。

（4）建立健全质量安全管理制度

1）建立质量安全管理制度，严格执行岗位责任制，严格执行“三检”（自检、互检、交接检）和挂牌制度。特殊工种人员应持证上岗，进场前进行专业技术培训，经考试合格后方可使用。

2）严格执行现场安全生产有关管理制度，建立奖罚措施，并定期检查考核。

（5）建立健全现场技术管理制度

1）工程开工前，依据施工图纸及有关规范等要求，编制阶段施工组织设计及单项作业设计，并严格执行；

2）严格执行各级技术交底制度，施工前，认真进行技术部门对项目交底、项目技术负责人对工长交底、工长对作业班组的技术交底工作；

3）分项工程严格按照单项作业设计及标准操作工艺施工，每道工艺要认真做好过程控制，以确保工程质量。

（6）建立健全现场材料管理制度

1）严格按照现场平面布置图要求堆放原材料、半成品、成品及料具。现场仓库内外整洁干净，防潮、防腐、防火物品应及时入库保管。各杆件、构件必须分类按规格编号堆放，做到妥善保管、使用方便。

2）及时回收拼装余料，做到工完场清，余料统一堆放，以保证现场整洁。

3）现场各类材料要做到账物相符，并有材质证明，证物相符。

（7）建立健全现场机械管理制度

1）进入现场的机械设备应按施工平面布置图要求进行设置，严格执行《建筑机械使用安全技术规程》（JGJ 33—86）；

2）认真做好机械设备保养及维修工作，并认真做好记录；

3）设置专职机械管理人员，负责现场机械管理工作。

（8）施工现场场容要求

1）加强现场场容管理，现场做到整洁、干净、节约、安全、施工秩序良好，现场道路必须保持畅通无阻，保证物质材料顺利进退场，场地应整洁，无施工垃圾，场地及道路定期洒水，降低灰尘对环境的污染；

2）积极遵守广州市地方政府对夜间施工的有关规定，尽量减少夜间施工。若为加快施工进度或其他原因必须安排夜间施工的，则必须先办理“夜间施工许可证”后进行施工，并采取有效措施尽量减少噪声污染；

3）现场设置生活及施工垃圾场，垃圾分类堆放，经处理后方可运至环卫部门指定的垃圾堆放点。

7.3.2 文明施工管理措施

（1）临建办公区

1）现场临时办公室、会议室全部按设计要求布置，并按主办人（中建三局）CI标准进行油漆；

2）围栏设置高度不低于2.0m，大门整洁醒目，形象设计有特色，“五牌一图”齐全完整；

3）办公区域公共清洁派专人打扫，各办公室设轮流清洁值班表，并定期检查；

4）施工现场配备医疗急救箱，并设置一定数量的保温桶和开水供应点。

（2）生活区

1）宿舍管理以统一化管理为主，制定详尽的“宿舍管理条例”，要求每间宿舍排出值勤表，每天打扫卫生，以保证宿舍的清洁。宿舍内不允许私拉私接电线及各种电器。对宿舍要定时消毒，灭蚊蝇、鼠、蟑螂措施到位。

2）施工现场的食堂应符合《食品卫生法》，明亮整洁，设置冷冻、消毒器具，生熟食品分开存放，防蝇设施完好。食堂有卫生许可证，炊事员进行体检合格有健康证后方能上岗操作，证件用铝合金镜框悬挂，并保证食堂清洁卫生、无杂物、无四害。食堂墙面粉刷清洁，地面铺贴防滑地砖。

3）厕所内外要求清洁，便后冲洗，大小便器无黄色污垢，并每日派专人打扫，以保证厕所卫生、清洁。

7.3.3 文明施工检查措施

（1）检查时间

项目现场文明施工管理组每周对施工现场作一次全面的文明施工检查，生产技术部门组织有关职能部门每月对项目进行一次文明施工大检查。

（2）检查内容

施工现场文明施工的执行情况，包括质量安全、技术管理、材料管理、机械管理、场容场貌等方面的检查。

（3）检查方法

除定期对现场文明施工进行检查之外，还应不定期地进行抽查，每次抽查应针对上次检查出现的问题作重点检查，确认是否已作了相应的整改。对于屡次出现并整改不合格，应当进行相应惩戒。检查采用百分制记分评分的形式。

（4）奖惩措施

为了鼓励先进、鞭策后进，将现场文明施工落到实处，制定现场文明施工奖罚措施，对每次检查中做的好的进行奖励，差的进行惩罚，并敦促其改进，明确有关责任人的责、权、利，实行三者挂钩。

8 经济效益分析

（1）广州新白云机场航站楼钢结构工程大胆创新，采用了多轨道、变高度胎架、曲线滑移、分组安装的等标高曲线滑移施工工艺，成功解决了空间曲面屋盖体系的安装就位难题，在国内尚属首次。本工程使用的滑移安装工艺，桁架安装过程中受力均衡，不易产生变形，桁架在胎架操作平台上调校旋转角度准确方便，稳固措施易实施，安装精度得到保证。两组胎架平均 13d 各滑移一个单元，完成 4 榀桁架安装，每榀桁架安装用时 3.25d，取得显著的工期效益和经济效益。这为大跨度曲面体系钢结构屋盖安装开拓了思路，提供了范例。

（2）采用手工电弧焊封底、盖面，CO_2 气体保护焊中间填充相结合的混合焊接工艺，成功解决了圆管对接，T、K、Y 形相贯节点高空焊接的难题；同时，针对钢结构焊缝探伤检验规范中未详细阐述的圆管全熔透相贯焊缝质量等级检验标准，我公司根据多个类似机场管桁架焊接的施工经验，提出圆管全熔透相贯焊缝质量等级分区检测理论。本工程管桁架结构全位置焊接及无损探伤技术，为我国大量建造钢结构建筑，不断补充完善钢结构超声波无损探伤理论，起到了推广作用。

（3）该工程大跨度三维曲线空间管桁架的定位测控技术，为类似工程的测量定位提供了可贵的借鉴经验。充分发挥以钢结构安装为龙头的专业总承包管理优势，统筹安排原材料的控制、采购、构件制作、安装，全方位协调管理，加快了工期，降低了成本，取得了良好的工期效益和经济效益；同时，主承建形式的联合体经营模式，强强联合，资源互补，可以减少大量的投入。这为建筑市场管理与国际接轨提供了实践素材。

第四篇

广州新白云国际机场塔台及航管楼工程施工组织设计

编制单位：中建四局华南分公司
编 制 人：冉志伟　舒波

【简介】 广州新白云机场航管楼塔台是机场的重要配套设施，广州新机场塔台工程外观似“羊”，造型新颖，结构复杂，装饰用新材料多。该工程使用的振冲碎石桩施工技术，转换层大梁结构施工技术，塔台、双曲面、双筒体结构施工技术及塔台倒弧线立面悬挑式脚手架施工技术成效显著，为类似工程提供了依据。

目 录

1 项目简述

航管楼塔台工程是国家重点建设项目，是广州新白云机场建设中的“画龙点睛”之笔。其功能是对塔台控制空域（或至附近管制空域）内的飞机起降担负着直接指挥的作用，是未来新白云国际机场的重要指挥神经单元。

为体现未来国际大都市——航空港的新形象，并突出地方特色，在总体外观上大量应用现代化装饰材料和工艺技术，如航管楼的复合铝镁屋面、铝扣板和玻璃幕墙、外露钢管构件的彩色粉末涂层、航管塔台的双曲线面仿玻璃幕墙等，将形成航管楼三层蝴蝶形银色飞翼造型，并在塔台南立面仿玻璃幕墙与筒体的虚实对中突现“羊”字的综合效果。为了保证飞行安全，塔台上部选用烧结釉料玻璃，减少反光和眩光。

2 工程概况

2.1 通用设计方面

（1）供配电系统

配备三台柴油发电机组，保证不间断供电，确保航管楼数据处理的连续使用。

（2）综合接地系统

通过建筑结构电器设施的综合手段，加强对航管设备的保护。

（3）计算机房洁净空调

确保大型计算机的最佳工作环境。

（4）气体消防设备

与火灾自动报警系统、楼宇自动控制系统共同作用，确保重要设备机房的安全。

2.2 工程建设概况

本工程是由航管楼和塔台两部分工程组成，首层通过玻璃连廊将两建筑物相连（图 2-1）。塔台为一高耸建筑物，总建筑面积 2341m²，是一个具有现代风格的豪华壮观、设备先进、品牌高档、国内第一、亚洲第二的高级航空飞行指挥中心。航管楼平面呈圆弧形，总建筑面积 8151m²，共四层，是一座现代、高水准、配套设备齐全的航运管理大楼。

工程总平面如图 2-2 所示。

（1）塔台工程

塔台为一高耸建筑物，总建筑面积 2341m²，其中地下一层面积为 82.8m²。建筑总高度 104.9m，地下 1 层，地上 19 层，层高分别为 4.6m、3.6m、7.8m、3.35m、5.1m 和 5.0m 不等。筒内设二部电梯，一部步行楼梯。整个建筑物为一个火炬形高耸建筑。上为蓝色玻璃幕墙，下为银灰色、清水混凝土筒体上镶嵌蓝色仿玻璃幕墙，其间数道不锈钢装饰环，建筑外形曲直流畅、线条明快，给人挺拔秀美、雄奇新颖之感，确为一个具有现代风格的豪华壮观、设备先进，品牌高档、国内第一、亚洲第二的高级航空飞行指挥中心。塔台十层以下立邦涂料墙面，十一至十六层立邦涂料，首层电梯厅为米黄色复合铝板；塔

图 2-1　工程外观

台顶棚十一、十二层为氟碳单铝板；十三至十五层为铝制格栅；十六层立邦涂料；十七层轻钢龙骨埃特板吊顶面层立邦涂料；十一至十三层及十五层楼面为 600mm×600mm 抛光砖铺地；十四、十六层为防静电地板胶；首层电梯厅地面为紫点金麻花岗石；塔台十八层顶棚轻钢龙骨埃特板吊顶，面层立邦涂料；楼面为防静电地板胶；墙面氟碳单铝板；楼梯间墙面立邦涂料，地面抛光砖。

（2）航管楼工程

航管楼平面呈圆弧形，总建筑面积 $8151m^2$，共 4 层，总高 23.4m。建筑物内设三部楼梯、一部电梯。整个建筑正立面造型下部为沉实花岗石外墙面，中部为银灰色金属幕墙，层间采用带状座式隐框玻璃幕墙。上部为大型外飘钢桁架结构压形金属屋面板外包装饰，钢结构屋面点支撑银色钢柱，气势雄伟，确为一座现代化、高水准、配套设备齐全的航运管理大楼。

航管楼大堂顶棚轻钢龙骨埃特板吊顶，面层立邦涂料；地面首层（及连廊）紫点金麻花岗石板地面，走廊过道地面及二至四层地面为抛光砖地面；首层会议室和接待室墙面为进口墙纸，铝合金龙骨氟碳单铝板吊顶；办公用房、休息用房、卫生间为胶合板门，设备用房为防火门，均采用塑钢窗。

航管楼大空间业务房防静电地板地面，高级立邦涂料墙面，轻钢龙骨康纳顶板吊顶；会议室、招待室防静电地板胶地面，进口壁纸墙面，轻钢龙骨埃特板吊顶，面层为立邦涂料；设备用房防静电地板，立邦涂料墙面，轻钢龙骨康纳顶板吊顶；卫生间防滑地砖地面，抛光砖墙面，轻钢龙骨铝方板吊顶。

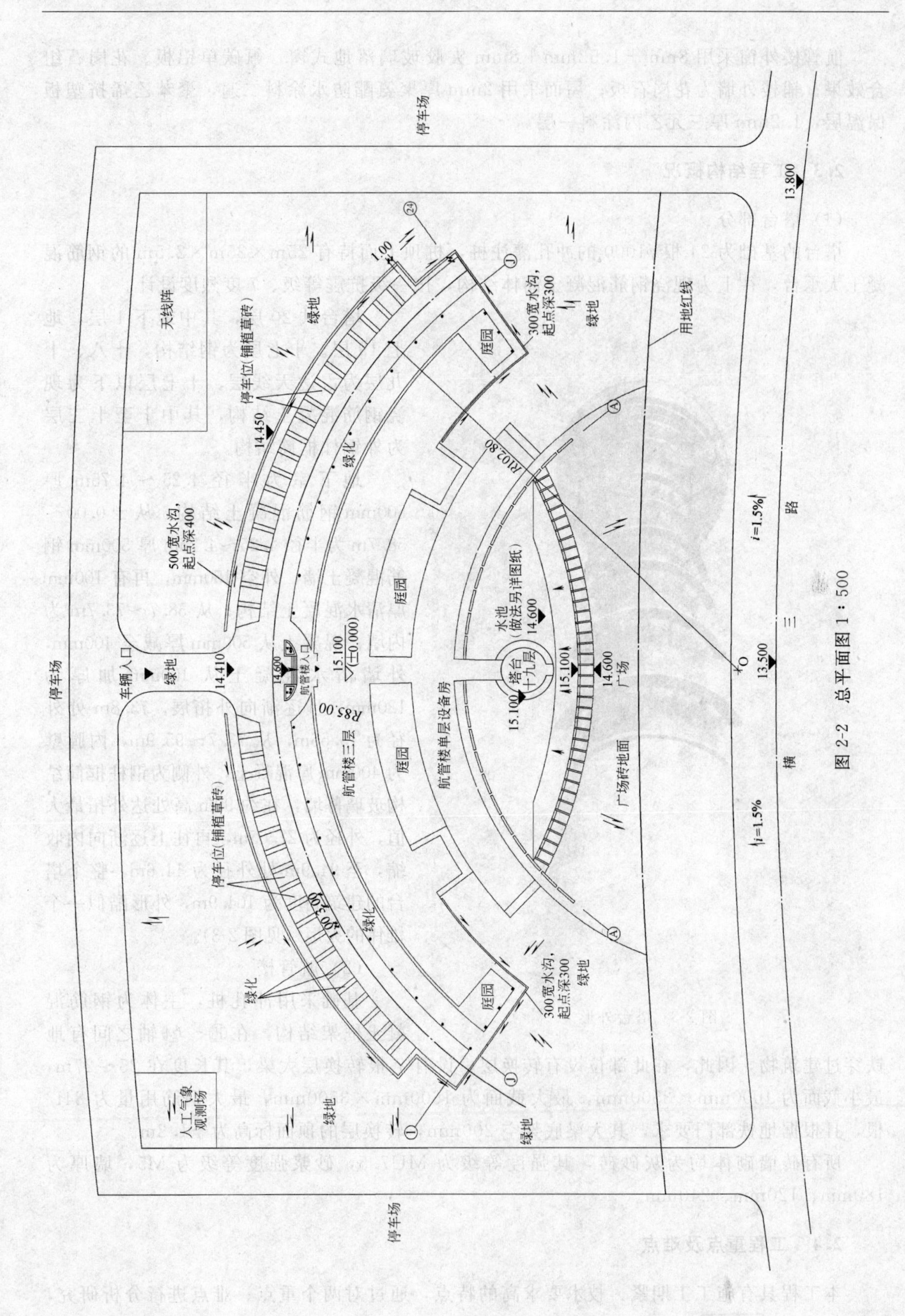

图 2-2 总平面图 1：500

航管楼外窗采用 8mm＋1.52mm＋8mm 夹胶玻璃落地式窗、氟碳单铝板、花岗石组合效果；辅楼外墙为花岗石板；屋面采用 2mm 厚聚氨酯防水涂料二遍，聚苯乙烯挤塑板保温层，1.2mm 厚三元乙丙涂料一层。

2.3　工程结构概况

（1）塔台部分

塔台的基础为 24 根 ϕ1000 的冲孔灌注桩，桩顶上面持有 25m×25m×2.5m 的钢筋混凝土大承台，往上为现浇钢筋混凝土筒体结构，按一级抗震等级、7 度烈度设计。

图 2-3　塔台外形

塔台共 20 层，其中地下 1 层，地上 19 层。十七层为钢结构，十八、十九层为雷达天线层。十七层以下为现浇钢筋混凝土结构，其中十至十三层为外钢柱框筒结构。

地下室为半径 4.25～4.75m 厚 500mm 钢筋混凝土结构；从±0.00～58.7m 为半径 4.25～4.75m 厚 500mm 钢筋混凝土墙，外空 150mm，再有 100mm 厚清水混凝土结构；从 58.7～73.7m 为内墙，混凝土从 500mm 厚减至 400mm．外墙清水混凝土从 100mm 加厚为 120mm，且逐渐向外拓展，73.8m 处外径为 15.56m，从 73.7～95.9m，内膛壁为 400mm 厚混凝土，外侧为钢柱框筒结构玻璃幕墙，在约 90m 高处达外拓最大值，外径为 27.65m，再往上逐渐向内收缩，至 94.9m 处外径为 14.6m，整个塔台的建筑高度为 104.9m，外形酷似一个雄伟的火炬（见图 2-3）。

（2）航管楼

基础采用冲孔桩，主体为钢筋混凝土框架结构，在⑯～㉔轴之间有地铁穿过建筑物，因此，在此部位设有转换层，设有 7 根转换层大梁，其长度在 25～27m，最小截面为 1000mm×3500mm，最大截面为 1600mm×3500mm，最大钢筋用量为 84t/根，且根据地铁部门要求，其大梁底架空 200mm，转换层的顶面标高为－1.2m。

所有砖墙砌体均为灰砂砖，其强度等级为 MU7.5，砂浆强度等级为 M5，墙厚为 180mm、120mm、240mm。

2.4　工程重点及难点

本工程具有施工工期紧、技术要求高的特点，通过对两个重点、难点进行分析研究，针对可预见施工问题提出合理的技术处理方案。

(1) 航管楼东段地基土的加固补强技术（重点）

本工程航管楼东段地铁转换梁地段存在软弱土层结构，该填土层为新近填土，呈稍压实状态，为提高该填土的密实度，加强桩基础的水平抗力，避免由于桩基础受软土结构的影响造成偏位及倾斜现象，对于保证桩体结构质量要求较高。

(2) 地铁出入口的转换层大梁结构施工（重点）

航管楼东段地下因有地铁隧道南北向穿过，设计采用大跨度转换梁（长 25m 左右，最大梁截面 1600mm×3500mm）从地铁隧道上跨过，主要为了避开航管楼结构荷载对地铁隧道结构的影响。转换层大梁跨度大，截面大，结构复杂，转换层的结构质量着重以混凝土配合比、混凝土结构的施工温控及裂缝防治等几方面进行技术控制，技术要求高。

(3) 塔台结构双曲面双筒体结构的施工（难点）

塔台外部造型多异、变化较大，对于塔台的双筒体结构质量控制要求高，从高58.7～84.5m 段，筒体外层逐渐向外拓展，形成局部筒外筒结构，其拓展率为 23%；从 84.5～91.25m 段，外墙从十四层楼面向内收缩了 1.5m 左右，且垂直（但装饰层向外拓展很大，达 56%）；从 91.25～99.5m 段，外墙又从十六层楼面向内收缩了 2.4m 左右，十八层楼面虽向外拓展了 1.2m 左右，但仍在十六层楼面范围内，室内射梁和弧梁交错，模板工程较复杂。

(4) 双曲面外立面的脚手架的搭设使用（难点）

针对塔台结构双曲面双筒体结构的设计要求，在选择施工脚手架时考虑的较为复杂，不但考虑脚手架结构的使用要求，还要对脚手架的搭设及拆除进行技术设计，塔台外形拓展变化多样，为达到确保施工使用安全的要求，对此方案进行复杂的计算及分析，将安全使用隐患降至最低标准，从而发挥脚手架最大的效用。

3 施工部署

根据本工程的特点为了便于组织施工，做到重点、难点突出，以利集中人力、财力、物力及机械设备等，确保工程项目优质、高速地完成。拟分别将塔台划分为五个施工阶段，航管楼为四个施工阶段，具体如下：

3.1 塔台部分

(1) 第一施工阶段为钻（冲）孔灌注桩、承台（即地下室底板）的施工。此阶段包括钻（冲）孔灌注桩、基坑支护、土方开挖及承台施工，本阶段的重点是钻（冲）灌注桩的施工，难点是地下室承台（即底板）的控温防裂措施。

(2) 第二施工阶段为 0.500m 以下筒体钢筋混凝土侧壁墙、梁、板、楼梯的施工，此阶段的重点是筒体外壁混凝土的外架提升倒模施工，难点是如何保证筒壁外皮的清水混凝土实现。

(3) 第三施工阶段为 0.500m 以上钢筋混凝土筒壁墙、梁、板、楼梯的结构施工，其重点和难点基本与第 (2) 点相同。

(4) 第四施工阶段为屋面钢结构及雷达天线层施工，此阶段的重点是钢结构的制作和安装，难点是雷达天线的安装。

（5）第五施工阶段为装饰工程施工，此阶段包括外筒体外墙涂料及室内装饰、楼地面等的施工，此阶段的重点是屋面防水和卫厕厨的防水防渗。

3.2　航管楼部分

（1）第一施工阶段为±0.000以下钻（冲）灌注桩、承台、地梁、转换层大梁及楼板的施工。此阶段包括钻（冲）灌注桩、承台地梁、地模及承台、地梁、转换层大梁钢筋混凝土及转换层处的挡土墙及土方开挖施工，此阶段重点是钻（冲）灌注桩基础施工，难点是转换层大梁的施工。

（2）第二施工阶段为±0.000以上钢筋混凝土主体结构的施工，此阶段的重点是工程结构平面轴线复杂，墙、柱、梁混凝土量大，而且是采用自拌混凝土，如何科学组织施工，配备合理先进的材料、机具、控制网络，保证工程质量，完成土建，为尽早提供屋面钢结构安装的时间，是保证整个工程工期的基础，本阶段的施工难点是平面轴线和垂直度的测量控制。

（3）第三施工阶段为装饰工程施工阶段，该阶段汇集人员多，工序多，交叉作业多，而且指定的分包单位参与多，因此，相互配合、协调计划是此阶段的重点，加强管理、提高项目的管理水平是此阶段的主要内容。

（4）第四施工阶段是钢屋架和屋面的施工，此阶段中的钢屋架虽然没有设计图纸，但它的施工直接关系到整个航管楼整体内外装饰，也就是关系到工程的竣工时间和效果。

4　主要项目施工方法

本工程在承建施工过程中重点应用振冲碎石桩、航管楼东段转换层大梁结构施工、塔台筒体模板板工程施工、塔台倒弧线立面悬挑式脚手架施工等四项技术，并获得较好的成效。

4.1　振冲碎石桩

（1）工程概况

广州新白云国际机场航管楼东段地铁转换梁地段存在厚土层填土层，该填土层为新近填土，呈稍压实状态，为提高该填土的密实度，加强桩基础的水平抗力。根据现场情况，拟采用振冲碎石桩进行地基加固。

（2）振冲碎石桩加固软土地基的原理

当承重桩承受水平力作用而产生水平位移时，在位移的一侧就会因为土体的被压缩，会出现一个水平应力拱，这个应力拱调动拱外的土体，形成水平约束力，限制了承重桩体的进一步水平位移。由此可见，桩周土体的密度越高，形成水平应力拱所需的位移也越小；当土体的密度低，容易压缩，水平位移也就越大。本方案的基本原理就是在承重桩两侧的一定范围内，采用振冲碎石桩对原来较松散的回填土进行严格的加密，使加固范围内的土体密度达到和大于一般的天然密实土。这样，即使在加固区以外的土体仍处于较松散的状态，也能提供足够的水平约束力，满足安全要求和设计要求。

（3）实施部位

本次振冲碎石桩加固范围是以转换梁承重桩轴线为中心 7m 范围，且比桩心距大 1m。若过小，应力拱会影响进入未经加密的松散土体中，效果就会不理想。南北两端的加密范围为由转换梁 DL3～DL7 各向外延长 4m。碎石桩的设计桩径为 0.8m，纵横水平间距为 2.4m，布桩形式见平面布置图（图 4-1），实际施工放桩时，应该以地铁隧道外轮廓线为基准，保证地铁隧道外侧紧邻的一排碎石桩桩边与隧道外轮廓线的间距≥1m，且此排桩间距为 2m。碎石桩边距工程桩边的距离≥1m。碎石桩加固深度按以下原则掌握：碎石桩下部为轻轨放坡跌级面，上部为绝对标高 11.300m。

（4）资源投入

振冲碎石桩机 CZ-30 型 2 台；16/20t 汽车吊 2 台；铲运车 1 辆。

本工程项目部分地基处理地段位于航管楼结构东段地铁口上方，工程开工前根据业主提供的地铁顶标高，严格按照施工图纸进行施工，避免碎石桩施工过程中损坏地铁设施。由于振冲碎石桩采用机械化施工，施工过程中推进较快，应加强设备保养及抢修，主要材料应在开工前 3d 内运到，其余在施工过程中陆续运抵。

（5）振冲碎石桩施工

1）测放桩位、复核：

在场地平整完毕后，工地测量放线员应及时测放出碎石桩桩位，并在开机施工前完成桩位的复核工作。

2）施工准备：

由于航管楼东段工程桩均已施工完毕，为了便于振冲碎石桩施工，避免机械进场施工对工程桩造成破坏，考虑先将加固区域的自然地面进行平整，为防止碎石桩施工时产生的大量泥浆外溢，在加固区域周围用沙袋构筑 30cm 高围堰，并用碎石铺设通道将加固区域与现场施工临时道路连接。现场排水沟及泥浆沉淀池的布置见平面布置图（图 2-2）。碎石桩机进场后应及时安装好，连接好电缆及浆管、水管。调试检修设备，使碎石桩桩机保持正常施工状态。碎石桩材料可采用砂、石混合料（3：7），施工前现场应备有足够砂、石材料。

3）碎石桩施工工艺流程：

① 施工顺序。

按由北向南的顺序施工。先试打 7～9 根桩，视检测结果后方可全面施工。施工时采用跳打式，先打工程桩周边的桩，为保证施工机械正常移动且不对工程桩造成影响，应随施工作业面的进展铺设 30cm 厚碎石垫层。这样，加固工程完毕后，还可以给下道工序提供一个整洁的工作面。

② 桩机就位。

按设计图纸测量放线，把各桩柱位按编号测放到施工现场。因振冲施工的泥浆污染十分厉害，各桩柱位必须用写桩号的长木桩标出；然后，利用吊车臂缓慢移动振冲器，使其对准标志桩。

③ 开机射水成孔。

就位后先试喷水校对桩位，喷出的水柱与桩柱中心的距离应小于 50mm。用回水阀门调整水量合适后，启动振冲器。待振冲器运转正常后，缓缓放下吊车钢缆，使振冲器在射水振动和自重的作用下贯入地基。

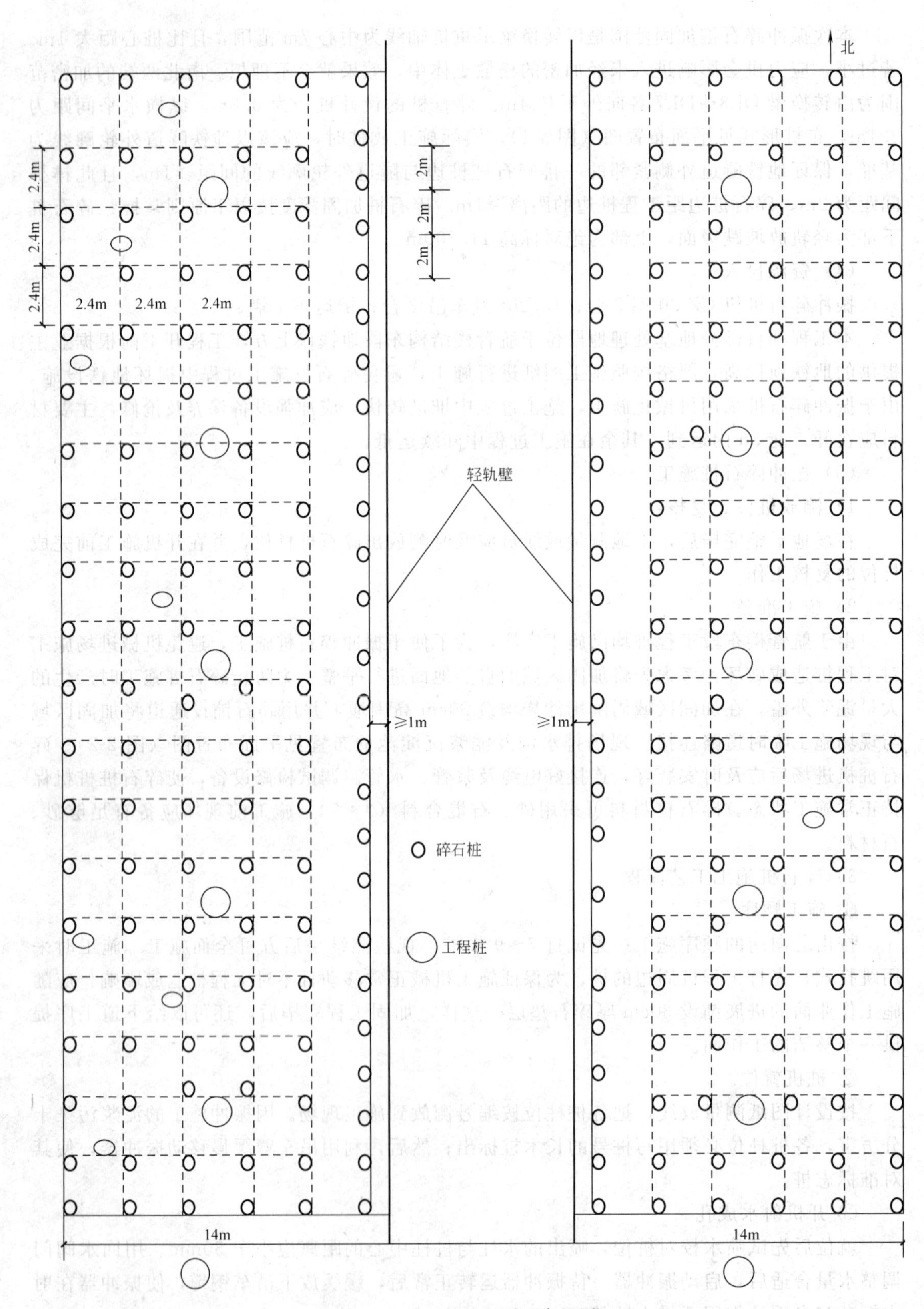

图 4-1 碎石桩施工平面布置图

④ 贯入成孔。

为防止软黏土地基的桩孔清洗不充分而泥浆过稠，成孔过程中应控制振冲器的贯入速度，以能形成孔洞为准。贯入速度一般可为1.5～2.0m/min。成孔后应将振冲器上下升降一次或数次，进行窜孔，以增强孔壁，清除堵塞，排出浓泥浆。

当振冲器重新沉至桩柱设计标高时，应尽快把振冲器提高到设计深度0.5m处，并减少射水量，尽量减少射水对桩孔底的破坏作用。如桩孔中的泥浆仍过稠，仍需清洗时，应将振冲器再提升1m后，留振供水清孔。

⑤ 填料与振密。

待桩口返水较清后，可开始填料振密。从孔口往下填料，石料从振冲器四周的空隙处下落。边填料边提动振冲器直至将孔底的桩柱振实，然后将振冲器提升约0.5m，再从孔口往下填料。有时也可在孔口集中堆放一些填料，边振边连续投料，逐段进行振实。

开始振制桩柱时，添入的填料不一定都能成为底部的桩柱，很多都用作孔壁的加固，这一点需要注意。

⑥ 振制桩柱。

振制桩柱要分段进行，每段桩柱的长度不超过1m，以确保加固质量。随着填料逐步振实，控制操作盘上的电流表逐渐增大。当达到最大密度时，此时对应的工作电流值称为“振密电流”。振实过程中，振冲器有时受到阻碍电流会突然上升，但往往又会很快降下来。所以，施工中电流值达到密实电流时，电流表上显示的电流值应该是一个稳定值，即使振冲器于该处继续留振5～10s的时间内，工作电流也始终维持这个稳定值或略有提高，这样才能确保桩柱体达到预定的密实要求。为了减少振冲桩施工对轻轨的影响，要求在振密绝对标高4.30m以下桩体时采用小能量多次反复作法，保证下部满足85%密实度的要求。电流参数根据现场情况确定。

泥浆外运根据现场场地情况另定。

4）工程质量标准：

根据设计图纸及公司多年的软土地基加固施工经验，本工程引用的施工技术要求如下：

① 桩位布置见设计图纸，碎石桩桩径为800mm；

② 振密电流为40A；

③ 桩体垂直偏差不大于1.5%；

④ 桩位偏差不大于50mm；

⑤ 碎石桩桩长根据设计图纸；

⑥ 在施工过程中同时执行交通部《公路软土地基路堤设计与施工技术规范》（JTJ 017—96）。

5）安全技术要求：

① 检查施工场地是否平整、坚固，壁坡是否安全，场地内上空、地下有无电线、电缆或其他不安全的物体。

② 检查机械设备、电气设备和安全设施是否安装准确、平稳、牢固、完善。开孔前必须试机，看设备运行和油、水循环是否正常，发现问题立即处理。

③ 参加振冲施工的职工必须严格按钻探规定的要求，进厂必须穿戴好各自的劳保、

安全用品，禁止上班前喝酒，禁止操作时随意离开岗位。

④ 振冲器工作时，水压一般为4～6MPa，振冲器下沉速度应为≤1.5m/min，电流40～50A，水量120～200L/min，工作时决不能停电、停水，否则泥砂将倒入水管，造成振冲器被埋。

⑤ 须将振冲器接头处的上、下两部分（减振器）用钢丝绳连接起来，以免因事故使振冲器掉入孔中。工作前及工作过程中应经常检查机具部位的螺钉是否有松动，发现松动必须及时处理。

⑥ 定期松开潜水电机的注油孔，检查变压器油面上有无存水，定期检查电机绕组对地的绝缘电阻值。

⑦ 工作时应经常检查电机升温情况，电机温度不得超过60～70℃，并经常注意振冲器有无杂声。

⑧ 振冲器连续振冲桩柱2000延米后，要进行维护保养，进程清洗、加油，检查螺栓有无损坏，密封件及水管各处是否完好。

⑨ 电气设备必须有接地装置，电线、电缆绝缘必须良好。接头处必须连接牢固，通过道路电缆必须埋入地下或架起，架空高度应超过2m。电源开关必须装入箱内，各种电器开关必须有盖，开关箱不能放在地上，下雨时应注意防雨，以免发生漏电事故。开关保险丝要根据负荷大小正确选择，不准用其他金属丝代替。

⑩ 移动孔位时，要有专人指挥，开关箱要有专人看管，防止电缆接头拉松或拉脱以及钻机塔压破电缆。

⑪ 碎石桁所需的石料必须符合规格要求和质量要求，以免造成安全和质量事故。

4.2 航管楼东段转换层大梁结构施工（地铁出入口上方）

航管楼东段地下因有地铁隧道南北向穿过，因此设计采用大跨度转换梁（长25m左右，最大梁截面1600mm×3500mm）从地铁隧道上跨过，保证航管楼的荷载不用压在地铁隧道上。由于转换层大梁跨度大，截面大，结构复杂，成为航管楼施工的重点和难点。如何解决好转换层的施工难题是保证整个航管楼施工质量的关键。下面就对航管楼转换层的施工步骤和方法进行阐述。

（1）基坑开挖和桩承台施工

1）土方开挖：土方开挖采用挖土机挖土，挖土应自北向南、自上而下水平分段分层进行，每层0.5m左右，边挖边检查坑底宽度及坡度，每3m左右修一次坡，直至设计标高。再统一进行一次修坡清底，检查基坑底宽和标高，要求坑底凹凸不超过150mm。

2）土方开挖范围：土方开挖范围包括整个转换层所占据的空间，为使坑底承台及边梁施工有足够的工作面，土方开挖后其坡底离承台外侧边应至少有1000mm的工作面。

3）放坡：根据地质勘测资料，冲积层粉质黏土层层顶标高在4.140～10.910m，场地地下静止水位标高为6.560～6.950m；而目前场地平整标高为13.500m，基坑深6.5m，故场地地质尚好，基坑开挖坑边采用放坡，放坡系数为1∶0.6左右。为了便于大梁钢筋搬运穿放，在每只大梁的西端梁宽范围内的基坑壁挖成1∶1.5大斜坡。

4）土方开挖高程控制：按设计要求，大梁底部应至少架空200mm。为了满足此项要求，大梁底部准备按如下步骤施工：①填200mm厚黄砂层；②70mm厚C15素混凝土垫层；③80mm 厚 C30 钢筋混凝土梁底板（配筋另出），共厚 350mm。

大梁底的设计标高为－4.700m，加梁底垫层和黄砂层，基坑实际挖至深度为－5.05m。桩承台面的设计标高为－4.700m，其高为 1.8m，承台垫层 100mm 厚，所以桩承台挖至垫层底标高－6.600m 处。

5）护坡：由于转换层大梁施工难度和工作量均较大，施工周期不会太短。为了防止因雨水冲刷基坑壁而造成塌方或流泥浆污染基坑，所以当基坑挖到设计标高后按设计规定的坡度修筑基坑壁，做到通直，坡度一致后，对基坑壁必须做细石混凝土加钢钎护壁。具体作法因在塔台基坑开挖时已经做过，故不做详述。

6）排水措施：由于本基坑暴露时间较长，又在夏季多雨季节施工，所以采取行之有效的排水措施十分必要。

① 在沿基坑四周自然地表面上，距坑边 1m 左右开挖一条 300mm×300mm 周转排水沟，并引向工地现场排水系统沟内。坑边至排水沟之间的表土面应向排水沟方向倾斜 5% 坡度，防止表土面上的水流向基坑。

② 在基坑的基底坡脚处修筑一条 400mm 宽、深 300mm 的周转排水沟，并修筑至少 6 个 ϕ500×1000mm 的集水井，与排水沟贯通。若遇有灾害性的天气时，可用水泵将积水及时抽出坑外。

③ 根据地质资料，坑底在砂土层，又是回填土，所以对水的渗透力很强，为了防止大雨、暴雨浸泡基坑可能在大梁混凝土无强度前造成大梁整体下沉，拟将整个基坑底浇筑（先将坑底土层反复夯实后）70mm 厚 C15 混凝土垫层，且做成按梁纵向向两头坡水，梁与梁之间向中间坡水（坡度 1%～2%左右），最后汇入边沟排水沟。实际施工时，用水平仪和短钢筋头（200mm 左右长）排插入基底土中控制。

7）土方开挖注意事项：

① 基坑开挖前，应时刻留意当地气象预报，尽量避免雨天施工；

② 土方开挖过程中，应派专人监视土方开挖深度，防止超挖。

8）截桩：当桩承台基坑挖到设计标高后，按有关要求进行截桩。成桩的平面应平整，标高应符合设计要求（高出垫层 100mm），废桩头应随时清出坑外。并将桩身的主筋整理好，若需接长，则用与主筋同规格的钢筋与原主筋焊接，焊接长度和锚固长度按规范要求。

9）浇垫层：桩截完后，用人工将承台基坑进行整修，使其截面尺寸满足设计尺寸加砖模尺寸，位置必须符合设计要求，并进行夯实，使土面标高与承台垫层标高基本一致后，按设计要求浇筑承台垫层（100mm 厚 C15 混凝土）。

10）因桩位测出后需进行桩芯抽芯检测，为提供钻机的操作台，必须在承台四周砌筑砖墙，并可作承台砖胎模使用。在垫层上按施工图要求弹出承台位置线，然后在线外侧用 MU10 机制砖和 M7.5 水泥砂浆砌筑 240mm 砖胎模。由于雨期施工，为防止承台基坑边塌方，泥土或泥浆污染承台内钢筋，砖胎模砌筑完毕后，立即用石粉回填承台基坑。

11）按设计要求进行承台内钢筋绑扎，其绑扎方法请钢筋工长施工前交底。注意钢筋的型号、尺寸、数量、位置、形状必须符合设计要求。

12）钢筋绑扎完后应进行自检、互检，工长抽检认为合格后，申请监理、业主进行隐蔽工程验收，合格签证后，进行承台侧模施工。模板建议用钢框木模，其垂直度、截面尺寸必须符合设计要求。固定经计算后用对拉螺栓通过纵横肋木枋将模板固牢，承台顶标高为－4.70m。

13）模板经验收合格后，用C35混凝土浇筑承台，混凝土的质量要求、浇筑方法按常规进行，不再详述。

14）当承台混凝土达到15％左右的设计强度时，用石粉进行回填至标高－1.300m处，且分层振夯实。

（2）转换大梁结构钢筋绑扎

1）钢筋绑扎：（以1.6m×3.5m×25m大梁为例）绑扎前，准备此大梁的钢筋混凝土总重量大约363t左右，按底模1.6m×25m＝40m²，则每平方米所受的地压力是9t多，由于转换层大梁下面是地铁，需尽量减小地压力要求。为此，准备采用二次浇筑大梁的方案。第一次浇筑下半部2m高，则地压力减为5t/m²左右了。第二次浇上半部1.5m。

2）安装绑扎：在大梁3m宽、25m左右长的范围内将土反复夯实，土面标高控制在大梁底下360mm处，浇筑80mm厚C30钢筋混凝土垫层（钢筋采用双向ϕ6@100布置），砌砖模（转换梁地基处理方案），两端砌在桩承台上，在砖模内填130～250mm厚的黄砂，振实，且按要求的拱度起拱。在砂面上浇70mm厚C15素混凝土垫层。然后按设计要求在混凝土梁底板上弹出梁边线和梁主筋、箍筋位置线。梁底板浇筑必须满足梁的长度、宽度和起拱的设计要求，并做到平顺、不挠曲。

3）搭设绑扎钢管支承架：待梁底板混凝土达到80％设计强度后，用ϕ48×3.5钢管搭设钢筋绑扎架子。立杆长4m，下端设－12mm×100mm×100mm的钢底座，支在混凝土板上，间距为：横向1.8m（梁两侧各一排），纵向按1.2m布置，纵向上、中、下各设一道水平拉杆。每排设不少于4道剪刀撑，横杆架在3.6m高度处，横向设不少于8道斜撑。

4）环箍钢筋的安装：在绑扎架内，每1.2m段准备好4×6＝24只ϕ18的环箍，按8肢箍要求进行横向排列，纵向则拼拢，下端支在垫板上，上部靠在绑扎架的横杆上，二二对称放置，使环箍的上端超出绑扎架横杆10cm左右。

5）面层钢筋的绑扎：按施工图要求，穿好14ϕ32面层钢筋（接头应在就位后采用直螺纹正反牙接法处理）。

面层钢筋就位后，抽去箍筋下面的木垫，使环箍挂在面筋上，按200mm间距就位，同时调整面层钢筋平面尺寸的对角线，误差≤10mm。为便于梁中间（横向）的钢筋绑扎，每1.2m即6只环箍中拼拢1只暂不绑扎，留出40cm宽的空间，便于施工人员在梁内操作。调整好环箍的间距和对角线误差后，进行面层钢筋的绑扎，随之调整好四角的垂直度。

6）底层钢筋的绑扎：面层钢筋绑扎完毕后，穿好底层15ϕ40钢筋，按设计绑扎位置就位。同时校准好底层钢筋的平面尺寸的对角线，误差≤10mm。随后进行底层钢筋的绑扎，组成大梁环箍筋框架。底层钢筋绑扎完毕后，按设计要求至少绑扎二道腰筋，必要时用点焊焊牢。

7）大梁环箍框架调整：在环箍下面放置40mm×60mm×60mm C35细石混凝土垫块，按横向500mm左右、纵向400mm的间距布置。接着松开绑扎架横杆上的扣件（从中间向两端），使环箍钢筋平稳地搁在设置的细石混凝土垫块上。随后对边箍筋进行加固处理，用手拉葫芦对环箍进行垂直、水平的校准。方法是上吊、下垫，使整只的环箍位置满足设计要求，一切准确无误后，与绑扎架固牢。

8）大梁钢筋绑扎：在底层钢筋上横向放置1520mm长度的ϕ40钢筋（或其他同间距的短料）间距垫，每2m布置一道。穿绑大梁第二排底筋。同法，穿绑大梁第三、第四排ϕ40底筋。从第五排开始钢筋间距垫改用6号槽钢，方法同上，直至第八排。ϕ40钢筋绑扎完后，便进行ϕ25腰筋绑扎。从梁中开始，逐渐向两侧退出。

绑扎顶面下第二排14ϕ32面筋。在绑扎前，按设计标高，用$\phi48\times3.5$钢管按3200mm间距搭设好支托架，绑完后拆除。最后绑扎暂时拼拢的环箍，方法是：从梁中心（纵截面）起将拼拢的环箍分别就位绑扎，向两侧面双双退出。

9）绑扎大梁钢筋的注意事项：

① 所用钢筋的型号、规格、数量、形状、尺寸，均符合设计要求；

② 绑扎技术按设计要求和有关规范规定；纵向钢筋接头位置必须符合设计要求，其方法采取短穿，就位后进行直螺纹正反牙套筒接头处理；

③ 按规范要求同一截面钢筋接头数量不超过50%；

④ 钢筋绑扎完后，进行自检互检，工长抽检合格后，申请监理、业主和现场技术负责人进行隐蔽工程验收并签证。

由于DL1～DL7梁两端有上下两道DLA（500mm×1000mm）梁，其中下面一道DLA梁的顶标高为－3.7m，所以当DL1～DL7梁的钢筋绑扎完后，进行下面一道DLA梁钢筋绑扎；上面一道DLA梁钢筋绑扎准备在DL1～DL7梁混凝土浇筑到－2.7m以后进行。上层所有梁钢筋绑扎完后，按设计要求绑扎各柱的插筋，用点焊固牢。局部楼板的钢筋在梁钢筋绑扎完后按有关要求进行绑扎。

(3) 转换大梁模板支承

1）当梁钢筋绑扎完后，经验收合格后进行支大梁侧模。模板可先用合格的钢框木模，不够时，可用胶合板补充。模板必须具有足够强度和刚度，以满足混凝土在浇筑过程中对其产生的侧压力。固定必须牢固，形状大小必须正确。模板的支设标准按国标和有关规范规定进行验收，合格后才能进行下道施工。

2）由于大梁较高（3.5m），又有上下两层连系梁与它相交，为此准备分两次支模。第一次支DL1～DL7梁的下半部分（2m高范围）和DLA梁的下面一道全部；第二次支DL1～DL7梁的上半部分（1.5m高范围）和DLA梁的上面一道及DL8～DL22梁的全部梁模。如果按2m高模板浇筑混凝土，则其对模板的侧压力最大不超过5t/m^2，为此固定模板的对拉螺栓可选用ϕ16，按2只/m^{2}布置即可。

3）下一道DLA梁支模：DLA梁的设计底标高为－4.70m，由于大基坑已挖至－5.05m处，所以其梁底下有350mm的空间，拟砌500mm宽，高至梁底标高的砖模作梁底模。砌此梁底砖模应注意如下二点：在每道梁的中间部位（排水槽处）的底部留置200mm×150mm的排水孔一个。在顶面向下50mm左右留置对拉螺栓孔，按间距700mm左右留置。侧模用18mm厚胶合板，高度为1100mm，用50mm×100mm的木枋作竖向肋，梁的底部和中部用ϕ12对拉螺栓固定。梁侧模上口可用50mm×50mm×800mm的木搭头。

4）上一道DLA梁及DL8～DL22梁支模：上一道DLA梁及DL8～DL22梁的底标高分别为－2.70、－2.6、－2.5、－2.4、－2.2m。梁的宽度有500、800、1000、1200mm不等。500mm×1300mm的梁虽较小，但与下面垫层的净空间确有2.5m左右，一般木枋的长度在2m左右，不宜采用木琵琶撑而拟用3.5m左右长的ϕ48×3.5的钢管搭设满堂架支顶。底板和侧模均用18mm厚的胶合板。侧模用ϕ12对拉螺栓固定，间距根据梁的大小经计算后确定。局部有楼板处，根据设计要求用钢管或门架搭设满堂脚手架，底板均用18mm厚胶合板。所有这些梁、板的模板安装和拆除均按国家有关规范规定进行，特别要保证构件的位置、截面尺寸正确。拼缝应严密，防止漏浆，保证混凝土的浇筑质量。

（4）混凝土浇筑施工

1）DL1～DL7梁及DL8～DL22梁、二道DLA梁及部分楼板的混凝土强度等级为C35。采用现场搅拌，泵送。按大体积混凝土浇筑方法、要求进行浇灌。

2）浇筑顺序从中间向两边进行，即DL4—DL3—DL5—DL2—DL6—DL1—DL7。分别在DLA梁的适当位置留置施工缝（施工缝应按规范规定留置）。第二次浇筑顺序按此参照执行。

3）浇筑方法：转换层大梁浇筑需混凝土量较大，又有尽量减小地压力的要求，还有施工部署要求，大梁必须分二次浇筑。在2m高度（－2.7m）处留置水平施工缝。即第一次浇筑DL17－2.7m以下及下面一道DLA梁；第二次浇筑DL1～DL7梁的－2.7～1.2m部分及上面一道DLA梁和DL8～DL22梁全部。

4）由于DL1～DL7梁和DLA梁的混凝土第一次浇筑完后，进行上一道DLA梁和DL8～DL22梁的钢筋绑扎和支模。整个过程大约需要7d左右的时间，按目前（七月份）气温，已浇筑的混凝土强度可达到80%以上。故在第二次浇筑时，上部混凝土的重量可由大梁下部自身支荷，大大减轻了地铁上部的地压力。又较好地满足了施工部署要求。

5）下料方法：由于大梁分二次浇筑，为了尽量减少混凝土对大梁上部钢筋的污染，故在浇筑大梁下半部时，采用ϕ100圆筒溜管下料，方法是从梁侧面（离梁底2.2m高处）将1.2m左右长的ϕ100圆筒溜管斜插入大梁中间。圆筒溜管上口做成八字开口斗形，泵管直接向八字口斗处下料。混凝土通过圆筒溜管下到梁底和其他各部位，圆筒溜管随浇筑方向搬移，每点间距在1.5～2.0m，每点下料高度控制在500mm左右。

6）振捣方法；大梁底部800mm高左右有120根ϕ40的纵向主筋，下面四层竖向间距为40mm，水平间距为68mm左右，又有众多的环箍筋和腰筋，且有的大梁较宽（如1.6m），振动棒必须从梁的顶部往下插入，随浇筑方向进行振捣。为避免振动棒提升换位时污染大梁上面1.5m高的钢筋，可在上面1.5m段加设一段套管，振动棒从中穿过。振点按500mm一点插入为宜。每点振捣时间控制在30s左右，且见混凝土表面不再下沉，无气泡放出为宜。每层振捣混凝土厚度在300mm左右，不超过500mm。在振上层时振动棒必须插入下层50mm以上。振动棒应快插慢拔，对底部钢筋密集的地方一定要加倍小心，认真操作；若确有振动棒无法插入的部位，可用钢筋棒人工插捣，无论如何也要确保混凝土的质量。

7）做好钢筋的清理工作：在大梁下部浇筑混凝土时，难免对上部梁钢筋产生污染，待某段混凝土浇筑完时，及时用钢丝刷将沾在钢筋上的水泥浆刷净，必要时洒少量清水（需待混凝土终凝后）进行清理，以保证这些受污染的钢筋不因受污染而影响混凝土对其的握裹力。

8）对混凝土的质量要求：

① 对原材料的要求：由于大梁的截面大多超过1m²，按规范这些大梁的混凝土浇筑

属大体积混凝土。因此用来浇筑大梁的混凝土必须按浇筑大体积混凝土的要求进行。水泥宜选用32.5R级的矿渣硅酸盐水泥；选用5～31mm连续级配的碎石，含泥量控制在0.5%左右，其针、片形碎石的含量不能超过规范的规定；选用平均粒径为0.381mm的中粗砂，含泥量控制在1%以内。适当加些减水型缓凝剂。所有原材料必须有质量保证书、产品合格证，且经过有资质的试验单位试验合格后才能使用。水用自来水。

② 按配合比计量下料：混凝土拌合场的原材料必须按配合比计量下料（电子计量器应定期校核），下料的误差值不能超过规范规定。

③ 充分拌合，不能夹生饭：混凝土拌合物必须充分拌合才能保证混凝土的质量。一般从投料到出料必须搅拌90s，若加减水剂须延长到120s，但也不能随意延长搅拌时间，因为时间过长会消耗坍落度数值，所以，如果发生堵管等特殊情况不能在规定时间的范围出料，就要采取间隔3min搅拌几转的办法，以确保设计的坍落度不变值。

④ 随时检查混凝土的坍落度：坍落度是混凝土拌合物的一个很重要的质量指标。它包括三个方面：即流动性、黏稠性和保水性。有好的流动性能使混凝土填满构件模型的各个角落，但它不是单独流淌而是拌合物的所有原材料按均匀的位置一起流动，这就是拌合物的黏稠性。如果黏稠性不好，砂、石、水泥各自不粘合一起，将不会有混凝土构件的强度。水若随意从拌合物中离析出来，必然造成砂、石、水泥浆相分离，发生平时所说的离析现象。所以三个指标中任意一个或两个出现了不合格，整个拌合物即混凝土的坍落度就不合格。规范规定不合格坍落度的混凝土不能使用。因为它不能满足设计要求，容易造成质量事故。所以，在开始搅拌第三斗出料时，就应该做坍落度试验，试验合格后才能使用。以后每隔3～4h应检查一次，每班至少做二次试验，若发现异常，立即进行检查，直到调制到合格才能继续使用，此项应由总工监督质量员认真负责地做好，以确保整个大梁群混凝土的质量达到设计要求。

⑤ 施工缝处理：为了满足尽量地减小大梁对地面的压力（因为地下面是轻轨隧道），所以请示设计院后，决定分上下二次浇筑大梁混凝土留置施工缝，第一次浇筑DL1～DL7梁的下半部，即2m高，和DLA梁的下面一道全部浇完。所以在大梁2m高处（标高－2.70m)需留置一条水平施工缝，方法是从大梁的一端起每隔450mm下凹150mm，凹槽宽度为150mm。呈马牙形的水平施工缝。

⑥ 施工缝的后浇：在浇筑前，必须清理施工缝表面的垃圾、浮浆、松动石子和其他应该清除的东西，表面保持湿润，然后用纯水泥浆（5mm厚）或用与大梁相同配合比的水泥砂浆（50～100mm厚）接浆。接着按常规浇筑混凝土，在接缝处必须仔细振捣，为确保接缝处的混凝土达到充分密实，可在后浇混凝土中加入适量的膨胀剂。

(5) 大梁混凝土养护

大梁截面大，需按大体积混凝土的养护要求进行养护。采取主要手段是初期保温，后期保湿。养护时间14d。控制混凝土温度和收缩裂缝的技术措施：

1) 选用中热或低热的水泥品种，一般选用32.5R级的矿渣硅酸盐水泥。

2) 加外加剂：如木钙粉，若加水泥用量的0.25%的木钙粉，它不仅能增加混凝土的和易性，而且能节省10%的拌合水和10%左右的水泥用量。可降低水化热。

3) 掺外掺料：如粉煤灰。掺加粉煤灰不仅能代替部分水泥，而且由于粉煤灰颗粒呈球状而具有“滚珠效应”，起润滑作用。能改善混凝土的黏塑性，并可达到泵送混凝土要求粒径 0.315mm 以下细骨料应占 20%左右的这个要求，从而改善了混凝土的可泵性，降低了混凝土的水化热。

4）选用平均粒径 5～31mm 连续级配的碎石和粒径平均为 0.321mm 的中粗砂，同样可节省水泥和用水量。将含泥量控制在 1%～2%。

5）利用冷水冲洗石子或用冰水搅拌混凝土，降低混凝土拌合料的温度，并想办法降低混凝土的入模温度。

6）利用塑料薄膜或麻袋、草包覆盖混凝土表面，以减小混凝土内外温差。

7）加强保湿养护，不仅使水泥顺利水化，而且能防止因干缩而引起混凝土构件产生裂缝。

8）大体积混凝土的测温方法和保温措施可参照塔台大承台施工的相应措施。大梁分层浇筑的水平施工缝可采取蓄水养护的方法进行养护。

（6）回填土施工

待所有转换层大梁群的混凝土浇筑完且已拆模，应及时清除 DL1～DL7 大梁底下的 200mm 厚黄砂垫层。方法：首先拆除黄砂外的砖模，随后用空压机高压风力或高压水力和人工清理相结合，从梁的一端开始逐渐往另一端清理。大梁底部黄砂被掏空后，用机制砖在大梁外侧旁砌 240mm 厚的防护墙超出梁底高度 100mm 左右。随后按有关规定进行回填土施工。

4.3　塔台筒体模板工程施工

（1）工程概况

塔台十七层以下（94.40m）为圆筒钢筋混凝土结构，十八至十九层为钢结构。筒内有二台电梯和一部踏步式楼梯。九层（58.7m）以下为直径 8.5m 墙厚 0.5m 钢筋混凝土墙板外壁。向外空 0.17m 之处是 0.08m 厚的细石混凝土装饰层。从九层向上，筒体壁厚减小为 0.4m。标高 62.12m 起其外层开始向外拓展，局部形成筒外筒，外壁厚 0.12m。到十四层达拓展最大值 $R=10.674$m，室内射梁和弧梁交错，模板工程较复杂，必须引起高度重视。

（2）塔台、航管楼模板体系

1）航管楼除了 24 个圆柱用定型钢模外，其余均用木模、胶合板。模板安装按国标验收。

2）塔台的承台，利用现有的木板、胶合板或钢框木模散装散拆。

3）筒体内外模均用定型钢模，饰面层利用筒体外模加 8 块 1.95m×0.19m 的补充模组成，特殊部位用普通钢模和木模。

4）从九层中部（62.12m）以上局部筒外层伞形模板采用胶合板，由施工单位自制。

5）所有梁、楼板、楼梯模板均采用木板、胶合板。

6）筒体内月牙形（AZ4 之间）内外模则用定型钢模。

7）电梯井壁除筒壁部分用Ⅰ、Ⅱ号定型钢模板外，其余三面均用胶合板，零装散拆。

8）地下室筒壁模板原则上用定型钢模（故应及早制作定型模板），特殊部位用木板和胶合板。

塔台外壳外模板尺寸见表 4-1～表 4-4。

塔台外壳外模尺寸表（一） 表 4-1

编号	标高 (m)	a(m)	$R_{外}$ (m)	$R_{内}$ (m)	∠α (°)	外弧 (m)	内弧 (m)	度/m		外弧尺寸			内弧尺寸		
								外弧 (°)	内弧 (°)	下口弧长 (m)	上口弧长 (m)	弧度 (°)	下口弧长 (m)	上口弧长 (m)	弧度 (°)
①	60.777	0.740	5.000	4.750	162.9765	14.222	16.334	11.459	12.062	1.3	1.325	14.897	1.35	1.377	16.284
②	62.070	1.091	5.096	4.845	155.366	13.819	17.304	11.243	11.826	1.3	1.331	14.616	1.30	1.333	15.374
③	63.363	1.458	5.218	4.967	147.5491	13.437	18.417	10.980	11.535	1.25	1.285	13.725	1.30	1.338	14.996
④	64.656	1.841	5.366	5.114	139.8700	13.099	19.648	10.678	11.204	1.20	1.239	12.814	1.30	1.345	14.565
⑤	65.949	2.240	5.541	5.289	132.4661	12.811	21.004	10.340	10.833	1.20	1.244	12.408	1.30	1.349	14.083
⑥	67.242	2.656	5.743	5.489	125.0908	12.538	22.505	9.977	10.438	1.15	1.196	11.474	1.30	1.354	13.569
⑦	68.535	3.089	5.971	5.717	117.7420	12.270	24.173	9.596	10.022	1.10	1.147	10.556	1.25	1.305	12.528
⑧	69.828	3.539	6.226	5.971	110.8439	12.045	25.965	9.203	9.596	1.10	1.150	10.123	1.35	1.414	12.955
⑨	71.121	4.006	6.509	6.253	104.0299	11.818	27.935	8.803	9.163	1.10	1.153	9.683	1.25	1.312	11.454
⑩	72.414	4.491	6.820	6.563	97.6282	11.621	30.054	8.401	8.730	1.05	1.102	8.821	1.35	1.419	11.786
⑪	73.700	4.993	7.158	6.898	91.5399	11.436	32.321	8.004	8.306						

塔台外壳外模尺寸表（二）　　表 4-2

编号	标高 (m)	a(m)	$R_{外}$ (m)	$R_{内}$ (m)	$\angle\alpha$ (°)	外弧 (m)	内弧 (m)	度/m		外弧尺寸(边模)			内弧尺寸(边模)		
								外弧 (°)	内弧 (°)	下口弧长 (m)	上口弧长 (m)	弧度 (°)	下口弧长 (m)	上口弧长 (m)	弧度 (°)
①	60.777	0.740	5.000	4.750	162.9765	14.222	16.334	11.459	12.062	0.611	0.284		0.067	0.390	
②	62.070	1.091	5.096	4.845	155.366	13.819	17.304	11.243	11.826	0.409	0.064		0.202	0.544	
③	63.363	1.458	5.218	4.967	147.5491	13.437	18.417	10.980	11.535	0.468	0.125		0.108	0.458	
④	64.656	1.841	5.366	5.114	139.8700	13.099	19.648	10.678	11.204	0.549	0.211		0.074	0.415	
⑤	65.949	2.240	5.541	5.289	132.4661	12.811	21.004	10.340	10.833	0.405	0.049		0.102	0.461	
⑥	67.242	2.656	5.743	5.489	125.0908	12.538	22.505	9.977	10.438	0.519	0.155		0.202	0.578	
⑦	68.535	3.089	5.971	5.717	117.7420	12.270	24.173	9.596	10.022	0.635	0.288		0.212	0.585	
⑧	69.828	3.539	6.226	5.971	110.8439	12.045	25.965	9.203	9.596	0.522	0.159		0.158	0.535	
⑨	71.121	4.006	6.509	6.253	104.0299	11.818	27.935	8.803	9.163	0.409	0.046		0.218	0.595	
⑩	72.414	4.491	6.820	6.563	97.6282	11.621	30.054	8.401	8.730	0.560	0.208		0.177	0.552	
⑪	73.700	4.993	7.158	6.898	91.5399	11.436	32.321	8.004	8.306						

塔台外壳外模尺寸表（三） **表 4-3**

编号	标高（m）	a（mm）	弦长 b（mm）	矢高 h（mm）	$\angle\beta$（°）	弧长 l（mm）	简图
①	60.777	96	1297	3.3	85.7542	1297	
②	62.070	122	1299	3.3	84.6060	1299	
③	63.363	148	1302	3.3	83.4555	1302	
④	64.656	175	1305	3.3	82.3024	1305	
⑤	65.949	201	1309	3.3	81.1461	1309	
⑥	67.242	228	1313	3.3	79.9862	1313	
⑦	68.535	256	1318	3.3	78.8221	1318	
⑧	69.828	283	1324	3.3	77.6533	1324	
⑨	71.121	311	1330	3.3	76.4793	1330	
⑩	72.414	337	1330	3.3	75.3027	1330	
⑪	73.700						

塔台＋60.777～73.700m 外壳外壁尺寸表 **表 4-4**

编号	标高（m）	a（m）	$R_{外}$（m）	$R_{内}$（m）	$\angle\alpha$（°）	外弧（m）	内弧（m）
1	60.777	0.740	5.000	4.750	162.0734	14.114	16.409
2	62.070	1.091	5.096	4.845	154.1626	13.712	17.406
3	63.363	1.458	5.218	4.967	146.0416	13.300	18.548
4	64.656	1.841	5.366	5.114	137.8006	12.906	19.833
5	65.949	2.240	5.541	5.289	129.9666	12.569	21.234
6	67.242	2.656	5.743	5.489	122.2515	12.254	22.777
7	68.535	3.089	5.971	5.717	114.7157	11.955	24.475
8	69.828	3.539	6.226	5.971	107.3026	11.660	26.335
9	71.121	4.006	6.509	6.253	100.3190	11.397	28.340
10	72.414	4.491	6.820	6.563	93.6403	11.146	30.510
11	73.700	4.993	7.158	6.898	87.2563	10.901	32.836

（3）模板的控制

1）模板体系控制系统：

本塔台施工采用内控法，即在直径 8.50m 的范围内用 $\phi48\times3.5$ 钢管搭设满堂脚手排架。其立杆的布置应满足如下要求：

① 要满足排架稳定性的要求，即在每 1m 左右的弧长内必须有一支立杆；

② 要满足筒内构件和楼板梁安装模板的要求；

③ 要考虑内部行走留出通道的要求。为此，要求木工工长按设计要求排出立杆平面

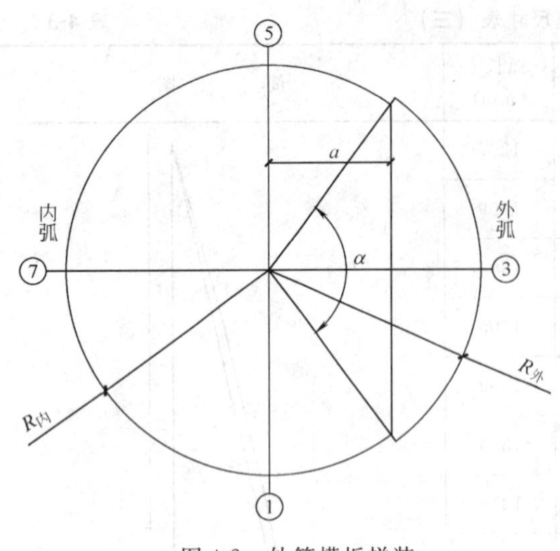

图 4-2　外筒模板拼装

布置图。

排架由纵横交叉的横拉杆和剪刀撑组成。为了行走方便，拖地杆应设在距楼地面 0.2m 高处。向上第一道应设在 2～2.2m 处左右，以便搬运货物。以上各道则按 1.6～1.8m 设置。为保证排架整体的稳定性，必须搭设不少于 8 道剪刀撑。即圆心向外八个方向各设一道。

塔台外筒模板拼装平面如图 4-2 所示。

在排架搭设过程中，必须做到立杆垂直，与纵横交叉的拉杆必须用扣件固紧。在安装纵横拉杆时，离筒壁 0.4～0.5m，以便支拆模。在支模后，用 2m 左右的钢管按内模横肋位置固定在壁板临近的两根立杆上，并用点焊与模板的横肋焊牢。拆模时，将其拆掉。在 7.8m 的楼层内宜分二次搭设，以便筒壁和筒内其他构件混凝土的浇筑。

除了电梯井、管道井连续搭设外（但也应分段加固，间距不大于 30m），其余部分分层搭设。拆时应保持施工面层下应有一个楼层的支承。

另外，纵横拉杆可能有时穿在筒内构件的壁内，建议在该处暂留孔洞，待拆除后用同强度等级的混凝土补满填实。在踏步式楼梯部位，个别立杆可能暂浇筑在踏步内，待以后割除。

2）模板体系控制方法：

① 建立基准点。

当塔台基础垫层浇筑完后，利用原有轴线控制点，用测量仪器分别投测数条轴线于垫层上，成“十”字形或“米”字形。其交点 O 即是筒体的圆心，并做好标记。在地下室顶板上，此法重做一遍并做好永久性（施工阶段）标记，作为向上传递筒体圆心位置的基准点。

② 控制方法：

A. 支模前准备。每当一施工面层的混凝土浇筑完后，首先用激光垂直仪将其圆心点（事先在此位 0.2m×0.2m 的留洞处安放一块有机玻璃固牢）投测到施工面层上，做好标记；同时，按外控法用经纬仪投一二条轴线到施工面上，此两条轴线的交点必须与圆心重合；否则，必须立即纠正，以内外控层层校测垂直度。以此圆心向外辐射数条等于半径的直线，以校验半径长度是否处处相等。随后从层高控制点（地下室浇筑完后，应在管道井壁上 0.5m 处作好层高控制点）量得本层层高点（量时尺应保持垂直）并做好标记。以此点为准，用水平仪沿筒壁≤1.2m 作周转校测，若负标，则用水泥砂浆做塌饼填充，若超标应凿去铲平，最后用水泥砂浆（与混凝土同强度等级）按塌饼高度周转找平（应层层做）。最后，从圆心分别量得十几条等于半径长的画弧点，用预制好的画弧样板尺画出筒壁的内模线，这时即可支模。

B. 支内模：内模的下端支在内模线的内侧（几乎切线），并用线坠挂吊法校准垂直度，当正确无误后，用点焊将内模的上下肋与排架系统的连结杆焊牢。以后一块接一块，周转一周。为了避免横向误差累计集中，建议分四点展开，考虑工程进度，宜连续搭设二个楼层高（即 3.9m）。

C. 外模控制：用长 0.5m 的硬塑料管套在对收螺栓上作为限制（可将对收螺栓周转使用），收紧对收螺栓即能固牢外模。只要内模正确无误，筒壁的结构就有保证。

D. 对于装饰外层模板控制：当筒体浇筑到十一层（73.7m）时，开始施工装饰外层模板，采用定型加工钢模板作外模，增长对收螺栓的长度，利用原穿墙螺栓孔即可安装外模，采用聚苯乙烯泡沫塑料做内模。

③ 倒弧模板拼装顺序：

由于工期紧，准备每两个模层（3.9m）浇筑一次混凝土，所以必须配制三个模层的模板（如 A、B、C 外模和内模的 a、b、c），以标准层 7.8m 作说明：

第一次支模：由下而上，内外模均是 A、B（a、b）。当这模层的混凝土浇筑完后，且上部钢筋已绑扎并隐检验收后，开始向上第二次支模。先将下面的 A（a）模拆下（内外）上移到 B（b）模上面，再在 A 模上面外模接上 C，内模接上 c，双双固定牢固，这时外模已满足 7.8m。内模只到梁底，在梁位一周用小型普通钢模和木模。这二模层支在有上、中、下三道对收螺栓的 B 模上，其支承点尚是稳定的。以后每层均按此顺序轮番向上。

饰外层为了便于控制浇筑质量，准备每一个模层高浇捣一次，二一对翻向上。

另外，筒内踏步楼梯的浇筑应在上一层第一次浇筑混凝土时进行。其余构件与筒壁同步。梁和楼板应在每楼层第二次浇筑时进行。

④ 支模和拆模：

A. 安装质量要求：定型钢模板安装完毕后，应按《混凝土结构工程施工质量验收规范》（GB 50204—2002）和《组合钢模板技术规范》（GBJ 214—89）的有关规定进行全面检查，验收合格后，方可进行下一道工序。组装钢模板，必须符合设计要求。各种连接件必须安装牢固、无松动现象，模板拼缝要严密。各种预埋件、预留孔洞位置准确，固定要牢固。

B. 组装钢模允许偏差：

两板间钢模缝隙≤1mm，相邻两板面的高低差≤1mm；

组装模板的表面平整度≤0.4mm，用 2m 长水平尺检查；

模板对角线长度差值≤5mm（≤对角线长度的 1/1000）。

安装模板允许偏差：

a. 现浇结构安装模板允许偏差（表 4-5）。

安装模板允许偏差 表 4-5

序号	项目		允许偏差(mm)	序号	项目		允许偏差(mm)
1	轴线位置		5	4	层高垂直	全高≤5m	6
2	底模上表面标高		±5			全高>5m	8
3	截面内部尺寸	基础	±10	5	两相邻板表面高低		2
		柱、墙、梁	+4、-5	6	表面平整度(2m)		3

b. 预留孔和预埋件允许偏差（表 4-6）。

预留孔和预埋件允许偏差 表 4-6

序号	项目		允许偏差(mm)	序号	项目		允许偏差(mm)
1	预埋钢板中心线位置		3	4	预留洞	中心线位移	10
2	预留管孔中心线位置		3			截面内部尺寸	+10、0
3	预埋螺栓	中心位移	3				
		外露长度	+10、0				

C. 模板拆除。

除了侧模应以能保证混凝土及棱角不受损坏时方可拆模外，底模应实行拆模令制度，严格按《混凝土结构工程施工质量验收规范》（GB 50204—2002）的有关规定执行。模板的拆除顺序和方法：应按配板设计的规定进行，遵循先支后拆、先非承重部位后承重部位以及自上而下的原则（除倒模外），拆模时严禁用锤子和撬棒硬砸、硬撬。拆模时操作人员应在安全处，以免发生安全事故，待该片（段）模板全部拆除后，方准将模板、配件等运出堆放。

拆下的模板、配件等严禁抛扔，要有人接应传递，按指定地点堆放，并做到及时清理、维修和涂刷隔离剂，以备后用。

D. 拆除筒体内模的活络点。

活络点设置电梯井内，电梯井壁与筒壁垂直交界处；电梯井外：两电梯井外壁的外侧与筒壁相交处；筒内月牙形，即 AZ4 之间，设在两块内模的中间拼缝处。凡逢梁与筒壁交成锐角时，均应留置活络拆模点。这样才能保证好拆、净拆，而且还能保护模板不受损伤或少受损伤。

（4）模板的运输、维修和保养

1）本工程共制作了 400m^2 的定型钢模，制作完后将分期分批运至工地或今后运向外工地。为此，对运输提出如下要求：

① 不同规格的钢模板不得混装混运，运输时，必须采取有效措施，防止模板滑动、倾倒；长途运输时，应采用简易集装箱，支承件应捆扎牢固，连接件应分类装箱；

② 定型模板运输时，应分层垫衬，支捆牢固，防止松动变形；

③ 装卸模板和配件应轻装轻卸，严禁抛掷，并应防止碰撞损坏，严禁用钢模板作非模板用途。

2）维修和保养：

① 钢模板拆除后，应及时清除粘结的灰浆，对变形的模板和配件应及时整形和清理，并应恢复到原状时才能继续使用；

② 对暂不使用的钢模板，板面应涂刷脱模剂或防锈油，并按规格堆放；

③ 钢模板宜存放在室内或棚内，底部支垫离地 10cm 以上，露天堆放底支垫 20cm 以上，并在面上覆盖防雨布，且应在模板的两端设靠帮固牢；

④ 对于竖肋外露 5cm 的特种模板尤为当心，不要将突出部分扭曲折弯，发现有变形时，应及时修复后才能使用。

4.4 塔台倒弧线立面悬挑式脚手架施工

(1) 塔台的结构概况

1) 塔台从 0.5～58.7m 段为内径 4.25m、外径 4.75m、50cm 厚的筒体钢筋混凝土墙结构，此段上下垂直。其外壁向外空 0.17m 后，又有 0.08m 厚的装饰混凝土层。

2) 从 58.7～84.5m 段，筒体外层逐渐向外拓展，形成局部筒外筒结构，其拓展率为 23%。

3) 从 84.5～91.25m 段，外墙从十四层楼面向内收缩了 1.5m 左右，且垂直（但装饰层向外拓展很大，达 56%）。

4) 从 91.25～99.5m 段，外墙又从十六层楼面向内收缩了 2.4m 左右，十八层楼面虽向外拓展了 1.2m 左右，但仍在十六层楼面范围内。

5) 从 99.25～104.5m 段是钢架雷达天线层，且半径仅有 3.35m，在十八层楼面范围内。

(2) 选择外脚手架搭设方案

塔台外脚手架采用扣件式钢管脚手架，钢管为 $\phi 48\times 3.5$，扣件是可锻铸铁材质。从 −0.3～58.7m 段。此段筒体垂直，但属筒双层结构。根据设计要求，筒外层后浇。为了便于施工，采用 30m 以下为双立柱，30m 以上为单立柱，中间设置两道钢丝绳卸荷的搭设方案，拉接点设置在架体 20、40m 高度处；58.7m 以上采用悬挑脚手搭设方案。塔台施工模板及脚手架搭设实景如图 4-3～图 4-5 所示。

(3) 塔台外脚手架分段搭设技术措施

1) 塔台 −0.3～58.7m 阶段搭设：

① 脚手架的基础：在 −0.3m 处，塔台的周围约 2/5 部分被电梯机房顶板覆盖（顶板厚度 20cm），其余均为回填土。考虑到脚手架与筒体沉降一致性，除了部分立柱直接支在楼顶板上外，其余均采用在筒体混凝土壁上架设悬挑架作为脚手架立柱的基础，共 14 根。

图 4-3　塔台双曲面结构采用定型弧形钢模，现场采用分段拼装方法进行安装

图 4-4 塔台拓展外形结构的脚手架搭设

图 4-5 塔台施工阶段，脚手架搭设外立面形式

② 脚手架的搭设：经过计算整个筒体均分 22 等分为宜，考虑到筒体外层施工要求，内层双立柱中心到筒体壁距离必须满 65cm，又考虑到便于在施工时手拉车通行，内外双立柱中心距离只少 1.05m。为此，其挑梁的型钢长度为 1.85m 左右。

③ 搭设的顺序为：立杆→小横杆→大横杆→搁栅→连接杆→扶手杆→脚手板→挡脚板→安全网。

2）塔台 58.7～73.7m 阶段搭设：

从 58.7m 开始，塔台的筒体外层向外逐渐拓展的结构层，其中一部分为 12cm 厚的混凝土墙，（另一部分为玻璃幕墙）。到十一层（73.7m）局部已形成筒外筒（2～4 轴左右），其拓展率为 12.6%。在 58.7m 处的圈梁上面（筒体与圈梁交结处）的筒壁上预埋 26 块 12mm×200mm×150mm 的预埋铁，间距按 1123mm 布置。将用于焊接 58.7～73.7m 段外脚手挑梁。58.7～62.121m 段的筒外层待挑梁焊完即浇筑。

在 62.121m 处的圈梁上预埋 26 根 ϕ12 的拉索筋。拉索筋必须与圈梁内主筋连接。在拉索筋周围 500mm 范围内，箍筋为 ϕ12@200，加密为@100。

3）塔台 73.7～84.5m 阶段搭设：

其筒外层的拓展幅度较大，为 37.4%。但对施工有利的是筒外层无混凝土墙，仅有十六根Ⅰ32 斜支撑。故分别利用十一层、十二层、十三层楼板为依托，在相应的位置预埋反拉环（ϕ12），用Ⅰ10 或 ϕ48×3.5 钢管，分层向外伸出作为外挑脚手的基础。

4）塔台 84.5～99.5m 阶段搭设：

由于从十四层楼板向内收了 1.54m，且二层垂直向上。故此段外脚手的搭设（结构阶段）可借十四层楼板为依托，垂直向上搭设，高度共 6.75m。装修脚手架，由于在十五层楼面向上约 2m 的地方，达到筒外层向外拓展最大值，半径为 13.825m，与十四层结构面相比，共拓展了 3.2m，拓展率为 57.1%。所以此段装饰脚手架，应以十四层楼面为依托，用Ⅰ10 向外悬挑 4.2m 左右，作为脚手架基础。由于这是后施工段，故可采用在十六层楼板四周设 45 道斜拉索预埋件（如 ϕ12），用 ϕ10 钢丝绳和花篮螺栓与Ⅰ10 组成外挑脚手的依托架。

5）塔台 99.5～104.5m 阶段搭设：

此段为雷达天线层，其钢架半径仅有 3.35m，所以，在十八层楼面上搭设垂直脚手架，用于安装雷达天线和避雷针。

(4) 脚手架选用搭设材料

本工程采用 ϕ48×3.5 钢管，用可锻铸铁扣件固定。为了确保脚手架的安全、稳定，必须对现有的钢管和扣件进行筛选。凡是弯管、有裂痕、明显生锈的均不能作立杆用；凡有裂痕变形和螺栓滑牙的扣件及加工不合格的扣件都不能使用。

(5) 脚手架的搭设技术要求

对扣件式钢管脚手架的基本要求是：横平竖直、整齐清晰、步距一致、平竖通顺、结构牢固，有安全操作的工作面，不变形，不晃动。具体如下：

1）立杆：凡以槽钢为依托的脚手架立杆，必须按设计的位置落住，其支点用点焊与托梁焊牢。支立柱时应先内后外，两人配合进行，切忌单人操作，以防倒杆伤人。在距挑梁面 20cm 处设纵横挡脚杆一道，以防脱焊失稳。竖向步距一般为 1.8m 左右。在－0.3～58.7m 段，下面 30m 段采用双立柱，30～58.7m 段采用单立柱。立柱的接头应错开，相邻两根立柱的接头不能在同一水平面内。接头应用对接扣件。

2）弧长水平拉杆（即大横杆）：由于筒体是圆形，且半径不大，故弦弧之间矢距率较大。为了尽量减小矢距，以满足脚手架内横杆到筒壁的设计距离。惟一的办法是尽量地缩短弦长。所以，本脚手架的大横杆采取柱距根根断的短钢管搭设。一般长度在1.8～2.2m左右，扶手杆同此。

3）小横杆：小横杆的长度一般在2m左右。凡在双立杆部位两端分别用两只扣件与两根立杆固牢，且上、下步应交叉设置于立杆的不同侧面，使立杆受负荷时偏心减小。

4）扶手杆：扶手杆应设在小横杆向上1.2m处，用扣件固定在相邻两根立柱上，高58.7m以下，内外立柱均设。

5）搁栅杆：若用竹笆作脚手板时，则在小横杆上二根大横杆中间加设二根与大横杆等长的搁栅杆。间距四根均等，用扣件固定。若用其他材料作脚手板时，则搁栅杆可不设。

6）剪刀撑：在脚手架外侧立面整个长度和高度上连续设置剪刀撑，剪刀撑斜杆的接长采用搭接，搭接不应小于1m，应采用不少于2个旋转扣件固定，端部扣件的盖板边缘至杆端距离不应小于100mm；剪刀撑斜杆用旋转扣件固定在与之相交的横向水平杆的伸出端或立杆上，旋转扣件中心线至主节点的距离不宜大于150mm。

7）横向斜撑：横向斜撑应在同一节间，由底至顶呈之字形连续布置，斜撑采用旋转扣件固定在与之相交的横向水平杆的伸出端上，旋转扣件中心线至主节点的距离不宜大于150mm。横向斜撑每隔6跨设置一道。

8）连接杆：外脚手和建筑物结构的连接，是保证脚手架的稳定性和垂直度的重要杆件，按照下列规定设置：

① 连接杆的间距，水平方向三跨柱距，竖向每二步设一道。外脚手架的断口处两端各设一点。

② 连接杆建议用ϕ48×3.5、长0.6～0.8m左右的钢管，一端用直角扣件与脚手架内侧立杆扣紧；另一端用螺栓与埋入混凝土壁内的扁钢固定；也可以在混凝土墙内预埋8号镀锌钢丝。先将连接杆（按设计长度）一端用直角扣件固定在外脚手架内侧的一根立杆上，另一端向内顶牢建筑物的墙壁。然后将8号镀锌钢丝套住该立杆，拉紧拧紧固牢。凡有二次施工的筒壁采用此法较实用。因为如果某一层连接杆因支模需要而暂时拆除（因上下还有连接件，暂拆不会引起脚手架失稳），施工完后进行修复比较容易。

③ 连接杆允许有适当调节的余地。

④ 连接杆一般设在脚手架内侧立杆上，若因故不能设在立杆上时，也应尽可能设在大小横杆交结点附近。

⑤ 如果规定位置设置有困难时，应在附近节点补足。

⑥ 连接杆必须从第一步开始设置。

9）登高设施。

在塔台西侧搭设上人楼梯通道。楼梯通道附着于外架上，呈之字形，宽度1m，坡度采用1∶3，拐弯处设置平台，平台宽度不小于1m，楼梯两侧及平台外围设置栏杆和挡脚板。栏杆高度1.2m，挡脚板高度为200mm，并按要求设置剪刀撑和横向斜撑。在横向水平杆下面增设一根纵向支托杆。上人楼梯通道搭设至73.7m高。

10）挡脚板：在外脚手架各层平桥，连接天桥的外立杆内侧，安全网外面设挡脚板。挡脚板外侧以红白相间油漆标识，挡脚板高度不小于180mm，板厚不小于10mm。

11）外脚手架在二层楼面、结构施工层楼面及每隔二层并最多隔10m，必须用安全平网防护，电梯井、管道井内应每隔二层并最多隔10m设一道安全平网防护。包括脚手架内侧0.65m空隙部分。边长在1.5m以上的楼面，梯间洞口，四周设防护栏，洞口下张设安全平网。

在悬挑脚手部位，用彩条布将脚手架层层封闭包牢。且每楼层设置外挑安全网。每隔20m设一道外挑粗绳大眼安全网，并在面上加设密目网一道，挑出范围3m以上，在施工层外脚手架的外立杆上，挂密目安全网，接缝应严密。搭设脚手架时每完成一步都要校准立杆的垂直度和纵横拉杆的水平度及标高。使脚手架的步距、横距、纵距，上下始终保持一致。

鉴于塔台标准层较高（7.8m），为了便于筒壁钢筋绑扎，要求外脚手架超出楼层二步以上，内外均应做好安全防护措施。塔台外脚手架周转封闭式搭设，不留开口。在搭设脚手架时，同时要做好脚手架的接地。这里可借用塔台接地引出主筋，用－4×40镀锌扁钢将脚手架和塔台连结起来。

本脚手架建议采用950mm×2000mm的竹片编织脚手板（即竹笆）或竹串片脚手板。本脚手架分四段搭设，每当一段搭设完后，应进行验收，验收合格后，并办妥验收手续后，方可使用。

（6）局部补强卸荷措施

由于塔台外脚手架未按设计搭设，且在实际使用过程中，有时局部施工荷载较大，且相当集中。为了防止发生安全事故，故决定对其进行加固。加固方法是：

1）利用每2.9m一层间距2000mm的筒体圈梁预埋件，用ϕ12圆钢做成U形拉环与预埋件焊牢，然后用ϕ10钢丝绳、U形箍和花篮螺栓（1.0t）组成卸载系统，对塔台外脚手架进行卸荷。构造详见图4-6。

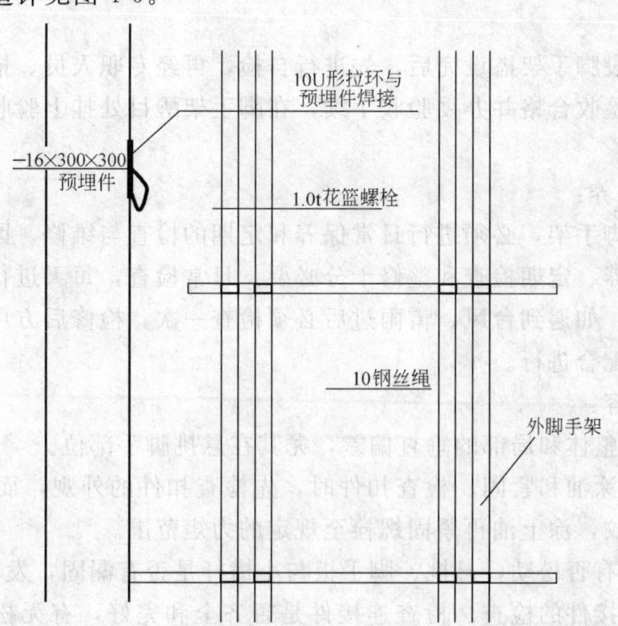

图4-6 塔台外脚手架卸荷构造示意图

2）道数：施工面下连续设置二道。当施工面向上，卸载系统跟着向上翻，一直保持二道，直到60m高左右。每道15个拉结点拉住15组立杆，上下二道拉住的立杆相互错开。

3）当地下室外回填土后，在外脚手架托架一圈范围内做好7cm左右硬化带，待其达到一定强度后，用木斜榫将托架（槽钢）与硬化带之间塞紧；如发现硬化带下沉，不断增厚木塞，使托架（槽钢）与硬化带之间始终保持塞紧状态。

（7）扣件式脚手架的验收和保养

1）验收检查内容：

① 脚手架的基础。查挑梁型钢有无异形变化，焊缝有无开裂；支在楼板上，查该楼板的变化（下陷、裂缝等）；

② 脚手架的步高；

③ 立柱的接头位置和立柱的垂直度；

④ 大小横杆的标高、水平度和小横杆的交叉位置；

⑤ 脚手板的固定；

⑥ 安全栏的高度和道数；

⑦ 隔离设施、外挑安全网和外包安全网；

⑧ 登高设施、楼梯踏板牢固程度；

⑨ 扣件的紧固程度；

⑩ 连结杆的位置、数量和牢固程度；

⑪ 脚手架的接地防雷；

⑫ 脚手架所用材料、钢管、型钢、扣件等材质证书和抽检记录；

⑬ 焊缝质量；

⑭ 操作人员的技术等级和证件等。

2）检查方法：

操作者应在分段脚手架搭设完后，先进行自检，再经专职人员、搭设者和使用者共同进行检查验收。经验收合格并办妥验收手续，在脚手架醒目处挂上验收合格的标牌，方可投入使用。

3）脚手架的保养：

对扣件式钢管脚手架，必须进行日常保养和定期的检查与维修。因此，确定专职人员负责日常检查、保养、定期检查和整修十分必要。日常检查，每天进行一次，定期维修和保养一月进行一次，如遇到台风、雷雨过后必须检查一次，检修后方可使用。在高层脚手架检查时，应二人配合进行。

保养的主要内容：

① 检查脚手架整体和局部的垂直偏差，尤其在悬挑脚手部位。

② 各类扣件的涂油和紧固。检查扣件时，先检查扣件的外观，而后将扣件的螺栓逆时针方向松几牙螺纹，涂上油再紧固螺栓至规定的力矩范围。

③ 检查脚手板有否松动，悬挑、脚手板与小横杆是否有漏固，发现问题，及时纠正。

④ 与建筑物连接件的检查。检查连接件是否齐全和完好，有无松动、位移，如因施工需要而移动连接杆时，应通知保养工，由保养工搬动，并按规定在周围补足连接件。

⑤ 对外包安全网、外挑安全网、安全隔离设施、内外挡板、栏杆、登高木梯、接地防雷等安全设施进行检查。保证这些安全设施完整、牢固，能正常发挥安全作用，如有损坏，应及时调换；如有松动，及时紧固。

⑥ 检查脚手架的超荷载情况，使其不超过设计荷载。还要检查脚手架上的堆物是否处于安全位置和稳定状态，发现问题及时纠正；另外，还需要逐日清除脚手板上的垃圾。

(8) 脚手架的拆除

脚手架使用完，应及时拆除。在拆除前应做好如下工作：

① 完成外墙装饰面（墙面、门窗饰面和玻璃幕墙等）的最后修整和清洁工作，其质量已符合规范规定，并已验收签证。

② 对脚手架进行安全检查。确认脚手架不存在严重安全隐患后进行。

③ 对参与脚手架拆除操作人员、管理人员和检查、监护人员进行施工方案、安全、质量和外装饰保护等措施进行交底。交底内容：拆除范围、数量、拆除顺序、方法、物件垂直运输设备、脚手架上水平运输、人员组织、指挥联络的方法和用语、拆除的安全措施和警戒区域。交底要有记录，双方均应在交底书上签字。参与拆除脚手架人员的责职应明确，同时还要明确相互间的关系。

④ 拆除外脚手，严禁在同一垂直面上同时作业。

⑤ 在拆除脚手的周围，于坠落范围四周设置明显“严禁入内”的标识。并有专人监护，以确保在拆除脚手时任何人不能入内。

⑥ 由于本塔台在拆除脚手架时，塔吊早已拆除，所有材料均靠施工电梯作垂直运输。

⑦ 建筑物的外墙门窗都要关紧，并对可能遭到碰撞处给予必要的保护。

上述这些工作经检查符合要求后，并确认建筑施工不再需要脚手架时，就可进行脚手架的拆除。脚手架的拆除应从上往下，水平方向一步拆完，再拆下一步。在拆除脚手架时，先清理脚手板上的杂物垃圾。清除时，严禁高空向下抛掷。大块的装入料袋，由垂直运输设备向下送。无法装袋的，可从脚手架内侧向下倾倒。此时要对墙面、门窗加以保护，以防止沾污和损坏墙面装饰和门窗。

随着脚手架的向下拆除，对墙的装饰面（玻璃幕墙和铝板）及时做好清洁和保护工作，对脚手架的连接处和塔吊、施工电梯附着处的饰面修补应与拆除同步进行。饰面修补经检查认定合格，并做好清洁保护工作后，方可继续向下拆除脚手架。从脚手架拆下的钢管、扣件及其他材料及时运向垂直运输设备点，然后由垂直运输设备向下运送。绝对禁止从高处向下抛掷，以免损害地面工作人员、地面的设备与物件及损坏脚手架的本身材料。

⑧ 拆除脚手架的顺序与搭设顺序正好相反，应为：安全网→挡脚板→脚手板→扶手→连接杆→搁栅→大横杆→小横杆→立杆。

⑨ 拆下的钢管和扣件及其他材料，运送至地面后，应及时清理，将合格的需要整修后可重复使用的和应报废的加以区分，按规格堆放。对合格的机件应及时进行保养，保养后送仓库保管，以备后用。

⑩ 在拆除脚手架与建筑物连接件和悬挑脚手架的挑架等，需气割金属时，应严格遵照现场消防的有关规定，要有防止电焊火星、熔渣和切割金属下落物的措施，要有切实可靠的组织和消防器材。

⑪ 每拆除脚手架一段落时，要对未拆除的脚手架的安全状况进行检查；若有异常情

况应及时处理，确认一切均安全后方能离岗。

5　质量、安全、环保技术措施

5.1　工程创优质量保证措施

（1）项目部组织技术力量编制专项施工方案，有针对性的制定具体技术措施，给工程顺利施工提供了足够的技术保证；同时，在工程管理上，计算机的应用也得到加强，项目的动态监控、编制预算、施工进度网络计划管理、财务管理、劳动力管理、实时成本分析等均可通过计算机进行操作，使项目的工作效率得到很大的提高。

（2）做好各项工程质量控制工作：

1）坚持“百年大计，质量第一”的方针，质量目标定为创省样板工程；

2）建立健全的质量保证体系，在项目施工中推行全面质量管理，加强质量意识教育，落实各级质量责任制，坚持“三检制”，推行“样板制”和“挂牌制”，争取各分项工程一次达优良标准；

3）编制工程质量奖罚评比条例，奖优罚劣；

4）针对施工过程中可出现的难点，明确质量技术措施，把好重点质量关；

5）认真落实技术岗位责任制和技术交底制，每道工序施工前，必须进行技术、工艺、质量交底，交接双方必须在书面交底资料上签字；项目总工对工程人员的总体技术交底(交底以专题会议和书面两种形式进行交底)；

6）测量人员测量定位放线，由项目总工进行复核无误后方才以书面的形式交给施工人员，施工人员对施工部分进行技术及安全交底并对混凝土结构部位进行复核，施工人员必须对班组进行严格监控，根据试验人员随时提供实验的技术参数进行技术分析，混凝土结构成型后，由质量员对结构强度及截面参数及要求进行检查合格，混凝土采用场内搅拌由国家级工程检测部门进行现场预制试件，做施工配合比、现场坍落度抽检；

7）认真做好施工记录、地基验槽记录、隐蔽工程记录及结构验收记录等，及时办理各种验收签证手续，定期检查工程质量，保证资料的收集、整理、审核与工程同步进行；加强原材料和半成品等构件进场后的复检；

8）各种不同品种材料应分开存放，防止错用；做好成品保护工作，对已完成工序、成品均要有可靠的保护措施；

9）在质量管理方面，项目部严格执行 ISO 9002 质量管理程序，制定完善的质量保证计划，明确项目管理目标，建立项目组织机构，落实管理职责，在合同评审、文件与资料控制、材料采购、产品标识、过程控制、检验和试验控制、测量和试验设备控制、质量记录的控制等每一个质量环节上严格把关，我们在工程施工过程中真正体现和落实了“目标明确，过程控制，节点考核，严格奖惩”的质量管理保证体系。

5.2　工程实施安全保证措施

（1）安全工作目标

以坚持“安全第一，预防为主”的方针；安全目标为杜绝恶性安全事故，安全负伤频率控制在1.5‰内。

(2) 安全保证措施

1) 健全完善安全保证体系；落实管理人员安全责任制；加强全员安全意识教育，落实各级安全责任制；

2) 根据工程特点，制定安全文明施工措施，搞好分部分项工程安全技术交底，按安全操作规程施工；

3) 施工现场应设置符合规定要求的安全防护设施，搞好“三宝”、“四口”防护；危险地段设醒目标志牌，必要时设警戒线；

4) 施工用电要做到“一机、一闸、一漏、一箱”，线路采用TN-S系统即三相五线制；电气设备应专人负责操作管理，建立单机使用及维护台账；

5) 定期开展全员安全培训学习，并加强项目安全宣传活动，定期、不定期开展项目安全检查活动，及时发现现场存在的安全隐患并加以排除。

5.3 工程文明施工措施

文明施工是施工管理重要内容之一，为企业竖立社会形象，对加快施工进度，降低工程成本和安全生产起着重要的保证作用。

(1) 为全面抓好文明施工管理，项目根据现场情况进行形象策划（CI形象设计），由项目质安组全面负责现场文明施工的管理，进行文明施工教育，创建无烟施工现场和标准化管理达标工地，组织文明施工检查，对于不符合文明施工要求的地方，限期予以整改；

(2) 施工产生的污水应经过沉淀池处理后方可排出；楼层建筑垃圾应打包后经井架运至地面后再统一外运至指定地点；严格控制使用噪声较大的施工机械；

(3) 施工现场按照文明施工规定在明显的地方设置工程概况、施工进度计划、施工总平面图布置、现场管理制度、防火安全保卫制度等标牌；

(4) 场容场貌实行划区分片包干制度，划分管理区域，规定职责范围，把文明施工管理职责分解落实到责任人；

(5) 施工场地道路、停车场等采用混凝土硬化，适当区域进行绿化，保持城市道路及施工场地的清洁；

(6) 现场实行封闭式管理，施工场地周围砌筑2.2m高的围墙，严禁非施工人员擅自进入，施工人员应佩戴证卡；

(7) 加强施工总平面图管理，保证文明施工，进入现场的各种材料、工具、半成品等按总图要求堆放整齐，施工人员应做到工完料尽场地清。

6 经济效益分析

本工程施工过程中大量推广应用新技术、新工艺、新材料，被列入了中建四局2002年度科技推广示范工程计划，以下科技应用过程中取得较好的成效：

(1) 高性能混凝土应用技术（散装水泥技术、粉煤灰的使用）；

(2) 粗直径钢筋连接技术（闪光对焊技术、电渣压力焊技术、直螺纹机械连接技术）；

(3) 新型模板和脚手架应用技术（塔台筒体结构定型钢模板施工技术、分段卸荷悬挑式脚手架技术)；

(4) 建筑节能和新型墙体应用技术（灰砂砖使用)；

(5) 新型建筑防水和塑料管应用技术（聚氨酯防水涂料使用、PVC-U 硬质塑料排水管、PP-R 管的应用技术)；

(6) 企业的计算机应用和管理技术（电脑梦龙软件计划管理、CAD 制图、电脑专业软件的工程预算及成本分析、数据分析统计、全面质量管理技术)；

(7) 方案优化技术应用（塔台外筒清水混凝土技术+仿金属氟碳涂料饰面替代原设计铝板幕墙结构，航管楼外墙座装式全玻璃幕墙代替隐框式玻璃幕墙)；

(8) 其他新技术应用（激光经纬仪在塔台测量放线中的应用技术、PEF 风管保温材料应用技术、凯门福乐斯保温材料应用技术、干包式电缆终端头应用技术、钢结构相贯线焊接技术)。

在应用过程中，我单位项目部认真组织策划，积极推广应用建筑业 10 项新技术中的 4 项新技术，其中重点技术 2 项取得了十分显著的科技效益，总体科技效益 207.75 万元，科技进步效益率为 2.77%，保质保量的完成施工任务，完成了（科技推广示范工程申报书）的各项计划内容，并通过我局科技推广示范工程验收。

第五篇

广州新白云国际机场航站楼东、西高架连廊及指廊上部土建工程施工组织设计

编制单位：中建八局广州分公司
编 制 人：苏亚武　谈高峰
审 核 人：万利民

【简介】 广州新机场航站楼东、西连接楼及指廊的土建工程、框架结构、钢结构屋盖跨度大、体量大、施工难度较大。该施工组织设计内容齐全，施工技术、措施得当，施工流水划分合理。预应力工程、异形柱清水混凝土工程、钢结构预埋及超长混凝土无缝施工技术是本工程的重点、难点。

目　录

1 项目简述

广州白云国际机场迁建工程为2000年国家、省、市重点工程建设项目。场地位于广州北郊人和镇与花都市交界处，建设总占地面积约17.5km²。本工程为广州白云机场核心工程航站楼工程中的一部分，包括新机场旅客航站楼东、西连接楼及指廊上部土建工程。

2 工程概况

2.1 工程概述

本工程在航站楼工程总体规划中的位置示意，如图2-1所示。

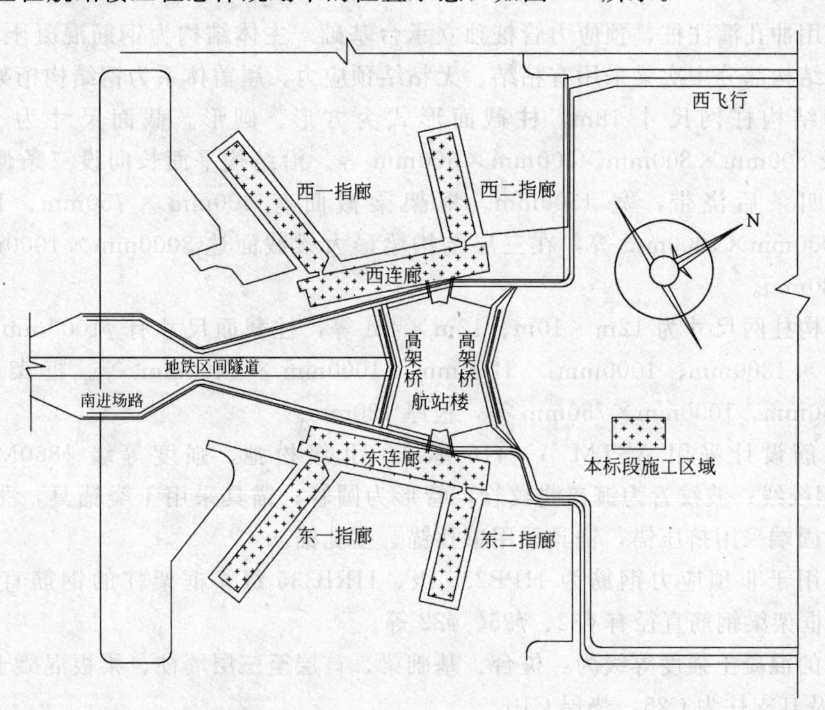

图2-1 本标段在航站楼总体规划中的位置

2.2 工程建筑设计概况

本工程总建筑面积约为215000m²。分为东连接楼、东一指廊、东二指廊、西连接楼、西一指廊及西二指廊，共六个单体工程。

(1) 连接楼

首层标高−0.4m的东连接楼和首层标高−1.6m的西连接楼基本对称。每条连接楼为近似54m×450m长，且在内幕墙处半径为3072m的圆弧形带。二楼标高东西分别为+3.6m和+2.4m，三楼标高东西分别为+8.1m和+6.9m。

东、西连接楼建筑面积分别为47905m²、45583m²。一层为到港大厅、行李提取及搬运、办公室等功能房，二层为连廊办公室、支援区域等功能房，三层为离境办公室、支援区域、零售、商业中心等功能房。

（2）指廊

四条指廊东西各两条且基本对称于主航站楼，东一和西一指廊约360m长，东二和西二指廊约252m长。建筑面积东一及西一分别为22765m^2、22704m^2；东二及西二分别为16052m^2、16428m^2。指廊均为三层，一层设置机坪操作、服务车辆停放、电力机械空间等功能用房，二层为到港走廊、相关支援区域等功能房，三层设置离港大厅、旅客候机区、零售商店等功能房。

2.3　工程结构设计概况

本工程抗震基本设防烈度为六度，抗震措施设防烈度为七度，框架抗震等级为三级，耐火等级为一级。

基础采用冲孔灌注桩、预应力管桩独立承台基础。主体结构为钢筋混凝土框架结构，其中，梁板结构部分主次梁采用有粘结、无粘结预应力。屋盖体系为钢结构桁架体系。

连接楼结构柱网尺寸18m，柱截面形式为方形、圆形。截面尺寸为ϕ1000mm、ϕ1200mm及800mm×800mm、400mm×500mm等。沿结构平面长向设三条伸缩缝，缝宽70mm；四条后浇带，宽1500mm。框架梁截面有400mm×750mm、1000mm×750mm、1000mm×1000mm等，在三层结构梁最大梁截面达3000mm×1000mm。板厚120mm、180mm。

指廊结构柱网尺寸为12m×10m、12m×4m等，柱截面尺寸有ϕ1000mm、ϕ800mm及1000mm×1300mm、1000mm×1200mm、1000mm×1400mm等。框架梁截面有400mm×750mm、1000mm×750mm等，板厚120mm。

预应力筋设计采用ASTM A—416标准，Ⅱ级松弛，强度等级1860MPa，直径15.24mm钢绞线；波纹管为镀锌波纹管，管形为圆管；锚具采用Ⅰ类锚具，张拉端采用夹片锚，锚固端采用挤压锚，锚具采用单孔锚、多孔锚。

本工程用于非预应力钢筋为HPB235级、HRB335级，框架柱的钢筋直径有ϕ40、ϕ32、ϕ28，框架梁钢筋直径有ϕ32、ϕ25、ϕ22等。

各构件的混凝土强度等级为：桩台、基础梁、首层至三层墙柱、梁板混凝土强度均为C40，楼梯及其支柱为C25，垫层C10。

室内间隔墙除楼梯间墙、卫生间、厨房、清洁间、设备用房及防火墙采用砌块砌筑外，其他采用轻钢龙骨轻质隔墙或玻璃隔墙。所有墙砌体均不作承重用。砌块强度等级不小于MU3.5，内地台以下用M7.5水泥砂浆砌筑，其余墙厚190mm。

2.4　场区地质情况

2.4.1　工程地形地貌

（新）白云国际机场场地位于广花盆地西北部的盆地边缘，场区北部属缓坡垅状丘陵区；场区西部边界线纵切鲶岗山残丘；场区中部和南部为小型的山前冲积平原地貌单元，地面高程（85国家高程）为9.30～12.78m左右，一般在11.00～12.00m左右，整体由北向南微倾。旅客航站楼场地原为农田、菜地、沟塘等，地势较低平。

2.4.2 水文地质

场地内地下水主要为上部砂层孔隙水（部分为承压水）和基岩裂隙水，水量丰富，地下水位埋深位于原地面下 3.0～3.5m。

2.4.3 气象情况

该工程位于亚热带地区，年气温较高，月平均最冷气温在 13.1℃以上，最热月平均气温可达 28.3℃，极端最高气温可达 37.6℃，极端最低气温 0.1℃，相对湿度 68%～84%，夏季平均风速为 1.9m/s，年总降雨量 1622.5mm，日最大降水量 253.6mm。

2.5 机电安装设计概况

2.5.1 通风空调系统共分为空调风管系统、通风系统、防排烟系统、空调冷冻水系统、空调冷却水系统、冷凝水系统、VRV 变频多联机冷媒管系统。

2.5.2 电气安装部分包括主楼、东西连接楼及东西指廊的动力配电系统、电气照明系统、防雷与接地系统。

2.5.3 火灾自动报警系统，除中心控制设备安装不在工程范围内。

2.5.4 给排水消防安装部分包括主楼、东西连接楼及东西指廊在内的给水、排水、雨水管道（不含屋面和楼内雨水管道）、污水和卫生洁具、给排水设备、水消防系统管道等。

主要工程量见表 2-1。

主要安装工程量表　　表 2-1

序　号	项目名称及说明	单　位	数　量
一	通风部分		
1	离心式冷水机组 $Q=7032.6\text{kW}$	台	8
2	水泵	台	36
3	玻璃钢逆流方形冷却塔 $L=1650\text{m}^3/\text{h}$	台	8
4	水箱	个	3
5	电子水处理器	只	30
6	高效砂滤器	只	2
7	冷水空调器	台	227
8	风机盘管	台	1172
9	智能变频空调器室内机	台	826
10	智能变频空调器室外机	台	123
11	柜式离心风机	台	61
12	箱式风机 $L=33000\text{m}^3/\text{h}, H=30\text{Pa}$	台	2
13	双速柜式离心风机	台	4
14	双速箱式风机	台	6
15	低噪声轴流风机	台	178
16	排气扇	台	1004
17	消声器	个	537

续表

序　号	项目名称及说明	单　位	数　量
18	消声弯头	个	16
19	消声静压箱	个	215
20	空调保温风管	m^2	157581
21	玻璃纤维氯氧镁水泥风管	m^2	6678
22	通风风管	m^2	31894
23	手动调节阀	个	357
24	钢制蝶阀	个	743
25	排烟防火阀	个	100
26	电动阀	个	41
27	全自动风阀	个	54
28	各种手动防火阀	个	816
29	风口	个	8901
30	回风百叶	m^2	674
二	空调水部分		
1	电动阀门	个	1447
2	蝶阀	个	184
3	闸阀	个	3784
4	平衡阀	个	40
5	止回阀	个	26
6	自动排气阀	个	52
7	橡胶软接头	个	530
8	金属软接头	个	36
9	压力表	个	474
10	温度计	个	450
11	水流开关 *DN*25	个	16
12	调温及风速开关	个	1172
13	冷却水管	m	290
14	冷冻水管保温	m	45938
15	紫铜管带泡沫保温	m	1410
16	冷凝水管保温	m	16940
三	电气部分		
1	动力配电箱	台	732
2	照明配电箱	台	239
3	变频控制器	台	160
4	电缆桥架	m	53255
5	金属线槽	m	64296

续表

序号	项目名称及说明	单位	数量
6	电缆	m	85698
7	线管	m	214482
8	导线	m	816544
9	灯具	套	15569
10	开关	个	1618
11	插座	个	2292
12	镀锌扁钢	m	2530
13	镀锌圆钢	m	36020
四	火灾自动报警系统		
1	空气采样烟雾探测控制器	台	97
2	火灾显示盘	台	34
3	模块	个	686
4	感烟探测器	个	6149
5	感温探测器	个	600
6	消防栓按钮	个	5660
7	声光讯响器	个	6420
8	火灾专用电话机	台	35
9	DC24V 电源箱	只	7
10	DC24V 电源 T 接线箱	只	1760
11	线槽	m	13160
12	线管	m	120860
13	线材	m	438720
五	给排水消防工程		
1	混凝土管 $DN200 \sim DN500$	m	1798
2	高密度聚乙烯管 $DN200 \sim DN300$	m	4433
3	卡箍式铸铁排水管 $DN50 \sim DN200$	m	18805
4	承插式排水铸铁排水管 $DN70 \sim DN200$	m	11578
5	薄壁紫铜管 $DN15 \sim DN100$	m	11578
6	镀锌钢塑管 $DN70 \sim DN150$	m	14766
7	镀锌钢管 $DN25 \sim DN150$	m	83554
8	焊接钢管 $DN200 \sim DN300$	m	3812
9	各类阀门 $DN15 \sim DN300$	只	3256
10	设备	台	73
11	卫生设备	件	2324
12	喷淋头	只	37334
13	灭火器	只	6103
14	检查井	个	443
15	保温	m^3	420
16	土方	m^3	9664

2.6　工程特点、重点、难点

2.6.1　土建工程特点、重点、难点

根据上述本工程的建筑、结构概况，以及合同文件中对本工程的施工工期、施工质量的要求（主体结构工期要求148d，质量要求优良，确保省优，争创鲁班奖工程），本工程的突出特点为：

（1）体量大，相应的资源投入量大；

（2）工期紧，质量标准高；

（3）结构工艺复杂。

如何在如此短的时间内，高质量、高标准地完成本标段大体量、结构复杂的工程，即如何部署及组织本工程的施工将是本工程的最大难点。

同时，本工程的结构设计采用预应力结构，其本身工艺较为复杂，且梁柱基本为超大体积混凝土构件，有的框架柱层高高达12m左右，部分结构大梁截面达3m×1m。因此，预应力工程、模板工程及混凝土工程是本工程的关键工序，影响着整个工程进度及工程质量。施工过程中，作为重点控制。

2.6.2　安装工程特点、重点、难点

（1）安装体量大，施工管理难度大

航站楼建筑群建筑面积约31万平方米，安装总工日数约为55万个，在这样大的一个区域内，对施工现场的管理要做得井井有条，保证施工各个班组、每道工序有计划、有步骤进行，这就取决于对设计图纸是否能消化吸收，是否及时解决图纸问题，施工进度计划安排是否合理，对现场劳动力、施工机具设备的配置是否合理等因素的综合组织及协调能力。

（2）土建工期极短，安装施工配合难度大

由于主航站楼土建工期不足140d，东西连接廊、东西指廊土建工期也只有148d，都非常短，给安装施工配合带来极大难度，需要预留预埋的点多、面广、量大，施工时必须认真核对图纸，密切配合土建结构进行施工，确保准确无误。预留预埋是保证后期安装质量的重要关键因素之一。为确保本工程预留洞准确，拟派各区域技术负责人专门负责各专业与土建的联络，而且各专业在开工前要对图纸进行会审并综合会签，以消除专业间“打架”，保证预留洞一次到位。

（3）三大系统与各施工单体协调配合难度大

行李自动分拣系统、登机桥系统、电梯自动扶梯及自动走道系统作为机场物流输送的重要枢纽，在施工预埋期间就应注重水、电、风图纸是否和三大系统相匹配，以及系统的电源、水源、风源的接口问题，避免出现真空现象；在施工期间，应着重注意三大系统的净高度，在施工前，各专业施工人员均应先了解避开输送系统，以免有冲突现象；另外，应注重该三大系统产品保护事宜，做好防水、防火工作以及避免高空坠物对三大系统产品的损伤。

（4）区域划块施工和公共区域、非公共区域的配置按区域使用

因机场施工面积过大、划块施工势在必然，形成流水作业，但应注重各系统和联合接地体等系统的整体性和功能性，公共区域和非公共区域施工过程中配合装饰应注意各类配置按区域使用（如标识牌、灯、安保系统等）。

（5）机场安检、边防和公安等部位的施工配合难度大

机场的安检、边防和公安等部门应具有单独的送排风系统，避免只考虑整体区域，而在精装修施工隔断后会缺少排风系统，形成不了空气对流，影响空调效果。

(6) 甲供设备、材料体量大、批次多

关于该类设备材料的接收、仓储、保管，既要有利于施工，又要保管妥贴，有效衔接施工节点，对管理提出较高要求，故设立独立的甲供设备、材料仓库，设置专人管理。

(7) 室内装饰等级高，明露安装部件施工要求高

3 施工总体部署

3.1 施工总体构思

根据本工程的自然分布，将本工程划分东、西两个施工区域，再根据工程结构本身的特点，将每个区域划分为两个施工区段，即总共分为四个施工区段。在每个施工区段上投入一个相对独立的土建施工队负责结构及装修工程的施工；另外，组建两个预应力专业队、土方工程专业队，分布在各施工区段上施工。

考虑到施工总工期较为紧张，四个区段同步进行作业。

3.2 施工区划分及施工组织顺序

3.2.1 施工区域的划分及施工组织

根据本工程的特点，按照施工图自然划分形成两块相对独立的对称施工区域，即东连

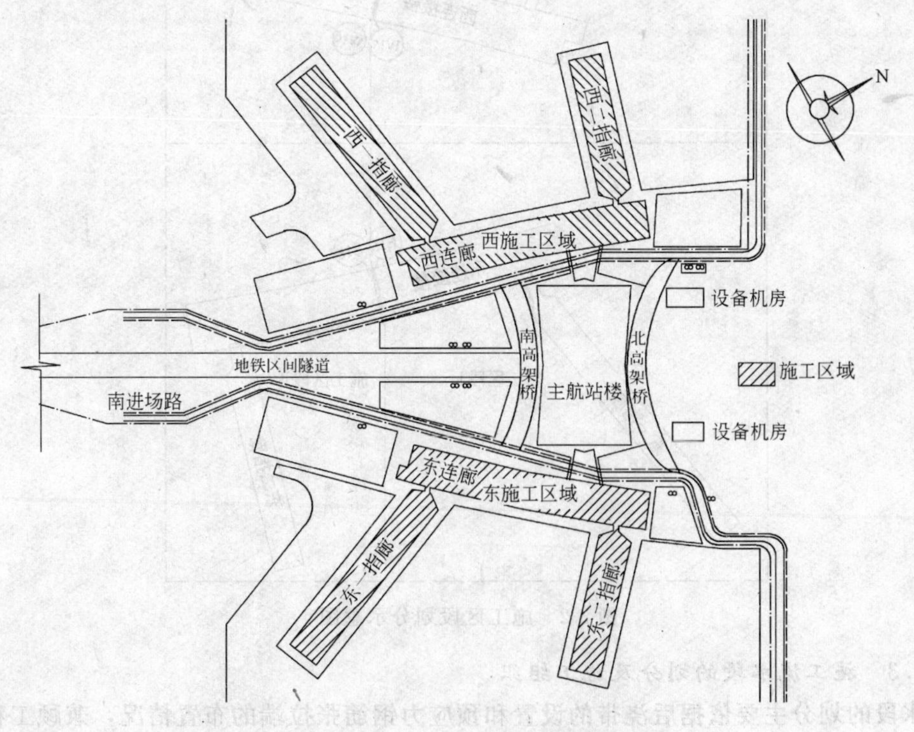

图 3-1 施工区域划分示意图

接楼、东一指廊、东二指廊成为东施工区域；西连接楼、西一指廊、西二指廊为西施工区域。两个区域按单位工程模式进行同步施工。

施工区域划分如图 3-1 所示。

3.2.2　施工区段的划分及施工组织

每个施工区域的三个单体工程中的连接楼单层建筑面积约为 2.6 万平方米，一指廊单层建筑面积约为 0.8 万平方米，二指廊单层建筑面积约为 0.54 万平方米。连接楼的工程施工体量最大，是控制整个工程进度的关键。

为保证工期、方便施工管理和计划调配，以连接楼中间⑮、⑯轴之间的伸缩缝为界，又将每个施工区域分为两个施工区段。

即东施工区域划分为施工区段Ⅰ、施工段Ⅱ。西施工区域划分为施工区段Ⅲ、施工区段Ⅳ。

每个施工区段安排一个施工队负责施工，施工区段内形成流水施工状态。

施工区段划分，如图 3-2 所示。

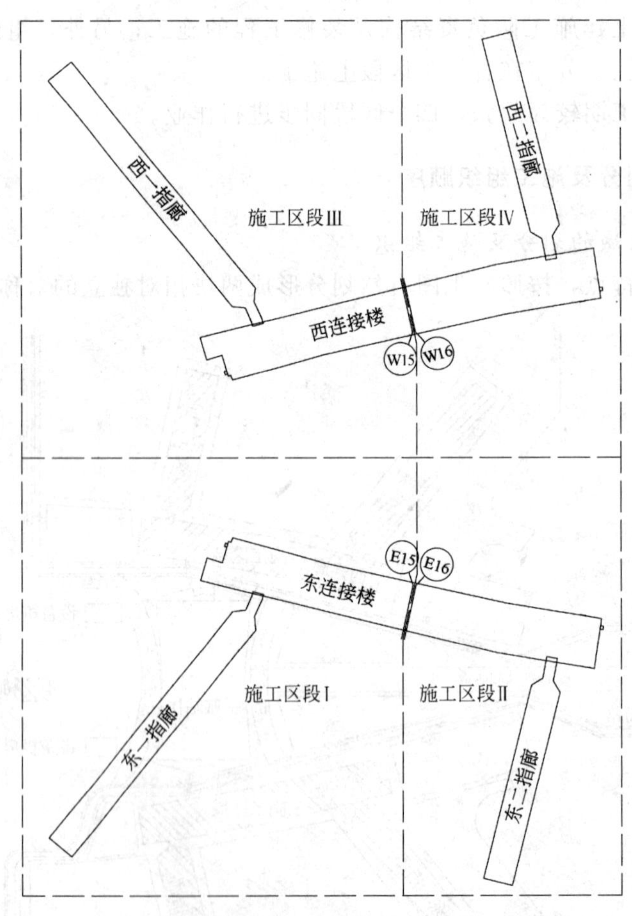

图 3-2　施工区段划分示意图

3.2.3　施工流水段的划分及施工组织

流水段的划分主要依据后浇带的设置和预应力钢筋张拉端的布置情况，兼顾工程量均衡原则设置。

(1) 连接楼流水段的划分及施工组织

大的流水段按照后浇带自然形成。施工后浇带的位置分别位于⑤轴右侧 3.80m、⑫轴右侧 3.80m、⑲轴左侧 3.80m、㉖轴左侧 3.80m，划分八大流水段。具体划分如下：

1）东连接楼划分为：EA_1、EA_2、EA_3、EA_4、EA_5、EA_6、EA_7、EA_8

2）西连接楼划分为：WA_1、WA_2、WA_3、WA_4、WA_5、WA_6、WA_7、WA_8

东、西连接楼施工段划分，如图 3-3 所示。

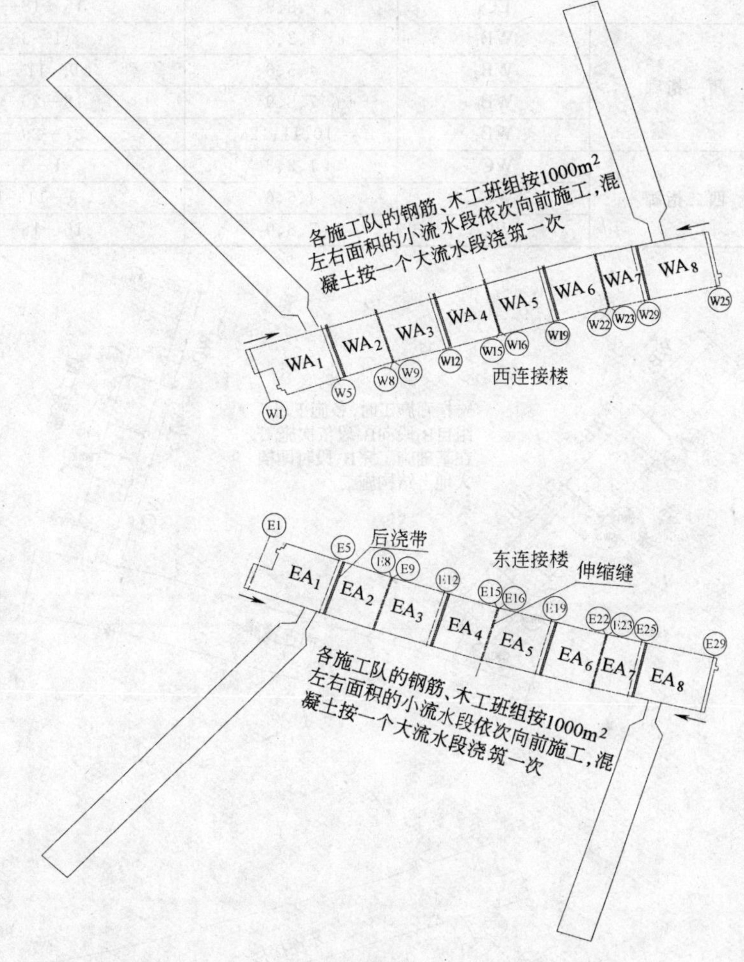

图 3-3 东、西连接楼施工流水段划分示意图

(2) 指廊流水段的划分及施工组织

大的流水段按照伸缩缝的位置自然形成。其中东一指廊、西一指廊均划分为四大流水段，东二指廊、西二指廊各划分为三大流水段。大流水段上又根据预应力筋埋设、张拉设计，划分为若干小流水段。各指廊的流水段具体划分见表 3-1。

施工时，各区自 B_1、C_1 段向前依次施工。

其中一指廊在基础完成 B_3 后即插入地上结构施工；二指廊在基础全部完成后再施工地上结构。

指廊流水段的划分示意图，如图 3-4 所示。

指廊流水段划分 **表 3-1**

序 号	工程名称	大流水段	小流水段	轴线位置
1	东一指廊	EB_1	1、2、3	1—3—6—8
		EB_2	4、5、6	9—11—15—17
		EB_3	7、8、9	18—20—24—26
		EB_4	10、11、12	27—29—31—32
2	东二指廊	EC_1	1、2、3	1—3—6—8
		EC_2	4、5、6	9—11—13—15
		EC_3	7、8、9	16—18—20—22
3	西一指廊	WB_1	1、2、3	1—3—6—8
		WB_2	4、5、6	9—11—15—17
		WB_3	7、8、9	18—20—24—26
		WB_4	10、11、12	27—29—31—32
4	西二指廊	WC_1	1、2、3	1—3—6—8
		WC_2	4、5、6	9—11—13—15
		WC_3	7、8、9	16—18—20—22

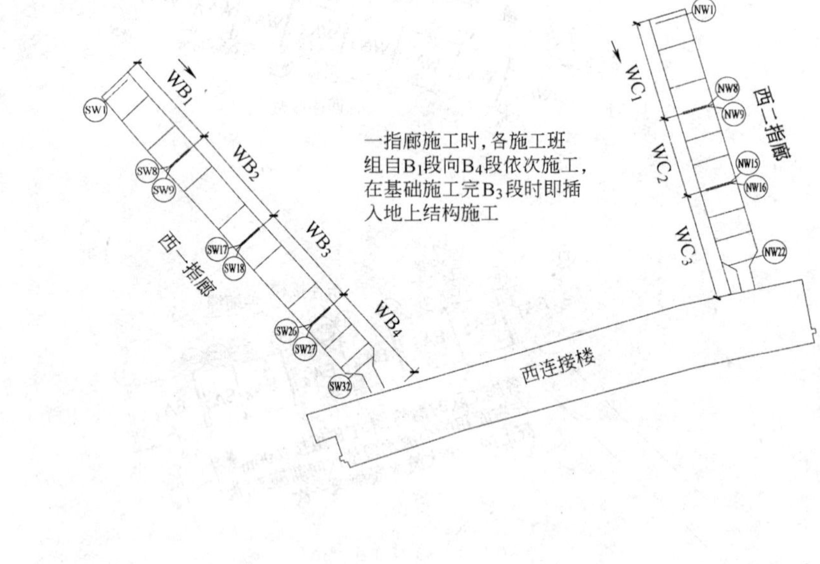

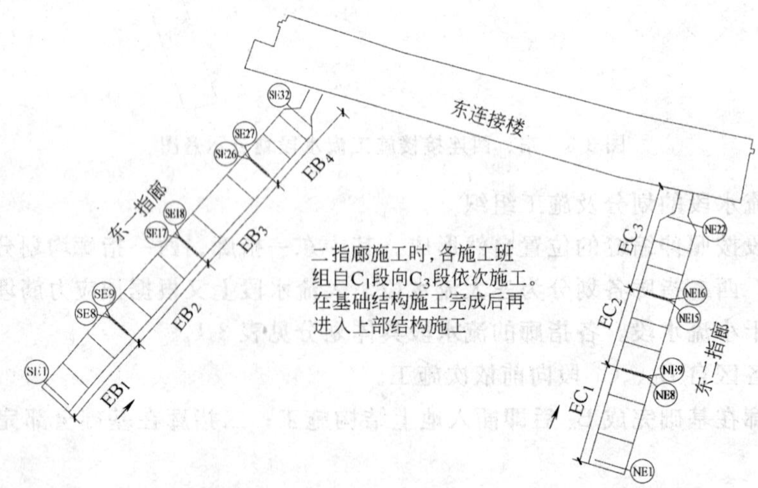

图 3-4 东西指廊流水段划分示意图

3.2.4 机电安装施工段的划分及施工组织

(1) 主航站楼区域

整个主航站楼的机电安装施工工期安排为669d，开工日期为2001年9月1日（具体开工时间以开工报告上批复的时间为准），竣工日期为2003年5月31日。前期阶段为配合预留预埋，此部分工期为216d。在此之后，即开始通风管道的预制工作以及其他专业的预制安装工作，其中通风管道安装工期为405d，空调水管道安装工期为379d，排水管道施工工期为223d，消防喷淋管道施工工期为437d，给水管道施工工期为360d，防雷接地施工工期为157d。整个机电安装高峰期出现在2002年2月～2003年2月，到2003年5月底，整个安装调试工作完成，2003年6月份实施验收交付工作。

(2) 东西一指、东西二指廊区域

由于东西一指廊、东西二指廊在结构形式及机电设计上极为相似，故将其安排为进度基本一致，组织资源配置相同的作业班组、机具设备，齐头并进，开始配合时间为2001年9月20日，竣工时期为2003年5月31日。

配合预留预埋工作开始于2001年9月1日，工期为148d。整个机电安装高峰期出现在2002年3月～2003年2月。

(3) 东西连接楼区域

由于东西连接楼区域的情况与东西一指廊、东西二指廊相似，因此，也将此区域进度安排为一致。

工程配合时间及高峰期均与东西一指廊、东西二指廊相近。

3.3 施工总平面布置

3.3.1 总则

本工程施工线路长且工期要求紧，一次性投入的人力、物力、机械较多，各工种需穿插进行。为了保证场内交通顺畅和工程安全、文明施工，减少现场材料、机具二次搬运以及避免环境污染，应对现场平面进行科学、合理的布置。

本工程施工总平面布置根据总承包单位提供的“航站楼施工场地分布示意图”中的临时设施规划用地并结合施工实际需要编制。考虑到本标段主体结构工程的施工工期为148d，施工临时设施尽量采用可以移动和拆装的活动式房屋。

3.3.2 施工平面布置图

(1) 主体结构施工阶段总平面布置图

主体结构施工阶段总平面布置如图3-5所示。

(2) 装修施工阶段平面布置图

装修施工阶段平面布置如图3-6所示。

(3) 主体结构施工阶段东施工区域平面布置图

主体结构施工阶段东施工区域平面布置如图3-7所示。

(4) 主体结构施工阶段西施工区域平面布置图

主体结构施工阶段西施工区域平面布置如图3-8所示。

(5) 东施工区域生活、办公及加工区平面布置图

东施工区域生活、办公区平面布置如图3-9所示。

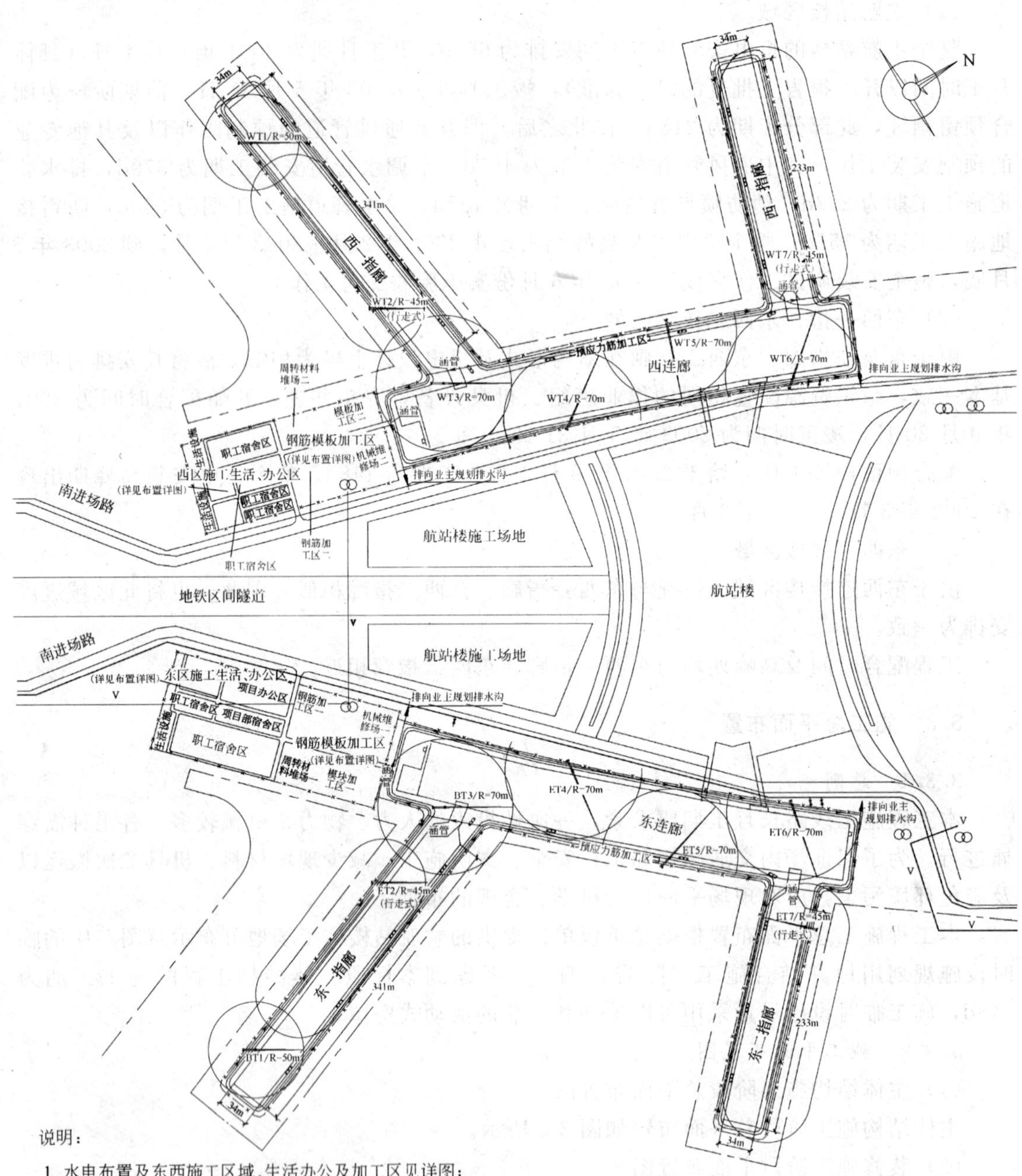

说明：

1. 水电布置及东西施工区域，生活办公及加工区见详图；
2. 共配置8台混凝土输送泵，每个施工区域4台，按流水作业移动混凝土泵浇筑；
3. 道路两侧设置排水沟，排向业主已规划修建的排水沟。

图例：

临时围墙	—×—×—	供电线路	——V——		
环场道路	═══	供水管线	——┼——		
塔　吊	———	混凝土输送泵	▭	排水沟	——→—

图 3-5　主体结构施工阶段总平面布置

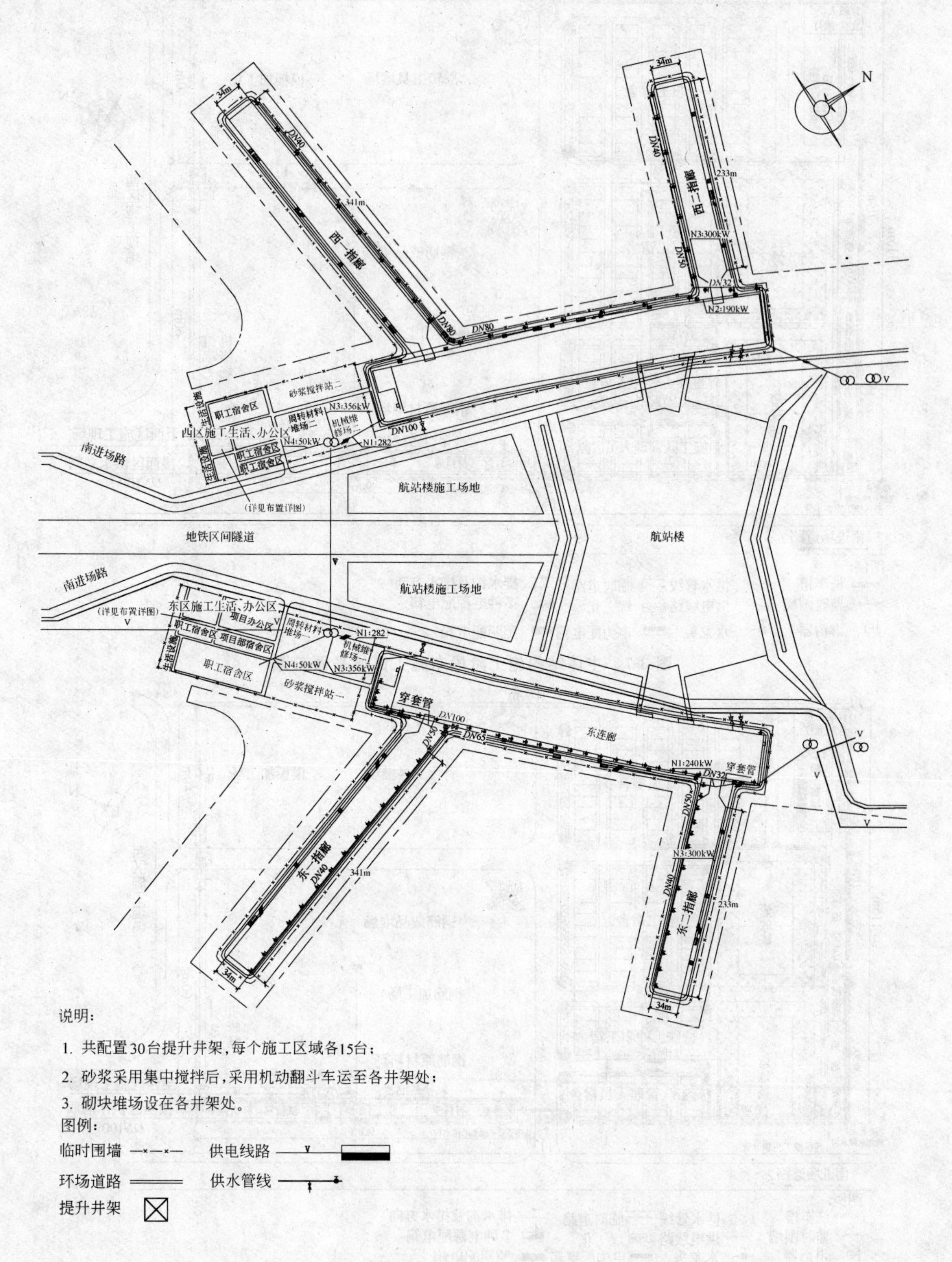

图 3-6　装修阶段平面布置

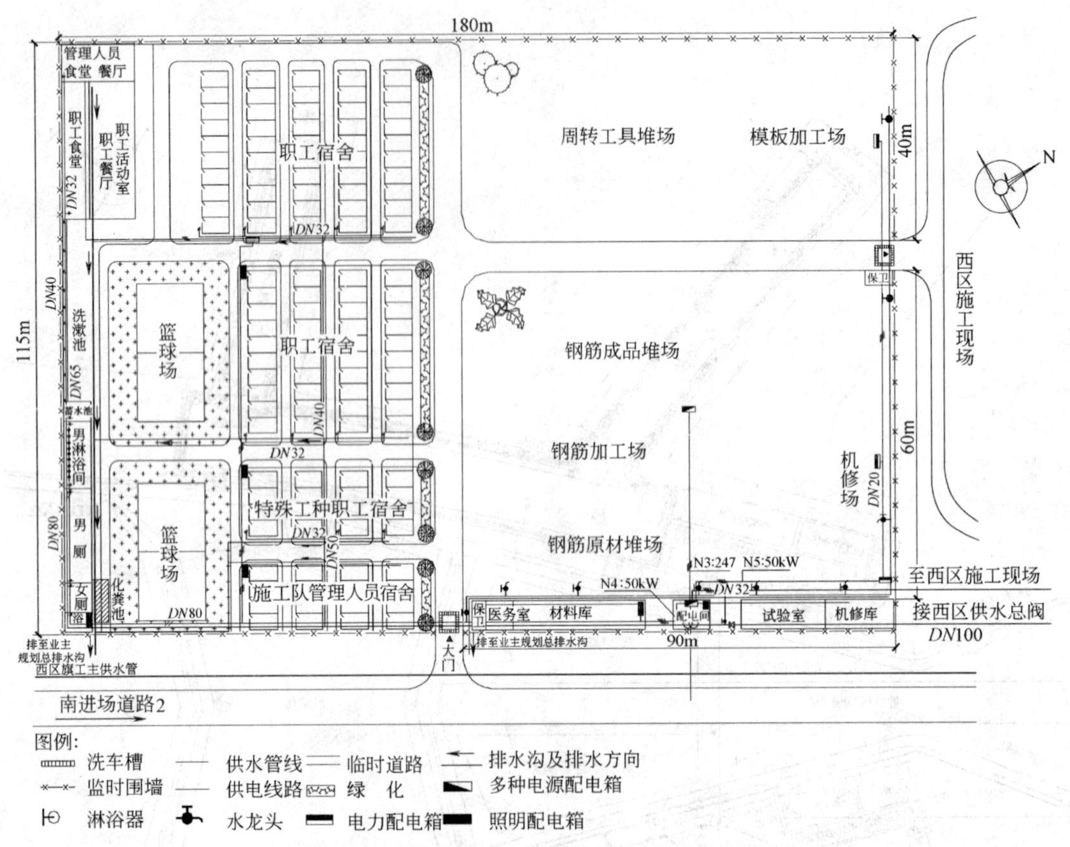

图 3-7 主体结构施工阶段东施工区域平面布置

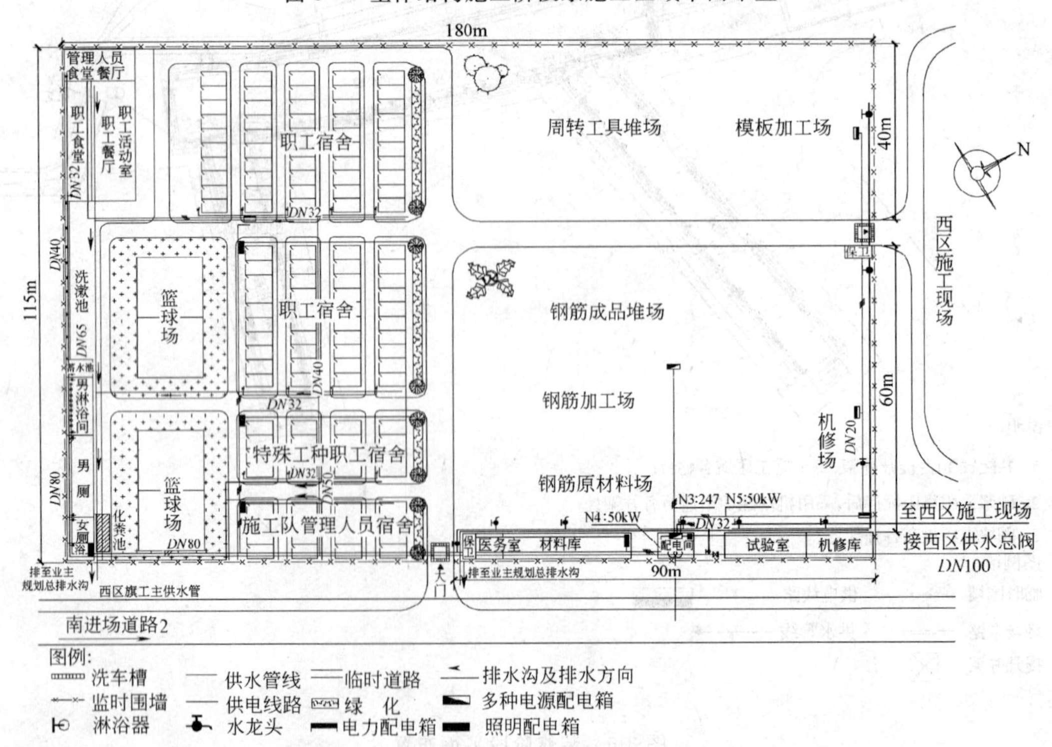

图 3-8 主体结构施工阶段西施工区域平面布置

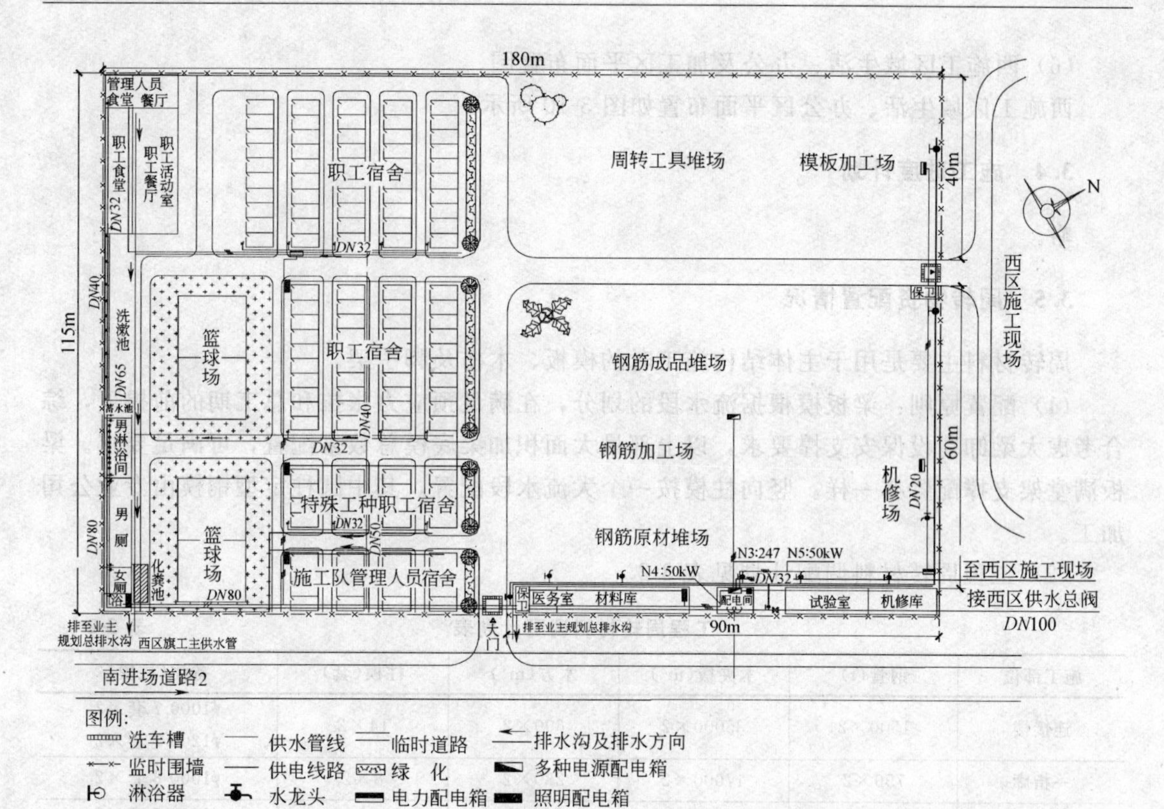

图 3-9 东施工区域生活、办公区平面布置

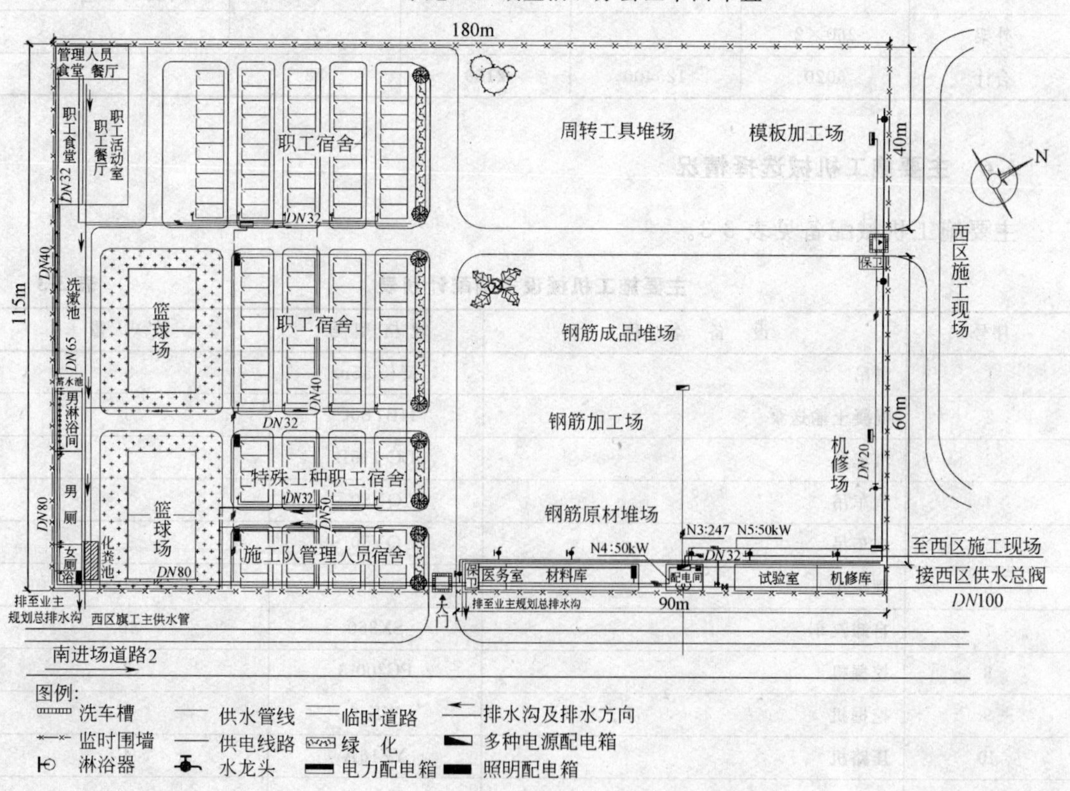

图 3-10 西施工区域生活、办公区平面布置

(6) 西施工区域生活、办公及加工区平面布置图

西施工区域生活、办公区平面布置如图3-10所示。

3.4 施工进度计划

略。

3.5 周转物资配置情况

周转材料主要是用于主体结构施工时的模板、木枋及脚手架。

(1) 配置原则：梁板模根据流水段的划分，在满足预应力张拉和总工期的前提下，综合考虑大梁卸荷设保安支撑要求，以上部最大面积加梁底模总数来配置，可满足要求。梁板满堂架支撑配置亦一样。竖向柱模按一个大流水段配置，其中圆柱定型钢模由专业公司加工。

(2) 工程周转材料调配计划见表3-2。

工程周转材料调配计划表 表3-2

施工部位	钢管(t)	木夹板(m^2)	木方(m^3)	柱模(套)	备注(柱模)
连接楼	1500×2	35000×2	600×2	14×2	ϕ1000 7套×2 ϕ1200 7套×2
一指廊	750×2	17000×2	280×2	8×2	ϕ1000 8套×2
二指廊	500×2	10700×2	200×2	7×2	ϕ1000 5套×2 ϕ800 2套×2
外架	260×2	/	/	/	/
合计	6020	125400	2160	58	/

3.6 主要施工机械选择情况

主要施工机械配备见表3-3。

主要施工机械设备调配计划表 表3-3

序号	设备名称	规格型号	数量
1	塔吊	臂长55m	8
2	混凝土输送泵	HBT80C	6
3	汽车泵	DC-115B	2
4	汽车吊	QY80	1
5	汽车吊	QY50	1
6	翻斗车		10
7	自卸汽车	SX360	40
8	挖掘机	PC200-3	2
9	挖掘机	WK-2	2
10	压路机	YZ16A	4
11	推土机	T-D85	3

续表

序号	设 备 名 称	规格型号	数 量
12	推土机	T120	5
13	自卸翻斗车	PC10-1t	4
14	提升井架	2t	30
15	发电机组	250GF	2
16	搅拌机	JS350	8
17	滚压直螺纹机	/	4
18	钢筋闪光焊机	UN1-100	6
19	钢筋切断机	GJ5-40	12
20	钢筋弯曲机	GW40-I	12
21	钢筋调直机	JK-2	8
22	电焊机	ZX5-400	16
23	电焊机	BX3-300	24
24	木工压刨	MI-105	8
25	木工平刨	MBS/4B	8
26	木工圆锯	MB104	8
27	插入式混凝土振捣器	HZ-50	20
28	平板式混凝土振捣器	H21X2	8
29	空压机	VF-6/7	8
30	蛙式打夯机	HW-70	16
31	振动夯实机	HZ-400	4×2
32	潜水泵		20
33	手推车		60
34	气焊工具		12
35	YCW 千斤顶	YCW-250	4
36	YCW 千斤顶	YCW-150	4
37	YCW 千斤顶	YCW-23	8
38	油泵	ZB-500	8
39	油泵	STDB	8
40	挤压机	60t	2
41	砂浆搅拌机		3
42	灰浆泵	UB3	3
43	卷扬机		1
44	砂轮切割机		2
45	波纹管制管机		2
46	液压切断器		2

3.7 劳动力组织情况

工程劳动力动态曲线图，如图 3-11 所示。

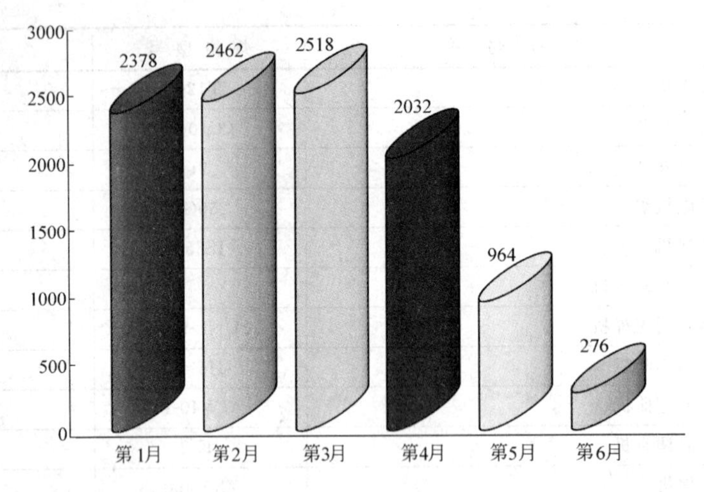

图 3-11 工程人员动态图

4 主要项目施工方法

4.1 施工测量技术

4.1.1 工程概述

本工程建筑面积大，占地范围广，弧形造型多，其中东、西连接楼的南北向典型弧形线Ⓔ轴长度约为 460m，曲率半径 $R=3069.850$m；东一和西一指廊长约 360m，东二和西二指廊长约 252m。施工测量任务繁重，精度要求高，测量放线是本工程施工的一个关键。

4.1.2 测量施工组织

（1）测量人员

根据本工程的总体施工部署，东西两个施工区域同步施工，故本工程的测量组分两个班组，各负责一个施工区域的测量放线。

本工程投入以下测量人员：

测量工程师 4 人，测量员 4 人，测量工人 8 人，分成两组，每组各 8 人。

（2）测量仪器

根据本工程特点和精度要求，平面控制和建筑物的定位采用全站仪，轴线投设用经纬仪，高程测量用精密水准仪。同时还配备相应计算机计算程序来进行数据处理，以求高效、准确地进行测量工作，确保工程质量。

本工程拟投入测量仪器见表 4-1。

4.1.3 施工测量方案

（1）先进行平面测量控制网的布设。依据给定的大地坐标，结合工程的布置及平面形状，合理地引测布设单位工程轴线控制点，并根据需要加密导线点。

（2）轴线的定位测量均采用坐标放线法，即事先计算出每个轴线控制点的定位坐标，再采用全站仪在现场放样定点。轴线的竖向引测采用经纬仪进行“外控法”测量。

主要测量器具配备表 表 4-1

仪器名称	型号	数量	精度	用途
全站仪	SET2B/C	2	2″±(3mm+2ppm)	距离和角度测量
经纬仪	J2-2	1×2	2″	角度测量
经纬仪	J2	1×2	2″	角度测量
精密水准仪	PL1	1	±0.2mm/km	沉降观测
水准仪	DSZ2	1×2	±1.5mm/km	水准测量
水准仪	DS2200	2×2	±2mm/km	水准测量
激光垂准仪	DZJ6	1×2	1/30000	垂直度测量
钢尺	50m	4	经计量检定合格	距离测量
线坠		4		垂直度测量
对讲机	5km	4×2		通讯联络
钢卷尺	5m	30		距离丈量

(3) 高程测量用精密水准仪及 50m 钢尺引测。即先从三等水准点用附合线路法引测到各个建筑物的柱身上作为基准，再向上引测。

(4) 内业计算采用奔腾 PⅢ 计算机配相应的计算及绘图程序，现场计算采用 CASIOfx-4800p 计算器，该计算器已输入有关计算程序来进行数据处理，以求高效、准确地进行测量工作，确保工程质量。

4.1.4 建筑平面测量控制网的布设

(1) 场区平面控制网的布设

1) 平面控制应先从整体考虑，遵循“先整体后局部”、“高精度控制低精度”的原则；

2) 布设的平面控制网应根据设计总平面图、现场施工平面布置图；

3) 点位应选在通视条件好、安全、易保护的地方；

4) 桩位应用混凝土浇筑，并用钢管进行围护，用红油漆做好测量标志；

5) 综合考虑场地特点，在东一、东二指廊的西端，西一、西二指廊的东端，根据已有的 *A*1、*A*2 和 *A*3、*A*4 点各布一个大地四边形网，采用索佳全站仪角度观测三测回，测边往返各一次，取平均值，平差采用《工程测量控制网微机平差系统 NASEW v3.0》。控制网络图如图 4-1 所示。

(2) 场区平面控制点的测设

1) 采用控制测量的方法分别施测各建筑物的四个角点，为确保施工控制网的整体性，导线点的复测与加密点测设同时进行（加密导线点主要集中在建筑物周围附近以及沿着纵横两个相互垂直方向），布设成矩形方格网；然后，在此基础上进行各项工程的定位和细部测量。导线点加密时注意以下几点：

① 保证在建筑物施工的全过程中，相邻导线点能互相通视；

② 点位的地势须选在视野较开阔的地方；

③ 导线点选在不受施工影响，安全稳固的地方，埋设永久混凝土预制桩，并用混凝土浇灌加固，钢筋头锯十字标识；

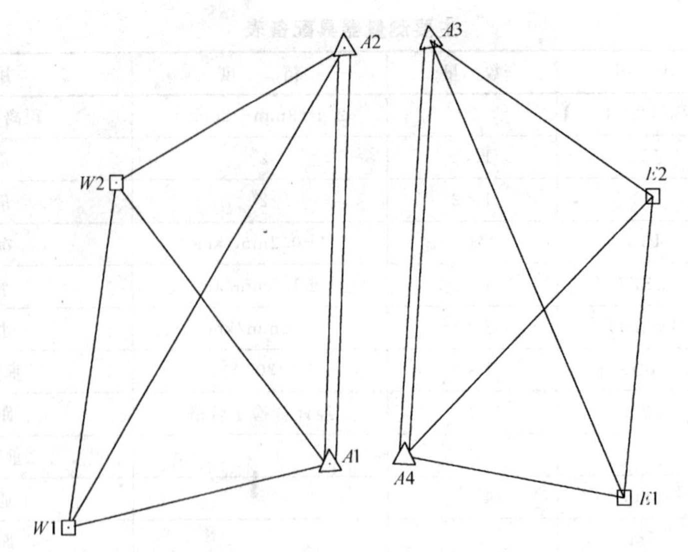

图 4-1 控制网络图

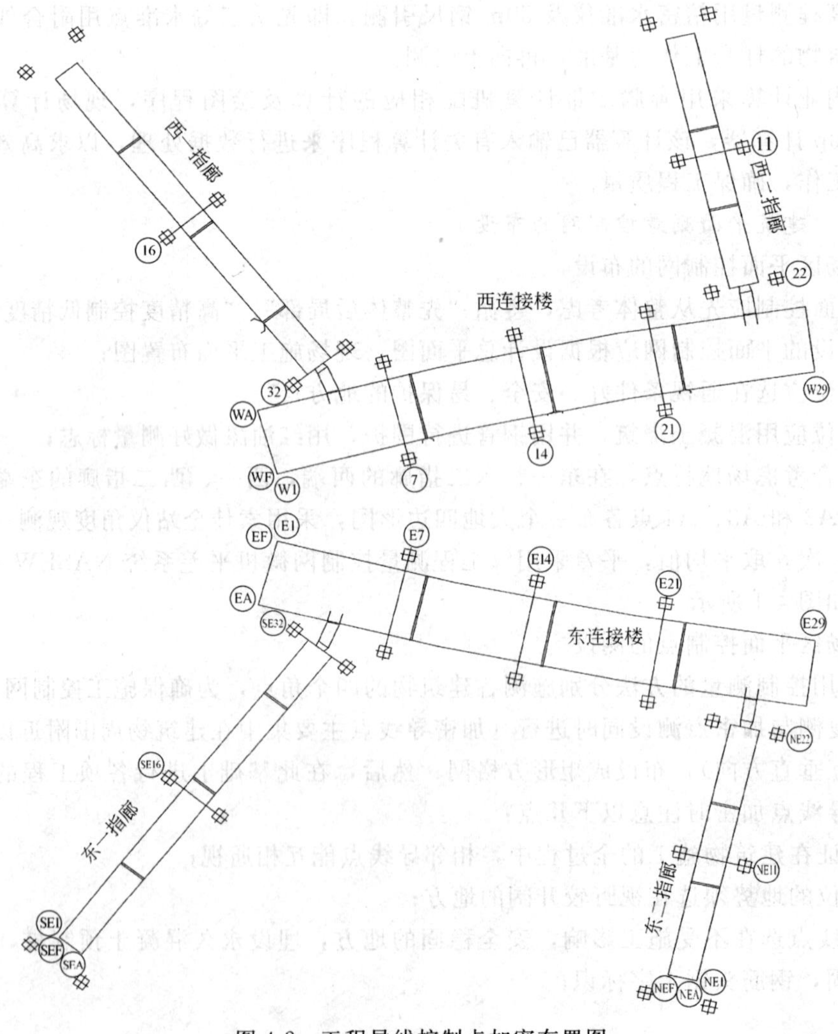

图 4-2 工程导线控制点加密布置图

④ 所有的导线点在埋设时注意略低于地面，然后用木盖或其他板盖加以保护，并统一编号标注其上；

⑤ 埋设至少 7d 后方可进行测设；

⑥ 绘制施工场地导线点位置图，以利于施工测量查找。

2）导线点加密详图，如图 4-2 所示。

4.1.5 测量施工注意事项

（1）为了做到防患于未然，建立合理的复核制度，每一工序均有专人复核；

（2）测量仪器均在计量局规定周期内检定，并有专人负责；

（3）阴雨、暴晒天气在野外作业时一定打伞，以防损坏仪器；

（4）非专业人员不能操作仪器，以防损坏而影响精度；

（5）对原始坐标基准点和轴线控制网定期复查；

（6）所有施工测量记录和计算成果均按工程项目分类装订，并附必要检查的文字说明。

4.2 模板工程

4.2.1 方案的选择

根据本工程的特点，模板体系的选用见表 4-2。

工程模板支撑方案选用表 **表 4-2**

部 位	模 板 方 案
基础剪力墙	采用 15mm 厚镜面胶板，龙骨为 50mm×100mm 方木，ϕ48 钢管，另用 ϕ12 的对拉螺栓加固
方柱	采用 15mm 厚镜面胶板，龙骨为 80mm×100mm 方木，ϕ48 钢管，另用 ϕ12 的穿墙对拉螺栓加固
圆柱	采用 3mm 厚钢板制作定型钢模，∟40mm×4mm 的角铁加固，4mm 厚扁钢加劲肋
主次梁	采用 15mm 厚的镜面胶板，龙骨为 50mm×100mm 的木龙骨，碗扣式脚手架及门式脚手架支撑，ϕ12 的对拉螺栓
混凝土楼板	采用 12mm 厚九夹板，50mm×100mm 木龙骨，ϕ48×3.5 钢管主龙骨，支撑为碗扣脚手架及多功能早拆体系
楼梯	采用 12mm 厚覆塑竹胶板，竹胶板 50mm×100mm 木龙骨，碗扣脚手架及封闭式定型钢模

4.2.2 模板体系的设计

（1）柱模

本工程柱有矩形柱和圆形柱两种，截面尺寸圆柱分三种：ϕ1200、ϕ1000、ϕ800mm，矩形柱有 400mm×500mm、800mm×800mm、1000mm×1200mm、1000mm×1300mm、1000mm×1400mm 等，其中圆柱采用定型钢模板，由专业模板公司制作。钢模的形式为压制的两个半圆形（内径按照柱直径），标准节单片长度 1.5～2m，钢板厚 3mm，每片端头两侧及半圆边缘满焊带螺孔的角钢∟40×4，螺栓孔必须上下左右一致且均匀排布，以便安装时螺栓能顺利穿过。为防混凝土浇筑过程中灰浆流失，柱钢模水平接缝做成企口形式，竖向接缝加垫条封堵。为增强钢模的整体刚度，定型钢模横向每 500mm 设一道∟40×40 等边角钢，纵向每 30°圆弧设一道 4mm 厚扁钢加劲，均点焊于钢模板的外侧。柱距梁底节点不足部分用单独加工高度 200mm 和 300mm 的钢模找补，柱拆模时找补部分留下，防止柱节点混凝土浇捣产生接槎流浆。

矩形柱采用15mm厚镜面板拼制，每边尺寸大小依据柱子截面尺寸加长80mm（木方长度），钢管抱箍间距从柱子底部至柱1/3高处为450mm，从1/3至柱顶处为500mm，并与满堂架拉牢。对拉螺栓 $b=800\sim1200$mm 柱中间用一道 $\phi14@500$，$b=1200\sim1400$mm 柱用二道 $\phi14@500$。柱模加工方法如图4-3～图4-4所示。

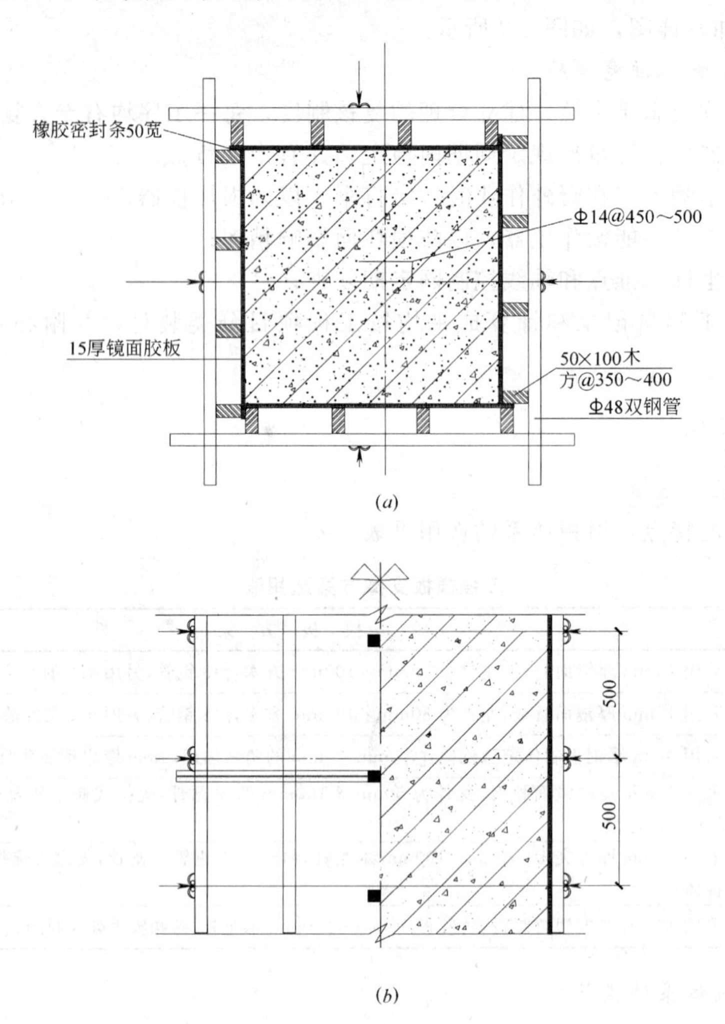

说明：

1. 方柱模采用15mm厚镜面胶板，柱四角为防止漏浆贴橡胶密封条；
2. 柱宽800～1200mm用1根 $\phi14$ 对拉螺；柱宽1400mm用2根 $\phi14$ 对拉螺杆。对拉螺杆沿柱高间距450～500mm。

图4-3 柱模板图

(*a*) 方柱截面模板图；(*b*) 方柱模板立面图

(2) 墙体模板

墙模板采用15mm厚镜面板 50mm×100mm 木龙骨作后背带，间距≤300mm，根据墙体平面分块制作。镜面胶板的木带接合采用木螺钉长50mm (2″)，镜面胶板打 $\phi4$mm 孔用木螺钉拧紧在木带上。木方必须平直，木节超过截面1/3的不能用。板与板拼接采用长130mm的M12机制螺栓连接。主龙骨采用 $\phi48@500$ 双钢管，并用 $\phi12@600\times500$ 对

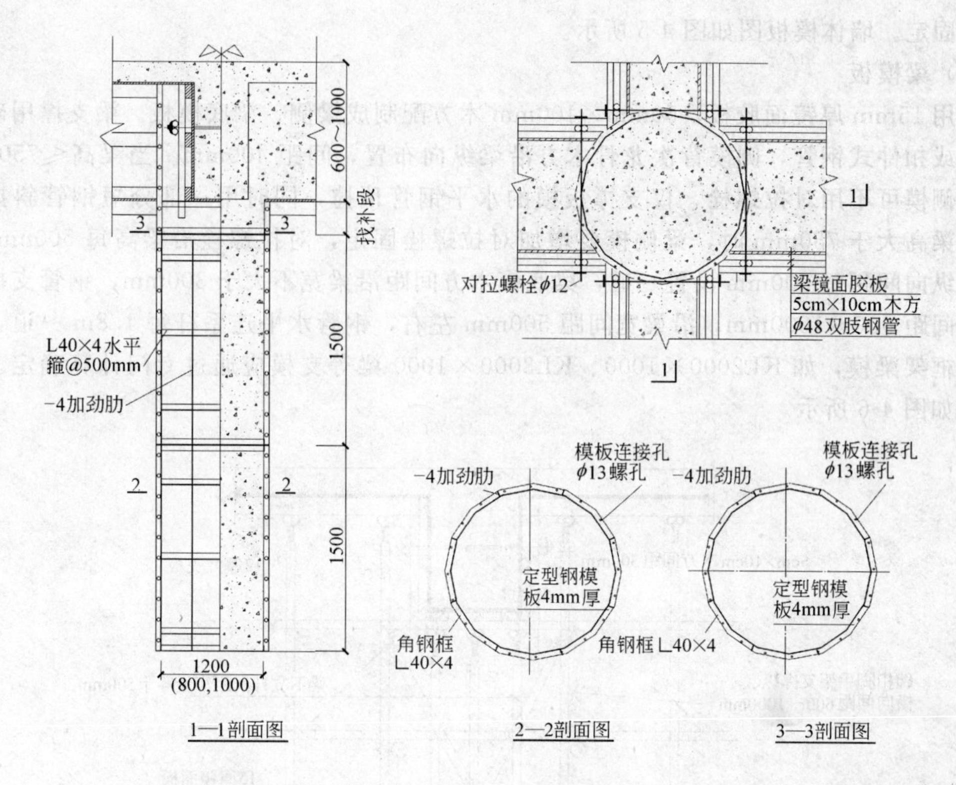

说明：

1. 混凝土圆柱直径有800、1000、1200mm；标准节长度为1500mm，上部用200mm和300mm的钢模找补；
2. 标准节模板由两片组成；找补段有四片组成，尺寸根据梁高、宽确定；
3. 圆柱柱箍为L40×4角钢，定型钢模板加劲肋为4mm厚扁钢与钢板点焊，模板制作及螺孔尺寸应精确；
4. 圆柱模板间连接用φ12螺栓。

图 4-4 圆柱支模示意图

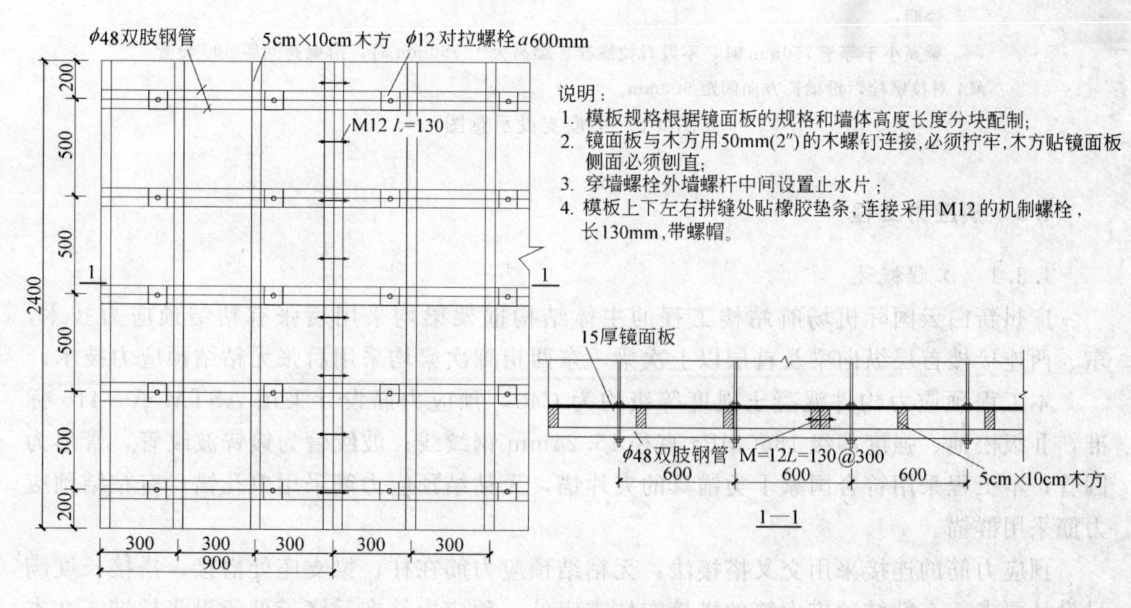

图 4-5 墙体支模图

拉螺栓固定。墙体模板图如图 4-5 所示。

（3）梁模板

采用 15mm 厚镜面胶板，50mm×100mm 木方配制成梁侧、梁底模板。梁支撑用碗扣式钢管或扣件式钢管，侧模背次龙骨木方沿梁纵向布置，间距 400mm。当梁高≤750mm 时，梁侧模可不用对拉螺栓，仅支撑板模的水平钢管顶撑，同时用一部分短钢管斜撑即可。当梁高大于 750mm 时，梁侧模要增加对拉螺栓固定，对拉螺栓沿梁高每 500mm 设一道，纵向间距每 600mm 设置一道，梁底模木方间距沿梁宽不大于 300mm，钢管支撑沿梁纵向间距 600～1000mm，沿梁宽间距 500mm 左右，钢管水平连系杆每 1.8m 一道，对大体积框架梁模，如 KL2000×1000、KL3000×1000 梁等支模应通过专门计算确定。梁模板图如图 4-6 所示。

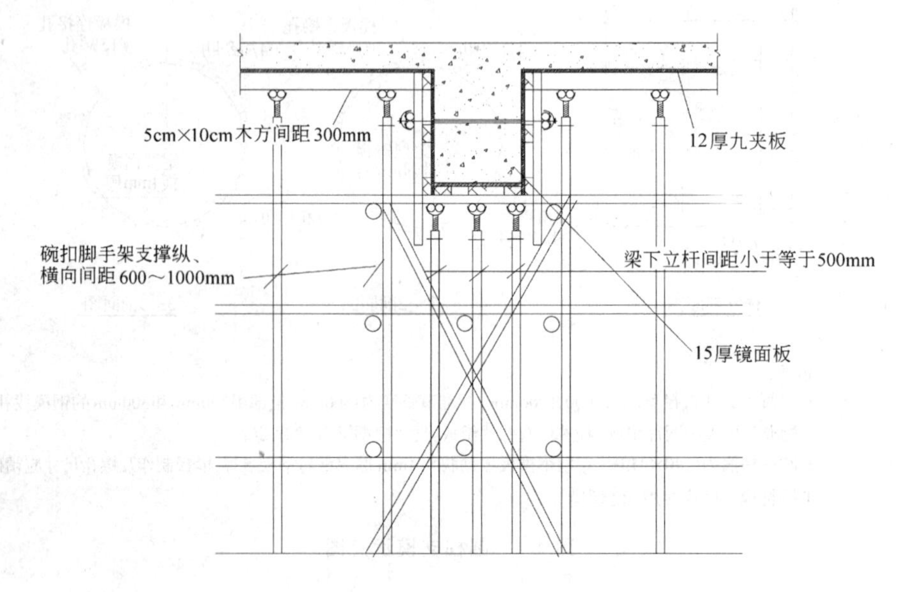

说明：

梁高小于等于 750mm 时，不设对拉螺栓；梁高大于 750mm 时，沿梁高间距 500 设置 ϕ14 对拉螺栓，沿梁长方向间距 600mm。

图 4-6　梁模支设示意图

4.3　预应力工程

4.3.1　工程概述

广州新白云国际机场航站楼工程的主体结构框架梁均采用后张有粘结预应力技术，东、西连接楼首层纵向梁及首层以上次梁、东西指廊次梁均采用后张无粘结预应力技术。

本工程预应力构件混凝土强度等级均为 C40，预应力筋设计采用 ASTM A—416 标准，Ⅱ级松弛、强度等级 1860MPa 直径 15.24mm 钢绞线；波纹管为镀锌波纹管，管形为圆管；本工程采用符合国家Ⅰ类锚具的夹片锚，无粘结预应力筋采用单孔锚，有粘结预应力筋采用群锚。

预应力筋的连接采用交叉搭接法：无粘结预应力筋在柱、梁支座处搭接，搭接长度满足设计要求；有粘结预应力筋的搭接在柱支座处；预应力筋在后浇带处留设张拉端，在本跨配置预应力短筋，预应力短筋为一端张拉，张拉端、锚固端交错布置，张拉端、锚固端均在本跨的柱子外侧设定。

预应力筋用量：有粘结预应力筋：339.86t；无粘结预应力筋：208.57t。

4.3.2 施工准备

(1) 二次工艺设计

通过认真阅读图纸，熟悉掌握设计意图和要求，对结构关键部位进行验算，并根据设计图纸要求进行预应力二次设计，根据施工图纸和设计技术交底内容，详细绘制每条梁的预应力筋的曲线矢高尺寸图，用于指导预应力筋的铺设工作，并根据结构的实际情况编制预应力梁张拉顺序。

(2) 材料准备

1) 钢绞线：本工程预应力钢筋全部采用Ⅱ级松弛 $\phi^{j}15.24$ 钢绞线，抗拉强度标准值 $f_{ptk}=1860MPa$，张拉控制应力 $\sigma_{con}=1395MPa$。预应力钢绞线应具有出厂合格证书，进场时应进行外观检查并按规定抽取样品进行力学性能检验，检验合格后方能使用。预应力筋的质量检验和合格检验应符合国家现行标准《预应力混凝土用钢绞线》(GB/T 5224) 规定。

2) 锚具：本工程锚具全部采用Ⅰ类锚具，其中张拉端采用夹片锚具，固定端采用挤压锚具。所有进场锚具必须具有出厂合格证书，进场后应抽样进行外观检查，并按规定抽取夹片锚及挤压锚进行组装件试验，检验合格后方能使用。锚具的静载锚固性能检验应同时满足：锚固性能系数 $\eta_a \geqslant 0.95$；极限拉力时总应变 $\varepsilon_{apu} \geqslant 2.0\%$；锚具的质量检验和合格检验应符合国家现行标准《预应力筋用锚具、夹具和连接器》(GB/T 14370) 的规定。

3) 端部承压垫板及螺旋筋：本工程后张有粘结预应力筋采用群锚体系；无粘结预应力筋张拉端采用多孔承压垫板，固定端采用单孔承压垫板，所有承压垫板均用 Q235 钢板加工而成，板厚 12mm。螺旋筋为 $\phi6$ 钢筋制作。

4) 波纹管：本工程全部采用圆形镀锌波纹管。

(3) 施工设备

本工程的预应力张拉采用了群锚整束张拉、单锚单孔张拉及两端张拉。同时，根据工程分布，分区域各自配备了施工设备，见表 4-3（表中×2 表示两个施工区域）。

张拉施工设备 **表 4-3**

设备名称	型号	数量	备注
千斤顶	YCQ25	4 台×2	配 HVM15G-5、6、7、8、9、10、12 工具锚
	YCW150B	3 台×2	
	YCW250B	3 台×2	
高压油泵	ZB4-50	4 台×2	
	ZB3/630	4 台×2	
挤压机	GYJA	2 台×2	
灌浆机		2 台×2	
切割机	大砂轮机	3 台×2	
	小砂轮机	8 台×2	
电焊机		12 台×2	
波纹管成型机		1 台×2	

4.3.3 *施工方法*

(1) 工艺流程

工艺流程图如图 4-7～图 4-8 所示。

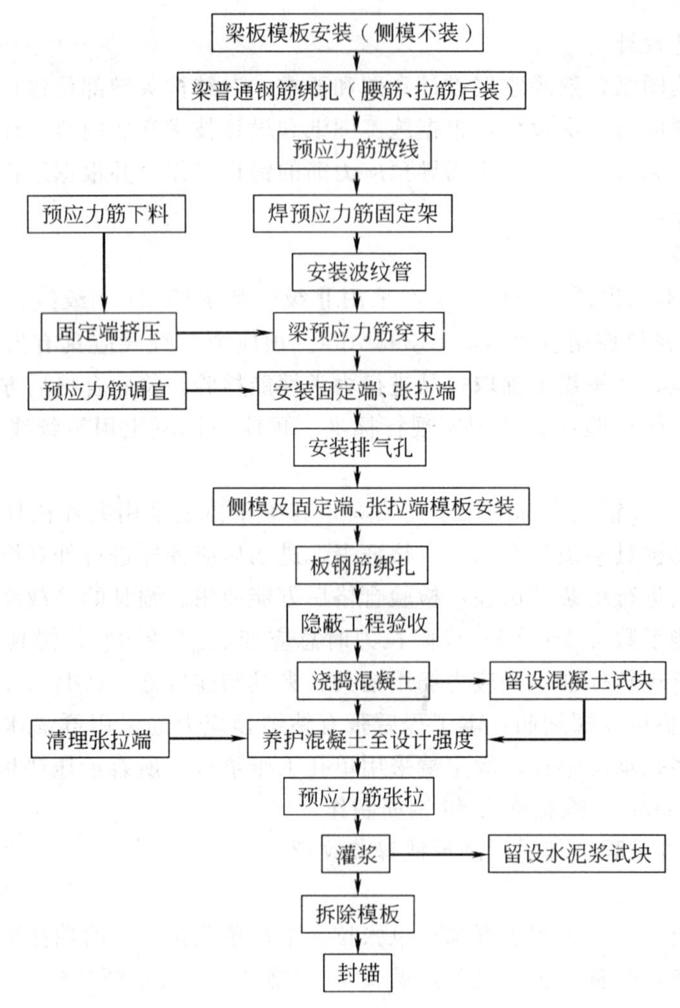

图 4-7 有粘结预应力梁后张法施工工艺流程

(2) 施工工序及工程质量控制措施

1) 预应力筋下料、编束与固定端制作。

① 预应力筋是整盘供应的，盘重约 1～2t，下料时需足够长的场地；

② 预应力筋下料必须采用砂轮切割机切割，不得烧焊切断；

③ 下料后按不同长度预应力筋分别编号排放；

④ 固定端的锚具锚固用专用挤压机及配套挤压模挤压制作；

⑤ 预应力筋下料完成后，及时检查其数量、尺寸情况。此步工作可以与普通钢筋绑扎同步进行，不影响工期。

2) 预应力筋定位、曲线放线。

首先，按图纸计算出预应力筋在梁中 Y 方向各点的矢高，然后绘制成放线图。放线

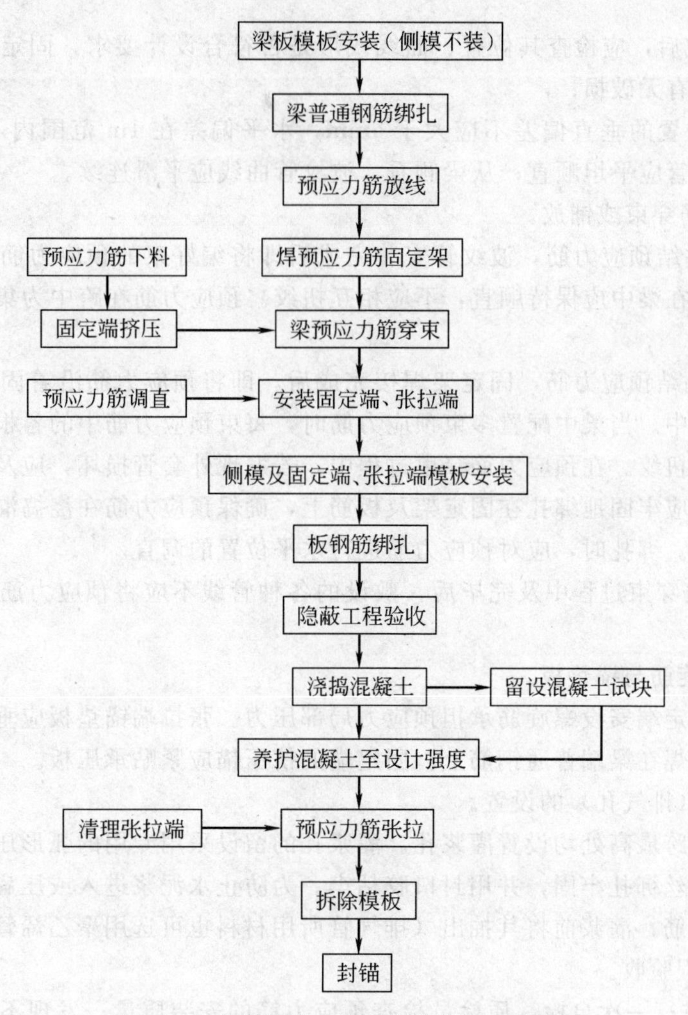

图 4-8 无粘结预应力梁后张法施工工艺流程

时，严格按放线图进行定位，确保预应力筋最低点、最高点及反弯点的准确定位。定位点标注在梁筋或梁侧模上。

3）固定架的焊接。

固定架采用 $\phi 10$ 钢筋制作，固定架的位置应严格按放线定位点的定位确定，实际高度与理论计算高度间的误差不能超过±5mm。固定架间距 1m。所有固定架应牢固地点焊在梁箍筋上。固定架焊接完毕，施工员、质安员应分别进行检查；发现有尺寸不符合要求及焊接质量不好的，及时进行整改。

4）波纹管安装。

固定架焊接完成后，即可进行波纹管的安装。

① 波纹管节点处采用大一号同型管搭接，搭接长度不小于 300mm，两端用密封胶带封裹；

② 固定端口处波纹管应用快凝砂浆封堵密实；

③ 在波纹管安装过程中应尽量避免反复弯曲，以防管壁开裂；同时，应防止电焊烧

坏管壁；

④ 安装完成后，应检查其位置、曲线线形是否符合设计要求，固定是否牢靠，接头是否完好，管壁有无破损；

⑤ 波纹管位置的垂直偏差不应大于 5mm，水平偏差在 1m 范围内不应大于 20mm。从梁上看，波纹管应平坦顺直；从梁侧看，波纹管曲线应平滑连续。

5）预应力筋穿束或铺放。

① 对于有粘结预应力筋，波纹管安装完成后即将编好束的预应力筋依次穿入到波纹管中。预应力筋在梁中应保持顺直，不应相互扭绞。预应力筋在跨中为集束布置，接近端部时分散布置。

② 对于无粘结预应力筋，固定架焊接完成后，即将预应力筋沿着固定架的高度依次穿入梁的钢筋笼中。当梁中配置多束预应力筋时，每束预应力筋中的各根钢筋应保持平行走向、不得相互扭绞。在预应力筋穿束过程中，若发现外套管损坏，应及时用防水胶纸包裹好。预应力筋应牢固地绑扎在固定架及板筋上，确保预应力筋在浇捣混凝土时不会上浮而改变垂直高度。绑扎时，应对预应力筋进行水平位置的调直。

③ 预应力筋穿束过程中及完毕后，敷设的各种管线不应将预应力筋的垂直位置抬高或压低。

6）安装螺旋筋与锚垫板。

张拉端、固定端安设螺旋筋承担预应力局部压力。张拉端锚垫板应垂直预应力筋受拉方向，并稳固的焊在梁端普通钢筋上。固定端的挤压锚应紧贴承压板。

7）灌浆孔（排气孔）的设置。

在波纹管每跨最高处均设置灌浆孔。灌浆孔的留设采用专用的弧形压板，并在底部垫有海绵，用绑扎丝绑扎牢固，并用封口胶粘牢。为防止水泥浆进入或压扁胶管，在胶管中应插入较小的钢筋，灌浆前将其抽出（排气管所用材料也可选用聚乙烯管）。

8）隐蔽工程验收。

① 验收前进行一次自检，质检员检查预应力筋的安装质量；发现不符合规范规程及设计图纸要求的，及时进行整改；

② 自检的内容有：预应力筋数量、定位是否符合图纸要求；产品有否保护好，是否受到破坏；波纹管及预应力筋外套管有否损坏；其他工作是否遗漏；

③ 在自检合格的前提下，请有关单位进行隐蔽工程验收，该项工作可与普通钢筋验收一起进行。

9）混凝土浇筑。

混凝土浇筑过程中，应做到以下两点要求：

① 尽量避免振动棒直接触动波纹管或预应力筋；

② 确保预应力筋锚垫板周围混凝土密实、不漏浆。当预应力筋端部的混凝土质量不好，出现蜂窝时必须进行处理，必要时凿掉该部分混凝土，重新浇筑后，方可进行预应力张拉。混凝土浇筑过程中，派出专人进行跟班，以便及时发现问题并作出处理。

10）清理锚垫板。

在混凝土浇完 48h 后，拆除楼板侧模即进行张拉端的清理，清理时注意不要破坏混凝土。发现张拉端出现蜂窝，应及时通知进行补强处理，以免影响预应力张拉时间。

11）预应力张拉：

① 张拉前提条件：预应力筋张拉前，应提供与结构构件同龄期同养护条件的混凝土试块强度检验报告；当梁、板混凝土强度达到设计要求的张拉强度后，方可进行预应力张拉。

② 预应力筋张拉：当混凝土强度达到设计强度的75%后，方可进行预应力筋张拉。张拉步骤如下：

——在张拉端安装锚环、夹片。两片式夹片需同时推进到锚环里。

——装上千斤顶，开动油泵，对预应力筋进行张拉；当张拉应力达到 $0.1\sigma_{con}$ 时，停止加荷，读取初始读数。

——张拉应力继续增大至设计张拉力（即195.3kN，也就是张拉到100%的控制应力）时，记录伸长值，为减少因锚具回缩的应力损失，按照规范要求超张拉3%（也就是最终张拉到103%的张拉控制应力），千斤顶直接卸荷，锚具自行锚固，在卸荷期间，从最高应力值卸荷至初始应力值时，测量锚具回缩值。

③ 预应力张拉质量控制：张拉前先计算张拉力；然后，根据千斤顶的张拉力—油压标定曲线计算张拉时使用的油压表读数（张拉千斤顶必须是在标定有效期内）；预应力筋理论伸长值 ΔL_p 按下式计算：

$$\Delta L_p = F_{pm} L_p / A_p E_p$$

式中 F_{pm}——预应力筋的平均张拉力，N；

L_p——预应力筋的长度，mm；

A_p——预应力筋的截面面积，mm^2；

E_p——预应力筋的弹性模量，N/mm^2。

张拉采用以控制张拉力为标准，以实际伸长值作为校核的双控方式。即预应力筋在张拉到控制张拉力时，实际伸长值应在理论伸长值的95%～110%的范围之间。

④ 预应力筋张拉验收：预应力筋张拉时，必须如实填写“预应力筋张拉原始记录表”。张拉完毕，根据“预应力筋张拉原始记录”整理出“预应力筋张拉伸长值整理表”，作为预应力施工技术资料的一部分。

12）切除多余预应力筋。

张拉完成后，用小砂轮机切除张拉端多余的预应力筋，预应力筋截留长度不少于30mm。

13）预应力筋孔道灌浆：

① 用细石砂浆封住锚环与夹片间的空隙。

② 水泥浆的搅拌：据设计要求，采用不低于42.5级的普通硅酸盐水泥，按水灰比0.4～0.43进行搅拌。灌浆过程中，水泥浆的搅拌应不间断；当灌浆过程短暂停顿时，应让水泥浆在搅拌机和灌浆机内循环流动。

③ 孔道灌浆：灌浆时从近至远逐个检查出浆孔，待出浓浆后逐一封闭，待最后一个出浆孔出浓浆后封闭出浆孔，继续加压至0.5～0.6MPa。

④ 补浆：灌浆6h后检查各出气孔，视实际情况进行补浆。

14）封闭张拉端部：

完成上述工序后，按设计要求用 C40 细石混凝土封闭端部，保护层要大于 20mm。封闭后混凝土平齐楼板侧表面。用混凝土封闭张拉端部时，必须加强插捣，保证其密实性。

4.3.4 施工重点及难点

(1) 有粘结预应力筋的穿束

本工程预应力结构跨度大、连续跨数多，如果不精心组织，有粘结预应力筋的穿束工作将难以进行。根据实际情况，我们作了如下安排：

1) 长度小于 50m、根数少于 9 根的采取整束穿束；

2) 长度小于 50m、根数多于 9 根的分三束穿束；

3) 长度大于 50m 的超长预应力筋分三束穿束，并且需在波纹管的中间位置增加助推段（图 4-9），待穿束完成后，再将此段波纹管复位，封裹密实。

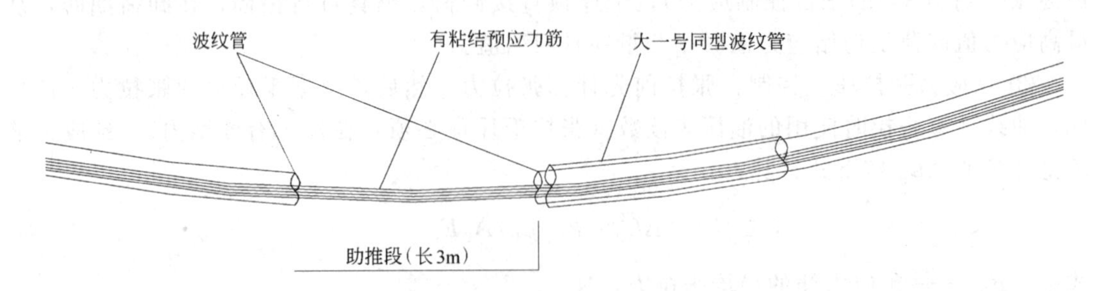

图 4-9 预应力筋穿束

(2) 张拉端节点处理

本工程张拉端有三种布置方式：

1) 梁端张拉：为了保证有粘结预应力筋张拉端锚垫板能准确安装，梁端或柱边普通钢筋必须留出 250mm 净距。

2) 板上张拉：土建单位必须严格按照原设计安装张拉端板的模板，并准确预留张拉洞口。

3) 后浇带张拉：跨后浇带无粘结预应力筋的张拉端布置在板上，板须加厚板并预留张拉洞口。

(3) 张拉顺序及分阶段张拉

本工程预应力筋的张拉东、西区各分 15 个区域进行，各区域根据施工情况独立进行。跨后浇带预应力筋的张拉需待后浇带混凝土达到强度后进行。整个结构采取整体张拉顺序为：先张拉次梁，后张拉框架梁。

4.4 巨型柱施工技术

4.4.1 工程概况

本工程的主楼共有巨型柱 36 根，9 种规格，±0.000 以上到＋7.50m 为等截面梯形截面，梯形截面上底 1.500m 宽，下底宽 2.500m 宽，高度（A）由 3.055m 到 4.500m 不等；7.5m 以上为变截面柱体，其中 1.5m 截面向内倾斜，两腰由平面变为双曲面，详细情况见表 4-4。

巨型柱规格　　表 4-4

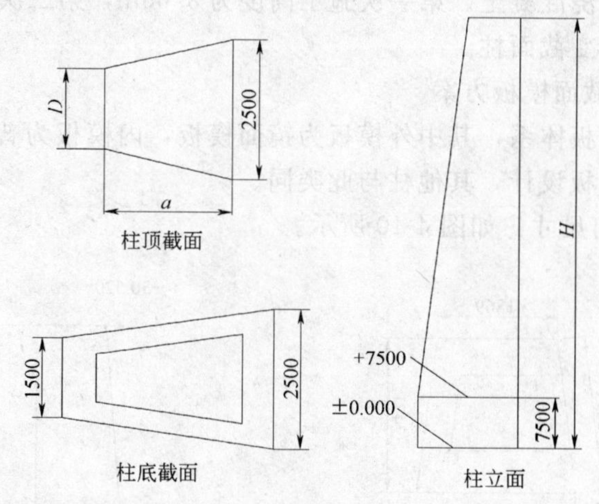

编　号	1	2	3	4	5
A(m)	4.500	4.457	4.370	4.236	4.066
a(m)	2.491	2.486	2.477	2.462	2.452
D(mm)	1946	1942	1933	1919	1897
H(m)	40.231	39.612	38.339	36.405	33.789

编　号	6	7	8	9
A(m)	3.830	3.556	3.234	3.055
a(m)	2.417	2.386	2.350	2.331
D(mm)	1869	1829	1773	1737
H(m)	30.520	26.56	21.898	19.297

混凝土强度等级为 C40；钢筋为 HPB235、HRB335 级钢，钢筋直径有 ϕ28、ϕ22、ϕ20、ϕ16、ϕ12、ϕ10 等，其中 ϕ20 以上钢筋采用滚压直螺纹套筒连接，ϕ16 以下采用绑扎接头。

4.4.2　应用技术情况

巨型柱施工应用了镜面大模板、钢筋直螺纹连接技术、大体积混凝土施工技术、悬挑脚手架及预拌混凝土泵送工艺等推广项目。

4.4.3　模板方案

(1) 模板体系的选择

1) 模板采用镜面模板，次肋（竖向肋）为 50mm×100mm 木方，主肋为[12 槽钢，穿墙杆采用 ϕ12 高强螺栓（设计抗拉强度为 50kN）；

2) 7.5m 以下等截面柱混凝土分两次浇筑，模板采用散拼工艺；7.5m 以上变截面柱采用大模板工艺，模板高度为 3.66m；

3) 模板就位与固定系统利用技术处理的外脚手架；

4) 模板接缝与拼缝采用双面胶粘结，混凝土施工缝预留条形槽，镶嵌橡胶条防止漏浆。

(2) 7.5m 以下等截面模板方案

7.50m 以下等截面柱为模板散拼体系，其中外模板为镜面模板，内模板为普通模板。等截面柱分两次支模、浇混凝土。第一次施工高度为 3.66m，第二次施工到三层牛腿上表面处。模板拼装要求同变截面柱。

（3）7.5m 以上变截面模板方案

变截面柱采用大模板体系，其中外模板为镜面模板，内模板为普通木模板。下面以 6 号柱模板为例，进行模板设计，其他柱与此类同。

1）6 号柱截面几何尺寸：如图 4-10 所示。

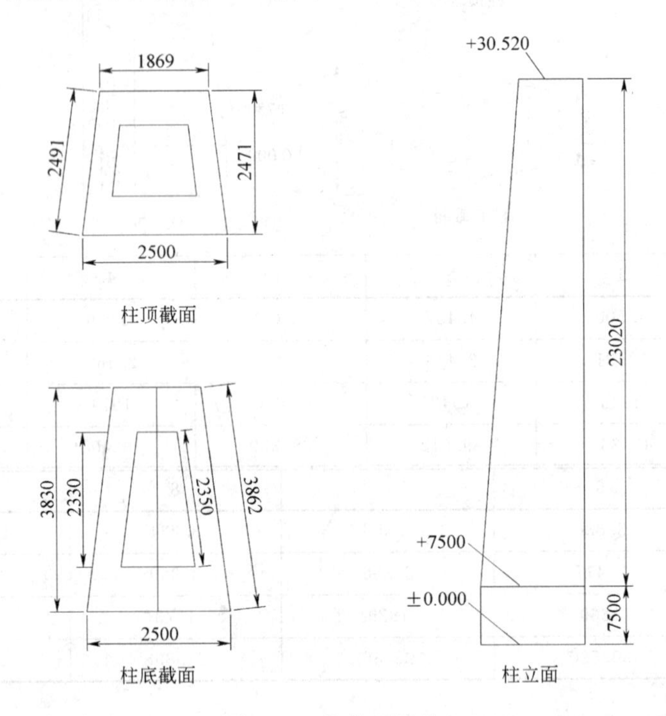

图 4-10　柱截面尺寸

2）模板布置情况：如图 4-11 所示。

3）各边模板配置：模板配置以减少模板拼缝，拼缝美观为原则。

① 长边模板。

长边模板拼装时将模板拼缝放在中间，侧边模板拼装时将整块模板放置在长边处，不足整块的模板放在短边一侧。为减少穿墙杆，保证混凝土表面的光洁度，穿墙杆采用高强螺栓，在模板的长边中间布置两排，短边中间布置一排，侧边模板布置三到四排。模板次肋采用 50mm×100mm 木方，主肋采用双肢⊏12 槽钢。

② 短边模板。

由于短边有向上宽度增大的特点，模板采取散拼的形式。在模板配置时，将模板从中间一分为二，每块各 750mm，两边做成斜角。在模板向上传递过程中，在中间增加板条，每向上传递一次，板条更换一次，保证在短边模板拼缝不大于两个。

③ 侧边模板。

侧边模板采取大模板工艺，向上传递施工三次左右，将模板的一边切除多余部分。图 4-12 为模板拼装初始情况。

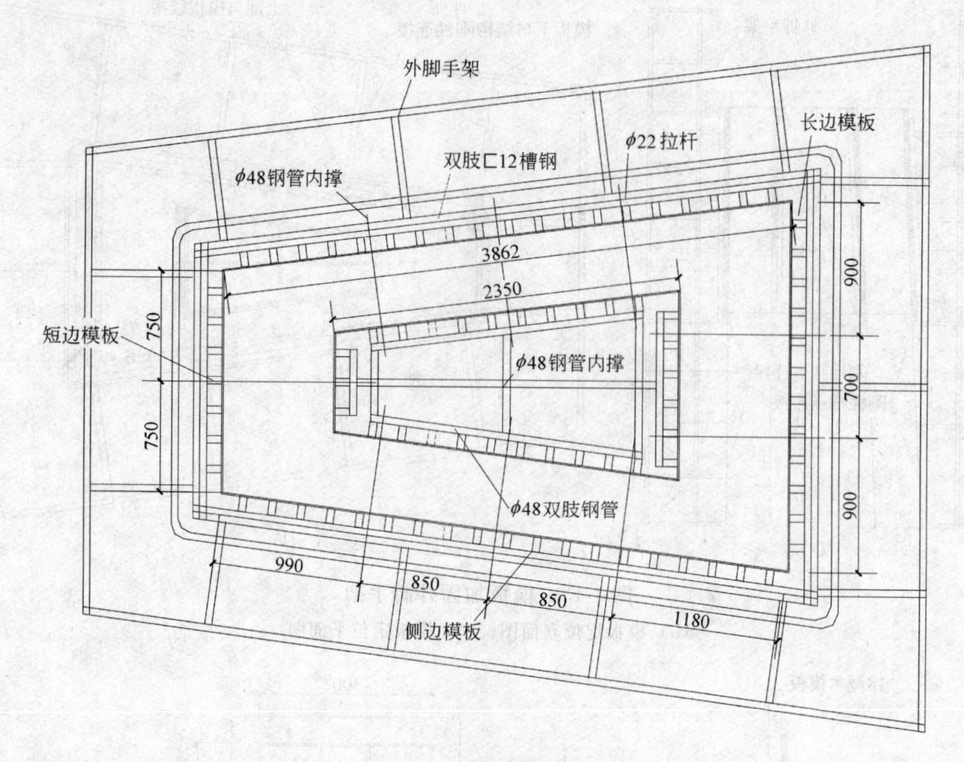

图 4-11　柱模板布置

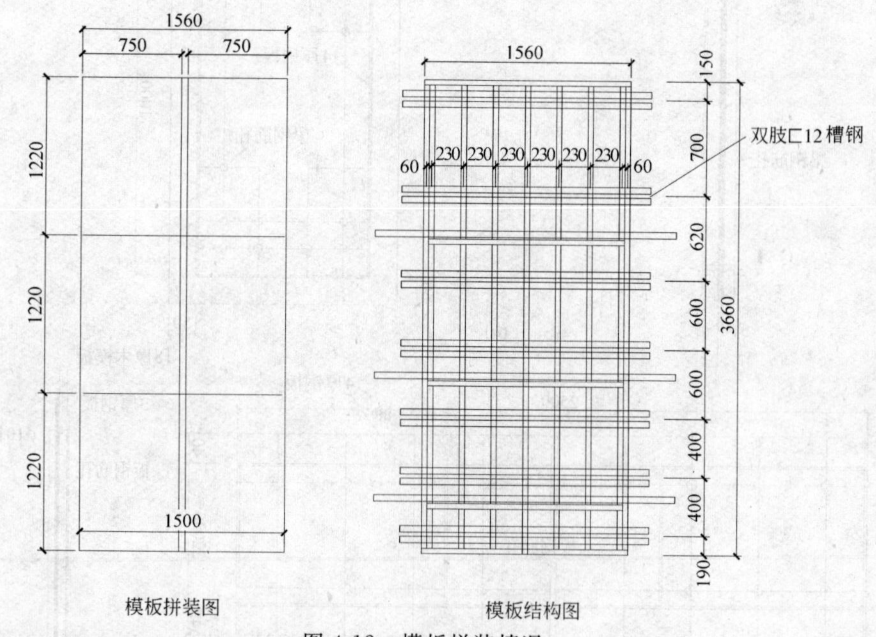

图 4-12　模板拼装情况

④ 模板接缝、新旧混凝土拼缝节点。

在一块大模板内的各块模板之间必须用双面胶粘结，大模板之间的缝隙在组装模板时也要求用双面胶粘结。

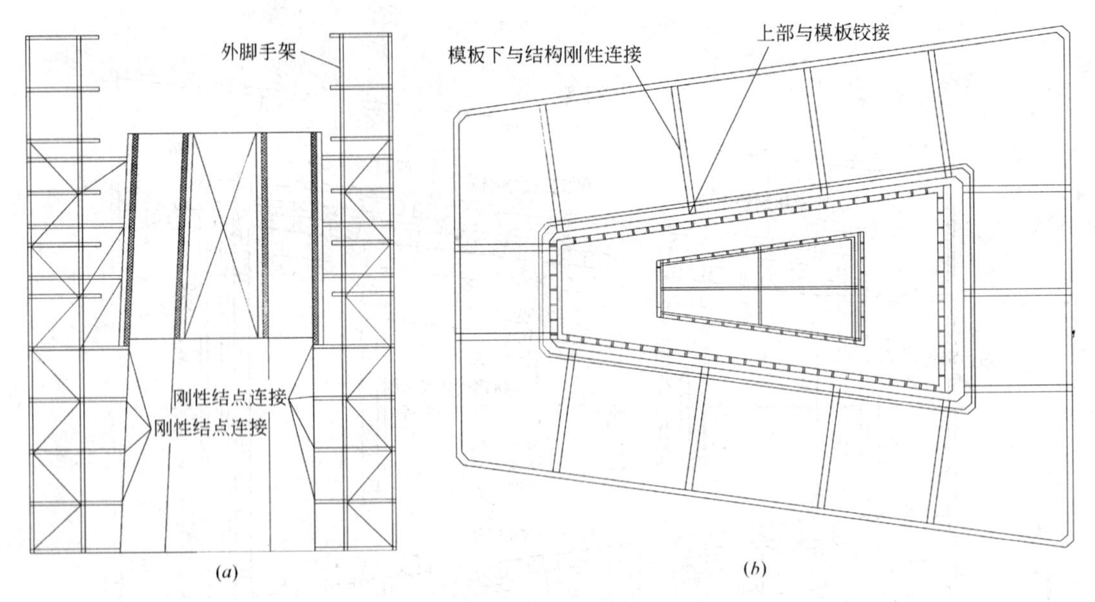

图 4-13　模板加固外脚手架
（a）模板定位立面图；（b）模板定位平面图

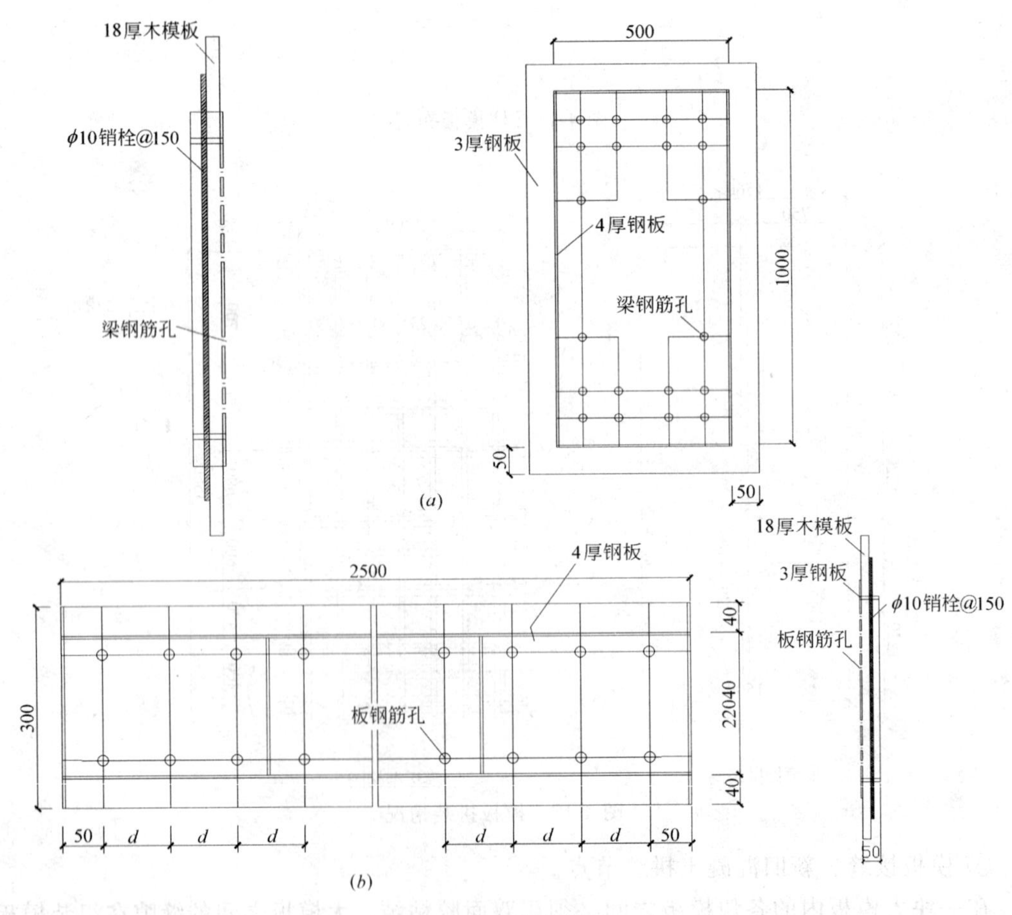

图 4-14　钢筋预节点
（a）梁钢筋预埋节点；（b）板钢筋预埋节点

⑤ 模板定位简图。

模板定位由柱内部布设定位点，用经纬仪逐层向上传递；同时，在柱外长边中轴线进行控制，短边柱控制倾斜角。

模板利用经过加固处理外脚手架进行固定，加固位置如图 4-13 所示。在模板需要加固的位置，脚手架小横杆以及附加小横杆在操作面以下与结构中的预埋件焊接，并架设斜杆形成刚度很大的桁架；操作面以上利用附加小横杆与大模板上的钢管背肋连接，以起到固定模板的作用。

为减轻长短两边混凝土对侧边模板的冲击，以及侧边混凝土对长短两边模板冲击的影响，在柱外边利用脚手架加固外，在内模板的穿墙杆处用花篮螺栓拉接，其中侧边模板两根，长短边一根，竖向不少于三排。

同时在内模板内加剪刀撑，尤其是短边倾斜面，必须加不少于二根、三排的斜撑杆，以抵抗侧向压力；剪刀撑的下端的连接点，可以利用穿墙杆固定的水平钢管。

⑥ 二层行李通道模板与预留钢筋节点。如图 4-14 所示。

⑦ 牛腿模板及预埋件埋设。如图 4-15 所示。

(4) 模板防泵管震动措施

混凝土采用泵送混凝土，泵管利用型钢三角架与结构固定，严禁与脚手架连接（图 4-16）。

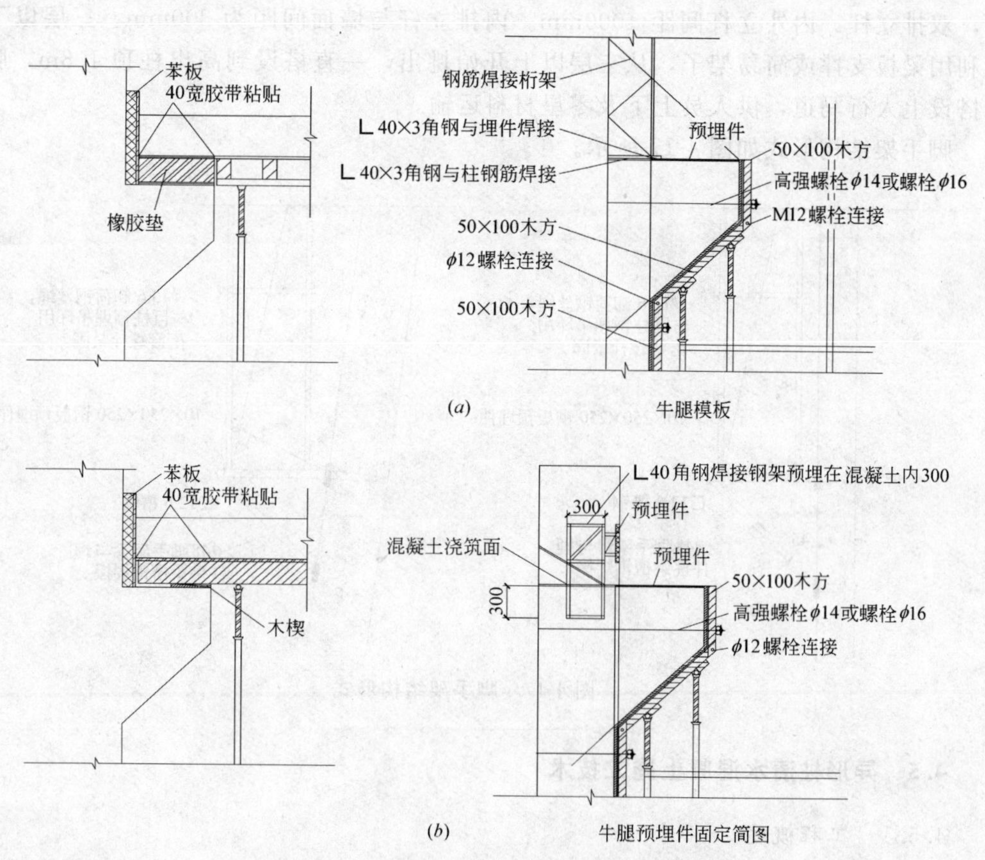

图 4-15 牛腿模板及预埋件埋设

(a) 牛腿与板连接处的模板处理；(b) 牛腿与板连接处的模板处理

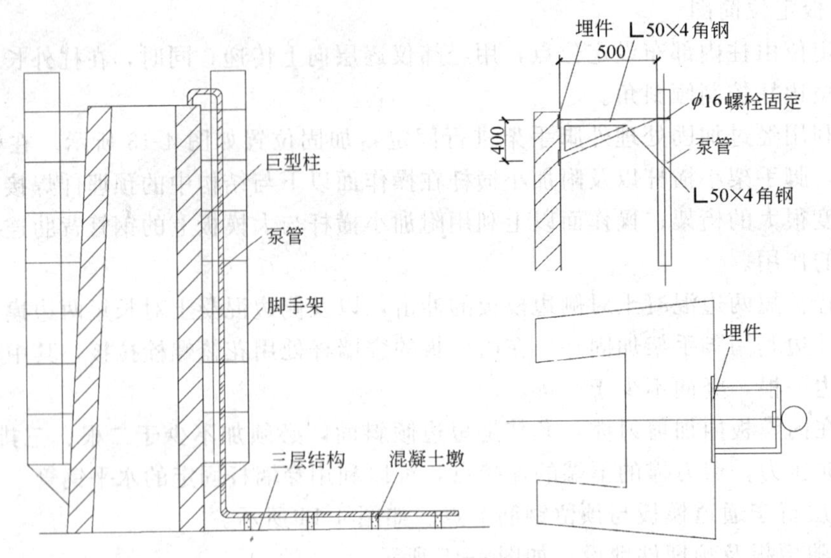

图 4-16　泵管与结构固定

4.4.4　脚手架工程方案

本工程巨型柱施工脚手架采用钢管斜撑的型钢梁作支撑，脚手架采用 ϕ48×3.5mm 钢管，双排立杆，内外立杆间距 1000mm。内排立杆与墙面间距为 300mm。三层以下脚手架利用梁板支撑或简易架子，从三层以上开始挑出，一直搭设到高出柱顶 1.8m，脚手架内搭设上人行马道，供人员上下及零星材料运输。

脚手架结构形式如图 4-17 所示。

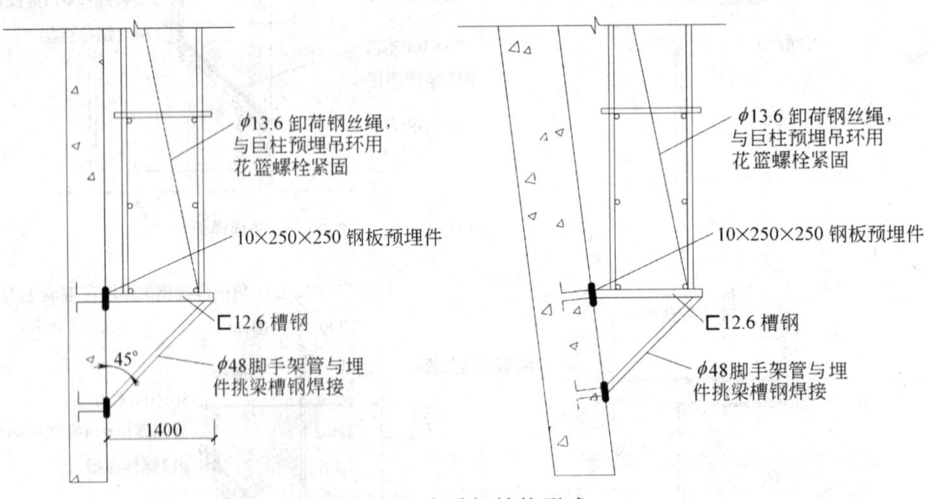

图 4-17　脚手架结构形式

4.5　异形柱清水混凝土施工技术

4.5.1　工程概述

本工程的连接楼 A 轴线三角钢柱桁架吊装完成后，底部以上 2m 高范围要求采用钢筋混凝土封闭，钢桁架包裹在其中。此部分构造形式为中空，顶面为斜面的四面墙体，三角的外侧两角为直径700mm圆柱。混凝土要求一次性浇筑，必须达到清水混凝土标准，施工难度很大。

4.5.2 应用情况

东、西连接楼共有52个异形墙柱，为保证异形墙柱外观的清水混凝土效果，我们应用了定型钢模及预拌混凝土泵送工艺。

4.5.3 施工方案

(1) 采用了定型钢模作外侧模，内侧模采用九夹板拼装。内侧模作防蚁处理。

(2) 钢模在加工厂定做，根据异形墙柱的结构特点，分片加工，要求每片重量不得超过100～130kg，以方便施工。根据工程量，我们共配置了六套定型钢模，每套模板周转九次，以达到最经济效果。

(3) 混凝土采用商品混凝土，用汽车泵一次性浇筑6个异形墙柱，尽量保证同一批混凝土的色泽一致。

4.5.4 施工方法

(1) 施工顺序

清理→放线→钢筋调直→墙、柱钢筋绑扎→钢筋隐蔽验收→墙、柱、内模板及顶板模板制作、安装及支撑→顶板钢筋绑扎→墙、柱外模板的安装及支撑→验收→浇筑混凝土→拆除墙、柱外侧模板→浇水养护混凝土。

(2) 钢筋工程

要确保钢筋位置准确，不得位移，不得外露，以免锈蚀后污染混凝土表面影响效果。我们采取以下措施：

1) 严格控制钢筋配料尺寸。专门设置钢筋加工场地，成型后将钢筋分类、分批妥善保管，取用时编组编号运至施工现场绑扎。严格把好钢筋配料关，选有丰富经验的人员看图配料，严格检查钢筋配料尺寸，认真按图纸复核，发现问题及时同设计人员洽商，并履行文字手续。

2) 钢筋接头和绑扎。为保证搭接范围内的钢筋密度不增加，保证钢筋位置准确，不发生位移。凡采用绑扎连接处，规定绑扎钢筋扎丝的多余部分要求向构件内侧弯。

3) 防止浇筑混凝土时墙柱筋移位。墙柱筋绑扎前，先调至准确位置，做到上下垂直，绑扎成型，经检查合格后，将每根骨架的上中下绑3道箍筋并与主筋焊牢，以增强骨架的整体性。外侧的保护层垫块统一制作，要求厚薄均匀，绑扎时间距不大于450mm。

(3) 模板工程

模板施工质量好坏直接关系到混凝土外观。因此，我们主要在模板的安装、拆除和维修等各方面采取措施，保证清水混凝土效果。

1) 钢筋绑扎完毕可先支设墙柱内模板。因内模板及支撑不再取出，所封闭在混凝土之内的木质材料都先进行防蚁处理。防蚁处理方法：采用氯酚合剂结合土封闭在混凝土中的木方和模板进行喷洒处理。氯酚合剂的配制方法，五氯酚钠：氟化钠：碳酸钠按质量比为0.6：0.35：0.05，药液按4%～5%配制。

2) 墙、板钢筋隐蔽验收通过后，安装外侧模。安装模板应严格按模板图进行，对号入座，定点使用，操作工人实行模板承包，从上段拆下的模板要及时转移到下一段的相同部位安装。钢模安装前，清除钢模内侧的铁锈，并抛光处理，钢模板的拼缝必须平直，接缝处必须用胶带粘好，不得漏浆。内侧必须满刷无色脱模剂，脱模剂涂刷均匀，确保混凝土外观质量。

模板拼装如图 4-18 所示。

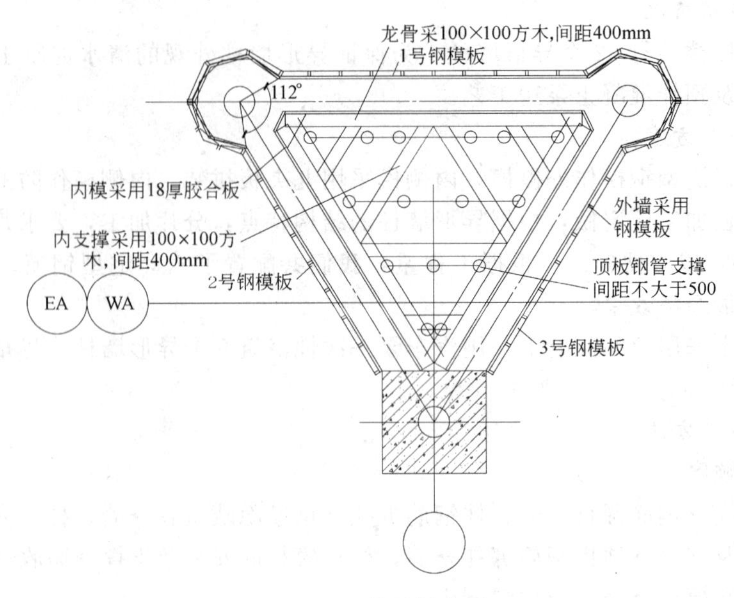

图 4-18　模板拼装

3）拆模按支模的倒顺序进行，强调保护板面，严禁使用大锤，严禁用撬棍强行砸撬模板。拆除后，及时清理残渣污物，经检修后涂刷隔离剂备用。将损伤模板挑出，及时修理。

（4）混凝土工程

清水混凝土不仅要保证结构设计所要求的强度，而且要有良好的外观效果，为此，我们从混凝土配合比、振捣养护措施和管理工作几方面采取措施。

1）混凝土配制。清水混凝土要求颜色一致，因此，要求商品混凝土生产厂家选用同一种强度等级、品种的水泥，使用颜色纯正、安定性和强度好的普通硅酸盐水泥；粗骨料选用强度高、5～25mm 粒径、连续级配好、同一颜色、含泥量≤0.8%和不含杂物的碎石；粉煤灰选用Ⅱ级以上的产品，定厂商、定细度，且不得含任何杂物，混凝土的坍落度控制在 80～120mm 之内，并掺 D-FDN 高效减水剂。

2）混凝土浇筑前用空压机清吹模板内部，清理干净后方允许浇筑。合理调整混凝土搅拌运输车的运送时间，逐车测量混凝土的坍落度。

3）浇筑时下料要均匀，以免侧偏冲击钢筋或造成混凝土离析。混凝土必须分层振捣密实，每层的下料厚度不大于 30cm，振捣方法正确，不得漏振、过振。采用二次振捣，减少混凝土表面气泡，混凝土表面不得有蜂窝、麻面、孔洞等缺陷，顶板及柱顶斜面必须收平、压光，并保证混凝土表面的平整度，保证混凝土表面看不出抹痕；混凝土浇筑时，必须按排专人清洗去溢出的水泥浆，确保模板接缝、施工缝处无漏浆、挂浆。

4）混凝土浇筑 48h 后，拆除墙、柱的模板及支撑。拆模时，必须保证混凝土边角不被损坏，墙面不被污染。并安排专人对混凝土进行养护定期浇水，并采用塑料薄膜包裹，养护 14d 后拆除塑料薄膜。

4.6 钢结构预埋螺栓定位施工技术

4.6.1 工程概述

本工程的屋盖系统为钢结构，三层以上高柱的柱顶面及连接楼两外侧承台内均有大量的钢结构螺栓埋件。每个柱顶或承台内的埋件由7～9根镀锌螺杆组成，螺杆长850～1600mm不等，呈圆形或方形布置。由于埋件位置在柱顶，柱内钢筋密集，而埋件精度要求高，且混凝土浇完后无法更改，施工难度巨大。

4.6.2 施工方案

(1) 埋件的定位

采用定位钢板，即事先按螺栓的位置在薄钢板上钻孔，确保螺栓的相对位置不变。埋件的固定采用角钢焊接成骨架，用四根∟75×75角钢作为竖向支撑骨架，用∟45×45×4角钢作为支撑钢板的水平骨架及竖向骨架的水平连系杆。骨架与钢筋笼焊接牢固，确保埋件不发生整体位移（图4-19）。

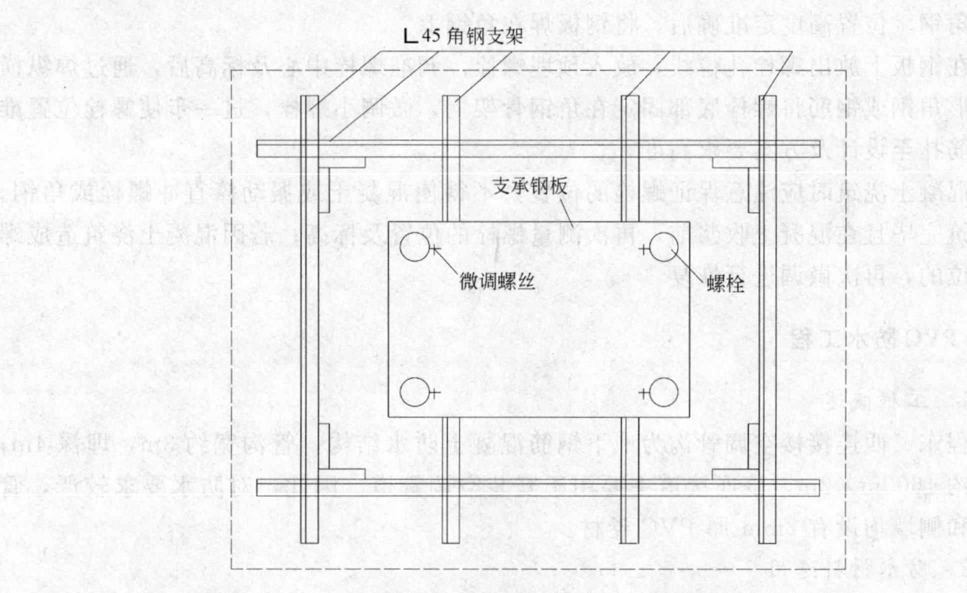

图4-19 预埋件埋设平面示意图

(2) 柱顶埋件的测量

采用经纬仪和铅垂法定位，承台的埋件采用全站仪定位。

4.6.3 施工方法

因各部位埋件施工方法类似，现以柱顶埋件施工为例。

支底模→立竖筋并扎1m高的箍筋→埋竖向角钢→浇1m高度混凝土→混凝土面上精确测设标高及轴线→箍筋扎高到距柱顶1.6m→焊竖向角钢斜拉杆及钢板水平托架→安放钢板→在钢板上精确放线→调正、垫平并固定钢板→放进预埋螺栓→调准螺栓高度及垂直度→螺栓底部固定→微调螺栓位置→扎其余1.6m高实心柱箍筋→混凝土浇筑→混凝土收浆前再次测螺栓位置及标高→再次微调。

(1) 立竖向钢筋时，应注意调准竖筋间距并注意弯钩朝向，预留竖向角钢位置，在底模大约2m高的位置加水平定位钢筋，以保证竖向钢筋的间距和竖直方向。

（2）埋竖向角钢以模板的中心线定位，为避免角钢的偏位影响预埋钢板的位置，两端角钢的间距每边比钢板放大11cm，即四根端部角钢的间距取90cm×110cm，中间位置的两根角钢偏离横向中线取10cm，角钢焊在钢筋箍筋及对拉螺杆上来固定，并在距离底模1.5m的位置焊第一道水平角钢拉杆。

（3）浇1m高的混凝土时，应注意保持竖向角钢的位置及垂直度。

（4）轴线的测量直接用全转仪在巨柱的混凝土面上放出中线，并弹出预埋钢板的边线，作为上部钢板初步就位的依据。

（5）为方便螺栓的定位，在螺栓定位前内箍只能扎高到螺栓的底部，因竖向角钢高度较高，在扎箍筋的过程中穿插焊直径$\phi22\sim\phi28$的钢筋或∟45×45×4角钢作斜拉杆（各方向每米一道），同时角钢与箍筋进一步固定。

（6）同上，焊斜拉杆，在距柱顶1m的高度再焊一道角钢水平拉杆，以使角钢骨架进一步稳定，根据下部测设标高点在竖向角钢上定出钢板底面标高，焊钢板的角钢水平托架。

（7）根据下部定位初步安放钢板，钢板偏低时，在角钢上用薄钢板垫平；钢板偏高时，下调角钢。位置高度定准确后，将钢板焊在角钢上。

（8）在钢板上放出螺栓孔位线，放入预埋螺栓，调准螺栓中心及标高后，通过焊纵横向及斜叉形角钢或钢筋将螺栓底部固定在角钢骨架上，微调小螺栓，进一步使螺栓位置准确。将钢筋扎至设计及方案要求高度。

（9）混凝土浇筑时应注意保证螺栓的位置，不得使混凝土或振动棒直冲螺栓或角钢。混凝土浇筑完毕且在混凝土收浆前，再次测量螺栓的位置及标高；若因混凝土浇筑造成螺栓轻微偏位的，再次微调进行恢复。

4.7　PVC防水工程

4.7.1　工程概述

本工程东、西连接楼空调管沟为地下钢筋混凝土防水结构，管沟宽约3m，埋深4m；地下全长约1600m×2m，该连接道主要用于安装空调管道。因此，对防水要求较严，管沟的底板和侧墙均设有2mm厚PVC卷材。

4.7.2　防水材料选用

本防水工程选用PVC防水卷材，卷材在施工前应做产品质量检查，除保证产品满足DB J15—1997的标准外，还应分别满足下述现场抽检项目指标（表4-5）。

防水卷材性能指标　　**表4-5**

抗拉强度	延伸率	热处理尺寸变化率	不透水性	低温柔性
≥10.0MPa	≥200%	≤2	压力≥MPa保持30min	−20℃无裂纹

本工程密封材料采用聚氨酯密封膏，应符合下述主要技术指标（表4-6）。

密封膏性能指标　　**表4-6**

抗拉强度	延伸率	粘结强度
≥1 MPa	≥600%	≥1.5MPa

本工程胎体增强材料采用无纺布，应符合下述主要技术指标（表4-7）。

无纺布性能指标 表 4-7

拉力		延伸率	
纵向	横向	纵向	横向
≥45N	≥35N	≥32N	≥25N

4.7.3 工艺流程

(1) 底板防水

水泥砂浆找平层 20mm→无纺布 ($300g/m^2$)→PVC 卷材 (2mm 厚)→无纺布 ($300g/m^2$)→保护层 20mm 厚。

(2) 侧墙防水

水泥砂浆找平层→无纺布 ($300g/m^2$) 缓冲层→PVC 卷材 (2mm 厚)→无纺布 ($300g/m^2$) 保护层→120 厚砌砖保护墙。

4.7.4 施工工艺及技术要求

(1) 清理基面，基面必须无明水，防水施工前须将地下水降至防水层 50cm 以下，地表水必须挖沟排开，不能流入防水施工区内；对不平整的混凝土基面进行修补，基层必须坚固平整、不起砂、干净、无灰尘。侧墙与垫层的交角处应做成 50mm 圆角。

(2) 采用卷材空铺法，即先铺无纺布，再将 PVC 卷材开卷平整铺于无纺布上，搭接宽 10cm，搭接缝焊接面应清扫干净，焊接时应根据气温严格控制焊接温度，不得过热，烧穿卷材，先焊长搭接缝，后焊短搭接缝。

(3) 卷材必须顺排水坡度方向，从下至上铺，铺平整，卷材收口用压条固定密封，再用密封材料封严。

(4) 侧墙在铺卷材前，应铺贴一层无纺布作缓冲层，再将卷材空铺于无纺布上，卷材施工完后，再铺无纺布作保护层。

(5) 防水层施工完成后，未做保护层施工前，防水区应形成隔离区，防止人为破坏而造成防水层受损；如发现有损伤，即进行修补处理，处理完成后方可进行保护层施工。

4.8 超长混凝土无缝施工技术

4.8.1 工程概述

广州新白云国际机场航站楼工程的所有单位工程均为超长大跨度结构。其中，连接楼总长 480m，设有三个变形缝，四个后浇带，分为 8 个施工段，平均每一施工段 60m；一指廊总长 320m，分为 4 个施工段，每一施工段 80 多米；二指廊总长 280m，分为 3 个施工段，每一施工段 90 多米，每一施工段均不再另设施工缝，混凝土一次浇筑完成。

4.8.2 混凝土无缝施工采取的技术措施

(1) 在混凝土配置上按常规掺入 ZY 高性能混凝土膨胀剂，补偿混凝土收缩；

(2) 本工程的所有梁板混凝土均采用纤维混凝土，在混凝土内掺入美国生产的杜拉纤维，提高混凝土的抗拉能力；

(3) 在梁板结构上设计预应力，提高混凝土的抗裂能力。

4.8.3　主要施工方法

(1) 模板及支撑

因本工程的结构跨度大、单一施工段长、层高大，很多部位的高度超过8m，为确保结构不因支撑体系变形而引起结构变形、开裂，梁板的支撑系统经过了周密的计算，严格按高支模组织施工。在浇筑混凝土前，对重点部位进行检查加固，混凝土浇筑完成后，预应力张拉前，严禁拆除梁底支撑。待预应力张拉完成，有粘结预应力灌浆48h后，方可拆除梁底支撑，保证梁板不因支撑拆除过早而产生裂缝。

(2) 预应力工程

因本工程结构单跨跨度大，结构超长，预应力的施工质量对结构的抗裂显得非常重要，为保证预应力的施工质量，项目部成立了专门的预应力技术攻关小组，从预应力的深化施工设计、加工制作、铺设和张拉等各道工序上均严格把关，确保过程受控。

(3) 混凝土工程

1) 确定混凝土配合比：因为混凝土本身具有在硬化的过程中收缩的特性，同时因内外收缩不均，易在混凝土表面产生裂纹。为解决这两个问题，我们选用了杜拉纤维和ZY高性能混凝土膨胀剂。经过检测站试验确定，ZY高性能混凝土膨胀剂的掺量为6%，杜拉纤维的掺量为0.67kg/m^3，其他水泥、砂、石等原材料的掺量可不作任何调整。

2) 纤维混凝土的生产：按设计要求的纤维掺率计量称重后与原材料一起投料搅拌，每盘搅拌时间可稍微延长0.5～2min，注意搅拌时间不宜太长，以免因为物料之间的过分摩擦而损伤纤维。

3) 混凝土的运输、泵送及浇筑过程同普通混凝土，但在浇筑后进行板面二次收光时，抹子表面须光滑，用力要均匀。

4) 混凝土的养护：加入纤维后，必须严格按规范要求进行养护；否则，会出现适得其反的效果。我们在施工中，所有楼面混凝土全部采用覆盖塑料薄膜保湿养护。

4.8.4　施工效果

经过对比，在混凝土中掺入杜拉纤维后，大大减少了超长混凝土裂缝的产生，而且不影响混凝土的施工性能。

4.9　外墙脚手架工程

4.9.1　简介

本工程施工外脚手架主要用于主体结构施工阶段的安全防护，普遍搭设高度11m左右。

4.9.2　体系选择

外脚手架采用双排钢管脚手架。脚手架全部采用ϕ48×3.5的钢管搭设，铺毛竹脚手板，外侧悬挂绿色密目安全网。

4.9.3　外脚手架搭设方法

(1) 外脚手架设计

立杆纵距1.8m，立杆排距0.9m，小横杆间距0.9m，大横杆步距1.8m，小横杆间距0.9m，内排立杆距墙0.25m，小横杆里端距墙0.2m。

(2) 连墙点的设置

采用“软拉硬撑”方式，每层沿水平隔距6m在结构楼层外侧梁、板中预埋$\phi 6$钢筋与外架拉结，并用木方顶在钢管与结构之间，如图4-20所示。

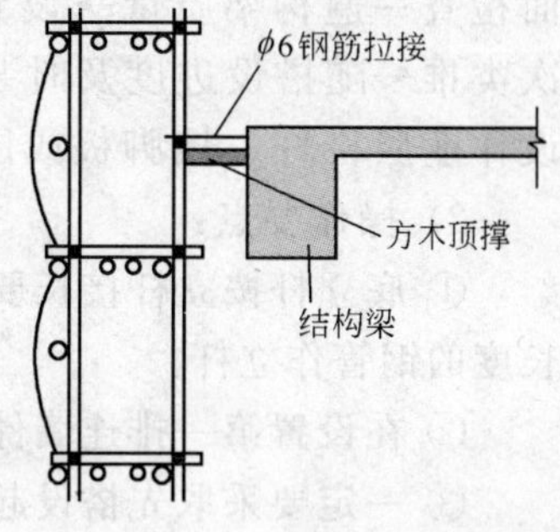

图4-20 外墙脚手架刚性连接示意图

(3) 剪刀撑、扫地杆的设置

沿脚手架两端和转角处起设置剪刀撑。每5～7根立杆设一道，且每片架子不少于三道。剪刀撑沿架高连续布置，剪刀撑的斜杆与水平面的交角必须控制在45°～60°之间，剪刀撑的斜杆两端用旋转扣件与脚手架的立杆或大横杆扣紧外，在其中间应增加2～4个扣结点。

在脚手架立杆底端之上100～300mm处，一律遍设纵向和横向扫地杆，并与立杆连接牢固。

(4) 杆件连接构造要求

左右相邻立杆和上下相邻平杆的接头应相互错开并置于不同的构架框格内。如图4-21所示。

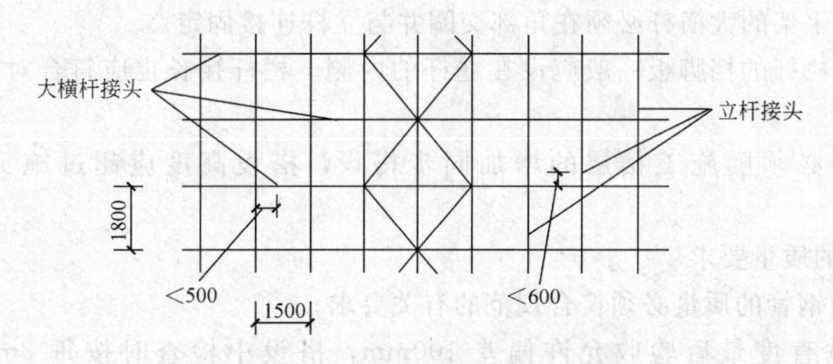

图4-21 立杆、大横杆接头位置

同一排大横杆的水平偏差不大于该片脚手架总长度的1/250，且不大于50mm。相邻步距的大横杆应错开布置在立杆的里侧和外侧，以减少立杆偏心受载情况。

小横杆应贴近立杆布置，搭于大横杆之上并用直角扣件扣紧。在任何情况下，均不得拆除作为基本结构杆件的小横杆。

钢管之间应采用对接扣件连接；如采用搭接，其搭接长度不得小于800mm。

4.9.4 外脚手架防护及搭设

(1) 安全防护

脚手架外侧面采用密眼绿色安全网全封闭。安全网在国家定点生产厂购买，并索取合格证。进场后，经项目部安全员、材料员验收合格后方可投入使用。

外脚手架在操作层满铺脚手板，每次暴风雨来临前，必须对脚手架进行加固；暴风雨过后，要对脚手架进行检查、观测。若有异常，应及时进行矫正或加固。

(2) 脚手架的搭设

1) 操作工艺流程。

放置纵向扫地杆→自角部起依次向两边竖立底立杆，底端与纵向扫地杆扣接固定后，装设横向扫地杆也与立杆固定，每边竖起3～4根立杆后，随即装设第一步大横杆和小横杆，校正立杆垂直和大横杆水平，使其符合要求后，拧紧扣件。形成构架的起始段→按上述要求依次向前延伸搭设，直至第一步架交圈完成。交圈后，再全面检查一遍构架质量→设置连墙件→按第一步架的作业程序和要求搭设第二步，依次类推—随搭设进度及时装设连墙件和剪刀撑→装设作业层间横杆、铺设脚手板和装设作业层栏杆、挡脚板或围护，挂安全网。

2）操作要点：

① 底立杆按立杆接长要求选择不同长度的钢管交错设置，至少应有两种适合的不同长度的钢管作立杆。

② 在设置第一排连墙件前，应约每隔6跨设一抛撑，以确保架子稳定。

③ 一定要采取先搭设起始段而后向前延伸的方式。如两组作业，可分别从相对角开始搭设。

④ 连墙件和剪刀撑应及时设置，不得滞后超过2步。

⑤ 杆件端部伸出扣件之外的长度不得小于100mm。

⑥ 剪刀撑的斜杆与基本构架结构杆件之间至少有3道连接，其中，斜杆的对接或搭接接头部位至少有1道连接。

⑦ 周边脚手架的大横杆必须在角部交圈并与立杆连接固定。

⑧ 作业层栏杆的挡脚板一般应设在立杆的内侧。栏杆接长也应符合对接或搭接的相应规定。

⑨ 脚手架必须随施工楼层的增加同步搭设，搭设高度应超过施工作业面不少于1200mm。

（3）搭设的质量要求

1）扣件及钢管的质量必须符合规范的有关要求；

2）立杆垂直度最后验收允许偏差100mm，搭设中检查时按每2m高允许偏差±7mm；

3）间距：步距允许偏差±20mm，立杆纵距允许偏差±50mm，立杆排距允许偏差±20mm；

4）大横杆的高差：一根杆的两端允许±20mm，在每一个立杆纵距内允许±10mm，每片脚手架总长度允许偏差±50mm。

4.10 机电安装工程

4.10.1 配电箱及桥架安装技术

广州新白云机场旅客航站楼电气安装工程包括动力配电系统及室内照明系统。

动力配电系统以航站楼10/0.4kV变电所低压出线柜380V出线开关为起点，系统安装至（含）主楼及东、西连接楼地下一层旅客通道和行李通道，东、西连接楼及指廊动力配电箱，包括配电线路和桥架，及末端设备配电线路的安装及调试工程，其中弱电系统配电至各弱电间应急电源UPS之前。

电气照明系统包括主航站楼及东、西连接指楼地下一层旅客通道和行李通道，东、西连接楼及指廊照明配电箱、配电线路、标志箱、EPS应急电源装置安装及调试工程。

（1）配电箱安装

配电箱安装包括动力配电箱、照明配电箱、电源控制箱安装，其中动力配电箱732

台、照明配电箱239台、电源控制箱131台，其中落地式配电箱8台。

装在配电间、设备机房内配电箱采用明装挂墙式，装在走廊梯间、办公室及公共场所配电箱，采用嵌墙式安装。

(2) 桥架安装

1) 将现场测量的尺寸交于材料供应商，由材料供应商依据尺寸制作，避免现场加工。桥架材质、型号、厚度以及附件满足设计要求。

2) 桥架安装前，必须与各专业协调，避免与大口径消防管、喷淋管、冷热水管、排水管及空调、排风设备发生矛盾。

3) 用液压升降平台将桥架举升到预定位置，与支架采用螺栓固定，在转弯处需仔细校核尺寸，桥架宜与建筑物坡度一致，在圆弧形建筑物墙壁的桥架，其圆弧宜与建筑物一致。桥架与桥架之间用连接板连接，连接螺栓采用半圆头螺栓，半圆头在桥架内侧。桥架之间缝隙须达到设计要求，确保一个系统的桥架连成一体。

4) 跨越建筑物变形缝的桥架应按我们的“钢制电缆桥架安装工艺”做好伸缩缝处理，钢制桥架直线段超过30m时，应设热胀冷缩补偿装置。

5) 桥架安装横平竖直、整齐美观、距离一致、连接牢固，同一水平面内水平度偏差不超过5mm/m，直线度偏差不超过5mm/m。

6) 桥架与桥架之间用$16mm^2$软铜线进行跨接，再将桥架与接地线相连，形成电气通路。

(3) 多层桥架安装

分层桥架安装，先安装上层，后安装下层，上、下层之间距离要留有余量，有利于后期电缆敷设和检修。水平相邻桥架净距不宜小于50mm，层间距离不小于30mm，与弱电电缆桥架不小于0.5m。

4.10.2 高密度玻璃纤维管瓦施工技术

(1) 施工方法

采用管道预制装配式保温（绝热）。预制装配式保温结构采用半圆形管壳。

1) 预制式保温结构的施工方法及要点：

① 一种施工方法是将管瓦包在管道上外缠铝箔；

② 一种施工方法是在已涂刷热沥青的管道外表面上，包聚苯乙烯管瓦，外缠铝箔；

③ 装配时，使纵向接缝相互错开；

④ 在直线管段上，每隔5～7m应留一膨胀缝，间隙为5mm。在弯管处，管径小于或等于300mm应留一条膨胀缝，间隙为20～30mm。膨胀缝用柔性保温材料（如玻璃棉）填充。

2) 预制装配式保温结构的优点：

① 保温管瓦在预制厂进行预制，这不但提高劳动效率，而且还能保证预制品的质量；

② 使用预制管瓦时，施工非常方便，能够加快进度，并能保证质量；

③ 预制管瓦都有较高的机械强度。

3) 成品保护、安全生产：

① 管道保温后，严禁碰撞和挤压。

② 进入现场应戴安全帽，防止交叉施工时，高空坠落物砸伤人。高空作业时，应检

查脚手架及跳板是否牢固，防止蹬滑及踏探头板，管道较多、操作施工较复杂处应设置护栏。

③ 在管道井施工时，必须盖好上层井口的防护板；当天完工后，应及时盖好井口。

④ 从事保温施工的操作人员，应戴口罩、手套，并将衣领、袖口和裤脚扎紧。

⑤ 操作人员等不得站在绝热管道上操作或行走。

（2）管道防腐油漆

1）作业条件：

① 一般应在管道试压合格后进行油漆、防腐作业。管道在施工准备时，集中预先进行油漆、防腐作业，应将管子两端留出接口端。油漆或防腐作业，须前一道干燥后进行后一道，严格按作业程序执行。

② 上述作业必须在环境温度5℃以上、相对湿度在85%以下的自然条件下进行，低于5℃时应采取防冻措施。露天作业应避开雨、雾天或采取防雨、雾措施。作业时应防止煤烟、灰尘、水汽等影响工程质量。作业场地和库房应有防火设施。

③ 在涂刷底漆前，必须清除涂刷表面的灰尘、污垢、锈斑、焊渣等物。管子受霜、露潮湿时，应采取干燥措施。

2）油漆：

① 一般管道在涂刷底漆前，应进行除锈。人工除锈用砂布或钢丝刷除去表面浮锈，再用布擦净。机械除锈用电动旋转的圆钢丝刷刷除管内浮锈或圆环钢丝刷刷除管外浮锈，再用布擦净。

② 管道除锈后应及时刷涂底漆，以防止再次氧化。

③ 油漆开桶后必须搅拌均匀，漆皮和粒状物应用120目的钢丝网过滤。油漆稀释应根据油漆种类和涂刷方式选用不同稀释剂。油漆不用时，应将桶盖密封或封盖漆面。漆桶用完后，盛其他油漆时，应将桶壁附着的油漆除净。漆刷不用时应浸于水中，再使用时甩干。

3）手工涂刷应往复、纵横交叉进行，保持涂层均匀。

4）面漆应涂刷两道，涂刷应精细，色泽均匀，不得漏涂，发现皱皮、流挂、露底时，应进行修补或重新涂刷。

（3）管道防腐

1）室外埋地消防管涂塑镀锌钢管采用冷底子油打底，三油两布防腐作法，冷底子油的作用是增强沥青玛琋脂与钢管的粘结力，不得省去。当包扎层与保护层用玻璃丝布时，玻璃丝布要在冷底子油中浸透，以增强玻璃丝布与沥青的粘结力，或在玻璃丝布上仔细涂刷一道冷底子油。

2）冷底子油的配制，应先将沥青熬制1.5～2.5h脱水（无气泡冒出），熬制温度不得超过220℃。待熬制的沥青降温至100℃左右时，与一定配比的汽油搅混均匀，沥青和汽油的配合比为1：2。

沥青玛琋脂应在冷底子油干后涂刷，涂层厚度3mm，一般分2～3层涂刷，且每道应在前一道干后涂刷后一道。层间应无气孔、裂缝、凸瘤和混杂物。

3）内包扎层用玻璃丝布缠绕，内包扎层操作应符合如下要求：

① 内保护层应在沥青玛琋脂热涂后，立即趁热包缠；

② 呈螺旋状缠绕，压边长度 10～15mm；

③ 前后两卷的连接搭接长度为 80～100mm，用热沥青或冷底子油粘结。

④ 内包扎层为两层时，第二层与第一层反向缠绕；

⑤ 内包扎层应缠绕紧密，无褶皱，压边均匀。

4）外保护层用玻璃丝布时，应用冷底子油涂刷，封闭布眼。

5）管子集中做防腐层时，两端各留出 100～200mm 接口长度不做防腐层。多层结构的防护层，外层比里层缩进 80～100mm，使防护层端部呈阶梯状。

6）已做好防腐层的管道，施工时应采取保护措施，确保防腐层不被破坏；如用宽胶布带吊装和下管，沟底石块、硬物清理掉。

4.10.3 玻璃纤维氯氧镁水泥风管的施工方法

玻璃纤维氯氧镁水泥风管使用在行李分拣系统东、西两侧设备机房及通道内通风兼排烟系统的风管。考虑到该风管本身较脆易损、风管笨重等特点，计划由专业厂家到现场进行风管制作，以减少风管搬运造成的损坏；同时，便于现场测量及管理，能准确控制风管的制作质量及生产进度。

（1）玻璃纤维氯氧镁水泥风管主要施工程序

其程序为：施工准备→风管制作→风管进场检验→法兰打孔→法兰垫料→风管组对→风管安装→风管调平→漏风检测→验收。

（2）风管制作

1）风管制作前，先根据图纸及现场情况绘制风管排列图，进行编号，并标注详细的加工尺寸。在风管的排列图中确定活口的位置，以便于风管的准确安装及避免风管组对时因为加工尺寸的偏差而强行对接，造成风管的损坏。

2）风管的制作委托专业厂家现场制作，在制作的过程中必须注意以下几方面：

① 制作风管的材料必须进行检验，特别对于氧化镁的检验，性能合格后，才能使用。制作风管的环境温度必须保证在 15℃以上。冬期施工时，注意室内温度的控制，保证风管的制作及养护环境温度的要求。

② 风管管壁厚度、法兰规格、风管管筒敷放玻璃纤维布的规格及层数以及风管法兰敷放玻璃纤维布的规格及层数必须严格按规范的要求进行。

③ 玻璃纤维布下料时，必须保证玻璃纤维布接缝处搭接宽度不少于 50mm。铺放时，接缝各层必须错开，每层必须铺平、拉紧，保证风管各部位厚度一致。法兰处的玻璃纤维布必须与风管连成一体。

④ 制作浆料的搅拌采用拌合机拌合，拌合要均匀，不得夹杂生料。浆料必须边拌边用，出现结硬的浆料不得使用。

⑤ 风管养护时环境温度不得低于 15℃，不得有日光直接照射和雨淋。养护的场地要平整，以防风管在固化的过程中出现变形。

⑥ 风管及配件不得扭曲，内表面必须平整光滑，外表面要整齐美观，厚度均匀，且边缘无毛刺，不得有泛卤、严重泛霜和气泡分层的现象。

3）风管安装：

① 由于玻璃纤维氯氧镁水泥风管的重量较同规格的镀锌钢板风管大，因此，风管支

吊架的选择不能按镀锌钢板风管来选择，支吊架的选择按表 4-8 进行。

风管支吊架选择　　表 4-8

序号	矩形风管大边长(mm)	支架间距	选用材料规格	固定方式
1	≤500	≤500	角钢∟40×40×4 圆钢 $\phi8$	膨胀螺栓 M10×80
2	501～1000	≤2500	角钢∟50×50×5 圆钢 $\phi10$	膨胀螺栓 M10×80
3	1001～1500	≤2000	角钢∟50×50×5 圆钢 $\phi10$	膨胀螺栓 M10×80
4	1501～2000	≤2000	角钢∟50×50×5 圆钢 $\phi12$	膨胀螺栓 M12×80
5	2000～2500	≤2000	角钢∟63×63×6 圆钢 $\phi12$	膨胀螺栓 M12×80
6	>2500	<2000	槽钢[6.3 圆钢 $\phi14$	预埋钢板或钢板固定

② 风管支吊架及风管的安装参见"风管及部件的安装（略）"；

③ 风管严密性检测见"风管严密性检测（略）"；

④ 通风系统调试：详见空调调试方案。

(3) 空调水管道施工方法

本工程空调水包括冷冻水系统、冷凝水系统、冷却水系统及冷媒管等系统。冷冻水管道和冷却水管道采用无缝钢管及螺旋焊管两种管材，采取焊接连接，与风机盘管的管件连接采用丝接，风机盘管的软连接采用紫铜管，采用黄铜管件喇叭口连接；冷凝水管道采用镀锌钢管，丝扣连接；冷媒管为紫铜管，钎焊连接。

1) 管道安装的主要工序如下：

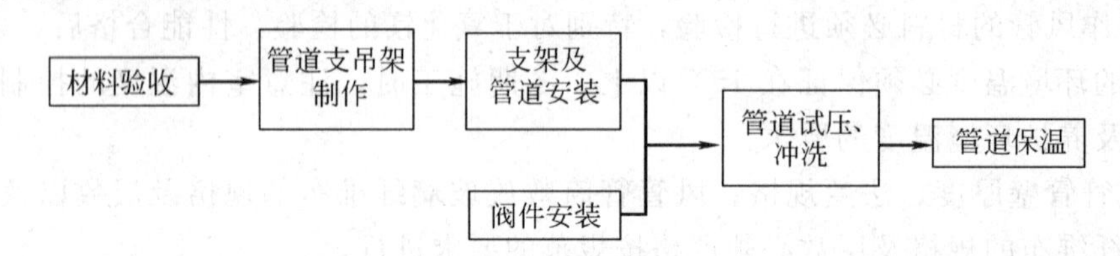

2) 施工准备：

① 管道安装前，参与施工的技术人员和操作工人必须认真识读设计图纸及其技术说明文件，明确设计意图，了解设计要求。

② 管道技术专业工程师应参加由设计院、业主、监理单位联合组织的图纸会审，从施工操作的可行性、方便性、安全性提出意见和建议，并接受设计单位技术交底，监理单位工程监理交底，办理图纸会审手续，作为今后施工的重要依据。

③ 管道技术专业工程师根据设计图纸、工程量大小、工程复杂程度、工程施工和技术难点，以及业主对工程的要求，编制详细的管道专业工程施工方案和重点、难点、关键过程及特殊过程专题施工作业方案，并审定最佳方案。在施工方案中，对管道工程的施工进度网络、操作程序和施工方法、工程技术、质量、安全、施工目标等进行明确规定。

④ 施工前，管道专业工程师根据设计图纸、施工方案、施工验收规范，对参与管道

工程施工的现场操作人员进行工程技术交底和质量安全交底，并办理管道施工技术交底手续。

⑤ 施工前，会同土建施工单位、建设单位，按设计图纸、管道施工规范验收土建构件、预留孔洞、预埋件、有关的沟槽，办理确认签证手续，为下一步管道的安装打下良好的基础。

⑥ 施工前，按管道工程的机具配置计划，优化配置好各种施工机具，做好施工机具的准备工作。

3）材料准备：

① 采用的型钢、钢板、焊接钢管及管件等材料应使用具有产品合格证、材质证书的国标产品。

② 镀锌钢管及管件的规格种类应符合设计要求，管壁内外镀锌均匀，无锈蚀、无毛刺。管件无偏扣、乱扣、丝扣不全或角度不准等现象。管材及管件均应有出厂合格证。

③ 无缝管道和螺旋焊管的检查验收要查明每一批的炉批号、牌号、化学成分和试验结果，是否符合设计要求；外观检查，内外表面不得有裂缝、打叠、皱折、离层、发纹、结疤等缺陷；钢管表面如有缺陷，必须全部清除掉，并不得有超过壁厚负偏差的锈蚀、磨损、凹陷等缺陷；钢管内外表面的氧化皮也应该清理干净。验收时，要用游标卡尺对其外形和尺寸进行检测。

④ 阀门必须具有制造厂的产品证明书和合格证。阀门铭牌应清晰、完整，外表面无裂缝、夹渣、砂眼、缩孔、打叠、重皮、皱折等缺陷；阀门填料应符合设计要求，填装方法正确，填料密封处的阀杆应无腐蚀，手轮阀杆不弯曲，启动灵活，传动装置完好，批示正确；阀门安装前，应从同制造厂、同规格、同型号、同时到货中抽取10%，且不得少于1个，进行壳体压力试验和密封性试验；若有不合格者，应加倍检查；如仍有不合格者时，该批阀门不得使用。对主干管阀门应全数检查。阀门试验完成后，要填写“阀门试验记录”，进行标记。

4）无缝钢管和螺旋焊管及支吊架型钢集中除锈、刷涂底漆：

① 金属表面污锈较厚时，采取先用锤敲掉锈层（不得损伤表面），再用钢丝刷和手提式电动磨光刷进行清除，直至露出金属本色。

② 金属表面锈蚀较轻时，直接用砂纸和钢丝刷清除。

③ 管道涂刷防锈漆时，用干净的破布擦去管子表面的砂土、油污、水分等，即可刷防锈底漆。刷漆时用力要均匀适当，且应反复进行，来回刷涂，不得漏涂、起泡、流挂等。

5）管道支吊架制作、安装：

① 管道支、吊架的最大间距（表4-9）。

管道支、吊架最大间距 表4-9

公称直径 *DN*(mm)	*DN*<25	*DN*32～*DN*50	*DN*65～*DN*100	*DN*125～*DN*150	*DN*200～*DN*250	*DN*>250
支架的最大间距(m)	2.5	3.0	3.5	5.5	6.0	6.0

② 管道支吊架制作前，确定管架标高、位置及支吊架形式，同时与其他专业对图；在条件允许的情况下，尽可能地采用共用支架。

③ 管道支吊架的固定。砖墙部位以预埋铁方式固定，梁、柱、楼板部位采用膨胀螺栓法固定。支吊架固定的位置尽可能选择固定在梁、柱等部位。

④ 支吊架型钢下料、开孔严禁使用氧-乙炔切割、吹孔，型钢截断必须使用砂轮切割机进行，台钻钻眼。

⑤ 支吊架固定必须牢固，埋入结构内的深度和预埋件焊接必须严格按设计要求进行。支架横梁必须保持水平，每个支架均与管道接触紧密。

⑥ 固定支架的固定要严格按照设计要求进行，支架必须牢固地固定在构筑物或专设的结构上。

⑦ 大直径管道上的阀门设置专用支架支撑，不能让管道承受阀体的重量。

(4) 管道及阀件的安装

1) 管道安装的基本流程：

① 管道安装的基本原则：先大管，后小管；先主管，后支管；

② 电弧焊连接的管道在放样划线的基础上按矫正管材、切割下料、坡口、组对、焊接、清理焊渣等工序进行施工；

③ 螺纹连接的管道按矫正管材、切割下料、套丝、连接、清理填料等工序进行施工。

2) 管道材质。

空调水管材质分别为：无缝钢管、螺旋焊管、镀锌钢管及紫铜管。

3) 管道安装方法。

① 无缝钢管及螺旋焊管采用焊接。管道焊接施工工序如下：

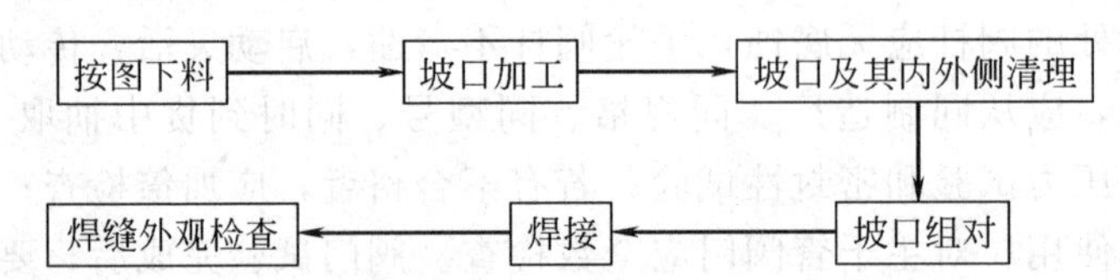

A. 坡口加工及清理：无缝钢管和螺旋焊管的切割坡口一般采用氧-乙炔焰气割，气割完成后，用锉刀清除干净管口氧化铁，用磨光机将影响焊接质量的凹凸不平处削磨平整。小直径管道尽量采用砂轮切割机和手提式电动切管机进行切割，然后用磨光机进行管口坡口。

B. 焊条、焊剂使用前应按说明书进行烘干，并在使用过程中保持干燥。焊条药皮无脱落和显著裂纹。

C. 焊前管口组对：管口组对采用专用的组对工具，以确保管子的平直度和对口平齐度。管道对接焊口的组对必须做到内壁齐平，内壁错边量绝对不可超标。

D. 管道焊接：

a. 焊接施工必须严格按焊接作业指导书的规定进行；焊接设备使用前，必须进行安全性能与使用性能试验，不合格设备严禁进入施工现场；焊接过程中做好自检与互检工作，做好焊接质量的过程控制。

b. 管道焊接采用手工电弧焊，焊条在使用前放入焊条烘干箱在100～150℃的温度下烘焙1～2h，并且保证焊条表面无油污等。焊接中注意引弧和收弧质量，收弧处确保弧坑填满，防止弧坑火口裂纹，多层焊做到层间接头错开。每条焊缝尽可能做到一次焊完，因故被迫中断时，及时采取防裂措施，确认无裂纹后方可继续施焊。

c. 焊缝表面的焊渣必须清理干净，进行外观质量检查，看是否有气孔、裂纹、夹杂等焊接缺陷；如存在缺陷，必须及时进行返修，并做好返修记录。

E. 由于航站楼建筑面积庞大，为保证主体结构的均匀沉降，建筑物内部设置了四道沉降缝，冷冻水管道在穿越沉降缝时必须使用波纹伸缩器，以避免结构沉降造成的管道接口损坏、渗漏。

② 镀锌钢管的安装：

A. 本工程中镀锌钢管使用于空调水的冷凝水管、镀锌钢管均采用机械套丝，管子套丝后螺纹应规整；如有短线或缺丝，不得大于螺纹全扣数的10%。

B. 管道螺纹连接时，在管子的外端与管件或阀件的内螺纹之间加适当填料，填料采用油麻丝和白厚漆或生胶带；安装螺纹零件时，应按旋紧方向一次装好，不得倒回。安装后，露出2～3牙螺纹，并清除剩余填料。

C. 冷凝水管安装时，水平管注意坡向排水口，坡度大于等于1.2%。冷凝水管的软管与风机盘管连接时，连接要牢固，不得有瘪管和强扭。

③ 紫铜管的安装：

本工程薄壁紫铜管使用在风机盘管接管及VRV变频多联机的冷媒管系统。风机盘管连接紫铜管采用活套螺纹管件连接，管件的管口采用翻边连接。冷媒管系统采用承插式钎焊连接。

A. 活套式螺纹连接。

紫铜管下料时，必须根据风机盘管接口及冷冻水管支管间的距离准确下料。铜管弯管采用专用的弯管器进行操作。管口翻边连接时，根据活套式内螺纹管件的内孔径，控制翻边的宽度，采用专用工具进行胀管翻边，要求翻边整齐、无皱纹、无裂口。活套式螺纹管件连接时，使用扳手紧固，不得使用管钳。紧固时用力要求平稳、适当，不得过猛过紧；如果螺纹间出现渗漏，在螺纹间加聚四氟乙烯生料带作为填料。

B. 承插式钎焊连接。

钎焊料采用“料301”，熔化温度为815～850℃，焊药选用“剂101”。焊接接头表面使用酒精或丙酮除去表面油污及氧化膜，表面使用砂布打光，但不允许出现纵向划痕。承插搭接长度，根据壁厚决定。采用成品件的，以成品件的承口深度为准。承插口的环形间隙必须均匀，在四分之三的接头深度内不得有碰擦。焊接时使焊件的温度均匀上升，尽量使焊件受热时间短。焊接完成后，焊件必须冷却到300℃以下才可移动。焊缝表面的氧化物合残余的焊药采用10%的稀硫酸或盐酸刷洗，随后用温水刷洗干净。

（5）阀门及法兰安装

1）螺纹或法兰连接的阀门，必须在关闭情况下进行安装；同时，根据介质流向确定阀门安装方向。

2）水平管段上的阀门，手轮应朝上安装，特殊情况下，也可水平安装。

3）阀门与法兰组对时，严禁用槌或其他工具敲击其密封面或阀件，焊接时应防止引弧损坏法兰密封面。

4）阀门的操作机构和传动装置应动作灵活，指示准确，无卡涩现象。

5）调节阀应垂直安装在水平管道上，两侧设置隔断阀，并设旁通管。在管道压力试验前宜先设置相同长度的临时短管，压力试验合格后正式安装。

6）阀门安装完毕后，应妥善保管，不得任意开闭阀门；如交叉作业时，应加防护罩。

7）法兰连接应保持同轴性，其螺栓孔中心偏差不得超过孔径的5%，并保证螺栓自由牵引。

8）法兰连接应使用同一规格的螺栓，安装方向一致，紧固螺栓应对称，用力均匀，松紧适度。

（6）管道的试压及冲洗

冷冻水管及冷却水管采用自来水进行管道试压，冷凝水管采用自来水进行灌水试验，冷媒管系统采用气压试验。试压、冲洗前一周，根据现场情况，编制试压、冲洗作业指导书，明确水源、排放点等关键环节。

1）管道水压试验：

① 管道系统在试压前，按设计施工图进行核对。对支架是否牢固、管线是否为封闭系统等有可能对试压造成影响的环节进行检查。

② 安装试压临时管线、试压仪表及设备。在系统最高点设置放空装置，最低点设置排污装置，对不能参与试压的设备与阀件，加以隔离。

③ 系统注水过程中组织人员认真检查，对发现的问题及时处理。

④ 系统试压时，压力应缓慢上升；如发现问题，立即泄压，不得带压修理。

⑤ 管道系统试压合格后，及时排除管内积水，拆除盲板、堵头等，按施工图恢复系统，并及时填写“管道系统试压记录”。

2）管道灌水试验。

空调系统冷凝水管在安装完成后必须先进行灌水试验。灌水试验前，必须逐台检查风机盘管的通水情况。如冷冻水管管网中有水，则拧开风机盘管上的排气阀放水至集水盘中，检查管路是否通畅；如冷冻水管网中无水，则由水源引水注入风机盘管的集水盘中，检查管路排水情况。风机盘管的通水试验完成后，开始进行系统灌水试验，灌水试验前先根据各系统的实际情况确定管路的注水点，一般设置在系统高处。系统灌水前，先将管路排放点的管口进行塞堵，再往系统内缓慢注水；同时，派人沿管路进行巡视，看是否出现渗漏或较低处的风机盘管冒水。系统满水15min后，再灌满延续5min，以液面不下降为合格。

3）管道气压试验。

VRV冷媒管的气压试验（略）。

4）管道的冲洗。

本工程空调水管道系统的冲洗步骤如下：

① 先将空调水系统中各设备（包括风机盘管）进出口阀门关闭，开启旁通阀，采用干净自来水对管网进行灌水直至系统灌满水为止，开启系统最低处的阀门，进行排污。反复多次，直至系统无脏物。

② 管道系统无脏物排出后，再次注入自来水，将管网灌满水，然后开启循环水泵，使水在管网中循环多次后关闭水泵，将系统内水排净，对系统内的水过滤器进行清洗。

③ 确认管网清洁后，重新灌水，并对管网加药，保持管网满水，以防管网内管道重新锈蚀。如果在冬期，必须根据天气条件决定管网中水是否进行排放；如气温较低，应将管网内水排放干净或采取相应的防冻措施，以防管道冻裂。

④ 冲洗合格后，及时填写“管道系统冲洗记录”。

(7) 管道保温

本工程空调水系统管道保温采用闭孔发泡橡塑管壳进行保温。对冷冻机房及室外部分的冷冻水管在保温后，外做不锈钢板保护层。

1) 在进行保温施工前，必须检查管道系统，应满足以下要求：管道系统试压完毕；绝热用固定件、支吊架、紧固螺栓等已安装完毕；管道表面无污物，并按规定涂刷完防腐油漆；雨天室外施工有良好的防雨措施；保温材料干燥。

2) 安装发泡橡塑管壳时，核对管壳的规格与需保温的管道管道规格是否一致，严禁采用与管道规格不相符的管壳进行保温。对较大管径管道及阀门、三通、弯头等复杂形状的管件保温采用板材保温。

3) 胶水的使用。使用的胶水应为厂家提供的配套胶水。胶水使用前摇匀，为防止胶水挥发过快，先将大罐胶水倒入小罐逐次使用。涂胶时使用短且硬的毛刷涂以均匀、薄薄的一层胶水在管壳的粘结面上，用“指触法”判断胶水干化的程度，再进行粘结。

4) 管壳安装时，在管壳内表面及管壳纵向缝的接缝处均匀涂刷胶水，再将管壳包裹在管道上，注意管壳的纵横缝必须错缝搭接，不能有通缝，纵向缝不要设置在管底和管顶的中心垂线上。管壳与管壳间的环缝用同等材料的薄板材进行搭接(图 4-22)，确保管壳内无空气进入。

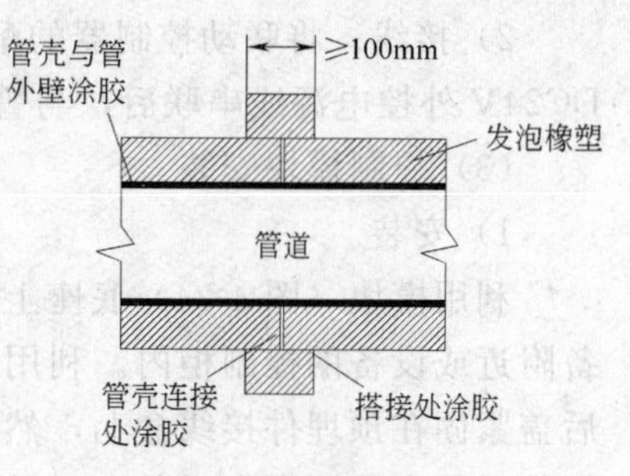

图 4-22　环缝搭接

5) 阀门及法兰的保温。阀门及法兰的保温采用板材保温，所有接缝处必须涂抹胶水。保温形式如图 4-23 所示。管道三通保温同阀门保温。

6) 本工程室外及冷冻机房保温管道外包不锈钢板保护层。保护层的制作方法与镀锌钢板制作方法相同。水平管道金属保护层的坡向按管道坡向，搭向低处，其纵向接缝布置在水平中心线下方15°～45°处，缝口朝下。垂直管道金属保护层由下往上施工，接缝从上搭下。

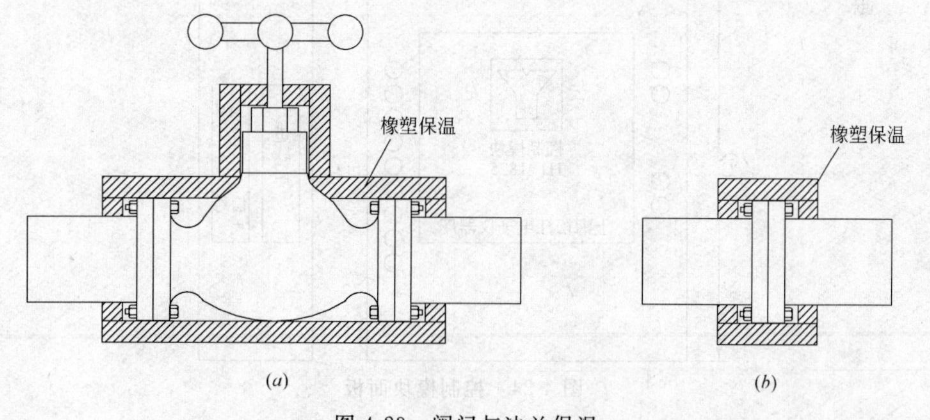

图 4-23　阀门与法兰保温

(a) 阀门保温示意图；(b) 法兰保温示意图

4.10.4 消防及火灾报警系统

广州新白云机场的消防工程关系到整个机场的消防工作以及国家财产安全，因此，消防工作尤其重要。整个消防工程包括以下内容：气体消防控制器，空气采样烟雾探测控制器，火灾显示盘，各种模块，感烟探测器，感温探测器，消防栓按钮，声光讯响器，火警专用电话机，DC24V 电源箱及各类管线器材。

消防配线明敷时，应穿钢管或金属线槽保护，钢管、线槽及支架要采用防火涂料涂刷。消防配线应根据阻燃配线、耐热配线、耐火配线三种方式确定其性能要求。其他配管要求见强电配管部分。

（1）手动报警器安装

1）手动报警按钮应设置在明显和便于操作的部位，距地面高为 1.5m，安装牢固，不得倾斜。外接导线留有不小于 10cm 余量，并在端部有明显标志。

2）安装时，将外壳固定于墙上。三个端子 A、B、C，每个端子插入接线 0.2～1.5mm^2，A、B 端子间接临时接线，用于布线检查，布线正常后应去掉。

（2）警铃

1）安装。先将警铃安装板用 M4 螺钉紧固在预埋件接线盒上（安装板上的箭头应向上），然后插上警铃。

2）接线。将联动控制器的配套执行件（1806 或 1825）中的被控继电器的常开触点与 DC24V 外控电源线串联后，与警铃两根输入线连接。

（3）控制模块安装

1）安装。

利用模块（图 4-24）底座上孔距离为 60mm×115mm 的 4-ϕ7 安装孔，紧固在外控设备附近或设备的控制柜内。利用手报按钮后盖上 4-ϕ3.8 的安装孔，用 2 只 M4 螺钉先将后盖紧固在预埋件接线盒上，然后再用 4 只 ST3.9×19 自攻螺钉将安装有手报输入模块板的手报安装固定在后盖上，最后再合上手报按钮前盖（面模上文字应向上）。

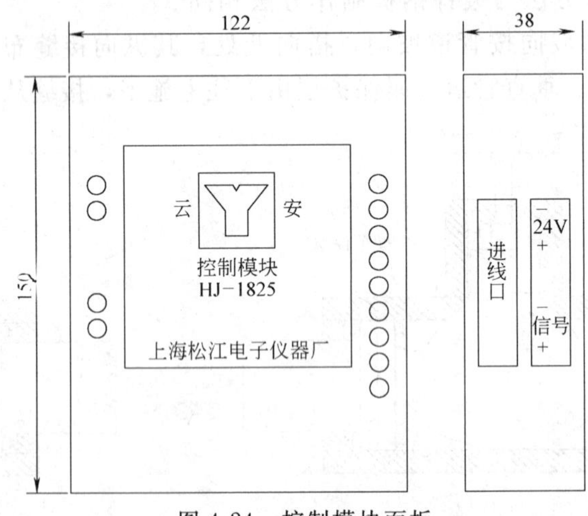

图 4-24 控制模块面板

2）接线。

接线（图 4-25），连接线由盒体内左、右侧 48mm×21mm，80mm×21mm 长方形开口进出，连接线均由接线盒进出，通过模块后盖中部的 ϕ16 橡胶穿线环孔，进入盒内，总线连接线接对应的接线端子，电话连接线接电话插孔引线的接线端子。

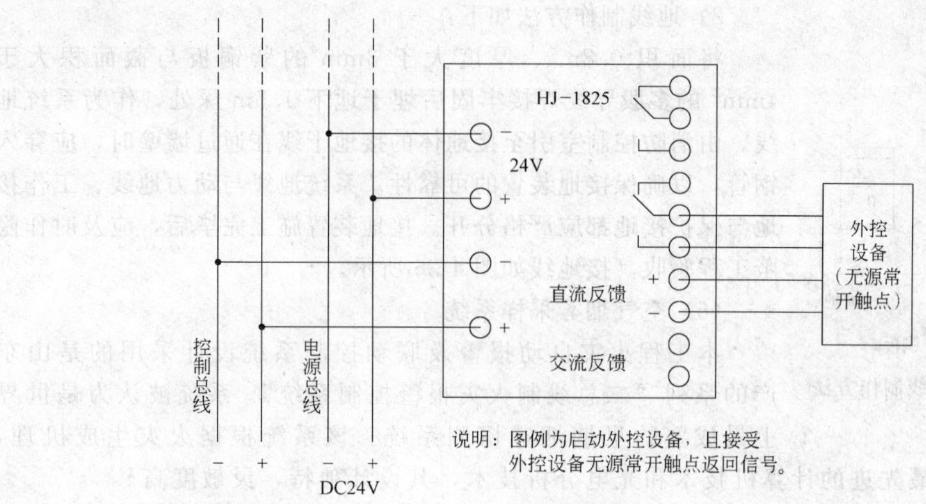

图 4-25　接线图

（4）火灾报警控制器及联动控制器的安装

1）报警器及联控器均安装在消防中心的机柜内，机柜安装应牢固，不得倾斜，便于操作。当设备单列布置时，其操作距离不应小于 1.5m，双列布置时不应小于 2m，在值班人员经常工作的一面，控制盘前距离不应小于 3m。

2）控制器箱、柜、操作台应将其装在型钢基础底座上，一般采用[8～10 号槽钢，也可采用相应的角钢。

3）机柜内的配线应整齐，走向规范，避免交叉，接线牢固可靠，线端做好明显的线号标示，并应与图纸一致。

4）在接线缆前应再次摇测绝缘阻值，每一回路间的绝缘电阻值不小于 10MΩ。

（5）系统接地

1）火灾自动报警系统是现代传感技术与计算机控制技术相结合的高科技产品，而外部一些不可预见的干扰将对其产生重要影响，系统接地是抑制干扰的最重要措施。系统接地不良，轻则使该系统产生不明故障或火警误报，重则造成设备的永久损坏。火灾自动报警接地系统一般都按规定设有保护接地和工作接地。火灾报警系统的保护接地如果无特殊要求，应按照《工业与民用电力装置的接地设计规范》进行，即凡是在火灾自动报警系统中，引入有交流供电设备的金属外壳都要按规定，采用专用接零干线引入接地装置，做好接地保护。不准将系统接地与接地保护或电源中性线连接在一起。系统接地属抗干扰性接地，工作接地的接地电阻应小于 4Ω。

在实际施工中，通常采用联合接地（共同接地）的方式，应采用专用接地干线由消防控制室接地板引至接地体。专用接地干线应该选用截面积不小于 $25mm^2$ 的塑料绝缘铜芯电线或电缆两根。联合接地时，接地电阻值应小于 1Ω。

由消防控制室接地板引至各消防设备的接地线，应选用铜芯绝缘软线，其线芯截面积不应小于 $4mm^2$。

系统采用控制器端单点接地方式，施工中应将系统中控制器的接地点连接在同一点，由这一连接点接入屏蔽地线连接端。除此之外，该系统中的总线、通信线、广播线、对讲线等均不得与任何形式的地线或中性线连接，以防止设备的误动作。

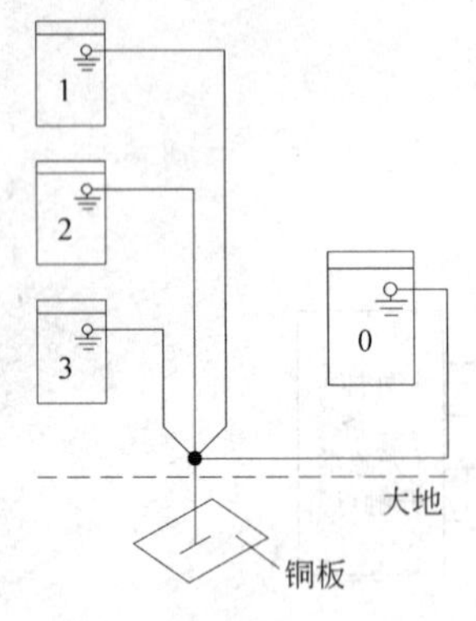

图 4-26 地线制作方法

2）地线制作方法如下：

将面积 $0.8m^2$、厚度大于 3mm 的紫铜板与截面积大于 $4mm^2$ 的多股导线焊接牢固后埋于地下 1.5m 深处，作为系统地线。由消防控制室引至接地体的接地干线在通过墙壁时，应穿入钢管，以确保接地装置的可靠性。系统地线与动力地线、工作接地与保护接地都应严格分开。接地装置施工完毕后，应及时作隐蔽工程验收。接地线如图 4-26 所示。

（6）空气烟雾采样系统

本工程火灾自动报警及联动控制系统设计采用的是山东产的系列“二总线制火灾报警控制系统”。系统被认为是世界上最成熟的早期烟雾探测系统。该系统根据火灾生成机理，采用了当代最先进的计算机技术和光电分析技术，其设计独特，灵敏度高。

5 质量、安全、环保技术措施

5.1 施工质量的技术保证措施

建立以项目总工程师为首的技术管理体系，切实执行设计文件审核制、工前培训、技术交底制、开工报告制、测量换手复核制、隐蔽工程检查签证制、“三检制”，材料半成品试验、检测制，技术资料归档制，竣工文件编制办法等管理办法。确保施工生产全过程始终在合同规定的技术标准和要求的控制下。

5.1.1 施工测量的质量控制

（1）施工所用的测量仪器要定期送检，始终保持在良好状态；

（2）测量员要严格遵守操作规程，一定按有关规定作业；

（3）阴雨、暴晒天气，在露天测量时要对仪器进行遮盖；

（4）在观测过程中，经常检查仪器圆水泡是否居中，检查后视方向是否有变化，并及时调整好；一次观测完成后，一定要闭合或附合检查，防止仪器变化或偶然读错造成误差；

（5）施工现场控制用点，经常复核、检查；

（6）轴线、标高竖向传递要与基点校核，控制在规范范围内，确保精度要求；

（7）每个单体工程的测量人员固定，采用固定的仪器进行观测。

5.1.2 钢筋工程质量控制

（1）钢筋加工

1）钢筋的品种和质量、焊条和焊剂的牌号、性能必须符合设计要求和有关标准的规定；

2）钢筋表面洁净，使用前粘着的油污、泥土、浮锈必须清理干净；

3）钢筋调直后不得有局部弯曲、死弯、小波浪形，表面伤痕不应使钢筋截面减小 5%，表面带有颗粒状或片状老锈，经除锈后仍有麻点的钢筋严禁按原规格使用；

4）对钢筋开料切断尺寸不准，应根据钢筋所在部位和误差情况，确定调整或返工；

5）对钢筋成型尺寸不准确、外形误差超过质量标准允许值、箍筋歪斜等，HPB235

级钢筋可进行一次重新调直后弯曲，其他级别钢筋不宜重新调直，反复弯曲；

6）钢筋的类别和直径由于客观原因需调换替代时，必须征得设计人同意，并得到监理工程师的认可。

（2）钢筋安装

1）绑扎形式复杂的结构部件时，事先考虑支模和绑扎的先后次序，宜制定安装方案，绑扎部位的位置上所有杂物应在安装前清理好。

2）钢筋的规格、形状、尺寸、数量、间距、锚固长度、接头位置、保护层厚度必须符合设计要求和施工规范的规定，钢筋与模板间要设置足够数量与强度的垫块。

3）钢筋、骨架绑扎、缺扣不超过应绑扎数的10%，且不应集中。钢筋弯钩的朝向正确，绑扎接头需符合施工规范的规定，搭接长度不小于规定值。

4）钢筋采用绑扎接头时，接头位置应相互错开，错开距离为受力钢筋直径的30倍且不小于500mm，有绑扎接头的受力钢筋截面面积占受力钢筋总截面面积的百分率：在受拉区不得超过25%，在受压区不得超过50%。

5）钢筋接头不宜设在梁端、柱端的箍筋加密区。抗震结构绑扎接头的搭接长度，HPB235、HRB335级钢筋应比非抗震的最小搭接长度相应增加$10d$、$5d$（d为搭接钢筋直径）。

6）钢筋采用焊接接头时，设置在同一构件内的焊接接头相互应错开，错开距离为受力钢筋直径的30倍且不小于500mm，一根钢筋不得有两个接头，有接头的钢筋总截面面积的百分率：在受拉区不得超过50%，在受压区不受限制。

7）钢筋焊接前，必须根据施工条件进行试焊，合格后方可正式施焊。焊接过程要及时清渣，焊缝表面光滑平整，加强焊缝平缓过渡，弧坑应填满。

8）钢筋工程质量程序控制如图5-1所示。

5.1.3　模板工程质量控制

（1）施工前的准备：

1）认真熟悉图纸，了解每个构件的截面尺寸、标高等。根据构件大小，对其支撑体系进行设计计算，设计支撑体系，并做好向操作工人的技术交底。

2）模板安装前，必须经过正确放样，检查无误后才能立模安装。

3）模板安装前，先检查模板及支撑杆件的质量，不符合质量标准的不得投入使用。

（2）安装模板及支撑前必须弹出安装位置及标高控制墨线，确保构件几何尺寸符合设计要求。

（3）墙柱模安装前，先将原混凝土面凿平，模板安装完成，在底部四周抹1：3水泥砂浆封住缝隙，确保不漏浆。

（4）模板门式脚手架驳接必须同一轴线，支顶应垂直，上下层支顶在同一竖向中心线上，而且要确保门架间在竖向与水平向的稳定。

（5）柱子与梁交接时，必须根据柱梁截面用夹板做成定型模板，并加柱头箍安装以保证柱、梁接头顺直，接缝平滑。

（6）门架支顶系统中，水平接杆必须两头紧顶柱子或剪力墙，保证支模体系稳固。

（7）模板安装前必须扫脱模剂，拆下的模板及时清理粘结物，并分类堆放整齐，拆下的扣件及时集中，统一管理。

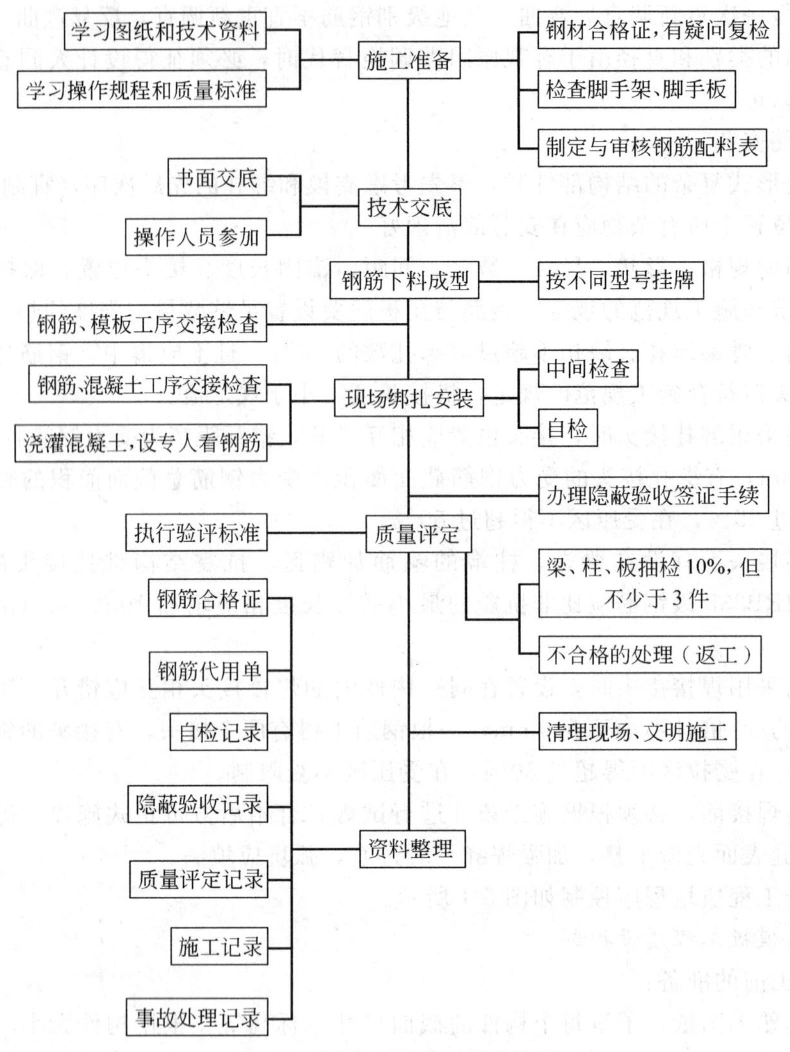

图 5-1 钢筋工程质量程序控制

（8）当梁底跨大于4m时，梁底按设计要求起拱；如设计无要求时，起拱高度为跨度的1/1000～3/1000。

（9）模板安装和预埋件、预留孔洞允许偏差和检验方法必须符合有关规定。

（10）模板应构造简单，装拆方便，应便于钢筋的绑扎与安装，符合混凝土的浇筑及养护等工艺要求。

（11）模板必须支撑牢固、稳定，不得有跑模、超标准下沉等现象。对超重的顶板，模板支撑刚度应进行设计计算。

（12）模板拼缝应平整严密，局部采用玻璃胶填缝，不得漏浆，模板表面应清理干净，拼缝处内贴止水胶带，防止漏浆。

（13）模板工程质量程序控制如图5-2所示。

5.1.4 混凝土工程质量控制

（1）浇筑前的准备：

1）对地基、旧混凝土面做必要的清理准备工作；

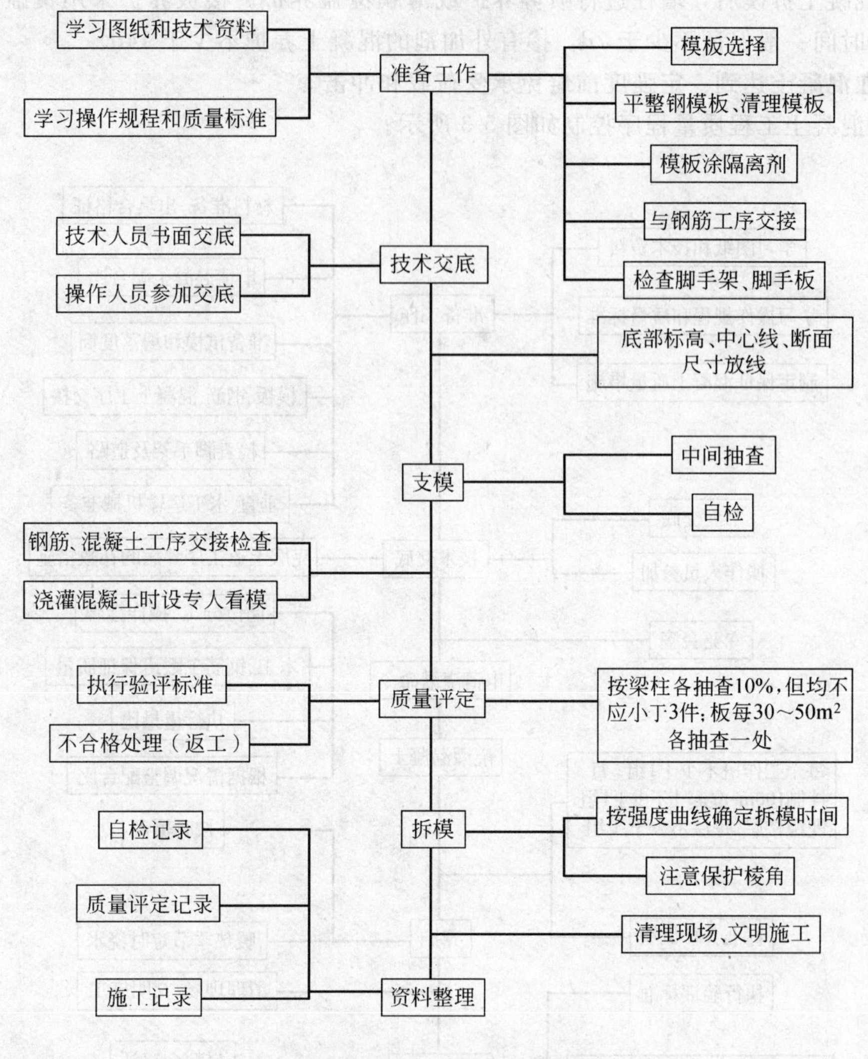

图 5-2　模板工程质量程序控制

2）对钢筋、模板、支架和预埋件进行检查，清除模板内的垃圾、泥土及钢筋上的油污，摆好马凳及混凝土垫块，在确保万无一失的情况下进行浇筑；

3）做好电力、动力、照明、养护等的准备工作。

（2）混凝土浇筑：

1）不能引起混凝土离析，混凝土自卸高度控制在 2m 以内。

2）不做冷接缝：一次浇筑厚度控制在振捣棒长度 2/3 以内；防止浇筑厚度过大，水泥浆流动性大而造成冷接缝。

3）在合理时间内浇筑完毕，浇筑速度不能过快；否则，易使模板侧向压力增大，振捣不充分，表面泛浆及沉降过大。

4）在留置施工缝处继续浇筑混凝土时，应清除水泥薄膜和松动石子以及软弱混凝土层，并加以充分湿润和冲洗干净，不得有积水。

（3）混凝土养护：

1）混凝土拆模后，墙柱进行喷雾养护或薄膜覆盖养护。楼板养护采用覆盖及蓄水养护，养护时间一般保证不少于7d，掺有外加剂的混凝土养护不少于14d。

2）在混凝土达到一定强度前避免承受荷载和冲击。

（4）混凝土工程质量程序控制如图5-3所示。

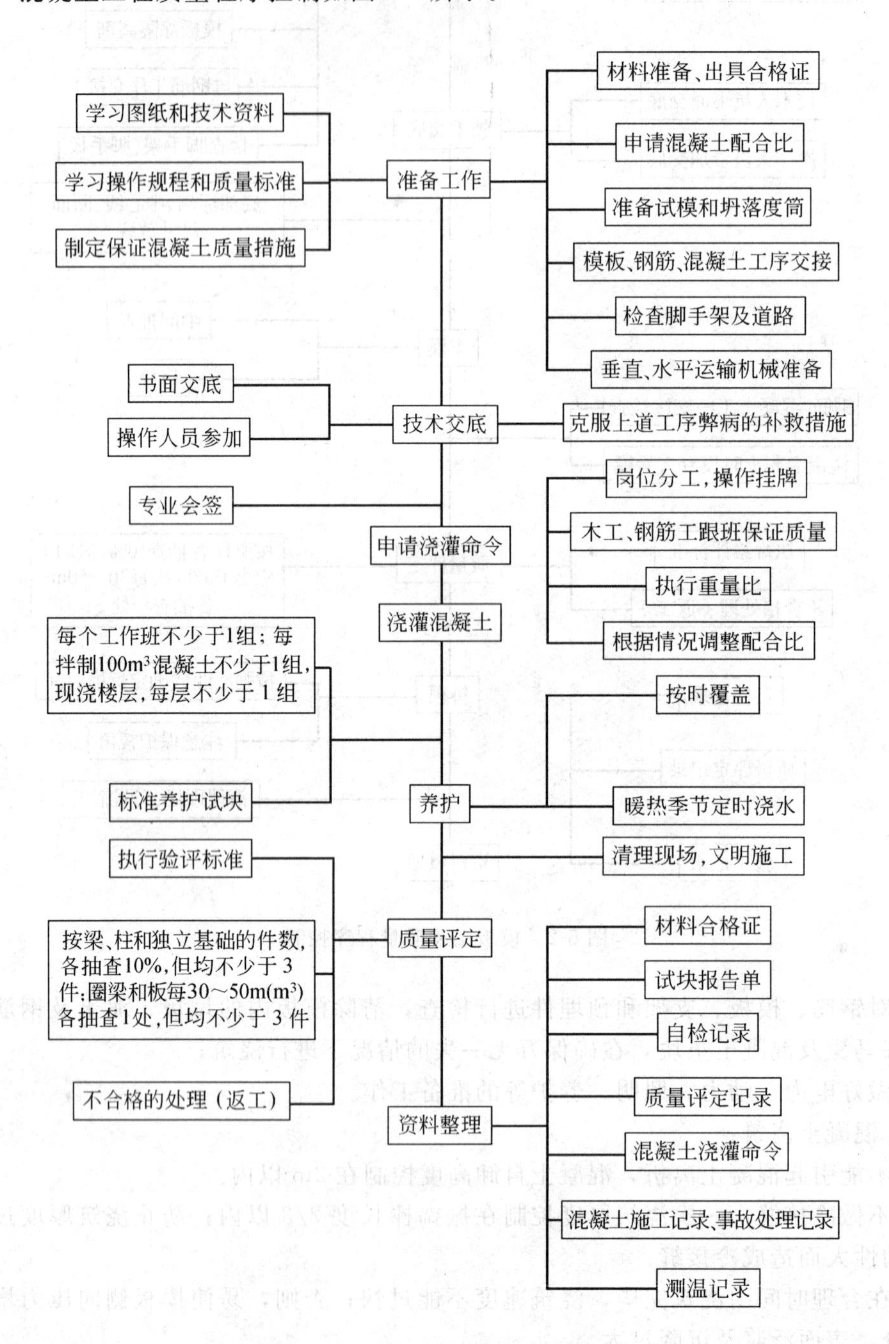

图5-3　混凝土工程质量程序控制

5.1.5　预应力工程质量控制

（1）对张拉设备应定期维护和检验。张拉设备应配套、校验，检验应按照检定规程进行，检验不合格或使用前发现有故障的张拉设备，严禁使用，检修合格方能使用。

(2) 预应力筋及孔道走向必须严格按设计要求设置，预应力筋及孔道布置后应在钢筋骨架上固定好，浇筑混凝土前认真检查；浇筑混凝土中严禁用振动棒碰撞预应力筋及孔道，以免其移位。

(3) 严格控制张拉时间；当设计无要求时，混凝土强度不应低于设计强度的75%。

(4) 在张拉过程中严格控制张拉力，按规程操作，操作人员要集中精神，认真观察压力表和油泵的工作情况，切实做到随时控制。

(5) 从孔道预留开始至灌浆前，必须注意保持孔道通顺、洁净；灌浆时要注意检查孔道密封情况和灌浆设备工作情况，以保证灌浆压力和灌浆质量。

5.1.6 预埋管件、预留孔洞质量控制

预埋件、预留孔洞是本工程中不可缺少的重要部分，它直接影响到机电设备安装和建筑装饰的施工和质量，因此，采取以下措施保证预埋件、预留孔洞不漏设、不错设，位置、数量、尺寸大小符合设计要求。

(1) 图纸会审

开工前，由项目总工程师对土建结构设计图与下道工序相关的设备安装、建筑装饰等图纸进行对照审核，对各类图纸中反映的预埋件、预留孔洞作详细的会审研究，确定预留埋件、预留孔洞的位置、大小、规格、数量、材质等是否相互吻合，编制预埋件、预留孔埋设计划。发现预埋件不吻合时，应及时向驻地监理及设计院以书面报告的形式进行汇报，待得到设计院的变更设计或监理的正式批复书后，再将预埋件、预留孔洞单独绘制成图，责成专人负责技术指导、检查，并做好技术交底工作。

(2) 测量放线

根据设计要求，分段对预埋件、预留孔洞进行测量放线，测量放线应执行测量“三级”复核制。对板的预埋件、预留孔洞应在土模或基础垫层、模板上用红油漆标出预埋件、预留孔洞的位置或预留孔洞形状、大小。

(3) 施工控制

预留孔洞模型应按设计大小、形状进行加工制作，其精度应符合设计要求。预埋件应按设计规定的材质、大小、形状进行加工制作。并严格按测量放线位置正确安装，保证焊接牢固，支撑稳固，不变形和不位移。

(4) 检查验收

预留孔洞模型安装、预埋件安装完成后，由总工程师、质检、工序技术人员组织检查验收，重点检查预埋位置、数量、尺寸、规格是否符合设计要求。自检合格后，报请驻地监理工程师检查验收，并办理签证手续，签认后方能进行下道工序施工。

(5) 结构混凝土浇筑时的保护

工序技术负责人在施工现场指挥，跟班把关，并对施工人员进行现场技术交底，使操作人员清楚预埋件、预留孔洞的位置、精确度的重要性。对预埋件、预留孔洞中线移位或预留孔洞外边缘变形等易发生质量问题，制定质量保证措施。

(6) 模板拆除

禁止使用撬棍沿孔边缘硬撬。拆模后，测量组要对预埋件、预留孔洞位置、孔洞尺寸、孔壁垂直度等进行复测，误差是否在规范的允许范围内，超出的尽快修复，以满足规范要求。对接地体或易破坏的预埋件、预留孔洞应采取保护措施，防止被损坏。

5.1.7 砌筑工程的质量控制

砌筑工程质量控制程序如图 5-4 所示。

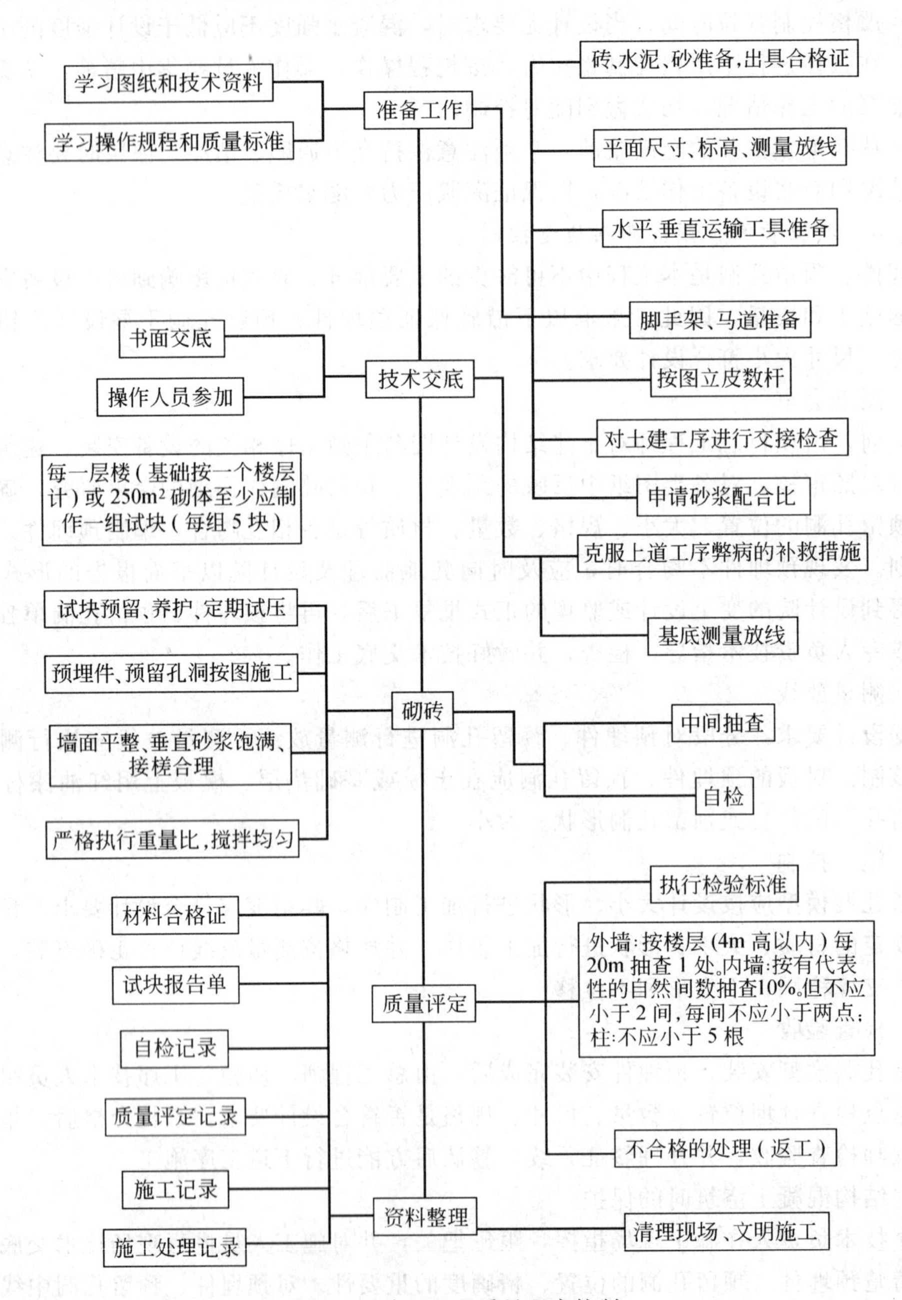

图 5-4 砖石工程质量程序控制

5.1.8 抹灰工程的质量控制

抹灰工程质量控制程序如图 5-5 所示。

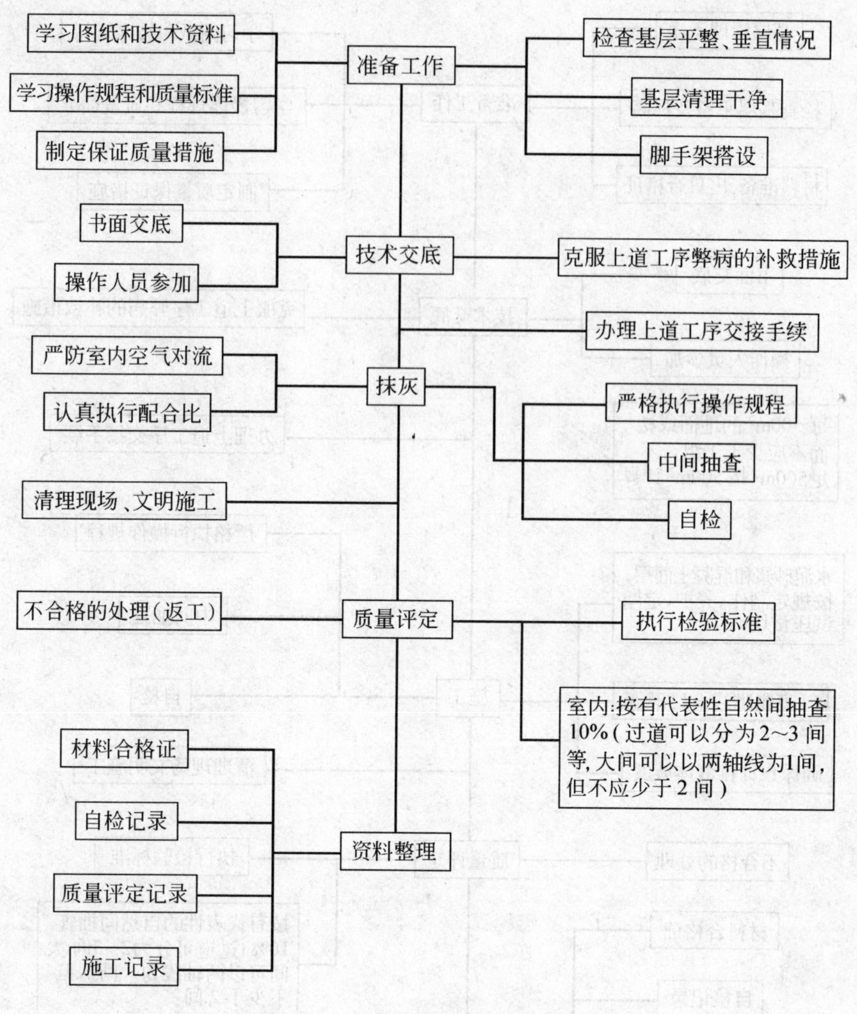

图 5-5　抹灰工程质量程序控制

5.1.9　楼地面工程的质量控制

楼地面工程质量控制程序如图 5-6 所示。

5.2　施工安全技术措施

5.2.1　安全防护

(1) 脚手架防护

1) 外墙脚手架所搭设所用材质、标准、方法均应符合国家标准。

2) 外脚手架每层满铺脚手板，使脚手架与结构之间不留空隙，外侧用密目安全网全封闭。

3) 提升井架在每层的停靠平台搭设平整牢固。两侧设立不低于 1.8m 的栏杆，并用密眼安全网封闭。停靠平台出入口设置用钢管焊接的统一规格的活动闸门，以确保人员上下安全。

4) 每次暴风雨来临前，及时对脚手架进行加固；暴风雨过后，对脚手架进行检查、

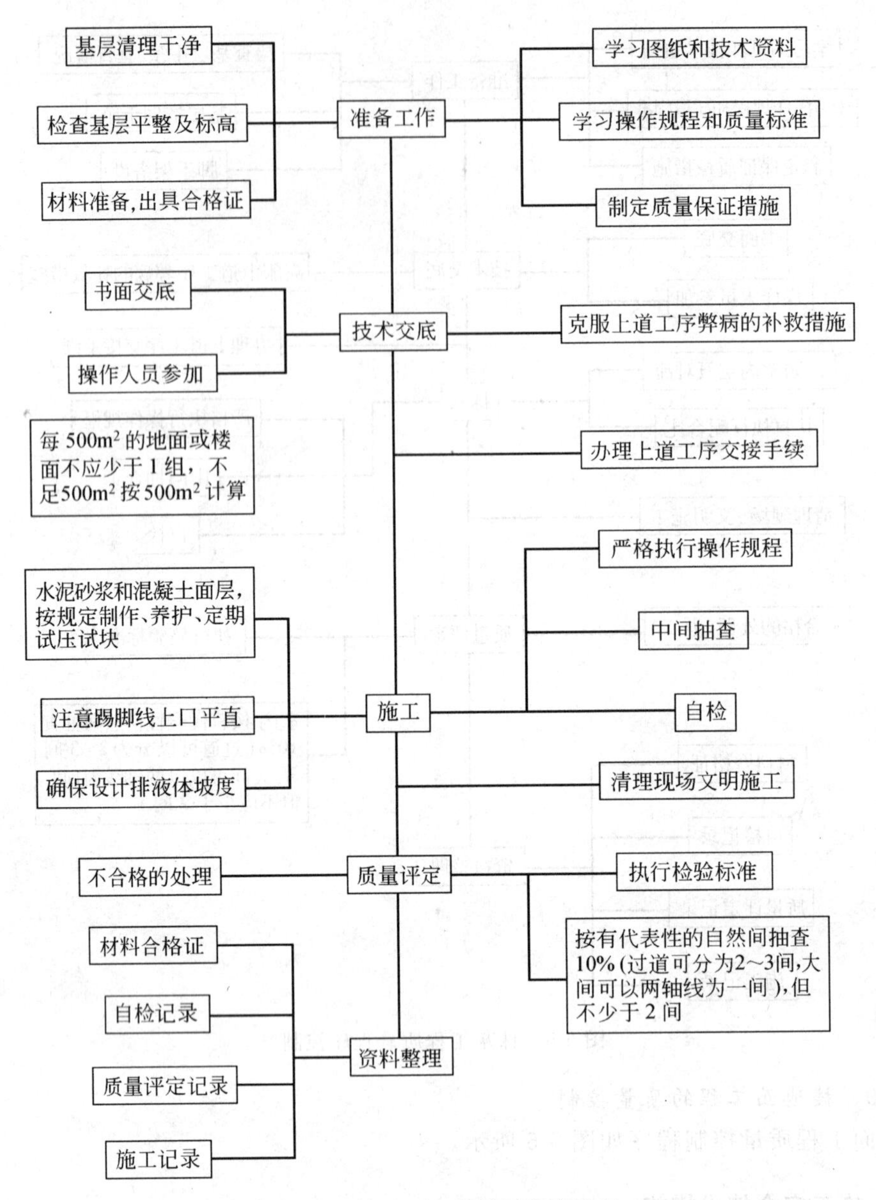

图 5-6　楼地面工程质量程序控制

观测；若有异常，及时进行矫正或加固。

5）安全网在国家定点生产厂购买，并索取合格证。进场后，由项目部安全员验收合格后方可投入使用。

(2)“四口”防护

1）通道口：用钢管搭设宽 2m、宽 4m 的架子，顶面满铺双层竹笆，两层竹笆的间距为 800mm，用钢丝绑扎牢固。

2）预留洞口：

边长在 500mm 以下时，楼板配筋不要切断，用木板覆盖洞口并固定。楼面洞口边长在 1500mm 以上时，四周必须设两道护身栏杆，如图 5-7 所示。

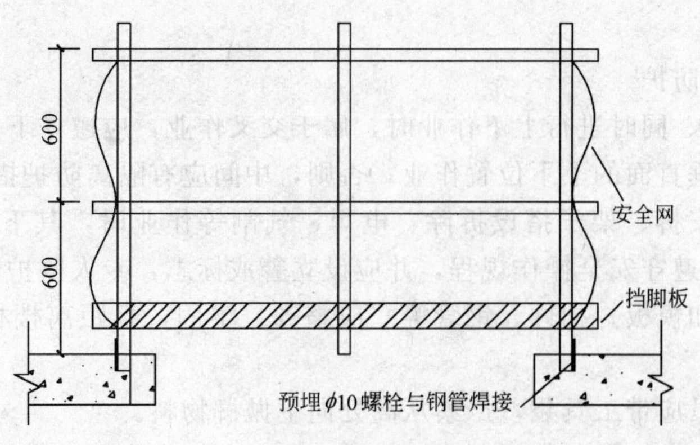

图 5-7 护身栏杆

竖向不通行的洞口用固定防护栏杆；竖向需通行的洞口，装活动门扇，不用时锁好。

3）楼梯口：

楼梯扶手用粗钢筋焊接搭设，栏杆的横杆应为两道。如图 5-8 所示。

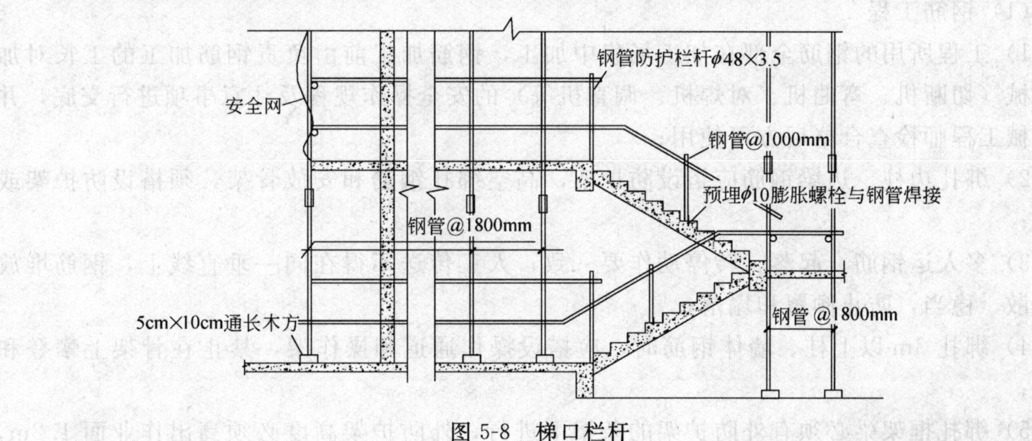

图 5-8 梯口栏杆

4）电梯井口：

电梯井的门洞用粗钢筋作成网格与预留钢筋焊接。电梯井口防护如图 5-9 所示。

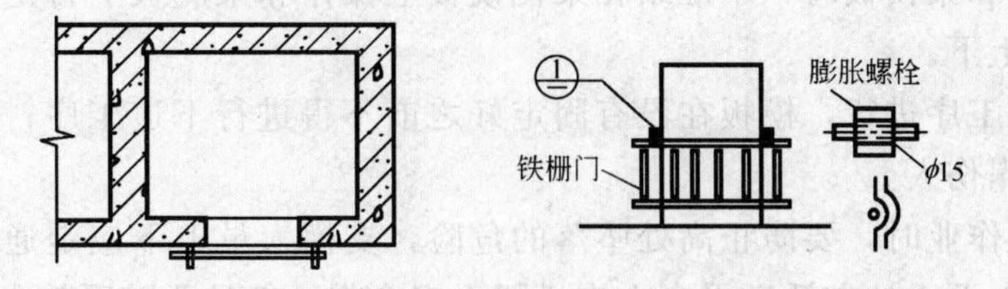

图 5-9 电梯井口防护门（单位：mm）

正在施工的电梯井筒内搭设满堂钢管架，操作层满铺脚手板，并随着竖向高度的上升逐层上翻。井筒内每两层用木板或竹笆封闭，作为隔离层。

（3）临边防护

1）楼层在砖墙未封闭之前，周边均需用粗钢筋制作成护栏，高度不小于 1.2m，外挂安全网，刷红白警戒色；

2）外挑板在正式栏杆未安装前，用粗钢筋制作成临时护栏，高度不小于 1.2m，外挂安全网。

(4) 交叉作业的防护

凡在同一立面上、同时进行上下作业时，属于交叉作业，应遵守下列要求：

1) 禁止在同一垂直面的上下位置作业；否则，中间应有隔离防护措施。

2) 在进行模板安拆、架子搭设拆除、电焊、气割等作业时，其下方不得有人操作。模板、架子拆除必须遵守安全操作规程，并应设立警戒标志，专人监护。

3) 楼层堆物（如模板、扣件、钢管等）应整齐、牢固，且距离楼板外沿的距离不得小于1m。

4) 高空作业人员应带工具袋，严禁从高处向下抛掷物料。

5) 严格执行“三宝一器”使用制度。凡进入施工现场的人员必须按规定戴好安全帽，按规定要求使用安全带和安全网。用电设备必须安装质量好的漏电保护器。现场作业人员不准赤背，高空作业不得穿硬底鞋。

5.2.2 分项工程施工安全技术措施

(1) 钢筋工程

1) 工程所用的钢筋全部在加工场集中加工，钢筋加工前由负责钢筋加工的工长对加工机械（切断机、弯曲机、对焊机、调直机等）的安全操作规程及注意事项进行交底，并由机械工程师检查合格后方可使用；

2) 绑扎边柱、边梁钢筋应搭设防护架，高空绑扎钢筋和安放骨架，须搭设防护架或马道；

3) 多人运钢筋、起落、转停动作要一致，人工传送不得在同一垂直线上，钢筋堆放要分散、稳当，防止倾覆和塌落；

4) 绑扎3m以上柱、墙体钢筋时，应搭设操作通道和操作架，禁止在骨架上攀登和行走；

5) 绑扎框架梁必须有外防护架的条架下进行，外防护架高度必须高出作业面1.2m，无临边防护、不系安全带，不得从事临边钢筋绑扎作业。

(2) 模板工程

1) 支设柱模和梁模板时，不准站在梁柱模板上操作和梁底板上行走，更不允许利用拉杆、支撑攀登上下。

2) 支模应按工序进行，模板在没有固定好之前不得进行下道工序；否则，模板受外界影响，容易倒塌伤人。

3) 高空临边作业时，要防止高处坠落的危险，支模人员上下应走通道，严禁利用模板、栏杆、支撑上下，站在活动平台上支模要系安全带，工具要随手放入工具袋内，禁止抛任何物体。

4) 模板拆除应按“先支的后拆、后支的先拆”分段进行，严禁硬撬、硬砸或大面积撬落和拉倒，不得留下松动和悬挂的模板。拆下的模板应及时运到指定地点，清理刷隔离剂，按规格堆放整齐备用。

(3) 混凝土工程

1) 使用振捣器的作业人员，穿胶鞋，戴绝缘手套，使用带有漏电保护的开关箱；

2) 用绳拉平板振捣器时，拉绳要求干燥绝缘，振捣器与平板保持紧固，电源线固定在平板上；

3）混凝土泵输出的混凝土在浇捣面处不要堆积过多，以免引起过载。

（4）预应力工程

1）在任何情况下，作业人员不得站在预应力筋的两端；同时，在张拉千斤顶的后面设立防护装置。

2）操作千斤顶和测量伸长值的人员，应站在千斤侧面操作，严格遵守操作规程。油泵开动过程中，不得擅自离开岗位；如需离开，必须把油阀门全部松开或切断电路。

3）张拉时应认真做到孔道、锚环与千斤顶三对中，以便张拉工作顺利进行，并不致增加孔道摩擦损失。

4）钢丝束镦头锚固体系在张拉过程中应随时拧上螺母，以策安全；锚固时如遇钢丝束偏长或偏短，应增加螺母或用连接器解决。

5）工具锚的夹片，应注意保持清洁和良好的润滑状态。

6）每根构件张拉完毕后，检查端部和其他部位是否有裂缝，并填写张拉记录表。

7）防止孔道灌浆时，超压泄漏伤人。

（5）砖石工程

1）停放搅拌机的地面必须夯实，用混凝土硬化。以防止地面下沉造成机械倾倒。

2）砂浆搅拌机的进料口上装上铁栅栏遮盖保护。严禁脚踏在拌合筒和铁栅栏上面操作，传动皮带和齿轮必须装防护罩。

3）工作前检查搅拌叶有无松动或磨刮筒身现象。检查出料机械是否灵活。检查机械运转是否正常。

4）车子推进吊笼里运输，装量和车辆数不得超出吊笼的吊运荷载能力。

5）砍砖时应向内打砖，防止碎砖落下伤人。

（6）装修工程

1）室内抹灰时使用的木凳、金属脚手架等架设工具应平稳牢固，架上堆放材料不得过于集中；

2）不准在门窗等器物上搭设脚手板；

3）使用砂浆搅拌机搅拌砂浆，往拌合筒内投料，拌叶运转时，不得用脚踩或用铁铲、木棒等工具拨刮筒口的砂浆或材料；

4）夜间施工或在光线不足的地方施工时，采用36V低压照明设备；

5）提升井架运料，要注意联络信号，待吊笼平层稳定后再进行装卸操作。

5.2.3 机械设备的安全使用

本工程有塔吊10台、混凝土输送泵8台、提升井架30座、中小型机械设备若干，要消除机械伤害事故，重视机械的安全使用是十分重要的。

（1）统一要求

1）塔吊司机定期进行身体检查，凡有不适合登高作业的疾病者，不得担任司机。

2）三大机械配有足够的司机，以适应二班或三班制施工的需要。

3）塔吊运作时设专人指挥，司机和指挥人员持证上岗。

4）执行上班检查、定期保养、定期小、中、大修制度，不允许带病运转。

5）塔吊、输送泵的管道、提升井架要按机械说明要求，预埋件固定在建筑物上，并应牢固稳定。

6）塔吊、井架要按要求设置防雷装置，接地要符合要求。

7）塔吊如遇六级以上大风、暴雨、浓雾、雷暴要停止运作，严禁司机酒后上岗。

（2）塔吊安全使用

1）塔吊运转、顶升必须严格遵守塔吊安全操作规程，严禁违章作业。

2）吊高限位器、力矩限位器必须灵活、可靠，吊钩、钢丝绳保险装置应完整有效，零部件齐全，滑润系统正常。电缆、电线无破损或外裸，不脱钩，无松绳现象。零星、细碎物资应由不致漏出的容器盛装。起吊后，应在离地3m左右高度观察吊物正常后才继续起吊，并作水平转动动作，吊重之下不得站人。

3）塔吊安装完毕，经广州市劳动局有关部门验收合格后方可正式投入使用。

（3）混凝土输送泵安全使用

1）每班班前须检查泵体各部位、油路系统、电气系统，一切正常后再开动泵机。

2）管道接头和垂直段的附墙装置必须牢固、可靠，螺栓应拧紧。应经常检查螺栓松紧情况，以防止松脱，造成事故。

3）输送泵应搭防砸、防雨、防晒的防护棚。

4）作业后，必须将料斗内和管道内混凝土全部输出，然后对泵机、料斗、管道进行清洗。用压缩空气冲压管道时，管道出口端前方10m内不得站人，并应用金属网篮等收集冲出的泡沫橡胶及砂石粒。

（4）提升井架的安全使用

1）严格按照安装方案进行组装，组装后报广州市劳动部门验收合格后方可使用。

2）司机必须经过专门培训，人员要相对稳定；每班开机前，要对卷扬机、钢丝绳、地锚进行检验，并进行空车运行，合格后方准使用。

3）严禁各类人员乘吊篮升降，禁止攀登架体和从架体下面穿越。

4）吊篮上设置摄像装置，操作室设电视监控，以做到各操作层均可同司机联系，并且信号准确。

5）保养设备必须在停机后进行。禁止在设备运行中擦洗、注油等工作。需重新在卷筒上缠绳时，必须两人操作，一人开机一人扶绳，相互配合。司机在操作中要经常注意传动机构的磨损，发现磨绳、滑轮磨偏等问题，要及时向有关人员报告并立即解决。

6）架体及轨道发生变形必须及时纠正，严禁超载运行。

7）司机离开时，应降下吊篮并切断电源。

5.2.4 施工用电安全技术措施

（1）施工现场用电须编制专项施工组织设计，并经主管部门批准后实施。

（2）施工现场临时用电按有关要求建立安全技术档案，用电由具备相应专业资质的持证专业人员管理。

（3）各种电气设施应定期进行巡视检查，每次巡视检查的情况和发现的问题应记入运行日志内。

（4）架空线及电缆线路。

1）架空线路：

① 工作零线与相线在一个横担架设时，导线相序排列是：面向负荷从左侧起为A、

(N)、B、C；

② 和保护零线在同一横担架设时，导线相序排列是：面向负荷从左侧起为A（N）、B、C、(PE)；

③ 动力线、照明线在两个横担上分别架设时，上层横担，面向负荷从左侧起为A、B、C；下层横担，面向负荷从左侧起为A、(B、C)、(N)、(PE)；在两个以上横担上架设时，最下层横担面向负荷，最右边的导线为保护零线（PE)；

④ 架空线的档距不得大于35m，线间距不得小于30mm，一般场所架空高度距地平面为4m，机动车道为6m。

2）电缆：

① 电缆直埋时，其表面距地面的距离不宜小于0.2～0.7m；电缆上下应铺软土或砂土，其厚度不得小于100mm，并应盖砖保护。

② 电缆与道路交叉处应敷设在坚固的保护管内。管的两端宜伸出路基2m。

③ 低压电缆（不包括油浸电缆），需架空敷设时，应沿建筑物架设，其架设高度不应低于2m；接头处应绝缘良好，并应采取防水措施；进入变电所、配电所的电缆沟或电缆管在电缆敷设完成后，应将管口堵实。

④ 电缆之间、电缆与管道、道路建筑物之间平行和交叉时的最小距离见表5-1。

电缆与管道、道路、建筑物之间平行和交叉最小距离 **表5-1**

项目	最小距离(m)	
	平行	交叉
电力电缆之间及其与控制电缆之间	0.10	0.50
控制电缆之间	—	0.50
城市街道路面	1.00	0.70
建筑物基础(边线)	0.60	—
排水沟	1.00	0.50

(5) 接地保护及防雷保护：

1）接地保护。

采用具有专用保护零线的TN-S系统。即在TN-S系统中，保护零线应专用，不得作工作零线使用。所有的电器设备的外壳和保护零线均应与专用保护零线相联接。

接零保护应符合下列规定：接引至电气设备的工作零线与保护零线必须分开，保护零线上严禁装设开关可熔断器；接引至移动式电动工具或手持电动工具的保护零线必须采用铜芯软线，其截面不宜小于相线的1/3，且不得小于1.5mm^2；用电设备的保护地线或保护零线应并联接地，并严禁串联接地或接零；保护地线或保护零线应采用焊接、螺栓连接或其他可靠方法连接。严禁缠绕或钩挂。

2）防雷保护：塔吊、提升架利用建筑物的防雷接地系统作为防雷保护，接地电阻不得大于10Ω。

(6) 常用电气设备。

1）配电箱和开关箱：

① 配电箱及开关箱的设置：全现场应设总配电箱（或总配电室），总配电箱以下设分

配电箱，分配电箱以下设开关箱，开关箱以下就是用电设备；

② 配电箱及开关箱的安装要求：配电箱、开关箱的安装高度为箱底距地面1.3～1.5m，箱体材料一般应选用钢板，亦可选用绝缘板，而不宜选用木质材料。配电箱所有开关电器必须是合格产品。开关箱与用电设备之间应实行“一机一闸”制，禁止“一闸多机”；

③ 开关箱的开关电器的额定值应与用电设备额定值相适应。开关箱内应设置漏电保护器，其额定漏电动作电流和额定漏电动作时间应安全可靠；所有配电箱与开关箱，应在其箱门处标注其编号、名称、用途和分路情况；

④ 送电操作顺序：

总配电箱→分配电箱→开关箱。

⑤ 停电操作顺序：

开关箱→分配电箱→总配电箱。

2）移动式电动工具和手持式电动工具：

① 本工程选用二类手持式电动工具。电动工具上装设额定动作电流不大于15mA，额定漏电动作时间小于0.1s的漏电保护器。

② 负荷线采用耐气候型的橡皮保护套铜芯软电缆，不得有接头。

③ 手持式电动工具的外壳、手柄、负荷线、插头、开关等必须完好无损，使用前必须作空载检查，运转正常方可使用。

④ 移动式电动工具通电前应做好保护接地或保护接零。

⑤ 单独的电源开关和保护，严禁1台开关接2台以上电动设备。电源开关应采用双刀开关控制，其开关应装在便于操作的地方。

⑥ 移动式电动工具和手持电动工具应装高灵敏动作的漏电保护器。使用手持式电动工具，应戴绝缘手套或站在绝缘体上。

3）电焊机：

① 布置在室外的电焊机应设置在干燥场所，并应设棚遮蔽。焊接现场不准堆放易燃易爆物品。交流弧焊机变压器的一次侧电源线长度应不大于5m，进线处必须设置防护罩。

② 使用焊接机械必须按规定穿戴防护用品，电焊把绝缘必须良好。焊接机械的二次线宜采用YKS型橡皮护套铜芯多股软电缆。电缆的长度应不大于30m。

③ 电焊机的外壳可靠接地，不得多台串联接地。

④ 电焊机的裸露导电部分和转动部分应装安全保护罩。直流电焊机的调节器被拆下后，机壳上露出的孔洞应加设保护罩。

⑤ 电焊机一次侧的电源线必须绝缘良好，不得随地拖拉，长度不宜大于5m。

⑥ 电焊机的电源开关应单独设置。直流电焊机的电源应采用启动器控制。

4）其他电动建筑机械：

① 平板振动器及水泵的漏电保护器的额定漏电动作电流不大于30mA，额定漏电动作电流时间应小于0.1s；

② 在潮湿的环境时，漏电保护器采用防溅型，其额定漏电动作电流不大于15mA，额定漏电动作时间应小于0.1s。

（7）照明：

1）照明灯具和器材必须绝缘良好，并应符合现行国家有关标准的规定。

2）照明线路布线整齐，相对固定。室内安装的固定式照明灯具悬挂高度不得低于2.5m，室外安装的照明灯具不得低于3m。安装在露天作业场所的照明灯具应选用防水型灯头。

3）现场办公室、宿舍、工作棚内照明线，除橡胶套软电缆或塑料护套线外，均应固定在绝缘孔，并应分开敷设，穿过墙壁时应套绝缘管。

4）照明电源线不得接触潮湿地面，并不得接近热源和直接挂在金属架上，在脚手架上空装临时照明时，应设木横担和绝缘子。

5）照明灯具与易燃物之间，应保持一定的安全距离，普通灯具不宜小于300mm，聚光灯、碘钨灯等高热灯具不宜小于500mm，且不得直接照射易燃物；当距离不够时，应采取隔热措施。

5.3 环境保护的技术措施

5.3.1 防止空气污染措施

（1）施工垃圾使用封闭的专用垃圾道或采用容器吊运，严禁随意凌空抛散，造成扬尘。施工垃圾要及时清运，清运前，要适量洒水，减少扬尘。

（2）施工现场道路路面及其余加工场地地面要硬化，闲置场地要适当绿化。

（3）水泥和其他易飞扬的细颗粒散体材料应尽量安排库内存放。露天存放时要严密苫盖，运输和卸运时防止遗撒飞扬，以减少扬尘。

（4）施工现场要制定洒水降尘制度，配备专用洒水设备及指定专人负责，在易产生扬尘的季节，施工场地采取洒水降尘。

（5）施工采用商品混凝土，减少搅拌扬尘。砂浆及零星混凝土搅拌要搭设封闭的搅拌棚，搅拌机上设置喷淋装置方可进行施工。

（6）食堂大灶使用液化气。

5.3.2 防止水污染措施

（1）现场搅拌机前台及运输车辆清洗处设置沉淀池。排放的废水要排入沉淀池内，经二次沉淀后，方可排入市政污水管线或回收用于洒水降尘。未经处理的泥浆水，严禁直接排入城市排水设施。

（2）冲洗模板、泵车、汽车时，污水经专门的排水设施排至沉淀池，经沉淀后排至城市污水管网，沉淀池由专人定期清理干净。

（3）食堂污水的排放控制。施工现场临时食堂，要设置简易有效的隔油池，产生的污水经下水管道排放要经过隔油池。平时加强管理，定期掏油，防止污染。

（4）油漆油料库的防漏控制。施工现场要设置专用的油漆油料库，油库内严禁放置其他物资，库房地面和墙面要做防渗漏的特殊处理，储存、使用和保管要专人负责，防止油料的跑、冒、滴、漏，污染水体。

（5）禁止将有毒有害废弃物用作土方回填，以免污染地下水和环境。

5.3.3 其他污染的控制措施

（1）通过电锯加工的木屑、锯末必须当天进行清理，以免锯末刮入空气中；

（2）钢筋加工产生的钢筋皮、钢筋屑及时清理；

（3）建筑物外围立面采用密目安全网，降低楼层内风的流速，阻挡灰尘进入施工现场周围的环境；

（4）制定水、电、办公用品（纸张）的节约措施，通过减少浪费，节约能源，达到保护环境的目的。

6 经济效益分析

本工程被列为2001年局级科技示范工程，在主体结构施工过程中，先后推广运用了“预拌混凝土和散装水泥应用技术；新型模板与脚手架应用技术；现代管理技术与计算机应用技术；预应力混凝土技术；超长混凝土无缝施工技术；大型工程施工测量技术”等12项新技术，依靠科技进步取得经济效益322.89万元，科技进步效益率达3.60%；整个工程的经济效益为1200万元。

第六篇

沈阳桃仙机场航站楼施工组织设计

编制单位：中建六局北方公司

编 制 人：蒋勇　解新宇

审 核 人：季万年

【简介】 沈阳桃仙国际机场新航站楼工程是国家、辽宁省、沈阳市重点工程，本工程为多功能的公共建筑，为钢—框排架组合结构体系，面积较大（7.63万m^2），框网尺寸大，采用了有粘结和无粘结预应力技术。本工程施工区域划分合理，劳动力、机具组织到位，准备计划详细。各类施工方案齐全详细，可操作性强。

目　　录

1 工程概述

1.1 工程概况

沈阳桃仙国际机场新航站楼工程是国家、辽宁省、沈阳市重点工程。位于沈阳市南郊桃仙机场西侧，是一座现代化、多功能的公共建筑。工程占地 4 万 m^2，建筑面积 7.63 万 m^2，建筑长 534m，最宽处中央大厅为 86.4m。新航站楼设有 9 座登机桥，楼内设有 3 个办票环岛，共 18 个办票柜台，13 部电梯，9 部扶梯，60m 长自动步道两部，并设有行李分检系统以及电视监控、航班显示、通信、广播音响等自动化系统。建成后将成为辽沈地区的对外窗口，具有国际先进水平的智能化国际空港。

新航站楼的建设单位是桃仙国际机场扩建指挥部，由德国欧卜罗亚公司和中国民航设计总院等多家设计单位共同设计，工程由中国建筑工程总公司（北方）总承包，由北京赛瑞斯监理公司负责工程总监理，沈阳福玺监理公司负部责土建工程监理，民航咨询公司负责弱电工程监理。

1.1.1 设计概况

工程主体结构为钢-框排架组合结构体系。

基础采用两种形式。B 区为压力灌注桩，桩径 400mm，桩长 20m 左右，A 区基础为独立基础。地下室长 234m，宽 25.8m，采用 C30P8 抗渗混凝土，地下室顶板采用有粘结预应力，增强地下室的强度和抗裂性能。

B 区中央大厅为钢-框排架组合结构，长 234m，宽 86.4m，柱网尺寸为 18m×24m、18m×16.8m、9m×9m。钢桁架柱网尺寸 18m×56m、9m×28.8m。二层梁板为预应力混凝土结构，梁断面为 1500mm×800mm，为有粘结预应力，最大跨度为 24m，楼板为无粘结预应力混凝土，面积为 234m×86.4m=20217.6m^2。属超长、超大面积预应力板。

钢结构屋架为倒三角变截面曲线形钢管桁架，伞形支撑体系，屋面为贝姆定型金属屋面板，外围护为全面积外挂单元板块式玻璃幕墙。

该工程在设计中和施工方面采用了一些新结构、新技术、新工艺，有些尚属国内首创。

1.1.2 工程地质概况

（1）航站楼扩建工程土层自上而下分布情况

素填土（1）：层厚 2.0～4.1m；

耕表土（2）：层厚 0.7～1.0m；

可塑粉质黏土（3）：中、高压缩性，层厚 1.4～3.9m，层底埋深 1.7～6.3m，f_k=150kPa；

硬塑粉质黏土（3～1）：中压缩性，夹层，层厚 0～1.5m,，f_k=230kPa；

硬可塑粉质黏土（4）：中压缩性，连续不均匀分布，层厚 1.2～7.7m，层底埋深 5.7～11.5m，f_k=210kPa；

可塑粉质黏土（5）：中、高压缩性，层厚 0.8～5.2m，层底埋深 9.0～15.3m，f_k=160kPa；

硬可塑粉质黏土（6）：中压缩性，层厚 1.7～5.3m，层底埋深 11.7～18.0m，f_k=210kPa；

可塑粉质黏土（7）：中、高压缩性，层厚 1.1～3.9m，层底埋深 14.2～20.0m，f_k＝160kPa；

硬塑粉质黏土（8）：中、压缩性，层厚 2.5～5.8m，层底埋深 18.0～24.3m，f_k＝240kPa；

粗砂（9）：中密，层厚 3.4～7.5m，层底埋深 18.0～24.3m，标高 34.68～36.58m，f_k＝400kPa；

软塑粉质黏土（9-1）：中、高压缩性，层厚 0.3～0.7m，埋深 20.1～21.6m，f_k＝130kPa；

硬塑粉质黏土（10）：中压缩性，未钻穿，顶面标高 29.01～31.49m，f_k＝300kPa；

（2）地下水分布（绝对标高）

A 区地表水活动区间为：＋48m 左右；

B 区地表水活动区间为：＋52m 左右；

C 区地表水活动区间为：＋54m 左右；

D 区地表水活动区间为：＋51m 左右。

（3）地基与基础

A 段以可塑粉质黏土（3）作为天然地基持力层，地基承载力标准值 f_k＝150kPa；承重柱采用柱下独立基础。

B 段主要承重柱采用钻孔压浆桩基础，桩径 0.6m，桩长 17.55～23.55m，桩尖持力层为粗砂层（9），单桩承载力 2000～1700kN。

C、D 段以硬塑粉质黏土层（4）作为天然地基持力层，地基承载力标准值 f_k＝210kPa；承重柱采用柱下独立基础。

1.1.3　沈阳地区气象简介

最高气温 36.7℃，最低气温 －30.5℃，降雨总量 675.2mm，日最大降雨量 118.9mm，降雨季节 6～9 月份，主导风向：夏季东南风，冬季西北风。冻土深度为 1.20m，冬期施工期间为 11 月 15 日～3 月 15 日。

1.2　编制依据

（1）沈阳桃仙机场扩建工程招标文件；

（2）沈阳桃仙机场扩建工程招标图纸；

（3）国家及辽宁省沈阳市地区现行法律法规文件；

（4）沈阳地区气象资料；

（5）沈阳地区施工定额。

2　施工具体部署

2.1　施工部署

2.1.1　工期控制目标

（1）为了控制总体工期，土建施工主要分为五个节点工期进行控制。

第一施工阶段：1999年4月25日，完成临时设施和搅拌站的建设，1台F0/23B塔机进场，B段地下室土方开挖基本完成；

第二施工阶段：1999年5月初～1999年7月25日，完成基础钢筋混凝土结构；

第三施工阶段：1999年5月上旬～1999年8月上旬，A、C区完成钢筋混凝土地上主体结构（不含预应力张拉），B区+7.0m结构完，具备钢屋架安装条件；

第四施工阶段：1999年8月15日～1999年10月，剩余结构工程完，回填土完；

第五施工阶段：1999年11月～2000年1月，完成土建粗装修。

(2) 钢结构施工将主要控制以下几个节点工期：

钢柱及托架制作1999年3月1日开始；

钢柱及托架安装1999年5月1日开始；

屋架安装1999年7月1日开始；

钢结构屋架在1999年9月7日前安装完毕；

钢结构在1999年9月27日前封顶；

现场安装工期25d；

屋架安装69d；

屋面板安装70d，并与屋架安装交叉进行；

钢结构安装总工期（包括屋面板）94d。

2.1.2 施工质量目标

严格按设计、业主的要求及施工规范进行施工，质量达到国家级优质工程，分部、分项工程优良品率达到90%以上，并达到国内先进水平。

2.1.3 安全目标

工程施工过程中达到：无死亡、无重伤、无火灾、无中毒、无坍塌。死亡率0%，重伤率0%，轻伤率低于3‰，以外事故发生率0%；安全教育率100%，持证上岗率95%。

2.1.4 文明施工和环境保护目标

项目部将严格按照辽宁省关于建筑工程施工的各项管理规定执行，加强施工组织和现场安全文明施工管理，克服不利条件，使本工程成为我局的“CI形象示范工程”和沈阳地区的“文明工地”。

2.2 施工划分

本工程是机场工程，施工难点多、施工工期紧、施工量大、任务重，针对这些特点，我项目部在组织施工时，充分考虑了这些难点特点，将该工程施工分为土建施工部分、钢结构施工部分同时组织施工，并分别详细地制定了专业方案。

2.2.1 土建施工管理组织结构图

土建施工管理组织结构如图2-1所示。

2.2.2 钢结构施工管理组织结构图

钢结构施工管理组织结构如图2-2所示。

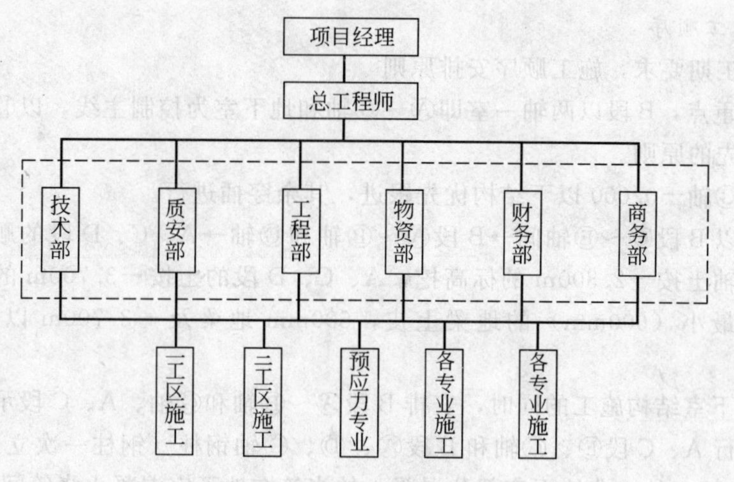

图 2-1 土建施工管理组织框图

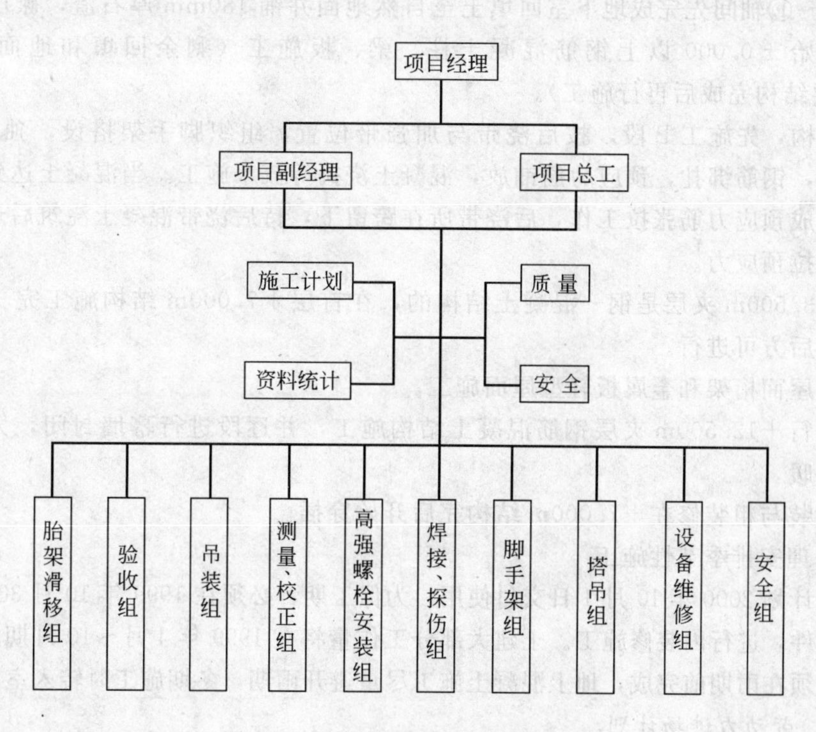

图 2-2 钢结构施工管理组织结构图

2.3 工段划分

2.3.1 工段划分

由于本工程规模大，结构复杂，科技含量大，技术要求高，工期要求紧，周转材料投入量大，故在施工安排上采取平面流水、立体交叉作业的施工部署。本工程共划分为 A、B、C、D 四个施工段，承担主体土建结构施工，B 段按有无地下室分为Ⓒ～Ⓔ轴、Ⓐ～Ⓑ轴、Ⓖ轴三区。

2.3.2　施工顺序

（1）根据工期要求，施工顺序安排原则

以B段为重点，B段以两轴一室即Ⓐ～Ⓖ轴和地下室为控制主线，以⑫～⑰轴钢屋架组装胎膜处为先的原则。

Ⓐ、Ⓔ、Ⓖ轴±0.000以下结构优先跟进，其余穿插进行。

土方开挖以B段Ⓒ～Ⓔ轴间→B段Ⓐ～Ⓑ轴和Ⓖ轴→A、C、D段的顺序进行。B段Ⓐ～Ⓑ轴和Ⓖ轴土按－2.300m的标高挖，A、C、D段的土按－3.700m的标高挖，此标高相当于高度最小（600mm）的地梁上皮，600mm地梁及－3.700m以下基础由人工开挖。

在B段地下室结构施工的同时，安排B段Ⓐ～Ⓑ轴和Ⓖ轴、A、C段承台及基础梁的施工。随后进行A、C段Ⓔ、Ⓖ轴和B段Ⓐ、Ⓓ、Ⓖ轴钢柱（钢柱一次立到位）的安装，柱施工至－0.050m处。非地下室部分混凝土的浇筑在地下室混凝土浇筑间歇之间进行。

B段Ⓒ～Ⓔ轴间先完成地下室回填土至自然地面并铺180mm厚石渣，碾压密实合格后，然后开始±0.000以上钢筋混凝土柱、梁、板施工（剩余回填和地面混凝土待＋7.000m层结构完成后再行施工）。

首层结构，先施工B段，按后浇带与加强带位置，组织脚手架搭设，独立柱施工。梁、板支模，钢筋绑扎，预应力筋铺放，混凝土浇捣等流水施工。当混凝土达到设计张拉强度时，完成预应力筋张拉工作，后浇带所在跨留下，待后浇带混凝土浇筑后达到要求强度时，再张拉预应力。

局部＋3.500m夹层是钢—混凝土结构的，在首层＋7.000m结构施工完（即预应力张拉完后）后方可进行。

钢结构屋面桁架和金属板轻型屋面施工。

随后进行＋12.500m夹层钢筋混凝土结构施工，并逐段进行幕墙封闭，力争入冬前实现临时供暖。

机电安装与粗装修在＋7.000m结构完后开始穿插。

（2）合理安排季节性施工

本工程计划2000年10月1日交付使用，为保工期，必须在1999年10月30日前封闭，达到供暖条件，进行内装修施工。土建大部分工作量将在1999年4月～10月期间施工，地下室部分必须在雨期前完成，地上混凝土施工尽量避开雨期，冬期施工时转入室内。

2.3.3　劳动力进场计划

（1）劳动力计划见表2-1。

（2）钢柱及托架吊装时劳动力分配表见表2-2。

（3）屋架安装时劳动力计划见表2-3。

劳动力进场计划　　**表2-1**

工种	准备	土方	基础	主体	装修
木工	50	50	300	600	200
泥工	100	100	100	250	250
钢筋工	20	50	250	300	50
力工	100	100	200	200	100

钢柱及托架吊装劳动力分配表 表 2-2

序号	类别	单位	数量	序号	类别	单位	数量
1	管理人员	人	10	6	测量工	人	2
2	铆工	人	10	7	机操工	人	5
3	架子工	人	5	8	起重工	人	10
4	油漆工	人	10	9	合计	人	54
5	电工	人	2				

屋架安装时劳动力计划表 表 2-3

序号	类别	单位	数量	序号	类别	单位	数量
1	管理人员	人	15	7	测量工	人	4
2	铆工	人	30	8	探伤	人	2
3	电焊工	人	10	9	机操工	人	6
4	架子工	人	15	10	起重工	人	10
5	油漆工	人	12	11	普工	人	33
6	电工	人	3	12	合计	人	140

2.3.4 主要设备、机具、仪器

(1) 主要机具设备表，见表 2-4。

(2) 主要焊接设备机具一览表，见表 2-5。

机械表 表 2-4

名称	规格/型号	数量	备注
塔吊	K50/50	1台	屋盖吊装用
履带吊	100t	1台	屋盖吊装用
汽车吊	50t	1台	屋盖吊装用
履带吊	70t	1台	钢柱吊装用
汽车吊	25t	1台	钢柱吊装用
平板车	30t	2台	
脚手架钢管	ϕ48×3.5	200t	
卷扬机	2T	2台	自备
电动扳手		20把	自备
螺旋千斤顶	8t/16t/20t	5个/10个/5个	自备
捯链	1t/3t/5t/10t	20个/20个 10个/4个	自备
对讲机		10副	自备
安全带、安全帽		350套	自备
安全网	水平	$4000m^2$	自备

主要焊接设备机具一览表 表 2-5

序号	名称	规格	数量
1	二氧化碳焊机	X-500PS 600VG	15台
2	直流焊机	AX-500-7	10台
3	空压机	$0.9m^3$	6台
4	高温烘箱	0～500℃	3台
5	保温箱	150℃	5台
6	测温笔、测温仪		50支
7	碳弧气刨枪		20支
8	磨光机		25台

2.3.5 周转材料进场计划

周转材料进场计划见表 2-6。

周转材料进场计划 **表 2-6**

材料名称	准备	土方	基础	主体	装 修
模板	2000m^2	10000m^2	25000m^2	35000m^2	5000m^2
钢管	100t	500t	2000t	2500t	500t
扣件	50000 个	40000 个	350000 个	450000 个	100000 个
配件	10%	20%	70%	100%	10%

2.3.6 施工准备

熟悉合同、图纸及相关规范，参加图纸会审，并做好施工现场调查记录。其程序如图 2-3 所示。

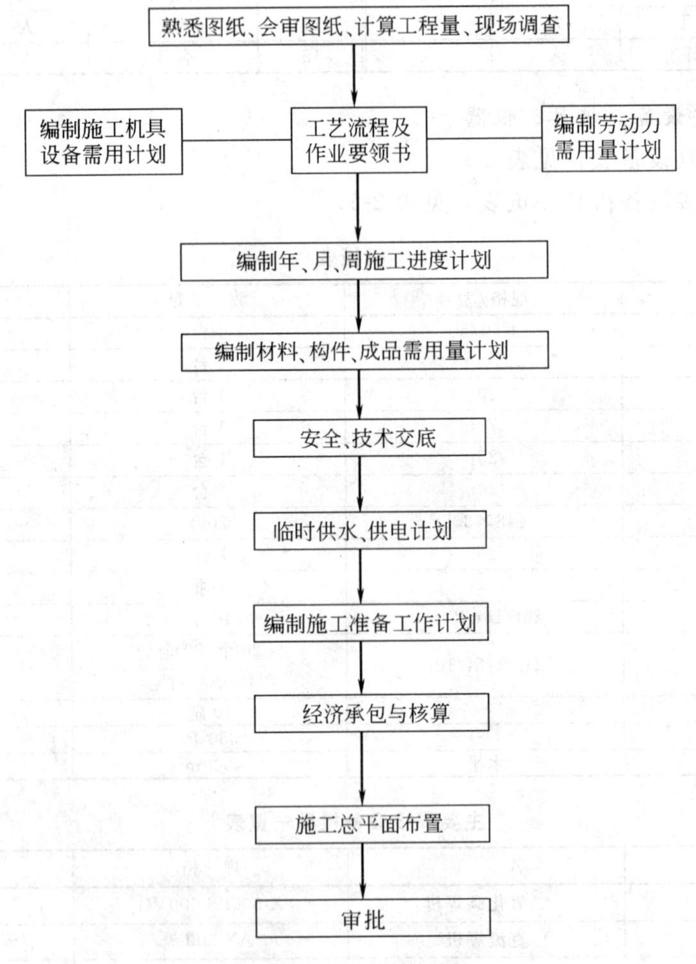

图 2-3 施工准备程序

2.4 施工进度计划与保证措施

2.4.1 进度计划

详见“沈阳桃仙机场施工进度计划”（略）。

2.4.2 进度保证措施

(1) 选用科学、先进、切实可行的施工方法、施工手段进行主体施工与钢结构安装；

(2) 使用先进的设备、机具、仪器，以提高劳动生产率；

(3) 实施项目法施工，实施项目经理负责制，行使计划、组织、指挥、协调、控制、监督六项基本职能，并选配优秀的管理人员及劳务队伍承担本工程的施工任务。

(4) 管理并配套制定机械设备配备使用计划、劳动力分布安排计划、材料构件进场计划等，实施动态管理。

3 主要分部分项工程施工方法

3.1 测量工程

3.1.1 航站楼测量定位

(1) 根据甲方提供的航站楼坐标1～3号点建立布设一矩形坐标控制网，具体见“航站楼测量定位控制网数据详图”(略)；

(2) 放样采用轴线交会法和极坐标法两种；

(3) 放样步骤：

1) 将仪器架设在航控2，后视航控1，极坐标定点得控6、控7，然后将仪器迁站控6，后视航控2，盘左、盘右闭合航控1及控7线路，然后将仪器迁站控7，后视航控2，盘左、盘右闭合航控3及控6线路，其他控制点放样步骤同上；

2) 实际放样精度误差平均值分别为：

三角形 $180°\pm4''$

三角边 $D\pm2$mm

3) 极坐标放样总方差公式：$(1+S_2/2S_2-S/S_0\times\cos\beta)\times me_2+S_2/P_2\times m\beta_2+ms_2+mr_2$。

3.1.2 高程控制

标高控制根据甲方提供的水准点BM1～BM3，利用DZS3-1水准仪、水准尺、三等闭合差限值$\pm\sqrt{15}L$mm控制A、B、C、D区段，再利用水准尺、钢尺传递至各楼上来控制标高。

3.1.3 误差要求

根据中华人民共和国国家标准《工程测量规程》(GB 50026—93)。

(1) 基础轴线位移不大于5mm；

(2) 轴线位移不大于3mm；

(3) 层高测量允许偏差小于3mm。

3.1.4 仪器

(1) 日本产GTS301D全站仪，测角精度2″，测距精度2mm±2ppm。

(2) 苏州产J2经纬仪，测角精度2″。

(3) 北京产 J2 经纬仪，测角精度 2″。

(4) 北京产 DZS3-1，测量精度 3mm/km。

3.1.5 沉降观测

(1) 布点要求

1) 观测点本身应牢固、稳定，确保点位安全，能长期使用；

2) 观测点的上部必须为突出的半球形状，与柱身、墙身保持一定距离；

3) 要保证在点上能垂直置尺和良好的通视条件；

4) 观测点应布置在明显沉降差的地方（相邻两区变形缝两侧）。沿建筑物周边每15～30m 设一点。

(2) 观测方法

1) 观测次数：

① +7.000m 平台施工后测一次；

② 屋架、屋面板安装完后测一次；

③ 砌筑、内装修完后测一次；

④ 工程竣工后测一次；工程使用时每半年测一次，以后每一年测一次，共测三年。其中，增加较大荷载前后各观测一次。

2) 观测要求：

① 观测应在成像清晰、稳定后进行；

② 仪器离前、后视水准尺的距离不超过 50m，前后视距尽可能相等，前后视观测要用同一根水准尺；

③ 前视点各点观测完毕，应回视后视点，最后应闭合于水准点上；

④ 沉降观测成果绘制、沉降曲线图。

(3) 沉降观测的精度及成果整理

1) 仪器精度：仪器望远镜放大率不小于 24 倍，气泡灵敏度不得小于 15″/2mm；

2) 观测精度：沉降观测点相对于后视点高差测定容差为±1mm（即仪器在每一测站观测完前视各点以后，再回视后视点，两次读数之差不得超过 1mm）；

3) 成果整理：每次观测结束后，要检查记录计算是否正确、精度是否合格，并进行误差分配；然后，将观测高程列入沉降观测表中，计算相邻两次观测之间的沉将量，并注明观测期和荷重情况，最后画出每一观测点的时间与沉降量的关系曲线及时间与荷重的关系曲线。

3.2 土方工程

3.2.1 挖方施工方法

(1) A 段挖方

1) 开挖范围确定。

考虑到承台间净剩土方较少，平均为 900mm 宽而且有地梁，因此，承台间土方无法保留，采用大开挖方法。

工作面选择：独立基础采用钢模支撑系统。工作面选择为 800mm。

2) 开挖深度及放坡。

独立基础垫层底标高为－5.100m，机械开挖至－4.800m，人工清土至－5.100m。机械开挖放坡按1∶1。

3）开挖顺序及开挖方向，2台挖土机从(1/11)轴一次性倒退挖至①轴。

4）排土方法。

A区土方采用6台20t自卸汽车外运，堆土地点距A区中心200m。机械挖至－4.800m，人工清土至－5.100m。人工清理预留土层，排水沟土抬运至挖掘机有效工作半径内，装车运走。

5）排水措施。

本段地下水位较低，不考虑排地下水，在Ⓔ轴、Ⓖ轴承台外设两道排水土沟，用于排雨水。排水土沟为300mm宽，(1/11)轴端200mm深，沟底按3%放坡，由(1/11)轴排向①轴外。

（2）B段土方

1）开挖范围确定。

圆弧曲线及Ⓔ轴部位承台顶标高同地下室地板，此部分考虑开挖深度、放坡、地下水等影响因素，承台间土方无法留存，采用大开挖方法。工作面选择：地下室Ⓒ轴风道外墙有卷材防水及保护墙，增加工作面800mm宽（从保护墙外侧算起）。

2）机械开挖深度。

中部600mm厚板带垫层底标高－7.000m，机械开挖至－6.700m，两侧板带垫层底标高－7.400m。机械开挖标高－7.100m，其余采用人工开挖至设计标高。

3）放坡系数。

机械大开挖时放坡按1∶1，人工挖承台考虑深度只有0.9m，不考虑放坡，但电梯基坑处底标高：－9.500m，深度2.1m，按1∶0.5放坡。

4）开挖顺序及开挖方向。

从㉕轴起，由四台挖掘机分别向⑪、㊴轴方向开挖。

5）排土方法。

地下室土方采用20t自卸汽车外运，堆土地点位于场地西部距地下室中心500m。开挖至－6.700m（－7.100m）时由挖土机直接装车外运，待出现工作面后，人工集中清挖预留土层，承台、排水沟、集水井土，由人工抬运至挖掘机的有效工作半径内，装车运走。

6）排水措施：

① 地下室最高静止地下水位－5.000m（上层滞水），考虑渗透系数较小（1.0～0.1m/d），采用明沟、盲沟、集水井的排水方法，设置QY-25潜水泵5台排水。

② 设置安排。

地下室基坑四周设置明沟、集水井排水，集水井于基坑四角设置4个。纵向间距50m。控制降低地下水位于－8.300m，保证承台垫层浇筑后不受地下水影响，为卷材防水施工创造条件。排水沟从两井中部分别按3‰坡向集水井，中部标高约－8.225m。

③ 承台挖土时，设临时盲沟、集水井排水，待外围明沟集水井水位降至－8.000m时，盲沟、集水井用级配石子填夯实。

④ 地下水排至场区中部东西道边旁排水沟。

7）施工段划分

① 施工段划分以㉕轴为界限，划分为两个主要施工段：A段、B段（图3-1）；

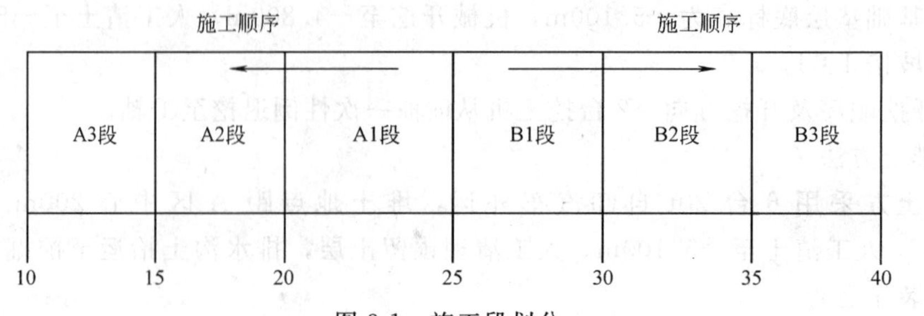

图 3-1　施工段划分

② 每个主要施工段又划分三个分施工段，分段施工完毕，经验收合格后进入下道工序（垫层）。

(3) C、D段土方

1) 地质情况

① 地表

C区表面为原有道路铺有平均0.35m厚沥青混凝土。D区表面为原机场场坪，铺有40cm厚C35混凝土，在C、D区东南侧有三棵树影响施工，须伐掉。

② 地下

C、D区地下管线较多，从“航站楼附近已建管线综合图”上可知，有7条管线，包括油管、电力（2条）、电讯、上水、下水、雨水管。

地下水为上层滞水，静止地下水位：C区－4.200m左右，D区－6.000m左右，渗透系数0.1～1m/d。

D区与原航站楼相连部位原基础形式为独立基础，底标高－3.600m，挖土时不能挖深，应由原航站楼向㊼轴放坡，坡脚－5.100m，坡顶－3.600m，原基础应用人工开挖。

2) 开挖范围确定

考虑到承台间净剩土方较少，而且有地梁，因此，承台间土方无法保留，采用大开挖。工作面选择，独立基础采用钢模板支撑系统，工作面选择为800mm。

3) 开挖深度及放坡

独立基础垫层底标高－5.100m，大面积机械开挖至－4.800m，人工清土至－5.100m，管道两侧1m范围内人工开挖至－5.100m。

机械开挖部分放坡按1∶1，人工开挖部分放坡1∶0.75。

4) 开挖顺序及开挖方向

2台挖土机从两道管线之间横向从Ⓔ轴至Ⓖ轴倒退挖土，纵向从㊴轴至㊽轴。

5) 排土方法

采用6台自卸汽车全部外运，回填用土运至C、D区前50m堆放，其余土方运至两侧距C、D区中心500m处。

人工清土部分运至机械操作范围内，随清随机械运走。

6) 排水措施

在基坑两侧，距坑边线300mm处设300mm×300mm排水沟，每30m设500mm×500mm集水坑，用于排除地下水和雨水，排水沟向两侧集水井坡度1%。

7) 管线保护措施

① 纵向管线保护。

距Ⓔ轴外侧 4.65m 处有一条雨水管线和污水管线，先用人工清至管线顶标高，在距管线 500mm 处用机械按 1∶0.75 放坡挖至－3.500m 处。在垂直挖至－4.800m，随挖随打 D80 厚壁钢管桩，钢管桩间距 400mm，满设 D50 钢管斜撑。

② 横向管线保护。

人工开挖至管上皮，而后每 2m 人工挖至设计标高－5.100m，根据管线材料，采取不同的支撑方式，如较重的油管、上水、雨水、污水等管材。在独立基础间用 MU5 砖、M5 水泥砂浆砌第一个砖垛，挖下 2m，采取双排钢管架支撑。以此类推，在基础间砌永久砖垛支撑。基础上采用双排钢管架子支撑。钢管架子应支撑在管线接头上，架子上铺 5mm 厚钢板。

电力、电讯管材较轻，采用 ϕ48 钢管，下垫 4mm 厚木板，搭设双排钢管架子支撑，每 2m 一道。搭设形式同重管支撑。钢管架子上铺 5mm 厚钢板，宽 500mm，长度为大于管边 200mm，管两侧焊钢板。

③ 因管线较多，可能有未知管线，业主应派专人现场指挥，施工员向机械操作人员和工人进行口头、书面交底，施工时间内不得离开现场，遇到特别情况及时解决、汇报。

(4) 质量保证措施

1) 施工前，施工员、测量员应认真熟悉图纸及施工方案，对挖土机操作人员及施工人员详细进行技术交底，使施工人员人人掌握各种技术要求。

2) 测量人员根据矩形控制网上的轴线位置、标高桩及方案开挖尺寸认真施测，施工中应经常测量和较核其平面位置、水平标高和边坡坡度等是否符合要求，出现偏差及时纠正。

3) 基坑开挖应尽量防止对地基土的扰动，当用人工挖土时，基坑挖好后不能立即进行下道工序，应预留 15～30cm 厚不挖，待下道工序开始再挖至设计标高。反铲挖土时，应保留土层 30cm 厚。本工程基础面积很大，基础开挖后应分段分批进行，至设计标高验收合格后，应立即进行垫层施工。

4) 挖土时不能松动原土，基坑挖土后（分批）应进行验槽，做好记录，经施工、设计、监理、勘测单位等共同验槽合格后，方可转入下到工序。

5) 基坑土方工程允许偏差：

① 底面标高：0～－50mm；

② 底面长度、宽度（由设计中心线向两边量）：不应偏小；

③ 边坡坡度，不应偏陡。

(5) 安全防护措施

1) 对施工人员进行安全教育和技术交底，进入现场必须戴好安全帽；

2) 在基坑边缘上侧临时堆土或堆放材料及移动施工机械时，应与基坑边缘保持 1m 以上的距离，以保证坑边边坡的稳定；

3) 挖土机工作时，工作半径内严禁站人；

4) 运输车辆道路铺填坚硬平整，保持畅通；

5) 土方施工及下道工序在基坑内施工时，应设专人观察坡体稳定情况，出现险情及时指挥人员撤离危险地段；

6）基坑距边缘1.1m处沿四周设500mm宽、500mm高挡水坝，防止地上水流入基坑，造成边坡失稳；基坑底部设两道排水土沟，用于排雨水；

7）夜间施工按场地面积及照度设置光线充足的照明灯，不留暗角；

8）基坑施工完后，沿基坑四周距坑边1.5m设围栏，并挂警示标牌，防止人员坠落。

3.2.2 回填

(1) 回填顺序

A、C、D段回填一次性回填到设计标高，B区第一次回填（地下室周边回填）到－2.00m左右，平整做7.00m平台架子；第二次待7.00m平台拆模后回填到设计标高。

(2) 回填方法

1）回填前先清理基底的垃圾、淤泥等，并晾晒、夯实；

2）地下室周边回填采用黏土回填，其他大面积回填均采用黏土夹渣法回填，即每400～500mm厚夹100～150mm厚石渣；

3）自卸汽车将土运至回填部位，人工或机械平整，大面积采用机械压实，在机械无法达到处由人工夯实。

其中，A、C、D区－3.00m以下采用人工回填、人工夯实。地下室周边人工回填、人工夯实。为防止7.00平台支撑下沉，在回填到7.00平台支模处，加垫一层150～200mm厚碎石，并夯实。

(3) 质量保证措施

1）黏土回填，土粒不得大于2/3填土厚度，不许含建筑垃圾等杂物。

2）填土区应保持一定坡度，坡向地下室外侧，中间稍高，两边稍低，以利排水，坡度5%。当天填土应当天压实，对已填好的土如遭水浸，应把稀泥铲除后，方能进行下一道工序。

3）回填土密实度控制：采用环刀法取土样，每500m^{2}取样一组，填土压实密度应在90%以上符合要求，其余10%的最低值与设计值之差不得大于0.08t/m^3，且不应集中。

(4) 安全保证措施

1）施工人员必须戴安全帽，机械驾驶人员严禁酒后操作。

2）大型机械有专人指挥进倒车、卸土。机械运行道路应平整、通畅。

3）人工操作，持锹者间距大于2m，打夯机打夯，两机平行时其间距不得小于3m，在同一打夯路线上，前后间距不得小于10m。

4）坑底回填时，不许拆除原有护栏，特殊位置卸土时，只许拆一小段并增设转角护栏，人员上下设斜道，不许攀土坡上下。

3.3 卷材防水工程

本工程地下室长234m，为设备层，设有消防系统、空调系统等大型机电设备。因此，防水非常重要。在刚性自防水的前提下，设计4mm＋4mm厚聚酯胎SBS改性沥青外防水层。

3.3.1 防水材料简介

聚酯胎SBS改性沥青是以SBS橡胶改性石油沥青为浸渍涂盖层，以聚酯纤维无纺布作为胎基，以塑料薄膜为防粘隔离层，经选材、配料共溶浸复合成型、卷曲等加工工艺制成。

具有很好的耐高低温性能，可以在－25～＋100℃温度范围内使用，有较高的弹性和抗疲劳性，以及较高的伸长率和较强的耐刺穿、耐撕裂能力。

3.3.2 原材料要求

进场材料必须有出厂合格证、省级以上的鉴定报告，有沈阳市材料准用证。材质必须符合国家有关规定。进场材料必须经复试合格后方可使用。

3.3.3 施工准备

首先在底板垫层底标高处延墙板外侧（距墙板 50mm）使用 MU5 烧结普通砖，M5 水泥砂浆砌筑 240mm 砖胎模，胎模顶标高－6.300m。底板垫层及砖模上抹 20mm 厚 1：2 水泥砂浆找平层，找平层达到以下要求方可施工：

（1）找平层必须牢固，无松动、起砂等缺陷。

（2）找平层表面应平整、光滑，均匀一致，平整度要求±5mm。

（3）找平层应干燥，含水率宜小于 9％。测定方法，现场取样试验室测定。找平层高低部位、转角处（阴阳角）做成小圆角。

3.3.4 施工顺序

基层处理→满粘部位刷冷底子油→局部加强处理→承台、转角处满粘，大面积空铺→第二道满粘。

3.3.5 工艺要求（采用热熔法施工）

第一道：底板大面积采用空铺法施工，承台、转角处采用满粘法，墙体卷材满粘。

第二道：卷材全部满粘。

卷材短边搭接 150mm，长边搭接 100mm，底板上翻卷材与墙板卷材搭接 200mm。

3.3.6 操作要点

（1）在处理好的基层上，刷氯丁橡胶改性沥青胶粘剂和工业汽油以 1：0.5 的重量比配置的稀释液作基层处理。基层处理完毕后，必须经过 8h 达到干燥程度，方可进行热熔法施工，以避免失火。

（2）在阴阳角处做增强处理，先按细部形状将卷材剪好，将卷材底面烘烤至熔融状态，立即粘贴在基层上。

（3）在处理好并干燥的基层表面，按照所选卷材的宽度留出搭接缝，将铺贴卷材的基准线弹好，以便按此基准线进行施工。

（4）大面积满粘使用"滚铺法"施工，先铺大面，后粘结搭接缝。搭接缝及收头的卷材必须 100％烘烤，粘铺时必须有熔融沥青从边端挤出，用刮刀将挤出的热熔胶刮平，沿边端封严。第二道的底板卷材上翻部位采用挂砂卷材，背面粘贴在基层上。施工第二道卷材时，第一道卷材表面应清理干净，两道卷材搭接缝必须错开 200mm 以上。

3.3.7 注意事项

火焰温度对卷材表面融化影响很大，火焰端部温度约为 1000℃，而卷材接触 260℃高温不致破坏，烘烤时必须掌握。采用热熔法施工，在点火时以及烘烤施工中，火焰喷嘴严禁对着人，特别是立墙卷材施工时，更应注意安全，亦应佩戴安全帽。施工现场应清除易燃物及易燃材料，并备有灭火器等消防器材，消防道路要畅通。施工使用的易燃物、易燃材料应贮放在指定场所，并有防护措施及专人看管。六级以上大风停止施工。汽油喷灯、火焰喷枪及易燃物品等，下班后必须放入有人管理的指定仓库。

3.3.8　成品保护

卷材施工完后应清理干净，严禁人员在其上行走，并不得有重物和带尖物品。底面做40mm厚细石混凝土保护层，立面抹20mm厚1∶2水泥砂浆保护。施工保护层时应注意，不许用钢筋钎探保护层厚度。保护层混凝土石子宜用5～10mm卵石。

3.4　钢筋工程

3.4.1　原材料要求

本工程钢筋采用HPB235级、HRB335级两个级别。进场钢筋应有出厂质量书和试验报告单，检验项目齐全、合格，符合国家现行材质检验标准。钢筋表面或每捆（盘）钢筋均应有标志。检查钢筋外观有无缺陷，用游标卡尺量测直径并按现行国家有关标准的规定抽取试样做力学性能试验，合格后经项目技术负责人签字后方可使用。对进口钢筋或钢筋加工过程中发现脆断、焊接性能不好或力学性能显著不正常等现象，应进行化学成分检验或其他专项检验。本工程框架抗震等级二级，框架柱、梁钢筋应选用较高质量的热轧带肋钢筋，力学性能试验需检验极限强度与屈服强度比不小于1.25，屈服强度与标准强度比不大于1.4。

3.4.2　钢筋的储存

进场后钢筋和加工成型的钢筋按牌号分批、分类堆放在砖砌的高0.3m、间距2m的垄上（或枕木上），以避免污垢或泥土的污染，并挂上标识牌。

3.4.3　钢筋接头

（1）柱、墙体（包括暗柱）竖向钢筋直径20～32mm均采用电渣压力焊接头；梁、地下室底板直径20～28mm采用闪光对焊与搭接焊相结合，其中B区一层梁钢筋直径28mm采用等强度直螺纹接头，其余接头均采用绑扎搭接。焊接接头间距≥35d，同一接头区内接头数量均按50%；梁搭接接头位置上部，在跨中1/3区段，下部在支座，搭接区域内接头数量受拉区不大于25%，受压区不大于50%；对大跨度梁（16.8m、24m），下部纵向钢筋接头避开跨中L/3区段。

（2）电渣压力焊：

电渣压力焊钢筋接头应洁净平整，焊剂采用烘箱经270℃烘焙。钢筋电渣压力焊的接头外观检查应逐个进行。强度检验时，从每批成品中切取三个试样进行拉伸试验，每300个同一类型接头作为一批。外观检查应符合下列要求：

① 接头焊包应饱满和比较均匀，钢筋表面无明显烧伤等缺陷；

② 接头处钢筋轴线的偏移不得超过钢筋直径的0.1倍，同时不得大于2mm；接头弯折不得大于4°。

正式焊接前应先试焊，调整好各种参数，试焊焊件合格后方准正式焊接。焊接的端头垂直，端面要平。上下钢筋要对称压紧，焊接过程中不允许搬动钢筋。雨天不得施焊。

（3）电弧焊：采用10d单面焊。

① 钢筋的预弯和安装，应保证两钢筋的轴线在一直线上，施焊时引弧应先在搭接钢筋的一端开始，收弧应在搭接钢筋的端头上，弧坑应填满。焊缝高度h≥0.3d，并不得小于4mm，焊缝宽度b≥0.7d，并不得小于10mm。焊接地线应与钢筋接触良好，防止因起

弧烧伤钢筋。根据钢筋级别、直径、焊接位置，选择适宜的焊条直径和焊接电流，保证焊缝与钢筋熔合良好。

② 质量检验：

外观检查应在接头清渣后逐个进行目测或量测。强度检验时，从成品中每批切取三个接头进行拉伸试验。每段、每一楼层中同类型接头300个作为一批，不足300个时，仍作为一批。焊缝表面平整，不得有较大的凹陷、焊瘤，接头处不得有裂纹，咬边深度、气孔、夹渣等数量与大小及接头尺寸偏差，不得超过下述要求：

a. 接头处钢筋轴线的屈折不大于4°；

b. 接头处钢筋轴线的偏移不大于$0.1d$；

c. 焊缝高度偏差不大于$0.05d$；

d. 焊缝宽度偏差不大于$0.1d$；

e. 焊缝长度偏差不大于$0.5d$；

f. 焊缝表面上气孔和夹渣在长$2d$的焊缝表面上不多于2个。

(4) 闪光对焊：

① ϕ20、ϕ22钢筋采用连续闪光焊，ϕ25钢筋若端面较平整时采用“预热闪光焊”，当钢筋端面不平整时，应采用“闪光-预热闪光焊”；

② 闪光对焊时，应选择调伸长度、烧化留量、顶端留量以及变压器级数等焊接参数；

③ 闪光对焊接头的质量检验：

在同一台班内，由同一焊工完成的300个同级别、同直径钢筋焊接接头应作为一批；当同一台班内焊接的接头数量较少，可在一周内累计计算；累计仍不足300个接头，应按一批计算。

外观检查应逐个接头检查。

力学性能试验时，应从每批接头中随机切取6个试件，其中3个做拉伸试验，3个做弯曲试验，弯曲试验接头应用砂轮打磨。

④ 外观检查应符合下列要求：

接头处不得有横向裂纹，与电极接触处的钢筋表面不得有明显烧伤；接头处的弯折角不得大于4°；接头处的轴线偏移不得大于钢筋直径的0.1倍，且不得大于2mm。

(5) 等强直螺纹连接：

① 接头使用形式按标准型；

② 等强直螺纹的单向拉伸、高应力反复拉压，应满足强度和变形两方面的要求；

③ 丝头：其长度应为1/2套筒长度，公差为$-P$（P为螺距），以保证套筒在接筒的居中位置；

套筒：外径43mm，长度56mm；

螺纹规格：M32×3；

镦粗头外形尺寸：镦粗段机圆直径：31.8～32.5mm，长度28～31mm。

④ 钢筋下料时，切口端面应与钢筋轴线垂直，不得有马蹄形或挠曲，端部不直应调直后下料，采用砂轮锯下料；

⑤ 镦粗头与钢筋轴线不得大于4°的偏斜，镦粗头不得有与钢筋轴线相垂直的横向裂纹；不符合质量的镦粗头，应先切去再重新镦粗，不允许对镦粗头进行二次镦粗；

⑥ 钢筋丝头的螺纹应与连接套筒的螺纹相匹配；

⑦ 接头的现场检验按验收批进行。500 个为一验收批，不足 500 个也为一批。

3.4.4　钢筋的下料绑扎

（1）认真熟悉图纸，准确放样并填写料单，下料单下料长度，应按设计要求考虑构件尺寸搭接焊接位置并与材料供应部联系，在保证设计及规范要求的前提下，尽量减少接头数量，长短搭配，避免浪费；

（2）下料单由专职放样人员填写，并经项目技术负责人核对无误后方可下料加工；

（3）核对成品钢筋的牌号、直径、尺寸和数量等是否与预料单相符，成品钢筋应堆放整齐，标明品名位置，以防就位混乱；

（4）绑扎顺序应先绑扎主要钢筋，然后绑扎次要钢筋及构造筋；

（5）绑扎前，在模板或垫层上标出构造筋位置，在柱梁及墙筋上画出箍筋、分布筋、构造筋、拉筋位置线，以保证钢筋位置正确；

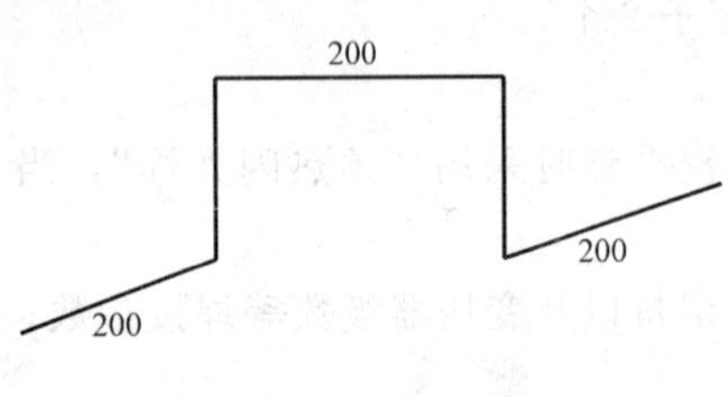

图 3-2　架主筋

（6）在混凝土浇筑前，将柱、墙主筋在板面处同箍筋及水平筋用电焊点牢，以防柱、墙筋移位；

（7）板上层筋及中层筋均采用凳筋架立，板凳筋采用 ϕ10 钢筋（底板采用 ϕ20 钢筋）制作，间距 1.0m×1.0m，尺寸如图 3-2 所示；

（8）纵横梁相交时，次梁钢筋放于主梁上，下料时注意主、次梁骨架高度；板底层钢筋网短方向放于下层，长方向放于上层；

（9）柱、梁钢筋按二级抗震要求，弯钩平直段长度≥10d，弯钩≥135°；

（10）框架柱每隔一根纵向钢筋都宜有两个方向的约束，当与拉筋组成箍筋时，拉筋要紧靠纵向钢筋并钩住封闭箍筋；

（11）梁上部多排钢筋采用 S 形钩挂于上排钢筋上，S 形钩采用 ϕ8 钢筋，间距 1m；若为附加筋时，距端头 150mm 设一个。

（12）梁下部纵向多排钢筋采用设计排距尺寸的钢筋支垫，间距 1m，长度等于梁宽−50mm；

（13）板和墙的钢筋网，除靠近外围两行钢筋的相交全部扎牢外，中间部分交叉点可间隔交错扎牢，但必须保证受力钢筋不产生位置偏移，双向受力钢筋，必须全部扎牢；

（14）梁和柱的箍筋应与受力钢筋垂直设置，箍筋弯钩叠合处应沿受力钢筋方向错开放置，并位于梁上部；

（15）主要受力钢筋保护层厚度：±0.000 以下承台、基础、梁和地下室底板 35mm，承台底部为 50mm，墙 25mm，地下室顶板 15mm。±0.000 以上梁 25mm，板厚＞100mm 和墙为 15mm，板厚≤100mm 为 10mm，柱均为 35mm。保护层 10、15mm 厚，采用 1∶2.5 水泥砂浆垫块，其余垫块均采用 C10 细石混凝土，地下室底板 100mm×100mm×35mm，其余 50mm×50mm×保护层厚度。垫块厚度应一致，间距合理，以保证骨架（网）处于同一平（立）面。

3.4.5　钢筋工程施工顺序

（1）柱钢筋施工

柱筋均应在施工层的上一层按要求留置不小于规定的接头长度。设地梁处标高处因基础与地梁同时浇筑困难，于地梁顶增设一个施工缝，此处柱筋接头位置均按梁高上移，箍筋加密区相应加高 600（700）mm。柱筋焊接时设专人负责，由专业操作人员持上岗证挂牌焊接，焊接前不同规格钢筋分别取样试验，合格后方能进行正式操作。在进入上一层施工时做好柱根的清理后，先套入钢筋，纵向筋连接好后，立即将柱筋上移就位，并按设计要求绑好箍筋，以防纵筋移位；对层高较大的部位，柱筋应设临时固定，以防扭曲倾斜。柱保护层垫块垂直方向间距 1m，水平方向≤1m，柱每边两块，大于 1m，每边 3 块。

（2）梁、板钢筋施工

在完成柱筋及梁底模及 1/2 侧模通过验收后，便可施工梁钢筋，按图纸要求先放置纵筋，再套外箍，严禁斜扎梁箍筋，保证其相互间距。梁筋绑扎的同时，木工可跟进封梁侧模，梁筋绑扎好经检查合格后方可全面封板底模。

在板上预留洞留好后开始绑扎板下排钢筋，绑扎时先在平台底板上用墨线弹出控制线，后用粉笔（或墨线）在模板上标出每根钢筋的位置，待底排钢筋、预埋管线及预埋件就位后交检验收合格并清理场面后，方可绑扎上排钢筋。板按设计保护层厚度制作对应混凝土垫块，板按 1m 的间距，梁底及两侧每 1m 均在各面垫上两块垫块。预应力梁钢筋绑扎应与预应力筋就位固定相配合，保证预应力筋就位正确。

（3）墙钢筋施工

跟进柱筋绑扎，地下室处在底板下层筋绑扎完后进行。

（4）钢筋规格不同时，可采用等强度代换，但应符合构造要求，并要通过设计单位同意，办理变更手续。

3.4.6 钢筋的验收

（1）根据设计图纸，检查钢筋的钢号、直径、根数、间距、排距等是否正确。特别要检查支座负筋、弯起筋位置，梁双排或多排钢筋排距；

（2）检查钢筋接头的位置及搭接长度是否符合规定；

（3）检查钢筋保护层厚度是否符合规定；

（4）检查钢筋绑扎是否牢固，有无漏绑及松动现象；

（5）检查钢筋是否清洁；

（6）钢筋经自检、互检、专业检后及时填写隐蔽记录及质量评定，及时邀请建设（监理）单位最后验收，合格后方可转入下道工序；

（7）为创“过程精品”，墙、板、柱先做好样板，经有关方面认可后方可大面积施工。

（8）钢筋位置允许偏差见表 3-1。

钢筋位置允许偏差 **表 3-1**

项目		允许偏差(mm)
受力钢筋排距		±5
钢筋弯起点位置		20
箍筋、横向钢筋间距	绑扎骨架	±20
	焊接骨架	±10
焊接预埋件	中心线位置	5
	水平高差	+3 0
受力钢筋的保护层	基础	±10
	柱、梁	±5
	板、墙、壳	±3

3.5 模板工程

3.5.1 支模前的准备工作

（1）根据控制轴线，用墨斗在板上弹出柱、墙支撑控制线，控制线距墙边线 10cm，并在柱、墙钢筋上部作出 500mm 标高控制点，用以控制梁板模标高。

（2）满堂脚手架立杆间距 800mm 纵横双向，梁底立杆间距 400mm，底部设扫地杆，距支撑点 200mm，上部水平托杆，水平横杆间距 1.8m，当梁高≥800mm 时，梁底水平拖杆与立杆交点处设双扣件，满堂架柱间设剪刀撑，架体外侧设剪刀撑，跨中设一道剪刀撑，剪刀撑通长设置。

（3）7.00m 平台支模：

1）将场区按现有标高平整，夯实，干密度不小于 $1.6t/m^3$。回填 100～150mm 厚石渣，夯压平实。

2）在梁高≥900mm 或梁宽≥1200mm 的梁底支模处，做通长 C10 混凝土垫层，厚度 100mm，宽度为梁宽两边各加 200mm。

3）在平整场地时，Ⓒ轴→Ⓐ轴，Ⓔ轴→Ⓖ轴做 5‰的坡度，在Ⓐ、Ⓖ轴承台外侧做 500mm×500mm 排水沟。排水沟 50m 设 1000mm×1000mm×1000mm 集水坑，排水沟坡向两侧集水井，在垫板间每隔两道垫板设 200mm×200mm 排水沟，如图 3-3 所示。

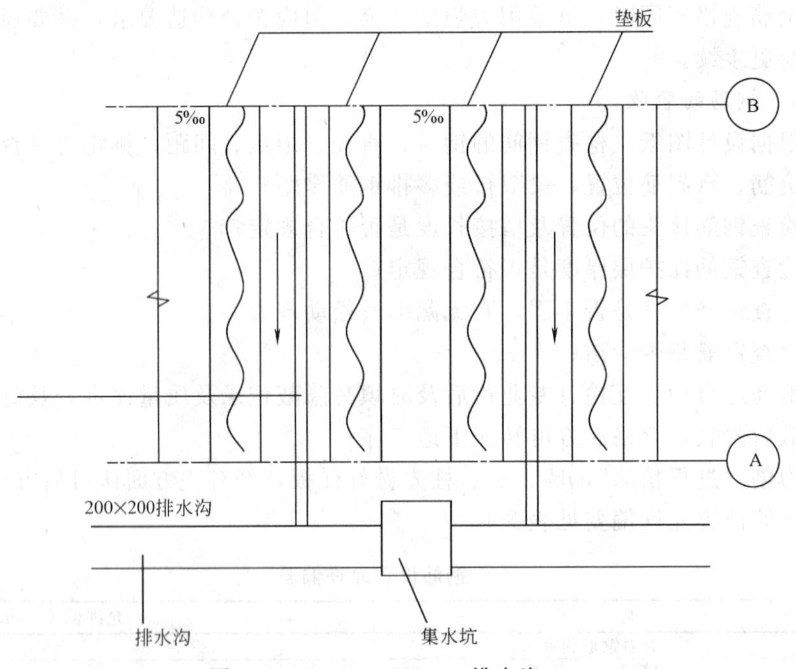

图 3-3 200mm×200mm 排水沟

4）立杆支撑基土上设 50mm 厚 200mm 宽垫板，间距同立杆间距；当梁高≥800mm 时，垫板上加垫 100mm×100mm×3mm 厚钢板。

5）在地下室回填土范围内抄平，统一标高线，根据此线确定支撑是否下沉；如下沉，用楔将支撑复位。

3.5.2 柱模支法（采用定型钢框竹胶大模）

(1) 柱模的安装顺序：安装前检查→大模安装→检查对角线长度差→安装柱箍→全面检查校正→整体固定→柱头找补。

(2) 安装前，要检查底部梁板混凝土面是否不平整，若不平整应先在模板下口处铺一层水泥砂浆（10～20mm 厚），以免混凝土浇筑时漏浆而造成柱底烂根，断面为 1200mm 以内（包括 1200mm）采用槽钢抱箍加固，间距从柱底至柱 1/3 处；间距 600mm，从 1/3 处至柱顶间距 800mm。可根据模板长度作调整，只能缩小沟距；柱断面大于 1200mm 的，设 ϕ14 对拉螺栓，水平间距 450mm，对称分配。竖向间距从柱底至柱子 1/3 处间距 450mm，从 1/3 处至柱顶间距 750mm，钢管抱箍间距同对拉螺栓，第一道抱箍距地 200mm，水平间距 750mm。柱模支撑与满堂架拉牢，形成一整体，柱间设剪刀撑和水平支撑，间距 1.0m，柱模支撑系统如图 3-4 所示。

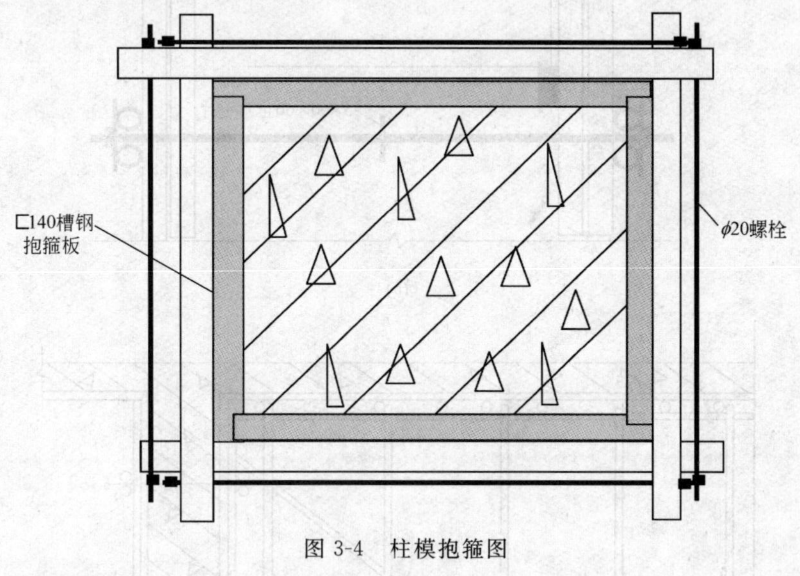

图 3-4 柱模抱箍图

3.5.3 墙板支法（采用组合钢模）

(1) 支模顺序：支模前检查→支一侧模板→钢筋绑扎→支另一侧模板→校正模板位置→紧固→支撑固定→全面检查。

(2) 墙模采用纵向排列方式组合，对拉螺栓采用 ϕ14 螺栓加 ϕ20 套筒，底部 3～5 排间距 450（竖向）mm × 750（横向）mm，上部 600mm × 750mm 对拉螺栓从自制专用 150mm×150mm 模板预留孔穿过。

(3) 墙板对拉螺栓节点详图、墙板有关墙体模板支撑图（正面）、墙体模板支撑图（侧面）如图 3-5 所示。

3.5.4 梁模支法（采用组合钢模）

(1) 梁模安装顺序：复核轴线底标高及轴线位置→支梁底模→绑扎钢筋→支梁侧模→复核梁模尺寸及位置→与相邻梁板连接固定。

(2) 满堂架子搭好后，在架子上标出控制标高，核定无误，在柱模支好并通过复核后，开始支梁底模。支设时，先从两端向中间铺设，符合模板模数的缝隙留在跨中用木模拼合，加固采用ϕ48钢管间距600mm斜撑，施工时先支梁模及一侧边模，待钢筋绑扎完

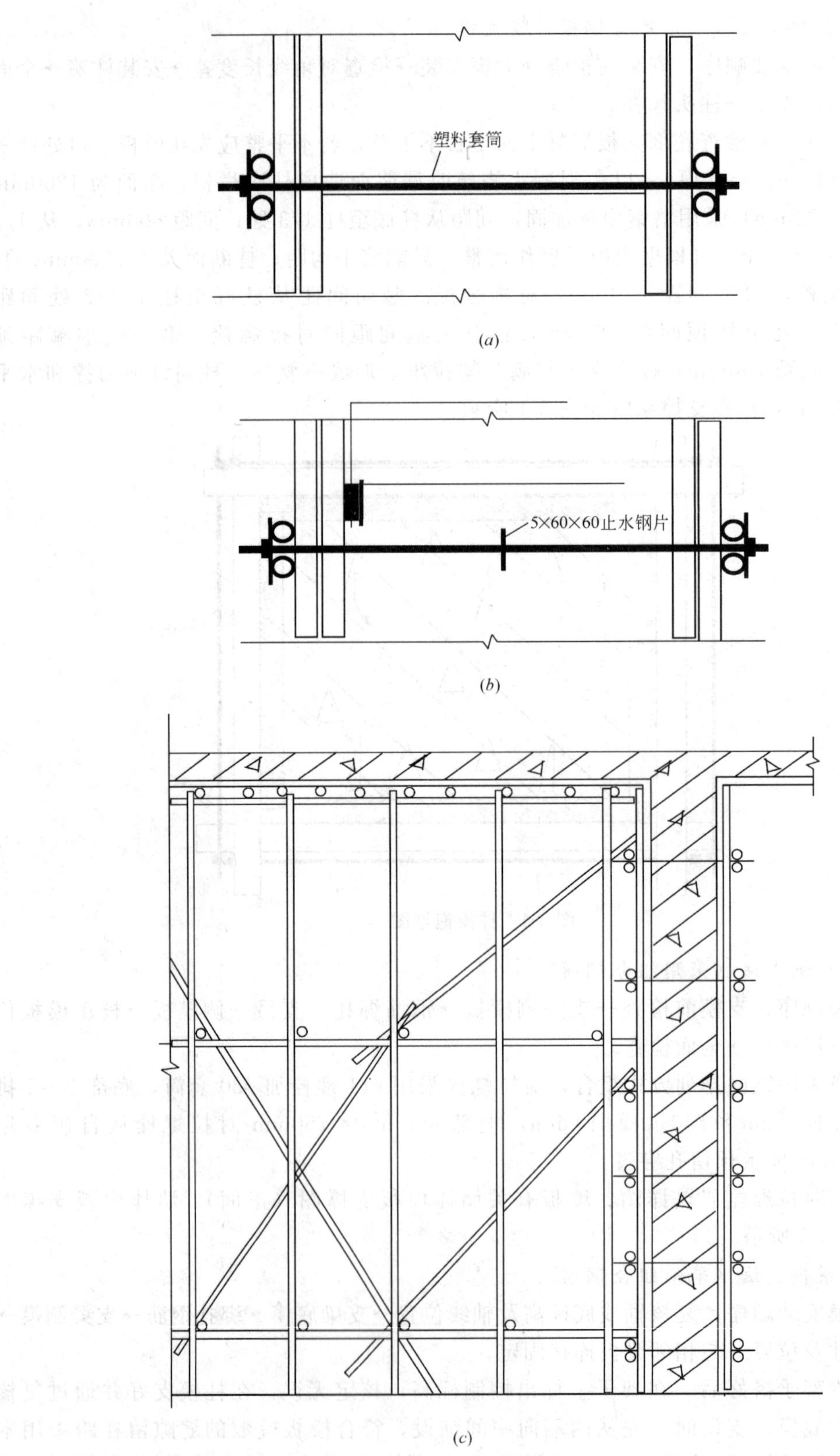

图 3-5 墙模板安装图（一）

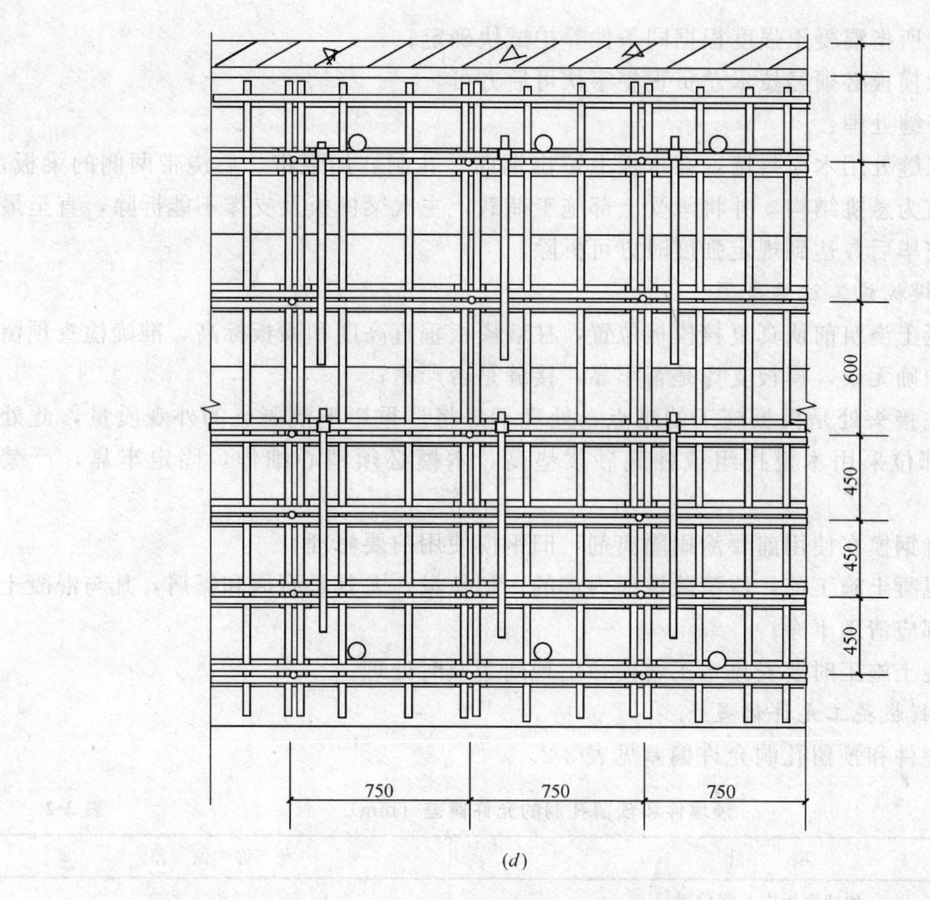

(*d*)

图 3-5 墙模板安装图（二）

（*a*）墙模对拉螺栓节点详图；（*b*）外墙模对拉螺栓节点详图；（*c*）墙模支撑图（侧面）；
（*d*）墙体模板支撑图（正面）

说明：本系统指＜4000mm 层高，对 4500mm、6400mm 层高，
只增加下段 750（横向）mm×450mm（竖向）二至三层

毕后，封合另一侧模板。当梁高小于 700mm 时，梁侧可用支撑板模的水平钢管顶撑，同时用短钢管斜撑；当梁高大于 700mm 时，增加对拉螺栓固定，在梁底以上 450mm 一道，每增加 450mm 一道，水平间距 750mm，保持梁模不变形。

（3）预应力梁起拱 1/1000，普通梁起拱 1/1000～3/1000，预应力梁底模在张拉灌浆完成前不能拆除。

3.5.5 模板的拆除

（1）地下室外模必须经过 14d 后强度达到设计强度 75％时，方可拆除；

（2）柱、其余墙模，其混凝土强度应在其表面及棱角不致因拆模而受损害时，方可拆除，一般经过 3 昼夜可拆除；

（3）梁跨≤8m，混凝土强度达到 75％拆除；大于 8m，强度达到 100％拆除；大于 2m 的悬臂构件强度，强度达到 100％拆除；小于等于 2m 的，强度达到 75％可拆除；

（4）楼梯间模板与支撑必须在混凝土强度达到 100％时，方可拆除；

（5）模板拆除一般顺序：柱、墙、楼板、梁侧、梁底；

(6) 以上所指混凝土强度根据同条件养护试块确定;

(7) 拆除模板必须经技术总负责签字认可后方可。

(8) 施工缝处理:

梁板施工缝处用木模封堵，在木板上留出钢筋、孔洞、加强带、后浇带两侧的梁板，在此带浇筑前为悬挑结构，并将承受上部施工荷载，主次梁模板及支撑不能拆除，直至最后一层浇筑完毕后，达到规定强度时方可拆除。

3.5.6 模板施工注意事项

(1) 混凝土浇筑前认真复核模板位置，柱墙模板垂直高度和梁板标高，准确检查预留洞位置是否准确无误，模板支撑是否牢靠，接缝是否严密;

(2) 梁柱接头处是模板施工的难点，处理不好将严重影响混凝土的外观质量，此处不合模数的部位采用木模拼组或柱底砂浆垫高，木模必须精心细作，固定牢靠，严禁胡拼乱凑;

(3) 所有钢模在使用前要涂刷隔离剂，旧钢模使用前要修理;

(4) 在混凝土施工前，应清除模板内部的一切垃圾，尤其是石屑和锯屑，凡与混凝土接触的面板都应清理干净;

(5) 混凝土施工时要安排木工看模，出现问题及时处理。

3.5.7 模板施工允许偏差

(1) 预埋件和预留孔洞允许偏差见表3-2。

预埋件和预留孔洞的允许偏差 (mm) **表3-2**

项目		允许偏差
预埋钢板中心线位置		3
预埋管、预留孔中心线位置		3
预埋螺栓	中心线位置	2
	外露长度	+10 0
预留洞	中心线位置	10
	截面内部尺寸	+10 0

(2) 现浇结构模板安装允许偏差见表3-3。

现浇结构模板安装的允许偏差 (mm) **表3-3**

项目		允许偏差
轴线位置		5
底模上表面标高		±5
截面内部尺寸	基础	±10
	桩、墙、梁	+4 −5
层高垂直	全高≤5m	6
	全高>5m	8
相邻两板表面高低差		2
表面平整(2m长度)		5

3.6 混凝土工程

3.6.1 原材料

(1) 水泥

1) C10、C15混凝土采用32.5级普通硅酸盐水泥；C25、C30、C35混凝土采用32.5级普通硅酸盐水泥；C50、C55混凝土采用42.5级普通硅酸盐水泥。

2) 水泥进场必须有出厂合格证和进场试验报告，水泥的技术性能指标必须符合国家现行相应材质标准的规定。进场时还应对其品种、强度等级、包装或散装仓号、出厂日期等检查验收，合格后方可用于工程。

用于承重结构混凝土中的水泥，经单位工程技术负责人在试验单中签署使用范围后方可用于承重结构中。水泥有下列情况之一时，应及时进行复查试验，并按其复试结果使用：

① 当对水泥质量或出具的资料有怀疑时；

② 水泥出厂超过三个月或出具的合格证技术指标不全时；

③ 当水泥受潮有结硬颗粒或散装强度等级不明时。

取样单位：以同一生产厂的同品种和同强度等级，数量不超过400t为一批。

技术要求：视骨料的碱活性情况来决定是否采用低碱水泥；当采用时，水泥中碱含量不得大于0.60%。

(2) 粗骨料的选用和质量要求

1) C10、C15、C25、C30混凝土均采用卵石；C35、C50、C55混凝土采用碎石。垫层、基础、承台、地梁、地下室底板、墙板采用5～31.5mm连续级配，其余采用5～20mm连续级配。

2) 质量要求：符合国家现行材质标准的规定。其中含泥量，防水及微膨胀混凝土必须小于1.0%。

3) 取样单位：以产地、规格相同的400m³为一批，不足400m³者亦为一批。

(3) 砂的选用和质量要求

1) 本工程结构用砂均采用天然河砂——中砂；

2) 材质应符合国家现行材质质量标准，其中C25、C50膨胀混凝土，C30防水混凝土用砂的含泥量应小于3.0%，泥块含量小于1.0%。

(4) 混合掺料

为了降低大体积混凝土的水化热、节约水泥、改善混凝土的和易性，防止混凝土开裂等要求，本工程C10、C15、C20、C25、C30、C35、C50、C55混凝土均掺加粉煤灰。

1) 掺量应通过试验确定。为了保证混凝土强度不变，掺量采用超量取代法。

参考掺量系数：C25、C30、C50取1.0；C15、C10取1.4。

不同等级混凝土粉煤灰取代水泥百分率（参考值）：

C15、C10	15%
C25、C30	20%
C50	15%

2) 粉煤灰采用Ⅰ级，质量应符合国家现行标准的规定。

(5) 水

采用饮用水，水源：航站楼机场给水管线。

（6）外加剂

1）防水混凝土、膨胀混凝土均掺用UEA膨胀剂；

2）C25、C30、C35、C50、C55采用泵送剂。

（7）进场材料的贮存和保管

1）水泥：入库的水泥应按品种、强度等级、出厂日期分别堆放，并树立标识，做到先到先用，并防止混杂使用，散装水泥不得混装。为防止水泥受潮，现场仓库（水泥仓）应尽量密闭，包装水泥存放时，应垫起离地约30cm以上，堆放高度一般不超过10包。水泥贮存时间不宜过长，以免结块，降低强度。临时露天暂存水泥采用防雨篷布盖严，底板垫高，采用油毡铺垫防潮。

2）砂、石子堆放场地采用C15混凝土厚150mm浇筑，保证场地坚硬平整，防止混入杂质，并按产地、种类分别堆放。石子堆料高度不宜超过5m，防止颗粒离析。搅拌站砂、石子堆场中部设挡墙，防止砂、石子混杂。

3）外加剂应设单独仓库存放，避免外加剂与水泥、白灰等混杂、混用。

3.6.2 混凝土浇筑前的准备

（1）制定施工方案并进行技术交底

每次浇筑混凝土前应编制详细的施工方案，并对施工人员进行技术交底，使整个浇筑过程有组织、有分工、连续有序地进行。现场浇筑实行分段、分区挂牌负责。

（2）机具准备及检查

搅拌机、运输车、料斗、串筒、振捣器等机具设备按方案需要准备充足，并考虑发生故障时的修理时间，应有备用的搅拌机、输送泵和振捣器。所用的机具场地应在浇筑前进行检查和试运转；同时，配有专职技工，随时检修。

浇筑前，必须查实一次浇筑完毕或浇筑至其施工缝的工程材料，以免停工待料。

（3）保证水电及原材料的供应

浇筑混凝土期间，要保证水电不中断。为防备临时停水，搅拌站设砖砌100m^3蓄水池一个，可满足5h一台搅拌机最大搅拌用水量。每台强制式搅拌机旁设2m×1.5m×1.5m钢板水箱一个。为防备停电，配备两台120kW柴油机组；同时，在浇筑地点贮备一定数量的原材料和人工拌合、捣固用的工具，以防止出现意外的施工停歇缝。

（4）掌握天气季节变化情况

加强气象预测预报的联系，在混凝土施工阶段掌握天气的变化情况，以保证混凝土连续浇筑顺利进行，确保混凝土质量。

（5）检查模板、钢筋、预埋管和预埋件

1）在混凝土浇筑前，应检查和控制模板、钢筋、保护层、预埋件、预埋管等的尺寸、规格、数量和位置，其偏差值应符合现行国家标准的规定。在“三检”合格后，请监理人员验收隐蔽。

2）检查安全设施、劳动力配备是否妥当，能否满足浇筑速度的要求。

3）在地基或基土上浇筑混凝土，应清除淤泥和杂物，设置排水、防水措施。

4）填写混凝土搅拌通知单，通知搅拌站所要浇筑混凝土的等级、配合比、搅拌量、浇筑时间。

3.6.3 混凝土工程的施工

本工程采用集中搅拌、泵送混凝土。混凝土由混凝土泵直接输入浇捣部位，墙采用分层斜坡浇筑。分层厚度在 30～50cm，每层振捣密实后再覆盖新混凝土。混凝土通过软管下料，以控制混凝土自由高度。板混凝土采用随浇随抹平，连续浇捣一次成活，并在初凝前用滚筒碾压，在终凝前采用二次收光，以防止混凝土出现裂缝。

（1）地梁、承台、柱下独立基础

分四个施工段：A、B、C、D 区各为一个施工段，每段混凝土采用连续浇筑。混凝土浇捣利用泵管直接将混凝土送到地梁或承台、独立基础内，并用振捣棒振捣密实。

（2）柱、梁、板施工

1）浇筑框架混凝土应按结构层次和结构平面分层分段流水作业，水平方向以加强度（或后浇带）分段，垂直段以楼层分段，每层先浇柱子，后浇梁板。

2）柱子浇筑宜在梁板模安装完毕，梁板钢筋未绑扎前进行，以保证混凝土浇筑质量，便于上部操作，同时不至于破坏梁板钢筋。

3）柱应沿高度分段浇筑，分段浇筑每段高度不得超过 2m，采用串筒下料，上段在下段初凝前浇筑，在梁底下 2～3cm 设施工缝，分段浇筑应在柱侧面开洞做浇筑振捣口。

4）浇筑梁板应同时浇筑，先将梁的混凝土分层浇筑或阶梯形向前推进，当达到板底标高时，再与板的混凝土一起浇捣，随前阶梯不断延长，板的浇筑也不断前进。当梁高大于 1m 时，可先将梁单独浇筑至板底下 2～3cm 处留施工缝，然后再浇板。为防止出现裂缝，先用插入式振捣棒振捣然后用平板振捣器振捣，直到表面泛浆为止，再用铁辊碾压。在初凝前，用铁抹子压光一遍，最后在终凝前再用铁抹子压光一遍。

5）在浇筑柱、梁与主次梁交接处，由于钢筋较密集，要加强振捣以保证密实，必要时该处可采用同强度等级细石混凝土浇筑，采用片式振捣棒振捣或辅以人工插捣。

（3）混凝土膨胀加强带的施工

本工程根据设计要求，采取取消伸缩缝的无缝设计新技术和采取小膨胀混凝土与膨胀混凝土加强带相结合进行施工，二者均按间歇 14d 浇筑，为防止小膨胀混凝土流入膨胀加强带内，在加强带两侧，加钢丝网或设木方（木板）封堵。板底部垂直加强带钢筋先绑扎，平行加强带钢筋后绑扎，以便清理底部垃圾；上部垂直加强带钢筋两侧预留焊接长度，平行加强带钢筋后绑扎，以便安拆木方（木板）清理垃圾，两侧混凝土表面清理。墙外侧网片可先绑扎，内侧处理方法同板上部钢筋。

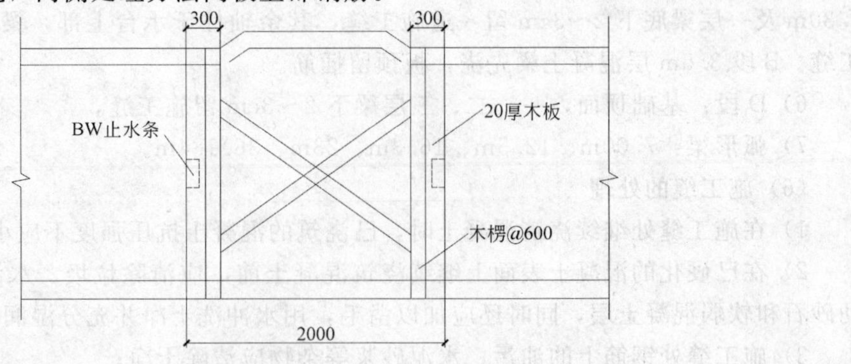

图 3-6 膨胀加强带施工示意图

地下室底板、外墙板在板厚1/2处每边加设一道BW止水条，止水条在底板与外墙交圈搭接（图3-6）。

微膨胀大面积UEA参考掺量10%～12%，加强带UEA掺量14%～15%，因考虑膨胀作用，会使混凝土的自由强度降低，加强带混凝土等级要比两侧混凝土高一个等级。加强带浇筑完毕后，要特别加强养护，不少于14d。后浇带参照加强带处理，但浇筑时间间隔为42d。

（4）膨胀加强带的设置

1）地下室底板，纵向四边墙板按设计设四道，带宽2m；

2）地下室顶板按设四道加强，带宽2m；

3）3.5m层：A、C、D段各设一道，B段设三道加强带，两道后浇带；

4）7.0m层：A、C、D段各设一道，B段沿横向设三道加强带，两条后浇带，沿纵向设一道加强带；

5）D段10.5m层设一道加强带；

6）B段12.5m层设三道加强带，两道后浇带。

（5）施工缝的留设及处理

1）B段：地下室底板不允许留设施工缝，底板面以上500mm处留设一道水平施工缝。施工缝的处理采用钢板止水带，钢板规格3mm厚、350mm高，沿外墙四周封闭焊接，采用ϕ12钢筋间距1000mm固定在墙主筋上，钢板止水带的埋置位置必须在墙中。

2）地下室墙板：风道墙地下室范围内（外墙）留置在风道顶板中部，内墙留置在地下室顶板梁下2～3cm；风道地下室范围内外伸缩缝按设计留设。

地下室两侧外端墙在顶板梁下2～3cm留设施工缝一道，墙中设BW止水条20mm×30mm。内横墙与纵墙混凝土不同，纵横墙交接处于横墙上设垂直施工缝，缝采用40mm厚木板封堵。

3）A段：基础顶面（－3.70m）留一道施工缝；Ⓔ、Ⓕ、Ⓖ轴地梁，⑥～⑦轴间一跨后期浇筑C30膨胀混凝土，Ⓔ、Ⓖ轴柱一次到顶，Ⓕ轴柱第一次在0.1m留缝以后留到梁下2～3cm处。

4）C段：Ⓔ、Ⓖ轴地梁于㊺～㊻轴间一跨后期浇筑，其余同A段。

5）B段：锚入地下室部分地梁（－0.69m标高）浇筑风道时，自风道外墙外900mm留垂直施工缝，Ⓕ～Ⓔ轴之间地梁待Ⓓ轴钢柱吊装完后浇筑。Ⓔ轴柱于－6.30m，－1.30m及一层梁底下2～3cm留一道施工缝，其余轴柱于承台上部，梁下2～3cm留设施工缝。B段3.5m层混凝土梁先浇，板预留插筋。

6）D段：基础顶面，一、二、三层梁下2～3cm留施工缝。

7）弧形梁：7.00m、12.5m、16.3m、23m、36.184m。

（6）施工缝的处理

1）在施工缝处继续浇筑混凝土时，已浇筑的混凝土抗压强度不应小于1.2N/mm^2；

2）在已硬化的混凝土表面上继续浇筑混凝土前，应清除垃圾、水泥薄膜、表面上松动砂石和软弱混凝土层，同时还应加以凿毛，用水冲洗干净并充分湿润，且不得积水；

3）施工缝处钢筋上的油污、水泥砂浆等杂物应清除干净；

4）在浇筑前，水平施工缝宜先铺10～15mm厚与混凝土内的砂浆成分相同的水泥砂浆一层；

5）加强对施工缝的振捣工作。后浇带、膨胀加强带也必须将整个混凝土表面按施工缝的要求进行处理。

（7）钢管柱灌混凝土

1）航站楼为框排架结构，钢柱为4根ϕ426钢管格构柱，最高柱16m，为解决长细比矛盾，增强钢柱抗剪能力，设计钢管柱中灌C40混凝土。B区Ⓓ轴灌注标高+13.50m，Ⓐ轴+8m。

2）施工准备：

① 使用大功率90柴油泵，125泵管；

② 加工300mm×400mm×40mm密封胶圈（中心开ϕ120孔），共8个；

③ 10mm厚、100mm宽钢板圆箍16套；

④ 平面尺寸300mm×600mm×10mm，连接板8块泵管与连接板周围满焊；

⑤ 混凝土采用C40混凝土，5～20mm碎石，混凝土坍落度控制在18cm左右，使用HMS-Ⅱ型泵送混凝土，混凝土缓凝时间控制在3h左右；

⑥ 在钢管柱以上500mm处开灌注孔，在设计混凝土浇筑高度以上100mm处开ϕ30观察孔。

3）施工方法：

① 施工前，先从灌孔处注入300mm高水，泵管与钢柱通过连接板，连接板上下各一道加强箍，整个泵管连接并验收好后，在节点处拆开。

② 通过计算确定每根柱内需混凝土数量（加上泵管损失），通知搅拌站搅拌0.5m³砂浆，湿润泵管，通过节点排出。等出到C40时，接好节点，开始连续浇筑。由于开始注入钢柱内的300mm高水较混凝土轻，水始终在混凝土上面，起到湿润钢柱内壁的作用，减少混凝土浇筑过程中与钢柱内壁的摩擦力。

③ 当水从观察孔内流出时，立即停止泵送，关闭截止阀，并从节点处拆除泵管，再接下一个柱子。

④ 做300mm×300mm×300mm容器，在每根柱子浇筑结束时，做一个300mm×300mm×300mm试样，通过观察试样初凝时间，来确定拆截止阀和连接板时间（在试样初凝2h后拆除）。

4）注意事项：

① 施工中，严格控制混凝土坍落度；

② 施工前对机具设备进行一次充分检修和试车，浇灌中途发生机具故障而停止；如一旦停止作业；立即拆管放料。

3.6.4 混凝土的养护

（1）覆盖浇水养护

采用部位：±0.000m以下所有结构混凝土及±0.000m以上柱混凝土覆盖浇水养护应符合下列规定：

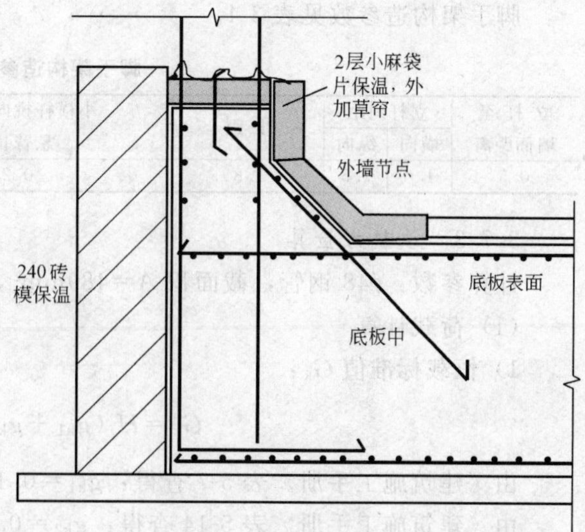

图3-7 混凝土养护

1）覆盖浇水养护应在浇筑完毕后的12h以内进行（图3-7）；

2）混凝土的养护时间，普通混凝土不少于7d，膨胀混凝土、防水混凝土不少于14d；

3）浇水应保持混凝土始终处于湿润状态；

4）混凝土的养护用水应与拌制水相同。

（2）试块留置原则

用于检验结构构件混凝土质量的试件，应在混凝土的浇筑地点随机取样制作。检验混凝土评定强度所用混凝土试件组数，应按下列规定留置：

1）每拌制100盘且不超过$100m^3$的同级配的混凝土，其取样不得少于一次；

2）每工作班拌制的同配合比的混凝土不足100盘时，其取样不得少于一次；

3）每一现浇楼层同配合比的混凝土，其取样不少于一次；

4）每一验收项目中同配合比的混凝土，其取样不得少于一次；

5）每次取样应留置一组标准试件；为了检查拆模、吊装、张拉及施工期间临时负荷的需要而留置的同条件养护的试件，每工作班不少于2组；

6）抗渗试件组数应按下列规定留置：

每$500m^3$留置两组，每增加250～$500m^3$留置两组。其中一组标养，另一组同条件下养护。每工作班不足$500m^3$也留置两组。

3.7 脚手架工程（双排外架）

3.7.1 工程概况

本工程脚手架均采用$\phi48\times3.5$钢管和铸铁扣件搭设。结构施工一层以上外脚手架采用悬挑架。支撑架以$\phi48$钢管扣件连接。上部为双排扣件式钢管脚手架，高度为23m。外侧立面及底面挂密目安全网封闭。

上部脚手架的设计参数为：立杆纵距$l_a=1.6m$，立杆横距$l_b=1.05m$，步距$h=1.5m$，作业层为夹层及二层。

3.7.2 构造参数

脚手架构造参数见表3-4。

脚手架构造参数（m）　　表3-4

立杆至墙面距离	立杆间距		步距	小横杆挑向墙面的悬臂长度	大横杆间距	操作层小横杆间距
	横向	纵向				
0.5	1.0	1.5	1.8	0.25	0.9	0.75

3.7.3 承载力验算

计算参数：$\phi48$钢管，截面积$A=489mm^2$，$i=15.8mm$，$f_c=205N/mm^2$。

（1）荷载计算

1）恒载标准值G_k：

$$G_k=H_i(g_{k1}+g_{k3})+n_1 l_a g_{k2}$$

由《建筑施工手册》表5-7查得：$g_{k1}=0.13kN/m$

由《建筑施工手册》表5-14查得：$g_{k2}=0.5kN/m$

由《建筑施工手册》表5-15查得：$g_{k3}=0.1113kN/m$

$H_i=23m$，$n_1=2$，

则，$G_k=H_i(g_{k1}+g_{k3})+n_1 l_a g_{k2}=23\times(0.13+0.1113)+2\times1.6\times0.5$

$=7.2kN$

2）作业层施工荷载标准值 Q_k：

$$Q_k=n_1 l_a g_k$$

由《建筑施工手册》表 5-16 查得：$g_k=1.8kN/m$，

则，$Q_k=n_1 l_a g_k=2\times1.6\times1.8=5.8kN$

3）轴心力设计值 N：

$$N=1.2G_k+1.4Q_k=1.2\times7.2+1.4\times5.8=16.76kN$$

（2）支撑架验算

1）内力计算：

$$RA_V=2N=2\times16.76=33.52kN$$

$RA_H=RBH=(N/h)\times(1+12)=(16.76/1.7)\times(1.322+0.274)=15.73kN$

$N/$(作用于 D 点)$=N[(12/1)+1]=16.76\times[(0.274/1.322)+1]$

$=20.23kN$

$S_1/N=11/h$，$S_1=S_2=Nl/h=20.32\times1.322/1.7=15.73kN$

$S_3/N=-2.154/h$，$S_3=S_4=-N/\times2.154/h=-20.23\times2.154/1.7$

$=-25.63kN$

$S_5/RBH=-1.7/1.322$，$S_5=-15.73\times1.7/1.322=-20.23kN$

2）稳定性验算（验算 BC 杆）：

确定：

$$\mu=1.5,\ \lambda=\mu l/i=1.5\times1.077/0.0158=102.25>0.573,$$

$$N/(A)=25.63\times103/(0.573\times489)$$

$$=91.5N/mm^2<f_c=205N/mm^2$$

3.7.4 搭设方法

（1）在基土上搭设必须将基土夯实，并在架外 2m 处做排水沟，立杆下垫 50mm 厚木板；

（2）架体水平方向每 4m 用 $\phi6$ 钢筋与结构埋件拉结，竖直方向每 2m 与柱用钢管抱箍；

（3）每 10m 设一道剪刀撑，与地面成 60°夹角；

（4）脚手架操作层满铺竹笆，立面挂密目网，网质必须符合 GB/T 26—85 力学性能；

（5）脚手架须有防雪设施，架体水平每 10m 用 $\phi32$ 钢筋，钉入地下 1m 并与架体钢管焊接。

3.7.5 搭设注意事项

（1）按照规定的构造参数进行搭设；

（2）相邻立杆接头位置应错开布置在不同步距内，上下大横杆接长位置应错开布置在不同的立杆纵距中；

（3）及时与结构拉结，以确保搭设过程安全；

（4）扣件要拧紧，有变形的钢管和不合格扣件不能使用；

(5) 搭设操作人员必须系安全带，安全带高挂低用；

(6) 随时校正杆件垂直和水平偏差，避免偏差过大；

(7) 脚手架使用前必须经技术负责人及安全总监验收，合格后可使用。

3.7.6 脚手架的拆除

(1) 随着外装饰工程的完工，脚手架要逐层进行拆除，首先要对操作人员进行交底，内容包括拆除范围、时间、拆除顺序、警戒区域、安全措施等。

(2) 墙外架拆除时，特别要加强出入口的管理，拆除时出入口必须封闭，周围设警戒区，派专人看护，禁止人员进入警戒区内。

(3) 拆除脚手架时，先清除跳板上的杂物，并严禁高空向下抛掷。将杂物装入袋内送入室内，由运输设备向下送，从脚手架拆下的钢管、扣件首先向垂直运输设备集中，然后运送下去。

(4) 拆除顺序：安全网-跳板-栏杆-剪刀撑-大横杆-立杆。

(5) 所有高处作业人员在没有封闭的环境下操作，必须系好安全带；拆除架子禁止在雨天和大风天进行。

(6) 所有脚手架孔洞在脚手架拆除后，必须用防水砂浆堵好、抹平。

3.8 砌筑工程

3.8.1 各部位砌筑材料

地下室部分采用240mm厚MU10烧结普通砖，M5水泥砂浆砌筑；一层为2400mm厚空心砖和200mm厚加气混凝土砖，M5混合砂浆砌筑；一层以上为100mm厚加气混凝土砌块，M5混合砂浆砌筑；3.5m卫生间墙体为100mm厚加气混凝土砌块。底部300mm高为200mm厚空心砖墙。

3.8.2 构造柱、圈梁设置原则

(1) 砌筑墙应在洞口宽度大于1.5m两侧沿墙长3.6m及纵横墙交接处设置构造柱，构造柱的断面分别为240mm墙厚，沿高度500mm设2ϕ8拉结筋，锚入墙体1000mm。

(2) 所有不到顶的空心砖墙，200mm厚加气混凝土墙，在墙体的上标高下浇筑240mm×200mm C20混凝土圈梁，内配4ϕ12构造柱筋，锚入圈梁。

(3) 圈梁与柱、墙板交接处，构造柱与梁、顶板交接处，分别在柱、墙板、梁、顶板上预埋5mm厚钢板，平面尺寸同圈梁、构造柱断面，与圈梁、构造柱主筋焊接。

3.8.3 砌筑技术措施

(1) 砌体与混凝土柱或墙之间要用拉结筋连接，使两者连成整体。砖墙与柱交接处，在混凝土墙、柱垂直方向间距500mm预埋一块3mm厚60mm×200mm钢板，焊接墙体拉结筋如图3-8所示。

(2) 砌体顶部与框架梁板接槎处应采用侧向或斜向实心砖砌筑，避免裂缝产生。

(3) 门洞口部位应采用一排实心砖。

(4) 空心砖墙根部砌筑3皮实心砖墙。

(5) 空心砖提前一天浇水湿润，砂浆灌缝要饱满，尤其立缝，施工过程中极易忽视，砂浆不饱满，透缝、隔声效果不好，整体性差。

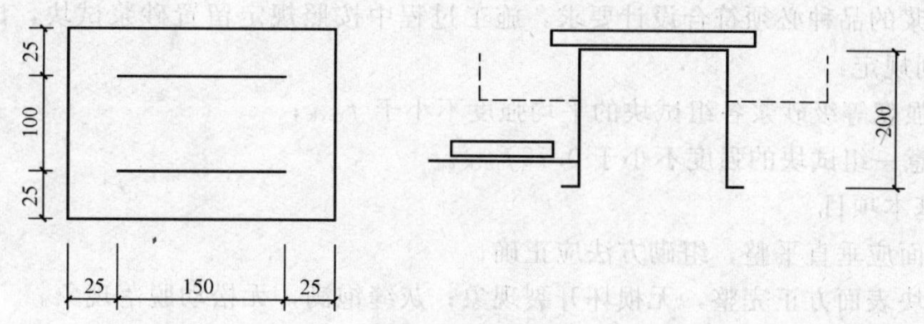

图 3-8 预埋钢板

(6) 砌体工程应紧密配合安装各专业预留预埋进行，在总包单位统筹管理下，合理组织施工，减少不必要的损失和浪费。

3.8.4 砌筑方法

(1) 砌体及砖施工前，应先将基础面或楼地面按标高找平，然后按图纸放出第一皮砌块的轴线、边线和洞口线，以后按砌块排列图依次吊装砌筑。

(2) 砌筑时，应先远后近，先上后下，先外后内；在每层开始时，应从转角处或定位砌块处开始；应吊一皮，校一皮，皮皮拉麻线，控制砌块标高和墙面平整度。砌筑应做到横平竖直，砂浆饱满，接槎可靠，灌缝严密。

(3) 应牢固地将墙或隔墙互相连接并与混凝土墙、梁、柱相互连接。框架柱预埋铁件（规格为 120mm × 80mm × 5mm），后焊拉结筋，规格为 2ϕ6，长度不小于 1m，间距 500mm。

(4) 应经常检查脚手架是否足够坚固，支撑是否牢靠，连接是否安全，不应在脚手架上放重物品。

3.8.5 质量标准

(1) 保证项目

1) 砌块的型号、规格、强度等级，必须符合设计要求和施工规范的规定。

砌块墙允许偏差及检验方法 表 3-5

项次	项目			允许偏差(mm)	检验方法
1	轴线位移			10	尺量检查
2	表面平整			8	用 2m 靠尺和楔形塞尺检查
3	砂浆饱满度			≥80%	用百格网检查
4	垂直度	每层		5	用检测尺检查
		全高	≤10m	10	用经纬仪、吊线和尺检查，或用其他测量仪器检查
			>10m	20	
5	水平灰缝厚度（连续5皮砌块累计数）			±10	用尺量检查
6	垂直灰缝宽度（连续5皮砌块累计数），包括凹面深度			±15	用尺量检查
7	门窗洞口宽度（后塞框）	宽度		+5	用尺量检查
		上下窗口偏移		20	

2）砂浆的品种必须符合设计要求，施工过程中按照规定留置砂浆试块，试块强度必须符合下列规定：

① 同强度等级砂浆各组试块的平均强度不小于 $f_{m,k}$；

② 任意一组试块的强度不小于 $0.75f_{m,k}$。

（2）基本项目

1）墙面应垂直平整，组砌方法应正确；

2）砌块表面方正完整，无损坏开裂现象；灰缝饱满，无松动脱落现象。

（3）允许偏差项目

砌块墙体尺寸、位置的允许偏差及检验方法见表 3-5。

3.9　钢结构工程

3.9.1　钢结构的制作

（1）制作厂的选择

钢结构的制作是钢结构工程一个极其重要的环节，将直接影响到钢结构施工的施工质量、工期等。为了保证工程质量以及制作与施工的密切配合，在制作厂的选择上，将重点考虑以下内容：

1）选择有实力、有类似工程加工制作经验的钢结构制作专业厂家进行钢结构制作；

2）选择与安装施工单位有过多次钢结构工程合作经验的制作单位；

3）选择钢结构构件运输方便的制作厂进行钢结构加工、制作；

4）根据本工程工期较短，一家制作厂很难在短期内完成所有钢结构构件制作任务，考虑同时选择两个厂家进行制作；

5）选择有现场拼装实力和经验的制作厂。

待制作厂家选定后，以下工作由制作厂完成。

（2）细部设计

细部设计是本工程制作过程中最重要的环节，是将结构工程的初步设计细化为能直接进行制作和吊装施工图的过程。

细部设计的主要内容为：

1）主桁架分段；

2）单件部件放样下料；

3）编制下料加工、弯管、组装、焊接、涂装、运输等专项工艺；

4）主桁架组装；

5）吊装吊点布置；

6）配合安装技术措施；

7）运输加固。

（3）细部设计组织图

如图 3-9 所示。

3.9.2　加工制作工艺及工艺流程

本屋盖钢结构面积为 26265.95m^2，主要构件为曲线倒三角形主桁架和格构式钢柱及托架，依据吊装及运输要求，将主桁架分别为三段和二段进行放样下料、编号，散件成捆

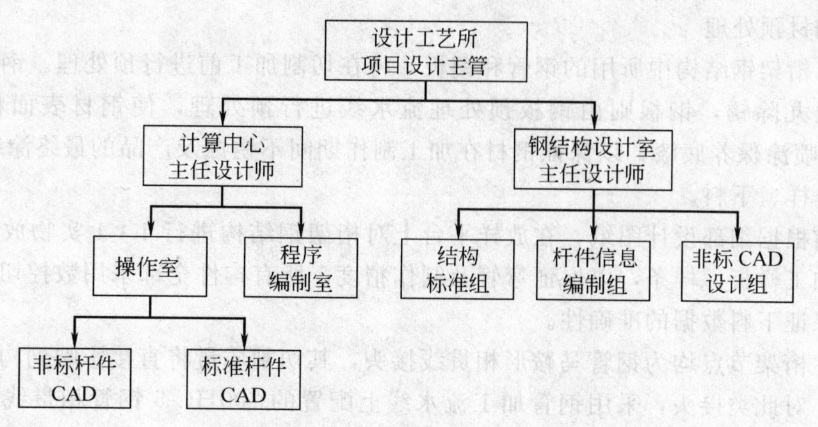

图 3-9 钢结构细部设计组织图

运输至工地现场。

（1）加工准备

加工准备流程如图 3-10 所示。

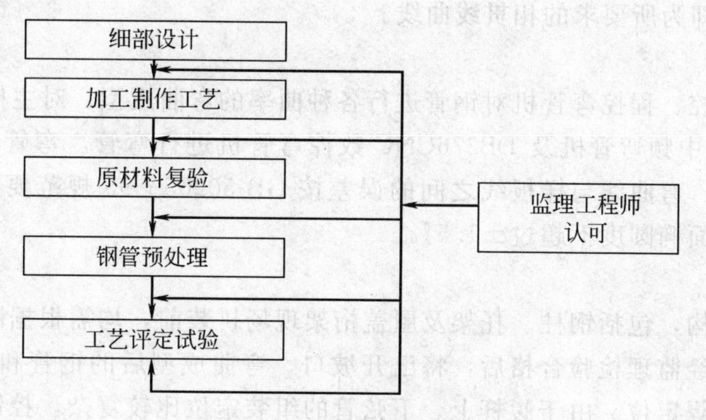

图 3-10 加工准备流程

（2）组装（此部分工作拟定在现场进行）

组装流程如图 3-11 所示。

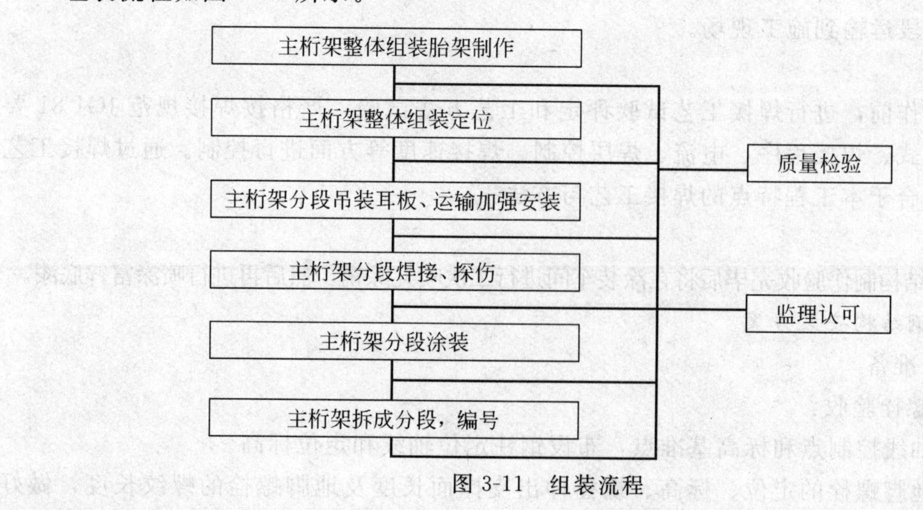

图 3-11 组装流程

（3）钢材预处理

对所有桁架钢结构中所用的钢管和钢板，将在切割加工前进行预处理。钢管在涂装车间内进行抛丸除锈，钢板则由钢板预处理流水线进行预处理，使钢材表面粗糙度达到Sa2.5级后喷涂保养底漆，以保证钢材在加工制作期间不锈蚀及产品的最终涂装质量。

（4）放样、下料

制作前根据细部设计图纸，在放样平台上对桁架钢结构进行1：1实物放样，对上下弦杆定制加工样板、样条，以保证弯管及制作精度。所有构件全部采用数控切割机进行切割下料，保证下料数据的准确性。

由于主桁架节点均为钢管马鞍形相贯线接头，其切割质量将直接影响到构件的精度和焊接质量。对此类接头，采用钢管加工流水线上配置的700HC-5钢管相贯线切割机进行切割，相贯线曲线误差控制在±1mm以内。

该相贯线切割机最大切割管径为$\phi700$，切割管壁厚为25mm。切割时，将切割参数（管材内径、相贯钢管外径、相贯夹角、相贯线节点距及相贯线上下标距）输入切割机的控制屏内，被切割钢管形成在机身平台上原地旋转，气割头沿钢管纵向移动，两种运动速度所形成的曲线即为所要求的相贯线曲线。

（5）弯管

利用大型数控、程控弯管机对钢管进行各种曲率的弯曲成型。对主桁架上下弦管，可采用DB275CNC中频弯管机及DB276CNC数控弯管机进行弯管。弯管采用折线法弯曲，用样板进行校对，弯曲线与样板线之间的误差按GB 50205—95规范要求不超过±2mm。管子弯曲后的截面椭圆度不超过±1.5%。

（6）装配

所有钢管结构，包括钢柱、托架及屋盖桁架现场拼装前，均需根据图纸及规范要求制作组装胎架，并经监理检验合格后，将已开坡口、弯曲成型后的钢管和成型的斜、腹杆，按编号组装、点焊定位。由于腹杆上、下弦管的组装定位比较复杂，控制好腹杆的四条控制母线和相应弦管的四个控制点至关重要，定位时要保证相同的腹杆在弦杆上定位的惟一性。定位时应考虑焊接收缩量及变形量，并采取措施消除变形，在组装时还要将吊装耳板同时组装。经检验合格后，进行焊接（各分段接头处不焊）、超声波探伤等，经监理验收合格后，再分段运输到施工现场。

（7）焊接

在加工制作前，进行焊接工艺试验评定和工艺方法试验，严格按焊接规范JGJ 81要求；在坡口形式、焊接程序、电流、焊层控制、焊接速度等方面进行控制。通过焊接工艺实验，找出适合于本工程特点的焊接工艺与方法。

（8）涂装

主桁架钢结构制作验收完毕后将在涂装车间进行二次喷丸除锈，然后再进行喷涂富锌底漆。

3.9.3 钢结构安装方案

（1）施工准备

1）地脚螺栓验收：

① 交接轴线控制点和标高基准点，布设钢柱定位轴线和定位标高。

② 复测地脚螺栓的定位、标高、螺栓伸出支撑面长度及地脚螺栓的螺纹长度，做好

记录；如误差超出规范允许范围应及时校正。

③ 验收合格后方可进入钢柱吊装工序。

2）柱底支撑面处理：

① 钢柱底板与基础面之间的 30mm 间隙是调整钢柱倾斜及钢柱标高的预留值，待钢柱安装就位后，通过调整设置在柱底的垫铁来控制。

② 标高调整采用垫铁组叠合两次完成。首先将垫铁均布于钢柱底板下面，对标高进行初步调整，待钢柱就位后，视需要再次加设垫铁进行调整。

③ 当钢柱垂直度偏差和标高校核无误后，用高强无收缩细石混凝土浇灌钢柱地板。

3）钢构件进场与验收：

① 本工程钢构件均在制作厂制作成散件后，运输至现场进行拼装；

② 现场拼装成整体的构件，需通过验收后方可进入吊装工序；

③ 按图纸和钢结构验收规范对构件的尺寸、构件的配套情况、损伤情况进行验收，验收检查合后，确认签字，做好检查记录。

（2）格构式钢柱及托架吊装

1）吊装方案：

① A、B、C 区的所有钢柱（GZ-1～GZ-5）及钢托架（TT-1～TT-5）构件均在制作厂制作成散件，运输至现场拼装场地，进行现场拼装。

② 工程钢柱均为格构式钢管柱，主航楼 B 区Ⓐ轴、Ⓓ轴钢柱 GZ-1、GZ-2，断面 2000mm×2000mm，高度分别为 15.00、18.00m，整根钢柱重量分别为 19.06t 和 20.31t。根据钢柱的特点及整根钢柱的重量，GZ-1、GZ-2 柱采用一台 100t 履带吊沿柱边行走整体吊装方案。吊装 GZ-1 的同时，用 100t 履带吊依次进行 TT-1 托架安装。吊装 GZ-2 时需待地下室土方回填，夯实至满足履带吊行使要求承载力时，方可进行。为了减小履带吊对地下室侧壁的压力，履带吊行走时距地下室侧壁至少 5m。

③ A、C 区钢柱 GZ-4，GZ-5 及 B 区Ⓖ轴钢柱 GZ-3，断面 800mm×800mm，整根钢柱重量最大仅为 4.5t，采用一台 25t 汽车吊沿柱边行走整体吊装方案。在进行钢柱吊装的同时，用 25t 汽车吊依次进行 TT-2～TT-5 托架安装。

2）钢柱固定措施。

单根钢柱吊装完成，校正无误后，紧固地脚螺栓固定钢柱。由于钢柱的自由高度较高（近 18m），长细比较大，在无托架方向钢柱的稳定性不足，且屋架安装前要插入 7.00m 楼面混凝土施工，钢柱柱底螺栓紧固后需用缆风绳作临时固定。该固定缆风待楼面浇筑完成并达到一定强度后，方可拆除。

（3）B 区屋盖钢结构安装

1）起重机械的布设。

在Ⓐ轴外侧布设一台 K50/50 行走式塔吊，作为主要吊装设备，塔吊的最大起重量 20t，臂长 70m，安装高度 50m。塔吊中心线距Ⓐ轴 6m，钢轨中心距为 8m，钢轨距柱边 2m。钢轨下铺枕木，枕木下满铺石子，起重机路基土承载力要求达到 200kPa。沿Ⓖ轴布设一台 100t 履带吊。作为桁架的配合吊装使用，另配一台 25t 汽车吊进行构件的二次倒运和喂料使用。

2）桁架分段。

B区屋盖是由27榀组合桁架，上铺檩条、屋面板组成。单榀桁架由T-1，T-2架组通过Y-1杆连接为整体，桁架支撑在Ⓐ、Ⓒ轴钢柱（托架）和Ⓓ轴伸出的摆式杆上。根据结构特点及选用的塔吊、履带吊的起重能力，T-1架在地面分成三段进行组装，T-2在分成二段进行组装，分段桁架吊装至高空进行组拼。

3）拼装胎架搭设。

在7.00m楼面上安装可滑移的桁架拼装胎架，由于采用摆式杆空间斜向支撑桁架此种独特的结构形式，胎架要求可同时满足三榀桁架的拼装。拼装胎架用$\phi48\times3.5$普通脚手架钢管搭设，根据屋架分段高空拼装及摆式杆的高空安装要求，每榀桁架拼装需3个主胎架，三榀桁架共需要9个主胎架，胎架间通过过渡胎架及横杆连成整体。整体胎架固定在铺设于楼面的型钢格构架上，格构架可通过轨道进行滑移。胎架及钢格构架应具有足够的强度和刚度。可承担自重、拼装桁架传来荷载及其他施工荷载，并在滑移时不产生过大的变形。

4）桁架高空拼装：

① 拼装胎架定位后，即可同时进行三榀桁架的安装；

② 桁架在Ⓐ、Ⓖ轴的柱支撑节点（托架支撑节点），分段桁架离接口最近的两个下弦与腹杆、四个上弦与腹杆节点为整榀桁架的控制节点。在拼装胎架的铺板上弹出上下弦轴线的投影线，控制节点的投影点，标定投影点的标高作为桁架标高的控制基准点，柱头及托架节点靠连接板的螺栓孔定位控制。

③ 布设于Ⓐ轴外侧的K50/50行走式塔吊由Ⓐ～Ⓓ轴依次吊装T-1桁架的一至三段分段，用Ⓖ轴外侧的100t履带吊依次吊装T-2桁架的一至二分段。将每分段控制点的投影位置及标高调整至控制误差范围之内，用枕木、千斤顶、捯链将分段桁架固定在胎架上，待单榀桁架全部吊装完成（包括Y-1连接杆），作桁架的整体调整，保证水平偏差、垂直度偏差及控制节点标高均合格后，方可作对接焊接和高强螺栓紧固。

④ 三榀桁架安装完成后，校正无误，进行摆式杆安装。

⑤ 摆式杆安装完成，检查合格后，落放桁架，进行檩条的吊装。

(4) 胎架滑移

1）胎架的底座用格构式型钢制成，脚手架钢管通过套筒固定在格构底座上。底座下设有滚轮，可沿布设在楼面上的钢轨道进行滑移。

2）每个主胎架下设有3条滑移轨道，过渡胎架下设有2条滑移轨道，共11条轨道。轨道仅布设供滑移一个柱距的长度，约45m。为了使楼面荷载均布，轨道下设有枕木。枕木按楼面承载力不超过$5kN/m^2$布设。

3）滑移胎架采用卷扬机作动力，利用2t卷扬机进行胎架的串联牵拉。牵挂点设在胎架底座的最前端。

4）一次拼装三榀桁架，拆除胎架上的桁架支撑，将桁架落放在柱及摆式杆上后，即可进行胎架的滑移，拟定桁架的组装顺序是由⑭～㊱轴，因而滑移沿⑭～㊱轴进行。

5）将胎架沿轨道滑移一个柱距（18m），固定胎架，复测控制点、线。进行新的三榀桁架的组装。将滑移过的轨道及枕木倒移至胎架前方，供下一次滑移重复使用。

6）按此方式循环，共进行9次胎架滑移完成B区23榀桁架的安装。

(5) A、C区屋盖钢结构安装

1）A、C区为连廊区，屋盖结构为曲线形钢管桁架结构，桁架支撑在Ⓔ、Ⓖ轴的

GZ-4、GZ-5上，跨度19.2m，两边各悬挑6m，单榀桁架重4.921t，最高点标高19.1m。

2）根据A、C区桁架的特点及布置区域，此桁架采用整榀一次吊装方案。

3）选用50t汽车吊沿Ⓖ轴外侧行走吊装，顺次吊装A、C区屋面桁架，吊装桁架的同时吊装檩条、拉杆等构件，操作平台置于柱顶。

4）C区屋盖钢结构的安装进度及顺序，在不影响B区安装的前提下可随时调整，但要与B区同时完成。

（6）设计与计算

1）胎架的承载力计算：

① 根据施工方案的要求，桁架拼装胎架需要承担桁架荷载、施工临时活荷载及脚手架胎架自重。根据拼装施工作业面要求和胎架承载力的初步估算，每榀胎架投影面积6m×6m，按滑移一次胎架拼装三榀桁架，滑移胎架共需9个主胎架，胎架沿桁架方向分布长度约35m，沿桁架垂直方向分布长度约25m；

② 拼装胎架为空间体系，三维方向间距均为1m，每三节胎架作一道剪刀撑。

按保守计算，取一节（1m）单根钢管作受力分析，该结构体系可简化为长度为1m两端铰接的细长轴心受压杆进行简化，单根钢管的临界承载力计算公式：

$$P_{cr}=\frac{\pi^2 EI}{L^2}$$

根据计算$\phi48\times3.5$钢管临界力$P_{cr}=2.48t$，考虑2.0的安全系数，

单根脚手架钢管的承载力：$P=1.24t$

单榀主胎架承载力：$nP=49\times1.24t=60.76t$

③ 取受力最大的一个主胎架，即T-1架中间分段胎架进行受力计算。

T-1架一至二分段拼装传来荷载：$15.2/2+10.4/2=12.8t$

脚手架管自重（钢管以平均18m高计算）：

$$1.2\times(49\times18\times3.84+17\times14\times6\times3.84+1.6+2)=14.96t$$

施工活荷载及底座格构架：10t

共计：$37.76t<60.76t$

2）楼面荷载验算：

按设计要求楼面允许活荷载为：500kg

楼面承载面积$A=25\times35=875m^2$

总荷载$G=37.76t\times9=339.84t$

楼面均布荷载：$p=G/A=388kg<500kg$

3）楼面位移计算

胎架滑移时，滑移荷载只为胎架自重，经计算：

$$G=9\times(14.96+10)=224.64t$$

钢与钢的滚动摩擦系数：$\mu=0.02$

牵引力：$F=1.2\times0.02\times G=5.39t$

按照设计模型的假设条件，楼面在水平方向刚度无限大，楼面位移即为混凝土柱顶位移（楼面与钢柱铰接，楼面受力不影响钢柱），在最不利的情况下滑移时仅有12根混凝土柱受力，平均每根柱增加的水平力：$P=F/N=5.39/12=449kg$。

柱顶位移（按悬臂结构计算）：

$$f=\frac{PL^3}{48EI}=0.1\text{mm}<\text{设计要求 }3\text{mm}$$

3.9.4 测量控制

（1）测量的基本内容

屋盖钢结构测量工作内容包括：主桁架直线度控制，标高控制，变形观测、滑移胎架同步监控、胎架的二次定位等。

（2）主桁架组装测控技术

1）直线度控制。

考虑到桁架下弦杆中心线在水平面上投影为一直线，管外边投影线对称于下弦中心线，对称线间距等于弦管直径，故直线度的控制依据可考虑从下弦入手。

2）主桁架标高控制。

随着桁架曲线的变化，桁架上各点标高也相对发生变化，因此，正确的控制其标高至关重要，根据桁架分段示意图可选定下弦节点与标高控制点。

3）上弦平面水平控制。

与主桁架下弦空间位置确定后，重点上弦平面的水平度控制。

4）下挠变形观测。

通过对主桁架脱离胎架前后若干节点标高变化的观测，测定主桁架下挠变形情况。

5）激光控制点位的布置。

根据土建±0.000m 层测放的建筑轴线，利用直角坐标法，选定四个激光控制点，并在楼地面做好永久标记。

6）铺设测量操作平台。

在每个承重架上用木方、七夹板铺设平台。此平台的铺设必须满足仪器架设时的平稳要求。

7）下弦中心线的投测。

把激光铅直仪分别架设在四个已经精密测定的激光控制点上，垂直向上引测激光控制点到铺设好的平台之上，并做好点位标记，然后在平台上经莱卡 TC2002 全站仪进行角度和距离闭合，精度良好，边长误差控制在 1/30000 范围内，角度误差控制在 6″范围内。四个控制点位精度符合后，分别架设仪器于主控制节点处，将中心线测设在每个测量平台上，并用墨线标示。

8）下弦控制节点的投测。

由于每榀桁架分 5 段进行组装，故每段都必须做好节点控制，根据桁架分段情况，节点作为控制依据。参照土建+7.000m 层建筑轴线网，选定定位轴线作为控制基线，在此基线上通过解析法找出控制节点的投影与基线的交点，然后分别将这些交点投测到平台之上，并与下弦杆中心线投影线相交，即得到下弦控制节点在水平面上的投影点。这样每榀桁架直线度控制就以测量平台上所测设下弦中心线为依据，通过吊线坠的方法来完成。直线度控制目标为 5mm。

9）主桁架标高控制。

由于主桁架空间曲线变化，其高差变化相当大，需多次架设仪器进行测定。为此，我们在各轴线楼面台架测量操作平台上垂挂大盘尺，通过苏-光 DSZ2 高精度水准将后视标高逐个引测至每个测量操作平台上的某一点，做好永久标记。用此作为测量操作平台上标高控制时后视点之用。根据引测各标高后视点，分别测出平台上相应下弦控制节点标记点位的实际标高，然后和相应控制节点设计标高相比较，即得出测量平台上控制节点标记与理论上设计的相应控制节点高差值，明确标注于测量平台相应节点标记点，以此作为主桁架分段组装标高的依据，标高控制目标为±10.0mm。

10）上弦平面水平控制。

在控制两上弦杆对称水平之前，我们特制了一根 3m 多长超大水平尺，该水平尺采用经纬仪高精度管水准器固定在轻质铝合金方通一端，经调校合格后交付使用，配合支承于上弦杆下面的液压千斤顶进行微处理，达到准确控制上弦平面水平误差的目的。

（3）变形观测

1）主桁架下挠变形观测。

在每榀桁架组装完毕之后，对所有观测点位进行第一次标高观测，并做好详细记录；待主桁架脱离承重架之后，再进行第二次标高观测，并与第一次观测记录相比较，测定主桁架的变形情况。

2）承重胎架沉降变形观测。

由于主桁架静荷载及脚手架自重影响，组装胎架将出现不同程度的沉降现象，需在主桁架标高控制时作相应的调节对策，即根据胎架的沉降报告相应的进行标高补偿，以保证主桁架空间位置的准确性。

3）组装胎架倾斜变形观测：

为保证测量平台上所测放中心线，控制节点在水平位置上的准确性，每次桁架组装滑移完毕之后，需通过激光铅直仪将楼地面已经做好永久标记的激光控制点垂直投测到测量操作平台上。建立新的主桁架组装测控体系，并用全站仪进行角度和距离闭合。

3.9.5 焊接方案

（1）基本情况

桃仙机场现场安装焊接，主要施工内容为：桁架下弦杆对接、下弦环托与下弦主杆纵向焊接、桁架上弦杆对接、节点水平撑杆焊接、斜腹杆焊接、上弦骑管檩条架焊接等。焊接接头形式多以管接头全位置焊缝接头为主。焊缝形式有单边 V 形坡口、V 形坡口、⊥形贴角焊，焊接难度较大。管接头的全位置焊缝探伤还是一个新领域，为了保证本工程的焊接质量特制定本焊接方案。

（2）焊接施工部署

本工程安装焊接以全位置焊缝为主，部分接头为仰焊，材料厚度变化大，需经常调整焊接作业方式和变更工艺参数。为保证单榀桁架拼装作业在限定的工期内不因焊接施工的质量、速度、检验、转移作业工作台等对总的施工进度造成滞后影响，必须采取合理的作业方式、工艺流程，并采取切实可行的质量保证措施。

1）作业方式：

本工程焊接作业具有下述特点：①高空作业；②流水线式往复作业；③定型作业。根据以上三个作业要求，特配备性能先进、方便，可随时由操作者远距离手控电压、电流变幅的整流式 CO_2 焊机，以适应高空作业者为保证焊接需要，经常调整焊接电压、电流的作业要求。

2）焊接区域划分：

由于施工场所呈窄条型分布，空中往来不便，易造成总工时浪费，发生意外事故的特点，沿拼装纵向将施焊节点划分成作业量相同的三个作业班，每班4机6人，并配备相应的辅助劳动力。

3）作业计划：

以相对稳定的作业人员、相对稳定的作业机具、配合相对稳定的作业场所、作业对象，在较短的工期内实施集中作业。以单榀桁架而论，每个小组均依次按：桁架上弦同时对接双人对称施焊→桁架下弦双人对称施焊→水平撑杆点焊与焊接→斜腹杆点焊与焊接→下弦环托与下弦主杆件纵向对称焊→下弦骑管檩条架焊接。

4）施工管理：

本工程焊接施工实行项目经理领导下的工段长全面负责。焊接的前期准备、焊工的资质鉴定、工艺复验、焊材发放、生产管理、技术监督、工序交接、质量计量、中间交验、资料管理以及施工进度、作业安全等由专门人员负责的管理制度。焊接专用器材、焊材、防护设施材料的领用保管、周转按照施焊部位的划分实行以作业班为单位的班长责任制。

（3）焊接工艺

由于本工程主要为Q345B钢材，根据各焊接节点的分布、焊缝形式与位置，本次安装焊接接头方式为：管-板T形对接焊、管-管坡口对接焊、管-管T接焊、板-管T形角焊、板与板角焊等几种形式的焊接，焊接机具为整流式弧焊机，焊接方式以手工电弧焊为主。桁架上、下弦、主杆管对接焊接工艺：

① 桁架上下弦杆件，均为中等径管材，材质为Q345B钢，管径114～342mm，管壁6～14mm，焊接方式手工电弧焊。

② 上下弦杆件的焊接，是本次安装焊接的重中之重，必须从组对、校正、复验、预留焊接收缩量、焊接定位、焊前防护、清理、焊接、焊后热调、质量检验等工序严格控制，才能确保接头焊后质量全面达到标准：

A. 组对：

组对前，采用锉刀和砂布将坡口内壁10～15mm仔细砂磨，去除锈蚀。坡口外壁自坡边10～15mm范围内也必须仔细去除锈蚀与污物；组对时，不得在接近坡口处管壁上引弧点焊夹具或硬性敲打，以防圆率受到破坏；同径管错口现象必须控制在规范允许范围内（注：必须从组装质量始按Ⅰ级标准控制）。

B. 校正复检、预留焊接收缩量：

加工制作可能产生的误差以及运输中产生的变形，到现场组对时将集中反映在接头处。因此，组对后校正是必须的，焊前应经专用器具对同心度、圆率、纵向、曲率过渡线等认真核对，确认无超差后，采用千斤顶之类起重机具布置在接头左右不小于1.5m距离处，预先将构件顶升到管口上部间隙大于下部间隙1.5～2mm（注：正在焊接的接头禁止荷载）。

C. 焊接定位：

a. 焊接定位对于管口的焊接质量具有十分重要的影响。本次上下弦、主管焊接、组装方式中采用了连接板预连接方法。由于连接板的分布等分管中，因此，本次定位焊处采取均分连接板间距的方法分四处；

b. 定位焊采用小直径焊条。焊条需烘烤不少于 30min，烘烤温度不低于 250℃。定位焊采用与正式焊接相同的工艺，要求如下：$l \geqslant 50$mm，焊肉 $h \approx 4$mm，单面焊双面成形，内壁不得凹陷。

D. 前防护：

桁架上、下弦杆件接头处焊前必须做好防风雨措施，供焊接的作业平台应能满足如下要求：平台面距管底部高度约为 650mm；密铺木质脚手板，左右前后幅宽大于 0.900m；架设稳定，上弦平台还应不影响两接头同时操作。

E. 焊前清理：

正式焊接前，将定位焊处渣皮飞溅、雾状附着物仔细除去，定位焊起点与收弧处必须用角向磨光机修磨成缓坡状，且确认无未熔合、收缩孔等缺陷存在。检查完毕，采用氧炔焰割炬除去连接板。连接板的切除应留下不少于 5mm 余量，除去一切妨碍焊接的器材。

F. 焊接：

上弦杆对接接头的焊接采用特殊的左右两根同时施焊方式，操作者分别采取共同先在外侧起焊，后在内侧施焊的顺序，自根部起始至面缝止，每层次均按此顺序实施。

本次管—管对接焊（上、下弦）均按下述工艺实施：

a. 根部焊接：根部施焊应自下部起始处超越中心线 10mm 起弧，与定位焊接头处应前行 10mm 收弧，再次始焊应在定位焊缝上退行 10mm 引弧，在顶部中心处熄弧时应超越中心线至少 15mm 并填满弧坑；另一半焊接前，应将前半部始焊及收弧处修磨成较大缓坡状，并确认无未熔合及未熔透现象后，在前半部焊缝上引弧。仰焊接头处应用力上顶，完全击穿；上部接头处应不熄弧连续引带到至接头处 5mm 时稍用力下压，并连弧超越中心线至少一个熔池长度（10～15mm）方允许熄弧。

b. 次层焊接：焊接前剔除首层焊道上的凸起部分及引弧收弧造成的多余部分，仔细检查坡口边沿有无未熔合及凹陷夹角，如有必须除去。飞溅与雾状附着物，采用角向磨光机时，应注意不得伤及坡口边沿。次层的焊接在仰焊部分时采用小直径焊条，仰焊爬坡时电流稍调小，立焊部位时选用较大直径焊条，电流适中，焊至爬坡时电流逐渐增大，在平焊部位再次增大。其余要求与首层相同。

c. 填充层焊接：填充层的焊接工艺过程与次层完全相同，仅在接近面层时，注意均匀留出 1.5～2mm 的深度，且不得伤及坡边。

d. 面层的焊接：管、管面层焊接，直接关系到该接头的外观质量能否满足质量要求，因此在面层焊接时，应注意选用较小电流值并注意在坡口边熔合时间稍长，接头时换条与重新燃弧动作要快捷。

e. 焊后清理与检查：上、下弦主管焊后应认真除去飞溅与焊渣，并认真采用量规等器具对外观几何尺寸进行检查，不得有低凹、焊瘤、咬边、气孔、未熔合、裂纹等缺陷存在。

经自检满足外观质量标准的接头应打上焊工编号钢印，并采用氧炔焰调整接头上、下部温差。处理完毕，立即采用不少于两层石棉布紧裹并用扎丝捆紧。

上下弦管、管接头焊接完毕后，应待冷却至常温后进行 UT 检验，经检验后的接头质量必须符合 JB 1152—82-Ⅰ级焊缝标准。

经确认达到设计标准的接头方可允许拆去防护措施。

(4) 桁架上弦水平斜撑与桁架斜腹杆焊接工艺

壁厚4mm以下材料断切后不开坡口。壁厚6～15mm材料断切后开单面V形坡口。本次安装施工中水平斜撑、斜腹杆的焊接集中在桁架现场分段组装处。全部为固定位置焊接。由于构件在长途运输、现场垂直运输过程中以及桁架上、下弦先后施焊等因素会使水平撑件与上弦接合处组装、斜腹杆与上弦下弦接合处组装出现偏差超标。特别是对开坡口组焊的接头会增加许多难度。对于可能出现对口间隙较大的坡口焊缝，焊接工艺方法正确与否，对桁架的组装质量乃至安全使用性，具有重要影响。因此，水平撑杆与斜腹杆的现场安装焊接应遵循下述工艺要求：

1) 水平撑焊接工艺：

① 材质：Q345B，与上弦杆材质相同。

② 焊接方法：手工电弧焊。

③ 焊前准备：水平撑处的焊接准备包括搭设供操作者便于采取蹲姿、立姿、俯姿，可左右交替往来，牢固并且具有围护的平台。平台铺设石棉布。平台板面距焊口下部必须保证≥650mm高度。采用彩条布围护，防止风雨对焊接完毕的接头造成急冷。焊接所需器材、作业器具均应一次到位。

④ 焊前清理与检查：焊前清除上弦管壁焊缝区域的防锈油漆，对切断一端应去除管壁内外距切口处不少于15mm宽度内的氧化皮、割渣、外壁锐角。采向角向磨光机将定位焊缝两端修成易于衔接的缓坡状。

⑤ 焊接：

A. 焊接分为打底层与面缝层，均为单道焊。打底层焊接时选用小直径电焊条，电流调节为约90A (ϕ2.5mm、ϕ3.2mm)；

B. 沿下部中心线将焊口分为两半部实施焊接，焊前应自间隙最小处先焊，多处间隙较小，则分多处将间隙较小处先焊，注意将收弧处弧坑填满；

C. 无论先焊焊缝连贯与不连贯，均应采用角向磨光机去除始端与收端凸起处，形成易使全缝连贯的缓坡状；

D. 接头的阴角部分，使用ϕ2.5mm焊条，阳角部分使用ϕ3.2mm焊条；

E. 对于间隙较大或缝宽超焊条直径2倍以上的焊缝，处理方法为在撑管端采用堆垒焊法缩小间隙(不得填充异物，也不得在主弦杆上形成局部高温高热区)；

F. 焊缝的最终完了接头，必须在中部；

G. 面层焊缝除必须保证焊脚符合规定外，还必须保证焊缝边缘饱满，缝中区稍凹；

H. 水平撑管焊接工艺参数参阅相关图表，其中电流值根据焊条直径加以变化。

2) 腹杆焊接工艺：

① 腹杆材质为Q345，与上下弦杆材质相同；

② 焊接方法：手工电弧焊；

③ 操作平台搭设与焊接防护：

A. 操作平台的搭设应满足操作者旋转作业并无障碍；

B. 不因其他工序摇晃，导致操作者失衡；

C. 具有抵抗风雨侵扰能力。

④ 焊前检查与清理：

腹杆与上下弦接头处焊前检查十分必要，因构件制作所产生的构件误差与变形客观存在。现场安装焊接时对口间隙也将存在误差。对于间隙小于许用焊条直径的焊口，其焊接操作程序无特殊变化；对于间隙较大处应加入衬板，衬板的厚度应大于管壁，衬板的材质应与管材相同，加入的衬板应不妨碍焊缝的有效截面。

在坡边侧采用小直径焊条逐渐堆垒，禁止加填料，修成类似坡口状后全面清渣，并采用角向磨光机全面去除凸起部分与飞溅。

⑤ 焊接。

和上弦连接处的倒坡口环焊，采用柱帽杆与下弦管环套坡口T形接头相同工艺与工艺参数值。不同处在于分半始焊与接头均应平行于上弦纵向。下弦连接处的单面V形坡口侧仰、仰爬坡角焊，采用柱帽与柱帽杆连接处相同工艺及工艺参数。不同之处在于焊缝分半始焊处与接头处，均应平行于下弦杆纵向。

A. 腹杆与上下弦连接处焊缝焊脚尺寸应符合GB 50205—95所规定的值。

B. 焊缝外形尺寸应符合《钢结构工程施工及验收规范》(GB 50205—95) 的要求。

C. 外观检验合格后的焊接接头，采用石棉布紧裹缓冷至常温。

D. 焊缝检验按照《钢制压力容器对接焊缝超声波探伤》(JB 1152—82) 的规定，焊缝的A、C两侧质量等级标准应符合GB 50205—95的Ⅰ级焊缝规定。

3.9.6 高强螺栓安装

(1) 安装准备

1) 螺栓的保管。

所有螺栓均按照规格、型号分类储放，妥善保管，避免因受潮、生锈、污染而影响其质量，开箱后的螺栓不得混放、串用，做到按计划领用，施工未用完的螺栓及时回收。

2) 性能试验：

① 本工程所使用的螺栓均应按设计及规范要求选用材料和规格，保证其性能符合要求；

② 高强螺栓和连接副的额定荷载及螺母和垫圈的硬度试验，应在工厂进行；连接副紧固轴力的平均值和变异系数由厂方、施工方参加试验，在工厂确定；

③ 摩擦面的抗滑移系数试验，可由制造厂按规范提供试件后在工地进行。

3) 安装摩擦面处理：

① 为了保证安装摩擦面达到规定的摩擦系数，连接面应平整，不得有毛刺、飞边、焊疤、飞溅物、铁屑以及浮锈等污物，也不得有不需要的涂料；摩擦面上不允许存在钢材卷曲变形及凹陷等现象；

② 认真处理好连接板的紧密贴合，对因钢板厚度偏差或制作误差造成的接触面间隙，应按表3-6方法进行处理。

间隙处理 **表3-6**

间隙大小	处理方法
1mm以下	不作处理
3mm以下	将高出的一侧磨成1∶5的斜度，方向与外力垂直
3mm以上	加垫板，垫板两面摩擦面处理与构件同

(2) 高强螺栓安装施工流程

高强螺栓安装施工流程图如图 3-12 所示。

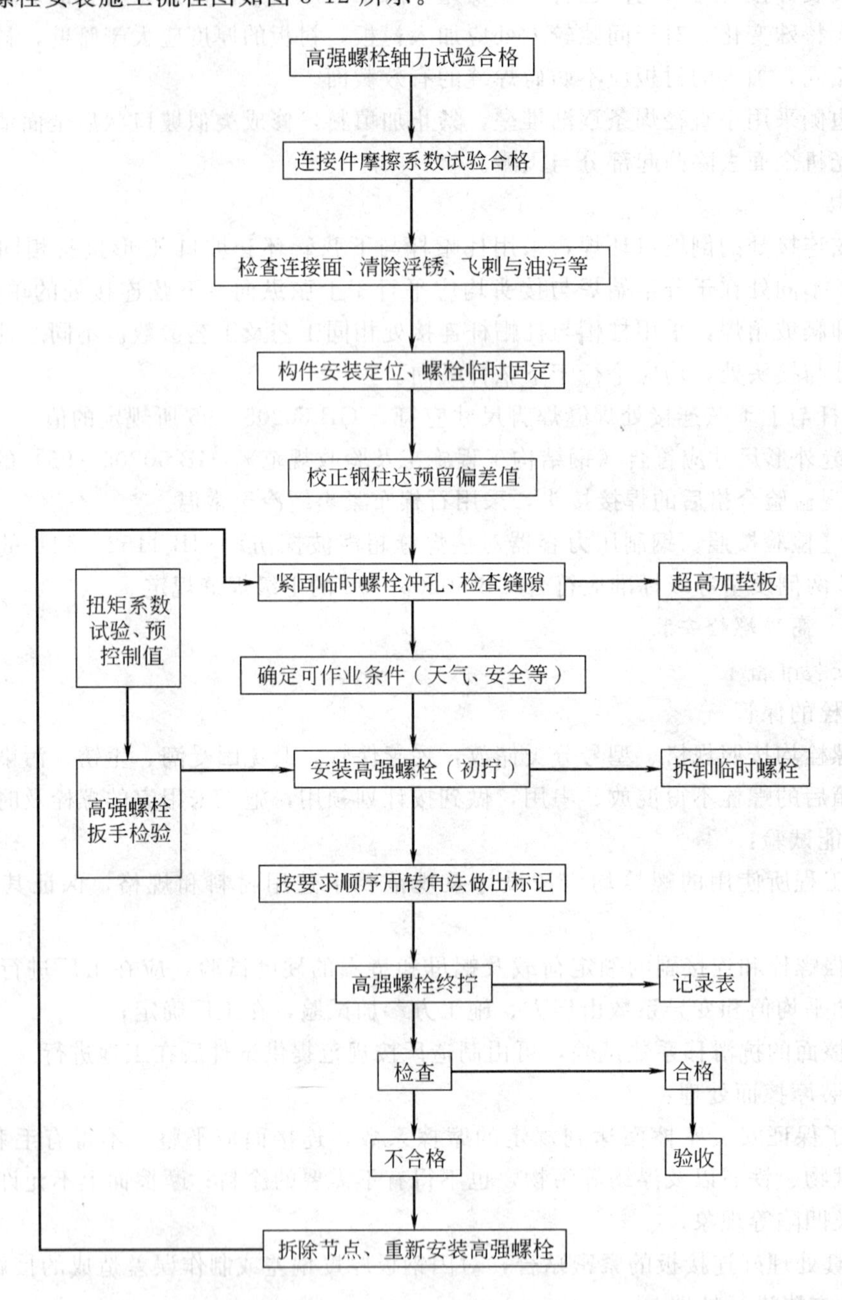

图 3-12 高强螺栓安装施工流程

(3) 安装方法

高强螺栓分两次拧紧，第一次初拧到标准预拉力的 60%～80%，第二次终拧到标准预拉力的 100%。

1) 初拧。

当构件吊装到位后，将螺栓穿入孔中（注意不要使杂物进入连接面），然后用手动扳手或电动扳手拧紧螺栓，使连接面接合紧密。

2）终拧。

螺栓的终拧由电动剪力扳手完成，其终拧强度由力矩控制设备来控制，确保达到要求的最小力矩。当预先设置的力矩达到后，其力矩控制开关就自动关闭，剪力扳手的力矩设置好后只能用于指定的地方。

扭剪型高强螺栓初拧与终拧轴力扭矩取值范围见表3-7。

扭剪型高强螺栓初拧与终拧轴力扭矩范围　　表3-7

螺栓型号	初拧轴力（吨力）	初拧扭矩（千克力米）	终拧轴力（吨力）	终拧扭矩（千克力米）
M16	7.4～9.8	15～20	11.2～13.5	22.5～27.5
M20	11.5～15.2	30～40	17.4～21	47～53
22M	14.3～19	40～55	21.6～26.8	61.8～74.8
M24	16.6～22	50～57	25.1～30.4	81～99

注：初拧轴力、扭矩是按标准轴力、扭矩的60%～80%；终拧轴力、扭矩焊丝按标准轴力、扭矩100%±10%。

（4）安装注意事项

1）装配和紧固接头时，应从安装好的一端或刚性端向自由端进行；高强螺栓的初拧和终拧，都要按照紧固顺序进行，从螺栓群中央开始，依次向外侧进行紧固；

2）同一高强螺栓初拧和终拧的时间间隔，要求不得超过一天；

3）当高强螺栓不能自由穿入螺栓孔时，不得硬性敲入，应用冲杆或铰刀修正扩孔后再插入，修扩后的螺栓孔最大直径应小于1.5倍螺栓公称直径，高强螺栓穿入方向按照工程施工图纸的规定；

4）雨、雪天不得进行高强螺栓安装，摩擦面上和螺栓上不得有水及其他污物，并要注意气候变化对高强螺栓的影响。

（5）安装施工检查

1）指派专业质检员按照规范要求对整个高强螺栓安装工作的完成情况进行认真检查，将检验结果记录在检验报告中，检查报告送到项目质量负责人处审批。

2）本工程采用的是扭剪型高强螺栓，在终拧完成后进行检查时，以拧掉尾部为合格；同时，要保证有两扣以上的余丝露在螺母外圈。对于因空间限制而必须用扭矩扳手拧紧的高强螺栓，则使用经过核定的扭矩扳手从中抽验。

3）如果检验时发现螺栓紧固强度未达到要求，则需要检查拧固该螺栓所使用的扳手的拧固力矩（力矩的变化幅度在10%以下视为合格）。

（6）施工安全

1）施工人员必须戴好安全帽、系好安全带；

2）不得在同一垂直方向上下作业，即作业时其正下方不得有人，以免高强螺栓或尾部、工具等失落而伤人；

3）使用电动扳手时，不得生拉硬扯，注意保护工具和高强螺栓；

4）当因工作需要而临时松开安全网和其他安全设施时，不得进行高强螺栓的安装施工。

3.9.7 质量控制

面对激烈的市场竞争，企业只有通过质量创信誉，通过质量求生存，而质量的保证依赖于科学的管理和严格的要求。

(1) 质量计划与目标

组织技术骨干学习 GB/ISO 9000 系列质量标准和本公司质量手册、程序文件，将其纳入标准规范化轨道。为了在本工程中创造一流的施工质量，特制定如下质量控制目标。

1) 钢结构加工制作验收控制目标，见表 3-8。

钢结构加工焊接组装质量允许偏差 (mm) 表 3-8

检验验收项目		规范允许偏差（GB 50205—95）	内部控制目标
加工	放样和样板	±0.5	±0.5
	气割(长度和宽度柱帽杆)	±3	±2
	摆式杆支座加工	±2.5	±2
	摆式杆支座壁厚	1.5	1.5
	杆件加工	±1	±1
	相贯线切割	±1	±1
焊接	焊接(对接)	Ⅰ级(100%探伤合格)	Ⅰ级
	焊缝咬边、裂纹气孔、擦伤	不允许	不允许
	外观缺陷(表面夹渣、气孔)	不允许	不允许
组装	组装结构件轴线交点	3	2
	单元总长	±5	±3
	单元弯曲矢高	$L/1000$,且不大于 10	不大于 5
	对口错边	$t/10$,且不大于 3	不大于 2
	坡口间隙	−1～+2	±1

2) 钢桁架安装的允许偏差见表 3-9。

钢桁架安装的允许偏差 (mm) 表 3-9

项 目	允许偏差	项目控制目标
跨中的垂直度	$h/250$ 10.0	8.0
桁架及其受压弦杆的侧向弯曲矢高 (f)	$l/1000$ 10.0	8.0
支座中心对定位轴线偏移	5.0	4.0
桁架间距	±10.0	±8.0

3) 焊接允许偏差见表 3-10。

(2) 资料管理

1) 在每一个单项工程的质量控制程序中，工程资料都是重要的环节，本工程更应大力加强这一工作。

焊接偏差控制目标（mm）　　表 3-10

项	目		允许偏差	项	目		允许偏差
对接焊缝	焊缝余高	$S\leqslant 20$	0.5～3	角焊缝	焊缝余高	$K<6$	0～+2
		$S\leqslant 20\sim 40$	0.5～3			$K=6\sim 14$	0～+3
		$S\leqslant 40$	0.5～4			$K>14$	0～+4
	焊缝错边		≤0.18		焊脚尺寸	$K<6$	0～+2
组合焊缝	$S\leqslant 20$		0～+2			$K=6\sim 14$	0～+3
	$S\leqslant 20\sim 40$		0～+3			$K>14$	0～+4
	$S\leqslant 40$		0～+4				

2）由于独特的设计和首创的施工方法，在国内甚至国际上都是无先例可循。工程施工中的每一个经验和教训对社会而言均是巨大的财富。因此，我们更应注意落实工程资料管理的每一个环节，更加详尽而准确地记录施工的全过程，为企业、社会积累更多的施工经验。

3）在本工程中，不但应严格进行文字资料的收集整理，还要充分利用本企业人才优势，利用现代化高科技手段进行声像资料的收集整理。

（3）质量控制组织机构

在组织机构上，建立由项目经理直接负责，专职质检员作业检查，班组质量监督员自检、互检的质量保证组织系统，将每个岗位、每个职工的质量职责都纳入项目承包的岗位合同中，并制定严格的奖罚标准，使施工过程的每一道工序、每个部位都处于受控状态，并同经济效益挂钩，保证工程的整体质量水平。

3.10　楼地面工程

3.10.1　*施工顺序*

地面：素土夯实→混凝土垫层→钢筋混凝土→基层找平→(隔热层)，(采暖地面）结合层→块料面层。

楼面：(垫层）→找平层→(隔热层)，(采暖地面)→结合层→块料面层。

3.10.2　*施工方法*

（1）所有楼地面统一抄 50cm 基准线，并结合楼地面抄灰饼控制标高。灰饼间距5m×5m，拉通线。

（2）铺设找平层前基层处理：

1）找平层砂浆宜采用普通硅酸盐水泥。其强度等级不宜小于 32.5 级。

2）在找平层铺设前，应将基层清理干净，刷一道素浆，其水灰比宜为 0.4～0.5，随刷随铺找平层。

3）找平层铺设前，要对地漏标高、立管、套管和地漏穿楼板处的节点进行处理，有防水要求必须用防水涂料裹住管口和地漏。

（3）块料面层铺设

块料面层施工应在墙面、顶棚施工完后进行。

1）面砖：

① 铺设前，对面砖规格尺寸、外观质量、色泽进行预选，并预先湿润后晾干待用。

② 面砖应紧密、坚实，灰浆要饱满，严格控制面层标高。大面积施工时，应采取分段顺序铺贴，按标准拉线。

③ 面层铺贴24h内，进行擦缝、勾缝或压缝工作，缝的深度宜为砖厚的1/3；同时，随做随即清理面层水泥，并做好面层的养护和保护工作。

2）大理石、花岗石面层：

① 大理石，花岗石面层在铺砌前，应做好切割和磨平的处理，大面按设计尺寸，局部按实际尺寸切割，并试拼、编号；

② 面层铺设前应弹找方，并弹出楼、地面标高线，以控制面层平整度；

③ 放线后，应先铺若干条干线做基准，起标筋作用，一般先由房间中部向两侧采取退步法铺砌；

④ 板材在铺设前浇水湿润，阴干备用，铺设时板材要四角纵横间隙缝对齐；

⑤ 大理石、花岗石面层的表面应洁净、平整、坚实，板材间的缝隙宽度不应大于1mm或按设计要求；

⑥ 面层铺砌石，其表面应加以保护，待结合层的强度达到要求后，方可进行打蜡，达到光滑、亮洁。

（4）质量标准

1）板面面层所用板块的品种，质量必须符合设计要求，面层与基层的结合必须牢固，无空鼓。

2）面层表面应洁净，图案清晰，色泽一致，接缝均匀，缝边顺直，板块无裂纹，掉角和缺楞现象。

3）检查方法及允许偏差见表3-11。

楼地面允许偏差（mm） **表3-11**

项次	项目	普通水泥砂浆面层	允许偏差			检验方法
			面砖	大理石花岗石	木地板	
1	表面平整度	4	2	1	2	2m靠尺和楔形尺
2	缝格平直	3	3	2	3	拉5m线
3	接缝高低差	—	0.5	0.5	—	尺量和塞尺
4	踢脚线上口平直	4	3	1	3	拉5m线
5	板块间隙宽度不大于	—	2	1	2	尺量

3.11 门窗工程

3.11.1 门窗种类

木制普通门、自动转门、铝合金门、铝合金窗、防水卷帘门。

3.11.2 木质普通门的安装程序

门窗安装前应校正规方、钉好斜拉条；按设计要求的水平标高和平面位置在砌墙过程中进行安装；砌墙时，将门框固定在墙内的木砖上，每边固定点不应少于两个，间距不大于1.2m。

3.11.3 铝合金门窗安装程序

(1) 放线：检查预留洞口的偏差，弹出门窗洞口线，地弹簧表面应与室内地面饰面标高一致；

(2) 固定门窗框：按弹线位置，先将门窗临时固定，待检查平、立面符合要求后，再用射钉镀锌固定板固定在结构上；

(3) 填缝；

(4) 安装门窗扇；

(5) 安装玻璃：玻璃应用氯丁橡胶垫块将玻璃垫起，两侧用橡胶条挤紧，再在上面注入硅酮系列密封胶；

(6) 清理：交工前应将塑料胶纸撕掉，玻璃擦净，浮灰和杂物全部清理干净；

(7) 卷帘门安装时，按厂家提供资料预留洞口尺寸和埋件。

3.12 装饰工程

3.12.1 施工顺序

基层处理：墙面→地面→顶棚。

面层处理：顶棚→墙面→地面。

楼梯踏步由上而下，晚于室内装饰一层。

(1) 抹灰工程

1) 抹灰工程施工前，必须经过有关部门进行结构工程的验收，合格后方可进行抹灰施工。

2) 基层处理要求：砖石、混凝土基层表面凹凸太多的部位，事先要进行剔平或用1∶3水泥砂浆补齐；混凝土表面太光的要剔毛，并用1∶1水泥浆掺10% 108胶喷洒表面，增加粘结力。表面的砂浆污垢事先均应清除干净，并洒水湿润。对蜂窝、麻面、露筋等应剔到实处，刷素水泥浆一道；窗台砖应补齐；内隔墙与楼板、梁底等交接处应用斜砖砌严。加气块基层刷一道108胶水溶液（配比为108胶∶水＝1∶4)，10mm×10mm孔钢丝网固定在墙上（与墙体拉筋及圈梁固定）。

3) 管道穿越墙洞、楼板洞应及时安装套管，并用1∶3水泥砂浆或细石混凝土填嵌密实；电线管、消火栓箱、配电箱安装完毕，应将背后露明部分钉好钢丝网；接线盒用纸堵严。

4) 墙面浇水：抹灰前一天，应用胶皮管自上而下的浇水湿润。

5) 抹灰前必须先找好规矩，即四角规方、横线拉平、立线吊直、弹出准线和墙裙、踢脚板线。

6) 做水泥护角：室内墙面的阳角、柱面的阳角和门窗洞口的阳角，应用1∶3水泥砂浆打底与所抹灰饼找平，待砂浆稍干后，再用108胶素水泥膏抹成小圆角；或用1∶2水泥砂浆做明护角（比底灰高2mm，应与石灰罩面齐平），其高度不应低于2m，每侧宽度不小于5cm。门窗口护角做完后，应及时用清水刷洗门窗框上的水泥浆。

7) 墙面冲筋：用与抹灰层相同砂浆冲筋，冲筋的根数应根据房间的宽度或高度决定，一般筋宽度为5cm，可充立筋，根据施工操作习惯而定。

8) 抹底灰：一般情况下充完筋2h左右就可以抹底灰，抹灰时先薄薄的刮一层，接着分层装档、找平，再用大杠垂直、水平刮一遍，用木抹子搓毛；然后，全面检查底子灰是否平整，并用托线板检查墙面的垂直与平整情况。

9）修抹预留孔洞、电气箱、槽、盒：当底灰抹平后，应即设专人把预留孔洞、电气箱、槽、盒周边5cm的石灰砂浆刮掉，改抹1∶1∶4水泥混合砂浆，把洞、箱、槽、盒周边抹光滑、平整。

10）抹罩面灰：当底灰六七成干时，即可开始抹罩面灰（如底灰过干应浇水湿润）。罩面灰应二遍成活儿，厚度约2mm，最好两人同时操作，一人先薄薄刮一遍，另一人随即抹平。按先上后下顺序进行，再赶光压实，然后用铁抹子压一遍，最后用塑料抹子压光，随后用毛刷蘸水将罩面灰污染清刷干净。

（2）质量标准

1）保证项目：材料的品种、质量必须符合设计要求和材料标准的规定；各抹灰层之间及抹灰层与基体之间必须粘结牢固，无脱层、空鼓，面层无爆灰和裂缝等缺陷。

2）基本项目：

① 表面：表面光滑、洁净，接槎平整，线角顺直清晰；

② 孔洞、槽、盒、管道后面的抹灰表面：尺寸正确，边缘整齐、光滑，管道后面平整；

③ 门窗框与墙体间缝隙填塞密实，表面平整。护角高度符合施工规范的规定，表面光滑平顺。

3）抹灰工程允许偏差见表3-12。

允许偏差项目　　**表3-12**

项次	项目	允许偏差(mm)	检验方法
1	立面垂直	5	用2m托线板检查
2	表面平整	4	用2m靠尺及楔形塞尺检查
3	阴阳角垂直	4	用2m托线板检查
4	阴阳角方正	4	用20cm方尺和楔形塞尺检查
5	分格条(缝)平直	3	拉5m小线和尺量检查

3.12.2　吊顶工程

（1）办公楼、通风机房、值班室等采用T形铝合金龙骨矿棉吸声板吊顶；

（2）卫生间、油机间、气瓶间、配电室等采用T形铝合金龙骨矿棉吸声板吊顶；

（3）国际、国内到港通道采用铝合金开透式方格吊顶；

（4）食品加工间等采用镀锌钢制宽条板吊顶；

（5）更衣室等采用铝合金条板吊顶。

钢筋吊杆连接钢板采用射钉方法固定，为防止射钉损坏预应力，可在混凝土拆模后按预应力筋的位置弹出墨线注明，装修时避开预应力筋位置，固定钢板安装前根据设计标高在四周墙上弹线。吊杆距主龙骨端部距离不超过300mm，以免主龙骨下坠，主、次龙骨安装完毕后全面校正主、次龙骨的位置及水平度，连接件错位安装。校正完后，应将龙骨的所有吊挂件、连接件拧紧。

3.12.3 饰面工程

(1) 厨房贴5mm厚釉面砖，卫生间贴10mm厚大理石板，板材后刷2～3mm厚YJ-Ⅲ型建筑胶粘剂。

(2) 釉面砖施工。

釉面砖施工前入清水浸泡，釉面砖镶贴前检查电讯等工程走管是否完毕，弹出500mm线，并做釉面砖预排，不得有一行以上的非整砖。铺贴时，应先贴若干废釉面砖作为标志块，上下用托线板挂直，作为粘贴厚度依据。在门洞口或阳角处下面挂直尺靠平，铺贴完毕后用清水将釉面砖表面擦干净。

(3) 大理石湿贴施工。

卫生间粘贴大理石结构层有三种：空心砖墙、加气混凝土墙体、石膏板墙面。

对大面积墙放样排板后施工，做出标高线，基础处理好后，在石材背面刷2～3mm厚YJ-Ⅲ型建筑胶粘剂，门洞口及阴阳角处大小面挂直尺靠平，石材粘贴时注意色差的挑选，粘贴完后用稀水泥浆擦缝。

4 冬雨期施工措施

4.1 雨期施工措施

(1) 施工现场应按地势情况和排水流向要求进行有组织排水，雨水排泄应畅通无阻，不得有积水现象；

(2) 砂、石料场，不得混入泥浆；否则，要认真冲洗；

(3) 机电设备必须搭设防雨棚，水泥库等材料库在雨期前要进行检查，以防雨水渗入；

(4) 绑好的钢筋已受泥水污染的要予以冲洗；

(5) 外门窗、人孔口要予以防护，避免飘入雨水，浸湿内装饰；

(6) 木制品要有防水防潮措施，半成品要及时抄底油，堆码要垫木，室外要覆盖；

(7) 室外装饰，每天的工作面不宜过大，下雨时及时防护，雨后要检查当天的活是否被冲坏；

(8) 雷电、大雨或六级以上大风时，不得高空作业；

(9) 脚手架、龙门架基础要加强检查，发现问题及时采取措施，消除隐患，而且在雨后检测砂石含水率，及时调整配合比。

4.2 冬期施工措施

该工程冬期施工，在1999年3～4月，主要是土方工程。1999年底、2000年初主要是安装、土建粗装修、精装修施工。为保证冬期正常施工，特做好以下工作：

(1) 土方施工时掌握好气候变化状况，土方开挖后立即进行垫层施工。

(2) 混凝土工程：

1) 在冬期气温较低时，在现场搅拌混凝土时，要按防冻剂的品种和说明书掺加少量防冻剂，搅拌混凝土的砂石在铁板上加热至30℃再进行搅拌，且混凝土的搅拌用水需加热至30～70℃，以保证混凝土出罐温度在15℃以上，入模温度不低于5℃。

2）混凝土浇筑后养护，除覆盖塑料薄膜外要采用双层草垫覆盖，养护期间不得浇水，直至混凝土达到80%强度且温度降至5℃以下后方可拆模；如拆模时混凝土局部表面温度与室外温度温差较大，可再进行局部覆盖，待混凝土表面温度下降后再行拆除。养护期间不得浇水，在养护期间应进行混凝土的温度测量，每昼夜测量4次，并留设测温记录。

3）混凝土试块除按正常规定组数制作外，还应增设两组，与结构混凝土同条件养护，一组用以检验混凝土受冻前的强度，另一组用以检验转入常温养护28d的强度。

（3）砌筑工程

1）一般规定：

① 冬期施工砖石材料应清除冰雪；

② 石灰膏、黏土膏应防止受冻；

③ 拌制砂浆的砂，不得含有直径大于1cm的冰块和冰结块；

④ 拌合砂浆时，水的温度不得超过80℃，砂的温度不得超过40℃；

⑤ 冬期施工砖不浇水，砌砖砂浆稠度10～12cm，砌石砂浆稠度5～6cm；

⑥ 最低温度低于－20℃时不得砌石；

⑦ 在解冻期间，应经常对砌体进行观测和检查；如发现有裂缝、不均匀沉降等情况，应分析原因并采取措施。

2）拟采用技术措施：

砌筑冬期施工拟采用掺氯盐砂浆法和冻结法施工。

① 砌砖优先选择掺防冻剂法；如温度继续降低，在无筋施工中采用掺氯盐的方法保证冬期施工质量。防冻剂必须出具厂家生产合格证，并做好试配，施工时严格按照配合比配制。氯盐掺量、砂浆温度、砂浆最低强度等级见表4-1。

掺氯盐砂浆掺量、砂浆温度、砂浆最低强度等级表 **表4-1**

日最低温度	掺盐量(%)	砂浆使用时最低温度(℃)	砌筑砂浆最低强度等级
等于或高于－10℃	3	＋5	M2.5
－11～－15℃	5	＋8	M2.5
－16～－20℃	7	＋10	M5.0
低于－20℃	7	＋15	M5.0

冬期如无设计要求时，当日最低气温等于或低于－10℃时，对承重砌体的砂浆强度等级提高一级。

砂浆和混凝土的搅拌应在采暖的房间或保温棚中进行，砂浆随拌随运，不可积存，二次倒运，砂浆的储存时间不宜超过20min。施工中注意天气变化，砌筑砂浆稠度适当提高1～3cm，但不宜超过13cm，确保砂浆与砖的粘合力。

采用掺防冻剂法，使砂浆在负温条件下硬化，降低砂浆冰点，获得早期强度。优先选择对钢筋、铁件无腐蚀作用的防冻剂。

② 冻结法：

采用冻结法施工时，应会同设计院制定施工解冻期内的加固措施。砂浆使用时的最低温度不应低于+10℃。

③ 为保证砌体在解冻时间的正常沉降，要求做到以下几点：

每日砌筑高度及临时间断处的高度差不得大于1.2m；在门框上部应留出缝隙，其厚度在砌体中不小于5mm，料石砌体中不小于3mm；砖砌体水平灰缝厚度不易大于10mm。

(4) 抹灰粉饰工程

1) 冬期施工的室内白灰砂浆、混合砂浆和粉饰工程必须采暖热作，基面温度不低于+5℃，尚要做到门窗封闭；

2) 室外水泥砂浆抹灰，除在大面积混凝土基层和地面工程外，可在最低气温不低于−10℃采用掺盐砂浆法施工。粉刷和地面工程不得在负温下进行；如必须施工，可采用掺防冻剂和早强剂的技术措施。

(5) 屋面与外装修

包括窗、幕墙等工程于1999年10月底形成封闭施工条件，暖通工程施工调试完毕，具备供暖条件，将出入口及一些无法形成正式封闭的地方用棉毡临时封闭，冬期时，室内安装与土建粗装修在供暖条件下施工。2000年2月开始精装修。

(6) 钢结构安装

1) 冬期运输堆存钢筋时，必须采取防滑措施，构件堆放场地必须平整坚实，无水坑，地面无结冰；

2) 柱子、主梁、支撑等大构件安装后应立即进行校正，校正后立即进行永久固定；

3) 高强螺栓接头安装时，构件摩擦面必须干净，不得有积雪、结冰、不得雨淋。

4.3 冬期施工安全技术措施

项目部冬期施工应严格按照国家及地方安全操作规程执行，项目质安部门应加强安全教育，认真对各专业、各工种的施工、操作人员进行安全技术交底，并执行冬期施工关于“五防”的特殊规定：

(1) 防火

1) 凡是冬期取暖、生产用火，必须事先申请，经保卫或安全部门检查批准，发给生火证方可使用；

2) 禁止用易燃液体、可燃液体生炉子、火墙、火坑、锅炉、烘烤衣服和其他可燃物品；

3) 施工生产现场的生产和生活用火，必须做到“四有”，即有生火证、有制度、有消防器材和工具，有专人看管，做到火灭人走；

4) 施工现场的送电室、材料库等易燃易爆部位，要和用火点保持一定的安全距离，防止火灾事故发生；

5) 仓库、木工房、木工棚等部位要做到严禁烟火；

6) 一切电源、线路必须按规定架设，并有专人经常检查维护，生活用灯不准超过60W，生产、生活一律不准点长明灯；

7) 禁止在灯头上使用纸、布和其他可燃材料做灯罩；

8) 消防设备和灭火工具要有专人管理，保持完整好用。消防水桶必须保持一定的水量，在冬期要对消防桶（缸）消防栓、灭火器要采取防冻措施。

(2) 防寒

1) 一线生产工人的棉服、棉安全帽必须按规定及时供应，确保职工身心健康；

2) 施工（生产）现场、宿舍、食堂、休息室，要有取暖设备，职工要喝到热开水，吃到热饭菜；

3) 凡是固定场所的施工机械等要搭设防寒棚，要进行全面检查、维修，确保冬期正常施工。

(3) 防毒

1) 对生火用的明火焦炉、炭炉、煤炉必须有专人看管，防止中毒事故发生；

2) 加强对有毒物品的管理，特别是亚硝酸钠管理，有毒有害物品仓库必须有专人负责，严格出入库手续；

3) 对有毒、有害作业场所和煤炉取暖场所必须设通风孔，保持空气畅通。

(4) 防滑

1) 各种脚手架应架设斜道，必须有严格的防护栏杆和围网，斜道钉好防滑条，要及时清除霜雪，现场主要通道应撒炉灰、锯末等，防止滑倒伤人；

2) 凡是列入冬期施工的单位工程，事先检查好供电线路和机械工具设备，做好维修，防止受冻肇事。

(5) 防爆

1) 乙炔发生器、保险链、保险壳、保险针，必须良好有效，遇有冻结情况应用热水溶化，不准用明火烘烤；

2) 锅炉在使用前，必须经技术、安全、设备等部门检查合格后，方可使用，未经批准和发证的不准使用。

5 总承包管理

5.1 施工总承包框架

桃仙国际机场航站楼扩建工程是一项大型建设项目，工程工期紧，设计的专业面广，分包队伍多。为了科学、有效地组织项目施工，保证工程顺利开展，本工程以施工总承包方式进行管理，达到优质、高速、低成本地把航站楼建成一流水平的建筑精品。总承包管理方案如下：

中建总公司以中建（北方）、中建八局、中建三局为主对航站楼扩建工程进行施工总承包。

5.1.1 工程总承包框架图

中建总公司沈阳桃仙机场总承包框架图如图 5-1 所示。

5.1.2 项目经理部组织管理机构

中建总公司发挥中建集团优势，选派具有丰富经验的施工管理和工程技术骨干，在施工现场组建精干高效的施工总承包项目经理部，全权负责工程的施工组织和指挥，项目经理部严格按项目法实行施工管理。其职能如下：

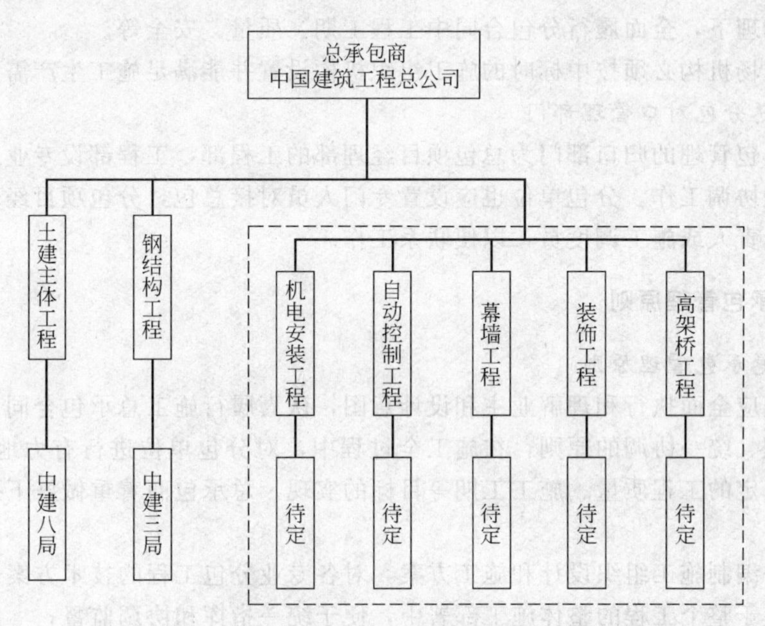

图 5-1 中建总公司桃仙机场总承包框图

(1) 施工总承包项目经理部职责

1) 直接受业主指令并对业主负责;

2) 对专业分包商进行管理和协调;

3) 项目经理部为施工现场总指挥部，下设七个职能部门，各职能部门分工明确，紧密配合开展工作。

(2) 各部门及职责

工程部：负责工程的施工管理、工程进度计划、生产调度、施工现场平面管理、负责各专业分包的协调管理。

技术部：负责工程重大技术方案和措施的编制、审核和交底，组织二次设计、试验和检验、资料档案等技术管理工作。

商务部：负责工程投标报价、合同管理、工程预算、结算，对分包合同的谈判签约。

物资部：负责施工材料、设备、机械的采购、供应和管理，以及现场混凝土搅拌站的管理。

质安部：负责工程质量控制、安全监督管理工作。

财务部：负责工程资金费用的计划和调配，进行成本控制和核算，并负责税收、结算、融资等项工作。

综合办公室：负责工地人事行政管理、治安消防以及企业 CI 形象、文明施工等工作。

5.1.3 总承包管理的组织机构

机场工程属大型公共建筑，专业化施工程度高，将有较多分包单位参与施工建设，需有一个精干、高效的工程管理机构，组织指挥工程的施工生产。总承包单位将在机场指挥部的领导下，在政府质检部门及监理公司的管理监督下，充分发挥施工总承包职能，协调、管理好施工现场各分包单位，全面认真地履行各自的施工合同。

5.1.4 分包管理组织机构

分包商结合各自专业的特点，在施工现场设立施工生产指挥机构——分包项目部，在总包的协调管理下，全面履行分包合同中工程工期、质量、安全等。

分包商现场机构必须按中标时的施工组织机构设置并能满足施工生产需要。

5.1.5　总分包对口管理部门

总包对分包管理的归口部门为总包项目经理部的工程部，工程部设专业工程师，负责对分包的管理协调工作。分包单位也应设置专门人员对接总包，分包项目经理不在现场时应指定现场负责人或施工调度员，以便联系工作。

5.2　总承包管理原则

5.2.1　总承包管理原则

总承包商应全面执行和理解业主和设计意图，认真履行施工总承包合同，按照统一计划、统一管理、统一协调的原则，在施工全过程中，对分包单位进行有力地协调、管理，以保证合同规定的工程质量、施工工期等目标的实现。总承包商着重做好下列几方面的综合管理工作：

（1）统一编制施工组织设计和施工方案，对各专业分包工程的技术方案进行审核，将各专业工程置于整个工程的整体施工部署中，便于统一指挥和协调监督；

（2）统一现场平面管理，由于项目专业分包队伍多，必须由总包对现场总平面布置做统一规划、安排和管理，使现场的施工秩序井然有序；

（3）统一编制多级施工进度网络计划，根据总的工期进度运用计算机技术对各分部分项、分专业的施工进度计划严格控制，确保形象进度和工期按期完成；

（4）统一施工现场的多工种、多专业交叉作业的施工调度，便于各专业队伍在交叉施工中的协调、组织管理；

（5）统一工程质量保证体系，确保工程符合国家和民航的技术规范和要求；

（6）统一现场文明施工标准，建立安全生产保证体系，确保无重大伤亡事故发生，使整个工地成为标准化文明施工现场。

5.2.2　总承包管理的目标

根据合同要求，总承包项目管理的目标为：

（1）进度目标

第一进度控制点：1999年7月25日地下室钢筋混凝土结构和此部分的回填完，达到（D）轴钢柱安装条件；

第二进度控制点：1999年7月30日，B区＋7.0m混凝土完，8月15日具备钢屋架吊装条件（＋12.5m混凝土结构同钢结构穿插进行）；

第三进度控制点：1999年8月10日，A、C区钢筋混凝土结构完；

第四进度控制点：1999年10月25日，屋面钢结构封顶；

第五进度控制点：1999年11月10日，外墙幕墙封闭，达到供暖条件；

第六进度控制点：2000年2月1日，机电安装和公共区域土建粗装修基本完，达到精装修施工条件；

第七进度控制点：2000年6月30日，航站楼工程达到试运营条件。

（2）质量目标

各分包工程、分部分项工程均达到质量检验评定标准的要求，实现施工组织设计中保证施工质量的技术组织措施和质量等级，保证合同质量目标——确保鲁班奖的实现。

（3）安全目标

实现施工组织设计的安全设计和措施，严格控制施工人员、施工手段、施工对象和施工环境的安全，实现安全目标，确保人的行为安全、物的状态安全，断绝环境危险源，达到整个施工期间杜绝死亡及重伤事故，轻伤事故频率不超过0.03‰的安全生产目标。

（4）文明施工目标

通过对施工现场中的工程质量、安全防护、安全用电、机械设备、消防保卫、场容、卫生、环保、材料等各个方面的管理，创造良好的施工环境和施工秩序，特别是做好施工总平面的动态管理，达到安全生产、加快施工进度，保证工程质量、降低工程成本、提高社会效益，确保本工程为市文明施工标化工地。

5.2.3 总分包单位的管理责任

总分包的工作范围区分和各自的管理责任详细记录在各自的工程施工合同和协议中。

总包将按照总包合同和总分包合同要求向各分包提供无偿或有偿的管理及服务，总包将根据机场指挥部审定的工程控制进度计划，保证在合同工期内向分包按时提供施工场地、施工作业面以及协调服务，以利分包单位按期完成合同规定的工作内容。

分包应遵守总包的协调管理，包括总包为工程正常施工所制定的各种管理规定、办法及协议。

5.3 总承包管理程序

5.3.1 总承包合同管理

合同是总承包商对分包商协调管理的依据，因此，规范总承包商与各专业分包商的总包管理和配合服务合同是保证总承包管理程序实现的基础。

（1）根据工作要求，分包商在进入施工现场前必须与总包商签订某一过程控制或某一控制点的总分包管理和配合协议；否则，不得进入施工现场。签订后双方均应恪守合同要求，克服困难，完成双方各自承担的任务；

（2）总包单位应严格按合同条款为分包单位提供协调服务、监督管理，为分包方圆满完成施工合同提供方便；

（3）分包商一经进入施工现场，均必须严格履行合同条款，并接受总包商的协调管理，对分包商出现违约行为，总包商有权对分包商进行处罚；

（4）各分包在未获得业主、监理、总承包人三方面同意前，不得将本分包合同转让或将分包工程的全部或任何部分转包；

（5）总分包方之间的有关合同纠纷，交由机场指挥部协调解决。

5.3.2 施工计划管理

为了确保整个工程建设进度在总体建设计划的控制下有序地进行，本工程按四级制定施工计划。构成一个自上而下、从总体到细部的工程计划管理体系。

第一级：根据总的建设目标制订主要形象进度控制点及施工总进度网络计划；

第二级：专业分部分项进度计划；

第三级：月进度计划；

第四级：周进度计划，制定一周的详细形象进度计划。

项目部制定出的计划经由施工员或各主管部门发放至各分包商手中，分包商按照项目部下达的计划编制日进度计划，并上报至施工员或主管部门处，并严格按照日计划进行施工；否则，延误工期项目部将予以严厉处罚。如因突发因素等导致工期延误，项目部将酌情延迟计划。

5.3.3 施工进度协调管理

(1) 总包单位作为施工现场管理的总协调人，负责对各分包单位进行协调管理。各分包单位要服从总包的协调管理，按各自的合同组织好施工生产。

(2) 总包严格按总分包合同规定的进度时间、人员、材料设备的进场情况，进行施工场地的分配，施工的开展、工序接口、交叉作业、安全防护、成品保护及水电、路、临设等施工现场资源的配置和供用，并进行及时、合理、恰当的组织和安排，保证各分包商的有序施工。

(3) 各分包商必须以确认的控制施工进度为标准，精心组织施工，及时按计划完成各自的分包工程，并积极配合总包商组织的各分包商的工作面、工序接口的交接工作。分包商如未能在指定期限或已被业主、监理认可的任何延长期内完成分包工程或其任何部分，分包商应向总承包商支付一笔相当于总包商因分包商按上述无法竣工所受的任何损失或损害的相同金额。

(4) 各分包凡属需要总包配合、协调的工作，都要提前以书面形式通知总包商，总包应在规定的期限内积极给予解决。凡因分包商的疏漏或不按程序所引起的损失，概由分包方承担。

(5) 各分包商之间应当互相配合、相互理解与谅解，在需要其他分包配合时，需提前报总包同意后，由总包通知其他分包。不得出现彼此推诿、扯皮以致延误工期等现象，对此，总包方有权作出裁决，并对责任方给予经济处罚。

(6) 各分包商不得随意中断分包工程的施工；如未经总包许可擅自中断分包工程，则要负中断工程造成的损失。

5.3.4 工程技术管理

各分包单位应建立以项目总工程师负责的施工技术责任制，加强技术管理，提高工程技术含量，确保工程质量；如在施工过程中发生技术性问题，由分包方提出处理方案报项目部审批同意后方可执行，未经审批同意各分包商不得擅自决定处理；如遇紧急情况来不及上报审批，需经项目部技术负责人口头同意后方可执行，报审手续后补。

(1) 施工中因工程变更而引起方案修改应及时通告总包单位，以便对工程部署、工序交叉及进度控制进行调整，确保工程顺利进行。

(2) 总包单位应及时准确地向各分包单位提供满足施工需要的原始基准点、基准线、参考标高及相关的地下管线图。交接后各分包单位应各自派专人对总包单位提供的原始基准点、基准线、参考标高进行妥善保护；如发现损坏、丢失，补测费用由分包单位自行解决。

(3) 加强施工过程中技术资料管理，建立工程档案，按指挥部的要求和份数做好工程竣工工程资料的整理及竣工图的绘制工作，分包的所有竣工资料均应经总包审核汇总后一并在工程竣工验收时交工程指挥部。

5.3.5 工程质量管理

（1）航站楼工程的质量目标为创“鲁班奖”，各分包单位均需结合各自专业特点，编制创“鲁班奖”计划，并保证100%完成。创优计划应在开工后两周内报总包、监理、指挥部和质检站。

（2）中建六局推行国际标准ISO—9001质量保证体系，各分包单位均需建立相应质量保证体系，建立健全质量保障制度，确保其质量体系的有效运行。并在现场设有专职质检员，加强对工程质量的控制和管理。

（3）坚持“过程精品”的质量管理思想，严格实施“过程精品，动态管理，目标考核，严格奖罚”的质量保证机制。施工中做到“五不准”：无施工组织设计不准施工；不合格的原材料、半成品不准使用；技术交底不清不准施工；检测数据有怀疑不准施工；上道工序不符合质量标准的不准进行下道工序施工。

（4）施工中坚持自检、互检、专业检查的质量三检制，以及质检站、监理工程师、专业质量检查员的质量监督机制，使工程的每道施工工序、每个分部分项工程都严格按国家及民航的技术标准和规范进行操作和施工。

（5）为加强施工质量管理，统一工程质量验收标准，提高工程的质量，各单位应执行工程质量样板制，以样板引路，挂牌标识。以工序质量保证分项质量，以分项质量保证分部质量，以分部质量保证单位工程质量，确保工程整体质量。

（6）本工程实施质量停工待检点的控制措施。当一施工工序与质量关系密切时，为了保证产品的质量而特别对此工序进行质量专检。各分包在完成本工序施工自检合格后，填写“工序报验单”，经总包、监理验收，验收合格后，再进行下一道工序。

（7）各分包应通过质量全过程控制和质量停工待检点控制的信息反馈，建立质量改进系统，对不符合要求涉及质量隐患应采取预防及纠正措施，加强技术管理，遵守施工工序，保证工程质量不断提高。

（8）各分包单位在分包工程中的材料或操作工艺必须符合分包合同的规定；如不符合规定而出现缺陷或其他缺点，导致工期延误，致使总承包商（或其他分包商）增加额外施工时，则分包商应向总承包商（或其他分包商）支付该工作的施工费用并承担延误工期责任。

5.3.6 安全生产管理

（1）总承包商对航站楼的施工安全生产负第一责任，各分包商对各自分包工程的安全生产负第一责任。

（2）各分包商要严格按照国家的有关法律、法令、规定严格遵守建筑施工安全规范及总承包人制订的安全制度，确保安全生产。

（3）各分包要按施工安全规范的规定，采取预防事故的措施，确保施工安全和第三者安全，凡属分包工程中发生的一切安全事故，均由分包方负责，并立即书面上报总包及主管单位备案。

（4）各分包商有保护好施工现场安全设施的义务。

（5）各分包要服从总包现场安全员的统一管理，遵守总包安全部门下发的各项安全制度，及时处理总包发出的安全整改通知，对未及时整改或整改达不到要求而引致的损失，除分包方承担责任外，还要给予经济处罚。

(6) 各分包要积极参加总包组织的各项安全生产活动。

5.3.7 施工现场材料、设备管理

(1) 材料、设备进场验收

材料设备进场必须进行严格检验，以确保工程质量。

验收项目：

1) 进场的材料、设备的数量、规格、质量标准是否同物资需用计划一致；

2) 产品合格证、材质证明及相关技术参数是否齐全；

3) 材料、设备是否满足现行规范和标准的要求；

4) 特殊材料、设备的保存运输、安装方法是否有详细说明；如有损失或与要求不符，应立即报主管部门按有关制度进行协调处理；

5) 分包商应设立进场材料及机械设备台账，并定期报至总包单位物资部；

6) 由分包商负责管理维修的机械设备，分包商应按照总包商的要求，每月对设备进行检查并填写月检记录表格报至总包单位物资部。

(2) 材料验收程序

1) 分包自购材料、设备进场，总包相关专业责任工程师与分包单位材料负责人共同验收合格后，填写开箱检验单，总包审批后，报监理；

2) 分包单位未经验收（或验收不合格）的材料、设备不得使用；否则，造成的后果由责任方负责。

(3) 材料使用程序

材料的使用及数量应与材料需用计划中所提出的使用部位及数量相符合，未经总包单位同意，各分包商不得擅自将进场材料另作他用；否则，材料损失部分由分包商自行负担，如因此对项目施工造成停工待料而延误工期者，项目部将另行对该分包商进行严厉处罚。

5.3.8 施工现场用电管理

(1) 加强对施工用电的统一调度，合理安排。分包单位进场前，应同总包签定用电协议书，学习用电管理制度，并按总包指定的供电回路分配电箱，并有专业的持证电工专人负责看管、维护，自觉遵守用电管理制度，现场用电的使用由总包工程部专业技术人员统一调度，合理分布现场施工总配电箱及供电系统，并随工程进展情况及时调整，以安全第一、合理使用为原则。

(2) 总包单位技术人员及专职安全员每月对现场进行一次大检查，复查接地电阻，并做好记录，对于不合规范、有不安全因素在内的分包单位，将提出整改要求，不服从者将予以一定的经济处罚。

(3) 对用电故障及时检修，保证运行。现场各分包单位专业维护电工统一归工程部调配，维修现场施工用电设备。施工用电发生故障后应立即查明原因，由工程部组织临时抢修小组，在1～2h内抢修完毕，现场停电前应通知各施工单位及班组，做好停电准备工作。

5.3.9 施工现场用水管理

为确保工程的顺利有序进行，确保各施工单位的施工用水、合理用水、节约用水，杜绝水资源浪费。必须加强对施工现场的用水管理。

(1) 现场生活用水、施工用水由工程部统一管理。严禁私自引接水管，各施工单位需要连接水管（或大量使用时）时，填写申请单，报总包单位，由总包统一部署；

(2) 生活区生活用水，各分包单位对节点阀门以后的管道、管件、水龙头等用水设备负责维修保养。

5.3.10 环境管理及文明施工管理

(1) 为确保工程为市文明施工标准化工地，各分包商必须自觉遵守文明施工管理规定建立文明施工管理机构，确定文明施工责任人，保证施工现场的公共区域及各自的施工区域的场容、场貌整齐、卫生、文明。

(2) 分包商应严格按规定的施工平面布置施工，不得任意扩大、改变、影响其他施工单位，如需调整，应报总包批准后实施。

(3) 各分包商在施工中必须认真按施工程序组织施工，认真做好成品保护措施，施工中不得交叉污染，不得造成工程成品或半成品的损坏，不得有乱涂乱划现象。

(4) 各单位施工现场各种料具、半成品应按总平面布置图的位置存放，并分规格、品种码放整齐、稳固，做到一头齐、一条线，各种材料不得混乱堆放，不得堆放太高，防止坍塌伤人。对粉尘易燃、易爆、有毒物品应采取必要的防火、防爆、防损坏等措施，专库专管，加说明标志，并建立严格的领退手续。

(5) 施工现场的生活、办公区要保持清洁卫生，无污染和污水，垃圾要集中堆放，及时清理外运，施工现场不得随地大小便。

(6) 环境管理方面各分包商应执行项目部的如下规定：

1) 防止对大气污染：

① 施工阶段，定时对所属区道路进行淋水降尘，控制粉尘污染；

② 负责各自区域建筑结构内的施工垃圾清运，采用搭设封闭式临时专用垃圾道运输或采用容器吊运或袋装，严禁随意凌空抛撒，施工垃圾应及时清运，并适量洒水，减少粉尘对空气的污染；

③ 水泥和其他易飞扬物、细颗粒散体材料，安排在库内存放或严密遮盖，运输时要防止遗撒、飞扬，卸运时采取码放措施，减少污染；

④ 生活区内设置的食堂和宿舍，由专人负责管理，确保卫生和安全符合规定。

2) 防止对水污染。

加强对现场存放油品和化学品的管理，对存放油品和化学品的库房进行防渗漏处理，采取有效措施，在储存和使用中防止油料跑、冒、滴、漏，污染水体。

3) 防止施工噪声污染：

① 现场混凝土振捣采用低噪声混凝土振捣棒，振捣混凝土时，不得振钢筋和钢模板，并做到快插慢拔。

② 模板、脚手架在支设、拆除和搬运时，必须轻拿轻放，上下、左右有人传递。

③ 使用电锯切割时，应及时在锯片上刷油，且锯片送速不能过快。

④ 使用电锤开洞、凿眼时，应使用合格的电锤，及时在钻头上注油或水。

⑤ 加强环保意识的宣传。采用有力措施控制人为的施工噪声，严格管理，最大限度地减少噪声。

⑥ 塔吊指挥配套使用对讲机来降低起重工的吹哨声带来的噪声污染。

⑦ 在现场设置噪声监测系统，测定噪声是否超过规定，用以控制现场噪声。

4) 限制光污染措施。

探照灯尽量选择既能满足照明要求又不刺眼的新型灯具或采取措施，使夜间照明只照射作业区而不影响周围地区。

5）废弃物管理：

① 在各自施工现场区域设立专门的废弃物临时贮存场地，废弃物应分类存放（可回收、不可回收），对有可能造成二次污染的废弃物必须单独贮存、设置安全防范措施且有醒目标识；

② 废弃物的运输确保不散撒、不混放，送到项目部指定场所进行处理、销毁；

③ 对可回收的废弃物做到再回收利用。

6）材料设备的管理：

① 各分包应对现场堆场进行规划管理，对不同的进场材料设备进行分类合理堆放和储存，并挂牌标明标示，重要设备材料利用专门的围栏和库房储存，并设专人管理；

② 在施工过程中，严格按照材料管理办法，进行限额领料；

③ 对废料、旧料做到每日清理回收。

7）其他措施：

① 对易燃、易爆、油品和化学品的采购、运输、贮存、发放和使用后对废弃物的处理制定专项措施，并设置专人管理；

② 对施工机械进行全面的检查和维修保养，保证设备始终处于良好状态，避免噪声、泄漏和废油、废弃物造成的污染，杜绝重大安全隐患的存在；

③ 施工作业人员不得在施工现场围墙以外逗留、休息。

5.3.11 工程竣工管理

（1）各分包商必须按照制定的工期（包括已取得业主及监理公司认可顺延的工期）竣工。

（2）当分包工程的进度明显受到拖延时，分包应立即书面通知总承包人说明有关分包工程或任何部分进度或竣工受到拖延的原因。

（3）在分包工程实际竣工前，各分包人应移走一切临时施工机械、剩余物料及清理垃圾，做到工完场清，并为总承包人修复施工期内由于本工程而导致对建筑物结构或设备造成的任何损坏，向总承包人作出有关赔偿。

（4）各分包人要做好竣工自检工作，自检合格后，填写要求总包检查竣工的书面申请书，并按机场指挥部要求及吉林省工程档案规定整理所有竣工图纸、资料备查。并经总包汇总后，统一上报监理、机场指挥部。

（5）在总包进行竣工检查时，对不符合规范的，可以做出限期整改的决定，各分包商必须在指定期限内整改，整改后书面提请总包复检。

5.3.12 分包单位地盘进退场管理

（1）根据业主的进场许可证明，到总包项目经理部办理进场手续，办理进场手续，需呈报以下资料：

1）企业营业执照、资质证书复印件（加盖公章）、施工合同文件；

2）项目管理人员的资质证书、上岗证等复印件；

3）进场工作人数、特殊工种（如电工等）需提供上岗证复印件；

4）进场施工或工作内容、工作时间和进度计划；

5）需总包单位提供生活、生产临建场地的详细资料；

6）施工用水、电申请；

7）组织机构表联系电话。

（2）申请施工用水、用电及生活或办公临建如需总包提供或向总包租赁，请到总包有关部门办理手续。

（3）生产临建占地到总包工程部呈报施工平面占用方案，经总包批示后方可占用。

（4）分包在将上述有关手续办理完后，持总包工程部签发的进场许可证到行政部办理工地出入证，作为出入工地的证件，工作时佩戴。

（5）进场后服从总包在质量、安全、文明施工、进度、治安保卫等方面的管理；如发现分包队伍违章，总包将视程度进行罚款。

（6）施工完毕后，退场机械或材料要到总包物资部办理出门证，办理出门证前先到总包行政部、合约部办理完临建租赁和结清水电费，到总包质安部、工程部清理违章罚款手续，凭总包部门会签的结算退场会签单到物资部办理出门证，没有办理出门证的门卫将不予放行。

5.4 施工管理守则及奖罚条例

5.4.1 施工管理守则

（1）安全守则

1）进入施工现场，必须遵守安全生产规章制度；

2）进入施工区内，必须戴安全帽，机械操作工必须戴防护帽；

3）进入施工区内严禁吸烟，操作前不准喝酒；

4）高空作业严禁穿皮鞋和带钉易滑鞋；

5）非有关操作人员，不准进入危险区；

6）未经施工负责人批准，不准任意拆除支架设施及安全装置；

7）不准带小孩进入施工现场；

8）不在施工现场打闹；

9）不准从高处向下抛掷任何物资材料。

（2）消防保卫措施

1）现场建立消防保卫领导小组，设立义务消防突击队，定期培训、检查；

2）现场和仓库配置一定数量的消防工具，工地设专用消防井、蓄水池及消防管道，并有专人负责定期检查，保证完好备用；

3）坚持动火审批制度，电气焊和切割工作地点要有看护人和消防器材；

4）易燃、易爆及有毒品的使用要按规定执行，指定专人设库分类管理，明火作业和易燃、易爆、有毒品必须隔离，操作后检查现场，不留隐患；

5）航站楼室内严禁吸烟，室外作业现场不允许流动吸烟，应在吸烟室内吸烟，操作岗位严禁吸烟；

6）施工需要加热或保温时，要采取保护措施，加强检查管理；

7）职工进行安全教育同时，加强防火教育；

8）施工现场设护场值勤人员，昼夜值班，搞好检查工作；

9）加强临时用电管理，防止电气或线路发生火灾；

10）施工为确保机场安全，严禁人员进入机场围栏内。

5.4.2　施工管理奖罚条例

为保证航站楼工程顺利施工，实现确定的工期、质量、安全、文明施工目标，凡进入本施工现场的单位及人员应严格按照国家有关规程以及现场管理规定的要求组织施工生产；如涉及危害公共财产安全、他人安全以及不服从总包管理等，总包有权根据有关规定对分包单位进行处罚。分包单位必须在两日内交至总包财务部，否则加倍处罚。

各分包单位均应自觉遵守总承包管理办法、守则；否则，按奖罚条例处理。

5.5　服务承诺

5.5.1　与业主配合

（1）在指挥部领导下认真理解业主和设计意图，做好二次补充设计，尽可能提出各种建议，促进工程顺利进行。

（2）承担合同中规定的一切责任、义务，服从施工中业主总体安排。

（3）协助业主办理政府部门审查批准的一切设计施工文件，配合业主对供电、供水、市政等单位的协调工作，并办理接口施工手续。

（4）项目经理部的工作计划、施工情况定期以书面形式汇报。

（5）涉及设计、施工变更、材料等重大问题，事先向业主提出报告，批准后实施。

（6）主动向业主提供各项信息，提交定货报告，及时向业主请示，得到业主认可后方可定货。

（7）及时提供设备技术和资料、调研报告、厂家情况、合格证书等资料，为业主决策提供依据。

（8）协助业主做好检查和索赔工作。

（9）协助业主做好操作人员前期培训工作。

5.5.2　与工程监理配合

（1）一切设计变更、施工变更、材料变更都按程序报工程监理审批，不批准不得实施。

（2）隐蔽工程未经工程监理检验、允许，不得实施。

（3）主动接受工程监理对施工组织设计、施工方案、技术措施的审查。

（4）主动接受工程监理对工程质量的监督、检查，及时整改。

（5）与监理工程师一道确保工程优质、高速完成。

5.5.3　工程服务

（1）为用户提供一流服务是中建集团的服务宗旨。

（2）从工程开工到交付使用，直到回访保修的全过程，严格按 ISO 9002 标准要求执行，工程交工验收后，继续做好维修服务工作，派出技术水平较高的工程技术人员和技术工人驻地维修服务，做到 24h 随叫随到。

（3）采取有效的保安和安全生产措施，保证原有航站楼继续安全使用。

（4）重要设备，如水处理设备、锅炉、制冷设备、空调机、消防设备、自动扶梯、行李运送、弱电系统及输变设备装备等运行，我们将积极配合并提供安装、维修人员的培训。

5.5.4 设备安装、维修保养承诺

(1) 设备到现场，进行认真检查、测试。

(2) 安装前进行认真的清洗和保养，发现问题及时处理，不合格设备坚决退货更换。

(3) 为业主提交设备维修保养情况及说明，供业主以后使用参考。

1) 设备安装、测试记录和说明；

2) 帮助业主制定维修及保养计划、制度；

3) 向业主提供维修、保养的范围、内容、时间；

4) 移交全部技术资料原件。

(4) 建议所有设备操作人员和维修人员在培训后，可随安装单位实习，进一步了解、掌握设备的构造、特征；掌握和了解设备安装的程序、工艺、方法及试运行的情况，为今后熟练使用打下基础。

6 施工技术组织措施

6.1 质量保证措施

6.1.1 质量总目标"创鲁班"

目标值：分项优良率95%以上；

分部优良率90%以上；

合格率100%。

6.1.2 质量管理方针

坚持按规施工　　注重目标管理

严格工序把关　　重点跟踪检查

落实岗位责任　　切实奖优罚劣

提高管理意识　　誓建精品工程

6.1.3 质量控制体系

由指挥部、质检站、工程监理、中建项目经理部质保部门共同完成对工程质量的控制。土建工程质量控制一览表见表6-1。土建工程分部分项工程创优计划表见表6-2。

6.1.4 质量保证体系

贯彻国际标准ISO 9002质量保证体系，编制切实可行的各专业质量保证计划，作为该项目施工过程中实施质量保证和质量控制的纲领性文件。

(1) 本工程成立以项目总经理为组长，并与生产经理、总工程师等组成机场项目质量管理领导小组，全面负责质量保证工作。

(2) 主控职能部门是质保部，各项目组成立专业质保小组，而质保部通过质检员对工序的监控和计量检测站对材质监控，设置从施工准备过程、施工生产过程和交工验收过程质量控制点及其管理程序，应严格按ISO 9002程序要求进行。

土建工程质量保证体系见图6-1。

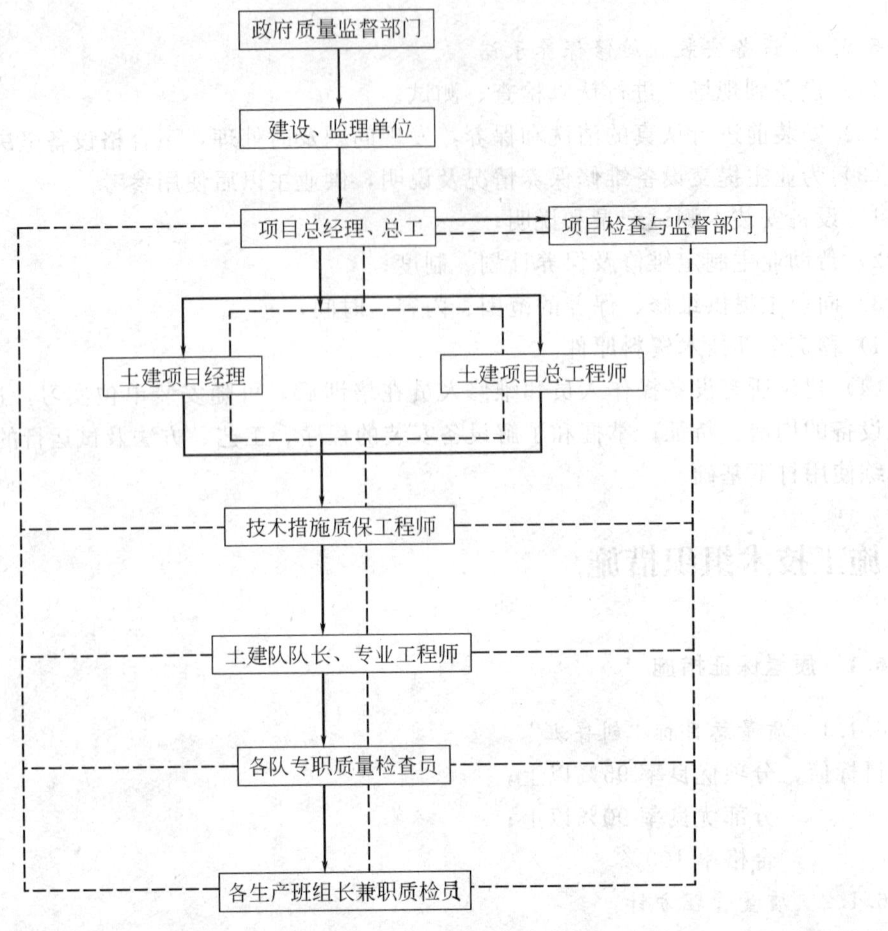

注：实线表示工作关系；虚线表示信息反馈。

图 6-1　沈阳桃仙国际机场航站楼土建工程质量保证体系

6.1.5　工程施工依据

严格按照现行的国家级部颁规范、规程、标准、设计施工图、技术核定单施工外，还应遵照施工组织设计及技术方案措施等进行施工。

（1）质量评定标准

按照现行的国家、部颁及地方施工验收规范、规程和行业标准等进行。

（2）保证工程质量主要措施：

1）加强质量管理机构，充实质量管理人员，所配备各专业专职质检人员为8%，必须选派有一定技术水平和一定实践经验、作风过硬的技术管理人员担任，所有质检人员必须经过培训，持证上岗。

2）认真执行"把六关"、"五不准"的规定，坚持"交底制"、"三检制"，使工程始终处于受控状态，确保工程质量。"五不准"：无施工组织设计不准施工；不合格的原材料、半成品不准使用；技术交底不清不准施工；检测数据有怀疑不准施工；上道工序不符合质量标准的不准进行下道工序施工。"把六关"：把施工方案关；材料进场关；技术交底关；检测计量关；工序交接关；质量验收关。

沈阳桃仙国际机场航站楼土建工程质量控制一览表　　　　表 6-1

控制阶段	控制环节		控制要点		主要控制人	参与控制人	主要控制内容	参与控制内容	工作依据	工作见证
施工准备过程	一	设计交底工艺审图	1	图纸技术文件自审	各专业技术员	项目工程师	图纸、资料是否齐全，能否满足施工要求		图纸及技术文件	自审记录
			2	设计交底或技术条件	项目工程师	专业工程师	了解设计意图，提出问题	解决问题方法	图纸及技术文件	设计交底记录 技术会谈记录
			3	图纸会审	项目工程师	专业工程师	对图纸的完整性、准确性、合法性、可行性进行会审		图纸及技术文件	图纸会审记录
	二	制定施工工艺文件	4	施工组织设计	项目工程师	专业工程师	按企业标准编制施工组织设计	编制	执行相关国家技术标准、验收规范	批准的施工组织设计
			5	专题施工方案或施工工艺	项目工程师	专业工程师	组织设计审批	编制	执行相关国家技术标准、验收规范	批准的施工方案
	三	物资及机具准备	6	各专业提出需用计划	项目工程师	专业工程师	编制、审核、报批	编制	图纸、规范、定额	批准的施工组织设计
	四	技术交底	7	技术总交底和分专业交底	项目工程师项目经理	专业工程师	组织交底	编写交底书、施工技术交底	施工图验收规范，质量评定标准	批准的专题施工方案
	五	焊接工艺	8	工艺试验	检验工程师	焊接责任师	审核后报项目工程师	报出评定项目和实验报告	施工图及评定	焊接工艺评定报告
	六	评定设备材料进场	9	设备材料进场计划	土建、安装工程师	材料员	编写材料平衡计划组织进货	建账立卡	材料预算	计划
			10	设备开箱检验	安装工程师	各专业责任工程师	核对规格型号，各品备件随机文件是否齐全		供货清单产品说明书	开箱记录
			11	材料验收	专业工程师	材料员	审查质保书，清查数量		合同材料预算	材料验收单
	七	设备材料进库	12	材料保管	材料员		分类存放，建账建卡		供应计划	进料单
			13	材料发放	材料员	领料员	核对名称，规格型号，材质合格证		限定领料卡	发料单

续表

控制阶段	控制环节		控制要点		主要控制人	参与控制人	主要控制内容	参与控制内容	工作依据	工作见证
施工准备过程	八	施工机具准备	14	设备购置进场	项目经理，项目技术负责人	专业工程师	上报审批	报出计划		批准计划
	九	人员资格交底	15	焊工资格认可	焊接技术负责人	焊接责任师	审查焊工合格证有效项目	检查确认	焊工考试规范	焊工合格证
			16	质检人员	实验室主任	焊接责任师	审查操作证	确认	规程	资格证书
	十	人员资格认可	17	试验人员	试验室主任	项目技术负责人	确认		规程	资格证书
施工阶段	十一	开工报告	18	确认开工条件	项目经理项目工程师	专业工程师	质保人员上岗、设备机具进场		施工准备工作计划	批准开工报告
	十二	组线标高	19	基础及设备基础孔洞螺旋控测	测量放线员	专业工程师	轴线、标高位置	复核检验确认	图纸标准	测量放线结果记录
	十三	材料代用	20	材料代用	各专业工程师	材料员、质量检查员	工艺审核		材料用通知单	批准意见书
	十四	主体工程施工	21	模板铁件制装	项目工程师专业工程师	质量检查员	主体质保体系运转确保几何尺寸位置正确	实施监督，按图按技术标准施工	施工验收规范	各项原始记录
			22	混凝土制配施工	项目工程师专业工程师	混凝土后台专职质量检查员	按程序施工确保计量准确，解决技术问题	实施监督，按图按技术标准施工	施工验收规范	各项原始记录
			23	砌体工程	专业工程师	质量检查员	主持质保体系运转	实施监督，按图按技术标准施工	施工验收规范	各项原始记录
	十五	地面及装饰分部工程	24	楼地面施工	专业工程师	质量检查员	主持质保体系运转，确保使用功能及观感质量	实施监督，按图按技术标准施工	施工验收规范	各项原始记录
			25	室内外装饰工程	专业工程师	质量检查员	样板开路，细部处理，确保使用功能及观感质量	实施监督，按图按技术标准施工	施工验收规范	各项原始记录
	十六	门窗工程	26	安装	专业工程师	各责任工程师质量检查员	组织实施	检查确认安装工作准备就绪	方案	吊装记录
	十七	防水工程	27	底板与墙板防水	防水专业工程师	各责任工程师质量检查员	主持质保体系运转，确保解决技术问题	实施监督，按图按技术标准施工	检查报告记录	
			28	防水工程保护	防水专业工程师	防水工程师	审核翻修方案	制定翻修方案		

航站楼土建工程分部分项工程创优计划表 表 6-2

序号	分部工程名称	质量等级	序号	分项工程名称	质量等级
一	地基与基础工程	优良	1	土方	合格
			2	防水	优良
			3	底板钢筋	优良
			4	柱墙钢筋	优良
			5	柱墙混凝土	优良
			6	梁板模板	优良
			7	梁板钢筋	合格
			8	梁板混凝土	优良
			9	底板、外墙防水混凝土	优良
			10	砌砖	优良
二	主体工程	优良	1	裙房框架模板	优良
			2	裙房框架柱钢筋	优良
			3	裙房框架梁钢筋	优良
			4	裙房框架混凝土	优良
			5	钢结构制作	优良
			6	钢结构安装	优良
			7	主楼框架模板	优良
			8	主楼框架柱钢筋	优良
			9	主楼框架梁板	优良
			10	主楼框架梁、板柱混凝土	优良
			11	楼梯钢筋	优良
			12	楼梯混凝土	优良
				轻质墙板	合格
三	地面工程	优良	1	水泥砂浆地面	优良
			2	花岗石块材地面	优良
			3	瓷砖地面	优良
			4	混凝土抹光地面	优良
			5	钢砖地面	合格
			6	地毯地面	优良
			7	木地面	合格
四	门窗工程	优良	1	铝合金门安装	优良
			2	木门安装	优良
			3	安全放火门	优良
			4	铝合金窗	优良
			5	铝合金百叶窗	优良
五	屋面工程	优良	1	屋面隔气层	合格
			2	屋面找平层	合格
			3	屋面保温层	优良
			4	屋面防水层	优良
			5	屋面保护层	优良
			6	屋面细做法	优良
六	装饰工程	优良	1	外墙玻璃幕	优良
			2	外墙铝板幕	优良
			3	外墙细部处理	优良
			4	磁砖内墙面	优良
			5	水泥砂浆和油漆墙面	优良
			6	石膏板隔断	优良
			7	顶棚吊顶	优良
			8	不锈钢饰面	优良
			9	细木制品	优良
			10	玻璃安装	优良

3）在主体结构施工中建立混凝土浇灌令签认制度。在安装与装饰交叉施工中吊顶封板签认制度。

4）制定各专业、各层次的工作岗位责任制，公布上墙，使各级技术人员有权按章办事，把质量、技术、安全管理做到纵向到底，横向到边。

5）开展强化精品意识、争创名优工程的全员质量意识教育，规范规程、质量验评标准的学习。

6）强化对施工质量的控制，坚决做到：上道工序不合格，下道工序不施工，对重要工序实行填写申请表制度，以实现重点部位、关键部位的重点控制。

7）建立质量例会制度，每月召开1～2次，结合质量通病和缺陷信息，开展群众性的QC小组活动。

8）严格材料检验制度，对不合格的材料，决不允许在工程中使用。

9）认真组织计量检测工作，做好质量验收依据的计量认证监督工作。

10）制定质量奖罚制度，实行“质量否决权”，以保证优质目标的实现。

（3）项目质量保证计划编写大纲

1）目的和使用范围；

2）引用文件；

3）定义；

4）质量体系要求：

① 管理制度；

② 质量体系；

③ 合同评审；

④ 设计控制；

⑤ 文件和资料控制；

⑥ 采购程序；

⑦ 业主提供产品的控制；

⑧ 产品的标识和可追溯性；

⑨ 过程控制；

⑩ 检验和试验；

⑪ 检验、测量和试验设备的控制；

⑫ 检验和试验状态；

⑬ 不合格品（项）的控制；

⑭ 纠正和预防措施；

⑮ 搬运、贮存、包装、防护和交付；

⑯ 质量记录控制；

⑰ 内部质量审核；

⑱ 培训；

⑲ 工程服务程序；

⑳ 统计技术。

6.2 工期保证措施

沈阳桃仙机场扩建工程施工工期要求非常高，为确保整个工程按期完工，施工进度上要突出“快”字，以施工总进度作为生产管理的中心环节，实行长计划短安排，加强生产协调配合。为确保施工进度采取以下措施：

6.2.1 合理的施工方案

(1) 针对工程特点，采用分段流水施工方法，减少技术间歇，对主要项目集中力量、突出重点，制定严密的、紧凑的、合理的施工穿插，尽可能压缩工期。加快施工进度。确定以B段为控制主线，两轴Ⓐ、Ⓖ一室（地下室）为重点，以⑫～⑰轴钢屋架组装平台处为先的原则。

(2) 预应力张拉施工，分为两部分，将后浇带所在跨留下，模板与支撑也留下，在后浇带浇筑完后达到设计要求强度时再张拉。其余部分可安正常程序张拉。为后续室内安装、土建粗装修施工提供工作面。

(3) 混凝土施工掺加高效早强减水剂，提高混凝土的早期强度，缩短楼层施工周期。

(4) 采用混凝土自动化搅拌站及泵送工艺，使用重型K50/50A500t·m塔机，发挥其效能，确保施工正常进行，加快施工进度。

6.2.2 严格的管理与控制

(1) 强化项目法管理，推行项目法施工，实行项目经理负责制，设立能协调各方面关系的调度指挥机构，配备素质高、能力强，有开拓精神的管理班子和行政手段，确保施工进度。

(2) 利用微机，推行全面计划管理，控制工程进度，建立主要形象进度控制点，运用网络计划跟踪技术和动态管理方法。做到月保旬，旬保月，坚持月平衡、周调度、工期倒排，确保总进度计划实施。

(3) 按程序组织文明施工。加强施工生产调度，组织协调好土建、安装的交叉作业和分段流水施工。

(4) 优化生产要素配置，择优选择技术素质高的专业队伍。加大奖金投入力度，充分发挥企业潜力和职工积极性，提高工作效率和劳动生产力。

(5) 克服季节性对施工的影响，做到常年均衡施工，减少季节性停歇。使用的劳务人员，不会出现农忙季节造成的误工，确保综合进度的实现。

(6) 重点部位、关键项目如钢筋、模板坚持两班作业，混凝土浇筑、电气配管、安装坚持三班作业，节假日不休息，努力加快施工进度。

6.3 施工安全技术措施

(1) 坚决贯彻“质量第一、安全第一”的方针，以防为主、防管结合，专职管理和群众管理相结合，做到精心组织、文明施工、杜绝重大伤亡事故。

(2) 实行经理部、项目部、班组三级安全保证体系，坚决贯彻“管生产必须管安全”的基本原则。

(3) 成立以总经理为组长的安全生产领导小组，认真实施安全例会制度和安全生产否决权，深入开展安全教育，强化“安全生产”意识，并充分发挥安全监督职能作用。

(4) 坚持安排生产的同时，安排安全工作目标、措施及安全要点，并落实到人，在向班组下达生产任务的同时，下达书面安全措施交底，并说明施工中的安全要点。

(5) 实行领导安全值班制度，定期组织安全大检查，对不安全情况，限期整改，并落实到部门和个人，对重要施工部位，推行安全哨责任制，加强巡回检查。

(6) 安全生产要做到标准化：高空作业标准化、临时施工用电标准化、临时防护措施标准化、安全标志标准化，开创良好的安全施工环境，坚持文明施工。

(7) 坚持三级安全教育，提高自我安全防范意识和安全施工知识。

(8) 对事故严格做到"三不放过"的原则，避免事故的重复发生。

6.4　环境保护措施

本工程为原沈阳市桃仙机场扩建工程，在施工过程中原机场仍在使用，所处的地点是沈阳市的窗口，所以施工过程中环境保护十分重要。为了不影响场区的环境，故采取如下措施：

(1) 同正在使用中的原航站楼之间用高架广告牌隔挡，并加以隔声措施，让过往旅客在地面看不到施工现场，并少受到噪声的影响。

(2) 在场地中做到场地平整，材料堆放整齐，道路畅通，照明充足，无长流水、长明灯。建筑垃圾做到日集日清，集中堆放，专人管理，统一清运。

(3) 混凝土输送中的污水、冲洗水及其他施工用水要排入临时沉淀池沉淀处理后，再排入市政下水道。为防止施工尘灰污染，施工临时道路要洒水。

(4) 防止施工噪声污染，尽量减少施工噪声，风动转机要装消声器，压缩机要性能良好并要尽可能低声运转，并尽可能安装在远离临近房屋的地方，控制作业时间，减少夜间施工，以免影响居民休息，不得干扰企业机关的正常工作。

(5) 要设临时厕所，禁止在现场随地大小便。

(6) 防止施工车辆运送中随地散落，如有散落，派专人打扫。落实施工现场"门前三包"。

(7) 夏季地面洒水防尘。

(8) 现场材料多，垃圾多，场地小，人流车辆频繁，材料要及时卸货，按规定堆放，凡能夜间运输的料，应尽量夜间运输，天亮前打扫干净。

6.5　现场文明施工与CI策划管理

6.5.1　文明施工

创建文明标化工地已成为当前城市文明施工的重要窗口，是促进城市两个文明建设的有力保证，把桃仙机场候机楼建成国家一流建筑；同时，要使机场施工过程中做到安全、文明的施工环境，促进机场建设工程顺利进行。

(1) 成立以项目总经理为组长，各项目经理为组员的现场文明施工领导小组，建立文明施工责任制，实行每月组织一次检查、评比制度。评分标准按建设部颁发的《建设工程现场综合考评试行办法》进行。

(2) 工地办公室应具备各种图表、图牌、标志。施工机械设备、安全等标识均按统一要求制作。

(3) 施工区域与生活区域分开，生活设施齐全，具有办公室、宿舍、食堂、厕所浴室，且必须具备通风、防暑、防火、卫生基本条件，食堂清洁、卫生，生活污水按规定排放，努力使施工场所的场貌规矩、整齐，同周边环境相融洽。

(4) 施工现场材料、成品堆放整齐，加强和提高成品保护意识，并设专人看管，防止损坏和污染，建立节水措施，消灭常流水、常照明。

(5) 现场环境卫生整洁，无污水横流，无建筑垃圾，无污染乱弃，建筑垃圾做到随清随运，不允许堆放过夜，场地必须平整、无积水。

(6) 严格控制建筑噪声、粉尘污染，减轻噪声扰民。

(7) 临时设施搭设统一规划整齐，现场应具备足够的消防器材并由专人负责，安全标志、防火标志及宣传牌要明显、醒目。

6.5.2 CI 战略

(1) CI 战略目标：创建文明卫生施工现场，争创名牌工程。

(2) CI 战略作为工程项目管理的一项重要内容，从树立企业形象整体出发，规范员工行为，促进施工过程中的质量、安全、文明及卫生等方面的管理标准化，保证项目管理目标的实现。现场 CI 策划从企业整体出发，对项目工程全过程按照 MI（理念识别）、BI（行为识别）、VI（视觉识别）三方面要求系统地进行运作。同时在 CI 战略基础上积极导入全新的 CS（消费者满意）理念，牢固树立“业主至上，质量第一”的思想，在业主满意目标中突出为业主提供优质产品、优质服务及规范施工行为，推动“创建优质工程，争创名牌工牌”目标的实现，树立良好的企业形象，为业主打出好的招牌。

(3) 现场 CI 策划围绕总体目标，分为规划阶段、实施阶段和检查验收阶段三部分进行：

1) 现场 CI 规划阶段：围绕总体目标，并结合现场实际及环境，在项目班子内部组建现场 CI 工作领导小组和现场 CI 工作执行小组，确定现场 CI 目标及实施计划。精心编制“现场 CI 设计及实施细则”、“现场 CI 视觉形象具体实施方案”、“现场 CI 工作管理制度”，保证 CI 工作从策划设计及实施全面受控。

2) 现场 CI 实施阶段：现场 CI 工作实施由 CI 执行小组按照现场 CI 策划总体设计要求落实责任具体实施，工作内容主要包含：施工平面 CI 总体策划，员工行为规范，办公及着装要求，现场外貌视觉策划，主体工程 CI 整体策划，工程“七牌一图”设计，工程宣传牌、导向牌及标志牌设计，施工机械、机具标识，材料堆码要求等方面。把 CI 实施与施工质量、安全、文明及卫生结合起来抓，并注意随着施工进度改变宣传形式。

3) 现场 CI 检查验收阶段：CI 工作检查分局部及整体效果进行质量目标检查验收，从理念、行为到视觉识别，深化到用户满意理念，提高内在素质，保证外在效果。推动“创建优质工程，争创名牌工程”目标的实现。

4) 实施 CI 战略，强化工程形象对企业形象、企业实力和企业层次的展现力，对工地外貌、现场办公室及会议接待室，门卫室、现场图牌、生活临建、施工设备、楼面形象、人员形象等八个方面按中建施工现场 CI 达标细则执行，以树立良好的社会形象。

6.6 主要消防措施

(1) 消防工作必须列入现场管理重要议事日程，加强领导，建全组织，严格制度，建立现场防火领导小组，统筹施工现场生活区等消防安全工作。定期与不定期开展防火检查，整治隐患。

（2）对消防员进行培训，熟练掌握消防的操作规程。请专职消防员对现场所有管理人员及工人进行消防常识教育，演示常用灭火器的操作。

（3）在施工现场，每层楼梯设大容量灭火器，确保消防安全。

（4）施工现场可燃气体及助燃气体如乙炔和氧气、汽油、油漆等不得混乱堆放，防止露天暴晒。按施工现场有关规定配备消防器材，对易燃、易爆、剧毒物品设专库专人管理，严格控制电焊、气焊地盘位置，采取保证消防用水的措施。

（5）设置足够的消防设备，易燃、易爆、剧毒物品不得进入现场，少量存入要专人管理，楼层采用低压行灯变压器，不准使用碘钨灯。

6.7　现场施工通信联络

（1）现场设一 SKP—820NX50 门程控交换系统，各办公室、门卫室、塔吊驾驶室均安装内部电话，以增强相互间信息联络。

（2）现场管理人员配备 10 部无线电对讲机。

（3）塔吊指挥采用哨、旗及对讲机。

（4）混凝土泵采用电铃进行开泵、停泵调度。

6.8　科技应用

此项目列入中建总公司级科技示范工程，采用新技术、新工艺，优化施工方案，提高质量，加快进度，降低造价，力争一至两项技术应用获省部级科技进步奖。

（1）建立现场混凝土自动化搅拌站与实验室，保证混凝土的质量及供应；

（2）混凝土采用泵送技术；

（3）采用大模板体系，确保混凝土外观质量；

（4）结构混凝土搅拌加 UEA 膨胀剂，配置补偿收缩混凝土；

（5）采用电渣压力焊等粗钢筋连接技术；

（6）大体积混凝土施工技术；

（7）预应力技术；

（8）新型钢结构制作、安装技术；

（9）微机管理的应用。

6.9　降低工程成本措施

6.9.1　节约材料方面

（1）工地采用限额领料，合理使用各种材料、工具，不得长材短用，优材劣用。

（2）各种材料、构体做好验收、保管，防止损坏亏方、亏吨。

（3）建立班组节约责任制度，边角余料、落地灰及时回收重复利用。

（4）模板采用定型钢模板代替木模，减少损耗，提高模板使用周转率，节约木材。

（5）钢筋冷拉，集中配料，采用压力埋弧焊，以此节约钢材。

（6）现场自动化搅拌混凝土，C30 以下混凝土使用卵石，混凝土中掺加粉煤灰。

6.9.2 施工方面

注意机械的合理使用、保养、维修，提高机械利用率，不用的机械及时退还，减少台班费、停滞费的支出。

6.9.3 文明施工方面

(1) 大型工具、模板、脚手架，不准高空抛掷，减少损耗，及时回修，堆放整齐；

(2) 严格进行成品保护，对进场的成品、半成品、构件等及已完工程项目进行有效的保护，杜绝剔凿、磕碰、污染。

6.9.4 提高工效，节约人工费方面

(1) 场地布置要合理，减少二次搬运；

(2) 缩短工期，尽可能提前竣工，以减少管理费和人工费的开支；

(3) 在施工中采用新技术、新工艺；

(4) 保证工程质量，杜绝返工现象，力争一次成优，以减少维修。

第七篇

长春龙家堡机场航站楼施工组织设计

编制单位： 中建六局北方公司

编 制 人： 高旸　魏鑫

审 核 人： 李玉武

【简介】 该工程坐落于吉林省九台市东湖镇与龙家堡镇交汇处。总建筑面积 44162.689m^2（不含登机桥），主体建筑面积 43747m^2，地下室建筑面积 16639m^2。建筑规模为年吞吐量 360 万人，高峰时 1700 人/h。本工程的钢结构工程、幕墙工程、弱电工程方案编制详细，针对性较强。

目 录

1　综合说明

1.1　工程概况

长春龙家堡机场航站楼工程是由长春龙家堡机场有限公司利用国家财政预算资金及地方自筹资金兴建。其中，航站楼建筑、结构、给排水、采暖、通风、电气由吉林省建筑设计院设计；金属屋面、铝合金及玻璃幕墙、屋面排水系统由陕西艺林装饰工程有限责任公司设计；弱电由民航机场（成都）电子工程设计所设计；钢结构由中国京冶建设工程承包公司设计。

本建筑物兼有国际国内候机厅、中转厅、头等舱候机、国际国内办票、到达通道、行李分检和提取、会议室、办公室和贵宾休息室等功能。

(1) 建筑设计概况

该工程坐落于吉林省九台市东湖镇与龙家堡镇交汇处。总建筑面积44162.689m²（不含登机桥），主体建筑面积43747m²，地下室建筑面积16639m²。建筑规模为年吞吐量360万人，高峰时1700人/h。

该建筑物为一类建筑，分为地下一层、地上二层，局部设夹层；地下室层高为6m，总建筑高度为26.433m。建筑物平面分为A、B、C三个区域，轴线尺寸分别为162m、90m（B区），74.5m、21m（A、C区）。

外墙、防火墙、隔墙采用370mm厚填充型煤矸石空心砌块，7.37m以上内隔墙采用120mm厚现浇轻质聚合物混凝土隔墙。

外檐玻璃幕墙工程主要有点支式玻璃幕墙、全玻璃幕墙、小单元玻璃幕墙，其中施工重点是挑檐部位施工及圆弧玻璃幕墙施工。

屋面采用铝合金压型屋面板150mm厚岩棉保温（内含轻钢龙骨）加筋铝箔隔气层，铝锌压型底板（侧肋打$\phi5$孔孔距15mm吸声处理）。

防水：地下墙体防水采用内外抹JC474高效防水剂砂浆，卫生间墙体防潮采用JC474高效防水剂砂浆，屋面采用铝合金压型屋面板自防水。

装饰工程：本工程设计室内作法仅适用于一般标准，高级装修部位为二次设计。

(2) 结构设计概况

本工程基础为人工挖孔灌注桩柱下独立基础，主体为现浇钢筋混凝土框架，局部二层，二层以上为钢结构。预应力梁分为有粘结预应力梁和无粘结梁两种。二层楼面部分框架梁采用有粘结预应力和无粘结预应力，其混凝土强度等级为C40，预应力筋为$d=15$ ($7\phi5$) 低松弛钢绞线（$f_{ptk}=1860N/mm^2$），Ⅰ类锚具，张拉端锚具为夹片式锚具。

主体部分非预应力混凝土采用C30混凝土，掺加12%的UEA；柱子部分混凝土采用普通C30混凝土，预应力混凝土采用C40混凝土，掺加12%的UEA。

本工程钢结构部分包括航站楼屋盖、指廊屋盖和钢结构登机桥。航站楼屋面为曲线形空间钢桁架，桁架下弦节点最大标高为+22.540m，跨度分别为54m和36m，柱距陆侧为18m，空侧为9m。钢桁架采用钢管空间桁架结构，屋面檩条采用焊接H型钢及矩形钢管。

航站楼钢架采用Q345D钢，登机桥中主要受力构件采用Q235B钢。本工程中所有圆钢管均采用无缝钢管或电焊钢管，其中部分主要节点处采用了ZG230-450H铸钢件。屋面檩条采用焊接H型钢与矩形钢管，檩条通过檩托支撑于桁架上弦，垂直于布檩方向设置[18号槽钢撑杆，而在边跨和中间跨则增设了ϕ25mm圆钢水平拉杆。钢结构登机桥部分柱子采用Φ402×25无缝钢管，钢架部分采用焊接H型钢和矩形钢管，数量共计为7个。

(3) 给排水设计概况

本工程设有生活给水系统、热水供应系统、室内消火栓系统、自动喷水灭火系统、饮水供应系统、生活排水系统、雨水排水系统。

(4) 电气设计概况

电气安装工程在整个工程中占有十分重要的位置，主要项目包括10kV变电站2座，其中，1250kV·A电力变压器7台、高压开关柜24面、1号变电站低压柜27面、2号变电站低压柜29面、柴油发电机1台、各种灯具约5000套，以及弱电配电柜、消防配电柜、动力、照明配电箱，电力电缆、控制电缆敷设及防雷、接地装置等。

(5) 暖通设计概况

全楼设集中制冷的中央空调，夏季供冷，冬季以地热、散热器采暖为主，空调为辅。本工程设计按《建筑设计防火规范》(GBJ 16—87) 的要求及初步设计、消防部门有关文件执行，一层行李提取厅，到港迎宾区设机械排烟系统；二层离港大厅、候机大厅设自动排烟天窗，不具备自然排烟的楼梯间均设正压送风系统。

(6) 环境特征及施工条件

施工现场地势开阔，附近没有居民住宅区。

该工程的基坑开挖已经挖至-6.000m处，桩基础部分于去年施工完毕（尚未验收），现场施工场地也由建设单位以黏土回填碾压平整，临水已由建设单位接至指定位置，临电也接至指定位置，但是临电电压并不满足主体高峰期施工要求，业主单位已承诺此事会尽快解决。

1.2　编制依据

(1)《长春龙家堡机场航站楼工程施工合同》；

(2)《长春龙家堡机场航站楼工程岩土工程勘察报告》；

(3) 长春龙家堡机场航站楼工程施工图纸；

(4) 国家及吉林省长春市地区现行法律法规文件；

(5) 长春地区气象资料；

(6) 长春地区施工定额；

(7)《长春龙家堡机场档案管理办法》、《吉林省档案馆档案编制办法》；

(8) 国家相关施工规范及行业标准。

2　施工部署

2.1　工程管理目标

(1) 质量目标

1) 分项工程合格率100%；其中非隐蔽分项工程合格率100%；分部工程合格率

100%；观感评分在98分以上；

2）杜绝质量通病和功能隐患，实现业主满意和客户放心工程。

（2）工期目标

工程拟订开工日期为2003年5月28日；2003年10月31日，实现暖封闭；2004年8月30日，工程竣工验收。

（3）职业健康安全目标

死亡率0%，重伤率0%，轻伤率低于3‰，意外事故发生率0%；

安全教育率100%，持证上岗率95%。

（4）文明施工和环境保护目标

严格按照吉林省关于建筑工程施工的各项管理规定执行，加强施工组织和现场安全文明施工管理，克服不利条件，使本工程成为我局的“CI形象示范工程”和吉林地区的“文明工地”。

（5）培训和教育目标

实现百分之百的全员培训教育，不仅包括管理层的培训教育，尤其是对施工作业层的进一步强化培训和教育，使全员树立牢固的质量意识、安全意识、环境保护和文明施工意识、成品保护意识、为业主服务意识以及互相合作、相互协调意识，强化施工管理和工程技术水平。

（6）团结合作目标

积极、主动、高效地为业主服务、急业主之所急、想业主之所想，处理好与业主、监理、设计以及相关政府部门的关系，使工程各方形成一个团结、协作、高效、和谐和健康的有机整体，形成合力，共同促进项目综合目标的实现。

2.2 施工组织机构

我项目部发挥中建六局集团优势，选派具有丰富经验的施工管理和工程技术骨干，在施工现场建立项目经理部，全权负责工程的施工组织和指挥，项目经理部将严格按项目法实行施工管理。

2.2.1 项目经理部组织机构

项目经理部组织机构如图2-1所示。

2.2.2 项目经理部管理职责

（1）项目经理

1）项目经理是公司法人在项目上的授权代理，是本项目的质量第一责任人，代表公司履行与业主合同及配属队伍合同相关的责任；

2）负责建立健全项目质量保证体系，组织编制与实施项目质量计划，对工程质量负全面责任；

3）执行局质量方针、质量体系文件、项目质量方针、精品工程策划方案、质量阶段预控计划、质量保证体系计划、质量意识教育、保证工程目标的制定与贯彻实施，批准实施项目质量计划，领导项目各职能部门行使其质量职责与职权；

4）履行工程项目合同，执行质量方针，确保工程质量符合规定与标准的要求，实现工程质量目标；

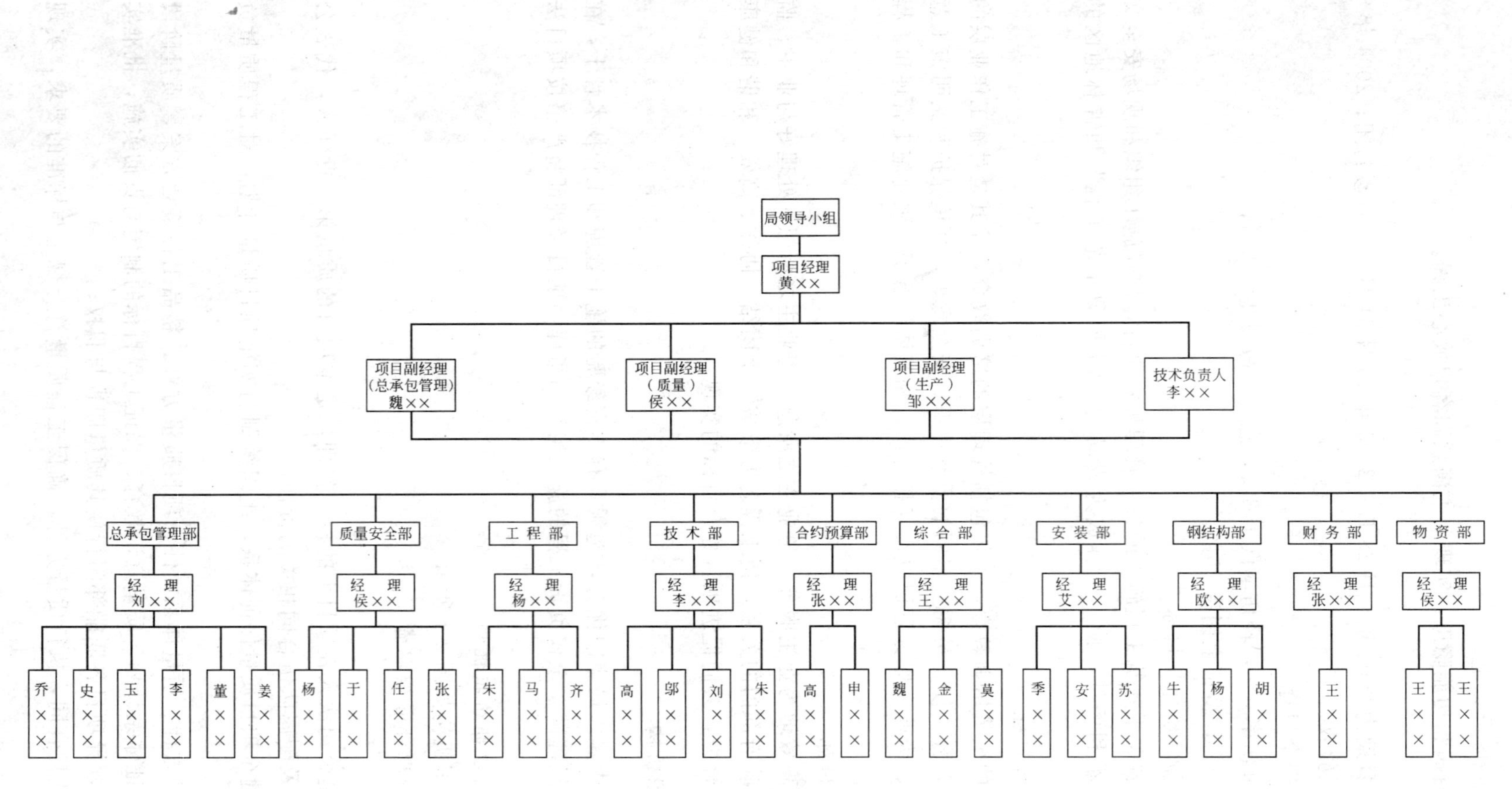

图 2-1 长春龙家堡机场项目经理部组织机构框图

5）合理配置并组织落实项目的各种资源（人员、资金、设施、设备、技术和方法），合理组织施工，搞好全过程管理；

6）定期做好内部质量体系审核和内部管理评审工作；

7）对工程分包商实行管理，抓好工程各专业施工队伍的配合协调工作，依据项目管理手册进行组织机构设置、人员聘任和质量职能分配及制定项目人员留置计划；

8）领导编制项目制造成本实施计划，对项目成本支出审核、签字，负责项目各类经济合同的审核、签字。

(2) 项目总工程师

1）对工程质量负有第一技术责任。

2）全面负责项目质量和各项体系工作的运行及管理工作，贯彻执行质量方针、落实项目质量计划。

3）负责质量计划、施工组织设计、质量阶段预控计划、鲁班奖工程策划方案、质量保证体系计划、质量意识教育计划等技术方案的审批。

4）组织工程主体结构验收及竣工验收；组织各项质量专题会，负责主持质量事故的分析及处理方案。

5）领导与组织质量体系的运行，QC 小组活动。通过加强全过程的质量管理，确保项目质量目标的实现。具体领导与落实工程质量管理工作。

6）贯彻执行技术法规、规程、规范和涉及工程质量方面的有关规定。

7）负责组织图纸会审及各专业问题技术处理，审定设计洽商和变更工作。

8）负责组织各阶段的质量验收及各项竣工资料的指导、审定工作。

9）负责审核项目物资计划及工程物资需用计划；领导材料的选型与控制；负责引进有实用价值的新工艺、新技术、新材料。

10）领导项目计量设备管理工作；主管项目技术部、质量安全部。

(3) 工程部

1）负责项目施工生产的管理与协调；

2）负责组织大、中、小型施工机械设备进出厂协调管理、监督维修和保养等后援保证工作；

3）负责根据项目月度计划分解成周作业计划，控制协办单位的施工进度安排；

4）负责对协办单位进行技术交底，审核协办单位班组的交底，且各项交底必须以书面形式进行，手续齐全；

5）参与技术方案的编制，加强预控和过程中的质量控制把关，严格按照项目质量计划和质量评定标准、国家规范进行监督、检查；

6）严格“三工序”的检查，组织协办单位做好工序、分项工程的检查验收工作；

7）负责事故的调查和分析，根据处理方案监督和指导责任单位的修复；

8）协助安全部门对现场人员定期进行安全教育，并随时对现场的安全设施及防护进行检查，加强现场文明施工的管理；

9）协助物资供应部对进场材料的构配件的检查、验收及保护；协助技术部编制工程周报，提供所需资料；

10）负责组织周一例会；

11）负责试验室日常工作。

（4）技术部

1）配合总工程师编写施工组织设计、施工方案及技术措施，监督技术方案的执行情况；

2）负责对协办单位施工方案的审核工作；

3）组织施工方案和重要部位施工的技术交底；

4）负责施工技术保证资料的汇总及管理（按569号文件和城建档案管理规定），负责办理变更及洽商；

5）工艺技术准备：施工技术审核管理；项目专项技术措施管理，编制过程控制计划，纠正和预防措施；编制和审定材料，送审计划和需用计划，组织材料送审；

6）对本工程所使用的新技术、新工艺、新材料、新设备与研究成果推广应用；编制推广应用计划和推广措施方案，并及时总结改进。

（5）质安部

1）严格执行国家规范及质量检验评定标准，行使质量否决权；确保项目总体目标和阶段目标的实现；

2）编制项目“质量策划”，增加施工预控能力和过程中的检查，使质量问题消除在萌芽之中；

3）负责将质量目标的分解，制定精品工程策划方案；

4）负责项目质量检查与监督工作，监督和指导协办单位质量体系的有效运行，定期组织协办单位管理人员进行规范和评定标准的学习；

5）结合工程实际情况制定质量通病预防措施；

6）参与质量事故的调查、分析、处理，并跟踪检查，直至达到要求；

7）负责质量评定的审核，分项工程报监理工作和质量评定资料的收集工作；

8）组织、召集各阶段的质量验收工作，并做好资料申报填写工作；负责填写周、月质量情况报表，上报公司质量保证部；

9）监督施工过程、材料的使用及检验结果，负责进货检验监督，过程试验监督；

10）负责工程创优实体照片的拍摄及整理工作；

11）执行国家和地方政府及公司要求的有关规章制度，结合工程特点制定安全活动计划，做好安全宣传工作；

12）负责项目安全生产目标及安全技术措施的审定，并监督配属队伍组织实施；

13）负责协办单位安全生产、文明施工的监督管理工作，检查安全规章制度的执行情况；对进场工人进行三级教育，做好安全技术交底、特殊工种培训、考核工作，并及时做好安全记录；

14）及时对现场的平面布置及施工现场的不安全因素进行检查、监督、制止、处罚、下达整改、复查；

15）负责现场文明施工的监督检查，并做好检查记录；

16）组织现场机械设备（如塔吊、外用电梯、外爬架）的管理与验收，并建立特殊各种台账；

17）完成领导交办的其他工作。

(6) 合约预算部

1) 管理项目经营目标与具体实施，分解年月季经营目标；

2) 负责组织对协办单位合同签订前的评审工作，参与相关的公司组织的合同评审工作；

3) 负责项目经营合同管理，包括对配属队伍、专业分公司以及其他零星聘用合同的管理工作；

4) 做好工程预、决算及项目制造成本管理工作；

5) 参与分承包合同履约中的协调与结算管理；

6) 负责向业主、监理申报请款单及配属队伍付款单工作。

(7) 综合办

1) 协调项目质量管理策划、质量体系运作审核、质量体系建立与运行指导；

2) 质量保证体系文件的贯彻及培训；

3) 按公司文件控制程序实施文件资料控制；

4) 编制人员培训计划并组织实施；

5) 协调质量体系与管理评审自检记录；

6) 协调建立培训与考核记录；

7) 负责 CI 战略在项目的落实与管理；

8) 负责外来文函交接、收发及保管工作；

9) 负责项目的后勤保障工作；

10) 负责工程创优照片、录像带的收集整理，联系、配合公司宣传部工作；

11) 负责项目部日常防疫措施的编制，负责现场办公区、生活区的卫生工作；

12) 负责项目部的保安工作。

(8) 物资部

1) 负责项目物资的统一管理工作；

2) 对物资公司授权范围内的物资编制采购计划，依据程序、采购计划购买，确保施工生产顺利进行；

3) 监督各协办单位进场材料的验证、复试，并记录存档；

4) 及时组织自供材料（含由公司直接配属队伍的）的选择、送审并跟踪，及时将审定结果报技术部及合约预算部；

5) 及时向业主直接指定的协办单位索要建筑师审定的材料的书面证明并与进场验证、检验报告一同存档；

6) 负责业主提供材料的进场验证（材料质量、数量验证）办理书面手续，负责研究提供产品与协办单位的交接工作，并办理书面手续；

7) 负责进场物资库存情况，制定物资管理办法，做好各类物资的标识；

8) 负责进场物资的报验工作；

9) 负责进场物资在使用过程中的监督工作；

10) 负责项目计量工作。

(9) 安装部职责

1) 配合土建的预埋、预留工作，负责水、暖、电和设备及其他各安装专业的施工管理工作；

2）根据项目总工期控制计划，编制安装专业施工方案，编制安装专业配合计划，在生产中实施；

3）保持与建设单位、设计单位及监理之间密切联系与协调工作，并取得对方的认可，确保设计工作能满足连续施工的要求；

4）严格执行项目质量计划、验收程序，保证安装施工质量及项目质量目标的实现；

5）严格执行安全文明管理办法及奖罚制度，确保安全生产及文明施工。

（10）财务部职责

负责项目资金管理，确保项目资金专款专用，保证机具、设备劳动力采购资金供应，接受项目经理直接领导。

（11）钢结构部

1）配合土建的预埋、预留工作，负责钢结构的施工管理工作；

2）根据项目总工期控制计划，编制安装专业施工方案，编制安装专业配合计划，在生产中实施；

3）保持与建设单位、设计单位及监理之间密切联系与协调工作，并取得对方的认可，确保设计工作能满足连续施工的要求；

4）严格执行项目质量计划、验收程序，保证安装施工质量及项目质量目标的实现；

5）严格执行安全文明管理办法及奖罚制度，确保安全生产及文明施工。

2.3　施工流水段的划分

为了方便组织施工，根据本工程实际情况，我项目部组织两个施工队对工程进行流水施工，按图 2-2 区域分布所示组织施工。

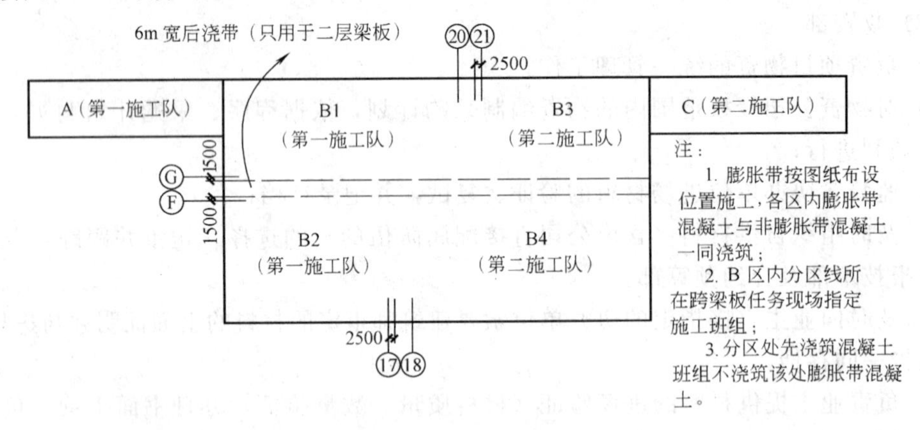

施工顺序：第一施工队：A 区→B1 区→B2 区

第二施工队：C 区→B3 区→B4 区

图 2-2　施工任务分区图

2.4　资源配备

（1）施工机械准备计划

根据工程结构特点和工期要求，对各种施工设备机具按需分期分批进场，实行动态管理。所有操作人员都必须持证上岗，且具备良好的施工操作技术和身体素质，以适应施工现场高节奏的工作。主要施工机具见表 2-1。

施工中主要机具表　　表 2-1

序号	机械设备名称	型号规格	数量	国别产地	制造年份	额定功率(kW)	生产能力	备注
1	塔吊	K50/50A	3	中国	1997年	53		
2	搅拌站	HZS50	2	中国	1996年	50	50m³/h	
3	履带吊	LR1550	1	德国	2000年	550t		
4	履带吊	CCH1500E	1	日本	2000年	150t		
5	混凝土输送车	JC6	2	中国	2000年	75	6m³/车	
6	混凝土地泵	HBT50	2	中国	1999年	32	60m³/h	
7	混凝土车泵	DC-115B	1	中国	1999年	82	60m³/h	
8	反铲式挖土机	PC200	1	中国	2000年	63		
9	钢筋切断机	GQ40C	4	中国	1999年	7.5		
10	钢筋弯曲机	GW40-2	4	中国	1999年	4		
11	圆盘锯	MJ104	4	中国	1998年	7.5		
12	木工平刨	MB206	2	中国	1998年	5.5		
13	无齿锯	WJ400	4	中国	2000年	2.2		
14	插入式振捣棒	HZ6-50	30	中国	2000年	1.5		
15	插入式振捣棒	HZ6-30	8	中国	2000年	1		
16	对焊机	HW280	2	中国	1998年	25		
17	电焊机	500A	6	中国	1998年	25		
18	平板振动器	ZW-10	2	中国	1999年	2.2		
19	蛙式打夯机	HW-61	4	中国	1999年	7.5		
20	普通水泵	FLG-40-250(I)A	8	中国	2000年	7.5		
21	砂浆搅拌机		2	中国	2000年			
22	汽车吊	TG-500E	1	日本	2000年		50t	
23	汽车吊	QY-25H	1	中国	1999年		30t	
24	汽车吊		1	中国	1999年		12t	
25	平板车	12m	1	中国	2000年			
26	二氧化碳气体保护焊机	X-500PS 600VG	10	中国	2000年			
27	二氧化碳气体保护焊机	ND-500K	8	中国	2000年			
28	直流焊机	AX-500-7	16	中国	2000年			
29	空压机		1	中国	2000年		0.9立	
30	电渣压力焊机		10	中国	1999年	35		
	套筒冷挤压机		6	中国	2000年			
32	钢筋调直机	GJ4/4 4-14	2	中国	2000年	9		
33	装载机	ZLM60	2	中国	2000年	30HP		
34	自卸汽车	15～20t	2	中国	2000年			
35	前置内卡式千斤顶	YCN-23	6	中国	1999年			
36	前置内卡式千斤顶	YCN-25	4	中国	1999年			
37	挤压泵		5	中国	2000年			
38	切断器		3	中国	2000年			
39	张拉泵		6	中国	2000年			
40	变角器		3	中国	2000年			
41	全站仪		1	日本	2002年			
42	铅垂仪		1	日本	2001年			
43	激光经纬仪		2	中国	2002年			
44	水准仪		2	日本	2002年			
45	钢　尺		5	中国	2003年			

（2）周转材料需用量计划

主要施工材料计划见表 2-2。

（3）劳动力需用量计划

劳动力需用量计划如图 2-3 所示。该计划只考虑主体钢筋混凝土结构施工人员，不含临建、施工机械设备安装、砌筑、钢结构、建筑施工和水电安装等。

主要材料需用量计划 **表 2-2**

材料名称	数量	材料名称	数量
模板	40000m^2	止水对拉螺栓	1500 个
钢管	1400t	跳板	200m^3
扣件	25 万个	山形卡	1500 个
木方	500m^3	调节螺栓	40000 个
板材	100m^3		

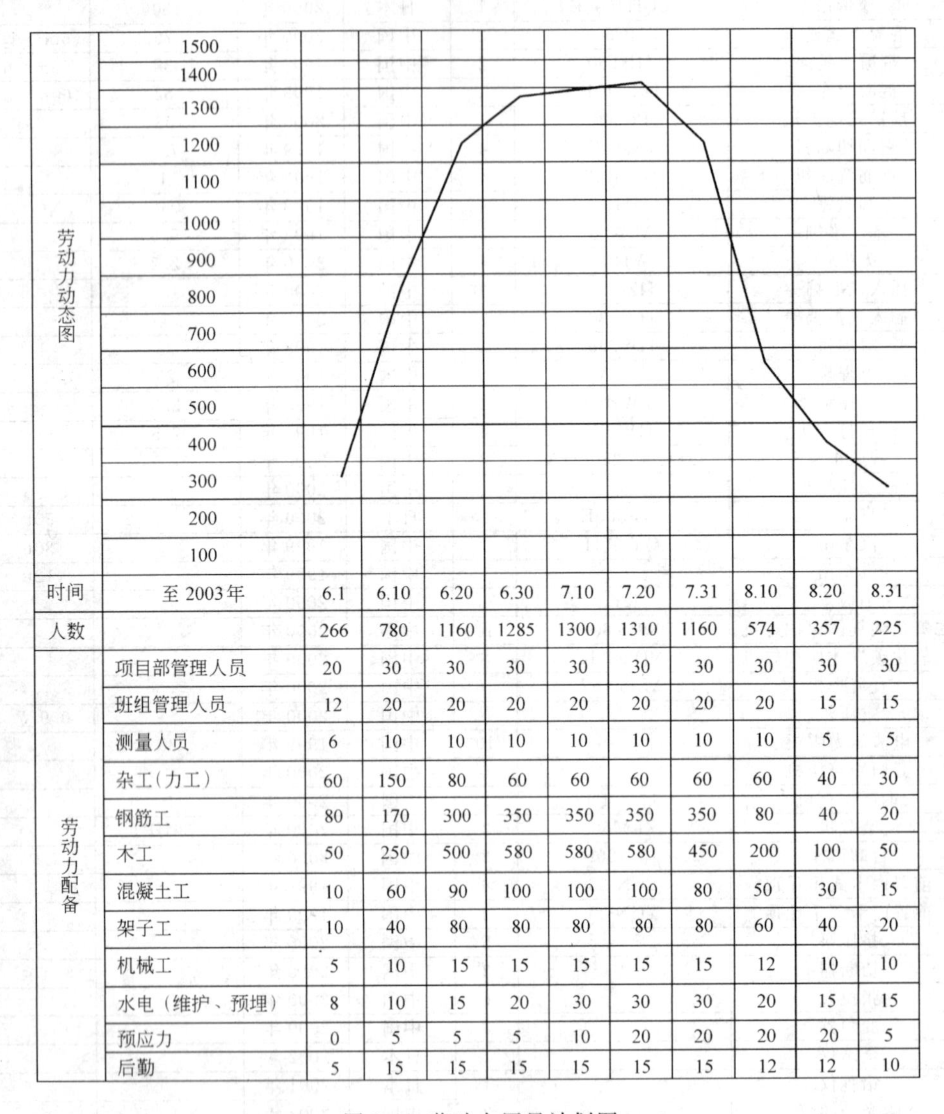

时间	至 2003 年	6.1	6.10	6.20	6.30	7.10	7.20	7.31	8.10	8.20	8.31
人数		266	780	1160	1285	1300	1310	1160	574	357	225
劳动力配备	项目部管理人员	20	30	30	30	30	30	30	30	30	30
	班组管理人员	12	20	20	20	20	20	20	20	15	15
	测量人员	6	10	10	10	10	10	10	10	5	5
	杂工（力工）	60	150	80	60	60	60	60	60	40	30
	钢筋工	80	170	300	350	350	350	350	80	40	20
	木工	50	250	500	580	580	580	450	200	100	50
	混凝土工	10	60	90	100	100	100	80	50	30	15
	架子工	10	40	80	80	80	80	80	60	40	20
	机械工	5	10	15	15	15	15	15	12	10	10
	水电（维护、预埋）	8	10	15	20	30	30	30	20	15	15
	预应力	0	5	5	5	10	20	20	20	20	5
	后勤	5	15	15	15	15	15	15	12	12	10

图 2-3 劳动力用量计划图

3 施工进度计划

3.1 工期控制

工程开工日期：2003 年 5 月 28 日；

暖封闭日期：2003年10月30日；

工程竣工日期：2004年8月31日。

3.2 项目工作目标分解、网络计划

3.3 工期保证措施

本工程施工工期要求非常高，为确保整个工程按期完工，施工进度上要突出“快”字，以施工总进度作为生产管理的中心环节，实行长计划短安排，加强生产协调配合。为确保施工进度，采取以下措施：

(1) 针对工程特点，采用分段流水施工方法，减少技术间歇，对主要项目集中力量、突出重点，制定严密、紧凑、合理的施工穿插，尽可能压缩工期，加快施工进度。

(2) 混凝土施工掺加高效早强减水剂，提高混凝土的早期强度，缩短楼层施工周期。

(3) 采用商品混凝土泵送工艺，使用重型塔机，发挥其效能，确保施工正常进行，加快施工进度。

(4) 强化项目法管理，推行项目法施工，实行项目经理负责制，设立能协调各方面关系的调度指挥机构，配备素质高、能力强、有开拓精神的管理班子和利用行政手段，确保施工进度。

(5) 利用微机，推行全面计划管理，控制工程进度，建立主要形象进度控制点，运用网络计划跟踪技术和动态管理方法。做到月保旬，旬保月，坚持月平衡、周调度、工期倒排，确保总进度计划实施。

(6) 按程序组织文明施工。加强施工生产调度，组织协调好土建、安装的交叉作业和分段流水施工。

(7) 优化生产要素配置，择优选择技术素质高的专业队伍。加大奖金投入力度，充分发挥企业潜力和职工积极性，提高工作效率和劳动生产力。

(8) 克服季节性对施工的影响，做到常年均衡施工，减少季节性停歇。使用的劳务人员，不会出现农忙季节造成的误工，确保综合进度的实现。

(9) 重点部位、关键项目如钢筋、模板坚持两班作业，混凝土浇筑、电气配管、安装坚持三班作业，节假日不休息，努力加快施工进度。

4 施工现场平面布置

5 主要分部分项工程施工方法

5.1 测量放线

(1) 建筑物的轴线控制

根据设计图纸甲方提供的坐标点，采用轴线交会法和极坐标法定出建筑物的主轴控制线，建立矩形控制点（线）网，控制网点必须留在便于施工复测而又不易被破坏的地方。采用已测主轴控制线先定出对中线，按设计要求定出各条轴线进行校测无误后，用控制桩加以控制施工，如发现移动应立即进行复查，正常情况下一个月复查一次。测放时，要以

各边的两端控制点为准，再校核各桩间距，所有的控制桩都用混凝土进行保护，架上金属三角架。随着主体结构的施工分别将轴线弹在地下室、一层、夹层、二层的柱侧。

（2）建筑物标高控制

根据甲方提供的标高点，将标高点反到主体结构内各柱子上，以红三角标识出来并注明标高，随着主体结构的施工，分别将标高点反至地下室、一层、夹层、二层的柱上，在砌筑完成后在墙体上弹出结构500mm线。

（3）沉降观测控制

依据变形测量工程测量规范要求，应对航站楼进行沉降观测。采用四等沉降观测。

1）基准点的布设

在该建筑物的四周布设四个基准点。布设成一个闭合环，其观测精度等级为三等水准测量，线路闭合差为12L。

2）变形观测点的布设

航站楼主体分为A、B、C三个区。A与B、B与C间设有沉降缝，各设两个观测点，其余四个拐角各设一个点。一共设八个点。

沉降观测点的高程中误差为±2.0mm，往返校差≤1.4N。

3）沉降点观测的要求

A. 沉降点观测的各项记录，必须注明观测时的气象情况和荷载变化；

B. 第一次观测必须严格控制精度；

C. 观测周期：

① 一层板施工完毕观测一次；

② 夹层板施工完毕观测一次；

③ 二层板施工完毕观测一次；

④ 桁架施工完毕观测一次；

⑤ 交工前观测一次；

⑥ 交工后建设单位每半年观测一次直至稳定。

4）施工测量设备表

施工测量设备表见表5-1。

施工测量设备表　　　　**表5-1**

序号	设备名称	生产厂家	型号	数量	用　　途
1	全站仪	LEICA		1台	边、角测量
2	铅垂仪	日　本	PD3	1台	投测控制点
3	激光经纬仪	苏　州	TDJ2	2台	投测控制点
4	水准仪	日　本	SOKAA	2台	施工层抄标高
5	钢　尺	哈尔滨	50m	5把	标高传递及丈量间距

5.2　普通钢筋混凝土工程

5.2.1　钢筋工程

（1）进场钢筋应有出厂质量证明书和试验报告单，检验项目齐全，并符合国家现行材质检验标准。钢筋表面或每捆（盘）钢筋均应有标志。检查钢筋外观有无缺陷，用游标卡尺量测直径，并按现行国家有关标准的规定抽取试样做力学性能试验，合格后经项目技术负责人签字后方可使用。进口钢筋或钢筋加工过程中，发现脆断、焊接性能不良好或力学性能显著不正常等现象应进行化学成分检验或其他专项检验。本工程框架抗震烈度七度，安全等级一级，框架柱、梁钢筋应选用较高质量的热轧带肋钢筋，力学性能试验需检验极限强度与屈服强度比不小于1.25，屈服强度与标准强度比不大于1.4。

（2）进场后钢筋和加工成型的钢筋按牌号分批、分类堆放在砖砌的高0.3m、间距2m的砖墙垛上（硬化地坪上），以避免污垢或泥土的污染，并挂上标识牌。

（3）柱竖向钢筋连接采用电渣压力焊连接；非预应力梁钢筋采用加工场两节钢筋闪光对焊，作业面上搭接绑扎的连接方式；板和墙钢筋采用塔接绑扎的连接方式；预应力钢筋加工场采用闪光对焊，现场作业采用钢筋冷挤压连接方式。

（4）钢筋工程安装施工工艺（略）。

（5）钢筋工程的验收：

1）根据设计图纸检查钢筋的钢号、直径、根数、间距、排距等是否正确。特别要检查支座负筋、弯起筋位置，梁双排或多排钢筋排距；

2）检查钢筋接头的位置及搭接长度是否符合规格；

3）检查钢筋保护层厚度是否符合规定；

4）检查钢筋绑扎是否牢固，有无漏绑及松动现象；

5）检查钢筋是否清洁；

6）钢筋经自检、互检、专业检后及时填写隐蔽记录及质量评定，及时通知监设（监理）单位最后验收，合格后方可转入下道工序；

7）为创“过程精品”，墙、板、柱先做好样板，经有关方面认可后方可大面积施工；

8）钢筋位置允许偏差，见表5-2。

钢筋位置允许偏差　　表5-2

项　目		允许偏差(mm)
受力钢筋排距		±5
钢筋弯起点位置		20
箍筋、横向钢筋间距	绑扎骨架	±20
	焊接骨架	±10
焊接预埋件	中心线位置	5
	水平高差	+3 0
受力钢筋的保护层	柱、梁	±5
	板、墙、壳	3

5.2.2　模板工程

圆柱（ϕ=700～950）采用组合钢模板制作，其中直径750mm的柱子改为800mm直径，其余圆弧梁、板、墙、方形柱均采用九夹板和25mm厚板材制作模板。钢模板每个施工队配8套，10d分5次周转使用。

补桩处和基坑边坡无作业面的基础处采用砖胎模（内抹素灰），B区张拉梁由于需要预留钢筋，所以在底板垫层底标高以下部分采用砖胎模，以上部分用木模板，并在模板上钻眼，预留钢筋。

模板支撑体系：先用脚手管搭设满堂脚手架，即作为柱、墙模板的水平支撑，又作为梁、板模板的垂直支撑，满堂脚手架立杆纵横间距为1200mm，梁底侧垂直于梁轴线方向，单独设立杆支撑，间距为1000mm，设立三道横杆（最大间距不超过1800mm），且纵横向连成整体，在柱与柱、柱与墙、墙与墙之间加设斜撑和剪刀撑。柱、墙模板固定在支撑体系上。

砖胎模：用MU7.5烧结普通砖砌筑，内抹1∶2水泥砂浆。

模板安装工艺（略）。

5.2.3　混凝土工程

(1) 混凝土配合比设计

由工程部试验员负责与具备等级资质的实验室联系，对搅拌站使用的水泥、砂、石、活性掺合料、混凝土外加剂等各种原材料进行实验，得出最佳配合比。

本工程立足于高性能混凝土设计原则，保证施工时混凝土具有可靠的耐久性、工作性、强度和体积稳定性，即如下所述：

1) 施工时混凝土拌合物具有良好的工作性能，和易性好，便于搅拌、运输、浇筑、振捣密实、充满模型，并且始终均匀；

2) 混凝土在投入使用中各组分均匀，包括集料和气孔的分布均匀、基相中胶凝材料的均匀；

3) 混凝土收缩、徐变小，温度变形系数小，不产生不均匀的变形，无非荷载作用的有害裂缝；

4) 混凝土高密实、低渗透性，对环境中侵蚀介质有足够的抵抗力，不发生碱-集料反应；

5) 强度达到设计要求的强度，并在后期能持续增长而无倒缩；经济上尽可能降低成本。混凝土配合比技术控制措施如下：

① 混凝土出机坍落流动度≥500mm，1.5h后坍落度≥180mm；

② 在满足混凝土强度及施工要求的前提下，尽可能地降低混凝土水灰比，本工程混凝土水灰比≤0.45；

③ 在混凝土中使用高性能化学外加剂和矿物外加剂；

④ 为提高混凝土的抗渗能力及体积稳定性，掺加高性能混凝土膨胀剂；

⑤ 使用低碱水泥、低碱外加剂，水泥中碱含量（以当量Na_2O计，下同）≤0.6%；

⑥ 精选混凝土中粗细集料，避免使用碱活性集料；

⑦ 控制孔隙中溶液的pH值，控制流行性二氧化硅的数量，控制碱浓度，控制水分和改变碱性二氧化硅、胶体措施，使全部混凝土配合比的单方碱含量控制在<3.0kg/m^3，防止碱-集料反应，提高混凝土的耐久性；

⑧ 混凝土中严禁使用任何含Cl^-的原料，Cl^-含量以胶凝材料量计<0.15%；

⑨ 在混凝土中使用具有抑制碱-集料反应、改善混凝土性能的掺合料。

(2) 混凝土的搅拌和运输

1) 本工程用混凝土为现场搅拌站搅拌混凝土，现场采用地泵浇筑混凝土（混凝土中要加泵送剂、粉煤灰）。当工期紧迫，需混凝土尽快达到拆模要求以进行下道工序时，可在混凝土中掺加早强剂；大面积浇筑楼板时，为防止出现施工冷缝，在混凝土中掺入缓凝剂。在底板、承台、地梁浇筑时不使用早强剂，柱混凝土浇筑时不使用缓凝剂。

2) 混凝土搅拌严格按配合比执行，运输根据不同工程部位和工程量的大小，提前做好估算和调度工作。

3）混凝土现场运输以泵送为主，部分采用塔吊配合。拟采用大马力输送泵。

4）混凝土水平和竖向输送采用泵送管，根据混凝土输送距离及高度，预先验算输送管的强度，选择能满足要求的输送管，并经常检查接头的可靠性。

5）在泵送过程中，受料斗内应具有足够的混凝土，以防止吸入空气，产生阻塞。

6）墙柱混凝土浇筑时，先用钢管和木板搭设马道，以保证安全。

7）基础、墙板、梁浇筑时，采用泵管前端配软管进行，垫层浇筑时采用溜槽，柱混凝土浇筑时用吊车及人力手推车。

（3）混凝土的浇筑

1）地下室混凝土浇筑：

① 地下室外墙混凝土以膨胀带为分割带分部浇筑，混凝土浇筑到标高－0.900m 位置，并留设施工缝。

② 墙体混凝土浇筑时要求混凝土坍落度为 200mm。

③ 地下室外墙混凝土采用汽车泵浇筑，并在混凝土中掺加缓凝剂（缓凝 4h）。基础柱的混凝土采用汽车泵、地泵、塔吊、料斗进行浇筑，并在混凝土中掺加早强剂（7d 强度 80%～85%）。

④ 浇筑混凝土应分段分层进行，每层浇筑高度最大不超过 50cm。

⑤ 混凝土浇筑应连续进行；如有间歇应在混凝土初凝前接缝，一般不超过 2h；否则，应按施工缝处理。

⑥ 采用插入式振动器振捣应快插慢拔，插点应均匀排列，逐点移动，顺序进行，均匀振实，不得遗漏。移动间距不大于振捣棒作用半径的 1.5 倍，一般为 30～40cm。振捣上一层时应插入下层 50mm，以消除两层间的接槎；平板振动器的移动距离，应能保证振动器的平板覆盖已振实部分的边缘。

⑦ 有预埋件的地方当预埋件附近钢筋不很密集的情况下采用 30mm 振捣棒在预埋件两侧下方仔细振捣，并用木锤敲击埋件下方模板；如埋件附近钢筋较密，则采用将 ϕ14 焊接在振捣棒上的办法进行振捣。

⑧ 在预留洞口下方的模板上预留振捣洞，以便混凝土浇筑时能振捣密实。

⑨ 浇筑后浇带前，应对后浇带部分进行“清模”，将后浇带内的杂物清理干净，方可进行混凝土的浇筑。

2）柱混凝土浇筑：

① 本工程的柱子因为大部分高度在 10m 以上，所以项目部决定对高度在 6m 以下的柱子采用一次浇筑完成的办法，对高度在 6m 以上 11m 以下的柱子采用二次浇筑完成的办法，对高度超过 11m 的柱子采用三次浇筑完成的办法。

② 柱的混凝土采用汽车泵、地泵、塔吊、料斗进行浇筑。

③ 浇筑混凝土分段分层进行，每层浇筑高度最大不超过 50cm。

④ 11m 以上柱分三次浇筑混凝土，每次间隔 0.5h；6m 以上柱分两次浇筑混凝土，每次间隔时间 0.5h。

⑤ 采用插入式振动器振捣应快插慢拔，插点应均匀排列，逐点移动，顺序进行，均匀振实，不得遗漏。移动间距不大于振捣棒作用半径的 1.5 倍，一般为 30～40cm。振捣

上一层时应插入下层 50mm，以消除两层间的接槎。要进行二次振捣，以保证混凝土的振捣密实。振捣的时间为混凝土初凝前 0.5h。

⑥ 雨天时要设置挡雨设施，大雨天时必须将正在浇筑混凝土的柱子浇筑完毕才能停工。

⑦ 浇筑后，柱头混凝土浮灰较厚的应将洗涤干净的石子均匀撒入，并用木棍人工振捣。

⑧ 成活后柱头钢筋要进行正位，有需要插筋的要加入插筋。

⑨ 钢筋密集的柱上部采用铁楔子（用 60cm 长钢管制作，一端作成 20cm 长的斜角，上部焊接把手）塞入相邻的密集钢筋，用 $\phi30$ 振捣棒正面插入振捣密实。振捣完成立即拔除铁楔子，看筋人员及时扶正钢筋；如遇钢筋特别密集的部位，无法插入振捣棒的部位，也可在振捣棒前端焊接一段 $\phi14$ 的钢筋来振捣，并且用木锤敲击侧模，以保证混凝土可以振捣密实。

3）无缝梁板混凝土浇筑：

① 本工程楼板为无缝混凝土施工，因此在施工中梁、板的混凝土浇筑采用赶浇法，即按伸缩缝、后浇带划分的区域不同强度等级混凝土一起进行浇筑。

② 混凝土采用地泵浇筑。浇筑 A、C 区采用赶浇法，连同膨胀带、预应力梁一同浇筑。浇筑顺序：A 区①轴→⑨轴 C 区㊲轴→㉙轴，B 区以膨胀带为分界线分区浇筑。

③ 混凝土浇筑时，严格按施工操作工艺标准要求，保证混凝土的密实性。

④ 混凝土要分段浇筑每段浇筑的宽度最大不得超过 2m，而且要保证混凝土浇筑的连续性，保证在混凝土初凝前进行下一轮的浇筑。

⑤ 在混凝土浇筑过程中，不同强度等级部分混凝土浇筑时，应在不同预应力梁及膨胀带的混凝土中掺加着色剂，以便工人在进行施工时能够分清楚混凝土浇筑的部位。

⑥ 混凝土在浇筑过程中应细致振捣密实，不得漏振。采用插入式振动器振捣应快插慢拔，插点应均匀排列，逐点移动，顺序进行，均匀振实，不得遗漏。移动间距下大于振捣棒作用半径的 1.5 倍，一般为 30～40cm。

⑦ 混凝土表面收光要经过三次压面，直至混凝土初凝。

4）混凝土的养护

墙、柱的养护采用喷养护液的方法；顶板梁养护喷水养护，保持表面湿润。普通混凝土养护不少于 7d；对掺缓凝剂或抗渗混凝土，养护时间不少于 14d。

5.3　预应力梁工程

5.3.1　施工准备

（1）技术准备

1）计算预应力筋曲线：

预应力筋曲线方程为 $Y=Ax^2$

在跨中区　　$A=2H/(0.5-a)L^2$

在梁端区　　$A=2H/aL^2$

式中，H 为梁高度，L 为梁跨度。

依据求得预应力曲线方程，计算每间隔 1m 预应力筋的矢高，作为马凳的控制标高；并绘制梁剖面预应力筋矢高图、纵横梁结点预应力筋矢高图，作为施工穿筋的指导依据；

2）不同张拉控制应力和千斤顶检校曲线计算对应压力表读数；

3）放样或计算预应力筋张拉长度和下料长度；

4）计算不同张拉段的理论伸长值，并计算出－5%～＋10%区间数值，作为校核伸长值的依据；

5）依据不同的张拉段，编制各种材料机具需用量计划；

6）依据工程总进度网络计划，制定并协调预应力施工与结构施工、安装施工的工艺穿插顺序，制定预应力施工的各项技术要求和各项技术质量保证措施；

7）进行详尽的技术交底和进行施工前教育；

8）施工前完成所有与设计有关的技术问题审核、确认工作。

（2）人员组织

预应力结构由预应力施工专业队具体进行预应力筋的敷设、预应力筋的张拉、灌浆等专业性施工。

（3）材料准备

施工前，进行锚具、预应力筋的技术招标；材料进场前，进行锚具组装件试验，经检测符合要求后，方准进场。

（4）机具准备

根据工程要求配置机具设备，在设备进场前，按规程计量标准传递要求进行精度及相关数据曲线的检验标定。

5.3.2　预应力施工工艺

（1）有粘结预应力梁钢筋的铺设

1）有粘结预应力主要工艺流程如图 5-1 所示。

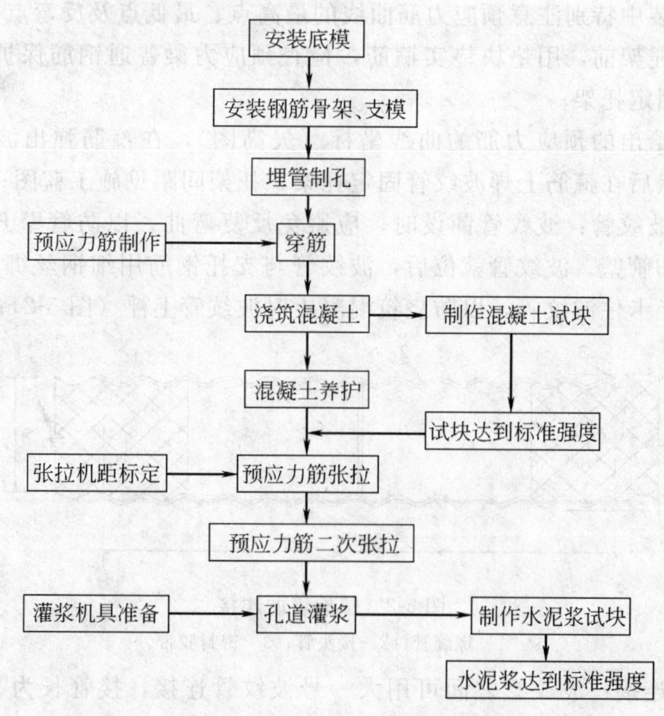

图 5-1　有粘结预应力施工流程

2）模板工程：

① 预应力梁支撑应有足够的强度、刚度和稳定性；

② 预应力梁的侧模板须在波纹管固定好，钢筋穿束完毕后安装；当梁侧模对拉螺栓与波纹管位置冲突时，应避让、调整；

③ 预应力梁张拉端模板须采用木模；

④ 预应力梁底模待张拉完毕，且得到预应力公司正式通知后方可拆除。

3）钢筋工程：

① 预应力梁应先绑扎非预应力钢筋及箍筋，吊筋应尽量置于两波纹管间隙间，S形拉筋待波纹管安装完毕后再进行绑扎；

② 绑扎钢筋时，应保证波纹管位置的正确；若有矛盾时，应在规范允许或满足使用要求的前提下调整普通钢筋的位置；

③ 在绑扎柱筋时，应考虑波纹管能否顺利通过、钢筋交叉问题，施工时可会同有关人员商讨处理，必要时应与设计人员商量后确定；

④ 在绑扎楼面钢筋、安装管线时，不得移动波纹管的位置，不得压瘪或穿破波纹管；

⑤ 钢筋工程施工结束时应全面检查波纹管，发现问题及时处理；

⑥ 在张拉端部和梁面的穴口处，为保证端部有足够的承载力，适当增加端部构造钢筋，设置钢筋网片。

4）波纹管的铺设：

① 预应力梁采用预埋金属波纹管法，具体施工方法是：预应力梁支完底模，开始绑扎非预应力钢筋，绑扎完毕后，按施工图确定梁内金属波纹管的矢高，在矢高处用钢筋或马凳来调整矢高，最后将钢筋或马凳固定在梁筋上，再进行波纹管的安装；

② 波纹管安装中特别注意预应力筋曲线的最高点、最低点及反弯点；

③ 焊接固定托架前，用垫块垫实箍筋，检查预应力梁普通钢筋保护层，符合设计要求后，方能焊接固定托架；

④ 根据设计给出的预应力筋的曲线坐标（矢高图），在箍筋弹出波纹管（以管底为准）曲线位置，然后在箍筋上焊波纹管固定托架，托架间距见施工蓝图；

⑤ 铺设固定波纹管：波纹管铺设时，应避免反复弯曲，以防管壁开裂；同时，还应防止电焊火花烧伤管壁。波纹管就位后，波纹管与支托钢筋用细钢丝绑牢，或用 $\phi6$ 倒U形筋点焊在托筋上卡住波纹管，以防浇筑混凝土时波纹管上浮（图 5-2）；

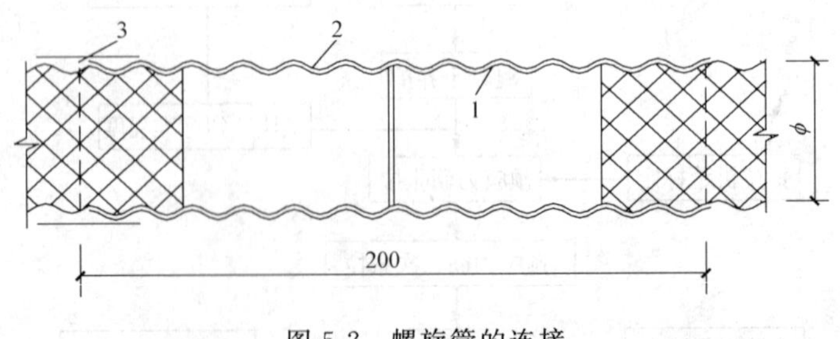

图 5-2　螺旋管的连接

1—螺旋管；2—接头管；3—密封胶带

⑥ 波纹管的连接：波纹管之间可用大一号波纹管连接，接管长为 250～300mm，两端应均匀旋入，并应用胶带或塑料热缩管封裹接缝，切实保证接缝处不致漏浆；

⑦ 波纹管安装后，应检查其位置、曲线形状是否符合设计要求，波纹管的固定是否牢靠，接头是否完好，管壁有无破损等；如有破损，应及时用粘胶带修补；

⑧ 波纹管位置的垂直偏差一般不宜大于±20mm，水平偏差在1000mm范围内也不宜大于±20mm。从梁上整体看，波纹管在梁内应平坦顺直；从梁侧看，波纹管曲线应平滑连续；

⑨ 灌浆孔、排气孔、泌水孔的作法和设置：

a. 在构件两端及跨中应设置灌浆孔或排气孔，孔距不宜大于12m。灌浆孔用于进水泥浆，其孔径一般不宜小于16mm，排气孔是为了保证孔道内气流通畅，不形成封闭死角，保证水泥浆充满孔道，在施工中可将灌浆孔与排气孔统一都作成灌浆孔，灌浆孔（或排气孔）在跨内高点处应设在孔道上侧方，在跨内低点处应设在下侧方。

b. 泌水管设在每跨曲线孔道的最高点处，开口向上，露出梁面的高度一般不小于500mm，泌水管用于排除孔道灌浆后水泥浆的泌水，并可二次补充水泥浆。泌水管可与灌浆孔统一留用。

c. 灌浆孔的做法：是在波纹管上开口，用带嘴的塑料弧形压板与海绵垫片覆盖并用钢丝扎牢，再接增强塑料管（外径20mm，内径16mm）。为保证留孔质量，波纹管上可先不打孔，在外接塑料管内插一根$\phi12$的光面钢筋露出外侧，待孔道灌浆前再用钢筋打穿波纹管，拔出钢筋。

5）承压板的安装：

承压板后加网片或螺旋筋，其与梁钢筋焊接固定。预应力梁端部承压板应安放平整、牢固，其孔中心应与孔道中心线同心，端面与孔道中心线垂直。出梁张拉穴口采用穴模留设。

6）预应力钢筋下料及制作：

① 预应力钢筋下料长度：预应力筋下料长度的计算，两端预应力筋的下料长度为：孔道的实际长度＋2倍张拉工作长度。一端预应力筋的下料长度为：孔道的实际长度＋张拉工作长度＋固定端长度。工作长度：张拉端应考虑工作锚、千斤顶、工具锚所需长度并留出适当余量。整束张拉时，由于考虑转角张拉等，张拉端的工作长度一般取1.5m。固定端长度：埋入式固定端采用挤压锚，考虑锚板厚度和适当余量，取0.5m。

② 预应力钢筋下料与编束：

a. 钢绞线下料场应平坦，下垫方木或彩条布，不得将钢绞线直接接触土地，以免生锈，也不得在混凝土地面上生拉硬拽，磨伤钢绞线，下料长度误差控制在－50～＋100mm以内。

b. 钢绞线的下料宜用砂轮切割机切割，不得采用电弧切割。

c. 固定端挤压锚具组装。挤压锚可用于钢绞线作固端锚具，挤压设备采用JY-45型挤压机。挤压机的工作原理：千斤顶的活塞杆推动套筒通过喇叭型模具，使套筒变细；异形钢丝衬套脆断并嵌入套筒与钢绞线中，以形成牢固的挤压头。

d. 钢绞线的编束用20号钢丝绑扎，间距1～1.5m。编束时应先将钢绞线理顺，并尽量使各根钢绞线松紧一致。

7）预应力钢筋的穿束：

① 钢绞线束待波纹管固定并检查合格后穿入，穿入采用人工；

② 穿束前应核对预应力梁的预应力配筋，不得穿错；

③ 张拉端钢绞线长度应满足张拉所需的工作长度。

8）根据本工程具体情况，详细施工措施如下：

张拉端采用整体承压板，板厚 $\delta=20$mm，孔径 $\phi=20$mm。固定端采用单孔承压板，板厚 $\delta=10$mm，孔径 $\phi=20$mm。出梁张拉，张拉端承压板采用尺寸 70mm×100mm，板厚 $\delta=10$mm。

（2）无粘结预应力钢筋的铺设

1）无粘结预应力主要工艺流程如图 5-3 所示。

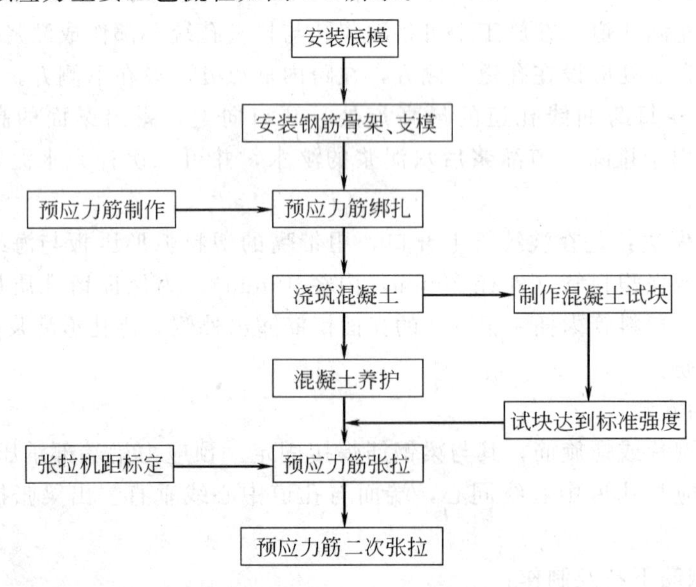

图 5-3 无粘结预应力工艺流程

2）预应力钢筋的铺设：

① 无粘结预应力钢筋吊到施工作业面后，应及时检查规格、尺寸、数量及配件无误后方可铺设，对局部破损的外包层可用水密性胶带进行缠绕；

② 按施工图纸规定的矢高点分出间距，并做标记；

③ 按照标记将钢筋支托焊在箍筋上；

④ 无粘结预应力钢筋采用与普通钢筋相同的绑扎方法，且保持顺直；

⑤ 铺设各种管线不应将无粘结预应力钢筋的垂直位置抬高或降低，确保预应力钢筋的矢高；

⑥ 梁张拉端固定端应做承压网片或螺旋筋，网片或螺旋筋紧靠承压板并固定可靠。

3）根据本工程具体情况详细施工措施如下：

张拉端采用整体承压板，板厚 $\delta=20$mm，孔径 $\phi=20$mm。固定端采用单孔承压板，板厚 $\delta=10$mm，孔径 $\phi=20$mm。出梁张拉，张拉端承压板采用尺寸 70mm×100mm，板厚 $\delta=10$mm。

（3）混凝土的浇筑及振捣

1）预应力筋铺设后，应由施工单位协同设计单位、建设单位联合检查验收合格后方可浇筑混凝土；

2）混凝土入模时，应尽量避免波纹管受到过大的冲击，以防波纹管移位和压瘪；

3）浇筑混凝土时应认真振捣，保证混凝土的密实，混凝土应分层振捣，注意振捣密实，尤其是梁的端部及钢筋密集处更应加倍注意；必要时，可适当减小混凝土石子粒径或采取其他合理的措施解决。承压板周围的混凝土严禁漏振，不得出现蜂窝或孔洞；

4）振动器绝对不能直接振击波纹管，以防振瘪引起波纹管漏浆，影响张拉和孔道灌浆；

5）应严防氯化物对预应力筋的侵蚀；在混凝土施工中，不得使用含有氯离子的外加剂，锚固区后浇混凝土不得含有氯化物；

6）混凝土浇筑时，严禁碰撞有粘结预应力筋、支撑架及端部预埋部件；

7）及时制作混凝土试块，并按施工规范要求留设同条件养护的混凝土试块，以确定张拉时间；

8）混凝土浇筑过程中，应来回拉动钢绞线束，保证孔道畅通；

9）混凝土浇筑后，应及时检查和清理孔道、锚垫板及灌浆孔。

（4）预应力筋的张拉

1）张拉方案选择：

① 根据设计要求，本工程预应力筋采用两端张拉和一端张拉两种方式。因在同一梁上存在两端张拉和一端张拉的情况，首先进行一端张拉，然后进行两端张拉。出梁采用变角张拉方式，以解决张拉时的困难。

② 张拉顺序的确定：预应力筋的张拉顺序，应遵循同步、对称张拉的原则；同时，安排张拉顺序还应考虑到尽量减少张拉设备的移动次数。在同一梁上存在两端张拉和一端张拉的情况时，首先进行一端张拉，然后进行两端张拉。每个预应力张拉顺序根据预应力筋根数、布置的位置确定。

2）混凝土强度达到设计值的85%以上后，方可进行预应力筋的张拉，混凝土强度应由土建施工单位提供试块实验报告单，并且土建施工单位签收张拉通知单，监理签字认可后方可放张。

注：预应力筋张拉前，严禁拆除板底模及支撑，待该层预应力筋全部张拉后方可拆除。

3）张拉进行双控，以控制拉力为主，控制伸长值为辅，采取超张拉3%，即从应力为零开始张拉至1.03倍预应力筋的张拉控制应力，张拉力误差±5%设计控制拉力之间。实测伸长值与设计计算理论伸长值相对允许偏差为－5%～＋10%；当超出此范围时，应停止张拉，查明原因。测量伸长值时，应在达到控制拉力的10%时开始测量记数，测量此时千斤顶油缸的伸长值，再测量达到预应力张拉力时千斤顶油缸的伸长值，两者之差即为预应力筋伸长值，并填写张拉记录。

预应力筋张拉过程中，当个别钢丝发生滑脱或断裂时，可相应降低张拉力。但滑脱或断裂的数量，不应超过结构同一截面预应力筋总数的2%，且1束钢丝只允许1根。

4）预应力筋的张拉控制应力 $\sigma_{con}=0.7f_{ptk}$。

5）张拉设备YCN-23前置内卡式千斤顶及YCN-25前置内卡式千斤顶和油泵根据规范按期到实验站进行标定，标定后方可使用。

6）张拉时，应做到孔道、锚环与千斤顶三对中，以便张拉工作顺利进行，并不致增加孔道摩擦损失。

7）工具锚的夹片，应注意保持清洁和良好的润滑状态。

8）多根钢绞线束夹片锚固体系如遇到个别钢绞线滑移，可更换夹片，用小型千斤顶单根张拉。

9）每根构件张拉完毕后，应检查端部和其他部位是否有裂缝，并填写张拉记录表。

10）张拉后，将外露预应力筋切至锚具外 30mm，然后在锚具表面涂以防腐油，为了加强耐久性，防止水汽对锚具的腐蚀，在锚具的外露部分套上我公司独有的油脂护壁套，最后采用细石混凝土或防水砂浆进行封堵。

（5）孔道灌浆

1）预应力筋张拉后应尽早灌浆，一般待一施工区段预应力筋全部张拉完毕后一次进行灌浆；灌浆前，应先进行配合比的试配设计，检验流动性，做 3d 和 7d 的试块强度，定出合理的外加剂及灌浆材料配合比。

2）灌浆前一天，端部锚具处应用纯水泥浆（或砂浆）封裹锚具夹片间的空隙，仅留出灌浆孔或排气孔。

3）灌浆水泥应用强度不小于 32.5 级普通硅酸盐水泥，为提高水泥浆的流动性，减少泌水和体积收缩，在水泥浆中可掺入适量外加剂；外加剂应不含有对预应力筋有侵蚀性的氯化物、硫化物及硝酸盐等。水灰比为 0.40～0.45，流动度为 15～18cm，灌浆水泥采用机械搅拌。

4）灌浆压力宜适中（封闭灌浆嘴时压力约为 0.6MPa），应防止灌浆管接口处炸开水泥浆伤眼。

5）从曲线孔道中的最高点将灌浆机出浆口与孔道相连，保证密封，开动灌浆泵注入压力水泥浆，从近至远逐个检查出浆口，待出浓浆后逐一封闭，待最后一个出浆孔出浓浆后，封闭出浆孔，继续加压至 0.5～0.6MPa 持荷 2min 后封闭灌浆孔。

6）灌浆后应及时检查泌水情况，并及时进行二次灌浆一般在一次灌浆 30～45min 后进行。

7）灌浆时应及时制作水泥浆试块；水泥浆强度不应低于 M30 级（灰浆强度等级 M30 系指立方体抗压标准强度为 $30N/mm^2$）。水泥浆试块用边长为 70.7mm 立方体制作。

5.3.3　张拉应力实验

施工前，结合设计要求，进行钢绞线应力传递检测，在钢绞线上分别粘贴应变片，记录分级张拉的应力值，检测检定设计规定的张拉控制应力值及应变状态，作为修正张拉力的依据。

5.3.4　质量要求

（1）建立技术交底制度，对设计要求、施工方案必须进行详细的技术交底，做到每个参加预应力施工的管理人员和操作人员熟悉设计图纸和操作要点，保证施工质量。

（2）混凝土浇筑前，必须对预应力钢绞线、普通钢筋、端部垫板、波纹管和灌浆口、泌水口以及模板体系进行检查验收，合格后方可准浇筑混凝土；同时，做好隐蔽验收记录和质量检查验收记录，各方签字齐全。

（3）混凝土浇筑过程中，严禁振捣棒碰触波纹管，以防波纹管破裂漏浆，影响孔道质量。混凝土振捣要密实，尤其在梁端头、框架梁与次梁交接处等钢筋密集的部位，应加强振捣，必要时改为直径小的振捣棒或使用同强度的细石混凝土。

(4) 预埋锚垫板平整，并且应与孔道中心线垂直。

(5) 波纹管坐标位置必须正确，坐标误差应小于±20mm，且水平位置和两波纹管中心的误差也不得大于±20mm；孔道波纹管整体目测，曲线顺畅，无明显折点。

(6) 焊接固定架时应防止烧伤波纹管，一旦发生必须用胶带纸包裹。

(7) 波纹管接头处封裹应严密、牢固，不得漏浆。

(8) 预应力孔道，灌浆孔（泌水孔）必须通顺。

(9) 下料前应现场检查孔道的实际长度以校核下料长度，以保证下料长度的准确。

(10) 钢绞线用砂轮切割机切断，任何场合严禁用电弧焊熔断。

(11) 预应力张拉：

1) 混凝土强度必须达到设计要求后，才能张拉预应力筋。

2) 张拉时，锚具回缩值控制在5mm左右。预应力筋张拉伸长值与理论伸长值的误差应控制在－5％～＋10％以内。

3) 张拉预应力梁时，对摩擦损失应进行测试。张拉完毕后，对已建立的预应力值应抽查复试。误差应控制在预应力的±5％。

(12) 孔道灌浆：

1) 灌浆时，应一次灌满整根孔道，尽量避免中途停断，对孔道灌浆要严格控制水灰比，保证灌浆质量；

2) 灌浆后，应及时检查泌水情况并及时进行人工补充。

5.4 钢结构工程

5.4.1 钢结构制作

(1) 制作厂的选择

钢结构的制作是钢结构工程一个极其重要的环节，将直接影响到钢结构施工的施工质量、工期等，钢管相贯空间曲线桁架制作加工要求精度较高，特别是钢管相贯需要微机控制的相贯切割机，钢管弯曲需要高频弯管，这就要求钢结构制作加工厂具有加工资质和能力；同时，具有同等工程的加工经验。通过考察，选定上海中远川崎重工钢结构有限公司为主次桁架及托架制作加工单位，屋面檩条制作加工由鞍钢建设集团钢结构公司承担。由于本工程重点难点是主次桁架、托架及铸钢件制作加工，因此本方案主要以该部分为主进行。

(2) 细部设计

细部设计是本工程制作过程中最重要的环节，是将结构工程的初步设计细化为能直接进行制作和吊装施工图的过程。

1) 细部设计的主要内容为：

① 主桁架分段；

② 单件部件放样下料；

③ 编制下料加工、弯管、组装、焊接、涂装、运输等专项工艺；

④ 主桁架组装；

⑤ 吊装吊点布置；

⑥ 配合安装技术措施；

⑦ 运输加固。

2）细部设计组织图（图 5-4）。

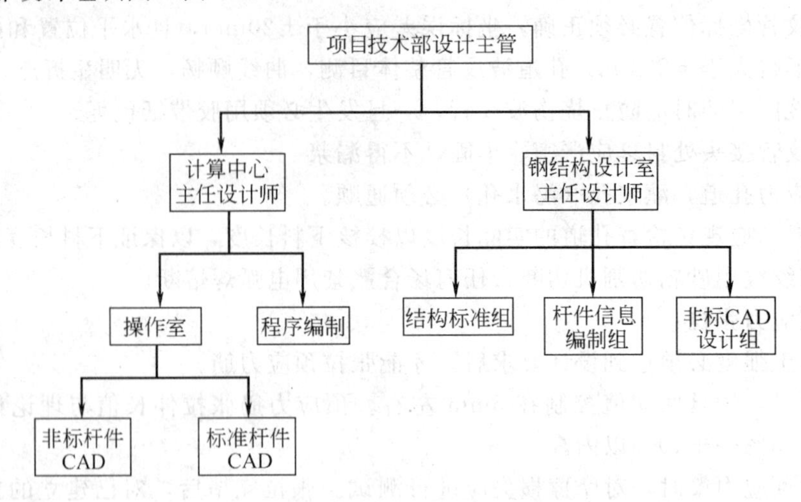

图 5-4 细部设计组织

（3）加工制作工艺及工艺流程

本屋盖钢结构面积约为 21000m²，主要构件为曲线倒三角形钢管桁架，依据吊装及运输要求，将主桁架分为六段、次桁架制作成整榀进行放样下料、编号，散件成捆运输至工地现场。

1）加工准备。

加工准备流程图如图 5-5 所示。

2）组装流程如图 5-6 所示。

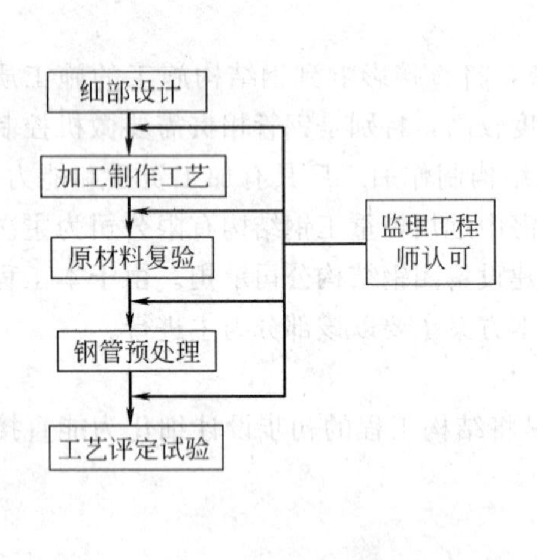

图 5-5 加工流程图

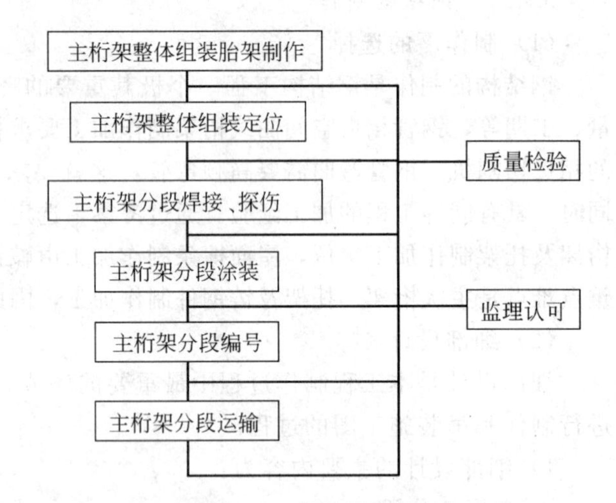

图 5-6 组装流程图

3）钢材预处理。

对所有钢结构中所用的钢管和钢板，将在切割加工前进行预处理。钢管在涂装车间内进行抛丸除锈，钢板则由钢板预处理流水线进行预处理，使钢材表面粗糙度达到 Sa2.5 级后，涂刷水性无机富锌底漆，以保证钢材在加工制作期间不锈蚀及产品的最终涂装质量。

4）放样、下料。

制作前根据细部设计图纸，在放样平台上对桁架钢结构进行1∶1实物放样，对上下弦杆定制加工样板，以保证弯管及制作精度。所有构件全部采用数控切割机进行切割下料，保证下料数据的准确性。

放样和号料应根据工艺要求预留制作和安装时的焊接收缩余量及切割和刨边等加工余量。放样和号料的允许偏差应符合表5-3、表5-4的规定。

材料允许偏差表 表5-3

项　目	允许偏差(mm)	项　目	允许偏差(mm)
零件外形尺寸	±1.0	孔距	±1.0

放样允许偏差表 表5-4

项　目	允许偏差(mm)	项　目	允许偏差(mm)
平行线距离和分段尺寸	±0.5mm	孔距	±0.5mm
对角线差	1.0mm	加工样板的角度	±20
宽度、长度	±0.5mm		

由于主桁架节点均为钢管马鞍形相贯线接头，其切割质量将直接影响到构件的精度和焊接质量。对此类接头，采用钢管加工流水线上配置的700HC-5钢管相贯线切割机进行切割，相贯线曲线误差控制在±1mm以内。

该相贯线切割机最大切割管径为ϕ700，切割管壁厚为25mm。切割时，将切割参数（管材内径、相贯钢管外径、相贯夹角、相贯线节点距及相贯线上下标距）输入切割机的控制屏内，被切割钢管形成在机身平台上原地旋转，气割头沿钢管纵向移动，两种运动速度所形成的曲线即为所要求的相贯线曲线。

制作焊接H型钢时，钢板的下料采用多头直条切割机进行，确保钢板受热后产生的热变形达到最小。

气割前应将钢材切割区域表面的铁锈、污物等清除干净，气割后应清除熔渣和飞溅物。气割的允许偏差应符合表5-5的规定。

气割允许偏差表 表5-5

项　目	允许偏差(mm)	项　目	允许偏差(mm)
零件宽度、长度	±1.0	割纹深度	0.2
切割面平面度	0.05t且不大于2.0	局部缺口深度	1.0

注：t为切割面厚度。

需要机械剪切的筋板等小块板料，其钢板厚度不宜大于12.0mm，剪切面应平整。机械剪切的允许偏差应符合表5-6的规定。

机械剪切允许偏差表 表5-6

项　目	允许偏差(mm)	项　目	允许偏差(mm)
零件宽度、长度	±3.0	边缘缺棱	1.0

5）弯管。

利用大型数控、程控弯管机对钢管进行各种曲率的弯曲成型。对主桁架上下弦管，可采用DB275CNC中频弯管机或DB276CNC数控弯管机进行弯管。

弯管采用折线法弯曲，用弧形样板进行校对。当杆件弦长≤1500mm时，样板弦长不应小于杆件弦长的2/3；杆件弦长>1500mm时，样板弦长不应小于1500mm。弯曲线与样板线之间的误差按GB 50205—2001规范要求不超过±2.0mm。管子弯曲后的截面椭圆度不超过±1.5%。

6）组装。

所有钢管结构，包括支撑、托架及屋盖桁架现场拼装前，均需根据图纸及规范要求制作组装胎架，并经监理检验合格后，将已开坡口、弯曲成型后的弦杆和成型的腹杆，按编号组装、点焊定位。由于腹杆和上下弦杆的组装定位比较复杂，控制好腹杆的四条控制母线和相应弦杆的四个控制点至关重要，定位时要保证相同的腹杆在弦杆上定位的惟一性。定位时应考虑焊接收缩量及变形量，并采取措施消除变形。经检验合格后，进行焊接（各分段接头处不焊）、超声波探伤等，经监理验收合格后，再分段运输到施工现场。

7）焊接。

在加工制作前，进行焊接工艺试验评定和工艺方法试验，严格按焊接规范JGJ 81要求，在坡口形式、焊接程序、电流、焊层控制、焊接速度等方面进行控制。通过焊接工艺实验，找出适合于本工程特点的焊接工艺与方法。

8）矫正调直。

组装焊接后的钢构件应及时进行矫正调直，以保证现场拼装的尺寸精度。

焊接H型钢的调直应采用翼板矫正机进行，焊接H型钢的允许偏差应符合表5-7的规定。

焊接H型钢允许偏差表 **表5-7**

项目		允许偏差(mm)
截面高度	$h<500$	±2.0
	$500\leqslant h\leqslant 1000$	±3.0
	$h>1000$	±4.0
截面宽度		±3.0
腹板中心偏移		2.0
翼缘板垂直度		$b/100$且不得大于3.0

9）涂装。

钢结构构件的除锈和涂装应在制作质量检验合格后进行。

钢构件表面的除锈方法采用喷砂除锈，除锈等级要求达到《涂装前钢材表面锈蚀等级和除锈等级》（GB 8923—88）中规定Sa2.5级。

防锈底漆采用水性无机富锌底漆，底漆漆膜厚度不得小于75μm，中间漆漆膜厚度不得小于50μm，面漆涂刷一道。

当天使用的涂料应在当天配置，并不得随意添加稀释剂。

涂装时的环境温度和相对湿度应符合涂料产品说明书的要求；当产品说明书无要求时，环境温度宜在5～38℃之间，相对湿度不应大于85%。构件表面有结露时不得涂装，涂装后4h内不得淋雨。

施工图中注明不涂装的部位不得涂装。安装焊缝处应留出 30～50mm 暂不涂装。

涂装应均匀，无明显起皱、流挂，附着应良好。

涂装完毕后，应在构件上标注构件的原编号，大型构件应标明重量、重心位置和定位标记。

(4) 运输。

运输是保证钢结构施工质量的重要一环，运输前必须对钢构件进行包装，包装采用方木及钢带对批量的钢构件进行捆绑，捆绑的原则是同种型号的钢结构构件在一起捆绑；同种长度的钢构件在一起捆绑等。运输装车的原则是重、大构件在车底层，小、轻构件在上面等。装车时在车箱底部用枕木垫平，钢构件的装完车后用钢丝绳对钢构件和车箱进行固绑，防止车在运输过程中颠簸，使钢构件产生变形。

5.4.2　航站楼钢结构工地拼装

(1) 钢结构拼装概况

1) 本工程为主航站楼屋盖钢结构部分，为圆管相贯大型桁架体系，由销轴与高强螺栓连接节点。主航站楼为两连续跨，跨度大，陆侧部分为 54m 跨，空侧部分为 36m 跨，空侧柱距为 9m，18 个节间每两榀 ZHJ1 间增加一榀 36m 跨的 ZHJ2。陆空侧相连轴线水平投影长 90m，陆侧柱距 18m，共 9 节间轴线长 162m，陆侧Ⓐ轴高，空侧Ⓠ轴低。陆侧外挑檐长 7.5m，檐口标高 25.032m。ZHJ1 型如斜放的拐杖，净长 l（弧长）=115.12m。空侧为圆弧形拐杖手柄。伸出Ⓠ轴水平距离为 4.221m。屋架水平投影长为 101.721m。整个桁架立于+7.5m 钢筋混凝土平台上，Ⓠ轴外圆弧与平台下钢筋混凝土柱相连。主桁架 ZHJ1 由 11 种不同圆心、不同半径的圆弧曲线及一段斜直线组成上下弦，其截面为等腰倒三角形的立体桁架。

① 轴钢筋混凝土柱顶点+22.281m。Ⓐ～Ⓖ轴为 ZHJ1 首段由次桁架 1、2、5 相连。Ⓖ轴钢筋混凝土柱顶点+12.000m。柱顶由四根伞形支撑与 ZHJ1 相连。下弦最低点与Ⓠ轴相连+3.701m。尾段为弦杆变断面处以后部分，上弦投影长度为 33.036m。两榀 ZHJ1 中间为 ZHJ2，轴线跨距 30.0m，上支点与 CHJ5 为托架相贯，其尾部与 ZHJ1 相同，其投影长度 34.310m。

② 两侧指部区由Ⓙ轴至Ⓠ轴，轴线跨距 21m，柱距 9m 及 6.5m，共 8 个节间，每侧长为 69.5m。屋面由 ZHJ3 组成，上支点为Ⓙ轴钢筋混凝土柱，支座+18.15m，由 CHJ3、4 连接，其投影长度 l_0=25.221m。外设挑檐由 5.75～2.66m 挑檐不等，每侧为 9 榀。

③ 现场拼装钢结构总工程量约为 1500t。

2) 钢结构工程材料。

① 钢材：

A. 钢材材质：管材 Q345D，板材 Q345B 及 Q235B，结构用钢材 Q235 钢应满足《碳素结构钢》(GB 700—88) 的规定，Q345 钢应满足现行国家标准《低合金高强度结构钢》(GB 1591—88) 的规定，无缝钢管或结构用电焊钢管应满足现行国家标准 GB 8162—87 和 YB 242—263 标准中的有关规定。

B. 铸钢件材质：铸钢件应满足现行《焊接结构用碳素钢铸件》中的有关规定。钢铸件应采用《一般工程用铸造碳钢》(GB 5576—85) 中的 ZG230-450H 号铸钢。

C. 销轴材质：40Cr 钢，应满足《合金结构钢技术条件》（GB 3077—88）的要求。

② 螺栓：

A. 高强螺栓材质：S10.9 级，连接板材为 Q345 时，摩擦面抗滑移系数不小于 0.45，连接板材为 Q235 时，摩擦面抗滑移系数不小于 0.4，高强度螺栓施工应遵照《钢结构高强度螺栓连接的设计、施工及验收规程》（JGJ 82）的要求；

B. 普通螺栓材质：普通螺栓，螺母及垫圈为 C 级，强度等级 4.6 级；

C. 地脚螺栓材质：Q345（用于航站楼屋盖部分）。

③ 焊接材料：

选用手工焊，焊条型号为 Q4315 或 Q4316 用于焊 Q235 钢，E5015 或 E5016 用于焊 Q345 钢，当 Q235 与 Q345 钢焊接时，采用较低级焊条。

3）节点形式：

① 主要是圆管相贯的结构，主管与支管及多支管的相贯节点。

② 大型构件主要连接形式为销钉连接。销轴直径 d 与销轴孔 d＋2mm 之间只有 1mm 的装配间隙。其沿轴向销钉支座只有 5mm 的旷量。要求加工与拼装精度较高。

③ 次要节点为高强螺栓连接节点：高强螺栓与螺栓孔也只有 1.5mm 的间隙。纵观整个 ZHJ1－2～5 的特点就是 11 个销轴＋1 个支座＋1 组高强螺栓节点。钢屋架高精度定位点较多，且为空间三维定位。

④ 焊接节点要求：

圆管相贯支管与主管所连接焊缝应沿圆周连续平滑过渡。钢管桁架腹杆与弦杆相连接的焊角尺寸，除特别标注外，一律为相交管件中较薄件的 1.5 倍，支管与主管的相贯线应用自动切管机切割。不得用手工切割。支管管壁与主管管壁的交角大于或等于 120°的区域应采用对接焊缝或带剖口的角焊缝，其他区域可采用角焊缝。支管管壁大于 6mm 的管壁，应开剖口。施焊时，应采取一定的措施，避免构件焊接变形。

4）钢结构主体结构特点：

① 本工程整体均是圆管相贯的结构。

A. 焊接质量要求高。构件主材的工厂拼接及工地拼接焊缝，桁架上下弦杆的对接焊缝，铸钢件与钢构件的熔透焊缝均为一级焊缝，其余的对接焊缝按二级焊缝检验。

B. 焊接量大。现场拼装量主桁架中主弦杆 479 个焊口、上腹杆 1108 根 2216 焊口、腹杆 3720 根 7440 焊口。次桁架中主弦杆 81 个焊口、上腹杆 190 根 380 个焊口、腹杆 932 根 1864 个焊口。主次桁架焊口共计 12460 个焊口。

② ZHJ 与 CHJ 采用多个销钉及高强螺栓连接，拼装精度只有 1mm 间隙，远远高于钢结构施工规范允许的 5mm 误差。而现在在同一榀桁架上最多时有 13 个点的误差要求在 1～2mm 以内。

③ 工期紧。全部拼装工作要求在 40d 内完成。而且施工地点处在北方，工期一再顺延，很快就将进入冬施季节，严寒的气温将对要求高质量的焊接极为不利。弥补措施将要花费昂贵的代价。

④ 任务重。杆件多，焊接量大，要求胎架多，而施工场地条件有限，构件加工远，这对统筹安排拼装工序，造成一定的困难。

（2）施工部署与进度规划

1）安装顺序与拼装顺序：

① 由㊲轴开始向①轴安装 ZHJ3；

② 由㉘轴开始向⑩轴安装 ZHJ1 首段 10 榀。

滑移顺序方案的安装顺序如图 5-7。

③ 由㉘轴开始向⑩轴安装 ZHJ1 尾段及 ZHJ2 共 19 榀。

次桁架配合相应主桁架安装。共 43 榀，其中①轴与②轴可同时安装。

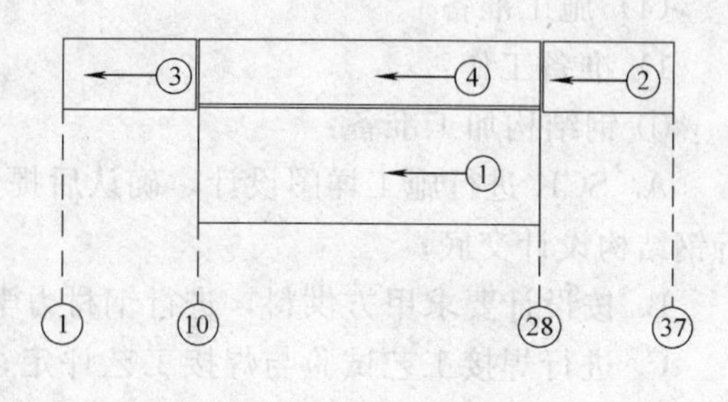

图 5-7 安装顺序

若采用直接安装方案，需考虑原进料要求，结构拼装顺序基本不变。

2）拼装进度计划：

① 拼装顺序：

A. ZHJ1，10 榀，主拼 20 次；ZHJ2，9 榀，主拼 9 次；ZHJ3，10 榀，主拼 18 次；主桁架：共计主拼 47 次；

B. CHJ——共计 43 榀，拼装 43 次。

C. 支撑 36 根，拼装 36 次。

D. GL18m，组拼 9 件。

桁架组装 90 件，杆件组装 45 件。考虑冬期施工前抢工要求，拼装工期 40d，赶在冬期施工前。

② 根据拼装量及工期，确定拼装胎架如下：

A. ZHJ1 首段 4 个立体胎；尾段 4 个立体胎（包括 ZHJ2、3）。

B. 小拼地胎：ZHJ1 首段 1 个、尾段 2 个。

C. CHJ 立体胎 5 个，地胎 1 个。

D. 支撑拼装胎 1 个。

共计：18 个胎架。

(3) 施工组织机构及劳动力配备

1）施工组织机构（详见施工部署部分）。

2）地面拼装劳动用工计划表见表 5-8。

地面拼装劳动力用工计划表　　表 5-8

工种	人数	工作职责、范围
测量工	4	放线、测量、拼装精度控制，提供交验数据
起重工	20	拼装钢结构、支搭操作平台、拆除及支搭拼装胎具
电焊工	45	钢结构施焊、预热、后热、碳弧气刨、拼装胎模支架
烤工	15	配合放线、测量、矫正构件，拼装用样板制作
钳工		
铆工		
探伤工	2	焊缝超声波无损检测
电工	1	现场施工用电
材料工	2	材料采购及构件管理
司机	6	20t 吊车司机 2 人，8t 吊车司机 2 人，汽车司机 2 人，负责现场构件运输及装卸

（4）施工准备

1）准备工作：

① 钢结构加工准备：

A. SCK进行施工详图设计，确认后提供拼装队钢结构施工详图及有关技术3套，进行钢结构设计交底；

B. 按设计要求甲方供料，进行钢材力学性能及化学性能复验合格；

C. 进行焊接工艺试验与焊接工艺评定；确定焊接不同钢材的工艺参数，进行低温焊接试验，并制定相应防止延迟裂纹展开的措施；

D. 编制加工工艺要点，构件标识等书面交底，提供构件运输清单，配套供货；

E. 负责现场对外联络与协调，组织钢结构的拼装验收；

F. 提供交验技术资料格式文本；

G. 按现场构件要求计划，配套供应构件，分类分区打包，提供构件清单；

H. 提供现场办公室，施工用地，运输道路平整，生活设施、消防用水及电。

② 钢结构拼装准备：

A. 根据施工详图及有关技术交底编制拼装方案；

B. 进行现场勘查，确定施工进度及拼装胎具的布置；

C. 根据施工进度计划安排施工机械、设备及工具进场；

D. 组织人员进场，进行相应培训合格后上岗；

E. 根据施工组织设计要求，购置各种胎架材料及零配件进场，并进行审核验收和复验工作；

F. 进行构件的现场卸车、堆放、保护、清点与校对工作；

G. 明确本工程钢结构拼装应执行的规范验收标准，并严格执行；

H. 完成现场拼装过程技术交底、进度、质量、安全管理；交验资料的整理工作；

I. 负责现场构件的拼装、矫正、焊接检测及补漆工作。

③ 钢结构部的准备：

A. 平整施工场地，碾压坚实，达三通一平；

B. 配备足够的夜间照明以备抢工；

C. 提供脚手管，以便支搭简易拼装脚手架。

2）施工机械，运输车辆及有关设备。

① 拼装机械：16t汽车吊2台，8t汽车吊1台，12t汽车吊1台；

② 运输车辆：负责现场构件二次倒运，20t半挂车1台、140t货车1台、面包车1台。

（5）结构施工平面布置图

1）胎架布置：

① 主航站楼陆侧南侧边布置ZHJ1首段胎模4个，以便550t吊车脱模与安装；

② 主航站楼东南侧为CHJ拼装区；

③ 主航站楼北侧为ZHJ1尾段及ZHJ2、3的拼装区，便于北端构件的安装。根据现场可提供的场地，尽可能配合安装部位的吊装，以减少大件的吊运。安装单位要求，ZHJ尾段及相应桁架均分两段供货，以便吊车的吊运。

2）构件堆放区：

根据胎架位置，除预留拼装吊车行驶路线外，其余地区为构件堆放区。所有构件均需现场二次倒运，挑号就位到相应胎架附近，以待组装。

钢构件按桁架型号、分区、分段堆放，并严格按货运清单查验。

钢构件堆放区地面应推平、压实，并设置相应排水沟。钢构件用方木支垫，严防拖地、积雨、积水、锈蚀。

现场构件运输道路通畅，吊车行驶路线明确，以确保提高拼装工作效率。

(6) 结构制作加工要求

1) 钢构件的放样、号料、切割、矫正、成型、边缘加工、管节点加工、制孔、组装均应满足 GB 50205 规范要求。

2) 弯管及下料：应采用对杆件无损伤的加工工艺，用液压推弯式中频弯管机，采用冷弯或热弯，但弯管成型后均应用 1：1 样板校核：

① 曲杆表面平滑过渡，不得出现折痕、表面凹凸不平现象；

② 弯管成型后，材料性质不得有明显的改变；

③ 成型后两轴外径与设计的差值为±3mm 及外径的 1%中的较小值，壁厚的差值为 1mm，及设计壁厚的 1%中较小值；

④ 弯曲率小宜冷弯，曲率大宜热煨，其热煨温度控制在 900～1000℃之间，冷作弯曲后，边缘不得产生裂纹；

⑤ 杆件下料长度应考虑焊接收缩值。

3) 圆管直接焊接相贯节点。采用计算机控制五维自动切割机进行钢管的切割。本工程管壁厚（t）均大于或等于 6mm，应开坡口，钢管的焊道切割应根据各节点的几何尺寸自动切割成带变化的坡口形式，并与节点完全吻合的空间曲线形状，坡口尺寸应符合设计要求。腹杆切割时，应考虑上下弦曲杆及外径不均匀等因素对切割轨道的影响。

4) 凡钢结构首次采用的钢种、焊接材料、接头形式、坡口形式及施焊工艺方法，应进行工艺评定；如主桁架与伞形支座铸钢件的施焊，其厚板焊接试验评定结果符合设计要求。

5) 主次桁架的分段，应考虑运输条件，其长度不大于 20m，断在现场易于拼装位置，结构受力合理，相对接杆件需加设限位板定位。全熔透对接焊缝应加衬板，不同管径多管相贯。相贯线长，焊接应力集中节点，均应确定合理的施焊顺序，以减小焊接变形。

6) 主桁架 ZHJ1、3 支座与柱上支座，均在胎架上拼装焊接。ZHJ1 与伞形支撑"A6"、"A7"节点的铸钢销轴节点，将在高空定位。

7) 制作厂对加工主桁架应进行预拼装，检验合格后方可正式按上述工艺加工。

8) 质量要求：切割杆件尺寸允许偏差±1mm，相贯线轴线误差控制在±1mm，切割面垂直度偏差不大于杆件厚度的 5%且不大于 1mm，弯管的弧度用样板校对，弯曲线与样板间的误差不超过±2mm。管子弯曲后的截面椭圆度不超过±1.5%。

① 圆钢管采用热轧焊管或热轧无缝钢管：

尺寸允许误差为：

外直径：　　±1%，且最小±0.5%，最大±10mm；

壁　厚：焊管　－10%；

　　　　无缝管　－10%，但边长的 25%范围内容许为－10%～－12.5%；

重 量：焊管 ±6%（单根）；

无缝管 +8%～6%（单根）；

平直度： 0.2%；

长 度： +150～0mm。

② 相关钢筋混凝土预埋件：

支撑和地脚锚栓（锚栓）的允许偏差见表5-9。

支撑和地脚螺栓允许偏差 表5-9

施工位置	项目	允许偏差(mm)
支撑面	标高	±3.0
	水平度	1/1000
地脚锚栓(锚栓)	螺栓中心偏移	5.0
	螺栓露出长度	±20.0 0
	螺纹长度	±20.0 0
预留孔中心偏移		10.0

③ 钢结构外形允许误差

拼装节点中心偏差 2.0mm；

分块分条单元长度＞20mm ±10.0mm；

≤20mm ±5.0mm；

主架的侧向弯曲矢高（a为弦长） $a/1000$，≤10.0mm；

主架长度 $L/2000$，≤30.0mm；

主架垂直度（跨中） $h/250$，≤10.0mm；

节点处杆件轴线交点错位 3.0mm。

9）加工杆件必须分榀、分段，腹杆应按分段编号，标识于管上，分别包装，装配运至长春，上下弦管重杆件、支座、铸钢件应标识构件编号、分段号、曲线定位点（腰线）、拼装方向重量及重心。

(7) 拼装测量控制技术

本工程拼装测量施工技术复杂，是钢结构的最难点，测量的高精度是工程质量的关键，贯穿整个工程始末，指导施工。

1）胎具设定位桩、坐标轴线控制点、水准点、主控定位测点、节点投点等；

2）测量仪器见机械设备表；

3）放线：以规范及施工图有关资料为依据，对主次桁架分别计算各测量元素：

① 主桁架：采用卧拼，易于控制的坐标，在电子模板上量出各点的三维坐标值，定胎模的控制点与定位点。达到足够的精度，每段曲率线放样控制，用丈量法核实。

② 次桁架：采用立拼，方法同上，丈量校核。

③ 轴线测设后，放每管外圆弧线及支座组装位置线，作为测量依据。

④ 标高的控制：均由水平仪直接量测或用胎架柱上500mm线丈量。

鉴于拼装场地狭小，需设3～4个水平标点引测标高，定各拼装台0点水平高度，以通视条件好为佳。

因构件体形复杂，各控制点标高值均不同，故每型号每种构件均需定点测量，计算出各点三维控制元素测控。

本工程放线与测量控制元素均需测工、铆工、钳工三位一体共同按钢构件加工要求，定点、画线、套样板（配一套）来完成。

(8) 钢结构拼装方法

1) 钢结构拼装顺序：见钢结构拼装顺序表。

ZHJ 拼装顺序：

① ZHJ1 首段：(-1a)→(-2)→(-3a)→(-4)→(-5a)→(-5)→(-4)→(-3)→(-2)→(-1)。

② ZHJ3：(-9a)→(-8)→(-7)→(-6)→(-5)→(-4)→(-3)→(-2)→(-1a)→(-1)→(-2)→(-3)→(-4)→(-5)→(-6)→(-7)→(-8)→(-9)。

③ ZHJ1-1a 尾段→ZHJ2-1→ZHJ1-2 尾段→ZHJ2-2a→ZHJ1-3a 尾段→ZHJ2-3a→ZHJ1-4 尾段→ZHJ2-3→ZHJ1-5a 尾段→ZHJ2-4→ZHJ1-5 尾段→ZHJ2-3a→ZHJ1-4 尾段→ZHJ2-3→ZHJ1-3 尾段→ZHJ2-2→ZHJ1-2 尾段→ZHJ2-1→ZHJ1-1 尾段。

CHJ 拼装顺序：

与②部分配合的 CHJ：

CHJ3×7 榀→CHJ4×2 榀→CHJ3×7 榀；

与①首部分配合的 CHJ：

CHJ1、2、5，共 9 套；

与①部分配合的伞形支撑：

XZC1×2＋XZC2。

2) 主桁架拼装工艺：

① 根据本工程主桁架参数表，可知 ZHJ1 为 115.12m，弧长由 11 种不同半径的弧线放 11 个销轴，1 个支座及一组高强度螺栓节点定位的大型桁架。曲线复杂，定位精确点多，且均为空间结构点，其销轴安装旷量仅是 1mm，故要求桁架拼装精度很高，大于规范要求；

② 主桁架的分段：

ZHJ-1 的分段是由钢结构部提供，考虑安装吊机不超载吊装，结构受力分段合理，并经施工详图设计做局部修改，考虑符合加工工艺及供料、运输条件要求后，确定的应按此分段进行胎架的设计。ZHJ1 因安装工艺要求，分首段（含 1～4 段）及尾部（第 5 段）两个胎架拼装，其分界点为弦杆变截面堵头板处。

3) 胎架的设计：

① 钢结构拼装胎架的设计：

A. 本工程主次桁架截面均为倒三角形。其中主桁架为多种弧线组成的倒钩形，截面为等腰三角形，变截面、变管径，但其尾部结构尺寸相同。根据上述特点及吊装加工分段采用卧拼胎架。ZHJ1 由变截面处分两段组拼，其首段由檐口至变截面处含直线段部分的伞形支撑节点。尾段为倒钩形，将 36m 跨与 ZHJ2、3 的 30m 跨、21m 跨合并为一个胎架，以提高胎架的利用率。做法以三角形高垂直地面的垂直线为水平面，引入便于丈量的平面坐标 x、y 轴，测量各节点平面坐标及标高，控制三维坐标值，并将其转换为宜于丈量值亦可。为确保拼装的精度，选择相应的主控点（即结构的重要安装控制点），作为基准点位，并考虑相应的焊接收缩量。

详见 ZHJ 拼装胎架平面图、立体图、a 首段、b 首段。

B. ZHJ1 首段基准点为Ⓐ轴支座与弦杆变截面 A7、A6 节点，以后者为主。桁架与伞形支撑连接的销轴支座因难于空间定位，故改为高空定位，后焊接。尾段基准点以 A7、A6 变截面处及Ⓠ轴销轴为基准点，以销轴为主控点。ZHJ2、3 同 ZHJ1 尾部，以Ⓠ轴销轴为基准点。

C. CHJ 组拼胎架为直线段非等腰倒三角形同截面的桁架胎架，均以 A 面为基准面，垂直于地面卧拼，方法同上，以下弦销轴为定位点；同时，控制上弦高强螺栓节点的正确位置。

D. 支撑拼装主要定位两端销轴尺寸平拼。

E. 为减少立体胎架用料，将上下弦杆在地面复弧，拼接成较长弧段。故设相应地胎，称为小拼。

F. 杆件下料长度及拼接位置应考虑焊接收缩值。

4）胎架拼装工艺：

① 顺序：

放线→做各桁架立体胎架→各控制点投点于地面→校验胎架合格→预留焊接收缩值→由主控制点安装上弦杆→下弦杆→上弦杆 1a 弦杆定位安装复杆（根据各节点不同相贯顺序)→点焊杆件→校核控制点位置至合格→根据管管相贯顺序，先焊隐蔽焊缝，后焊裸露焊杆缝焊拼工序交错，24h 后→探伤合格→檩条支座安装→隐蔽验收→节点补漆→交验拼装件。

② 拼装工艺：

弯管的校核与弦管的地面拼接：

支点均为确定的三维坐标值，每段两端为实支点，中间为虚支点，定面坐标，支架、支杆高度均先设定，用千斤顶微调 Z 向高度，合格后方可拼腹杆。

A. 弦杆的对接口，加相应衬管，用限位板、普通螺栓定位；

B. 腹杆的安装采用地样投点法；

C. 拼后整榀检测外形尺寸，合格后施焊；

D. 安装主桁架支座：套样定位，预热后点焊，按焊接工艺评定工艺施焊；

E. 凡一、二级焊缝，焊后 24h 超声波探伤，不合格者返修；

F. 安装上弦。

弦杆采取地面拼装，考虑运输方便，分成若干工艺段，在地胎上将工艺段组拼成吊装段为小拼，均为对接焊缝。

5）本工程相贯节点的焊接设计如下：

① 圆管相贯节点的焊接：

在趾部、侧面采用带坡口的角焊缝，且应保证焊口夹角 $45^{\circ}\leqslant\alpha\leqslant120^{\circ}$；

在跟部采用角焊缝，各处焊缝尺寸均满足设计要求。

② 凡空心构件均要用连续焊密闭，以隔绝空气，并确保在组拼过程中不积水。

③ 构件拼装时应制定合理的焊接顺序，必要时采用有效技术措施，减少焊接变形，拼装中弦杆对接处不焊，用限位板螺栓定位，先施焊每段两端腹杆，以减少变形，后焊中间腹杆，

每杆不允许同时焊两端，必须在一端自然冷却后再焊另一端；先上弦腹杆，后两侧腹杆。

④ 从事钢结构焊接操作的焊工，应按 JGJ 81 的规定考试合格后，方可进行操作，本工程相贯节点，又多为低合金钢，需按全位置焊位考核焊工。点焊工要求同上。

⑤ 在钢结构中首次采用的钢种、焊接材料、接头形式、坡口形式及工艺方法，应进行焊接工艺评定，其评定结果应符合设计要求。

6）构件的焊接工艺：

① 厚板焊接要求：t>30mm 以上的钢板焊接，尤其是 Z 向钢板，为防止在厚度方向出现层状撕裂与延迟裂纹，需采取以下措施：

A. 焊接前，对母材焊道中心线两侧各 2 倍板厚加 30mm 的区域内进行超声波探伤检查，母材中不得有裂纹、夹层或分层现象；

B. 尽可能减少垂直于板面方向的约束；

C. 根据母材的 C_{eq}（碳当量）和 P_{cm}（焊接裂纹敏感性系数）值，选用正确的预热温度和必要的后热处理；

D. 通过焊接工艺试验制定焊接规程。

② 对于较厚的碳素结构钢和低合金钢，焊前应预热，焊后应后热，预热温度宜控制在 100～150℃；后热温度应由试验确定。预热区在焊道两侧，每侧宽度均应大于焊件厚度的两倍，且不应小于 100mm，预热温度的测量应在距焊道 50mm 处进行；环境温度低于 0℃时，预热、后热温度应用低温焊接试验确定。

7）拼装工艺中有关技术措施：

① 在 ZHJ1 上伞型支撑节点，必须高空定位焊接。

② 伞型支撑单杆，两端铸钢销轴可先焊一点，点焊一点以便调整。

③ ZHJ1 弦杆变截面接头，均由工厂焊接在小管上。

④ ZHJ1-1、1a 边桁架与抗风柱连接的工字形上部十字板接头，由工厂焊成一体。

⑤ 弦杆变截面处，首、尾两段相接处为高空安装定位有足够精度要求，增加双向三角形月牙板定位，共 20 套。

⑥ 弦杆拼装合格后，放线拼装檩条支座。

以上措施均根据本钢结构特点，采取确保拼装、安装精度的相应措施。

⑦ 焊条预热烘干：E5015 焊条使用前在 350～400℃的烘干箱内，焙烘 1～2h，然后在 100℃的温度下恒温保存。焊接时应放入 120℃的保温桶中，随用随取。在 4h 内用完，只允许重复一次焙烘，严禁使用湿焊条。

⑧ 焊接操作：严格执行各类型的施工工艺。焊接前检验几何尺寸、坡口角度、间隙控制，清理、修理坡口，符合设计要求。焊条烘干，坡口预热，焊接设备完好；同时，考虑作业环境，条件合格后施焊。焊中控制层间温度，一个节点尽量一次焊完，中途不停滞；需停焊时，开始焊接应碳刨表面后预热重焊，焊后后热或缓冷按各种工艺要求执行。

8）焊缝质量等级及无损伤检测：

① 焊缝质量等级：

A. 焊缝外观检查不应有未焊满，根部收缩、咬边、裂纹、弧坑、电弧、擦伤、飞溅、接头不良、焊瘤、表面夹渣、气孔、角焊缝不足、角焊缝焊角不对称等缺陷；

B. 焊接质量的检验等级：

构件主材的工厂拼接及工地拼接焊缝，桁架上、下弦杆的对接焊缝，铸钢件与钢构件的熔透焊缝均为一级焊缝，其余的对接焊缝按二级焊缝检验，角焊缝、非熔透焊缝按三级焊缝检验，不合格的焊缝要求铲平重焊，并重新进行检查；

C. 焊缝无损检测：

焊缝探伤检测按 GB 11345—89、GB 3323—87，由于本工程主要是相贯节点为 T、K、Y 形式，焊缝截面几何形状复杂，主管、支管截面表面曲率为连续变化的椭圆，焊缝坡口角度连续变化，焊缝熔敷金属截面亦在变化。故根据相贯角度，一般根部为二级焊缝，其两侧及趾部为一级焊缝。

低合金钢焊缝，在同一处返修次数不得超过 2 次。焊缝表面裂纹可采用着色探伤检测。

5.4.3 钢结构安装

（1）施工准备

长春龙家堡机场航站楼钢结构安装施工准备是关键，只有施工准备充分才能给以后的钢结构施工创造有利的条件，施工的质量、进度、安全和文明施工才能有保障。

1）技术准备：

① 组织现场施工人员熟悉审查图纸，做好安全技术交底和图纸会审工作；

② 准备本工程所需的施工规范及规程、图集等技术资料；

③ 配置本工程所需的计量、测量、检测、试验等仪器和仪表；

④ 做好测量基准点和基准线的交底、复测交底及验收工作；

⑤ 制定技术工作计划，包括分项施工方案的编制计划和试验工作计划等。

2）施工准备：

① 进行工程轴线控制网定位及控制桩、控制点的保护；

② 根据临时用电需求，合理布置管线；

③ 进行现场临时建筑设施的搭设及各种加工作业场地的安排，参见现场平面布置图；

④ 做好各种资源准备，包括劳动力、材料以及机械设备；

⑤ 熟悉图纸及相关规范，参加图纸会审，并做好施工现场调查记录；

⑥ 每榀主桁架准备采用 550t 履带吊分两段吊装，每榀次桁架采用 100t 履带吊整体吊装就位，因此，吊装前安装队伍准备二次拼装胎架，胎架的强度和刚度必须满足桁架的拼装要求；同时，胎架的几何尺寸及弧度严格满足桁架的精度要求；

⑦ 安装需要准备各种规格和长度的钢丝绳、卸扣等钢结构构件，吊装所用的钢丝绳必须经过精确的计算，留有足够的安全系数，安全系数应大于 3，特别是钢丝绳的编制卡头严格按照规定的要求进行编制，吊装用的卸扣的承载力必须能够满足钢构件吊装的起吊承载力且储备足够的起重能力安全系数，安全系数应大于 3；

⑧ 为了防止桁架在吊装过程中因吊点的集中造成桁架变形，设计和制作吊装专用的钢扁担，必要时对桁架进行加固。

3）施工平面布置：

屋盖吊装时，+7.50m 楼面浇筑已完成，并已达到一定强度，吊装设备只能沿楼面四周布设。

（2）总体施工方案及施工顺序

1）施工区域划分：

为了方便组织施工，根据本工程实际情况，将航站楼划分A、B、C三个区域组织施工。将组织两个安装工段，即A、C区一个施工工段，B区一个施工工段。以B分区的安装施工为主。实现A→C区流水施工作业，A、C区与B区同时施工，确保工期实现。

2）方案概述：

① 在地面上搭设安装胎架，将⑫、⑩、㉖、㉘轴的第一至第四分段在10轴旁进行地面式组拼装成第一大段；⑭～㉔轴的第一至第三分段在Ⓐ轴/⑯～㉔轴旁进行地面立式组拼装成第一大段；空侧的第五段；第四、第五由拼装单位在空侧拼装成第二大段；

② 在+7.50m楼板上搭设拼装胎架，然后利用履带吊将桁架分段吊装到拼装移胎架上进行整榀组对、校正、焊接及屋面檩条、撑杆和斜支柱的安装，检测达到设计及规范要求后拆除支撑，使桁架就位在Ⓐ、Ⓖ、Ⓠ轴线上。

采取上述方法进行吊装时，主桁架始终处于静止状态，且主桁架在成型前均支撑在拼装胎架上，待主桁架、斜支柱、屋面檩条等连系杆件均按设计及规范的要求安装无误，形成整体空间结构并通过斜支柱及支座安装在Ⓐ、Ⓖ、Ⓠ轴钢筋混凝土柱上后，才拆除主桁架拼装胎架上的支撑系统。从而保证了主桁架及屋面檩条、撑杆等所有钢结构构件的安装精度和质量，消除了因内外力作用给钢筋混凝土柱、主桁架及斜支柱等造成的破坏，有利于提高屋盖钢结构施工的安全与质量。

3）A区①～⑨轴线和C区㉙～㊲轴线屋架构件在制作厂制作成散件，运输至施工现场拼装场地进行现场拼装，利用100t履带吊跨外依次整榀吊装。

4）施工顺序：

① 待楼面混凝土施工完成并达到设计强度后，移交钢结构屋面施工；

② 搭设Ⓖ～Ⓗ/⑩～⑫轴、Ⓕ/⑭～㉔轴、Ⓖ～Ⓗ/㉖～㉘轴高空组拼胎架，并进行+7.5m以下加固；

③ ⑩～㉘轴第一至第四段组拼装胎架搭设；⑭～㉔轴第一至第三段组拼装胎架搭设；

④ 用550t履带吊沿⑩～㉘轴将第一段直接吊装线吊装就位；沿㉘～⑩轴第一至第三段立式组拼装胎架搭设；

⑤ 安装B区屋盖的同时进行A、C区屋盖安装。

（3）钢结构吊装方案

1）方案选择：

针对工程特点和难点，采取“地面组拼、跨外吊装、高空分段组装就位”的方法，主桁架始终处于静止状态，且主桁架在成型前均支撑在组装胎架上，待主桁架、支座、屋面檀条等联系杆件均按设计及规范的要求安装无误、形成整体刚架后，才拆除主桁架拼装胎架上的顶撑系统。从而保证了主桁架及屋面檀条、系杆等所有钢结构构件的安装精度和质量，消除了因内外力作用给柱、主桁架及支座等造成的破坏，有利于提高屋盖钢结构施工的安全与质量。

2）施工准备：

① 钢构件进场与验收。本工程钢构件均在制作厂制作成散件后，运输至现场进行拼装；

② 现场拼装成整体的构件，需通过验收后方可进入吊装工序；

③ 按图纸和钢结构验收规范对构件的尺寸、构件的配套情况、损伤情况进行验收，验收检查合格后，确认签字，做好检查记录。

3）B区主桁架组拼装：

① B区主桁架的⑫、⑩和㉖、㉘轴的第一至第四分段分别在⑩轴、㉘轴旁进行地面组拼装，拼装验收合格后由550t履带吊直接吊装就位；

② B区主桁架的⑭～㉔轴的第一至第三分段在Ⓐ轴/⑯轴、㉔轴旁进行地面组拼装，拼装验收合格后由550t履带吊就位。

4）B区屋盖钢结构安装：

① 起重机械的布设：

在B区陆、空侧及⑩、㉘轴旁布设一台履带吊，作为主要吊装设备之一，塔吊的最大起重量550t，臂长77m。履带吊中心线距Ⓐ轴12m，距Ⓠ轴9m，履带吊路基土承载力要求达到30t/m²。在A区、C区空侧再布设一台100t履带吊，作为吊装A区、C区桁架的另一吊装设备，另配一台40t汽车吊进行构件的脱模、翻身使用。

② 桁架分段：

B区屋盖是由10榀主桁架和9榀次桁架，上铺檩条组成。单榀桁架之间由垂直支撑钢桁架CZZC-1、CZZC-2和托架TJ-1连接为整体，主次桁架分别支撑在Ⓐ轴钢筋混凝土柱上、Ⓖ轴钢筋混凝土柱伸出的四根斜支柱上以及Ⓠ轴钢筋混凝土柱上、托架TJ-1上。根据结构特点及选用的履带吊的起重能力，HJ-1桁架在地面分成五段进行组装，组装成两大段。

③ 拼装胎架搭设：

在7.50m楼面上搭设桁架拼装胎架，由于采用空间斜向支撑桁架的独特结构形式，胎架要求可同时满足伞形支撑安装。拼装胎架用$\phi 48 \times 3.5$普通脚手架钢管搭设，根据桁架分段高空拼装及斜支柱的高空安装要求，每榀桁架拼装需1个主胎架，B区共需要12个主胎架，胎架间通过走道及横杆连成整体。胎架应具有足够的强度和刚度，可承担自重、拼装桁架传来荷载及其他施工荷载。

④ 桁架高空拼装对接：

A. 拼装胎架定位后，即可进行桁架的安装。

B. 桁架在Ⓐ、Ⓖ、Ⓠ轴的柱支撑节点，二大段桁架离接口最近的两个下弦与腹杆、四个上弦与腹杆节点为整榀桁架的控制节点。在拼装胎架的铺板上弹出上下弦轴线的投影线，控制节点的投影点，标定投影点的标高作为桁架标高的控制基准点。

C. 由布设于⑩轴外侧的550t履带吊，吊装地面组拼的⑫轴～⑩轴的桁架的1～4分段及两榀之间的TJ、CZZC-1、CZZC-2、ZC-1、ZC-2。由布设于㉘轴外侧的550t履带吊，吊装地面组拼的㉖轴～㉘轴的桁架的1～4分段及两榀之间的TJ、CZZC-2、ZC-1、ZC-2。将分段控制点的投影位置及标高调整至控制误差范围之内，用枕木、千斤顶、捯链将分段桁架固定在拼装胎架上，用缆风绳临时固定在7.5m楼层上（在浇筑7.5m楼层时，应预埋缆风绳固定预埋件）。待单段桁架吊装就位后，做单段桁架的调整，保证水平偏差、垂直度偏差及控制节点标高均合格后，方可对Ⓐ、Ⓖ轴支座、ZC-1、ZC-2与桁架进行焊接。

D. 布设于Ⓐ轴外侧的550t履带吊，由陆侧方向吊装地面组拼的⑭～㉔轴主桁架的1～3分段及两榀之间的CZZC-1。将分段控制点的投影位置及标高调整至控制误差范围之内，用枕木、千斤顶、捯链将分段桁架固定在拼装胎架上，用缆风绳临时固定在7.5m楼层上，待单段桁架吊装就位后，做单段桁架的调整，保证水平偏差、垂直度偏差及控制节点标高均合格后，方可对Ⓐ轴支座进行焊接。

E. 布设于Ⓠ轴外侧的550t履带吊，由空侧方向吊装地面拼装的㉘～⑩轴主桁架的第五分段（第四、五分段）及两榀之间的TJ、CZZC-1、CZZC-2、ZC-1、ZC-2、HJ-2。将分段控制点的投影位置及标高调整至控制误差范围之内，用枕木、千斤顶、捯链将分段桁架固定在拼装胎架上，用缆风绳临时固定在7.5m楼层上，待桁架吊装就位后，对桁架整体调整，保证水平偏差、垂直度偏差及控制节点标高均合格后，方可进行焊接。

F. 安装完成并焊接探伤合格后，进行桁架应力释放。

G. 最后进行檩条LT、撑杆、拉杆、钢架GJ及封边钢梁GL的安装，并安装高强螺栓。

5）A、C区屋盖钢结构安装：

① A、C区为指廊区，屋盖结构亦为曲线形钢管桁架结构，桁架支撑在Ⓙ、Ⓠ轴的钢筋混凝土柱上，之间以垂直支撑钢管桁架CZZC-3、CZZC-4相连接，跨度为21m，单榀桁架重约15t；

② 根据A、C区桁架的特点及布置区域，此桁架采用整榀一次吊装方案；

③ 选用150t履带吊沿Ⓠ轴外侧跨外吊装，顺次吊装A、C区屋面桁架，吊装桁架的同时吊装檩条、拉杆等构件，操作平台置于柱顶；

④ A、C区屋盖钢结构的安装进度及顺序，在不影响B区安装的前提下，可随时调整。

6）桁架拼装允许偏差及项目控制目标见表5-10。

拼装控制偏差（mm） 　　表5-10

序号	分项		允许偏差		项目控制偏差
1	主桁架长度约 $L=135000$		$L/2000$	±30	±20
2	临时支座高差		$L/800$	±30	20
3	杆件轴线直线度		$L/1000$	5.0	4
4	对口错边		$t/10$	3.0	2
5	主桁架垂直度(跨中)		$h/250$	10	5
6	主桁架上弦顶面标高		±10		±5
7	焊缝剖口	剖口角度	±5°		±4.0°
		钝边	±1.0		±1.0
8	檩条连接支座间距		±5.0		±4.0
9	檩条顶面相应高差及平整度		$L/1000$	10	5

（4）胎架设计与计算

1）胎架的承载力计算：

① 根据施工方案的要求，桁架拼装胎架需要承担桁架荷载、施工临时活荷载及脚手架胎架自重。根据拼装施工作业面要求和胎架承载力的初步估算，每榀胎架投影面积$9\times3+6\times5\text{m}^2$；

② 拼装胎架为空间体系，立杆水平方向间距均为0.5m，垂直间距均为1m。每三节胎架作一道剪刀撑。按保守计算，取一节（1m）单根钢管作受力分析，该结构体系可简化为长度为1m、两端铰接的细长轴心受压杆进行简化，单根钢管的临界承载力计算公式：

$$P_{cr}=(\pi^2EI)/L^2$$

根据计算$\phi48\times3.5$钢管临界力$P_{cr}=2.48\text{t}$，考虑2.0的安全系数，单根脚手架钢管

的承载力：$P=1.24$t

单榀主胎架承载力：$nP=176\times1.24$t$=218$t

③ 取受力最大的一个主胎架，即 HJ-1 桁架第四分段处胎架进行受力计算。

HJ-1 桁架拼装时传来荷载：70/2+10+7+9+9+9=79t

脚手架管自重（钢管以平均 18m 高计算）：

$$1.2\times(176\times18\times3.84+17\times14\times6\times3.84+1.6+2)\approx15\text{t}$$

施工活荷载：8t

共计：102t<218t

2）楼面荷载验算：

按设计要求楼面允许活荷载为：500kg

楼面承载面积 A：$5\times9+3\times3=54\text{m}^2$

总荷载 G：102t

楼面均布荷载：$p=G/A=1888\text{kg}>500\text{kg}$

7.5m 楼层不能满足要求，须对 7.5m 楼层以下加固，避免破坏楼层梁板。

(5) 安装测量的控制

1）屋盖钢结构测量工作内容：

主桁架直线度控制，标高控制，变形观测，胎架的二次定位，组拼桁架的轴线、标高投测，胎架变形监控等。

2）主桁架组装测控技术：

① 直线度控制：考虑到桁架下弦杆中心线在水平面上投影为一直线，管外边投影线对称于下弦中心线，对称线间距等于弦杆直径，故直线度的控制依据可考虑以下弦入手。

② 主桁架标高控制：随着桁架曲线的变化，桁架上各点标高也相对发生变化，因此，正确地控制其标高至关重要，根据桁架分段示意图，可选定下弦节点与标高控制点。

③ 上弦平面水平控制：当主桁架下弦空间位置确定后，重点加强对上弦平面的水平度控制。

④ 下挠变形观测：通过对主桁架脱离胎架前后若干节点标高变化的观测，测定主桁架下挠变形情况。

⑤ 控制点位的布置：根据土建±0.000m 层移交测放的建筑轴线，利用直角坐标法，选定四个控制点，并在楼地面做好永久标记。

⑥ 铺设测量操作平台：在每个承重架上用木方等铺设平台，此平台的铺设必须满足仪器架设时的平稳要求。

⑦ 下弦中心线的投测：把经纬仪分别架设在四个已经精密测定的控制点上，垂直向上引测控制点到铺设好的平台上，并做好点位标记，然后在平台上全站仪进行角度和距离闭合，精度良好，边长误差控制在 1/30000 范围内，角度误差控制在 6″范围内。四个控制点位精度符合后，分别架设仪器于主控制节点处，将中心线测设在每个测量平台上，并用墨线标示。

⑧ 下弦控制节点的投测：由于每榀桁架分段进行组装，故每段都必须做好节点控制，根据桁架分段情况，节点作为控制依据。参照+7.50m 层建筑轴线网，选定定位轴线作为控制基线，在此基线上通过解析法找出控制节点的投影与基线的交点，然后分别将这些

交点投测到平台之上，并与下弦杆中心线投影线相交，即得到下弦控制节点在水平面上的投影点。这样每榀桁架直线度控制就以测量平台上所测设下弦中心线为依据，通过吊线坠的方法来完成，直线度控制目标为5mm。

⑨ 主桁架标高控制：由于主桁架空间曲线变化，其高差变化相当大，需多次架设仪器进行测定。为此，我们在各轴线楼面台架测量操作平台上垂挂大盘尺，通过苏-光DSZ2高精度水准将后视标高逐个引测至每个测量操作平台上的某一点，做好永久标记，用此作为测量操作平台上标高控制时后视点之用。根据引测各标高后视点，分别测出平台上相应下弦控制节点标记点位之实际标高，然后和相应控制节点设计标高相比较，即得出测量平台上控制节点标记与理论上设计之相应控制节点高差值，明确标注于测量平台相应节点标记点，以此作为主桁架分段组装标高的依据，标高控制目标为±10.0mm。

⑩ 上弦平面水平控制：在控制两上弦杆对称水平前，我们特制了一根3m长超大水平尺，该水平尺采用经纬仪高精度管水准器固定在轻质铝合金方通一端，经调校合格后交付使用，配合支承于上弦杆下面的液压千斤顶进行微处理，达到准确控制上弦平面水平误差的目的。

3）变形观测：

① 主桁架下挠变形观测。

在每榀桁架组装完毕后，对所有观测点位进行第一次标高观测，并做好详细记录，待主桁架脱离承重架后，再进行第二次标高观测，并与第一次观测记录相比较，测定主桁架的变形情况。

② 承重胎架沉降变形观测。

由于主桁架静荷载及脚手架自重影响，组装胎架将出现不同程度的沉降现象，需在主桁架标高控制时做相应的调节对策。即根据胎架的沉降报告相应的进行标高补偿，以保证主桁架空间位置的准确性。

4）钢结构测量方案：

长春龙家堡机场航站楼工程钢管桁架特殊的空间造型对测量工作提出了很高的要求，如何采用先进的测量技术和测量仪器设备将整个壳体按照设计图纸准确无误地安装就位，将直接关系到工程的进度和质量。在安装测量前，应建立较高精度的安装测量控制网（一级建筑控制网），要求测角中误差±5″，边长相对中误差1/30000。以下分别介绍地脚螺栓的埋设及钢结构桁架的安装测量。

5）地脚螺栓的埋设：

① 平面位置测量。

测定平面位置时，将两台经纬仪架设在纵横轴线控制基准点上，后视同一轴线对应的控制基准点，将轴线投测到与地脚螺栓定位板面同高度的木方上，并用红色三角标记。将其与定位板上纵横柱定位轴线比较，根据偏差情况调整定位板，使得定位板的纵横轴线与两台经纬仪投测的轴线完全重合为止。定位板的纵、横轴线允许误差为0.3mm。在浇筑基础混凝土前，检查定位板上的纵横轴线，与设计位置的允许误差为0.3mm。相邻柱中心间距测量误差为1mm，第一根柱至第n根柱间距的测量允许误差为$\sqrt{n-1}$mm。量距时，采用一级钢尺并加上尺长、温度、垂曲三项改正。在混凝土浇筑完后初凝前，应检测定位板上的中心线；如发现偏差应即刻校正，直至符合精度要求为止。

② 地脚螺栓标高测量方法。

地脚螺栓标高测量采用DS1水准仪从高程控制点直接引测到辅助安装的木方上，用红油漆做好标记，根据引测的标高点，调整定位板的高度到设计位置，标高测量的允许误差为±1mm。

6）钢结构桁架安装测量

对于本钢结构工程桁架的拼装及安装，我们拟采用以下两种方案进行测量和复核：

① 方案一：全站仪三维测量

A. 坐标系的建立。

如图5-8所示，在待测物方向任取A、B两点，将其在水平面（取仪器三轴交点处的水平面）内投影点的联线作为X轴方向，仪器中心为坐标原点，过原点在水平面内垂直于X轴的方向为Y轴，垂直于XY平面的轴为Z轴，构成右手直角坐标系。

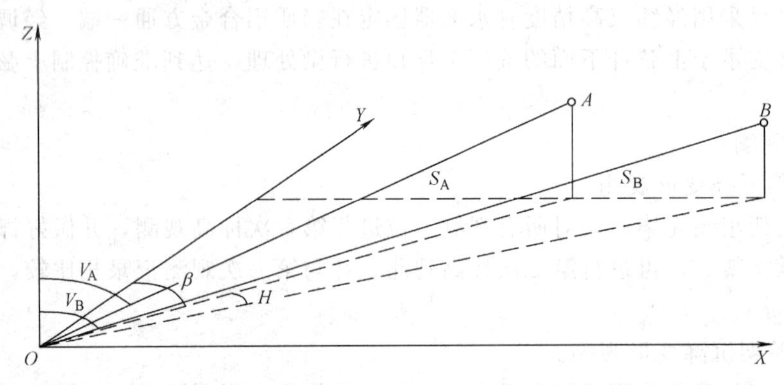

图5-8 测量坐标系

B. 测量原理。

全站型电子速测仪（简称全站仪）是具有测距、测角能力的先进仪器，因此，根据极坐标法测定物点的三维坐标，为全站仪三维测量系统提供了理论依据和技术保障。

设在O点的全站仪测得A、B两点的距离分别为S_A、S_B，天顶角为V_A、V_B，水平角为α_A、α_B，由图5-8可得，A、B两点在O-XYZ坐标系下的坐标为：

$$\left.\begin{aligned}X_A&=S_A\sin V_A\sin\beta\\Y_A&=S_A\sin V_A\cos\beta\\Z_A&=S_A\cos V_A\end{aligned}\right\}$$

$$\left.\begin{aligned}X_B&=S_B\sin V_B\sin(\beta+H)\\Y_B&=S_B\sin V_B\cos(\beta+H)\\Z_B&=S_B\cos V_B\end{aligned}\right\}$$

式中，$H=\alpha_B-\alpha_A$、β为OA方向与Y轴之间的夹角。

由于A、B两点的水平投影在X轴方向上，则有$V_A=V_B$，即：

$$S_A\sin V_A\cos\beta=S_B\sin V_B\sin(\beta+H)$$

由此可求得：

$$\mathrm{tg}\beta=\mathrm{ctg}H-\frac{S_A\sin V_A}{S_B\sin V_B\sin H}$$

由上式可以看出，β值取决于仪器中心及选取的A、B两点的位置关系，求解β的工作也即完成了全站仪三维测量系统的定向。

对于物方的空间的任意点 P 在上述坐标系中的坐标为：

$$\left.\begin{array}{l} X_P = S_P \sin V_P \sin(\beta + H_P) \\ Y_P = S_P \sin V_P \cos(\beta + H_P) \\ Z_P = S_P \cos V_P \end{array}\right\}$$

式中，$H_P = \alpha_P - \alpha_A$，$S_P$ 为 P 点的斜距，V_P 为 P 点的天顶角，α_P 为 P 点的水平度盘读数，其余符号同前。

在本工程钢桁架安装测量过程中，三维测量坐标系的选择需根据安装现场平面布置图具体确定，因此，必须建立精度较高的安装测量控制网。

C. 测量精度分析。

分析全站仪三维测量系统的点位精度，主要有以下三个方面的因素：仪器的系统误差、仪器的偶然误差、反射装置（目标）误差。这里主要分析前两者对点位精度的影响。根据误差传播定律可得：

$$m_X^2 = \sin^2 V_P \sin^2(\beta + H_P) m_S^2 + [S_P \cos V_P \sin(\beta + H_P)]^2 \frac{m_V^2}{\rho^2}$$

$$+ [S_P \sin V_P \cos(\beta + H_P)]^2 \frac{m_\beta^2 + m_H^2}{\rho^2}$$

$$m_Y^2 = \sin^2 V_P \cos^2(\beta + H_P) m_S^2 + [S_P \cos V_P \cos(\beta + H_P)]^2 \frac{m_V^2}{\rho^2}$$

$$+ [S_P \sin V_P \sin(\beta + H_P)]^2 \frac{m_\beta^2 + m_H^2}{\rho^2}$$

$$m_Z^2 = \cos^2 V_P m_S^2 + (S_P \sin V_P)^2 \frac{m_V^2}{\rho^2}$$

式中 m_S——P 点距离测量中误差；

m_V——P 点天顶角测量中误差；

m_H——水平角测量中误差；

m_β——定向时确定 β 角的中误差。

D. 构架梁安装校正。

安装测量前，在构架梁的节点位置粘贴 Leica TCA2003 仪器专用反射标志，并根据设计的形状及其方程计算该标志中心点的三维坐标。然后根据三维测量系统测量原理，利用 Leica TPCA2003 工业测量全站仪（内置测量程序），测量所安装构架梁测量标志中心的实际三维坐标（x，y，z），利用实时处理软件计算实测值与设计值的差值，实时指挥构架梁的安装测量（图 5-9）。内业利用外业采集到的数据在所编程序环境下进行数据后处理并成图，打印有关资料上报有关部门。

② 方案二：电子经纬仪三维测量

在本工程中钢管桁架的安装校正测量亦可采用电子经纬仪三维工业测量系统。针对本工程，我们采用 Leica TM5100A 自动准直精密电动经纬仪和 TCA2003 自动跟踪精密全站仪为传感器，利用数据通讯设备将两台仪器的观测数据传送给与之相连的计算机，并根据相应的软件对观测数据进行处理，实时获得桁架标志点位的空间位置和桁架的几何形状。

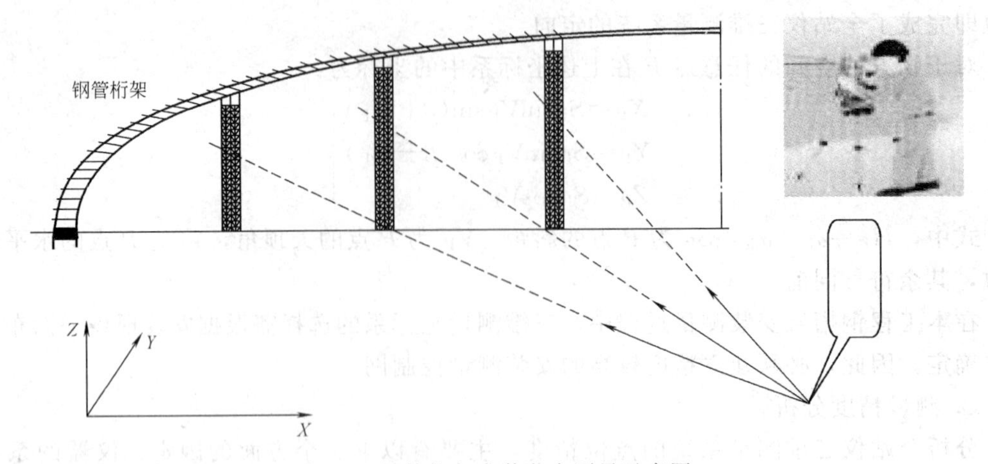

图 5-9 钢管桁架安装节点测量示意图

电子经纬仪工业测量系统根据实际的工作环境及设备配置情况可分为联机系统（实时系统）和脱机系统（非实时系统）。在长春龙家堡机场航站楼工程中，由于安装测量的实时性，应采用联机系统进行测量，系统结构如图 5-10 所示。

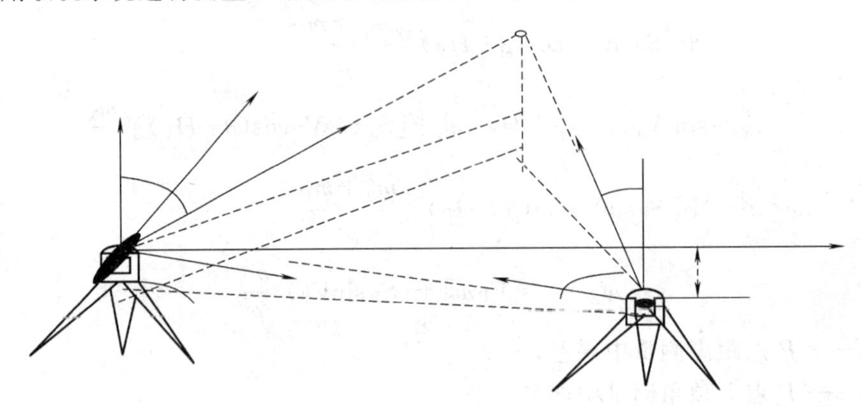

图 5-10 系统测量坐标系

A. 系统的测量原理。

该系统是由两台电子经纬仪（其中一台可由全站仪代替）、通信设备、计算机、数据终端、基准尺、输出设备等组成，以三维空间交会原理为基本理论依据，间接测定目标点的空间三维坐标，并通过应用软件对所测数据进行处理。

两台电子经纬仪 A 和 B，为计算物方空间三维坐标，建立如下坐标系：以 A 点全站仪三轴交点为坐标原点，以过原点的铅直方向为 Z 轴，以两仪器三轴交点 A、B 连线在水平面上的投影为 X 轴，垂直于 XZ 平面并过原点的直线为 Y 轴，XYZ 构成右手测量坐标系。

在测量坐标系中，设 AB 的水平投影 b 为基线长，AB 的高差为 Δh_{AB}。假定在交会之前 b 和 Δh_{AB} 均已精确测定，且 A、B 站上的电子经纬仪互瞄十字丝，以获得基线作水平角观测的零方向，根据两台电子经纬仪同时测得物点 P 的水平角 α、β 及天顶距 γ_A、γ_B，即可求得该点在测量坐标系中的三维坐标（x，y，z）为：

$$x=\frac{b\sin\beta}{\sin(\alpha+\beta)}\cos\alpha$$

$$y=\frac{b\sin\beta}{\sin(\alpha+\beta)}\sin\alpha$$

$$z=\frac{1}{2}(\Delta h_{BP}+\Delta h_{BP}+\Delta h_{AB})=\frac{1}{2}\left(b\frac{\sin\beta\text{ctg}\gamma_A+\sin\alpha\text{ctg}\gamma_B}{\sin(\alpha+\beta)}+\Delta h_{AB}\right)$$

B. 实时测量过程。

电子经纬仪三维工业测量系统是以空间前方交会为基础，通过观测水平角和天顶角来确定物点在给定坐标系下的坐标（x，y，z）；然后，根据设计图纸有关的数学模型计算给定点位在给定坐标系下的理论坐标，利用所编的实时测量程序，计算实测值与理论值之差值，从而实时指导现场测量工作（图 5-11）。

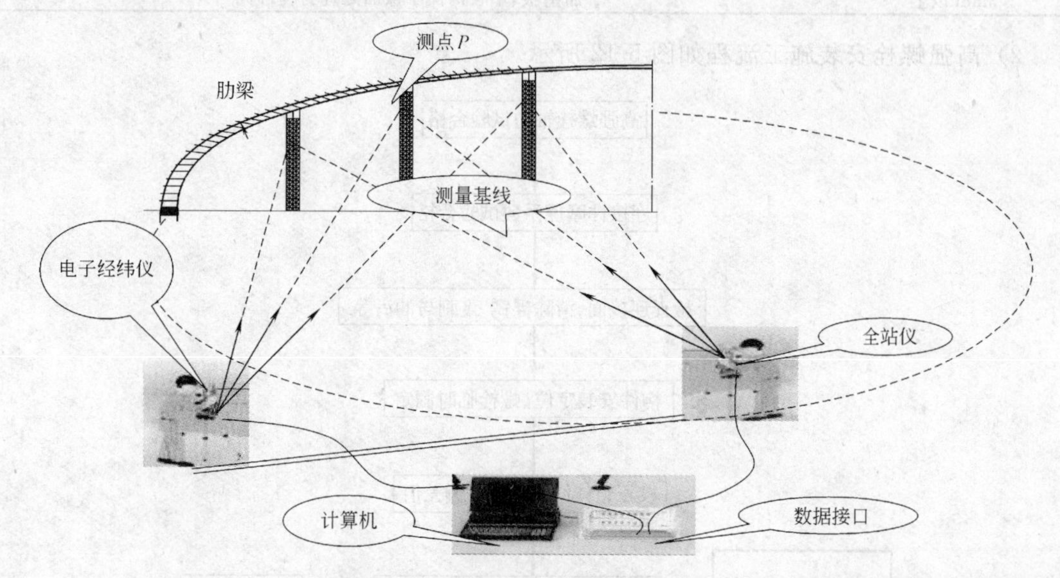

图 5-11　实时测量系统工作示意图

在进行观测前，应先进行两个仪器站间的“定向”工作，即确定下列三种定向元素：两经纬仪水平角在两测站连线上的零方向；两仪器间的平距，即基线长 b；两仪器横轴的高差 Δh_{AB}；系统定向完成后，利用 TCA2003 全站仪对所要校测的目标进行初校；当达到一定的位置后，再利用两台仪器进行同步观测，从而精确地进行目标的校测。

（6）高强螺栓安装

1）安装准备：

① 螺栓的保管。

所有螺栓均按照规格、型号分类储放，妥善保管，避免因受潮、生锈、污染而影响其质量，开箱后的螺栓不得混放、串用，做到按计划领用，施工未完的螺栓及时回收。

② 性能试验：

A. 本工程所使用的螺栓均应按设计及规范要求选用其材料和规格，保证其性能符合要求；

B. 高强螺栓和连接副的额定荷载及螺母和垫圈的硬度试验，应在工厂进行；连接副紧固轴力的平均值和变异系数由厂方、施工方参加试验，在工厂确定；

C. 摩擦面的抗滑移系数试验，可由制造厂按规范提供试件后在工地进行。

③ 安装摩擦面处理：

A. 为了保证安装摩擦面达到规定的摩擦系数，连接面应平整，不得有毛刺、飞边、焊疤、飞溅物、铁屑以及浮锈等污物，也不得有不需要的涂料；摩擦面上不允许存在钢材卷曲变形及凹陷等现象；

B. 认真处理好连接板的紧密贴合，对因钢板厚度偏差或制作误差造成的接触面间隙，应按表 5-11 方法进行处理。

接触面间隙处理 **表 5-11**

间 隙 大 小	处 理 方 法
1mm 以下	不作处理
3mm 以下	将高出的一侧磨成 1∶5 的斜度，方向与外力垂直
3mm 以上	加垫板，垫板两面摩擦面处理与构件同

2）高强螺栓安装施工流程如图 5-12 所示。

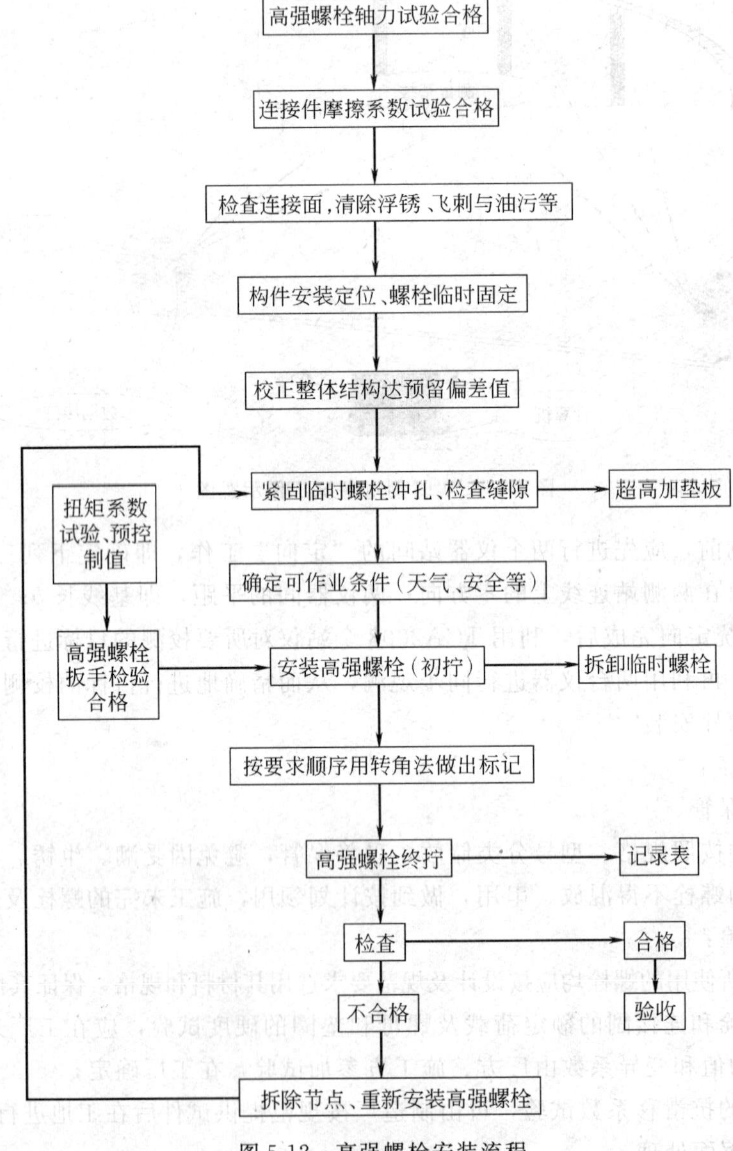

图 5-12 高强螺栓安装流程

3）安装方法：

高强螺栓分两次拧紧，第一次初拧到标准预拉力的60%～80%，第二次终拧到标准预拉力的100%。

① 初拧。

当构件吊装到位后，将螺栓穿入孔中（注意，不要使杂物进入连接面），然后用手动扳手或电动扳手拧紧螺栓，使连接面接合紧密。

② 终拧。

螺栓的终拧由电动剪力扳手完成，其终拧强度由力矩控制设备来控制，确保达到要求的最小力矩。当预先设置的力矩达到后，其力矩控制开关就自动关闭，剪力扳手的力矩设置好后只能用于指定的地方。

扭剪型高强螺栓初拧与终拧轴力扭矩取值范围见表5-12。

轴力扭矩值范围 **表5-12**

螺栓型号	初拧轴力（吨力）	初拧扭矩（千克力·米）	终拧轴力（吨力）	终拧扭矩（千克力·米）
M16	7.4～9.8	15～20	11.2～13.5	22.5～27.5
M20	11.5～15.2	30～40	17.4～21	47～53
M22	14.3～19	40～55	21.6～26.8	61.8～74.8
M24	16.6～22	50～57	25.1～30.4	81～99

注：初拧轴力、扭矩是按标准轴力、扭矩的60%～80%；终拧轴力、扭矩按标准轴力、扭矩100%±10%。

4）安装注意事项：

① 装配和紧固接头时，应从安装好的一端或刚性端向自由端进行；高强螺栓的初拧和终拧，都要按照紧固顺序进行，从螺栓群中央开始，依次向外侧进行紧固；

② 同一高强螺栓初拧和终拧的时间间隔，要求不得超过一天；

③ 当高强螺栓不能自由穿入螺栓孔时，不得硬性敲入，应用冲杆或铰刀修正扩孔后再插入，修扩后的螺栓孔最大直径应小于1.5倍螺栓公称直径，高强螺栓穿入方向按照工程施工图纸的规定；

④ 雨、雪天不得进行高强螺栓安装，摩擦面上和螺栓上不得有水及其他污物，并要注意气候变化对高强螺栓的影响。

5）安装施工检查：

① 指派专业质检员按照规范要求对整个高强螺栓安装工作的完成情况进行认真检查，将检验结果记录在检验报告中，检查报告送到项目质量负责人处审批。

② 本工程采用的是扭剪型高强螺栓，在终拧完成后进行检查时，以拧掉尾部为合格；同时，要保证有两扣以上的余丝露在螺母外圈。对于因空间限制而必须用扭矩扳手拧紧的高强螺栓，则使用经过核定的扭矩扳手从中抽验。

③ 如果检验时发现螺栓紧固强度未达到要求，则需要检查拧固该螺栓所使用的扳手的拧固力矩（力矩的变化幅度在10%以下视为合格）。

6）施工安全：

① 施工人员必须戴好安全帽、系好安全带；

② 不得垂直上下作业，即作业时其正下方不得有人，以免高强螺栓或尾部、工具等

失落而伤人；

③ 使用电动扳手时，不得生拉硬扯，注意保护工具和高强螺栓；

④ 当因工作需要而临时松开安全网和其他安全设施时，不得进行高强螺栓的安装施工；

⑤ 高空作业时应穿防滑鞋，并将袖口、裤口系紧，防止施工过程中勾挂到钢构件上发生意外；

⑥ 施工作业人员不得有恐高症、高血压、心脏病等高空作业禁忌症；

⑦ 施工现场“四口”处必须设置必要的防护措施。

5.4.4　焊接方案

(1) 基本概况

长春龙家堡机场航站楼钢结构现场拼装、安装焊接，主要施工内容为：桁架下弦杆对接、铸钢件与主弦杆焊接、桁架上弦杆对接、节点水平撑杆焊接、斜腹杆焊接、檩托与上弦杆件焊接等，母材均为Q345D；屋面檩条材质为Q235B；连接板材质为Q345B；预埋件的材质为Q345B；铸钢件的材质为ZG230-450H。

焊接质量等级为：主次桁架、托架上下弦杆的对接焊缝，铸钢件与钢构件的熔透焊缝均为一级焊缝；其余对接焊缝为二级焊缝；角焊缝，非熔透焊缝为三级焊缝。

焊接接头形式主要为全熔透对接焊缝，多以管接头全位置焊缝接头为主。焊缝形式有单边V形坡口、V形坡口、⊥形贴角焊，焊接难度较大。

钢桁架全熔透对接焊缝按一级标准，进行100%的超声波检验；其他构件的全熔透对接焊缝按二级标准检验，进行20%的超声波检验。焊缝检验应符合《钢结构焊缝手工超声波探伤方法和结果分级》(GB 11345—89) 中的规定。

(2) 焊接施工部署

本工程拼装、安装焊接以全位置焊缝为主，部分接头为仰焊，材料厚度变化大，需经常调整焊接作业方式和变更工艺参数。为保证单榀桁架拼装作业在限定的工期内不因焊接施工的质量、速度、检验、转移作业工作台等对总的施工进度造成滞后影响，必须采取合理的作业方式、工艺流程，并采取切实可行的质量保证措施。

1) 作业方式：

本工程焊接作业具有下述特点：

① 高空作业较多；

② 流水线式往复作业；

③ 定型作业。根据以上三个作业要求，特配备性能先进、方便，可随时由操作者远距离手控电压、电流变幅的整流式CO_2焊机，以适应高空作业者为保证焊接需要，经常调整焊接电压、电流的作业要求。

2) 焊接区域划分。

由于施工场所呈窄条形分布，易造成总工时浪费，根据该特点拟沿拼装纵向将施焊节点划分成作业量相同的多个作业班，每班4机6人，并配备相应的辅助劳动力。

3) 作业计划。

以相对稳定的作业人员、相对稳定的作业机具配合相对稳定的作业场所、作业对象，在较短的工期内实施集中作业。以单榀桁架而论，每个小组均依次按如下顺序进行焊接：

桁架弦杆对接—水平撑杆点焊与焊接—斜腹杆点焊与焊接—其他附件焊接。施焊时应保证上下节点交互错开并对称焊接的原则，将焊接变形消除到最小。

（3）焊接施工管理

1）本工程焊接施工实行项目经理领导下的工长、班长全面负责焊接的前期准备、焊工的资质鉴定、工艺复验、焊材发放、生产管理、技术监督、工序交接、质量计量、中间交验、资料管理以及施工进度、作业安全等由专门人员负责的管理制度。

2）焊接专用器材、焊材、防护设施材料的领用保管、周转，按照施焊部位的划分，实行以作业班为单位的班长责任制。

3）选用负温度下钢结构焊接用的焊条、焊丝，在满足设计强度要求的前提下，应选用屈服强度较低、冲击韧性较好的低氢型焊条，重要结构可采用高韧性超低氢型焊条。

4）碱性焊条在使用前必须按照产品出厂证明书的规定进行烘焙。烘焙合格后，存放在80～100℃烘箱内，使用时取出放在保温筒内，随用随取。负温度下焊条外露超过2h的应重新烘焙。焊条的烘焙次数不宜超过3次。

5）焊剂在使用前必须按照出厂证明书的规定进行烘焙，其含水量不得大于0.1%。在负温度下焊接时，焊剂重复使用的间隔不得超过2h；否则，必须重新烘焙。

6）气体保护焊用的二氧化碳纯度不宜低于99.5%（体积比），含水率不得超过0.005%（重量比）。使用瓶装气体时，瓶内压力低于$1N/mm^2$时应停止使用。在负温下使用时，要检查瓶嘴有无冰冻堵塞。

7）在负温度下露天焊接钢结构时，宜搭设临时防护棚。雨水、雪花严禁飘落在炽热的焊缝上。

8）在负温度下厚钢板焊接完成后，在焊缝两侧板厚的2～3倍范围内，立即进行后热处理，加热温度150～300℃，保持1～2h。焊缝焊完后或后热处理完后，要采取保温措施，使焊缝缓慢冷却，冷却速度不大于10℃/min。

（4）焊接工艺

由于本工程钢管桁架主要为Q345B钢材，根据各焊接节点的分布、焊缝形式与位置，本工程选用的焊接机具为二氧化碳气体保护焊机和硅整流式弧焊机，焊接方式以手工电弧焊为主。

1）焊前准备：

① 焊接工艺评定和焊工培训。

A. 焊接工艺评定：针对本工程钢桁架的焊缝接头形式，根据《建筑钢结构焊接技术规程》（JGJ 81）第五章“焊接工艺试验”的具体规定组织进行焊接工艺评定，确定出最佳的焊接工艺参数，制定完整、合理、详细的工艺措施和工艺流程；

B. 焊接培训：参加本次焊接施工的焊工要按照《建筑钢结构焊接技术规程》（JGJ 81）第八章“焊工考试”的规定，组织焊工进行考试，取得合格证的焊工才能进入现场进行焊接。

② 构件外形尺寸检查和坡口处理。

A. 构件的组装尺寸检查：焊接前，应对构件的组装尺寸进行检查，主要检查构件的几何尺寸；

B. 焊缝坡口的处理：施焊前，应清除焊接区域内的油锈和漆皮等污物，同时根据施工图要求检查坡口角度和平整度，对受损和不符合要求的部位进行打磨和修补处理。

③ 焊接材料的准备。

A. 所有焊接材料和辅助材料均要有质量合格证书，且符合相应的国标；

B. 所有的焊条使用前均需进行烘干，烘干温度350～400℃，烘干时间1～2h，焊工须使用保温筒领装焊条，随用随取；

C. 焊条从保温筒取出施焊，暴露在大气中的时间不得超过2h；焊条的重复烘干次数不得超过2次。

2）焊接：

① 焊接环境。

A. 下雨天露天作业必须设置防雨设施；否则，禁止进行焊接作业；

B. 采用手工电弧焊风力大于5m/s，采用气体保护焊风力大于2m/s时，应设置防风设施；否则，不得施焊；

C. 雨后焊接前，应对焊口进行火焰烘烤处理。

② 焊接注意事项：

A. 分层焊接。

定位点焊：组装时的定位点焊应由合格电焊工施焊，要求过渡平滑，与母材熔合良好，不得有气孔、裂纹；否则，应清除干净后重焊。严禁由拼装工进行定位点焊。

CO_2气体保护焊打底：为保证全熔透焊缝隙的焊接质量，使用CO_2气体焊来打底焊。焊接前应先清除焊缝区域内的油锈，使用焊接工艺规定的参数施焊。本焊接方法的特点是：

a. 焊接流量大，速度快；

b. 熔深大，易焊透；

c. 没有药皮，焊接质量和缺陷一览无余，容易修复。

缺点是：

a. 仅适于室内焊接，室外焊接时受风力影响，风力过大时应采取防风措施；

b. 表面成型不好，只用于底焊。

为加强CO_2气体焊的抗风能力，我们将采用药芯焊丝和自保护焊丝焊接工艺。

中间焊和罩面焊：均采用手工焊接，焊接前应在构件两端加设引弧板。其特点是：

a. 电流大，速度快；

b. 变形小；

c. 罩面光滑，成型好。

B. 焊接工艺参数，见表5-13。

焊接工艺参数推荐表　　表5-13

序号	位置(层数)	焊材类型	焊材规格(D)(mm)	焊接电流(A)	焊接电压(V)	气体流量(L/min)	电流极性
1	定位焊	E5015	3.2	90～120	28～32	/	直流反接
2	打底焊	H08Mn2Si	1.2	190～210	30～32	18～25	直流反接
3	填充焊		4.0			/	
4	罩面焊		4.0			/	

③ 控制焊接变形：

A. 钢桁架焊接时，应采用两台焊机对称施焊；

B. 焊接时采用焊工均布，由中间向两边退行的焊接顺序；

C. 所有构件的焊接应分层施焊，层数视板厚而定；

D. 做好焊接施工记录，总结变形规律，综合进行防变形处理。

焊接检查焊缝的外观检查：Q345 钢应在焊接完成 24h 后，进行 100％的外观检查，焊缝的外观检查应符合三级焊缝（部分二级焊缝）的要求；

超声波检查：所有的全熔透焊缝在完成外观检查之后进行 100％的超声波无损检验（部分进行 20％的超声波无损检验），标准执行《钢结构焊接手工超声波探伤方法和结果分级》(GB 11345—89)，焊缝质量不低于 B 级的一级（部分为二级）。

焊缝的质量等级及缺陷分级见表 5-14。

焊缝质量等级及缺陷分级（mm） 表 5-14

焊缝质量等级		一　级	二　级
内部缺陷超声波	评定等级	Ⅱ	Ⅲ
	检验等级	B 级	B 级
	探伤比例	100％	20％
外观缺陷	未焊满（指不足设计要求）	不允许	$<0.2+0.02t$ 且小于等于 1.0，每 100.0 焊缝缺陷总长小于等于 25.0
	根部收缩	不允许	$0.2+0.02t$ 且小于等于 1.0，长度不限
	咬边	不允许	$<0.05t$ 且小于等于 0.5；连续长度小于等于 100.0，且焊缝两侧咬边总长小于等于 10％焊缝全长
	裂纹、弧坑、电弧擦伤、焊瘤、表面夹渣、表面气孔	不允许	不允许
	飞溅	清除干净	清除干净
	接头不良	不允许	缺口深度小于等于 $0.05t$ 且小于等于 0.5，每米焊缝不得超过一处

④ 返修工艺。

超声波检查有缺陷的焊缝，应从缺陷两端加上 50mm 作为清除部分，并以与正式焊缝相同的焊接工艺进行补焊、同样的标准和方法进行复检。

碳弧气刨的工艺参数见表 5-15。

碳弧气刨工艺参数 表 5-15

碳棒直径(mm)	电弧长度(mm)	空气压力(MPa)	电流极性	电流(A)	气刨速度(m/min)
6	1～2	0.39～0.59	直流反接	280～300	0.5～1.0
8	1～2	0.39～0.59	直流反接	350～400	1.0～1.2

3）桁架上、下弦主杆钢管对接焊接工艺：

桁架上下弦杆件，均为中等径管材，材质为 Q345B 钢，管径 108～402mm，管壁8～25mm，焊接方式为手工电弧焊。

上下弦杆件的焊接，是本次安装焊接的重中之重，必须从组对、校正、复验、预留焊接收缩量、焊接定位、焊前防护、清理、焊接、焊后热调、质量检验等工序严格控制，才能确保接头焊后质量全面达到标准。

① 组对：

组对前，采用锉刀和砂布将坡口内壁 10～15mm 仔细砂磨，去除锈蚀。坡口外壁自坡口边 10～15mm 范围内，也必须仔细去除锈蚀与污物；组对时，不得在接近坡口处管壁上引弧点焊夹具或硬性敲打，以防管口圆度受到破坏；同径管错口现象必须控制在规范允许范围内。

② 校正复检、预留焊接收缩量：

加工制作可能产生的误差以及运输中产生的变形，到现场组对时将集中反映在接头处。因此，组对后校正是必须的，焊前应经专用器具对同心度、圆率、纵向、曲率过渡线等认真核对，确认无超差后采用千斤顶之类起重机具布置在接头左右不小于 1.5m 距离处，预先将构件顶升到管口上部间隙大于下部间隙 1.5～2mm。（注：正在焊接的接头禁止荷载）

③ 焊接定位：

焊接定位对于管口的焊接质量具有十分重要的影响。本次上下弦主管焊接、组装方式中采用了连接板预连接方法。由于连接板的分布等分管中，因此，本次定位焊处采取均分连接板间距的方法分四处，如图 5-13 所示。

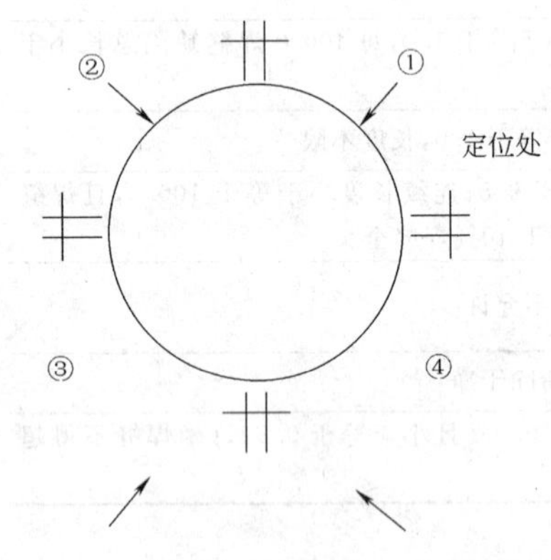

图 5-13　均分连接板间距

定位焊采用小直径焊条，焊条需烘烤不少于 30min，烘烤温度不低于 250℃，定位焊采用与正式焊接相同的工艺。

④ 焊前防护：

桁架上、下弦杆件接头处焊前必须做好防风雨措施，供焊接的作业平台应能满足如下要求：平台面距管底部高度约为 650mm；密铺木质脚手板，左右前后幅宽大于 0.900m；架设稳定，上弦平台还应不影响两接头的同时操作。

⑤ 焊前清理：

正式焊接前，将定位焊处渣皮、飞溅、雾状附着物仔细除去，定位焊起点与收弧处必须用角向磨光机修磨成缓坡状，且确认无未熔合、收缩孔等缺陷存在。

⑥ 焊接：

上弦杆对接接头的焊接采用特殊的左右两根同时施焊方式，操作者分别采取共同先在外侧起焊，后在内侧施焊的顺序，自根部起始至面缝止，每层次均按此顺序实施。

本次管—管对接焊（上、下弦）均按下述工艺实施：

A. 根部焊接：根部施焊应自下部起始处超越中心线 10mm 起弧，与定位焊接头处应前行 10mm 收弧，再次始焊应在定位焊缝上退行 10mm 引弧，在顶部中心处熄弧时应超越中心线至少 15mm 并填满弧坑；另一半焊接前，应将前半部始焊及收弧处修磨成较大缓坡状，并确认无未熔合及未熔透现象后在前半部焊缝上引弧。仰焊接头处应用力上顶，完全击穿；上部接头处应不熄弧连续引带到至接头处 5mm 时稍用力下压，并连弧超越中心线至少一个熔池长度（10～15mm）方允许熄弧。

B. 次层焊接：焊接前剔除首层焊道上的凸起部分及引弧收弧造成的多余部分，仔细检查坡口边沿有无未熔合及凹陷夹角，如有必须除去。飞溅与雾状附着物，采用角向磨光机时，应注意不得伤及坡口边沿。次层的焊接在仰焊部分时采用小直径焊条，仰爬坡时电流稍调小，立焊部位时选用较大直径焊条，电流适中，焊至爬坡时电流逐渐增大，在平焊部位再次增大。其余要求与首层相同。

C. 填充层焊接：填充层的焊接工艺过程与次层完全相同，仅在接近面层时，注意均匀留出 1.5～2mm 的深度，且不得伤及坡口边。

D. 面层的焊接：管、管面层焊接，直接关系到该接头的外观质量能否满足质量要求，因此，在面层焊接时，应注意选用较小电流值并注意在坡口边熔合时间稍长，接头时换条与重新燃弧动作要快捷。

E. 焊后清理与检查：上、下弦主管焊后应认真除去飞溅与焊渣，并认真采用量规等器具对外观几何尺寸进行检查，不得有低凹、焊瘤、咬边、气孔、未熔合、裂纹等缺陷存在。

经自检满足外观质量标准的接头应打上焊工编号钢印，并采用氧-乙炔焰调整接头上、下部温差。处理完毕立即采用不少于两层石棉布紧裹，并用扎丝捆紧。

上、下弦管接头焊接完毕后，应待冷却至常温后进行探伤检验，经检验后的接头质量必须符合 JB 1152—82 的Ⅰ级焊缝标准。

经确认达到设计标准的接头方可允许拆去防护措施。

4）桁架上弦水平撑杆与桁架斜腹杆焊接工艺。

壁厚 4mm 以下材料断切后不开坡口。壁厚 6～16mm 材料断切后开单面 V 形坡口。本次安装施工中水平撑杆、斜腹杆的焊接集中在桁架现场分段组装处，全部为固定位置焊接。由于构件在长途运输、现场垂直运输过程中以及桁架上、下弦先施焊等因素会使水平撑杆与上弦接合处组装、斜腹杆与上弦下弦接合处组装出现偏差超标。特别是对开坡口组焊的接头会增加许多难度。对于可能出现对口间隙较大的坡口焊缝，焊接工艺方法正确与否，对桁架的组装质量乃至安全使用性，具有重要影响。因此，水平撑杆与斜腹杆的现场安装焊接应遵循下述工艺要求：

① 水平撑杆焊接工艺：

A. 材质：Q345B，与上弦杆材质相同。

B. 焊接方法：手工电弧焊。

C. 焊前准备：水平撑处的焊接准备包括搭设供操作者便于采取蹲姿、立姿、俯姿，可左右交替往来，牢固并且具有围护的平台。平台铺设石棉布。平台板面距焊口下部必须保证≥650mm 高度。采用彩条布围护，防止风雨对焊接完毕的接头造成急冷。焊接所需器材、作业器具均应一次到位。

D. 焊前清理与检查：焊前清除上弦管壁焊缝区域的防锈油漆，对断切一端应去除管壁内外距切口处不少于 15mm 宽度内的氧化皮、割渣、外壁锐角。采用角向磨光机，将定位焊缝两端修成易于衔接的缓坡状。

E. 焊接：

a. 焊接分为打底层与面缝层，均为单道焊。打底层焊接时选用小直径电焊条，电流调节为约 90A（ϕ2.5mm，ϕ3.2mm）。

b. 沿下部中心线将焊口分为两半部实施焊接，焊前应自间隙最小处先焊，多处间隙较小，则分多处将间隙较小处先焊，注意将收弧处弧坑填满。

c. 无论先焊焊缝连贯与不连贯，均应采用角向磨光机去除始端与收端凸起处，形成易使全缝连贯的缓坡状。

d. 接头的阴角部分，使用 ϕ2.5mm 焊条，阳角部分使用 ϕ3.2mm 焊条。

e. 对于间隙较大或缝宽超焊条直径 2 倍以上的焊缝，处理方法为在撑管端采用堆垒焊法缩小间隙（不得填充异物，也不得在主弦杆上形成局部高温高热区）。

f. 焊缝的最终完了接头，必须在中部。

g. 面层焊缝除必须保证焊脚符合规定外，还必须保证焊缝边缘饱满，缝中区稍凹。

h. 水平撑杆焊接工艺参数参阅 JGJ 81 中的相关规定，其中电流值根据焊条直径加以变化。

② 腹杆焊接工艺：

A. 腹杆材质为 Q345，与上下弦杆材质相同；

B. 焊接方法：手工电弧焊；

C. 操作平台搭设与焊接防护：

a. 操作平台的搭设应满足操作者旋转作业并无障碍；

b. 不因其他工序摇晃，导致操作者失衡；

c. 具有抵抗风雨侵扰能力。

D. 焊前检查与清理：

腹杆与上下弦接头处焊前检查十分必要，因构件制作所产生的构件误差与变形客观存在。现场安装焊接时，对口间隙也将存在误差。对于间隙小于许用焊条直径的焊口，其焊接操作程序无特殊变化；对于间隙较大处应加入衬板，衬板的厚度应大于管壁，衬板的材质应与管材相同，加入的衬板应不妨碍焊缝的有效截面。

在坡口边侧采用小直径焊条逐渐堆垒，禁止加填料，修成类似坡口状后全面清渣，并采用角向磨光机，全面去除凸起部分与飞溅。

E. 焊接：

a. 腹杆与上下弦连接处焊缝焊脚尺寸应符合 GB 50205—2001 中表 4.7.13 所规定的数值；

b. 焊缝外形尺寸应符合《建筑钢结构焊接技术规程》（JGJ 81）中的相关规定和要求；

c. 外观检验合格后的焊接接头，采用石棉布紧裹，缓冷至常温；

d. 腹杆焊接工艺参数参阅 JGJ 81 中的相关规定。

5.5 脚手架工程

本工程地下室底板顶标高为－6.070m，地下室层高 6m，一层标高±0.07m，二层标高 7.500m，夹层标高 3.700m。

（1）本工程的脚手架全部为钢管脚手架，采用 ϕ48 钢管。脚手板采用木跳板。本工程的脚手架分为内脚手架和外脚手架。内脚手架采用满堂红脚手架，外脚手架采用挑架。

内脚手架采用满堂红脚手架，立杆间距 1.0m×1.0m，横杆步距为 1.8m。扫地杆距地面 200mm。地下室 A、C、B1、B3 区脚手架采用 3～4m 钢管搭接的方式，搭接长度为

1.6m，搭接处要做三处绑扣，B2、B4区竖向满堂脚手架全部采用5m钢管，并在上下同时设置可调支撑。一层的满堂架在板下用3～4m的钢管架设，在梁下采用6m钢管，并在顶部设置可调支撑。夹层部分以及夹层至二层梁板间部分采用3m钢管架设并在上下同时设置可调支撑，梁下的满堂支撑间距为0.8m。

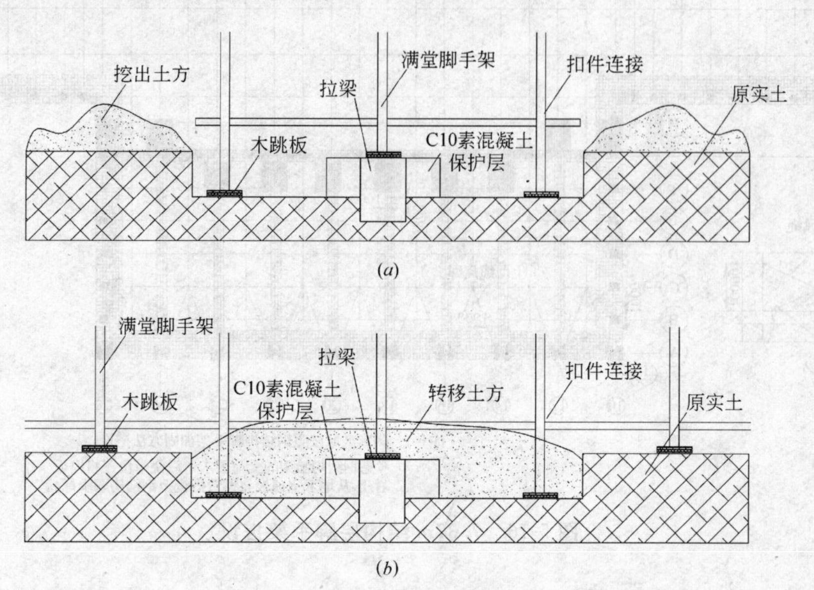

图5-14　B区满堂脚手架搭设方法图

（2）由于B区地下室大部分地区无底板，且在无底板地区有大量挖出的土方因为设计变更未清除，因此，经项目部研究决定，在支立B区的脚手架时先支立有底板部分及由M5砂浆作成的甩筋保护层部分，然后将未清除的虚土人工移至底板及M5砂浆钢筋保护层上直至见到实土层（－6.00m），然后铺设脚手板，在脚手板上支立脚手架，如图5-14所示。

（3）±0.000以上采用挑架来代替外脚手架，挑架竖杆间距为1500mm，做法如图5-15所示。

（4）外脚手板采用木跳板，支撑跨度200～300mm，竖向搭接长度不小于150mm。外架脚手板顺铺时采用搭接，搭接长度不小于150mm，板下端与脚手架绑扎固定，下脚手板的上板头压上脚手板的下板头。起始脚手板须可靠顶固，以避免下滑。斜道上每隔断250～300mm设置一道防滑条，与脚手架绑扎固定。

（5）外围护网的设置：结构外围护网采用立网，进行全封闭围护。上用密目网铺好，并将其固定在挑架上。

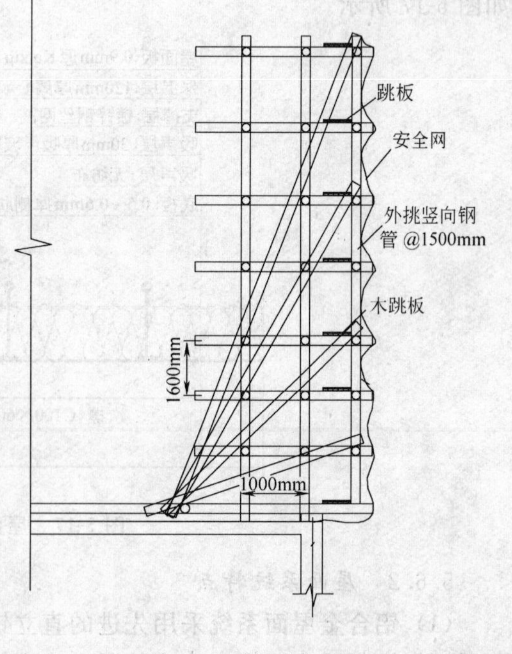

图5-15　挑架示意图

（6）7.37m结构层脚手架搭设方法如图5-16所示。

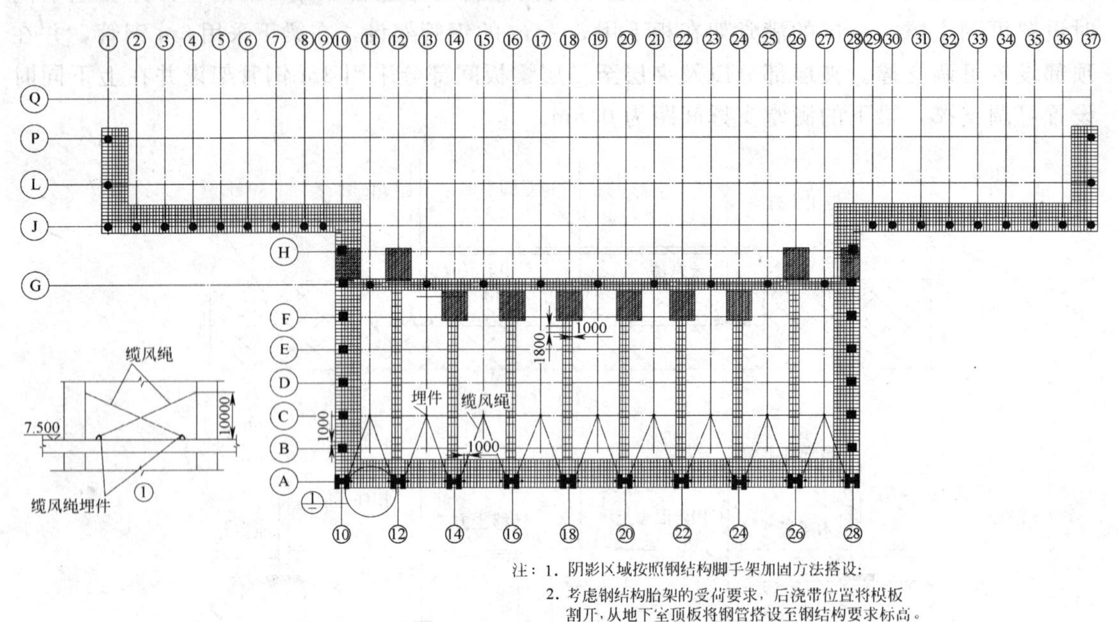

图5-16　7.37m结构层脚手架搭设

5.6　屋面工程

5.6.1　工程概况

金属屋面工程采用铝、镁、锰合金板作为屋面面层板，整个屋面呈单坡弧形。最高点相对标高26.233m，屋面板铺设最低处相对标高20.00m（约），铝合金屋面系统构造形式如图5-17所示。

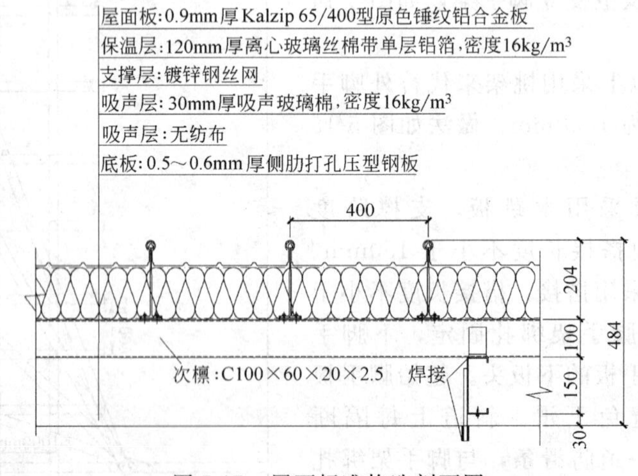

图5-17　屋面标准构造剖面图

5.6.2　屋面系统特点

（1）铝合金屋面系统采用先进的直立锁边固定方式，从根本上解决了普通压型金属板因采用螺钉穿透式固定而造成的漏水隐患。铝合金屋面板固定，首先是将屋面板的固定座用螺钉固定于檩条上，再将屋面板扣在固定座的梅花头上，最后用电动锁边机将屋面板的搭接边咬合在一起。由于采用了直立锁边固定方式，屋面没有螺钉外露，整个屋面不但美观、整洁，而且没有任何漏水隐患。

(2) 铝合金屋面板采用现场压型生产方式，其生产设备可非常灵活地搬运和移动，可在工地现场根据工程的实际需要生产出任意长度的板，不受运输条件限制，使得屋面板在纵向上没有搭接，从而减少了漏水的机会，提高了屋面的整体性和美观性。

(3) 很好地解决了屋面材料温度变形的技术问题。

本工程选用的铝合金屋面板由于采用直立锁边固定方式，铝合金固定座仅限制屋面板在板宽方向和上下方向的移动，并不限制屋面板沿板长方向的自由度，因此，屋面板在温度变化时能够在固定座上自由滑动伸缩，不会产生温度应力，这样便有效解决了其他板型难以克服的温度变形问题，保证了屋面板各项性能的可靠性。

(4) 良好的可焊性。

本工程所用的铝镁锰合金屋面板材料具有良好的可焊性，可以将屋面板与各节点的相接部位采用焊接连接，制成完全密封的立体防水体系；洞边泛水翻边高度还可以保证雨水不会流入室内；同时，在洞口支架上设盖板，扣住洞边泛水的翻边，洞边泛水与洞口支架之间留有足够的空间，使屋面板及泛水能够自由伸缩，从而既能防水，又不与洞边泛水连接固定，不会影响屋面板的热胀冷缩自由度，避免产生温度应力，造成屋面板或泛水的损坏。

5.6.3 施工准备

(1) 技术准备

1) 进场前，组织项目的工程技术人员熟悉屋面系统施工图及相关钢结构施工图纸，了解本工程的结构特点及工程作法，有问题及时与总包、监理及设计人员沟通。然后组织技术人员召开技术攻关会，对本工程的主要施工程序、施工方法及工程的重点和难点部分进行讨论，确定出各专项施工方案。

2) 对施工人员进行有针对性的培训，尤其是对将用于本工程上的铝合金压型板及彩钢压型板的材料特点和其具体安装方法予以重点介绍。

(2) 施工现场准备

1) 项目部人员进场后及时与业主、监理及总包单位接洽，了解工程的实际进展情况，提交业主、监理所要求的技术资料，办理相关的施工证件和现场各种证件。

2) 生活区的规划与布置。依据总包提供的生活区位置，并按照文明工地的布置要求对生活区进行布置。

3) 现场临时水、电接驳。依据总包提供的现场水、电接驳点的位置或指定的总包单位水、电接驳点，将临时水、电接引到所需位置。

4) 现场材料库房、材料堆放场布置：依据业主指定的现场材料堆放场位置布置公司施工该工程所需现场材料库房和材料堆放场；对怕雨淋的材料（如保温棉、吸声棉），需用脚手架管和防雨布搭设临时防雨棚。

5) 压板机、弯板机就位场地。在机械进场之前，选取机械就位场地，原则是：场地平整，尽量一次性就位，在施工过程中不再挪移，方便出板及板的二次倒运。

(3) 材料准备

1）本工程所使用的主要材料铝合金压型板，数量较大，须从国外进口。如不及时准备，将很难在较短的时间内到位，为了不影响工程开工，应尽快提出材料使用计划，着手办理材料订货事宜。

2）压型钢板在订货过程中应随时对所订购的货物进行跟踪监控，保证其生产周期能满足现场施工的要求。

3）保温棉生产厂家距离较远，事先对生产厂家的生产周期及运输时间进行了解，做出材料进场的计划安排，并依据施工现场实际情况提前通知供货商。

4）施工用材料到场时，项目部应及时组织材料、技术人员对材料进行检查和验收；验收合格后，报请现场监理进行验收，监理人员验收合格并有书面通知后方可使用。

（4）施工机具准备

1）首先对拟用于本工程的施工机具进行确认，然后进行调配和组织。

2）压板机是安装屋面系统的最重要的专用配套施工机械，它的性能优劣直接影响本工程的施工进展及施工质量，因此，应选择性能优良的用于本工程；此专用施工机械需从外地调运，应预先对运输方式及运输时间进行了解，以便提早调运，保证正式施工前10d能进驻施工现场。

3）起重机械、运输机械、焊接设备及用电设备等应提前进行检修和保养。确保在使用过程中运转良好。

4）施工机具进场至少应在开工前10d内陆续进场，用电设备需在开工前3d完成接驳。

（5）施工人员准备

由于本工程工期紧张，为了确保工程进度达到业主要求，工程质量一次交验合格，必须投入较强的管理力量、技术力量和施工力量，严密组织，科学分工。

5.6.4 施工部署

（1）施工分区

本工程铝合金屋面板面积约1.6万m^2左右，施工工期又很紧张，因此，要对施工程序进行优化部署，保证施工工期内按时完成。根据此屋面的实际情况，决定采取以中间部位为起始点，分为两个施工区，向两边同时施工的方法；即以⑲轴为起始点，测放出安装基准线，安排两个施工队，同时向①轴及㊲轴方向施工。

每个施工班组又分为压型底板安装班、檩条安装班、天沟安装班、面板安装班、天窗安装班、虹吸系统安装班等几个施工班组进行流水施工。

（2）施工部署

1）在屋面工程正式施工前，7.5m高（建筑标高）的混凝土平台及钢结构网架已经完成，因此，利用此混凝土平台作为材料二次倒运的堆放地，以钢结构网架作为支撑点，用人工并借助滑轮将施工所用材料吊至屋面施工部位（除去铝合金板）。

2）屋面整体为单坡形走向，且北面最低处仅为15m左右，前面为飞机停机坪，场地较宽阔，采用坡道垂直运输方法解决铝合金板的垂直运输问题。

使用铝合金屋面系统的一个最主要的优点即铝合金板可现场压型，依据需要生产出足够长的板，消除了因板在中间部位的搭接而形成的渗漏隐患。

3）坡道搭设。

搭设坡道时应注意以下几个问题：

① 坡道与水平面的夹角不能大于45°，以保证压板机凭自身的机械功率即可把板输送至屋顶施工面；

② 坡道搭设处的地面要经平整、夯实、垫跳板，保证坡道脚手架不会塌陷变形；

③ 因坡道较长，在中间每隔6～8m安排一个压板配合工人；

④ 搭设坡道时，压板的出板口方向与坡道的长度方向一定要在一条直线上，防止出板时发生偏移。

4）压型铝板所用原材料为铝卷，每卷重约3t，现场需一台吊车配合；同时，考虑屋面某些部位较危险，且有的单个钢构件较重，也需要一台吊车配合垂直运输。因此，选用一台20t吊车作为现场配合之用。

(3) 材料的垂直运输

将上述材料首先倒运至7.5m混凝土平台，再用人工并借助滑轮将材料吊运至屋面施工部位；在人工无法吊运的部位，用吊车配合吊篮运输。

(4) 屋面板水平运输

这里的水平运输指的是铝板到达屋面后至安装位置的水平运输。屋面板水平运输适合采用人工抬运，既方便又灵活。

1）抬运方法。

屋面板水平运输方法采用人力抬运，根据屋面板延米单重，施工人员从同一侧或两侧抬运，间距约2m。为避免铝板在抬运过程中受损，在同一侧抬运时则铝板应呈垂直状态，在两侧抬运时则铝板应呈水平状态。为保护施工人员的手不受划伤及板面不受污染，施工人员应佩戴手套。

2）协调指挥。

参与抬板的施工人员较多，必须由专人指挥协调，保持一致，才能保护施工人员不受伤害和保证板的质量。选派参加过类似工程施工的人员指挥抬板。

5.6.5 铝合金压型板现场制作工艺

使用直立锁边铝合金屋面系统的最大优点即铝合金压型板可在现场生产，这样就可以根据屋面的设计尺寸确定板的长度，从而避免出现在加工厂制作时由于设计尺寸和实际尺寸有误差导致生产出的板过长或过短而浪费板材的情况。因铝合金板材质较软，多次运输倒运难免会造成对板的损坏，现场加工避免了此类事情的发生；并且板长可根据跨度尽量长，不受板材运输能力的限制，大大方便了现场施工，加快了施工进度，增加了屋面板的整体性和适用范围。

(1) 工程板型特点

长春龙家堡机场航站楼屋面呈单坡弧形，绝大部分板弧度半径很大，依靠铝合金直板自身的韧性，安装后即可达到设计要求的弧度效果；有很小部分由于弧度半径较小，要先通过弯板机的预弯，这样安装后才能达到设计效果。

此屋面板板型较单一，板长尺寸规格也较少，最长板约为74m，最短板长仅为1.7m。

(2) 机械配备

本工程所用现场压型设备为专用的铝合金压板机；由于部分板弧度较小，需现场预弯，因此，现场还要配备专用的铝合金压型板弯板机。这两种设备性能良好，自动化生产程度化，为全电脑程序化控制，曾用于国内多个工程的现场制作。该设备自备发电机，在现场无适合电源或停电时均可满足加工需要，不会因停电影响工期。

(3) 现场生产场地选择

1) 制作设备进场前，依据现场实际情况并与业主协商后选定设备的就位场地。场地应固定，就位后不要再移位。

2) 场地需预先进行平整、硬化，使设备就位后整个底部都均匀受力，以保证工作时设备能平稳运行。

3) 在设备的出板方向处应有足够长的空地，以保证按图纸要求生产出通长的板。

4) 弯板机应在压板机的附近就位，压板后随之弯板。

(4) 生产流程

1) 铝合金压型板制作工艺：

① 调试、试生产。

压板机和弯板机就位后，必须根据压板工艺的要求，调整好两者之间的位置和角度。在开工前3d对机器进行维修和保养，并进行试生产，反复调整压板机的参数，直至能生产出合格的铝合金压型板。

② 上料。

生产铝合金压型板的原材料为铝卷，铝卷须堆放在铝卷支架的附近，不能随意放置。铝卷堆放在架空的支架上，保持通风和干燥，避免因潮湿影响铝卷表面质量。

③ 出板。

铝卷每卷重约3t，选用汽车吊上料；吊具选用工作负荷为4t的扁平聚酯吊带，而不要使用钢丝绳，以免起吊过程中把铝卷的板边勒压变形。先在电脑中输入需出板的长度(在规定尺寸的基础上多加10cm)，然后开动机器，出板的速度一定要缓慢、平稳。当铝板长度达到设计的板长时，停止压板机会自动切割。铝板压成型后，集中堆放在便于弯板的地方，具体位置详见施工平面布置图。

2) 铝合金压型板弯板制作工艺。

铝板预弯不同于铝板压型，预弯时铝板呈侧立状态，须施工人员从侧面抬板。先按设计的圆弧半径试弯几张板，在屋面上进行试安装，曲率若有误差再重新进行，调整弯板机的辊轴，直至能预弯出符合要求的板。铝板压成型后应侧向堆放。

5.6.6　*主要施工方法及技术措施*

(1) 施工程序

根据本工程屋面系统设计图纸以及直立锁边铝合金屋面系统的安装程序，确定工程的施工程序如图5-18所示。

(2) 工序交接

金属屋面系统安装的前道工序是钢结构安装工程，这里的工序交接即指与钢结构安装工程承包商的交接验收。

金属屋面系统施工开工前一周进行钢结构工程移交，移交内容主要是相关部位的钢结构。钢结构工程承包商先提供完整的测量资料，然后由四方共同检查，并记录不合格的部位和项目；要求钢结构工程承包商提供钢结构的相对位置和标高偏差。

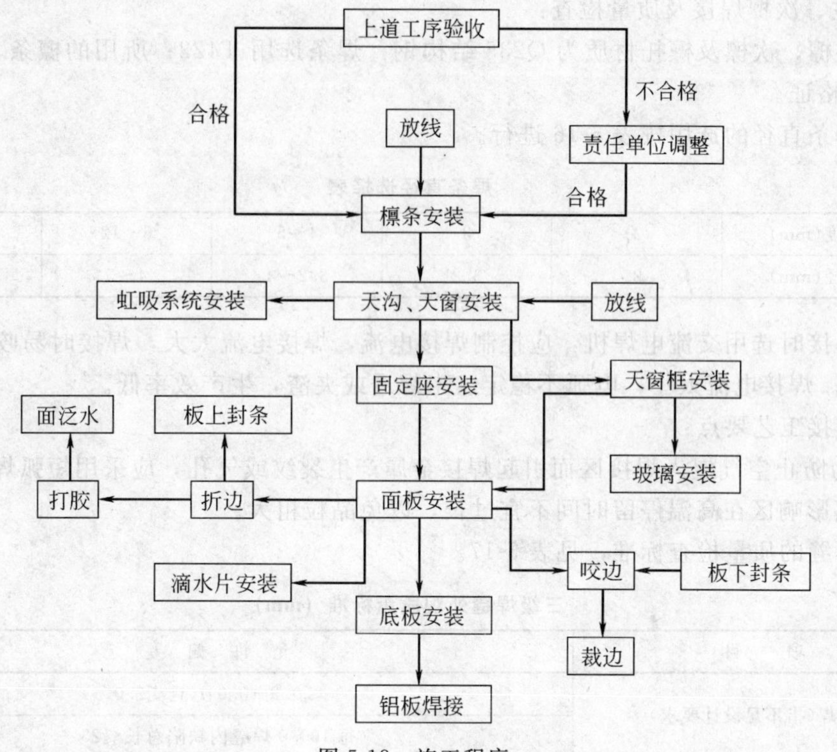

图 5-18 施工程序

检查的内容主要是相邻钢结构檩条的高差是否符合设计的曲面要求。

检查方法：用水准仪对钢结构上弦檩条上表面的标高进行抽查，分区域抽查几处相邻高差，与设计图中的设计高差相比，找出偏差，为固定座的安装提供依据和指导；檩条间距的检查方法为实测。

钢结构移交时发现的超过标准允许误差的部位，必须在屋面系统开始安装前进行调整和处理，这主要是为了保证檩条顶面在设计的屋面曲线上，保证屋面板安装后曲线光滑、流畅。

(3) 檩条安装

本工程的屋面檩条系统采用主、副檩的形式，以支托为连接件，焊接形成屋面的支撑系统；主檩固定在钢结构桁架上，次檩垂直于主檩方向，固定在主檩上。

1) 主檩安装：主檩安装方向平行于结构纵轴，即平行于①～㊲轴方向，檩条安装精度控制的关键在于控制其标高，因本工程屋面纵向为弧形，不同位置的檩条标高不同，因此，在安装檩条前，必须先放好檩条的安装位置线，根据该处檩条的标高，并同时兼顾结构误差，在安装时予以调整。

在确认檩条的位置线及标高测放准确后，焊接主檩支托件，主檩支托件在横向的安装位置必须在所在点曲线的法线方向上；然后，再对主檩的位置及标高复测，符合设计要求后进行焊接。

2) 次檩安装：主檩安装完成后，依据施工图中的次檩位置在主檩上测放出次檩的安装位置线，然后在主檩上焊接连接件。安装次檩重点在控制次檩的上表面，一定要与所在位置的曲线切线方向平行，以此保证次檩安装完成后的上表面均在设计的曲线上。

3）主、次檩焊接及质量检查：

① 主檩、次檩及檩托材质为Q235结构钢，焊条选用T422；所用的檩条、焊条必须有产品合格证。

② 焊条直径的选用按表5-16进行。

焊条直径选择表 表5-16

焊件厚度(mm)	2	3	4～5	6～12	≥13
焊条直径(mm)	2	3.2	3.2～4	4～5	4～6

③ 焊接时选用交流电焊机，应控制焊接电流，焊接电流太大，焊接时易咬肉、飞溅，焊条烧红。焊接电流太小，电弧不稳定、未焊透或夹渣，生产效率低。

④ 焊接工艺要点：

A. 为防止空气侵入焊接区而引起焊接金属产生裂纹或气孔，应采用短弧焊；

B. 热影响区在高温停留时间不宜过长，以免晶粒粗大。

⑤ 焊缝的质量检查标准，见表5-17。

三级焊缝外观质量标准（mm） 表5-17

项　　目	允 许 偏 差
未满焊(指不足设计要求)	$\leqslant 0.2+0.04t$，且$\leqslant 2.0$
	每100.0焊缝内缺陷总长≤25
根部收缩	$\leqslant 0.2+0.04t$，且$\leqslant 2.0$
	长度不限
咬边	$\leqslant 0.1t$，且$\leqslant 1.0$，长度不限
弧坑裂纹	允许存在个别长度≤5.0的弧坑裂纹
电弧擦伤	允许存在个别电弧擦伤
接头不良	缺口深度$0.1t$，且$\leqslant 1.0$
表面夹渣	深$\leqslant 0.2t$，长$\leqslant 0.5t$，且$\leqslant 20.0$
表面气孔	每50.0焊缝长度内允许直径$\leqslant 0.4t$，且$\leqslant 3.0$的气孔2个，孔距≥6倍孔径

(4) 屋面压型底板、吸声层安装

1）底板垂直运输。

此工程的屋面压型底板置于钢结构方通檩条之下，安装方法采用脚手架或者吊篮作为安装平台，人工将钢板吊至檩条之下。钢板两端拴牢，板型较长时，中间相应多设吊点，以防止板在提升过程中出现折断、扭曲等变形。

由于屋面下端为标高7.5m的混凝土楼板平台，因此，在提升底板时，需先将压型钢板倒运至此混凝土楼板上。

为保护压型钢板表面及保证施工人员的安全，必须用干燥和清洁的手套来搬运与安装，不要在粗糙的表面或钢结构方通上拖拉压型钢板，其他的杂物及工具也不能在压型板上拖行。

2）放线。

各区底板安装前，先定出板的安装基准线，以此线为标准，以板宽为间距，放出板的安装位置线。

3）安装底板。

压型底板倒贴于檩条下表面，决定采用悬挂吊篮来安装底板。当第一块压型板固定就位后，在板端与板顶各拉一根连续的准线，这两根线和第一块板将成为引导线，便于后续压型板的快速固定，在安装一段区域后要定段检查，方法是测量已固定好的压型板宽度，在其顶部与底部各测一次，以保证不出现移动和扇形。

4）吸声层安装。

为了保证建筑物室内的声音效果，在压型底板的上表面加贴一层无纺布，铺贴时要平整、无断裂；搭接处不小于5cm。

(5) 天沟安装

本工程采用不锈钢天沟，两段天沟之间的连接方式为搭接氩弧焊接。

1）天沟支架安装。

天沟采用不锈钢天沟，承重主要依靠其下部天沟支架，天沟支架安装时，要求其顶面距两侧檩条顶面距离与天沟深度相同，即天沟支架的标高保证每段天沟都能与支架完全接触，使天沟支架受力均匀。

2）天沟搭接、焊接。

不锈钢天沟搭接前将切割口打磨干净，先每隔 10cm 点焊，确认满足焊接要求后方可焊接。焊条型号根据母材确定，焊缝一遍成形。本工程中部分天沟为直线天沟。

3）焊缝检查。

每条天沟安装好后，除应对焊缝外观进行认真检查外，还应在雨天检查焊缝是否有肉眼无法发现的气孔；如发现气孔渗水，则应用磨光机打磨该处，并重新焊接。

4）开落水孔。

安装好一段天沟后，先要在设计的落水孔位置中部钻几个孔，避免天沟存水，对施工造成影响。天沟对应部位的板安装好后，必须及时开落水孔。

(6) 钢丝网、保温棉铺设

1）钢丝网铺设。

本工程屋面系统采用铺设钢丝网作为保温棉的承接层，钢丝网铺设一定要平整、无折皱，对接处用钢丝将两片网绑扎牢固。

2）保温棉铺设。

保温棉垂直运输使用人工或吊车配合吊篮完成，吊篮框架用轻型槽钢焊接而成，吊篮四周用钢丝网围上，吊篮使用前应认真检查吊耳、焊缝及钢丝网的固定情况，确保吊篮的安全。

本工程保温棉采用带单面铝箔、16kg/m、120mm 厚的欧文斯棉，铺设时带铝箔的一面朝下，保温棉直接铺设在钢承网上。为达到优良的保温效果，保温棉应完全覆盖底板，两块棉之间不能有间隙。铺保温棉时，应注意收听天气预报，做好充分防雨准备。当天铺设的保温棉，必须当天安装完面板。

(7) 铝合金固定座安装

铝合金固定座是屋面面板的支撑件，它将屋面荷载传递到檩条，系受力配件，它的安装质量直接影响到屋面板的抗风性能；铝合金固定座安装误差还会影响到铝合金屋面板的纵向自由伸缩及屋面板的外观，尤其是象此外观为单坡弧形工程，因此，铝合金固定座的安装是本工程的关键工序。

施工时，关键控制支座的水平位置偏差、倾斜角度及平面角度。如果支座水平位置偏差超过 5mm（即该支座与其他支座纵向不在一条直线上），必然影响板在纵向的自由伸缩；当板受热膨胀时可能会在偏差支座处过大阻力作用下隆起，或板肋在长期的摩擦力作用下破损，造成漏水。支座倾斜角度大于 2°时，板肋在咬口时会咬破板肋，造成漏水；支座倾角大于 1°时，在支座范围（60mm）内将产生大于 1.05mm 的高差，板伸缩时产生摩擦力，长期作用下也会摩坏板肋，造成漏水。支座在水平面产生扭转角度是支座安装易产生的通病，其产生的原因主要是在打固定螺钉时，支座没有压紧或标尺间隙过大，支座在扭转力的作用下产生旋转，而施工工人又不负责任，过后未加纠正造成的，该偏差也会使板肋产生摩擦造成漏水；此外，在支座安装时如发现标高有误差，仍须对檩条进行调整，以确保支座达到安装要求。

铝合金固定座安装主要有以下几个施工步骤：

1）放线：用经纬仪将轴线引测到檩条上，作为铝合金固定座安装的纵向控制线。第一列铝合金固定座位置要多次复核，以后的铝合金固定座位置用特殊标尺确定，如图 5-19 所示。

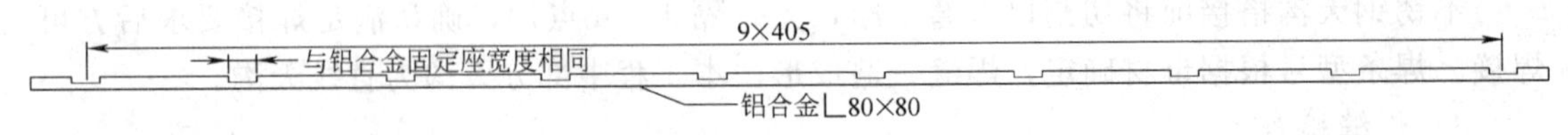

图 5-19　铝合金固定座

铝合金固定座沿板长方向的位置只要保证在檩条顶面中心，铝合金固定座的数量多少决定着屋面板的抗风能力，所以铝合金固定座沿板长方向的排数严格按图纸设计。

2）安装铝合金固定座。本工程铝合金固定座用自攻螺钉固定，自攻螺钉必须带有抗老化的密封圈，电钻的转速应在 2000～2500r/min，然后将六角套筒安装在电钻头上，再套入螺钉，将铝合金固定座对准其安装位置，然后打入一颗自攻螺钉。安装时，螺钉与电钻必须垂直于檩条上表面，并用力到一中心点，扳动电动开关，不能中途停止，螺钉到位后迅速停止下钻。这时，铝合金固定座位置会有一点偏移，必须重新校核其定位位置，方可打入另一侧的自攻螺钉（可控制铝合金固定座水平转角误差）。

安装铝合金固定座时，其下面的隔热垫必须同时安装（避雷导地点除外）。

3）复查铝合金固定座位置：用目测的方法检查每一列铝合金固定座是否在一条直线上；如发现有较大偏差的铝合金固定座，在屋面板安装前一定要纠正，直至满足板材安装的要求。铝合金固定座如出现较大偏差，屋面板安装咬边后，会影响屋面板的自由伸缩，

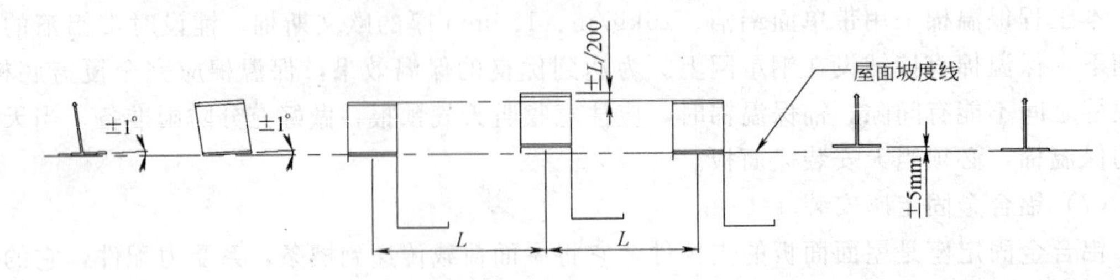

图 5-20　固定座安装允许偏差

严重时板肋将在温度反复作用下磨穿。铝合金固定座的安装允许偏差如图 5-20 所示。

(8) 避雷施工

铝合金屋面系统的金属面板可作为接闪器，只要按照图纸设计的位置将部分不锈钢螺钉的胶垫除去，即可大大提高导电性，达到规范规定的屋面防雷要求，这种既简便又经济的防雷方法已在国内几个工程项目中应用，验收时检测接地电阻均达到国标要求。本工程避雷导地点附近固定座安装如图 5-21 所示。

在安装 ST 固定座时，必须按设计要求，将某些 ST 固定座的不锈钢螺钉的胶垫去掉，使屋面形成规则的避雷网格，达到避雷的要求。

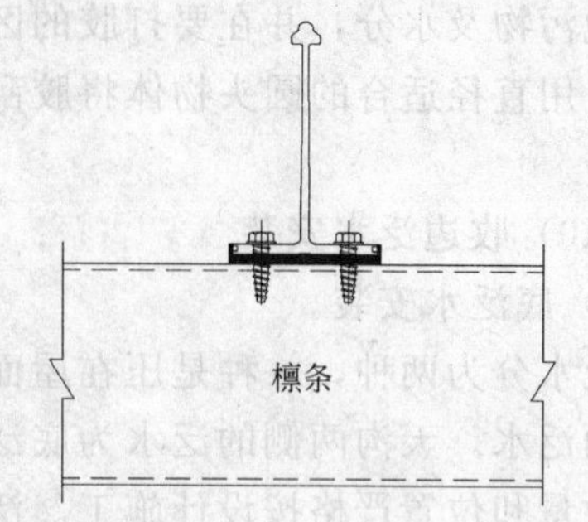

图 5-21 去除不锈钢螺钉胶垫的 ST 固定座

(9) 铝合金面板安装

面板安装前，再次检查支座的安装质量，确保满足面板安装要求，再进行面板安装。

1) 放线。

铝合金固定座经检查安装质量已得到严格控制的条件下，即可放设面板安装定位线；将⑲轴的轴线用经纬仪测设到屋面衬檩上，此轴线为整个屋面的纵向中线，以此线为对称轴，以铝合金板宽为单位宽度向两侧对称放设铝合金板的安装基线，根据测设线的位置安装铝合金固定座，但安装时应从天窗两侧的第一块通长板线作为起始安装板的位置。

2) 就位。

施工人员将板抬到安装位置，就位时先对准板端控制线，然后将搭接边用力压入前一块板的搭接边；就位后派专人沿板通长方向检查铝合金固定座的梅花头是否全部压入了板肋及搭接边，是否能够紧密接合，如不能搭接紧密应找出问题，及早处理；检查完毕后，用手动锁边器先将板临时固定。

3) 咬边。

面板位置调整好后，安装端部面板下的泡沫塑料封条，然后进行机器自动咬边。要求咬边时应连续、平整，不能出现扭曲和裂口。在咬边机前进的过程中，其前方 1m 范围内必须用力使搭接边接合紧密。对本工程而言，咬边的质量关键在于在咬边过程中是否用强力使搭接边紧密接合。当天就位的面板必须完成咬边，保证夜晚来风时板不会被吹坏或刮走。

4) 板边修剪。

修剪檐口和天沟处的板边前先根据板边需伸入天沟等部位的设计尺寸，在需修剪的部位弹出修剪线；修剪时，用自动切边机沿修剪线切割，既保证了屋面板伸入天沟的长度与设计的尺寸一致，又保证了修剪后整个屋面外形的美观；同时，也可以有效防止雨水在风的作用下不会吹入屋面夹层中。

5) 折边。

折边的原则：屋面有坡度时，处于坡底的板边缘向下折弯，以形成一个滴水檐，水不致返流入板的夹层中；处于坡顶的板边缘向上折弯，以形成一个挡水檐，水不会漫过板顶，流入坡顶的缝隙处。

折弯时，用力一定要缓慢、均匀，防止用力过猛，将板折断。

6）打胶。

这里的打胶是指屋面板与天窗接口处的密封胶。打胶前，要清理接口处泛水上的灰尘和其他污物及水分，并在要打胶的区域两侧适当位置贴上胶带，对于有夹角的部位，胶打完后，用直径适合的圆头物体将胶刮一遍，使胶变得更均匀、密实和美观；最后，将胶带撕去。

（10）收边泛水安装

1）底泛水安装。

泛水分为两种，一种是压在屋面板下面的，称为底泛水；一种是压在屋面板上面的，称为面泛水。天沟两侧的泛水为底泛水，必须在屋面板安装前安装。底泛水的搭接长度、铆钉数量和位置严格按设计施工。泛水搭接前先用干布擦拭泛水搭接处，目的是除去水分和灰尘，保证硅胶的可靠粘结。要求打出的硅胶均匀、连续，厚度合适。

2）面泛水安装。

屋面四周的收边泛水均为面泛水，其施工方法与底泛水相同，但要在面泛水安装的同时安装泡沫塑料封条。要求封条不能歪斜，与屋面板和泛水接合紧密，这样才能防止风将雨水吹进板内。

3）泛水焊接。

焊接前，先将咬完边的板肋切成约45°斜角，然后用大力钳将其夹扁，使其咬合在一起，当缝隙不超过2mm时进行焊接。焊接设备选用日本松下氩弧焊机，选用进口铝硅焊条，焊条型号为ϕ2.4mm×900mm R4043。焊接要领：运条要稳；送风要匀；运条速度与送风大小要匹配。

泛水为1mm厚铝板，焊接受热时很易产生较大变形，为了减小其焊接变形，在铝板与泛水及泛水与泛水焊接部位的正下方，安装了沿焊缝通长Z形支撑。Z形支撑位置必须准确；如有较大偏差，则起不到减小焊接变形的作用。

① 焊缝外观：焊波均匀、焊缝光滑流畅、焊缝宽度适宜、无焊瘤、无咬边；

② 焊缝内在质量：无夹渣、无裂纹、无气孔。铝焊缝防水是本工程屋面防水的关键，因此，应加强对焊缝质量的控制。

（11）天窗安装

1）天窗安装工艺流程如图5-22所示。

2）天窗施工测量放线：

① 天窗测量放线的基准。

天窗测量放线的基准必须为主体结构施工的基准轴线，且必须是主体钢结构施工单位用经纬仪或铅垂仪校核过的轴线。本工程中需要由主体施工单位提供的天窗所在平面位置的纵横轴线网。

② 测量放线基本原则。

测量放线是确保施工质量的最关键的工序，必须严格按施工工艺进行，为保证测量精度，除熟悉图纸，采用合理的测量步骤外，还要选用比较精确的激光经纬仪、激光指向仪、水平仪、铅垂仪、光电测距仪、电子计算机等仪器设备进行测量放线，测量工作开始之前，必须与总承包方取得联系，由总包方移交控制网点等测量成果以及国家控制点

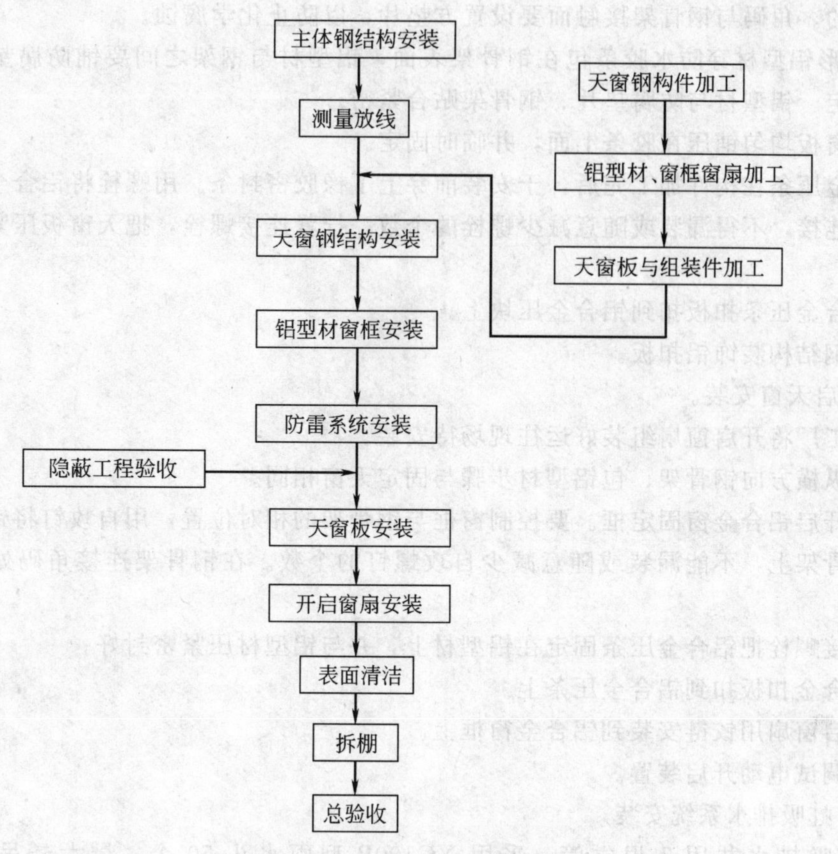

图 5-22 天窗安装工艺流程

数据。

A. 控制点的确定：

使用水平仪和长度尺确定天窗的标高；

使用激光经纬仪将基准纵横轴线引测到屋面天窗处。

B. 放线：

以确定好的控制点为基准，将每对水平控制点用拉线连接。连接后的拉线在空中形成网面，用记号笔将每个网交叉点做上标记，以确保在施工过程中拉线的交叉点不变；最后，用激光仪检查放线的偏差并予以调整。

3）天窗施工工艺：

① 天窗分固定式与开启式，其中主要钢骨架、铝板包面相同。安装前，应用钢线拉出完成面，以便控制安装进出位。骨架框料安装要牢固可靠，位置准确无误。安装偏差不能累积，应及时消化，消化后偏差值应符合设计值。安装后不允许攀沿踏踩。所有钢骨架、紧固件、五金配件都应做防锈处理。

② 固定天窗安装。

按图纸要求，准确、全面地把横轴方向的门字形钢骨架安装固定于屋面钢结构上。所有焊接处的焊缝应均匀，确保质量，焊后除净焊渣。要求位置准确，固定牢靠。

安装纵轴方向的钢方通骨架。纵轴方向的钢方通是通过铝角码和螺栓，与横轴方向钢骨架连接的。角码与钢骨架接触面要设置方垫片，以防止化学腐蚀。

将U形铝型材穿防水胶条包在钢骨架表面，铝型材与钢架之间要铺防腐垫片，并用自攻钉固定。铝型材与防腐垫片、钢骨架贴合紧密。

将天窗板均匀铺压在胶条上面，并临时固定。

铝合金压条在构件加工完后，于安装前穿上了橡胶密封条。用螺栓将铝合金压条与铝合金型材连接，不得漏装或随意减少螺栓的个数，拧紧连接螺栓，把天窗板压紧，固定密封好。

将铝合金压条扣板扣到铝合金压块上。

扣上钢结构装饰铝扣板。

③ 开启天窗安装。

在加工厂将开启窗扇组装好运往现场待安装。

安装纵横方向钢骨架、包铝型材步骤与固定天窗相同。

安装开启铝合金窗固定框。要控制窗框与钢骨架的相对位置，用自攻钉将铝合金窗框固定于钢骨架上，不能漏装或随意减少自攻螺钉的个数。在钢骨架连接角码处要切削铝型材。

用连接螺栓把铝合金压条固定在铝型材上，并与铝型材压紧密封好。

将铝合金扣板扣到铝合金压条上。

将开启窗扇用铰链安装到铝合金窗框上。

安装调试电动开启装置。

(12) 虹吸排水系统安装

1) 虹吸排水共用7根立管，采用YG100B型雨水斗50个。最大悬吊管管径为250mm，最大立管管径250mm，最大埋地管管径400mm。所采用25L/s雨水斗的出水口直径为100mm。天沟宽600mm、高300mm，天沟沿屋面弧度倾斜，放置雨水斗处需保证600mm的水平段。雨水斗固定在天沟底部，通过垂直支立管与水平支管连接，水平支管通过45°弯头和45°三通与水平悬吊管连接，水平悬吊管通过90°弯头与主立管连接，主立管固定在主体结构上并与排出管连接，并最终接入室外雨水检查井。水平悬吊管及支管通过悬吊梁、管卡等固定系统固定在屋面结构上。本工程所用管道、管配件均为HDPE（高密度聚乙烯）材质，雨水斗为不锈钢材质，管卡等为镀锌金属制品。

2) 安装方法。

① 开挖埋地管沟槽，一次成形，不超挖，不支模。安装埋地管并用素土回填夯实，埋深不小于500mm。由于HDPE管良好的抗化学性及抗腐蚀性，埋地管不做防腐处理。

② 对于埋深浅的管段，则参照标准图集改用混凝土浇筑保护。

③ 按规范做出户管及出屋面管的防水。

④ 在设计位置或是框架柱，或是墙壁上弹出立管定位线，按照规定把管卡位置标出，按照设计位置把管卡固定好。

⑤ 安装主立管时，尽量利用已搭设的脚手架，立管固定在墙上，方法是在墙上设抱箍，将管卡固定在抱箍上。

⑥ 操作平台：靠墙或柱的管道安装主要使用爬梯，如图5-23所示。

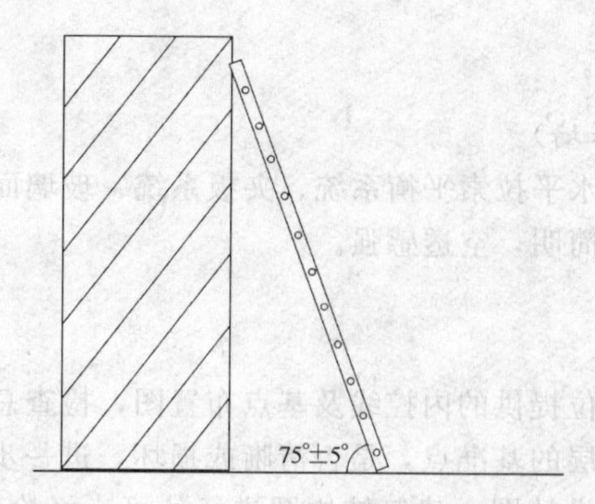

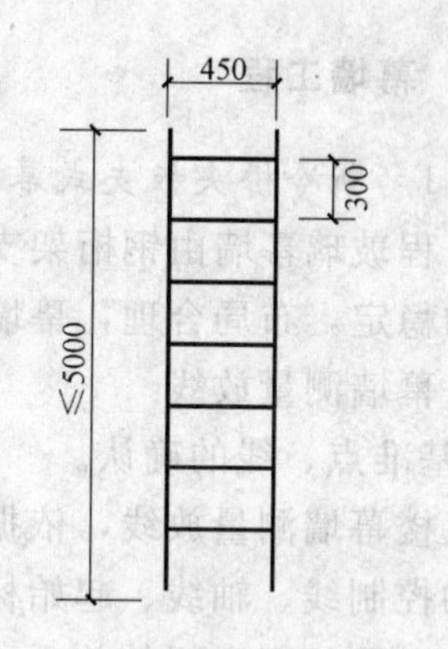

图 5-23 爬梯

室内悬吊管安装主要采用由专业厂家生产的井字脚手架，该种脚手架可由 2～3 层装配使用，每层高约 1.8m。如图 5-24 所示。

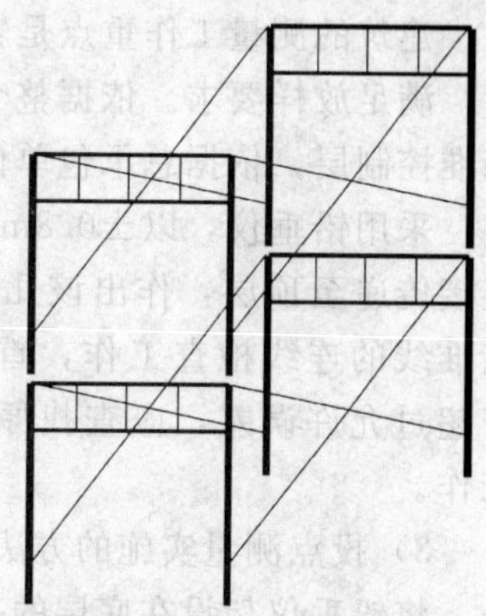

图 5-24 井字脚手架

⑦ 按照图纸设计尺寸下立管各段的材料，依放出的大样图预制好，管道的焊接采用专用设备进行热熔对焊连接。

⑧ 将预制好的立管管段临时固定在管卡上，调整好位置和高度后，用电焊管箍将各预制管段连接起来；同时，在规定的位置安放好固定管卡形成锚固点。

⑨ 雨水斗的安装通过防水层和压板与天沟连接，操作工人主要利用天沟安装时搭设的脚手架；首先，把雨水斗的位置和水平度调整至符合要求；然后，在设计位置把雨水斗的安装片固定在天沟底部。

⑩ 测量已安装好的雨水斗出水口的位置和标高，结合系统设计的要求，在一个洁净的平面上放样，分别下支管、水平悬吊管各管段的材料，并按照顺序将管段、管配件对焊连接起来。

⑪ 预制水平管段通常为 1～2 个三通的距离，应严格按照以实际测量尺寸放的大样图，而且必须保证横平竖直。

⑫ 进行管段预制的同时，把水平悬吊管的固定系统组成材料准备好，按照规定的间距设置悬挂点。

⑬ 水平悬吊管安装时主要利用下封板脚手架，悬吊管悬挂在由悬吊梁和管卡构成的悬吊系统上。悬吊系统用吊杆和角钢固定在屋面檩条上。

⑭ 将预制部分调整至设计位置和标高，不锈钢雨水斗与 HDPE 支管的连接采用不锈钢卡箍连接。

⑮ 按照设计的位置布置固定点，起到锚固管道、防止其过大的热胀冷缩，破坏系统正常状态的作用。

⑯ 整个管道系统全部安装完毕并且屋面上的建筑垃圾等杂物清理干净后，把雨水斗的整流器和搁栅安装好，并注意做好成品的保护工作。

⑰ 全部安装工作完成后，按照有关规定进行验收工作。

5.7　幕墙工程

5.7.1　断冷桥夹板支式幕墙（陆侧幕墙）

本工程玻璃幕墙由钢桁架支承系统、水平拉索平衡系统、夹板系统、玻璃面板系统组成，结构稳定，布局合理，幕墙立面效果简明，空透感强。

（1）幕墙测量放线

1）基准点、线的确认。

该大楼幕墙测量放线，依据总承包单位提供的内控线及基点布置图，检查总包单位初始已弹的控制线、轴线、起始标高以及底层的基准点，是否清晰或损坏，进一步了解具体的位置，以及相互之间的关系，结合幕墙设计图、建筑结构图进行认可，经检查确认后，填写轴线、控制线记录表，请总承包单位有关负责人给予认可。

2）标准层的设立。

建筑的测量工作重点是轴线竖向传递、控制建筑物的垂直偏差，保证各楼层的几何尺寸，满足放样要求。依据整个大楼首层总承包单位设置的原基准点，选取首层、中间层为标准控制层，依据总承包单位提供的底层基准控制点作为一级控制点，通过一级基准控制点，采用铅垂仪，以±0.8mm的精度传递基准点。为提高传递精度，拟从底层通过光孔直接传递至顶层，作出该几层的中心控制点，在底层、顶层任意一点架设经纬仪，控制基准线的连线检查工作，首先检查投测点之间的距离和角度是否与底层控制点一致；若超过允许误差，应查找原因及时纠正；若在误差范围内，则确认，进行下一步连线工作。

3）投点测量实施的方法。

将铅垂仪架设在底层的基准点上仔细对中、调平，用向下视准轴十字线投向传递层，在铅垂仪的监控下进行定位，定位点必须牢固、可靠，各基准点以此为基础。投点完毕后，进行连线步骤，在经纬仪监控下将墨线分段弹出。

4）内控线的布置。

各层投点工作结束后，进行内控线的布控。整个大楼的主控制线，以总包单位提供的主控制线为准，将总承包方的结构控制线进行平移，平移应放在接近结构边缘，但要让开柱位，便于连线的地方，内控线离结构面为1000mm，根据总承包单位内控制线，在此基础上进行内控制的平移，平移弹线过程中，经纬仪进行监控，无重叠现象，检查内控线与放样图是否符合规定要求，符合后进行外围结构的测量，使整个大楼成封闭状态。

5）外围结构的测量。

内控线布置后，以总承包单位提供的轴线、基准点、控制线作为一级基准点，在底层投出外围控制线，用测距仪测出外控制线的距离，用经纬仪监控作出各外控线延长线的交汇点，通过确定延长线上的交汇点作出二级控制点，各二级控制点之间互相连线成闭合状形成二级控制网。二级控制网建立后，检查建筑结构外围实际尺寸与设计尺寸之间的偏差程度，对大于或小于设计偏差要求的结构区域，由总承包单位进行修正后，交付我公司验收后使用。

6）层间标高的设置。

在轴线控制线上，用经纬仪采取直线延伸法，在能便于观察的外围作一观察点，由下而上设立垂直线，在垂直线上的楼层外立面上悬挂10kg重物的30m钢卷尺，用大力钳把钢卷尺夹紧，在小于4级风的气候条件下，静置后用等高法分别测量计算出各楼层的实际标高和建筑结构的实际总高度，每层设立1m水平线作为作业时的检查用线，并将各层高度分别用绿色油漆记录在立柱或剪力墙的同一位置处（因总承包方标记录红色，以示区别），在幕墙施工安装直至施工完毕前，高度标记、水平标记必须清晰、完好，不被消除破坏。标高测量误差，层与层之间<±2mm，总标高<10mm。

7）钢丝线的设定。

用铅垂仪每隔4～5层定出钢丝固定点位置，钢丝采用ϕ1.5mm，钢丝固定支架采用∟5×50角钢制成，角钢一端钻有ϕ1.6～1.8孔眼，所有角钢上孔眼自下而上用铅垂仪十字线中心定位，确保所有孔眼处于垂直状态，而另一端采用M8膨胀螺栓固定在相应楼板立面边缘，钢丝穿过孔眼，用花篮螺栓绷紧。

（2）玻璃幕墙施工工艺与质量控制

1）玻璃幕墙施工程序：

测量放线→幕墙顶部水平桁架安装→铰支座、顶部连接支座安装→钢桁架安装→检测→安装母座→拉索耳板安装→拉索安装，检测校核位置→内夹板→玻璃安装及外夹板→调整检测→封板安装→打胶清洗→竣工验收。

① 按设计轴线及标高，测量主体结构桁架、水平基础梁、钢桁架水平纵轴线及标高，形成控制网，从而满足幕墙定位等要求；

② 幕墙顶部平行桁架安装；

③ 铰支座、顶部连接支座：将铰支座点焊在预埋件上，钢桁架安装时用销轴将铰支座和桁架连接调整后满焊在预埋件上，最后再将加强板焊接；

④ 钢桁架安装详见桁架的安装施工；

⑤ 母座安装：按照玻璃幕墙设计方案，将母座按要求调整位置后焊接在钢桁架上；

⑥ 关于拉锁的预应力值及索头的锚具说明：

A. 拉索的设计预应力值：20979N≈21kN

有效预应力值：9278N≈9kN

B. 索头的锚具分为：固定端和调节端。固定端采用索头螺杆索，调节端采用转向式耳板调节螺杆索。

⑦ 拉索的安装：

A. 根据钢索的设计长度及设计预拉力作用，拉索下料；

B. 安装支撑杆，并初步固定；

C. 将拉索上索头固定在拉索耳板；

D. 依次安装幕墙立面全部拉索，并分部施加预应力；

E. 不锈钢拉索预应力张拉施加分三次循环完成，第一次施加到设计预应力值的50%，第二次施加到设计预应力值的75%，第三次循环施加到设计预应力值的100%，在施加预应力的同时应检测拉索的几何尺寸，并随时调整，以保证支撑处于准确的几何尺寸；

F. 为保证拉索系统的预应力均匀分布，在施工第二次、第三次预应力时应循环施加；

G. 拉索的平面内精确定位通过水平稳定索和竖向拉索可分别进行调整 X、Y 方向的位移；具体操作方法是通过调节拉索端部的螺旋器可使支撑杆端部的位置在 X、Y 方向移动，直至达到精确定位；

H. 测量检验夹板中心的整体平面度垂直度，水平度调到满足精度要求，并最终固定调正整体索桁架。

⑧ 不锈钢内夹板的安装：内夹板的安装，一种是用转接件安装在拉索支撑杆上，另一种是用转接件安装在钢桁架结构上；

⑨ 面板玻璃安装：将面板玻璃运输到预定安装位置，用玻璃吸盘人工调整就位并安装玻璃垫块，再进行紧固；

按设计位置玻璃尺寸编号，自上而下安装玻璃，玻璃接缝宽度水平、垂直及板块平整度应符合规定要求；用夹板固定连接，最后清理接缝并注胶；

⑩ 不锈钢外夹板安装：不锈钢外加板安装首先将断热条按照设计紧固，再安装外加板外夹板用专用六角螺栓（带有断热垫片）紧固并进行调整，最后安装断热封板和不锈钢装饰封板。

2）质量控制要点：

① 预埋件安装质量控制：

A. 主体支承结构屋面的钢桁架上的预埋件应重点检测预埋件标高；

B. 检查其轴线位置及其位置偏差，以保证索桁架的垂直精度及墙体定位精度；

C. 检查预埋件的标高是否准确；

D. 预埋件清理补救：依据预埋件布置图凿出预埋件，根据放线结果查缺补漏。对于预埋件偏差在 50～150mm 时，应采用与预埋件等厚度、同材料的钢板，一端与预埋件焊接，焊缝高度依据设计要求，进行周边焊，焊接质量应符合现行国家标准《钢结构工程施工质量验收规范》，另一端采用设计所规定锚栓进行固定。预埋件表面沿垂直方向倾斜误差大时，应采用厚度合适的钢板垫平后焊牢，严禁用钢筋等不规则金属件作垫焊或搭接焊。因结构偏小，向内偏移引起支座长度不够，无法正常施工时，采用加长支座的办法解决，在预埋件上焊接钢板或槽钢加垫的方法解决。

② 玻璃幕墙支承钢桁架安装质量。

钢桁架：检测纵横轴线位置，尤其应检查预埋件位置偏差，以保证日后安装钢桁架的垂直精度及幕墙立面定位精度；

③ 母座安装：按照玻璃幕墙设计方案，将母座按要求调整位置后焊接在钢桁架上；

④ 拉索的安装质量：

A. 钢索施加预应力将使玻璃幕墙支承钢桁架产生挠曲，在控制钢桁架标高时，应预先以反变形预调控制，以保证幕墙安装完成后，索桁架上端在同一水平位置上；

B. 拉索原材料按国家标准进行验收，进行强度复查，并逐根进行外观检查；

C. 对索头的预紧应力及钢索张拉后的延伸长度进行试验检测；

D. 对索头的制作质量进行检查；

E. 检查索桁架的垂直度，水平连系杆的间距、标高、水平度；

F. 索桁架安装完成后，检查索桁架整体平面度。

⑤ 内夹板的安装质量，检查其紧固后的整体平面度及平面坐标位置；

⑥ 玻璃的安装质量控制：

A. 对玻璃的材料质量进行检查；

B. 对玻璃的加工质量包括尺寸、磨边、安装孔位偏差、精度及研磨质量检查；

C. 玻璃平整度及表面缺陷（如缺楞、掉角、划痕等）检查；

D. 玻璃接缝宽度、顺直、高低差等偏差检测；

E. 玻璃固定件的紧固程度检查；

F. 胶缝外观检查。

⑦ 外夹板的安装质量，检查其紧固后的整体平面度及平面坐标位置。

3）玻璃幕墙施工质量允许偏差：

① 支承结构：

预埋件：标高±10mm；

位置（与设计比）：±20mm；

角度：±2°；

位置偏差±1.0mm。

② 索桁架：

上固定点：标高±1.0mm；

轴线位移：±1.0mm；

下固定点：标高±1.0mm；

轴线位移：±1.0mm；

垂直度：$H \leqslant 10$m，1.0mm；10m$< H \leqslant$20m，1.5mm。

两桁架间对角线差：$H \leqslant 10$m，1.5mm；10m$< H \leqslant$20m，2.0mm。

索桁架跨度 L：

$L \leqslant 10$m，±1.0mm；10m$< L \leqslant$20m，±1.5mm；20m$< L \leqslant$40m，±2.0mm；40m$< L$，±3.0mm。

相邻两索桁架间距：±1.0mm；

相邻三索桁架平面度：1.0mm；

一个立面上索桁架平面度：$L \leqslant 10$m，3.0mm；10m$< L \leqslant$20m，4.0mm；20m$\leqslant L$，5.0mm。

连系杆：标高　±1.0mm；长度　±1.0mm。

③ 夹板：相邻两夹板中心间距：±1.0mm；

相邻两夹板中心高差：±1.0mm；

相邻三夹板水平度：1.0mm。

相邻两索桁架相邻两夹板中心对角线差：$H \leqslant 2$m，1.0mm；$H > 2$m，1.5mm。

同一夹板两孔水平偏差：1.0mm；

夹板与水平夹角偏差：2°。

④ 玻璃面板，相邻两玻璃面接缝高低差：1.0mm；

上下两块玻璃接缝垂直偏差：1.0mm；

左右两块玻璃接缝水平偏差：1.0mm；

玻璃外表面垂直接缝偏差：$H \leqslant 20$m，3.0mm；$H > 20$m，5.0mm。

玻璃外表面水平接缝偏差：$L \leqslant 20$m，2.5mm；$L > 20$m，4.0mm。

玻璃外表面平整度：$H(L) \leqslant 20$m，4.0mm；$H(L) > 20$m，6.0mm。

胶缝宽度（与设计值比）：±1.5mm。

（3）玻璃幕墙制作与安装的施工程序说明

1）幕墙施工流程如图 5-25 所示。

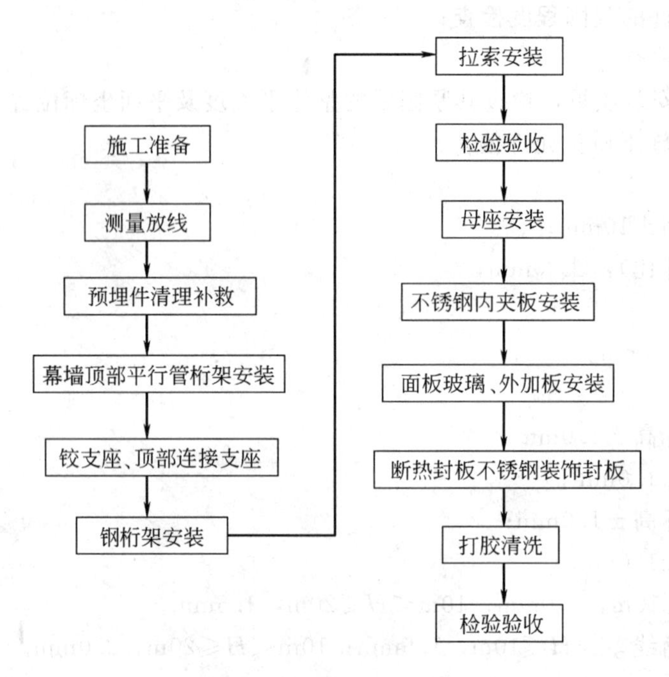

图 5-25　幕墙施工流程

2）施工前的准备工作：

为了保证玻璃幕墙安装施工的质量，要求安装幕墙的钢结构、钢筋混凝土结构主体工程，应符合有关结构施工及验收规范的要求；如出现主体结构因施工、层间位移、沉降等因素造成建筑物的实际尺寸与设计尺寸不符时，在幕墙制作安装前应对建筑物进行必要的核实测量。安装测量时，以设计坐标、轴线为依据，采用经纬仪现场测量，钢丝拉线定位；玻璃幕墙的施工测量按照设计板块位置采用经纬仪放线，钢尺量距，钢丝准确挂线定位的办法，测量误差应及时调整，不得累计，使其符合幕墙的立面设计要求。

焊接要求焊条采用 E43××系列，所有焊缝均为连续焊缝；主弦杆对接焊缝质量等级为一级，其他焊缝等级为二级，角焊缝最小焊角尺寸为 $h_f = 6$mm。钢结构的制作必须满足《钢结构工程施工质量验收规范》（GB 50205—2001）的有关规定；钢结构防锈涂装应与主体结构相一致。

3）焊接：

① 钢结构制作和安装的切割、焊接设备，其使用性能应满足选定工艺的要求。

② 火焰切割前应将钢材表面距切割边缘 50mm 范围内的锈斑、油污等清除干净。切

割宜采用精密切割，氧气纯度应达到99.5%～99.8%，丙烷达到国家标准纯度。

③ 焊接坡口可用火焰切割或机械加工，但加工后的坡口形式与尺寸，应符合相关规程要求。

④ 火焰切割时，切口上不得产生裂纹，并不宜有大于1.0mm的缺棱，切割后应清除边缘上的氧化物、熔瘤及飞溅物等。

⑤ 机械加工时，加工表面不应出现台阶。

⑥ 缺口或坡口边缘上的缺棱，当其为1～3mm时，可用机械加工或修磨平整，坡口不超过1/10；当缺棱或沟槽超过3.0mm时，应用$\phi3.2$以下的低氢型焊条补焊，并修磨平整。

⑦ 缺口或坡口边缘上若出现分层性质的裂纹，需用10倍以上的放大镜或超声波探测其长度和深度。当长度a和深度d均在50mm内时，在裂纹的两端各延长15mm，连同裂纹一起用铲削、电弧气刨、砂轮打磨等方法加工成坡口，再用$\phi3.2$的低氢型焊条补焊，并修磨平整；当其深度d大于50mm或累计长度超过板宽的20%时，除按上述方法处理外，还应在板面上开槽或钻孔，增加塞焊。

⑧ 当分层区的边缘与板面的距离b大于或等于20mm时，可不作处理；但当分层的累计面积超过板面积的20%，或累计长度超过板边缘长度的20%时，则该板不宜使用。

⑨ 焊条、焊丝、焊剂和粉芯焊丝均应储存在干燥、通风良好的地方，并设专人保管。

⑩ 焊条、焊剂和粉芯焊丝在使用前，必须按产品说明书及有关工艺文件规定的技术要求进行烘干。低氢型焊条烘干后必须存放在保温箱（筒）内，随用随取。焊条由保温箱（筒）取出到施焊的时间不宜超过2h（酸性焊条不宜超过4h）；不符合上述要求时，应重新烘干后再用，但焊条烘干次数不宜超过两次。

⑪ 焊丝宜采用表面镀铜，废镀铜焊丝使用前应清除浮锈、油污。

⑫ 施焊前，焊工应检查焊件部位的组装和表面清理的质量；如不符合要求，应修整合格后方能施焊。

⑬ 雨雪天气时，禁止露天焊接。构件焊接表面潮湿或有冰雪时，必须清除后方可施焊。在四级以上风力焊接时，应采取防风措施。

⑭ 常用普通低合金结构钢最低施焊温度，可按表5-18选用。

⑮ 不应在焊缝以外的母材上打火引弧。

⑯ 定位点焊，必须由持焊工合格证的工人施焊。点焊用的焊接材料，应与正式施焊用的材料相同。点焊高度不宜超过设计焊缝厚度的2/3，点焊长度宜大于40mm，间距宜为500～600mm，并应填满弧坑。点焊温度宜高于表5-18的规定；如发现点焊上有气孔或裂纹，必须清除干净后重焊。

⑰ T形接头角焊缝和对接接头的平焊缝，其两端必须配置引弧板和引出板，其材质和坡口形式应与被焊工件相同。手工焊引弧板和引出板长度应大于或等于60mm，宽度应大于或等于50mm，焊缝引出长度应大于或等于25mm；自动焊引弧板和引出板长度应大于或等于150mm，宽度应大于或等于80mm，焊缝引出长度应大于或等于80mm。

常用普通低合金结构钢最低施焊温度 **表 5-18**

钢号	使用对象	接头种类	焊接方法	金属厚度 t(mm)	最低施焊温度(℃)
12Mn	一、二级重要结构	对接	自动焊	$t\leqslant 25$	−10
				$t>25$	−5
18Nb 16Mn		对接 T形连接	手工焊 (碱性焊条)	$t\leqslant 14$	−10
				$14<t\leqslant 22$	−5
				$22<t\leqslant 30$	0
				$t>30$	+5
16MnCu 14MnNb 15MnV		T形连接 (包括搭接)	气体保护焊 手工焊 碱性焊条	$t\leqslant 16$	−10
				$16<t\leqslant 20$	−5
				$t>20$	0
				$t\leqslant 12$	−10
				$12\leqslant t\leqslant 20$	−5
				$t<20$	0
15MnTi		十字接	手工焊 碱性焊条	$t\leqslant 8$	−10
				$8<t\leqslant 16$	−5
				$t>16$	0

注：如采用酸性焊条焊接时，对接头仍按此表；T形和十字接头的焊接温度不低于0℃。

⑱ 焊接完毕后，必须用火焰切除被焊工件上的引弧板、引出板和其他卡具，并沿受力方向修磨平整，严禁用锤击落。

⑲ 对非密闭的隐蔽部位，应按施工图的要求进行涂层处理后，方可进行组装；对刨平顶紧的部位，必须经质量部门的检查合格后才能施焊。

⑳ 在组装好的构件上施焊，应严格按焊接工艺规定的参数以及焊接顺序进行，以控制焊后构件变形。

㉑ 在约束焊道上施焊，应连续进行；如因故中断，再焊时应对已焊的焊缝局部做预热处理。

㉒ 采用多层焊时，应将前一道焊缝表面清理干净后再继续施焊。

㉓ 因焊接而变形的构件，可用机械（冷矫）或在严格控制温度的条件下加热（热矫）的方法进行矫正。普通低合金结构钢冷矫时，工作地点温度不得低于−16℃；较热矫正时，其温度值应控制在750～900℃之间。普通碳素结构钢冷矫时，工作地点温度不应低于−20℃；加热矫正时，温度不得超过900℃。同一部位加热矫正不得超过2次，并应缓慢冷却，不得用水骤冷。

㉔ 碳弧气刨工必须经过培训，合格后方可操作。刨削时，应根据钢材的性能和厚度，选择适当的电源极性、碳棒直径和电流。

㉕ 碳弧气刨应采用直流电流，并要求反接电极（即工件接电源负极）。

㉖ 为避免发生“夹碳”或“贴渣”等缺陷，采用合适的刨削速度，使碳棒和工件间具有合适的倾斜角度。操作时，应先打开气阀，使喷口对准刨槽，然后再引弧起刨。

㉗ 露天操作时，应沿顺风方向操作；在封闭环境下操作时，要有通风措施。碳弧气刨常用工艺参数见表5-19。

碳弧气刨碳棒与工件适宜倾角　　表 5-19

刨槽深度(mm)	2.5	3	4	5	6	7～8
碳棒倾角	25°	30°	35°	40°	45°	50°

注：如发现“夹碳”，应在夹碳边缘 5～10mm 处重新起刨，深度要比夹碳处深 2～3mm；“贴渣”可以用砂轮打磨。

4）钢桁架的安装施工：

① 安装前，应根据土建提供的基础验收资料复核各项数据，做好检测记录。预埋件制作的位置、标高尺寸偏差应符合相关技术规定及验收规范，预埋件应符合设计要求；

② 钢桁架在装卸、运输、堆放的过程中采用多支点垫块防止构件变形，钢结构应编号运送到安装地点，及时、准确，满足安装顺序的要求；

③ 为保证施工要求和脚手架的承载能力，在搭设脚手架时应注意：

A. 严格按照钢脚手架规范要求搭设；

B. 不妨碍幕墙作业；

C. 能满足幕墙安装条件要求；

D. 对脚手架超载部位进行加固加强；

E. 钢结构的复核定位依据轴线控制点和测量标高基准点，保证幕墙主要竖向构件的尺寸允许偏差符合有关规范及行业标准；

F. 钢桁架安装时，应搭设脚手架，采用汽吊吊装桁架，人工配合安装桁架到位；

G. 确定几何位置的主要构件；如幕墙主桁架等应吊装在设计位置，上、下连接可靠，在松开吊挂设备后应做初步校正，构件的连接接头必须经过检查合格后，方可紧固和焊接；

H. 对焊缝要进行打磨，消除棱角和夹角，达到光滑过渡；钢结构表面应根据设计要求涂防腐涂料；

I. 对于拉索内外不锈钢夹板结构体系，应保证驳接件位置的准确，一般允许偏差在±1mm，紧固拉索或调整尺寸偏差时，宜采用先左后右、由上至下的顺序，逐步固定夹板件位置，以单元控制的方法调整校核，消除尺寸偏差，避免误差积累；

J. 内外不锈钢夹板安装：

a. 内外不锈钢夹板安装时，要保证安装位置公差在±1mm 内，内外不锈钢夹板在玻璃重量作用下，夹板系统会有位移，通过夹板件系统调节；

b. 无论在正常安装时，还是在偶然受力时，都要防止玻璃在重力作用下，内外不锈钢夹板安装点发生位移。

④ 拉索的施工：

A. 放线。

以确定好的控制点为基准将每组水平和竖向控制点用拉线连接。连接后的拉线在空中形成网面，用记号笔将每个网交叉点标记清楚，以确保在施工过程中拉线交叉点不变。

B. 拉索安装与检测。

拉索安装定位准确度直接影响到玻璃能否按设计图进行安装，影响到玻璃幕墙在安装后的平面度，胶缝宽度以及玻璃幕墙的稳定性，所以，对拉索的安装顺序、调整精确度、预应力值的大小必须按严格的规范施工，才能有效地控制玻璃幕墙的安装质量。

C. 安装顺序。

在拉索的安装过程中要掌握好施工顺序，必须按“先上后下”的原则进行安装。

横向拉索在安装前应先按图纸给定的长度尺寸加长 1～3mm 呈自由状态，先上后下按控制单元逐层安装，待全部安装结束后调整到位。

D. 拉索的预应力设定与检测：

用于横向拉索在安装和调整过程中必须提前设置合理的内应力值，才能保证在玻璃安装后受自重荷载作用下结构变形在允许范围内。

a. 横向拉索内应力值的设定主要考虑如下几个方面：

一是校准竖向桁架偏差所需的力；二是螺纹粗糙与摩擦阻力；三是拉索、锁头、耳板所允许承受的拉力；四是支撑结构所允许承受的力；

b. 拉索的内力设置是采用扭矩通过螺纹产生力，用扭矩来控制拉杆内应力的大小；

c. 在安装调整拉索结束后，用扭力扳手进行扭力设定和检测，通过对扭力表的读数来校核扭矩值。具体做法是：当预应力施加到 20%时，开始记录数据，通过 5 组以上试验，记录每组试验结果，并取平均值；若各组读数的离散性超过 10%，应增加实验次数，将试验平均值绘制成表，并作为施加预应力的参考值。

E. 拉索支撑系统安装技术保证措施：

a. 拉索支撑系统的端部支点分别设置在钢管柱上和钢管桁架上，支座的耳板座在钢管柱及钢管桁架安装调整检查合格后在现场焊接安装，以保证耳板的标高和水平位置符合设计要求；

b. 钢管柱上的支座应具备对拉索上预应力的承载力和刚度，保证在某节间安装拉索而相邻节间未安装拉索时，在安装节间的拉索对支座单向施工拉力时支座的强度和刚度均可满足要求；当全部拉索安装完后，除端部外，中央部分的拉索支座受对称拉力的作用；

c. 安装时，对钢索原材料应随机抽样送至国家指定的检测机构进行强度检测，并逐根进行外观检查；

d. 对锁头的制作质量进一步复查，并随机抽样送至法定机构检测锁头的承载力；

e. 反复实验，以检测扭力扳手的扭矩与拉索轴拉力的比例关系，作为施工的初步依据，并用应力检试仪对拉索的应力进行检测；

f. 拉索支撑系统安装完后，水平方向和竖向的平行索应调试到使拉索支撑系统的几何尺寸准确满足设计要求，并保证玻璃板块安装后索的形状不会变形；

g. 检查拉索的平面度，并使拉索平面与玻璃幕墙平面是法向 90°正交。为使预应力均匀分布，双层索（承力索、平索）要同时张拉，全部预应力分三个循环，第一个循环完成预应力的 50%，第二、第三个循环各完成 25%。

⑤ 玻璃的安装施工。

A. 玻璃安装的准备工作：

a. 玻璃的磨边等必须在钢化前进行，单片玻璃的磨边垂直度偏差不宜超过玻璃厚度的20%。在施工现场，玻璃应存放在无雨、无雾、无震荡冲击和避免光照的地方，玻璃之间要用柔软物品隔开，以避免玻璃破损或玻璃表面出现彩虹，特别要注意玻璃固定孔不能作为搬动玻璃的把手，起吊玻璃使用真空吸盘。

b. 玻璃安装前应检查校对桁架钢支撑的垂直度、标高、内夹板的高度和水平度等是否符合设计要求，检查夹板的安装位置是否准确，确保无误后，方可安装玻璃。

c. 安装时，应清洁玻璃及吸盘上的灰尘，根据玻璃重量及吸盘规格确定吸盘个数。

B. 现场安装玻璃时，应先将不锈钢内夹板安装在连接母座上；

C. 玻璃安装的顺序：

a. 最上层玻璃固定应利用主体结构，配合手工吊具安装到位；

b. 其他玻璃板块安装，用大型汽吊及真空吸盘吊装设备完成；

c. 玻璃板块以手动吸盘控制玻璃的摆动与方向，并用其微调，使之准确就位；

D. 现场粗装后，应调整上下左右的位置，保证玻璃水平偏差在允许范围内；

E. 全部调整好后，应进行整体立面平整度的检查，确认无误后，才能进行打胶；

F. 玻璃打胶：

a. 打胶前，应用“二甲苯”和脱脂棉纱擦净玻璃；打胶时，外侧通过脚手架，内侧通过脚手架实现双面同时打胶；

b. 打胶前，在需打胶的部位的外侧粘贴保护胶纸，胶纸粘贴要符合胶缝的设计要求；

c. 打胶时要连续均匀，操作顺序为：先打横向后打竖向；竖向胶缝应自上而下进行，胶注满后，应检查里面是否有气泡、空心、断缝、杂质，若有应及时处理；

d. 隔日打胶时，胶缝连接处应清理打好的胶头，切除已打胶的胶尾，以保证两次打胶的连接紧密、统一；

e. 玻璃胶修饰好后，应及时将粘贴在玻璃上胶纸撤掉，玻璃胶固化后，应清洁内外玻璃，做好防护标志。

5）安全要求：

① 断冷桥夹板支式玻璃幕墙符合现行行业标准《玻璃幕墙工程技术规范》(JGJ 102)的有关规定；

② 断冷桥夹板支式玻璃幕墙安装前，应对作业人员进行安全技术交底；

③ 断冷桥夹板支式玻璃幕墙工程吊装与玻璃安装期间应设置预警戒范围，先进行试吊装，可行后吊装。

5.7.2 空侧幕墙安装

（1）空侧幕墙施工流程如图5-26所示。

（2）空侧玻璃幕墙的安装

1）测量放线：以建筑多用控制网平面坐标为依据，标高按结构标高，首先找出相关建筑轴线和轴线的交点，找出所需的楼层控制标高位置，以此为依据进行放线。放线以两个轴线间为一个单元，从中间向两侧放线，把误差尽可能地分别吸收掉。

2）预埋件清理补救：依据预埋件布置图凿出预埋件，根据放线结果查缺补漏。对于预埋件偏差在50～150mm时，应采用与预埋件等厚度、同材料的钢板，一端与预埋件焊接，焊缝高度依据设计要求，进行周边焊，焊接质量应符合现行国家标准《钢结构工程施

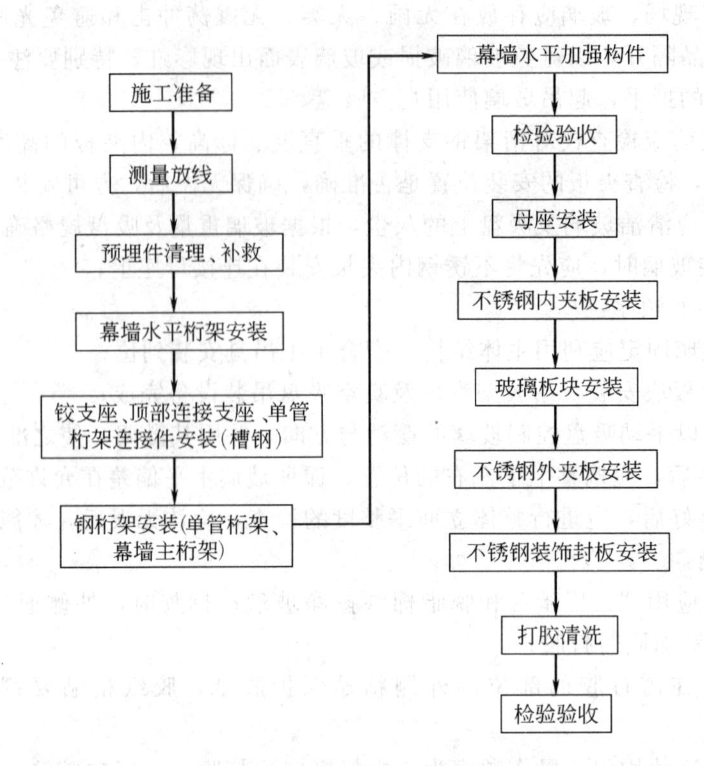

图 5-26　空侧幕墙施工流程

工质量验收规范》规定；另一端采用设计所规定锚栓进行固定。预埋件表面沿垂直方向倾斜误差大时，应采用厚度合适的钢板垫平后焊牢，严禁用钢筋等不规则金属件作垫焊或搭接焊。因结构偏小，向内偏移引起支座长度不够、无法正常施工时，则采用加长支座、在预埋件上焊接钢板或槽钢加垫的方法解决。

3）钢桁架安装工艺流程如图 5-27。

（3）验收：

1）定位轴线及标高的测量验收；

2）预埋件的隐蔽验收；

3）幕墙顶部水平桁架质量验收；

4）支承结构梁安装质量验收；

5）钢索的原材料力学性能试验及外观质量验收；

6）钢索的张拉及安装精度验收；

7）玻璃安装质量验收；

8）幕墙物理性能试验验收；

9）竣工资料审核。

5.7.3　小单元式幕墙安装

铝板幕墙、部分玻璃幕墙采用小单元式设计。每个单元自成体系，无论安装或拆除均不影响相邻单元。

（1）单元件板块的保护、清洁、包装、标识与贮存

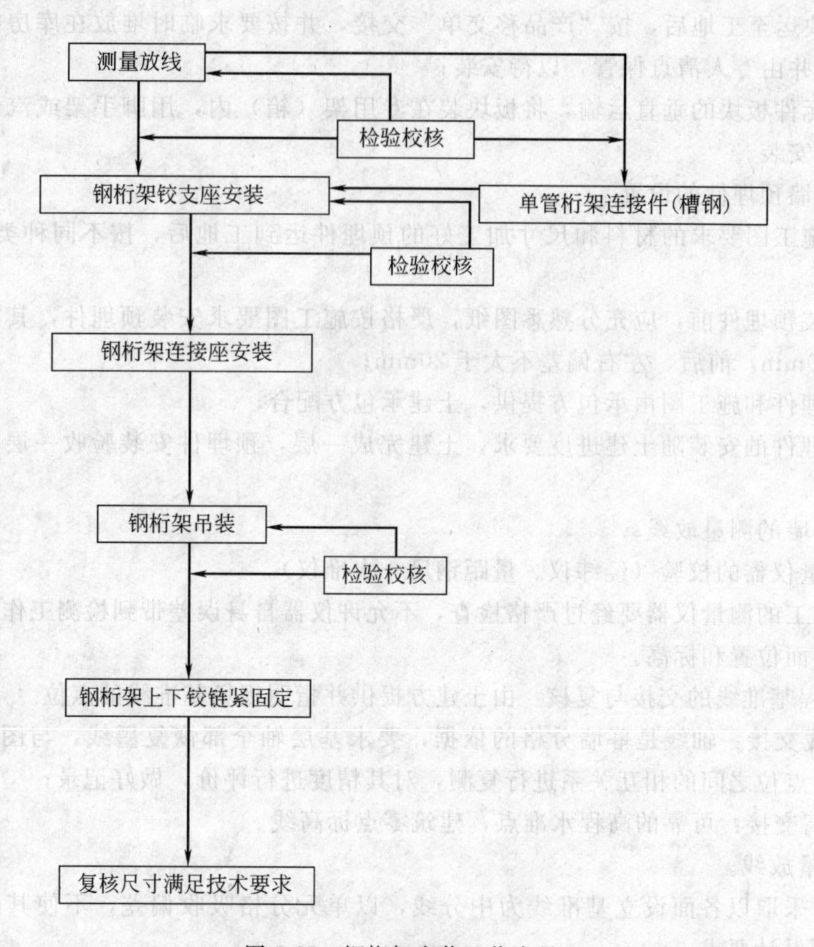

图 5-27 钢桁架安装工艺流程

玻璃板块、铝板挂板保护措施，不使其发生碰撞变形、变色和污染等现象：

① 铝框格玻璃板块、铝板挂板检验合格后，按位置标识，然后用无腐蚀作用的外包塑料按型号、规格进行包装；

② 运输时，装入专用的运输架、运输箱内，并与专用运输车固定牢靠；

③ 中性清洁剂清除玻璃板块、铝板板块表面的粘附物；

④ 在玻璃与铝板板块包装的装运架上的显著位置标明产品名称、安装于楼层的位置编号及“小心轻放”、“向上”等标志；

⑤ 玻璃板块与铝板板块使用无腐蚀性作用的材料包装，装运架有足够的牢固性，在运输中不得损坏；装运的铝板板块、玻璃板块用软物填塞并用木料支撑好，可起到隔离缓冲作用，保证在运输中不会发生相互碰撞；

⑥ 玻璃板块与铝板板块贮存在通风干燥地方，杜绝与酸、碱、油污、硬质物接触，并防止雨水渗入；同时，用不透水材料在板块底部垫高 100mm，放置在室内。

(2) 单元件板块的运输

1) 单元件、板块在加工厂包装完毕后，运往工地；

2) 运输中将运装架与车体固定牢靠，防止运输过程中滑动碰伤，并注意防止雨淋；

3）板块运至工地后，按“产品移交单”交接，并按要求临时堆放在库房内，适时运往各楼层，并由专人清点保管，以待安装；

4）单元件板块的垂直运输，将板块装在专用架（箱）内，用脚手架或汽吊运到各安装处，进行安装。

（3）幕墙预埋件的设置

1）按施工图要求的材料和尺寸加工好的预埋件运到工地后，按不同种类分别堆放，防止误用；

2）安装预埋件前，应充分熟悉图纸，严格按施工图要求安装预埋件，其标高允许偏差不大于10mm，前后、左右偏差不大于20mm；

3）预埋件和施工图由承包方提供，土建承包方配合；

4）预埋件的安装随土建进度要求，土建完成一层，预埋件安装验收一层，补埋部分按合同要求。

（4）幕墙的测量放线

1）测量仪器的校验（经纬仪、量距钢尺、水准仪）。

用于施工的测量仪器要经过严格检查，不允许仪器自身误差带到检测工作中去，影响测设点的平面位置和标高。

2）工程基准线的交接与复核：由土建方提供并指明现场基准线的点位。

① 轴线交接：轴线是幕墙分格的依据，要求基层轴全部恢复墨线，与图纸核对，按接收的控制点位之间的相互关系进行复测，对其精度进行评价，做好记录；

② 标高交接：可靠的高程水准点，建筑零点标高线。

3）测量放线。

测量时采取以各面设立基准线为中分线，以单元分格吸收偏差，不使其出现偏差积累，以达到设计要求。

① 编绘放线图：根据土建提供经我公司交验的基准线，包括轴线、中线及各层标高及有关技术资料，综合编绘点位标定图，使点位之间关系与标高一目了然。该图要经过认真核对，作为现场放线的依据。

② 检查预埋件的数量，并复测其位置尺寸。

③ 幕墙基准面：以工程基准线外反（按图纸要求）为幕墙基准线；此线为基准确立立柱前后位置，从而决定整片幕墙的基准面。再以幕墙基准线的控制点确定单元件的中心线，把出现的偏差进行分配，将正确数值作为加工、安装单元件的依据，以此测得单元件在预埋件上的中分线。

④ 标高测量：依据土建交接的标高向各层测引统一的精确标高线，据此测画出单元件在预埋件的标高线，作为单元件安装的依据。

⑤ 用经纬仪向上测引数条垂线，以确定幕墙转角部位和立面尺寸。根据轴线和中线确定每单元件的中线。

4）测量放线应注意事项：

测量放线在风力不大于四级情况下进行。放线后及时校核，以保证幕墙的垂直度和框格位置的准确性。

（5）幕墙的安装及其技术要求

1）预埋件位置的复测。

根据与土建交接的轴线及标高，第2次复测所有预埋件的位置和标高；对不符合要求的预埋件，制定有效、可行的补救方案，通过监理和业主认可后再施工。

2）幕墙与连接件的固定及其技术要求：

① 连接件按设计要求加工，表面应进行热镀锌；

② 根据复测放线后标志，在预埋件的中线和标高，将连接件固定在预埋件上，并按设计要求进行校核。

3）幕墙吊装单元件安装。

幕墙安装由下向上逐层安装。

标准层的安装：首先，以《玻璃幕墙工程技术规范》的安装技术要求，安装陆侧各小单元式玻璃幕墙；其次，以《金属与石材幕墙工程技术规范》安装铝板板块单元件，安装测量量控制见本方案中“安装容许偏差表”。

① 铝板幕墙安装：

A. 立柱的安装。

应先将立柱与连接件连接，然后连接件再与主体预埋件连接，并应进行调整，复测无误后才能将连接件与预埋钢件固牢；其安装误差：标高±3mm，前后±2mm，左右±3mm。相邻两根立柱安装：标高偏差不大于3mm，同层立柱的最大标高偏差不大于5mm，相邻两根立柱的距离偏差不大于2mm。

B. 横梁的安装。

将横梁两端与立柱用螺栓连接，连接处用橡胶垫镶嵌，橡胶垫应有10%～20%的压缩性，安装牢固，连接紧密（铝合金型材）。

相邻两根横梁的水平标高偏差不大于1mm。同层标高偏差：当一幅幕墙宽度≤35m时，不大于5mm；当>35m时，不大于7mm。

同层的横梁安装由下向上进行。安装完一层高度时，应检查、校正、调整、固定，使其符合技术要求。

C. 铝板板块安装：

a. 铝板块安装前，其表面的尘土、污物擦拭干净；

b. 铝板板块安装前将横梁（钢方管）上紧固铝板挂件；

c. 铝板板块的挂件和横梁上的挂件衔接调整紧固；

d. 在符合铝板需要打胶的部位把保护薄膜撕开，将缝隙内清理干净，并用泡沫棒填充，最后用耐候胶嵌缝，胶缝厚度6mm以上，内部必须密封，粘接牢固，外观光滑平整。

② 玻璃幕墙安装：

A. 安装原则。

自上而下、由左到右在活动脚手架或吊船上安装。

B. 玻璃板块的安装。

玻璃板块运至安装处，板块安装先把板块上端的副框挂件挂到横梁的挂件上，再把板块左、右两侧的挂件挂在立柱挂钩，再用调整螺钉调好位置后固定。

C. 玻璃幕墙组装允许偏差要求见表5-20。

玻璃幕墙组装允许偏差　　　　**表 5-20**

项　目		允许偏差(mm)	检查方法
竖缝及墙面垂直度(m)	<30	10	用激光仪或经纬仪
	>30,<60	15	
	>60,<90	20	
	>90	25	
幕墙平面度		2.5	用 2m 靠尺、钢板尺
竖缝直线度		2.5	用 2m 靠尺、钢板尺
横缝直线度		2.5	用 2m 靠尺、钢板尺
缝宽度(与设计值比较)		±2	用卡尺
两相邻面板之间接缝高低差		1.0	用深度尺

(6) 打胶

1) 打胶前应先用泡沫棒将缝填好。

2) 打胶前应擦净玻璃、维修轨道、玻璃边框，在需打胶的部位的外侧粘贴保护胶纸，胶纸的粘贴要符合胶缝的要求。

3) 打胶时要连续均匀。操作顺序为：先打横向后打竖向，竖向胶缝应自下而上进行，胶注满后，应检查里面是否有气泡、空心、断缝、杂质，若有应及时处理。

4) 隔日打胶时，胶缝连接处应清理打好的胶头，切除已打胶的胶尾，以保证两次打胶的连接紧密、统一。

5) 玻璃胶修饰好后，应及时将粘贴在玻璃上的胶纸撤掉，玻璃胶固化后，应清洁内外玻璃，做好防护标志。

(7) 幕墙防火层的安装

1) 按施工图要求的防火棉，达到建筑防火的耐火极限 1h；

2) 防火棉应连续、密实地密封于幕墙与建筑主体之间的空隙里。

(8) 幕墙的竣工验收

幕墙的安装全过程应在工程监理部的全面监控下进行，力争使工程质量达优良工程，在施工中不走或少走弯路，工程的每个环节都置于业主、监理部的监督之下。

1) 中间验收：

① 施工计划应呈报业主、监理，以便按计划进度施工；如计划变更，事先应征求业主、监理方的意见。

② 测量放线验收：

A. 报告测量放线记录；

B. 报告轴线、标高线复测后，与土建的尺寸偏差；

C. 报告预埋件的遗漏与偏差情况。

③ 隐蔽工程验收：

A. 预埋件的验收及纠偏补救和改动的验收；

B. 防雷系统验收：按图纸检查防雷系统，并进行接地电阻实测。

④ 材料与半成品验收

A. 备齐各种材料，如钢材、硅酮密封胶、铝型材、玻璃、铝板、配件等的质保书与出厂合格证，提交监理部，做好材料验收准备；

B. 对加工、制作的构件、板块质量，包括框格尺寸、注胶及养护、保温层填装、玻璃、铝型材、铝板的外观质量，以及半成品件的清洁进行验收。

2）竣工验收：

幕墙安装的全过程按《玻璃幕墙工程技术规范》(JGJ 102）与《建筑幕墙》(JG 3035）有关要求进行，并在监理部的监控下。幕墙完工后，向业主、监理方分别提出交工验收申请报告（见竣工验收报告书、建筑幕墙工程竣工验收保证书)。在提交申请报告的同时，移交下列资料：

竣工验收的资料准备并呈报监理：

① 所有主材料及部分辅助材料质保书、出厂合格证；

② 相容性粘结检验报告；

③ 隐蔽工程记录、安装抽检记录；

④ 施工过程中的施工变更单汇集；

⑤ 竣工图。

5.8 弱电工程

5.8.1 工艺流程

施工工艺流程如图 5-28 所示。

5.8.2 管内穿线施工工艺

（1）一般规定

1）所选线材的类型应满足设计、规范以及系统功能要求；

2）穿在管内绝缘导线的额定电压不应低于 500V；

3）管内穿线宜在建筑物的抹灰、装修及地面工程结束后进行，在穿入导线之前，应将管子中的积水及杂物清除干净；

4）不同系统、不同电压、不同电流类别的线路不应穿于同一根管内或线槽的同一孔槽内；

5）管内导线的总截面积（包括外护层）不应超过管子截面积的 40%；

6）弱电系统的传输线路宜选择不同颜色的绝缘导线以区分工能，区分正负极；同一工程中相同线别的绝缘导线颜色应一致，线端应有各自独立的标号；

7）导线穿入钢管前，在导线出入口处，应装护线套保护导线；在不进入盒（箱）内的垂直管口，穿导线后，应将管口做密封处理；

8）线管进入箱体，宜采用下进线或设置防水弯，以防箱体进水。

（2）清扫管路

1）穿线前，应先清扫管路。方法是用压力约 0.25MPa 的压缩空气，吹入已敷好的管中，以便除去残留的灰土和水分；如无压缩空气，则可在钢线上绑擦布成拖把布状，来回拉数次，将管内杂物和水分擦净。管路清扫后，随即向管内吹入滑石粉，以便穿线。

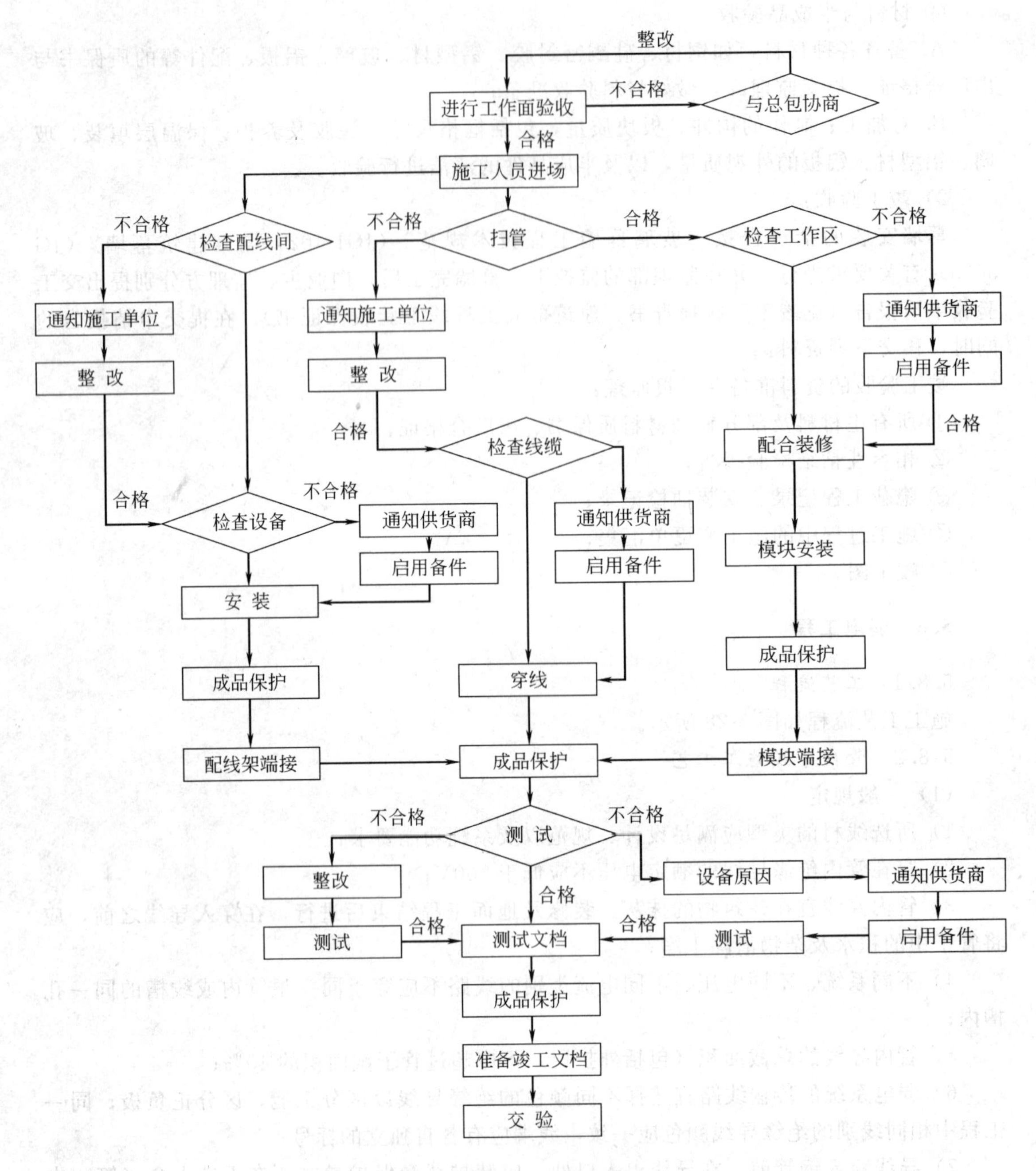

图 5-28　综合布线施工工艺框图

2）将管子端部安上塑料管帽或护线套，再进行穿线。管帽与护线套作用相同，可以防止穿线过程或运行时，各种原因引起的振动造成电线被管口擦伤。过路箱、管口的护圈应在穿引线钢丝或做引线接头时套入，护圈规格要与管径相配，套在管口要敲紧。

(3) 穿线

施工顺序：电线管内穿线一般在钢管敷设结束后进行，顺序大致如下：

1）穿引线钢丝；

2）放线；

3）做拉线头子（牵引电缆网套）；

4）穿线（一人放线，一人拉线）；

5）剪断导线。

管口护圈由于穿线情况不同，必须在相应步骤中套入。其中，穿线应从分路的终端向接线箱的方向进行，也即先分路后总线。

在垂直管路中，为减少管内导线的下垂力，保证导线不因自重而折断，应在下列情况下装设接线盒：电话电缆管路大于15mm；控制电缆和其他截面（铜芯）在2.5mm² 以下的绝缘线；当管路长度超过20m时，导线应在接线盒内固定一次，以减缓导线的自重拉力。

对于必须从现场受控设备直接接入主控设备的长距离放线，应注意保护线路的绝缘，并在相应管路转弯和设备终端处适当的预留长度。

线路中间接头应用专用压线帽或涮锡处理，以确保接触的可靠性，并确保与管路绝缘。

线槽内穿线的要求基本与管内穿线标准一致。特别注意线槽接头间的毛刺在穿线之前进行处理，以免在穿线过程中损坏线路绝缘。

(4) 质量标准

1）保证项目：导线的规格、型号必须符合设计要求和国家标准的规定。

2）基本项目：管内穿线时，盒、箱内清洁无杂物，护口、护线套管齐全无脱落，导线排列整齐，并留有适当余量。导线在管子、线槽内无接头，导线连接牢固，包扎严密，绝缘良好，不伤线芯。接地线截面选用正确，连接牢固紧密。

3）允许偏差：观察导线截面。

(5) 后续工作

管路穿线后，在未接设备前要进行线路绝缘测试，测试设备的选择要考虑线路的工作电压等级和性能指标。常用的校线设备为接地阻抗表（摇表）、万用表和专用校号机（耳脉）。通常情况下，阻抗表摇测的线路空载对地绝缘电阻和线间绝缘电阻都应不小于30MΩ。

线路绝缘电阻测试结果在未达到标准要求前，不准进行设备接线。

设备接线后的线间和导线对地绝缘电阻测量标准值参照各不同弱电系统的技术性能要求。在线路绝缘电阻未达到标准要求之前，不准对设备通电。

5.8.3 打线施工工艺

5.9 水、暖、电安装工程

5.9.1 设备安装工程

(1) 施工准备

1）施工前，必须具备施工图纸和设备的技术文件；当设备安装工序中有恒温、恒湿、防震、防尘或防辐射要求时，应在安装地点具备相应的条件或采取措施后，方可进行相应工序的施工；

2）利用建筑结构作为起吊、搬运设备的承力点时，应对结构的承载力进行核算，必要时经设计、监理单位同意，方可利用；

3）设备开箱时，应在业主、监理单位有关人员参加下进行检查，检查内容主要有：箱号、箱数及包装情况，设备的名称、型号及规格，装箱清单、设备技术文件、资料及专用工具，设备有无缺损件、表面有无损坏和锈蚀，并做好设备开箱检验记录；

4）设备及其零部件和专用工具，均应妥善保管，不得使其变形损坏、锈蚀、错乱或丢失；

5）设备基础的位置、几何尺寸和质量要求，经检验应符合设计要求和规范，有验收资料、记录，并弹出中心线；

6）设备基础表面和地脚螺栓预留孔中的油污、碎石、泥土、积水等均应清除干净；预埋地脚螺栓的螺纹和螺母应保护完好；放置垫铁部位的表面应铲平。

（2）设备吊装运输

1）在吊装运输前，对设备的重量、重心位置、外形尺寸、受力点情况以及设备的结构性能做必要了解，以便确定吊车吊索具、运输路线和具体方法；

2）地下室主要有水泵及换热器等设备，在土建地下室结构施工前，应与土建确定其吊装运输的预留孔和通道，核算各受力点和部位是否有足够的承载能力；

3）设备的垂直运输可采用汽车吊或土建塔吊实现，汽车吊不能到达的位置，可考虑利用建筑结构安设卷扬机、电动葫芦式捯链来吊运设备，进入室内水平运输的通道应事先考虑；

4）小件设备的水平运输（如5t以下）可利用铲车、手动液压小车，平移就位5t以上的设备需先将设备置于拖板小车上，用机械牵引到位后再平移到基础之上；

5）特别注意同一层或同一室内设备的运输顺序，先里后外，先大后小，先静后动；

6）吊运前针对施工现场实际情况制定安全措施，并对施工班组进行安全技术交底；

7）大型设备（如柴油发电机组）将编制专题施工方案。

（3）泵的安装

1）本工程中的泵多为水泵，分散于各系统中，安装工作量较大。

2）泵在安装前盘车检查，应灵活，无阻滞、卡住现象，无异常声音，设备无缺损、锈蚀。

3）惯性块与减振装置先安装，各组减振器承受均匀载荷，压缩量相同。安装完后，采取临时保护措施，使其不受外力。安装减振器的地面应平整。

4）水泵在惯性块上安装，用膨胀螺栓固定。

5）纵向安装的泵，纵向安装水平偏差不应大于1mm/1000mm，横向偏差不大于2mm/1000mm；解体安装的泵，纵、横向水平偏差不大于0.5mm/1000mm。

6）电机与泵的联轴器对中应符合设备技术文件规定，盘车检查应灵活。

7）管路与泵连接不得使泵受外力，管道焊接或气割渣不许进入泵内；否则，会损坏零件，泵的同轴度和水平度要复核无误。

8）泵的润滑系统、冷却系统、密封、液压等系统的管道应清洗洁净、保持畅通。

9）按设备技术文件规定的试车方法进行泵的单机试车，检查泵的各部位是否运行正常，噪声和振动应达到规定的标准；否则，要查明原因予以排除。

(4) 热风幕的安装

1) 热风幕风机的底板或支架应牢固可靠，机体安装后应锁紧下部的压紧螺钉；

2) 整机安装前，应用手拨动风机叶轮，检查叶轮是否有碰壳的现象；

3) 安装前应作水压试验，试验压力为系统工作压力的 1.5 倍，同时不得小于 0.4MPa，检查无渗漏为合格；

4) 热风幕安装应水平，其纵、横向水平的偏差均不应大于 2mm/1000mm。

5.9.2 采暖工程

(1) 采暖管道工程

施工程序：安装准备→预留孔洞、预埋铁件检查及验收→支吊架制安及套管安装→管道预制→主干管安装→支管安装→与设备连接→系统试压及冲洗→管道保温→竣工验收。

1) 施工准备。

按施工图的要求，配合土建做好预留、预埋工作，预留洞尺寸要符合图纸和规范要求，预留件要牢固可靠，坐标及标高应符合要求并注意成品保护，防止人为破坏、移位或堵塞。

2) 管道预制。

镀锌管套丝用套丝机完成，螺纹质量应符合《管螺纹》的技术要求，连接密封用生料带，顺螺纹旋向缠绕，填料不得挤入管内，已连接好的管段不能再倒转。

焊接钢管及无缝钢管的坡口，采用坡口机完成，对管端打磨 30～35℃的坡口，坡口尺寸应符合 GBJ 235—82 的规定。

3) 管道连接。

根据设计规定：热水管、采暖水管采用焊接钢管；

① 管道焊接：

A. *DN*32 以上钢管采用焊接。管道焊接前，应根据管材、壁厚和焊接方式打坡口，选用坡口形式时考虑易保证焊接质量，填充金属少，便于操作及减少焊接变形等原则。

管道焊接对口形式及组对，电焊应符合表 5-21 的规定。

手工电弧焊对口形式及组对要求 表 5-21

接头名称	对口形式	接头尺寸(mm)				备注
		壁厚	间隙	钝边	坡口角	
		s	*l*	*p*	α	
管子对接形坡口		5～8	1.5～2.5	1～1.5	60° 70°	δ≤管子对口如能保证焊透可不开口
		8～12	2～3	1～1.5	60°～65°	

B. 管道焊接应有加强面高度和遮盖面宽度，电焊应符合规定。

② 管道焊接时应注意：

A. 不得在焊接表面引弧和试验电流；

B. 为减小应力和变形，应采取合理的施焊方法和顺序；

C. 焊接中应注意起弧和收弧处的焊接质量，收弧时，应将弧坑填满；多层焊接的，层间接头应错开；

D. 管道焊接时，管内防止穿凿；

E. 除工艺上有特殊要求，每条焊缝应一次连续焊完；若因故被迫中断，应根据工艺要求采取措施防止裂纹，焊前必须检查确认无裂纹后，方可按原工艺要求继续施焊；

F. 对不合格焊缝，应进行质量分析，制定出措施后，方可进行返修，同一部位的返修次数不应超过三次。

③ 管道丝接：

A. *DN*32 及以下钢管采用丝接，丝扣连接采用铅油麻丝或聚四氟乙烯生料带作为垫料。安装完后，螺纹外面的填料要及时清理。

B. 法兰垫料用细棉布增强橡胶板。

4）管道支架：

① 按设计图纸画出管道线路、管径、变径、预留管口、阀门等施工草图，在实际安装的位置做上标记，按标记分段量出实际安装的正确尺寸（表 5-22），记录在图纸上；

② 管道支吊、托架的生根采用膨胀螺栓，膨胀螺栓必须符合国家标准，安装满足技术要求；

③ 固定支架及采暖热水管支架亦需垫橡胶或其他的绝热材料进行隔热；

④ 支吊、托架焊缝不得有漏焊、欠焊等缺陷，焊接变形应予矫正；

⑤ 支吊、托架应固定牢固，横梁要水平，吊杆要垂直，严禁将焊口、管件安在支吊、托架上，焊缝距支吊、托架边缘必须大于 50mm。

管道支吊架规格 **表 5-22**

管道规格(mm)	托　架	吊　架	支架间距(m)
*DN*70 及以下	∠40×4 角钢	ϕ8	3
100～150	∠50×5 角钢	ϕ10	3
200	100×100×5 槽钢	ϕ12	3

管道支吊架示意图（*DN*200 及以下）如图 5-29 所示。

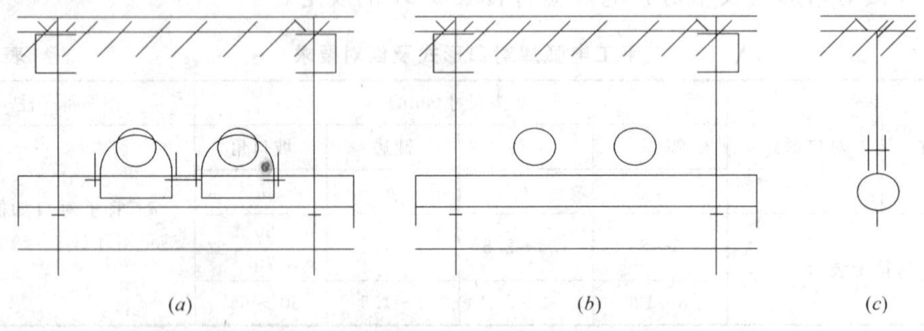

图 5-29　支吊架

（*a*）保温管道支吊架；（*b*）不保温管道支吊架；（*c*）单管吊架

5）管道安装：

① 管道在安装前，按设计要求核验规格、型号和质量，符合要求方可使用，根据图纸及现场条件绘制管线综合布线图，核实与其他管道是否碰撞，避免不必要的返工和变更，清除内部污垢和杂物，安装中断或完毕的敞口处，须临时封闭；

② 管道的切割采用切割机切割，严禁采用气焊工具或电焊工具切割管材或型钢；

③ 管子内部和管端应清洗干净，清除杂物，密封面和螺纹不应损坏；相互连接的法

兰端面或螺纹轴心线应平行、对中，不应借法兰螺栓或管接头强行连接；

④ 管道安装时，干管的变径要在分出支管之后，距离主分支管要有一定的距离，大于或等于大管的直径，但不能小于100mm；

⑤ 水平管道安装时，要注意管道的坡度，有钢套管的钢套管应先穿到钢管上，套管与管道之间应填满岩棉等不燃物，在安装过程中，不能使管道的焊缝位于应力最集中的支座上；

⑥ 机房内的管道必须等设备就位后安装，管道与设备连接后不得在其上进行焊接和气割，以防止焊渣进入设备内损坏零件；在施工过程中，不允许把管道系统的附加力作用在设备上；

⑦ 管道穿过墙壁和楼板，须设置钢制套管；安装在楼板内的套管，其顶部应高出完成地面20mm，底部与楼板底面相平，安装在墙壁内的套管，其两端应与饰面相平；

⑧ 明装水管成排安装时，直线部分应互相平行；曲线部分：当管道水平或垂直并行时，应与直线部分保持等距；当管道水平上下并行时，曲率半径应相等；

⑨ 所有管道都应坡向排水点或主干管，冷热水管坡度为0.002～0.003；

⑩ 冷、热水平管道中的大小头采用顶平偏心形式。

(2) 地热管道施工技术

1) 概况：

卡套式连接件——卡套式连接件系指将供暖管材插入连接件内壁，然后由压紧螺母将放置在管材外的C形铜环收紧，以完成连接、护管。

为保护暴露于地面以上与分水器连接部分的供暖管，在施工和使用时不受损伤而设置的一种塑料保护管。

热绝缘层（即保温层）——敷设于供暖管之下，减少无效热损失，承担地面荷载，并用以固定供暖管，由苯板和增强层（亦有防水作用）构成。

固定卡——将PEX供暖管固定在热绝缘层上的塑料卡钉。

膨胀缝——在适当位置放置的防止因热膨胀而使地面龟裂和破损的构造。一般40m^{2}面积范围以内和长度超过6m时，必须设置膨胀材料。

异形材——固定膨胀缝材的一种带槽形的塑料支座。

伸缩节——为保护供暖管穿过膨胀缝时不受损伤，且为消除供暖管与混凝土线性膨胀差异而设置的一种波纹套管。

填充层——敷设于供暖管周围和以上，用以保护供暖管和传导、储存热量；其厚度决定于地面承受荷载大小和室内标高。

地面层——包括地面装饰层及其找平层，不同装饰材料对地板供暖散热量有不同的影响，设计、使用时应认真考虑。

2) 施工：

① 一般规定：

地板辐射供暖的安装工程，施工前应具备下列条件：

A. 设计图纸及其他技术文件齐全；

B. 经批准的施工方案和施工组织设计，已进行技术交底；

C. 材料、施工力量和机具等，能保证正常施工；

D. 施工现场、施工用水和用电、材料储放场地等临时设施，能满足施工需要。

② 储运 PEX 管运输、储存应避光、防火、避免磕碰；

③ 热绝缘层的铺设热缘板应铺设在平整的结构层上；

④ PEX 加热管的配管和铺设：

A. 地板辐射供暖施工前，应了解建筑物的结构，熟悉设计图纸、施工方案，特别是与其他工种、工序的配合措施；安装人员应熟悉 PEX 管道的一般性能，掌握基本操作要点，严禁盲目施工；

B. PEX 供暖管安装前，应对材料的外观质量进行仔细检查，并清除管道内外的污垢和杂物；

C. PEX 供暖管的敷设间距根据建筑物热耗确定，一般不宜小于 100mm，弯曲半径不宜小于 10d；

D. 埋放于混凝土内的管道系统，不得有接头，并严禁与金属件接触；在暴露部分应用护管保护；

E. 管道系统安装间断或完毕的敞口处，应随时封堵；

F. 地板辐射供暖的安装工程，环境温度不宜低于 5℃；否则，应采取相关措施。

⑤ 检验与验收：

A. 中间验收——交联聚乙烯管地板辐射供暖系统，应根据工程施工特点，进行中间验收。中间验收过程，从铺设热绝缘层起到供暖管道敷设和热媒集配器安装完毕进行试压止，由施工单位会同有关方进行。

B. 试压——浇捣混凝土填充层前后，宜采用气（或水）压试验。冬期进行水压试验时，应采取可靠的防冻措施。

C. 水压试验标准系统的水压试验标准，应符合下列规定：

a. 水试验压力应为工作压力的 1.25 倍；

b. 水压试验之前，对试压管道和构件应采取安全、有效的固定和保护措施。

D. 水压试验步骤：

a. 经分水器缓慢注水，同时将管道内空气排出；

b. 充满水后，进行水密性检查；

c. 采用水泵缓慢升压，升压时间不得小于 20min；

d. 升压至工作压力后，停止加压，稳压 5min，观察有无漏水现象，补压至规定试验压力，10min 内压降不超过 5%MPa 为合格。

使用交联聚乙烯管进行地热采暖，不但安装速度快，节约人工，而且地热采暖舒适、卫生、保健，不占用使用面积，高效节能。

(3) 阀门安装

1) 每一个阀门均需打压合格后方能使用；

2) 安装前，要进行全面检查，核对型号，注意阀门的方向性；

3) 阀门要在关闭的状态下安装，防止管内的杂物进入阀体，影响阀门的严密性；

4) 法兰连接的阀门，螺栓必须同方向，紧固螺栓时，应对角均匀紧固；

5) 阀门在安装时，必须留有足够的保温、维修、拆卸空间。

(4) 补偿器安装

波纹管补偿器必须按规范要求进行预拉伸（压缩），补偿器的固定支架距离准确，安装牢固。

(5) 管道试压

1) 试压前对系统进行检查，排除不能参与试压的膨胀节、止回阀等部件，并与泵等设备进行可靠的隔离；

2) 供暖热水按系统、分段进行试压，管道应以系统顶点工作压力加 0.1MPa 作为试验压力；同时，在系统顶点的试验压力不得小于 0.3MPa；在 5min 内压力降不大于 0.02MPa 为合格；

3) 试压时对每个连接点处不得隐蔽，并做好记录。

(6) 管道吹洗

1) 管道强度试验合格后，应分段进行吹洗，吹洗时应用木锤敲打管子，但不得损坏管子。

2) 管道水冲洗时，以出口的水色和透明度与入口处目测一致为合格。冲洗完后，立即将水排尽。管道试压及管道吹洗后的水，应该注意排放位置，不可在楼层内随便排放，以免使工地积水，产生施工危险及影响卫生。

(7) 保温防腐

1) 管道刷漆前应清除表面锈迹、油渍、尘土，油漆使用前应按制造厂要求进行调合，确保涂刷的油漆厚度均匀，粘结牢固。明装系统的最后一遍面漆，宜在安装后喷涂。

2) 所有焊口处应涂二道防锈底漆；暴露处涂上面漆，面漆尽可能在保温结束、安装场地清洁后进行。

3) 管道试压、刷漆合格方可保温，保温应做到外表美观、紧凑、结实，阀门及管件应制作适当形状的独立保温块，便于维修。

4) 管道的保温：供暖管道采用 50mm 厚超细离心玻璃棉管壳保温。

5.9.3 给排水安装工程

本工程给排水系统安装主要分为：给水系统安装、排水系统安装、雨水系统安装。按设计规定：生活给水管、热水管采用铜铁复合管、排水管道主要采用离心法生产抗震排水铸铁管、与潜水泵连接的管道采用焊接钢管、雨水管道采用离心法生产抗震铸铁管。针对本工程以上特点，我们确定本专业安装的总原则为：先地下后地上，先大管后小管，先无压管后有压管。

(1) 主要施工程序

1) 室内生活给水及热水铜铁复合管安装：

施工准备→材料检查验收→测量下料→套丝上管件→支架制安→管道丝接→试压冲洗消毒→管道保温→管道验收→设备碰头→系统调试。

2) 排水管道安装：

施工准备→材料检验→测量下料→支架制安→管道连接→安装就位→试水→卫生洁具安装→通水试验。

3) 雨水管道的安装：

施工准备→材料检验→测量下料→管件组对→支架制安→管道焊接→管道试水冲洗→系统验收。

(2) 室内生活给水及热水铜铁复合管安装方案

1) 室内生活给水及热水铜铁复合管全部采用管件连接，施工前检验管材及管件是否符合设计要求和现行标准的规定，并具有出厂合格证，材质等级与设计所采用的管子应一致，管道表面应无裂纹、缩孔、夹渣、折叠、重皮等缺陷，管道及管件尺寸偏差应符合现行标准要求。

2) 管子是否弯曲，采用目测法或滚动法检查，当 *DN* 为 50mm，弯曲度不大，可用两把锤子敲击进行调直。对于有多处弯的管子应逐一敲平，对于大管径管道弯曲可采用千斤顶调直，严禁采用热调直。

(3) 排水管道安装

排水立管、支管及通气管采用离心法生产抗震排水铸铁管，埋地排水铸铁管采用柔性抗震排水铸铁管（法兰、橡胶圈接口），埋地压力排水管采用给水铸铁管（胶圈接口）。排水管应严格按设计坡度进行安装。

离心法生产抗震排水铸铁管的安装：

1) 所有铸铁排水管须符合设计要求，管壁厚薄均匀，内外光滑、清洁，无浮砂、包砂、粘砂，更不允许有砂眼、裂纹、飞刺和疙瘩，承插口的内外径及管件造型规矩，法兰接口平整、光洁、严密，地漏和水弯的扣距必须一致。

2) 排水管道的横管与横管、横管与主管的连接采用45°三通或45°四通和90°斜三通或90°斜四通，主管与排出管端部的连接，采用两个45°弯头或弯曲半径不小于4倍管径的90°弯头。

3) 管道胶圈接口所用的橡胶圈不得有气孔，裂纹重皮或老化等缺陷，接口时先将橡胶圈套在管子的插口上，插口插入承口后调整好管子的中心位置，橡胶圈须平展、压实，不得有松动、扭曲、断裂等现象。

4) 铸铁管在安装搬运时轻拿轻放；如发现长度不合适，须用不同长度的管子调节，不得强行连接，通向室外的排水管，穿过墙壁或基础必须下返时，用45°三通和45°弯头连接，并在垂直管段顶部设清扫口，排水立管上检查口方向须便于检查。

5) 污水横管清扫口起点与管道相垂直的墙面距离，不得小于200mm；若污水管起点设置堵头代替清扫口，与墙面距离不得小于400mm。

6) 安装在设备间内的排水管根据设计要求做托、吊架，先将支、吊架按设计坡度裁好，量准吊杆尺寸，将预制好的管道支、吊架牢牢固定，管道安装完后，进行分段通水试验，并做好记录。

7) 室外排水管线经准确测量放线后进行管沟开挖，开挖宽度大于敷设管外径300mm。开挖管沟避免在雨天进行，开挖后清除淤泥、石块等杂物，并置换设计指定的回填土。将预制好的管段徐徐放入管沟内，封闭堵严总出水口，做好临时支撑，按图纸的坐标、标高，找好位置和坡度，以及各排水井的方向和中心线，将管道接口相连。埋地管线连接完后，按设计要求进行通水试验，待试水合格后，进行分段回填，回填前对回填土中的大块及尖硬物质清除，回填土含水量不得超过35%，回填后的管沟近期应防止载重车辆通过，必要时铺设临时桥板。

(4) 雨水管道的安装

雨水管道采用离心法生产抗振排水铸铁管。

1）雨水斗固定在屋面承重结构上，雨水斗穿屋面处用细石混凝土严密捣实，雨水斗边缘与屋面相接，保证严密不漏。排水管道立管支架每层设一个，层高超过 4m 时，须设两个，支架要均匀分布，横管支架间距不得大于 2m。

2）给排水管道安装的允许偏差见表 5-23。

给水管道安装允许偏差　　表 5-23

项　目			允许偏差(mm)	
坐标及标高	室外	架高	15	
		地沟	15	
		埋地	25	
	室内	架高	10	
		地沟	15	
水平弯曲	$DN\leqslant100$ $DN\geqslant100$		1/1000 1.5/1000	最大 20
立管垂直度			2/1000	最大 15
成排管段	在同一平面上间距		±5	
交叉	管外壁或保温层间距		±10	

(5) 阀门安装

1）阀门进场后要进行认真的检查，其规格、型号是否与设计一致，并有生产厂家的合格证、质保书等有关技术资料。

2）安装阀门前按规范应进行检查试验，根据该航站楼的特点，阀门安装前全部试验合格后才能进行安装，并检查填料是否完好，压盖螺栓是否有足够的调节余量。

3）法兰或螺纹连接的阀件应在关闭状态下安装，安装前应按设计核对型号，对于止回阀、截止阀等有方向要求的阀门，应根据介质流向确定其安装方向。

(6) 卫生洁具安装

1）卫生洁具的规格、型号必须符合设计要求，外观规矩，造型周正，表面光滑、美观，无裂纹，边缘平滑，色调一致。

2）将预留排水口周围清理干净，取下临时管堵检查管内有无杂物，将坐便器出水口对准预留排水口放平找正，并在两侧固定螺栓眼处画好印记后，将印记做好十字线。

3）在十字线中心处剔 $\phi20\times60$mm 的孔洞，把 $\phi10$mm 螺栓杆插入孔洞内用水泥栽牢，将坐便器上固定螺栓与坐便器吻合，并将坐便器排水口及排水管口周围抹上油灰后，将坐便器对准螺栓，放平，拧上螺栓并套好胶皮垫，眼圈上螺母应拧至松紧适度。

4）对准坐便器尾部中心，在墙上画好垂直线，在距地面 800cm 高度画水平线，根据水箱背面固定孔眼的距离，在水平线上画好十字线，并在十字线中心处剔 $\phi30\times70$mm 深的孔洞，把带有燕尾的镀锌螺栓（规格 $\phi20\times100$mm）插入孔洞内，用水泥栽牢。

5）将洗脸盆上冷、热水阀门上盖卸下，退下锁母，将阀门自下而上地插入脸盆冷、热水孔眼内，阀门锁母和胶圈套入四通横管，再将阀门上根母加油灰及 1mm 厚的胶垫，将根母拧紧与丝扣平，盖好阀门盖，拧紧阀门盖螺钉。

6）安装洗脸盆先量好尺寸，配好短管，将短管另一端丝扣处涂油、缠麻，拧在预留给水管口上，并将管道按尺寸断好，需煨弯者，把弯煨好，分别缠好油盘根绳或铅油麻线。

7）安装小便器先应对准给水管中心画一条垂线，由地平向上量出规定的高度画一水平线，根据产品规格尺寸，由中心向两侧固定孔眼的距离，在横线上画好十字线，再画好上下孔眼的位置。

8）将孔眼位置剔成 $\phi 10 \times 60$mm 的孔眼，栽入 $\phi 6$mm 螺栓，托起小便器挂在螺栓上，把胶垫、眼圈套入螺栓，将螺母拧至松紧适度。

9）安装及搬运卫生器具轻拿轻放，切不可划出刻痕和污损，安装须一丝不苟，做到牢固、美观。安装完后，须保持清洁，并放水冲洗、试验。

（7）支吊架安装

1）管道安装时，须及时进行支吊架的固定和调整工作。支、吊架的位置要正确。支架的间距应按表 5-24 规定设置。

钢管管道支架的最大间距 **表 5-24**

公称直径 *DN*		5	0	5	2	40	0	0	0	0	25	50	00	50	00
支架最大间距（m）	保温管	1.5	2	2	2.5	3	3	4	4	4.5	5	6	7	8	8.5
	不保温管	2.5	3	3.5	4	4.5	5	6	6	6.5	7	8	9.5	11	12

2）无热位移的管道，其吊杆须垂直安装，有热位移的管道，吊杆应在位移相反方向，按位移值之半倾斜安装，两根热位移方向相反或位移值不等的管道，除设计有规定外，不得使用同一吊杆。

3）固定支架应严格按施工验收规范的要求安装，并在补偿装置预拉伸前固定。

4）管道安装完毕后，应按设计要求逐个核对支吊架的形式、材质和位置。支、吊架不得有漏焊、欠焊或焊接裂纹等缺陷。

5）管道安装时不宜使用临时支吊架；如必要时应有明显的标记，并不得与正式支架、吊架位置冲突，管道安装完后应立即拆除。

6）热水管道须做保温，吊顶内的生活给水管道须做防结露保温，支架采用木托式。

（8）套管穿外墙时应设防水套管，穿楼板时应设刚性套管

穿楼板时，套管顶部应高出地面 20mm，在有水房间（厕、浴、厨）的套管高出地面 30～50mm，底部与楼板底面齐平；穿墙壁时，其两端应与装饰面齐平。

（9）管道试压、试水

1）管道系统施工完毕，并符合设计要求和管道安装施工有关规定，支架、吊架安装正确，牢固可靠，焊缝及其他应检查的部位，未经涂漆和保温，并具备试验条件后，进行管道水压试验。

2）试验前，应将不能参与试验的系统，设备、仪表及管道附件等加以隔离。加置盲板的部位应有明显的标记和记录。水压试验应用清洁的水作介质，管道试验压力为工作压力的 1.5 倍。

3）管道系统注水时，应打开管道最高处的排气阀，将空气排尽。待水灌满后，关闭排气阀和进水阀，用电动试压泵加压。压力应逐渐升高，加压到试验压力的 30％和 60％时，应分别停下来对管道进行检查，无问题时再继续加压。当压力达到试验压力时，停止

加压。一般管道在试验压力下保持10min，在试验压力保持的时间内，如管道未发现泄漏现象，压力降不大于0.05MPa，且目测管道无变形，则认为强度试验合格。

4）当试验压力降至工作压力进行严密性试验。在工作压力下对管道进行全面检查，并用重1.5kg以下的圆头木锤在距焊缝15～20mm处沿焊缝方向轻轻敲击，检查完毕后，压力不下降，管道的焊缝及法兰连接处未发现渗漏现象，即可认为严密性试验合格。

5）为避免不在冬期试验，根据现场施工实际情况，创造试验条件，对能构成试验的系统部分及时试验。当气温低于0℃时，应采取特殊的防冻措施，做好室内临时供暖，保持室内一定的温度在短时间内对管道进行充水试验。试验完毕，应立即将管内的存水排净。

6）排水和雨水管道安装完后，必须做灌水试验，其灌水高度应不低于底层地面高度。雨水管灌水高度必须到每根管最上部的雨水漏斗。灌水15min后，再灌满延续5min，液面不下降即为合格，并做好灌水试验记录。

（10）管道冲洗消毒

给水管道水压试验后进行冲洗消毒，冲洗时，以流速不小于1.0m/s的冲洗水连续冲洗，直至出水口与入水口处水浊度、色度相同，冲洗时保证排水管路畅通安全，管道用含量不低于20mg/L氯离子浓度清洁水浸泡24h，再次冲洗，直至水质管理部门取样化验合格为止。

（11）管道保温

1）管道保温应在水压试验合格后进行。

2）在管道进行保温以前，必须除去管子表面上的脏物和铁锈。

3）保温层的结构形式和使用的材料应符合设计要求。本工程设计热水管保温采用岩棉管壳，厚度20～50mm，外保护层用玻璃丝布，镀锌钢丝绑扎，然后刷两道防火漆。

4）施工时，要求保温层粘结紧密，表面平整，圆弧均匀，无环形裂纹。

5.9.4 供配电及照明安装工程

航站楼设两座变配电站，所有电源来自7台1250kV·A干式变压器，备用一台720kV·A柴油发电机组。为了减少自变配电站至用电负荷的供电半径，楼内一层、二层各设置3个配电间。动力部分主要采用桥架敷设，辅以配管。照明回路主要采用桥架或线槽，各回路分支采用线管、阻燃金塑软管。该工程具有交叉作业面大、工程量大、工期紧、质量要求高等特点。

（1）主要施工程序

施工准备→动力、照明、防雷接地等的预留、预埋→防雷接地阶段性验收→电缆支架、桥架的安装→高压配电柜的安装→变压器、低压配电柜的安装→动力、照明配电箱的安装→明配管、管内穿线、电缆敷设→用电设备、器具的电气安装→灯具、插座、开关的安装→变配电工程系统调试、验收→动力系统单机试运行、验收→照明系统调试、验收。

（2）施工前的准备

开工前，进行图纸会审，并对施工人员进行安全、质量、技术交底；熟悉图纸、施工方案及《电气装置安装工程施工及验收规范》和《建筑电气安装工程质量检验评定标准》。

（3）配合土建预留预埋

预留预埋部分的施工必须很好地与土建专业配合。线管穿顶板或墙板处，要用事先预制好的木模板代替钢模板，各种盒口要求与保护层表面平齐，严禁配电箱不随主体预埋。严格按照施工图纸、规范和长春市有关规定的要求进行施工。

（4）配管

本工程线路配管采用镀锌钢管，其壁厚要均匀，用切割机或钢锯条切割，切割后两端截面须与管中心垂直，管口需经扩口处理，且无毛刺和尖锐棱角，经有关专业人员验收合格后方可进场施工。管子弯曲时，其冷煨弯半径应不大于10D（D：钢管外径），弯扁度不大于0.1D，并不应有褶皱、凹穴和裂缝等不良现象，管与管、管与盒的连接均采用丝接，为使管路系统接地良好、可靠，采用专用接地线卡跨接，不使用熔焊连接。严防配管敷设不到位，在圈梁处断裂等问题。

（5）配电柜安装

该航站楼的高、低压配电柜主要集中在2个变电所内，且成排排列。在安装时，先安装高压侧，再安装低压侧；先安装中间的配电柜，找正、调平后，再安装两侧的其余配电柜，最后进行固定，并注意使保护接地完整可靠。安装好的配电柜要保证垂直度偏差每米不大于1.5mm，每排柜的顶部的水平度偏差不大于5mm。

（6）变压器的安装

安装前做好准备工作，待各方面都符合安装条件后，进行安装。考虑到1号和2号变电所内的7台变压器，每台容量为1250kV・A，变压器都采取整体安装。变电站设备应提前到货，以便尽早提供调试、试车条件。

1）变压器推进变电所时，使它的高压侧和低压侧方向与高、低压配电柜相一致。

2）变压器就位后，用止轮器将滚轮固定，并涂上防锈油。

3）装接高、低压线。高压侧用10kV的电缆连接变压器与高压柜，低压侧用铜母线连接变压器与低压柜。母线与变压器套管连接时，用两把扳手。一把扳手固定套管压紧螺母，另一把扳手旋转压紧母线的螺母，防止套管中的连接螺栓跟着转动。特别注意不能使套管的端部受到额外的应力。

4）把变压器的连接螺栓和中性点接入地线。

5）进行绝缘电阻测试，对其高、低压侧线圈分别用2500V、500V摇表进行测量，绝缘电阻值要达到1kΩ/V的标准，低压侧线圈绝缘电阻值大于0.5MΩ；否则，对变压器进行干燥等处理。

（7）高、低压系统配线

航站楼内供电系统主要包括7台变压器、1台发电机组及一系列高、低压配电柜等。在这些设备之间主要是用母线或电缆相连接。接线时要严格做到按图施工，正确接线；柜内不能有接头，线芯无损伤；电缆要排列整齐，并对每一回路进行编号，便于检查、维修。

（8）电缆支架、桥架的安装

该楼的各个变电所都留有电缆沟，且沟内电缆的数量较多，敷设时需用较大的支架；因此选用∟50×5的角钢现场制作支架，然后每隔1m，用膨胀螺栓将支架固定在沟壁上，并用ϕ12圆钢焊连各个支架，使它们相连，并与地线相接。

在桥架安装时，要横平竖直、固定牢靠、排列整齐。桥架与镀锌钢管相连接的开孔要采用机械开孔器，禁止使用电焊、气焊开孔，进出管采用丝接，连接件要齐全，不得松脱；选用的三通、弯通要符合所敷设电缆的弯曲半径，接口处平整光滑。桥架每隔2m做一个支吊架，其沿桥架走向左右偏差不能大于10mm。桥架的全长要可靠接地，采用PE线连接到配电间的接地极上。

(9) 电线、电缆的敷设

管内穿线工作是在管子敷设完之后，土建地坪和墙面粗装修结束之后进行的。首先用压缩空气吹扫、清理管内脏物，再向管内吹入少量滑石粉，使用放线架，两人配合，一拉一送；同时，防止在管内扭结、打折、接头；穿好线后，再在箱盒的导线头挂锡，以备后期设备及用电器具的接线。

楼内有各类电缆约300多根，数量较多，因此，在敷设前须明确每根电缆的路径，排列好电缆在桥架或电缆沟的摆放位置，尽量避免交叉。施工中遇热力管道及热力设备时，电缆与热力管道及设备的距离，平行时不应小于1m，交叉时不应小于0.5m。在电缆终端头、配电间等处装设标志牌。电缆终端头及电缆接头的制作施工详见“供配电与照明专题施工方案”（略）。

(10) 用电设备及器具的电气连接

大楼内的主要用电设备为各类水泵、热交换器、电梯和热水器等，我们所做的电气连接主要是按说明书进行电源接线和保护接地，然后进行单机试运行，并做好试运行记录。

(11) 各类灯具、开关、插座的安装

灯具、开关、插座的安装工作是配合装修进行的。安装前必须做好定位工作，同一控制线上的灯具相对偏差在±3mm；对于标高一致的开关、插座面板，安装后应保证感观一致，无明显偏差；同时，应注意接入开关的是相线，严禁零线过开关，插座接线保持相线、零线和保护线的次序。对于桁架下弦的灯带，要根据设计要求，保证外壳的良好接地。

(12) 防雷、接地

本楼属于一类防雷民用建筑物，为防直击雷危害，屋顶采用避雷针和环形避雷带相结合的方式，用柱内主筋作引下线与接地体做可靠连接。将所有作为接地装置的基础主筋和作为避雷引下线用的柱内主筋可靠焊接连接。为防侧击雷及等电位连接，各层圈梁钢筋焊接成通路，所有钢窗、玻璃幕框架等金属构件均与主筋或接地母线可靠焊接。搭接长度见表5-25。

搭接长度 **表5-25**

项次	项目		规定数值
1	搭接长度	扁钢与扁钢	120mm
		扁钢与圆钢	150mm
2	搭接焊的棱边数		3

接地系统采用TN-S系统，变压器中性点工作接地、电气安全接地、保护接地、防静电接地以及弱电系统接地等均共用同一接地装置。接地电阻应小于1Ω，在供电照明系统中，从变压器中性点开始N线与PE线严格分开；若自然接地体不能满足接地电阻要求

时，可增设人工接地体，但须与自然接地体之间加一断接卡，以便于检测。

(13) 电气工程的调整、调试、试运行

1) 变压器试运行。

首先进行检查，要保证好以下各项要求：轮子的止动装置须牢固；油漆完整，相色标志正确，接地可靠；变压器清洁，消防设施齐全；高压侧的接地小套管应接地；变压器的相位及线圈的接线应符合要求；温度计指示正确，整定值符合要求；保护装置整定值符合规定，操作及联动试验正确。

试运行即让变压器带一定负荷，运行24h若没有异常情况，即可投入使用。

第一次使用时，进行冲击合闸，带正常负荷运行24h后若无异常，则试运行为合格。

2) 高、低压配电柜的调试、调整。

在试验前，检验接线、接地情况，高低压开关及操作机构的金属支架是否可靠接地。

首先分别对空气断路器、避雷器、母线、电压互感器、电流互感器等进行检查和试验，接着调整继电器、机械连锁等。还要对二次控制线进行调整及模拟试验。经检验无异常情况出现后，方可办理竣工验收。

3) 动力系统的调试、调整：

① 电力电缆——电缆线路施工完毕，应做以下试验，合格后方可投入运行。对于楼内的低压电缆，用1kV摇表进行测量，其绝缘电阻应高于10MΩ；对于10kV的高压电缆，用2500V摇表进行测量，其绝缘电阻应高于40MΩ；同时，要仔细检查每一根电缆两端的相位，应与电网相位相符。

② 电机调试——电机调试是使用前的最后一道工序。首先测试其绝缘电阻是否大于0.5MΩ，检查引出相线是否正确，连接是否牢固，然后进行空载试运行2h；若发现温升过高等异常情况，则应立即停机，与厂家联系进行处理。空载运行正常后，方可投入使用。

4) 照明系统的调整、调试。

照明系统接线完毕后，要对各回路的绝缘电阻进行测试，保证不小于0.5MΩ，再查看灯线是否有承受拉力现象，灯具、插座、开关排列得是否整齐，偏差值是否符合规范，开关控制的是不是相线，操作是否灵敏、可靠。系统检查合格后，方可进行灯具试亮。

5.10　空调工程

5.10.1　通风空调系统

(1) 主要施工顺序

施工程序如图5-30所示。

(2) 空调施工工艺

1) 工艺流程。

金属风管制作→风管及部件安装→空调设备安装→油漆与防腐→空调系统与水系统驳接→系统试运转及调试→交工验收。

流程框图如图5-31所示。

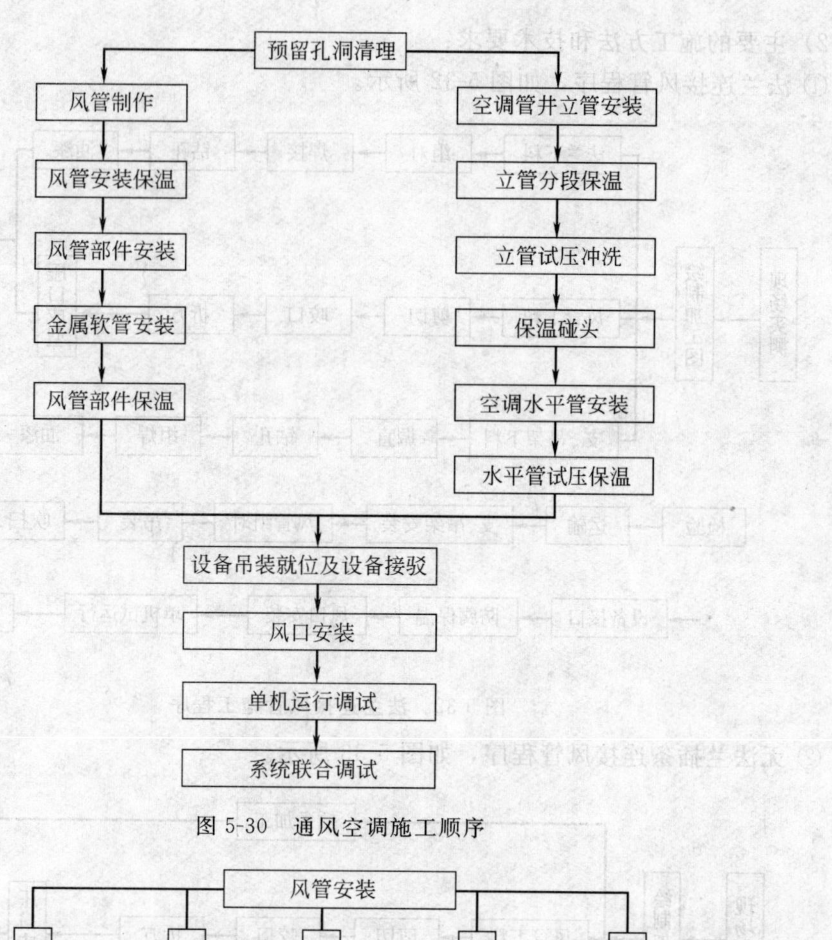

图 5-30 通风空调施工顺序

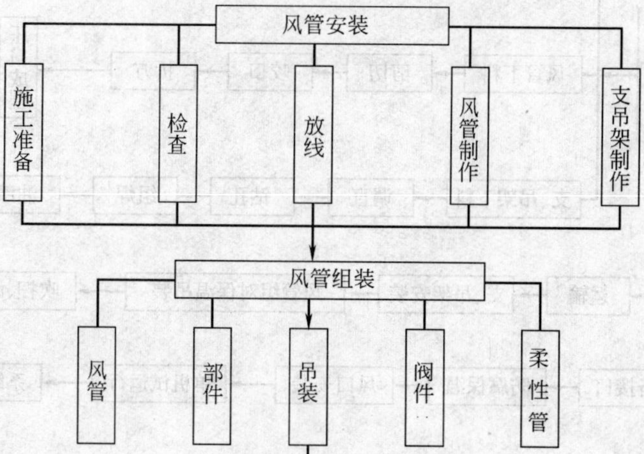

风管安装

施工准备　检查　放线　风管制作　支吊架制作

风管组装

风管　部件　吊装　阀件　柔性管

风管调整

风管保温

风管、水管与设备接口

调整收尾

图 5-31 空调施工工艺

2）主要的施工方法和技术要求：

① 法兰连接风管程序，如图5-32所示。

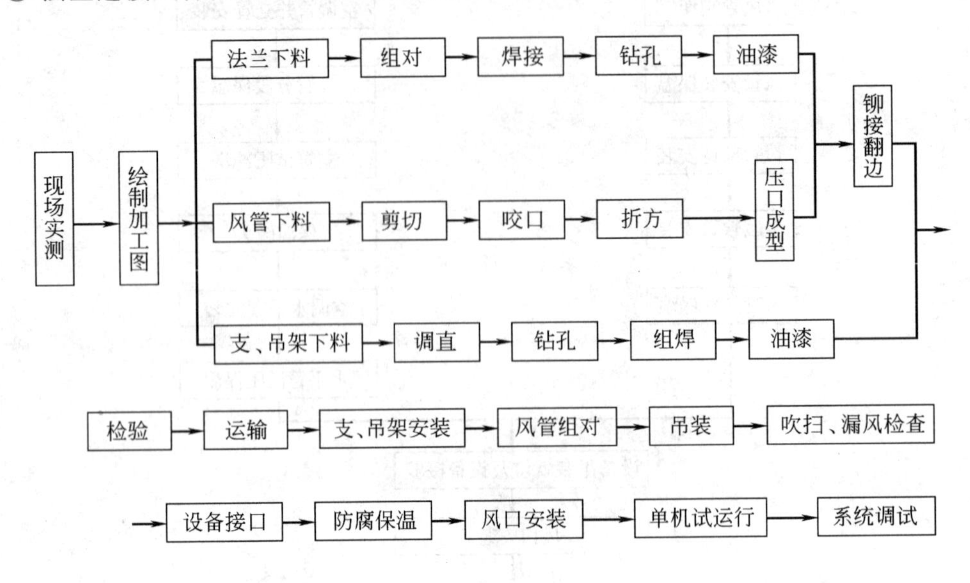

图5-32 法兰连接风管施工程序

② 无法兰插条连接风管程序，如图5-33所示。

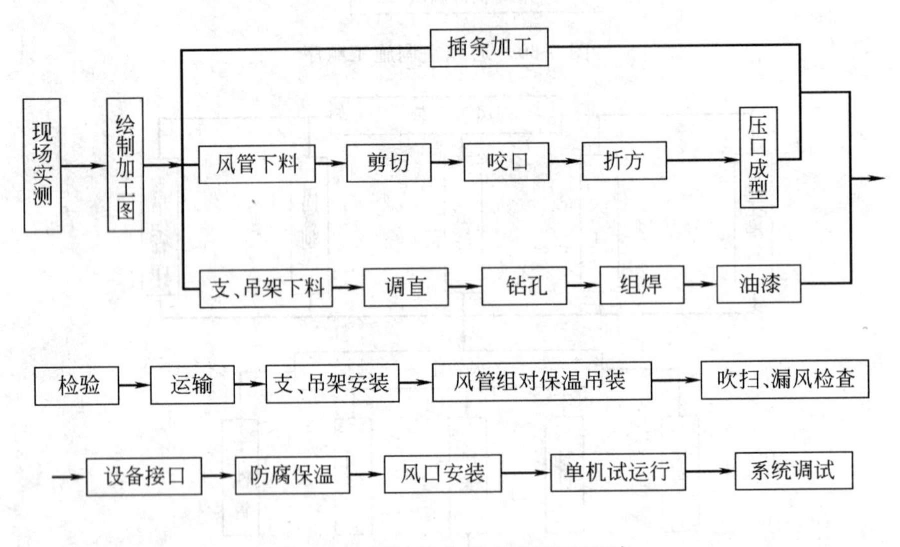

图5-33 无法兰连接风管施工程序

说明：

1. 该分部工程分三大部分制作安装：法兰连接部分、无法兰插条连接部分、圆管部分。符合《通风与空调工程施工质量验收规范》（GB 50243—2002）要求，并择其优者；

2. 施工顺序：先干（立）管，再主管、后支管；

3. 风管在现场集中预制，制作进度和数量应符合施工进度计划，不宜积压堆放。

③ 风管管材的选择及连接方式见表5-26、表5-27。

A. 矩形风管：

矩形风管管材选择及连接方法　　表 5-26

类别 长边尺寸(mm)	钢板厚度(mm)		连接方式	材　质
	中低压系统	高压系统		
$b\leqslant320$	0.5	0.75	法兰或无法兰连接	镀锌钢板
$320<b\leqslant450$	0.6	0.75	法兰或无法兰连接	镀锌钢板
$450<b\leqslant630$	0.6	0.75	法兰连接	镀锌钢板
$630<b\leqslant1000$	0.75	1.0	法兰连接	镀锌钢板
$1000<b\leqslant1250$	1.0	1.0	法兰连接	镀锌钢板
$1250<b\leqslant2000$	1.0	1.2	法兰连接	镀锌钢板
$2000<b\leqslant4000$	1.2	按设计	法兰连接	镀锌钢板

材质要求根据设计要求确定，本工程空调及排风通风风管采用镀锌钢板，排烟风管采用 4mm 钢板制作。

B. 圆形风管

圆形风管管材选择及连接方法　　表 5-27

圆形风管直径	圆形风管板材厚度(mm)	连　接	材　质
$D\leqslant320$	0.5	法兰连接	镀锌钢板
$320<D\leqslant450$	0.6	法兰连接	镀锌钢板
$450<D\leqslant630$	0.75	法兰连接	镀锌钢板
$630<D\leqslant1000$	0.75	法兰连接	镀锌钢板
$1000<D\leqslant1250$	1.0	法兰连接	镀锌钢板
$1250<D\leqslant2000$	1.2	法兰连接	镀锌钢板
$2000<D\leqslant4000$	按设计	法兰连接	镀锌钢板

④ 风管制作安装要点：

A. 风管制作一般要求：主要以加工厂集中预制为主，对风管及管件按系统分层将同一规格尺寸统计数量，实施统一加工，以提高工效。所有板材、角钢、圆钢材料规格严格按设计要求及施工验收规范采用，半成品、成品尺寸范围及允许误差必须符合现行《通风与空调工程施工质量验收规范》(GB 50243—2002) 要求。法兰及插条制作与风管同步，提准各类规格法兰及插条数量，以满足风管闭合成型后能立即进入下一工序。

B. 风管加工：风管加工前所选用的镀锌钢板表面应平整，厚度应均匀，无凸凹及明显的压伤现象，不得有裂纹、砂眼、结疤及刺边和锈蚀现象。

C. 风管加工成形首先应是拼接，然后是闭合接和延长接。风管拼接方法有咬口接、铆接和焊接等。风管的拼料应尽量减少纵向拼接，标准节制作长度以 2m 为宜。其咬口形式采用单平咬口和联合角咬口，其中单平咬口用于管材拼接，联合角咬口用于风管和管件四角组合，咬口宽度一般为 7mm。

D. 风管异径管制作：风管安装力求等底标高，故异径管大多为偏心异径管，其长度按 H=(大边 $A1$－小边 $A2$)×1.5＋100mm 考虑。

E. 风管法兰制作：

a. 矩形风管法兰内径应比风管外径略大2～3mm；

b. 法兰表面应平整，以防漏风；

c. 法兰螺栓孔间距不大于150mm，钻孔时注意孔的位置应处于角钢或扁铁的中心，螺栓孔的排列原则应符合方法兰或圆法兰任意旋转时，四面的螺栓孔都能对准；对于矩形法兰，两对边的螺栓孔均能对准；同一批量加工的相同规格法兰的螺孔排列应一致，并具有互换性；

d. 角钢法兰的立面和平面成90°，连接用的螺栓和铆钉宜采用相同规格。

风管法兰材料规格应符合表5-28、表5-29的规定。

圆形风管法兰表　　表5-28

风管直径(mm)	法兰材料规格(mm)		螺栓规格
	扁钢	角钢	
$D\leqslant 140$	20×4	—	M6
$140<D\leqslant 280$	25×4	—	
$280<D\leqslant 630$	—	25×3	M8
$630<D\leqslant 1250$	—	30×4	
$1250<D\leqslant 2000$	—	40×4	

矩形风管法兰　　表5-29

风管长边尺寸(mm)	法兰用料规格(角钢)	螺栓规格
$b\leqslant 630$	25×3	M6
$630<b\leqslant 1500$	30×4	M8
$1500<b\leqslant 2500$	40×4	
$2500<b\leqslant 4000$	50×5	M10

e. 风管加固：矩形风管大边长大于或等于630mm和保温风管边长大于或等于800mm，其管段长度在1250mm或低压风管单边面积大于1.2m²，中压风管大于1.0m²，均应采取加固措施，本分项工程加固方式可采用角钢加固、肋条、楞折、压筋等几种形式；

f. 风管边长≥500mm的弯头和三通，均应设置导流片；测定孔、检查孔按要求设置，结合处应严密、牢固；

g. 无法兰插条采用专用插接式咬口机制作，保证插条的平整度及同规格插条的互换性；

h. 风管支、吊架制作安装：

(a) 风管支、吊架制作一般采用角钢、槽钢、圆钢、膨胀螺栓在侧梁或楼板固定；

(b) 风管支、吊架的施工必须满足如下要求：

a) 靠墙或靠柱安装的水平风管宜用悬臂支架或有斜撑支架、不靠墙、柱安装的水平风管宜采用托底吊架。直径或边长小于400mm的风管，可采用吊带式吊架。

b) 靠墙安装的垂直风管采用有斜撑的支架，并用抱箍将风管抱紧。不靠墙、柱穿楼板安装的垂直风管采用抱箍支架。

c）风管支、吊架上的螺孔采用机械加工，不得用气割开孔。

d）吊架的吊杆应平直，螺纹应完整、光洁。螺纹连接任一端的连接螺纹均应长于螺杆直径，并有防松动措施，焊接拼接宜采用搭接，搭接长度不宜少于吊杆直径的6倍，并应在两侧焊接。

e）矩形风管抱箍支架应紧贴风管，折角应平直，连接处应留有螺栓收紧的距离。圆形风管抱箍弧应均匀，且应与风管对径相一致，抱箍应能箍紧风管。

f）支、吊架不得设置在风口、阀门、检查门及自控机构处，吊杆不宜直接固定在法兰上。

g）水平安装的风管，当直径或大边长小于400mm，其支、吊架间距不宜大于4m，大于或等于400mm，不应大于3m。

h）垂直安装的风管，当直径或大边长小于400mm，其支、吊架间距不应大于4m；当直径或大边长大于或等于400mm，小于或等于1000mm，其支、吊架间距不应大于3.5m，但每根立管的固定件不应少于2个。

i）管井风管支架采用角钢和扁钢相结合制作。风管吊装时须用吊坠法对风管垂直度加以校正控制，管井安装大样图如图5-34所示。

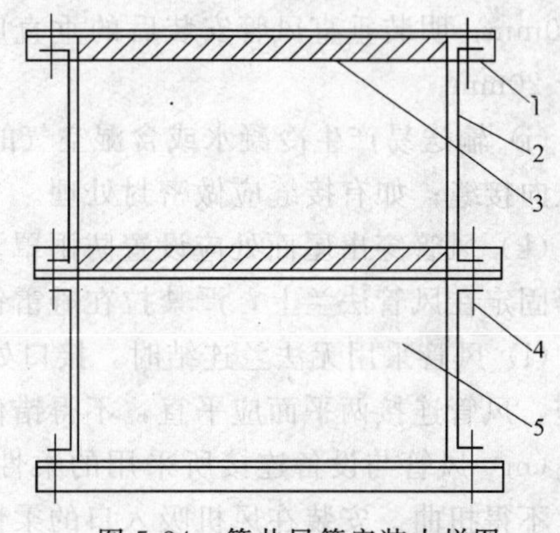

图5-34　管井风管安装大样图

1—40×4角钢；2—40×4扁铁；3—40×40垫木；4—紧固螺栓；5—风管

i. 风管的连接与安装：

(a) 风管组装：现场风管组装。其接口部位不得缩小其有效截面。

(b) 风管安装前，应清除内外杂物，保持清洁。现场同时应检查风管成品不许有变形、扭曲、开裂、孔洞、法兰脱落、开焊、漏铆、漏打螺栓孔等缺陷。

(c) 风管安装前，风管外观质量应达到折角平直，圆弧均匀，两端面平行，无翘角，表面凹凸不大于5mm，风管与法兰连接牢固，翻边平整，宽度不小于6mm，紧贴法兰。

(d) 风管及法兰制作尺寸允许偏差见表5-30。

风管及法兰制作允许偏差　　表5-30

项次	项　目		允许偏差(mm)	检验方法
1	圆形风管外径	$\phi\leqslant$300mm	0～−1	用尺量互成90°的直径
		$\phi>$300mm	0～−2	
2	矩形风管大边	≤300mm	0～−1	尺量检查
		＞300mm	0～−2	
3	圆形法兰直径		＋2～0	用尺量互成90°的直径
4	矩形法兰边长		＋2～0	用尺量四边
5	矩形法兰两对角线之差		3	尺量检查
6	法兰平整度		2	法兰放在平台上用塞尺检查
7	法兰焊缝对接处的平度		1	

(e) 风管组装时在平坦地面上，根据风管壁厚，法兰与风管的连接方法，安装的结构部位和吊装方法等因素可将小段风管连接成相当长度，一起吊装，一般可连成10～12m左右，在风管连接不允许将可拆卸的接口处装设在墙或楼板内，用法兰连接的通风系统，其法兰垫料厚度为3mm，连接时注意垫料不能挤入风管内，以免增大空气流动的阻力，减少风管的有效面积，并形成涡流，增加风管内的灰尘集聚，连接法兰螺栓应在同一侧。

(f) 风管安装前，先对安装好的支吊、托架进一步检查位置是否正确，是否牢固可靠，并按照先干管后支管的安装程序进行吊装。

(g) 水平安装的风管，采用吊架的调节螺栓或在支架上用调整垫铁调整水平。

(h) 安装连接风管时随时安装，随时检查，随时封堵，防止污物、外来物体等进入通风管道或使附属物和孔口受到破坏。

(i) 明装水平风管安装后的水平度的允许偏差为每米不应大于3mm，总偏差不应大于20mm，明装垂直风管安装后的垂直度的允许偏差为每米不应大于2mm，总偏差不应大于20mm。

(j) 输送易产生冷凝水或含湿空气的风管，应按设计要求的坡度安装。风管底部不应设纵向接缝；如有接缝应做密封处理。

(k) 风管穿出屋面处应设置防雨罩。穿出屋面超出1.5m的立管应设拉索固定，拉索不得固定在风管法兰上，严禁拉在避雷针或避雷网上。

(l) 风管采用无法兰连结时，接口处应严密、牢固。矩形风管四角必须有定位及密封措施，风管连接两平面应平直，不得错位及扭曲。

(m) 风管与设备连接所采用的柔性短管一般长度为150～250mm，安装时应松紧适度，不得扭曲。安装在风机吸入口的柔性管可略为装紧一些，以免风机启动后，由于管内负压造成缩小截面的现象。柔性短管外部不宜做保温层。

(n) 风管部、配件安装时应单独设置支、吊架，与风管的连接应牢固密封；其中防火阀、排烟阀和消声器的安装应注意安装方向，手柄置于易操作处；防火阀易熔片应安装在气流上方的位置；风口的安装，应保证其外表美观；使用帆布软接时，应做防腐、防火处理，安装时所有软管接头应保持严密；同时，不得发生扭曲变形，影响送风、回风效果。

j. 风口及阀件安装：

(a) 安装的风口应保证活动件轻便灵活，叶片应平直，与边框不应有碰擦。

(b) 安装风口时，风口与风管的连接应严密、牢固，边框与建筑饰面贴实，外表面应平整、不变形，调节应灵活。风口的水平安装其水平的偏差不应大于3/1000；风口垂直安装，垂直度的偏差不应大于2/1000，同一厅室房间的相同风口安装高度应一致，排列应整齐。

(c) 铝合金条形风口的安装，其表面应平整，线条清晰，无扭曲变形、转角。拼缝处衔接自然，且无明显缝隙。

(d) 多叶阀、防火阀等安装时，应注意阀门调节装置设置在便于操作的部位，安装在高处的阀门也要使其操作装置处于离地面或平台1～1.5m处；如设计在吊顶内，则应在阀件处开检修口。阀门安装完毕后，应在阀体外部明显地标出“开”和“关”方向及开启程度，对于保温系统，应在保温层外面设置标记，以便于调试和管理。

k. 风管系统保温：

(a) 空调矩形风管均采用橡塑海绵保温材料，保温厚度均为25mm；风管支吊、托架设置于保温层外部，并在支吊、托架与风管间垫以30mm×30mm垫木；同时，应避免在法兰、测量孔、调节阀等零部件处设置支吊、托架。

(b) 送风、回风系统经过严密性测试后进行保温；新风系统采用分段边保温边安装的办法，其中竖井中的风管保温需结合各层的支架，以防止保温层滑落。

(c) 保温施工方法按《通风与空调工程施工质量验收规范》(GB 50243—2002) 的规定执行，并择其优者。

(3) 排烟系统

1) 防排烟系统工艺流程如图5-35所示。

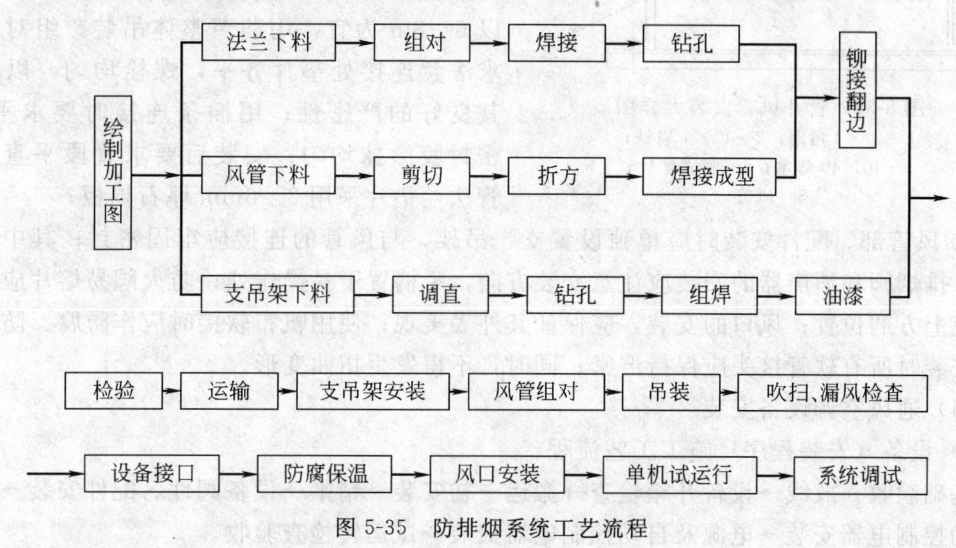

图5-35 防排烟系统工艺流程

2) 防排烟系统管材的选择及连接方式。

根据设计要求排烟风管选用4mm厚的钢板制作，法兰连接。

3) 风管制作安装要点。

风管制作主要以现场集中预制为主。对风管及管件按系统分层将同一规格尺寸统计数量，实施统一加工，以提高工效。所有板材、角钢、圆钢材料规格严格按设计要求及施工验收规范采用，半成品、成品尺寸范围及允许误差必须符合现行《通风与空调工程施工质量验收规范》(GB 50243—2002) 要求。法兰及插条制作与风管同步，提准各类规格法兰及插条数量，以满足风管闭合成型后能立即进入下一工序。

① 风管的拼料应尽量减少纵向拼接，标准节制作长度以2m为宜。其咬口形式采用单平咬口和联合角咬口，其中单平咬口用于管材拼接，联合角咬口用于风管和管件四角组合，咬口宽度一般为7mm。对长边长≥500mm的风管，按规范采取适当加固措施。

② 角钢法兰要求平整，法兰成批焊接前须按不同规格制作模具，焊接必须在平台上操作，保证法兰平整度和垂直度及同规格法兰螺栓孔的互换性、对称性；对矩形风管，螺孔及铆钉间距不得大于150mm，法兰内径尺寸误差应在规范内；风管翻边一般为6～9mm，应保持翻边平整、严密、宽度一致。

③ 风管对长边长≥500mm采用角钢加固，角钢规格按规范要求。测定孔、检查孔按

要求设置，结合处应严密、牢固。风管支、吊架须在相应系统风管制作完成前制作好，支架、吊架用膨胀螺栓固定在楼板上；风管边长＜400mm，吊架间距≤4mm；边长≥400mm，则间距≤3mm。

④ 支架、吊架不设在风口、阀门、检查门及自控机构处；吊杆不得直接固定在法兰上。

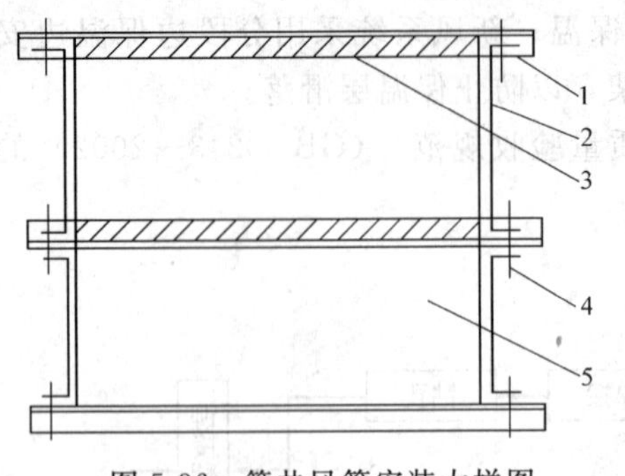

图 5-36 管井风管安装大样图
1—40×4 角钢；2—40×4 扁铁；
3—40×40 垫木；4—紧固螺栓；
5—风管

⑤ 管井风管支架采用角钢和扁钢相结合制作。风管吊装时须用吊坠法对风管垂直度加以校正控制，管井安装大样图如图 5-36 所示。

4）风管的安装：

① 风管按预制的编号按系统分段组对，以 6～8m 为宜，用葫芦整体吊装。组对时要求法兰连接处垫片齐平，螺栓均匀，以保证其良好的严密性；用插条连接时要求平直，密封胶涂抹均匀；安装后要求管段平直。风管法兰垫片采用 3～5mm 厚石棉板。

② 风管部、配件安装时应单独设置支、吊架，与风管的连接应牢固密封；其中，防火阀、排烟阀和消声器的安装应注意安装方向，手柄置于易操作处；防火阀易熔片应安装在气流上方的位置；风口的安装，应保证其外表美观；使用帆布软接时应作防腐、防火处理，安装时所有软管接头应保持严密；同时，不得发生扭曲变形。

（4）通风空调设备安装

1）设备（安装程序）施工工艺流程：

基础验收→放线→设备开箱检查→搬运→初安装→精平→设备阀件、配件安装→电源及自动控制电器安装→电源及自动控制电器安装→试运转检查验收。

2）本工程主要包括通风机、变风量空调机组和风机盘管等。其施工要点如下：

① 设备进入施工现场，应进行开箱检查，开箱检查应由建设单位、监理、施工单位的代表共同组成验收。对于进口设备，还必须具有商检部门的检验合格文件。本通风工程设备只有正压送风机和直联管道风机，无其他空调设备。

② 风机进入现场开箱检查应符合下列要求：

A. 根据设备装箱清单，核对风机叶轮、机壳和其他部位的主要尺寸、进风口、出风口的位置等是否与设计要求相符。叶轮的旋转方向是否符合设备技术文件的规定。

B. 进风口、出风口应有盖板遮盖。各切削加工面，机壳和转子不应有变形或锈蚀、碰损等缺陷。

C. 根据设备装箱清单，检查是否有其他与设备相配套的零部件，设备安装所用的工具。

D. 设备安装就位前应对设备基础进行验收，合格后才能安装。首先根据设计施工图纸轧，将基础图交由土建按照要求打好基础，基础完成以后，然后由安装施工单位组织验收。安装前应按照设备的尺寸要求放好，确定好设备位置。

E. 如风机为离心式箱形整体风机，在其箱体内有减振机座，风机放在其机座上，所以安装时直接将箱形风机放在基础上，然后用斜垫铁找正找平。在其箱体外底座与基础接触处，用地脚螺栓或膨胀螺栓将其固定，但螺栓应带有垫圈和防松螺母。

F. 通风机安装的允许偏差应符合表 5-31 的规定。

通风机安装允许偏差 表 5-31

中心线的平面位移(mm)	标高(mm)	皮带轮轮宽中央平面位移(mm)	传动轴水平度		联轴器同心度	
			纵向	横向	径向位移	轴向倾斜
10	±10	1	0.2/1000	0.3/1000	0.05	0.2/1000

G. 风机盘管在安装前应检查叶轮与机壳的间隙是否符合设备技术文件的要求。风机盘管的支吊、托架应设隔振装置，安装要牢固。

(5) 超级风管的安装

1) 材料的室内存放

管板现场材料的保管、安放以及产品的保护都要精心安排，减少和其他物品的接触，尽量减少额外搬运，避免损坏和降低成品质量。小边不小于 305mm 的直管可打包后送往现场，被折叠打包的风管在送达现场后应立即打开，折叠 7d 后的风管需用对角支撑钢丝来恢复其原有的矩形形状。

2) 制作安装标准

具体作业时，遵循标准管道施工原则而非标准金属板材的制作程序，标准尺寸管道施工（MDC）是用来区分超级风管和金属风管的具体概念，MDC 的操作包含设计、安排、绘图、制作和安装。

3) 制作安装前的准备工作

① 发给每个工人有关每个区域空调机组所需管段和配件的详细图纸。

② 确保施工人员懂得标准管道施工的要求，特别是原施工图为金属风管，而不是超级风管。

③ 为正确的安装提供所有的物品以避免现场替换。包括：所需的装订针、胶带、胶粘剂。为了加固和安装，应配备许可的钢丝、垫片、龙骨及安装工具，还有设备连接、防火阀、软管接头及其他为超级风管系统而设计的附件等。

④ 确保施工人员能够减少损失和正确维修所有的风管。妥善保管超级风管，确保组装好的风管能够紧密连接。制作好充分数量的管段以便于进行吊装，并按正确的吊架间隔安装风管。

⑤ 施工现场的准备。在 B 区一层Ⓑ、Ⓓ轴间～⑮、⑱轴间区域内，搭设材料堆放场地及下料、放样、加工场地。下料完毕后，及时转运至安装地点进行成型、安装。

4) 风管的加固

要使超级风管有长效的使用寿命，系统、正确的加固极为关键。任何加固工序必须符合 NAIMA 玻璃纤维风管施工标准。

① 超过表 5-32 所列压力和尺寸（内径）的风管必须进行加固：

风管压力及尺寸 表 5-32

压力(Pa)	475 型风管加固间距(mm)
0～125	914
125～249	610
249～498	381

② 加强筋的基本位置。

参照超级风管安装手册加强筋加固表（表5-33）所要求的，任何需要加强筋的地方，其第一排（正压风管）应放于距离横接点的雌边100mm处，其后的加强筋除了加固表所要求的外，可以为610mm和406mm，都应以此点为测量的起点。

超级风管加强筋加固表 **表5-33**

<table>
<tr><th colspan="2">风管静压(Pa)</th><th>风管最大内径
(mm)</th><th>支撑风管内壁的
加强筋间距(mm)/数量</th><th>加强筋之间最大
纵向距离(mm)</th></tr>
<tr><td rowspan="10">大于
249
～
498</td><td rowspan="5"></td><td>0～381</td><td>—</td><td>不要求</td></tr>
<tr><td>406～457</td><td>406/1</td><td>610</td></tr>
<tr><td>483～610</td><td>406/1</td><td>610</td></tr>
<tr><td>636～813</td><td>406/1</td><td>406</td></tr>
<tr><td>838～1219</td><td>406/2</td><td>406</td></tr>
<tr><td rowspan="5">风管长边超过1219mm应采用防下垂支撑</td><td>1245～1524</td><td>406/3</td><td>406</td></tr>
<tr><td>1549～1626</td><td>406/3</td><td>406</td></tr>
<tr><td>1651～2032</td><td>406/4</td><td>406</td></tr>
<tr><td>2057～2438</td><td>406/5</td><td>406</td></tr>
<tr><td>2500～4000</td><td>406/按间距计算</td><td>406</td></tr>
</table>

5）防下垂组装

没有加压的大号风管会因为重力而产生自然下垂，为防止这种现象的产生，应要对内径超过1219mm的风管进行抗弯组装，将直径最小为13mm的镀锌套管剪至与管道内径一样长短，将附加的垫片放在线槽与风管的内壁之间，从管道雄接口隔102mm进行防下垂组装。

在负压下，超级风管系统可按“超级风管加强筋加固表”进行加固，加强筋的纵向间距应从雄接口的102mm处开始，用于负压风管加固的每一个加强筋都需要12号钢丝、13mm套管和4个组装于一起的垫片。

6）标准吊架

金属吊架通常用来支撑矩形风管和接头，本工程支托一律采用轻钢龙骨。

① 当风管长边尺寸≥1219mm，或高度≥610mm，用76mm宽轻钢龙骨作支托，用16号镀锌钢丝作吊杆；

② 当风管长边尺寸＜1219mm，或高度＜610mm，用50mm宽轻钢龙骨作支托，用20号镀锌钢丝作吊杆；

③ 吊架间距见表5-34。

吊架间距选择表 **表5-34**

序号	风管尺寸(mm)	吊架最大间距(mm)	备　注
1	宽≥1200	1200	
2	宽＜1200,高＜300	1800	
3	宽＜1200,300＜高＜600	2400	
4	宽≤600,高＞300	2400	

7）超级风管的制作安装、加固及支吊架

也可参照产品供应商“沈阳亚皇空调设备有限责任公司”提供的《超级风管制作及安装方法》执行。

（6）通风工程油漆

1）油漆工程施工应采用防火、防冻、防雨措施，并不应在低温或潮湿环境下喷涂；

2）喷、涂油漆，应使油膜均匀，不得有堆积、漏涂、皱纹、气泡、掺杂及混色等缺陷；

3）风管系统的法兰、支、吊架的防腐处理：首先应将型钢表面的铁锈除掉，然后在安装前按照设计要求刷防锈漆一遍，安装好后再刷第二遍，涂刷时油漆应均匀；

4）风管法兰、支、吊架焊接好以后，要将焊接部位的焊渣用焊渣锤敲干净，才能喷、刷防锈漆；

5）对于普通钢板在制作风管以前，最好刷一遍防锈漆。

5.10.2 空调水系统

（1）水系统施工工艺流程

工艺流程如图 5-37 所示。

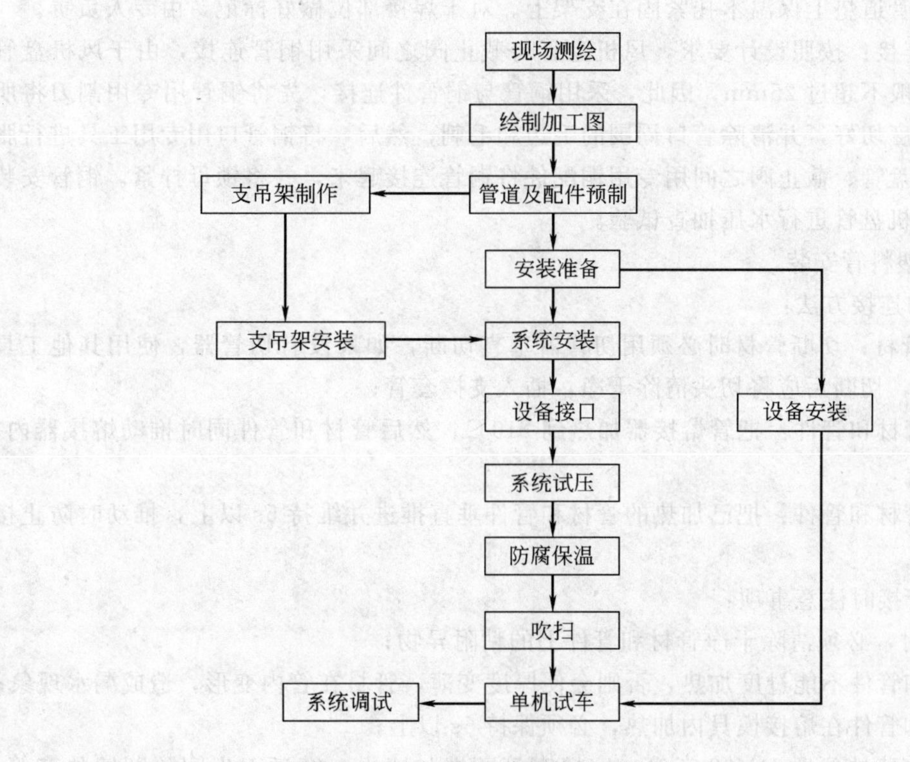

图 5-37 水系统施工流程

（2）管材、阀门选用和连接方式

1）根据设计要求，冷冻冷却水管均采用镀锌无缝钢管；

2）风机盘管与阀门连接采用紫铜管，冷凝水管采用 PPR 管连接。

（3）管道支、吊架安装

管道支、吊架按规范要求制作安装，各专业需统一协调，合理安排。支架与管道间用木垫间隔，以防冷桥产生。管道支、吊架的最大跨距，见表 5-35。

管道支、吊架最大跨距 表 5-35

管道尺寸(mm)	最大跨距(m)	公称直径(mm)	最大跨距(m)
15～25	2.0	250	5.5
32～50	3.0	300	6.0
65～80	3.5	350	6.0
100	4.0	400	6.0
125	4.5	450	6.0
150	4.5	500	6.0
200	5.0	600～1000	6.0

(4) 管道安装

1) 镀锌钢管安装：安装前先进行清除镀锌钢管表面的圬垢，并校直、校正管口。对于管材管径较大的需要开坡口，用气焊开的坡口较为粗糙，因此还必须打磨，直至破口表面平整、光滑。将管材搬运至各施工点，敷设到位，先根据设计要求，按规格尺寸下好料，先点焊，复核准确无误后，再集中焊接；现场焊接完后由专业质检员组织进行自检，焊接完后，将管道垫上保温木托紧固在支架上。对于焊接部位做好标记，由专人负责。

2) 铜管连接：按照设计要求，风机盘管与截止阀之间采用铜管连接，由于风机盘管进出口管径一般不超过 25mm，因此，采用铜管与铜管件连接，先将铜管用专用割刀将所需要铜管的长度切好，并清除管口周围的毛边和毛刺；然后，将铜管口用专用工具进行胀口，在与风机盘管、截止阀之间用专用铜配件将铜管连接起来，并将锁母拧紧。铜管安装前，必须对风机盘管进行水压抽查试验。

3) PPR 塑料管安装。

① 管材的连接方法：

A. 切断管材：切断管材时必须用切管器垂直切断，如果没有切管器，使用其他工具来切断管材时，切断后应将切头清除干净，插入支撑套管；

B. 加热管材和管件：把管熔接器加热到 210℃，然后管材和管件同时推动熔接器内，并加热 5s 以上；

C. 连接管材和管件：把已加热的管材和管件垂直推进并维持 5s 以上，推动时防止接头弯曲。

② 热熔管接时注意事项：

A. 接管时，必须清除干净管材和管件上的粘附异物；

B. 管材和管件不能过度加热，否则会使厚度变薄，管材在管内变形，造成漏水现象；

C. 管材和管件在熔接模具内加热，必须保持 5s 以上；

D. 管道穿墙处预埋 *DN*32 套管，穿墙套管两端与墙平，穿过卫生间隔断墙的套管，管道穿过后用油麻填实封严。

③ 热熔连接应按下列步骤进行：

A. 先将热熔工具接通电源，到达工作温度（260℃），指示灯指示焊具已处于待用状态后，开始操作；

B. 按放线长度用专业剪刀切割管材，使端面垂直于管轴线；

C. 切割后除去管断的毛边和毛刺，管材与管件连接端面必须清洁、干燥、无油；

D. 用卡尺和合适的笔在管端测量并标绘出热熔深度，应符合表5-36；

热熔深度　　表5-36

公称外径(mm)	热熔深度(mm)	加热时间(s)	加工时间(s)	冷却时间(min)
20	14	5	4	3
25	16	7	4	3
32	20	8	4	4
40	21	12	6	4

E. 熔接弯头或三通时，按设计图纸要求，注意其方向，在管件和管材的直线方向上，用辅助标志标出其位置；

F. 将管材无旋转地导入加热套内，插入到所标志的深度；同时，无旋转地把管件推到加热头上，达到规定标志处；加热时间必须满足表5-36的规定；

G. 达到加热时间后，立即把管材与管件从加热套与加热头上同时取下，迅速无旋转地直线均匀插入到所标深度，使接头处形成均匀凸缘；

H. 在规定的加工时间内，刚熔接好的接头还可以在5°以内校正，但严禁旋转；

I. 连接完毕，必须双手紧握管子与管件，保证足够的冷却时间，冷却到要求后方可松手，编号后继续安装下段管道。给水聚丙烯管与金属管件连接，采用带金属嵌件的聚丙烯管件作为过渡。

④ 管道敷设：

A. 将预制好的管道按编号搬运到安装部位依次排开，然后按顺序固定管道。成排的管段之间现场热熔连接要从里至外，从上至下，管道连接后必须保证其他管道之间留有热熔工具的操作空间。

B. 管道安装时，不得有轴向扭曲，穿墙或穿楼板时，不要强制校正。给水聚丙烯管与其他金属管道平行敷设时，应有一定的保护距离，净距离不小于100mm，且聚丙烯管宜在金属管道的内侧。

C. 管道系统安装过程中的开口处及时封堵。

D. 管道连接质量检验合格后，按设计施工图纸和现场绘制简图所示的固定、滑动支、吊架位置调整坐标、标高，固定支、吊架，并使管卡与管道之间的橡胶隔垫位置正确，连接紧密。

⑤ 材料性能：

A. 管件的承口尺寸应符合表5-37规定。

管件承口尺寸　　表5-37

公称外径(mm)	承口内径(mm)		承口长度(mm)	承口厚度
	基本尺寸	允许偏差		
20	19.3	0～－0.2	16	承口壁厚不应小于同规格管材的壁厚
25	24.3	0～－0.3	18	
32	31.3	0～－0.3	20	
40	39.2	0～－0.3	22	
50	49.2	0～－0.4	25	
63	62.1	0～－0.4	29	

B. 管材和管件的物理力学性能应符合表5-38规定。

管材性能　　　　**表5-38**

项目		指标		试验方法
		管材	管件	
密度(g/cm³)(20℃)		0.89～0.91		GB 1033—86
导热系数(W/(m·K))(20℃)		0.23～0.24		GB 3399—82
线膨胀系数(mm/(m·K))		0.14～0.16		GB 1036—89
弹性模量(N/mm²,20℃)		800		GB 1040—79
拉伸强度(MPa)		≥20		GB 1040—79
纵向回缩率(135℃,2h)(%)		≤2		GB 6671.3—86
摆锤冲击试验(15J,0℃,2h)破损率(%)		<10		GB 1043—79
液压	短期20℃,1h,环应力16MPa	无渗漏	无渗漏	GB 6111—85
试压	长期95℃,1000h,环应力3.5MPa	无渗漏	无渗漏	GB 6111—85
承插口密闭试验	20℃,1h,试压压力为2.4倍公称压力	无渗漏或无破坏	无渗漏或无破坏	GB 6111—85

(5) 管道放气与排污

竖向主管在最高处需设排气装置，在最低处需安装100mm或更长的集污管，底部设排污闸阀。空调器的凝结水管出口处需设存水弯，凝结水管的坡度必须大于或等于1%。

(6) 阀门安装

阀门安装前必须清洗干净，试压合格后才能安装。安装时，必须保证开启灵活，关闭严密。

(7) 水压试验

空调水管安装完毕且与施工图核对无误后才能进行水压试验，水压试验分区、分段、分层进行。

1) 准备工作：

明确试压范围，将管道分系统、分区或分段编号，确定试压先后顺序，检查试压用具是否满足使用要求。全面检查管材、阀件、支架是否符合设计及规范要求，焊缝及其他需要重点检查的部位，不得刷漆及保温；管道上有膨胀节的设置临时约束措施。

管道系统及各分支的最高点应设置放气阀，最低点设置泄水阀，放气阀及泄水阀的出水应有安全去处。检查试压用水源及电源是否正常。

2) 试压过程：

打开所有阀门（排水阀除外），再将手轮回转半圈。接通水源，当水将充满管道时控制升压速度，应缓慢升压。试压过程中要有专人对试压管道巡视检查，有大量漏水处需泄水进行修理，再重新充水试压。要求试验压力达到系统顶点工作压力的1.25倍。10min内压降不大于0.01MPa，然后降至工作压力作外观检查，以不渗、不漏为合格。

(8) 管道防腐保温

1) 管道刷油：

无缝钢管试压合格后刷红丹防锈漆两遍，明装管道支、吊架表面加刷色漆两遍。

2) 保温：

空调水管道保温需待试压合格并刷油后进行。空调水供、回，冷凝水管保温采用发泡橡塑进行保温。

保温厚度按表5-39选用。

保温厚度　　表5-39

公称直径(mm)	保温厚度(mm)
20～100	30
125～300	35
300以上	40

冷凝水排水管保温厚度为25mm。

(9) 注意事项

1) 冷水管道穿过墙体和楼板时，保温层不能间断；在墙体或楼板的两侧，应设置夹板，中间的空间应以松散保温材料（岩棉、矿棉和玻璃棉）填充；

2) 与水泵、组合式空调机、吊顶式空调机、新风机组、冷冻机组、换热机组等连接的进出水管上，必须设置减振接头，接头选型详见设计图纸，管道通过沉降缝必须加上接头；

3) 每台水泵的进水管上，应安装闸阀或蝶阀、压力表和Y形过滤器；出水管上应安装止回阀、闸阀或蝶阀、压力表和带护套的水银温度计；

4) 安装水泵基座下的减振器时，必须认真找平与校正，务必保证基座四角的静态下沉度基本一致。

5.10.3 设备吊装

本工程共有各种机电设备，包括：换热机组、冷冻机组、冷却塔、组合式空调机组、卧柜式空调机、吊顶空调机、水处理器、交换器、新风机组、风机盘管、各种大型水泵、送排风机等。其中，单件安装重量最大的为冷水机组，组装后体积最大的为冷却塔，安装中最容易变形损坏的为组合式空调器和新风机组。本工程的大型设备较多，且设备的价值较高，因而设备安装质量的好坏，将直接影响到整个航站楼的使用功能，因此，针对各种设备不同的安装特点，分别制定出安装方案，确保设备的安装质量。

(1) 施工准备

1) 设备的安装工作，一般在土建施工进行到结构基本完成，粗装修开始阶段时进行；首先，设备安装人员要熟悉图纸及有关设备的技术要求，明确设备安装的工期、技术、环保等要求，明确设备订货情况及到施工现场的时间。

2) 根据设备的数量、规格、到场时间，安排好设备进场次序，并根据设备的不同安装位置，制定出不同的设备运输路线，并根据各种设备的不同安装方法和吊装方法，制定出切实可行的设备安装施工方案。

3) 根据设计图纸，检查各设备的位置、基础的各项技术参数，是否符合设备的安装要求，其他与设备配套的专业施工，是否符合设备安装的要求。设备安装前，按照设备安装图放出设备的纵横中心线。

4) 会同有关人员，进行设备安装的运输路线清理，确保设备在进行运输工作时，没有其他方面的干扰，保证施工安全。

5）到场设备要进行仔细检查、核对，是否符合设计要求，是否有破损现象，并及时做好各项记录。

6）设备吊装施工组织结构及工艺流程：

① 组织结构：由项目总工挂帅，技术员、安全员、起重总指挥到场；

② 施工工艺流程：机组开箱验收→基础放线验收→机组吊运→机组安装。

（2）机电设备的吊装

1）吊装设备简介：

① 地下一层制冷机房冷冻机组为螺杆式制冷机组 1 台，离心式制冷机组 2 台，室外冷却塔为散件现场组装，新风机组和组合式空调器按整体考虑，这些设备的安装工作难度较大，主要是设备运输及设备的吊运。鉴于现有场地的实际情况，大型车辆在场内行动不便，设备应尽量采用分体组件个别运输，现场组装。

② 由于受施工现场的场地限制，设备不能集中到场，必须按照施工进度的要求，分期、分批进场，设备到场后，立即进行运输工作。设备就位后，做好成品保护工作，尤其是新风机组和组合式空调器，要封闭风口，防止杂物进入，并防止外力碰撞机组的外壳。

2）换热机组、离心式、螺杆式冷冻机组的吊装：

① 换热机组、离心式、螺杆式冷冻机组运到现场后，使用汽车起重机把设备从±0.00m地面通过设备吊装孔吊至地下一层楼板；

② 冷水机组至地下一层后，使用道木、滚杠、卷扬机等，人工滚运将换热机组、离心式、螺杆式冷冻机组运至设备基础，用 200mm×200mm×3000mm 道木沿设备基础顺向码放，一直码放到设备吊装口的正下方，在道木上面码放 $\phi108\times10$ 的滚杠（图 5-38）；

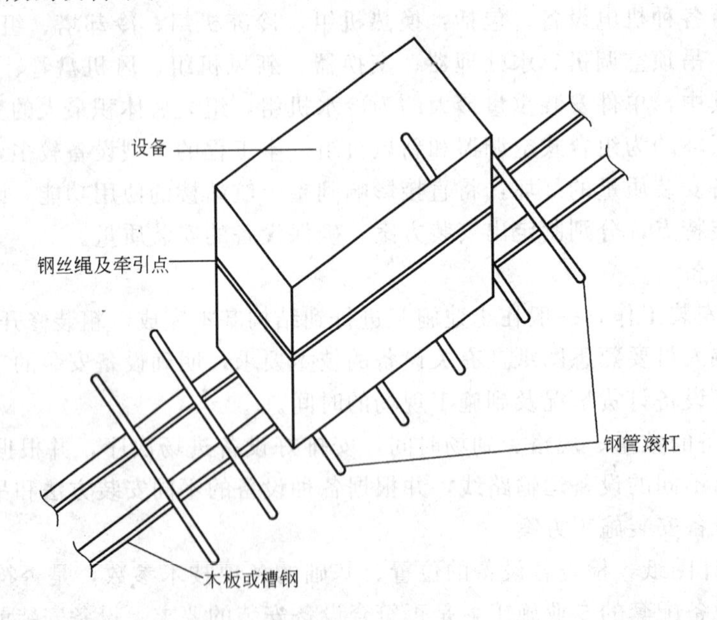

图 5-38　用滚杠移动设备

③ 换热机组、离心式、螺杆式冷冻机组运至基础上时，按设备要求，对准放好的基准线，用千斤顶将设备顶起，撤去运轨底排，将设备放下，进行调平、调正。

3）新风机组和组合式空调机组的吊装：

① 本工程中的新风机组和组合式空调机组，由于外形较大，且外壳较薄，运输中要尽量保护好。新风机组和组合式空调机组的吊装可以利用塔吊吊装。

② 机组进场后，由施工单位、业主、监理、供货单位等有关人员共同对设备开箱检验。检验内容为设备型号、规格尺寸是否与设计图纸相符，设备外观有无损伤锈蚀，对照设备清单核实附件，文件资料是否完整齐全，检验过程要做好记录。

③ 将机组运至设备基础上后，采用 2 台千斤顶将机组抬起，将运料车抽出；然后，将机组缓慢放在机组基础上。

④ 钢节扣将机组与吊点连接牢固，经检查无误后方可吊装，并且在机组与钢丝绳之间垫上木板，保证机组不受损坏。

⑤ 负责吊装的工人注意力应高度集中，听从统一指挥。

⑥ 接料平台具体安装做法如图 5-39 所示。安装平台时，使用 ϕ25 钢丝绳连接平台吊耳和上层楼面上的柱子。钢丝绳与楼面磨擦处垫橡胶垫。接料平台与楼板连接处使用 M16 膨胀螺栓固定。

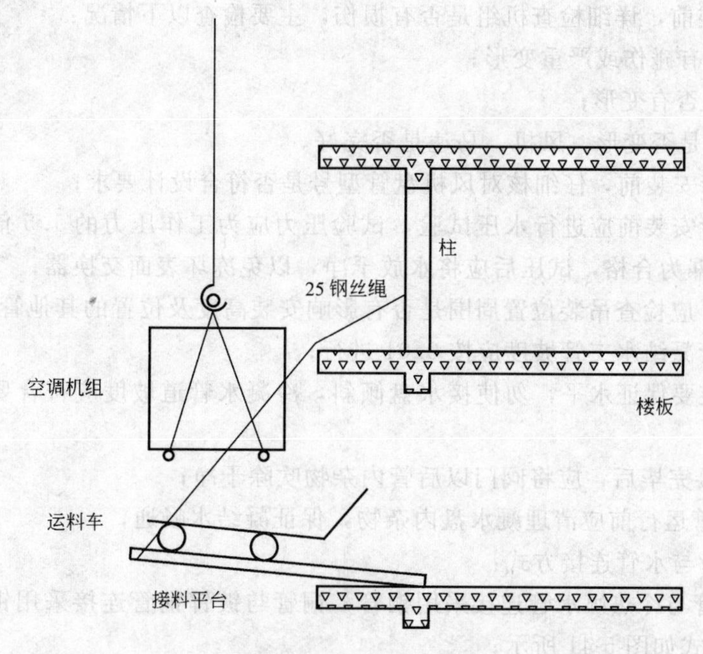

图 5-39　新风机组吊装

4）冷却塔吊装：

冷却塔组件直接吊运至安装室外地面。冷却塔安装的重点，是底座钢梁的焊接制作和冷却塔承水盘的拼装。钢梁的焊接，保证各轴线的准确，钢梁的上平面水平。冷却塔承水盘拼装应该认真、仔细，紧固螺栓时应用力均匀，确保承水盘不漏水。

5）风机盘管的吊装：

① 风机盘管吊装形式。

风机盘管吊装吊筋采用 ϕ8 圆钢，吊杆与楼板连接采用∟40×4 角钢，角钢与圆钢满焊连接，用 M10×85 膨胀螺栓固定在楼板上，风机盘管吊装孔需加橡胶减震及垫圈后，再用螺栓固定。水管连接阀门后采用铜管连接，阀门前用镀锌钢管连接，连接管件采用铜质单头鸽鸽。

具体吊装形式及水管连接方式如图5-40所示。

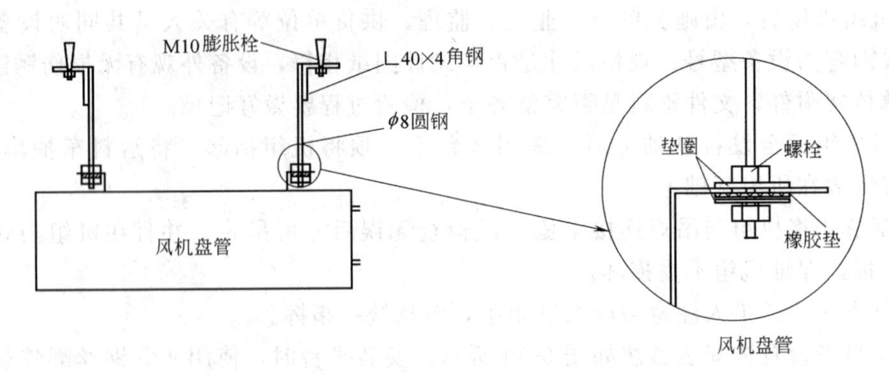

图5-40　风机盘管吊装

② 风机盘管吊装注意事项：

A. 机组安装前，详细检查机组是否有损伤，主要检查以下情况：

a. 机组是否有碰伤或严重变形；

b. 风机罩是否有变形；

c. 凝结水盘是否变形，风机、马达是否完好。

B. 风机盘管安装前，仔细核对风机盘管型号是否符合设计要求；

C. 风机盘管安装前应进行水压试验，试验压力应为工作压力的1.5倍，定压后观察2～3min不渗不漏为合格，试压后应将水放干净，以免冻坏表面交换器；

D. 安装时，应检查吊装位置周围是否有影响安装高度及位置的其他管线；

E. 风机盘管凝结水支管坡度应按0.01进行；

F. 机组安装要保证水平，勿使接水盘倾斜，冷凝水管道坡度应符合要求，以防冷凝水外溢；

G. 管道连接完毕后，应将阀门以后管内杂物吹除干净；

H. 风机盘管运行前应清理凝水盘内杂物，保证凝结水畅通；

③ 风机盘管与水管连接方式：

A. 风机盘管与冷热媒水管连接采用铜管，铜管与镀锌钢管连接采用铜质单头鸽鸽变径，具体连接形式如图5-41所示；

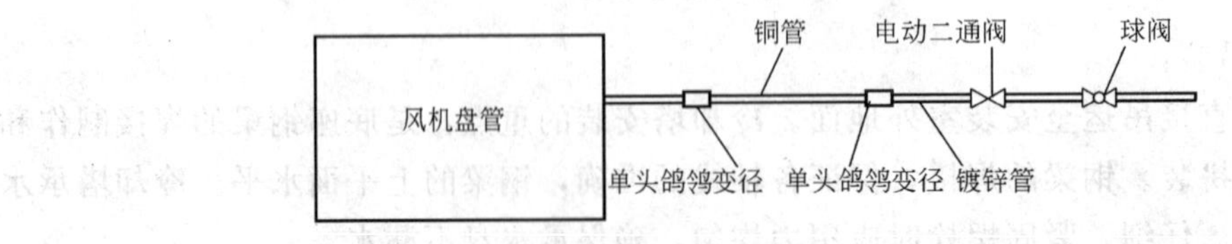

图5-41　风机盘管水管连接示意图

B. 铜管连接管道应符合规范要求，铜管割口完毕后应用扩口器将口内毛刺清除干净；

C. 铜管连接紧固时，应用扳手卡住鸽鸽变径的六方接头，以防损坏铜管；

D. 凝结水管采用蛇皮软管连接，并用喉箍紧固，严禁渗漏，凝结水坡度应按不小于

0.01进行，凝结水应能畅通地流到指定位置，水盘内无积水。

④ 风机盘管与风管连接方式：

A. 风管采用镀锌钢板风管，风管与设备连接处设置软连接，软连接采用双层三防腈纶帆布连接，其作用是隔振和调整设备与风管的微小位移，设备与风管连接形式如图5-42所示；

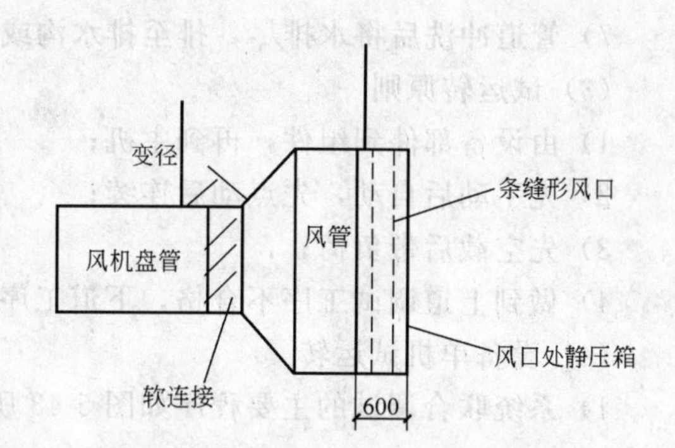

图 5-42　设备与风管连接平面图

B. 风口静压箱与条缝形风口连接采用铆接形式，连接处应用玻璃胶密封，以保证连接紧密。

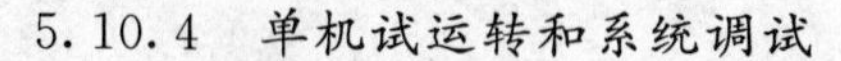
5.10.4　单机试运转和系统调试

(1) 试运转准备工作

1) 空调系统安装完毕，工程质量符合要求；

2) 空调供回水管道试压合格；

3) 管道上的阀门（包括电磁阀）经检查确认安装方向和位置正确无误，启闭灵活；

4) 排水管道畅通、排水流向地漏式集水坑；

5) 管道上放气阀位置正确、功能正常；

6) 通风机和空调设备外观检查无重大缺陷，并根据有关规定进行外表清洗；

7) 检查和调整风量调节阀、防火阀和排烟阀的工作状态；

8) 检查和调整送、回、排风口内的风阀和叶片的开度及角度；

9) 电动机及电气箱内的接线正确无误；

10) 电气控制系统和自动调节系统应进行模拟动作试验；

11) 试运转所需的水、电、气或蒸汽的供应均能满足使用要求；

12) 组织好调试队伍（若有必要可进行具体分工），熟悉设计图纸、相关规范，以及设备技术性能和系统中的主要技术参数；

13) 按照试运转的调试项目，准备好数据记录的相应表格。

(2) 管道系统冲洗

1) 分系统、分段进行冲洗；冲洗介质选用自来水；

2) 对不允许吹洗的管道附件，应暂时拆下并妥善保存，临时用短管代替或采取其他措施完成吹洗后再重新装上；

3) 吹洗前应检查管道支架是否牢固可靠；

4) 吹洗的顺序应按主管、支管、疏排管的顺序进行，吹出的脏物不允许进入设备或已吹洗的管道；对各支管的吹洗，应按由近至远、逐根进行；

5) 吹洗压力不得超过管道工作压力，且不得低于工作压力25%，吹洗时应使介质流速不低于工作流速；

6) 水冲洗应多次进行，将管道中的铁锈、杂物、焊渣等冲洗掉，保证水循环系统处于良好工作状态，防止管路及配件堵塞；当出口水的透明度与入口处目测基本一致为合格；

7）管道冲洗后将水排尽，排至排水沟或集水坑，不得污染现场环境。

（3）试运转原则

1）由设备部件到组件，再到主机；

2）先手动后自动，先点动后连续；

3）先空载后带负荷；

4）做到上道调试工序不合格，下道工序不得开始调试。

（4）设备单机试运转

1）系统联合调试的主要程序如图5-43所示。

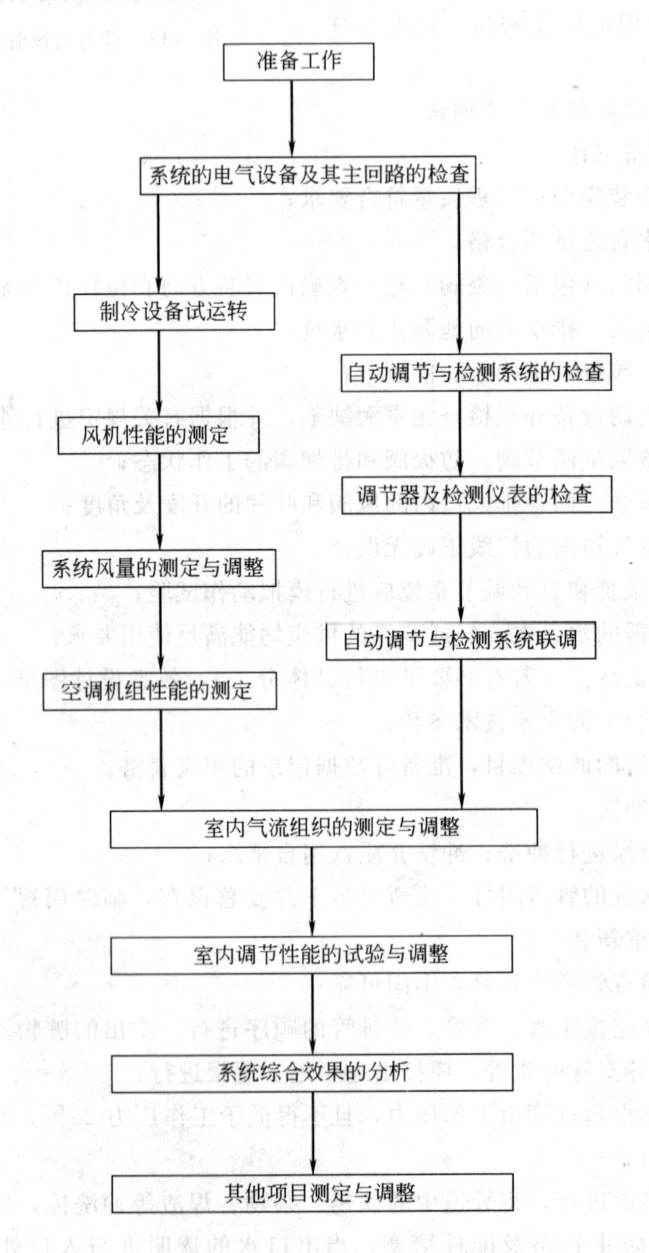

图5-43　系统联合调试程序

2）通风空调各系统测定、调整和联合试运转的主要内容如图 5-44。

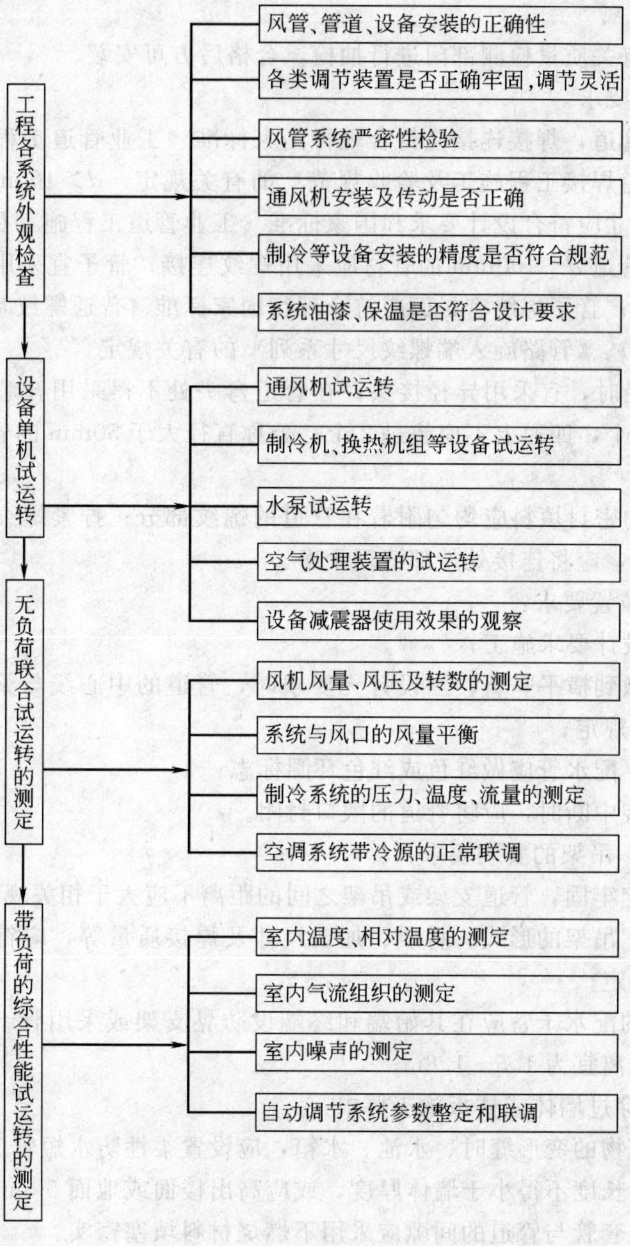

- 工程各系统外观检查
  - 风管、管道、设备安装的正确性
  - 各类调节装置是否正确牢固，调节灵活
  - 风管系统严密性检验
  - 通风机安装及传动是否正确
  - 制冷等设备安装的精度是否符合规范
  - 系统油漆、保温是否符合设计要求
- 设备单机试运转
  - 通风机试运转
  - 制冷机、换热机组等设备试运转
  - 水泵试运转
  - 空气处理装置的试运转
  - 设备减震器使用效果的观察
- 无负荷联合试运转的测定
  - 风机风量、风压及转数的测定
  - 系统与风口的风量平衡
  - 制冷系统的压力、温度、流量的测定
  - 空调系统带冷源的正常联调
- 带负荷的综合性能试运转的测定
  - 室内温度、相对温度的测定
  - 室内气流组织的测定
  - 室内噪声的测定
  - 自动调节系统参数整定和联调

图 5-44 通风空调联合试运转内容

5.11 消防工程

5.11.1 消火栓系统

(1) 管道安装前检查

1）检查管子的材质、规格及镀锌质量是否复合图纸设计及国家标准要求，并且有出厂合格证；

2）检查管道无裂纹、无损伤，管道壁厚符合设计厚度；

3）管网安装前，应清除管子内外部的杂物；安装时，应随时清除已安装管道内部的杂物；

4）安装前送有关质量检测部门进行抽检，合格后方可安装。

（2）管网安装要求

1）消防压力管道，焊接连接应符合现行国家标准《工业管道工程施工及验收规范》、《现场设备工业管道焊接工程施工及验收规范》的有关规定。$d>100$mm 的管材为卡箍连接，连接质量及尺寸应符合设计要求和国家标准《工业管道工程施工及验收规范》。

2）消防压力管道 $d<100$mm 的管材应采用螺纹连接；管子宜采用机械切割，切割面不得有飞边、毛刺；管子螺纹密封面应符合现行国家标准《普通螺纹基本尺寸要求》、《普通螺纹公差与配合》、《管路旋入端螺纹尺寸系列》的有关规定。

① 当管道变径时，宜采用异径接头；在管道弯头处不得采用补芯；当需要采用补芯时，三通上可用1个，四通上不应超过2个；公称直径大于50mm的管道，不宜采用活接头；

② 螺纹连接的密封填料应均匀附着在管道的螺纹部分；拧紧螺纹时，不得将填料挤入管道内；连接后，应将连接处外部清理干净。

3）管道安装位置要求：

① 严格按照设计要求施工；

② 管道安装做到横平竖直；当设计无要求时，管道的中心线与梁、柱、楼板等的最小距离应符合相关规定；

③ 配水干管、配水管应做红色或红色环圈标志；

④ 管网在安装中断时，应将管道的敞口封闭。

4）管道支架、吊架的安装要求：

① 管道应固定牢固，管道支架或吊架之间的距离不应大于相关规定；

② 管道支架、吊架的形式、材质、加工尺寸及焊接质量等，应符合设计要求和国家现行有关标准的规定；

③ 竖直安装的配水干管应在其始端和终端设防晃支架或采用管卡固定，其安装位置距地面或楼面的距离宜为1.5～1.8m。

5）消防管道穿过墙体或楼板施工要求：

管道穿过建筑物的变形缝时、水池、水箱，应设置柔性防水短管。穿过墙体或楼板时应加设套管，套管长度不得小于墙体厚度，或应高出楼面或地面50mm；管道的焊接环缝不得位于套管内。套管与管道的间隙应采用不燃烧材料填塞密实。

6）室内外管道防腐：

① 室内明装钢管及零部件，应除锈后刷红丹打底，树脂类漆两道，深红色；

② 室外管道防腐按图纸要求制作，红丹打底，防腐涂料两道。

7）管道试压和冲洗：

① 管网安装完毕后，应对其进行强度试验、严密性试验和冲洗，强度试验和严密性试验宜用水进行；

② 系统试压前应具备下列条件：

A. 埋地管道的位置及管道基础、支墩等经复查，符合设计要求；

B. 试压用的压力表不少于2只；精度不应低于1.5级，量程应为试验压力值的1.5～2倍；

C. 对不能参与试压的设备、仪表、阀门及附件应加以隔离或拆除；加设的临时盲板应具有突出于法兰的边耳，且应做明显标志，并记录临时盲板的数量；

D. 系统试压过程中，当出现泄漏时，应停止试压，并应放空管网中的试验介质，消除缺陷后，重新再试；

E. 系统试压完成后，应及时拆除所有临时盲板及试验用的管道，并应与记录核对无误，且应填写记录；

F. 管网冲洗应在试压合格后分段进行；冲洗顺序应先室外，后室内；先地下，后地上；室内部分的冲洗应按配水干管、配水管、配水支管的顺序进行；

G. 管网冲洗宜用自来水进行；冲洗前，应对系统的仪表采取保护措施；止回阀等应拆除，冲洗工作结束后应及时复位。

③ 水压试验

A. 水压试验时环境温度不宜低于5℃；当低于5℃时，水压试验应采取防冻措施。

B. 当系统设计工作压力等于或小于1.0MPa时，水压强度试验压力应为设计工作压力的1.5倍，并不应低于1.4MPa；当系统设计工作压力大于1.0MPa时，水压强度试验压力应为该工作压力加0.4MPa。

C. 水压强度试验的测试点应设在系统管网的最低点。对管网注水时，应将管网内的空气排净，并应缓慢升压，达到试验压力后，稳压30min，目测管网应无泄漏和无变形，且压力降不应大于0.05MPa。

D. 水压严密性试验应在水压强度试验和管网冲洗合格后进行。试验压力应为设计工作压力，稳压24h无泄漏。

④ 气压试验：

A. 气压试验的介质宜采用空气或氮气；

B. 气压严密性试验的试验压力应为0.28MPa，且稳压24h，压力降不应大于0.01MPa。

⑤ 冲洗：

A. 管网冲洗所采用的排水管道，应与排水系统可靠连接，其排放应畅通和安全。排水管道的截面面积不得小于被冲洗管道截面面积的60%。

B. 管网冲洗的水流速度不宜小于3m/s；其流量不宜小于相关规定。当施工现场冲洗流量不能满足要求时，应按系统的设计流量进行冲洗，或采用水压气动冲洗法进行冲洗。

C. 管网的地上管道与地下管道连接前，应在配水干管底部加设堵头后，对地下管道进行冲洗。

D. 管网冲洗应连续进行；当出口处水的颜色、透明度与入口处水的颜色基本一致时，冲洗方可结束。

E. 管网冲洗的水流方向应与灭火时管网的水流方向一致。

F. 管网冲洗结束后，应将管网内的水排除干净，必要时可采用压缩空气吹干。

（3）设备安装

1）室内消火栓及消火栓箱安装要求：

① 室内消火栓箱型号、规格及安装位置与图纸资料一致，便于使用，栓口离地距离为1.1m，并设置明显标志。

② 室内消火栓应采用同一型号、规格。消火栓的栓口直径应为65mm，水带长度不应超过25m，水枪喷嘴径不应小于19mm，水枪、水带齐全，水带绑扎与摆放符合规范要求。

③ 消火栓口应设在消火栓箱门的门框内侧，不得被门框遮挡住。

④ 当消火栓栓口静超过0.5MPa时，须采用减压措施；同时，栓口压力不得小于规范规定0.07MPa、0.1MPa及0.13MPa（视高度不同而定）。

⑤ 消火栓处应设消火栓按钮，按钮可启动消火栓泵。

2）室外消火栓安装要求：

① 室外消火栓安装严格按照设计施工；

② 室外消火栓沿建筑物均匀布置，室外消火栓距建筑物外墙不宜小于5m，并不宜大于40m，距路边的距离不宜大于2m；

③ 室外消火栓采用地上式，采用地下式消火栓时，应有明显标志。

3）消防水泵接合器安装要求：

① 消防水泵接合器的组装应按接口、本体、连接管、止回阀、安全阀、放空管、控制阀的顺序进行。止回阀的安装方向应使消防用水能从消防水泵接合器进入系统。

② 消防水泵接合器的安装应符合下列规定：

A. 应安装在便于消防车接近的人行道或非机动车行驶地段。

B. 地下消防水泵接合器应采用铸有“消防水泵接合器”标志的铸铁井盖，并在附近设置指示其位置的固定标志。

C. 地上消防水泵接合器应设置与消火栓区别的固定标志。

D. 墙壁消防水泵接合器的安装应符合设计要求。设计无要求时，其安装高度宜为1.1m；与墙面上的门、窗、孔、洞的净距离不应小于2.0m，且不应安装在玻璃幕墙下方。

③ 地下消防水泵接合器的安装，应使进水口与井盖底面的距离不大于0.4m，且不应小于井盖的半径。

④ 地下消防水泵接合器井的砌筑应符合下列要求：

A. 在最高地下水位以上的地方设置地下消防水泵接合器井时，其井壁宜采用MU7.5级砖、M5.0级水泥砂浆砌筑。

B. 在最高地下水位以下的地方设置地下消防水泵接合器井时，其井壁宜采用MU7.5级砖、M7.5级水泥砂浆砌筑，且井壁内、外表面应采用1∶2水泥砂浆抹面，并应掺有防水剂，其抹面的厚度不应小于20mm，抹面高度应高出最高地下水位250mm。

C. 当管道穿过井壁时，管道与井壁间的间隙宜采用黏土填塞密实，并应采用M7.5级水泥砂浆抹面，抹面厚度不应小于50mm。

4）消防水泵和稳压泵安装要求：

① 消防水泵、稳压泵的安装，应符合现行国家标准《机械设备安装工程施工及验收

规范》的有关规定；

② 消防水泵和稳压泵的规格、型号应符合设计要求，并应有产品合格证和安装使用说明书；

③ 当设计无要求时，消防水泵的出水管上应安装止回阀和压力表，并宜安装检查和试水用的放水阀门；消防水泵泵组的总出水管上还应安装压力表和泄压阀；安装压力表时应加设缓冲装置；压力表和缓冲装置之间应安装旋塞；压力表量程应为工作压力的2～2.5倍。

④ 吸水管及其附件的安装应符合下列要求：

A. 吸水管上的控制阀应在消防水泵固定于基础上之后再进行安装，其直径不应小于消防水泵吸水口直径，且不应采用蝶阀；

B. 当消防水泵和消防水池位于独立的两个基础上且相互为刚性连接时，吸水管上应加设柔性连接管；

C. 吸水管水平管段上不应有气囊和漏气现象。

⑤ 消防水箱安装和消防水池施工：

A. 消防水池、消防水箱的施工和安装应符合现行国家标准《给水排水构筑物施工及验收规范》的有关规定。

B. 消防水箱的容积、安装位置应符合设计要求。安装时，消防水箱间的主要通道宽度不应小于1.0m；钢板消防水箱四周应设检修通道，其宽度不小于0.7m；消防水箱顶部至楼板或梁底的距离不得小于0.6m。

C. 消防水池、消防水箱的溢流管、泄水管不得与生产或生活用水的排水系统直接相连。

D. 管道穿过钢筋混凝土消防水箱或消防水池时，应加设防水套管；对有振动的管道尚应加设柔性接头。进水管和出水管的接头与钢板消防水箱的连接应采用焊接，焊接处应做防锈处理。

⑥ 消防气压给水设备安装：

A. 消防气压给水设备的气压罐，其容积、气压、水位及工作压力应符合设计要求；

B. 消防气压给水设备上的安全阀、压力表、泄水管、水位指示器等的安装应符合产品使用说明书的要求；

C. 消防气压给水设备安装位置、进水管及出水管方向应符合设计要求；安装时其四周应设检修通道，其宽度不应小于0.7m，消防气压给水设备顶部至楼板或梁底的距离不得小于1.0m。

(4) 系统调试

1) 系统调试应在系统施工完成后进行，系统调试应具备下列条件：

① 消防水池、消防水箱已储备设计要求的水量；

② 系统供电正常；

③ 系统管网内已充满水；阀门均无泄漏；与系统配套的火灾自动报警系统处于工作状态。

2) 系统调试应包括下列内容：

① 水源测试；

② 消防水泵调试；

③ 稳压泵调试；

④ 排水装置调试；

⑤ 联动试验。

3）消防水泵调试应符合下列要求：

① 以自动或手动方式启动消防水泵时，消防水泵应在5min内投入正常运行；

② 以备用电源切换时，消防水泵应在1.5min内投入正常运行；

③ 稳压泵调试时，模拟设计启动条件，稳压泵应立即启动；当达到系统设计压力时，稳压泵应自动停止运行。

4）排水装置调试应符合下列要求：

① 开启排水装置的主排水阀，应按系统最大设计灭火水量做排水试验，并使压力达到稳定；

② 试验过程中，从系统排出的水应全部从室内排水系统排走。

5）联动试验应符合下列要求，并按规定进行记录：

① 采用专用测试仪表或其他方式，对火灾自动报警系统的各种探测器输入模拟火灾信号，火灾自动报警控制器应发出声光报警信号并启动自动喷水灭火系统；

② 启动一只喷头或以0.94～1.5L/s的流量从末端试水装置处放水，水流指示器、压力开关、水力警铃和消防水泵等应及时动作，并发出相应的信号。

（5）系统验收

1）系统的竣工验收，应由建设主管单位主持，公安消防监督机构，建设、设计、施工等单位参加。验收不合格不得投入使用。

2）系统竣工后，应对系统的供水水源、管网、喷头布置以及功能等进行检查和试验，并应填写系统验收表。

3）系统竣工验收时，施工、建设单位应提供下列资料：

① 批准的竣工验收申请报告、设计图纸、公安消防监督机构的审批文件、设计变更通知单、竣工图；

② 地下及隐蔽工程验收记录，工程质量事故处理报告；

③ 系统试压、冲洗记录；

④ 系统调试记录；

⑤ 系统联动试验记录；

⑥ 系统主要材料、设备和组件的合格证或现场检验报告；

⑦ 系统维护管理规章、维护管理人员登记表及上岗证。

4）系统的流量、压力试验应符合下列要求：

临时高压给水系统，通过启动消防水泵，测量系统最不利点试水装置的流量、压力应符合设计要求。

5）消防泵房的验收应符合下列要求：

① 消防泵房设置的应急照明、安全出口应符合设计要求；

② 工作泵、备用泵、吸水泵、出水管及出水管上的泄压阀、信号阀等的规格、型号、数量应符合设计要求；当出水管上安装闸阀时，应锁定在常开位置；

③ 消防水泵应采用自灌式引水或其他可靠的引水措施；

④ 消防水泵出水管上应安装试验用的放水阀及排水管；

⑤ 备用电源、自动切换装置的设置应符合设计要求；

⑥ 设有消防气压给水设备的泵房，当系统气压下降到设计最低压力时，应通过压力开关信号，启动消防水泵。

6）消防水泵接合器数量及进水管位置应符合设计要求，消防水泵接合器应进行充水试验，且系统最不利点的压力、流量应符合设计要求。

7）消防水泵验收应符合下列要求：

① 分别开启系统的每一个末端试水装置，水流指示器、压力开关等信号装置功能均应符合设计要求；

② 打开消防水泵出水管上放水试验阀；当采用主电源启动消防水泵时，消防水泵应启动正常；关掉主电源，主、备电源应能正常切换。

8）管网验收应符合下列要求：

① 管道的材质、管径、接头及采取的防腐、防冻措施应符合设计规范及设计要求；

② 管网排水坡度及辅助排水设施，应符合本规范的规定。

（6）维护管理

1）消火栓灭火系统应具有管理、检测、维护规程，并应保证系统处于准工作状态。维护管理工作，可按相关规范要求进行。

2）维护管理人员应熟悉消火栓灭火系统的原理、性能和操作维护规程。

3）维护管理人员每天应对水源控制阀、消火栓进行外观检查，并应保证系统处于无故障状态。

4）每年应对水源的供水能力进行一次测定。

5）消防水池、消防水箱及消防气压给水设备应每月检查一次，并应检查其消防储备水位及消防气压给水设备的气体压力；同时，应采取措施保证消防用水不作它用，并应每月对该措施进行检查，发现故障应及时进行处理。

6）消防水池、消防水箱、消防气压给水设备内的水应根据当地环境、气候条件不定期更换。更换前，负责自动喷水灭火系统的专职或兼职管理人员应向领导报告，并报告当地消防监督部门。

7）寒冷季节，消防储水设备的任何部位均不得结冰。每天应检查设置储水设备的房间，保持室温不低于5℃。

8）每两年应对消防储水设备进行检查，修补缺损和重新油漆。

9）钢板消防水箱和消防气压给水设备的玻璃水位计，两端的角阀在不进行水位观察时应关闭。

10）消防水泵应每月启动运转一次，内燃机驱动的消防水泵应每周启动运转一次。当消防水泵为自动控制启动时，应每月模拟自动控制的条件启动运转一次。

11）电磁阀应每月检查并应作启动试验，动作失常时应及时更换。

12）系统上所有的控制阀门均应采用铅封或锁链固定在开启或规定的状态。每月应对铅封、锁链进行一次检查，当有破坏或损坏时应及时修理更换。

13）室外阀门井中，进水管上的控制阀门应每个季度检查一次，核实其处于全开启状态。

14）水泵接合器的接口及附件应每月检查一次，并应保证接口完好、无渗漏、闷盖齐全。

15）每两个月应对消火栓箱检查一次，查箱内配件是否齐全。

16）消火栓灭火系统发生故障，需停水进行修理前，应向主管值班人员报告，取得维护负责人的同意，并临场监督，加强防范措施后方能动工。

5.11.2 自动喷淋灭火系统

（1）管道安装前检查

1）检查管子的材质、规格及镀锌质量是否符合图纸设计及国家标准要求，并且有出厂合格证；

2）管道无裂纹、无损伤，管道壁厚符合设计厚度；

3）网安装前应清除管子内外部的杂物；安装时应随时清除已安装管道内部的杂物；

4）安装前，送有关质量检测部门进行抽检，合格后方可安装。

（2）管网安装要求

1）消防压力管道 $d \geqslant 100$mm 的管材为卡箍连接，连接质量及尺寸应符合设计要求和国家标准《工业管道工程施工及验收规范》的有关规定；

2）压力管道 $d < 100$mm 的管材应采用螺纹连接；管子宜采用机械切割，切割面不得有飞边、毛刺；管子螺纹密封面应符合现行国家标准《普通螺纹基本尺寸要求》、《普通螺纹公差与配合》、《管路旋入端螺纹尺寸系列》的有关规定；

① 当管道变径时，宜采用异径接头；在管道弯头处不得采用补芯；当需要采用补芯时，三通上可用 1 个，四通上不应超过 2 个；公称直径大于 50mm 的管道不宜采用活接头；

② 螺纹连接的密封填料应均匀附着在管道的螺纹部分；拧紧螺纹时，不得将填料挤入管道内；连接后，应将连接处外部清理干净。

3）管道安装位置要求：

① 严格按照设计要求施工；

② 管道安装做到横平竖直，管道宜有 0.002 坡度；当设计无要求时，管道的中心线与梁、柱、楼板等的最小距离应符合相关规定；

③ 配水干管、配水管应做红色或红色环圈标志；

④ 管网在安装中断时，应将管道的敞口封闭。

4）管道支架、吊架、防晃支架的安装应符合下列要求：

① 管道应固定牢固，管道支架或吊架之间的距离不应大于相关规定；

② 管道支架、吊架、防晃支架的形式、材质、加工尺寸及焊接质量等应符合设计要求和国家现行有关标准的规定；

③ 管道支架、吊架的安装位置不应妨碍喷头的喷水效果；管道支架、吊架与喷头之间的距离不宜小于 300mm；与末端喷头之间的距离不宜大于 750mm；

④ 配水支管上每一直管段、相邻两喷头之间的管段设置的吊架均不宜少于 1 个；当喷头之间距离小于 1.8m 时，可隔段设置吊架，但吊架的间距不宜大于 3.6m；

⑤ 当管子的公称直径大于或等于 50mm 时，每段配水干管或配水管设置防晃支架不

应少于1个；当管道改变方向时，应增设防晃支架；

⑥ 竖直安装的配水干管应在其始端和终端设防晃支架或采用管卡固定，其安装位置距地面或楼面的距离宜为1.5～1.8m。

5）消防管道穿过墙体或楼板施工要求：

① 管道穿过建筑物的变形缝时，应设置柔性短管。穿过墙体或楼板时应加设套管，套管长度不得小于墙体厚度，或应高出楼面或地面50mm；管道的焊接环缝不得位于套管内。套管与管道的间隙应采用不燃烧材料填塞密实。

② 管道横向安装宜设0.002～0.005的坡度，且应坡向排水管；当局部区域难以利用排水管将水排净时，应采取相应的排水措施。当喷头数量小于或等于5只时，可在管道低凹处加设堵头；当喷头数量大于5只时，宜装设带阀门的排水管。

③ 配水干管、配水管应做红色或红色环圈标志。

④ 管网在安装中断时，应将管道的敞口封闭。

6）喷头安装要求：

① 喷头安装应在系统试压、冲洗合格后进行；

② 喷头安装时宜采用专用的弯头、三通；

③ 喷头安装时，不得对喷头进行拆装、改动，并严禁给喷头附加任何装饰性涂层；

④ 喷头安装应使用专用扳手，严禁利用喷头的框架施拧；喷头的框架、溅水盘产生变形或释放原件损伤时，应采用规格、型号相同的喷头更换；

⑤ 当喷头的公称直径小于10mm时，应在配水干管或配水管上安装过滤器；

⑥ 安装在易受机械损伤处的喷头，应加设喷头防护罩；

⑦ 喷头安装时，溅水盘与吊顶、门、窗、洞口或墙面的距离应符合设计要求；

⑧ 当喷头溅水盘高于附近梁底或高于宽度小于1.2m的通风管道腹面时，喷头溅水盘高于梁底、通风管道腹面的最大垂直距离应符合规定；

⑨ 当通风管道宽度大于1.2m时，喷头应安装在其腹面以下部位；

⑩ 当喷头安装在不到顶的隔断附近时，喷头与隔断的水平距离和最小垂直距离应符合规定。

7）报警阀组安装要求：

① 报警阀组的安装应先安装水源控制阀、报警阀，然后再进行报警阀辅助管道的连接。水源控制阀、报警阀与配水干管的连接，应使水流方向一致。报警阀组安装的位置应符合设计要求；当设计无要求时，报警阀组应安装在便于操作的明显位置，距室内地面高度宜为1.2m，两侧与墙的距离不应小于0.5m；正面与墙的距离不应小于1.2m。安装报警阀组的室内地面应有排水设施。

② 报警阀组附件的安装应符合下列要求：

A. 压力表应安装在报警阀上便于观测的位置；

B. 排水管和试验阀应安装在便于操作的位置；

C. 水源控制阀安装应便于操作，且应有明显开闭标志和可靠的锁定设施。

③ 湿式报警阀组的安装应符合下列要求：

A. 应使报警阀前后的管道中能顺利充满水；压力波动时，水力警铃不应发生误报警；

B. 报警水流通路上的过滤器应安装在延迟器前，而且是便于排渣操作的位置。

④ 干式报警阀组的安装应符合下列要求：

A. 应安装在不发生冰冻的场所；

B. 安装完成后，应向报警阀气室注入高度为50～100mm的清水；

C. 充气连接管接口应在报警阀气室充注水位以上部位，且充气连接管的直径不应小于15mm；止回阀、截止阀应安装在充气连接管上；

D. 气源设备的安装应符合设计要求和国家现行有关标准的规定；

E. 安全排气阀应安装在气源与报警阀之间，且应靠近报警阀；

F. 加速排气装置应安装在靠近报警阀的位置，且应有防止水进入加速排气装置的措施；

G. 低气压预报警装置应安装在配水干管一侧；

H. 下列部位应安装压力表：

a. 报警阀充水一侧和充气一侧；

b. 空气压缩机的气泵和储气罐上；

c. 加速排气装置上。

⑤ 雨淋阀组的安装应符合下列要求：

A. 电动开启、传导管开启或手动开启的雨淋阀组，其传导管的安装应按湿式系统有关要求进行；开启控制装置的安装应安全可靠；

B. 预作用系统雨淋阀组后的管道若需充气，其安装应按干式报警阀组有关要求进行；

C. 雨淋阀组的观测仪表和操作阀门的安装位置应符合设计要求，并应便于观测和操作；

D. 雨淋阀组手动开启装置的安装位置应符合设计要求，且在发生火灾时应能安全开启和便于操作；

E. 压力表应安装在雨淋阀的水源一侧。

8）其他组件安装要求：

① 水力警铃应安装在公共通道或值班室附近的外墙上，且应安装检修、测试用的阀门。水力警铃和报警阀的连接应采用镀锌钢管；当镀锌钢管的公称直径为15mm时，其长度不应大于6m；当镀锌钢管的公称直径为20mm时，其长度不应大于20m；安装后的水力警铃，启动压力不应小于0.05MPa。

② 水流指示器的安装应符合下列要求：

A. 水流指示器的安装应在管道试压和冲洗合格后进行，水流指示器的规格、型号应符合设计要求；

B. 水流指示器应竖直安装在水平管道上侧，其动作方向应和水流方向一致；安装后的水流指示器浆片、膜片应动作灵活，不应与管壁发生碰擦。

③ 信号阀应安装在水流指示器前的管道上，与水流指示器之间的距离不应小于300mm；

④ 排气阀的安装应在系统管网试压和冲洗合格后进行；排气阀应安装在配水干管顶部、配水管的末端，且应确保无渗漏；

⑤ 控制阀的规格、型号和安装位置均应符合设计要求；安装方向应正确，控制阀内应清洁、无堵塞、无渗漏；主要控制阀应加设启闭标志；隐蔽处的控制阀应在明显处设有指示其位置的标志；

⑥ 节流装置应安装在公称直径不小于50mm的水平管段上；减压孔板应安装在管道内水流转弯处下游一侧的直管上，且与转弯处的距离不应小于管子公称直径的2倍；

⑦ 压力开关应竖直安装在通往水力警铃的管道上，且不应在安装中拆装改动；

⑧ 末端试水装置宜安装在系统管网末端或分区管网末端。

9）系统试压和冲洗：

① 管网安装完毕后，应对其进行强度试验、严密性试验和冲洗；

② 强度试验和严密性试验宜用水进行；干式喷水灭火系统、预作用喷水灭火系统应做水压试验和气压试验；

③ 系统试压前应具备下列条件：

A. 埋地管道的位置及管道基础、支墩等经复查符合设计要求；

B. 试压用的压力表不少于2只，精度不应低于1.5级，量程应为试验压力值的1.5～2倍；

C. 试压冲洗方案已经批准；

D. 对不能参与试压的设备、仪表、阀门及附件应加以隔离或拆除；加设的临时盲板应具有突出于法兰的边耳，且应做明显标志，并记录临时盲板的数量。

④ 系统试压过程中，当出现泄漏时应停止试压，并应放空管网中的试验介质，消除缺陷后，重新再试；

⑤ 系统试压完成后，应及时拆除所有临时盲板及试验用的管道，并应与记录核对无误，且应按规范要求的格式填写记录；

⑥ 管网冲洗应在试压合格后分段进行；冲洗顺序应先室外，后室内；先地下，后地上；室内部分的冲洗应按配水干管、配水管、配水支管的顺序进行；

⑦ 管网冲洗宜用水进行；冲洗前，应对系统的仪表采取保护措施；止回阀和报警阀等应拆除，冲洗工作结束后应及时复位；

⑧ 冲洗前，应对管道支架、吊架进行检查，必要时应采取加固措施；

⑨ 对不能经受冲洗的设备和冲洗后可能存留脏物、杂物的管段，应进行清理；

⑩ 冲洗直径大于100mm的管道时，应对其焊缝、死角和底部进行敲打，但不得损伤管道。

⑪ 管网冲洗合格后，应填写记录；

⑫ 水压试验和水冲洗宜采用生活用水进行，不得使用海水或有腐蚀性化学物质的水。

10）水压试验：

① 水压试验时环境温度不宜低于5℃；低于5℃时，水压试验应采取防冻措施。

② 当系统设计工作压力等于或小于1.0MPa时，水压强度试验压力应为设计工作压力的1.5倍，并不应低于1.4MPa；当系统设计工作压力大于1.0MPa时，水压强度试验压力应为该工作压力加0.4MPa；

③ 水压强度试验的测试点应设在系统管网的最低点；对管网注水时，应将管网内的空气排净，并应缓慢升压，达到试验压力后，稳压30min，目测管网应无泄漏和无变形，

且压力降不应大于0.05MPa；

④ 水压严密性试验应在水压强度试验和管网冲洗合格后进行；试验压力应为设计工作压力，稳压24h应无泄漏；

⑤ 自动喷水灭火系统的水源干管、进户管和室内埋地管道，应在回填前单独或与系统一起进行水压强度试验和水压严密性试验。

11）气压试验：

① 气压试验的介质宜采用空气或氮气；

② 气压严密性试验的试验压力应为0.28MPa，且稳压24h，压力降不应大于0.01MPa。

12）冲洗：

① 管网冲洗所采用的排水管道，应与排水系统可靠连接，其排放应畅通和安全；排水管道的截面面积不得小于被冲洗管道截面面积的60%；

② 管网冲洗的水流速度不宜小于3m/s；其流量不宜小于相关规定；当施工现场冲洗流量不能满足要求时，应按系统的设计流量进行冲洗，或采用水压气动冲洗法进行冲洗；

③ 管网的地上管道与地下管道连接前，应在配水干管底部加设堵头后，对地下管道进行冲洗；

④ 管网冲洗应连续进行，当出口处水的颜色、透明度与入口处水的颜色基本一致时，冲洗方可结束；

⑤ 管网冲洗的水流方向应与灭火时管网的水流方向一致；

⑥ 管网冲洗结束后，应将管网内的水排除干净，必要时可采用压缩空气吹干。

（3）设备安装要求

1）消防水泵、稳压泵的安装，应符合现行国家标准《机械设备安装工程施工及验收规范》的有关规定；

2）消防水泵和稳压泵的规格、型号应符合设计要求，并应有产品合格证和安装使用说明书；

3）当设计无要求时，消防水泵的出水管上应安装止回阀和压力表，并宜安装检查和试水用的放水阀门；消防水泵泵组的总出水管上还应安装压力表和泄压阀；安装压力表时应加设缓冲装置；压力表和缓冲装置之间应安装旋塞；压力表量程应为工作压力的2～2.5倍；

4）吸水管及其附件的安装应符合下列要求：

① 吸水管上的控制阀应在消防水泵固定于基础上之后再进行安装，其直径不应小于消防水泵吸水口直径，且不应采用蝶阀；

② 当消防水泵和消防水池位于独立的两个基础上且相互为刚性连接时，吸水管上应加设柔性连接管；

③ 吸水管水平管段上不应有气囊和漏气现象。

5）消防水箱安装和消防水池施工：

① 消防水池、消防水箱的施工和安装应符合现行国家标准《给水排水构筑物施工及验收规范》的有关规定；

② 消防水箱的容积、安装位置应符合设计要求；安装时，消防水箱间的主要通道宽度不应小于1.0m；钢板消防水箱四周应设检修通道，其宽度不小于0.7m；消防水箱顶部至楼板或梁底的距离不得小于0.6m；

③ 消防水池、消防水箱的溢流管、泄水管不得与生产或生活用水的排水系统直接相连；

④ 管道穿过钢筋混凝土消防水箱或消防水池时，应加设防水套管；对有振动的管道尚应加设柔性接头；进水管和出水管的接头与钢板消防水箱的连接应采用焊接，焊接处应做防锈处理。

6）消防气压给水设备安装：

① 消防气压给水设备的气压罐，其容积、气压、水位及工作压力应符合设计要求；

② 消防气压给水设备上的安全阀、压力表、泄水管、水位指示器等的安装应符合产品使用说明书的要求；

③ 消防气压给水设备安装位置、进水管及出水管方向应符合设计要求；安装时其四周应设检修通道，其宽度不应小于0.7m，消防气压给水设备顶部至楼板或梁底的距离不得小于1.0m。

（4）系统调试

1）系统调试应在系统施工完成后进行，系统调试应具备下列条件：

① 消防水池、消防水箱已储备设计要求的水量；

② 系统供电正常；

③ 消防气压给水设备的水位、气压符合设计要求；

④ 湿式喷水灭火系统管网内已充满水；干式、预作用喷水灭火系统管网内的气压符合设计要求；阀门均无泄漏；

⑤ 与系统配套的火灾自动报警系统处于工作状态。

2）调试内容和要求：

① 系统调试应包括下列内容：

A. 水源测试；

B. 消防水泵调试；

C. 稳压泵调试；

D. 报警阀调试；

E. 排水装置调试；

F. 联动试验。

② 水源测试应符合下列要求：

A. 按设计要求核实消防水箱的容积、设置高度及消防储水不作它用的技术措施；

B. 按设计要求核实消防水泵接合器的数量和供水能力，并通过移动式消防水泵做供水试验进行验证；

C. 消防水泵调试应符合下列要求：

a. 以自动或手动方式启动消防水泵时，消防水泵应在5min内投入正常运行；

b. 以备用电源切换时，消防水泵应在1.5min内投入正常运行。

D. 稳压泵调试时，模拟设计启动条件，稳压泵应立即启动；当达到系统设计压力时，稳压泵应自动停止运行；

E. 报警阀调试应符合下列要求：

a. 湿式报警阀调试时，在其试水装置处放水，报警阀应及时动作；水力警铃应发出报警信号，水流指示器应输出报警电信号，压力开关应接通电路报警，并应启动消防水泵；

b. 干式报警阀调试时，开启系统试验阀，报警阀的启动时间、启动点压力、水流到试验装置出口所需时间，均应符合设计要求；

c. 干湿式报警阀调试时，当差动型报警阀上室和管网的空气压力降至供水压力的 1/8 以下时，试水装置应能连续出水，水力警铃应发出报警信号。

F. 排水装置调试应符合下列要求：

a. 开启排水装置的主排水阀，应按系统最大设计灭火水量做排水试验，并使压力达到稳定；

b. 试验过程中，从系统排出的水应全部从室内排水系统排走。

G. 联动试验应符合下列要求，并按相关要求进行记录：

a. 采用专用测试仪表或其他方式，对火灾自动报警系统的各种探测器输入模拟火灾信号，火灾自动报警控制器应发出声光报警信号并启动自动喷水灭火系统；

b. 启动一只喷头或以 0.94～1.5L/s 的流量从末端试水装置处放水，水流指示器、压力开关、水力警铃和消防水泵等，应及时动作并发出相应的信号。

（5）系统验收

1）系统的竣工验收，应由建设主管单位主持，公安消防监督机构，建设、设计、施工等单位参加。验收不合格不得投入使用。

2）系统竣工后，应对系统的供水水源、管网、喷头布置以及功能等进行检查和试验，并应按规范要求的格式填写系统验收表。

3）系统竣工验收时，施工、建设单位应提供下列资料：

① 批准的竣工验收申请报告、设计图纸、公安消防监督机构的审批文件、设计变更通知单、竣工图；

② 地下及隐蔽工程验收记录，工程质量事故处理报告；

③ 系统试压、冲洗记录；

④ 系统调试记录；

⑤ 系统联动试验记录；

⑥ 系统主要材料、设备和组件的合格证或现场检验报告；

⑦ 系统维护管理规章、维护管理人员登记表及上岗证。

4）系统供水水源的检查验收应符合下列要求：

① 应检查室外给水管网的进水管管径及供水能力，并应检查消防水箱和水池容量，均应符合设计要求；

② 当采用天然水源作系统的供水水源时，其水量、水质应符合设计要求，并应检查枯水期最低水位时确保消防用水的技术措施。

5）系统的流量、压力试验应符合下列要求：

① 高压给水系统，通过系统最不利点处末端试水装置进行放水试验，流量、压力应

符合设计要求；

② 临时高压给水系统，通过启动消防水泵，测量系统最不利点试水装置的流量、压力应符合设计要求；

③ 当采用市政管网给水系统时，应按高压给水系统或临时高压给水系统的要求进行试验，流量、压力应符合设计要求。

6）消防泵房的验收应符合下列要求：

① 消防泵房设置的应急照明、安全出口应符合设计要求；

② 工作泵、备用泵、吸水泵、出水管及出水管上的泄压阀、信号阀等的规格、型号、数量应符合设计要求；当出水管上安装闸阀时应锁定在常开位置；

③ 消防水泵应采用自灌式引水或其他可靠的引水措施；

④ 消防水泵出水管上应安装试验用的放水阀及排水管；

⑤ 备用电源、自动切换装置的设置应符合设计要求；

⑥ 设有消防气压给水设备的泵房，当系统气压下降到设计最低压力时，通过压力开关信号启动消防水泵。

7）消防水泵接合器数量及进水管位置应符合设计要求，消防水泵接合器应进行充水试验，且系统最不利点的压力、流量应符合设计要求。

8）消防水泵验收应符合下列要求：

① 分别开启系统的每一个末端试水装置，水流指示器、压力开关等信号装置功能均应符合设计要求；

② 打开消防水泵出水管上放水试验阀；当采用主电源启动消防水泵时，消防水泵应启动正常；关掉主电源，主、备电源应能正常切换。

9）管网验收应符合下列要求：

① 管道的材质、管径、接头及采取的防腐、防冻措施应符合设计规范及设计要求；

② 管网排水坡度及辅助排水设施，应符合规范的规定；

③ 系统的最末段、每一分区系统末端或每一层系统末段应设置的末端试水装置、预作用和干式喷水灭火系统设置的排气阀应符合设计要求；

④ 管网不同部位安装的报警阀、闸阀、止回阀、电磁阀、信号阀、水流指示器、减压孔板、节流管、减压阀、压力开关、柔性接头、排水管、排气阀、泄压阀等均应符合设计要求；

⑤ 报警阀后不应安装有其他用途的支管或水龙头；

⑥ 配水支管、配水管、配水干管设置的支架、吊架和防晃支架应符合施工规范的规定。

10）报警阀组的验收应符合下列要求：

① 报警阀组的各组件应符合产品标准要求；

② 打开放水试验阀测试的流量、压力应符合设计要求；

③ 水力警铃的设置位置应正确；测试时，水力警铃的喷嘴处的压力不应小于0.005MPa，且距水力警铃3m处警铃声声强不应小于70dB；

④ 打开手动放水阀或电磁阀时，雨淋阀组动作应可靠；

⑤ 控制阀均应定在常开位置；

⑥ 与空气压缩机或火灾报警系统的联动程序，应符合设计要求。

11）喷头验收应符合下列要求：

① 喷头规格、型号，喷头安装间距，喷头与楼板、墙、梁等的距离应符合设计要求；

② 有腐蚀性气体的环境和有冰冻危险场所安装的喷头，应采取防护措施；

③ 有碰撞危险场所安装的喷头，应加装防护罩；

④ 喷头公称动作温度应符合设计要求。

12）系统进行模拟灭火功能实验时，应符合下列要求：

① 报警阀动作，警铃鸣响；

② 水流指示器动作，消防控制中心有信号显示；

③ 压力开关动作，信号阀开启，空气压缩机或排气阀启动，消防控制中心有信号显示；

④ 电磁阀打开，雨淋阀开启，消防控制中心有信号显示；

⑤ 消防泵启动，消防控制中心有信号显示；

⑥ 其他消防联动控制系统投入运行；

⑦ 区域报警器、集中报警控制器有信号显示。

（6）系统维护管理

1）自动喷水灭火系统应具有管理、检测、维护规程，并应保证系统处于准工作状态；维护管理工作，可按规范要求进行；

2）维护管理人员应熟悉自动喷水灭火系统的原理、性能和操作维护规程；

3）维护管理人员每天应对水源控制阀、报警阀组进行外观检查，并应保证系统处于无故障状态；

4）每年应对水源的供水能力进行一次测定；

5）消防水池、消防水箱及消防气压给水设备应每月检查一次，并应检查其消防储备水位及消防气压给水设备的气体压力；同时，应采取措施保证消防用水不作它用，并应每月对该措施进行检查，发现故障应及时进行处理；

6）消防水池、消防水箱、消防气压给水设备内的水应根据当地环境、气候条件不定期更换；更换前，负责自动喷水灭火系统的专职或兼职管理人员应向领导报告，并报告当地消防监督部门；

7）寒冷季节，消防储水设备的任何部位均不得结冰；每天应检查设置储水设备的房间，保持室温不低于5℃；

8）每两年应对消防储水设备进行检查，修补缺损和重新油漆；

9）钢板消防水箱和消防气压给水设备的玻璃水位计，两端的角阀在不进行水位观察时应关闭；

10）消防水泵应每月启动运转一次，内燃机驱动的消防水泵应每周启动运转一次；当消防水泵为自动控制启动时，应每月模拟自动控制的条件启动运转一次；

11）电磁阀应每月检查并应作启动试验，动作失常时应及时更换；

12）每个季度应对报警阀旁的放水试验阀进行一次供水试验，验证系统的供水能力；

13）系统上所有的控制阀门均应采用铅封或锁链固定在开启或规定的状态；每月应对

铅封、锁链进行一次检查；当有破坏或损坏时，应及时修理更换；

14）室外阀门井中，进水管上的控制阀门应每个季度检查一次，核实其处于全开启状态；

15）消防水泵接合器的接口及附件应每月检查一次，并应保证接口完好、无渗漏、闷盖齐全；

16）每两个月应利用末端试水装置对水流指示器进行试验；

17）每月应对喷头进行一次外观检查，发现有不正常的喷头应及时更换；当喷头上有异物时，应及时清除；更换或安装喷头均应使用专用扳手；

18）各种不同规格的喷头均应有一定数量的备用品，其数量不应小于安装总数的1%，且每种备用喷头不应少于10个；

19）自动喷水灭火系统发生故障，需停水进行修理前，应向主管值班人员报告，取得维护负责人的同意，并临场监督，加强防范措施后方能动工；

20）建筑物、构筑物的使用性质或贮存物安放位置、堆存高度的改变，影响到系统功能而需要进行修改时，应在修改前报经公安消防监督机构批准后，方能对系统做相应的修改。

5.11.3 气体灭火系统

(1) 无管网灭火系统的施工

1）无管网灭火系统主排气口正前方1.0m内，不允许有设备、器具或其他阻碍物。

2）无管网灭火系统宜靠近墙壁安装。

3）无管网灭火系统严禁擅自拆卸，安装后不允许移动。

4）无管网灭火系统不宜安装于下列位置：

① 临近明火、火源处；

② 临近进风、排风口、门、窗及其他开口处；

③ 容易被雨淋、水浇、水淹处；

④ 疏散通道；

⑤ 经常受振动、冲击。

5）无管网灭火系统与火灾自动报警系统、自动控制系统及其他消防系统组成中央集中控制的自动灭火系统时，其施工要求应按现行国家标准GB 50166—1992中的规定执行。

(2) 无管网灭火系统的验收

1）无管网灭火系统安装完毕，应按规定进行竣工验收。竣工验收合格后才能接通负载，投入使用。

2）验收内容：

① 使用场所应符合标准的规定；

② 防护区的设置、无管网灭火系统配备和安装应分别符合标准的规定；

③ 无管网灭火系统所配用的火灾探测器和应急启动按钮都应有合格证；

④ 分别对无管网灭火系统的控制系统和主机进行检验。

3）控制系统的检验：

① 按正常监视状态的要求，将控制器的报警回路接上探测器、输出端接上假负载

(小灯泡或声光指示灯铃)，接通电源，电源指示灯应亮，使灭火装置处于正常监视状态；

② 使一个探测器处于模拟火灾报警状态，控制器应发出预测报警声、火警指示灯闪亮；

③ 将手动、自动转换开关拨向手动，使探测器动作，应有声、光报警信号，灭火指令无输出；然后，将开关拨向自动、延时30s后，灭火指令应有输出；

④ 模拟系统启动试验：将控制器控制方式选择开关拨到自动档，将控制器的输出启动信号线与主机断开，接上假负载（小灯泡或声光灯铃），人为方式使探测器发出火灾警报延时30s后，假负载动作，则系统启动试验合格；

⑤ 将主电源断开，备用电源自动切换，主、备电源的自动转换应正常；

⑥ 将主电源转换到备用电源后，重复试验过程，结果应相同；

⑦ 基本功能试验都能满足规范的规定，判定为合格。

4）无管网灭火系统主机的检验：

① 用万用表检查灭火装置两个接线端子与箱体不应断路；

② 用万用表检查灭火装置两个接线端子与箱体不应短路。

5.11.4　火灾自动报警系统

（1）一般规定

1）火灾自动报警系统的施工应按设计图纸进行，不得随意更改。

2）火灾自动报警系统施工前，应具备设备布置平面图、接线图、安装图、系统图以及其他必要的技术文件。

（2）布线

1）火灾自动报警系统的布线，应符合现行国家标准《建筑电气工程施工质量验收规范》的规定。

2）火灾自动报警系统布线时，应根据现行国家标准《火灾自动报警系统设计规范》的规定，对导线的种类、电压等级进行检查。

3）在管内或线槽内的穿线，应在建筑抹灰及地面工程结束后进行。在穿线前，应将管内或线槽内的积水及杂物清除干净。

4）不同系统、不同电压等级、不同电流类别的线路，不应穿在同一管内或线槽的同一槽孔内。

5）导线在管内或线槽内，不应有接头或扭结。导线的接头，应在接线盒内焊接或用端子连接。

6）敷设在多尘或潮湿场所管路的管口和管子连接处，均应做密封处理。

7）管路超过下列长度时，应在便于接线处装设接线盒：

① 管子长度每超过45m，无弯曲时；

② 管子长度每超过30m，有1个弯曲时；

③ 管子长度每超过20m，有2个弯曲时；

④ 管子长度每超过12m，有3个弯曲时。

8）管子入盒时，盒外侧应套锁母，内侧应装护口，在吊顶内敷设时，盒的内外侧均应套锁母。

9）在吊顶内敷设各类管路和线槽时，宜采用单独的卡具吊装或支撑物固定。

10）线槽的直线段应每隔 1.0～1.5m 设置吊点或支点，在线槽接头处、距接线盒 0.2m 处、线槽走向改变或转角处，也应设置吊点或支点。

11）吊装线槽的吊杆直径，不应小于 6mm。

12）管线经过建筑物的变形缝（包括沉降缝、伸缩缝、抗震缝等）处，应采取补偿措施，导线跨越变形缝的两侧应固定，并留有适当余量。

13）火灾自动报警系统导线敷设后，应对每回路的导线用 500V 的兆欧表测量绝缘电阻，其对地绝缘电阻值不应小于 20MΩ。

（3）火灾探测器的安装

1）点型火灾探测器的安装位置，应符合下列规定：

① 探测器至墙壁、梁边的水平距离，不应小于 0.5m。

② 探测器周围 0.5m 内，不应有遮挡物。

③ 探测器至空调送风口边的水平距离，不应小于 1.5m；至多孔送风顶棚孔口的水平距离，不应小于 0.5m。

④ 在宽度小于 3m 的内走道顶棚上设置探测器时，宜居中布置。感温探测器的安装间距，不应超过 10m；感烟探测器的安装间距，不应超过 15m。探测器距端墙的距离，不应大于探测器安装间距的一半。

⑤ 探测器宜水平安装，当必须倾斜安装时，倾斜角不应大于 45°。

2）线型火灾探测器和可燃气体探测器等有特殊安装要求的探测器，应符合现行有关国家标准的规定。

3）探测器的底座应固定牢靠，其导线连接必须可靠压接或焊接。当采用焊接时，不得使用带腐蚀性的助焊剂。

4）探测器的“+”线应为红色，“−”线应为蓝色，其余线应根据不同用途采用其他颜色区分。但同一工程中相同用途的导线颜色应一致。

5）探测器底座的外接导线，应留有不小于 15cm 的余量，入端处应有明显标志。

6）探测器底座的穿线孔宜封堵，安装完毕后的探测器底座应采取保护措施。

7）探测器的确认灯，应面向便于人员观察的主要入口方向。

8）探测器在即将调试时方可安装，在安装前应妥善保管，并应采取防尘、防潮、防腐蚀措施。

（4）手动火灾报警按钮的安装

1）手动火灾报警按钮，应安装在墙上距地（楼）面高度 1.5m 处。

2）手动火灾报警按钮，应安装牢固，并不得倾斜。

3）手动火灾报警按钮的外接导线，应留有不小于 10cm 的余量，且在其端部应有明显标志。

（5）火灾报警控制器的安装

1）火灾报警控制器（以下简称控制器）在墙上安装时，其底边距地（楼）面高度不应小于 1.5m；落地安装时，其底宜高出地坪 0.1～0.2m。

2）控制器应安装牢固，不得倾斜。安装在轻质墙上时，应采取加固措施。

3）引入控制器的电缆或导线，应符合下列要求：

① 配线应整齐，避免交叉，并应固定牢靠；

② 电缆芯线和所配导线的端部，均应标明编号，并与图纸一致，字迹清晰，不易褪色；

③ 端子板的每个接线端，接线不得超过2根；

④ 电缆芯和导线，应留有不小于20cm的余量；

⑤ 导线应绑扎成束；

⑥ 导线引入线穿线后，在进线管处应封堵。

4）控制器的主电源引入线，应直接与消防电源连接，严禁使用电源插头。主电源应有明显标志。

5）控制器的接地应牢固，并有明显标志。

（6）消防控制设备的安装

1）消防控制设备在安装前应进行功能检查，不合格者不得安装。

2）消防控制设备的外接导线，当采用金属软管作套管时，其长度不宜大于金属软管。

3）消防控制设备外接导线的端部，应有明显标志。

4）消防控制设备盘（柜）内不同电压等级、不同电流类别的端子应分开，并有明显标志。

（7）系统接地装置的安装

1）作接地线应采用铜芯绝缘导线或电缆，不得利用镀锌扁钢，且应采用管卡固定，其固定点间距不应大于0.5m。金属软管与消防控制设备的接线盒（箱），应采用锁母固定，并应根据配管规定接地。

2）由消防控制室引至接地体的工作接地线，在通过墙壁时，应穿入钢管或其他坚固的保护管。

3）工作接地线与保护接地线，必须分开，保护接地导体不得利用金属软管。

4）接地装置施工完毕后，应及时做隐蔽工程验收。

5.11.5 系统调试

（1）调试一般规定

1）火灾自动报警系统的调试，应在建筑内部装修和系统施工结束后进行。

2）火灾自动报警系统调试前应具备规范所列文件及调试必需的其他文件。

3）调试负责人必须由有资格的专业技术人员担任，所有参加调试人员应职责明确，并应按照调试程序工作。

（2）调试前的准备

1）调试前应按设计要求查验设备的规格、型号、数量、备品备件等。

2）应按规范的要求检查系统的施工质量。

对属于施工中出现的问题，应会同有关单位协商解决，并有文字记录。

3）应按规范要求检查系统线路，对于错线、开路、虚焊和短路等应进行处理。

（3）调试

1）火灾自动报警系统调试，应先分别对探测器、区域报警控制器、集中报警控制器、火灾警报装置和消防控制设备等逐个进行单机通电检查，正常后方可进行系统调试。

2）火灾自动报警系统通电后，应按现行国家标准《火灾报警控制器通用技术条件》

的有关要求，对报警控制器进行下列功能检查：

① 火灾报警自检功能；

② 消声、复位功能；

③ 故障报警功能；

④ 火灾优先功能；

⑤ 报警记忆功能；

⑥ 电源自动转换和备用电源的自动充电功能；

⑦ 备用电源的欠压和过压报警功能。

3）检查火灾自动报警系统的主电源和备用电源，其容量应分别符合现行有关国家标准的要求，在备用电源连续充放电3次后，主电源和备用电源应能自动转换。

4）应采用专用的检查仪器对探测器逐个进行试验，其动作应准确无误。

5）应分别用主电源和备用电源供电，检查火灾自动报警系统的各项控制功能和联动功能。

6）火灾自动报警系统应在连续运行120h无故障后，按规范要求填写调试报告。

6 冬雨期施工措施

6.1 雨期施工措施

长春龙家堡机场航站楼工程的施工时间在6、7月份时，正值长春市的雨季，根据当地以往记录，每年雨期该地区降雨量均很大，为了达到年底暖封闭的工期要求，根据雨期施工的不同内容和特点，我项目部有针对性地编制了雨期施工方案。

6.1.1 基本措施

（1）为了保证工期，小雨天对施工作业面进行必要的挡雨防护，在不影响工程质量的前提下继续施工，以保证合同工期的实现。

（2）配备足够的、能够保证雨期施工顺利进行的材料及机具，现场设雨期施工专用供电线路、电闸箱，设专人随时维护专用供电系统的正常运转。

（3）大型高耸机械及设施（如塔式起重机、外脚手架等）要提前做好防雷接地工作，摇测电阻值，阻值及接地方法等应符合相关安全技术操作规程及规定。

（4）现场除按自然地坪标高规划地表水的流向外，还要设完备的排水系统。排水沟要保持通畅。

（5）随时接听、搜集提前15d的气象预报及有关信息，尽量避免下雨天浇筑混凝土；如在浇筑混凝土过程中突遇大雨，要立即停止浇筑，及时处理好留槎，并立即对已施工完的混凝土进行覆盖保护。

（6）室外露天的中、小型机械必须按规定加设防雨罩或搭设防雨棚；电闸箱防雨、漏电接地保护装置要灵敏有效，定期检查线路的绝缘情况。

（7）大风天气，所有高耸的设备设施要提前落实防风加固措施，风力达到6级或6级以上时，应停止使用塔式起重机等机械。大风、大雨之后，要重新检查所有大型高耸设备设施的基础；发现问题后，要遵照“处理问题→检查合格→重新使用”的程序进行。

(8) 下雨天一般禁止焊接施工，只有采取切实可靠的防雨措施后方可进行钢筋焊接工作。

(9) 在施工现场外为本工程设立的材料场地或库房，也要落实好上述雨期施工措施，屋顶要做好防雨，有防潮要求的库房还要做好防潮工作。

6.1.2 具体措施

(1) 结构施工

1) 基坑内：

由于B区地下室大部分地方无底板、垫层，只在拉梁下部有垫层，因此，如遇大雨，基坑内泥土会随雨水流入垫层部位，严重影响B区拉梁的施工，针对这点项目部决定B区拉梁的侧面下半部分采用砖胎模，利用砖胎模来达到挡住雨水的目的；另将拉梁两侧的回填土留置在拉梁沟槽边，防止基坑内雨水留入拉梁砖模中，如图6-1所示。

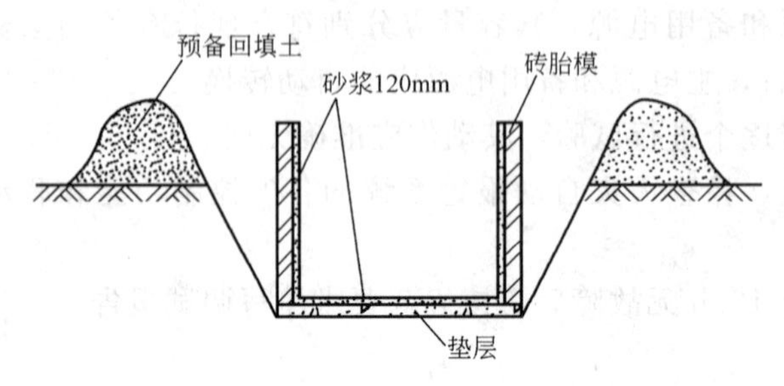

图6-1 砖胎模

项目部另购置若干台水泵，用来抽出因下雨而直接落在砖模内及桩头内的雨水。

基坑内除设置排水沟外另派专人在基坑内巡视，发现积水立即清除。

2) 钢筋工程：

现场钢筋堆放应垫高，以防钢筋泡水锈蚀。

雨天避免进行钢筋焊接施工，小雨时在施工部位应采取措施，可采用塑料布临时防雨棚，不得让雨水淋在焊点上，待完全冷却才能撤掉遮盖，以保证钢筋焊接质量；如遇大雨天，则视情况将梁内钢筋接头改为绑扎接头，以保证工程进度的顺利进行。

雨天钢筋视情况进行防锈处理，严禁将锈蚀钢筋用于结构上。

3) 模板工程：

钢模板拆下后应及时清理，大雨过后应重新刷一遍脱模剂。

4) 混凝土工程：

混凝土施工应尽量避免在雨天进行。大雨和暴雨天不得浇筑混凝土，新浇混凝土应覆盖，以防雨水冲刷；如突然遇到大雨和暴雨，不能浇筑混凝土时，应将施工缝设置在合理位置，在已浇筑的混凝土上用塑料布覆盖，待大雨过后清除积水再继续浇筑。

(2) 安装工程：

1) 设备预留孔洞做好防雨措施；如施工现场地下部分设备已安装完毕，要采取措施防止设备受潮、被水浸泡。

2) 现场中外露的管道或设备，应用塑料布或其他防雨材料盖好。

3) 室外电缆中间头、终端头制作应选择晴朗无风的天气，油浸纸绝缘电缆制作前，须摇测电缆绝缘及校验潮气；如发现电缆有潮气浸入时，应逐段切除，直至没有潮气为止。

4) 敷设于潮湿场所的电线管路、管口、管子连接处应做密封处理。

(3) 现场排水措施

整个场区根据地势设置排水沟，基坑内沿基坑边设置内排水沟将雨水引至坑内设置的三个积水坑内，并用水泵将积水坑内的积水抽出来送至地面的排水沟里将雨水排除场外。排水沟的布置详见“排水方案”。

（4）雨期物资准备

雨期物资计划表见表6-1。

雨期物资准备计划表　　表6-1

序　号	名　称	规　格	数　量
1	潜水泵		
2	抽水软管		
3	塑料布		
4	草袋		

（5）原材料的存储和堆放

水泥全部存入仓库，没有仓库的应搭设专门的棚子，保证不漏、不潮，下面应架空通风，四周设排水沟，避免积水。

砂、石料一定要有足够的储备，以保证工程的顺利进行。场地四周要有排水出路，防止淤泥渗入。

（6）雨期安全文明施工措施

1）现场组织施工人员、安全员、技术人员雨期来临前对现场进行雨期安全检查，发现问题及时处理，并在雨期施工期间定期检查。

2）雨天应停止在外脚手架上施工。

3）雨期要经常检查现场电气设备的接地、接零保护装置是否灵敏，雨期使用电气设备和平时使用的电动工具应采取双重保护措施（漏电保护和绝缘劳保工具），注意检查电线绝缘是否良好、接头是否包好，不要把线浸泡在水中。

4）要做好塔吊、外用电梯等设备的防雷接地工作，并注意进行全面检查，各项接地指标应符合安全规程要求，并做好检查记录。

5）塔吊操作人员班前作业必须检查机身是否带电，漏电装置是否灵敏，各种操纵机构是否灵活、安全、可靠。

6）每日下班时，塔吊塔臂应停在顺风方向，松开回转制动装置，将吊钩收回至大臂最上端，将小车行至大臂根部。大臂在回转过程中，与障碍物干涉的，必须将塔吊吊钩固定在地锚上，关好驾驶室门窗，卡紧、卡牢轨钳，切断配电箱内的电源开关，关好箱门上好锁；如遇暴雨或6级以上强风等恶劣天气时，应停止塔吊、外用电梯、提升架的起重和露天作业。外用电梯、提升架（辅楼使用）作业完毕后，吊笼必须降至地面。

7）机动车辆在雨期行驶要注意防滑，在基坑旁卸料要有止挡装置。大雨过后4h之内，不得进行塔机、外用电梯以及提升架的拆装作业；如遇特殊情况，必须做好专项安全技术交底。

8）出入施工现场的车辆应保持清洁、干净，不得将泥土带出工地，污染市政道路。雨期正逢盛夏季节天气闷热，应适当调整作息时间，避开中午高温时间；后勤部门应采取必要的防暑降温措施，如遮阳、发放解暑药品和降温饮料或饮水加防暑药品等，做好施工人员的防暑降温工作。

9）保证现场干净整洁，防止蚊蝇孳生，避免传染病的发生，为此应经常在办公室、宿舍、食堂、厕所等地打药、消毒。

6.1.3　工期保证措施

（1）根据15d天气预报情况制定周计划，实行压缩工期的办法来保证月进度计划的实现。

（2）加派施工人员进行24h不间断作业，尽可能追回因大雨而延误的工期。

（3）做好道路的维修检查工作，保证即使在雨天材料运输车辆也能顺利地进入施工场地，以确保施工原材料的供应。

（4）增加机械数量，以保证工期进度的实现。

6.2　冬期施工措施

长春龙家堡机场航站楼工程的施工时间在11、12、1、2月份时，正值长春市的冬季时期，根据当地以往记录，每年冬季该地区气温较低，为了达到2004年底暖封闭的工期要求，根据冬期施工的不同内容和特点，项目部有针对性地编制了冬期施工方案。

6.2.1　工程特点

进入冬期施工，土建工程需进行施工的工程主要有混凝土浇筑、砌筑、抹灰、电气、暖卫等工程，各专业交叉作业繁多，许多作业为高空作业。如何在冬期施工中确保工程的进度、质量、成品保护并做好安全防范工作，是本工程冬期施工阶段的重点。

6.2.2　冬期施工技术措施

（1）混凝土工程

1）在冬期气温较低时，在现场搅拌混凝土时要按防冻剂的品种和说明书掺加少量防冻剂，搅拌混凝土的砂石在铁板上加热至30℃再进行搅拌，且混凝土的搅拌用水需加热至30～70℃，以保证混凝土出罐温度在15℃以上，入模温度不低于5℃。

2）混凝土浇筑后养护除覆盖塑料薄膜外要采用双层草垫覆盖，养护期间不得浇水，直至混凝土达到80%强度且温度降至5℃以下后方可拆模；如拆模时混凝土局部表面温度与室外温度温差较大，可再进行局部覆盖，待混凝土表面温度下降后再行拆除。养护期间不得浇水，在养护期间应进行混凝土的温度测量，每昼夜测量四次，并留设测温记录。

3）混凝土试块除正常规定组数制作外，还应增设两组与结构混凝土同条件养护，一组用以检验混凝土受冻前的强度，另一组用以检验转入常温养护28d的强度。

（2）砌筑工程

1）一般规定：

冬期施工砖石材料应清除冰雪；石灰膏、黏土膏应防止受冻；拌制砂浆的砂，不得含有直径大于1cm的冰块和冰结块；拌合砂浆时，水的温度不得超过80℃，砂的温度不得超过40℃；冬期施工砖不浇水，砌砖砂浆稠度10～12cm，砌石砂浆稠度5～6cm；最低温度低于－20℃时，不得砌石；在解冻期间，应经常对砌体进行观测和检查，如发现有裂缝、不均匀沉降等情况，应分析原因并采取措施。

2）拟采用技术措施：

砌筑冬期施工拟采用掺氯盐砂浆法和冻结法施工。

① 砌砖优先选择掺防冻剂法；如温度继续降低，在无筋施工中采用掺氯盐的方法保证冬期施工质量。防冻剂必须出具厂家生产合格证，并作好试配，施工时严格按照配合比配制（表 6-2）。

掺氯盐砂浆掺量、砂浆温度、砂浆最低强度等级表　　表 6-2

日最低温度	掺盐量(%)	砂浆使用时最低温度(℃)	砌筑砂浆最低强度等级
等于或高于－10℃	3	＋5	M2.5
－11～－15℃	5	＋8	M2.5
－16～－20℃	7	＋10	M5.0
低于－20℃	7	＋15	M5.0

冬期如无设计要求时，当日最低气温等于或低于－10℃时，对承重砌体的砂浆等级应提高一级。

砂浆和混凝土的搅拌应在采暖的房间或保温棚中进行，砂浆随拌随运，不可积存，二次倒运，砂浆的储存时间不宜超过 20min。施工中注意天气变化，砌筑砂浆稠度适当提高 1～3cm，但不宜超过 13cm，确保砂浆与砖的粘合力。

采用掺防冻剂法，使砂浆在负温条件下硬化，降低砂浆冰点，获得早期强度。优先选择对钢筋、铁件无腐蚀作用的防冻剂。

② 冻结法：

采用冻结法施工时，应会同设计院制定施工解冻期内的加固措施。砂浆使用时的最低温度不应低于＋10℃。

③ 为保证砌体在解冻时的正常沉降，要求做到以下几点：

每日砌筑高度及临时间断处的高度差不得大于 1.2m；在门框上部应留出缝隙，其厚度在砌体中不小于 5mm，料石砌体中不小于 3mm；砖砌体水平灰缝厚度不宜大于 10mm。

（3）抹灰粉饰工程

1）冬期施工的室内白灰砂浆、混合砂浆和粉饰工程必须采暖热作，基面温度不低于＋5℃，尚要做到门窗封闭。

2）室外水泥砂浆抹灰，除在大面积混凝土基层和地面工程外，可在最低气温不低于－10℃采用掺盐砂浆法施工。粉刷和地面工程不得在负温下进行，如必须施工可采用掺防冻剂和早强剂的技术措施。

（4）电气工程

1）电线管敷设前，必须清除管内积雪、积水以及其他杂物，以免敷设管内冻结，堵塞管路，并要采取适当措施烘干处理；否则，不得进行穿线。

2）铁管烘炉煨弯时，管内灌砂必须烘干。

3）粘接配线时，要认真清除墙面或板面的水汽和冰霜，还将其表面加热至 70℃左右方可进行粘接。

4）硬质塑料管敷设，在－15℃以下禁止施工。

5）采用塑料配线时，应保证施工现场温度在＋5℃以上。

6）电缆工程冬期施工，必须遵守下列规定：

① 在冬期敷设电缆时，要保证电缆本体温度在5℃以上，达不到温度要求时，应提前将电缆热保温，预热后的电缆要及时敷设，一般不要超过1h；

② 冬期敷设电缆时，其弯曲半径要比规程适当加大，并要清除电缆沟内的积雪和冰块；

③ 电线端头及中间接头制作的环境温度要保证在＋5℃以上，并做好防潮层。

（5）暖卫工程

1）合理安排施工工序，尽可能把水泥捻口的给排水管道施工和各种管路系统的水压实验避开冬期。

2）暖卫器材入冬前要认真检查，严防雨水或现场积水进入器材腔内冻坏。

3）各种散热器的组成和水试验安排在冻结前进行，冬期施工应在＋5℃以上的室内进行。

4）入冬前安装完的采暖系统、给水系统和水压试验，必须抢在冬期前进行完毕，并打开所有的放风、放水阀门，放出所有试压水。

5）水压试验严格按照长春市有关试验要求。

6）水暖系统冬期送水，水暖负责人必须作出周密的送水技术方案，送水要根据采暖系统形式分环、分层、分段、分区进行。

7）冬期施工的水泥捻口，应尽量扩大预制范围，并在正温度下进行。使用的管材、管件应提前运入室内缓冻。捻口水泥要加抗冻剂。管口接完后，要用保温材料进行保护。

8）预埋各种卡子、钩子等要用热拌水泥砂浆并加防冻剂，孔洞要用热水浇好。

9）设备、管道支墩不得直接铺在冻土和未经处理的松土上。

10）冬期停工前，封闭好所有的地沟口和管道井。

（6）钢结构工程

1）焊接冬期施工技术措施：

① 焊接材料的选择使用。

为了保证焊缝不产生冷脆，负温度下焊接用的焊条，在首先满足设计强度的要求下，尽可能选用屈服强度低、冲击韧性好的低氢型焊条。

② 焊接材料的储存。

焊剂及碱性焊条的焊药易吸潮，在负温时更甚，所以，它们在使用前按照质量说明书的规定进行烘焙。使用时，取出放在保温筒内，随取随用。外露时间超过2h要进行重新烘焙。钢结构使用的焊条、焊丝要储存在通风干燥的专门地方。焊条领用要限制数量，用多少领多少，确保焊条的良好性能。

③ 焊接专用机具的检查。

使用瓶装气体时，对负温下瓶嘴在水汽作用下容易冰胀堵塞现象，在焊接作业中要及时检查疏通。

④ 焊接过程控制：

A. 负温下焊接过程的控制主要是母材的预热温度、焊接层的温度、焊后的加热、保温等。

B. 本工程剩余焊接内容都属露天作业，为防止雨水、雪花直接飘落在炽热的焊缝上，对大型接头将搭设临时防护棚。

C. 负温下对厚度大于 9mm 的钢板分层焊接，焊缝从上往下逐步堆焊。每一条焊缝一次焊完，中间不中断。当发生焊接中断再次施焊时，先清除焊接缺陷，合格后再继续施焊。

D. 焊前预热，为防止裂纹，除在焊前清除积雪、水蒸气并用烤枪干燥外，还将根据母材厚度、坡口形式、环境的负温度值进行预热处理，并保持在预热温度以上连续施焊。

⑤ 为消除焊接应力等，厚钢板焊接完成以后立即进行焊后的热处理。烘烤时必须均匀烘烤，不允许温度一次降下来。不得直接烘烤焊缝，一般离开焊缝 5～7cm 距离。

⑥ 焊后保温：后热完毕后，立即用保温棉布进行围裹保温，以保证焊口的温度，提高焊接质量系数。

2）低温焊接一般措施：

① 一般采取适当的焊前预热和焊后加热并定时保温处理，必要时，在专门搭设的保温棚内施焊，以减缓冷却速度，避免焊接裂纹产生；

② 常温至 0℃范围内至少需预热钢材至 20℃，以去除钢材表面的水分，并防止夜间钢材蓄冷后未充分与白天气温平衡；

③ 构件涂装后，要严格按油漆技术要求在室内存放后才能置于室外。其他辅助材料，如瓶装氧气、乙炔气进入室内，保温一段时间才能使用；焊条烘烤后，焊工焊接时要用保温筒进行保温，做到随用随取。如果室外温度在负温时，钢构件的焊接必须采取焊接件的加热及焊后的焊缝保温措施。总之，影响钢结构制作加工因素都应采取措施，确保钢结构在冬期的加工质量。

3）冬期吊装措施：

① 首先考虑吊装的安全措施，确保万无一失；在吊装构件时，应先清除构件索具表面的积雪、冰，在构件之间要加薄橡皮垫或麻布垫，以防吊装时滑脱。

② 在构件运输和堆放时，在构件下必须垫枕木，并清除积雪，以防止运输过程中倾滑。堆放场地要平坦，无坑凹。

③ 钢结构构件对温度比较敏感，在负温下构件的尺寸将产生一定的收缩，所以在构件验收、安装及校正时将予适当考虑，必要时进行保温工作，以免在吊装时产生误差。

④ 专用机具在负温下应按负温差进行检验，掌握温差的数据。

⑤ 在负温下进行结构吊装应按规定顺序进行吊装，必须由内向外进行吊装。

⑥ 对钢结构件应采取校正之后进行吊装就位，立即对其固定；当天安装的构件应对其形成空间定位牢固体系，不能隔天再进行。

⑦ 高空作业必须清除构件表面积雪，穿防滑鞋、防寒服，系安全带，才能进行高空作业，跳板等安全防护一定要牢固，跳板板面要有防滑措施。吊装必须专人指挥，特殊工种持证上岗，夜间吊装或倒运构件必须保证充足照明。

⑧ 由于夜间气温低夜间作业尽量避免，除特殊情况外，夜间作业尽量安排在 23：00 之前。

⑨ 以上措施应严格执行，确保安装工程质量。

（7）空调工程

1）关于空调水管的水压试验按有关规范要求，当周围环境温度低于5℃时，水压试验不宜进行。如果必须进行水压试验时，应当在业主、监理及总包单位的指导下，采取正确的防冻措施，如给系统供热水；同时，将通往地下室的各孔洞进行封闭，以提高保温效果，防止管道冻裂。

2）关于低温下的设备保护，如果在周围环境温度低于5℃时，应放尽空调设备内的余水，以防冻裂空调设备内的重要部件；同时，对周围环境应采取加温措施，以保证设备的安全。

3）关于低温下的材料保护，对于制作安装超级风管用的胶粘剂等材料，应当存放在高于0℃的环境下，以免使用时失去粘结性能。对于其他不宜在低温环境下存放的材料，应将其置于适宜的温度环境下进行保管。

4）关于低温下的焊接，焊接工序应尽量地在高于0℃的条件下进行，对于不得不在周围环境温度低于0℃的条件下进行焊接作业的，应对焊接工件采取一定时间的保温措施。

5）关于超级风管的制作安装，在进行风管粘结作业时，如果粘结带从低温中取出，应当先将其置于温暖的环境中，使其恢复到初始状态，再进行粘结作业。

（8）临时洞口的封堵

按照业主的工期要求，2003年10月30日前具备暖封闭条件，因此，部分门窗洞口在冬期需要临时封闭。

1）门立面部分封堵：

① 门宽度小于等于3m（含室外楼梯门）：

采用60mm×90mm木方在门口内侧墙体上用钉子钉住龙骨，采用九夹板固定在木方上，在九夹板外侧采用钉挂棉被帘遮挡风雪。

② 门宽度超过3m：

在门内侧搭设双排脚手架作为棉被绑挂骨架，采用ϕ48×3.5脚手管作为立杆，立杆间距1.5m，在高度上每1.6m设置大横杆，搭设双排脚手架，架子外口和砖墙外口平齐，横向每500mm间距绑设60mm×90mm木方，以利于钉板和棉被，在九夹板外侧钉挂棉被来遮挡风雪。

③ 临时门留设：

根据现场实际情况，分别在⑦～⑧/Ⓟ；㉝～㉞/Ⓠ；⑯～⑰/Ⓠ位置设置出口，在±0.00m标高上采用脚手管和棉被朝向迎风面搭设1500mm×2500mm高“耳形”防风围挡，设置1000mm×2000mm活动门，不进人时能够封闭。

2）采光井、通风井、室外楼梯平面

在洞口短向铺设60mm×60mm木方，间距500mm，长向长度超过4m，间距1m，横向作一根钢管横担与木方配合，上面满铺钉九夹板，再铺设棉被进行保温，棉被上铺设硬质塑料进行防水，硬质塑料搭接长度不小于500mm，且四周边部应超出棉被500mm宽度，硬质塑料上部以浮土覆盖，浮土厚度不小于100mm。

3）坡道出口（⑩/Ⓔ～Ⓗ；㉘/Ⓔ～Ⓗ）立面：

坡道大门按照设计做法进行砌筑、防水抹灰或进行水泥砂浆抹灰外做柔性改性沥青防水及土方回填，未考虑将来设备运输需要打开，如果需要将来拆除，是否进行JC 474防水砂浆抹灰由业主确定；如果进行，按照冬期施工要求进行。

4）登机桥立面与幕墙交接部位：考虑到与幕墙接口部位的连接和成品保护，该处封闭处理由陕西艺林公司进行具体施工。

（9）临时用水、电管理

1）由于现场临时水管线埋深过浅不能满足冬期施工的需要，因此，在冬期施工中从航站楼正式供水管线中接设支管线作为施工用水。

2）临时水源、水管线路保护：将临时水源、管卡接头采用岩棉包裹，钢丝缠紧保温、保护。由于现场临时水管埋地深度较浅，根据天气逐渐变冷随时跟踪检查，定期放水检查管路是否畅通，在室外温度达到－10℃左右时将水管内水放出，防止冻胀。

3）定期和不定期对用电设备和水管线路进行检查和维护，对发现的问题和隐患进行整改并做好记录。

4）各用水、用电设专门人员安排值班，并将值班表上报总包管理部，每天对施工现场进行巡视，发现违章和不合格用水、用电情况，及时处理并做好巡视记录。

5）用水、用电安全工作实行层层责任制并定期或不定期进行安全技术培训、检查，所有作业中都有明确的安全责任人。

6）严禁擅自接线，私自使用电炉子、电暖器等物品。

7）按照总包管理方案，对表现出色、标准规范的施工队或个人，项目部将给予相应奖励；对不服从项目部管理、违章用电的，项目部将给予处罚。

6.2.3 冬期施工安全技术措施

项目部冬期施工应严格按照国家及地方安全操作规程执行，项目质安部门应加强安全教育，认真对各专业、各工种的施工、操作人员进行安全技术交底，并执行冬期施工关于“五防”的特殊规定：

（1）防火

1）凡是冬季取暖、生产用火，必须事先申请，经保卫或安全部门检查批准，发给生火证方可使用。

2）禁止用易燃、可燃液体，生炉子、火墙、火坑、锅炉、烘烤衣服和使用其他可燃物品。

3）施工生产现场的生产和生活用火，必须做到“四有”，即有生火证、有制度、有消防器材和工具、有专人看管，做到火灭人走。

4）施工现场的送电室、材料库等易燃易爆部位，要和用火点保持一定的安全距离，防止火灾事故发生。

5）仓库、木工房、木工棚等部位要做到严禁烟火。

6）一切电源、线路必须按规定架设，并有专人经常检查维护，生活用灯不准超过60W，生产、生活一律不准点长明灯。

7）禁止在灯头上使用纸、布和其他可燃材料做灯罩。

8）消防设备和灭火工具要有专人管理，保持完整好用。消防水桶必须保持一定的水量，在冬期对消防桶（缸）、消防栓、灭火器要采取防冻措施。

（2）防寒

1）一线生产工人的棉服、棉安全帽必须按规定及时供应，确保职工身心健康。

2）施工（生产）现场、宿舍、食堂、休息室，要有取暖设备，职工要喝到开水，吃到热饭菜。

3）凡是固定场所的施工机械等要搭设防寒棚，要进行全面检查、维修，确保冬期正常施工。

（3）防毒

1）对生火用的明火、焦炉、炭炉、煤炉必须有专人看管，防止中毒事故发生。

2）加强对有毒物品的管理，特别是亚硝酸钠管理，有毒、有害物品仓库必须有专人负责，严格出入库手续。

3）对有毒、有害作业场所和煤炉取暖场所必须设通风孔，保持空气畅通。

（4）防滑

1）各种脚手架应架设斜道，必须有严格的防护栏杆和围网，斜道钉好防滑条，要及时清除霜雪，现场主要通道应撒炉灰、锯末等，防止滑倒伤人。

2）凡是列入冬期施工的单位工程，事先检查好供电线路和机械工具设备，做好维修，防止受冻肇事。

（5）防爆

1）乙炔发生器、保险链、保险壳、保险针必须良好有效，遇有冻结情况，应用热水溶化，不准明火烘烤。

2）锅炉在使用前，必须经技术、安全、设备等部门检查合格后方可使用，未经批准和发证的不准使用。

3）加强对雷管、炸药、导火索和液化气缸的运输保管使用，设专人监管，确保安全。

7　总承包管理

长春龙家堡机场航站楼工程土建、钢结构、水暖电安装及粗装修工程为我中建六局合同范围内施工项目，玻璃幕墙工程、屋面板工程、弱电工程、消防工程、空调工程等工程由业主指定分包队伍，委托我中建六局进行总承包管理工作。

为了全面履行长春龙家堡机场航站楼工程施工总承包合同，规范参加工程建设的全体施工单位的建设行为，根据施工总承包合同以及国家有关建筑的法律、法规、规程、规定，特制定本管理办法，以便对该工程实施严格、科学、有效的施工总承包管理，优质、高速、低耗地把航站楼工程建设成一流水平的建筑精品。

7.1　总承包管理的组织机构

（1）机场建设工程管理组织机构的建议

机场工程属大型公共建筑，专业化施工程度高，将有较多分包单位参与施工建设，需有一个精干、高效的工程管理机构，组织指挥工程的施工生产。总承包单位将在机场指挥部的领导下，在政府质检部门及监理公司的管理监督下，充分发挥施工总承包职能，协调、管理好施工现场各分包单位，全面认真地履行各自的施工合同。

（2）分包管理组织机构

分包商结合各自专业的特点，在施工现场设立施工生产指挥机构——分包项目部，在总包的协调管理下，全面履行分包合同中工程工期、质量、安全等。

分包商现场机构必须按中标时的施工组织机构设置，并能满足施工生产需要。

(3) 总分包对口管理部门

总包对分包管理的归口部门为总包项目经理部的工程部，工程部设专业工程师，负责对分包的管理协调工作。分包单位也应设置专门人员对接总包，分包项目经理不在现场时应指定现场负责人或施工调度员，以便联系工作。

7.2 总承包管理原则

(1) 总承包管理原则

总承包商应全面执行和理解业主的设计意图，认真履行施工总承包合同，按照统一计划、统一管理、统一协调的原则，在施工全过程中，对分包单位进行有力地协调、管理，以保证合同规定的工程质量、施工工期等目标的实现。总承包商着重做好以下几方面的综合管理工作：

1) 统一编制施工组织设计和施工方案，对各专业分包工程的技术方案进行审核，将各专业工程置于整个工程的整体施工部署中，便于统一指挥和协调监督。

2) 统一现场平面管理，由于项目专业分包队伍多，必须由总包对现场总平面布置做统一规划、安排和管理，使现场的施工秩序井然有序。

3) 统一编制多级施工进度网络计划，根据总的工期进度，运用计算机技术对各分部分项、分专业的施工进度计划严格控制，确保形象进度和工期按期完成。

4) 统一施工现场的多工种、多专业交叉作业的施工调度，便于各专业队伍在交叉施工中的协调、组织管理。

5) 统一工程质量保证体系，确保工程符合国家和民航的技术规范和要求。

6) 统一现场文明施工标准，建立安全生产保证体系，确保无重大伤亡事故发生，使整个工地成为标准化文明施工现场。

(2) 总承包管理的目标

根据合同要求，总承包项目管理的目标为：

1) 进度目标：

总工期控制：2003 年 5 月 28 日～2004 年 8 月 30 日。

节点工期控制：2003 年 10 月 30 日实现暖封闭。

2) 质量目标：

各分包工程，分部分项工程均达到质量检验评定标准的要求，实现施工组织设计中保证施工质量的技术组织措施和质量等级，保证合同质量目标——确保鲁班奖的实现。

3) 安全目标：

实现施工组织设计的安全设计和措施，严格控制施工人员、施工手段、施工对象和施工环境的安全，实现安全目标，确保人的行为安全、物的状态安全，断绝环境危险源，达到整个施工期间杜绝死亡及重伤事故，轻伤事故频率不超过 0.03‰的安全生产目标。

4) 文明施工目标：

通过对施工现场中的工程质量、安全防护、安全用电、机械设备、消防保卫、场容、卫生、环保、材料等各个方面的管理，创造良好的施工环境和施工秩序，特别是做好施工总平面的动态管理，达到安全生产，加快施工进度，保证工程质量，降低工程成本，提高社会效益，确保本工程为长春市文明施工标准化工地。

（3）总分包单位的管理责任

总分包的工作范围区分和各自的管理责任详细记录在各自的工程施工合同和协议中。

总包将按照总包合同和总分包合同要求，向各分包提供无偿或有偿的管理及服务，总包将根据机场指挥部审定的工程控制进度计划，保证在合同工期内向分包按时提供施工场地、施工作业面以及协调服务，以利分包单位按期完成合同规定的工作内容。

分包应遵守总包的协调管理，包括总包为工程正常施工所制定的各种管理规定、办法及协议。

7.3　总承包管理程序

（1）总承包合同管理

合同是总承包商对分包商协调管理的依据，因此，规范总承包商与各专业分包商的总包管理和配合服务合同是保证总承包管理程序实现的基础。

1）根据工作要求，分包商在进入施工现场前，必须与总包商签订某一过程控制或某一控制点的总分包管理和配合协议；否则，不得进入施工现场。签订后双方均应恪守合同要求，克服困难，完成双方各自承担的任务。

2）总包单位应严格按合同条款为分包单位提供协调服务、监督管理，为分包方圆满完成施工合同提供方便。

3）分包商一经进入施工现场，必须严格履行合同条款，并接受总包商的协调管理，对分包商出现违约行为，总包商有权对分包商进行处罚。

4）各分包方在未获得业主、监理、总承包人三方面同意前，不得将本分包合同转让或将分包工程的全部或任何部分转包。

5）总分包方之间的有关合同纠纷，交由机场指挥部协调解决。

（2）施工计划管理

为了确保整个工程建设进度在总体建设计划的控制下有序进行，本工程按四级制定施工计划。构成一个自上而下、从总体到细部的工程计划管理体系：

第一级：根据总的建设目标制订主要形象进度控制点及施工总进度网络计划；

第二级：专业分部分项进度计划；

第三级：月进度计划；

第四级：周进度计划，制定一周的详细形象进度计划。

项目部制定出的计划会经由施工员或各主管部门发放至各分包商手中，分包商按照项目部下达的计划编制日进度计划，并上报至施工员或主管部门，严格按照日计划进行施工；否则，延误工期项目部将予以严厉处罚，如因突发因素等导致工期延误，项目部将酌情延迟计划。

（3）施工进度协调管理

1）总包单位作为施工现场管理的总协调人，负责对各分包单位进行协调管理。各分包单位要服从总包的协调管理，按各自的合同组织好施工生产。

2）总包严格按总分包合同规定的进度、时间、人员、材料设备的进场情况，进行施工场地的分配，施工的开展、工序接口、交叉作业、安全防护、成品保护及水电、道路、临设等施工现场资源的配置和供应，并进行及时、合理、恰当的组织和安排，保证各分包商的有序施工。

3）各分包商必须以确认的控制施工进度计划为标准，精心组织施工，及时按计划完成各自的分包工程，并积极配合总包商组织的各分包商的工作面、工序接口的交接工作。分包商如未能在指定期限或已被业主、监理认可的任何延长期内完成分包工程或其任何部分，分包商应向总承包商支付一笔相当于总包商因分包商按上述无法竣工所受的任何损失或损害的相同金额的费用。

4）各分包凡属需要总包配合、协调的工作，都要提前以书面形式通知总包商，总包应在规定的期限内积极给予解决。凡因分包商的疏漏或不按程序所引起的损失，均由分包方承担。

5）各分包商之间应当互相配合，相互理解与谅解，在需要其他分包配合时，需提前报总包同意后，由总包通知其他分包。不得出现彼此推诿、扯皮以至延误工期等现象，对此，总包方有权作出裁决，并对责任方给予经济处罚。

6）各分包商不得随意中断分包工程的施工；如未经总包许可擅自中断分包工程，则要承担中断工程造成的损失。

（4）工程技术管理

各分包单位应建立以项目总工程师负责的施工技术责任制，加强技术管理，提高工程技术含量，确保工程质量；如在施工过程中发生技术性问题，由分包方提出处理方案报项目部审批同意后方可执行，未经审批同意，各分包商不得擅自决定处理；如遇紧急情况来不及上报审批，需经项目部技术负责人口头同意后方可执行，报审手续后补。

1）施工中因工程变更而引起方案修改应及时通告总包单位，以便对工程部署、工序交叉及进度控制进行调整，确保工程顺利进行。

2）总包单位应及时、准确地向各分包单位提供满足施工需要的原始基准点、基准线、参考标高及相关的地下管线图。交接后，各分包单位应各自派专人对总包单位提供的原始基准点、基准线、参考标高进行妥善保护；如发现损坏、丢失，补测费用由分包单位自行解决。

3）加强施工过程中技术资料管理，建立工程档案，按指挥部的要求和份数，做好工程竣工资料的整理及竣工图的绘制工作，分包的所有竣工资料均应经总包审核汇总后，一并在工程竣工验收时交工程指挥部。

（5）工程质量管理

1）航站楼工程的质量目标为创“鲁班奖”，各分包单位均需结合各自专业特点，编制创“鲁班奖”计划，并保证100％完成。创优计划应在开工后两周内报总包、监理、指挥部和质检站。

2）中建六局推行国际ISO 9001质量保证体系，各分包单位均需建立相应质量保证体系，建立健全质量保障制度，确保其质量体系的有效运行，并在现场设有专职质检员，加强对工程质量的控制和管理。

3）坚持“过程精品”的质量管理思想，严格实施“过程精品，动态管理，目标考核，严格奖罚”的质量保证机制。施工中做到“五不准”：无施工组织设计不准施工；不合格的原材料、半成品不准使用；技术交底不清不准施工；检测数据有怀疑不准施工；上道工序不符合质量标准的不准进行下道工序施工。

4）施工中坚持自检、互检、专业检查的质量三检制，以及质检站、监理工程师、专业质量检查员的质量监督机制，使工程的每道施工工序、每个分部分项工程都严格按国家及民航的技术标准和规范进行操作和施工。

5）为加强施工质量管理，统一工程质量验收标准，提高工程的质量，各单位应执行工程质量样板制，以样板引路，挂牌标识。以工序质量保证分项质量，以分项质量保证分部质量，以分部质量保证单位工程质量，确保工程整体质量。

6）本工程实施质量停工待检点的控制措施。当一施工工序与质量关系密切时，为了保证产品的质量而特别对此工序进行质量专检。各分包在完成本工序施工自检合格后，填写“工序报验单”，经总包、监理验收合格后，再进行下一道工序。

7）各分包应通过质量全过程控制和质量停工待检点控制的信息反馈，建立质量改进系统，对不符合要求涉及质量隐患应采取预防及纠正措施，加强技术管理，遵守施工工序，保证工程质量不断提高。

8）各分包单位在分包工程中的材料或操作工艺必须符合分包合同的规定；如不符合规定而出现缺陷或其他缺点，导致工期延误，致使总承包商（或其他分包商）增加额外施工时，则分包商应向总承包商（或其他分包商）支付该工作的施工费用并承担延误工期责任。

(6）安全生产管理

1）总承包商对航站楼的施工安全生产负第一责任，各分包商对各自分包工程的安全生产负第一责任。

2）各分包商要严格按照国家的有关法律、法令规定，严格遵守建筑施工安全规定及总承包人制订的安全制度，确保安全生产。

3）各分包要按施工安全规范的规定，采取预防事故的措施，确保施工安全和第三者安全，凡属分包工程中发生的一切安全事故，均由分包方负责，并立即书面上报总包及主管单位备案。

4）各分包商有保护好施工现场安全设施的义务。

5）各分包要服从总包现场安全员的统一管理，遵守总包安全部门下发的各项安全制度，及时处理总包发出的安全整改通知，对未及时整改或整改达不到要求而导致的损失，除分包方承担责任外，还要给予经济处罚。

6）各分包要积极参加总包组织的各项安全生产活动。

(7）施工现场材料、设备管理

1）材料、设备进场验收：

材料设备进场必须进行严格检验，以确保工程质量，验收项目包括：

① 进场的材料、设备的数量、规格、质量标准是否同物资需用计划一致；

② 产品合格证、材质证明及相关技术参数是否齐全；

③ 材料、设备是否满足现行规范和标准的要求；

④ 特殊材料、设备的保存运输、安装方法是否有详细说明；如有损失或与要求不符，应立即报主管部门按有关制度进行协调处理；

⑤ 分包商应设立进厂材料及机械设备台账，并定期报至总包单位物资部；

⑥ 由分包商负责管理维修的机械设备分包商应按照总包商的要求，每月对设备进行检查，并填写月检记录表格，报至总包单位物资部。

2）材料验收程序：

① 分包自购材料、设备进场，总包相关专业责任工程师与分包单位材料负责人共同验收合格后，填写开箱检验单，总包审批后报监理；

② 分包单位未经验收（或验收不合格）的材料、设备不得使用；否则，造成的后果由责任方负责。

3）材料使用程序：

材料的使用及数量应与材料需用计划中所提出的使用部位及数量相符合，未经总包单位同意各分包商不得擅自将进场材料另作他用；否则，材料损失部分由分包商自行担负，如因此对项目施工造成停工待料而延误工期者，项目部将另行对该分包商进行严厉处罚。

(8) 施工现场用电管理

1）加强对施工用电的统一调度，合理安排：分包单位进场前，应同总包签定用电协议书，学习用电管理制度，并按总包指定的供电回路分配电箱，并由专业的持证电工专人负责看管、维护，自觉遵守用电管理制度，现场用电的使用由总包工程部专业技术人员统一调度，合理分配现场施工总配电箱及供电系统，并随工程进展情况及时调整，以安全第一、合理使用为原则。

2）总包单位技术人员及专职安全员每月对现场进行一次大检查，复查接地电阻，并做好记录，对于不合规范、有不安全因素的分包单位，提出整改要求，不服从者将予以一定的经济处罚。

3）对用电故障及时检修、保证运行：现场各分包单位专业维护电工统一归工程部调配，维修现场施工用电设备。施工用电发生故障后应立即查明原因，由工程部组织临时抢修小组，在1～2h内抢修完毕。现场停电前，应通知各施工单位及班组，做好停电准备工作。

(9) 施工现场用水管理

为确保工程的顺利有序进行，确保各施工单位的施工用水，合理用水，节约用水，杜绝水资源浪费，必须加强对施工现场的用水管理。

1）现场生活用水、施工用水由工程部统一管理。严禁私自引接水管，各施工单位需要连接水管（或大量使用时）时，填写申请单报总包单位，由总包统一部署。

2）生活区生活用水，各分包单位对节点阀门以后的管道、管件、水龙头等用水设备负责维修保养。

(10) 环境管理及文明施工管理

1）为确保工程为市文明施工标化工地，各分包商必须自觉遵守文明施工管理规定，建立文明施工管理机构，确定文明施工责任人，保证施工现场的公共区域及各自的施工区域的场容场貌整齐、卫生、文明。

2）分包商应严格按规定的施工平面布置施工，不得任意扩大、改变、影响其他施工单位；如需调整，应报总包批准后实施。

3）各分包商在施工中必须认真按施工程序组织施工，认真做好成品保护措施，施工中不得交叉污染，不得造成工程成品或半成品的损坏，不得有乱涂、乱画现象。

4）各单位施工现场各种料具、半成品应按总平面布置图的位置存放，并分规格、品种码放整齐、稳固，做到一头齐、一条线，各种材料不得混乱堆放，不得堆放太高，防止坍塌伤人。对粉尘、易燃、易爆、有毒物品应采取必要的防火、防爆、防损坏等措施，专库专管，加说明标志，并建立严格的领退手续。

5）施工现场的生活、办公区要保持清洁卫生，无污染和污水，垃圾要集中堆放，及时清理外运，施工现场不得随地大小便。

6）环境管理方面

各分包商应执行项目部的相关规定，详见“13（3）”。

（11）工程竣工管理

1）各分包商必须按照指定的工期（包括已取得业主及监理公司认可顺延的工期）竣工。

2）当分包工程的进度明显受到拖延时，分包应立即书面通知总承包人，说明有关分包工程或任何部分进度或竣工受到拖延的原因。

3）在分包工程实际竣工前，各分包人应移走一切临时施工机械、剩余物料及清理垃圾，做到工完场清，并为总承包人修复施工期内由于本工程而导致对建筑物结构或设备造成的任何损坏或向总承包人做出有关赔偿。

4）各分包人要做好竣工自检工作，自检合格后，填写要求总包检查竣工的书面申请书，并按机场指挥部要求及吉林省工程档案规定整理所有竣工图纸、资料备查。经总包汇总后，统一上报监理、机场指挥部。

5）在总包进行竣工检查时，对不符合规范的，可以做出限期整改的决定；各分包商必须在指定期限内整改，整改后书面提请总包复检。

（12）分包单位地盘进退场管理

1）根据业主的进场许可证明，到总包项目经理部办理进场手续，办理进场手续到总包工程部，需呈报以下资料：

① 企业营业执照、资质证书复印件（加盖公章）、施工合同文件；

② 项目管理人员的资质证书、上岗证等复印件；

③ 进场工作人数、特殊工种（如电工等）需提供上岗证复印件；

④ 进场施工或工作内容、工作时间和进度计划；

⑤ 需总包单位提供生活生产临建场地的详细资料；

⑥ 施工用水、用电申请；

⑦ 组织机构表、联系电话。

2）申请施工用水、用电及生活或办公临建，如需总包提供或向总包租赁，请到总包有关部门办理手续。

3）生产临建占地到总包工程部呈报施工平面占用方案，经总包批示后方可占用。

4）分包在将上述有关手续办理完后，持总包工程部签发的进场许可证到行政部办理工地出入证，作为出入工地的证件，工作时佩戴。

5）进场后服从总包在质量、安全、文明施工、进度、治安保卫等方面的管理，如发现分包队伍违章，总包将视程度进行罚款。

6）施工完毕后，退场机械或材料要到总包物资部办理出门证，办理出门证前先到总包行政部、合约部办理完临建租赁和结清水电费，到总包质安部、工程部清理违章罚款手续，凭总包部门会签的结算退场会签单到物资部办理出门证，没有办理出门证的门卫将不予放行。

7.4 施工管理守则及奖罚条例

（1）施工管理守则

1）安全守则：

① 进入施工现场，必须遵守安全生产规章制度；

② 进入施工区内必须戴安全帽，机械操作工必须戴压发防护帽；

③ 进入施工区内严禁吸烟，操作前不准喝酒；

④ 高空作业严禁穿皮鞋和带钉易滑鞋；

⑤ 非有关操作人员，不准进入危险区；

⑥ 未经施工负责人批准，不准任意拆除支架设施及安全装置；

⑦ 不准带小孩进入施工现场；

⑧ 不在施工现场打闹；

⑨ 不准从高处向下抛掷任何物资材料。

2）消防保卫措施：

① 现场建立消防保卫领导小组，设立义务消防突击队，定期培训、检查；

② 现场和仓库配置一定数量的消防工具，工地设专用消防井、蓄水池及消防管道，并有专人负责定期检查，保证完好备用；

③ 坚持动火审批制度，电气焊和切割工作地点要有看护人和消防器材；

④ 易燃、易爆及有毒品的使用要按规定执行，指定专人设库分类管理，明火作业和易燃、易爆及有毒品必须隔离，操作后检查现场不留隐患；

⑤ 航站楼室内严禁吸烟，室外作业现场不允许流动吸烟，应在吸烟室内吸烟，操作岗位严禁吸烟；

⑥ 施工需要加热或保温时，要采取保护措施，加强检查管理；

⑦ 职工进行安全教育的同时，加强防火教育；

⑧ 施工现场设护场值勤人员，昼夜值班，搞好检查工作；

⑨ 加强临时用电管理，防止电气或线路发生火灾；

⑩ 施工为确保机场安全，严禁人员进入机场围栏内。

（2）施工管理奖罚条例

为保证长春龙家堡机场航站楼工程顺利施工，实现确定的工期、质量、安全、文明施工目标，凡进入本施工现场的单位及人员应严格按照国家有关规程以及现场管理规定的要求组织施工生产，如涉及危害公共财产安全、他人安全以及不服从总包管理等，总包有权根据有关规定对分包单位进行处罚。分包单位必须在 2d 内交至总包财务部；否则，加倍处罚。

各分包单位均应自觉遵守总承包管理办法、守则；否则，按奖罚条例处理。

1）工程质量管理规定及处罚条例：

① 各施工单位必须自觉地接受政府质检站在工程质量方面的监督检查，对检查意见，施工单位要认真进行整改，并及时把整改情况书面反馈质检站，对不进行整改又不反馈的，罚款5000元；

② 各施工单位进场后需将企业营业执照、资质证书、管理人员资质、特殊工种岗位证书，报监理单位审核，对未持证上岗者单位罚款1000元，对其责任人罚款100元；

③ 各施工单位必须认真执行国家及地方各专业“工程施工及验收规范”；由于不执行规范造成工程质量不合格，罚款5000元；

④ 各施工单位必须严格执行吉林省《建筑安装工程质量检验评定标准》，及时、准确地将已完成的分部分项工程质量进行评定，对于质量评定弄虚作假、滞后等，罚款5000元，对其责任人罚款200元；

⑤ 各种建筑材料进场必须及时向监理单位（出厂合格证、质量证明书）报验，经监理工程师验收确认合格后，方可使用于工程；未经报验使用于工程的，对单位罚款2000元，责任人罚款200元；

⑥ 各施工单位要严格执行作业面交接制度（总包、监理单位、双方施工单位参与），由于作业面未交接或交接不认真，造成工程质量不合格，由接收单位负责返工处理，并罚款5000元；

⑦ 施工单位技术管理人员在分项工程施工前，必须进行施工技术交底（书面）；无技术交底，对单位罚款2000元，对责任人罚款200元；

⑧ 各施工单位必须坚持工序报验；未经报验即进行下道工序施工，对单位罚款2000元，对责任人罚款200元；

⑨ 对工程放线定位不认真，致使标高超差、位置偏移，对单位罚款5000元，责任人罚款200元；

⑩ 各施工单位对工程质量要认真执行“三检”制度，并上报三检记录；否则，对单位罚款1000元，对责任人罚款200元；

⑪ 由于施工方法不当，不按操作规程施工，造成工程质量不合格，除返工外，对其单位负责人罚款500元，对其责任人罚款100元；

⑫ 施工单位由于施工机具配备不足、精度不够，不按法定计量鉴定，造成质量不合格，对单位罚款5000元；

⑬ 工程施工使用的组合材料必须严格执行配合比，严格计量，对无计量机具或计量不准，对单位罚款2000元，对责任人罚款100元；

⑭ 施工过程中，由于气候变化的原因，未采取相应的防护措施，造成工程质量不合格，除工程返工外，对单位罚款5000元；

⑮ 施工单位在分项工程施工中，要做到样板引路，经业主和监理工程师对质量认可，方可大面积施工；否则，造成质量不合格，除返工外，对单位罚款2000元，对责任人罚款100元；

⑯ 施工中无论什么原因出现质量及安全事故，都要按规定时间逐级上报，对隐瞒不报者，对单位罚款5000元，对有关责任人罚款200元；

⑰ 工程施工所用材料，按规范规定抽样复检（监理工程师见证取样）；否则，对单位罚款 2000 元，对责任人罚款 200 元；

⑱ 施工单位在施工过程中必须做好隐蔽工程的记录；否则，对单位罚款 2000 元，对责任人罚款 200 元；

⑲ 施工单位在施工时使用新技术、新工艺、新材料，要有技术鉴定证书；否则，对单位罚款 1000 元；

⑳ 施工单位擅自将工程分包给资质不合格施工单位造成工程质量不合格，对单位罚款 10000 元，对项目负责人罚款 1000 元；

㉑ 各施工单位在施工时不得破坏主体结构，对擅自破坏主体结构（主体墙体、混凝土、钢筋、预应力钢绞线），将对单位罚款 5000 元，其责任人罚款 200 元；

㉒ 混凝土结构、墙体结构要按施工规范规定制作足够数量混凝土试块和砂浆试块，对未制作试块施工者，对单位罚款 1000 元，对责任人罚款 200 元；

㉓ 监理单位发出的有关质量监理通知，施工单位要及时整改，并把整改情况 3d 内反馈给监理单位；否则，对单位罚款 1000 元。

2）施工进度处罚标准：

① 不服从总包单位在进度、质量、安全、文明、施工等方面的协调管理　1000 元；

② 未按时报月进度计划　500 元；

③ 未制定周施工计划　500 元；

④ 月进度计划未按时完成　5000 元；

⑤ 周计划未按时完成　5000 元（月计划完成可退回）；

⑥ 未按时上报当月工程统计报表　当月不支付工程款；

⑦ 无故迟到者　50 元；

⑧ 缺席、不参加总包例会　100 元。

3）违反安全制度方面罚款标准：

① 无安全管理体系或体系不完善的对其单位罚款 2000 元，尽管安全体系完善但未真正实施的单位罚款 3000 元；

② 无安全技术措施，无安全技术交底的单位，罚款 4000 元；

③ 无安全教育台账，罚款 200 元；

④ 无安全设施投入台账，罚款 50 元；

⑤ 无安全技术交底台账和交接班记录的，罚款 200 元；

⑥ 无安全检查台账，罚款 200 元；

⑦ 无安全生产责任制台账，罚款 200 元；

⑧ 无班前安全活动台账，罚款 200 元。

4）违反安全管理规定罚款标准：

① 整改通知单不及时反馈者，200 元；

② 对指示单或整改通知单不及时整改者，500 元；

③ 配电箱无门无锁的、箱内有杂物的、箱门敞开的，每发现 1 处罚款 100 元；

④ 机电设备使用无开关箱的、开关箱内无漏电保护器或失灵的，每发现 1 处罚款 200 元；

⑤ 电箱内接线混乱、回路无编号、一闸多机、开关破损失灵、闸刀无保护盖，用金属丝代替熔丝的、电源线无插头的，每发现1处罚款100元；

⑥ 机电设备未采取保护接零措施，200元；

⑦ 开关箱内电熔丝不按规定设置，100元；

⑧ 办公室、库房、宿舍内严禁使用超过60W的大功率（如碘钨灯等）灯具取暖、照明，违者没收灯具并罚款500元；

⑨ 用电线路未按规定架空，线缆随地乱拖拉的，电缆电线老化、破皮的，每发现1处罚款100元；

⑩ 未经允许，任意拆除或移动安全防护设施，200元；

⑪ 大型机电设备未进行专人专机相对固定，200元；

⑫ 未经允许，乱接电、水，500元；

⑬ 擅自进入飞行区，10000元。

5）违章操作、违章指挥罚款标准：

① 违章指挥，200元；

② 违章操作，50元；

③ 特殊工种未持证上岗，100元；

④ 酒后操作，200元；

⑤ 违反机械使用规程操作者，200元以上。

6）高空坠落物的罚款标准：

① 凡是在高空场所施工人员不得将钢管、扣件、短材料、钢筋头、水泥块及其他物件掉落下层，违者罚款200元；

② 严禁在外架上堆放钢筋、木料、钢管等材料，每次罚款200元；

③ 在外架平台上超荷载堆放，罚款300元；

④ 脚手架不规范架设，罚款200元；

⑤ 安全网内不得有任何材料或杂物；否则，罚款100元；

⑥ 高处作业人员传递物件时，不能抛掷，违者罚款100元。

7）违章违纪罚款标准：

① 不戴安全帽	工人50元，管理人员100元；
② 在楼内吸烟	50元；
③ 高空作业、临边作业不系安全带	50元；
④ 明火作业不办动火证	500元；
⑤ 防火措施未落实	50元；
⑥ 工作区域出现烟	50元；
⑦ 未发生火灾险情、随意挪动防火器材	100元。

8）设备、材料被盗、损坏罚款标准：

① 材料设备丢失，限期购进，并不能影响施工进度；如影响施工进度按标价罚款，并加扣影响工期损失费。

② 因施工管理不当，材料设备损坏，原则上重新购置；能修复的，经业主同意使用，罚款材料设备的5%。

③ 损坏的材料设备不能使用，按标价额罚款并加扣影响工期损失费。

④ 根据损坏丢失的材料设备情节，按公安部门追究个人责任。

⑤ 因施工调试方法、技术措施不当损坏设备，按损坏标价罚款。

9）安全奖励标准：

① 在定期评比中，达到优良标准者，奖励责任人 100 元；

② 在安全生产、文明施工方面，积极提出合理化建议，对革新创造、安全防护设施有突出贡献者，奖励 100 元；

③ 在抢救各种灾害事故时，使人民生命和企业财产少损失或不受损失有突出贡献者，奖励 300 元；

④ 为了鼓励相互监督，对违章指挥和违章操作者，任何人揭发均可得到被罚金额的 50%作为奖励。

（3）文明施工处罚条例

1）未做到工完场清，垃圾未按指定地点堆放的，对其单位罚款 200 元。

2）不戴出入证、赤脚或穿拖鞋、衣衫不整齐进入现场，对个人罚款 50 元。

3）随地大小便，对个人罚款 50 元。

4）在施工现场乱涂乱画，对个人罚款 100 元。

5）酒后进入施工现场，对个人罚款 100 元。

6）打架斗殴，双方罚款 200 元，对肇事方罚款 1000 元。

（4）成品保护处罚条例

1）对无成品保护方案（措施）的单位，罚款 3000 元。

2）对未按审批后的成品保护方案（措施）实施，且造成成品损害的单位罚款 5000 元，并赔偿造成的工期及费用损失。

3）无成品保护交底记录，对其单位罚款 1000 元。

4）施工人员在已安装完的管道及电缆桥架上行走、蹬踩、当作支架支撑或跳板的，罚个人 100 元，罚所在单位 1000 元。

5）未办理特殊部位施工许可的到已运行（或已安装）的变配电室、空调机房等功能间内施工的，对未批准进入者罚款 100 元。

6）载重 1.5t 以上的车辆进入航站楼内，对所属单位罚款 1000 元，若造成成品损坏的，责任者要给予相应赔偿。

（5）该管理办法未提出或情节严重者，项目部将酌情对其进行罚款。

注：本施工管理办法及处罚条例与航站楼指挥部的《航站楼工程安全、文明施工、成品保护管理规定及处罚条例》有矛盾之处，以指挥部的处罚条例为准。

8 科技进步措施

8.1 科技进步目标

采用科技及新技术的指标：

1）科技示范工程：创本企业的科技示范工程。

2）采用新技术种类：我项目部采用各项新技术、新工艺共15项。

3）科技进步效益率：1.5%。

8.2　组织机构和保证措施

（1）组织机构

1）成立科技示范工程领导小组。

中建六局北方公司成立以总工为首负责具体业务指导的科技示范工程领导小组。主要负责科技示范工程实施方案的审查、执行情况的监督检查及总结、验收、报告情况。

2）项目部成立科技示范工程实施小组。

项目经理亲自抓科技、用科技，在项目部成立一个项目经理为组长、项目副经理为副组长、各项专业工程师参加的科技示范工程实施小组，具体负责科技示范工程实施方案的制定及具体执行和落实情况工作，定期向领导和有关部门汇报工作，并对实施过程中出现的问题及时予以纠正。

（2）保证措施

1）组建业务水平较高、管理能力强的项目经理部，把科技示范推广应用情况作为考评项目班子业绩的主要标准内容。

2）建立科技保证、监督、检查、信息反馈系统，调动测量、质量、安全、施工、技术等部门有关人员严格要求，积极工作，将动态信息迅速传递到项目决策层，针对问题及时调整方案，确保新技术、新工艺、新材料的顺利实施。

3）严谨、细致，确保每项工作优质高效完成。新技术推广要有严谨的科学态度，对任何一项新技术、新工艺的应用，均应认真分析、调查研究、有的放矢，既要确定目标，又要制定切实可行的方案，并认真组织实施。

4）熟悉图纸，做好技术培训工作，做好方案论证工作，针对拟采用的技术，编制有针对性、可操作性的实施方案。充分发挥QC小组技术攻关作用，群策群力，攻克技术难关。

8.3　应用项目与实施

（1）后张法有粘结预应力施工技术；

（2）混凝土泵送技术；

（3）等强直螺纹钢筋连接技术；

（4）曲线形薄壁钢管空间桁架施工技术；

（5）计算机应用与管理技术；

（6）低温下低合金钢结构焊接施工技术；

（7）大型铝合金压型屋面板施工技术；

（8）空间变截面曲线梁施工技术；

（9）超长地下室混凝土梁板防裂抗渗施工技术；

（10）大型钢结构屋架安装施工技术；

(11) 新型建筑节能墙体；
(12) 钻孔植筋技术；
(13) 超级风管施工技术；
(14) 交联聚乙烯（PEX）管施工技术；
(15) 热缩电缆头施工技术。

8.4 信息化施工管理

信息化是指用电子信息技术等高新技术对社会经济的各方面进行改造、革新和重组，从而达到比工业化时代更先进、更高效的新人类文明水准。企业信息化将有利于企业合理配置企业资源，优化企业组合生产要素，从而在市场竞争中取得优势。

信息化施工就是利用计算机技术、网络技术，并采用相关的软件搜索、整理、传递、处理和反馈施工过程和管理过程中的信息，及时、准确地实施决策，并通过合理配置和优化组合生产要素，确保工程管理目标的实现。

(1) 电视监控系统

施工现场设置数码相机，对施工过程实施24h监控，结构施工阶段，电视监视平台安装在塔吊上，装修阶段安装在场内重点部位。施工信息（质量、安全、文明施工、施工进展等）及时传送到监控室，业主和监理在办公室就能了解施工现场的情况。

(2) 文档和合同管理系统

使用合同文档管理系统，建立科学合理的文档管理系统。所有文档、合同、协议等通过输入或扫描手段存入微机，使各类来往的文件、信息，以文字、图片或声音的形式存到计算机中。操作者或使用者可快速查询，做到信息的完整和有序。

(3) 施工管理

1) 采用“梦龙”网络计划管理、Project2000项目计划管理软件，编制工程进度计划，并对施工进度进行跟踪管理，确保关键工序，并根据现场实际情况，对网络计划及时做出调整，保证施工达到预期目的。

2) 采用“广联达”的钢筋下料、工程量计算项目成本管理软件，对施工进行综合管理。

3) 使用“用友”软件，通过使用计算机进行财务整理，减少信息处理软件，使项目和总部对项目财务状况有详细的了解。

(4) 网络及应用方案

通过国际互联网或LAN（企业内部信息网）技术，使企业和工程项目达到信息资源共享，提高决策能力和管理水平；同时，现场的工程质量、进度、安全、文明施工等情况，以及资源需求情况，及时向总部汇报并取得支持。

8.5 实施项目的效益分析

科技进步和新技术的应用具有明显的经济和社会效益，作为施工企业应大力推进科技进步，积极推广应用新技术。

(1) 科技进步和新技术的应用是降低劳动强度、提高生产效率、改造传统专业的必由之路。

（2）技术进步和新技术的应用，可降低能源消耗，减少资源浪费，有利于环保。

（3）技术进步和新技术的应用，可提高工程科技含量，有效地改善建筑物使用功能。

（4）技术进步和新技术的应用，可改善施工手段，提高工程质量。

9　质量保证措施

9.1　工程质量目标及分解

（1）工程质量目标

1）分项工程合格率100%；分项工程优良率92%以上，其中非隐蔽分项工程优良率100%；分部工程优良率100%；观感评分在98分以上。

2）按照招标单位要求建立工程样板制度，并严格按照样板标准控制整体工程质量。

3）建立有效的质量管理体系，杜绝质量通病和功能隐患，实现业主满意和客户放心工程。

4）创国家建筑工程鲁班奖。

（2）质量目标分解

见表9-1。

质量目标分解　　表9-1

序号	分部工程	目标	主要分项合格率（%）		主要分项合格率（%）		主要分项合格率（%）		主要分项合格率（%）	
1	地基与基础工程	合格	钢筋工程	＞95	混凝土工程	＞95	防水工程	＞98		
2	主体工程	合格	钢筋工程	＞96	混凝土工程	＞95	钢结构工程	＞95		
3	地面与楼面工程	合格	基层	＞90	面层	＞95				
4	门窗工程	合格	门窗安装工程	＞95	玻璃安装工程	＞95				
5	装饰工程	合格	内装饰工程	＞95	玻璃幕墙	＞95				
6	屋面工程	合格	防水工程	＞98	屋面基层	＞90				
7	电气安装工程	合格	线路敷设工程	＞96	电缆及电缆托板安装	＞95	电气器具设备工程	＞95	避雷针（网）及接地装置	＞90
8	水暖工程	合格	室内给水工程	＞90	室内排水工程	＞90	室内采暖工程	＞90	室外排水工程	＞90
9	通风与空调工程	合格	风管制作安装工程	＞90	空气处理设备安装	＞90	制冷管道安装	＞90	防腐与保温	＞90
10	电梯安装工程	合格	曳引装置组装	＞90	导轨组装	＞90	试运转	＞90	安全防护装置	＞90

9.2 工程质量管理

（1）项目部执行国际 ISO 9001 质量保证体系，项目部建立相应质量保证体系，建立健全质量保障制度，确保其质量体系的有效运行，并在现场设有专职质检员，加强对工程质量的控制和管理。

（2）坚持“过程精品”的质量管理思想，严格实施“过程精品，动态管理，目标考核，严格奖罚”的质量保证机制。施工中做到“五不准”（内容如前所述）。

（3）施工中坚持自检、互检、专业检查的质量三检制，以及质监站、监理工程师、专业质量检查员的质量监督机制，使工程的每道施工工序、每个分部分项工程都严格按国家及民航的技术标准和规范进行操作和施工。

（4）为加强施工质量管理，统一工程质量验收标准，提高工程的质量，各单位应执行工程质量样板制，以样板引路，挂牌标识。以工序质量保证分项质量，以分项质量保证分部质量，以分部质量保证单位工程质量，确保工程整体质量。

（5）本工程实施质量停工待检点的控制措施。当某一施工工序与质量关系密切时，为了保证产品的质量而特别对此工序进行质量专检。各施工队伍在完成本工序施工自检合格后，填写“工序报验单”，经监理验收，合格后再进行下一道工序。

（6）通过质量全过程控制和质量停工待检点控制的信息反馈，建立质量改进系统，对不符合要求、涉及质量隐患应采取预防及纠正措施，加强技术管理，遵守施工工序，保证工程质量不断提高。

（7）工程所用的材料或操作工艺必须符合分包合同的规定。

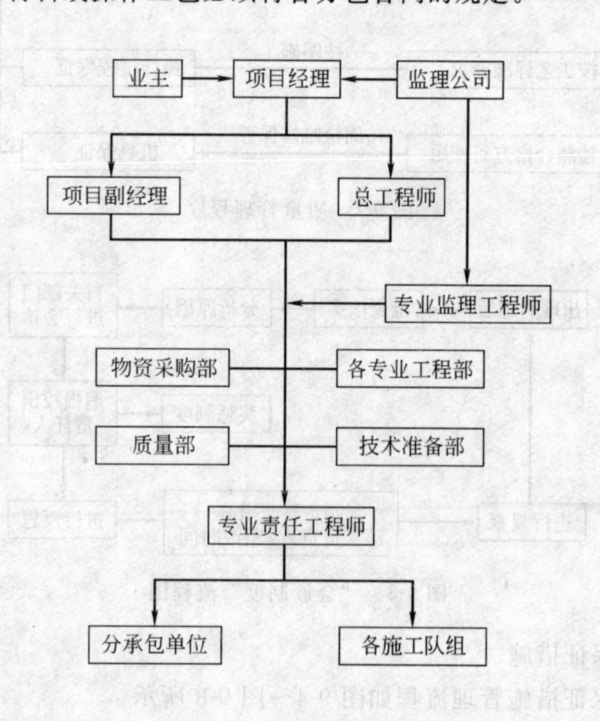

图 9-1 质量管理网络图

9.3　工程质量保证措施

（1）建立由项目经理领导，总工程师中间控制，专业监理工程师检查的三级管理系统，形成项目经理部到各分承包方、各专业分公司的质量管理网络（图 9-1）。

（2）一案三工序

为确保质量目标的实现，在本工程的具体施工中，广泛开展质量职能分析和健全企业质量保证体系，大力推行"一案三工序"管理措施，即"质量设计方案、监督上工序、保证本工序、服务下工序"和 QC 质量管理活动。强化质量检测和验收系统，全面推行标准化管理，健全质量管理基础工作，确保综合质量保证能力。

（3）质量管理程序

质量管理程序如图 9-2 所示。

（4）施工质量预控措施

为杜绝结构隐患，确保结构安全，给业主一个放心工程，我们将采用"会诊制度"与"奖惩制度"相结合的方式，彻底解决施工中出现的问题（图 9-3）。

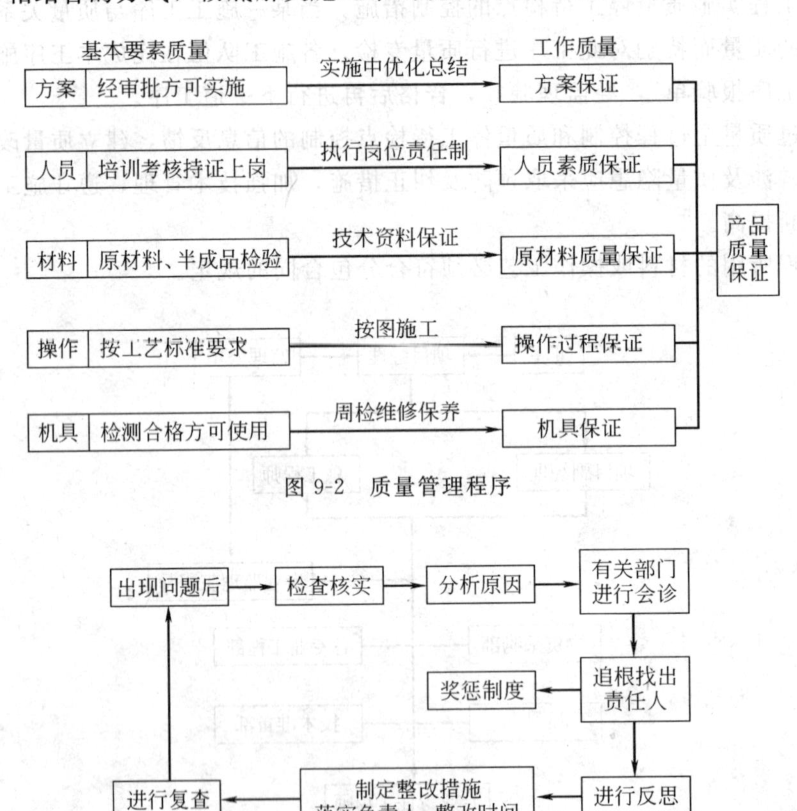

图 9-2　质量管理程序

图 9-3　"会诊制度"流程图

（5）专项质量保证措施

专项工程质量保证措施管理流程如图 9-4～图 9-8 所示。

（6）采购物资质量保证

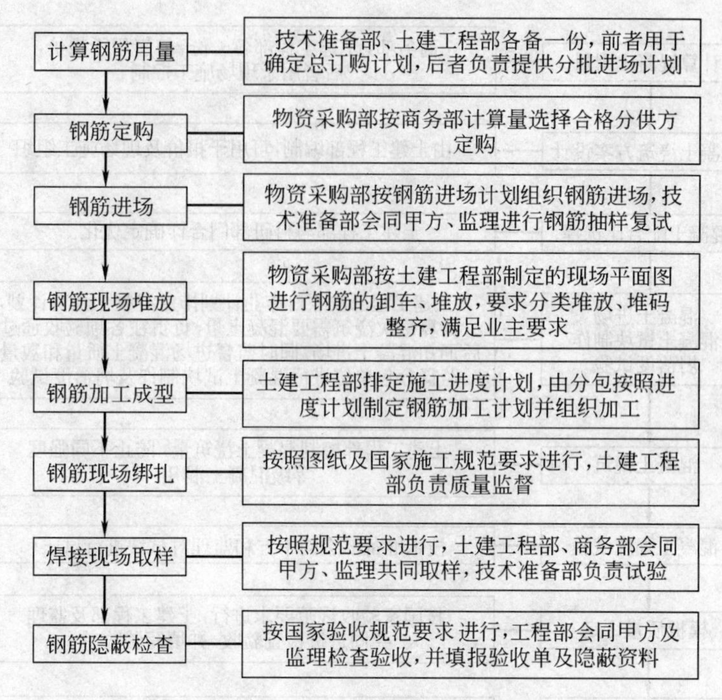

图 9-4 钢筋工程管理流程图

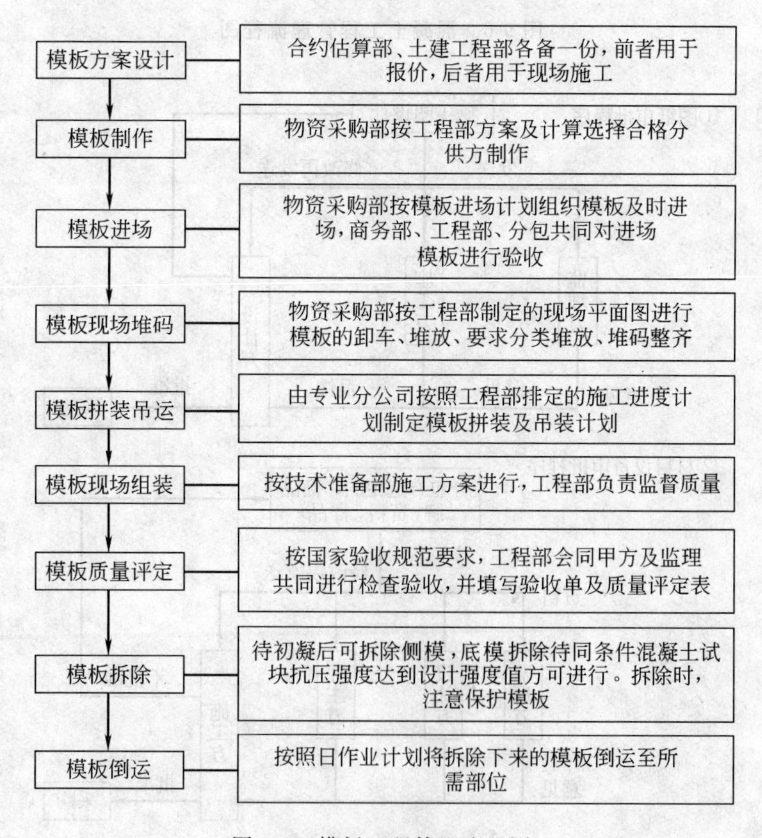

图 9-5 模板工程管理流程图

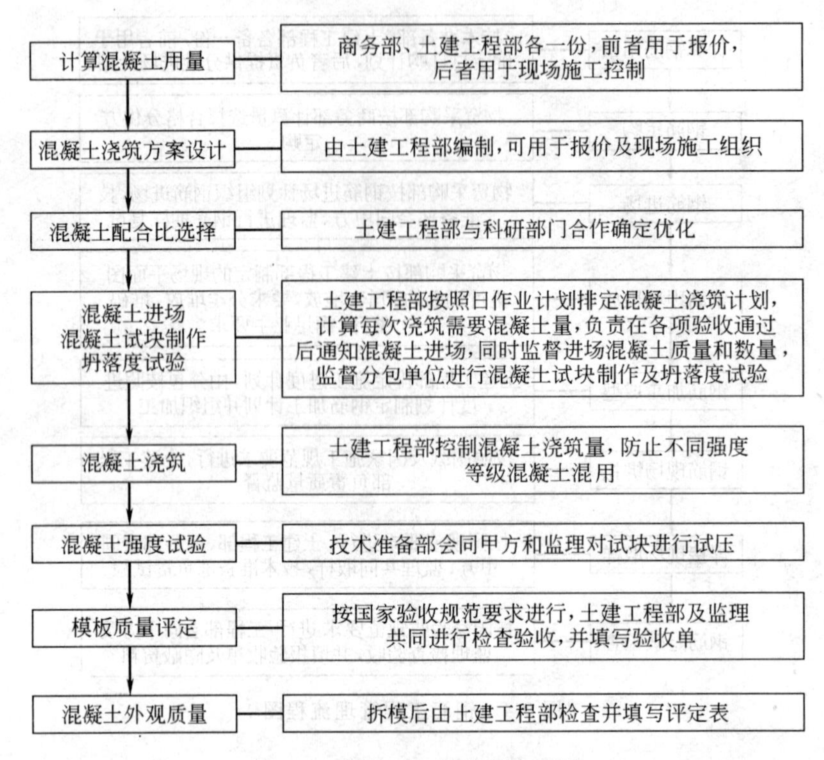

图 9-6 混凝土工程管理流程图

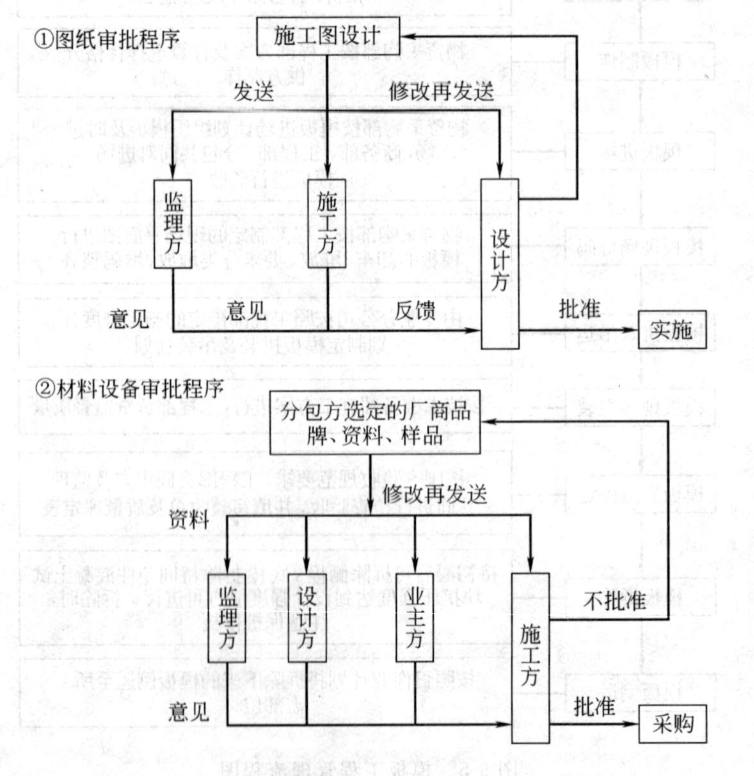

图 9-7 图纸设计审核程序及材料设备审批程序

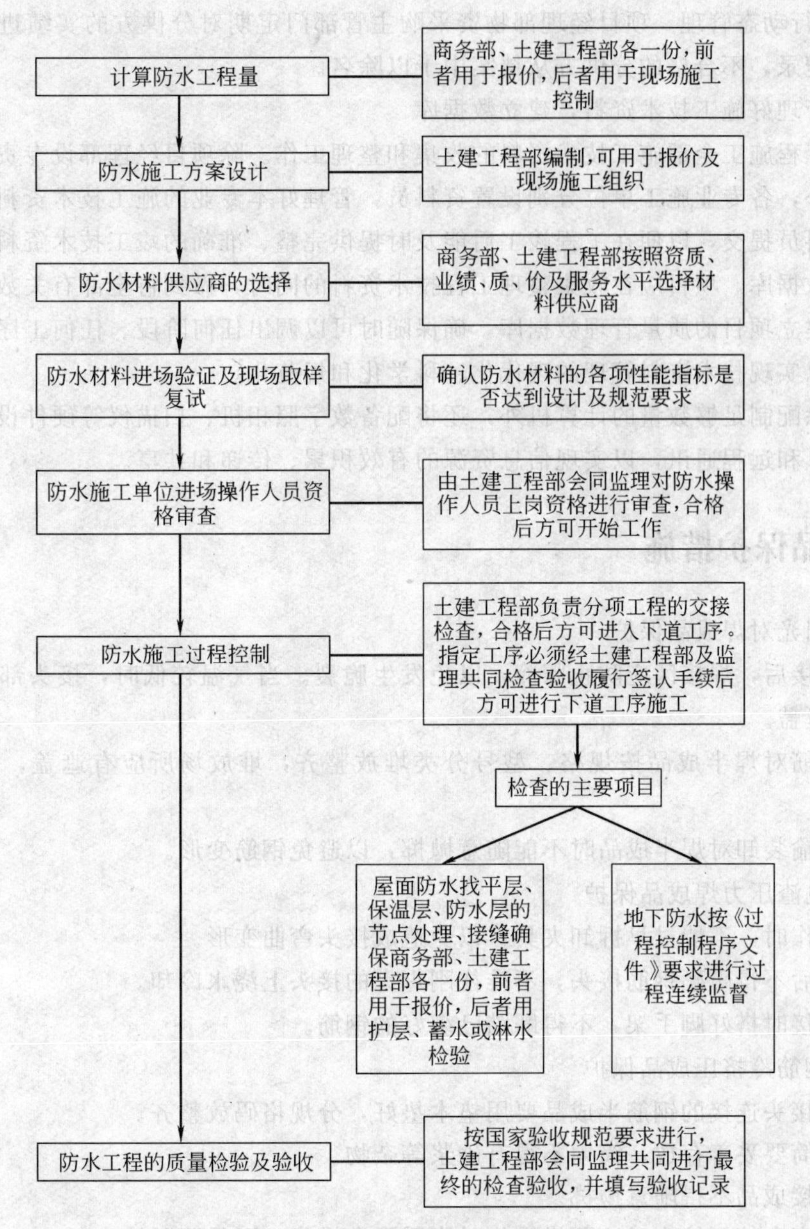

图 9-8 防水工程管理流程图

项目经理部物资部负责物资统一采购、供应与管理，并根据 ISO 9001：2000 质量标准，对本工程所需采购和分供方供应的物资进行严格的质量检验和控制，主要采取的措施如下：

1）采购物资时，须在确定合格的分供方厂家或有信誉的商店中采购，所采购的材料或设备必须有出厂合格证、材质证明和使用说明书，对材料、设备质量有疑问的禁止投入使用；

2）物资部委托分供方供货，事先对分供方进行认可和评价，建立合格的分供方档案，材料的供应在合格的分供方中选择；

3）实行动态管理。项目经理部物资采购主管部门定期对分供方的实绩进行评审、考核，并做记录，不合格的分供方从档案中予以除名。

（7）管理好施工技术资料，建立数据库

做好工程施工全部施工技术资料的收集和整理工作。除项目经理部设专责工程师管理技术资料外，各专业施工单位分别设置资料员，管理好本专业的施工技术资料，并整理好向项目资料员提交，以便在工程竣工后能及时提供完整、准确的竣工技术资料。

建立数据库。项目应在收集整理工程技术资料的同时，做到将全部有关数据资料输入计算机，建立项目的质量管理数据库，确保随时可以调出任何阶段、任何工序的技术数据和资料，以实现技术资料管理的现代化、科学化和规范化。

项目除配制足够数量的计算机外，还将配备数字照相机、扫描仪等硬件设备，便于及时反馈信息和远程通讯，以实现信息资源的有效积累、传递和共享。

10　成品保护措施

（1）闪光对焊成品保护

1）焊接后，焊接区应防止骤冷，以免发生脆裂。当气温较低时，接头部位应适当用保温材料覆盖。

2）钢筋对焊半成品按规格、型号分类堆放整齐，堆放场所应有遮盖，防止雨淋而锈蚀。

3）运输装卸对焊半成品时不能随意抛掷，以避免钢筋变形。

（2）电渣压力焊成品保护

1）操作时，不能过早拆卸夹具，以免造成接头弯曲变形。

2）焊后不得敲砸钢筋接头，不准往刚焊完的接头上浇水冷却。

3）焊接时搭好脚手架，不得踩踏已绑好的钢筋。

（3）钢筋冷挤压成品保护

1）半接头连接的钢筋半成品要用垫木垫好，分规格码放整齐。

2）套筒要妥善存放，筒内不得有砂浆等杂物。

3）连接成品不得随意抛掷。

4）在高空挤压接头时，要搭设临时脚手平台操作，不得蹬踩接头。

（4）地下室防水成品保护

1）保证钢筋、模板的位置正确，防止踩踏钢筋和碰坏模板支撑。

2）保护好预埋穿墙管、电线管、电线盒、预埋铁件及止水片的位置正确，并固定牢靠，防止振捣混凝土时碰动，造成位移、挤偏和表面铁件陷进混凝土内。

3）在拆模和吊运其他物件时，应避免碰坏施工缝企口和损坏止水片。

4）拆模后应及时回填土，防止地基被水浸泡，造成不均匀沉陷，或长时间暴晒，导致出现温度收缩裂缝。

5）抹灰脚手架要离开墙面 200mm，拆架子时不得碰坏墙面及棱角。

6）落地灰要及时清理，不得沾污地面基层或防水层。

7）地面防水层抹完后，在24h内防止上人踩踏。

（5）煤矸石空心砌块墙成品保护

1）砌块运输和堆放时，应轻吊轻放，中型密实砌块堆放高度不得超过3m，小型空心砌块不得超过1.6m，堆垛之间应保持适当的通道。

2）砌块和楼板吊装就位时，避免冲击已完墙体。

3）水电和室内设备安装时应注意保护墙体，不得随意凿洞。

4）雨天施工应有防雨措施，不得使用湿砌块。雨后施工时，应复核墙体的垂直度。

（6）内墙抹灰成品保护

1）抹灰前，必须事先把门窗框与墙体连接处的缝隙用发泡剂填充，抹灰面与门窗框连接处贴保护纸胶带，用以保护门窗框。

2）推小车或搬运东西时，要注意不要损坏口角和墙面，抹灰用的工具不得靠在粉刷好的墙面上。

3）及时清扫干净残留在门窗框上的砂浆，铝合金门窗框必须有保护膜。

4）拆除脚手架要轻拆轻放，不要撞坏门窗、墙角和口角。

5）注意保护好楼地面面层，不得直接在楼地面上拌灰。

6）注意不要将砂浆散落在预埋管和预留洞口内，以免堵塞管道。

（7）水泥砂浆地面成品保护

1）地面施工过程中要注意对其他专业设备的保护，配电管线、盒不得损坏，地漏、卫生器具等不得堵塞砂浆、杂物，更不得损坏。

2）面层施工完毕要采取封闭式养护，养护期间禁止其他工种进入施工。

3）面层养护期满后要用彩条塑料布覆盖，防止其他工种进入施工时损坏、污染地面。

（8）细石混凝土地面成品保护

1）操作过程中注意运灰车不要碰坏门框，施工完的墙面及墙面预埋电管线盒。

2）面层抹压过程中随时将脚印抹平，并封闭通过操作房间的一切通路。

3）面层压光交活后在养护过程中，要封闭门口和通道，禁止其他工种进入施工。

4）面层养护期满后要用彩条塑料布覆盖，防止面层受污染和破坏。

（9）花岗石成品保护

1）运输花岗石板块和水泥砂浆时，应注意不要损坏门框及墙面。

2）铺贴过程应做到随铺随用干布擦净板材面上的水泥浆痕迹。

3）板材铺贴完满7d后方可上人行走。

4）板材地面施工完毕，应采取封闭式保护，并在板材面上覆盖三合板，板缝隙用胶带封好。

（10）楼地面管道周围封堵成品保护

1）施工过程中注意不要损坏、污染墙面及管道配件。

2）注意不要将砂浆、杂物等落进地漏和管道内。

3）施工完毕要采取封闭式保护。

（11）木门窗成品保护

1）门窗框进场后应妥善保管，入库存放，且应架空；

2）进场的木门窗框应将靠墙的一面刷木防腐剂进行处理，其余各面宜刷清油一道，防止受潮后变形。

3）安装门窗时应轻拿轻放，防止损坏成品。

4）门窗安装完毕要用塑料薄膜包裹进行保护，以防室内其他工序施工时被损坏。

（12）门窗成品保护

1）塑钢门窗应入库，下边应垫起垫平，码放整齐。

2）门窗保护膜应检查完整无损后再进行安装，安装后应及时将门框两侧用木板条捆绑好，并禁止从窗口运送任何材料，以防碰撞损坏。

3）抹灰前应将合金门窗用塑料薄膜保护好，在室内湿作业未完面前，任何工种不得损坏其保护膜，防止砂浆对其面层的侵蚀。

4）铝合金门窗的保护膜应在交工前撕去，要轻撕且不可用开刀铲，防止将表面划伤，影响美观。

5）铝合金门窗表面如有胶状物时，应使用棉丝蘸专用溶剂擦拭干净；如发现局部划痕，可用小毛刷蘸染色液进行涂染。

6）架子搭拆、室内外抹灰、轻钢龙骨安装、管道安装及建材运输等过程，严禁擦、砸、碰和损坏铝合金门窗樘料。

（13）轻钢龙骨吊顶成品保护

1）轻钢骨架、罩面板及其他吊顶材料在运输、进场、存放使用过程中，应严格管理，做到不变形、不受潮、不生锈。

2）轻钢骨架及罩面板安装时，应注意保护顶棚内各种管线。轻钢骨架的吊杆、龙骨不准固定在通风管道及其他设备件上。

3）施工吊顶时，应注意保护已安装好的门窗、已施工完毕的地面、墙面、窗台等，以免损坏和污染。

4）轻钢骨架不得上人踩踏；其他专业的吊挂件不得吊于轻钢骨架上。

5）罩面板安装前，顶棚内的管道必须经试水试压成功，保温施工完毕，中间验收结束。

11 降低成本措施

（1）材料方面

1）工地采用限额领料，合理使用各种材料、工具，不得长材短用，优材劣用。

2）各种材料、构件做好验收、保管，防止损坏、亏方、亏吨。

3）建立班组节约责任制度，边角余料、落地灰及时回收，重复利用。

4）模板采用定型钢模板代替木模，减少损耗，提高模板使用周转率，节约木材。

5）钢筋冷拉，集中配料，采用压力埋弧焊，节约钢材。

6）现场自动化搅拌混凝土，混凝土中掺加粉煤灰，降低水泥使用量。

（2）施工方面

注意机械的合理使用、保养、维修，提高机械利用率，不用的机械及时退还，减少台班费、停滞费的支出。

(3) 文明施工方面

1) 大型工具、模板、脚手架，不准高空抛掷，减少损耗，及时回修，堆放整齐。

2) 严格进行成品保护，对进场的成品、半成品、构件等及已完工程项目进行有效的保护，杜绝剔凿、磕碰、污染。

(4) 提高工效，节约人工费方面

1) 场地布置要合理，减少二次搬运。

2) 缩短工期，尽可能提前竣工，以减少管理费和人工费的开支。

3) 在施工中采用新技术、新工艺。

4) 保证工程质量，杜绝返工现象，力争一次成优，以减少维修费用。

12 安全生产保证措施

(1) 制定方针目标

强化安全生产管理，通过组织落实、责任到人、定期检查、认真整改，实现“杜绝死亡事故，控制重伤事故在0.5‰以下，尽量减少轻伤事故”的工作目标。

(2) 组织管理

成立以项目经理为首、各施工单位安全生产负责人参加的“安全生产管理委员会”，组织领导施工现场的安全生产管理工作。

根据作业人员情况，成立8～10人的现场“安全纠察队”，“安全纠察队”队员每人佩戴项目经理部统一印制的“安全纠察”臂章，开展日常安全生产检查工作。

项目经理部主要负责人与各施工单位主要负责人签订安全生产责任状，施工单位主要负责人再与本单位施工负责人签订安全生产责任状，使安全生产工作责任到人，层层负责。

(3) 工作制度

1) 每半月召开一次“安全生产管理委员会”工作例会，总结前一阶段的安全生产情况，布置下一阶段的安全生产工作。

2) 各施工单位在组织施工中，必须保证有本单位施工人员施工作业就必须有本单位领导在现场值班，不得空岗、失控。

3) 严格执行施工现场安全生产管理的技术方案和措施，在执行中发现问题应及时向有关部门汇报。更改方案和措施时，应经原设计方案的技术主管部门领导审批签字后实施；否则，任何人不得擅自更改方案和措施。

4) 建立并执行安全生产技术交底制度。要求各施工项目必须有书面安全技术交底，安全技术交底必须具有针对性，并有交底人与被交底人签字。

5) 建立并执行班前安全生产讲话制度。

6) 建立并执行安全生产检查制度。由项目经理部每半月组织一次由各施工单位安全生产负责人参加的联合检查，根据检查情况按《施工现场检查记录表》评比打分，对检查中所发现的事故隐患问题和违章现象，开出“隐患问题通知单”，各施工单位在收到“隐患问题通知单”后，应根据具体情况，定时间、定人、定措施，予以解决，项目经理部有关部门应监督、落实问题的解决情况。若发现重大不安全隐患问题，检查组有权下达停工指令，待隐患问题排除，并经检查组批准后方可施工。

7）建立机械设备、临电设施和各类脚手架工程设置完成后的验收制度。未经过验收和验收不合格的严禁使用。

8）基础施工前，根据施工的特点，制定基础施工安全技术方案和季节性防坍塌措施。发现异常须立即采取安全技术措施，确保施工顺利进行。

13 文明施工与环境环保措施

（1）文明施工及环境保护的目标

严格按照吉林省特别是长春地区关于建筑工程施工的各项管理规定执行，加强施工组织和现场安全文明施工管理，争创建长春市“文明标准化工地”。

（2）文明施工保证措施

1）成立以项目经理为组长，各部门负责人为组员的现场文明施工领导小组，建立文明施工责任制，实行每月组织一次检查、评比制度。评分标准按建设部颁发的《建设工程现场综合考评试行办法》进行。

2）工地办公室应具备各种图表、图牌、标志。施工机械设备、安全等标识均按统一要求制作。项目部所有管理人员均佩戴胸卡。

3）施工区域与生活区域分开，办公区设在现场，生活区设在距现场1.2km的五里河公园内，生活区设施齐全，具有宿舍、食堂、厕所、浴室，且必须具备通风、防暑、防火、卫生基本条件，食堂清洁、卫生，生活污水按规定排放，施工现场设办公室、作业区、厕所等，所有道路均做硬化，覆盖排水沟，施工场所的场貌规矩、整齐，同周边环境相融洽。

4）施工现场材料、成品堆放整齐，加强和提高成品保护意识，并设专人看管，防止损坏和污染，建立节水措施，消灭常流水、常明灯。

5）现场环境卫生整洁，无污水横流，无建筑垃圾，无污染乱弃物，建筑垃圾做到随清随运，不允许堆放过夜，场地必须平整、无积水。

（3）环境保护措施

1）防止对大气的污染：

① 施工阶段，定时对道路进行淋水降尘，控制粉尘污染；

② 建筑结构内的施工垃圾清运，采用搭设封闭式临时专用垃圾道运输或采用容器吊运或袋装，严禁随意凌空抛撒，施工垃圾应及时清运，并适量洒水，减少粉尘对空气的污染；

③ 水泥和其他易飞扬物、细颗粒散体材料，安排在库内存放或严密遮盖，运输时要防止遗撒、飞扬，卸运时采取码放措施，减少污染；

④ 现场内所有交通路面和物料堆放场地全部铺设混凝土硬化路面，做到黄土不露天；

⑤ 采用罐装石灰，减少粉尘污染；

⑥ 在出场大门处设置车辆清洗台，车辆经清洗和毡盖后出场，严防车辆携带泥砂出场，造成道路的污染；

⑦ 生活区内设置的食堂和宿舍，由专人负责管理，确保卫生和安全符合规定；

⑧ 现场内的采暖和烧水茶炉均采用电器产品。

2）防止对水的污染：

① 确保雨水管网与污水管网分开使用，严禁将非雨水类的其他水体排进市政雨水管网。

② 施工现场厕所设沉淀池，将厕所污物经过沉淀后排入市政的污水管线。

③ 搅拌机清洗所用的废弃水经初步沉淀后排入市政污水管线，定期将池内的沉淀物清除。

④ 现场交通道路和材料堆放场地统一规划排水沟，控制污水流向；设置沉淀池，污水经沉淀后再排入市政污水管线。严防施工污水直接排入市政污水管线或流出施工区域污染环境。

⑤ 加强对现场存放油品和化学品的管理，对存放油品和化学品的库房进行防渗漏处理，采取有效措施在储存和使用中，防止油料跑、冒、滴、漏，污染水体。

3）防止施工噪声的污染：

① 现场混凝土振捣采用低噪声混凝土振捣棒，振捣混凝土时，不得振钢筋和钢模板，并做到快插慢拔；

② 除特殊情况外，在每天晚 22：00 至次日早 6：00，严格控制强噪声作业，对混凝土搅拌机、电锯等强噪声设备，以隔声棚遮挡，实现降噪；

③ 模板、脚手架在支设、拆除和搬运时，必须轻拿轻放，上下、左右有人传递；

④ 使用电锯切割时，应及时在锯片上刷油，且锯片送速不能过快；

⑤ 使用电锤开洞、凿眼时，应使用合格的电锤，及时在钻头上注油或水；

⑥ 加强环保意识的宣传；采用有力措施控制人为的施工噪声，严格管理，最大限度地减少噪声污染；

⑦ 塔吊指挥配套使用对讲机来降低起重工的吹哨声带来的噪声污染；

⑧ 木工棚及高噪声设备实行封闭式隔声处理；

⑨ 在现场设置噪声监测系统，测定噪声是否超过规定的分贝，用以控制现场噪声。

（4）限制光污染措施：

探照灯尽量选择既能满足照明要求又不刺眼的新型灯具或采取措施，使夜间照明只照射作业区而不影响周围地区。

（5）废弃物管理：

① 施工现场设立专门的废弃物临时贮存场地，废弃物应分类存放，对有可能造成二次污染的废弃物必须单独贮存，设置安全防范措施且有醒目标识；

② 废弃物的运输确保不散撒、不混放，送到政府批准的单位或场所进行处理、销毁；

③ 对可回收的废弃物做到再回收利用。

（6）材料设备的管理：

① 对现场堆场进行统一规划，对不同的进场材料设备进行分类合理堆放和储存，并挂牌标明标识，重要设备材料利用专门的围栏和库房储存，并设专人管理；

② 在施工过程中，严格按照材料管理办法，进行限额领料；

③ 废料、旧料做到每日清理回收；

④ 使用计算机数据库技术对现场设备材料进行统一编码和管理。

(7) 环保节能型材料设备的选择：

以业主和业主代表为主导，在材料设备选型方面，遵从以下原则：

① 满足设计要求；

② 满足规范要求；

③ 满足质量和建筑物尤其是本工程所特有的使用功能要求；

④ 满足环保、节能要求，具有良好的使用寿命，便于今后建筑物的维护和管理，达到降低建筑物维护管理费用和建筑物运营费用的目的。

(8) 其他措施

① 对易燃、易爆、油品和化学品的采购、运输、贮存、发放和使用后对废弃物的处理制定专项措施，并设置专人管理；

② 对施工机械进行全面地检查和维修保养，保证设备始终处于良好状态，避免噪声、泄漏和废油、废弃物造成的污染，杜绝重大安全隐患的存在；

③ 施工作业人员不得在施工现场围墙以外逗留、休息；

④ 对水资源应合理再利用；

⑤ 项目经理部配置粉尘、噪声等测试器具，对场界噪声、现场扬尘等进行监测。项目经理部对环保指标超标的项目及时采取有效措施进行处理。

14 主要经济技术指标

(1) 工期指标

每周对工程的实际进度与计划进度进行对比，并以折线图的方式编制工程进度对比表，对比实际与计划工期进度，做出分析并根据实际情况制定下周计划，力保 2003 年 10 月 30 日暖封闭、2004 年 8 月 31 日工程竣工的节点目标。

(2) 质量指标

根据分部分项工程的验收结果，结合规范、图纸，做出分部分项工程验收情况一览表，由项目领导班子对质量验收的情况进行客观评价分析，达到：

1) 分项工程合格率 100%；分项工程优良率 92%以上，其中非隐蔽分项工程优良率 100%；分部工程优良率 100%；观感评分在 98 分以上。

2) 杜绝质量通病和功能隐患，实现业主满意和客户放心工程。

(3) 成本指标

根据项目成本的投入，每月对项目成本进行总结统计，计算成本比率，与项目既定的成本目标进行比较，并根据比较结果对项目的成本投入进行调整。达到项目成本控制在中标合同价格内，并降低成本 10%以上。

（4）资源消耗指标

项目部颁布“材料管理办法”，并设专人对材料加工现场进行监视管理，分包队的下料单也要经过项目部主管工长的审批后方可执行，每周由项目部领导班子组织会议，对项目的材料、资源消耗情况进行分析，对不当的地方进行调整改进，降低资源损耗，钢筋的损耗率控制在1%以下，混凝土的损耗控制在0.8%以下，九夹板的周转次数控制在4次以上，钢管脚手架及扣件的损耗控制在3%以下。

第八篇

西安咸阳国际机场新航站楼扩建工程施工组织设计

编制单位：中建国际建设公司

编 制 人：常永锁　张惜珍　王充　郑连平

【简介】 西安咸阳国际机场航站楼是西安的标志性建筑。本工程为两层建筑物，占地面积 28468m²，建筑面积 93875m²，东西长约 420m，南北宽 93m，属超长超大面积梁板结构体系。工程平面结构分为 A、B、C 三部分。相邻两区设有变形缝，最高处 28m，最低处－5.7m，为两层钢筋混凝土框—排架结构，柱网 9m×18m。屋面为三弦钢桁架，上铺钢铝制夹心板。B 区地下室覆盖区域 234m×93m，地下室外墙及顶板采用无粘结预应力钢筋混凝土，二层楼面梁采用有粘结预应力混凝土，梁最大跨度 18m，板面积达 22000m²，属超长大面积预应力体系。本工程特点采用的新材料较多，技术含量高，如大跨度曲线形屋架制作、安装，超长地下室防水、防裂，超大面积梁板防裂；大面积外挂单元式玻璃幕墙，双面热浸镀铝锌高强波形钢板屋面板等。

目 录

1 项目简述

1.1 工程概况

西安咸阳国际机场航站楼扩建工程位于西安市北郊原国际机场内，东边毗邻原航站楼，设计高峰时可接纳3000人次/h，旅客年吐量达750万人次，能同时具备8架飞机集靠。

新航站楼结构复杂、造型新颖，建筑面积83399m^2，建筑高度28m，地下一层设于中段，地上二层、局部三层。平面分为A、B、C三个区，A区长72m，宽36m，功能为国际候机厅、免税店等；B区长234m，宽93m，功能为停车场、国内候机大厅、国内送客厅、国内、国际办票厅及商业娱乐、绿化等；C区长114m，宽36m，功能为母婴候机厅、商务、办公等。航站楼陆侧有高架桥，空侧设8架近机位登机桥。

航站楼为钢筋混凝土框架结构，地下柱网尺寸9m×7.5m、9m×9m，一层柱网9m×18m，18m×15m，二层为大跨度钢屋架。柱截面面积大，部分为1500mm×1000mm、2500mm×1000mm，且在+7m楼面变化为开叉的“Y”形柱和斜柱。部分结构设预应力混凝土梁，采用后张有粘结预应力混凝土体系，楼面234m×93m，属超长无缝结构设计。地下基础为钻孔灌注桩、承台、拉梁柱基。地下室长234m，宽93m，钢筋混凝土外墙40cm厚，纵向设预应力筋。屋面采用大跨度曲线形钢管屋架（长跨48m，短跨36m），金属屋面板轻型屋面系统。隔墙除砖墙外，二层多采用轻钢龙骨水泥纤维板轻质隔墙。外墙装饰为明框透明中空Low-E钢化玻璃及铝板幕墙，陆侧入口及空侧一层安装钢架玻璃雨篷。

土建工程为土方清理、回填、钢筋混凝土、砌筑及粗抹灰、防水和廊桥固定端。机电安装工程主要包括水、暖、电三大专业内容。给排水及公共消防包括给水系统、消防水系统、生活热水系统、雨水系统、废水系统和污水系统；暖通包括定风量系统、变风量系统、防排烟、排风及送风系统和风机盘管系统，以及空调水系统；电气包括变配电所、动力及照明配电系统、防雷接地系统、变配电自控系统和火灾报警系统。总包单位自行完成的施工范围，机电安装工程主要为上、下水及暖通管线的安装、部分消防管道和部分电气、照明灯具和部分卫生器具等的安装。

1.2 项目工程特点

本工程的最大特点是新材料、新结构项目多，技术含量高；如大跨度曲线形钢管屋架吊装、234m超长无缝结构施工、大型玻璃幕墙安装等。施工难度较大。因此，要采取有效技术措施，确保工程质量达到优良。

施工总工期为19个月，2000年10月31日开工，2002年5月29日竣工，且本工程体量大，因而工期相当紧，对承建单位的资源调配能力要求较高。必须发挥总承包的优势，合理组织土建、安装、装饰多工种立体交叉作业，强化管理，统一指挥，按期完工。

1.3 主要施工技术及组织管理难点

本工程特点是新材料、新结构项目多，技术含量高，主要施工技术有大跨度曲线形屋架制作、安装；超长地下室防水、防裂，超大面积梁板防裂；直螺纹套筒连接技术；大面积外挂单元式玻璃幕墙施工技术，双面热浸镀铝锌高强波形钢板屋面板施工等。

特别是超长地下室防渗预应力混凝土连续墙施工，变截面高大混凝土斜柱施工，超长、超大面积预应力张拉等成为本工程的技术难点。

本工程组织管理的重点是地下室防水方案、大模板应用、粗钢筋连接、混凝土外加剂、新型墙体及保温节能材料，超长预应力张拉等要做详细论证说明。对钢结构施工，因专业性强，制作安装精度高，在方案中重点突出焊接和高空拼装两个方面。在焊接方面采用 CO_2 保护焊，提高焊接质量，100％超声波探伤。

1.4 项目主要工程量

项目主要工程量：

(1) 建筑面积　总面积：83388m²，其中，地上：60900m²，地下：22488m²，B区单层最大面积：21551m²。

(2) 混凝土量　总量：39001m³，其中，地下：19070m³，地上：19931m³。

(3) 钢筋　5178t。

(4) 后张有粘结预应力筋　134t。

本工程的建成对西安的发展及西部大开发有着重要而深远的意义，施工单位将借此机会建成一流的品牌工程，争取良好的社会信誉和市场效益。

2 施工部署

2.1 总体和重点部位施工顺序

本工程的施工遵照“先深后浅”、“先地下后地上”、“先土建后安装”、“先主体后围护，再装修”、“粗装修在前，精装修在后”，主体施工期安装预留预埋配合，围护装修期间适当穿插交叉作业。

(1) 以B段地下工程为重点，上部结构为先导的原则，先开工B段，后开工A、C段，灰土回填穿插进行，为上部结构及预应力钢筋的张拉创造条件。

首层结构的B区和二层结构，按后浇带与加强带位置，分成若干流水段，两个土建施工队以⑫轴与(1/12)轴间的加强带为界各自组织脚手架搭设，独立柱施工，梁、板支模、钢筋绑扎、混凝土浇捣等流水施工；当混凝土达到设计张拉强度时，完成预应力筋张拉工作，后浇带所在跨留下，后浇带混凝土浇筑完达到要求强度时再张拉预应力筋。

机电安装与粗装修在＋7.000结构施工完后开始穿插。

(2) 一般土建工程的施工工艺流程：

承台、地基梁挖土→桩头修凿、清理→承台、地基梁施工→地下室柱、墙施工→地下室框架梁、顶板→室内回填→室内地沟→室内地坪→地下室防水→室外回填→室外工程。

地下室框架梁、顶板→夹层柱、墙→二层梁顶板→室内砌体→门窗框安装→粗抹灰→楼地面→装饰面层→门窗扇、油漆。

2.2 流水段划分

由于本工程规模大、结构复杂、科技含量高、工期要求紧、周转材料投入量大，故在施工安排上采取平面流水、立体交叉作业的施工部署。本工程由 A、B、C 三段组成。A 段长 72m，宽 36m；B 段长 234m，宽 93mm；C 段长 114m，宽 36m。均为超长无缝结构，根据该工程特点，在 B 段设两条后浇带，(1/10)～(1/11)轴、(1/14)～⑮轴间各设一条后浇带。在(1/2)～③、⑧～(1/8)、⑫～(1/12)、(1/16)～⑰、㉒～(1/22)、㉔～(1/24)、Ⓒ～Ⓓ轴间各设一道加强带）。将 A 段划分为 2 个施工流水段、B 段划分为 12 个施工流水段、C 段划分为 3 个施工流水段。将该工程分解为 17 个施工段，进行平面流水，立体交叉作业组织施工。由于该工程施工面积大，为了便于管理，加强组织施工，以⑫～(1/12)轴间的加强带为界，分为两个施工作业区，分别由两个土建施工队承担主体结构的组织施工。

施工段的划分如图 2-1 所示。

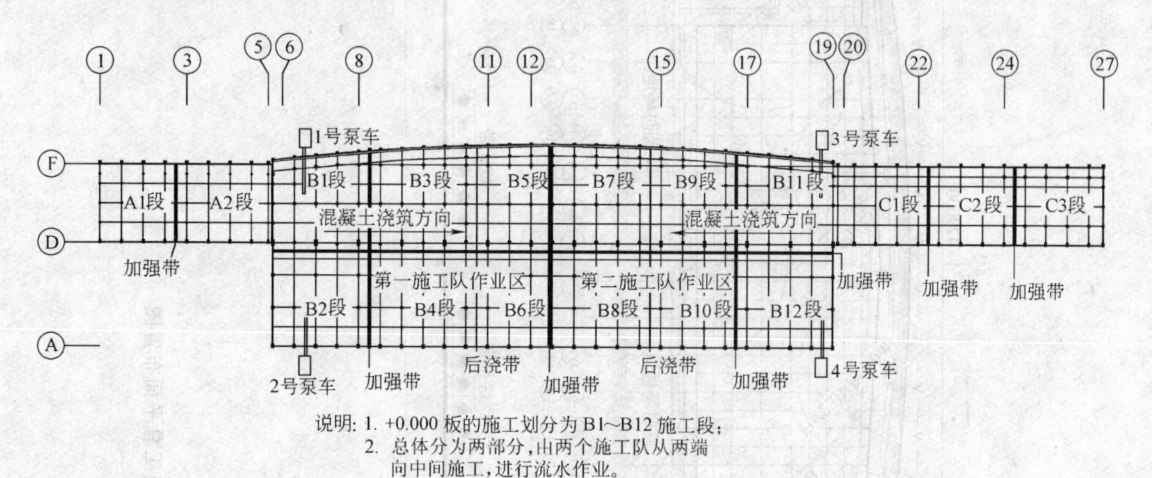

图 2-1 施工段划分及浇筑顺序示意图

根据图示的分区及施工结构布局，在现场布设五台 FO/23B 型固定式塔吊，见施工总平面布置图（图 2-2）。塔吊中轴线离建筑轴线 3.5m，基础设于基坑底，以装好后的塔身不影响建筑物挑檐施工为原则。塔吊基础如图 2-3 所示。塔吊安设于轴线柱的间隙位置，避免塔身影响建筑物外边柱（于+6.960 处向外弯折）的施工。

2.3 施工平面布置图

（1）施工总平面布置原则

航站楼扩建工程占地面积大，场地地势平坦、宽阔，便于施工布设和组织，本着施工方便的基本原则，使临时设施的布局既符合工艺流程，又最大限度地缩短工地内的运输距离，并避免现场临时设施频繁搬迁，影响工程进展。

现场分为施工区、办公区、生活区、搅拌站四个区域，其办公区、生活区、搅拌站，分别集中布设，完全与施工区域分开，布置在场地西部业主指定临建区域内，以减少对施工的干扰。工地试验室设在搅拌站内（图 2-4）。

在施工区内设钢筋堆放、制作场地，木工车间和周转料具临时堆放场。因前期主体结构施工需要的模板、钢管要大量进场，为方便运输，在高架桥未施工前，在征得业主同意的前提下，其临时堆场设在 B 区Ⓐ轴外高架桥区域。

重要加工和材料堆放场地面进行硬化处理。

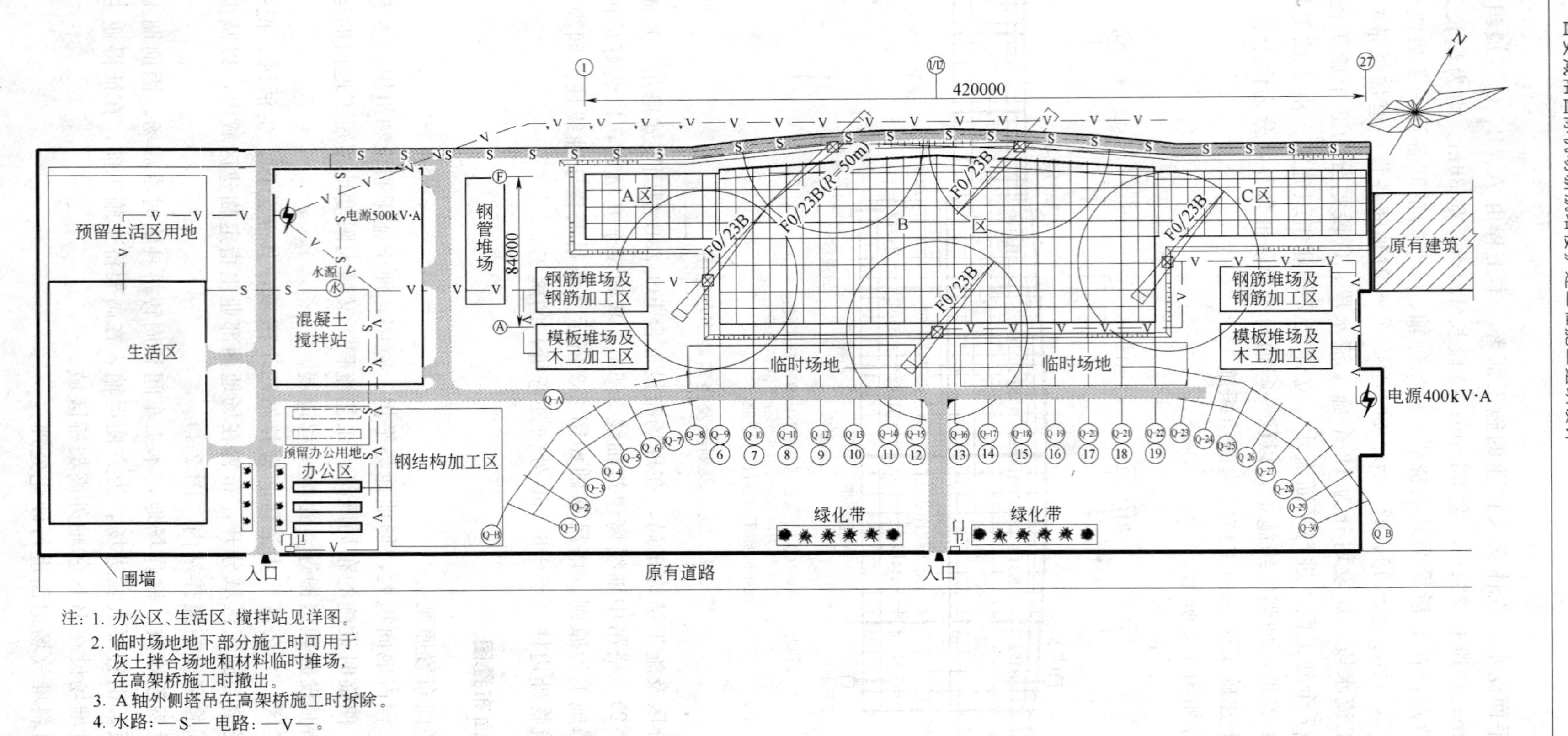

注：1. 办公区、生活区、搅拌站见详图。
2. 临时场地地下部分施工时可用于灰土拌合场地和材料临时堆场，在高架桥施工时撤出。
3. A轴外侧塔吊在高架桥施工时拆除。
4. 水路：—S—　电路：—V—。
5. 施工道路：▓。

图2-2　施工总平面布置图

另外，施工用临时道路由机场正式干线引入，利用业主已修建的临时道路，沿建筑场地四周设循环道路，场内道路修 6m 宽砂石路面，此道路始终通畅，以保证施工运输的需要。详见“图 2-2 施工总平面布置图”。

(2) 临时用水

现场施工用水主要为预拌混凝土及混凝土养护、砌筑工程，以及生活用水。

高峰期，日最大用水量计算：

浇筑结构混凝土用水量：$1000m^3 \times 500L/m^3 = 500000L$

混凝土养护用水：100000L/d

生活用水量：1800 人×55L=99000L/d

小计：699000L/d

根据现场已有供水条件，施工用水引自现场 $30m^3/h$ 水井，日最大供水量 720000L，可满足需要。施工用水和临时消防用水，一路 $\phi75$ 管引入搅拌站，一路 $\phi100$ 上水管沿北侧引至东端，为了方便养护等施工用水和临时消防用水，每 30m 设 1 个小蓄水池用水点，并增加搅拌站蓄水池。

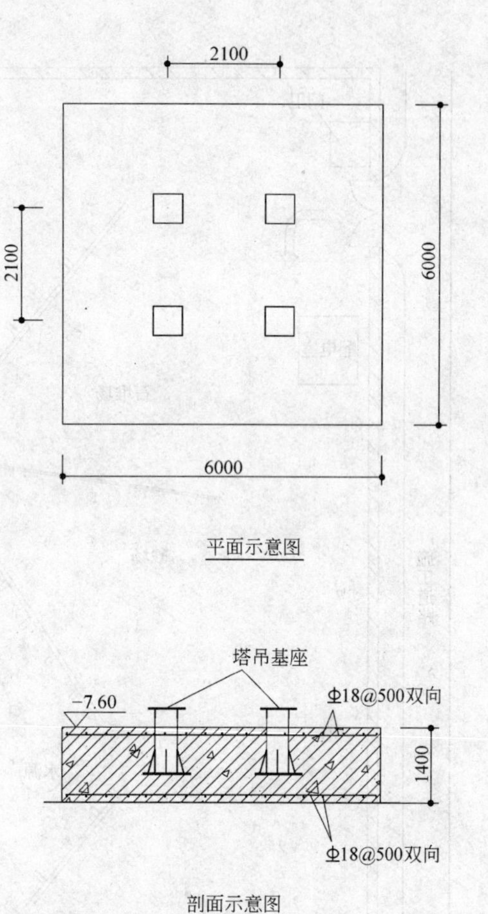

图 2-3 塔吊基础示意图

(3) 临时用电

现场临时供电按《工业与民用供电系统设计规范》和《施工现场临时用电安全技术规范》设计并组织施工，供配电采用 TN—S 接零保护系统，按三级配电两级保护设计施工，PE 线与 N 线严格分开使用。接地电阻不大于 4Ω，施工现场所有防雷装置冲击接地电阻不大于 30Ω。开关箱内漏电保护器额定漏电动作电流不大于 30mA，额定漏电动作时间不大于 0.1s。

1) 用电负荷计算、变压器选择：

根据各专业施工机电设备计划提供的用电设备功率（容量），按主体施工这一用电高峰阶段计算负荷为：

塔式起重机 5 台	186kW
固定式混凝土泵 4 台	128kW
混凝土搅拌站 2 个	82kW
井架 6 台	45kW
钢筋弯曲机 4 台	12kW
钢筋切断机 2 台	11kW
插入式振捣器 16 台	16kW
平板式振捣器 2 台	2kW
圆盘锯 2 台	11kW

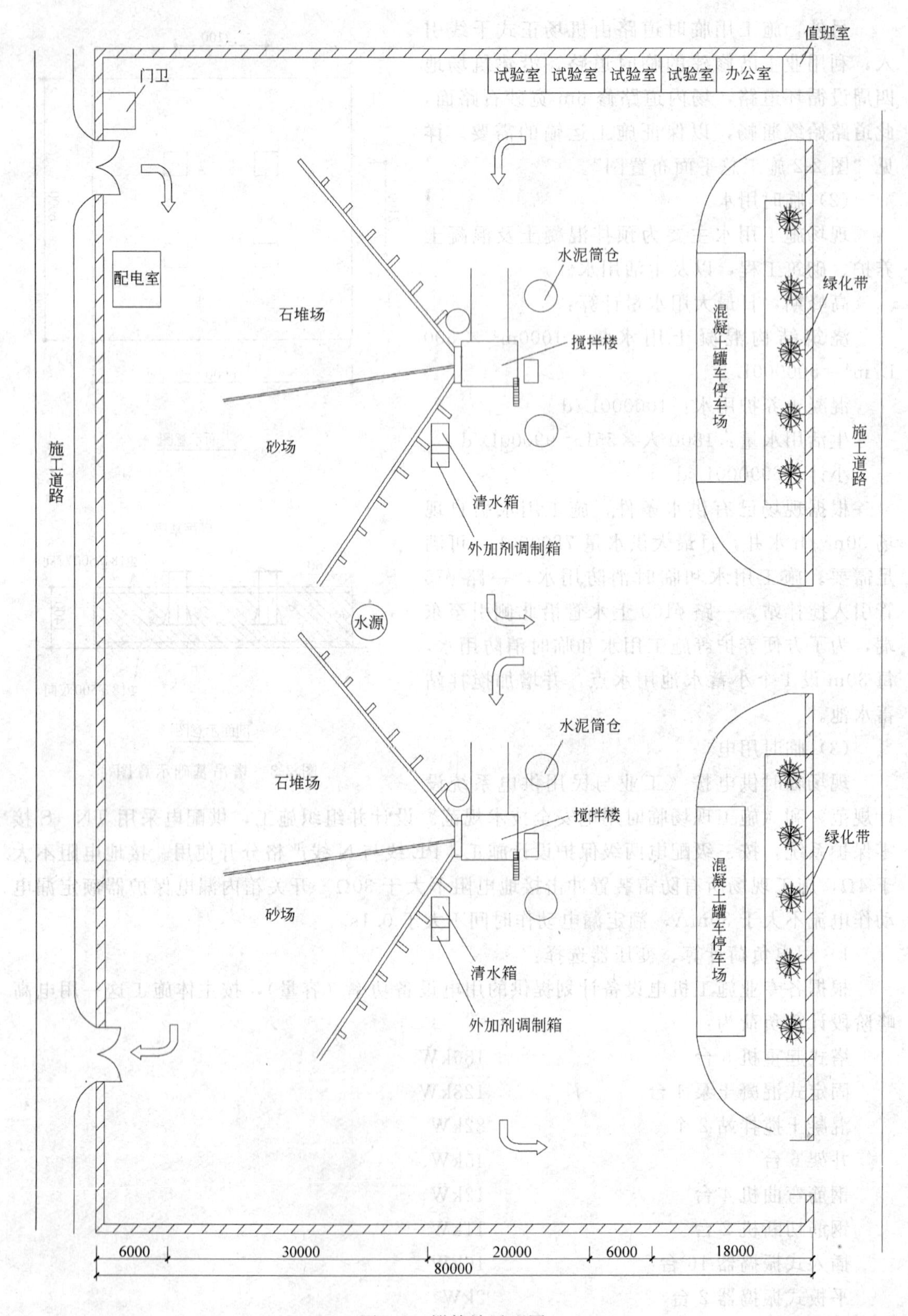
值班室
试验室
试验室
试验室
试验室
办公室
门卫
配电室
石堆场
水泥筒仓
搅拌楼
砂场
清水箱
外加剂调制箱
水源
混凝土罐车停车场
绿化带
施工道路
施工道路
石堆场
水泥筒仓
搅拌楼
砂场
清水箱
外加剂调制箱
混凝土罐车停车场
绿化带
6000
30000
20000
6000
18000
80000

图 2-4　搅拌站平面图

圆刨 2 台　　6kW

砂浆搅拌机 2 台　　6kW

$\sum P_1=503$kW　　（P_1 电动机额定功率）

交流电焊机 15 台 10×23.4　5×76　614kV·A

钢筋对焊机 2 台　　77.2kV·A

电渣压力焊机 4 台　　10kV·A

$\sum P_2=701.2$kV·A　　（P_2 电焊机额定容量）

宿舍：　　45kW

食堂：　　6kW

办公室：　　6kW

厕所：　　1kW

仓库：　　1kW

搅拌站：　　10kW

钢筋加工场：　　10kW

木工加工场：　　5kW

钢结构加工场：　　10kW

$\sum P_3=84$kW　　（P_3 室内照明）

$\sum P_4=50$kW　　（P_4 室外照明）

总用电量：$\sum P=1.10\ (K_1\cdot\sum P_1/\cos\varphi+K_2\cdot\sum P_2+K_3\cdot\sum P_3+K_4\cdot\sum P_4)$

取 $K_1=0.5$　$K_2=0.5$　$K_3=0.8$　$K_4=1.0$　$\cos\varphi=0.75$

则 $P=1.10(0.5\times503/0.75+0.5\times701.2+0.8\times84+1.0\times50)=867.3$kW

根据临时用电负荷计算，本工程已安装的两台共 900kV·A 变压器，能满足使用要求。现场已沿四周在地上架设了环场电缆。施工区、搅拌站、生活区各设总闸，电缆统一入闸箱，再接分闸箱供各专业施工使用，以保证供电安全。楼层干线电缆沿内筒壁卡设，干线电缆选用 XV 型橡皮绝缘电缆。施工配电箱采用统一制作的标准铁质配电箱，箱、电缆编号与供电回路对应。

2）应急发电机组：考虑到意外停电因素影响，本工程配置二台柴油发电机组(120kW)，供应急用电。

（4）施工现场平面管理

由总项目经理部生产副经理负责总平面的使用管理，现场实施总平面使用调度会制度，所有参加施工的作业队必须按总平面布置和安全生产、文明施工的要求搞好现场平面管理。根据工程的进度和施工需要，对总平面的使用进行协调与调整。

各施工作业队，按施工总平面布置图的要求进驻。安全部门负责组织阶段性和不定期的检查监督，确保平面管理的落实。

2.4 施工进度情况

本工程工期要求较紧，而且经历两个冬期和一个雨期施工阶段，严冬季节停止施工，并且在考虑工序时避开冬期抹灰等不利于工程质量的情况。具体施工进度网络图如图2-5。

西安咸阳国际机场航站

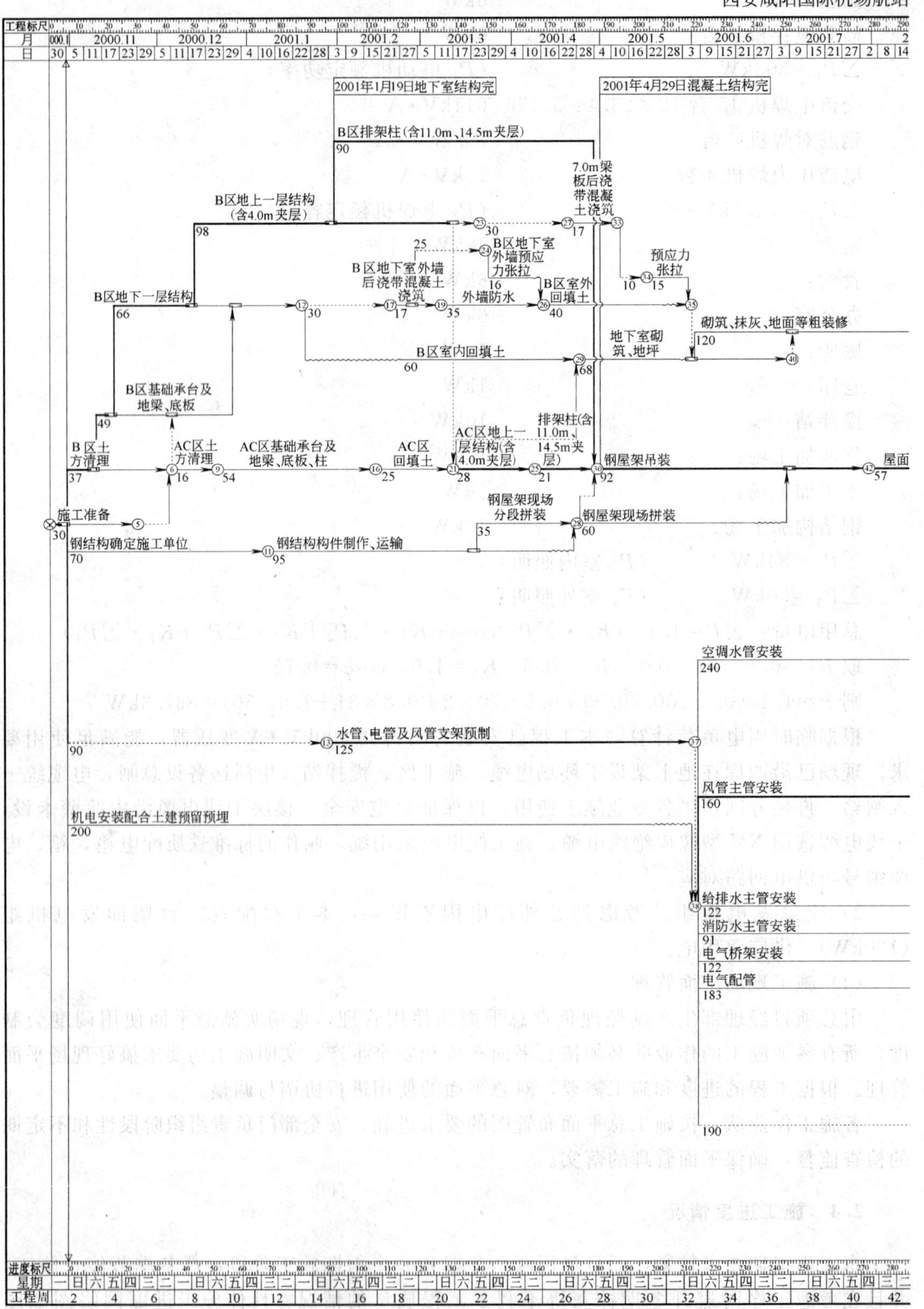

图 2-5 施

楼总进度网络计划图

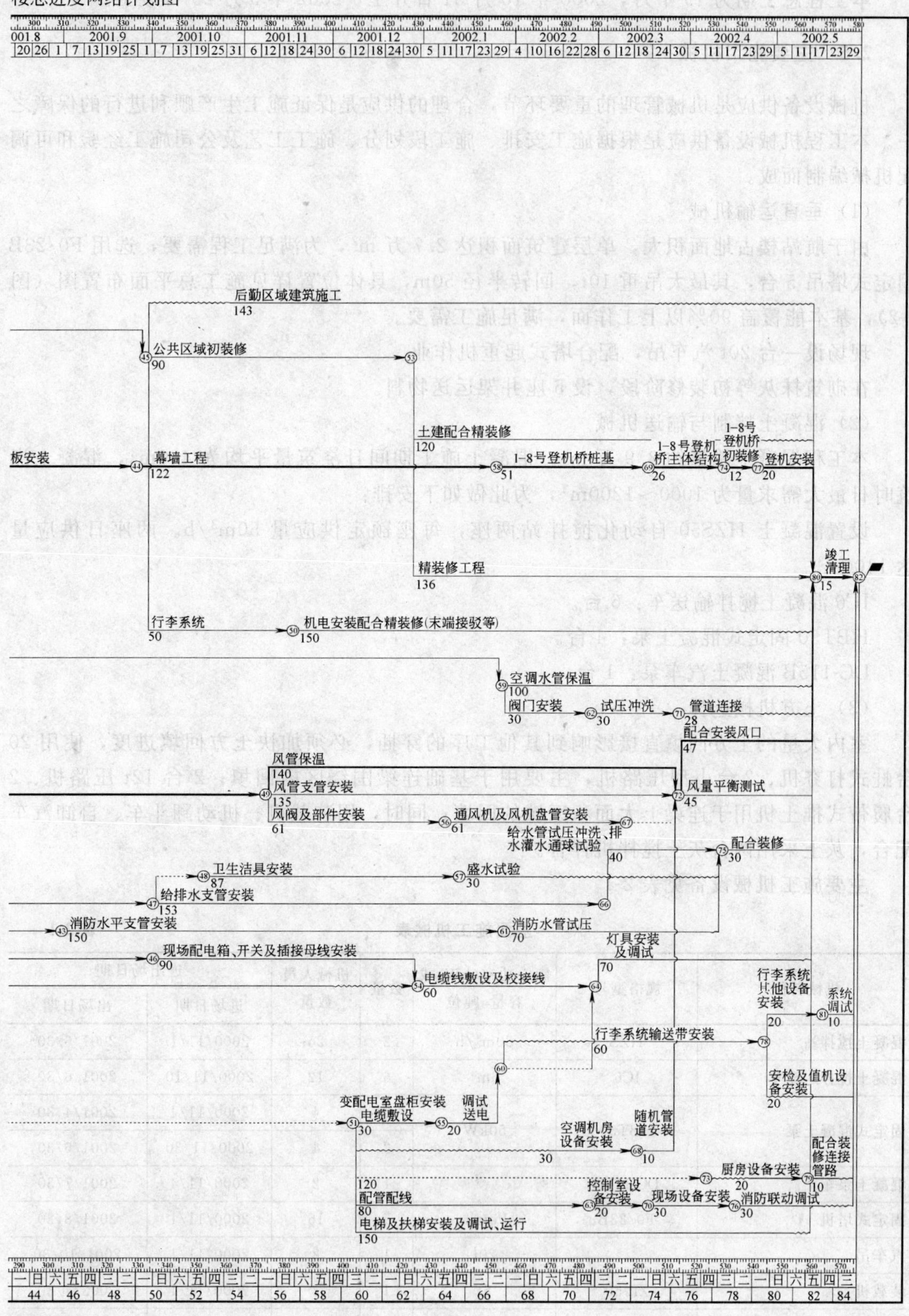

工网络图

本工程总工期为19个月，2000年10月31日开工，2002年5月29日竣工。

2.5　主要施工机械

机械设备供应是机械管理的重要环节，合理的供应是保证施工生产顺利进行的保障之一。本工程机械设备供应是根据施工安排、施工段划分、施工工艺及公司施工经验和可调配机械编制而成。

（1）垂直运输机械

由于航站楼占地面积大，单层建筑面积达2.7万m^2，为满足工程需要，选用F0/23B固定式塔吊5台，其最大吊重10t，回转半径50m，具体位置详见施工总平面布置图（图2-2），基本能覆盖90％以上工作面，满足施工需要。

现场设一台20t汽车吊，配合塔式起重机作业。

在砌筑抹灰等初装修阶段，设5座井架运送物料。

（2）混凝土拌制与输送机械

本工程混凝土总量约3.9万m^3，混凝土施工期间日浇筑量平均为400m^3，混凝土浇筑时日最大需求量为1000～1200m^3，为此做如下安排：

设置混凝土HZS50自动化搅拌站两座，每座额定供应量50m^3/h。两座日供应量达1400m^3。

JC6混凝土搅拌输送车：6台。

HBT50固定式混凝土泵：4台。

DC-115B混凝土汽车泵：1台。

（3）土方机械选择

室内大量的土方回填直接影响到其他工序的穿插，必须加快土方同填进度，使用20台蛙式打夯机、2台小型压路机，主要用于基础连梁围绕区内回填；2台12t压路机、2台履带式推土机用于连梁上大面积区域的回填；同时，用装载机、机动翻斗车、自卸汽车配合，灰土采用两台灰土搅拌机拌合。

主要施工机械设备见表2-1。

主要施工机械表　　表2-1

机械名称	规格型号	额定功率(kW)或容量、吨位	数量	机械人员数量	进出场日期	
					进场日期	出场日期
混凝土搅拌站	HZS	50m^3/h	2	25	2000/11/1	2001/6/30
混凝土搅拌运输车	JC6	6m^3	6	12	2000/11/10	2001/6/30
固定式混凝土泵	HBT50	50kW	2	4	2000/11/4	2001/4/30
			2	4	2000/11/30	2001/6/30
混凝土泵车	DC-115B		1	2	2000/11/4	2001/7/30
固定式塔机	F0/23B	Potain	5	15	2000/11/1	2001/8/20
汽车吊		20t	1	2	2000/11/1	2001/10/30
装载机	ZL-50	5t	1	2	2000/11/1	2002/4/30
发电机		120kW	2	2	2000/11/1	2001/11/30

续表

机械名称	规格型号	额定功率(kW)或容量、吨位	数量	机械人员数量	进出场日期	
					进场日期	出场日期
张拉千斤顶	YCW-250	250t	2	8	2001/2/1	2001/6/10
张拉千斤顶	YCW150	150t	2		2001/2/1	2001/6/10
张拉千斤顶	YCW23	23t	4		2001/2/1	2001/6/10
油泵	ZB500		4	2	2001/2/1	2001/6/10
油泵	STDB0.63×63		4		2001/2/1	2001/6/10
灰浆搅拌机			1	1	2001/2/1	2001/6/10
灌浆机	UB3		1	1	2001/2/1	2001/6/10
挤压机		60t	2	2	2000/12/5	2001/3/30
电焊机	BX3-300		15	20	2000/11/1	2002/4/30
钢筋对焊机	UN1-100	100kW	4	8	2000/11/1	2001/4/30
电渣压力焊机			4	8	2000/11/1	2001/4/30
钢筋切割机	GJ5-40		6	6	2000/11/1	2001/4/30
钢筋弯曲机	GJ6-4/8		6	6	2000/11/1	2001/4/30
插入式混凝土振捣器	HZ-50		30	20	2000/11/5	2001/6/30
平板混凝土振捣器	PZ-50		8	12	2000/11/5	2001/6/30
搅拌机	JS500		2	4	2000/11/1	2002/4/25
井架			5	10	2001/3/15	2001/11/30
推土机	太脱拉		2	4	2001/1/1	2001/4/30
打夯机	蛙式		20	20	2001/1/1	2001/6/30
载重汽车		5t	1	1	2000/11/1	2002/4/30
		10t	2	2	2000/11/1	2001/10/30
		15t	4	4	2001/11/1	2001/4/30
机动翻斗车	FC10-1		4	4	2000/11/5	2002/5/30
			15	30	2001/2/5	2001/6/20
灰土搅拌机	FT-3.5		2		2001/2/5	2001/5/20
压路机	YZ10P	12t	2		2001/2/6	2001/5/20
压路机(小型)			2		2001/2/5	2001/5/20
汽车吊		8t	2		2001/4/1	2002/4/20
电焊机	ZX5-400	28.4	30		2001/2/1	2002/4/18
氩弧焊机	NAS-300-Ⅱ	34.8	6		2001/6/1	2002/4/5
全位置程控氩弧焊机	Orbitig350	32	2		2001/2/1	2002/2/10
PE 管材热熔焊机	SHD250/70	1.5	3		2001/6/1	2002/2/20
电动砂轮切割机	B-3 型 ϕ400	2.2	8		2001/2/1	2002/4/20
便携式砂轮切割机	C-356	1.7	6		2001/6/1	2002/4/20
电动针束除锈机	回 QIQ-32	0.14	6		2001/2/1	2002/2/20

续表

机械名称	规格型号	额定功率(kW)或容量、吨位	数量	机械人员数量	进出场日期	
					进场日期	出场日期
电动割管机	TQ100-A	2.75	4		2001/2/1	2002/4/5
电动管道坡口机	NP80-273	2.1	5		2001/2/1	2002/3/20
内涨式气动坡口机	GPK-350	2.8	4		2001/2/1	2002/3/20
电动套丝机	Z3T-R4	1.2	3		2001/2/1	2002/4/20
台钻	EQ3025	1.8	4		2001/2/1	2002/4/20
磁座电钻	B2-32Ⅱ	0.75	3		2001/6/1	2002/4/20
手电钻	JIZ-19	0.23	10		2001/6/1	2002/4/20
电锤	回 ZIC-26	0.52	6		2001/6/1	2002/3/20
角向磨光机	SIMJ-100	0.37	16		2001/6/1	2002/4/20
手动试压泵	1.6MPa		2		2001/6/1	2002/4/5
电动试压泵	DSY35013	1.5	4		2002/2/5	2002/4/5
液压弯管器	DB4-1	1.1	4		2001/2/1	2002/3/5
液压升降平台	ZTY5	0.55	4		2001/6/1	2002/3/28
焊条烘干箱	DH-60-1	2.8	2		2001/2/1	2002/4/10
发电设备	120GF114	120	2		2001/6/1	2002/2/10

2.6 劳动力组织情况

施工劳动力计划见表 2-2～表 2-4。

土建施工队劳动力调配（人）　　表 2-2

工种	2000年		2001年												2002年			
	11月	12月	1月	2月	3月	4月	5月	6月	7月	8月	9月	10月	11月	12月	1月	2月	3月	4月
测量工	6	6	6	6	6	6	4	4	4	4	4	4	4	4	2	2	2	2
钢筋工	200	310	310	310	310	250	80	80	80	80	20	10	8					
木工	260	450	450	450	450	450	120	120	120	120	40	20	15					
混凝土工	160	160	160	160	160	160	120	80	80	40	20	10	10					
架子工	60	70	70	70	70	70	60	40	40	30	30	10						
瓦工	60	60	30	30	40	50	180	180	200	200	200	200	150	120	100	80	30	30
电工	5	5	5	5	5	5	5	5	5	5	5	5	5	2	2	2	2	2
电焊工	20	36	36	36	36	20	20	15	15	15	15	15	8	8	8	8	6	6
试验工	6	6	6	6	6	6	4	4	2	2	2	2	2	2	2	1	1	1
机械工	62	80	80	78	78	78	70	60	22	22	22	16	8	8	8	8	8	8
普工	80	150	240	240	240	240	150	80	80	80	80	80	60	60	60	60	100	120
合计	919	1333	1393	1391	1401	1335	813	668	648	598	438	372	270	204	182	161	149	169

预应力施工队劳动力供应　　表 2-3

工种	2000 年		2001 年												2002 年			
	11 月	12 月	1 月	2 月	3 月	4 月	5 月	6 月	7 月	8 月	9 月	10 月	11 月	12 月	1 月	2 月	3 月	4 月
技工	20	30	30	30	10	10	10											
电焊工	4	4	4	4	2	2	2											
试验工	1	1	1	1	1	1	1	1										
张拉工	0	0	0	8	8	8	8											
普工	40	60	60	60	30	30	30											
合计	65	95	95	103	51	51	51											

劳动力总需用量调配　　表 2-4

工种	2000 年		2001 年												2002 年			
	11 月	12 月	1 月	2 月	3 月	4 月	5 月	6 月	7 月	8 月	9 月	10 月	11 月	12 月	1 月	2 月	3 月	4 月
土建	919	1333	1393	1391	1401	1335	813	668	648	598	438	372	270	204	182	161	149	169
预应力张拉	65	95	95	103	51	51	51	0	0	0	0	0	0	0	0	0	0	0
安装	92	92	158	198	271	281	284	354	394	476	476	476	476	420	361	272	214	126
合计	1076	1520	1646	1692	1723	1667	1148	1022	1042	1074	914	848	746	624	543	433	363	295

3 主要项目施工方法

3.1 土建工程施工方案

3.1.1 施工测量

(1) 测量的组织与准备

本工程占地面积大，距离长，结合楼层实际情况，拟采用内外控相结合，以内控为主外控复核的方法建立矩形控制网。根据甲方提供的坐标点，拟建立内控 19 点，外控 22 点，用轴线交会确定控制轴线并以外控轴线点进行复核，测量平面控制网如图 3-1 所示。

基坑阶段据基准坐标点放出轴线，地下室结构完成后将确定的内控点以钢板标志固定在混凝土上，各楼层留设投测孔，用激光经纬仪逐层向上传递，外控点标注在固定建筑物或在地面做成永久性基准点。

(2) 沉降观测

一层柱浇筑完毕后，在建筑物四周柱上根据设计要求确定观测点，观测点的做法见设计总说明。每次观测从场内基准点开始，做好记录，测完所有测点，回到基准点，计算闭合情况；如符合，将原始记录整理成成果表。每施工完一结构层进行一次沉降观测，每次间隔不超过一个月。

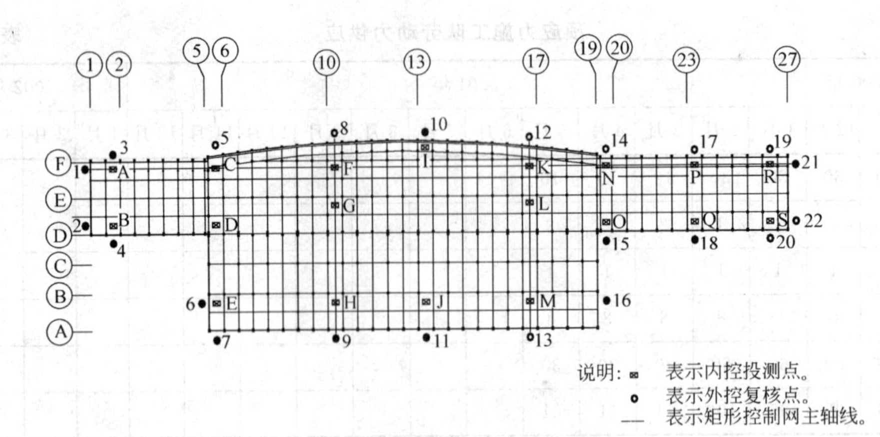

图 3-1 施工测量平面控制网布设示意图

（3）仪器选择

1）采用日产智能型 SETBII 全站电子速测仪（简称全站仪），进行定位测量，它具有精度高、速度快、电脑自动计算，自行改正误差等优点。

2）采用日产索佳 B1 型精密水准仪进行高程测量及沉降观测。

3）采用苏一光 J2 激光经纬仪进行垂直测量及垂直投测。

3.1.2 土方工程

（1）挖土

土方工程甲方已委托施工完毕，因此，不考虑土方的开挖。承台土方部分挖土采用 0.5m³ 挖土机进行开挖、人工清槽。

（2）回填

1）设计规定为满足地下室地面荷载要求，从承台底至混凝土地坪下大面积换土，范围在建筑轴线外放 6m。因 B 区有地下室，分室内和室外回填，室内地面混凝土垫层以下为 60cm，3∶7 灰土回填，室外为 2∶8 灰土回填。A、C 区为 3∶7 灰土回填至±0.000 地坪混凝土垫层以下。现场所有的灰土均采用机械搅拌，室内承台以下的灰土采用人工夯填，室内承台以上及室外回填采用机械碾压。

2）灰土回填中的石灰采用熟化袋装石灰，粉粒均匀、细滑、干燥，粉粒不超过 3‰。回填时，控制土的含水率以 16% 为宜。考虑现场面积大、灰土体量大，现场设置灰土搅拌站，并配置六辆东风翻斗车运送灰土。铺填厚度为：人工夯实 25cm，机械碾压 30cm。碾压采用 10t 压路机，开行速度 25～30m/min，重叠碾压 4 遍，轮迹相互搭接至平整坚实，在碾压不到或不宜碾压部位（如边角），采用蛙式打夯机夯实，压实系数≥0.95。

3）素土回填时，土的含水率控制在 18.5% 左右，每次回填厚度 25cm，在边角、承台间等地方，用微型压路机、蛙式打夯机辅以人工木夯夯实，其余压路机能碾压的地方采用 10t 压路机碾压，回填压实系数不小于 0.93。

4）本工程土方回填正值冬期，因而回填时采取了相应的措施。虚铺好的灰土及时碾压，碾压后的灰土覆盖保温，不受日光暴晒或泡水。

5）考虑到地下室面积大，灰土施工划分若干施工段分段分时间进行，以减少每层灰土的作业时间，形成施工流水。承台之间基础梁下的灰土回填必须在基础梁混凝土浇筑前进行。

6）在地下结构施工完成后，B区一层结构施工的同时，进行A、C区地下室回填，B区室内外回填在B区地下室外墙后浇带施工完，预应力张拉完，二层结构施工的同时进行。B区室内回填的灰土从地下室车道入口处运入地下室。

3.1.3 防水工程

本工程除混凝土设计自防水外，地面防水及外墙防水均采用双层卷材防水，材料为3mm和4mm两种厚度的APP高聚物改性沥青防水卷材，采用热熔粘贴。在地面混凝土分隔缝处干铺一层1m宽油毡；另外，在种植土楼层亦采用一层4mm厚的APP高聚物改性沥青做防水层。

地坪防水做法为：用密封膏填实混凝土地坪的分隔缝，在其上做2cm厚1∶2.5水泥砂浆找平层，热熔粘贴两层厚度分别为3mm和4mm的APP改性沥青防水卷材。卷材满铺，遇墙柱要上翻粘贴60cm高。热熔法施工做法：卷材开卷，摆齐对正（薄膜面朝下），用火焰加热器烘烤卷材底面（加热器喷嘴距卷材面的距离适中，幅宽内加热均匀），以烘烤到薄膜熔化，卷材底表面熔融至发亮、发黑程度；滚铺卷格，刮封接口且搭接宽度不得小于10cm；再在分隔缝的上方干铺一层1m宽的油毡，分隔缝居中，然后再做2cm厚的1∶3水泥砂浆保护层。

外墙防水做法为：在混凝土外墙上做2cm厚1∶2.5水泥砂浆找平层，热熔法粘贴两层厚度分别为3mm和4mm的APP改性沥青防水卷材，卷材自下而上粘贴，粘贴范围为自混凝土承台垫层至室外地坪以上10cm。卷材外用2cm厚聚苯板做保护层。

室内地坪、外墙卷材防水节点如图3-2所示。

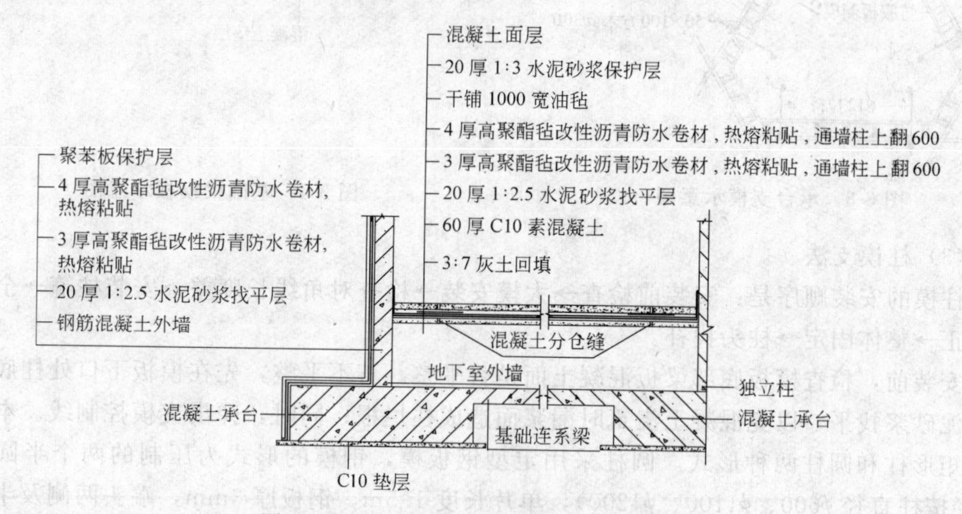

图3-2 室内地坪、外墙卷材防水节点详图

地下室外墙混凝土在后浇带及施工缝处增设20cm宽的钢板止水带。

3.1.4 模板工程

（1）模板的选择

墙、梁、板及方柱选用竹胶板作模板，圆柱选用定型钢模，但在圆柱与梁交接处和与剪力墙相连的非整圆，圆柱处配制节点模板和异形圆模板。模架采用钢管支撑架。

（2）承台、基础梁支模方法

待垫层有一定强度后按照承台、地基梁尺寸，弹好轴线、外边线及控制模板 30cm 线。模板采用竹胶板外附纵横背带，背带采用 5cm×10cm 方木或 ϕ48 钢管，纵向每隔 30cm 一道，横向背带的间距视承台或基础梁高度而定，不得超过 60cm 一道。承台模板利用钩头螺栓点焊于伸入承台的桩头钢筋上做拉筋加固，辅以外侧土体和木方加固（图 3-3）。基础梁模板采用竹胶板和 5cm×10cm 木方背带，外围连接 ϕ48×3.5 纵横钢管，并每隔 60cm 设对拉螺栓一道，采用钢管斜撑和外侧土体加固，以保证混凝土浇筑期间模板稳定、不变形。支设地下外墙基础梁模板时，梁上端 30cm 高的剪力墙设吊模连同其下的基础梁一起浇筑混凝土，并沿墙体通长方向设钢板止水带，具体方案如图 3-4 所示。

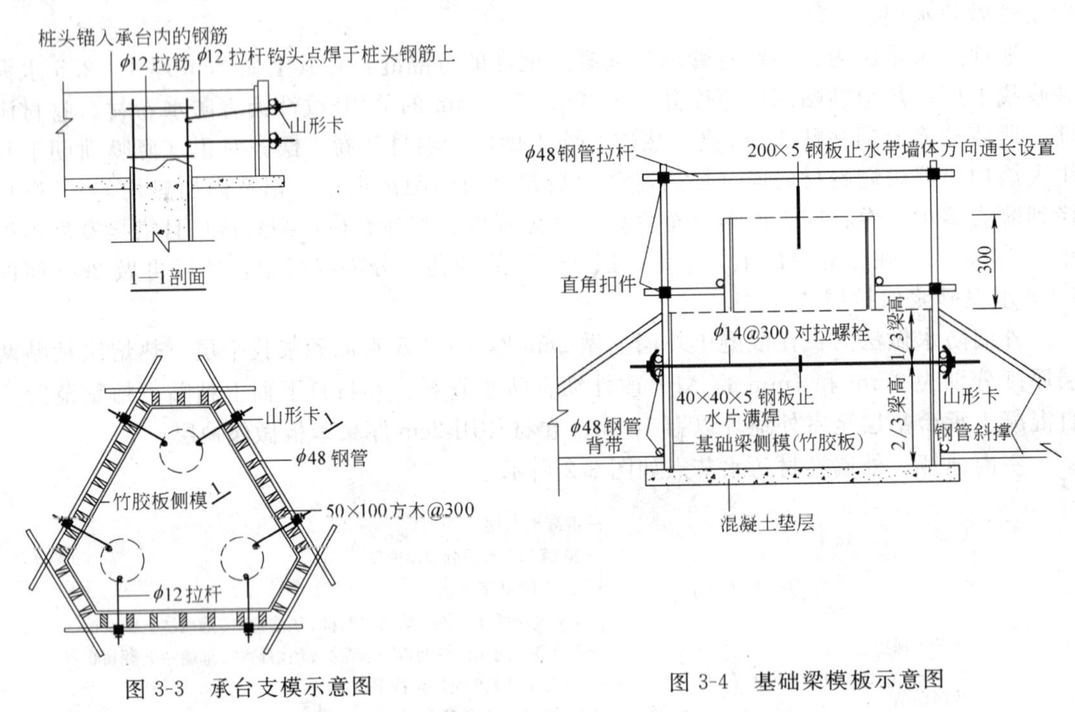

图 3-3 承台支模示意图

图 3-4 基础梁模板示意图

（3）柱模支法

柱模的安装顺序是：安装前检查→大模安装→检查对角线长度差→安装柱箍→全面检查校正→整体固定→柱头找补。

安装前，检查模板底部梁板混凝土面是否平整。若不平整，先在模板下口处柱底四周用水泥砂浆找平，以免混凝土浇筑时漏浆而造成柱烂根；同时，弹出支模控制线。本工程柱有矩形柱和圆柱两种形式。圆柱采用定型钢板模，钢模的形式为压制的两个半圆弧形（内径按柱直径 ϕ600、ϕ1100、ϕ1200），单片长度 1.5m，钢板厚 3mm，端头两侧及半圆边缘满焊带螺孔的 5mm 厚、60mm 宽的钢板带（法兰），螺栓孔必须上下、左右一致，且均匀排布，以便安装时螺栓能顺利穿过，在法兰连接处须加海绵垫条堵缝，以防混凝土浇筑过程中灰浆由此流失。为增强钢模的整体刚度，竖肋 5mm 厚@300，水平肋 5mm 厚弧度同钢模。根据不同直径的圆柱根数及混凝土浇筑时间安排，拟加工 ϕ600 的钢柱模 20 套，ϕ1100 的钢柱模 10 套，ϕ1200 的钢柱模 1 套。与剪力墙相连的非整圆圆柱及独立圆柱柱头采用定型木模，定型木模与墙模、梁侧模的拼接视具体尺寸制作，定型木模如图 3-5

所示。

矩形柱采用竹胶板拼装，能保证脱模后有清水模板效果。本工程矩形柱尺寸大，断面尺寸 2500mm×1000mm、1500mm×1000mm、1100mm×1100mm、700mm×700mm，模板加固如图 3-6 所示。

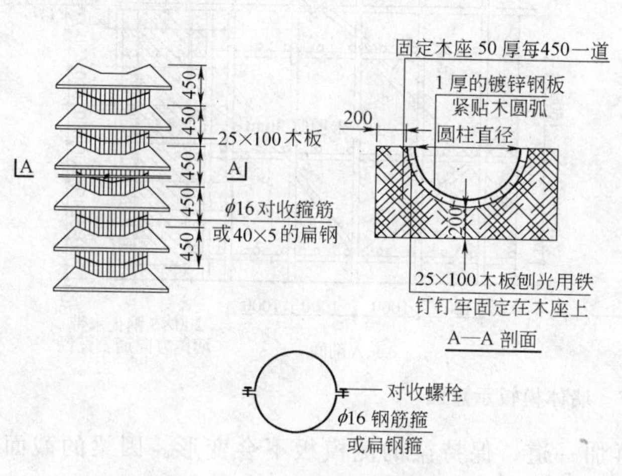

图 3-5 定型木模柱模示意图

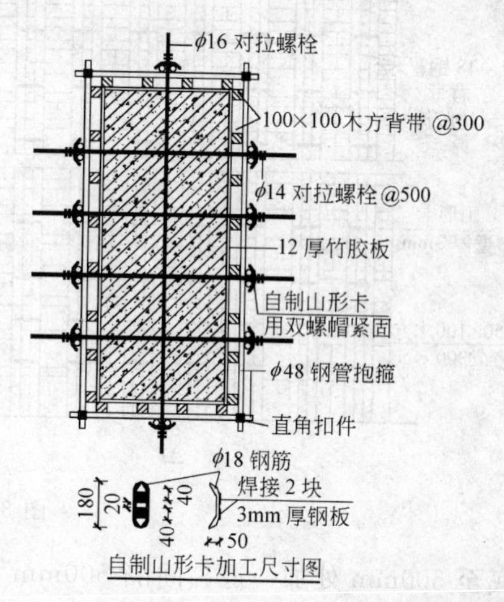

图 3-6 2500mm×1000mm 柱模支设示意图

支承钢屋架的矩形柱于一层结构平台＋6.940m 处外形开叉或弯折，且弯折高度达 16.440m，这是本工程结构的一大特点，开叉弯折后的柱与结构平面不再垂直，支设此处的斜柱模时，斜柱下必须搭设密集的满堂架，以支撑斜柱的自重。

(4) 墙模支法

支模顺序是：支模前检查→弹线→绑扎钢筋→支两侧模板→校正模板位置→紧固→支撑固定→全面检查。

墙模板采用竹胶板拼制成分片大模，以钢管支撑固定，采用 $\phi12$ 的对拉螺栓加固，底部三至五排间距 450（竖向）mm×600（横向）mm，上部 600mm×600mm（图 3-7）。地下室外墙及地沟壁模板对拉螺栓中部焊 40mm×40mm×3mm 的钢板止水片，焊缝满焊，并在两端贴模板处加垫 50mm×50mm×30mm 的方木块，拆模后凿除方木块，形成凹槽，并沿槽底割除对拉螺栓的外露部分，然后用防水砂浆把凹槽塞实抹平。地下室内墙及±0.000以上部分墙体支模时，对拉螺栓加套 PVC 管，以保证墙厚尺寸和便于螺栓在拆模后的重复利用。图 3-8 为墙模对拉螺栓节点详图。

(5) 梁、板模支法

支模顺序：复核轴线底标高及轴线位置→支梁底模（按规范规定起拱）→绑扎钢筋→支梁两侧模→复核梁模尺寸及位置→与相邻梁板模连接固定。

梁底模和圆柱部位连接的端部，采用定型木模，中部配以竹胶板模，梁侧模和顶板模选用竹胶板模，板缝粘贴胶带纸，板内表面刷脱模剂，保证脱模后有清水模板的效果。当梁高小于 700mm 时，梁侧用支撑板模的水平钢管顶撑，同时用一部分短钢管斜撑；当梁高大于 700mm 时，增加对拉螺栓固定，对拉螺栓沿梁高 300mm，横向 800mm 设置一排，对 900mm×1500mm、800mm×1400mm 的大梁加固时，增加二道 $\phi12$ 对拉螺栓杆，在梁

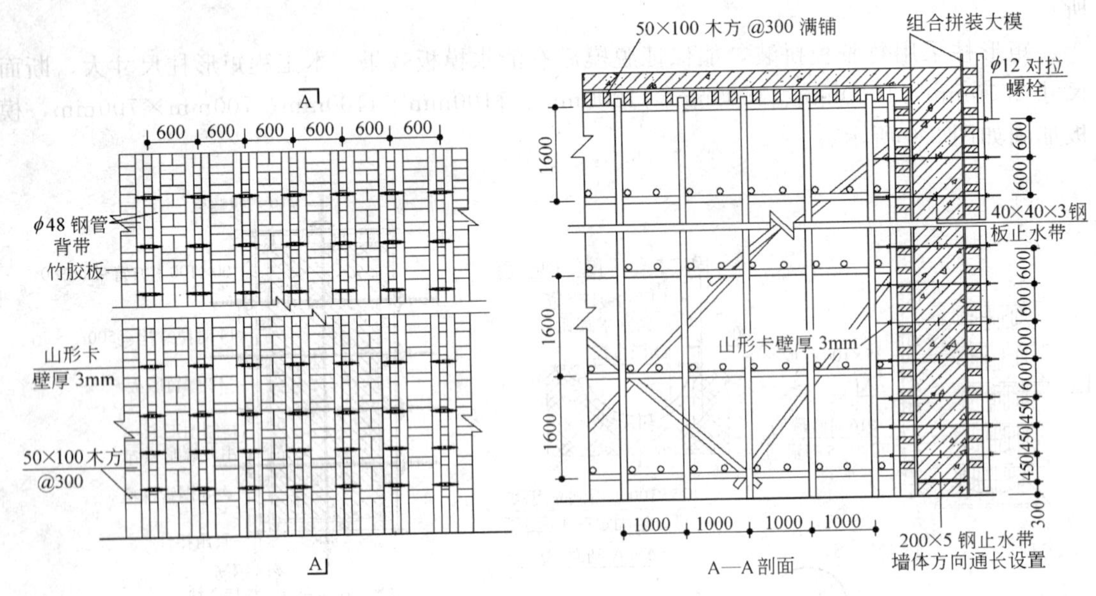

图 3-7　墙体模板示意图

底至 500mm 处加一道，间隔 500mm 再加一道，保持梁的侧模板不会变形。因梁的截面尺寸大，梁的自重过大，在梁底增设一排支撑立杆，以消除梁底模变形。梁底模按规定起拱，框架梁底模按 2‰～3‰跨长起拱。

后浇带模板支撑自成体系，与其他部位支撑架体脱开，其他部位架模拆除时，不会对后浇带架模产生不利影响。

梁板模安装支撑示意图如图 3-9 所示。

(6) 模板的拆除（略）。

3.1.5　钢筋工程

(1) 钢筋的接长

本工程柱的钢筋直径较粗，为 ϕ20～ϕ40，采用直螺纹连接，而水平钢筋的连接则采用闪光对焊、直螺纹连接和绑扎等不同的施工方法。

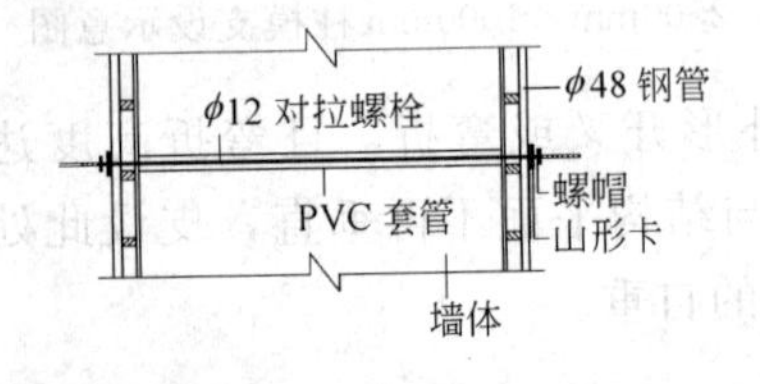

图 3-8　墙模对拉螺栓节点详图

本工程要求柱筋的连接采用直螺纹连接，这是新一代机械连接技术——等强度直螺纹连接。直螺纹连接接头，为新开发的一种较理想的机械连接形式。它克服了锥螺纹连接接头和套筒冷挤压连接接头的缺点和不足。直螺纹不存在拧紧力矩对接头性能的影响，从而提高了连接的可靠性，也加快了施工速度。

(2) 钢筋工程施工工序（略）。

3.1.6　混凝土工程

(1) 混凝土的施工

本工程混凝土工程采用现场搅拌站集中搅拌、泵送混凝土，现场准备四台拖式混凝土泵辅以一台汽车泵，拖式混凝土泵南北两侧各两台，具体浇筑顺序同施工流水方向。浇筑

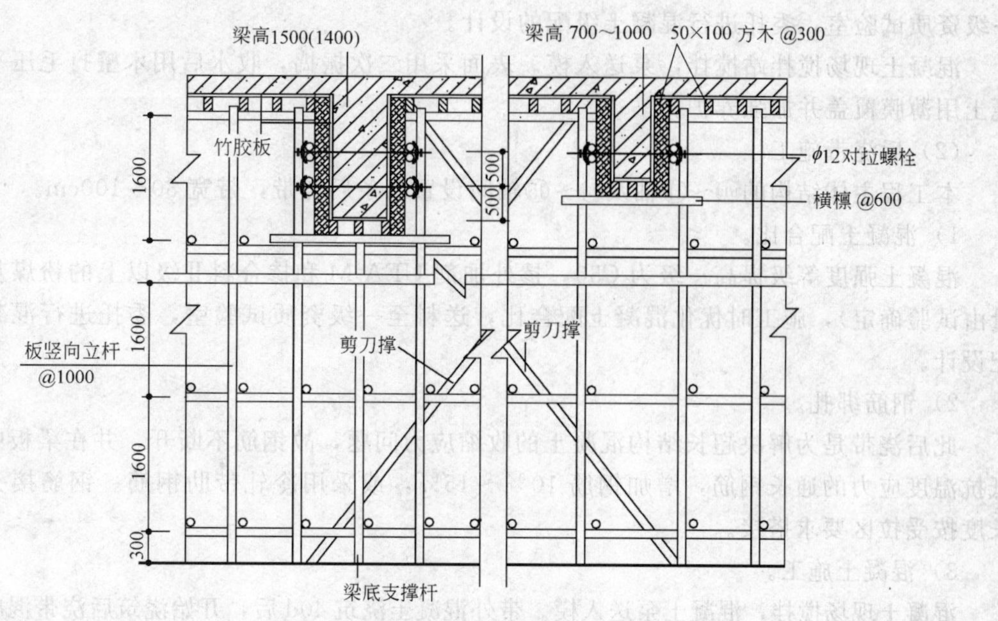

图 3-9　梁、板模安装支撑示意图

时，搭设操作平台，严禁直接踩踏钢筋，严禁将泵管直接搁在钢筋上。混凝土采用机械振捣，浇混凝土时振动棒插点要均匀，插点不能大于振动半径。每层下料厚度不大于振动棒的长度，当浇筑梁、柱节点或梁、梁节点等较密的部位，混凝土下料困难时，选用小型 ϕ30mm 振动棒，辅以人工插捣。

混凝土浇筑前采用短钢筋头焊在梁板上，用水平仪找平，作为控制结构混凝土浇筑的标高。在混凝土板面浇筑后要用铁滚筒滚平，然后用刮杠刮平，铁板压紧，木蟹打磨。浇筑完后盖塑料薄膜，加草袋养护不少于 14d。

（2）混凝土的养护

柱、墙拆模后用养护剂养护。冬期施工时，平均气温低于 5℃，不能浇水养护，加盖一层塑料薄膜两层草袋，保温保湿，蓄热养护；如气温过低，为防止混凝土被冻坏，给混凝土辅助加热保温，如用温水拌合混凝土，在浇筑完混凝土的结构楼层内封闭各通风口，生火取暖等方法。

混凝土的保温养护期不少于 14d。

3.1.7　*超长结构施工*

该建筑最显著的一个特点是超长，B 区 234m×93m，且为整体现浇结构，采用无缝设计，在混凝土结构中，采用加强带、后浇带，以及改善混凝土性能及增设抵抗温度应力的通长钢筋和预应力钢筋等措施，以解决超长结构温度应力和混凝土收缩变形，确保工程质量，解决钢筋混凝土超长结构收缩变形。主要手段就是设置加强带和后浇带。

（1）混凝土配合比

本工程结构设计混凝土设计强度等级为 C45，采用微膨胀混凝土。粗骨料采用连续级配。掺外加剂 M14%～16%（掺量由试配决定）并加入适量活性良好的掺合料（Ⅱ级以上粉煤灰），既可降低水泥用量，减小水化热，还可改善混凝土的和易性等性能。以减小混凝土后期收缩应力，提高混凝土的抗裂性能。施工时，优化混凝土配合比设计，送料至一级资质试验室，委托进行混凝土级配的设计。

混凝土现场搅拌站搅拌，泵送入模。表面采用二次振捣，收水后用木蟹打毛压平，混凝土用薄膜覆盖并加强养护。

（2）后浇带施工

本工程主体结构的(1/10)～⑪轴及(1/14)～⑮轴间设置两条后浇带，带宽 80～100cm。

1）混凝土配合比。

混凝土强度等级提高一级为 C50，掺外加剂 UEA-M 和掺合料Ⅱ级以上的粉煤灰（掺量由试验确定），施工时优化混凝土配合比，送料至一级资质试验室，委托进行混凝土级配设计。

2）钢筋绑扎。

此后浇带是为解决超长结构混凝土的收缩应力问题，故钢筋不断开，并在梁板中增设抵抗温度应力的通长钢筋，增加钢筋 10%～15%，或采用冷轧带肋钢筋。钢筋接头搭接长度按受拉区要求搭接。

3）混凝土施工。

混凝土现场搅拌，混凝土泵送入模。带外混凝土浇筑 40d 后，开始浇筑后浇带混凝土。

后浇带留设时用木板或密孔钢丝网安设，并加固牢靠，以防带外混凝土浇筑时流入后浇带。

后浇带下的模板支撑体系独立搭设，与带两侧的支撑架管脱开，两侧架模拆除后，检查加固。

要注意对带内钢筋的防锈保护，刷水泥浆保护，并用板覆盖（封堵），以防杂物落入。具体如图 3-10 所示。后浇带混凝土浇筑前，将水泥浆清理干净，钢筋锈蚀及带壁两侧污

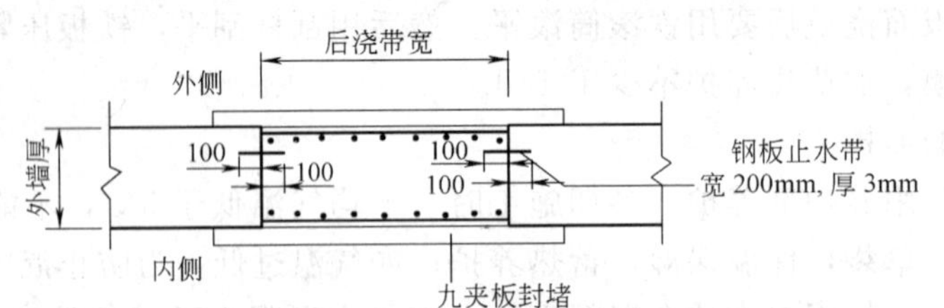

注：1. 留设地下室外墙外侧后浇带部分模板不拆除，浇筑后浇带时利用此部分作为外模。
2. 内侧用九夹板封堵，浇筑前拆除、清理后浇带，浇筑时内侧重新支设。

(*a*)

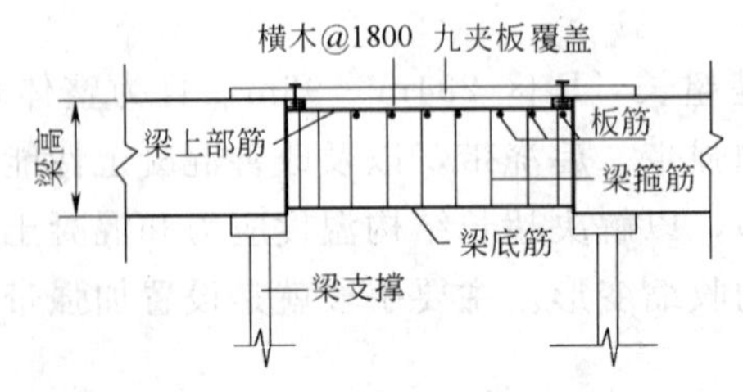

注：浇筑前拆除上部盖板，清理、除锈，下部底模用竹胶板重新支设。

(*b*)

图 3-10 后浇带保护措施示意图

(*a*) 地下室外墙板后浇带保护措施示意图；(*b*) 梁板后浇带保护措施示意图

物也清理干净。

后浇带浇筑后认真加强养护，用草袋覆盖，洒水养护不少于14d。

(3) 施工技术措施

混凝土浇筑正值冬期施工，除采取冬期施工措施外，还采取了以下措施：

1) 混凝土的粗细骨料，含泥量作严格控制，砂含泥量控制在2%以内，石子含泥量控制在0.5%以内，以提高混凝土的内在质量。

2) 楼板面混凝土浇筑完成收水后，对混凝土表面进行二次压实抹光，减少混凝土表层龟裂。

3) 采用真空吸水技术，混凝土浇筑抹平后，用专用真空吸水泵进行作业，将板面混凝土泌水（多余水分）及时排出。

4) 加强混凝土早期养护，防止混凝土温度和湿度的突然变化（冬期施工控温更重要，还要采取保温防冻措施）。后期防裂主要是控制混凝土的边界温差，以提高混凝土结构的抗裂能力，混凝土浇完后，即在混凝土表面盖上塑料薄膜，上覆两层草袋。既可保温，又能保湿。

5) 实行情报、信息化施工。加强对混凝土浇筑温度场的监测与管理。在梁板不同部位及深度埋设铜热传感器，用混凝土温度测定记录仪进行施工全过程的跟踪和监测。

3.1.8 预应力工程

(1) 编制说明

西安咸阳国际机场航站楼工程采用预应力技术，解决了结构大跨度、超长连续混凝土结构收缩应变、温度变形等难点，满足了建筑功能的需要，是整个工程施工的关键技术。

在施工中，针对结构特性，详细完成了预应力二次工艺设计，制定了完善的施工组织设计，结构实测了大量数据，积累了大量结构应力、应变的数据资料；在施工过程中，强强联合，先后与国内知名专家及预应力科研单位进行了广泛的合作，并卓有成效，我单位确立了在预应力混凝土结构设计施工、特种结构设计施工等方面的技术优势。

(2) 预应力工程概况

本工程主体结构形式为钢筋混凝土框架，屋面为钢管桁架梁承重体系；预应力结构设计部分为：地下室外墙板，+7m标高楼层；地下室外墙长234m，其中7m标高楼层为234m×93m大面积预应力楼盖；另外，依据我方对此种结构的经验，地下室顶板、+4m标高楼层采用了预应力技术。

地下室外墙无粘结预应力筋采用2ϕ15.20轴向配筋，配筋间距自下至上由500mm→400mm→250mm；地下室顶板采用无粘结预应力双向配筋；7m楼层梁板分别配置有粘结、无粘结预应力筋，无粘结预应力筋采用双向配筋；有粘结预应力梁设计已注明配筋量。

预应力筋采用1860MPa低松弛钢绞线，锚具采用符合国家Ⅰ类锚具的夹片锚。墙混凝土强度等级为C40，梁柱板混凝土强度等级为C45。

(3) 结构主要特点

1) 本工程为大跨度钢构件与预应力钢筋混凝土构成混合结构，预应力楼盖施工对钢结构安装及对竖向构件柱均有显著影响，结构施工工序穿插的设定、调整将影响整个主体结构的质量和工期；

2）超大面积、超长度连续预应力梁板结构的设计国内少见，预应力设计为部分预应力，预应力度适中，后张预应力结构内力及变形的设计和施工科技含量很高；

3）施工工艺复杂，施工穿插繁多，预应力混凝土结构施工顺序、张拉顺序影响整体结构的施工，在整体结构施工的关键线路上，必须统筹安排；

4）超长楼板为解决混凝土收缩问题，方案在楼板设置了后浇带及增强带，预应力筋的二次设计、施工及张拉必须与平面分段流水相符合；

5）鉴于预应力设计未提供预应力结构设计有关技术数据，二次工艺设计由施工与设计密切配合，共同努力，使施工采取有效的控制手段，满足设计的有效应力值的建立和采取有效措施减少变形，从而保证超长结构无缝设计施工的成功；

6）施工质量控制难度大，对工序安排、工艺设定、材料质量、过程质量、监测质量等方面进行严格、周详、高精度、全过程、全方位的控制，认真安排，落实执行；

7）科研价值高，通过本工程的设计施工，取得这种大型钢筋混凝土—钢组合结构的施工经验，且超长大面积无缝结构的设计施工采取综合技术，确保圆满成功；通过过程的测试，取得大量的有关摩阻系数 μ、混凝土弹性压缩等设计参数等等。

（4）二次工艺设计

1）设计说明。

由于前期时间仓促及预应力设计提供的资料很少，二次设计难免存在问题；在施工前，我方与设计紧密结合，消除所有缺陷。

2）锚固体系的选择等。

本工程采用符合国家Ⅰ类锚具的夹片锚，无粘结预应力筋采用单孔锚，有粘结预应力筋采用群锚；钢绞线采用1860MPa低松弛钢绞线。

不同部位锚具选用：长度小于30m有粘结预应力梁，一端采用挤压锚，另一端采用张拉锚。多束钢绞线的梁，张拉锚与挤压锚用等数量位置对调；分段长度60m左右的两端张拉，均采用张拉锚；无粘结预应力筋分段长度小于30m的，一端采用挤压锚，其余均采用张拉锚。

超长预应力筋的连接采用交叉搭接法：无粘结预应力筋在柱、梁支座处搭接，搭接长度满足设计要求；有粘结预应力筋的塔接在柱支座处，张拉靴口在预应力筋反弯点外。

3）预应力筋、锚具等施工数据的设计。

① 平板中无粘结预应力筋采用轴向配筋，马凳间距1500mm，采用 $\phi8$ 钢筋作成U形马凳；墙板中预应力筋马凳利用墙体拉筋支撑。

② 有粘结预应力筋线形为正反抛物线，反弯点距梁端位置 αl，依据设计技术计算内力的不同取 $(0.1\sim0.2)l$，抛物线方程为：

$$y=Ax^2$$

式中　跨中区段 $A=2h/(0.5-\alpha)l^2$；

　　　梁端区段 $A=2h/\alpha l^2$。

据此方程计算出间距900mm马凳的高度，作为施工控制预应力筋矢高的依据。

③ 预应力筋在梁内对称布置，上下排预应力筋间距为一个波纹管直径，波纹管距梁边不小于40mm。

④ 预应力筋在张拉端处设不小于300mm的平直段。

⑤ 预应力筋搭接处张拉靴口距支座不小于（0.1～0.2）l。

⑥ 有粘结预应力筋分段长度为：一端张拉长度30m，两端张拉长度为60m。

⑦ 锚具主要采用9孔以下各类锚具，以求梁内预应力筋贯穿，且能较顺畅穿过普通钢筋间隙；预应力梁同一断面张拉靴口留设2个，并沿梁长度方向分布，不得集中布置。

4）预应力筋张拉靴口加强。

地下室墙体无粘结预应力筋的张拉靴口设计在墙体内侧，以利于墙体外防水的施工和回填的早日完成；楼板无粘结预应力筋的张拉靴口留设在板侧面和板面；梁有粘结预应力筋张拉靴口留设在梁端和梁面，梁端锚具要均匀布置，梁面张拉靴口要在梁的纵向上错开布置，断面上对称布置。

无粘结预应力筋张拉靴口板面留洞，尺寸为100mm×100mm×400mm，板面小钢筋在靴口处须调整位置；梁面张拉靴口尺寸为200mm×200mm×600mm，梁面钢筋采取并筋、断筋的方法，并在靴口处，用普通钢筋进行加强。

无粘结预应力筋遇到大洞口时，采用断筋；洞口小于300mm时，预应力筋绕过洞口；有粘结预应力筋在柱子处，事先画出大样图，使柱筋在轴线附近集中，保证波纹管顺利通过。为确保楼板有效预应力的建立，会同设计调整局部配筋量的方式解决。

5）张拉灌浆要求：

① 张拉控制应力为$\sigma_{con}=0.70f_{ptk}$；

② 张拉程序：0→1.03σ_{con}锚固，依据预应力摩擦损失的大小，有的预应力筋最终可超张到0.75σ_{con}；

③ 混凝土张拉强度为设计强度的80%；

④ 地下室外墙无粘结预应力筋张拉顺序为：沿长度方向由中央向两侧对称张拉钢绞线，沿墙体高度方向由下至上；

⑤ 楼板预应力筋张拉顺序为：从楼板中央向两侧对称张拉，依次张拉次序如下：

板纵向无粘结预应力筋→板横向无粘结预应力筋→有粘结预应力次梁→有粘结预应力主梁；

⑥ 灌浆材料选用42.5级普通水泥，要求灌浆强度M30。

6）锚具封闭要求：

预应力筋张拉完后，将外露的钢绞线切断，锚具外露钢绞线长度不小于30mm，张拉靴口用比结构混凝土高一级的微膨胀混凝土封闭。

（5）主要施工方法

1）技术准备。

① 预应力工程二次工艺设计，时间在预应力钢筋混凝土结构施工前20d完成；

② 完成设计交底和图纸会审，时间在预应力钢筋混凝土施工前15d完成；

③ 预应力施工方案，时间在预应力钢筋混凝土结构施工前10d完成，并报总包方审批；

④ 细化方案、交底、技术准备工作内容如下：

a. 分段计算绘制预应力筋曲线矢高、相应马凳高度，绘制纵横梁交接点钢筋大样图，调整矢高，用于指导施工；

b. 依据分区施工要求，绘制钢筋混凝土预应力梁板施工程序图，并报总包，作为相对控制的目标；

c. 绘制预应力梁分段张拉总平面图和梁的断面图，并在总图上标明张拉次序，在梁上标注灌浆口、排气孔等；

d. 绘制各节点大样图；

e. 放样，计算预应力筋的下料长度：

$$L=L_T+2H+2L_0+200$$

式中 L_T——曲线孔道长度加直线段长度；

H——锚具厚度；

L_0——穿心式千斤顶内预应力筋的长度＋工作锚长度＋转向长度；采用千卡式千斤顶，L_0 为千斤顶内预应力筋的长度＋转向长度；

200——超长预应力筋的加长长度（含千斤顶外 100mm）。

f. 编制预应力筋、锚具、波纹管、承压板、螺旋筋塑料压板等材料需用量，提出技术质量指标；

依据分段要求，计算各段的最大应力损失：

$$\sigma_{con} l^{-(kl_T+\upsilon\theta)}$$

式中

$$\theta=\sum_{i=1}^{n}\theta_i=\sum_{i=1}^{n}\frac{4l_i}{l_i}$$

k、μ 值依规范取值，进而求出：$N=N_K[1-e(kx+\mu\theta)]/(kx+\mu\theta)$

进而求出：$\Delta L=N_K[1-e(kx+\mu\theta)]/[(kx+\mu\theta)A_P E_P]$

并画出－5%～＋10%计算值区间，分段计算 ΔL_2（初应力下的推算伸长值）：

$$\Delta L_2=\frac{N_K L_P}{A_P E_P}$$

计算梁的弹性压缩值作为参考数据：

计算 B——千斤顶内预应力筋的伸长量：$B=\frac{N_K L_T}{A_P E_P}$

这些，均经复核后，设计打印表格；

g. 依据设计施工规范要求，制订各项技术、质量指标要求，并配以相应的保证措施，编制对策表；

h. 依据预应力筋的不同级别张拉力，列表计算统计，并依此配套检校千斤顶，得出曲线对应压力表的读数。

2）人员组织。

预应力结构的穿筋、布管、梁内承压板、螺旋筋的安装、灌浆孔、注浆孔的安装等进行现场组织指导施工、交工验收。锚具安装、张拉、注浆等由预应力施工专业队负责。专业队根据施工进度配有粘结预应力张拉班 1 个，4 个组，每组 3 人；无粘结预应力张拉班 1 个，4 个组，每组 3 人，现场检查指导组 2 人，1 人全面负责，1 人现场指挥，收集资料。预应力施工专家作技术指导。

3）材料准备。

施工前，进行锚具、连接器、预应力筋的技术招标，选定符合国标的材料；锚具进场前，去厂家按规定分批抽样封送权威部门进行外观、硬度、锚具组装件试验，合格后，随同出厂质量证书进场，进场后，必须按规定验收入库保管。

$$\eta_a \geqslant 95\%，\varepsilon_{apu} \geqslant 2\%$$

钢绞线出厂时，按 GB/T 14370—93 有关要求出具质量证明书，进场材料查验完合格证后逐盘、逐个目测验收；同时，按现行规范规定进行抽样复试，测量极限抗拉强度、弹性模量，经检测合格后，方可使用。波纹管拟安排现场加工，其质量符合 JG/T 3013—94，准备塑料弧形压板、不透水胶带等材料。

4）机具准备。

根据预应力筋种类、根数、张拉吨位选定 4 台 YCN-23 前卡式千斤顶、2 台 YCW-150 穿心式千斤顶和 2 台 YCW-250 穿心式千斤顶，用来张拉板内无粘结预应力筋、梁内有粘结预应力筋，油泵选 4 台 STDB0.63×63 小型超高压油泵，4 台 ZB-500 型油泵，1 台 60t 挤压机，砂轮切割机，灌浆泵 UB3 型及配套机具，砂浆搅拌机等。在施工现场准备一台波纹管制管机，张拉灌浆设备要求在预应力张拉前 5d 完成设备配套检校及维修保养。

5）现场准备。

现场设置一块长 60m、宽 20m 的水泥场地，场地要求平整，以便作预应力筋的下料场地之用。

现场设置提供架空摆放预应力筋的场地，上架设挡雨水的篷布。

现场设置办公室 2 间，供施工工人 100 人住宿的宿舍，提供机具设备仓库 1 间，工人食堂 2 间。

6）楼层预应力施工要求：

考虑到有粘结预应力筋为连续超长曲线配筋，后穿束较为困难，故梁内预应力筋与波纹管一同埋设混凝土中，采用先穿预应力筋束施工工艺：

① 下料及成束。

梁内预应力筋的下料在预应力筋专用下料场进行。放大样复核计算的下料长度，用砂轮锯进行切割下料。

为保证钢绞线编束后，根与根间距紧密，编束前用干净纱布将钢绞线逐根擦拭干净后，每根间隔 1.5m，用 20 号钢丝扎紧，扎紧头钢丝要砸扁。

编束后，将钢绞线束调直，在钢绞线每侧的相同位置用红、绿油漆标注条色带，以供检查预应力钢绞线是否扭曲；然后，将钢绞线束盘卷完后，架空堆放，以备吊装（也可现场并束，待与现场结合后，确定具体实施方案）。

② 预应力的穿筋、布筋。

梁内穿筋、编束、穿束在梁底模支撑完成后进行。具体程序为：

梁底模支撑完成→底模两侧搭设略低于梁底的脚手架，长度为两端脚手架与梁等长架通→在梁底模上每隔 2m 间隔安放厚度≥5cm 木方→按设计配筋要求，铺放梁内钢筋，次序为先底排后上排，在排间加设垫筋→在下排钢筋上，将梁顶排钢筋及架立筋摆铺好→垫上约 4～5cm 的木方，与下排筋用 20 号钢丝作简单绑扎→将钢绞线吊至脚手架上，放入梁中（或逐根放入梁中，然后向一个方向每隔 1m 用 20 号钢丝扎紧成束，注意理顺序、平直放入梁中）→从两端向中间穿波纹管并即时封闭套管接缝→加套箍筋，梁两侧同时进行→套好箍筋后间隔绑扎，即沿梁长方向绑扎 1.5m，空 1.5m，以利调整波纹管位置→波纹管就位后（图 3-11），先垫上砂浆垫块，后除去木方，从中间向两端分别进行→依据预应力筋沿梁长度方向曲线布置，分别确定波纹管高度，用ϕ12@900mm钢筋电焊于箍筋上作支架（注意不得熔穿波纹管）、马凳→待预应力筋基本就位后，认真进行二次复查，整根梁全部绑扎并进行必要的加固；外露预应力筋用塑料布包扎，灌浆孔、排气孔封堵。

灌浆孔与排气孔留设方法：采用塑料弧形压板，T形管不够长，应用塑料管接长，端部用胶带封严，高出混凝土面30cm，以利孔道灌浆密实，处理方法如图3-12、图3-13所示。

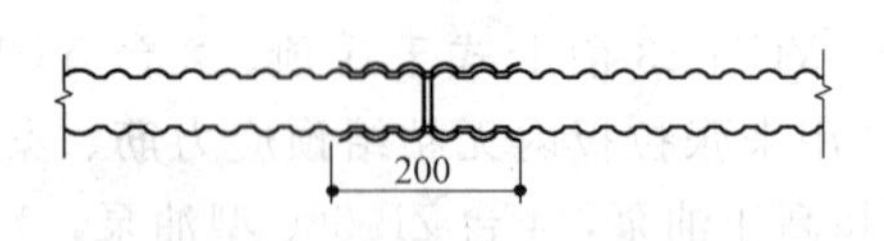

图3-11　波纹管的连接

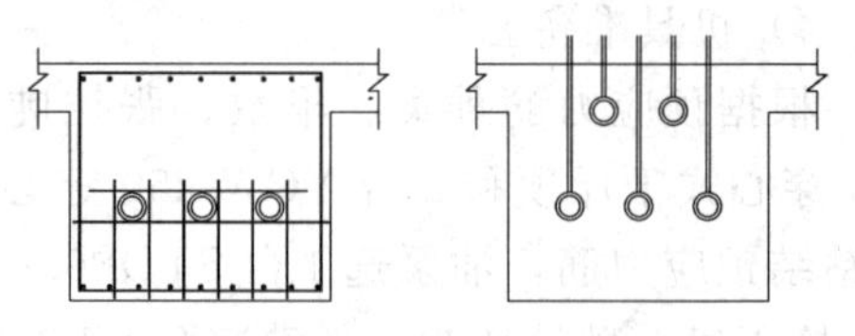

图3-12　灌浆孔与排气孔埋设

无粘结预应力筋布设程序：

楼板：

楼板模板→板底非预应力筋→架立ϕ8U形马凳，间距1.5m，无粘结筋铺放，用22号钢线绑扎（模板上用油漆标注预应力筋位置）→板面负筋绑扎→锚具靴模安装固定。

墙板：

脚手架→墙体钢筋→拉筋调整→无粘结预应力筋穿设→锚具及配件安装固定→靴模安装固定→墙板封侧模。

绑扎时，应注意无粘结筋在梁处的位置设定，并应适当加长预应力筋的下料长度，预应力筋穿梁时曲线应平滑，无粘结筋有破损的，应用防水胶带密封。

③ 承压板端部安装预留口的设置。

承压板端部安装，待预应力筋穿设完毕，进行端部螺旋筋、承压板的安装。无粘结预应力筋在跨中连接穴口，均采用凹形穴口，无粘结预应力锚具采用泡沫留设，有粘结预应力张拉槽口采用钢模留设，均需用钢筋进行固定，防止偏位（图3-14）。

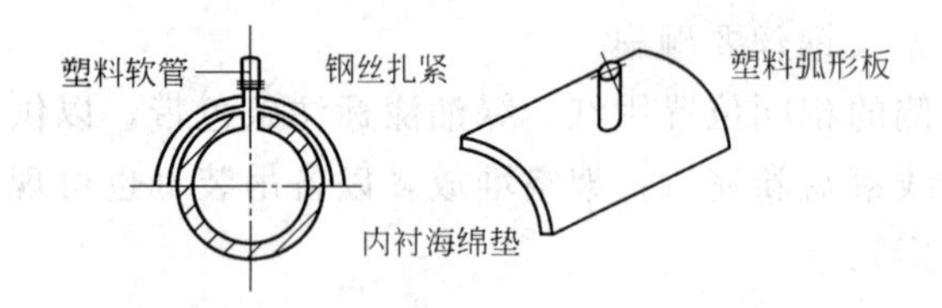

图3-13　螺旋管的连接

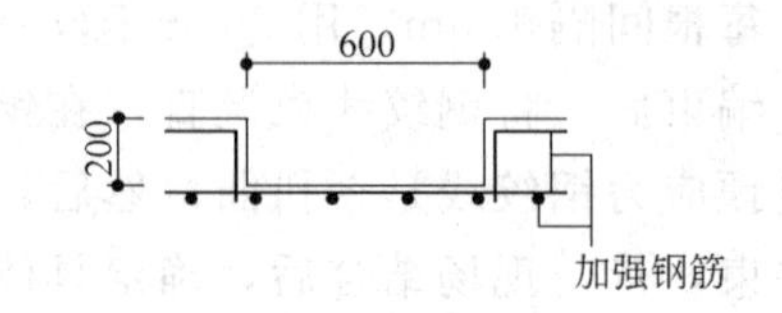

图3-14　张拉槽口尺寸（b=200）

承压板必须按设计进行留设。施工时，不得熔穿波纹管和损伤钢绞线；螺旋筋按规定选用，其直径要大于等于承压板的短边尺寸，螺旋筋必须采用钢筋焊接固定的方式，保证其与波纹管、无粘结筋、承压板的对中同心，保证承压板垂直于波纹管、预应力筋，这是确保质量的关键环节。

④ 预应力筋张拉前的现场准备。

张拉需落实以下几个条件后方可进行：

同条件养护试块强度达到设计强度的80%后，才可进行张拉。

完成整个结构施工质量的检查，特别是观察有无梁板结构的温度、收缩裂缝，记录并分析这些裂缝发生的原因和对预应力施工的影响，逐个检查张拉端承压板后的混凝土施工质量。

梁侧模拆除，板底模拆除完毕，采用早拆模体系。

逐个清理、检查张拉穴口的施工尺寸偏差，特别是检查承压板与孔道的垂直度；如有问题采取措施，并做好记录进行处理。

然后，切割无粘结预应力筋包皮，安装锚具，锚具安装要求锚环与孔道对中同心夹片均匀打紧，并外露一致，千斤顶上的工作锚与构件上的工作锚孔位一致，采用支架吊设千斤顶，作到千斤顶、锚具、孔道三对中。

⑤ 施加预应力。

预应力筋张拉前，以混凝土同条件养护试块达设计强度的80%的试验报告单为依据，并收存作为张拉资料。

预应力筋初应力设定为 $0.25\sigma_{con}$。

预应力筋张拉先张拉板内无粘结预应力筋，后张拉梁内预应力筋，张拉严格按事先设计的张拉顺序进行。

预应力筋张拉前，现场操作人由持有二次工艺设计张拉顺序图，并带好事先已计算完毕的各级控制应力千斤顶压力表对应值（对应各操作的设备）；带好有每一张拉束的计算伸长值及 $0.25\sigma_{con}$ 下理论伸长值的张拉记录单。

对跨中张拉穴口、端部不易张拉的，采取变角张拉。张拉前，安装4块变角模块，使张拉变角不超过20°。

张拉采取分级超张拉，$0\rightarrow0.25\sigma_{con}\rightarrow0.5\sigma_{con}\rightarrow0.75\sigma_{con}\rightarrow1.03\sigma_{con}$，千斤顶采用多次换行程，以解决伸长值超过千斤顶行程的问题。

张拉伸长值的量测：按上述分级加荷的程序，每测量一个伸长值，作为累计的基数；每次换行程，以千斤顶拉出锚夹片后持荷于锚前平，量取第一伸长值，加压要缓，持荷要稳。通过与已计算出的计算伸长值，实测推算伸长值，与实际伸长值进行对照分析，确认计算伸长值的精度，作为施工控制的依据，进行实际伸长值的检测，偏差在－5%～＋10%区间，则继续张拉；否则，立即停止张拉，分析查明原因予以调整后，才能继续。

张拉时，操作人员要控制好加压速度，给油平稳，持荷稳定，测量人员要配合好，记录人员要认真、仔细。

张拉时，操作人员不得立于千斤顶后，也不得触摸千斤顶，记录人员要观测混凝土结构情况，张拉人员注意观测压力表针有无异常摆动，测量人员要注意观察结构及倾听钢绞线、千斤顶有无异常声音；如有，应马上卸荷为0，认真分析。查明原因后，方可继续张拉。

梁预应力筋张拉完后，可用小千斤顶进行单根张拉检测，取得群锚中钢绞线应力情况的第一手资料。

⑥ 灌浆。

预应力筋张拉完一跨，随即灌浆一跨，灌浆时间不得超过48h。

灌浆设备材料在板面，以利于设备的移动，灌浆前检查清除所有的空口附堵物。

灌浆用水泥采用42.5级硅酸盐水泥，水泥中掺加减水剂和UEA微膨胀剂，要求水灰比不大于0.4，水泥浆的泌水率最大不超过3%，拌合3h后泌水率不超过2%，水泥浆强度为 M30，水泥浆的配比需事先通过试验确定。

灌浆由跨中最低点进行灌浆，向两端扩散，灌浆进行到排气孔冒出浓浆后，用木塞堵住此处的排气孔，再继续加压；稍后，再封闭灌浆口，灌浆强度达设计强度时，楼板方可加荷。

⑦ 张拉口的封闭。

灌浆完成后，即采用手提砂轮切割钢绞线，露出锚具外的钢绞线，长度为 30mm，按设计要求，然后清理穴口，焊接穴上的断筋，用高一级内掺 12%UEA 细石混凝土进行封堵。

（6）工序搭接及协作配合

1）预应力钢筋混凝土施工过程流程图

二次工艺设计→设计审核→会审、方案编制→方案审定→施工准备→预应力钢筋混凝土施工过程监控→钢筋混凝土结构验收、张拉前准备工作→预应力张拉施工→梁内孔道灌浆→切筋、锚具封闭→资料整理、验收→其他工序。

2）预应力钢筋混凝土施工分区流程图

7m 梁板被横向两条后浇带及纵向一条增强带分成 6 个施工区，施工顺序：①→②→③→④→⑤→⑥→后浇带，分区如图 3-15 所示。

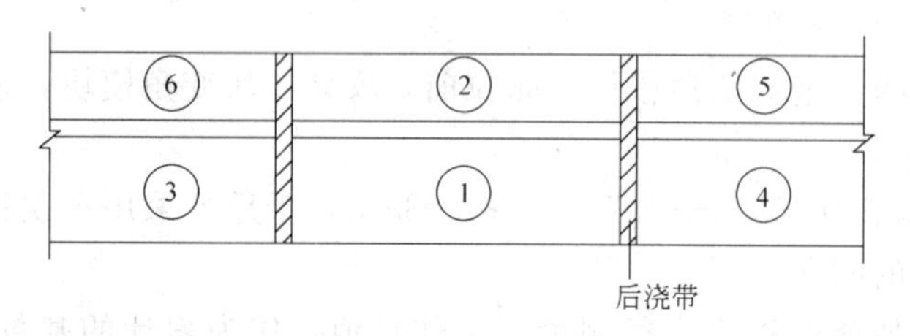

图 3-15　施工分区图

如图所示：先施工增强带南侧的①区，后施工①区北侧的②区，②区内增强带与普通钢筋混凝土（相对于增强带）同时施工；依次施工③、④、⑤、⑥区结构，增强带与普通钢筋混凝土一同施工；最后，浇筑后浇带；展开流水施工。

预应力张拉灌浆顺序为：先对称张拉中央区预应力筋，后对称张拉两侧区预应力筋。

每区内先张拉纵向的预应力梁，后由中央向两侧对称张拉横向预应力梁；最后，对称于中区张拉后浇带所在跨预应力梁。

3）预应力钢筋混凝土梁施工工艺流程

框架梁、板脚手架→框架梁底模→排放非预应力纵向钢筋→放钢绞线→套金属波纹管→安装箍筋→钢筋绑扎、波纹管定位→立框架梁筋、安灌浆口→隐蔽工程验收→立侧模→安装张拉口网片、预埋承压板→隐蔽工程验收→楼板底非预应力筋→绑扎、预应力筋、板面负筋马凳安装→穿无粘结预应力筋→锚具、穴模、安装、固定、板面负筋绑扎→混凝土浇筑、养护、张拉准备→张拉梁预应力筋→切除外露钢绞线、封闭端部、张拉板预应力筋→切除外露钢绞线→端部封闭。

4）协作配合

预应力施工与整个工程的施工安排密不可分，它步步走在整个工程的关键线路上，而整个梁板预应力施工工艺要求不可随意变动，整个工程的施工顺序要以预应力设计施工顺序为主。

预应力结构关系到整个结构安全，为此，相关专业要事先进行认真研究，及早发现并解决与预应力结构相冲突的矛盾；施工中，装饰、安装专业要以预应力结构要求为基准，解决施工中发现的矛盾；为防止危害预应力结构的行为发生，装饰、安装工程要进行预防破坏预应力结构的工艺设计，在预应力施工过程中进行标记，预防事故发生。

屋面钢结构的施工配合预应力梁板结构的施工顺序，组装屋面钢桁架的胎架安装须待本区预应力梁灌浆强度达到设计要求后进行。

工艺上预应力施工和非预应力施工穿插进行，因此，穿筋的工艺顺序应先经讨论研究，与施工实践相结合，进行必要的调整。

现场平面布置，须给预应力施工提供必要的场地、仓库和临建。

工程验收要分阶段，与普通结构验收分阶段共同进行验收。

5）施工进度安排

满足结构施工要求，进一步细化制定保证进度措施，从工艺设计到工艺实施安排压缩工艺技术、组织间歇来保证工期要求。

（7）各种保证措施：

1）质量保证措施：

① 现场成立预应力施工的质量保证体系，负责从材料检验、过程控制、张拉、数据整理的全过程质量监控。

配合现场施工要求，建立健全严格的质量检查验收制度。制定预应力钢绞线进场检验标准、锚具进场检验标准、波纹管进场检验标准、螺旋钢筋现场加工检验标准、预应力筋、波纹管施工安装质量标准、混凝土施工要求、混凝土养护要求、预应力筋张拉前混凝土施工质量检验、张拉设备要求、张拉应力、伸长值量测要求、锚具张拉口施工处理、验收。

② 加强与设计的结合。重点对预应力筋的分段、张拉顺序、张拉应力控制、伸长值的计算等方面与设计进行必要的沟通，并依设计要求，做必要的实验，取得可靠数据，为结构安全提供可靠的保证。

③ 控制预应力钢绞线、锚具等预应力结构用材料的质量。

材料进场后，要按规范要求进行取样实验，要取得钢绞线的弹性模量、锚具组装件实验，锚具效率系数特别是要求多次张拉，对锚夹片提出的硬度、韧度提出了更高的要求。

材料进场后，要采取防雨、防晒措施，并将钢绞线架空堆放；要管理好进场锚具、钢绞线、夹片等材料，防止锈蚀。

④ 加强施工过程的质量控制。

在预应力筋的下料、编束、钢筋绑扎、穿波纹管、架立波纹管、焊接马凳、安装承压片、承压板、无粘结预应力筋的布设、固定架架立、张拉穴口的留设、混凝土浇筑等诸多工序进行严格的控制，以严格的工序质量保证预应力筋穿设的质量；采取可靠的防腐措施，在施工过程中，用胶带、木塞封堵波纹管的灌浆孔、排气孔，外露预应力筋要用塑料布、胶带包裹严密；无粘结预应力筋破损的，要用防水胶带缠严，波纹管接口外要用胶带密封严，防止漏水；无粘结预应力筋、波纹管要用马凳、扎丝固定牢，防止混凝土浇筑过程中移位。为防止排气孔、灌浆孔用塑料管在施工过程中被破坏，采用塑料波纹管留孔；混凝土施工过程中，要保证混凝土材料、浇筑质量的均匀性，不得振动波纹管及无粘结预应力筋，钢筋密集区要事先留出振捣间隙，采用小棒（或加片）振捣。切实做好各工序的技术复核和隐蔽验收工作，并详细做好记录。承压板后的混凝土要密实。混凝土浇筑后，加强养护，防止收缩、温度裂缝发生，进而保证混凝土力学指标增长的统一、均匀。

⑤ 加强设备计量、保养、结构测试工作。

凡进场的设备须统一按规程计量标准传递要求进行精度和相关曲线的检验标定，并对千斤顶、油泵做好保养。为科学地控制张拉各项参数，要对分段方案、张拉顺序方案进行必要的实验及分析，为科学、严密地完成张拉工作奠定基础。

依据设计的张拉顺序和方向，依次进行板、梁的预应力张拉；张拉前要认真检测承压板后的混凝土浇筑质量，检查承压板与预应力筋的垂直度；必要时，在锚板上加垫片，保证预应力筋、锚环、千斤顶的三对中，以防断丝事故的发生。

张拉采取分级持荷超张拉，以避免混凝土拉裂、减少摩擦损失和补偿预应力损失。

操作手加荷要缓慢、均匀，持荷要平稳，量测人员要与加荷同步，量测统一、准确，记录要完整。

⑥ 认真进行伸长值的管理。

设计提供设计摩擦系数 μ、孔道偏差系数 k、有效应力 σ 值，以便施工有效地进行预应力张拉伸长值的计算；每拉完一根，则迅速计算对比伸长值。如出现伸长值过大，要认真分析原因予以调整后，继续张拉；伸长值过小，要分析情况，采取重新核正压力表，继续张拉。

张拉端与补张端的预应力筋编号要统一，补张端记录要准确，前后对应。梁预应力筋张拉前，先拉一下，后加上锚具进行张拉，以减少预应力损失。

灌浆前，要仔细检查各灌浆口是否畅通，在清洁完孔道后，方可灌浆；待梁顶排气孔冒出浓浆时，用木塞堵紧排气孔后，继续加压至 0.5～0.6MPa，停止灌浆，封闭灌浆口，保证孔道灌浆密实。

⑦ 加强施工试验检测工作。

为确定预应力筋的张拉时间，施工时，依据分区段的施工时间，多留设一组混凝土试块，以作为混凝土张拉的依据。加强灌浆材料的试验工作。施工中，要重点加强对摩擦损失、锚固损失的测量，以校正计算伸长值，检测预应力效果。

加强对预应力张拉端的封堵保护，防止因锚具锈蚀，造成预应力失效。

严格按工艺搭接及协作配合要求安排施工；如有变动，则必须有可靠的质量保证措施，严禁野蛮施工。

加强现场资料的收集和分析工作，对下部的施工提出指导，对预应力设计施工积累经验，也为工程创优奠定基础。资料目录如下：

a. 预应力二次设计图纸；

b. 预应力施工方案；

c. 预应力专业技术施工许可证；

d. 钢绞线质量证明书；

e. 无粘结筋质量合格证；

f. 锚具质量合格证；

g. 有粘结、无粘结钢绞线进场检验报告；

h. 锚具进场检验报告；

i. 千斤顶标定报告；

j. 混凝土抗压强度实验报告；

k. 有粘结、无粘结筋张拉记录表；

l. 分项工程质量检查评定表；

m. 设计变更、洽商记录；

n. 技术交底记录。

2）安全保证措施：

预应力工程是高应力状态下的施工，危险性很大。因此，在施工前，要认真检修保养好，使设备在正常状态下进入施工。穿心式千斤顶的工作锚在体外，每次张拉前均要检查工作锚夹片的状态。发现有裂纹、变形的要立即换掉，工作锚超过正常使用的次数后，要检查撤换。

工作人员不得立于千斤顶之后，也不得触摸正在张拉的千斤顶。在张拉过程中，要集中精力、均匀给油，听到异常声响时，要马上停止张拉，检查分析原因；当发现有断丝现象后，马上卸荷，以防止更大的事故发生。

张拉临空面预应力筋时，要认真检查架子搭设的牢固程度，搭设必要的安全通道和设置必要的安全防护设施，操作工人要按规定穿防滑鞋、戴安全帽等。

张拉设备用量按安全要求配备，漏电保护器要检查线缆是否磨损，开关有无漏电、错相。雨期施工前，用电要进行全面检查（包括临建用电）。

钢绞线下料时，要用钢筋笼套起来，以防止钢绞线弹出伤人。

3）进度保证措施：

从工序分析中可以看出，预应力工序走在整个工程的关键线路上。因此，保证施工进度，就必保预应力工程施工进度。为此，抓好预应力施工，首先要抓好预应力施工的前期准备。设计必须在施工前尽早提供各项技术参数，这样，施工单位才可进行有效的施工准备。

在施工过程中，要狠抓预应力施工与结构施工交叉的工序，通过事先研究设计，中间过程实际检验调整，加快穿筋布管的施工进度，进而可压缩钢筋分项的施工时间，加快施工进度。

混凝土施工中，可进行配合比设计试验，使混凝土强度在5～7d达到40MPa，满足张拉要求。梁预应力筋张拉完后，随即进行该跨的灌浆工作。

（8）主要材料、机具需要量

主要机具一览表见表3-1。

（9）对结构设计施工的几点思考与建议

1）建议设计在地下室顶板、4m夹层楼板、7m楼板内配置无粘结预应力筋，用来解决超长结构混凝土收缩、徐变及温度变形产生的裂缝问题；楼板内预应力筋线形采用连续抛物线，增加楼板承载力。

2）由于结构纵横长度大，施加完预应力后，结构将产生很大的压缩变形，并且，随着混凝土收缩徐变量的增大，和温度变形最不利组合在一起，最终变形量将非常大。而本工程梁柱节点为现浇混凝土刚节点，因此，将会使边柱产生很大的次应力和变形。这个问题是一个非常棘手的问题，我方建议在设计时，水平结构与竖向结构要统一计算，根据变

主要机具表　　表 3-1

设备名称	规格型号	数　量	备　注
油泵	ZB-500	4	大顶
油泵	STDB 0.63×63	4	配 23t 千斤顶
千斤顶	YCW-250 YCW-150	2 2	张拉有粘结预应力筋
千斤顶	YCN-23	4	张拉无粘结预应力筋
挤压机	60t	1	挤压锚制作
砂浆搅拌机		1	灌浆用
灰浆泵	UB3	1	
卷扬机		1	
砂轮切割机		1	下料用
波纹管制管机		1	现场制作波纹管
液压切断器		1	现场切断预应力筋

形和内力大小的不同采用增加柱子钢筋含量、水平梁板混凝土为膨胀率 0.02%微膨胀混凝土，柱内配置竖向预应力筋。

3）大面积超长无缝结构的施工成功，仅靠施加预应力还是不够的，混凝土裂缝原因是多方面的，因此，要采取综合的技术措施来保障，如：微膨胀混凝土技术、混凝土后浇带加强带技术、抗裂钢筋配置技术、混凝土养护技术等，方能保证超长超大面积混凝土无缝设计施工的圆满成功。

3.1.9　*砌筑工程*

本工程中，采用烧结普通砖（±0.000m 以下）和空心砖（±0.000m 以上）作为填充墙。分别采用 M5 水泥砂浆和 M5 混合砂浆砌筑。砌筑施工技术措施如下：

(1) 砌体与混凝土柱或墙之间要用拉结筋连接，且砌体内拉结筋应通长设置，使两者连成整体；

(2) 砌体顶部与框架梁板接槎处应采用结构总说明的节点要求施工，避免出现收缩裂缝；

(3) 门洞口部位采用一排实心砖，空心砖墙根部砌筑 3 皮实心砖；

(4) 空心砖提前一天浇水湿润，砂浆灌缝要饱满，尤其立缝，施工过程中极易忽视，砂浆不饱满、透缝，隔声效果不好，整体性差；

(5) 砌体工程应紧密配合安装各专业预留预埋，合理组织施工，减少不必要的损失和浪费；

(6) 实心砖和空心砖场内水平运输采用人力架子车，垂直运输采用井架；

(7) 砌体施工前，应先将基础面或楼地面按标高找平，然后按图纸放出第一皮砌块的轴线、边线和洞口线，以后按砌块排列图依次砌筑；

(8) 砌筑时，应先远后近，先上后下，先外后内；在每层开始时，应从转角处或定位砌块处开始；应吊一皮，校一皮，皮皮拉线，控制砌块标高和墙面平整度；砌筑应做到横平竖直，砂浆饱满，接槎可靠，灌缝严密；

(9) 空心砖隔墙一般是整砖顺砌，上下皮竖缝互相错开 1/2 砖长；如有半砖规格的，也可采用每段中整砖与半砖相隔的梅花丁砌筑形式；

(10) 转角及丁字交接处应加砌半砖，砌在横墙端头；

(11) 砌筑前应试摆，在不够整砖处，如无半砖规格，可用烧结普通砖补砌；

(12) 隔墙与墙柱相互交接，做好拉结筋，在砖缝通长设置 2ϕ6@500，拉结筋与混凝土墙柱的连接应牢靠；

(13) 应经常检查脚手架是否足够坚固、支撑是否牢靠、连接是否安全，不应在脚手架上放重物品。

3.1.10 脚手架工程

(1) 脚手架搭设方法

本工程施工高度在 30m 内，脚手架全部采用 ϕ48 钢管扣件搭设。根据不同的部位采用不同的搭设方法。

外脚手架采用双排扣件式钢管脚手，搭设时应先对地面进行硬化处理或垫枕木，确保下部不下陷、打滑。脚手架立杆横距 1m，纵距 1.5～1.8m，小横杆间距 1m，大横杆间距 1.8m，内排立杆距墙 0.5m，小横杆里端距墙 0.2m，沿脚手架纵向两端和轴角起，每隔 10m 设一组剪刀撑，斜杆与地面夹角 60°。每一结构层处的小横杆抵住结构外侧梁，各层结构施工时在外侧梁或板上预埋双股 8 号钢丝与脚手架拉结，钢丝间距 2m。

(2) 搭设注意事项

1) 按照规定的构造方案与尺寸进行搭设；

2) 相邻立杆的接头位置应错开，布置在不同的步距内，上下大横杆接长位置应错开，布置在不同的立杆纵距中；

3) 及时与结构拉结，扣件要拧紧，确保搭设过程安全；

4) 新进场的钢管、扣件应有出厂合格证，并对其抽样检验，检验合格的扣件、钢管均应涂刷防锈漆后才能使用；有变形的钢管不能使用；

5) 脚后板采用 5cm 厚、200～300mm 宽的松木板，凡腐朽、扭曲、斜缝破裂者均不得使用；

6) 脚手架上满铺竹笆，外侧设挡杆用竹笆围挡 1m 高，紧靠竹笆用绿色密目网满张，并搭设剪刀撑；在适当的部位应设置平挑网，以保证高空作业人员的安全；

7) 对脚手架具体搭设方法和要求，施工前要编制详细方案，对操作人员进行交底。搭设完毕进行验收，并由项目总工签字。拆除亦应通过总工程师签字认可。拆除时要用安全网或其他醒目标志设置安全警界区，并有专人看管，严禁抛掷。

3.1.11 粗装修工程

粗装修工程主要有抹灰工程、地砖瓷砖镶贴、木门制安工程。

(1) 抹灰工程

1) 准备工作：

① 门窗墙体及抹灰预埋件与墙体内部的各种管道安装完毕，并经检查合格；

② 混凝土墙面处理采用界面剂，以减少斩毛、甩浆等程序，可缩短工期。先将表面尘土、污垢清扫干净，用 10%火碱水将顶棚、墙面的油污刷掉，随之用清水将碱液冲净，准备批刮界面剂。

2) 操作工艺：

① 工艺流程：浇水湿润→找规矩做灰饼→设置标筋→阴、阳做护角→批刮界面剂→抹底中层灰→抹面层灰→清理。

② 找规矩、做灰饼应符合下列规定：

首先，按房屋面积大小规方；如房间小，可用一面墙做基线，用方尺规方即可；如房间面积较大，应在地面上先弹出十字中心线，并按墙面基层平整度在地面上弹出墙角（包括墙面）、中层抹灰的准线（规方）。然后，在距墙角100mm处，用线坠吊直，弹出垂直线，以此直线为准，按地面上已弹出的墙角准线往墙上翻引，弹出墙角处两面墙中层抹灰面厚度，根据抹灰面厚度线每隔1.5m做标准灰饼。

③ 灰饼做好稍干后，用砂浆在上、中、下灰饼间标筋，厚度同灰饼厚度。

④ 用1∶2水泥砂浆在门窗洞口及室内阳角处做水泥砂浆护角。

⑤ 批刮界面剂，厚度掌握在3～5mm，待有五成干时，开始用1∶2.5水泥砂浆抹底层和中层灰。先抹底层灰，底灰七八成干后抹中层灰。待中层灰六七成干时再抹面层灰（注意每皮抹灰厚度<10mm），操作时面层灰稍高于标筋，用刮杠根据两边标筋由下向上刮平，木蟹打磨，再用铁抹子压实、磨光。

（2）空内地砖、瓷砖镶贴工程

1）基层处理。

先清理干净基体并用水冲洗，要求洁净、无浮灰，待稍干后，用水泥浆内掺水重20%的108胶进行刷浆，刷浆用干净扫帚左右涂抹，待刷浆层有较高强度后，用1∶2水泥砂浆找平。

2）操作要点：

① 地砖及瓷砖使用前进行挑选，按大、中、小分类，并挑出不合格品，分类后，在清水中浸泡2h，阴干备用。

② 镶贴前进行试排，确保接缝均匀。同一墙面上的横竖排列不得有一行以上的非整砖行，非整砖应排于次要部位或阴角处。

③ 镶贴前做灰饼冲筋，卫生间、厨房等地面地漏处，做灰饼时要找准坡向基准度，以地漏为中心辐射冲筋。

④ 镶贴时，如遇突出的管线、灯具、卫生设备的支承架等，应用整砖套割吻合，不得用整砖拼凑，镶贴墙裙、浴盆、水池等上口和阴阳角处时，应使用配件砖。

⑤ 粘贴采用胶粘剂，粘结、勾缝用素水泥浆满批，用铁棒拉出纵横缝，用棉纱蘸肥皂水清理面层上多余素浆。

（3）木门制安工程

本工程选用经业主认可的制造商生产的各式木门。粗装修阶段安装门框，精装修阶段安装门扇。

1）成品门进场时应检查验收其质量；

2）门框重叠堆放时，底面支点应垫在一个平面内，以免产生变形，门框进场前框背后三面应涂刷防腐水柏油，并应做好防碰撞等措施；

3）门框安装时要进行垂直度吊线，安完后进行框边嵌缝，并用水泥砂浆把立梃下筑牢，以加强框的稳定性，其后要做好成品保护工作，防止门框因撞击等原因而移位和变形；

4）安装门窗时，要通过调整合页在立梃上的横向位置来解决框扇平整问题，即装合页时令一边扇面与框面平齐，而另一边扇面粗略齐平；

5）门框安装时，注意防止出现窜角、梃框松动、框高低不平及里出外进、位置不准、开启方向错误及门扇变形、锁口位置颠倒、开关不便或反弹等现象；同时，门扇关闭时，框扇间隙缝要均匀合适，合页槽标准整齐，合页木螺钉要拧紧；

6）合页距扇上、下端的距离及拉手、锁距地面的距离应符合规范规定。

3.2 机电安装工程

西安咸阳国际机场航站区扩建工程航站楼安装工程主要包括水、暖、电三大专业内容。给排水及公共消防包括给水系统、消防水系统、生活热水系统、雨水系统、废水系统和污水系统；暖通包括定风量系统、变风量系统、防排烟、排风及送风系统和风机盘管系统，以及空调水系统；电气包括变配电所、动力及照明配电系统、防雷接地系统、变配电自控系统和火灾报警系统。

管道安装工程新型材料应用较多，是施工的重点。如内外热塑钢管的现场安装不能损坏喷塑层，HDPE 管的现场热熔焊，UPVC 管的粘接和钛管的焊接等都严格保证质量。卫生器具安装要与装饰单位密切配合，注意成品保护。

暖通安装要注意大口径风管的吊装与组对施工，以及风管保温的成形，风口安装的美观。

电气重点要注意电气接地的连续性的施工和 PE 线及 N 线的严格区分，以及各种装饰性灯具、防爆灯具的安装。消防设备的供电电缆必须采用耐火电缆，管线穿越不同防火分区处要用耐火材料进行封堵。

3.2.1 管道安装工程

(1) 工程概况

管道安装工程包括给水、热水、回水、消火栓给水、自动喷淋消防供水、污水、雨水、空调供回水、蒸汽管道及相应附属实施的安装。其中，给水管道约 3300m，热水管道约 3660m，消火栓给水管道约 4700m，自动喷淋消防给水管道约 13600m，污水管道约 3100m，雨水管道约 2050m，空调供回水及蒸汽管道约 8400m，水幕系统管道约 1200m，消火栓约 180 个，各类阀门约 1030 个，各种卫生器具约 960 套，各种保温材料 240m^3。本工程设计选用的管材及卫生器具大部分为国内外新型材料，达到了世界先进水平，施工安装具有一定的难度，对施工技术提出了较高要求。

(2) 施工组织及主要施工程序

根据本工程施工内容及工程量的分布特点，组织 5 个专业施工队承担管道安装任务，自动喷淋消防系统安排一个施工队，给水、热水、雨水、污水排水系统及卫生器具安排一个施工队，消火栓系统及水幕系统安排一个施工队，空调水系统安排一个施工队，管道防腐保温安排一个施工队。每个施工队根据本系统分布情况和施工技术要求，分成若干个施工班组组织施工。

在土建施工期间，进行大批量的加工预制工作。可加工预制范围较广：自动喷淋消防系统进行水平主干管、水平支管的管段加工；消火栓系统主干管和水平支管以及潜水泵配管进行每根钢管及管件两端法兰焊接预制，焊缝处由材料供货方现场人员进行冷塑补伤；给水、热水、热水回水主干管进行管端螺纹加工；污水管道的每个排水系统按照“三接一”原则进行HDPE管焊接等。通过大批量的加工预制，减少后期安装工作量，为保证工程工期提供有利保障。

在土建施工期间，按照每个安装分项（如污水系统、给水系统、自动喷水消防系统）组织2～3人配合土建进行预留预埋工作，为下步安装的顺利进行创造良好的条件。

根据本工程各管道系统的施工技术特点，按照“立管—水平干管—水平支管”的安装顺序进行施工。需保温的热水及空调水管管道在具备试压条件时要及时安排水压试验，水压试验合格后即可进行管道保温。

管道工程的主要施工程序为：

施工准备→材料检验→配合土建预埋、预留及有关尺寸复验→管道、支吊架预制安装→管道安装→水压试验、冲洗→管道保温、防腐→系统调试→竣工验收。

（3）主要施工方法及技术要求

1）管材选用及连接方式。

① 给水、热水、热水回水管均选用“中达牌”不锈钢管（SUS304L），连接方式为：管径≤50mm采用丝扣连接，管径＞50mm采用焊接或法兰连接。不锈钢管焊接方法：管道预制期间采用氩气保护无填充金属自动焊接；在施工现场安装时，管道焊接采用氩电联焊，即钨极氩弧焊打底，手工电弧焊填充盖面。

② 消火栓系统管道选用“金龙牌”内外热塑焊接钢管，连接方式为卡箍连接。

③ 自动喷水管道选用“金龙牌”内热塑热镀锌钢管，连接方式为：管径≤50mm，采用丝扣连接；管径＞50mm，采用威逊卡箍连接。

④ 污水管道选用HDPE（高密度聚乙烯水管）管材，连接方式为热熔对焊；现场安装的管道局部使用带密封圈的承插式套管连接。

⑤ 潜污泵配管的出口部分采用夹布橡胶管，其余部分采用“金龙牌”内外热塑焊接钢管，连接方式为卡箍连接。

⑥ 雨水管道埋在混凝土柱内者采用“中达牌”钛管，其余采用进口的SMU离心铸铁排水管，连接方式为：钛管管道采用钨极氩弧焊焊接，铸铁管道采用不锈钢套箍连接。

⑦ 空调供回水及蒸汽管道，其管径≤50mm，则用镀锌钢管；管径＞50mm，管材选用无缝钢管。连接方式：镀锌钢管为丝扣连接；无缝钢管采用手工电弧焊或法兰连接。

2）管材及管道支吊架的切割与坡口加工方法。

① 不锈钢管加工方法：不锈钢管采用砂轮切割机切割，钢管套丝采用电动套丝机套丝，管道坡口采用电动管子坡口机（NP80-273）坡口。切割用的砂轮片、套丝刀具及坡口刀具要专用，不得用于碳素钢管及碳素钢支架的切割，以防对不锈钢材质造成碳素污染。

② 钛管加工方法：钛管采用电动切割机切割，并使用高速钢刀具，切割速度不宜太快，防止切割面过热变色，钛管焊口的坡口宜采用内胀式气动坡口机坡口。

③ 热塑钢管加工方法：管径≤200mm的热塑钢管采用砂轮切割机切割，管径＞200mm的热塑钢管采用氧乙炔焰烧割，烧割端面使用砂轮磨光机打磨掉氧化层，露出金属光泽，丝扣连接的热塑钢管采用电动套丝机套丝；焊接连接的钢管，当管径≤200mm时，采用电动管道坡口机坡口；管径＞200mm时，使用氧气乙炔焰吹烧坡口，再使用砂轮磨光机打磨，使坡口面露出金属光泽。热塑钢管加工后，要对损坏的涂塑层进行

修补。

④ 铸铁管加工方法：采用砂轮切割机切割。

⑤ HDPE 排水管和 UPVC 塑料管加工方法：采用手动旋转式割口机切割。

⑥ 镀锌钢管加工方法：镀锌钢管采用机械切割，钢管螺纹加工采用电动套丝机套丝。

⑦ 无缝钢管加工方法：管径≤200mm 的无缝钢管采用砂轮切割机切割，管径＞200mm 的无缝钢管采用氧乙炔焰烧割，使用砂轮磨光机打磨掉烧割表面的铁渣、氧化层，露出金属光泽。无缝钢管管径≤200mm 时，采用电动管道坡口机坡口；管径＞200mm 时，先使用氧气乙炔焰吹烧坡口，再使用砂轮磨光机打磨坡口，使坡口面露出金属层光泽。

⑧ 管道支吊架加工方法：采用砂轮切割机切割，支吊架钻孔采用台式电钻和磁座电钻钻孔，严禁使用氧乙炔焰烧割。

3）钛管焊接。

钛管管道焊接采用钨极氩弧焊，钛管焊接应做焊接工艺评定，确定其焊接参数。选用与母材的化学成分和力学性能相当的焊丝（待钛管材到货后根据其质量证明书中的技术指标选定焊丝），根据焊接工艺评定中的焊接参数进行施焊。焊接技术要领：焊接位置尽量采用转动平焊，在保证熔透及焊缝成形良好的情况下，尽量选用小电流、快速度焊接。钛管道手工氩弧焊的主要特点是对焊件的保护要求比较严格，要使熔池及焊缝内外表面温度高于 400℃的区域都处于氩气保护的范围内。一般做法是用焊接喷嘴保护熔池，在焊炬上设附加拖罩保护热态焊缝，在管内充氩气保护焊缝背面。管内充氩保护的容积宜小，在施焊前提前充氩，以排净管内保护区的空气，并保持微正压和流动状态。引弧时，焊炬提前送氩气。熄弧时延长氩气保护时间。在焊接过程中，填充焊丝的加热端始终处于氩气的保护范围内。熄弧后焊丝不能立即暴露在空气中，在焊缝脱离保护时取出焊丝。焊丝如被污染，氧化变色时，将污染部分切除。钨极不得与焊件或焊丝接触；如焊件或焊丝出现夹钨时，立即停止焊接，消除缺陷后方可继续施焊。

4）HDPE 高密度聚乙烯排水管热熔焊接：

HDPE 管道焊接采用专用 PE 焊机焊接。根据管材规格向焊机输入相应焊接参数，并按照操作程序进行操作。

热熔焊接操作要领：

① 铣削装置、加热板、液压系统的电源必须是 220V、50Hz 的交流电，电压必须稳定，当施工现场电压不稳定时，使用发电机供电。

② 将管子固定在焊接机具上时，两管子端面间留出足够的距离以便安装铣刀，闭合夹具两端面有效接触。

③ 铣削完毕后，首先降低压力，然后打开夹具，最后铣刀停转，以达到最佳的铣削效果。

④ 从机架上取下铣刀与加热板时，注意不要碰伤管材表面。

⑤ 焊接过程中，要保持管材端面与加热板表面的清洁、铣削后管材端面不要用手摸，以防烫伤。

⑥ 闭合夹具时，注意要使加热的管子端面轻轻接触，千万不要让管子端面发生猛力撞击。猛力撞击则导致焊缝强度达不到设计要求。

5）管道保温防腐。

热水、热水回水管道（卫生间除外）采用 FLOIic 聚酚醛管壳保温；地沟、吊顶、管道井内的给排水金属管道（消防管道除外）采用 FLOIic 聚酚醛管壳防结露保温；空调供、回水及冷凝回水管采用难燃 B1 级发泡橡塑（NBR/PVC）保温管壳；蒸汽管道采用铝箔贴面离心玻璃棉管壳。

管道保温施工技术要领：当管道立管大于 4m 时，在钢管上焊接保温管壳托架，以防管道长期运行，因管壳自重下坠；弯管（弯头）、三通、异径管处将管壳切割加工成与钢件表面形状相同的片状并进行粘结，以保证保温外形美观；钢管托架处的管壳保温，局部切割成槽状，使管壳紧贴管壁，必要时使用钢丝捆扎，以保证保温效果；管壳粘结时，使用窄面毛刷，将管壳粘接断面均匀涂刷胶粘剂，不得有漏涂现象，粘结后用自制管卡稍用力挤压，待达到胶粘剂凝固时间后再拆卸管卡，以保证管壳之间较好的粘结强度；管道保温后，派专人看护，防止损坏。

管道水压试验试验合格后，不保温的钢管可进行色环涂刷，需保温的管道在管道保温后进行色环涂刷，涂刷色环时使用模板罩在钢管表面或保温层表面进行喷刷，色环颜色、色环宽度及环与环间距符合设计要求和施工规范规定。

3.2.2　暖通安装工程

(1) 暖通工程概述

在航站楼通风空调系统中大空间采用全空气定风量系统，共计 21 套，约 17600m²；大量小隔间采用全空气变风量低温送风系统，共计 6 套，约 2000m²；二层大空间外区及少量标准较低的小隔间采用风机盘管加送风系统，共计 12 套，约 250m²；送补风系统，共计 16 套，约 1500m²；正压送风系统，共 5 套，约 80m²；排风兼排烟系统，共 17 套，约 4500m²；排烟系统，共 9 套，约 1500m²。

(2) 施工组织及主要施工程序

由于本工程采用成品风管，通风空调系统多，且主风管口径较大，支风管量多，施工组织按先主风管、后支风管的原则，采用支吊架安装、风管组装、漏光检测和风管保温等工序流水施工方法；B 区分块组织，A、C 区同时施工，充分利用作业面，也为管道、电气专业提供作业面与作业时间。

安排专业施工队，按系统按区域划分施工任务。风管施工作业安排紧跟土建的粗装修工作，及时跟进施工；同时，加大支吊架的预制深度。

(3) 主要施工方法及技术要求

1) 风管的连接

成品风管连接的钢构件表面平整，法兰螺孔孔距及风管套接的螺孔孔距应符合施工规范要求，具有互换性，焊接牢固，焊缝处不设置螺孔，钢制连接件的焊缝严禁有烧穿、漏焊和裂纹等缺陷。螺旋保温风管的连接采用合适尺寸的 TDBM 管道带，接管部分除油，用喷灯加热，使管道带均匀收缩（图 3-16）。

2) 风管的支吊架安装

支吊架采用膨胀螺栓固定，吊杆用圆钢，承托用等边角钢，吊架长度能调节，每道水平风管设有两组防摆吊架，垂直安装的风管其重量要单独作支架承重，严禁把风管用来作支撑管用，螺旋保温风管采用圆钢制作，包箍固定在钢檩条上，严禁采用焊接。当风管与

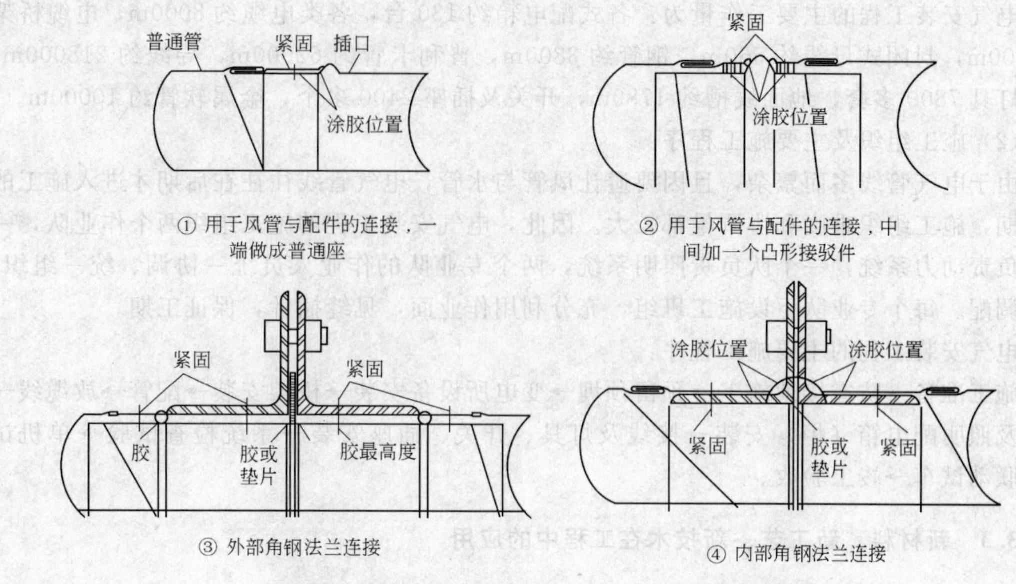

图 3-16 圆形（椭圆形）风管的连接方式示意图

风机盘管、防火阀等相关阀门连接时，其阀门的重量要做相应的支架来承担，不能用风管来承重，以免造成风管局部断裂漏风。

风管支吊架用料及间距见表 3-2、表 3-3。

支吊架用料表 表 3-2

风管大边长(mm)	吊架圆钢(mm)	承托角钢(mm)	支吊架距离(m)
＜500	ϕ8	∟25×3	3
＜1120	ϕ10	∟40×4	2.5

立式风管支架用料表 表 3-3

风管大边长(mm)	角钢规格(mm)	槽钢规格(mm)	膨胀螺栓规格	自攻螺钉	
				规格	数量
≤250	∟25×3	65×40×4.8	M6	M4.2	2
300～400	∟30×3	65×40×4.8	M8	M4.2	2～3
401～600	∟40×4	65×40×4.8	M8	M4.2	3
601～1000	∟40×4	65×40×4.8	M8	M4.2	3～5
1001～2500	∟50×5	80×43×5	M8	M4.2	5～8

3.2.3 电气安装工程

(1) 电气概述

该工程的电气安装工程包括 10/0.4kV 变配电所、动力及照明配电系统、防雷接地系统、变配电自控系统和火灾自动报警系统等，供配电电源按一级负荷，所有重要负荷均采用双电源供电，末端切换。按照招标文件的要求，此次招标仅包括地下一层，地上二层的动力与照明系统的管线敷设、现场配电箱（柜）与照明灯具的安装，以及弱电系统、电话系统等的预留预埋工作。

电气安装工程的主要工作量为：各式配电箱约130台，各类电缆约8000m，电缆桥架约2100m，封闭式母线约560m，钢管约3800m，普利卡管约62000m，导线约218000m，各类灯具7800多套，地面线槽约1780m，开关及插座2400多个，金属软管约10000m。

（2）施工组织及主要施工程序

由于电气管线多而繁杂，且因要避让风管与水管，电气管线往往在后期才进入施工的高峰期，施工组织难度和协调量都较大。因此，电气安装工程的施工组织两个作业队，一个队负责动力系统，一个队负责照明系统，两个专业队的作业人员统一协调、统一组织、统一调配。每个专业队下设施工班组，充分利用作业面，见缝插针，保证工期。

电气安装工程的主要施工程序：

施工准备→防雷接地施工→预留预埋→变电所设备安装→桥架安装→配管→放缆线→动力及照明配电箱（柜）安装→接线及灯具、开关、插座安装→系统检查试验→单机试车→联动试车→竣工验收。

3.3　新材料、新工艺、新技术在工程中的应用

本工程结构形式新颖，采用大量新材料、新技术，所涉及的结构形式多、难度大。为将本工程创建为省部级科技示范工程，认真配合设计单位，完善高技术项目的施工方案，开展技术改关；同时，还积极推广建筑业10项新技术。

本工程拟采用下列新材料、新工艺、新技术：

（1）大模板，定型钢木模在本工程中的应用；

（2）冷轧带肋钢筋的应用；

（3）使用UEA等外加剂，提高混凝土的抗裂性；

（4）粗直径钢筋采用直螺纹连接技术；

（5）无粘结预应力技术；

（6）采用“膨胀后浇带”技术；

（7）薄壁不锈钢管全位置程控自动氩弧焊机应用；

（8）钛管道氩弧焊技术应用；

（9）内外热塑钢管安装技术应用；

（10）HDPE管道熔焊接技术应用；

（11）现代化管理和计算机在本工程中应用。

4　质量、安全、环保技术措施

4.1　质量保证措施

（1）加强质量管理机构，充实质量管理人员，所配备各级专业专职质检员，必须选派有一定技术水平和一定实践经验、作风过硬的技术管理人员担任，所有质检人员必须经过培训，持证上岗。

（2）在该工程施工前，应先编制施工组织设计及项目质量计划书。施工组织设计应经过总工程师组织的审批后方可正式执行。工程项目质量计划书应重点对该工程的关键过程

及特殊过程进行选择，确定控制标准、应达到的质量等级及需控制的各种影响因素。由项目总工程师编制相应的文件化程序，工长根据文件化程序编制技术交底，实施中发现问题及时纠正，较严重问题及时上报主任工程师，由总工程师作评审，进行处理。

(3) 项目质量检查员随时检查工序质量状况，对出现的轻微质量问题下达工程质量问题整改通知单，限期整改，并经过工长、检查员的复验后，方可进行下道工序的施工。

(4) 以创优质工程为目标，严把“六关”，即图纸会审关、技术交底关、严格按图纸和标准施工操作关、材料半成品检验关、按验评标准验收关和施工管理人员素质关。

(5) 做好“质量第一”的宣传工作，强化和提高职工整体质量意识，定期学习合同及有关规范和国家的标准、规程、工法。制定工序间的三检查制度，严格内控质量标准，挤水分、上等级、达标准、消除质量通病，确保使用功能，达到优良要求。

(6) 优化施工方案，积极采用先进的施工工艺，科学地组织施工，合理调配劳动力。对施工中可能出现的技术问题要有详细的针对性措施。

(7) 材料采购力求货比三家，择优选用，进场要有出厂合格证，进行必要的抽查复检复试，不合格的产品不准进场，落实原材料和半成品的跟踪验证制度。

(8) 认真组织计量检测工作，做好质量验收依据的计量认证监督工作。

(9) 在主体结构施工中，建立混凝土浇灌令签认制度；在安装与装饰交叉施工中，吊顶封板签认制度。

(10) 制定各专业、各层次的工作岗位责任制，公布上墙，使各级技术人员有权按章办事，把质量、技术、安全管理做到纵向到底，横向到边。

(11) 开展强化精品意识，争创名优工程的全员质量意识教育，规范规程、质量验评标准的学习。

(12) 建立质量例会制度，每月召开2次，结合质量通病和缺陷信息，开展群众性的QC小组活动。

(13) 技术资料内业工作须和工程进度同步进行，做到建档及时、内容齐全、无误，以确保工程技术资料在工程竣工时一次交验齐全。

(14) 制定质量奖罚制度，实行“质量否决权”，以保证优质目标的实现。

(15) 由于航站楼机电安装工程涉及的材料种类多，规格高，把好材料关是保证整个工程质量的重要因素。一是做好材料的验收工作，确保进入现场的材料有合格证、质保书，关键材料必须进行检验，杜绝不合格材料或假冒伪劣产品进入施工现场；二是做好材料的保管工作，不能因保管而造成材料的损害，如玻璃钢风管、卫生器具的保管要防止碰裂，不锈钢材料与碳钢材料要分开保管，以免不锈钢发生碳素腐蚀。

(16) 工程前期成立预留预埋小组，统一协调预留预埋工作，保证预留预埋的质量。后期成立工程防护小组，对照明灯具、卫生器具等安装成品进行成品保护，防止人为损坏。

(17) 风管支吊架要用钻床打孔，砂轮切割机切割，防腐前必须进行除锈。风管保温要成形好，粘结牢固。风口安装要有专人与装饰单位配合，事先提供开口尺寸。承受负压的软接头要用钢环加强其刚度。

(18) 消火栓系统安装时，先安装消防箱，根据消火栓管口位置确定管段预制长度，确保消火栓安装高度满足规范要求。

（19）排水管道安装时，先确定排水系统最高点的标高和通向室外墙体上预埋套管的标高（即室内末端标高），然后再根据两者形成的坡度，确定管路上各个支点的标高。

（20）自动喷水消防系统主干管和水平支管铺设后，根据装饰专业吊顶面标高及喷淋排列位置，再进行喷头支管的安装。

（21）空调冷凝水管的安装要保证其一定的坡度，不能有倒坡，以防止运行时出现倒坡或冷凝水难以排放等现象。

（22）墙内的电气保护管埋深必须达到15mm，以防墙面出现裂纹。电缆敷设时，要编制电缆敷设一览表，以防用错电缆。各用电设备的具体位置必须请相关专业核准。照明灯具安装时，要有专人与装饰单位配合协调，需要开口的要事先提供尺寸，大型装饰性灯具要根据制造厂说明书编制安装方案。

（23）隐蔽工程、管道试压、风管通风量测试及电气绝缘电阻测试等重要工序必须有专人监督，专职质检员旁站确认。

（24）空调系统管道水压试验合格后，须对管道进行水冲洗，以确保管道的洁净度。水冲洗可利用消防水池长时间循环冲洗，水源加入药剂，最后注入清水，检验排出的水质无浑浊或杂质为合格。

4.2 安全保证措施

（1）项目经理负责整个现场的安全工作，严格遵守施工组织设计和施工技术措施规定的有关安全组织措施。

（2）工长要对班组进行检查，认真做好分部分项工程安全技术交底工作，被交底人要签字认可。

（3）对安全生产设施进行必要的合理投入，重要劳动防护用品必须购买定点厂家认定产品。正确使用个人安全防护用品和安全防护措施，必须戴好安全帽，系好安全带。

（4）防护设备的变动必须经项目经理部安全人员批准，变动后要有相应的防护措施，作业完成后按原标准恢复，所有资料由经理部安全人员管理。

（5）在施工过程中，对薄弱部位环节要予以重点控制，凡设备性能不符合安全的一律不准使用。

（6）使用高凳要检查有无损缺，一定要放稳高凳，不得垫高使用。梯子要有防滑绳，传递工具、物品禁止向下抛。禁止二人同在一个高凳上操作，并不得在最高一步上操作。

（7）使用电动工具要戴好绝缘手套，电源箱加锁并有明显标志。施工现场的电动工具不用时，必须断电。使用电动工具的工作完成后，由专业临电人员及时拆除线路，固定式电动工具和电动设备在其旁边明显位置悬挂安全操作规程。使用电动工具，电气金属外壳可靠接地。

（8）使用电焊和操作其他电动工具时，不能站在潮湿地带，要采用相应的安全措施。电焊机的一二次接线板，有防护罩，并有独立的电源控制装置。放置地点选在防雨、防潮、防晒的地点。气焊“两瓶”及施焊前检查周围，确认无易燃物方可施焊，初用明火前，找消防专业人员开具动火证，并有专人看守，作业后确认周围无火灾危险后，方可离去。

（9）施工车辆、机械设备操作人员要有专业证书，专机专人持证上岗，并定机定人。

机械设备安装验收合格，办理手续后方可使用，并可靠接地。

（10）消防工作必须列入现场管理重要议事日程，加强领导、健全组织、严格制度，建立现场防火领导小组，统筹施工现场生活区等消防安全工作。定期与不定期开展防火检查，整治隐患。

（11）施工现场可燃气体如乙炔和氧气、汽油、油漆等不得混堆乱放，防止露天暴晒。设置足够轻便的消防设备，易燃、易爆物品不得进入现场，少量存入要有专人管理，采取保证消防措施。现场施工建立用火制度，配备防火专职人员和灭火用具。

（12）现场成立治安保卫领导小组，出入现场一律凭证，各种车辆按指定线路行驶，职工携带物品出门有出门证，现场不会客，来单位办事进入现场要经领导批准。在施工期间严格遵守机场飞行区有关的安全规定、制度。

（13）机场航站楼机电安装多在高空进行，工人多在活动平台上操作，因此，工人操作时必须佩戴安全带，活动平台必须有扶梯，有防移动止滑和倾倒装置。

（14）预制场的配电采用TN—S系统，PE线与N线严格分开，所有金属外壳、设备底座必须可靠与PE线相接，施工现场的供电必须加装漏电保护器，供电采用标准配电箱，严格“一机一闸一保护”。

（15）大型风管吊装必须选用合格的吊具，有合格的起重工指挥。操作工人不允许站在风管上进行操作。

（16）管井内管道施工时，要有可靠的防护措施，上有可靠遮盖，以防坠物砸伤；下有遮掩，防止作业人员或物品坠落。

（17）装饰性照明灯具的运输和安装必须有相应的防护措施。

（18）管道水压试验过程中，当出现管道接头有渗漏现象时，要泄压后处理，严禁带压操作。

（19）管道系统水压试验合格后，管道内的水要排放到指定的、安全的地点，禁止就地排放。

4.3 文明施工措施

（1）现场文明施工管理

1）成立以项目总经理为组长，各项目经理为组员的现场文明施工领导小组，建立文明施工责任制，实行每月组织一次检查、评比制度。评分标准按建设部颁发的《建设工程现场综合考评试行办法》进行。

2）现场使用功能划分区域，建立文明施工责任制，明确管理负责人，实行挂牌制，所辖区域有关人员须健全岗位责任制。

3）搅拌站场地采用C20混凝土进行硬化，保证道路坚实畅通，道路两侧设明沟排水。

4）现场施工的临时水电设施派专人管理，无常流水、常明灯现象。

5）施工现场的临时设施，包括生产、办公、生活用房、仓库、料场、临时上下水管及动力照明线路，严格按施工组织确定的平面图进行布置，并做到搭设或埋设整齐。

6）工人操作地点和周围必须清洁整齐，作到活完脚下清，工完场地清，遗撒在楼梯、楼板上的砂浆、混凝土要及时清除，落地灰回收过筛使用。

7）建筑物内清除垃圾、渣土，必须通过临时设置垃圾通道或吊运、抬运方式等必要措施稳妥下卸，严禁从门窗洞向外抛掷。

8）施工现场不乱丢垃圾和余物，在适当地点设置临时堆放点，并定期外运，外运途中须遮盖，采取防范措施，以防遗撒。

（2）现场机械管理

1）施工机械设备的运输、安装调试和拆除要制定相应的施工方案。提前做好准备工作，保证施工场所和过程的安全文明状态。

2）现场使用的机械设备按设备总平面图设计要求布置，临时使用的机械设备根据当时场内情况，确定合理的布置方案，并经过项目主管领导的审核、批准。

3）加强机械设备的保养和维修，遵守机械安全操作规程，做好安全防护措施，保证机械正常运转。经常保持机身及周围环境的清洁。

4）保证各种机械设备的标志明显，编号统一。现场机械管理实行挂牌制，标牌内包括设备名称及基本参数、验收合格标记、管理责任人及安全管理规定和操作规程。

5）临时用电设施的各种电箱式样标准统一，摆放位置合理，便于施工和保持整洁。各种线路敷设符合规范规定，并做到整齐、简洁，严禁乱扯乱拉。

（3）现场效率

1）施工所需的各种材料和工具，根据施工进度及现场条件有计划地安排和进场，做到既不耽误施工又不造成积压，充分发挥材料存放场地的使用效率。

2）各种材料的装卸、运输要做到文明施工，根据材料的品种特性，选择合格机械设备和装卸方法，保证材料、成品、半成品的完好，严禁乱砸。按规定做好检查验收，并做好检验记录和交接手续。

3）材料的存放位置必须便于施工和符合总平面布置要求，按照功能分区、标识，注明材料品种、规格、数量、检验状态和管理责任人。

4）材料存放方式、条件必须符合施工要求。各种散料堆放必须保证用合格容器包装，各种管件、杆件、散件搭设架子码放，保证稳固、可靠，并根据材料性能要求做好防雨、防潮、防腐等措施。

5）加强各种材料的使用管理，加强边角余料的收集和堆放管理。清点现场材料存量，根据使用情况做好料具的清退和转场。

（4）环境保护和环卫措施

1）建筑施工垃圾的清理，严禁随意凌空抛撒，造成扬尘，施工垃圾要及时清运，清运时适量洒水降尘。外运建筑、生活垃圾用雨布和篷布罩盖，日产日清。

2）做好施工道路的规划和设置，要多利用设计中永久性的施工道路。临时施工道路基层要夯实，路面硬化，并随时清扫洒水，减少道路扬尘。

3）水泥和其他易飞扬的细颗粒散装材料尽量安排库内存放。石灰的熟化和灰土施工时要适当配合洒水，以减少扬尘。

4）现场不得私自乱设食堂，由总包集中建立，统一管理。茶炉、大灶必须使用清洁燃料或电热。严禁食堂、开水房、洗澡、取暖锅炉燃煤使用有烟煤，严禁采用烧煤向大气直接排放烟尘。

（5）施工现场防止水污染措施

1）现场搅拌作业和泵送混凝土，施工区搅拌机前后及运输车辆清洗处设置沉淀池，排放的废水要排入沉淀池内，经二次沉淀后，方可排入排水沟或用于洒水降尘。

2）施工现场临时食堂，设置简易、有效的隔油池，产生的生活污水经过隔油池方可排放。平时加强管理，定期掏油，防止污染。

3）为防止水污染，现场厕所排污管线上设化粪池，定期清掏，污水经沉淀池沉淀后再排入排水管。

4）现场设置专用的油漆料库，其储存、使用和保管要有专人负责，防止油料的跑、冒、滴、漏，污染水体。禁止有害废弃物用作土方回填，以免污染环境。

（6）施工现场卫生防疫措施

1）施工现场、办公区、生活区、仓库实行责任区管理负责制，责任区分片包干，挂牌标示，个人岗位责任制健全，保洁、安全、防火等措施明确有效。

2）施工现场按总平面规划设置临时厕所，并有符合有关规定的保洁措施，设专人打扫。厕所、明沟每天清扫，保证畅通，化粪池定期抽运。现场临时厕所做到有顶有盖，门窗齐全并安装纱网，做到天天清扫杀毒。施工现场严禁大小便，发现随地便溺现象要深究严罚。

3）办公区、宿舍要做到整齐、美观，窗明地净，及时打扫和清洗脏物。清倒垃圾到指定场所，严禁随地倾倒污水物。室内空气流通、清新，防止造成中毒和产生病菌。

4）工地食堂必须办理食品卫生许可证，炊事人员必须办理健康证，并保证身体健康和卫生状况良好。食堂内外干净、卫生，炊具经常洗刷，生熟食品分开存放，食物保管无变质，防止发生食物中毒现象。

5 经济效益分析

5.1 经济技术分析

（1）社会效益（略）

（2）科技进步效益：162.44万元；

（3）科技进步应用部分工程总造价：7500万元；

（4）科技进步效益率：2.16%。

5.2 科技进步经济效益与节约材料计算

（1）超长地下室抗渗防裂混凝土连续墙施工技术（AEA的应用）

结构自防水在工程应用中占主导地位，混凝土的防裂是抗渗的基础，通过掺加膨胀剂的补偿，使混凝土具有抗裂、防渗双功能，它能补偿温度变形和混凝土收缩变形，同时使混凝土内部密度达到抗渗目的。以AEA为代表的膨胀剂在国内应用了几十年，产品较为成熟，该产品大大减少了建筑物裂渗现象，得到了使用者的认可。

从理论与计算分析，作为我们采用AEA-SPⅡ膨胀混凝土对航站楼地下室墙板234m×93m超长结构混凝土进行裂缝控制的理论依据，成功地指导了工程的施工，现经过一年的考验未发现裂缝。AEA-SPⅡ膨胀混凝土超长结构无缝施工技术为该工程缩短工期近半月，取得了良好的技术、经济效果。

地下室总长234m，宽93m，设计为无缝施工，采用掺加AEA-SPⅡ的高效复合型膨胀剂，在后浇带处采用高膨胀混凝土，补偿收缩变形，防止出现有害裂缝。

采用无收缩混凝土施工技术，缩短工期15d。

地下室施工用模板13000m²，钢管800t，扣件10万个。

节约材料租赁费：

钢管5.72元/(t·d)×800t×15d=68640元

模板0.26元/(m²·d)×1300m²×15d=50700元

扣件0.018元/个 d×100000个×15d=27000元

共节约材料租赁费68640+50700+27000=146340元

(2) 直螺纹套筒连接技术在钢筋连接施工中的应用

直螺纹套筒连接技术在钢筋连接中应用，具有接头性能可靠、质量稳定、不受气候及焊工技术水平的影响、施工速度快、安全、无明火及节能、环保等特点。

套筒连接与其他机械连接技术相比，具有可操作性，是所有机械连接中成本较低的一种。

直螺纹套筒连接技术在钢筋连接中应用，提高了西安咸阳国际机场航站楼扩建工程的质量、安全目标和缩短了工期，创造了良好的综合技术经济和社会效益。

直螺纹施工速度快、节约能源、节约钢材。

直螺纹接头共有87668个，直螺纹套筒接头比挤压连接省钢32.5%，比锥螺纹接头省钢38%，与搭接相比较，节约钢材337.5t，共取得经济效益522077.5元。大部分用于梁上，ϕ22～ϕ40各种规格均有，统一按ϕ25绑扎接头（ϕ25、40d）计算，直螺纹接头每套成本16元，钢筋单价按市场价2600元/t计算。±0.00、4.00m、7.00m标高以上梁、板、柱施工结束，节省工期41d。

(3) 超长超大面积无缝结构设计的预应力施工技术

预应力混凝土结构较非预应力混凝土结构节约混凝土：15%

预应力混凝土总量16000m³，节约混凝土费用：16000×15%×320元/m³=76.8万元

预应力筋较普通钢筋增加材料费用：约53万元

预应力结构效益：76.8－53=23.8万元

(4) 自动化集中搅拌站及泵送混凝土施工技术

由于采用了现场集中搅拌，较商品混凝土不仅费用低，同时使用方便，能够做到不论方量多少，随用随到，浇筑及时，加快了施工进度，为保证总工期提供了条件。

凡一次浇筑混凝土方量大时，均采用泵送，直接浇筑。大大节省了人工，方便了施工，加快了进度。

混凝土的生产、供应一条龙，工艺布置合理、紧凑，流水作业，最大限度地节约了各生产环节时间，提高了工效；并且每个环节上，皆是机械作业和自动化作业，程序化管理，有效地提高了混凝土工程施工的机械化和现代化水平。

在整个混凝土的生产和供应过程中，混凝土搅拌站和试验室配合，业主现场代表和监理监督，可以严格控制混凝土配合比、坍落度、温度等质量指标，防止不合格混凝土

入模。

两搅拌站共搅拌混凝土总量 45000m^3，共计留置试块 762 组，单组试块强度均达到 90％以上，每验收批混凝土强度统计为合格。

通过使用自拌混凝土，节约了施工成本，又易于控制混凝土质量；使用散装水泥，既节省了包装费用，又减少了环境污染；使用泵送混凝土，既节省了人工费，又加快了进度。

(5) 高大变截面斜柱施工技术

高大变截面斜柱施工中采用双塑面多层胶合板模板，提高施工效率；

柱主筋采用直螺纹连接技术，施工速度快，节省工期；

自动化搅拌站和泵送混凝土技术的应用；

采用多层胶合板模板，提高了工效，降低了人工成本，较普通组合钢模板减少用工 20％，缩短工期 6d；

柱钢筋接头采用直螺纹连接技术，节约钢材，施工速度快，缩短工期 6d；

采用泵送混凝土技术，缩短工期 3d；

缩短工期节省钢管、扣件租赁费。

采用多层胶合板施工变截面斜柱混凝土量为 1330m^3，节约人工费：1330m^3 ×117 元/m^3 ×20％＝31122 元；

直螺纹连接接头较搭接焊接头：节约钢材 14.535t，材料费 36337.50 元；

缩短工期 15d，节约钢管、扣件租赁费用 161235.00 元；

扣除直螺纹连接接头成本 156300.00 元，合计产生经济效益 41272.50 元。

(6) 超大面积玻璃和铝板幕墙施工技术

大面积、多种特殊玻璃的应用成功解决了阳光直射、西晒、紫外线的辐射和室内自然采光等问题，确保室内的光线柔和，将室内外融为一体，创造出舒适、明亮的空间，并为减少人工采光、节约电能奠定了基础。

在钢结构和混凝土结构之间的玻璃、铝板幕墙是良好的过渡，创造出奇特、轻盈、美观的造型，成为机场的一道亮丽的风景线，受到国内外旅客的赞扬，产生了良好的社会效益。

板块的安装及卷扬机、电动、手动葫芦使用，加快了施工速度，减少了劳动力的投入，缩短了工期，提前 12d 完成了施工任务，节约材料的租赁费，产生 24 万元的经济效益。

(7) 新型模板应用技术

采用多层胶合板，其优点是单块面积大，拼装时间短，劳动强度低，周转快，施工效率高，比之普通的组合钢模板提高了 70％～80％，混凝土成品质量好。其缺点是切割量大，损耗量大，起钉量大。

柱定型钢模板，其优点是刚度大，强度高，拼装方便，周转快，混凝土成品质量好。其缺点是成本投入比较大，通用性差（受柱断面变化影响），组拼零件易丢失。

工程任务繁重，质量要求高，工期紧的情况下，新型模板如多层胶合板、定型模板的应用可以降低工人劳动强度，提高工作效率，降低成本，创造经济效益。

新型模板的施工和应用，模板质量通病的控制，提高了工作效率，降低了工程成本，创造了经济效益。

采用双塑面多层胶合板，提高了工作效率，比普通组合钢模板节省人工10%；

采用柱定型钢模板，节省了地下室柱抹灰。

节省人工费：

地下室墙 $1937m^3 \times 82.07$ 元/$m^3 \times 10\% = 15896.96$ 元

矩形柱 $(4157m^3 \times 136.85$ 元/$m^3 + 146m^3 \times 241.28$ 元/$m^3) \times 10\% = 60411.24$ 元

梁及框架梁 $6360m^3 \times 238.6$ 元/$m^3 \times 10\% = 151749.60$ 元

有梁板 $9510m^3 \times 206.08$ 元/$m^3 \times 10\% = 195982.08$ 元

地下室圆柱抹灰 $3200m^2 \times 10.2$ 元/$m^2 = 38400.00$ 元

合计节约费用：462439.88元

(8) SBS防水卷材施工技术

SBS防水卷材拉伸强度大，收缩率小，伸长率高，耐火性好，施工方便，劳动效率高。

SBS防水卷材大面积铺贴，减少房间墙体上翻卷高度。施工效率高，节省人工。

SBS防水卷材大面积整体铺贴，减少房间墙体上翻卷高度，节省SBS防水卷材：

$$2328m \times 0.6m \times 2 \times 68 \text{ 元}/m^2 = 189964.8 \text{ 元}$$

施工效率比定额规定高出20%，节省人工：

$$(41000m^2 - 2328m \times 0.6m \times 2) \times 4.37 \text{ 元}/m^2 \times 20\% = 33392.4 \text{ 元}$$

节省费用合计：22357.2元

(9) 全站仪应用技术

通过该工程对全站仪的使用，大大提高了工程测量速度、精确度，减少了人力投入。使测量重点、难点得到了准确而快速的解决，能及时复核分包测量成果；使每个流水段能及时进行钢筋绑扎、模板支设；使测量成果、技术复核等报验及测量合格率达到100%。业主和监理给予了高度评价，使航站楼工程实现预期目标。全站仪使用比普通经纬仪节约工期，确切地说是创造经济效益。每一个流水段每次测量节约0.5d时间，十二个流水段共节约6d时间，加上工程前期控制网建立缩短4d时间，工程测量难点能及时解决，这样，共计节约总工期时间13d。每流水段能及时进行钢筋绑扎和模板支设，因此，做到了当天浇完混凝土，当日测量，次日能进行下道工序的施工；同时，对其他分项工程也能及时测量，提高了工作效率。

(10) 计算机在施工项目管理中的应用

从对我项目经理部计算机应用状况的分析总结可以看出，计算机管理已深入到了项目部每个人，落实到了施工管理中的每一环节。我项目部本着“微利保本、创优质样板工程”的宗旨进行西安咸阳机场航站楼扩建工程的施工，在实际施工管理中，使用了传统管理与计算机辅助管理相结合的办法，使项目部在“创优质样板工程”的同时，克服了种种施工困难，很好地控制了成本，并且保证了工程质量和施工进度。咸阳机场航站楼工程工期要求紧，加之后期工程变更多、分包单位多、专业多，项目部充分利用计算机辅助施工管理和总包管理，提高了工作效率。

经过本工程计算机进行辅助管理，项目部90%以上的管理人员都有了较强的微机操作能力，在实践中不断地更新自己的计算机技术，并将这些技术应用到施工项目管理中，使项目经理部的计算机管理水平日益成熟、逐步完善。实践充分证明，利用计算机辅助管理对项目部的成本控制、提高工作效率、进行总包管理等方面都起着推动作用，并使工程管理规范化、系统化。

采用局域网互联，资源共享；梦龙软件、Project、AutoCAD、Office 及预算软件和财务软件的应用，进行全面施工管理。

计算机及软件的应用节约人工，提高劳动效率。

局域网连接实行管理，从而节省打字、复印耗材。

在局域网互联，实现资源共享，节约人工 180 个；预算软件的应用节约人工 150 个，财务软件的应用节约人工 120 个；梦龙软件、Project、AutoCAD、Office 等的应用及其他辅助管理节约人工 140 个。

按平均每人每天 100 元/工日计算，节约人工费用：100×590＝59000 元

节省打印纸：720d×0.3 包/d×20 元/包＝4320 元

节省墨盒约：380 元/套×5 台×4 套＝7600 元

共节约资金：59000＋4320＋7600＝70920 元

（11）离心铸铁管安装技术

W 型离心铸铁管具有强度高、重量轻、耐腐蚀、抗震、防噪声、施工及维修简便、安全可靠、耐久性强等特点。

本工程用离心铸铁管安装 8400m，与采用承插式排水铸铁管相比：

若采用承插式排水铸铁管，耗人工费 59000 元，辅材费 132000 元，共计 191000 元。

采用离心铸铁管，耗人工费 27000 元，辅材费 98000 元，共计 125000 元。

节约成本：191000－125000＝66000 元

（12）沟槽式机械配管系统

在本工程的消防系统安装过程中，沟槽式机械配管系统与传统的螺纹连接、焊接及法兰连接相比，有着非常显著的优点。

1）安装速度较焊接更加快捷，提高了施工的进程；

2）比螺纹连接和法兰连接更加容易和可靠；

3）安装的费用降到了最低限度，节省了用户的人工开支；

4）无焊渣等污染管路，给管道的清洁工作带来很大方便；

5）易于拆装，易于工程的成本核算；

6）不需特殊技巧，一般工人即可操作。

本工程采用沟槽式机械配管系统 8000m，与采用镀锌钢管丝接（管径≤100mm）、焊接（管径＞100mm）相比：

若采用镀锌钢管丝接、焊接，耗人工费 58000 元，机械费 6000 元，辅材费 68000 元，共计 132000 元。

采用沟槽式卡箍连接：耗人工费 30000 元，机械费 5000 元，辅材费 42000 元，共计 77000 元。

节约成本：132000－77000＝55000 元。

第九篇

南京奥体中心主体育场施工组织设计

编制单位：中建八局三公司
编 制 人：杨中源　沈兴东　孙爱华　全有维　黄海
审 核 人：程建军

【简介】 该工程造型新颖、构造独特，屋盖系统为国内首次采用。涉及专业多，工期紧。该工程施工段划分合理，组织得当，各项措施针对性强。该工程中396m预应力地梁施工技术，900m超长楼面结构施工技术，组合式V形钢管混凝土柱施工技术，372m斜跨双拱施工技术，71m悬挑钢箱梁施工技术等都很有参考和应用价值。

目　　录

1　项目简述

南京奥体中心主体育场工程为2005年江苏省举行第十届全国综合性运动会的主场馆和举行国际单项最高级别运动会的硬件设施。本工程由七层框架结构和三层看台组合而成，外围呈圆形，半径142.8m，周长约900m，内侧为近似椭圆形，长轴长度195m，短轴长度132m，周长约545m。看台范围东西宽，南北窄，最大宽度为75m，最小宽度为45.3m。主体育场建筑面积为136340m²，共设座位6万座，其中首层面积达44000m²，直径为285.6m，周长900m，没有设置变形缝。

本工程划分为东、西、南、北四个看台区，主体结构为现浇钢筋混凝土框架-剪力墙结构。主体结构共有七层，底层层高7.0m，以上层高4.8m。建筑功能底层为办公、商业、新闻媒体用房，运动员休息等，二层为检票大厅、看台及部分商业用房，三层为看台及包厢，四层为看台及大厅，五层为办公及包厢等，六层为部分商业用房，七层为看台。

体育场屋盖结构体系十分复杂，主要由2榀与水平面成45°倾斜的、拱身跨度为372m的三角形变断面钢桁架拱和由104根钢箱形梁形成的中空马鞍形空间结构组成，罩棚的径向长度为68.14～27m，覆盖面积4万多m²。钢拱下设有预应力混凝土地梁，连系拱脚以平衡钢拱向外的推力。预应力地梁长396m，每根地梁中配8束24U ϕ^s15.2高强预应力钢绞线，每束预应力筋长度达410m。整个建筑造型独特，结构新颖，气势宏伟。

本工程体量大，工期紧，投入的人力、物力、机械设备多，采用了许多新技术、新材料、新工艺、新方法，科技含量很高，是施工的重点和难点。

2　工程概况

2.1　工程概述

（1）工程建设概况

见表2-1。

工程建设概况一览表　　**表2-1**

工程名称	南京奥体中心主体育场工程	工程地址	南京河西地区江东南路以西，纬八路以南，青石埂路以北，上新河路以东
工程类别	公共建筑	占地总面积	1300亩
建设单位	南京龙江体育中心建设经营管理有限公司	勘察单位	江苏省建筑设计研究院勘察分院
设计单位	澳大利亚HOK公司和江苏省建筑设计研究院	监理单位	浙江江南监理有限公司
质量监督部门	南京市建筑安装工程质量监督站	质量要求	工程一次交验合格率为100%，确保江苏省优质工程，争创国家优质工程
总包单位	中建八局	主要分包单位	上海宝冶建设有限公司
建设工期	2002.8.198～2005.9.28	合同工期	2003.1.1～2004.11.30
总投资额	8.7亿元	合同工期投资额	2.1亿元
工程主要功能或用途	各类体育比赛竞赛场、第十届全运会主会场		

(2) 工程建筑设计概况

见表 2-2。

建筑设计概况一览表 **表 2-2**

建设规模(座)		61443	总建筑面积(m^2)		$147040m^2$	总高(m)	65
层数	地上	7(局部 8 层)	层高	首层	7m	看台屋盖	$53.314m^2$
				标准层	4.8m		
装饰装修	看台地面	细石混凝土一次抹光面层					
	外墙	外墙使用仿石涂料和玻璃幕墙					
	附属用房楼地面	楼面主要采用地砖楼面及聚氨酯楼面					
	附属用房内墙面	内墙面采用乳胶漆面及瓷砖面					
	附属用房顶棚	采用乳胶漆					
	楼梯	细石混凝土、PVC 橡胶面层					
	电梯厅	地面:地砖、塑胶面		墙面:墙砖、乳胶漆		顶棚:乳胶漆、石膏板等	
防水	地下	防水等级:Ⅱ级		防水材料:自粘卷材			
	疏散平台	防水等级:Ⅱ级		防水材料:			
	厕浴间	Ⅱ级、聚合物防水涂料					
保温节能		ALC 板、挤塑板					
绿化		树木、草坪、观木等					
环境保护							
其他需要说明的事项:							

(3) 工程结构概况

工程结构概况见表 2-3。

结构概况一览表 **表 2-3**

地基基础	埋深	2.8m	持力层	卵砾石层	承载力标准值	桩的极限承载力 8000kN、10000kN	
	桩基	类型:钻孔灌注桩		桩长:52m		桩径:800、1000mm	
	承台	单桩承台 1.6m×1.6m,三桩承台边长 3.679m,四桩承台 4m×4m,五桩承台 5m×5m					
主体	结构形式	无支撑面刚性框架结构		主要柱网间距		7.32m×14.80m	
	主要结构尺寸	梁:梁宽 400～600mm,梁高 850～1200mm			板:140mm	柱:$\phi800$、$\phi1200$	墙:200mm、300mm

抗震等级设防	抗震等级二级、抗震设防烈度为 7 度		人防等级			
混凝土强度等级及抗渗要求	基础	C30	墙体	C40	其他	
	梁	C40	板		C40	
	柱	C40	楼梯		C40	
钢筋	类别:框架柱、梁主筋用 HRB400 级钢,其余钢筋用 HRB400 级或 HPB235 级钢,现浇板等构件中还采用冷轧带肋钢筋					
特殊结构	看台屋盖结构:采用钢结构屋顶,由 V 形支撑、屋面梁、斜拱及悬索状钢管支撑组成					

(4) 工程设备安装概况

1) 电气照明工程。

电气照明工程为一般照明系统（包括正常照明和应急照明）、接地装置及等电位连接系统及部分动力系统的安装工程，具体为从低压配电室的低压柜下端到各层照明灯具、插座的全部安装工作，以及由于与照明混配、难以分割的部分小容量动力安装工程。

2) 给排水工程。

给排水工程主要包括冷、热水供应、雨水排水、污水排水、场地排水等安装工程。

冷水管采用内嵌入式衬塑（聚丙烯）钢管，卡环式连接。

热水系统干管采用机械循环。热水管道为薄壁紫铜管，焊接。

饮水系统，大平台均匀布置饮水口，由两台净水机组循环、过滤、消毒供给，饮用水机房设于体育场一层设备房内。三层及五层贵宾间的开水间内设电开水炉供贵宾及管理人员用水。

场地浇洒，看台上每片区出口处的清洁间均布设一冲洗龙头，以方便座位清洗。田径场跑道冲洗用水接自一层给水系统，冲洗水接口是设置在场内防爆沟内侧墙上的八个水龙头，跑道冲洗水与一层给水系统连接处设防污隔断阀。场内草坪喷用水取自 2 个 80t 水池，由训练场泵房内的两台水泵吸水供给（一备一用或同时使用均可）。

雨、污水排水，本工程按雨、污分流制排水。重力流雨水管及污水管采用 UPVC 隔声空壁塑料排水管粘结。压力流雨水管采用 HPDE 塑料管（抗正压 0.6MPa，抗负压 0.09MPa）。室内明敷并需要与建筑外形协调的雨水管采用 SUS304 不锈钢管，焊接。室外雨、污水采用加筋 UPVC 塑料管，橡胶圈接口。

3) 暖通工程。

本工程四个区分为四个完全独立的空调水系统，均采用机械循环异程式系统，高位膨胀水箱定压。空调水系统补水经全自动钠离子交换器处理后直接补入膨胀水箱。

公共卫生间及包间内小卫生间均设机械排风系统，排出室内污浊空气。一层设备用房分别设置机械排风系统，自然补风。厨房排油烟预留排油烟竖井，油烟经处理后经竖井排出屋面。

4) 智能系统工程。

本工程智能系统包括：①通信网络系统；②计算机网络系统及办公自动化；③综合布线系统；④建筑机电设备自动化管理控制系统；⑤公共广播及紧急广播子系统；⑥电视监控系统；⑦数字会议系统及同声传译；⑧电子显示屏系统；⑨电视转播及评论子系统；⑩电源与接地；⑪计时计分系统。

5) 消防设计。

本工程消防水源为城市自来水，在屋顶设有 18m³ 消防水箱。利用游泳竞赛池和跳水池作为奥体中心消防水池。

本工程室内消火栓箱布置在走道、大厅等明显易取部位，室外设两组消防水泵接合器，在门厅、走道、休息室、赛事管理房、更衣室、厨房、餐厅等部位设置自动喷水灭火消防系统。

(5) 自然条件

1) 气象条件。

南京地区属亚热带季风性湿润气候，春、夏、秋、冬四季分明，年降水 1000mm 左右，时最大降水 50mm，最冷月（1月）平均气温 2～3℃（极端最低－13℃），最热月（7月）平均气温 28℃（极端最高 42℃）。冬季长约 4 个月（平均温度低于 12℃，从 11 月下旬至次年 3 月中旬），其中平均气温低于 5℃的时间均有 2 个月。主要灾害性天气有：冬季寒流、夏季梅雨及伏旱、夏秋季台风等。

2）工程地质及水文条件。

本工程所接触到的地下水主要为潜水，含水层厚度 6～7m，水量丰富，水位埋深 0.36～0.75m，并受季节变化影响，地下水对混凝土及钢筋无侵蚀性。本工程基础施工时会遇到的土层如下：

①-1 层新填土，层厚 0.9～3.5m，分布于有暗塘的范围，为房渣垃圾，不宜利用。

①-2 层淤填土，层厚 0.5～2.5m，分布于有暗塘的范围，土质差，不宜利用。

①-3 层素填土，层厚 0.6～3.0m，该层夹碎砖，不均匀，土质差，不宜利用。

②层淤泥质土，流塑，层厚 2～25.5m，该层为高压缩性土，土质差。

③层粉土，粉砂互层，很湿，饱和，层厚 1.5～6.5m。该层夹有薄层淤泥质土，土质差。

④-1 层，粉砂～细砂，饱和，稍密，层厚 5.6～16.5m，该层夹有薄层粉质黏土，土质差。

3）地形条件。

本工程±0.00m 相当于绝对标高（黄海高程）＋7.80m。主体育场场地位于长江漫滩之上，地势平坦，原为村庄及农田，并有大面积的水塘，目前水塘已经填平。成为暗塘，暗塘主要位于西看台区及中间比赛场地部位。

本工程所在场地地势低平，容易产生积水，施工过程中必须采取有效的排水措施，尤其在雨期更是如此。

4）周边道路及交通条件。

本工程位于南京河西地区江东南路、纬八路、青石埂路、上新河路之间，上述干道除纬八路正在兴建外，其余三条路均正常通行，体育场与这四条干道通过 2 号路、3 号路、支 2 号路、支 3 号路、支 4 号路，支 1 号路等 6 条场内道路连接，这六条路路基已做好，具备车辆正常通行能力，距体育场中心约 160m 建有一条 9m 宽环形马路，机动车辆可以通行。环形路将上述场内六条道路连通。体育场东西南北四侧各有一片空地，可作为生产用地，在江东南路与 3 号路相接处还有一片生活设施用地。以上五片场地上的生活设施、生产设施已建成并投入使用。整个场地离居民区较远，不存在严重扰民问题，市政排污管网已接至奥体中心四周。

5）工程特点和项目实施条件分析：

① 施工及生活用水。

目前施工及生活用水已由业主接到现场，体育场、体育场东西两侧生产用地及东侧生活用地四片区域已敷设了给水管，管径为 80mm，供水量基本能满足施工及生活用水要求。

② 施工用电及照明用电。

体育场东侧生产用地及西侧生产用地，均建有临时配电房，总电容量达 1600kV·A，满足施工生产要求。

③ 水准点及坐标控制点。

业主所提供的水准点及坐标控制点满足我方施工要求。

2.2　工程特点、施工难点

（1）屋面结构造型新颖，构造独特。本工程屋面系统为钢结构，由两座斜拱及钢V形支撑、钢大梁及悬索状钢管支撑组成，形成一个钢构空间整体受力体系，整个屋面造型颇为独特。其中又以两座斜拱最为独特，跨度达340m，每个重千吨以上，高70多米，与地面成45°夹角，整个屋盖结构在其全部完成之前处于不稳定状态，这样的结构在国内还未见先例。

（2）体量大。本工程建筑面积达12万多m^2，可容纳6万观众，屋面高度达65m，外围周长达900m，混凝土量8万多m^3，钢筋量达15800t，钢结构量达数千吨，其规模居国内同类工程领先地位。

（3）构造复杂。体育场形状不规则，看台区平面外围呈圆形，内侧为近似椭圆形，整个立体形状呈碗形，各层高度不一。梁大部分为弧形，还有部分斜梁，断面尺寸大小不一，有普通钢筋和预应力钢绞线。柱为圆形，高度各不相同，在+26.20m分叉，形成Y形。看台有三层，倾斜度大，呈弧形，上、中层看台下部为悬挑结构，看台长度、高度尺寸均很大，长度达700m，最大高度达20m，看台肋梁均采用预应力结构。

（4）工期紧。本工程钢筋混凝土主体结构工程要求在2003年9月30日结束，整个工程在2004年底完成，工期较紧，在如此短的时间内完成如此浩大的工程，必须有足够的人力、物力、财力的投入，以及合理的施工组织。

（5）施工专业众多。本工程主要专业有土建、钢结构、电气、给排水、暖通空调、电梯、消防、弱电、幕墙、通讯、竞赛训练场地面、草坪、篷盖等，交叉作业多。

（6）不确定因素较多。主要是悬挑大斜梁、V形柱及钢屋盖设计方案以及其他众多专业的设计均尚未确定，对未来的施工会造成很大的影响。因此，必须敦促和协助业主，及早确定设计方案和选定专业施工队伍，以尽量减少对工程进程的影响。

3　施工部署

3.1　施工区域、施工段的划分及施工顺序

（1）本工程按后浇缝为界划分东、南、西、北四个施工区域

东区与南区：㉛～㉜轴之间；南区与西区：㊾～㊿轴之间；西区与北区：⑪～⑫轴之间；北区与东区：㊴～㊵轴之间。二层～六层每层每个施工区域内设两条施工缝，每个区域共分为三段，其中二层西区与东区由于中间两段宽度较大，在南北向再增设一条施工缝。三层～六层在南北区有局部空缺，施工缝位置略作调整，六层以上仅在看台部位设施工缝，六层以上房建部分由于其面积较小，不再设施工缝，具体划分方法详见施工区及施工段的划分图，如图3-1～图3-6所示。在高度方向，原则上每层柱与梁板分开施工，每层看台与上面一层的梁板同时施工。

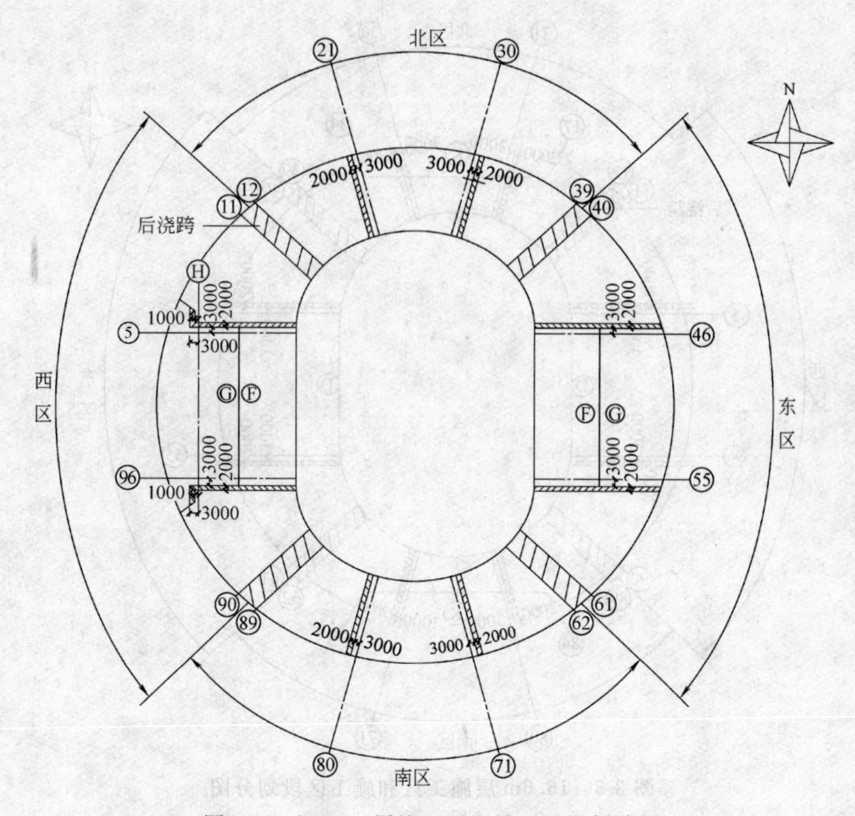

图 3-1　+7.0m 层施工区和施工区段划分图

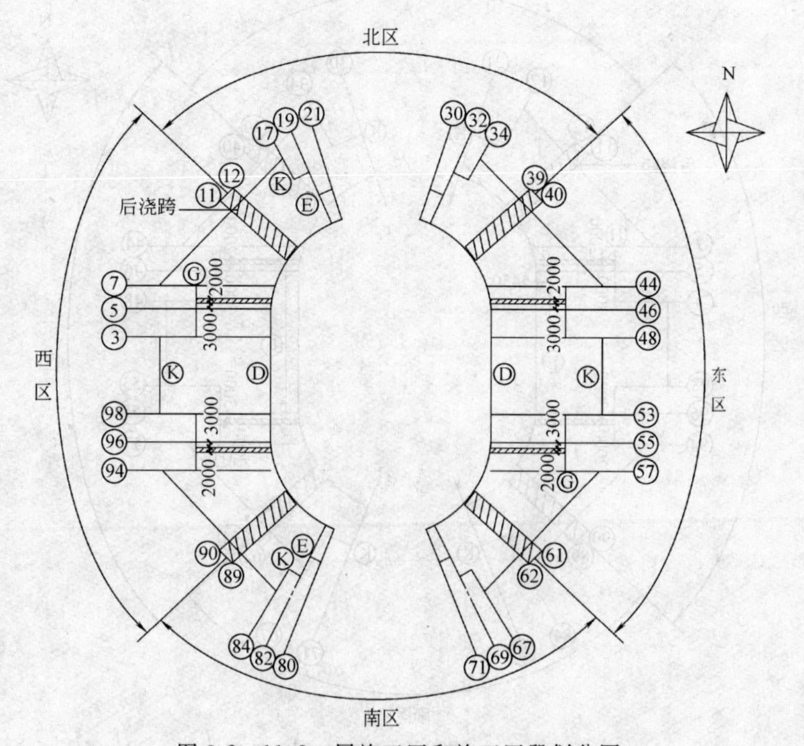

图 3-2　11.8m 层施工区和施工区段划分图

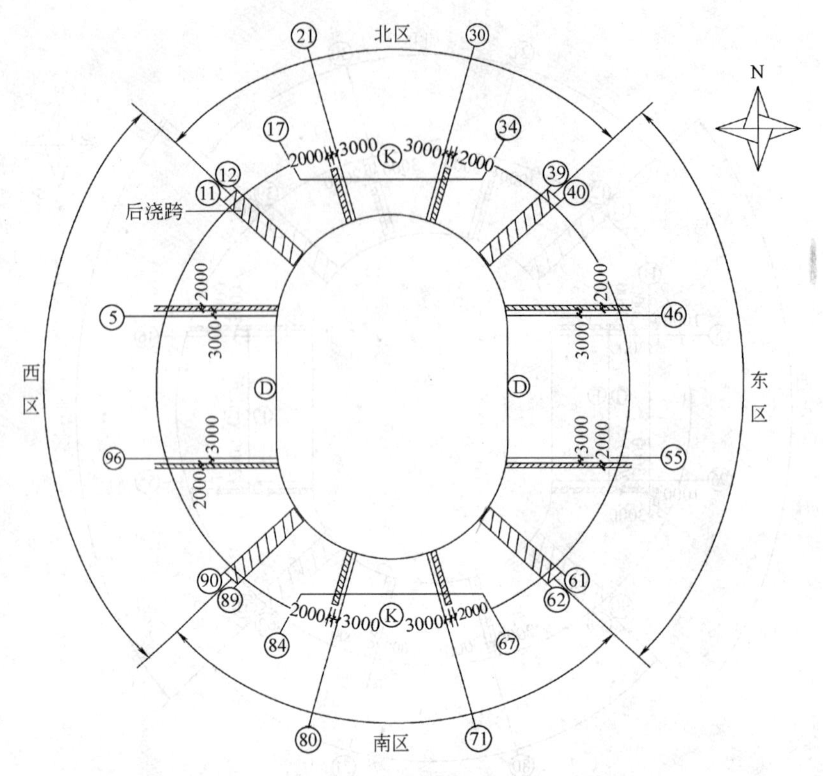

图 3-3 16.6m 层施工区和施工区段划分图

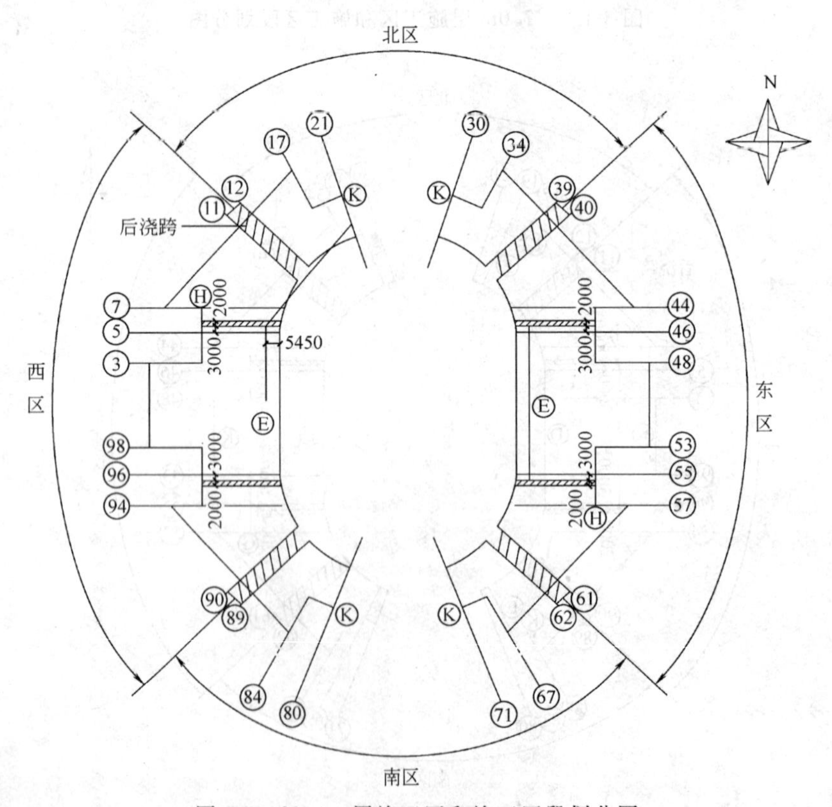

图 3-4 21.4m 层施工区和施工区段划分图

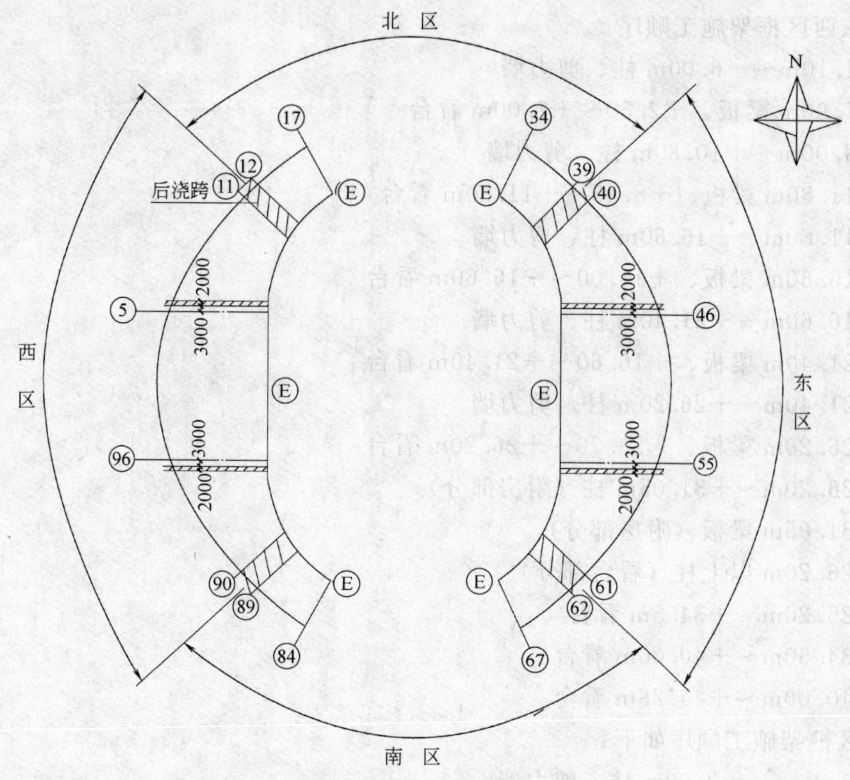

图 3-5 26.2m层施工区和施工区段划分图

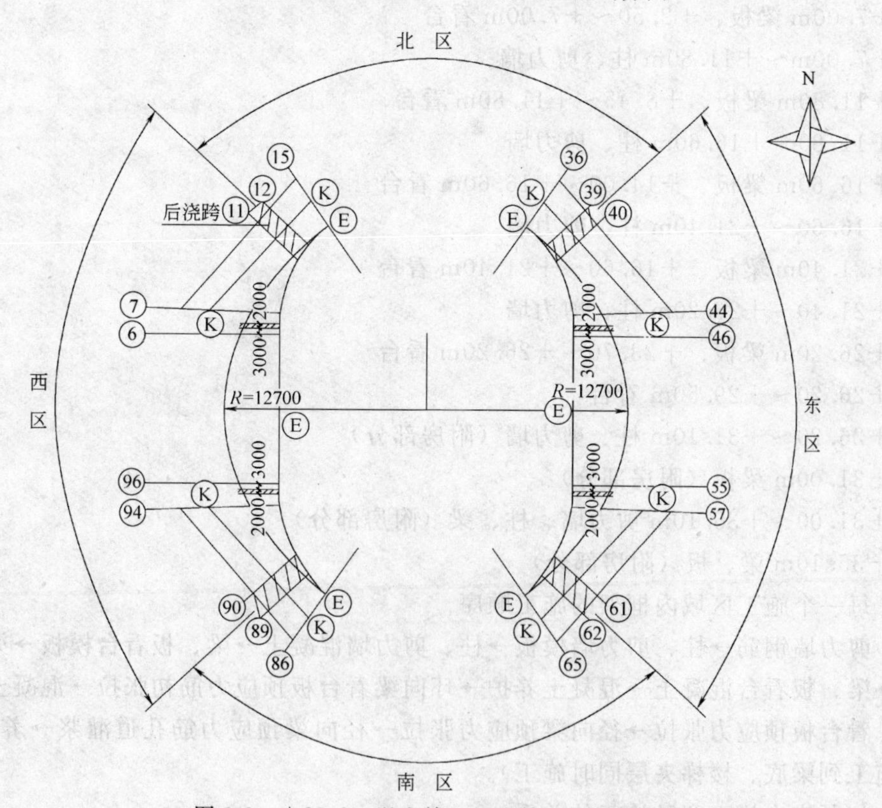

图 3-6 ＋26.2m以上施工区和施工区段划分图

（2）东西区框架施工顺序

① －1.10m～＋6.00m 柱、剪力墙

② ＋7.00m 梁板、＋2.50～＋7.00m 看台

③ ＋7.00m～＋10.80m 柱、剪力墙

④ ＋11.80m 梁板、＋8.45～＋11.80m 看台

⑤ ＋11.80m～＋16.60m 柱、剪力墙

⑥ ＋16.60m 梁板、＋14.00～＋16.60m 看台

⑦ ＋16.60m～＋21.40m 柱、剪力墙

⑧ ＋21.40m 梁板、＋16.60～＋21.40m 看台

⑨ ＋21.40m～＋26.20m 柱、剪力墙

⑩ ＋26.20m 梁板、＋23.70～＋26.20m 看台

⑪ ＋26.20m～＋31.05m 柱（附房部分）

⑫ ＋31.05m 梁板（附房部分）

⑬ ＋26.20m 以上柱（看台部分）

⑭ ＋26.20m～＋34.5m 看台

⑮ ＋34.50m～＋40.00m 看台

⑯ ＋40.00m～＋44.28m 看台

南北区框架施工顺序如下：

① －1.10m～＋7.00m 柱、剪力墙

② ＋7.00m 梁板、＋2.50～＋7.00m 看台

③ ＋7.00m～＋11.80m 柱、剪力墙

④ ＋11.80m 梁板、＋8.45～＋11.80m 看台

⑤ ＋11.80～＋16.60m 柱、剪力墙

⑥ ＋16.60m 梁板、＋14.00～＋16.60m 看台

⑦ ＋16.60～＋21.40m 柱、剪力墙

⑧ ＋21.40m 梁板、＋16.60～＋21.40m 看台

⑨ ＋21.40～＋26.20m 柱、剪力墙

⑩ ＋26.20m 梁板、＋23.70～＋26.20m 看台

⑪ ＋26.20～＋29.50m 看台

⑫ ＋26.20～＋31.10m 柱、剪力墙（附房部分）

⑬ ＋31.00m 梁板（附房部分）

⑭ ＋31.00～＋35.10m 剪力墙、柱、梁（附房部分）

⑮ ＋35.10m 梁、板（附房部分）

（3）每一个施工区域内框架的施工顺序

柱、剪力墙钢筋→柱、剪力墙模板→柱、剪力墙混凝土→梁、板看台模板→梁、板看台钢筋→梁、板看台混凝土→混凝土养护→环向梁看台板预应力筋初张拉→混凝土养护→环向梁、看台板预应力张拉→径向梁预应力张拉→径向梁预应力筋孔道灌浆→养护（柱、墙高度施工到梁底、楼梯夹层同时施工）。

（4）与预应力施工穿叉施工的关系

1）在梁板绑扎钢筋的同时放置波纹管，穿预应力筋。

2）各区中间段混凝土先浇筑。环向无粘结预应力筋分两次张拉，第一次在混凝土浇筑5d后进行；气温高时，4d后就可进行。浇筑混凝土时，留置同条件养护的试块；当混凝土强度达到设计强度的75%后，先张拉环向无粘结预应力筋，然后张拉径向梁有粘结预应力。

3）当同层另外两个施工段在浇筑混凝土时，与中间施工段间必须留设预应力筋张拉的工作面，工作面宽2m。

4）各区另外两个施工段预应力筋张拉方法同中间段，在张拉前需将工作面处混凝土浇完，并养护到75%设计强度，工作面的做法同后浇带，区别在于混凝土开始浇筑时间不受限制。当中间段预应力已经张拉完毕，其另外两个施工段尚未浇筑混凝土，则观察工作面混凝土，可以与另外两个施工段混凝土同时浇筑。

除底层墙体安排在±0.00m现浇梁板施工结束后进行外，其余各层墙体安排在该层梁、板预应力筋张拉结束，模板拆除后进行。

3.2 施工平面布置

3.2.1 布置原则和布置依据

（1）布置原则

1）满足施工需要，充分考虑专业分包需要，体现总包特点，符合区域管理协调原则；

2）优化原材料和半成品的堆放和加工地点，尽量减少二次搬运，提高主体育场外围环形带状用地的利用率；

3）施工总平面图按基础、主体结构、屋盖钢结构、装修安装四个阶段进行布置；

4）符合安全、文明施工、消防、环保、城管要求，全部按省级文明工地标准布置。

（2）布置依据

1）现场实际情况；

2）本工程结构、建筑施工图；

3）总进度计划及资源需用量计划；

4）总体部署和主要施工方案；

5）安全文明施工及环境保护要求；

6）省级文明工地标准。

3.2.2 施工场道

（1）交通网络

根据主体育场工程施工区域位置，本工程主要使用3号路和环形路为主，支4号路为辅。在业主提供的主干道基础上，另外在两个生产用地以及生活用地内部，自行修建临时施工用路。临时道路宽约4m，与3号路、内环路以及支4号路接通，形成本工程道路网络体系（图3-7）。

（2）场地硬化

1）各生产区用地地面计划按以下三类布设：一是钢筋、木工、电气焊等作业场地及砂、石料堆场，采用混凝土硬化面层；二是钢筋、木材、夹板、钢管等堆场，采用碎石面层；三是空地采用绿化。

2）生活区和办公区采用混凝土地面和绿化地面。

3.2.3　现场围护

（1）生产区用地

采用彩钢板围墙（砖基础）围蔽，在与道路相交处设大门。门柱砖砌并粉刷成相同的造型，每个大门一侧设门卫室，并在各生产区悬挂标志牌。

生活区、办公区采用彩钢板（砖基础）和砖墙围蔽，在生活区和办公区入口处设推拉大门。

（2）洗车台

洗车台设在大门内侧，由宽度 300mm、深 400mm 的沟槽围成的宽 3m、长 5m 的洗车槽，配备高压冲洗水枪，槽内设置沉淀池。所有从工地出去的车辆均要将泥水冲洗干净，泥水经沉淀后，将清水排放到主排水沟中。沉淀池定期清理。

3.2.4　生产设施

整个施工现场共分为东、西、南、北四个生产区，相互间独立，每个生产区各布置一套生产设施，施工总平面布置图如图 3-7 所示。

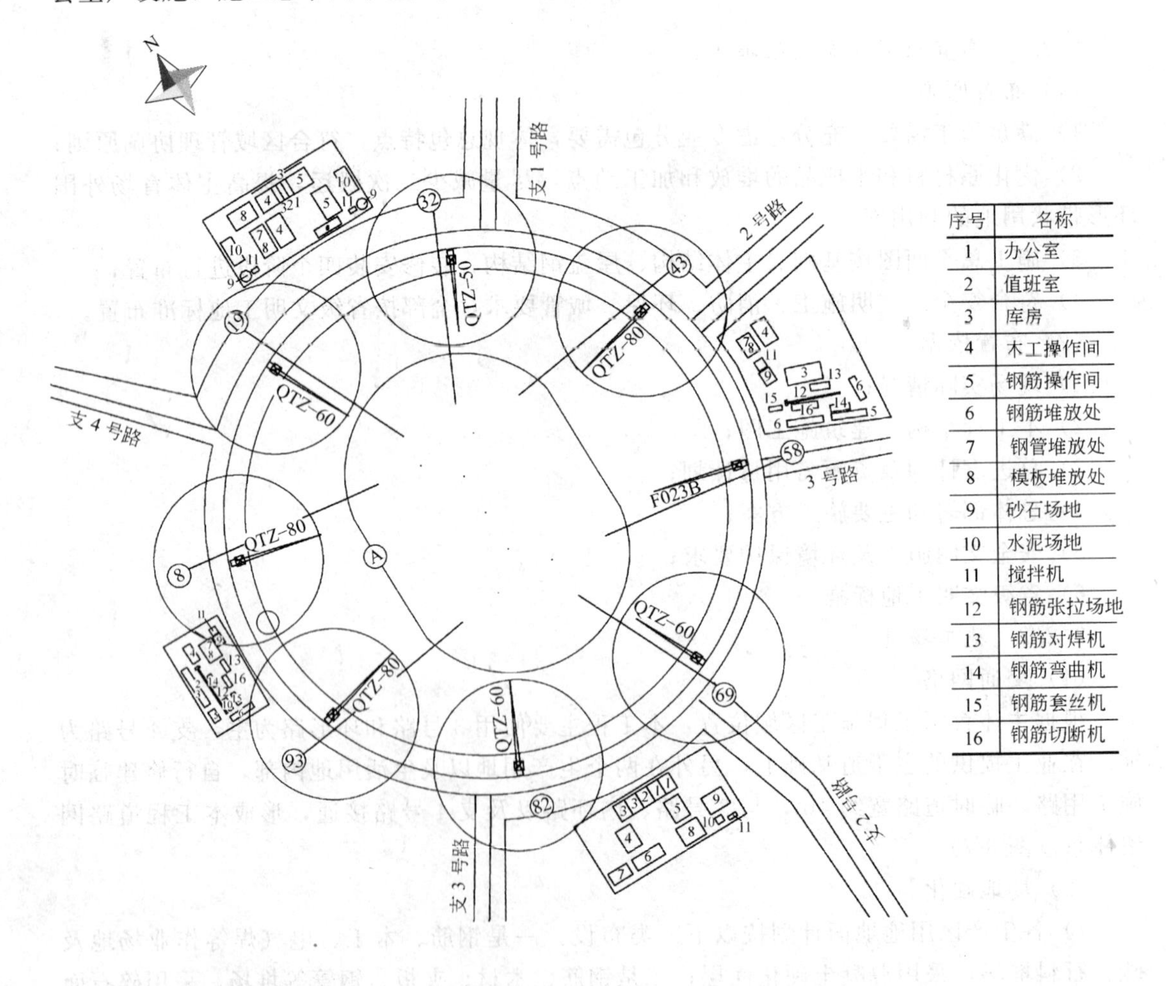

序号	名称
1	办公室
2	值班室
3	库房
4	木工操作间
5	钢筋操作间
6	钢筋堆放处
7	钢管堆放处
8	模板堆放处
9	砂石场地
10	水泥场地
11	搅拌机
12	钢筋张拉场地
13	钢筋对焊机
14	钢筋弯曲机
15	钢筋套丝机
16	钢筋切断机

图 3-7　施工总平面布置示意图

(1) 零星混凝土及砂浆制作

因本工程混凝土采用商品混凝土，现场搅拌混凝土极少，每个生产区布置一个小型混凝土搅拌站，用于零星混凝土的搅拌。搅拌站内布置有1台JS-350型混凝土搅拌机，砂、石堆场、水泥库、标养室。

在砌筑和抹灰阶段，每个生产区再增设一个砂浆搅拌站，每个搅拌站设两台WJ325型砂浆搅拌机，以满足对砂浆的需要。

(2) 钢筋场地

每个生产区各设置一块钢筋场地，钢筋场地分为材料堆放、钢筋加工棚、冷拉调直场地、半成品堆场、废料临时堆场等几部分。钢筋分规格及用途分别堆放，用木方垫码，并挂标识牌。

(3) 木工场地

木工场地分为木板、木方堆放、夹板堆放、木工加工棚、模板半成品堆放、钢管、扣件及圆柱定型钢模堆放场地。木方、夹板要码放整齐，半成品挂标识牌。

(4) 砌体材料堆场

由于本工程砌体工程量较大，而周围场地较小，必须精确安排各种规格、型号砌体进场。所有砌体按计划分期、分批直接堆放在外围环形路内侧指定场地内。砌体每天随进随用，尽量减少外场地的占用率。

(5) 垂直运输

本工程在四个生产区各投入两台塔吊，共八台塔吊用于钢筋、模板、钢管等的垂直运输。在主体阶段墙体开始砌筑时，再设置四部提升井架，用于砌块及砂浆的运输。

(6) 施工用水线路布置

本工程临时用水量较大的为结构施工时的清洁、养护用水。临时用水水管经计算，如下布置：用水主管采用ϕ80镀锌钢管，与业主提供的供水主管按水表碰口后沿施工道路一侧布置，引入建筑物周围，用ϕ40镀锌钢管作支管沿内环、外环布置两圈，再用ϕ25镀锌钢管接入各生产区。沿水线每隔30m左右设一个水龙头，用橡胶软管连接至各施工用水点。

生活区临时生活、消防用水采用ϕ50主管、ϕ25支管供给至各用水点。

(7) 施工用电线路布置

现场业主提供两台800kV·A的干式变压器，经计算能满足施工要求。施工现场从位于东北部的五号配电房和西北部的六号配电房分别引出8个配电箱至8个塔吊下，引出4个配电箱至4个生产区，引出1个配电箱至生活区，各生产、生活用电再由各配电箱接出。

主供电线路采用三相五线制埋地敷设，穿越道路时增设PVC保护管。支供电线路采用三相五线制埋地或架空敷设。具体详见施工用水用电布置示意图（图3-8）。

3.2.5 办公区设置

本工程采用集中办公形式，以便于施工统筹协调。主要设施有：业主、监理办公室、专业分包办公室、项目经理部办公室、会议室、管理人员宿舍等（表3-1）。

办公区采用二层彩钢板房，底层办公，二层为管理人员宿舍，食堂、餐厅、淋浴、厕所也采用彩钢板房。会议室内配备拼装式会议桌，办公室内桌椅统一配备，安装空调、电

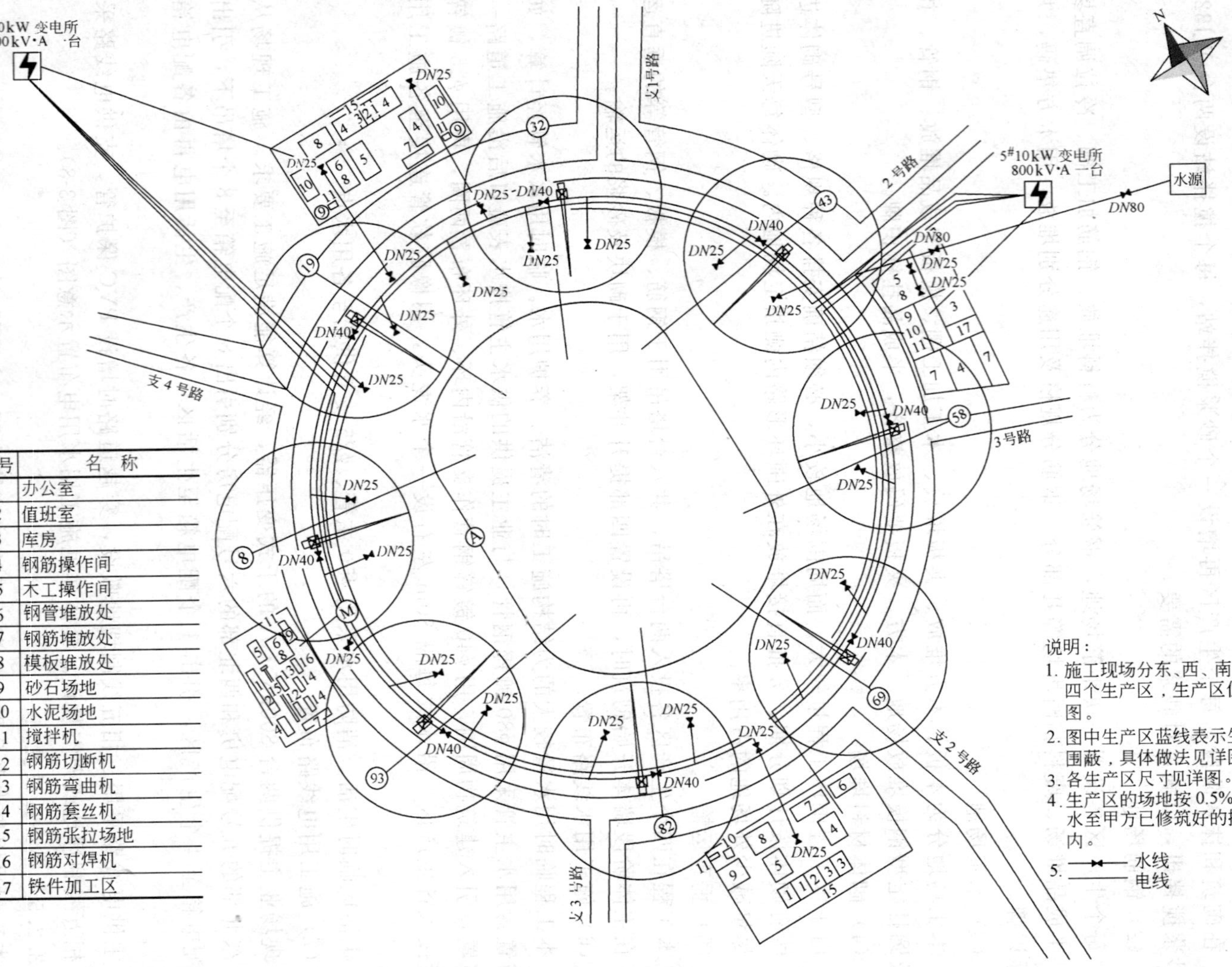

8号10kW 变电所
800kV·A 一台

5#10kW 变电所
800kV·A 一台

水源

DN80

支1号路

2 号路

3 号路

支 2 号路

支 3 号路

支 4 号路

序号	名　称
1	办公室
2	值班室
3	库房
4	钢筋操作间
5	木工操作间
6	钢管堆放处
7	钢筋堆放处
8	模板堆放处
9	砂石场地
10	水泥场地
11	搅拌机
12	钢筋切断机
13	钢筋弯曲机
14	钢筋套丝机
15	钢筋张拉场地
16	钢筋对焊机
17	铁件加工区

说明：

1. 施工现场分东、西、南、北四个生产区，生产区位置见图。
2. 图中生产区蓝线表示生产区围蔽，具体做法见详图。
3. 各生产区尺寸见详图。
4. 生产区的场地按 0.5% 找坡排水至甲方已修筑好的排水沟内。
5. ——⋈—— 水线
   ———— 电线

图 3-8　施工用水用电布置示意图

办公区设施用房面积一览表　　表 3-1

序号	名　称	面　积	序号	名　称	面　积
1	业主办公室	3.6×6×2=43.2m²	7	食堂、餐厅	7.2×6×2=86.4m²
2	监理办公室	3.6×6×2=43.2m²	8	淋浴	3.6×6=21.6m²
3	会议室	7.2×6=43.2m²	9	厕所	3.6×6×2=43.2m²
4	专业分包办公室	3.6×6×4=86.4m²	10	保卫	3×4=12m²
5	项目部办公室	3.6×6×20=432m²	合计		1286.4m²
6	管理人员宿舍	3.6×6×22=475.2m²			

话等，大部分办公室配备电脑、打印机，并配备复印机、传真机等。

3.2.6　生活区布置

(1) 生活设施

本工程在业主指定区域搭设，包括专业分包及工人的生活区。其主要设施有：职工宿舍、食堂、餐厅、淋浴间、厕所等（表 3-2）。

生活区设施面积一览表　　表 3-2

序号	设施名称	搭设总面积	搭设规格	备　注
1	职工宿舍	4406.4m²	3.6×6×(48m×4m+42)	共234间，每间8人共1872人
3	食堂	600m²	10m×15m×4	4栋
4	小卖、医务、活动室	108m²	6m×18m	
5	男厕所	300m²	50m×6m	设100蹲位
6	男淋浴间	90m²	15m×6m	
7	女厕所	60m²	6m×10m	设20个蹲位
8	女淋浴间	30m²	5m×6m	

此类临时用房的做法为：宿舍采用双层活动板房，食堂等设施外墙为 240mm 砖墙，内墙为 120mm 厚砖墙，瓦屋面，钢门和塑钢窗。

职工宿舍内，上下铺，床架被褥统一、实行公寓化管理。

生活区食堂内配冰柜、蒸箱、炉灶等设施，要求通风、卫生，保持清洁，生熟间要分隔，内墙要铺贴 2m 高的白瓷砖，其余部分抹平、刷白，厨房内灶台、工作台等设施和售饭窗口内外窗台也铺贴白瓷砖，门窗及洞口要设置纱窗，地面铺贴地砖，排水良好。

现场浴室、厕所远离食堂，内设自动冲淋装置，内墙面贴 1.5m 高白瓷砖墙裙，便池、便槽侧壁贴白瓷砖，地面贴防滑地砖。

整个生产区，派人定时进行卫生打扫，做到干净、整洁、无异味、排水通畅、道路整齐，并进行适当绿化、美化，为工人营造一个整洁、卫生的环境，展现企业形象。

(2) 娱乐设施

为丰富职工的业余生活，生活区内设篮球场、排球场和乒乓球场、餐厅兼阅览室、电视房。

(3) 其他配套设施

1) 生活区、办公区的大门入口处设灯箱式施工标牌及宣传牌。

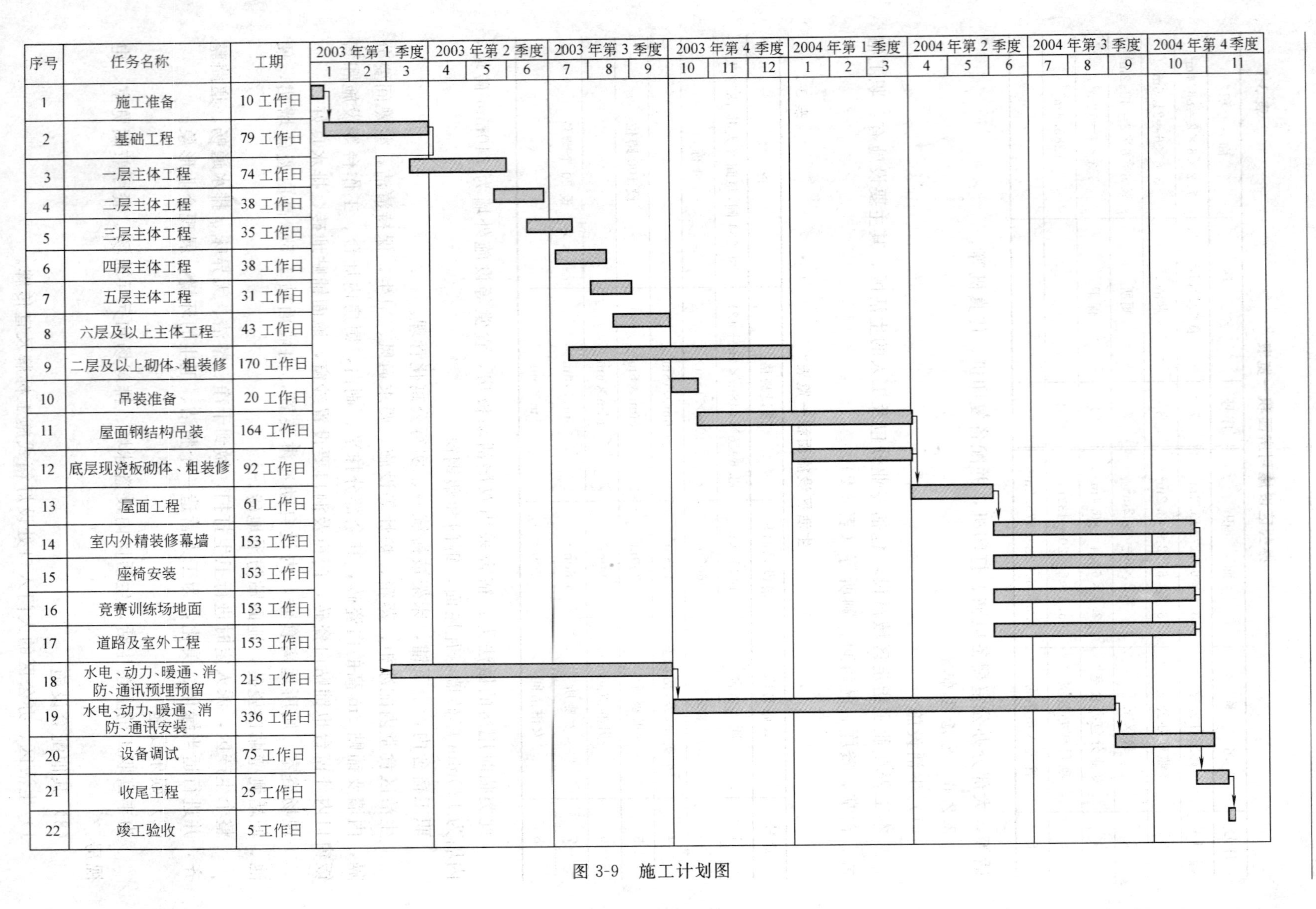
序号
任务名称
工期
2003 年第 1 季度
2003 年第 2 季度
2003 年第 3 季度
2003 年第 4 季度
2004 年第 1 季度
2004 年第 2 季度
2004 年第 3 季度
2004 年第 4 季度
1 2 3 4 5 6 7 8 9 10 11 12 1 2 3 4 5 6 7 8 9 10 11
1 施工准备 10 工作日
2 基础工程 79 工作日
3 一层主体工程 74 工作日
4 二层主体工程 38 工作日
5 三层主体工程 35 工作日
6 四层主体工程 38 工作日
7 五层主体工程 31 工作日
8 六层及以上主体工程 43 工作日
9 二层及以上砌体、粗装修 170 工作日
10 吊装准备 20 工作日
11 屋面钢结构吊装 164 工作日
12 底层现浇板砌体、粗装修 92 工作日
13 屋面工程 61 工作日
14 室内外精装修幕墙 153 工作日
15 座椅安装 153 工作日
16 竞赛训练场地面 153 工作日
17 道路及室外工程 153 工作日
18 水电、动力、暖通、消防、通讯预埋预留 215 工作日
19 水电、动力、暖通、消防、通讯安装 336 工作日
20 设备调试 75 工作日
21 收尾工程 25 工作日
22 竣工验收 5 工作日

图 3-9 施工计划图

2）办公区设置 20 个车位的临时停车场。

3）在厕所处设置标准 1 号化粪池。生活区的所有污水经化粪池后排入规划的总排污管道内。

4）在施工用地的大门口处设置一个保卫室，规格 3m×4m。

5）在生活区设置一个医务室，提供工人常规的医疗保健。

3.2.7 现场排污、排水

场地排污管道设在 3 号路北侧。考虑到西侧生产用地、厕所排污出口，另设一条与上新河路排水道接通的排污管道。所有自建临时用路两侧均做砖砌排水沟，统一排入两条排污管道的集水井内。

污水达到排放标准后排入市政排水系统。

两条排污管道在终点位置均设水处理设施，污水经处理合格后排入城市管网。

几个厕所化粪池与排污管道之间采用排污支管接通。

生活区、办公区内排水设置排水明沟，统一排入城市管网。

3.3 施工进度计划

本工程 2003 年 1 月 1 日开工，基础工程计划于 3 月 30 日结束，主体工程计划于 3 月 17 日开始，主体封顶日期 2003 年 9 月 30 日，2004 年 11 月 30 日竣工。总工期为 700 日历天。进度计划图如图 3-9 所示。

3.4 主要周转材料的供应

见表 3-3。

本工程周转材料调配计划一览表 **表 3-3**

序号	名 称	规 格	单位	数 量	备 注
1	竹胶板	12mm	m^2	50000	每区 12500m^2
2	普通脚手钢管及碗扣式脚手钢管		t	6000	每区 1500t
3	普通脚手扣件		万只	40	
4	密目式安全网		m^2	30000	
5	木 方		m^3	2400	每区 600m^2
6	圆柱定型钢模	ϕ800、ϕ1200	套	60	

3.5 主要施工机械

（1）垂直运输机械

体育场工程分东、西、南、北四个区，为满足结构工程钢筋、模板等垂直运输的需要，分别采用一台 F023B 型、三台 QTZ-80 型、三台 QTZ-60 型、一台 QTZ-50 型，共 8 台固定式自升塔吊，基本上能够覆盖 90％以上的工作面，满足工程施工需要，具体布置详见图 3-7 平面布置图。塔吊服务不到的生产区域用 30t 轮胎式起重机加以配合，每个区域配置一辆。在进入砌体工程施工阶段后，投入 4 座提升井架用于砌筑、抹灰工程材料的垂直运输；另外，共设 4 座施工电梯。

（2）混凝土、砂浆的搅拌和运输机械

本工程绝大部分混凝土采用商品混凝土，砂浆采用自拌，为此，作如下安排：

1）每个生产区各设一个混凝土搅拌站，共进 4 台 J350 型自落式混凝土搅拌机，以供搅拌零星混凝土用；另外，再设 4 个砂浆搅拌站，每个搅拌站设两台 WJ325 砂浆搅拌机，可以满足现场砌体、抹灰等工程的需要。

2）本工程用于结构的混凝土全部采用商品混凝土，其运输为商品混凝土厂家自行配备的混凝土运输车，混凝土的浇筑共设置四台混凝土泵；另外，进两台汽车式混凝土泵，主要进行柱等混凝土的浇筑。

（3）钢筋加工机械

本工程的钢筋下料、成型在东、西、南、北四个生产区域集中进行，每个生产区域各设 1 套钢筋加工机械，主要有调直机、切断机、弯曲机、闪光对焊机、滚压直螺纹机等。

施工主要机械使用计划见表 3-4。

土建主要机械设备计划表　　表 3-4

	机械类别	序号	机械名称	型号规格	单位	数量	额定功率（kW）	进场时间	退场时间
一	土方机械	1	反铲挖掘机	WY-100	台	6		02.12.27	03.2.28
		2	反铲挖掘机	WY-100	台	6		03.1.2	03.2.28
		3	推土机	上海 120	台	4		02.12.27	03.315
		4	装载机	ZLM-30	台	4		02.12.27	03.3.15
		5	自卸汽车	8t	台	32		02.12.27	03.3.30
		6	振动式压路机	10t	台	4		03.1.10	03.3.30
		7	空压机	1.0m³	台	32		03.1.8	03.3.15
二	垂直运输机械	8	塔式起重机	F023B	台	1	75	03.1.15	03.10.15
		9	塔式起重机	QTZ-80	台	3	60	03.1.15	03.10.15
		10	塔式起重机	QTZ-60	台	3	45	03.1.15	03.10.15
		11	塔式起重机	QTZ-50	台	1	45	03.1.15	03.10.15
		12	轮胎式起重机	30t	辆	4		03.3.20	03.10.15
		13	施工电梯	SCD200/200D	部	4	2×10.5	03.10.15	04.6.30
		14	提升井字架	2t	部	4	7.5	03.4.15	04.6.30
三	水平运输机械	15	机动自卸车	8t	辆	8		03.1.10	03.10.15
		16	平板汽车	8t	辆	4		03.1.10	03.10.15
		17	机动翻斗车	FC-1	辆	8		03.1.10	04.6.30
四	混凝土、砂浆机械	19	混凝土搅拌机	J350	台	4	20	03.1.10	04.6.30
		20	砂浆搅拌机	WJ325	台	8	4	03.1.10	04.6.30
		21	混凝土输送泵	HBT60	台	4	柴油式	03.3.1	03.10.15
		22	汽车泵	DL1158	台	2		03.3.1	03.10.15
		23	混凝土运输车	6m³	辆	32		03.3.1	03.10.15
五	钢筋加工及焊接	24	切断机	GJ401	台	4	7	03.1.10	03.10.15
		25	弯曲机	QJT-400	台	4	2.8	03.1.10	03.10.15
		26	对焊机	UN1-160	台	4	160	03.1	03.9
		27	电渣压力焊机	BX3-630	台	12	80	03.1	03.9

续表

	机械类别	序号	机械名称	型号规格	单位	数量	额定功率（kW）	进场时间	退场时间
五	钢筋加工及焊接	28	冷拉卷扬机	JJ-1.5	台	4	7.8	03.1	03.9
		29	钢筋调直机	JK-2	台	4	5.5	03.1	03.9
		30	滚压直螺纹机		台	8	5	03.1	03.9
六	木工机械	31	电锯	MJ109	台	4	5.9	03.1	03.9
		32	双面压刨机	MB206	台	4	4	03.1	03.9
		33	平刨机	MBS/4B	台	4	4	03.1	03.9
		34	台钻		台	4	3	03.1	03.9
七	构件吊装机械	35	汽车吊	30t	辆	4		03.4	03.9
		36	汽车吊	8t	台	2		03.1	03.9
八	水卫安装、排水机械	37	电焊机	BX-315	台	6	19	03.1	03.9
		38	套丝机		台	4	1.5	03.1	03.9
		39	弯管机		台	4	2	03.1	03.9
		40	试压泵		台	2	0.5	03.1	03.9
九	电气安装照明机具	41	探照灯		台	16	3.5	03.1	03.9
十	其他机械	42	交流电焊机	B2X-300	台	12	30kV·A	03.1	03.9
		43	直流电焊机	2X5-400	台	4	40kV·A	03.1	03.9
		44	烘干机		台	4		03.1	03.9
		45	混凝土磨光机		台	4	5	03.1	03.9
		46	蛙式打夯机		台	12	5	03.1	03.9
		47	发电机	美国底特律产	台	1	300	03.4	03.10
		48	发电机	重庆汽车发动机厂	台	3	200	03.4	03.10

3.6 劳动力组织

(1) 人员数量

根据工程规模、施工技术特性及施工工期要求，按比例配备一定数量的施工管理人员及劳动力，既避免窝工，又不出现缺人现象，使得现有劳动力得以充分利用。

本工程拟投入1768人（高峰期），其中施工管理人员60人，劳务人员1708人，人员数量见表3-5。

施工人员计划表 表3-5

序号	工种	人数	备注	序号	工种	人数	备注
1	各类管理人员	60		8	普工	60	
2	木工	560		9	预应力工	180	
3	钢筋工	320		10	起重工	24	
4	混凝土工	180		11	机械操作工	16	
5	电焊工	28		12	值班电工	12	
6	瓦工	280		13	值班水工	8	
7	架子工	40		14	合计	1708	

（2）施工组织

在每个施工区域上投入一个相对独立的土建工程处，负责工程的施工。另外组建两个预应力专业队，每个队负责两个区域的预应力施工。考虑到施工工期很紧张，四个施工区域同步进行作业。人员配备情况见表 3-6。

区域施工人员配备　表 3-6

工种＼人数＼工程处	801 处（E 区）	802 处（S 区）	803 处（W 区）	804 处（N 区）	东大预应力队（E、W 区）	八局预应力队（S、N 区）
木工	150	130	150	130		
钢筋工	90	70	90	70		
混凝土工	50	40	50	40		
架子工	10	10	10	10		
瓦工	80	60	80	60		
普工	15	15	15	15		
电焊工	7	7	7	7		
起重工	6	6	6	6		
机械操作工	4	4	4	4		
值班水工	2	2	2	2		
值班电工	3	3	3	3		
预应力工					100	80
合计	417	347	417	347	100	80
总计	1708					

4　主要项目施工方法

4.1　施工测量控制技术

本工程外围呈圆形，直径为 285.6m，外圆周长约 900m，内场近似椭圆形，内场南北长为 195m，东西长为 132m，内圆周长约 545m。主体育场以⑪、㊵、61、90轴为界，分为东、西、南、北四个看台区，主体结构为七层框架结构，局部八层。底层层高为 7m，其余各层层高为 4.8m。整个工程径向共有 100 条轴线，环向共有 12 条轴线组合而成，造型复杂，平面坐标点分别由七个圆心组合成 7 个圆弧（图 4-1），整个建筑物主体形状呈碗形。

4.1.1　建筑物的定位测量

（1）施工前准备工作

在进行施工测量前，对建设单位提供的城市坐标点（南主轴 8 号、北主轴 7 号点）先进行复测，再进行施工测量，组成一个平面控制网。施工时采用的测量仪器见表 4-1。

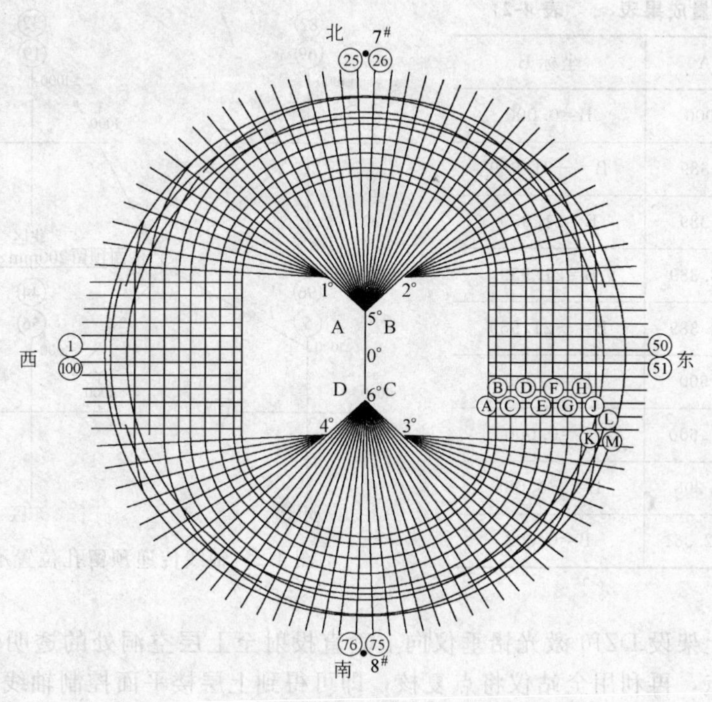

图 4-1 平面坐标控制点和径向、环向轴线示意图

测量用主要仪器 **表 4-1**

序号	仪器设备名称	型 号	精 度	单位	数量	产地
1	全站仪	TC2002	1″±1mm+1ppm	台	1	瑞士
2	全站仪	AGA510N	2″±2mm+2ppm	台	1	日本
3	经纬仪	J2	2″	台	2	瑞士
4	精密水准仪	NA-2	0.3mm/km	台	1	瑞士
5	水准仪	DSZ2	±1.5mm/1km	台	2	
6	激光铅垂仪	DZJ6	1/30000	台	1	中国

(2) 平面控制网的建立

1) 外控轴线控制网的建立。

在原有Ⅰ级城市坐标点（7 号、8 号）上进行加密，形成由 9 个控制点组成的一个闭合的导线Ⅱ级平面控制网。施测时，外业数据采集运用全站仪进行边角测定，内业计算采用严密平差的方法将各导线点的坐标确定，为施工放线创造条件，并将导线点复杂的城市坐标（x、y），采用平移和旋转的方式转算成简洁的建筑坐标 A、B 相对坐标体系，中心点 0 点坐标为（0，0）。测量成果见表 4-2。

2) 内控轴线控制网的建立。

当基础和一层结构轴线、高程系统完成后，开始布设控制点布设，北面和南面控制点不通视，运用内控外复方法在相应的位置设立室内测量控制点（激光垂准仪控制点），并在以上各楼层楼板上与该点相对应的位置留出 200mm×200mm 的预留孔，作为控制点垂直向上传递用，且与主轴线作相互校核。如图 4-2 所示。

测量成果表　　表 4-2

编号	坐标 A	坐标 B
0#	A=0.000	B=0.000
1#	A=43.389	B=−21.959
2#	A=43.389	B=21.959
3#	A=−43.389	B=21.959
4#	A=−43.389	B=−21.959
5#	A=24.600	B=0.000
6#	A=−24.600	B=0.000
7#	A=151.308	B=−0.085
8#	A=−162.361	B=0.003

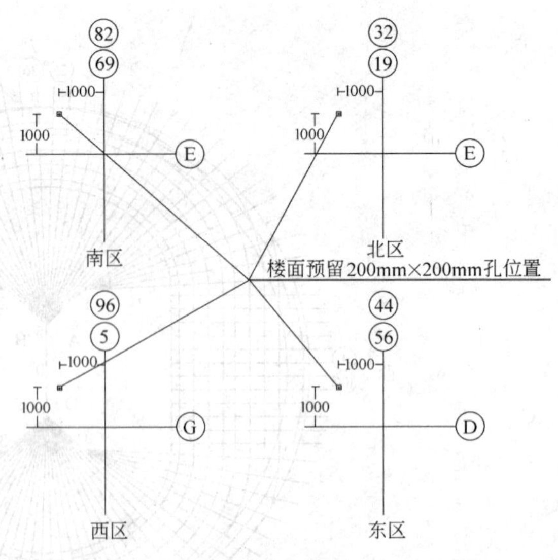

图 4-2　轴线传递预留孔位置示意图

在控制点上架设 DZJ6 激光铅垂仪向上垂直投射至上层空洞处的透明靶上，确定上一层楼轴线控制点，再利用全站仪将点复核，即可得到上层楼平面控制轴线，利用该平面控制体系进行上层楼的施工测量。施测中应注意外控制、内控制所测的数据必须保证一致。内控即为使用室内控制点建立各楼层轴线网，外控即为利用体育场七个定位点直接对可通视的各楼层平面位置及轴线进行的测量结果。

(3) 测量精度

用 AGA510N 型全站仪进行现场放点，用 TC2002 型全站仪进行现场复点，复测结果符合规范要求，$\Delta x=0.002$m，$\Delta y-0.001$m，点位误差 $F=0.002$m，相对精度达到 1/30000，所以，可以不再进行平差计算。

4.1.2　建筑物高程测量控制

(1) 高程引测和要求

依据就近原则，将建设单位提供的场区水准点标高引测至各施工区的结构柱上，各层间高程传递主要用钢卷尺沿结构柱或电梯井处引测，施测时根据两个水准控制点，先用 NA-2 型精密水准仪在向上引测处准确地测出相应的起始标高线，用钢卷尺沿垂直方向向上量至施工层各层的标高线。

水准测量（Ⅱ等）要求：水准视线长度以 50m 为宜；测站前后视线距离之差不大于 1m；两水准点间前后视差不得小于 3m；视线距地面的高度不小于 0.5m。

(2) 沉降观测点的设置和要求

按设计要求，在建筑物+0.5m 标高位置埋设沉降观测标志共 76 个，在建筑物周围布设 4 个水准点作为工作基点。沉降观测标志安装示意如图 4-3 所示。

沉降观测点稳固后进行首次观测。首次观测二个测回，精度符合要求后填写记录表，主体结构施工时每施工完一层观测一次，主体结构验收后砌内外填充墙时，每 3 层观测一次，竣工后，由业主继续观测。第 1 年不少于 4 次，第 2 年不少于 2 次，直到连续 3 次所测数值无变化时停止观测（半年沉降量不超过 2mm 为稳定标准）；如沉降量大时，缩短观测周期。

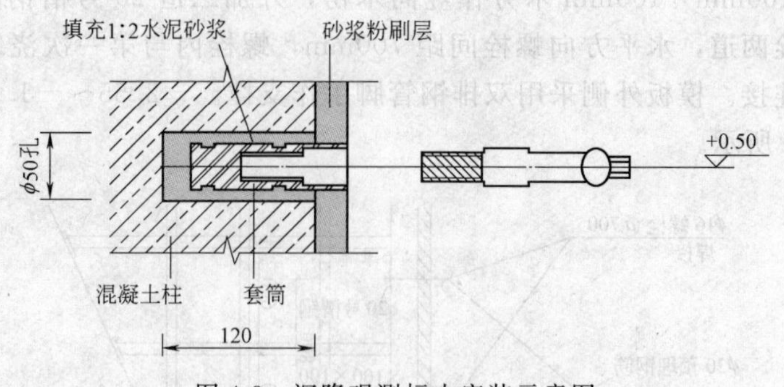

图 4-3 沉降观测标志安装示意图

4.2 基础工程

本工程土方开挖采用反铲挖掘机挖土，人工配合。每个施工区土方量约为 2.5 万 m^3，共计约 10 万 m^3。

钢筋混凝土承台、地梁模板采用九夹板，用木方、钢管加固，南、北区有现浇板部分承台、地梁模板采用砖胎模。基础部分有四个钢拱支座，属于超厚大体积混凝土。在南北两个拱脚之间有长 392m 的预应力地梁连接。拱脚基础顶面为 6m 厚、22.5m 长、7.95m 高的钢筋混凝土主拱支座。钢拱架通过特大、特重的铸钢底座进行连接，并锚在拱脚基础及主拱支座之中，拱脚基础及主拱支座混凝土强度等级为 C35。拱脚基础及主拱支座和 392m 长预应力地梁的顺利施工是本工程成功的关键。

4.2.1 拱脚和主拱支座施工技术

（1）拱脚基础施工

1）方案选择。

3m 厚拱脚基础混凝土分二次浇筑。第 1 次浇筑 1.55m 厚，第 2 次浇筑 1.45m 厚，基础四周采取了砖胎模，并在胎模外侧填土保温。

2）模板工程施工。

拱脚基础分二次施工，第一次 1.55m 高全部采用砖胎模，其中，1050mm 高为 490 砖模，500mm 高为 370mm 砖模。在－2.55m 标高以上，在靠近Ⓜ轴一侧和东、西两侧，采用 370mm 厚砖模，仅张拉端采用九夹板作基础侧模。

砖胎模用 M7.5 水泥砂浆和 MU10 标准砖砌筑。基坑开挖深度为 3.5m，在施工砖胎模的同时，砌净孔 φ500mm 圆形集水井 4 个，利用砖胎模作集水井一侧井壁，并在砖胎模底－4.1m 标高留设 φ80mm 泄水孔，确保施工过程基坑干燥，无水作业。砖胎模及集水井位置如图 4-4 所示。

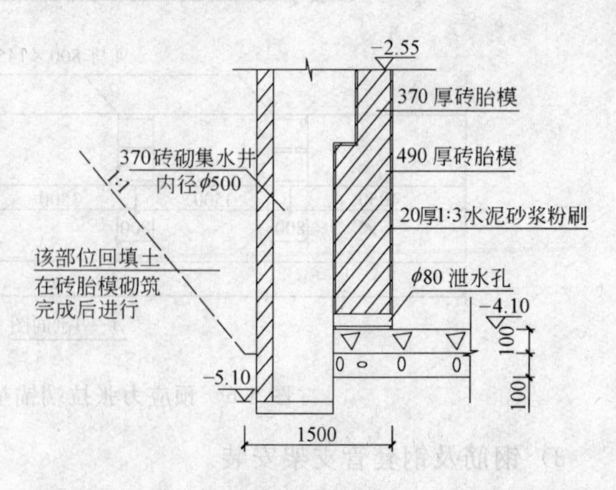

图 4-4 砖胎模及集水井示意图

在拱脚张拉端，从－2.55m 到－1.1m 标高采用九夹板模板和钢管作支撑系统。

在九夹板外侧用100mm×100mm木方作竖向木楞，外加二道20号槽钢围檩，并在该部位竖向加ϕ16螺栓两道，水平方向螺栓间距700mm，螺栓内与第一次浇筑混凝土时埋设的ϕ20钢筋焊接连接。模板外侧采用双排钢管脚手作支撑。－2.55～－1.1m张拉端一侧，模板支撑如图4-5所示。

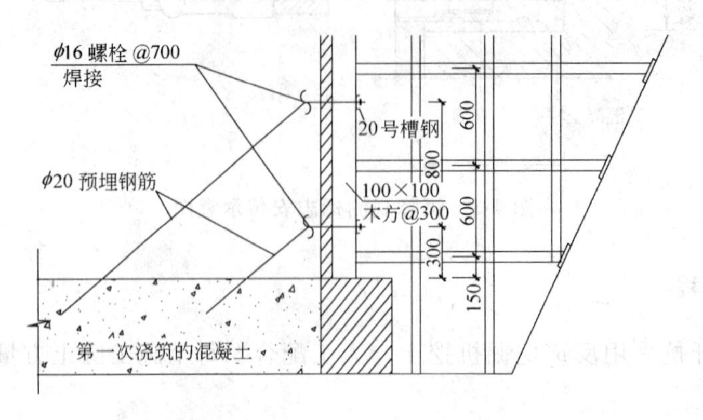

图4-5 －2.55～－1.10m张拉端一侧模板支撑示意图

在拱脚基础外侧预应力筋张拉端位置，用木料做800mm×1450mm喇叭形木盒，嵌入拱脚基础端头部位，按设计要求，在基础张拉端配有8个锚具端头，锚板尺寸为380mm×380mm×100mm，锚垫板埋入基础深度为600mm。预应力张拉端锚垫板和木盒位置示意如图4-6所示。

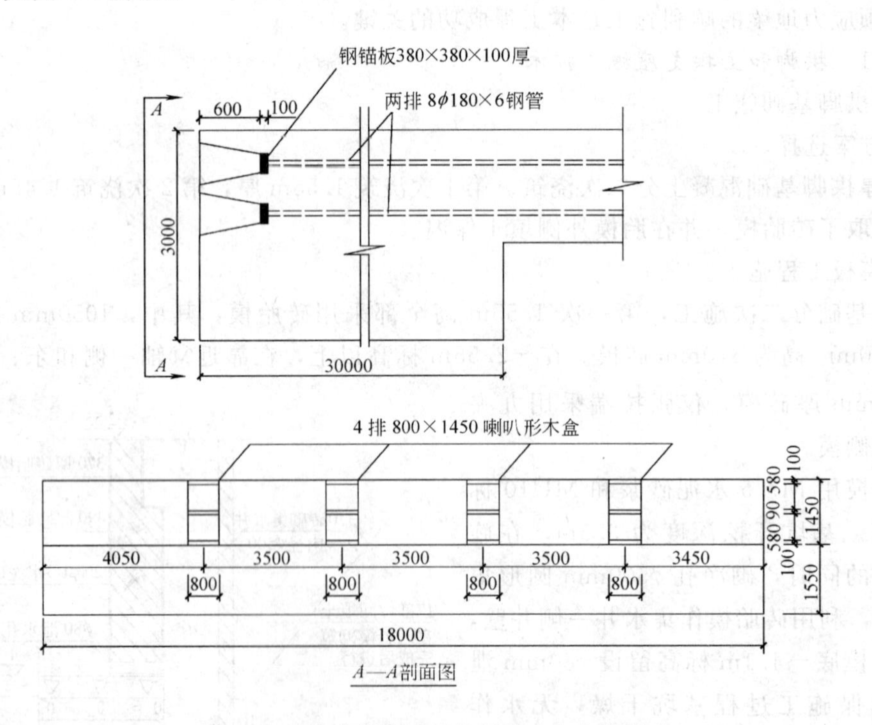

图4-6 预应力张拉端锚垫板和木盒位置示意

3）钢筋及钢套管支架安装。

拱脚基础四层钢筋网直径分别为ϕ20mm和ϕ25mm，均采用直螺纹机械连接。将中间钢筋网片位置设置在距垫层面以上1.45m的位置，使混凝土接触面能留置凹槽位。

两层钢筋网片之间用ϕ25钢筋做成“[”形支撑筋，间距1.5m，呈梅花形布置。与上、下层钢筋焊接连接。

在浇筑上层1.45m厚拱脚基础时，不仅要保证上层钢筋位置的准确，而且要固定好预应力筋钢套管的位置，以及保证钢锚垫板和预埋木盒位置的准确，预应力钢套管通过∟50×5mm角钢支架进行固定，钢套管支架如图4-7所示。

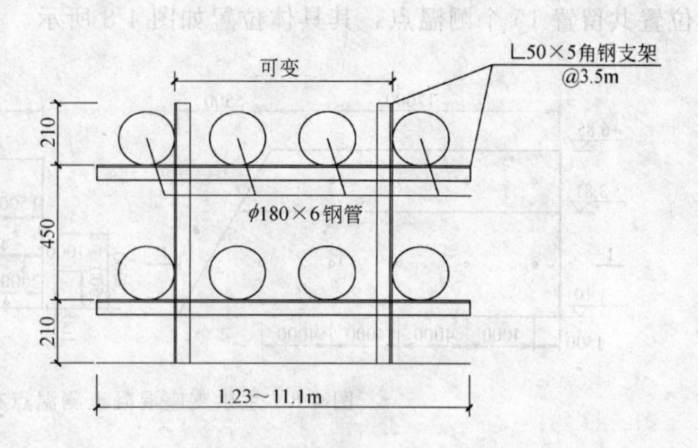

图4-7 预应力钢套管支架示意图

4）混凝土分层施工：

① 施工缝做法及要求

在拱脚基础1/2高度处设施工缝，拱脚混凝土分两次浇筑，第1次浇到－2.55m标高处，混凝土表面留锯齿状凹槽及插筋，混凝土凹槽宽1m、深100mm，间距1m。插筋为ϕ20mm@1m，插筋长1.4m，上下各700mm，外侧两排插筋上端呈斜向，端头用作焊接对拉螺栓。

② 混凝土配合比设计

通过配合比的确定，要选择低水化热水泥，尽量减少水泥用量和掺外加剂和外掺料，改善施工条件，提高混凝土的性能，施工时拱脚C35级混凝土每立方米材料用量：PO42.5水泥346kg，2.5mm江砂744kg，5～31.5mm石子1071kg，JM-3（B）外加剂34kg，水165kg，Ⅱ级粉煤灰40kg。

③ 混凝土的浇筑

采用商品混凝土浇筑，用2台混凝土泵，从基础一端向另一端浇筑，分层厚度50cm以内，浇筑时采用“分段定点，一个坡度，薄层浇筑，循序渐进，一次到顶”的方法进行施工。

④ 混凝土的泌水和表面处理

在混凝土浇筑过程中，将上涌的水和浮浆顺混凝土坡面下流到坑底。使大部分泌水顺垫层坡度通过两侧模板底部预留孔排出坑外，少量泌水在基础顶端排出。

施工时，在表面均匀撒一层洁净石子，并在每次混凝土浇筑完毕收水过后，用木抹子抹压两遍，使混凝土表面保持毛面。

⑤ 混凝土表面的养护

基础表面及时覆盖2层塑料薄膜，4层麻袋，并设专人养护并保持麻袋处于湿润状态。侧面木模拆除后，随即做好保温、保湿养护。

5）测温监控

预先留好测温位置。采用JDC-2型便携式电子测温仪进行测温，施工时在测温点留置测温探头，将3mm×25mm探头和导线固定成一体。在拱脚第一层施工的基础厚度1/2

位置共留置 15 个测温点，其具体位置如图 4-8 所示。

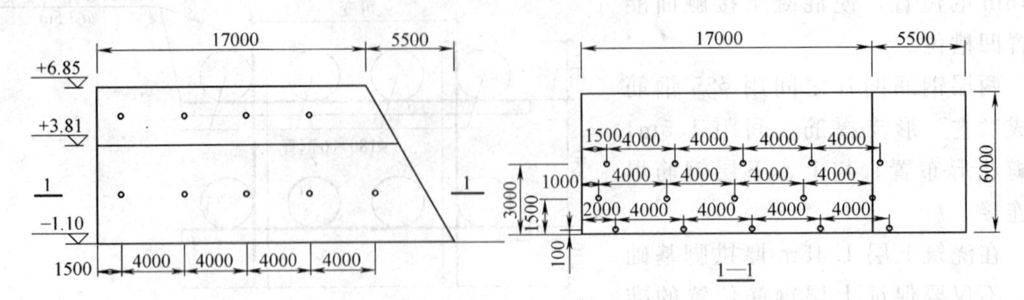

图 4-8　主拱支座混凝土测温点布置示意图

每天 24h 安排人员定时进行测温，开始前 5d，每 2h 测温一次，并做好记录，发现异常，及时进行处理。

(2) 主拱支座施工

1) 施工方案。

主拱支座大体积混凝土分 *a*、*b*、*c* 区 3 次施工，分区施工示意如图 4-9 所示。

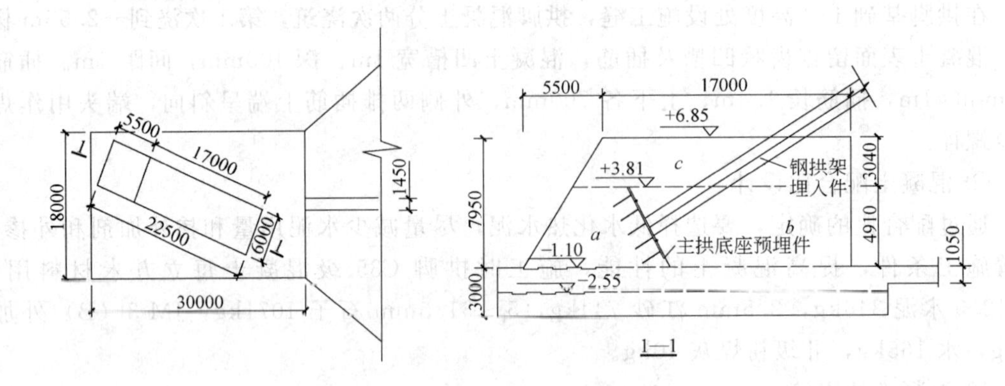

图 4-9　拱脚基础及主拱支座位置和剖面示意

2) 主拱支座大型预埋件安装。

主拱支座预埋件平面尺寸为 5.5m×5m，厚 60mm，单体重量达 38t，在 −1.1m 拱脚基础混凝土强度达到要求时，采用 150t 汽车吊一次安装就位，大型预埋件采用 4 道 160mm×160mm×10mm 角钢焊接固定，角钢的下端与拱脚基础预埋铁件焊接固定。在距大型预埋件的顶部 600mm 处采用 ϕ217 钢管作支撑，控制预埋件的角度和稳定性。

在 60mm 厚角度为 45°的钢板面上留八个直径为 200mm 的孔，作为混凝土的浇筑孔。在斜面板的后背焊 1500mm 长、20mm 厚锚板，在每块锚板上均留有 ϕ300 孔，使混凝土在浇筑时能进入主拱支座底部。主拱支座大型预埋件安装如图 4-10 所示。

3) 钢筋绑扎安装。

主拱支座钢筋直径从 ϕ14～ϕ28mm，d<22mm 水平钢筋采用闪光对焊，d<22mm 竖向钢筋采用电渣压力焊，d≥22 水平钢筋和竖向钢筋均采用直螺纹连接。

在拱脚基础施工时，按设计图纸和分区施工要求预先留好插筋。主拱支座外侧钢筋一次制作成型，中部的钢筋打弯后避开或绕过主拱钢管。在预埋铁件处，从预埋件孔洞中穿

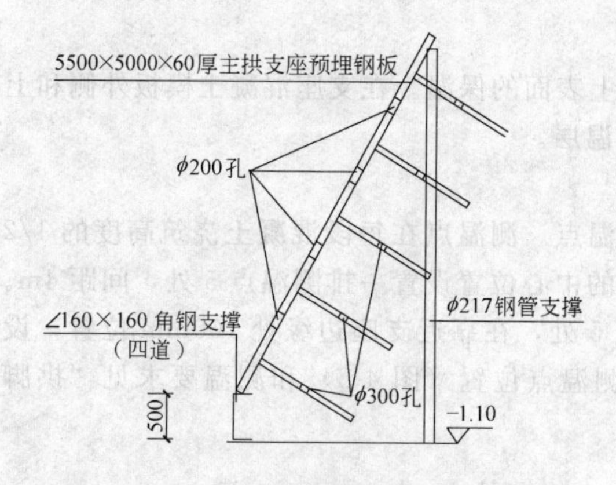

图 4-10 主拱支座大型预埋件安装示意图

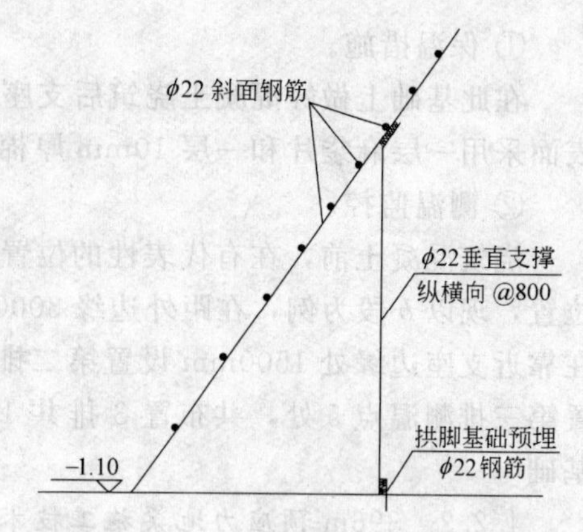

图 4-11 主拱支座斜面钢筋支撑示意图

过或与预埋铁件钢板焊接。

在 6m 厚的墙体中，设计共配有五排竖向钢筋网，间距 1.5m，靠外墙两侧各 1 排，中间 3 排，5 道竖向钢筋之间用拉结筋连系固定其位置。对大斜面的钢筋绑扎，一端采用 ϕ16mm 螺栓拉结，固定在斜面外模板支撑体系的钢管上，另一端将拉结螺栓焊接固定在斜面钢筋上；同时，在斜面钢筋的下部，采用 ϕ22mm 钢筋作垂直支撑，支撑根部与拱脚基础预埋 ϕ22mm 钢筋焊接，支撑顶部与斜面钢筋焊接。ϕ22mm 钢筋垂直支撑纵、横向间距 800mm，通过 ϕ22mm 钢筋作斜面钢筋的垂直支撑，ϕ22mm 钢筋垂直支撑如图 4-11 所示。

4）模板安装。

模板采用竹夹板，50mm×100mm 木方作竖楞，ϕ48mm 钢管作固定模板的支撑体系。主拱支座侧壁模板一次到位。支模时，在竹夹板外侧采用 50mm×100mm 木方作竖肋，横向间距 250mm。对拉螺栓采用 ϕ16mm 钢筋加工，横向间距 500mm，竖向间距 650mm。对拉螺栓在主拱支座宽度方向通长设置，在长方向与支座钢筋焊接固定，如图 4-12 所示。

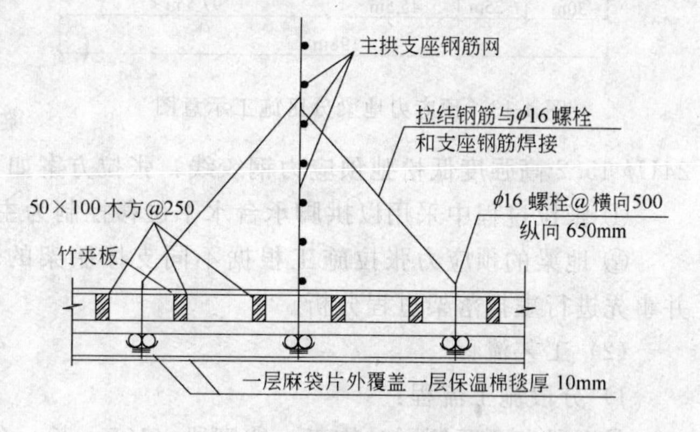

图 4-12 主拱支座模板安装示意图

5）混凝土浇筑施工。

施工时，主拱支座大体积混凝土的配合比和每立方米混凝土材料用量与拱脚基础相同。

混凝土浇筑采用 4 套泵管，从带斜坡的一端往另一端分层浇筑，分层振捣，分层厚度不超过 500mm。浇筑混凝土的操作平台可设在-3.91m 标高处，振捣手下到底部分层振捣，振捣手可在竖向钢筋网上铺临时短跳板，分层铺设，分层往上操作。

按分区要求留置施工缝，施工缝做法同拱脚基础，在分层表面做成凹槽形式，间距 1m。由于采用泵送混凝土，每个区段浇筑完毕后，表层水泥浆较厚，可在表面均匀撒上一层洁净石子，并及时做好表面抹压、拉毛。

6）保温措施和测温监控：

① 保温措施。

在此基础上做好混凝土浇筑后支座四周及上表面的保温。在支座混凝土模板外侧和上表面采用一层麻袋片和一层10mm厚棉被作保温层。

② 测温监控。

浇筑混凝土前，在有代表性的位置布置测温点。测温点在每段混凝土浇筑高度的1/2位置，现以b段为例，在距外边缘3000mm处的中心位置设置一排测温点5处，间距4m。在靠近支座边缘处1500mm设置第二排测温点5处，在靠近支座边缘处100mm位置，设置第三排测温点5处，共布置3排共15处。测温点位置（图4-8）和测温要求见“拱脚基础”。

4.2.2 396m预应力地梁施工技术

（1）方案选择

1）分区段施工方案。

两拱脚基础间预应力地梁总长达396m，南北两端对称。预应力地梁的施工包括钢管预埋、预应力筋穿管、非预应力筋绑扎、支模和混凝土浇筑。根据整个施工进度的安排，将396m长预应力地梁根据不同部位，组织分区段进行施工。即首先组织体育场看台基础位置预应力地梁施工，其次进行体育场中部球场区的地梁施工，然后进行Ⓜ轴到拱脚之间地梁及板施工，最后进行拱脚内的地梁施工。分区段施工的平面位置如图4-13所示。

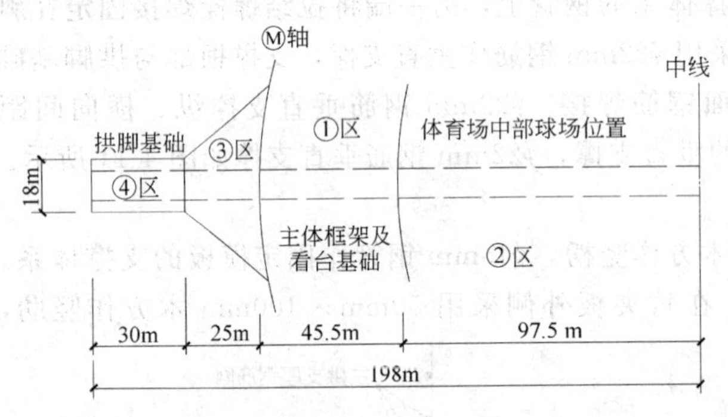

图4-13 预应力地梁分区施工示意图

2）预应力地梁张拉方案。

预应力地梁长度达396m，每道地梁内配置8束预应力筋，每束24Uϕ^s15.2高强度低松弛预应力钢绞线，张拉方案如下：

① 张拉过程中采用以拱脚承台水平位移控制为主，结合控制张拉力的双控方案；

② 地梁的预应力张拉施工根据不同支撑胎架的落架状态分批、分级、分阶段进行，并事先进行虚拟落架过程分析。

（2）工艺流程

1）分段施工流程：

①区段东西两侧同时施工→②区段（195m长）分5段施工→③区段东西两测同时施工→④区段东西两侧与拱脚基础上层混凝土同时施工。

2）预应力地梁施工工艺流程（以②区段为例）：

土方开挖→垫层混凝土→胎模、木模施工→型钢支架安装→绑扎非预应力筋→ϕ180×6钢管铺设（先下层，后上层）→观察孔预埋钢套管安装→分段地梁混凝土浇筑（四个观察孔位置暂不浇筑混凝土）→人工穿ϕ^s15.2钢绞线→每束（24根）ϕ^s15.2钢绞线墩头→用5t卷扬机牵引每束410m钢绞线→观察孔钢套管安装→观察孔位置地梁混凝土浇筑→养护→预应力张拉。

（3）施工操作要点

1）预应力地梁铺束施工：

① 孔道留设。

预应力孔道采用ϕ180×6 无缝钢管留孔，为保证预应力孔道基本平直，采用角钢焊成型钢支架支撑钢管，施工中用水准仪抄平，在支架安装完毕，并经复核标高、位置无误后，即可进行地梁非预应力筋的绑扎安装。钢管标高上下误差控制在±20mm 之内，水平位置和两钢管中心距误差也不得大于±30mm。钢管整体目测直线顺畅，无明显折点。ϕ180×6mm 钢管的连接，采用长度约 500mm、ϕ190×6mm 钢套管连接，连接后与ϕ180×6mm 钢管焊接固定，如图 4-14 所示。

② 观察孔钢套管安装。

位于看台之间球场区段的预应力地梁长度达 195m，为了确保预应力筋穿束顺利进行，在 195m 长度的第②区段范围内分 5 段施工，在各段之间设 8.5m 长后浇段 4 处，并在后浇段的钢管上各留出 4m 长观察孔，在穿过预应力钢绞线时，可观察 24 根钢绞线在穿束过程中有无故障，待顺利穿完后，将 4 个后浇段中约 4m 长的ϕ190×6mm 钢套管就位封闭，然后进行预应力地梁后浇段混凝土浇筑。钢套管安装就位如图 4-15 所示。

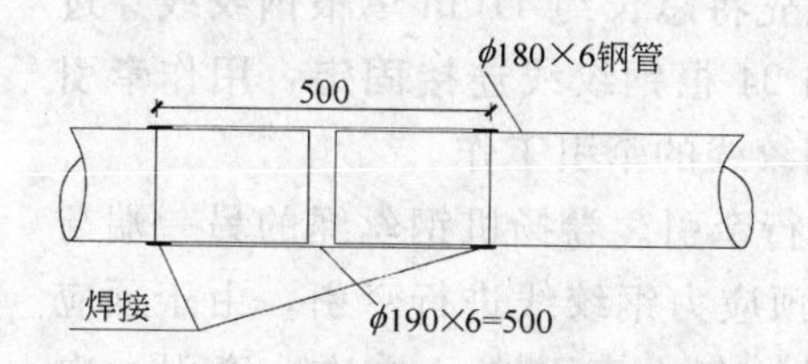

图 4-14 预埋钢管的连接示意图

φ180×6钢管
24Uφ^{s}15.2钢绞线
约8.5m
φ180×6钢管
φ190×6钢套管
就位前的位置
φ190×6钢套管
就位后的位置
约4m观察孔

图 4-15 观察孔 ϕ190×6mm 钢套管安装示意图

③ 下料与穿束。

预应力筋按照单根在厂家下料，单根成捆运至现场。由于预应力筋较长，难以实现人工穿束，因此，采用卷扬机牵引穿束，考虑到若机械单根穿束，则后穿预应力筋由于已穿预应力筋的封堵，将很难施工，故采用整束穿管。

穿束前在直径 110mm、厚 35mm 的钢板上穿 ϕ6mm 孔洞，将 ϕ^s15.2mm 钢绞线外围 6ϕ5mm 钢丝剪短 50～100mm 左右，仅留出中间 1ϕ5mm 钢丝穿过钢板（直径 110mm，厚 35mm）上 ϕ6mm 小孔内，如图 4-16 所示。

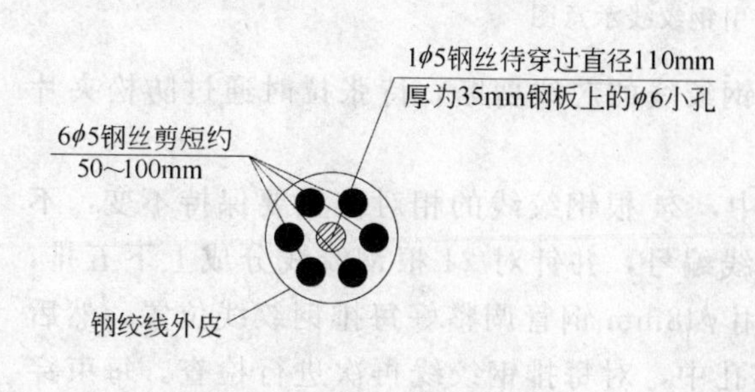

图 4-16 钢绞线截面示意图

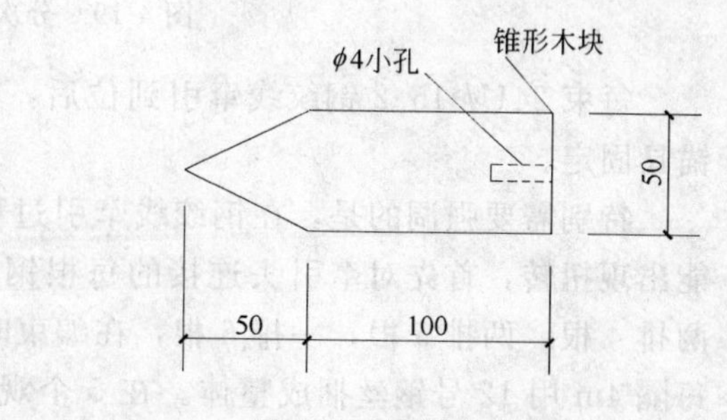

图 4-17 锥形木块示意图

穿束前，先将自制锥体形木块的根部钻一个 ϕ4 小孔，将 ϕ6.5 钢筋套丝后与木块根部固定，如图 4-17 所示。再将 ϕ6.5 钢筋的另一端与 ϕ^s15.2mm 钢绞线通过挤压锚连接，由人工将带有锥形木块和 $\phi 6.5$ 钢筋及钢绞线穿入 $\phi 180\times 6$mm 预埋好的钢管内，在钢绞线端部安装特制牵引头，用牵引头固定钢绞线，利用卷扬机，整束一次性穿管。钢绞线墩头及牵引头的连接示意图如图 4-18 所示。

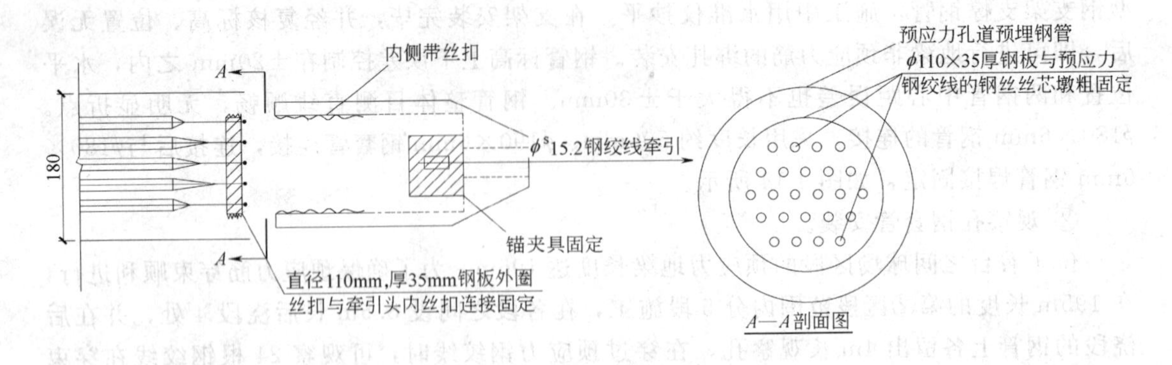

图 4-18 预应力芯筋墩头安装后牵引示意图

④ 牵引。

地梁施工过程中，在各分区段安装钢管时，由人工先将总长约 410m 单根钢绞线穿过 $\phi 180\times 6$ 预埋钢管内，作为牵引线，最终通过牵引头和 24 根钢绞线连接固定，用作牵引的钢绞线另一端与卷扬机钢丝绳连接固定，然后进行钢绞线的牵引工作。

每束 24 根预应力钢绞线编组后，采用 5t 卷扬机进行牵引。卷扬机钢丝绳的另一端与牵引单根钢绞线连接线固定后，通过牵引头拉结 24 根预应力钢绞线进行牵引，由于预应力筋总长达 410m，用卷扬机钢丝绳不能一次牵引到位，每次牵引 25m 左右。牵引一次后，重新转换钢丝绳与连接的牵引点进行牵引，直到全部牵引到位。分次牵引方法如图 4-19 所示。

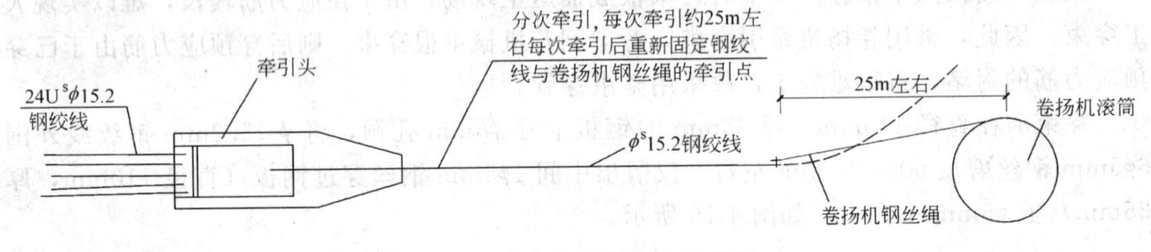

图 4-19 分次牵引钢绞线示意图

每束 $24\mathrm{U}\phi^{s}15.2$ 钢绞线牵引到位后，将钢绞线的芯线剪断，待张拉时通过防松夹片锚具固定。

特别需要强调的是，在钢绞线牵引过程中，24 根钢绞线的相对位置要保持不变，不能出现扭转，首先对牵引头连接的每根钢绞线编号，并针对 24 根钢绞线分成上下五排，两排 4 根，两排 5 根，一排 6 根，在编束时用 $\phi 48$mm 钢管调整好每排钢绞线位置，然后每隔 4m 用 12 号钢丝捆成整体。在 5 个观察孔中，对每排钢绞线再次进行检查。每束穿筋完成后，在两端对每根钢绞线进行编号固定。

⑤ 张拉端端部处理。

预应力锚具采用 OVM15-24FS 防松夹片锚具，端部采用专用配套铸铁锚垫板和螺旋筋，将其可靠地固定在钢筋支架上，并凹进基础侧面600mm。

2）模板安装。

根据施工方案，模板采用九夹板分段支模，分段施工时两端用钢板网封堵混凝土。在8.5m长后浇段施工时，考虑施工过程较长，施工工序较多，为便于施工，采用240mm砖胎模作地梁的侧模。砖胎模施工完毕，其他位置地梁侧面木模拆除后，就可以进行地梁两侧土方回填。而预应力地梁位于后浇段的混凝土必须在钢套管内的穿束完成，观察孔钢管焊接封闭后才能进行浇筑。

3）混凝土分段浇筑施工。

非预应力筋和预应力孔道预埋钢管及支架位置、标高经检查验收符合要求后，分段浇筑混凝土，由于预埋钢管多，要做好钢管下及其两侧混凝土的认真振捣。先浇筑分段混凝土，后浇筑后浇段混凝土，由于预应力地梁超长，为防止混凝土地梁在张拉前产生温度和收缩裂缝，在混凝土中掺JM-Ⅲ（A）型高效抗裂增强剂，掺量为8%。施工时采用商品混凝土泵送到位，每段混凝土一次浇筑振捣完毕。

4）地梁预应力张拉：

由于主拱结构自身的特性，屋面结构成形后主拱在自重及上部荷载作用下将产生沿拱脚基础轴线的水平推力，该水平推力由预应力混凝土地梁承担。为抵抗主拱水平推力，预应力张拉需要在主拱安装后及部分屋面荷载情况下和支撑胎架拆除前进行分批、分阶段对称张拉。

① 采用双控进行张拉。

在张拉过程中，以控制拱脚承台水平位移为主，同时对张拉应力值进行控制。张拉施工前，在每个拱脚承台上设置2个位移观测点，采用全站仪和4个千分表双控措施监控水平位移，如图4-20所示；根据预应力地梁中无粘结预应力钢绞线束的配置情况，在每道地梁的两端埋设JMZX-3XOO型智能弦式数码传感器，分别埋设在两根梁的对角张拉端，如图4-21所示，进行钢绞线预应力值的监控测试。

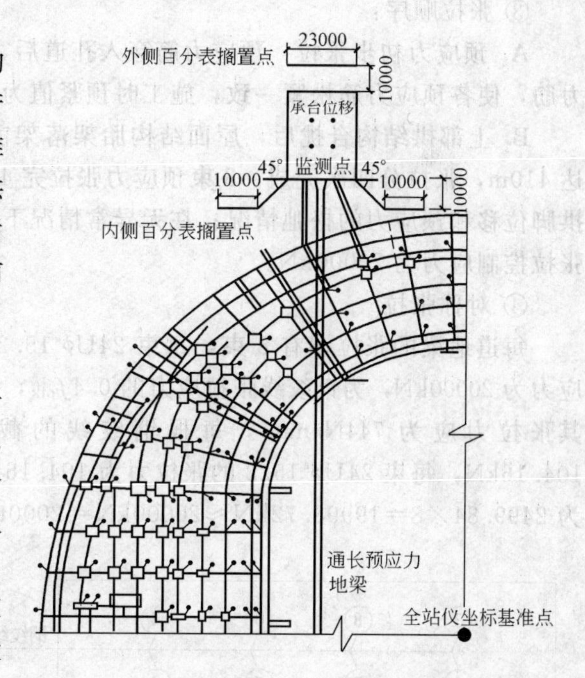

图4-20　位移监控点平面布置图

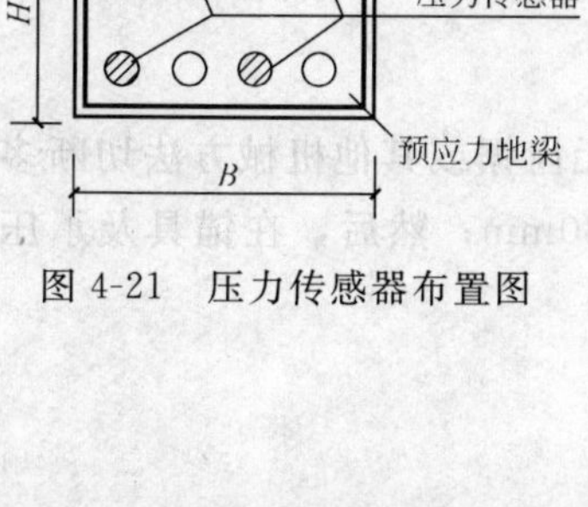

② 采用群锚进行张拉。

张拉前，先加工直径ϕ260×130mm厚钢板，并在钢板上预先加工好25个ϕ19孔（其中中心位置1ϕ19孔为出气孔），使每束钢绞线穿过钢板，通过群锚夹片固定在ϕ260×130mm厚的锚垫板上。采用650型千斤顶进行张拉，张拉时通过锚垫板将张拉应力均匀传递到380mm×380mm×50mm拱脚基础钢承垫板上。群锚张拉端节点

穿心式
压力传感器
预应力地梁
H
B

图4-21　压力传感器布置图

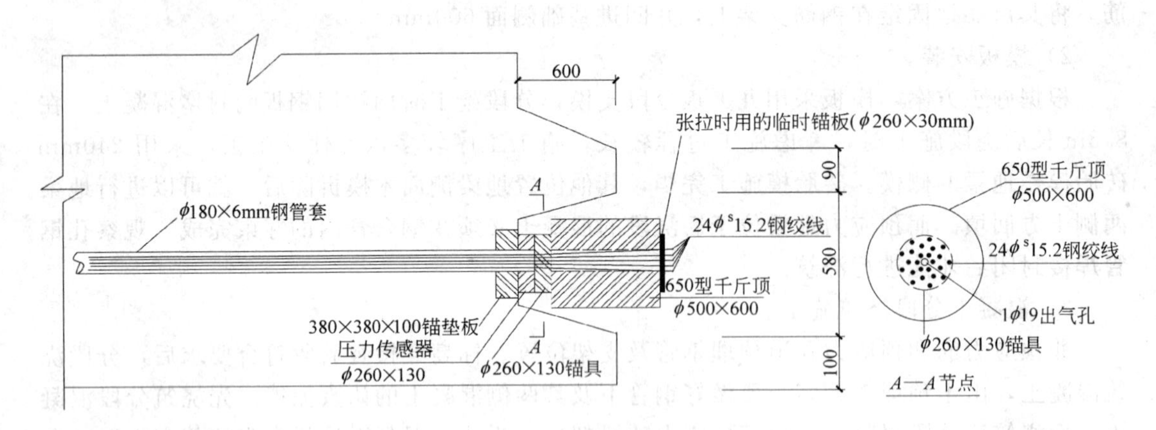

图 4-22　群锚张拉端示意图

如图 4-22 所示。

③ 张拉顺序：

A. 预应力初步张拉：预应力筋穿入孔道后，在正式张拉前进行初步张拉，调整预应力筋，使各预应力筋松紧一致，施工时预紧值为 21t；

B. 上部拱结构合拢后，屋面结构胎架落架前张拉地梁预应力钢绞线，由于钢绞线长达 410m，张拉分四次完成。8 束预应力张拉完 4 束后（即 1、2、3、4），停止 20h，观察拱脚位移和预应力的松弛情况；在无异常情况下，继续张拉另 4 束预应力筋。8 束预应力张拉控制应力为 20000kN。

④ 对称张拉

每道地梁的张拉端有 8 束，每束 24Uϕ^s15.2 高强度低松弛预应力钢绞线，总的张拉应力为 20000kN，为钢绞线张拉应力的 0.4f_{ptk}，即 $\sigma_{con}=0.4f_{ptk}=0.4\times1860=744\text{N/mm}^2$，其张拉力应为 744N/mm²，每根钢绞线的截面为 140mm²（744N/mm² × 140mm² = 104.16kN，每束 24Uϕ^s15.2 的张拉力为 104.16×24＝2499.84kN，所以 8 束的总张拉力为 2499.84×8＝19998.72kN≈20000kN＝2000t），每束张拉力为 2499.84kN≈250t，采用 650 型千斤顶，其额定张拉力为 650t，满足要求。由于每束钢绞线的张拉力特别大，8 束预应力筋必须对称张拉，张拉端锚具采用 OVM15-25FS 防松夹片锚具。施工时按图 4-23 所示顺序进行对称张拉。

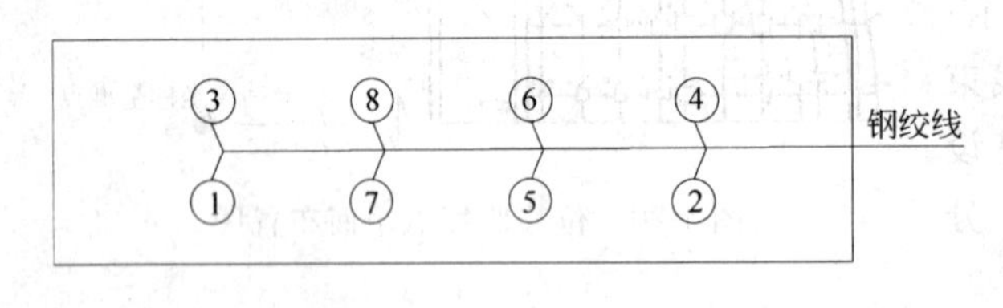

图 4-23　预应力对称张拉示意图

8 束预应力筋拉完 4 束（即 1、2、3、4）后停止 20h，观察拱脚位移和预应力的松弛情况；在无异常情况后，继续张拉另 4 束预应力筋。

5）端部注油及封堵。

预应力筋张拉完毕经检查无误后，即可采用砂轮锯和无齿锯或其他机械方法切断多余的钢绞线，切割后的钢绞线外露长度距锚环夹片的长度为 30mm；然后，在锚具及承压板表面涂以防水涂料，清理穴口，用 C30 细石混凝土封堵。

4.3 主体结构工程

本工程柱立筋 ϕ20 以上采用滚轧直螺纹连接，ϕ20（含 ϕ20）以下采用电渣压力焊连接；梁主筋 ϕ20 以上采用滚轧直螺纹连接，当钢筋直径为 16mm、18mm、20mm 时，采用闪光对焊或搭接电弧焊连接；当钢筋直径在 14mm（含 ϕ14）以下时，采用绑扎搭接；剪力墙暗柱钢筋及竖向钢筋连接方法同框架柱，剪力墙中分布钢筋直径一般在 ϕ14 以下，采用搭接连接或电弧焊连接；现浇板钢筋、框架梁腰筋采用绑扎搭接和闪光对焊相结合的方法。

根据本工程清水混凝土的特点，模板体系的选用如下：

剪力墙：采用 12mm 厚竹夹板，背枋和托枋均采用 50mm×100mm 木枋，ϕ48 钢管，另用 ϕ12 对拉螺栓加固。

圆柱：采用 4mm 厚钢板制作定型钢模，∟40×4 角钢加固或 4mm 厚扁钢加固。

框架梁：采用 12mm 厚竹夹板，背枋和托枋均采用 50mm×100mm 木枋，碗扣式脚手架和 ϕ48 钢管支撑，ϕ12 对拉螺栓加固。

现浇板：采用 12mm 厚竹夹板，背枋和托枋均采用 50mm×100mm 木枋，ϕ48 钢管和碗扣式脚手架及多功能早拆体系。

楼梯：采用 12mm 厚竹夹板，背枋和托枋均采用 50mm×100mm 木枋，ϕ48 钢管。

本工程主体结构混凝土强度等级为 C40，主要采用商品混凝土泵送施工工艺，其最大水灰比 0.6，最小水泥用量 250kg/m^3，最大氯离子含量 0.3kg/m^3，最大碱含量 3.0kg/m^3。

4.3.1 900m 超长楼面结构无缝施工技术

本工程外围呈圆形，半径为 142.8m，周长约 900m，内侧近椭圆形，长轴长 195m，短轴长 132m，周长约 545m。看台范围东西宽，南北窄，最大宽度 75m，最小宽度 45.3m。整个建筑面积为 133600m^2，其中，首层面积约 44000m^2，设计没有设置变形缝，属于超长大面积混凝土楼面结构。

（1）方案选择

1）东、西、南、北四个区分别组织施工。每区施工时划分⚠1、⚠2、⚠3、⚠4四个施工段，分别进行混凝土浇筑，在⚠1、⚠2块与⚠3、⚠4块之间各设一般的施工缝，作为环向预应力的工作面，以减少混凝土一次的浇筑量，环向预应力筋分为①、②、③段分别进行张拉，分段浇筑混凝土和分段张拉如图 4-24 所示。

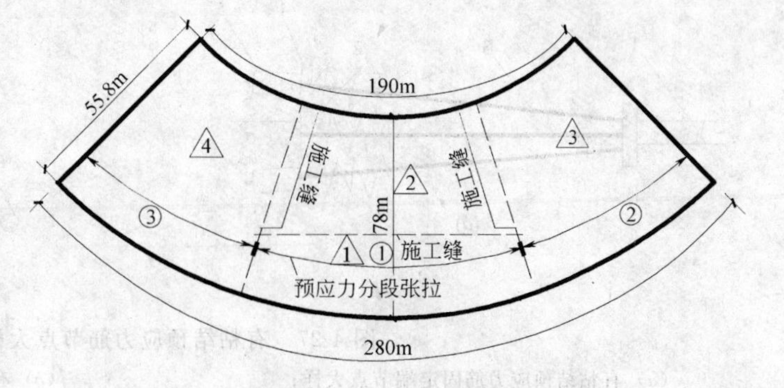

图 4-24　混凝土分段施工、预应力筋分段张拉示意图（东区尺寸）

2）为了避免混凝土楼面结构混凝土在张拉前的施工过程中产生温度和收缩裂缝，在楼面和看台 C40 级每立方米混凝土中掺加了 JM-Ⅲ$_{(B)}$ 33kg（看台中）、JM-86.44 kg（混凝土楼面中）、聚丙烯纤维0.8kg、Ⅱ级粉煤灰50kg等外加剂及掺合料，改善混凝土的性能。

3）在混凝土强度达到设计强度75%时，可进行预应力张拉。先张拉环向无粘结预应力筋，再张拉径向有粘结预应力筋，最后张拉竖向圆柱中的无粘结预应力筋。预应力筋均采用$\phi^s 15.2$-1860级高强低松弛钢绞线，最终控制张拉应力$\sigma_{con}=0.7f_{ptk}$。对于超长束预应力筋的张拉，采用超张拉回松技术的张拉工艺，消除由于超长而产生的松弛对预应力的损失。

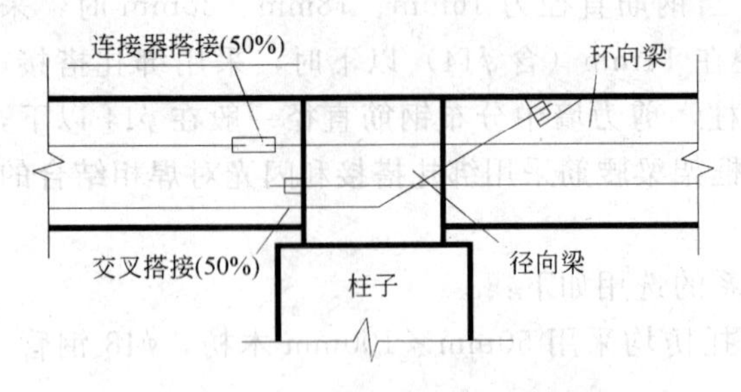

图4-25 预应力筋连接接头示意图

4）预应力筋采用50%连接器，作为无粘结预应力筋的连接接头，另外50%预应力筋采用交叉搭接。其接头形式如图4-25所示。

环向无粘结预应力和径向有粘结预应力筋的张拉端、固定端和连接器如图4-26所示。有粘结预应力筋固定端、张拉端示意图如图4-27所示。

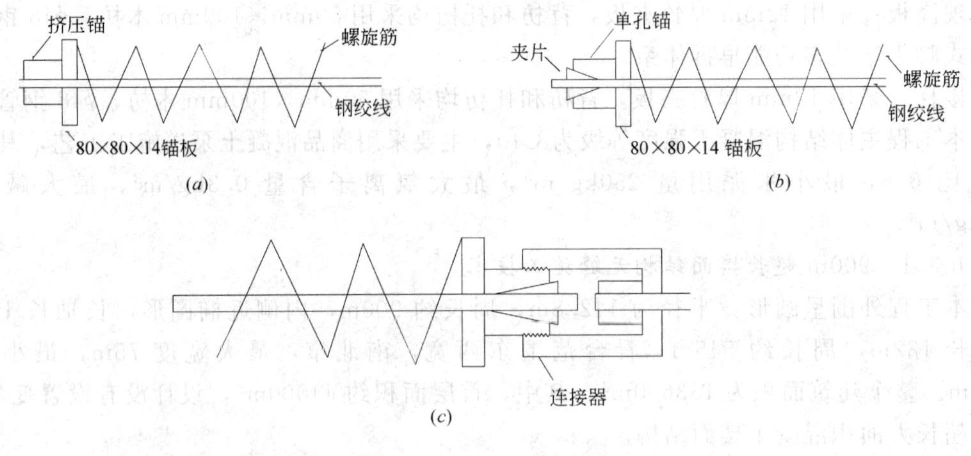

图4-26 环向无粘结预应力筋接头示意图

（*a*）固定端示意图；（*b*）张拉端示意图；（*c*）连接器示意图

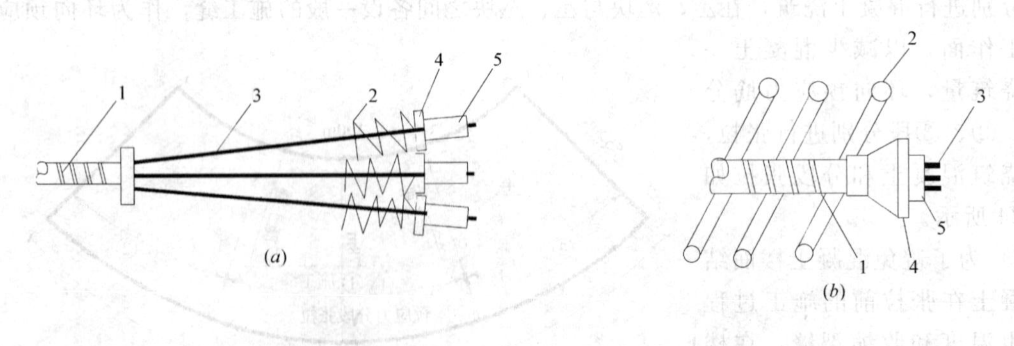

图4-27 有粘结预应力筋节点大样

（*a*）有粘结预应力筋固定端节点大样；
1—波纹管；2—螺旋筋；3—钢绞线；
4—钢垫板；5—挤压锚具

（*b*）有粘结预应力筋张拉端节点大样
1—波纹管；2—螺旋筋；3—钢绞线；
4—喇叭管；5—锚具

5）在后浇跨两侧楼面混凝土施工后，环向、径向和竖向预应力全部张拉完毕，且室外最低气温低于＋15℃时，再进行后浇跨的混凝土施工，以减少混凝土内外温差，防止出现温度裂缝。

后浇跨楼板内的预应力筋张拉端和锚固端相互对称错开，如图4-28所示。后浇跨预应力值为$\sigma_{con}=0.75f_{ptk}$，比楼面结构大5%，并且在张拉时再超张拉5%。

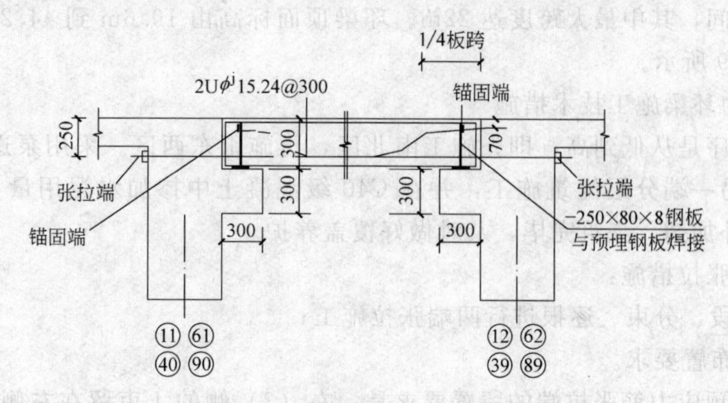

图4-28 两侧对称示意图

（2）施工组织管理

1）根据东、西、南、北四个区，分别组织四个施工队进行施工，各个施工队分别按木工、钢筋工、混凝土工、架子工等专业进行流水作业，交叉施工。

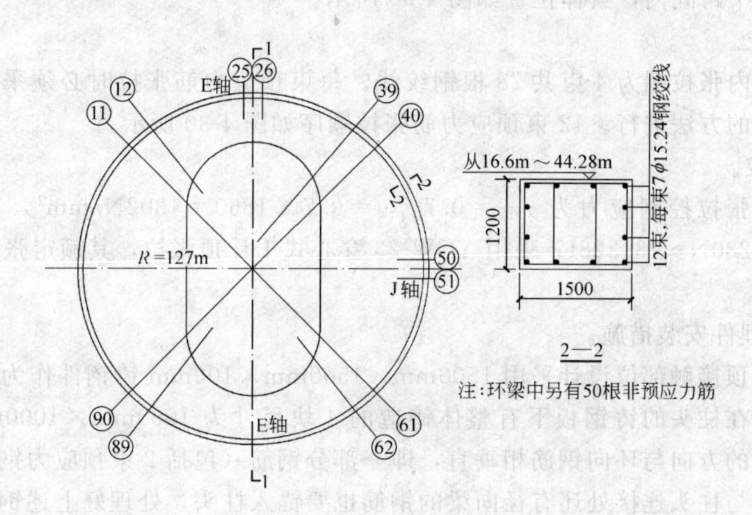

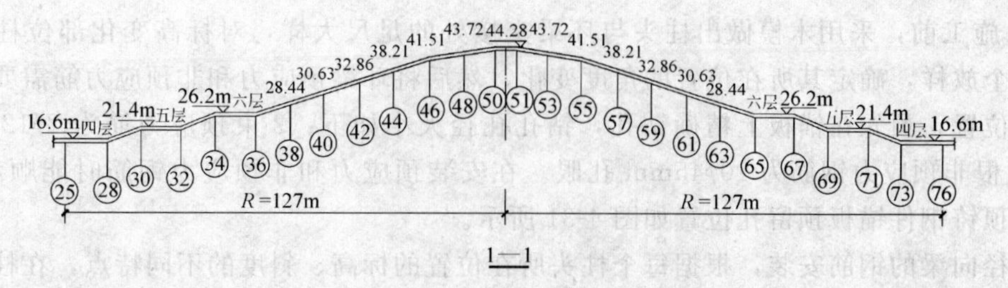

图4-29 环梁平面位置及剖面示意图

2）对预应力结构的施工，分别成立两个预应力张拉专业施工队，分别进行东区、北区和南区、西区的施工。

4.3.2 812m长大型环梁无缝施工技术

南京奥体中心主体育场屋面环梁沿钢结构屋盖支座处周围布置，截面尺寸为1500mm×1200mm（宽×高），周长约812m，环梁下共有52根钢筋混凝土柱，构成跨度不同的52个跨间，其中最大跨度达22m。环梁顶面标高由16.6m到44.28m不等，其标高变化如图4-29所示。

（1）预应力环梁施工技术措施

1）施工顺序是从低到高，即先施工南北区，再施工东西区。采用泵送商品混凝土从分段的一端往另一端分层浇筑施工，并在C40级混凝土中掺加水泥用量7%JM-Ⅲ（A）高增强型抗裂外加剂。浇筑完毕，及时做好覆盖养护。

2）预应力张拉措施：

① 采用分段、分束、逐根进行两端张拉施工；

② 张拉端布置要求。

环梁12束预应力筋张拉端的留置要求是：右（3）侧的4束留在左侧，左（1）侧的4束留在右侧。环梁上表面的2束留在两个侧面，下表面的2束留在上面；同时，要按同一截面为4束的要求进行布置。所以，12束预应力筋分三个不同截面布置在三个不同的跨间内，即：上下4束在一个跨间内；右侧的2束和左侧的2束在一个跨间内；右侧和左侧的另2束在一个跨间内，具体位置如图4-30所示。

③ 对称张拉。

在每个截面内张拉端为4束共28根钢绞线。每束预应力筋张拉时必须采用左、右对称，上、下对称的方法进行。12束预应力筋张拉顺序如图4-30所示。

④ 逐根张拉。

单根预应力张拉控制应力为$\sigma_{con}=0.7f_{ptk}=0.7\times1860=1302\text{N/mm}^2$，其张拉力为$1302\times140=182280\text{N}\approx18.228\text{t}$，采用YCW-23穿心式千斤顶张拉，其额定张拉值为23t，能满足要求。

3）柱顶预埋件安装措施。

在环梁与柱顶接触部位设计采用1500mm×1500mm×100mm铸钢件作为钢拱架在檐口的支承点，并在柱头的铸钢板下有整体铸造的4块尺寸为1000mm×1000mm×35mm的钢锚板，锚板的方向与环向钢筋相垂直，即一部分钢筋（包括2束预应力钢筋）必须穿过锚板。在环梁与柱头连接处还有径向梁的钢筋也要锚入柱头，处理好上述钢筋与锚板位置相互的矛盾十分重要。

① 施工前，采用木模做出柱头与环梁交接处的足尺大样，对标高变化部位柱顶支承钢板逐个放样，确定其所在位置的角度变化，然后将环梁预应力和非预应力筋需要穿过钢锚板的位置，预先在锚板上精确钻孔，钻孔孔径大小如下：2束预应力筋为$2\phi120$mm孔眼，10根非预应力钢筋为$10\phi45$mm孔眼。在安装预应力和非预应力钢筋时能顺利通过。环梁柱顶铸钢件锚板预留孔位置如图4-31所示。

对径向梁的钢筋安装，根据每个柱头所在位置的标高、斜度的不同特点，在柱头与环梁交接位置逐个调整梁底标高和斜度，使径向梁钢筋能顺利安装。

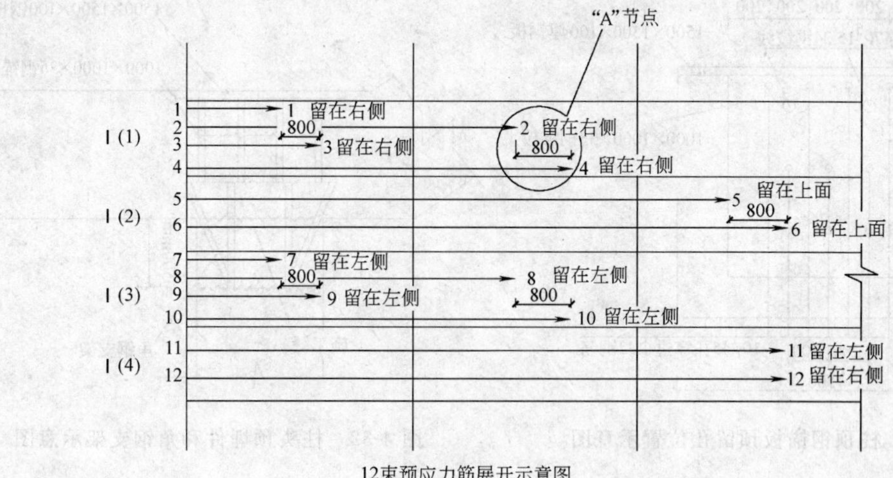

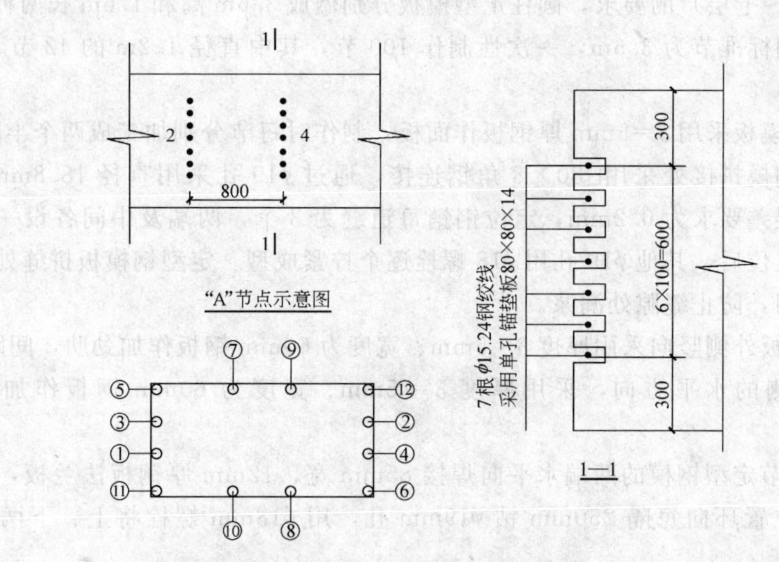

图 4-30 12 束预应力筋张拉顺序示意图

对于径向梁锚入柱头的钢筋，遇有钢锚板影响时，可将钢筋端头预先弯折，满足锚固长度。

② 为了精确安装和固定柱顶预埋件的位置，在柱施工到环梁下约 500mm 时留好施工缝，通过角钢支架，托住柱顶预埋件；当位置和标高检查无误后，浇筑环梁下 500mm 高柱头混凝土，使角钢支架准确、牢固地托住柱顶 4.6t 重的预埋件。4.6t 铸钢埋件采用扒杆起吊就位。柱头预埋件和角钢支架安装如图 4-32 所示。

(2) 施工组织管理

1) 根据东、西、南、北四个区，分别组织施工队进行施工，各个施工队分别按木工、钢筋工、混凝土工、架子工等专业进行流水作业，交叉施工。

2) 对预应力结构施工，成立预应力张拉专业施工队进行施工。

4.3.3 钢筋混凝土圆柱施工

(1) 定型钢模的设计制作

钢筋混凝土圆柱采用自制工具式定型钢模进行施工，根据建筑层高分别为 7m（一层）

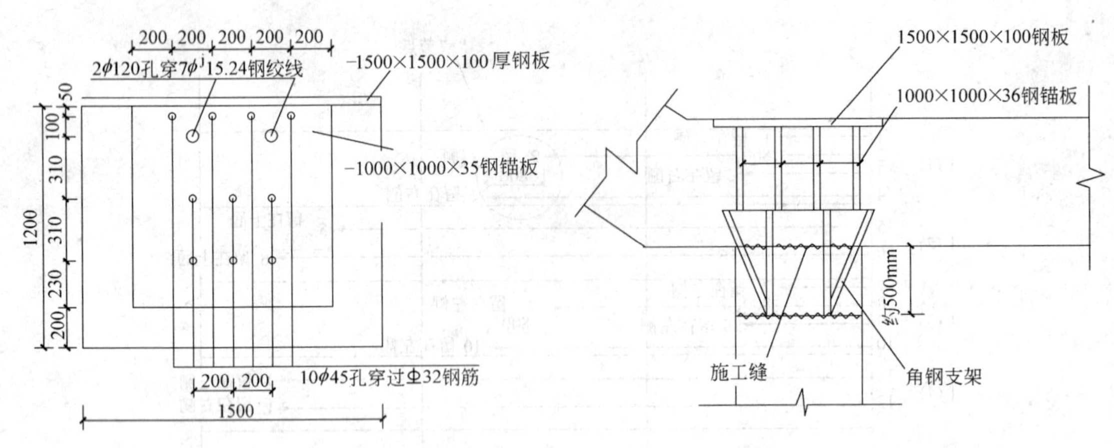

图 4-31　柱顶钢锚板预留孔位置示意图　　　　图 4-32　柱头预埋件和角钢支架示意图

和4.8m（二～七层）的要求，圆柱定型模板分别做成3.6m高和1.6m长两种标准节，周转次数最多的标准节为3.6m，一次性制作100节，其中直径1.2m的42节、直径0.8m的58节。

1）圆柱模板采用δ=5mm厚钢板作面板，制作时每节分别加工成两个半圆定型钢模，两个半圆状钢模拼接处采用∟80×8角钢连接，通过ϕ19孔采用直径18.8mm钢销定位，拼缝处孔位误差要求为0.2mm，定位钢销每道缝为3个，两端及中间各设一个。在两个半圆状钢模定位后，其他ϕ19孔用ϕ18螺栓逐个拧紧成型。定型钢模板拼缝处，采用双面塑料胶带封闭，防止缝隙处漏浆。

2）钢模板外侧竖向采用厚度δ=5mm、宽度为60mm钢板作加劲肋，间距@380mm，在钢模板外侧的水平方向，采用厚度δ=5mm、宽度为60mm钢板作加劲板，间距@500mm。

3）在每节定型钢模的两端水平向焊接85mm宽、12mm厚钢板法兰板，在80mm宽法兰板中心位置环向每隔250mm钻ϕ19mm孔，用ϕ18mm螺栓将上、下两节钢模相连

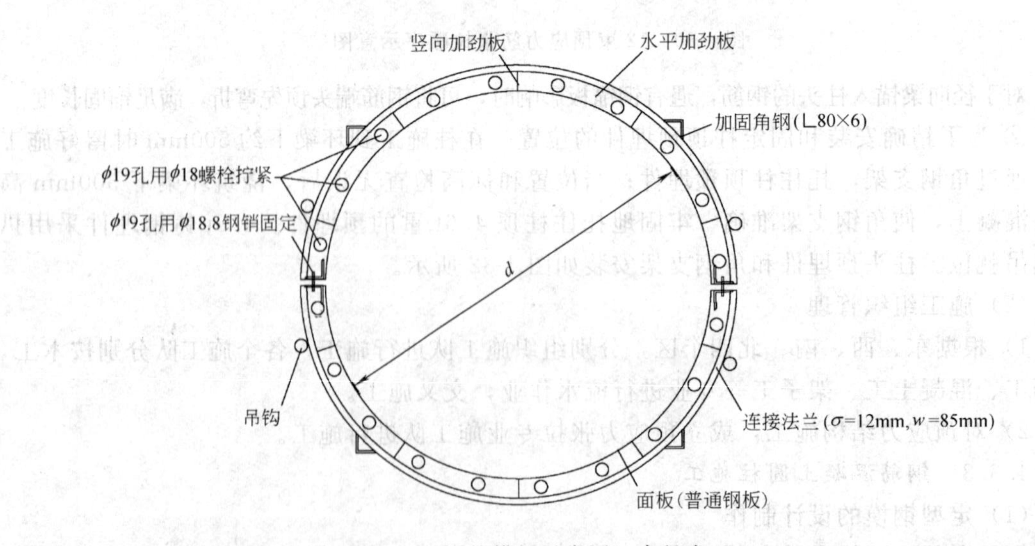

图 4-33　圆柱模板示意图（直径为d）

接。每节定型钢模的法兰外侧有 4 根∟80×6 加固角钢，与上、下法兰及环向加劲板互相焊接为整体，提高吊装整体刚度。为便于安装，在定型模板对称位置共设计有 2 个吊环，吊环采用直径 12mm 的圆钢。定型钢模断面示意图如图 4-33 所示。

（2）钢筋和模板安装

1）钢筋安装。钢筋绑扎安装就位，检查轴线位置和垂直度符合要求后，即进行柱子模板安装。为了控制柱子钢筋保护层厚度准确，在柱子钢模安装后在绑扎好的柱子 $\phi12$ 箍筋的外侧四个方向临时插入端部带圆环的 4$\phi12$ 钢筋，长度为首层柱 6m 左右，2 层以上 4m 左右，$\phi12$ 钢筋提升环及其具体位置如图 4-34 所示。

4 根 $\phi12$ 竖向钢筋随柱子混凝土浇捣逐步往上提升，混凝土每层浇筑厚度在 400～500mm 左右，每次往上提升的高度略小于每层混凝土浇筑厚度。$\phi12$ 钢筋在施工另一批柱子时，可以重复使用。

2）钢模安装。每节柱的两片钢模拼装后，采用塔吊起吊安装，同时搭设满堂脚手，由人工配合就位。两标准节钢模板连接就位在法兰盘上用 $\phi18$ 螺栓连接固定。柱子模板全部安装完成并经校正位置和垂直度后，用 4 根 $\phi10$ 钢丝绳穿过柱顶吊环上斜拉到楼面（或基础地梁）预埋钢筋环中，用花篮螺栓拧紧固定，如图 4-35 所示。

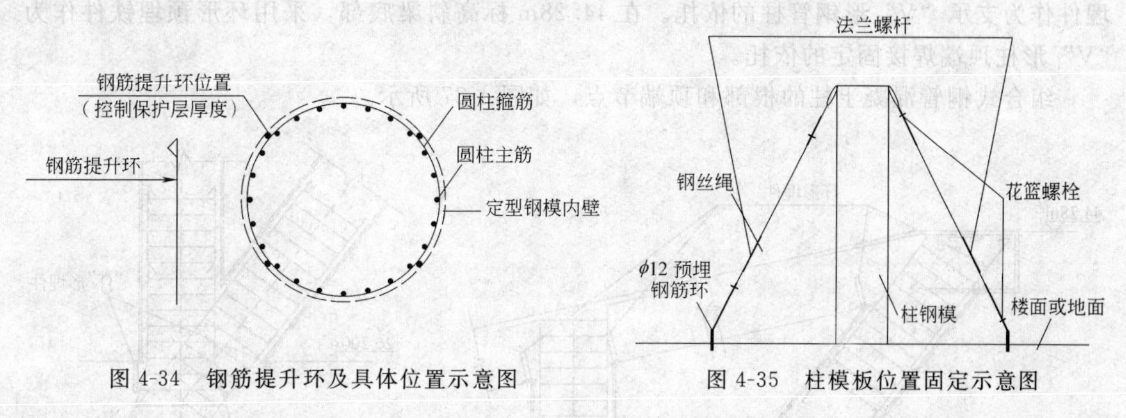

图 4-34 钢筋提升环及具体位置示意图　　图 4-35 柱模板位置固定示意图

对于无地梁可固定的边柱，在地面先打入钢管，然后用钢管通过扣件与打入地面下的钢管固定，用花篮螺栓固定，法兰螺杆调整垂直度和拧紧钢丝绳，如图 4-36 所示。

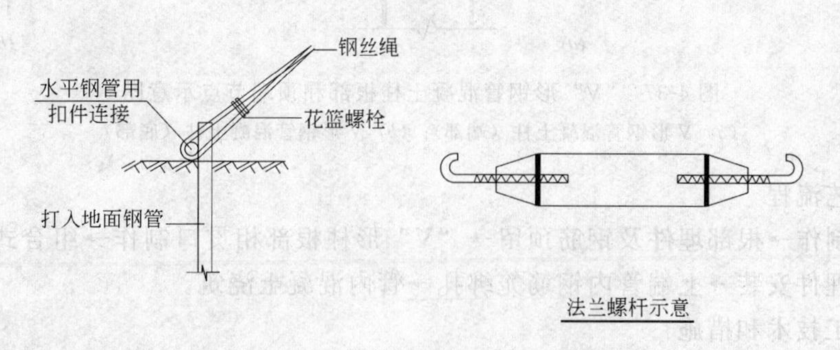

图 4-36 边柱钢丝绳拉结示意图

（3）混凝土浇筑

C40 柱混凝土采用商品混凝土，用泵车将混凝土输送到位，一次浇筑完成，为提高工效和防止混凝土产生离析现象，在泵管端部安装 3m 左右布料软管，插入柱子中下部位，采用插入式振捣棒振捣，振捣时快插慢拨，以混凝土表面不再明显下沉、不出现浮浆、不再冒气泡为止。要求振捣时做到不漏振、不过振、不欠振，保证混凝土内部密实和表面光洁。

(4) 拆模养护和表面处理

当柱子混凝土强度达到一定强度，能保证其表面不因拆除模板而受损失时，就可拆除。模板拆除后，混凝土表面用白水泥：普通水泥＝4：6拌合均匀，用人工立即进行柱子表面擦面工作，消除混凝土表面气泡和小的麻点，并在拆模后3h内用塑料薄膜封闭保湿，10～14d方可拆除塑料薄膜。

4.3.4 组合式"V"形钢管混凝土柱施工

组合式"V"形钢管混凝土柱，位于体育场东区和西区Ⓗ轴外侧26.2m标高的钢筋混凝土楼面结构以上。斜柱长度为14～20m，垂直立柱最高约17m，钢管混凝土柱外径1000mm，钢管壁厚18mm。钢管混凝土柱顶部与44.28m标高钢筋混凝土斜梁相交。斜叉钢管与垂直钢管夹角从20°～32°不等。

在钢管混凝土柱的根部和顶端，均有锚接钢筋与26.2m楼面结构和44.28m标高钢筋混凝土斜梁相连接。在26.2m标高钢管混凝土柱的根部位置，采用钢板制作"8"形预埋件作为支承"V"形钢管柱的依托。在44.28m标高斜梁底部，采用环形预埋铁件作为"V"形柱顶端焊接固定的依托。

组合式钢管混凝土柱的根部和顶端节点，如图4-37所示。

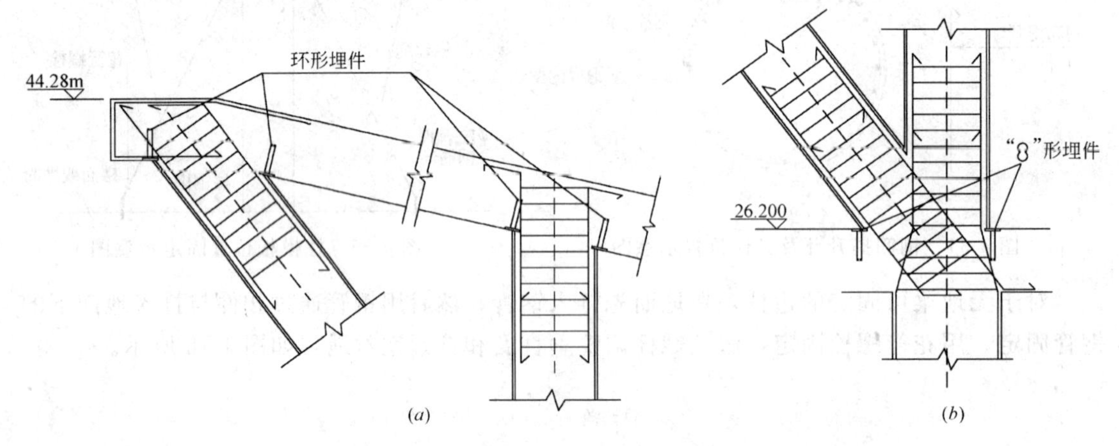

图4-37 "V"形钢管混凝土柱根部和顶端节点示意图
(a) V形钢管混凝土柱（端部）；(b) V形钢管混凝土柱（底部）

(1) 工艺流程

预埋件制作→根部埋件及钢筋预留→"V"形柱根部相贯口制作→组合式钢管安装→上端环行预埋件安装→上端管内钢筋笼绑扎→管内混凝土浇筑。

(2) 施工技术和措施

1) "8"形和环形预埋件加工措施。

"8"形预埋件采用20mm厚、边缘宽为200mm的钢板加工成"8"形，中间为2个圆形相交的孔洞。在200mm宽边缘的钢板下焊接ϕ20 ＝500mm锚筋共54组。锚筋在圆弧方向间距为150mm，在边缘钢板的宽度方向间距为100mm。"8"形预埋件如图4-38

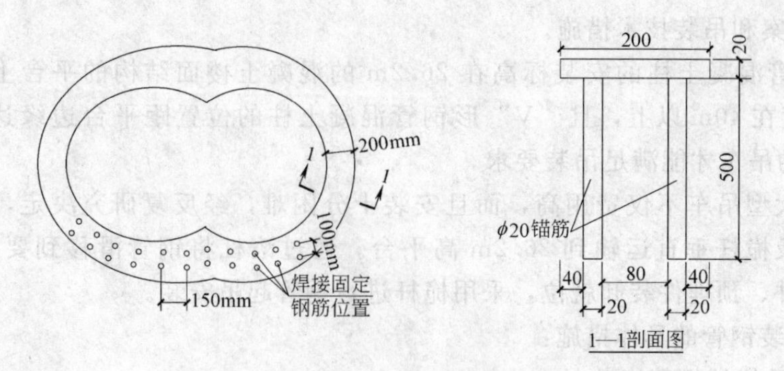

图 4-38 “8”形预埋件平面、剖面示意图

所示。

“8”形预埋件加工精度要求高，几何尺寸偏差不能超过 5mm，平整误差不得超过 5mm，水平度误差不得超过 1/1000。为了确保上属精度要求，预埋件的相关尺寸，采用电脑放样确定。为了防止焊接锚固钢筋时预埋钢板变形，在焊接时利用夹具将“8”形预埋件的边缘钢板固定在 40mm 厚的钢板上，在焊接固定锚筋时，采用对称施焊的焊接方法。

环形预埋件加工时，同样在边缘板上焊接锚筋、中间呈圆孔，主要是边缘板的加工，要根据钢管圆柱周边不同位置和不同标高才能确定，下料加工时同样采用电脑放样，确定相贯线后再制作加工，制作方法与“8”形埋件基本相同。

2）对钢管的加工质量高要求并严格检查。

质量钢管外径 $\phi1000\times18$mm，外委加工。委托加工前提出加工质量要求，钢管进场时应严格检查验收。

加工的精度要求是：椭圆偏差不超过 5mm，壁厚偏差不超过 1mm，弯曲度不超过 1mm/m，全长弯曲度不超过 10mm。所有焊缝要求全焊透，要求焊口百分之百作超声波探伤检测，所有焊口焊满后将高出母材部分打磨与母材齐平，每组钢管制作长度不允许出现负误差。

钢管运到现场后，用自制扇形靠尺检查钢管椭圆度，用游标卡尺检查钢管壁厚，用拉线的方法检查钢管的弯曲度，并认真检查拼接焊缝的超声波探伤检测报告。

3）“V”形柱根部相贯口制作加工措施。

准确加工制作“V”形柱根部的相贯口。相贯口制作要求几何尺寸偏差不超过 5mm，相贯口组合后焊口宽度偏差不超过 5mm。“V”形柱根部相贯口加工制作见如图 4-39 所示。

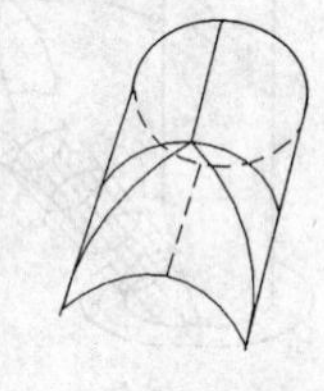

图 4-39 相贯口制作示意图

各相贯口采用电脑放样，将电脑放样绘制出的相贯线在钢管上反映出来，然后沿相贯线进行切割制作钢管的连接段相贯口。

具体操作方法是，先沿管周将管外圈弹出纵向四等分线，此等分线作为绘制相贯线和钢管就位的基准线，以基准线为参照线描绘各相贯线。制作立管三通相贯口时，应按负误差控制。

4）吊装方案和吊装技术措施。

“V”形钢管混凝土柱的安装标高在 26.2m 的混凝土楼面结构的平台上，钢管高度 17m。吊装高度在 40m 以上，且“V”形钢管混凝土柱的位置距平台边缘达 13m，采用 350t・m 以上的吊车才能满足吊装要求。

采用上述大型吊车不仅费用高，而且安装十分困难，经反复研究决定，采用50t・m 汽车吊将管件及桅杆垂直运输到 26.2m 高平台。通过滚杠将钢管滑移到要求安装位置，用三脚架将管件、预埋件装卸就位，采用桅杆进行钢管起吊安装。

5）桅杆吊装钢管的具体措施：

① 预埋件及锚接钢筋安装。

在浇筑 26.2m 标高楼面混凝土前，必须将“V”形柱相应的“8”形预埋件和锚接钢筋准确安装完毕。

首先安装就位“8”形预埋件，再施工斜柱锚接钢筋，封“V”形柱根部梁的侧模，最后绑扎柱根部的楼板钢筋。“8”形预埋件就位前，在预埋钢板上标注出相互垂直的就位轴线，在楼板的模板上也制作出相一致的轴线，安装“8”形预埋件，经检查核对无误后，通过相近的梁柱钢筋焊接固定。

对锚固钢筋的安装，预先用电脑计算放样，在电脑上设计出所有钢筋的位置和安装角度，按电脑设计结果到现场制作安装。要求斜向钢筋与立面夹角必须准确，所有箍筋距钢管内壁控制为 20mm。

在浇筑楼面混凝土时，必须确保“8”形预埋件位置、标高的准确和预埋件钢板表面的水平，混凝土振捣必须密实，同时对混凝土浇筑高度严格控制。

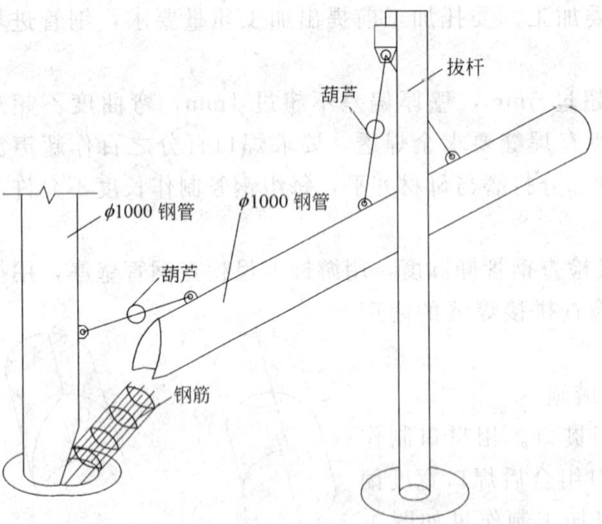

② 立管和斜管分别一次安装就位。

采用 25m 高桅杆，先吊装垂直钢管。待垂直立管焊接完成后，再吊装斜管。斜管就位的难点是吊起后斜穿 2.5m 长锚接钢筋笼。施工时采用一个吊钩固定两个吊耳，在下端的吊耳上安装一只可调长度装置（手拉葫芦）。立管根部也安装一只手拉葫芦，通过手拉葫芦调整斜管的角度，使斜管顺利插入已安装好的斜向锚筋内。斜管安装如图 4-40 所示。

图 4-40 桅杆安装斜管示意图

③ 钢管安装焊接。

焊接前在预埋钢板上预先坡口，对口时将钢管放在“8”形预埋钢板的圆孔相应位置，使钢管对接准确、方便，保证坡口焊的顺利进行。为了防止焊接方法不当造成焊接变形，使钢管产生倾斜和偏移。根据环形焊口的特点，采用等宽焊口、相同焊接遍数、相同焊接速度、分段、对称施焊的方法进行焊接。

④ 斜管测量定位。

利用电脑模拟试验，将斜管上端中心坐标点引到管外边缘，作为理论定位观侧点，施工时将斜管投影中心线在斜管及楼面弹出，在楼面斜管投影中心线上标出理论观测点在此线上的投影点，并计算出理论观测点到其投影点的距离。在楼面上投影点处画出投影线的垂直线，在垂线上安装全站仪并测出其到垂足的距离，确定理论观测点的视角。在斜管中心投影线上安装经纬仪。利用全站仪控制斜管上下位置，利用经纬仪控制斜管左右位置。斜管测量定位如图4-41所示。

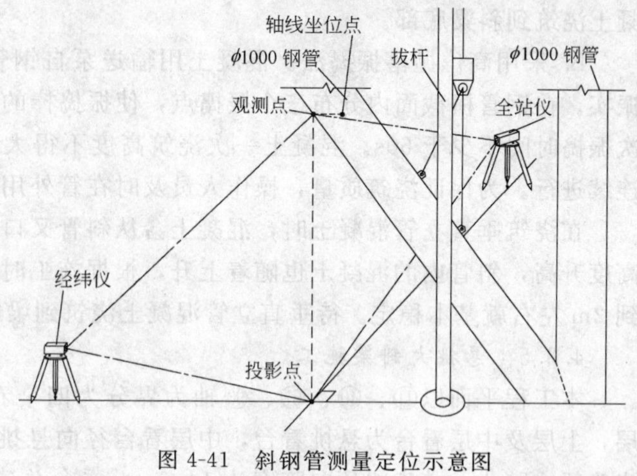

图 4-41 斜钢管测量定位示意图

⑤ 斜钢管支撑制作与安装。

由于斜管较长，在拆除桅杆前，须对斜管进行临时支撑和拉杆固定。在斜管 1/2 高度位置焊接水平拉杆，变“V”形成三角形。斜管下支撑用 2 个 ϕ200 钢管组成八字形撑脚，支撑位置距管顶不超过 6m，确保了浇筑混凝土时斜管的安全与稳定。用钢管作支撑时，钢管与斜管交接处，按相贯线切割后进行施焊。在垂直支撑的底部，用 14mm 厚钢板铺设在楼板框架梁位置。在承受支撑力的梁的下层相应位置增加加固支撑，确保楼面结构安全，如图 4-42 所示。

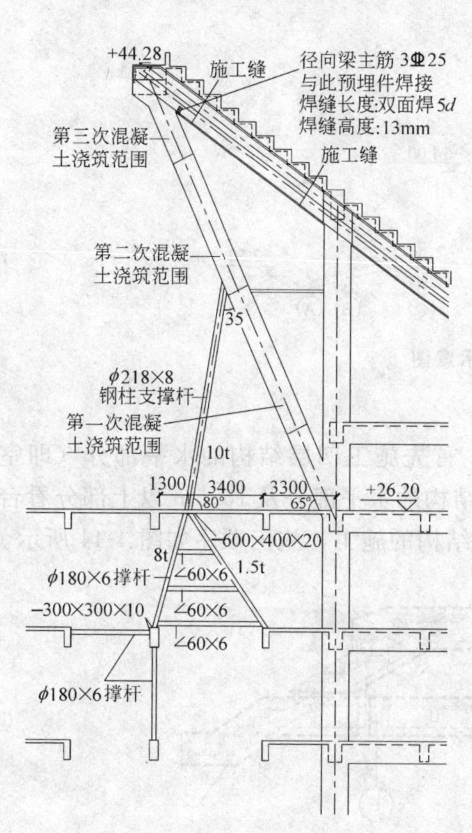

图 4-42 楼面加固示意图

⑥ 上端环形预埋件安装

在垂直立管和斜管安装后，在 44.28m 标高的斜梁下部安装环形预埋件，使钢管的端部通过环形埋件焊接，与混凝土斜梁固定。

6）管内混凝土施工：

① 混凝土等级和配合比设计

管内混凝土等级为 C40，每 m^3 材料用量为：PO42.5 水泥 410kg、2.5 江砂 688kg、5～31.5 石子 1077kg、JM-8 外加剂 6.44kg（具有缓凝、泵送和高效增强作用）、水 175kg，Ⅱ级粉煤灰 50kg、聚丙烯纤维（丹强丝）0.8kg。

② 管内混凝土浇筑

A. 浇筑方案。采用泵送混凝土输送到位，先浇筑垂直立管混凝土，后浇筑斜管混凝土，直管内混凝土分两次浇筑完成，第一次先浇筑到管顶锚接钢筋以下，然后安装钢管顶端锚接钢筋，进行第二次浇筑到斜梁底部。斜管内混凝土分三次浇筑，第一次浇筑到斜管支撑部位，3d 后再浇筑斜管支撑部位到锚接钢筋下的混凝土，然后安装斜管顶端锚接钢筋，再进行第三次混凝土浇筑到斜梁底部。

B. 采用高位抛落振捣法。混凝土用输送泵自钢管上口灌入，用特制的插入式振捣器振实。在钢管横截面内分布三个振捣点，使振捣棒的影响范围全部覆盖管内混凝土面。每次振捣时间不少于 60s。混凝土一次浇筑高度不得大于 2m。钢管内的混凝土浇筑工作要连续进行。为保证浇筑质量，操作人员及时在管外用木槌敲击，根据声音判断是否密实。

在浇筑垂直立管混凝土时，混凝土会从斜管叉口进入斜管内，随着立管混凝土的浇筑高度升高，斜管内的混凝土也随着上升，根据施工时用木槌敲击斜管，斜管内混凝土上升到 2m 左右就基本稳定。待垂直立管混凝土浇筑到梁底后，再进行斜管内混凝土浇筑。

4.3.5 悬挑大斜梁施工

本工程平面以⑪、㊵、61、90轴为界分为四个看台区，看台立面分为上、中、下三层，上层及中层看台为悬挑看台，中层看台径向悬挑 11m，上层看台径向悬挑 7.6m，每步为梁式踏步，踏步梁环向跨度达 14.6m，看台总建筑面积达 35267.6m^2，看台上、中、下分层如图 4-43 所示。

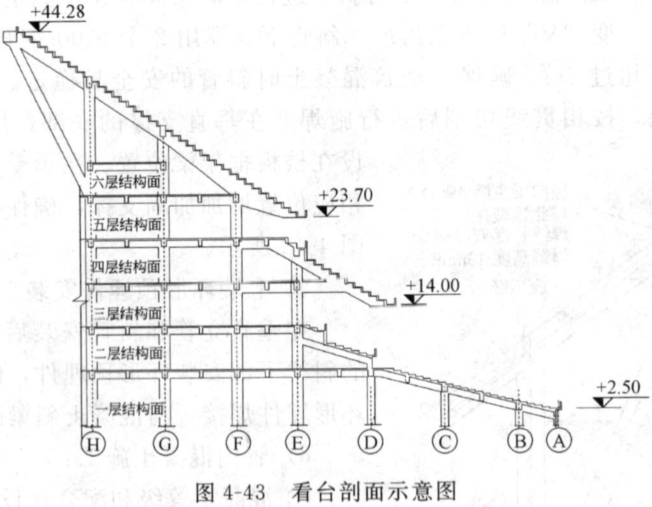

图 4-43 看台剖面示意图

(1) 施工顺序

四层看台以 16.6m 标高为界分为两部分施工，首先施工四层结构的水平部分（即室内部分），再施工悬挑看台 16.6m 以下部分，五层结构的水平部分及 16.6m 以上部分看台最后一次施工，按照这样的顺序完成整个中层悬挑结构的施工，施工顺序如图 4-44 所示。

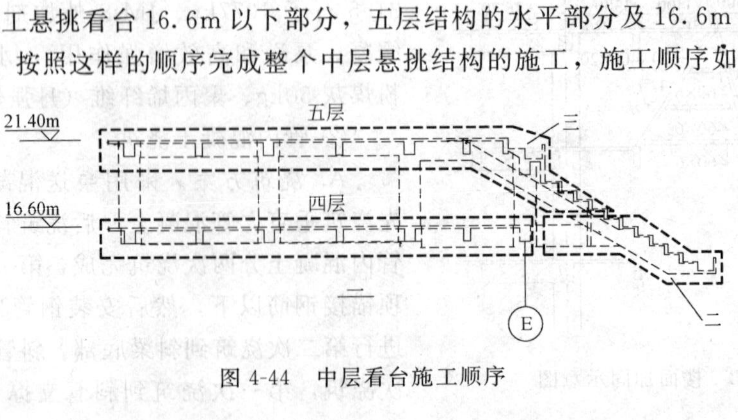

图 4-44 中层看台施工顺序

(2) 悬挑看台施工

1) 11m 跨悬挑梁模板支撑设计。

四层水平结构按常规方法施工水平段，在Ⓔ轴边 1/3 跨处留设施工缝，预留出钢筋及预应力筋。水平结构施工完毕，进入悬挑部分的施工，搭设悬挑看台满堂脚手，铺设主梁（径向悬挑梁）梁底模板。模板的支撑设计计算结果如下。

钢管撑立柱的连接方式有两种，即扣件对接和扣件搭接。根据横杆步距的不同，两种连接方式的立柱允许荷载，按表 4-3 采用。

立柱允许荷载［N］值（kN） 表 4-3

横杆步距 L (mm)	ϕ48×3.0 钢管		横杆步距 L (mm)	ϕ48×3.0 钢管	
	对接	搭接		对接	搭接
1000	31.7	12.2	1500	26.8	11.0
1250	29.2	11.6	1800	24.0	10.2

立柱稳定性验算公式如下：

$$\sigma=\frac{N}{\varphi A}\leqslant f$$

式中 N——每根立柱承受的荷载（kN）；

A——钢管截面积（mm^2）；

φ——轴心受压稳定系数。

悬挑梁每延长米的荷载：

混凝土自重 0.6×2.7×1×2500＝4050kg

施工活荷载 600×0.6×1＝360kg

合计 4410kg。

根据上述条件计算，决定大梁支撑体系采用 ϕ48×3 钢管作立杆，纵向间距 1m，横向间距 0.4m，横杆步距为 1.2m 能满足要求，如图 4-45 所示。

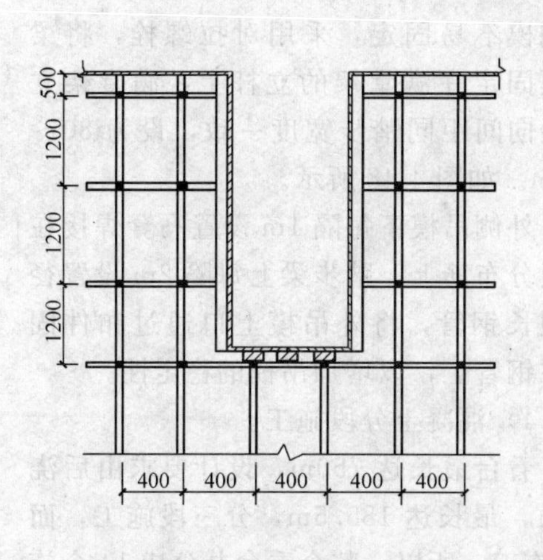

图 4-45 中层看台支撑（剖面）

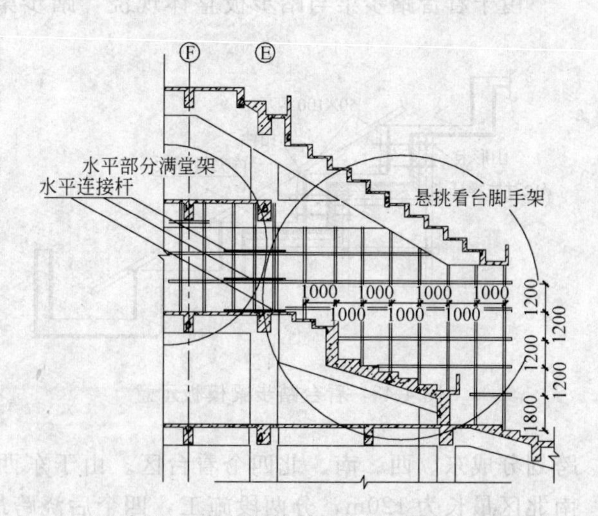

图 4-46 中层看台支撑（侧面）

由于悬挑梁为斜梁，混凝土、钢筋及模板在重力下产生下滑力，在混凝土浇筑时，此部分水平力的影响将逐步加大，为抵消这部分水平力，在四层水平结构施工完毕后，Ⓔ-

Ⓕ轴间的满堂架暂不拆除，悬挑看台部分的满堂架与此部分的脚手架用水平杆连接，并将立杆上顶托顶紧，以增强脚手架与结构之间的拉结力，如图 4-46 所示。

2）悬挑梁的侧模安装要求和侧压力计算。

为保证悬挑梁在混凝土浇筑时与水平结构部分的结合，悬挑梁模板支设到原已浇筑的混凝土面，并用对拉螺杆从原预留螺栓孔中穿过，以增强拉力，如图 4-47 所示：

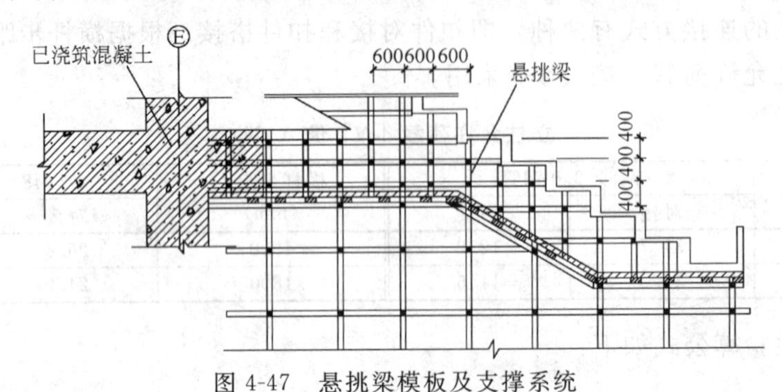

图 4-47 悬挑梁模板及支撑系统

采用梁内振动时，新浇筑的混凝土作用于模板的侧压力：

$$F=0.22\gamma_c t_0 \beta_1 \beta_2 \times 1/2=0.22\times24\times5\times1.2\times1.15\times1.35\times1/2=43.14\text{kN/m}^2$$

$$F=\gamma_c H=24.5\times2.7=66.15\text{kN/m}^2$$

最大侧压力为 43.14kN/m²。

螺杆的抗拉强度为 210×6×6×3.14=23738N=23.738kN

螺杆间距 600mm×400mm，每平方米的螺杆数量=1/(0.4×0.6)=4.166

$$23.738\times4.166=98.89>43.14$$

确定对拉螺杆的直径为 $\phi12$，间距 600mm×400mm，满足要求。

3）看台踏步梁模板的加固。

由于看台踏步梁与踏步板整体现浇，踏步梁一边侧模必须吊模，留出 8cm 板厚，造成侧模不易固定，采用对拉螺栓，将梁侧模固定在满堂架的立杆上，满堂架立杆径向间距同踏步宽度一致，设为 80～85cm。如图 4-48 所示。

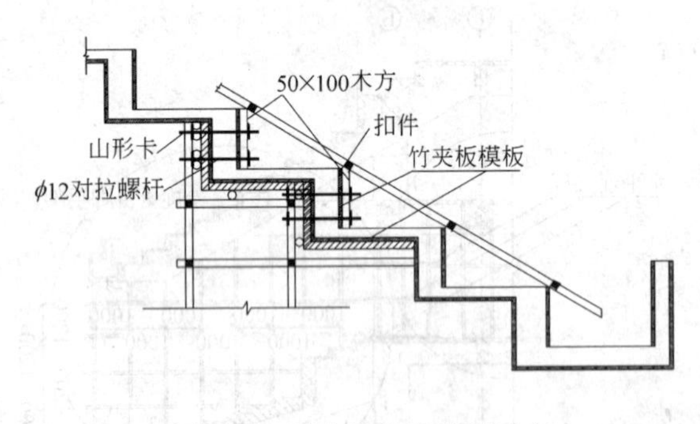

图 4-48 看台踏步梁模板示意

外侧吊模下每隔 1m 设置马凳焊接在梁板分布筋上，踏步梁上每隔 2m 设置径向通长钢管，将外吊模上口通过扣件固定在钢管上，以增加吊模的稳定性。

4）混凝土分段施工。

看台最长达 750m，设计要求由后浇跨划分成东、西、南、北四个看台区。由于东西区长，最长达 185.5m，分三段施工，而南北区最长为 120m，分两段施工，四个后浇跨最后施工。所以，整个看台共分成 14 个施工段进行施工。看台分段施工平面见图 4-49 所示。施工时，混凝土的分段浇筑和预应力张拉工艺与“超长大面积楼面结构无缝施工”的施工方法相同。

5）混凝土浇筑

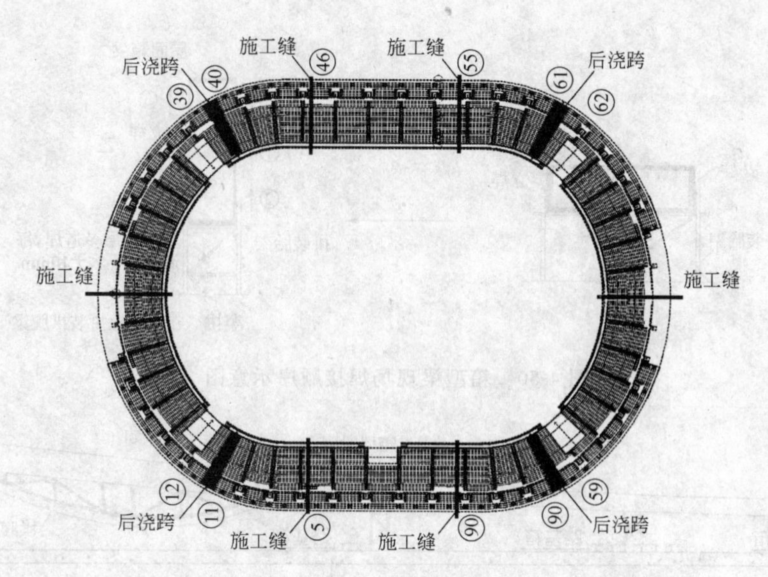

图 4-49　看台分段施工示意图

浇筑前，将施工缝处浮渣清理掉，露出新鲜混凝土面，将预留钢筋及预应力筋做好固定，按照从下到上，先悬挑主梁后踏步梁板的顺序浇筑，混凝土的坍落度控制在140～150mm为宜。

4.4　屋盖工程

4.4.1　悬挑钢箱梁施工

主体育场钢结构屋盖由104道平行的钢箱梁形成马鞍形屋面罩棚，罩棚的径向长度为28～66m，覆盖面积达32000多m^2。钢箱梁一端由坐落在与环梁相交的钢管混凝土柱项"V"形支撑上，另一端则通过钢箱梁一端中间位置的"M"杆与主拱的主弦管相连。箱梁之间设有钢管连系梁，两个边缘及中间位置设有环型梁。安装后的箱型梁和主拱互相依托，形成空间稳定体系。

(1) 屋面箱型梁的拼装、焊接

根据现场场地条件及拼装后的构件长度、重量以及将构件的拼装场情况，尽量靠近构件的安装位置，以减少倒运和方便吊装。施工时采用路基箱作为拼装平台，在路基箱上每隔11～13m放置支撑胎架搁置屋面箱型梁。由于受拼装场地宽度的限制，屋面箱型梁采用斜向放置拼装。

为了便于拼装和焊接，屋面箱型梁的拼装先采用50t履带吊在较低的胎架上卧拼，拼装完一根屋面箱型梁后，用600t履带吊翻身，并在高的胎架上拼装拱腹杆架。如图4-50、图4-51所示。

箱型梁的焊接包括拼装焊接和安装时与各相关杆件的空中焊接。采用的焊接方法根据母材、结构形式及现场施工条件，分别采用手工电弧焊（SMAW）钨板弧焊（JIG）。

根据运输条件，屋面箱型梁在厂内分段制作，现场地面拼装，再进行逐根吊装。然后进行高空焊接。

箱型梁的现场拼装焊接采用的坡口角度，根据翼板和腹板的不同厚度从26°～45°不等。

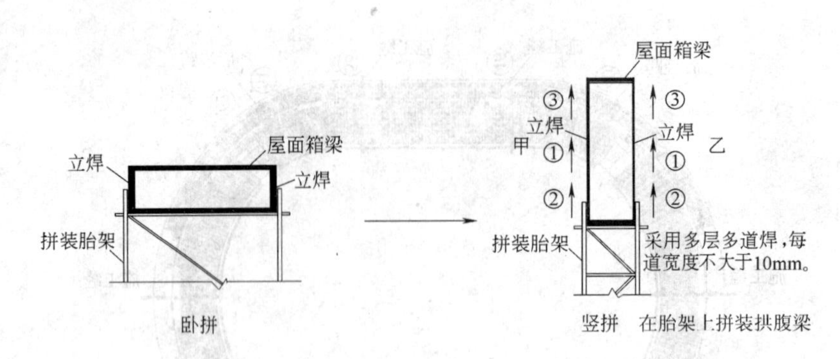

图 4-50 箱型梁现场焊接顺序示意图

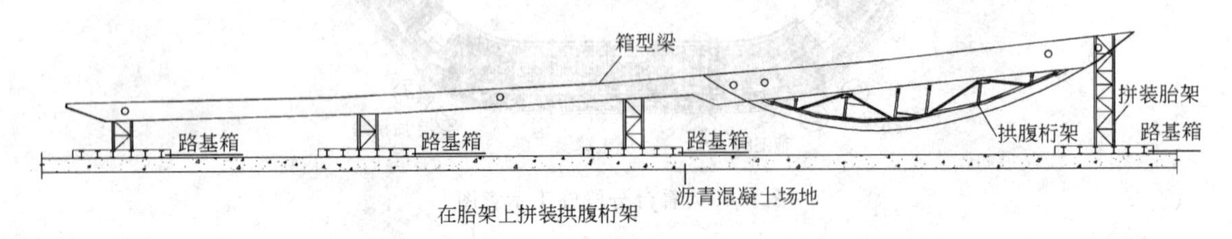

图 4-51 箱型梁接装、焊接顺序示意图

翼板厚度为 85mm 时需要进行预热。采用电加热片伴随预热，预热温度为 120～150℃。预热两侧，每侧宽度应大于焊件厚度的 2 倍，且不小于 100mm。预热应均匀一致，层间温度为 120～200℃，焊后缓冷。焊接顺序：先焊两侧翼板等翻身后，再焊两侧腹板；由两名焊工同时对称施焊。根部用 ϕ2.5mm 或 ϕ3.2mm 焊条打底焊 1～2 层，其他用 ϕ4mm 或用 ϕ5mm 焊条填弃盖面。

(2) 支撑胎架的架设和钢箱梁的吊装

体育场钢屋盖由大跨度斜拱和屋面系统共同组成，箱型梁一端支承在“V”形支撑上，另一端则通过箱型梁中间位置的“M”杆与主拱的主弦相连。箱型梁与主拱互相依托，形成空间稳定体系。安装过程中，屋面系统和主拱皆非单独的稳定体系，必须设置支撑胎架，待整个屋盖全部安装完毕并形成稳定的结构体系后，方可拆除支撑胎架。

主拱和屋面箱梁共同设置一套支撑胎架。待屋面箱梁安装完毕后，再安装主拱。主拱安装时，出屋面部分主拱单独设置支撑胎架，对于屋面内主拱部分，先将连接主拱和屋面箱型梁的“M”杆安装就位，主拱安装时直接支承在“M”杆上。

1) 支撑胎架的架设。

每根钢箱梁通过两个支撑胎架就位安装，支撑胎架主要采用格构式钢架，其标准节设计施工图如图 4-52 所示。

支撑胎架在现场制作好后，采用 150t 履带吊场内，场外进行安装。安装支撑胎架时，看台混凝土强度必须达到要求，安装前，先放线定位并在预埋钢筋上焊接支撑胎架底板，胎架底板采用打孔塞焊。安装时，先安装胎架横梁，后安装支撑胎架。支撑胎架安装必须达到稳定、可靠，地脚锚固牢靠，平面位移误差≤3mm、标高≤20mm、垂直度≤H/1000mm，整体不大于 10mm，标高、位移标志线≤2mm。

2) 钢箱梁的吊装。

屋面箱型梁的安装是整个屋面系统安装的关键工序。根据现场场地条件、吊机的搭配

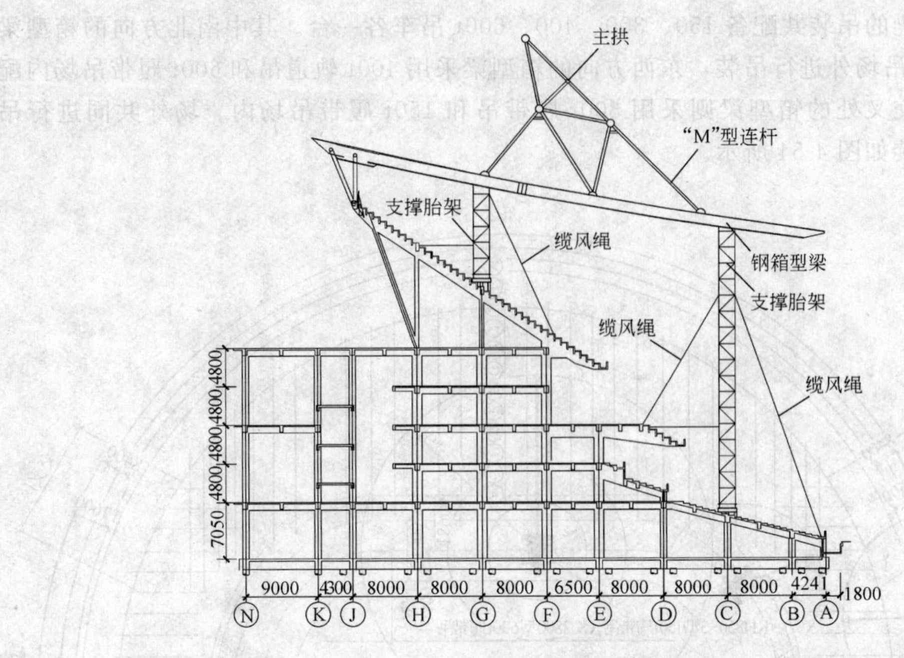

图 4-52　支撑胎架立面布置示意图

及施工任务的划分，屋面系统的施工分成一区、二区两大施工区域，实行"分区安装、穿插进行、齐头并进、流水作业"。104 根箱型梁中，除交叉处的箱型梁按主次关系断开外，其余梁均整根进行吊装，如图 4-53 所示。

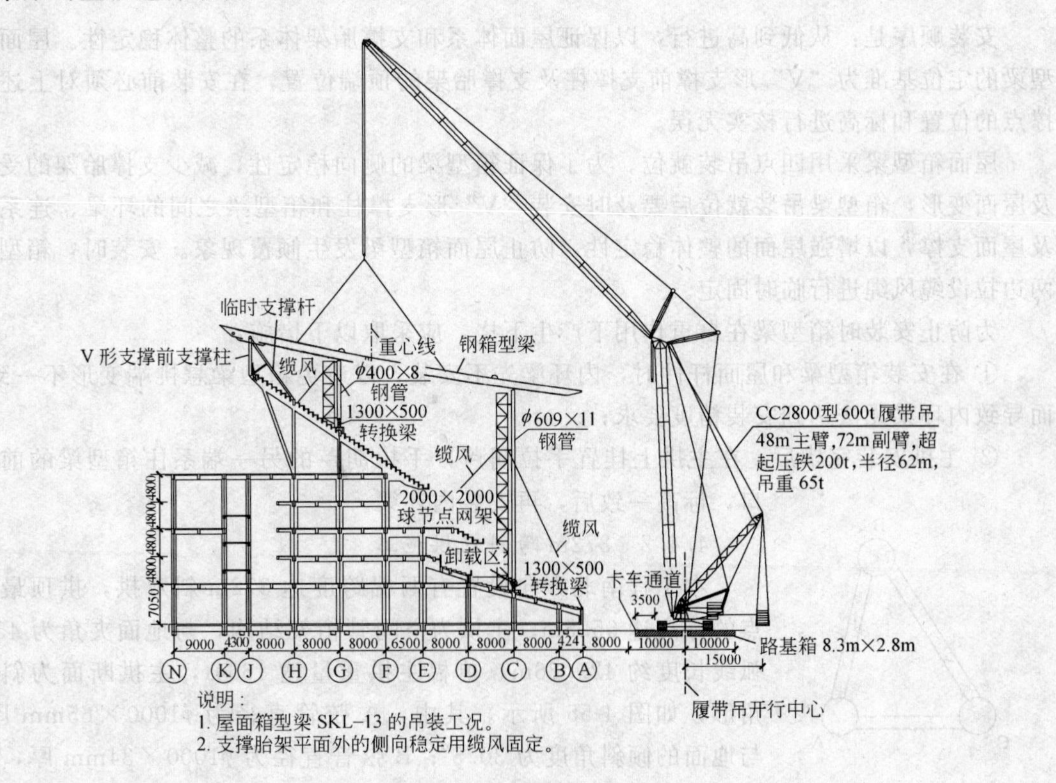

图 4-53　箱型梁吊装立面示意图

屋面箱型梁的吊装共配备150、300、400、600t吊车各一台。其中南北方向的箱型梁采用300t履带吊场外进行吊装，东西方向的箱型梁采用400t轨道吊和600t履带吊场内配合进行吊装。交叉处的箱型梁则采用300t履带吊和150t履带吊场内、场外共同进行吊装。箱型梁吊装如图4-54所示。

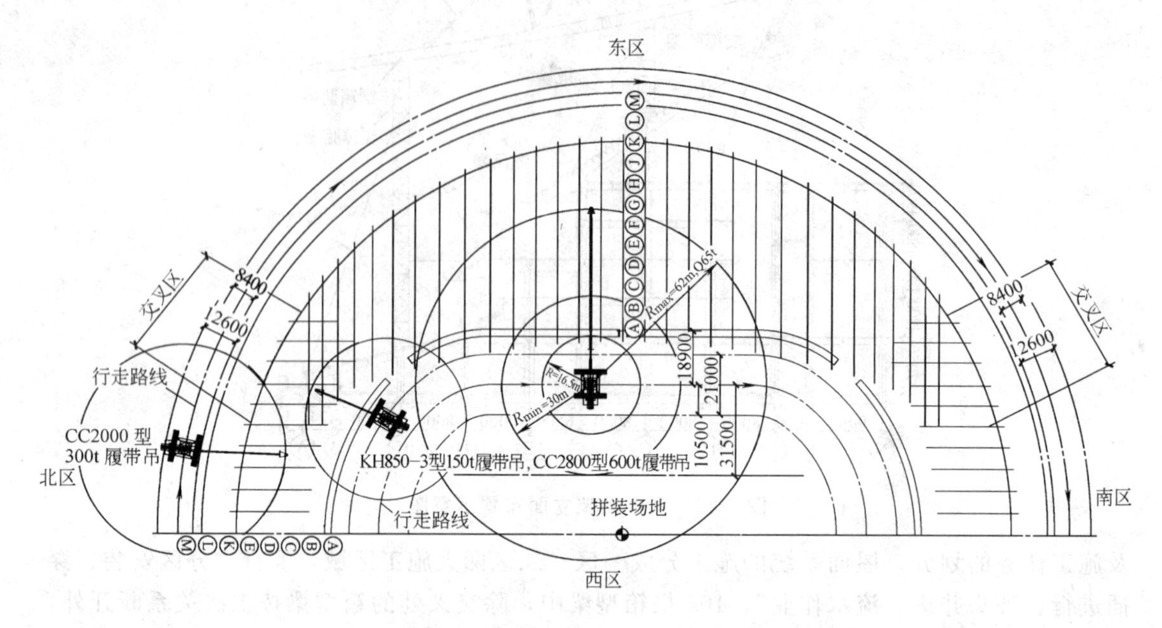

图4-54　箱型梁吊装平面示意图

安装顺序是：从低到高进行，以保证屋面体系和支撑胎架体系的整体稳定性。屋面箱型梁的定位基准为“V”形支撑前支撑柱及支撑胎架的顶端位置，在安装前必须对上述支撑点的位置和标高进行核实无误。

屋面箱型梁采用四点吊装就位。为了保证箱型梁的侧向稳定性，减少支撑胎架的受力及屋面变形，箱型梁吊装就位后要及时安装“V”形支撑柱和箱型梁之间的环梁、连系梁及屋面支撑，以增强屋面的整体稳定性，防止屋面箱型梁发生倾覆现象。安装时，箱型梁两边拉设缆风绳进行临时固定。

为防止安装时箱型梁在自重作用下产生下挠，应采取以下措施：

① 在安装箱型梁和屋面杆件时，内环梁先不安装，以避免箱型梁悬挑端变形不一致，而导致内环梁无法达到安装精度要求；

② 主拱安装完毕后，在主拱上挂置手拉葫芦，手拉葫芦的另一端系住箱型梁的前檐口，标高一致后，再安装内环梁。

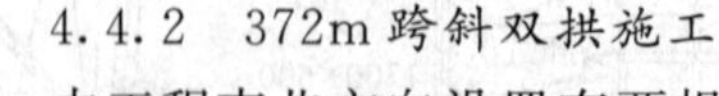

4.4.2　372m跨斜双拱施工

本工程南北方向设置有两榀跨度达372m斜双拱，拱顶最高点的标高达65.5m。主拱为空间管桁架结构，与地面夹角为45°，弧线长度约429.26m，单榀主拱重量达1664t，主拱断面为斜三角形，如图4-55所示。其中，A弦管直径为ϕ1000×65mm厚，与地面的倾斜角度为30.5°；B弦管直径为ϕ1000×34mm厚，与地面的倾斜角度为27.36°；C弦管直径为ϕ1000×40mm厚，与地

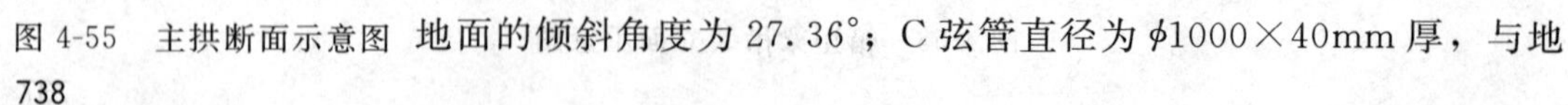

B
C
A

图4-55　主拱断面示意图

面的倾斜角度为27.79°。在上述三根钢管中的下端均浇筑C40级细石混凝土，浇筑长度为：A弦管35.51m，B弦管直径为29.38m，C弦管为32.26m。在A、B、C三根主弦管需浇筑混凝土的范围内分别有4道加强环，加强环钢板的厚度40mm，在每个加强环的中心，均有直径为500mm的孔洞。

(1) 主拱现场分段拼装措施

主拱拼装时，采用箱型梁拼装的统一拼装平台。主拱拼装采用卧式拼装法，拼装完成后吊装前再进行翻身，以方便拼装施工，确保拼装精度的控制。拼装时，主拱先在小胎架上拼成三角形后，再在胎架上组装分段主拱。组焊后的构件要加工艺支撑，以防构件变形。

拼装前，应事先做几副三角形临时支架，腹杆加工时应短一些，在高空中根据实际尺寸加一段过渡管，与铸钢件焊接，防止温差影响，达到设计要求。

(2) 主拱桁架的焊接

施工时将主拱分成21段，在地面分段组装后高空拼装，中间段第11段为合拢段。

1) 主拱各分段地面组装时的焊接顺序是：

① 先焊主弦杆管与管、管与铸钢件对接焊缝、主弦杆与压制球的相贯焊缝；

② 再焊斜腹杆与铸钢件的对接焊缝、斜腹杆与主弦杆、压制球的相贯焊缝、斜腹杆和斜腹杆的相贯焊缝；

③ 同一管子的两条焊缝不得同时焊接，焊接时应由中间往两边对称跳焊，防止扭曲变形。

2) 主拱各分段在高空拼装时，焊接顺序如下：

① 先焊主弦杆焊缝，四根弦杆应同时对称焊接；

② 再焊斜腹杆与铸钢件的对接焊缝、斜腹杆与主弦杆、压制球的相贯焊缝、斜腹杆和斜腹杆的对接焊缝；

③ 最后焊“M”杆与铸钢件的对接焊缝。

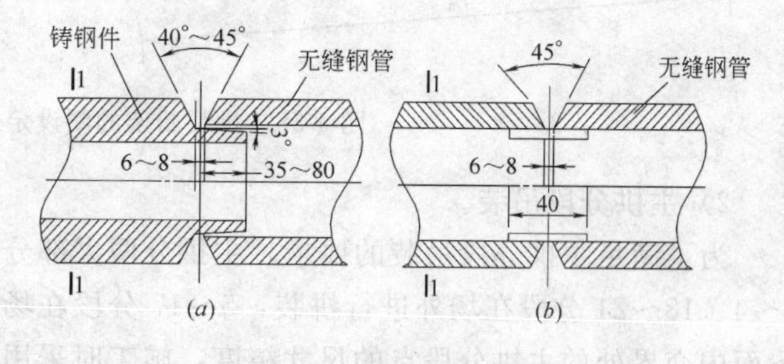

图4-56 管管对接焊缝坡口形式

(a) 钢管与铸钢件对接焊缝坡口形式；(b) 管管对接焊缝坡口形式

3) 主弦杆与铸钢件、主弦杆与主弦杆对接焊缝的焊接工艺要求如下：

① 坡口形式：如图4-56所示。

② 焊接位置：水平固定。

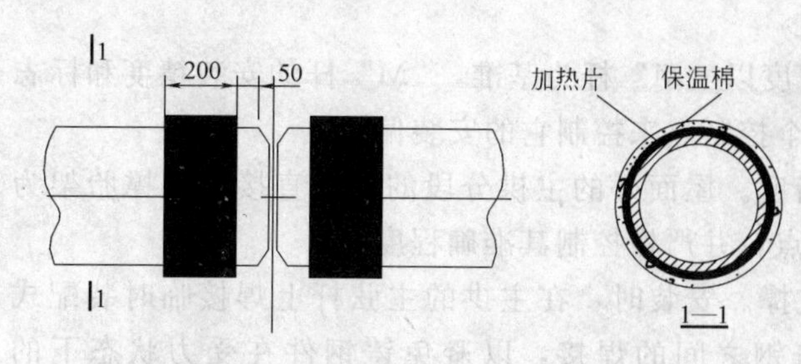

图4-57 管对接焊缝加热片布置示意图

③ 焊接方法：手工电弧焊。

④ 预热：厚度大于36mm的管对接焊缝、管与铸钢件的对接焊缝焊接时要进行预热。采用柔性履带式电加热片伴随预热，加热片布置如图4-57所示。预热温度为120～150℃。预热范围为：焊缝两侧，每侧宽度应大于焊件厚度的2倍，且不小于100mm。

预热应均匀一致，层间温度为120～200℃。焊后缓冷。

⑤ 焊接顺序：每条环焊缝由两名焊工对称施焊。采用多层多道焊。根部用ϕ2.5mm或ϕ3.2mm焊条找底焊1～2层，其他用ϕ4mm或ϕ5mm焊条填充、盖面。对全熔透焊缝（一级）必须进行100%超声波探伤检查；对相贯焊缝（二级）进行20%超声波探伤。

（3）主拱分段吊装

1）支撑胎架的测设定位。

首先计算拼装胎架定位点的相对坐标（A、B……），然后在拼装场地选一基准点，并计算基准点到胎架定位点的距离和角度，将全站仪架在基准点处，逐一测设各胎架定位点的平面坐标，胎架定位点的垂直坐标通过胎架高度确定，如图4-58所示。胎架下部必须是硬质地面（钢板或路基箱），胎架底部用焊接或膨胀螺栓与地面牢固连接。有胎架上构件的基准线和中心线，装配必要的定位支撑，胎架安装时可用缆风绳临时固定。

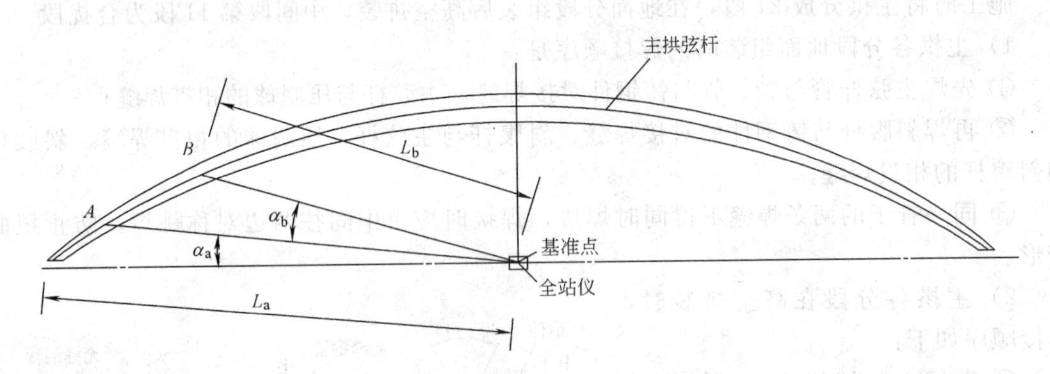

图4-58　拼装胎架的测设定位示意图

2）主拱分段吊装。

为了满足主拱分段吊装的要求，主拱分两大部分，分别在场外和场内进行组装，其中1～4、18～21分段在场外进行拼装，5～17分段在场内进行拼装。为了精确控制屋面外和屋面内交界处的主拱分段点的尺寸精度，施工时采用坐标定位法施测，即根据交界处屋面主拱分段点最终的坐标来确定交界处屋面内主拱分段点的坐标；同时，根据已拼装完的交界处屋面外主拱分段点的外形尺寸，来控制交界处屋面内主拱分段拼装胎架的放线与定位。

主拱吊装采用CC2000型300t履带吊和CC2800型600t履带吊进行分段吊装，如图4-59、图4-60所示。

主拱安装过程应采取以下措施：

① 设置质量控制点。主拱的安装精度以"M"杆为基准，"M"杆的安装精度和标志点必须严格控制。每个主拱分段通过两个控制点来控制它的安装偏差。

② 严格控制主拱支撑胎架的安装精度。屋面外的主拱分段的安装直接以支撑胎架为基准，安装前，必须在胎架上标设标志点，并严格控制其准确程度。

③ 场内的分段主拱依靠"M"杆支撑。安装时，在主拱的主弦杆上焊接临时装配式耳板，临时固定后，进行"M"杆与铸钢之间的焊接，以避免铸钢件在受力状态下的焊接。

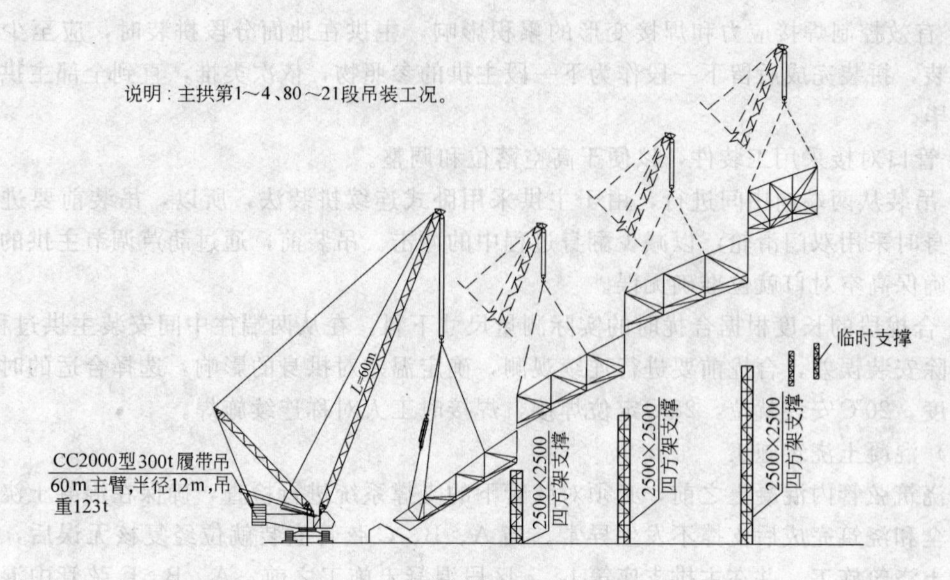

图 4-59 主拱吊装立面示意图（一）

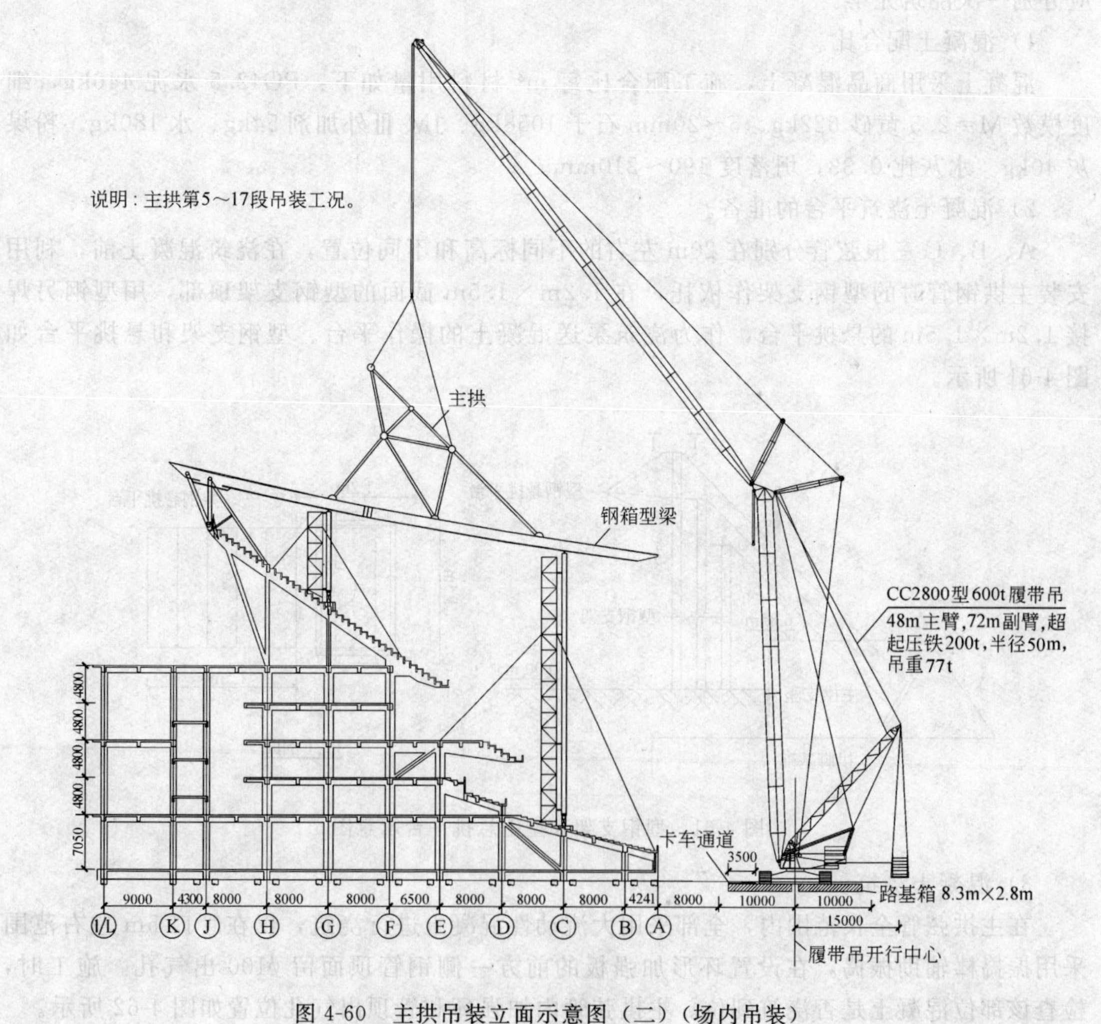

图 4-60 主拱吊装立面示意图（二）（场内吊装）

④ 有效控制焊接应力和焊接变形的累积影响，主拱在地面分段拼装时，应至少二段一起拼装，拼装完成后留下一段作为下一段主拱的参照物，依次类推，直到全部主拱分段拼装完毕。

⑤ 管口对接采用工装件，以便于高空落位和调整。

⑥ 吊装从两端向中间进行，由于主拱采用卧式连续拼装法，所以，吊装前要进行翻身，翻身时采用双门滑轮，以减少翻身过程中的冲击。吊装前，通过葫芦调节主拱的空间角度，确保高空对口就位准确无误。

⑦ 合拢段的长度根据合拢时的实际测量尺寸下料。在从两端往中间安装主拱过程中，逐段消除安装误差，合拢前要进行连续观测，确定温差对拱身的影响，选择合适的时间及合拢温度，20℃安装就位，28℃定位焊接，焊接时工人对称连续施焊。

(4) 混凝土浇筑施工

在浇筑弦管内混凝土之前，必须对弦管下的支撑系统进行检查，确保在混凝土浇筑过程的安全和浇筑完成后支撑不发生异常。当A、B、C弦管安装就位经复核无误后，可进行混凝土浇筑施工，并在主拱支座第b、c区段混凝土施工之前，A、B、C弦管中混凝土应分别一次浇筑完毕。

1) 混凝土配合比。

混凝土采用商品混凝土，施工配合比每m^3材料用量如下：PO42.5水泥446kg，细度模数M=2.5黄砂622kg、5～20mm石子1058kg、JM-Ⅲ外加剂54kg、水180kg、粉煤灰40kg。水灰比0.33，坍落度190～210mm。

2) 混凝土浇筑平台的准备。

A、B、C三根弦管分别在20m左右的不同标高和不同位置，在浇筑混凝土前，利用安装主拱钢管时的型钢支架作依托，在1.2m×1.5m截面的型钢支架顶部，用型钢另焊接1.2m×1.5m的悬挑平台，作为浇筑泵送混凝土的操作平台。型钢支架和悬挑平台如图4-61所示。

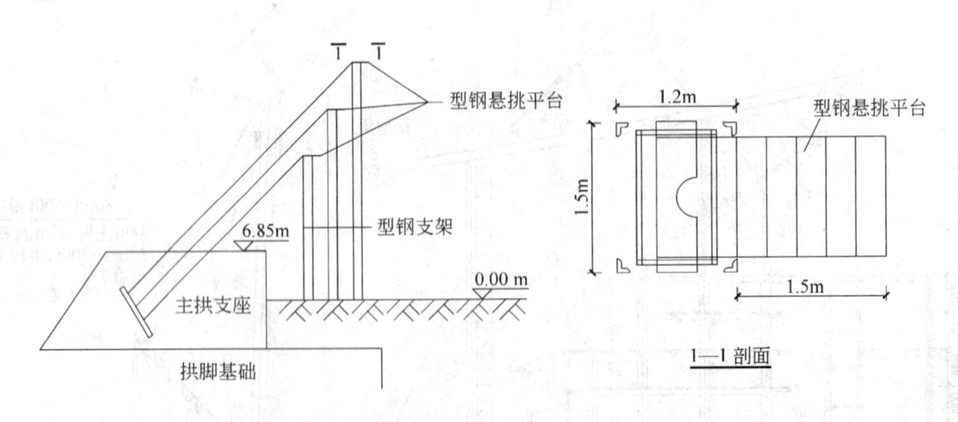

图4-61 型钢支架和型钢悬挑平台示意图

3) 混凝土浇筑。

在主拱弦管全长范围内，全部采用大流动性混凝土进行浇筑，仅在管口5m左右范围采用振捣棒辅助振捣，在设置环形加强板的前方一侧钢管顶面留ϕ100出气孔。施工时，检查该部位混凝土是否浇筑到位。主拱弦管内加强环和管顶出气孔位置如图4-62所示。

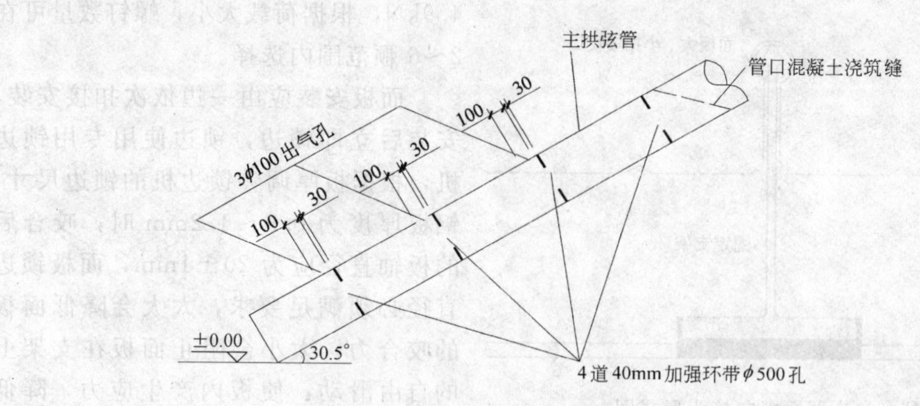

图 4-62 弦管加强环和出气孔位置示意图

4）免振自密实混凝土质量控制要求：

① 严格控制原材料质量。施工前按设计和规范规定，对商品混凝土搅拌站提出要求。施工过程抽查混凝土的坍落度是否符合配合比要求。

② 浇筑过程应对每一个出气孔派专人检查，防止出现混凝土浇筑不到位和排气不畅。

③ 混凝土浇筑完毕可用锤子敲打钢管外壁。从声音来辨别混凝土是否密实，特别是在6.85m标高上下各3m的范围内，必须逐根钢管检查；如发现异常，可采用超声脉冲进行技术检测；如有问题，必须经研究后进行处理。

④ 对每次浇筑的混凝土用量进行认真计量，分析对比混凝土实际用量和理论用量数值；如两者一致，则证明钢管中混凝土浇筑密实。四次浇筑混凝土的理论及实际用量均很吻合，证明每次管内浇筑的混凝土都是密实的。

4.4.3 金属屋面工程施工

本工程屋面系统由大拱和悬挑梁罩棚两部分组成，其中大拱由铝单板、0.9mm厚直立锁边铝板面板、檐口铝单板、聚氨酯天幕板（阳光板）四部分组成。

大拱结构最高点标高62.47m，面积约28000m^2，面层采用2.5mm厚铝镁合金平板，表面氟碳预辊涂。结构檩条为镀锌C形檩，断面尺寸为250mm×76mm×20mm×2.5mm，铝板为2.5mm厚铝单板，加筋固定采用种钉形式，主板分格尺寸为1380mm×3000mm，板缝采用开放式设计，由U形铝扣条填嵌。

悬挑梁罩棚部分的屋面面积约21000m^2，屋面为0.9mm厚铝镁锰直立锁边面板，淡银金属色氟碳烤漆面层，底板为0.6mm厚穿孔钢板，背衬吸声膜、50mm厚吸声棉一层。最长板长约72m，分布在南北两侧，最短板约25.3m，分布在东西两侧。屋面系统的构造形式呈坡状。

屋面铝板压制成通长槽形板，使其具有良好的横向抗弯性，0.9mm厚铝板成型后其跨度可达2.5～3.0m，板长方向采用通长无接头整板，有效解决了普通彩钢板在接头处漏水的通病。成形的铝板在其长度方向可形成最小半径为32m的弧面，依靠板的自然弯曲性能，可很好地满足建筑外形的曲面要求。面板与固定支架间采用可滑动连接，有效地消除了金属板因温差产生的变形及应力，增加了屋面板的使用寿命。在横向接头处采用大小边锁边，其接头形式如图4-63所示。

面板铝支架采用特制螺钉固定，每颗螺钉固定深度2.5mm以上，其抗拔力可达

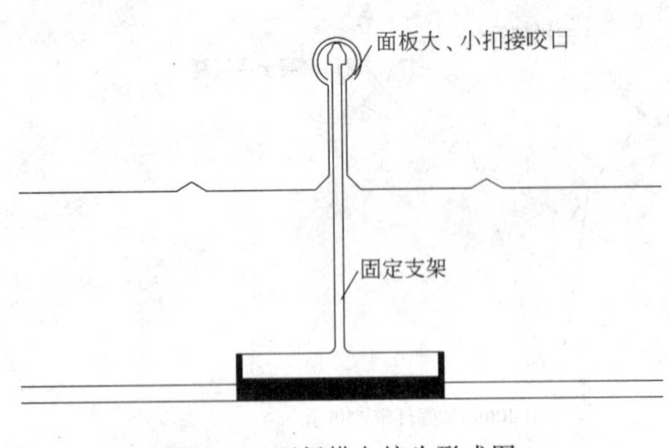

图 4-63　面板横向接头形式图

4.9kN，根据荷载大小，螺钉数量可在2～6颗范围内选择。

面板安装应由一边依次扣接安装，安装后立即锁边，锁边使用专用锁边机，根据板厚调整锁边机的锁边尺寸，铝板厚度为0.9～1.2mm时，咬合后的板轴直径应为20±1mm，面板锁边直径必须满足要求，太大会降低面板的咬合力，太小会阻止面板在支架上的自由滑动，使板内产生应力，降低板的使用寿命。

檐口铝单板包括四部分内容：①东西环梁铝板面积约2780m²；②外挑檐铝板，面积2490m²；③内挑檐铝板，面积2050m²；④1/4内挑檐铝板，面积1480多m²；总共达8800m²。

聚氨酯大幕板（阳光板）总面积13388m²，阳光板结构采用主次檩结构，主檩为C250×76×20高强C形檩，次檩为50mm×80mm铝方通，主檩通过连板与结构用螺栓连接，次檩通过钢角码与主檩采用螺栓连接。阳光板用钢扣固定后，用铝扣槽连成整体。

（1）屋面直立锁边铝板安装

1）面板T码安装。

铝板T码是屋面与结构结合的连接件，是屋面系统的主要传力构件，T码安装质量直接关系到屋面系统的承载力及使用寿命，因此，施工时必须严格控制面板T码安装质量，使其在轴线方向最大偏差不超过±1mm，水平转角不超过±1°。为确保T码轴线及转角精度，施工时使用6m靠尺检查，不符合要求必须整改。安板前还要对T码进行复检，符合要求后，才能进行下道工序施工。

2）面板运输。

由于面板长度较大，最长板70多米，且受现场场地限制，小型起重设备无法满足要求，如果使用大型起重设备，不仅经济上造成浪费且施工效率低下，无法满足工期要求。为确保工期，降低成本，面板垂直运输采用钢丝滑绳法。施工时，必须由经验丰富的施工人员统一指挥，以确保施工过程中不损坏面板。

3）面板安装。

面板安装前，必须检查T码安装质量，符合要求后进行安装，面板为依次咬合安装，为防止锁边处因板断面倾斜积水而发生渗漏，安装顺序必须由低处向高处依次安装，在最高点处两条小边或两条大边交汇处采用换肋的方法解决铝板的咬合。屋面板安装时，必须确保每一T码全部扣入板肋槽中，方可安装下一块板，面板固定点采用两颗钢铆钉沿T码45°方向固定。当天安装的面板必须锁边，锁边直径为21±1mm，施工时必须严格控制该数值。每次施工前，先检查锁边机的锁边直径；如发现偏差，对锁边机进行调整。如果一次锁边数量较大，如超过5000m，在锁边过程中也要检查锁边直径，一般为5000m一检查。

（2）底板安装

1）吊栏的制作。

底板安装采用吊栏法施工，吊栏用C100×60×20×2.5的C形檩条焊制而成。底板用压型板制作，护栏用ϕ12 钢筋制作，高为 1200mm，吊栏底部周圈设 200mm 高挡脚板。

2）吊栏的安装。

施工时将吊栏用ϕ12 的钢丝绳通过吊环吊至施工面下方作为工作面；同时，在吊栏上方设两道ϕ8mm 钢丝绳安全绳，施工时作业人员将安全带挂在安全绳上，严禁将安全带挂在吊栏滑绳上，滑绳两端用卡扣将滑绳与结构钢梁卡紧，施工时每个吊栏允许承载 3 个施工人员，严禁超载作业。吊栏具体安装形式如图 4-64 所示。

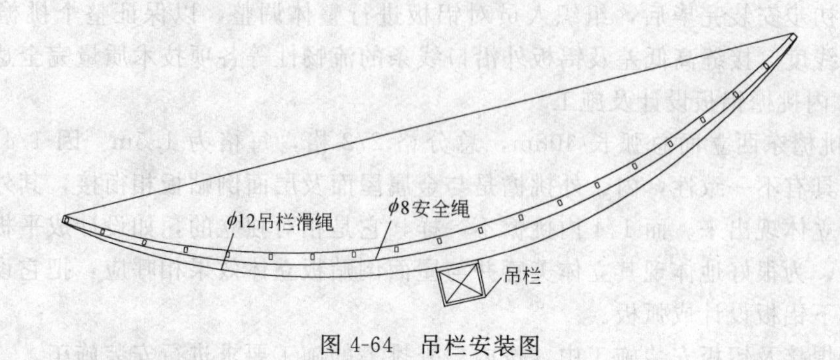

图 4-64　吊栏安装图

3）底板檩条安装。

底板面为双向曲面，而底板又为平面板。根据底板的特性及安装方向，底板在沿径向可以光滑过度成曲线，但由于压制成形后，底板在环向方向刚度很大，无法弯曲，因此，项目部决定檩条在径向采用预弯处理，使檩条在径向呈一条光滑弧线，在每一块板环向方向，确保每一块板 4 根檩条在一个平面上，以若干短直线拼成曲线。通过现场实际放样，沿环向方向由 180 个小直线段组成的近似曲线可满足要求。因此，底板分格确定为沿环向 180 等分。底板檩条安装时，确保檩条环向在每一个等分段内为一直线。

（3）环梁铝板设计及施工

1）东西混凝土环梁铝板施工：

① 东西立面环梁铝板外沿口总弧长 364.8m，每立面弧长 182.4m，每立面分格 152 格，每格宽度为 1.2m。为使铝板的外观效果美观大方、经济合理且又符合环梁结构的特点，我公司把上面板与下面板的夹角设计为 60.8°，而把下面板与环梁底部板设计成 90°，这样完成后的效果会给人一种强烈的立体感。

② 在龙骨焊接施工中，为使施工完成的效果符合设计师设计要求，我公司先组织人员精心在结构面上放好安装线，然后以每六格一单元焊好一标杆，先精确地把标杆校准好，这样为以后龙骨精确顺利安装定好了位。在标杆单元内的龙骨，施工人员根据每格进出尺寸、前后及上下分格尺寸及水平控制尺寸进行初步点焊、检查、调整和满焊划定。

③ 在铝板安装施工中，因环梁是由几个弧形组成，为保证铝板的施工质量精确度，在每根龙骨上弹放出墨线，然后量出每块铝板所需的尺寸。铝板初步安装完毕后，组织人员对铝板进行整体调整，以保证整个铝板平整度、接缝直线度、接缝高低差及铝板外沿口线条的流畅性等各项技术质量完全达到质量要求。

2）内、外挑檐铝板设计及施工。

外挑檐铝板外沿口总弧长为 864m，共 540 个分格，每分格为：1.6m。内挑檐总弧长 720m，共 480 个分格，每分格为：1.500m。精确测量内、外挑檐的各箱梁挑出长度及天沟外檩条的进出位置及长度，然后根据所测量的数量设计挑檐龙骨的开口角度，再根据铝板长度设计龙骨长度，最后根据所测数据确定每格分格尺寸、进出尺寸等。

龙骨焊接施工中，为使施工完成的效果符合设计师设计要求，与环梁施工一样以每八格为一单元焊好一标杆，先精确地把标杆校准好。在标杆单元内的龙骨，施工人员根据每格进出尺寸及分格尺寸、水平尺寸、控制尺寸进行初步点焊、调整和满焊固定。

铝板安装施工中，施工人员先在每根龙骨上弹放出墨线，然后根据弹放的线进行铝板安装。铝板初步安装完毕后，组织人员对铝板进行整体调整，以保证整个挑檐铝板平整度、接缝直线度、接缝高低差及铝板外沿口线条的流畅性等各项技术质量完全达到要求。

3）1/4 内挑檐铝板设计及施工。

1/4 内挑檐东西立面总弧长 408m，总分格 272 格，每格为 1.5m。因 1/4 内挑檐与内、外挑檐具有不一致性，内、外挑檐是与金属屋面及层面倒贴板相衔接，其外观效果不能很好地独立体现出来。而 1/4 内挑檐不一样，它是相对独立的，如设计成平板形则效果肯定不理想，为很好地体现其立体美感并与屋面倒贴板立体效果相呼应，把它设计成弧线形，即外挑下铝板设计成弧板。

在龙骨焊接及铝板安装施工中，按内、外挑檐的施工要求进行安装施工。

4）密封胶施工。

密封胶采用美国著名的道康宁硅硐耐候密封胶，其各项性能非常优秀，而板缝填充物是采用目前幕墙界普遍采用的 PE 泡沫棒。采取硬泡沫板对板缝进行填充，然后再施密封胶，力求胶缝宽窄均匀，胶带光滑平整，不起泡、不开裂等。

5）收口板的施工。

对收口位置作为一个技术重点及难点来抓，力求做到符合各项质量要求的前提下，做到收口板完整、美观。

（4）大拱檩条及铝板的安装

1）檩条的安装。

由于本工程高度大，面积广，但施工而是一个狭长的区域，构件单重很小，应使用灵活的机械才能满足施工要求且不造成施工机械的浪费，因此，本工程二次结构檩条采用 1t 卷扬机，檩条吊至大拱下方后垂直运输就位。

考虑到主檩条安装时高度大，且每组主檩为双片 C 形钢（每组约重 200kg），次檩为 C 形钢，重量很小。所以主檩条在地面组装好（将双片主檩条用螺栓与连接板连接）后运输到目标位置后点焊于主结构上，待将误差调整到控制范围内后满焊，并于焊口涂防腐底漆、中间漆和面漆等。次檩条先用螺栓和角码连接在主檩条上，在特定区域调整好位置后将螺栓拧紧、固定。

主檩及次檩安装时调整：将主檩和次檩划分为若干区域进行整体调整，通常以八个主檩分格为一调整区域，在该区域内主檩调整：先将该区域的两条放线时确定位置的主檩安装好，包括檩条的位置、标高等控制尺寸都一一对应。然后分别将其他檩条安装就位，以最开始安装的两主檩作基准线，对其他檩条进行各控制尺寸的调整，调整的最终目的是能安装预定的尺寸铝板且安装完成后线条流畅。在该区域内次檩调整：主檩安装好后，将在次檩位置确定的两点（在该区域二条定位主檩上）之间拉线，作为次檩安装的基准线，以电脑放样尺寸为依据，调整各位置次檩条。

2）铝板安装

由于本工程铝板面积较大（1400mm×2970mm）而安装高度又高（68m），本工程铝板安装采用卷扬机相配合的方法进行运输。

安装顺序：主檩方向上中间的标准铝板（按一定尺寸制作的铝板）转角处圆弧铝板——标准板与圆弧板之间的调节板。

在标准板安装时，对标准板的位置控制尺寸予以严格检验，包括主檩及次檩两个方向，主檩方向关系到随后的铝板安装能否按预定目标进行，次檩方向关系到整个铝板线条的流畅与否。依据为放样图纸，保证各尺寸与理论尺寸不超过影响外观的界限。

（5）聚氨酯天幕板（阳光板）安装

阳光板安装前先排板，找出第一块板的安装控制线，安装下口泛水，然后安装第一块，再安装钢扣，施工时钢扣要紧贴已安装的阳光板，且不能倾斜；再安装第二块板，安装扣槽，扣槽用橡皮锤砸入板肋中，再施工上泛水，依次类推，直到安装完毕。

4.5 装饰装修工程

4.5.1 大面积看台细石混凝土面层施工

本工程看台设有6万多座位，面积达5.7万m^2。共有86个踏步，踏步长短不一，最长的踏步周长达680m，最短的为12m，踏步的高差悬殊，第1个台阶踏步标高+2.55m、最后一个台阶踏步标高为+44.28m。同一标高踏步以折线相连，踏步宽度有800mm和

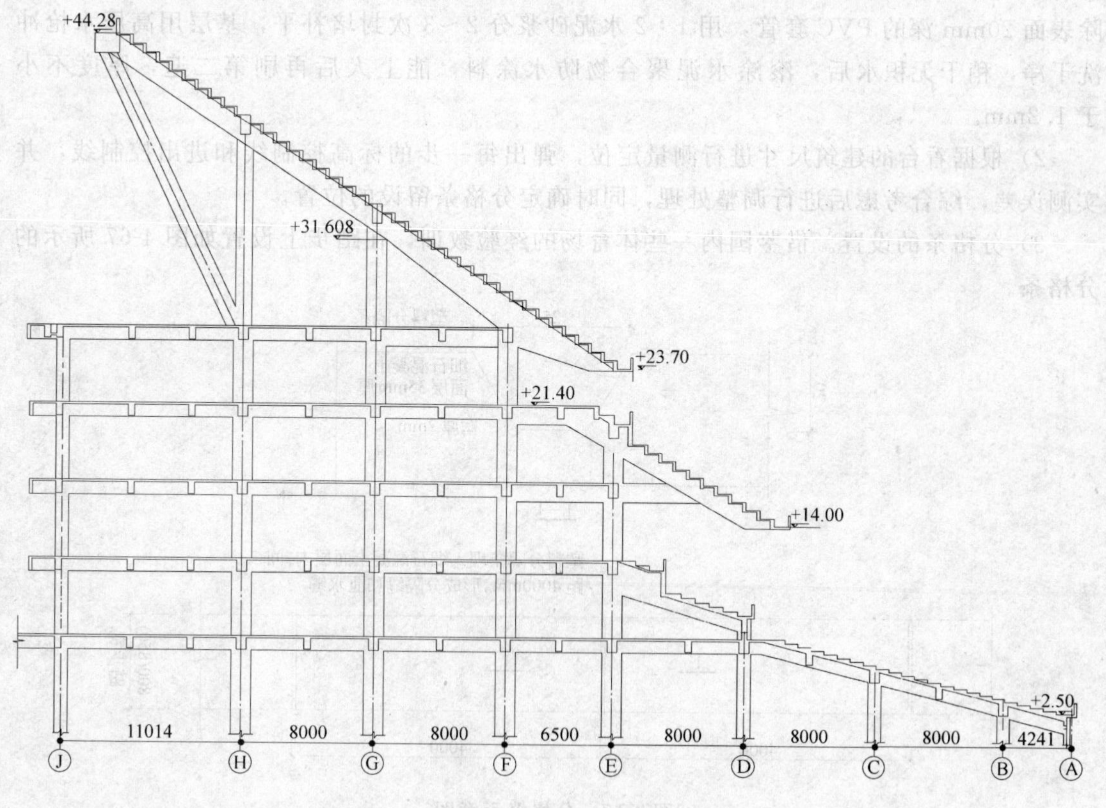

图4-65 看台示意图

850mm 两种，高度从 170～530mm 渐次不等；与踏步相连的还有 120 个观众出入口，均以小踏步过渡连接。整个看台分上、中、下三层看台，立面和踏步如图 4-65 所示。

看台踏步的上表面采用细石混凝土上做水泥砂浆，踏步立面采用水泥砂浆分层做法。具体要求如图 4-66 所示。

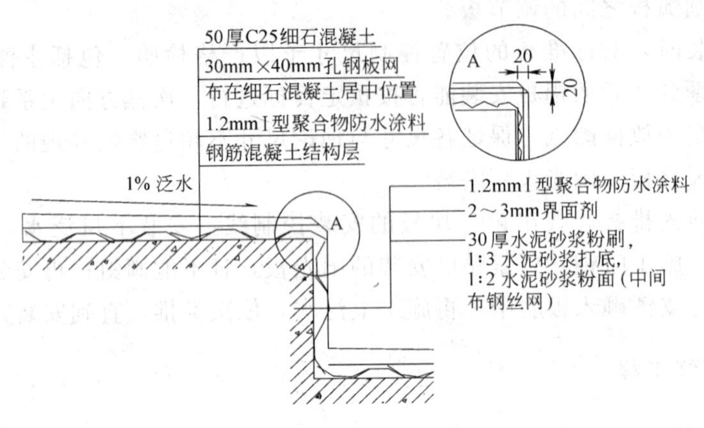

图 4-66　看台踏步面层示意图

（1）施工要点

1）基层水泥聚合物 JS 防水涂料施工。原结构表面的浮浆、混凝土块等砸除清理，结构有严重缺损部位，需用聚合物砂浆修补平整，看台结构层施工时留下的对拉螺栓孔，砸除表面 20mm 深的 PVC 套管，用 1∶2 水泥砂浆分 2～3 次封堵补平，基层用高压水枪冲洗干净，稍干无积水后，滚涂水泥聚合物防水涂料，能上人后再刷第二遍，厚度不小于 1.2mm。

2）根据看台的建筑尺寸进行测量定位，弹出每一步的标高控制线和进出控制线，并实测误差，综合考虑后进行调整处理，同时确定分格条留设的位置。

3）分格条的设置。借鉴国内一些体育场的经验教训，在踏步上设置如图 4-67 所示的分格条。

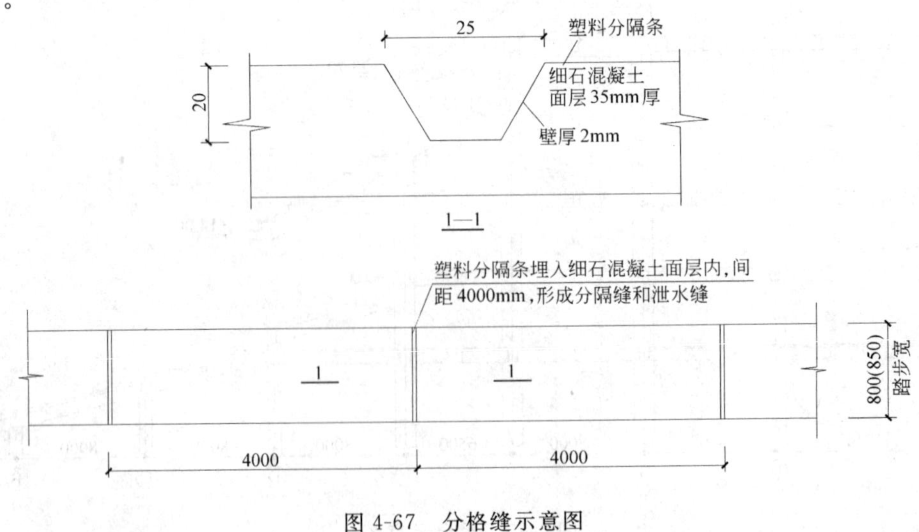

图 4-67　分格缝示意图

按照不大于4m的原则分隔，并在每条轴线及两轴线中线上和小踏步两侧等位置设置，从上到下，通线布置。

4）做好踏步倒角。取消直角，设20mm×20mm的八字角，见上图节点，以解决观众上下易碰角破损的情形。

5）混凝土踏步结构误差处理。踏步立面抹灰30mm厚，当结构层与完成面厚度小于10mm时，将混凝土表面凿深凿毛，保证表面粗糙，使粉刷厚度达到10mm左右，再进行水泥砂浆粉刷；结构面与完成面厚度在30～50mm时，采用两层钢板网粉刷，分两次打底；结构面与完成厚度大于50mm时，在踏步侧面植筋ϕ10@250、用细石混凝土浇筑修补，以防座椅安装打膨胀螺栓时踢面开裂；踏步正面个别处不足35mm厚，凿除结构层表面混凝土，再做面层细石混凝土。

6）细石混凝土和砂浆的原材料控制。砂：采用中粗砂，细度模数控制在2.5～3.0，水泥为PO32.5级，石子均为干净的青石瓜子片，经常检查，发现含泥量稍大时即冲水洗净，每盘料均过磅，以保证计量准确。

7）样板先行。组织十人左右的施工小组做样板，根据样板判断技术的可行性。

8）工艺改进。面层混凝土一次到位，原浆收光，混凝土的坍落度控制在12cm之内，面层上不加砂浆，以防分层空鼓，若泌水较多时，用1∶1的水泥砂子均匀地撒在面层上，吸水后刮除。在混凝土初凝后、终凝前进行2～3次的压光，细石混凝土中的钢板网布置控制在细石混凝土厚度的10～15mm范围。

9）养护。覆盖薄膜保湿养护，养护保持两周时间，并于每天凌晨浇水一次。

（2）施工组织管理

1）针对看台细石混凝土面层施工的技术特点，成立看台施工区的专业管理组织，下设测量、修补、贴条、面层四个管理小组。

2）根据体育场对称的特点，按长轴和短轴划分为四个区域，四个区的工程量、规模、难度包括运输都一样，各区都装有施工电梯，每个区设一个面层操作组，每组人员25～30人。

3）严格按施工顺序安排施工。先做栏板、出入口抹灰，后做看台面层，实行大流水作业。施工时设后台运输组，后台统一搅拌砂浆、混凝土，专人监管配比；设分格条组，由20人组成，按照交底要求，专门负责贴分格条，这样可操作熟练，提高工效；设综合组，专门负责植筋、电焊以及看台缺陷的处理，模板、钢筋、混凝土、出入口、斜坡等部位缺陷施工。

4.6 机电安装工程

4.6.1 BTTZ电缆施工技术

奥体中心主体育场建筑面积13.6万m^2，拥有一个10kV配电中心和四个区间变电所，在主体育场的排烟风机、正压送风风机、消防电梯、应急照明、不间断电源等重要、特别重要的一级负荷均采用BTTZ电缆。

（1）施工工艺流程

施工准备→支吊架制作及安装→电缆敷设→电缆终端制作、安装。

（2）电缆支吊架制作安装

1）明敷电缆的支、吊架形式，如图4-68～图4-71所示。

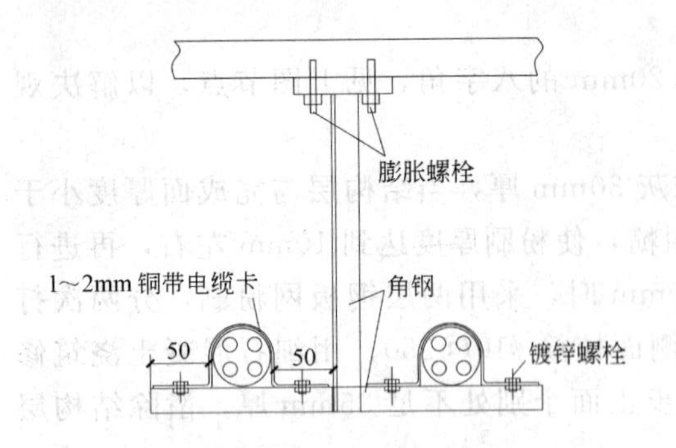

图 4-68　多芯电缆沿顶水平敷设吊架制作、安装形式

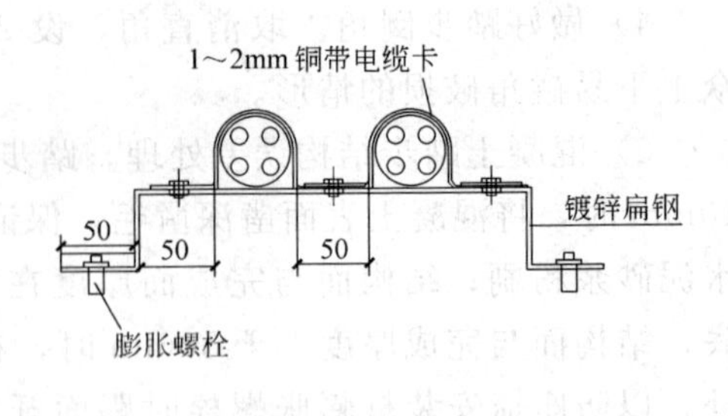

图 4-69　多芯电缆沿墙垂直敷设吊架制作、安装形式

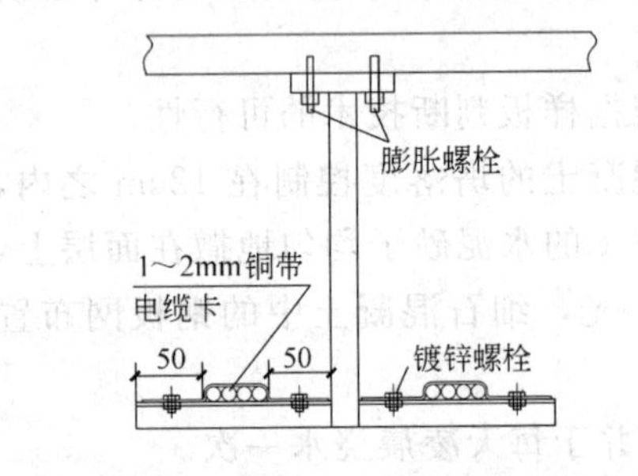

图 4-70　单芯电缆沿顶水平敷设吊架制作、安装形式

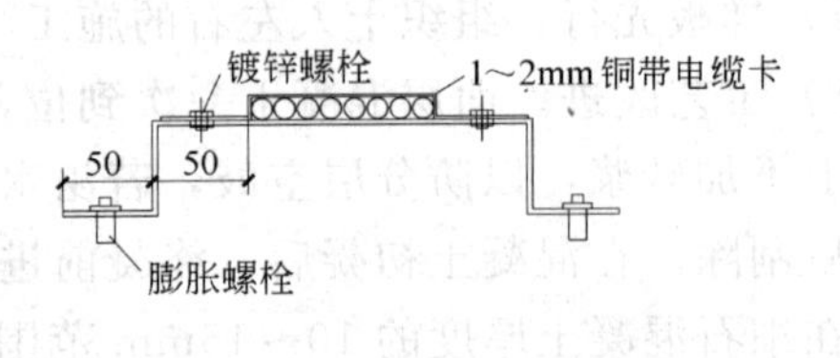

图 4-71　单芯电缆沿墙垂直敷设吊架制作、安装形式

2）支架的防腐、固定。

支架制作完后，应做防腐工作。除锈、刷红丹防锈底漆，面漆的选用如设计无要求，应选与建筑物综合美观相适应的颜色，最后再用膨胀螺栓固定。

3）支、吊架间距要求见表4-4。

支、吊架间距　　表 4-4

电缆外径(mm)	固定点之间最大间距		电缆外径(mm)	固定点之间最大间距	
	水平敷设(mm)	垂直敷设(mm)		水平敷设(mm)	垂直敷设(mm)
$D<9$	600	800	$D\geqslant 15$	1500	2000
$D\geqslant 9$	900	1200	$D\geqslant 20$	2000	2500

当电缆倾斜敷设时，其固定间距按下述方法考虑：当电缆与垂直方向呈30°及以下时，按照垂直间距固定；当大于30°时，按照水平方式固定。

(3) 矿物绝缘电缆敷设、安装

为保证电缆一次敷设成功，应认真核对电缆的型号、规格和长度与设计是否一致。电缆敷设采用人工敷设的方法。

1）每一路电缆均应在敷设到位后进行整理，先将电缆按回路分开，在转弯处应将电缆按弯曲半径弯好（弯曲半径需符合表4-5的要求），然后再逐段将电缆按要求距离固定，或用铜卡固定，或用其他方式绑扎固定，以求整齐、美观。如果电缆敷设在电缆槽架

矿物绝缘电缆弯曲半径要求　　表 4-5

电缆外径 D(mm)	电缆内侧最小弯曲半径 R(mm)	电缆外径 D(mm)	电缆内侧最小弯曲半径 R(mm)
4～7	$2D$	＞12～15	$4D$
＞7～12	$3D$	＞15	$5D$

内，同样也是将电缆全部整理平直，弯曲处也按槽架的弯曲度弯曲，每路电缆单独捆绑，如有需固定处也应进行固定；如无固定处，则应平放在槽架内，但不应交叉、重叠地无序堆放。

2）多根单芯电缆敷设时，应考虑到单芯电缆的护层在交流电作用下会产生微弱的涡流。多根使用时，为防止涡流的叠加，单芯电缆应按相序 ABCO、OCBA 为一组的排列方式进行敷设，如图 4-72 所示。

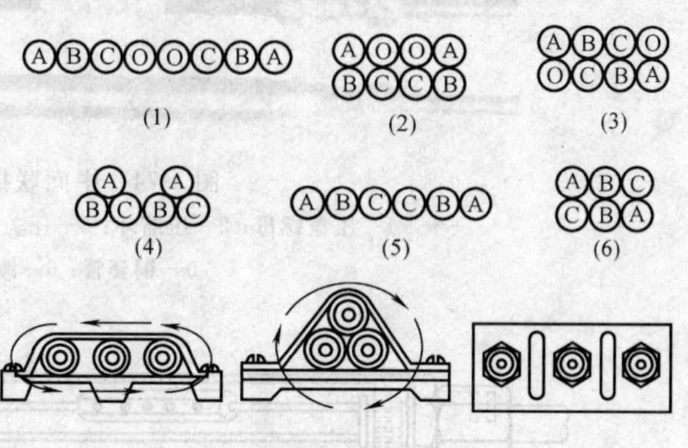

图 4-72　多根单芯电缆敷设方式

3）如果电缆的全长都是直线敷设或用电器可能产生振动时，考虑到电缆通电运行后的膨胀或振动，在允许的场合将电缆敷设成膨胀弯的方式，有“S”形和“Ω”形两种，如图 4-73 所示。

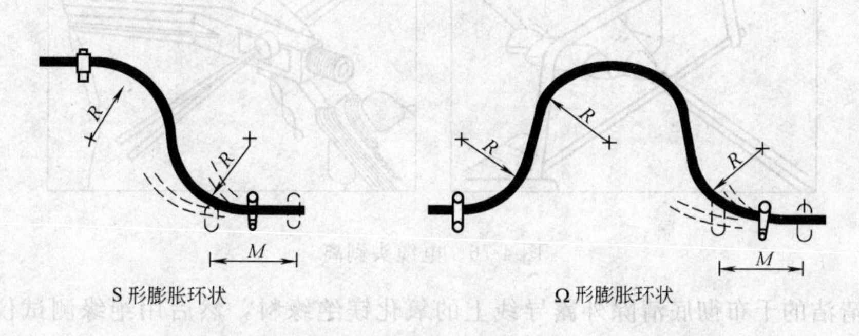

图 4-73　膨胀弯示意图

4）在电缆敷设安装过程中常发生一个回路需用两根电缆连接的现象，连接时采用中间连接器将两根相同规格电缆连在一起，以保证满足线路长度的需要。并用直径增加极小的铜套管来进行保护。该连接器的两端均由内螺纹无缝铜管、黄铜罐或热缩性套管、铜压接管和绝缘热收缩套管所组成，如图 4-74、图 4-75 所示。

5）矿物绝缘电缆埋地敷设，最好不要有中间接头；如无法避免，则接头处须做好防水处理。

（4）电缆终端制作、安装

1）电缆终端制作：

① 将电缆按所需长度先用管子割刀在上面割一道痕线，再用斜口钳将护套铜皮夹在钳口之间按顺时针方向扭转，一步步地夹住护套铜皮的边，并以较小角度进行转动剥离，直至割痕处（图 7-76）；

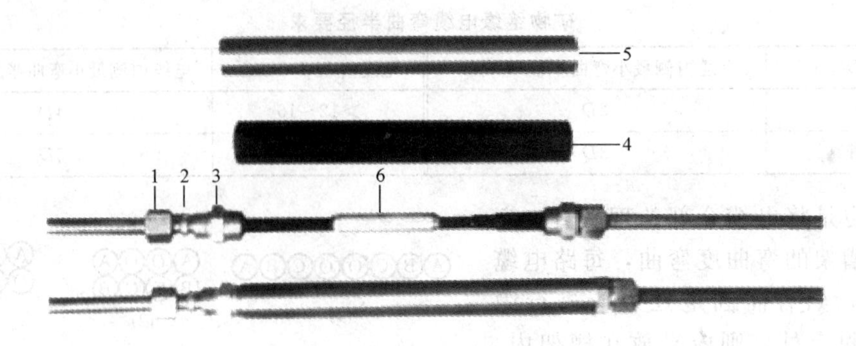

图 4-74　中间联接器示意图

1—压盖螺母；2—压缩环；3—压盖本体；4—热收缩绝缘套管；
5—铜套管；6—镀锡铜接管

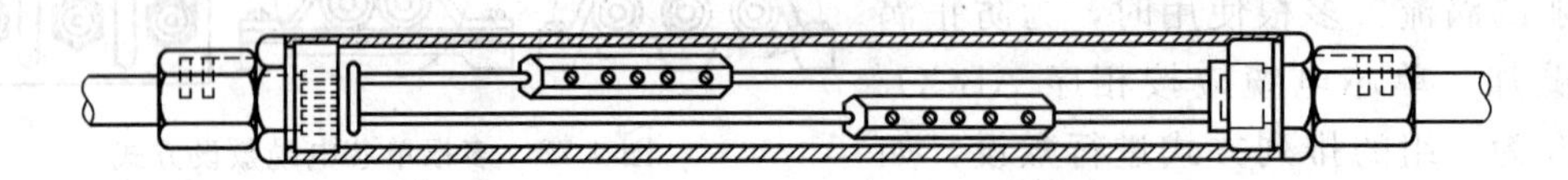

图 4-75　多芯电缆连接内视图

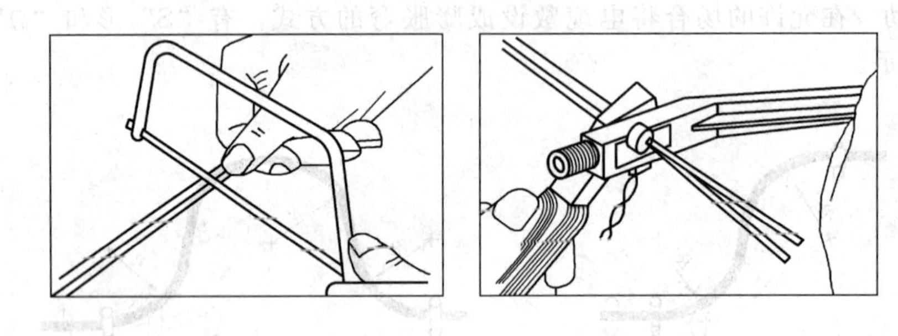

图 4-76　电缆头剥离

② 用清洁的干布彻底清除外露导线上的氧化镁绝缘料，然后用绝缘测试仪进行绝缘电阻预量，达到要求后，将束头套在电缆上，并将黄铜封杯垂直拧在电缆护套铜皮上。开

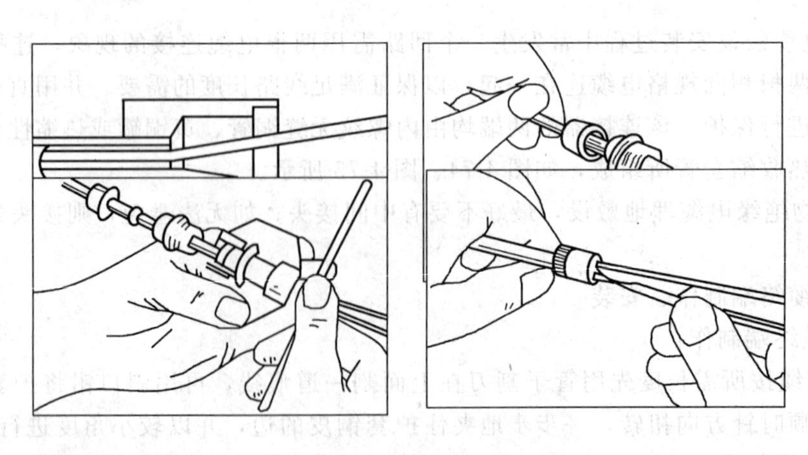

图 4-77　黄铜封杯安装

始时，应用手拧，并用束头在封杯上滑动，来检查封杯的垂直度。确认垂直后再用管丝钳夹住封杯的滚花座继续进行安装，直至护皮一端低于封杯内局部螺纹处（图 4-77）；

③ 从约距电缆敞开端 600mm 处用喷灯火焰加热电缆，并将火焰不断地移向电缆敞开端，以便将水分排除干净，切记：只可向电缆终端方向移动火焰；否则，将会把水分驱回电缆内部；

④ 用欧姆表分别测量一下芯与芯、芯与护套之间绝缘电阻，若测量结果在 5MΩ 以上，则可以在封口杯内注入封口膏。注意：封口膏应从一侧逐渐加入，不能太快，以便将空气排空。等封口膏加满，再压上杯盖，接着用热缩套管把线芯套上并热缩，最后用欧姆表再测量一下绝缘电阻；如果绝缘偏低，则重新再做一次。

2）电缆终端安装：

① 单芯电缆进柜、箱安装时，为防止电缆对柜、箱的面板产生涡流，要求柜、箱的面板按照如图 4-78 所示的方法打孔。对于进线端元面板的柜、箱建议采用铝母线或铜母线作为支架固定电缆。

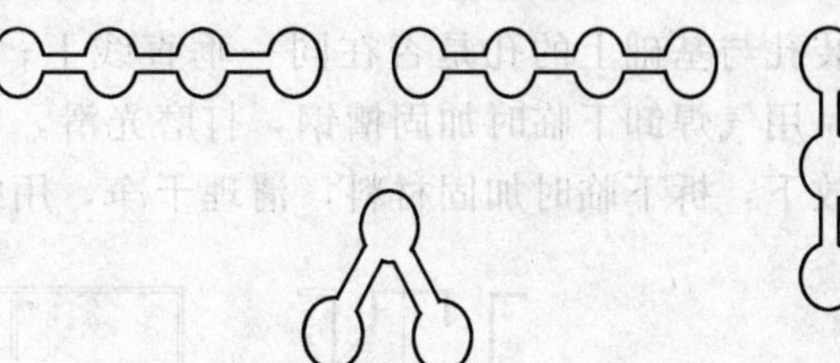

图 4-78　面板打孔

② 矿物绝缘电缆材质较硬进箱、柜前需弯好角度，再伸进箱、柜内，既美观又可以减少施工的难度。

③ 矿物绝缘电缆的铜护套保证了良好的接地连续，所以，无需单独敷设接地线，只需在做电缆终端时加上接地线连接铜环，如图 4-79 所示；另外，箱体内的接地线长度不允许超过 500mm。

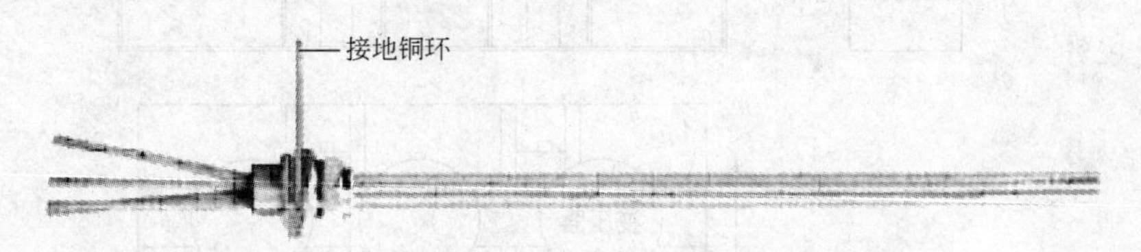

图 4-79　矿物绝缘电缆铜护套示意图

④ 终端安装结束后，应再测试一次电缆的绝缘电阻及接地电阻，然后在每路电缆的两端及中间拐弯处分别挂上电缆铭牌，铭牌上应标有回路、电缆型号、规格、长度以及起始端、终止端箱。

4.6.2 变电所安装技术

南京奥体中心主体育场的供电系统采用的是目前最先进的“双闭环供电，开环运行”，在南京奥体中心主体育场设有一个 10kV 中心和四个区间变电所。

变压器及相应的配电盘柜的运输：采用 5t（3t 两台）的手动液压叉车或用滚杠运输，在±0.000m 标高至变电所内的运输用搭脚手架至变电所标高 1.05m，上面铺设木板，并固定好。不拆包装时运输，到位后再开箱，开箱时，要求甲方、监理、供货方、施工方在场，一起开箱检查，发现问题及时提出，以便尽快解决，并做好记录。

变压器安装前，应检查基础槽钢是否符合规范要求，以及每相绕组固定槽钢位置是否正确。先安装干式变压器，后安装外罩，最后再安装温控器。安装干式变压器时，应注意干式变压器一般带有滚轮，其滚轮应滚动灵活。

变压器安装方法：用四个千斤顶及液压叉车或滚杠配合。用千斤顶下垫道木，上顶10号临时槽钢，槽钢两头与变压器基础焊上，临时槽钢上表面与基础上表面平，检查所有临时技术工件的可靠性；然后，用液压叉车或滚杠将变压器移至变压器基础旁边，降下液压叉车，让设备在液压叉车上。在施工技术人员、厂家、业主、监理共同见证下开箱，并检查随机资料，及对变压器的外观检查，并填好电气设备开箱记录，打开包装物，派专人将拆下的包装，送至规定的场所，将随机资料送至项目部保管员中保存。变压器底包装的拆卸，先拆卸紧固螺栓，使变压器与包装物脱离；然后，升起液压叉车，将方向滚轮上好，调整好方向，将变压器的位置微调好，如图 4-80 所示。再降下液压叉车，并移出液压叉车，使滚轮受力。然后 3～4 人用力缓慢移动至基础，检查滚轮是否与临时槽钢的中心一致，如不一致再用液压叉车升起移动微调。直至滚轮与临时槽钢的中心一致，用液压叉车将变压器的滚轮升至与基础面平，然后用人力缓慢移动，直至就位，用 $\phi12$ 的圆钢试变压器安装孔与基础上的孔是否在同一垂直线上；如不在，则调整直至两孔中心在同一垂直线上，用气焊卸下临时加固槽钢，打磨光滑，在滚轮处用角钢固定，然后四个千斤顶同时缓慢放下，拆下临时加固材料，清理干净，用螺栓固定。设备安装好后，应将滚轮拆除。

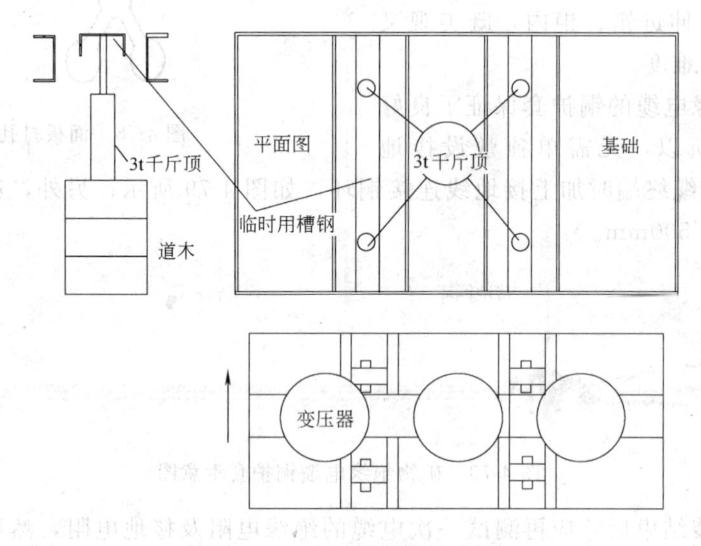

图 4-80 变压器安装示意图

控制柜、配电柜安装时，在距柜顶和柜底 200mm 处拉两根基准线，精确调整一面柜，再逐个调整其余柜，调整至柜面一至，排列整齐。其水平偏差相邻两盘顶小于 2mm，行列盘小于 5mm；盘面偏差相邻两盘边小于 1mm，行列盘面小于 5mm；柜与柜之间缝隙，最大不得超过 2mm，垂直度小于 1.5mm/m；如柜本身超差，应做好记录，并与业主联系，经业主验证、签字认可后请厂家处理；采取镀锌螺栓，把柜和基础可靠连接，所有柜、箱等电气设备的金属外壳、保护管和金属支架与接地装置构成良好的电气通路。

母线进场、安装前，首先应检查包装及密封是否良好。对有防潮要求的包装应及时检查，发现问题，采取措施，以防受潮。

(1) 封闭式母线安装

1) 按照封闭式母线排列图，将各节封闭式母线、插接开关箱、进线箱运至各安装地点。

2）安装前应逐节摇测绝缘电阻，电阻值不得小于10MΩ。

3）按封闭式母线排列图，从起始端开始向前安装，其插接开关箱高度应符合设计或封闭式母线生产厂规定。

（2）封闭式母线的连接

本工程照明母线采用插接式连接：将封闭式母线的小头插入另一节封闭式母线的大头中去，在母线间及母线外侧装上配套的绝缘板。再穿入绝缘螺栓加平垫片、弹簧垫圈，然后拧上螺母，用力矩扳手紧固，达到规定的力矩即可，最后固定好上、下盖板。

5 质量、安全、文明施工及环保措施

5.1 质量保证措施

（1）建立健全项目质量管理体系，明确各部门人员的质量职责。

（2）做好质量创优策划工作，将质量目标进行层层分解，确保质量职责落实到人，质量责任贯穿于施工全过程。

（3）严格执行公司质量管理体系文件，落实公司各项技术质量管理制度。如合同交底制度、图纸会审制度、施工技术文件审批制度、开工报告制度、工前培训制度、技术交底制度、技术复核制度、施工测量管理制度、隐蔽工程检查签证制度、质量“三检制”、材料半成品试验、检测制度、样板引路制度、技术资料归档制、质量奖惩制度等。

（4）针对本工程形状复杂的特点，专门成立现场测量小组，标高、坐标及主要轴线网统一由测量小组测设并做出标志，土建、安装、吊装均按统一标高轴线施工，施工中做好各阶段的沉降观测记录。

（5）396m长预应力地梁施工、900m超长楼面结构施工、812m超长大型环梁无缝施工、组合式“V”形钢管混凝土柱施工、71m悬挑钢箱梁施工、372m跨斜双拱施工等重点难点部位施工前均需组织专家进行论证，单独编制施工方案，做好审批，并由项目总工程师组织交底，做好书面记录。施工时，项目工长和质量检查员均须跟班作业，确保重点、难点部位的施工质量。

（6）建立项目试验室，加强对原材料、半成品、构件的质量检测和管理工作，不合格的材料、半成品和构件不准进场。加强计量工作，做好计量器具检定工作，确保所用的计量均处于合格状态。

（7）建立操作岗位责任制，主要工种实行样板挂牌制，按工艺卡施工。

（8）加强质量监督检查工作。现场设立质量检查部门，以专业检查为主，同时开展自检、互检和工序交接检工作。授予质量检查人员检查权、处置权、奖惩权，确保上道工序不合格不得转入下道工序，从而保证质量检查工作的顺利进行。

（9）成立质量管理小组，针对质量难点重点开展技术质量攻关，从而保证施工质量。

（10）加强成品保护工作，设专人并制定专门措施，做好成品保护管理工作。

（11）加强技术档案资料管理，按技术档案建档要求及时填报、审核、收集、整理，最后由总包单位负责归档。在收集好资料的同时，要特别注重收集各阶段的影像资料，为以后的报奖做好前期准备。

(12) 要实现工程质量总体目标和分解目标，必须通过解读工程，了解特点，建立适合于本工程特点的总承包质量管理办法、总承包质量管理保证措施、分部分项工程成品保护措施。

5.2　安全施工措施

(1) 明确本工程职业健康安全目标。杜绝重大人身伤亡事故和机械事故，一般工伤事故频率控制在1.5‰以下，确保安全生产。

(2) 建立健全项目职业健康安全管理体系，明确各岗位人员职业健康安全职责。

(3) 将本工程的职业健康安全目标层层分解，落实到每个人的工作中，落实到每项工作过程中，同时进行层层考核，确保目标和指标的顺利实现。

(4) 成立由总承包项目部安全生产负责人为首，各施工单位安全生产负责人参加的“安全生产管理委员会”，组织领导施工现场的安全生产管理工作。总承包项目部主要负责人与各施工单位负责人签订安全生产责任状，使安全生产工作责任到人，层层负责。

(5) 严格执行公司职业健康安全管理体系文件，策划好项目职业健康安全管理方案，通过危险源的识别、评价等方法找出项目重大风险，并通过制定和落实切实可行安全管理制度和措施来控制和消除风险，从而确保安全目标的实现。

(6) 严格执行公司和项目职业健康安全管理制度，如：安全文件编制审批制度、安全教育制度、安全例会制度、安全设施投入制度、安全技术交底制度、特殊工种持证上岗制度、机械设备验收制度、安全检查考核制度、安全隐患问题整改制度、安全奖惩制度等。

(7) 加强安全教育。

主要进行以下教育：①三级教育；②日常教育；③班前班后教育；④节假日前后教育；⑤特殊工种教育。

(8) 对396m超长预应力地梁施工、组合式“V”形钢管混凝土柱施工、71m悬挑钢箱梁施工、372m跨斜双拱施工等重点难点部位的危险源进行动态的辨识和风险评价，并根据变化的情况采取相应的预防控制措施：①存在1级风险的危险源时，应立即停止作业，由项目技术负责人组织制定整改方案，经公司安全主管部门审批后实施。整改完成并经公司安全主管部门验收合格后方可复工；②存在2级风险的危险源时，应立即采取整改措施，项目安全员旁站监督落实；③存在3级风险的危险源时，应根据施工组织安排，尽快采取整改措施，并通过合理的方式（如警示牌、作业文件、会议等）提醒注意，确保健康安全。

(9) 编制切实可行的《项目应急准备和响应方案》，进行实地演练和培训，确保相关人员了解应急方案流程，提高项目在施工生产过程中突发事件的应变能力，尽快控制事态，尽量减少损失，尽早恢复正常施工秩序。

(10) 严格执行检查考核制度，检查依据国家“一标五规范”、国家、行业、地方相关法律法规和公司、项目职业健康安全管理体系文件及制度，检查中发现的安全隐患和问题，采取消项制度，根据具体情况，定时间、定人、定措施予以解决，隐患问题排除，方可继续施工。

(11) 明确安全保证措施重点。

在以下方面做好保证：①操作工艺与交底；②检查；③进场许可；④上岗许可；⑤标牌标志；⑥垂直交叉作业；⑦危险作业；⑧恶劣天气与天气预报；⑨作业现场清理；⑩消防；⑪现场医疗与抢救；⑫临时用电；⑬机械设备安全措施。同时，制定各分项工程及季节性施工的安全保证措施。

(12) 定期对项目职业健康安全目标指标进行考核，考核情况进行公开和沟通，存在的问题采取“三定”措施进行整改，从而确保项目安全目标的顺利实现。

5.3 文明施工及环保措施

(1) 明确本工程文明施工目标：

1) 保证达到“省级文明工地”要求并获得相关荣誉称号；

2) 做到“五化”：亮化、硬化、绿化、美化、净化。

(2) 现场管理原则：

①进行动态管理；②建立岗位责任制；③勤于检查，及时整改。

(3) 制定《施工现场环境管理实施细则》、《噪声控制管理规定》、《化学品、易燃、易爆危险品管理规定》、《氧气、乙炔的管理规》、《扬尘、粉尘控制管理规定》、《废水排放管理控制措施》、《固体废弃物管理》、《能源、资源管理制度》和《文印材料管理制度》等制度并严格执行。

(4) 在施工准备的前期，按地方政府主管部门的有关规定，办理施工环保许可手续，批准后方可施工。

(5) 施工现场总体规划必须满足施工生产和环保需要，考虑对周围相关方的影响及消防安全的需要，并应满足地方政府主管部门的规定，以及考虑成本方面的要求。

(6) 应按施工、办公、生活等功能对施工现场做出合理分区。各功能区之间及功能区内部道路要畅通，主要道路宜进行硬化处理，并尽可能结合建筑规划的正式道路修建临时施工道路。

(7) 现场设置搅拌站的，将水泥库进行封闭并于第一批水泥进货前完成，现场主要运输道路采用硬化路面，并在出口处设置洗车池。

(8) 对污水排放进行严格控制，现场搅拌站和洗车池处设置沉淀池，现场食堂设置隔油池，现场固定式厕所设置化粪池。

(9) 对易燃易爆物品或场所加强管理，配备足额消防器材，编制应急预案并做好演练和培训工作。

(10) 防止化学危险品、油品对人体伤害和泄漏：对施工现场的油漆、涂料等化学品和含有化学成分的特殊材料、油料等实行封闭储存，随取随用，尽量避免泄漏和遗洒。

(11) 固体废弃物应分类存放及时外运，垃圾用容器吊运，外运手续齐全。

(12) 指派专人负责监督水电节约措施的实施。

(13) 坚持按定额确定的材料消耗量，实行限额领料制度，各班组只能在规定限额内分期分批领用，如超出限额领料，要分析原因，及时采取纠正措施；加强现场管理，合理堆放，减少搬运，降低堆放、仓储损耗。

(14) 制订本机构的年度纸张节约计划；非机密性办公用纸必须两面均使用过后方可按废纸处理；推行无纸化办公、文件无纸化管理和网络化传输。

6 经济效益分析

本工程通过采取先进技术措施共获得直接经济效益949万元，经济效益率达16%。具体见表6-1。

经济效益分析表（单位：万元） 表6-1

序号	应用新技术名称	覆盖造价	获得效益
1	新型模板应用	1100	104.554
2	组合式“V”形钢管混凝土柱施工	220	53.000
3	混凝土外加剂及掺合料的使用	440	74.000
4	免振捣自密实混凝土在斜钢拱中的应用	11.22	1.720
5	超长大面积混凝土楼面施工	1275	145.000
6	大跨度双曲线高空预应力环梁施工	293	72.000
7	396m长预应力地梁施工	294	71.000
8	ALC板应用	940	120.000
9	大型拱脚及主拱支座大体积混凝土施工	728	75.000
10	碗扣式脚手架应用	252.1	78.235
11	高效钢筋连接技术应用	172	56.410
12	清水混凝土柱、看台、墙施工	139	71.020
13	复合玻纤风管安装施工	54	27.000
	合计	5918.32	948.939

第十篇

武汉体育中心体育场工程总承包施工组织设计

编制单位：中建八局中南公司
编 制 人：陈新　司文志　毛仲喜　杨俊　周莉
审 核 人：戈祥林

【简介】 武汉体育中心体育场是湖北省的重点工程。该工程外形是马鞍形，体量大，异形结构多，信息化程度高，是目前国内先进的体育中心之一。该工程的“Y”形柱及大斜梁施工、空间大型索架钢结构施工、超长无缝技术施工、索膜屋盖结构施工，都在国内处于领先水平。施工总承包管理技术采用了信息化手段，也值得推广应用。该工程科技含量高，施工难度大，具体体现在：(1) 建筑设计新颖，建筑艺术与技术完美结合；(2) 结构复杂，大体量的异形、变截面梁柱及整体呈椭圆形钢筋混凝土结构；(3) 大面积防水，$23000m^2$ 的散平台面，其防水按三道Ⅰ级设防设计刚性屋面；$39000m^2$ 的篷盖防水采用Ferrari/002T膜结构；(4) 钢结构设计复杂，节点变化多，空中角度及定位变化大，制作安装工程量大，精度要求高；(5) 智能化应用及推广创新程度高；(6) 功能齐全、设备完善，使比赛和其他活动能够顺利进行，并保证了人流的有序集散；(7) 本工程全部采用现浇钢筋混凝土结构（篷盖除外），周圈环绕，无自由端超长结构设计与施工技术，国内领先。

目录

1 工程概况

1.1 工程构成情况

工程概况见表1-1。

工程概况一览表 表1-1

单位工程名称	武汉体育中心体育场			工程造价(万元)	2430
建筑面积(m^2)	63629	占地面积(m^2)	4.5万	层数	4层
建筑总高度(m)	54.681	基础形式	人工挖孔灌注桩	上部结构类型	现浇钢筋混凝土框架钢桁架/索膜结构
装饰装修情况	内墙主要为乳胶漆，局部为大理石及面砖，包房为墙纸等；楼地面主要有地砖、花岗石、高级塑胶地板、复合地板、地毯等；顶棚为石膏板、矿棉铝扣板等吊顶；外装饰一层以上为丙硅烯酸高弹防水涂料，一层以下为干挂花岗石				
建筑安装情况	安装工程主要有给排水系统、中央空调系统、电梯系统、变配电系统、灯光照明控制系统、防雷接地系统、大屏幕显示系统、IC卡应用系统、综合保安系统、入场检票智能管理系统、广播电视系统、综合通讯系统、交通智能化信息系统、多功能会议系统、无线数据传输网络、综合布线系统、中央机房多媒体指挥系统、内场标志引导系统、消防报警及烟烙尽气体灭火系统、楼宇自控系统、田径赛事及计算机网络等系统				

体育场外景如图1-1所示，内景如图1-2所示。

图1-1 体育场外景

图1-2 体育场内景

1.2 项目的建设、设计和承包单位

工程建设概况见表1-2。

工程建设概况一览表 表1-2

工程名称	武汉体育中心体育场	工程地址	武汉经济技术开发区
建设单位	武汉体育中心发展有限公司	勘察单位	湖北省神龙地质工程勘察院
设计单位	武汉建筑设计院	监理单位	武汉天元工程监理有限公司
质量监督部门	武汉市建筑工程质量监督站	总承包单位	中国建筑第八工程局
合同工期	1999.3.5～2002.8.28	合同工程投资额	2.43亿元
主要分包单位	武昌造船厂重型工程公司、上海市机械施工公司、武汉安通电讯有限公司		
工程主要功能或用途	体育比赛、训练、新闻发布、会议、办公、休闲等		

1.3 建设地区自然条件状况

工程范围内的土层为：耕植土、黏土、含砾黏土、强风化泥岩、弱风化泥岩、岩石为粉砂泥质结构。场地土为非含水层，局部存在上层滞水，地下水对混凝土不具侵蚀性。

施工现场现有变配电房（500kV·A），施工用水供水能力为*DN*100。施工现场内有一条沿体育场内环的简易碎石路，并与南部的开发区北环路相连，内环线挖有排水沟，直接向北延伸，污水经沉淀后排入市政管道。现场西南侧搭建有办公房、食堂等。周边有市政道路，交通便利，厂区无地下管线。

1.4 工程特点及项目实施条件

武汉体育中心体育场是一座造型独特、结构复杂、设备完善、功能齐全、设施先进的现代化大型体育建筑，是湖北省重点工程，技术含量很高，施工中关键技术有：

(1) 建筑防水施工技术；

(2) 高精度高空间三维测量控制技术；

(3) 变截面Y形柱与悬挑大斜梁施工技术；

(4) 环向超长钢筋混凝土结构无缝施工技术；

(5) 空间大型悬挑预应力索桁钢结构施工技术；

(6) 高空张拉式索膜屋盖施工技术；

(7) 钢纤维混凝土施工技术；

(8) 外墙面高弹滚涂技术；

(9) 体育场智能化系统集成应用方案与施工技术；

(10) 总承包信息管理技术；

（11）大型体育场结构监控检测技术。

1.5　项目管理特点

本工程为总承包施工，各专业分包企业多，总承包管理和协调难度大。业主对项目管理要求高，合同质量目标为“国家优质工程”，安全文明施工目标为“武汉市安全文明样板工地”，同时工期必须确保；否则，处罚严格。

2　施工准备

2.1　施工总平面布置

施工总平面布置按照经济适用、合理方便的原则，在保证场内交通运输畅通和满足施工对材料要求的前提下，最大限度地减少场内二次运输，在平面交通上，尽量避免各生产单位相互干扰，符合施工现场卫生及安全技术要求和防火规范、满足施工生产和文明施工的需要。

图 2-1 为主体结构施工阶段现场总平面布置图。现对机械、临建、办公、生活、道路布置说明如下：

本工程的施工场地空旷，场区内道路及市政管网尚未接通，现场临设及机械尽量布置在体育场四周。

基础施工时，场内已修建一条碎石铺垫的内环线，穿过北区基础开挖了一条排水沟直通市政排水管道，可作为排水主干道。上部施工时，拟在体育场外围修建一条外环线。所有的塔吊布置在场外二层休息平台处，根据整个施工部署，划分为 4 个施工区，以后浇带为界，划分 8 个施工段。共布置 6 台塔吊，每一区域集中安排一个钢筋加工厂、一个木工加工场地，加工好的成品分别堆放在不同的施工段内，用塔吊和吊车直接吊运；场区内设两套集中搅拌站，三大周转材料布置在塔吊附近，砂浆搅拌机设四台，分别布置在东、西、南、北四个区域，其附近作灰砂砖、砌块堆场。由于建筑物不高，且占地面积大，装修阶段采用在井筒处布置四部施工电梯，四周搭设井字架作为垂直运输装饰材料的工具，既经济又能满足不同部位装修的需要。

入口采用 C20 混凝土路面，同时设立过往车辆冲洗槽；生活区内食堂、办公室、水泥库、生活区四周设排水明沟，生活污水及厕所污水经沉淀池过滤后，通过明沟排入市政下水道，施工区内环线外侧，外环线外侧设排水沟，集中由北区排放。排水沟过车处埋设 $\phi400$ 水泥管，以保证水流及车辆畅通。具体排水情况如图 2-2 所示。

我们将积极导入 CI 标识，宣传企业形象，布置“六牌一图”，施工现场各项视觉识别按有关要求进行布置，同时开辟黑板报、报刊专栏，大力加强安全教育、文明施工、质量意识宣传，设置各种警示牌、宣传标语，整个现场给人一种清爽美好、赏心悦目的感觉，争创武汉市文明施工样板工地。

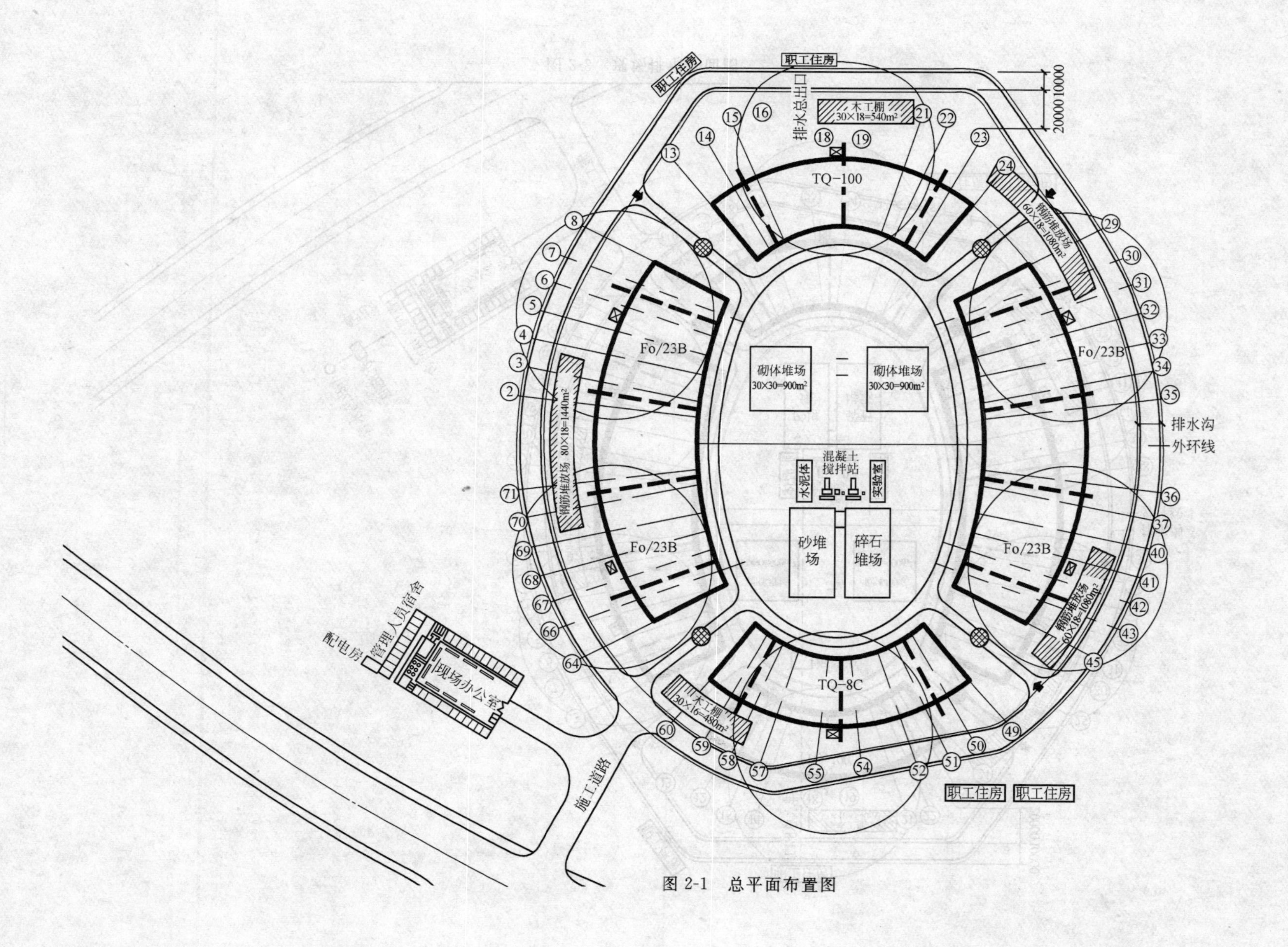
职工住房
职工住房
20000 10000
木工棚
30×18=540m²
排水总出口
TQ-100
钢筋堆放场
60×18=1080m²
Fo/23B
砌体堆场
30×30=900m²
砌体堆场
30×30=900m²
排水沟
外环线
钢筋堆放场 80×18=1440m²
混凝土
搅拌站
水泥库
实验室
砂堆场
碎石堆场
Fo/23B
Fo/23B
钢筋堆放场
60×18=1080m²
配电房
管理人员宿舍
现场办公室
木工棚
30×16=480m²
TQ-8C
施工道路
职工住房
职工住房

图 2-1 总平面布置图

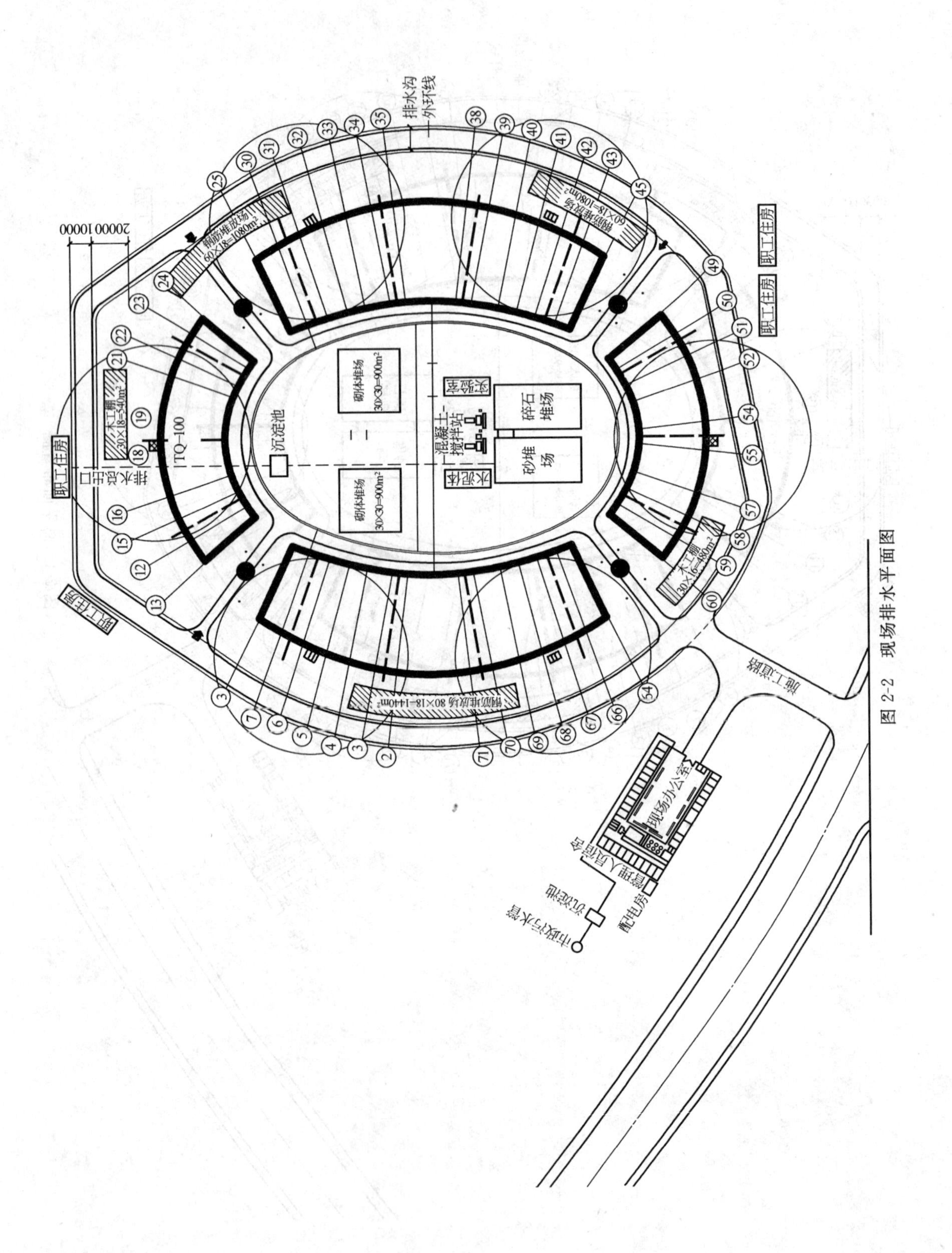
排水沟
外环线
钢筋堆放场 60×18=1080m²
木工棚 30×18=540m²
职工住房
排水出口
TQ-100
沉淀池
砌体堆场 30×30=900m²
混凝土搅拌站
碎石堆场
砂堆场
钢筋堆放场 80×18=1440m²
木工棚 30×16=480m²
现场办公室
配电房
市政污水管
施工道路
20000 10000

图 2-2 现场排水平面图

2.2 施工用水

本工程施工用水由业主在现场提供，水源位于办公室西侧，主管径 $DN100$mm，由于施工场地较大，供水管路长，且没有设置市政消防系统，为了保证现场消防和施工用水的足够需要，拟在现场设 30m^3 水箱一个，且在主供水管线上设加压泵一台，其扬程为 $H=50$m，由主管引出支线送到各施工区域，管网呈环状布置。主要用水点有临时消防用水点、混凝土搅拌用水点、砂浆搅拌用水点、钢筋对焊机用水点、生活用水点、汽车冲洗用水点等。

2.3 施工用电

(1) 本工程施工用电由现场西南角的配电房引入，可提供 2 台 500kV·A 的容量变压器向施工区域供电，因工程工期短、机具多，现场最大用电负荷在 1500kV·A 左右，故拟在现场增设 1 台 380kV·A。根据现场实际用电负荷的大小，与市电切换使用。现场主电缆采用两条 VV293×185+2×95 五芯电缆环形埋地敷设，敷设深度大于 60cm，电缆上、下应覆盖不小于 5cm 厚的细砂，然后再用砖块等硬物保护，在电缆敷设的沿途，每隔 10m 插醒目标志牌，380kV·A 柴油发电机主要作为现场备用电源，兼作西区施工电源。塔吊及现场照明及办工用电均取自市电回路，具体线路布置如图 2-3 所示。

(2) 用电量计算

经计算，现场总用电量为 1476kV·A。具体见"现场临时用电计算书"。

(3) 安全用电技术措施

1) 有高温、导电灰尘或灯具离地面高度低于 2.4m 等场所的照明，电源电压不大于 36V；

2) 在潮湿和易触及带电体场所的照明电源电压不得大于 24V。

3) 电气设备的设置应符合下列要求：

① 配电系统应设置室内总配电屏和室外分配电箱或设置室外总配电箱和分配电箱，实行分级配电。

② 动力配电箱与照明配电箱宜分别设置，如合置在同一配电箱内，动力和照明线路应分路设置，照明线路接线宜接在动力开关的上侧。

③ 开关箱应由末级分配电箱配电。开关箱内应一机一闸，每台用电设备应有自己的开关箱，严禁用一个开关电器直接控制两台及以上的用电设备。

④ 总配电箱应设在靠近电源的地方，分配电箱应装设在用电设备或负荷相对集中的地区。分配电箱与开关箱的距离不得超过 30m，开关箱与其控制的固定式用电设备的水平距离不宜超过 3m。

⑤ 配电箱、开关箱应装设在干燥、通风及常温场所，不得装设在有严重损伤作用的瓦斯、烟气、蒸汽、液体及其他有害介质中，也不得装设在易受外来固体物撞击、强烈振动、液体浸溅及热源烘烤的场所。配电箱、开关箱周围有足够两人同时工作的空间。其周围不得堆放任何有碍操作、维修的物品。

⑥ 配电箱、开关箱安装要端正、牢固，移动式的箱体应装设在坚固的支架上。固定式配电箱、开关箱的下端与地面的垂直距离应大于 1.3m，小于 1.5m。移动式分配电箱、

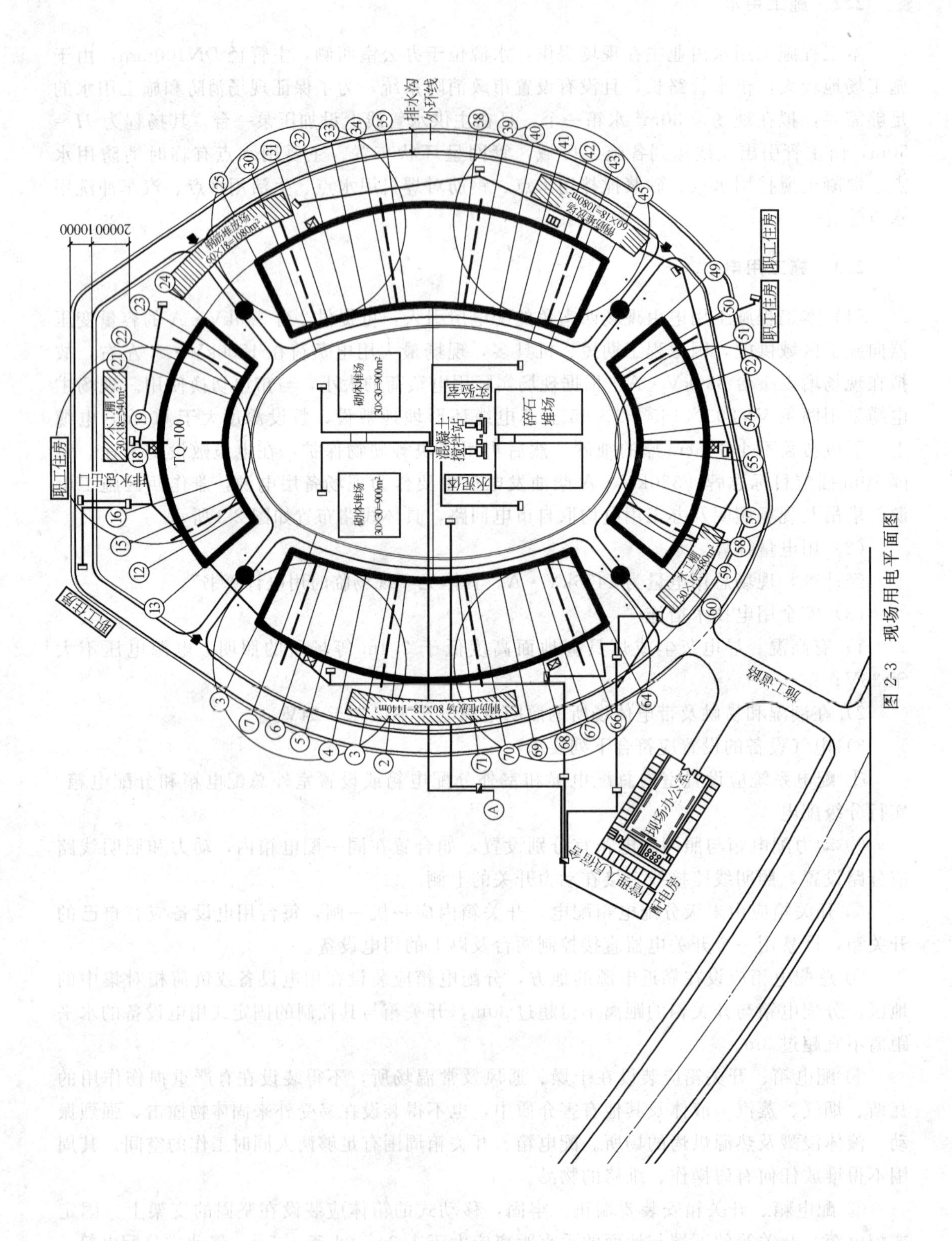
排水沟
外环线
钢筋堆放场 60×18=1080m²
职工住房
砌体堆场 30×30=900m²
碎石堆场
混凝土搅拌站
TQ-100
木工棚 30×18=540m²
木工棚 30×16=480m²
钢筋堆放场 80×18=1440m²
现场办公室
配电房
20000
10000
10000

图 2-3 现场用电平面图

开关箱的下端与地面的垂直距离为0.6～1.5m。配电箱、开关箱采用钢板或优质绝缘材料制作，钢板的厚度应大于1.5mm。

⑦ 配电箱、开关箱中导线的进线口和出线口应设在箱体下底面，严禁设在箱体的上顶面、侧面、后面或箱门处。

4）电气设备的安装：

① 配电箱内的电器应首先安装在金属或非木质的绝缘电器安装板上，然后整体紧固在配电箱箱体内，金属板与配电箱体应作电气连接。

② 配电箱、开关箱内的各种电器应按规定的位置紧固在安装板上，不得歪斜和松动。并且电器设备之间、设备与板四周的距离应符合有关工艺标准的要求。

③ 配电箱、开关箱内的工作零线应通过接线端子板连接，并应与保护零线接线端子板分设。

④ 配电箱、开关箱内的连接线应采用绝缘导线，导线的型号及截面应严格执行临电图纸的标示截面。各种仪表之间的连接线应使用截面不小于2.5mm^{2}的绝缘铜芯导线。导线接头不得松动，不得有外露带电部分。

⑤ 各种箱体的金属构架、金属箱体、金属电器安装板以及箱内电器的正常不带电的金属底座、外壳等必须做保护接零，保护零线应经过接线端子板连接。

⑥ 配电箱后面的排线需排列整齐，绑扎成束，并用卡钉固定在盘板上，盘后引出及引入的导线应留出适当余度，以便检修。

⑦ 导线剥削处不应伤线芯过长，导线压头应牢固可靠，多股导线不应盘圈压接，应加装压线端子（有压线孔者除外）；如必须穿孔用顶丝压接时，多股线应涮锡后再压接，不得减少导线股数。

5）电气设备的操作与维修人员必须符合以下要求：

① 施工现场内临时用电的施工和维修必须由经过培训后取得上岗证书的专业电工完成，电工的等级应同工程的难易程度和技术复杂性相适应，初级电工不允许进行中、高级电工的作业。

② 各类用电人员应做到：

a. 掌握安全用电基本知识和所用设备的性能；

b. 使用设备前必须按规定穿戴和配备好相应的劳动防护用品，并检查电气装置和保护设施是否完好；严禁设备带"病"运转；

c. 停用的设备必须拉闸断电，锁好开关箱；

d. 负责保护所有设备的负荷线、保护零线和开关箱，发现问题，及时报告解决；

e. 搬迁或移动用电设备，必须经电工切断电源并作妥善处理后进行。

6）电气设备的使用与维护：

① 施工现场的所有配电箱、开关箱应每月进行一次检查和维修。检查、维修人员必须是专业电工。工作时必须穿戴好绝缘用品，必须使用电工绝缘工具。

② 检查、维修配电箱、开关箱时，必须将其前一级相应的电源开关分闸断电，并悬挂停电标示牌，严禁带电作业。

③ 配电箱内盘面上应标明各回路的名称、用途，同时要做出分路标记。

④ 总、分配电箱门应配锁，配电箱和开关箱应指定专人负责。施工现场停止作业1h

以上时，应将动力开关箱上锁。

⑤ 各种电气箱内不允许放置任何杂物，并应保持清洁。箱内不得挂接其他临时用电设备。

⑥ 熔断器的熔体更换时，严禁用不符合原规格的熔体代替。

7）施工现场的电缆线路：

① 电缆线路应采用穿管埋地或沿墙、电杆架空敷设，严禁沿地面明设。

② 电缆在室外直接埋地敷设的深度应不小于 0.6m，并应在电缆上下各均匀铺设不小于 50mm 厚的细砂，然后覆盖砖等硬质保护层。

③ 橡皮电缆沿墙或电杆敷设时应用绝缘子固定，严禁使用金属裸线作绑扎。固定点间的距离应保证橡皮电缆能承受自重所带的荷重。橡皮电缆的最大弧垂距地不得小于 2.5m。

④ 电缆的接头应牢固可靠，绝缘包扎后的接头不能降低原来的绝缘强度，并不得承受张力。

8）室内导线的敷设及照明装置：

① 室内配线必须采用绝缘铜线或绝缘铝线，采用瓷瓶、瓷夹或塑料夹敷设，距地面高度不得小于 2.5m；

② 进户线在室外处要用绝缘子固定，进户线过墙应穿套管，距地面应大于 2.5m，室外要做防水弯头；

③ 室内配线所有导线截面应按图纸要求施工，但铝线截面最小不得小于 $2.5mm^2$，铜线截面不得小于 $1.5mm^2$；

④ 金属外壳的灯具外壳必须作保护接零，所用配件均应使用镀锌件；

⑤ 室外灯具距地面不得小于 3m，室内灯具不得低于 2.4m，插座接线时应符合规范要求；

⑥ 螺口灯头及接线应符合下列要求：

a. 相线接在与中心角头相连的一端，零线接在与螺纹口相连的一端；

b. 灯头的绝缘外壳不得有损伤和漏电。

⑦ 各种用电设备、灯具的相线必须经开关控制，不得将相线直接引入灯具；

⑧ 暂设内的照明灯具应优先选用拉线开关。拉线开关距地面高度为 2～3m，与门口的水平距离为 0.1～0.2m，拉线出口应向下。

2.4　施工机具准备

本工程工期紧、工程量大，施工难度大，工艺复杂，要求投入大，机械设备的优劣直接关系到工程的进度与施工质量。

为此，将发挥整体优势，周密部署，积极做好各种垂直、水平运输机械、大型吊装机械、钢筋加工机械、木工机械、混凝土搅拌机械及各种周转工具的调配工作，工程开工后能按时到位，同时做好施工机具设备的加工与修配工作，以满足优质、高效的施工生产需要。

施工机械（具）配备详见“工程进度计划安排”中“主要施工机械设备清单”。

2.5 材料准备

按照施工预算及工料分析结果，结合现场施工实际情况，及时组织钢材、水泥、木材等有关材料的进场，组织有关预制预应力构件、半成品、钢骨大梁的加工工作，同时提前做好现场取样试验工作，严把质量关，保证各种合格材料、构件能够在施工之前送至现场。材料准备要求供应充足，规格、品种齐全，不能因任何小的材料不到位而贻误工期。我们将积极调配本单位的钢管、钢模、扣件等周转材料，同时根据施工需要，添置大量九夹板等，以保证脚手架、模板材料的及时供应。

2.6 劳动力准备

在工程指挥部统一领导下，全力负责单位内部的资源、劳动力调配；组成强有力的总包项目经理部，全面负责工程施工及总包管理；同时，调配过硬的、具有丰富经验的工程处组成劳务作业层，全面负责土建、装修、安装等的施工。具体劳动力安排计划详见“4”中“劳动力需用计划安排表”。

2.7 技术准备

（1）由项目总工组织施工技术人员认真领会施工图纸，了解设计意图，发现问题，提出建议，参加图纸会审；

（2）根据施工需要及有关重点难点，制定有针对性的、切实可行的施工方案，并做好各分部分项工程的技术交底，报业主、监理审批；

（3）提前做好模板、钢筋、钢骨大梁的放样工作，认真审查其合理、实用性，做到万无一失；

（4）召开技术工作会议，明确有关各专业各工种人员技术责任，建立质量责任奖惩制度；

（5）复核红线点及定位圆心，做好定位放线工作，绘制测量定位图，并经业主、监理部门确认、批准；

（6）准备施工需要的技术资料、图集、规范，以作施工时参考、使用，施工技术人员必须熟悉施工规范；准备施工所用的各种资料表格、与监理公司商定好有关检查验收程序，确定现场施工管理三检制度。

（7）质量检测使用规范、规程：

①《建筑电气安装工程质量检验评定标准》(GBJ 303—88)

②《电气装置安装工程施工及验收规范》(GBJ 232—82)

③《采暖与卫生工程施工及验收规范》(GBJ 242—82)

④《建筑采暖工艺与煤气工程质量检验评定标准》(GBJ 304—88)

⑤《建筑安装工程质量检验评定统一标准》(GBJ 300—88)

⑥《建筑工程质量检验评定标准》(GBJ 301—88)

⑦《混凝土结构工程施工及验收规范》(GBJ 50204—92)

⑧《砖石工程施工及验收规范》(GBJ 203—83)

⑨《建筑机械使用安全技术规程》(JGJ 33—86)

⑩《施工现场临时用电安全技术规范》（JGJ 46—88）

⑪《钢筋焊接及验收规程》（JGJ 18—96）

⑫《钢筋焊接接头试验方法》（JGJ 27—86）

⑬《混凝土外加剂应用技术规范》（GBJ 119—88）

⑭《混凝土泵送施工技术规程》（JGJ/T 10—95）

⑮《普通混凝土用砂质量标准及检验方法》（JGJ 52—92）

⑯《普通混凝土用碎石或卵石质量标准及检验方法》（JGJ 53—92）

⑰《普通混凝土配合比设计规程》（JGJ/T 55—96）

⑱《钢纤维混凝土试验方法》（CECS 13：89）

⑲《混凝土质量控制标准》（GB 50164—92）

⑳《工程测量规范》（GB 50026—93）

㉑《混凝土强度检验评定标准》（GBJ 107—87）

㉒《建筑地面工程施工及验收规范》（GB 50209—95）

㉓《蒸压灰砂砖砌体结构设计与施工规程》（CECS 20：90）

㉔《钢纤维混凝土结构设计与施工规程》（CECS 38：92）

㉕《建筑钢结构焊接规程》（JGJ 81—91）

㉖《龙门架及井架物料提升机安全技术规范》（JGJ 88—92）

㉗《冷轧带肋钢筋混凝土结构技术规程》（JGJ 95—95）

㉘《建筑装饰工程施工及验收规范》（JGJ 73—91）

㉙《建筑施工高处作业安全技术规范》（JGJ 80—91）

㉚《钢骨混凝土结构设计规程》（YB 9082—97）

注：以上为1999年使用规范、规程。

2.8 计量、试验、检测准备

（1）施工前提前做好混凝土级配、钢纤维混凝土配合比、砂浆级配，组织各种进场材料的检验及钢筋焊接试验工作，准备好各种混凝土试模，选定国家法定试验室，各种测量工具提前送检报验。

（2）建立现场试验室，以随时检查混凝土坍落度，进行混凝土、砂浆试块的标准养护，满足现场质量检测要求。

（3）确定施工过程中的质量检测标准，各种检测仪器如检测尺、钢卷尺、线坠等，对施工中的各项质量要求指标进行严格控制。

3 施工部署与主要决策

根据本项工程规模大、工期紧、技术要求高的特点，我单位采取的主要决策和施工部署要点如下：

3.1 总包管理机构的建立

组织强有力的工程总包项目经理部，根据本工程的特点，项目管理机构由三个层次组成：

（1）指挥决策层——工程指挥部

指挥部是项目施工决策和保障机构，在我单位整个范围内，对项目施工所需要的人员、机械、材料、资金等进行统一调配，为项目总承包施工提供可靠的保障（对工程进展中重大问题进行决策）。

（2）项目管理层——总包项目经理部

按照“项目法施工”组成的项目经理负责制。对工程进度、质量、安全、文明施工、合同履约全面向业主负责，组织土建、安装及各专业分包的协同，实行总包管理，确保工程按时按质量目标交付使用。

项目经理部由一名总包项目经理、四名专业副经理、项目总工程师等组成。下设总包协调、技术质量、计划合约、安全监察、物资供应等部门，具体实施项目部的职能。

（3）施工作业层——下设2个土建工程处，1个装饰工程处、电气、给排水工程处以及业主指定的专业分包商。

3.2 施工流向、施工区段的划分

制订合理的施工流向、施工分区（分段），组织交叉流水作业。

根据地下基础（桩基承台、筒体沉井）的工程进展和施工流向，考虑地上主体工程的工程量分布状况，决定：

（1）施工流向

自北向南，分区进行施工。

即：东、西区（E 、W)→南、北区（S、N)。

（2）施工区段划分

按后浇带为界，将主体工程在平面上划分为8个施工段，再将相邻的两个施工段组成一个施工区。每一施工区的工程量由一个土建工程处负责完成。4个施工区域独立地进行，在每一施工区内，组织内部流水和平衡施工。

施工区段划分示意如图3-1所示。

（3）施工缝留设

1）在平面上，每一施工段内不再留设施工缝，即以“后浇带”为界，作为施工缝。

2）在竖向高度上，由于南、北看台（二层）和东、西看台（四层）的框架层数不等，而且结构形式也不尽相同。因此，在认真研究设计图纸的具体构造后，施工缝位置沿高度作如下划分：

① 对于N、S二区框架，拟分为4个施工层：

第1施工层：Ⓐ～Ⓓ轴框架柱至梁底；

第2施工层：Ⓓ轴柱浇至+5.88m现浇板面；

第3施工层：Ⓓ轴柱浇至框架梁底；

第4施工层：南北区混凝土梁。

② 对于E、W二区框架，为4层现浇框架，看台高度37.0m，拟分为6个施工层：

第1施工层：框架柱施工至5.88m标高平台板梁底；

第2施工层：施工一层看台框架梁和5.88m梁板；

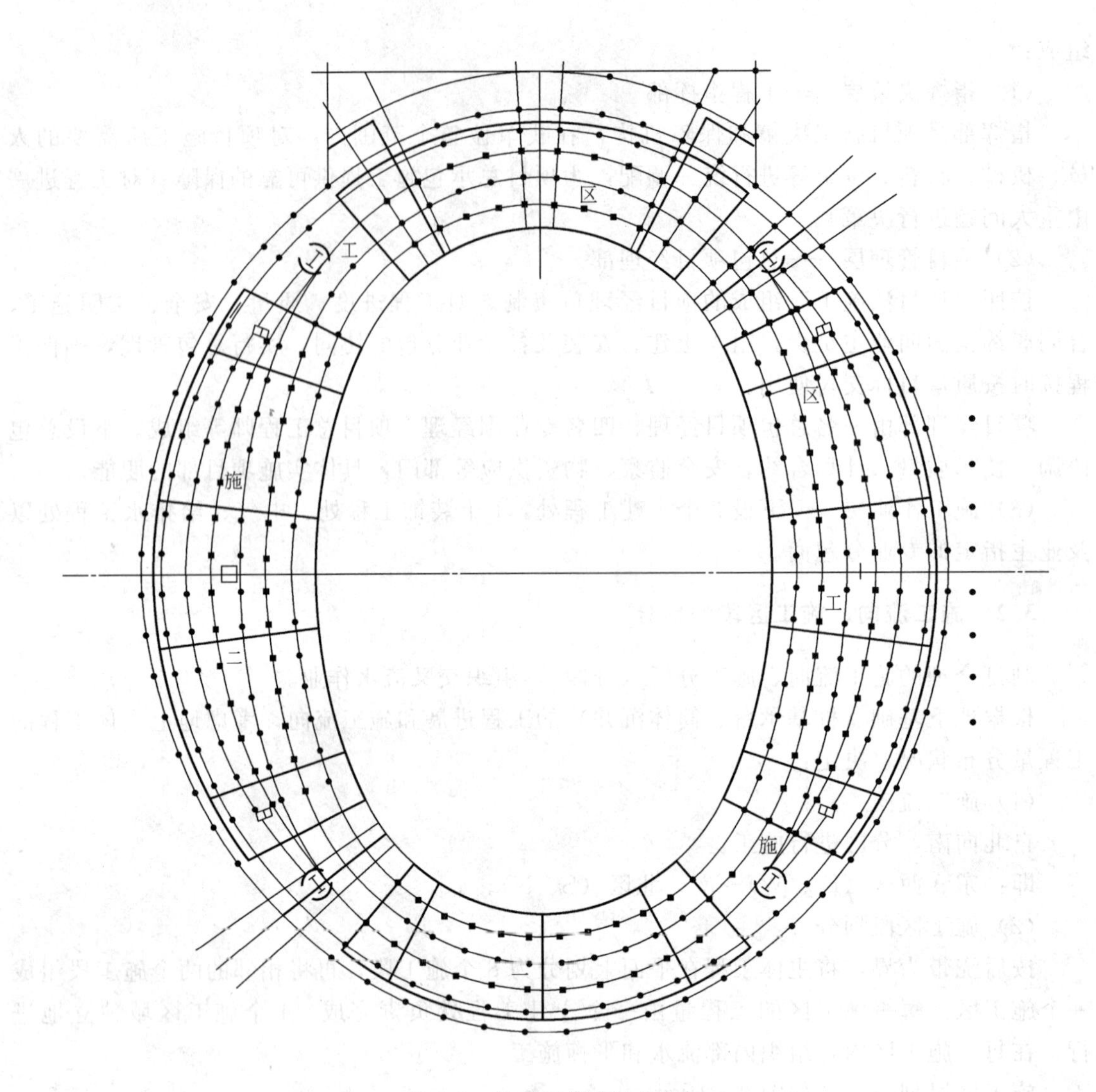

图 3-1　施工区划分示意图

第 3 施工层：施工二层柱、梁板至标高 9.6m；

第 4 施工层：框架柱施工至二层顶板梁底；

第 5 施工层：施工二层看台©轴悬挑部分，Y 形柱施工至看台斜梁底；

第 6 施工层：施工看台框架斜梁。

3.3　施工机械及劳动力部署

配合足够的施工机具和劳动力，加大施工投入，充分利用施工作业面，确保主体工程按期完成。

（1）考虑到本工程主体工程量大、工期紧的特殊性，只有提高机械化程度。为此，拟同时投入 6 台大型塔吊，每一施工段平均有一台塔吊，工作范围可以覆盖所有工作面，可满足材料垂直运输和吊装预制梁板的需要。

其他垂直运输、钢筋加工、焊接等设备均相应作了配备。

(2) 在劳动力配备上，按工程进度，在我单位在武汉地区的范围内，及时调配各工种劳力，预计施工高峰期将投入劳力1700人左右。

详见“工程进度计划安排”中“施工机械（具）及劳动力配备”。

3.4 新技术、新工艺的推广应用

积极推广新技术，抓好新技术攻关，力争把本工程创建为省部级“科技示范工程”。

本工程设计中采用了多项新技术、新结构，科技含量较高，也是工程中的重点和难点，我们发挥本企业的优势，抓好技术攻关；同时，积极推广建筑业10项新技术，提高经济效益，在武汉地区树立又一座科技示范工程。

在工程中，新技术推广项目如下：

(1) 高精度三维测量控制技术；

(2) 沉井基础施工技术；

(3) Y形柱与悬挑大斜梁施工技术；

(4) 超薄超长钢筋混凝土结构无缝施工技术；

(5) 空间大型索架钢结构施工技术；

(6) 索膜屋盖结构施工技术；

(7) 钢纤维混凝土施工技术；

(9) 滚轧直螺纹钢筋连接技术；

(10) 预拌混凝土、散装水泥及粉煤灰应用技术；

(11) 建筑防水施工技术；

(12) 外墙面高弹滚涂技术；

(13) 建筑节能技术；

(14) 智能控制技术；

(15) 制冷系统安装与调试技术；

(16) 现代管理技术与计算机的应用。

每一项课题组织研究小组，制订施工方案，系统积累资料，认真进行总结，申报科技成果鉴定。

3.5 加强工程质量管理

严把质量关，加强工程质量管理，为达到国家优质工程——鲁班奖的目标，扎扎实实工作。严格按《建筑法》的规定组织施工，不搞转包，不层层分包（业主指定专业分包除外）。严把原材料、半成品质量检验关，加强测试。加强质检部门，设专业监督工程师，实行班组、工程处、项目部三级验收制度，贯彻执行ISO 9000系列质量体系标准，制订“项目质量计划”，做好质量记录，杜绝不合格品发生。

本工程质量目标是：分项工程优良率达到90%，分部工程优良率达到90%，创国家优质工程（鲁班奖）。

3.6 加强总包管理

加强总包管理力度，为业主分担“协调、监督、服务、管理”的职责，直至竣工

验收。

在项目经理部设立“总包协调部”，落实各项工作。

（1）提高总包意识和服务意识，总包管理应是全方位、全过程的管理，在施工管理中对我单位自有施工队伍和业主指定分包商均要一视同仁，同等对待，并根据总包合同要求，提供必要的服务和便利设施，按照各分包商的进场时间提供现场办公室、职工宿舍、材料、设备加工、堆放场地或规划场区供指定分包商使用，施工用水、用电（提供二级配电箱）、运输设施和脚手架、夜间照明，以及为业主、监理工程师、政府质监部门顺利进入现场验收提供必要的条件和设施。

（2）在业主的协助下，使用总包管理手段，对工程进度、质量、安全生产、现场文明施工进行全面管理、全过程控制，使工程的进度、质量、安全、文明施工等方面均达到总包合同要求和预定目标。

（3）加强协调管理，每周召开协调会，及时处理总分包及各分包商之间的关系。

（4）所有进入现场的施工人员，我单位统一制作胸卡，接受我单位的统一检查和管理。

（5）组织好单项工程和单位工程的验收工作。对业主指定分包的工程，施工过程中经常检查技术资料的收集整理情况，对不合格或缺陷提出整改意见，工程完工后，会同业主、监理公司、设计部门和地方质监部门对工程进行验收，并将竣工资料汇总存档。

（6）工程交工后，一年内，由总包部经理和总工对业主进行回访，了解业主在使用过程中发现的质量问题，做好记录，填写工程保修卡，作为工程保修的参考，工程保修由技术质量部负责，对回访中发现的缺陷及时配备人员，并与业主联系配合进场维修，维修时尽量减少对业主正常工作的影响，尽量满足业主的合理要求。

4 工程进度计划安排

4.1 工程进度计划安排

根据现场分区情况，设以下控制点：

（1）1999年11月16日开工；

（2）东西区一层结构完；

（3）给排水空调工程插入；

（4）主体结构完；

（5）电气工程、屋面结构工程插入；

（6）安装工程全面插入；

（7）工程完工；

（8）2001年1月18日竣工。

具体工程进度见表4-3和图4-1、图4-2。

4.2 劳动力和施工机械的配备

根据所要完成的工作量和施工部署、工期的要求，本工程配备充足劳动力和施工机

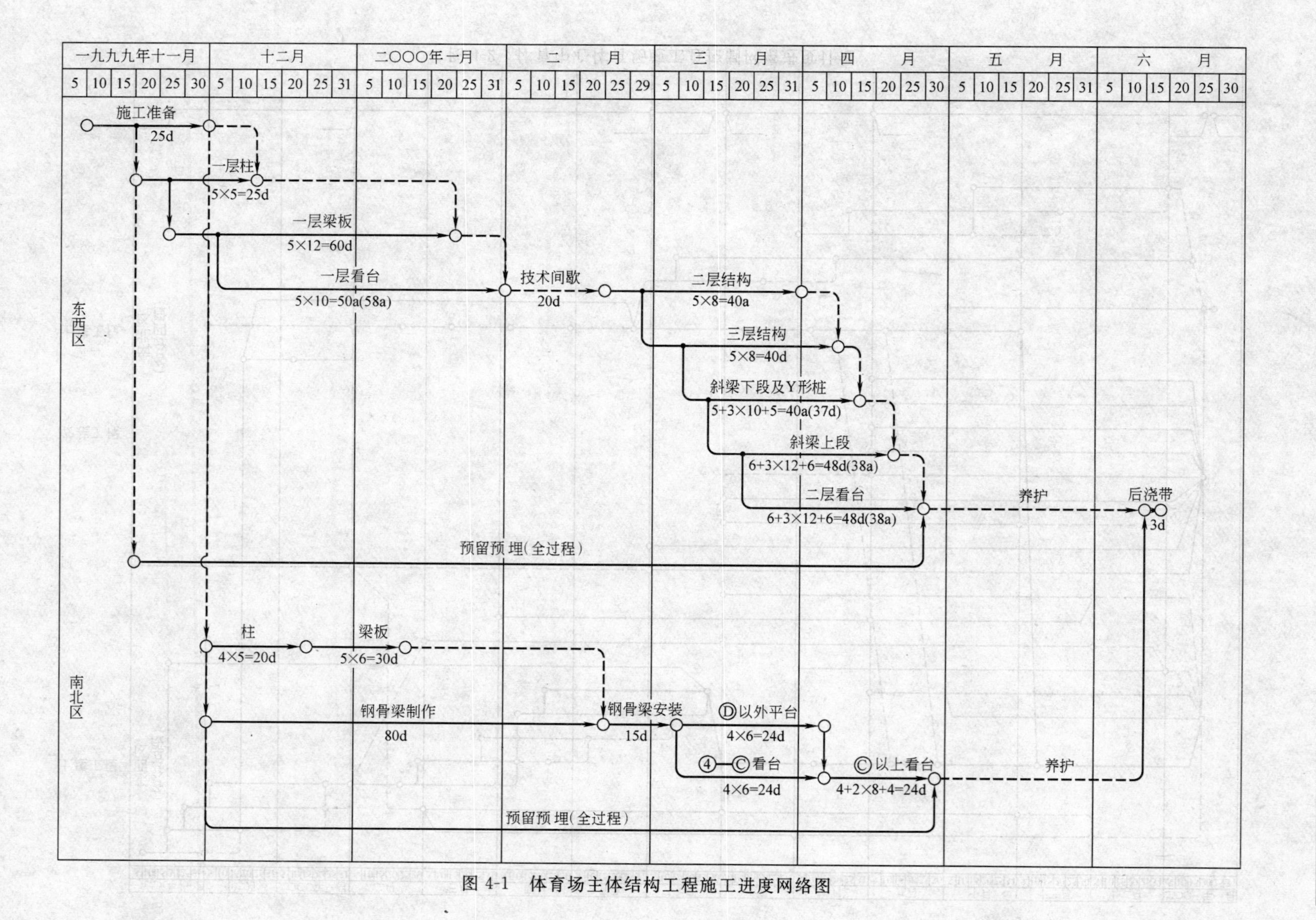

图 4-1 体育场主体结构工程施工进度网络图

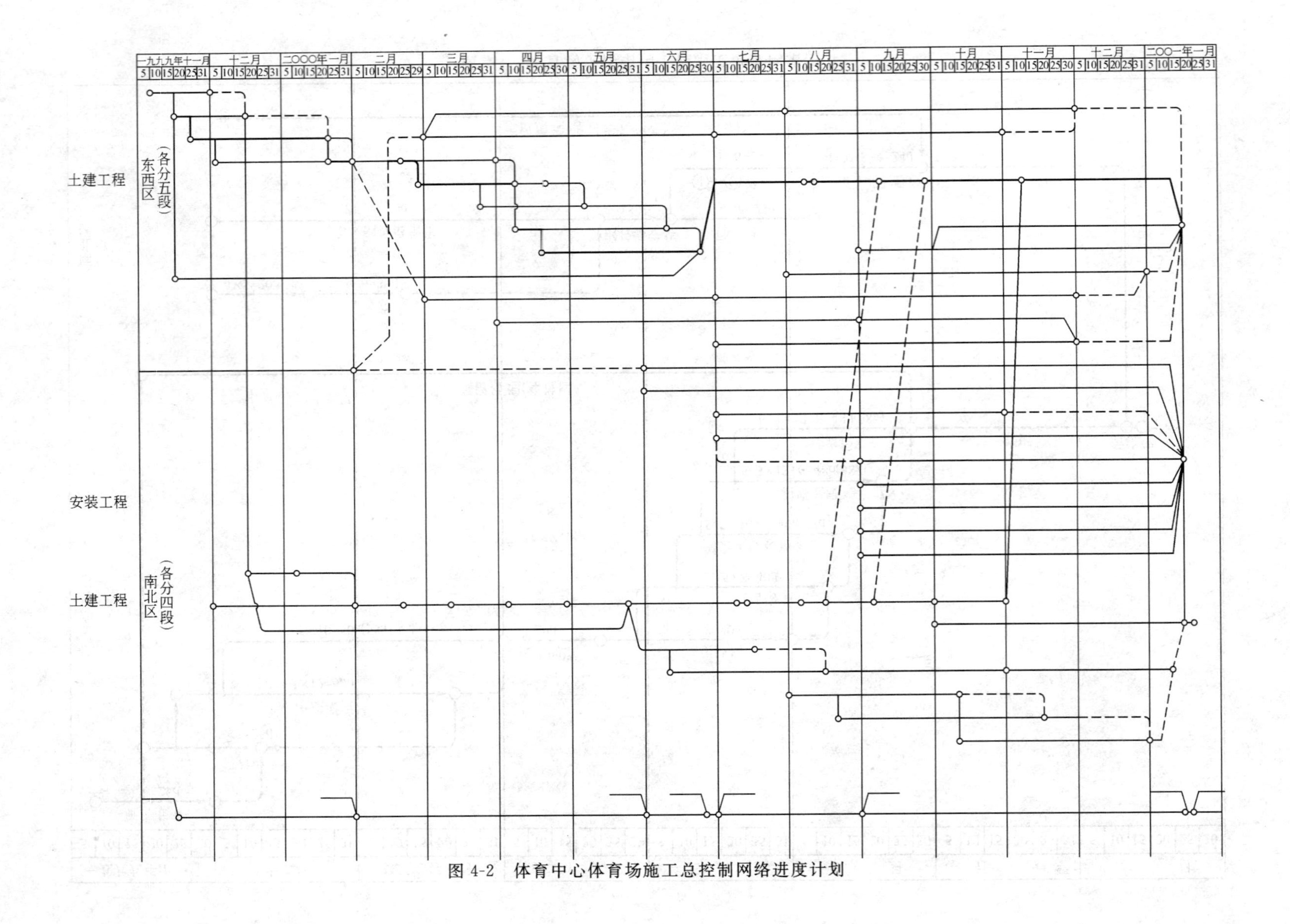

图 4-2 体育中心体育场施工总控制网络进度计划

械设备，详见表 4-1、表 4-2。

主要施工机械设备表 表 4-1

	机械类别	序号	机械设备名称	型号规格	单位	数量	额定功率(kW)
一	垂直运输机械	1	塔式起重机	QTZ125G	台	2	65
		2	塔吊起重机	150t·m	台	4	75
		3	施工电梯	SCD200D	部	4	2×10.5
		4	井字架		部	4	11
二	水平运输机械	5	机动自卸车	5t	辆	20	
		6	平板汽车	5t	台	4	
		7	机动翻斗车	FC-1	辆	20	7.8
		8	架子车		辆	50	
三	土方挖填机械	9	装载机	ZLM-30	辆	1	102
		10	推土机	上海 120A	辆	1	86.5
		11	碾压机		台	1	
		12	蛙式打夯机	HW60	台	8	2.8
四	混凝土、砂浆机械	13	混凝土搅拌机	JS-500	套	4	30
		14	砂浆搅拌机	WJ325	台	8	4
		15	混凝土输送泵	HBT60	台	2	60
		16	混凝土运输车	6m³	台	32	
		17	插入式振捣器	HZ50A	台	50	1.5
		18	平板振动器	PZ-50	台	16	0.5
五	钢筋加工及焊接机械	19	电焊机	BX-315	台	12	19
		20	切断机	GJ401	台	8	7
		21	弯曲机	QJT-400	台	8	2.8
		22	对焊机	UN1-100	台	2	85
		23	对焊机	UN1-150	台	2	120
		24	电渣压力焊机	BX3-630	台	12	80
		25	冷拉卷扬机	JJ-1.5	台	1	7.8
六	木工机械	25	电锯	MJ109	台	4	5.9
		26	双面压刨机	MB206	台	4	
		27	台钻		台	4	
七	构件吊装机械	28	履带式起重机	75t	辆	1	
		29	汽车式起重机	QY50A	辆	1	
		30	汽车式起重机	QY40	辆	4	
		31	汽车式起重机	QY8	辆	4	
八	水卫安装、排水机械	32	电焊机	BX-315	台	4	19
		33	套丝机		台	4	1.5
		34	弯管机		台	4	2
		35	试压泵		台	2	0.5
		36	潜水泵	200QJ80/3	台	20	1.1
九	电气安装照明机具	37	冲击钻		台	10	0.75
		38	探照灯		个	16	3.5
		39	冲击钻		台	10	0.75
		40	电焊机	BX-315	台	2	19
十	装修小型机械	41	砂轮切割机	J3G2-400	个	20	2.2
		42	手电钻		台	20	
		43	喷涂机		台	20	
		44	气割设备		套	10	
十一	发电机械	45	发电机	美国底特律	台	1	380

劳动力需用计划安排 表 4-2

工种 \ 人数 \ 工程处	305 工程处	307 工程处	电气工程处	给排水工程处	装饰工程处	其他
钢筋工	290	290				
混凝土工	120	120				
模板工	320	320				
架子工	65	65				
瓦工	140	140				
抹灰工	220	220				
电工(临时用电)	6	6				
贴面					240	
门窗、制安					160	
细木加工(吊顶)					110	
油漆喷涂					85	
防水工					30	
电气工			360			
管道工				240		
钢结构加工						36
看台梁、板预制						40
起重工						24
辅助工	20	30	10	10	16	
备注:根据施工不同阶段,组织人员进场(不包括指定分包商)						

4.3 工期管理及保证措施

施工进度计划是贯穿整个施工阶段的一条主轴线，总包部通过进度计划将各施工单位串起来，使大家能够为一个目标分工协作，圆满完成总包施工任务。

(1) 总包项目部设生产计划工程师，专门负责制定施工计划并负责检查、协调、控制，计划工程师精通项目施工的全过程，有协调、组织才能。

(2) 按照总体工期的要求，督促各施工队伍（含业主指定分包）制定分包工程的进度计划，并审定，要求其进度计划必须控制在总体进度计划之内，与总体计划相衔接，审定后向各工程处下达。

(3) 进度计划层层控制，专人把关。根据总体计划，制定月计划；根据月计划制定周计划，总计划是控制计划，月计划是保证计划，周计划是作业计划，计划工程师要把计划落实到具体责任人，总计划的责任人是项目经理，月计划责任人是计划工程师和各工程处负责人，周计划责任人是施工员和作业工长，工人保证日完成的工作量。

(4) 建立施工例会制度，各工程处每天向总包部递交日报告，总包部通过周会和月度协调会检查周计划和月计划的完成情况，通过日报告来检查日施工生产情况，并随时举行协调会，解决各专业间和各工程处间工序搭接，安排合理的穿插、交叉作业。

(5) 对于交叉作业多的区域，做分区域施工计划，在控制上，根据总进度计划提出此部位、区域的控制计划，然后由计划工程师召集相关施工单位详细列出必须的工序，每个施工队何时进场，需施工多少天，后续工序如何插入，如何办理移交手续，全部一一列出，最后形成一个独立分区计划，下发各单位。使各单位责任明确且相互监督，保证施工按进度计划进行。

一层柱、顶板进度计划安排

表4-3

序号	分项工程	一九九九年十一月															一九九九年十二月															二〇〇〇年一月													
		2	4	6	8	10	12	14	16	18	20	22	24	26	28	30	2	4	6	8	10	12	14	16	18	20	22	24	26	28	31	2	4	6	8	10	12	14	16	18	20	22	24	26	28
1	东、西区Ⅱ段柱																																												
2	东、西区Ⅲ段柱																																												
3	东、西区Ⅳ段柱																																												
4	东、西区Ⅴ段柱																																												
5	东、西区Ⅰ段柱																																												
6	东、西区Ⅱ段板																																												
7	东、西区Ⅲ段板																																												
8	东、西区Ⅳ段板																																												
9	东、西区Ⅴ段板																																												
10	东、西区Ⅰ段板																																												
11	南、北区Ⅱ段柱																																												
12	南、北区Ⅲ段柱																																												
13	南、北区Ⅳ段柱																																												
14	南、北区Ⅰ段柱																																												
15	南、北区Ⅱ段梁板及钢柱																																												
16	南、北区Ⅲ段梁板及钢柱																																												
17	南、北区Ⅳ段梁板及钢柱																																												
18	南、北区Ⅰ段梁板及钢柱																																												

说明：1.井筒必须在楼板浇筑前，完成到板梁底：2.Ⓐ轴的柱可和看台梁板一起施工：3.南、北区柱暂可施工Ⓓ轴，其他暂不施工：4.东、西区板包括一层看台。

（6）提前做好准备工作，每项工作或区域施工开始前，由施工协调部召集相关职能部门和工程处召开碰头会，解决技术接口、工序交接、物资准备、机构调配、其他作业条件等一系列问题，不打无准备之仗，使工程顺利进行。

（7）在施工中，抓住关键工序的施工，制定关键工序施工计划，组织工程处加班加点，实行两班倒工作制施工，提前为下道工序创造工作面。本工程现浇框架、南北区H钢梁制作吊装、看台梁板预制吊装、屋盖钢结构、装饰贴面工程等均为关键工序。为此，我们在总包施工中，一定要抓住这些关键工序，其他工序安排可穿插作业，外露大柱子以外的6.00m大平台可留设施工缝，待现浇框架斜梁施工后再穿插施工，以解决吊装行走路线和为其他部位施工节约时间。

4.4　工期奖惩措施

为确保本工程按照计划工期保质保量地顺利施工，我单位在落实一系列管理措施的同时，制定奖惩措施来鞭挞后进，鼓励先进，运用经济杠杆来调动生产工人的积极性。

（1）制定工序工期奖惩措施，对一些直接影响到下道工序开工和总工期关键工序，总包部根据总体计划向各施工队伍下达作业计划的同时，进一步明确责任人和完成时间，对提前或推迟完成的原因要进行分析，提出奖惩措施。本工程所有工序的奖惩均以日历天计算，特殊工序以小时计算，奖惩额度可根据总承包合同套用。

（2）为控制各区域或某一阶段工期，项目总包部将计划层层分解，组织各施工队伍之间开展各种形式的劳动竞赛，对提前完成的施工任务给予奖励，对滞后严重的要提出处罚，形成施工热潮。

（3）在与各施工队伍签定总分包合同时，把工期要求纳入主要条款，制定奖惩措施，对业主指定分包商的进度计划完成情况经常向业主汇报沟通。

5　主要工程项目的施工方法

5.1　高精度三维空间测量控制技术

5.1.1　概况

体育场在设计上平面呈椭圆形，整体呈马鞍形，工程结构复杂，武汉体育中心体育场径向分布72条辐射状轴线，由变截面Y形柱和悬挑大斜梁组成，环向分布10条弧形轴线，且环向轴线分布在10个不同圆心、不同半径的圆弧上，如图5-1所示，南北长296m，东西长263m，在四个井筒及56根混凝土柱顶安装钢结构预埋件，在其上安装悬挑式索桁钢结构和索膜篷盖，精度要求很高，且各埋件分布极不规则，测量难度非常大。根据体育场结构的特殊性，我们在测量控制定位上，经过综合比较，采用了全站仪三维测量技术。

5.1.2　三维工程测量技术特点及难点

（1）三维工程测量技术特点

1）精度高、投入少。普通全站仪精度可达到：$2''\pm(2+2ppm)$，只需十万元左右。

2）速度快，操作简单。全站仪测一组数据只需几分钟，人机对话很简单，屏幕直接

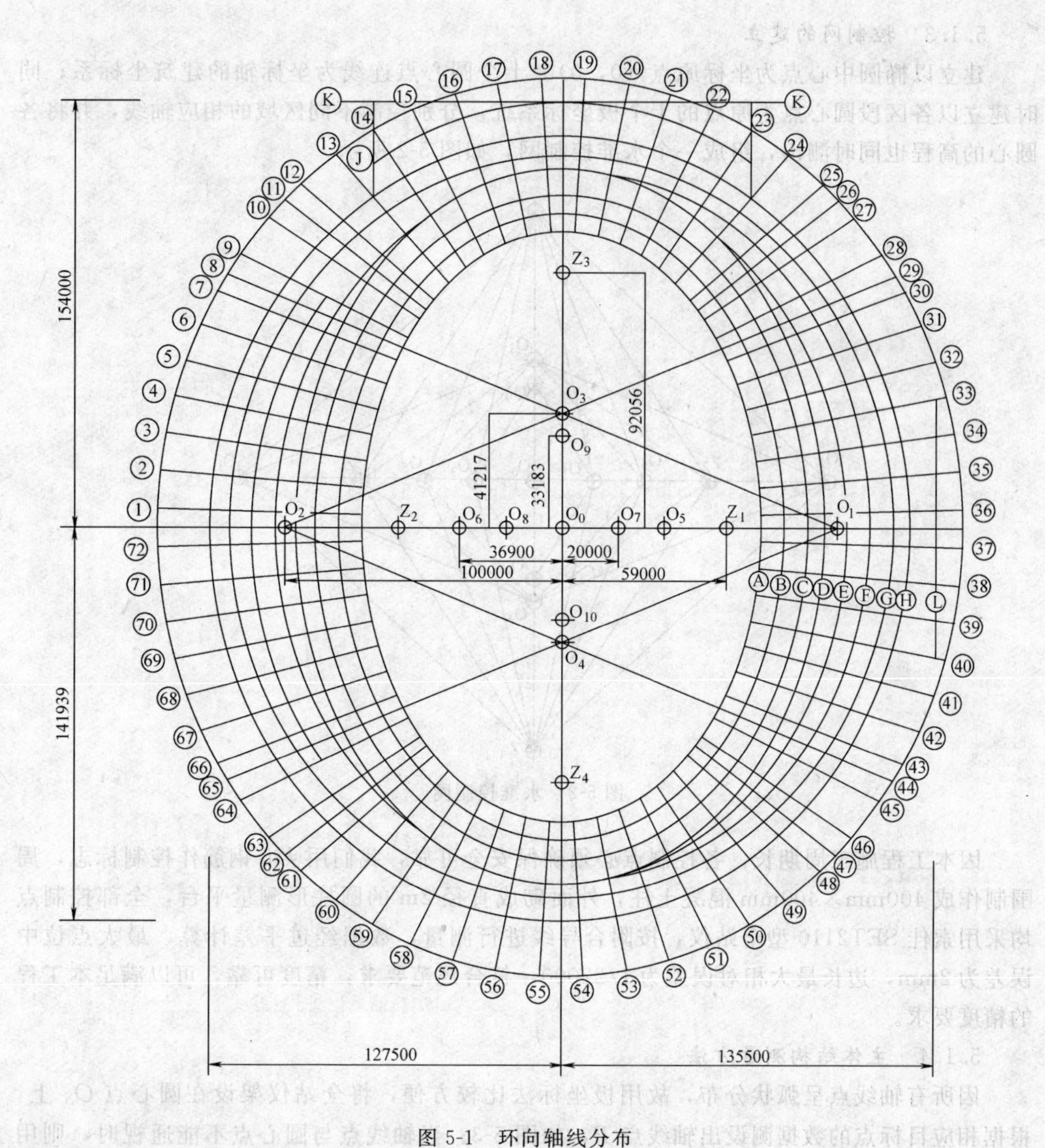

图 5-1 环向轴线分布

显示测量数据，一般测量人员十分钟就可学会。

3）使用方便。智能型全站仪能自动计算数据，可存贮测量成果，并可与 E500 型 PC 机和微机进行数据交换，还能直接与打印机连接打印出测量资料，操作十分方便。

（2）测量难点

体育场不仅平面结构复杂，其立面及空间曲线、曲面多，且相互联系，同一空间点受几个参数（如圆心、半径、高程）限制；上部钢结构及膜结构复杂，安装精度高；混凝土结构内钢结构预埋件多、形状及空间位置变化大。因此，测量放样计算数据特别多，测量工作难度非常大。在实际工作中，因受施工场地、通视条件的影响，给测量工作者带来了更大的考验。

5.1.3　控制网的建立

建立以椭圆中心点为坐标原点（0，0）、十个圆心点连线为坐标轴的建筑坐标系；同时建立以各区段圆心点为原点的十个极坐标系统，分别控制不同区域的相应轴线，并将各圆心的高程也同时测出，组成一个水准控制网，如图 5-2 所示。

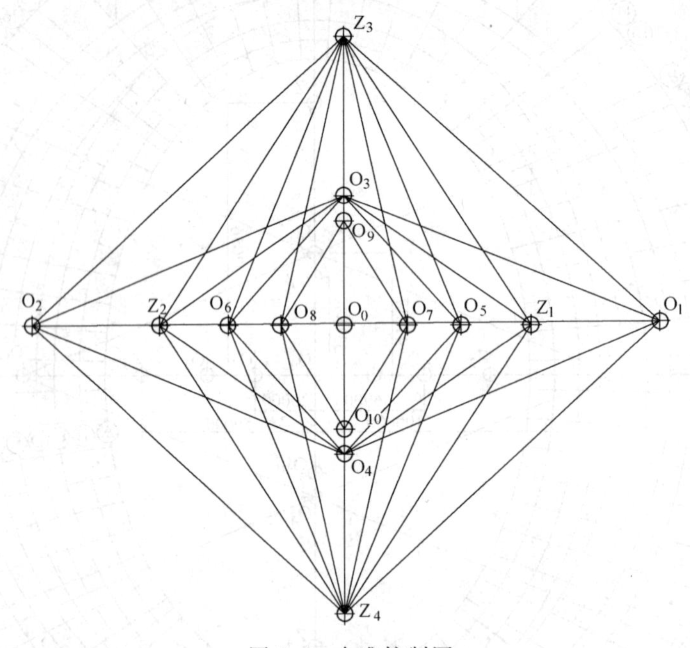

图 5-2　水准控制网

因本工程施工周期长，各控制点必须确保安全可靠，我们用 $\phi 25$ 钢筋作控制标志，周围制作成 400mm×400mm 混凝土柱，外面砌成直径 2m 的圆柱形测量平台，全部控制点均采用索佳 SET2110 型全站仪，按附合导线进行测量，数据经过平差计算，最大点位中误差为 2mm，边长最大相对误差为 1/22000，符合规范要求，精度可靠，可以满足本工程的精度要求。

5.1.4　主体结构测量方法

因所有轴线点呈弧状分布，故用极坐标法比较方便，将全站仪架设在圆心点 O_X 上，根据相应目标点的数据测设出轴线点 P，如图 5-3；当轴线点与圆心点不能通视时，则用转点来完成，在区内适当位置测得一转点 $O_{X'}$，保证此点与圆心点 O_X 及轴线点 P 通视，然后将仪器置于 $O_{X'}$ 点，根据计算数据 β 和 γ 测设出轴线点 P。

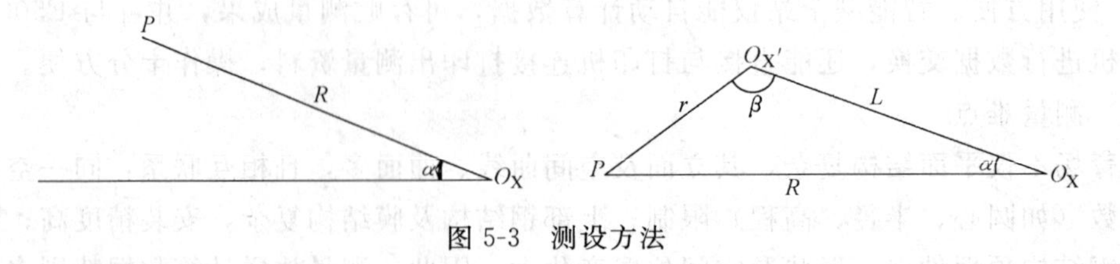

图 5-3　测设方法

5.1.5　预埋件的精密监测

（1）在 Y 形柱大斜梁上分布着 56 根钢筋混凝土柱，柱顶安装大型钢结构预埋件与上部钢结构相连接。柱子呈弧形分布，标高17.486～31.297m，柱顶端安装悬挑梁，其上覆盖索膜。由于悬挑梁和索膜为预制件，施工限差很小，对施工精度要求很高。

(2) 为了测定大斜柱中心的坐标，在体育场内设置4个固定观测墩，它们与设置在体育场中心的1个固定观测墩一起作为三维坐标测量的控制点。控制点的平面坐标采用全站仪精确测定控制点间的距离，以检核控制点的稳定性和精度；控制点的高程采用精密水准仪测定；柱中心的三维坐标用极坐标和三角高程方法测定。高精度测定高程的传统办法是几何水准方法，但由于施工场地复杂，施工期紧迫，采用几何水准方法费时费力，极不方便，所以，选择三角高程方法间接测定施工面的高度，实践证明这种方法简单、精度高，可以满足施工精度要求。

在监测大斜柱的过程中，为了提高测量精度，我们设计了专用照准工具。在普通的棱镜杆上靠近棱镜处固定两个相互垂直、格值为20s的水准管，1.5m长的棱镜杆在气泡偏离一格时偏离铅垂位置（20/206265）×1.5m＝0.15mm，就是说棱镜杆在气泡居中时严格铅垂；棱镜杆的伸缩处用方钢固定，消除了棱镜杆在伸缩时中间活动杆的偏心差。同时，我们还设计了适合棱镜杆对点的专用对点器，对点器为十字形铁片，中间为一V形孔，V形孔底部有1mm的小孔，对点时把小孔对准监测点，再把对中杆放入V形孔。这套对中装置的实际对中精度达±1mm。这种棱镜杆在使用时用配套设计的三角夹子固定，非常方便。

(3) 井筒预埋件的施工精密监测。

本工程四角分布四个井筒，在每个井筒不同高度、不同平面位置上分布有15个预埋件与屋盖钢结构相连，而每个预埋件上都有1～2个空间坐标工作点，与钢结构上的工作点相对应，两点连线分别与水平面、垂直面及井筒壁纸面形成多个空间夹角，连接部位精度要求高，在施工过程中，高空作业点多，易受日照、风力摇摆等不利因素的影响，同时施工现场受通视条件限制，因此，测量校正工作十分困难。

设计图只给出了各工作点的坐标，而工作点在预埋件里，无法直接测量，因此，须将其转换才能控制。先在井筒相应楼面上测设出各空间连线的水平投影线，在水平线上测设出一控制点，并计算其与工作点的距离并作标记，然后根据水平线搭设支撑平台，用吊车将预埋件初步就位和固定，用全站仪测量转换点的平面坐标及高程，调整预埋件位置，固定、绑扎钢筋。在钢筋绑扎过程中，埋件含有一定量的位移，因此，当钢筋绑扎好后，应进行复测和调整，然后支设模板。混凝土浇筑前再复测，数据符合要求后浇筑混凝土，混凝土施工过程中进行跟踪测量，防止预埋件发生位移，混凝土初凝后再进行复测，并将复测成果整理归档。通过以上方法，确保了埋件误差控制在2mm以内，完全满足设计及规范要求。

5.2 钢筋工程

本工程所用钢材主要有：ϕ12钢筋以内、ϕ25钢筋以内、ϕ25钢筋以外等。

直径大于25的梁筋及斜柱筋均采用直螺纹连接，其他规格的钢筋竖向采用电渣压力焊，横向采用焊接。

本工程所用的国产钢材必须符合国家有关标准的规定及设计要求。

所供钢材必须是国家定点厂家的产品，钢材必须批量进货，每批钢材出厂质量证明书或试验单齐全，钢筋表面或每捆（盘）钢筋应有明确标志，且与出厂检验报告及出厂单相符，钢筋进场检验内容包括查验标志、外表观察，并在此基础上，再按规范要求每60t为一批抽样进行复检试验，合格后方可用于施工。

钢筋在加工过程中，如若发现脆断、焊接性能不良或力学性能显著不正常现象，应根据现行国家标准进行化学分析检验，确保质量达到设计和规范要求。

钢筋加工、连接及绑扎施工中应注意：

（1）钢筋加工的形状、尺寸必须符合设计要求，钢筋的表面确保洁净、无损伤、无麻孔斑点、无油污，不得使用带有颗粒状或片状老锈的钢筋；钢筋的弯钩按施工图的规定执行，同时满足有关标准与规范的规定；

（2）钢筋加工的允许偏差对受力钢筋顺长度方向为＋10mm，对箍筋边长应不大于＋5mm，以免造成穿箍困难以及对模板支设的不利影响；

（3）钢筋加工后应按规格、品种分开堆放，并在明显部位挂识别标记，以防错拿；

（4）冬期、雨天钢筋焊接要按规范要求和钢筋材质特点采取有效的保护措施，以保证焊接质量达到设计和规范要求；

（5）对柱梁节点，墙梁、柱墙节点等部位的钢筋绑扎，施工前编制详细的绑扎顺序，钢筋工长和质检员严格把关，以防出现钢筋规格或数量错漏；

（6）按规范和设计要求设置垫块；

（7）混凝土浇筑过程中，设专职钢筋看护工，对偏移钢筋及时修正。

5.3　模板及支架工程

（1）模板选用

模板体系的选用详见表5-1。

模板方案表　　**表5-1**

部位	模板方案
剪力墙	采用12mm厚竹夹板，背枋和托枋均采用50mm×100mm木枋，ϕ48钢管，另用ϕ12的对拉螺栓加固
柱	用12mm厚竹夹板，背枋和托枋均采用50mm×100mm木枋，ϕ48钢管，另用ϕ12的对拉螺栓加固
主次梁	采用12mm厚竹夹板，背枋和托枋均采用50mm×100mm木枋，碗扣式脚手架和ϕ48钢管支撑，ϕ12的对拉螺栓加固
楼板	采用10mm厚竹夹板，背枋和托枋均采用50mm×100mm木枋，ϕ48钢管，支撑为碗扣式脚手架及多功能早拆体系
楼梯	采用12mm厚竹夹板，背枋和托枋均采用50mm×100mm木枋，ϕ48钢管

经计算符合要求。

（2）柱、梁板模板施工

当柱、墙钢筋绑扎完毕隐蔽验收通过后，便进行竖向模板施工，首先在底部进行标高测量和找平，然后进行模板定位卡的设置和保护层垫块的安放，设置预留洞，安装竖管，经查验后支柱、墙、电梯井筒等模板。

梁板模施工时先测定标高，铺设梁底板，根据楼层图弹出梁线进行平面位置校正、固定。较浅的梁（一般为450mm以内）支好侧模，而较深的梁先绑扎梁钢筋，再支侧模；然后，支平台模板和柱、梁、板交接处的节点模。梁底模板、侧模及板模采用12mm竹夹板，梁底及板底用 ϕ48 钢管支托，50mm×100mm 木枋加固。梁板支撑体系采用重点推广的早强快拆支撑体系。梁按要求起拱，支模时，控制复核梁底、板底标高，检查支撑加固，保持模板拼装整齐，异形梁的模板采用木模拼装成形，梁高≥700mm 的设一排对拉螺杆加固，其水平间距 600mm。

（3）梁柱接头、剪力墙接头

梁柱接头的模板是施工的重点，处理不好将严重影响混凝土的外观质量，不合模数的部位用木模，并精心制作。成功的做法是：拆柱模时留下上口一块柱模不动，留作梁模延续部分使用，并且固定牢靠，避免乱拼乱凑。提模时，保证上一层模板和下一层已浇混凝土体紧贴牢固，保证墙体接头处平整。

（4）楼梯模板施工

模板采用 12mm 厚的竹夹板及 50mm×100mm 的木枋现场放样后配制，踏步模板用木夹板和 50mm 木枋预制成型木模，而楼梯侧模用木枋及若干与踏步几何尺寸相同的三角形木板拼制。由于浇混凝土时将产生顶部模板升力，因此，在施工时须附加对拉螺栓，将踏步顶板与底板拉结，使其变形得到控制。

（5）剪力墙模板

模板采用 12mm 厚竹夹板，背枋和托枋均采用 50mm×100mm 木枋，间距不大于 40cm，木枋必须平直，木节超过 1/3 的不能用，主支撑采用 ϕ48@500 双钢管，并用 ϕ12，间距 600mm×500mm 对拉螺栓。

（6）特殊部位模板

后浇带两边梁、板需保留所有支撑，待主体结构完成 42d 后，对后浇带进行清理模板。

（7）拆模板

对竖向结构，在其混凝土浇筑 48h 后，待其自身强度能保证构件自身不棱掉角时，方可拆模。梁、板等水平结构早拆模板部位的拆模时间，应通过同条件养护的混凝土试件强度实验结果，结合结构尺寸和支撑间距进行验算来确定，模板拆除时应随即进行修整及清理，然后集中堆放，以便周转使用。

一般底模拆除时，混凝土强度要达到设计值 70%以上；跨度大于 8m 的梁混凝土应达到设计值的 100%。悬挑构件须待上部结构完工且混凝土达到设计强度 100%后方可拆除支撑，悬挑构件在施工中不得作承重构件使用。预应力梁待预应力张拉、灌浆完毕，并达到设计要求强度后拆除底模及支撑。

5.4　普通混凝土工程

（1）材料选配

混凝土的试配与选料指标符合要求的砂石材料，水泥选用同品种、同强度等级产品，及同一生产厂家。进场后，立即组织对原材料的选择试验并参考以往的施工级配，按照施工进度可能遇到的气候、外部条件变化的不利影响，优化配合比设计，并做好施工前期准备工作。

（2）混凝土浇筑

按施工区段，分段浇筑，在每一施工段内，一次性浇筑完毕，不留冷缝，梁板混凝土浇筑时，泵管端部安装布料杆，以提高工效。柱混凝土浇筑时外搭溜槽下料，从柱门子洞下料，沿柱高设2～3个振动点。

(3) 混凝土振捣

楼板采用平板振捣器，柱、梁采用插入式振捣器，振捣时快插慢拔，以混凝土表面不再明显下沉、出现浮浆、不再冒气泡为止。

(4) 混凝土施工缝的留设

每施工段均一次浇筑完毕，垂直施工缝只设在后浇带和伸缩缝处，水平施工缝设在各层楼面和顶梁板下10～15cm。浇筑上一层混凝土时，先将施工缝处湿润清洗干净，并铺5cm厚与混凝土内砂浆同配比的水泥砂浆。

(5) 混凝土养护

混凝土初凝后，及时浇水养护14d以上，遇雨天及高温天气，采取覆盖保护措施。

(6) 记录

混凝土施工期间，做好混凝土施工记录，写好混凝土施工日记。按规范要求留置试块，并及时将到期混凝土试块送往实验室做混凝土抗压强度检测，整理试验报告。

(7) 泵送工艺

泵送混凝土工艺具有工期短、节约人工、速度快、施工质量有保证、减少施工用地、有利于文明施工等一系列优点。

5.5 基础沉井工程

(1) 概述

体育场沉井设置于四区分界处，作为篷盖系统的一支撑点，该沉井平面形状为圆形，其外径为10m，壁厚1m，刃脚宽0.25m，沉井高12.64m，沉井内设0.5m厚“十”字隔墙，底板厚0.6m，混凝土强度等级为C30，抗渗等级为P6。

(2) 施工方法及工艺

1) 施工流程。

准备工作、开挖基坑→开挖导槽、铺枕木→制作第一节沉井→拆除枕梁→挖土下沉→制作第二节沉井→挖土下沉→基坑回填→封底→浇筑底板→沉井外壁注浆→制作内隔墙→收尾。

2) 开挖基坑及导槽。

根据图纸测放沉井圆心点位，然后用反铲开挖基坑，基坑坑底直径为14m，深7m，3∶1放坡，朝体育场一侧修一条3m宽、1∶3坡度的临时道路通向坑底。在沉井周边挖设明沟排水，在井内设置明排水沟、集水井，并及时用潜水泵抽干。基坑尺寸及脚手架搭设如图5-4所示。

将基坑底平整干净，测放沉井点位，根据沉井尺寸，在现场开挖沉井导槽，铺500mm厚砂垫层，然后在其上满铺长1500mm×200mm×200mm方枕梁（图5-5）。

3) 沉井制作。

采用两次制作两次浇筑的施工方法，两次制作高度分别为8.7m、3.94m。当导槽砂垫层和枕梁填铺好后，在枕梁上定位放刃脚，绑钢筋，立模板。

混凝土强度等级为C30，抗渗等级为P6，开工前进行混凝土配合比试验，合理选用砂、石材料，控制好水灰比，提高砂率及灰比，掺加抗渗剂，以满足设计要求。沉井制作

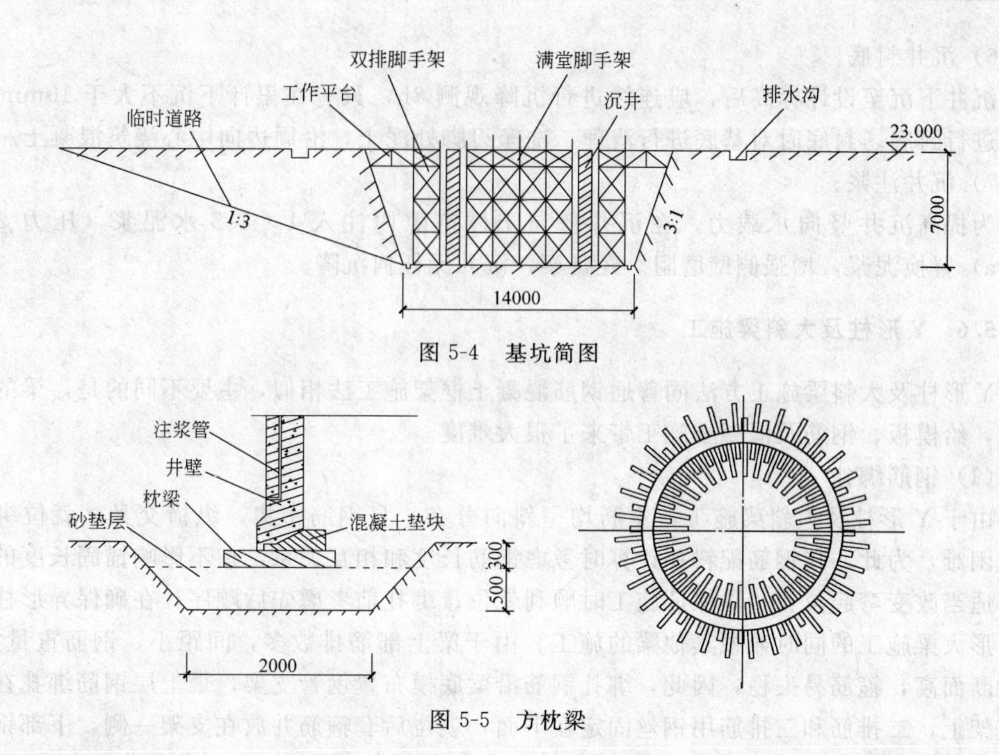

图 5-4　基坑简图

图 5-5　方枕梁

时，要预埋好底板、内隔墙上的搭接钢筋。混凝土分层（40～50cm 厚）沿井壁依次连续螺旋向上浇筑，随即振捣密实。

4）沉井下沉。

沉井分两次下沉。第一节混凝土强度达到 100％以后，开始对称隔根拆除枕梁，枕梁拆除后应及时用砂进行回填，最后四根应同时拆除。

采用人工挖土，用料斗装，吊车垂直运输。挖土应对称均匀进行，在刃脚周边预留 50cm 土，使沉井挤土下沉。在挖土时，应严格监控井壁垂直度；如发现倾斜，则应立即采取措施纠偏。

沉井下沉过程中，必须克服井壁与土体间摩阻力和地层对刃脚踏面的反力。沉井自身重力与井壁摩阻力和刃脚反力之和的比值称为下沉系数。

第 1 节下沉的终止标高很重要，应使刃脚踏面尽可能坐落在较好的土层上，以使上节制作时由于沉井自重及施工荷载的增加引起的沉井自沉较小，避免产生急剧下沉、不均匀下沉和突变下沉。

5）沉井纠偏。

沉井下沉中出现的偏差有 4 种：①旋转位移；②垂直位移；③倾斜位移；④水平位移。

旋转位移的产生是当沉井锥形旋转倾斜下沉时造成的，避免产生旋转位移的方法就是要顺时针和逆时针两个方向交替进行挖土。

垂直位移多为超挖，因此，沉井下沉接近设计标高时，应减缓下沉速度，保持受控状态。

沉井施工过程应“严密监测、勤观察、及时纠偏”；同时，在沉井快到位时，一定要缓慢进行。

6）沉井封底。

沉井下沉至设计标高后，应连续进行沉降观测8h，只有在累计下沉不大于10mm时方可进行封底。封底时对基底进行清理，洗净刃脚处泥土，沿周边向中心浇筑混凝土。

7）沉井注浆。

为提高沉井竖向承载力，在沉井壁与土体空隙内注入1：1.5水泥浆（压力2～3MPa）置换泥浆，增强侧壁磨阻。经观察，沉井无任何沉降。

5.6 Y形柱及大斜梁施工

Y形柱及大斜梁施工方法同普通钢筋混凝土框架施工法相似，主要不同的是，梁的自重大，给模板、钢筋及混凝土施工带来了很大难度。

（1）钢筋绑扎

由于Y形柱及大斜梁施工，主筋均呈斜向分布，且钢筋密集，纵横交叉，就位绑扎比较困难，为此，在钢筋配料单计算时考虑钢筋长度和相互关系，在不影响锚固长度的前提下适当改变弯起位置，以保证施工时顺利就位；绑扎前考虑先后顺序，在确保异形柱及折扇形大梁施工的同时兼顾其他梁的施工。由于梁上部筋排数多，间距小，钢筋重量大，且梁断面高，箍筋易失稳，因此，绑扎钢筋沿梁底模布置钢管支架，最上层钢筋绑扎在钢管支架上，二排筋和三排筋用钢丝固定在下面，就位后套箍筋并放在支架一侧，下部钢筋和腰筋采用穿插法，就位后整理绑扎钢筋，钢筋绑扎完毕拆除钢管支架。

1）钢筋工程施工流程如下：

放线、校核底模→安放钢管支架→绑扎梁上钢筋→套箍筋→穿梁下面筋及腰筋→就位整理绑扎钢筋→拆除钢管支架。

2）绑扎钢筋时注意事项如下：

① 绑扎钢筋前认真复核支撑的稳定性及标高、钢筋配筋图；

② 梁上面筋应严格控制标高，以确保主筋位置准确，梁下面筋标高亦应严格控制；

③ 钢筋绑扎完毕，经验收后方可安装梁侧模板和柱模板；

④ 确保梁、柱钢筋骨架稳定，在合适的位置加支撑，以防骨架变形。

（2）模板支撑方案设计

1）支撑体系设计。

除采用$\phi 48\times 3.5$脚手管搭设满堂式脚手架外，大斜梁范围内立杆间距和横杆排距支撑采用腕扣式多功能脚手架，因为施工段是产生倾覆力最大的地方，其支撑杆间距，框架梁及环梁为600mm×600mm（梁宽方向为600mm，梁长方向为600mm），立杆步距在模板V形柱分叉以下为1800mm，分叉以上为1200mm。其水平杆与已浇的柱连接采用双钢管，双扣件固定。为保证架体的整体稳定，在纵横轴线至梁板底设置环向与径向垂直支撑，环向支撑每跨设置四道，钢管间距为ϕ48mm×3.5@2400mm×2400mm，同时从分叉处往上设置三道水平支撑，钢管间距同上，垂直支撑上部与斜梁支撑横杆管箍紧，下部与脚手架水平杆箍紧。

梁底模及侧模由竹夹板和50mm×100mm木枋配制而成，纵向背枋5根，横托枋立放，间距为500mm，背枋间距600mm，并由螺杆对拉固定，为保证侧向刚度，用活动钢管顶撑支撑，经计算完全符合要求。

2）支撑系统施工注意事项：

① 先按图纸放出梁、柱位置，根据立杆间距弹支撑位置线并作适当调整，使上下立杆能大体在同一垂直线上，现场放出模板拼装大样图；

② 采用 $\phi48 \times 3.5$mm 钢管，严禁使用弯曲变形或有裂缝的钢管和破损扣件，垂直钢管优先选用整根钢管，因高度过高或条件所限必须搭接时，接头在同一截面内数量不大于25%，立杆上端与横杆采用双扣件连接。

（3）混凝土浇筑、养护、拆模

Y形柱和悬挑大斜梁混凝土浇筑质量是混凝土工程的一个关键，特别是该构件长、断面大，结构设计钢筋配置密集，这些都给混凝土浇筑带来一定困难。施工中必须严密组织，精心操作，以确保混凝土的浇筑质量。

本工程混凝土采用集中搅拌，在体育场正中间设置4台×400L搅拌机，组成混凝土集中搅拌站一座，用混凝土固定输送泵直接将混凝土输送至混凝土浇筑点，这样，可以减少混凝土运输中水灰比的变化，确保混凝土的质量。

混凝土浇筑严格按施工顺序进行：接到混凝土浇筑令后，模板充分浇水，先泵送与混凝土同级配的砂浆，混凝土分层浇筑振捣，每层控制在40～50cm之间，按事先设计好的分段定点一个坡度，分层浇筑，循序推进，一次到位，保证混凝土浇筑的连续性。

混凝土浇筑时，应控制其坍落度。事实证明，坍落度越大，混凝土浇筑时对模板的侧压力也越大；另外，由于本工程构件均为斜向构件，因此坍落度过大也不利于斜向构件的浇筑。本工程施工时坍落度严格控制在16～19cm。在拌合物中掺加适量的粉煤灰，以减少水泥用量，改善混凝土和易性。

为了确保混凝土表面接缝整齐、紧密、无缝，我们在模板与模板拼缝处采用海棉条挤压填实方法，防止了漏浆，取得了良好的效果。

施工缝的处理一定要严格按规范规定进行，在后续混凝土施工前，对接缝处必须先清洗润湿，后浇筑10～15mm厚与混凝土同配比砂浆，再进行施工。

混凝土养护是保证混凝土质量的一个重要组成部分。本工程混凝土施工正值夏季，平均气温达25℃以上，为了保证混凝土强度的正常增长，防止混凝土表面出现裂缝，在混凝土浇筑后即用草袋覆盖，在7d内确保草袋湿润。

混凝土拆模时间应根据留置的混凝土同条件养护试块强度确定，侧模板则可在混凝土浇筑后2d拆除。模板拆除后应继续养护。

5.7 超长无缝施工技术

5.7.1 概况

武汉体育中心工程基础为桩基承台基础梁结构，总长约830m，基础梁断面尺寸为800mm×(800～1200)mm，混凝土设计强度等级为C30；主体露天看台为预应力钢筋混凝土结构，最长段230m，板厚6mm，通过横向框架支撑其结构，混凝土设计等级为C40、C45。

5.7.2 技术难点

（1）本工程基础梁钢筋混凝土结构均属环向超长结构，与一般超长结构比其两端没有自由端，且基础梁下每间隔12m有桩承台，形成有约束结构。由于使用功能的要求，设计不留置伸缩缝，采用设置后浇带等一系列的措施，按规范规定的长度设后浇带，其后浇带将达16条。而后浇带留设过多，将给施工带来很大的困难，易影响工程质量。因此，后浇带留设及其处理技术是本工程施工的一大难点。

(2) 体育场看台属于露天结构，温度变化较大，容易出现由于温差而引起的裂缝；另外，看台厚度一般设计只有6～8mm，而武汉体育中心体育场看台厚度仅为6mm，宜造成混凝土散热过快，导致开裂。施工中如何配置混凝土、控制混凝土浇筑、施工后如何保证看台不开裂、保证看台不渗漏等，是本工程需要解决的难题。

(3) 超长度连续曲线预应力露天结构的设计施工国内少见，对预应力的设计、施工提出了很多课题。超长预应力混凝土楼面如何分段布置预应力筋，分段张拉。分段过长，预应力损失较大；分段过短，张拉次数多、效率低，锚具费用大。

5.7.3　方案的确定

(1) 国内施工现状分析

国内超长无缝施工常见的做法通常有两种：一是设置后浇带，待混凝土干缩稳定，主体结构完工40～60d后，再将后浇缝补浇混凝土。该方法虽能有效地控制裂缝出现，但由于周期较长，且后浇缝不宜很好地处理，因此实际效果常常不佳；二是设置膨胀加强带，即在浇筑混凝土中局部某一带（一般在结构受力最不利的位置处）提高膨胀剂的用量，从而提高这一带混凝土的膨胀率，使膨胀加强带混凝土储存较大的膨胀能，待两侧混凝土产生收缩时，释放其膨胀能量，补偿混凝土的收缩，防止超长大体积混凝土结构因收缩应力过大而开裂。该方法虽较前者有所改进，但实际施工时，由于混凝土坍落度较大（现一般均为泵送混凝土)，膨胀加强带的宽度不宜控制好，最终将影响其效果。

(2) 设计方案的确定

综观国内现状，超长结构无缝施工成功的范例较多，但后浇带留设间距一般在规范规定的伸缩缝留设距离范围内或略大于。而环向超长结构无缝施工的范例不多见，后浇带留设间距远远超过伸缩缝留设间距的情况更是少见。设计对本工程基础830m长环向结构和看台230m长超薄结构采取无缝施工的方案，钢筋混凝土采用有限元温度应力计算、配置温度筋、留设后浇带的方法，采取微膨胀混凝土浇筑，看台还采取预应力座台L形肋梁，钢纤维混凝土技术。后浇带的设置距离通过综合计算确定，同时考虑施工方便，对后浇带的距离适当放宽，采取加强后浇带等措施予以弥补。

预应力设计方案，为无粘结预应力混凝土结构，其中最大的看台区（230m×80m）设置了3～4条后浇带，环向看台梁配置2根、3根或4根无粘结预应力钢绞线，预应力筋的线型为连续双曲线型配筋，预应力筋每3～4跨为一段，在径向梁上部搭接。

(3) 施工方案的确定

施工阶段，综合设计采取的一系列措施，以及国内无缝施工的经验，在施工中重点解决混凝土配置和施工操作问题：一是在混凝土试配时掺加新一代的CSA混凝土微膨胀剂，使混凝土产生适量的微膨胀，以补偿混凝土的收缩；二是严格控制混凝土的坍落度；三是改进施工工艺，如平浆人员用木抹提浆搓平；四是加强混凝土的养护。

5.7.4　主要施工方法

(1) 微膨胀混凝土施工

1) 工艺原理。

为了抵抗混凝土在收缩时产生的应力，达到防止和减少收缩裂缝的出现，在混凝土中掺加CSA膨胀剂，使混凝土产生适量的膨胀，在钢筋和临位限制下，在钢筋混凝土中产生0.2～0.7MPa的预压应力，可大致抵消混凝土收缩时产生的收缩应力，防止混凝土开裂。当全部混凝土均提高膨胀剂掺量，达12%～13%时，在采取措施的情况下，后浇带间距可延长至100m。

CSA膨胀剂具有低碱、高效、后期膨胀较小、强度增进较大的特点，在配置微膨胀混凝土中可抑制碱-骨料反应，对混凝土的长期耐久性有利，抗渗防水效果良好。

2）材料要求：

① 混凝土原材料技术要求。

水泥：采用葛洲坝水泥厂生产的42.5级普通硅酸盐水泥。

砂：采用清洁中砂，含泥量不大于3%。冬期不得含有冰块及雪团。

石子：采用清洁碎石，含泥量不大于1%。冬期不得含有冰块及雪团。

膨胀剂：采用CSA膨胀剂，水中7d限制膨胀率不小于2.5/万，初凝时间不早于45min，终凝时间不迟于10h。

水：自来水。

粉煤灰：达到二级品以上。

② 混凝土技术要求。

所有原材料均经过计量后投入搅拌机，计量偏差满足下列要求（按重量计），水泥、CSA膨胀剂、粉煤灰、减水剂、水±1%、石±2%；CSA膨胀剂和减水剂的计量由专人负责，并严格按配合比投料。

冬期拌制混凝土采用外加剂，降低水的结冰温度，外加剂确保-10℃时水不结冰。

3）施工流程及施工工艺：

① 施工流程。

微膨胀混凝土的试配→混凝土搅拌→混凝土输送→混凝土浇筑→混凝土养护。

② 施工工艺。

A. 微膨胀混凝土的试配。

微膨胀级配合比设计时，除进行常规的设计、试验外，还增加对混凝土的限制膨胀率的设计、测试内容。

a. 限制膨胀率检测：目前，大多数的试验只建立了膨胀剂标准中的检测方法，对膨胀剂的质量进行控制，尚无建立起混凝土的限制膨胀率的检测手段，在进行微膨胀混凝土配比设计、试配时，仅进行混凝土的和易性、坍落度、坍落度损失、抗压强度等指标的试验，对于混凝土是否具有微膨胀性，限制膨胀率多大，一般不进行检验，也没有具体数据。武汉体育中心项目在确定选用CSA膨胀剂后，对其进行了限制膨胀率检验，通过检测的数据确定其掺量。经检测，其水中7d限制膨胀率达4/万（检测标准应不小于2.5/万），具有良好的微膨胀性。

b. 膨胀剂的掺量：试验表明，提高膨胀剂的掺量，能显著提高混凝土的膨胀率，掺量越低，混凝土的限制膨胀率越小。根据工程实际情况，环向超长基础，其基础梁断面尺寸较大，梁内配制钢筋直径较大，梁底具有较大的约束力，易产生收缩裂缝，因此，确定限制膨胀率在2/万左右，经试配，膨胀剂的掺量为水泥重量的13%。

环向看台结构与基础比较，板厚度较薄，板内配筋为小直径、小间距的配筋形式，设计有无粘结预应力等措施，裂缝相对较易控制，但看台处于露天状态，受环境影响较大，为此确定限制膨胀率在1.5/万左右，混凝土中CSA膨胀剂的掺量定为10%。

c. 混凝土坍落度：经试验得出，混凝土的坍落度越大，在同一膨胀剂掺量下，混凝土的限制膨胀率越小。故采用泵送混凝土时，要配制抗裂性好的微膨胀混凝土，在CSA膨胀剂掺量确定的条件下，控制好混凝土坍落度。根据泵送要求，经试验，确定坍落度控制在140～160mm之间。

d. 混凝土凝结时间：混凝土的凝结时间太短，水泥的水化反应较快，混凝土的早期收缩现象较大；混凝土的凝结时间太长，膨胀剂的膨胀能大部分消耗在塑性阶段。因此，根据本工程结构情况，确定掺膨胀剂的混凝土的凝结时间控制在10～15h范围内。

B. 混凝土搅拌。

混凝土搅拌采用强制式搅拌机搅拌，搅拌时间控制在2～3min，严格控制搅拌时间，确保混凝土拌合物均匀。及时测定砂、石的含水量，以便及时调整混凝土级配，严禁随便增减用水量。

C. 混凝土的输送。

混凝土搅拌完成后，采用固定泵泵送工艺直接输送到作业面，以确保将混凝土最短时间运至浇筑点上。

D. 混凝土的浇筑。

混凝土浇灌前准备：钢筋、模板按设计图纸安装、绑扎，安装要牢靠，模板表面涂刷脱模剂。模板缝用海绵垫补严密，模板内的所有杂物必须清理干净并浇水湿润。

混凝土浇筑采用循序推进的连续浇筑方法，为避免混凝土出现冷缝，每个浇筑带的宽度均控制在2m以内为宜；同时，严格控制混凝土的浇筑速度，分层浇捣，逐步推进。

CSA混凝土振捣必须密实，不漏振、欠振，不过振。振点布置均匀，振动器要快插慢拔。在施工缝、预埋件处，加强振捣。振捣时不触及模板、钢筋，以防止其移位、变形。梁的振捣点可采用“行列式”，每次移动的距离为400～600mm；板的振捣采用平板式振捣器振捣。严格控制振捣时间及插入深度，并重点控制混凝土流淌的最近点和最远点，尽可能采用二次振捣工艺，提高混凝土的密实度。

先后浇筑的混凝土接槎时间不宜超过150min（严格控制在初凝时间内）。

混凝土成型后，等表面收干后采用木抹子搓压混凝土表面，以防止混凝土表面出现裂缝（主要是沉降裂缝、塑性收缩裂缝和表面干缩裂缝），抹压2～3遍，最后一遍要掌握好时间。混凝土表面搓压完毕后，应立即进行养护。

冬期施工，采取防冻措施，除掺加防冻剂外，尚需保证混凝土入模温度不得低于5℃。雨期施工，采取有效防雨措施，严格按事先编制好的冬雨期施工措施执行。

E. 混凝土养护。

CSA混凝土的养护是保证质量的最重要的措施之一，安排专人负责养护工作。混凝土浇筑后，在其表面马上覆盖一层塑料薄膜，然后长时间地浇水养护，一方面避免温度过快降低，另一方面避免混凝土表面水分的过快散发。潮湿养护的时间应尽量地长，养护时间不应少于一个月。

(2) 钢纤维混凝土施工

1) 工艺原理。

在体育场看台面层大量使用钢纤维混凝土，因为钢纤维混凝土掺有微膨胀剂，除了钢纤维本身抗拒作用外，在微膨胀剂发挥作用时，对钢纤维有预压作用，增强了这种抗拉能力，混凝土结构因此抗拉性质显著提高，有效阻止了结构中微裂缝的开展和传播，并具有抗渗作用。

看台面层设计要求：立面为35mm厚1:2水泥砂浆，平面50mm厚CF30钢纤维混凝土，钢纤维掺量为0.8%，立面、平面均为原浆压光，不作其他装饰。

2) 材料要求：

① 水泥：胶凝材料是影响混凝土强度的主要因素。所以，选用细度筛余物少、抗折强度高、性能稳定的三峡32.5级普通硅酸盐水泥；

② 细骨料：该工程采用巴河洁净的天然中砂，含泥量小于1%，空隙率小，细度模数2.7~3.1；

③ 粗骨料：采用江夏区乌龙泉产坚硬、高强、密实的优质碎石，粒径分布范围10~15mm；

④ 外加剂：UEA-HZ（缓凝型）河南驻马店生产复合型高效膨胀剂；

⑤ 钢纤维：武汉市汉森钢纤维有限责任公司生产弓形（剪切型）钢纤维（SF25），材料规格为0.5mm×0.5mm×(25~32) mm，抗拉强度为390~510MPa（设计要求≥380MPa），$R=1$，90°弯折次数为2~4次（弯折试验要求≥1次）。

3) 施工流程及施工工艺：

① 施工流程：

A. 看台面层施工工艺流程。

钢纤维混凝土配合比配置→结构基层清理→放径向轴线分区栏杆线、上人踏步线和看台台阶弧度控制线→立面凿毛→甩浆→第二遍刮糙（如折线部位立面抹灰厚度大于4cm先用C20细石混凝土找平，小于3cm后刮第一遍糙）→钉钢板网→第二遍刮糙引测台阶水平标高控制线→做立面、平面灰饼→嵌阳角条和分区分格条→看台平面清理→绑扎钢筋网片→钢纤维混凝土拌制→浇筑钢纤维混凝土→混凝土保护→立面第三遍抹灰、阴角找正。

B. 钢纤维混凝土拌制工艺流程如图5-6。

② 施工工艺。

钢纤维混凝土配合比配置。由试验室在开工前进行试配准备，在混凝土试配过程中，发现钢纤维易成束结团附在粗骨料表面且分布不均，显然这不利于钢纤维发挥其作用。因此，参照各类文献，按粗骨料粒径为钢纤维长度一半对粗骨料进行了严格的进料控制和筛选（控制在15~20mm左右）；另外，发现纤维拌合中易互相架立。在混凝土中形成微小空洞，影响混凝土质量。微孔还使钢纤维与水泥沙浆无法形成有效握裹，发挥不了钢纤维的增强作用，对此，我们较同强度普通混凝土提高了砂率和水泥用量，有效地解决了上述问题。试配配合比确定后，进行拌合物性能试验，检查其稠度、黏聚性、保水性是否满足施工要求；若不满足，则在保持水灰比和钢纤维体积率不变的条件下，调整单位体积用水量或砂率直到满足为止，并据此确定混凝土强度试验的基准配合比。最终配合比确定见表5-2。

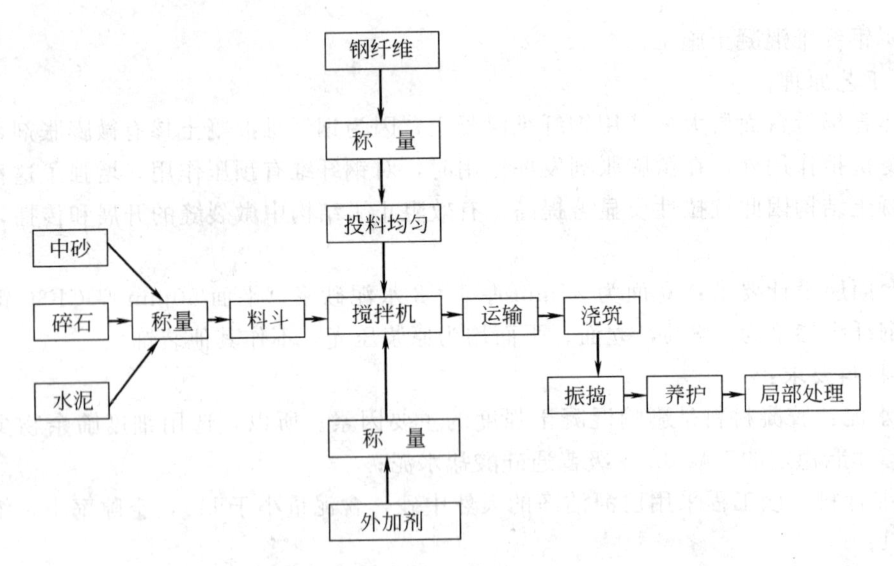

图 5-6　钢纤维混凝土搅拌流程

CF30 配合比　　　　表 5-2

材料名称	水泥	水	砂	石	掺合料	SF-25 钢纤维
出厂地点	三峡 PO 32.5		巴河	乌龙泉	武钢	汉深公司
配合比	1.0	0.42	1.57	2.0	0.13	0.8%

③ 看台面层施工：

A. 看台上人踏步施工。

按图纸设计踏步阶数，踏步留 20mm 装修面层支模浇 C30 素混凝土，待看台面层施工完毕后，带通线嵌阳角条抹上人踏步面。

B. 看台施工：

a. 看台面层施工前，先根据控制线处理好结构层规矩，再立面凿毛，同时刷 108 胶的水泥浆一遍，108 胶的掺量为水泥用量的 10%～15%；

b. 紧跟刷素水泥浆，看台立面第一遍刮糙厚约 15mm，如局部立面抹灰总厚度＞40mm时，先用 C20 混凝土找至立面抹灰厚度小于 30mm；

c. 待底层砂浆七八成干后，钉 1.2mm 厚的钢板网，要求钢板网压入平面 20mm，搭接长度＞100mm，用水泥钢钉 15cm×15cm 间距固定；

d. 钢板网分段施工完毕、隐蔽验收后，抹第二遍灰，厚度约 10mm，抹灰压入平面约 50mm 宽；

e. 第二遍抹灰稍干后，根据图纸设计看台踏步高度，引测看台每阶高度水平控制线，检查合格后，根据高度控制线和弧度控制线做看台面层灰饼，灰饼大小 30mm 见方，立面上下 1 个，平面径向 2 个，环向间距 2m，并按 8mm 调坡；

f. 灰饼有一定强度后，用 1∶2 水泥砂浆根据灰饼嵌阳角条和分区的分格条，并派专人负责检查看台阳角条线条的流畅，分格条的垂直度和平整度；

g. 阳角条和分区的分格条不变形后，分区清理看台平面落地灰，随后绑扎 $\phi6@150$ 钢筋网片，钢筋接头采用冷搭接，搭接长度≥35mm，同一断面接头错开 50%，钢筋保护层厚 15mm，分格缝处钢筋断开。钢筋隐蔽验收后，按先远后近、先高后低的原则分段浇

CF30 混凝土。

④ 钢纤维混凝土拌制。

A. 钢纤维混凝土现场机械拌制，其搅拌程序和方法以搅拌过程中钢纤维不结团并可保证一定的生产效率为原则。采用将钢纤维、水泥、粗细骨料先干拌而后加水湿拌的方法，钢纤维用人工播撒。整个干拌时间大于 2min，干拌完成后加水湿拌时间大于 3min，视搅拌情况可适当延时，以保证搅拌均匀。

B. 搅拌钢纤维混凝土由专人负责，确保混凝土坍落度和计量准确。

C. 混凝土搅拌过程中，注意控制出料时实测混凝土坍落度，做好相应记录，并根据现场混凝土浇筑情况做出相应调整，严禁雨天施工。

⑤ 钢纤维混凝土运输。

搅拌好的钢纤维混凝土放入架子车内，先由龙门吊运至 6m 平台，再由 6m 平台处的龙门吊运至看台上集中倾倒，通过人工转运至看台各部位进行浇筑。

⑥ 钢纤维混凝土浇筑：

A. 混凝土的浇筑方法以保证钢纤维分布均匀、结构连续为原则。

B. 浇筑施工连续不得随意中断，不得随意留施工缝。

C. 混凝土用手提式平板式振动振捣。每一位置上连续振动一定时间，正常情况下为 25～40s，但以混凝土面均出现水泥浆为准，移动时间依次振捣前进，前后位置和排与排间相互搭接 3～5cm，防止漏振。

D. 混凝土初凝前分四次抹平、原浆压光，并及时清理阳角条和分格条上混凝土浆。混凝土分区完成后再抹立面第三遍灰，原浆压光，抹灰流向同混凝土浇筑流向。

⑦ 钢纤维混凝土养护。

面层采用旧麻袋覆盖养护，避免草袋覆盖养护污染及水分蒸发过快等影响装饰效果和质量。

(3) 后浇带施工：

1) 工艺原理。

后浇带是为在现浇钢筋混凝土结构施工过程中，克服由于温度、收缩而可能产生有害裂缝而设置的临时施工缝。在超长混凝土结构中，作为一种扩大伸缩缝间距和取消伸缩缝的措施，这种缝仅在施工期间存在，该缝根据设计要求保留一段时间后再浇筑，将整个结构连成整体。

2) 后浇带的设置：

① 后浇带间距的确定。

本工程基础和看台环向钢筋混凝土结构长均在 800m，特别是看台结构板较薄，国内目前尚无如此长和薄的结构采用无缝施工的范例。而环向超长基础较一般的超长结构增加了底部约束（桩承台），对无缝施工尤为不利。设计与施工结合，共同分析，参考国内有关文献，认为混凝土结构

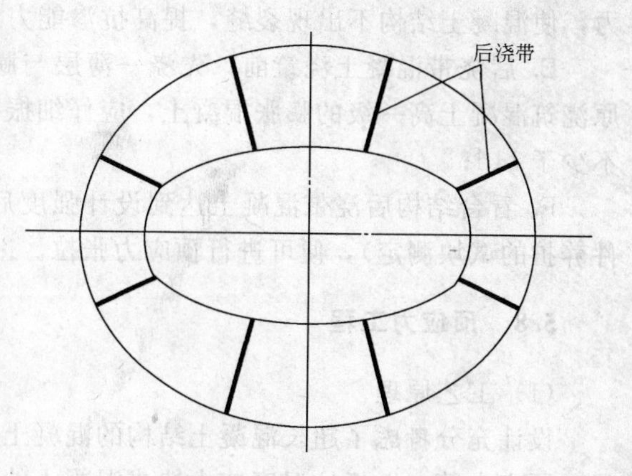

图 5-7 后浇带留设位置图

是否设缝或设缝间距长短等因素，并不是开裂的唯一因素。纵观国内工程施工实践，有许多反常现象：有的工程长度很小，却出现了严重开裂；有的工程超长，却未出现明显开裂。这些现象充分说明了这一点。其他如材料级配、结构约束、结构配筋、施工工艺、养护条件以及环境温湿度、气象条件等综合因素都会影响结构约束内力及导致裂缝的出现。设计通过综合计算，在确定了钢筋的最佳配置率、混凝土微膨胀剂掺量、混凝土浇筑时间以及浇筑后温度控制等诸多因素的基础上，共设置后浇带有 8 条，每段长度达 100m 之多（图 5-7）。这在国内无缝混凝土施工中也尚属首次。

② 后浇带设计构造。

后浇带构造如图 5-8 所示。

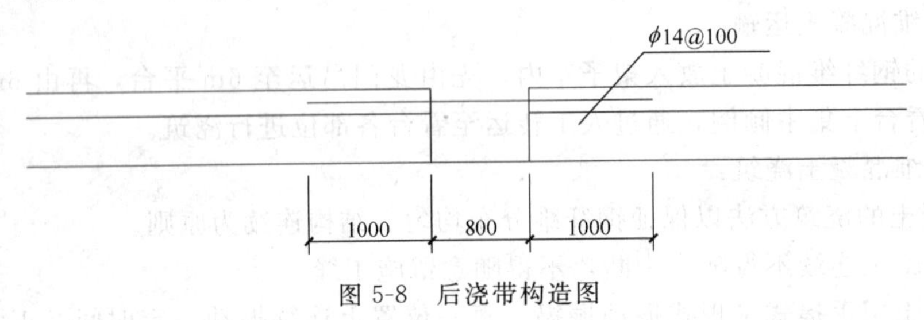

图 5-8 后浇带构造图

后浇带构造宽度 800mm，加强筋为 ϕ14@100，伸入混凝土内两边各 1000mm。

3）后浇带施工：

① 施工流程。

清理后浇带内的杂物，整理后浇带处的结构钢筋→后浇带处侧模封固→微膨胀混凝土配置和搅拌→微膨胀混凝土浇筑→后浇带混凝土养护→后浇带模板拆除。

② 施工工艺：

A. 后浇带的封堵时间根据设计要求，在结构混凝土浇筑 60d 后进行；

B. 清除后浇带内杂物和松散混凝土，充分浇水但不留明水；

C. 后浇带侧模用密孔钢丝网封堵；

D. 后浇带处微膨胀混凝土配置，其强度等级较结构混凝土提高一个等级，并在混凝土中掺加 CSA 膨胀剂，可使其产生微膨胀压力，抵消混凝土的干缩、温差等产生的拉应力，使混凝土结构不出现裂缝，提高抗渗能力；

E. 后浇带混凝土浇筑前，先浇一薄层与膨胀混凝土相同配合比的砂浆，接着浇筑比原浇筑混凝土高一级的膨胀混凝土，应仔细振捣密实，浇筑 12h 后，及时进行养护，时间不少于 14d；

F. 看台结构后浇带混凝土达到设计强度后（用后浇带混凝土施工时，与后浇带同条件养护的试块测定），便可进行预应力张拉。

5.8 预应力工程

（1）工艺原理

设计充分考虑了超长混凝土结构的混凝土收缩及当地温差的特点，在梁中配置一定数量的预应力筋，以抵抗温度应力造成混凝土的收缩变形裂缝，从而保证整个结构无缝施工的要求。

（2）材料要求

1）预应力钢绞线：钢绞线性能执行的是美国《PC Strand ASTM standard》ASTM A416 规定，采用 270 级、ϕ15.24 的钢绞线。带有专用防腐油脂和外包层的无粘结预应力筋，质量要求应符合《钢绞线、钢丝束无粘结预应力筋》（JG 3006—93）和《无粘结预应力筋专用防腐润油脂》（JG 3007—93）标准的规定。

2）锚具系统：无粘结预应力筋采用国家Ⅰ类锚具。其预应力筋——锚具组装件的锚固性能应符合下列要求：$\eta_a \geqslant 0.95$、$\varepsilon \geqslant 3.0\%$。

（3）机具准备

1）根据预应力筋的种类、根数、张拉吨位，选定 4 套 YCN-23 千卡内置式千斤顶，配套油缸选用 STDB.63×63 超高压小型电动油泵。

2）预应力筋张拉设备校验标定：张拉设备的校验标定应按《混凝土结构工程施工质量验收规范》（GB 50204—2002）规定执行，由国家指定的计量监测部门鉴定，并有张拉设备的标定报告。

（4）施工流程及施工工艺

1）施工流程。

支梁底模、梁筋绑扎→放线确定预应力筋位置→铺放无粘结预应力筋→预应力钢筋托架固定、封侧模→张拉端承压板、螺旋筋、穴模安放及固定→隐检→浇混凝土及养护→预应力筋张拉、切割、封堵。

2）施工工艺：

A. 预应力筋张拉准备。

当预应力钢筋绑扎完毕后，根据线型曲线图、水平坐标及垂直坐标用点焊固定托架，穿设预应力筋，预应力筋的搭接应在梁支座处进行，搭接长度由不同梁中预应力筋反弯点的位置而定，同一根梁的预应力筋穴模错开 1000mm。为防止张拉过程中在同一截面产生裂缝，将相邻两根梁的预应力筋的张拉端错开 500mm。承压板、螺旋筋等放置完毕后即进行自检、专检及隐蔽验收，合格后浇混凝土。在梁混凝土浇筑过程中应留设混凝土试块，并进行同等条件下养护，当混凝土强度达到 1.2N/mm^2 时，应及时将张拉端的穴模清理干净。当混凝土的强度达到设计要求的张拉强度时，方可进行预应力筋张拉（用同条件下养护的试块来判别）、梁侧模拆除。检查梁混凝土的质量，特别是观察有无梁板结构的温度裂缝、收缩裂缝，记录并分析这些裂缝发生的原因和对预应力施工的影响，逐个检查张拉端承压板后的混凝土施工质量。清理检查张拉穴口的施工尺寸偏差，特别是压板与孔道的垂直度，如有问题应采取措施，并做好记录，进行处理。张拉端无粘结钢绞线的外包皮应割掉，割皮时，用电热法使其外包皮的切口同承压板的表面平齐。安装张拉端的锚具。穿上锚环，将夹片均匀穿入锚环中打紧并外露一致。根据张拉控制应力、千斤顶的校核报告，确定张拉初始应力。预应力筋的张拉方案应与设计单位事先商定。

B. 钢绞线的张拉施工顺序。

清理承压板→割皮→穿锚环夹片→安放变角模块→穿千斤顶→张拉至初应力→测量千斤顶缸伸出值 L_1→张拉至 $100\%\sigma_{con}$→测量千斤顶缸伸出值 L_2→校核伸长值→顶压锚固→千斤顶回程→卸千斤顶。

C. 无粘结预应力张拉：

a. 预应力筋的张拉根据设计要求采取变角张拉施工工艺，预应力筋下料长度应包括变角块厚度，变角度数控制在30°内，单根预应力筋张拉端承压板采用90mm×90mm×12mm的钢板，螺旋筋采用ϕ6.5的钢筋，螺距为25mm，4圈，直径为75mm；对于群锚体系承压板，采用150mm×150mm×20mm，螺旋筋采用ϕ8的钢筋，螺距为25m，9圈，直径为150mm。依据设计张拉控制应力，预应力的张拉程序为$0\rightarrow20\%\sigma_{con}\rightarrow100\%\sigma_{con}$，根据千斤顶工作行程，对于超长钢绞线的张拉均需采用倒换行程的方法张拉，预应力筋的张拉力以控制应力为主，校核预应力钢绞线的伸长值。

b. 张拉伸长值的管理。

理论伸长值的计算公式：

$$\Delta L=N_p\times L/(A_p\times E_p)$$

式中 L——预应力筋的曲线长度；

A_p——预应力钢筋线的截面积；

E_p——预应力钢绞线的弹性模量。

$$N_p=A_p\times\sigma_{con}\times(1+e-(kx+\mu\theta)/2$$

c. 实际伸长值的测量：

伸长值的量测以量测张拉千斤顶张拉缸伸出的长度来测定。当张拉至初应力时量测千斤顶缸伸出的长度L_1，张拉至控制应力时量测千斤顶缸伸出的长度L_2，根据L_2-L_1的差值算出初应力前的伸长值L_3，实际上伸长值为$\Delta L=L_2-L_1+L_3$；当千斤顶缸的长度不足时，千斤顶需要多次倒行程；量测伸长值时，每一次倒行程应量测其缸的伸出长度，然后进行累加，最后确定实际伸长值。预应力筋张拉时，应认真将每根钢绞线的实测张拉伸长值做好记录。

d. 预应力筋的张拉应以控制应力为主，校核伸长值。如实际伸长值与理论伸长值的误差超出−5%～+10%范围，应停止张拉，待分析查明原因予以调整后，才能继续张拉。

D. 张拉穴口的封堵

预应力筋张拉完毕经检查无误后，即可采用手提砂轮锯或氧乙炔切割多余的钢绞线，切割后的钢绞线外露长度距锚环夹片的长度为30mm，按规范要求，用防水涂料或防锈漆涂刷锚具；然后，清理穴口，用比梁混凝土高一等级的内掺10%UEA的细石混凝土进行封堵。

施工详见“预应力施工方案”。

5.9 砌体工程

本工程墙体为砖和加气混凝土砌块，墙体砌筑之前，要求做好配合比和材料检测，砌筑时要求立皮数杆，并挂线操作，构造柱位置砌筑成马牙槎，墙体顶部与梁板连接的位置用斜砖砌筑。施工详见“砌体施工方案”。

5.10 装饰工程

本工程装修工程主要指墙面、顶棚的抹灰找平层、刮混合腻子、内墙乳胶漆及瓷砖、外墙仿石涂料、室内1500mm高木墙裙、架空实木地板、轻钢龙骨吊顶、高级木板吊顶（防火处理）等，施工详见“装修工程施工方案”。

5.11 脚手架工程

本工程施工外脚手架主要用于主体结构施工阶段的安全防护，搭设最高为 46m。

外脚手架采用双排钢管脚手架，脚手架全部采用 $\phi48\times3.5$ 的钢管搭设，铺好竹笆脚手板，外侧悬挂绿色密目安全网。

外脚手架搭设，立杆纵距 1.8m，立杆排距 0.9m，小横杆间距 0.9m，大横杆步距 1.8m，小横杆间距 0.9m，内排立杆距墙 0.25m，小横杆里端距墙 0.2m。

连墙点采用“软拉硬撑”方式，每层沿水平隔距 6m 在结构楼层外侧梁、板中预埋 $\phi6$ 钢筋与外架拉结，并用木枋顶在钢管与结构之间，如图 5-9 所示。

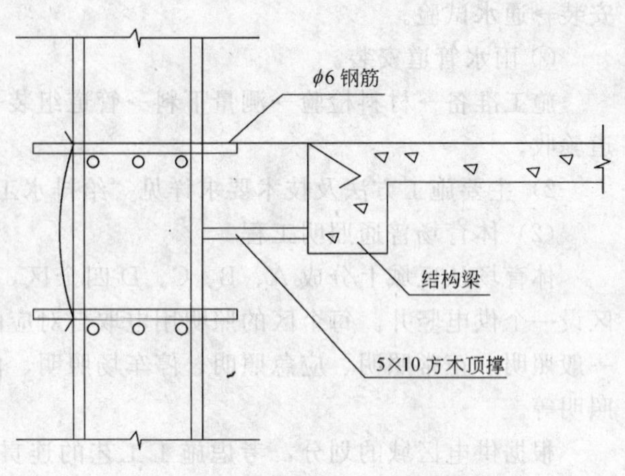

图 5-9 外墙外脚手架刚性连接示意图

沿脚手架两端和转角处起设置剪刀撑。在脚手架立杆底端之上 100～300mm 处，一律遍设纵向和横向扫地杆，并与立杆连接牢固。

脚手架工程详见“施工方案”。

5.12 水电安装工程

(1) 给水排水工程

本体育场给排水工程主要包括室内给水系统、排水系统、污水系统和雨水系统。管道材质及工程量见表 5-3。

管道材质及数量　　表 5-3

序号	名　称	单位	数量	连接方式
1	铜管	m	27240	氧乙炔焊
2	UPVC 塑料排水管	m	8900	零件粘接
3	HDPE 高密度聚乙烯管	m	3300	粘接
4	ABS 塑料排水管	m	11400	零件粘接
5	管件阀门	个	4331	
6	雨水斗	个	42	
7	大小便器及洗脸盆	组	3197	
8	淋浴器	组	174	
9	地漏及扫除口	个	1040	
10	钢套管	m	770	
11	红丹防锈漆	kg	18000	
12	银粉漆	kg	18000	
13	不燃铝箔橡塑海绵	m^3	134	

1) 主要施工程序：

① 室内给水管道安装。

施工准备→材料检查验收→测量下料→管件组对→支架制安→管道焊接及法兰连接→

试压冲洗→管道验收及保温→设备碰头→系统调试。

② 室内排水管道安装。

施工准备→材料检验→测量下料→支架制安→管道连接→安装就位→试水→卫生洁具安装→通水试验。

③ 雨水管道安装。

施工准备→材料检验→测量下料→管道组装→支架制安→管道安装→试压、试水→管道验收。

2）主要施工方法及技术要求详见“给排水工程施工方案”。

（2）体育场普通照明工程

体育场从区域上分成A、B、C、D四个区，据此照明工程也划分成四个区，且每个区设一个供电竖井。每个区的照明用电取自对应的低压配电系统。设计将此处的照明分为一般照明、正常照明、应急照明、停车场照明、体育场立体照明、屋盖照明、体育场比赛照明等。

根据供电区域的划分，考虑施工工艺的连贯性，施工中将电气施工队划分成五个小组，分别负责主馆内的A、B、C、D四个区及辅助区域的照明。

本工程照明工程量大，部分区域灯具安装高度较高，施工技术关键主要在灯具安装整齐、牢固，高处施工安全措施得当。

施工详见“照明工程施工方案”。

5.13 空调系统设备安装工程

（1）工程概述

体育场空调系统设计冷负荷为4187kW，选用四台制冷量为1044kW的螺杆式冷水机组，设计冷冻水供水温度为7℃，回水温度为12℃，空调系统设计热负荷为3780kW，选用四台换热量为945kW的等离子体改性强化换热器，蒸汽由总体热网供应，热源压力为8kgf/cm^2，经分汽缸后分别减压至4kgf/cm^2，空调热水供水温度为65℃，回水温度为55℃，空调系统的水系统为两管制一次泵变流量系统，空调末端前设温控电动二通阀，机房内供回水管路之间采用压差旁通控制阀，各分支管路采用电动阀控制。空调水系统采用接近无分区方式，供回水总管在综合管沟内环形同程布置，各支管径向辐射布置。

本工程冷冻站、热交换站设在一层东区（部分设备、管道布置在综合管沟内），锅炉房为二期工程，设在室外。冷却塔布置在疏散平台下，采用卧式横流玻璃钢冷却塔，冷却水量1200t/h，并设地下水池，冷却水泵置于冷冻机房内地沟里，水系统定压采用膨胀定压罐定压。

（2）本工程主要实物工程量如下：

送风空调器32台；

恒温恒湿机组3台；

排风箱42台；

螺杆式冷水机组4台；

冷冻水泵5台；

冷却水泵5台；

冷却塔 4 台；

暖水泵 5 台；

风机盘管 152 台；

送风机 2 台；

新风机 14 台；

排烟风机 8 台；

其他设备。

$DN400 \sim DN20$ 管道共 6900 多米。

(3) 施工准备

根据所要完成的工作量和施工部署、工期的要求，配备充足的劳动力；根据工程的实际情况，发挥整体优势，周密部署，积极做好各种施工机具的调配工作，工程开工前确保按时到位，以满足优质、高效的施工生产需要。

(4) 工程进度安排

制订合理的施工流向，组织好流水作业，才能确保工程按期交工。根据工程的实际情况，决定施工流向为：地下综合管沟空调供回水管安装→空调供回水支管安装、空调设备安装→冷冻机房设备→冷冻机房管道安装→冷却塔安装及冷却塔进出水管安装→管道水压试验→管道冲洗→管道除锈防腐→空调系统试转及试验调整。

根据现场实际情况，在安装空调供回水支管及空调设备时，先施工东、西区，后施工南、北区。

根据本工程的工作内容，结合单位施工同类工程的经验，经过认真分析，在确保达到优良工程的前提下，决定在 133 个日历天内完成本工程的安装施工任务，7 月 16 日开工，11 月 15 日交工。

根据工程具体情况，设以下控制点，见表 5-4。

空调安装工程控制点　　表 5-4

日期	内容
2001 年 7 月 6 日	工程开工
2001 年 8 月 15 日	综合管沟空调供回水管安装完
2001 年 9 月 15 日	空调供回水支管、空调设备安装完
2001 年 10 月 5 日	冷冻机房设备、管道安装完
2001 年 10 月 20 日	冷却塔及其配管安装完
2001 年 10 月 30 日	水压试验、管道冲洗完
2001 年 11 月 15 日	系统试运转及试验调整

(5) 施工方案

1) 设备安装。

设备到达现场后，根据安装位置及设备重量选择 8t 汽车吊或 25t 汽车吊卸至安装地点附近。所有设备安装前均应做好开箱检查。开箱后，按装箱单清点设备的零件、附件，查看说明书和合格证是否齐全，零、附件是否有损坏和锈蚀的地方，备品、备件及专用工具等应妥善保管，竣工时向业主办理移交手续，并做好开箱检查记录。

2) 空调器安装。

本工程设计选用了装配式送风空调器、吊装式送风空调器、卧式送风空调器和恒温恒湿机组，安装方法详见“施工方案”。

3）管道安装。

本工程设计的管道主要由以下几部分组成：①空调供回水管道；②冷冻机房冷却水供回水管；③冷冻机房冷冻供回水水管；④热水供回管；⑤高压蒸汽管，低压蒸汽管；⑥压差旁通管；⑦补水管；⑧膨胀管；⑨蒸汽冷凝水管（以上管道 $DN>32$ 时均为无缝钢管，$DN\leqslant32$ 时，采用热镀锌钢管，丝扣连接）；⑩空调系统凝结水管，材质为ABS塑料管。

本工程由于地下综合管沟为折线连接而成的椭圆形，故为了减少管道系统运行时的水头损失，对于综合管沟内空调供回水管拟采用圆滑连接。其他管道施工均为常规的施工方法。

所有管道及阀门等附件均应有合格证，并须按规范对其质量予以检查，不合格不得使用。

5.14　空间大型索架钢结构施工

本工程系我国最先采用新技术、新材料进行设计的大型篷盖工程之一。篷盖钢结构覆盖面积为27600m²，采用索膜张拉结构，鸟瞰造型新颖，可与欧陆体育设施相媲美，极富二十一世纪的崭新气息。

篷盖钢结构工程主要由三部分组成：第一部分为以立柱为中心的刚性主支撑；第二部分为以环索为中心的柔性副支撑；第三部分为马道。主支撑部分包含56个立柱单元（立柱、柱脚、桁架、两根上拉杆、两根下弦杆、两个下弦节点和下环梁的组合体，相邻两单元共用下弦节点）、4个钢筋混凝土井筒、上环梁、下环梁各60根、下拉杆120根和下拉索48根，这些组件沿体育场周圈，呈花瓣形对称分布，东西方向最大轴线距离248.010m，南北方向最大轴线距离280.414m。副支撑由一根环索、56根上吊索、68榀悬挑斜桁架支撑组成。环索在平面的投影为椭圆形，长轴半径101.9165m，短轴半径68.924m。沿看台方向，斜撑桁架在东西方向最大悬挑长度52.0105m，南北方向最大悬挑长度34.9934m。整个结构最大标高54.681m，环索最大安装标高46.638m。立柱单元体最大重量约35t，桁架最大榀为1499mm×1099mm×52011mm，重约26t，环索重量约44t。篷盖钢结构总重约4000t，马道在斜撑下方沿体育场周圈吊挂，吊挂位置距离斜撑前端最大值为6m。马道对整个结构的承载能力影响不大，可看作是结构的附属组件。

篷盖工程有如下特点：

几何形状复杂：上、下环梁均为空间双曲线造型，立柱单元体、斜撑，其几何尺寸和形状均随结构的造型变化而变化。

复杂性：环索安装既要考虑提升，又要考虑张拉，而且要求二者协调配合，统一实施。

高空作业性：安装由标高17.0m到标高54.53m，安装高空作业率>95%。

（1）起吊设备选用

根据东南西区整体单元中最大重量、桁架安装点标高最高的工况进行计算，选择适当的吊具、锚固用绳。

（2）施工流程

工程前期准备→预埋件复测验收→设备进场调试→喷砂除锈、涂装→钢构件地面组、拼装→环梁单元吊装→斜撑桁架吊装→马道吊装定位及焊接→内环索地面摆放及连接→内环索整体提升及与主索夹连接→清理现场、补涂油漆、整理资料→竣工验收。

施工详见“空间大型索架钢结构施工方案”。

5.15 索膜屋盖结构施工

本工程钢结构部分由武汉市建筑设计院设计，系我国采用新技术、新材料进行设计的大型篷盖工程之一。膜结构部分由美国 BIRDAIR 公司设计，体育场篷盖面积约为 $39000mm^2$。

体育场篷盖钢结构部分由 56 个立柱单元、4 个钢筋混凝土井筒、2 道内环索、68 榀悬挑钢桁架以及相配套的拉杆、拉索共同组成。这些组件沿体育场周围呈花瓣状对称分布：体育场东西方向最大轴线距离 248.01m，南北方向最大轴线距离 280.41m。本工程膜结构共由 36 个单元膜面组成，即每两榀悬挑桁架上支撑一个膜单元（井筒处除外）。每跨单元结构由边索、脊索、谷索以及支撑桁架、环梁、拉杆和膜面组成，它们共同作用形成一个轻盈、飘逸的空间整体结构体系。

武汉体育场篷盖覆盖国际流行的膜材，膜材选用法拉利 Ferrari1002T 膜，钢索采用高强度钢绞索：膜制品及相关五金件由美国 Birdair 公司提供，上海市机施公司负责钢索的采购以及膜面的现场安装。膜面安装时，Birdair 公司指派现场安装指导，对本工程膜面的施工进行全面技术指导。

本工程选用一台 45t 汽车式起重机作为安装膜面的主要机械，并选用一台 3t 运输车作为膜面场内驳运的机械。

施工机械计划使用周期为 28 个日历天。

施工队伍进场后首先进行就位谷索、脊索，并同时进行膜面搁置平台的搭设工作，施工准备工作完成后进行低跨处（52 轴）膜面的施工，此膜面安装时，不讲究施工进度而重视施工质量并训练施工队伍掌握本工程膜面的安装工艺，该跨膜面安装完成后以顺时针方向逐步进行体育场屋顶膜面的安装工作。安装工作完成后，进行最后的膜面张拉工作以及补缺、扫尾工作。

单跨膜面施工工艺流程：施工前准备工作→搭设膜面搁置平台→安装绳网→膜面就位→膜面展开→周边固定→安装边索→膜面与脊索、浮动环连接→提升浮动环→安装谷索→安装隔跨膜面。

施工方法详见“索膜屋盖结构施工方案”。

6 总承包管理技术

武汉体育中心体育场涉及的专业除主体结构及粗装修外，还包括：屋盖钢结构安装、索膜屋面安装、电梯工程安装、智能化系统安装、看台座椅安装、LCD 电子显示屏安装、空调系统安装、公共广播系统、主场及观众照明系统、精装修等指定专业分包，属于综合性的公共设施，其功能配置基本上包含了建设工程的每一个专业，是一个系统性的工程。因此，作为总承包单位，除必须做好与业主监理、设计、政府监督部门的协调工作外，还要做好与各专业分包队伍的协调关系。

6.1 总承包部的性质、职能、机构设置及任务

（1）总承包部的性质定位为一次性项目总承包管理组织，被授权全面负责组织实施总承包管理；对承包工程的总工期、总体质量、总造价和交付使用后的保修工作负责。

（2）主要职能是：统一对外、统一指挥、统一部署、统一规划、统一管理，对参加施工的分包单位实行指挥、协调、监督、服务；与此同时，对承包合同的工期、质量、造价实施动态控制与管理。

（3）工程总承包管理机构如图 6-1 所示。

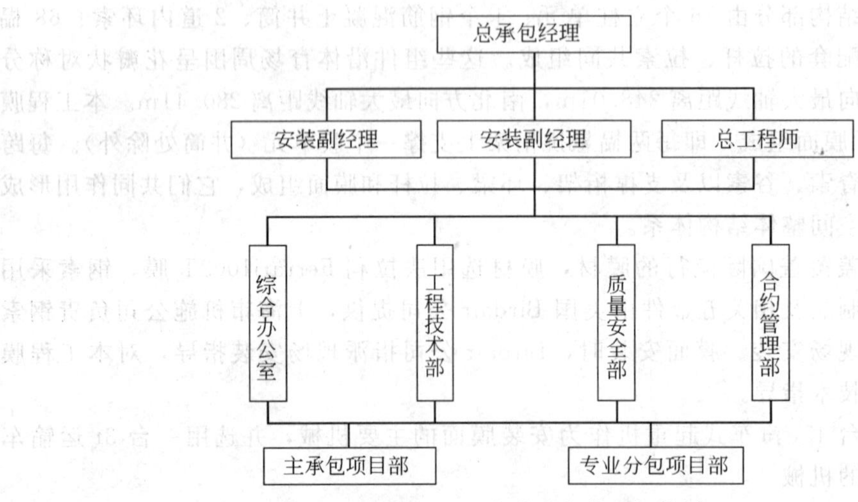

图 6-1 工程总承包管理机构图

（4）总承包管理部各项职责。

明确施工总承包管理部各部门、各管理人员的各项职责和权限，组织协调各分包的施工，确保各项施工按时、顺利进行。

6.2 分包管理措施

本工程分包采用有以下两种形式：总包直接分包与业主直接分包。总包与分包的关系是，分包单位对总包负责，总包对业主负责；业主分包的工程项目，分包单位的工程质量、工期、安全、消防、竣工交付使用后的保修工作直接对业主负责，同时质量、工期、安全、消防、成品保护等接受总包单位统一现场管理和协调，总包对业主直接发包的工程项目在施工现场的安全和消防方面负连带责任，其管理方式为：

（1）总包对直接分包的管理模式

1）通过招标方式优选分包商。

通过公开招标方式，比质、比价、比条件择优选定分包商，报送监理公司批准，由总包部统一签订分包合同，统一工程价款结算与拨付，并与分包商签订安全协议书。

2）总包根据招标文件与分包合同规定为分包创造必要的施工条件，供水、电、垂直运输、仓库、标高和定位轴线等。

3）总承包各部门对分包工程的质量、工期、安全、消防保卫和成品保护等方面实施动态管理，建立协调会制度，每星期召开一次，会议纪要发总承包部领导和相关单位，及

时解决分包商提出的各种问题。

4）各分包商材料或半成品管理。成品进场后向总包提供材质合格证等有关技术资料，经向监理工程师申报确认后，书面通知分包商，方可进行组装或安装施工。施工时一律先做样板，经总包、监理工程师、业主、设计联合验收、确认签证后方可大面积施工。

5）分包商每月25日及时向总包报送进度报表、质量报表和安全报表，并由总包单位汇总后报送监理公司。

（2）对业主直接分包队伍的项目管理

1）业主直接分包的工程项目，在分包商进场前业主将分包商的名称、工地负责人、分包工程范围、开竣工日期、工程造价和需总包提供服务的内容书面通知总包。

2）分包商进场由业主组织召开监理工程师、总包、分包参加的联席会。

3）总包与分包商签订安全、消防保卫、成品保护协议书时并交适量的抵押金。

4）根据需要向分包提供服务，如现有的施工临时设施、水、电源道路、消防设施及场地、测量标高与定位轴线等，超出总包与业主约定服务范围的可按业主要求提供有偿服务，编制预算报监理工程师、业主审定签认后方可提供。

5）总承包部抽出专业技术和工程管理人员组成专门负责此类分包管理小组负责协调和检查监督，每星期召开一次协调例会。

① 总包负责人对机电安装专业单位的施工配合措施。

总包负责人与机电安装各专业施工的协调配合工作是整个施工过程中至关重要的工作，协调配合的好坏将直接影响到施工进度、施工质量、施工成本、施工效果等。因此在施工中，做到理顺好各级关系，积极配合，做好总体协调工作。

② 明确分包单位的责任。

各专业分包单位对分包工程的质量、工期、安全、消防、文明施工、成品保护负责，无条件地接受总包单位统一现场管理和协调。

6.3 总承包管理各项工作流程

（1）技术管理

技术管理工作由总包总工程师负责，主要是制定日常生产程序，合理安排布置劳动生产力，明确工程质量的要求和标准，充分发挥设备潜能，提高劳动生产率，降低工程成本，增加经济效益，提高技术水工程质量。

施工总承包技术管理工作的主要内容：

1）施工图纸与技术资料的管理，做好施工组织与设计、技术方案的编制与审批；

2）组织图纸会审、技术交底，重点解决设计中各专业“碰撞”和“打架”问题，做好相关项目或专业的深化设计；

3）现场技术质量问题的处理及测量试验的管理工作；

4）做好新材料、新技术、新工艺的推广应用，保证科技示范工程各项成果的实施与应用；

5）协调、指导各专业分包单位的技术管理，做好有关技术方面的外部协调、相关职能部门之间有关技术方面的协调、参加各专业分包单位技术指导、有关技术方面的横向沟通和协调、工作。

（2）质量管理

牢固树立“质量第一”的思想和创“鲁班奖”的质量目标，坚持样板引路，重点是突出“精”和“细”，一是点点处处按规范、标准要求，消除质量通病；二是“粗粮细做”，“细粮精做”，以高于国家标准为标准。既强调内部质量，更突出感观效果，最终实现高档次的质量等级。确保每道工序受控，建造业主满意工程。

1）质量管理以预控为重点，建立完善质量管理体系，以确保工程质量在各个环节受控。积极开展QC小组活动，提高质量意识，加强施工质量的过程控制，建立施工质量奖惩措施，推动质量管理。

2）分包商订立合同以“鲁班奖”为质量目标，在施工中必须以此为最终目标，根据总包方质量目标不折不扣地完成。

3）对分包工程制定积极有效的奖惩措施，奖优罚劣，通过积极的奖罚手段来控制各项质量目标及管理制度的实现。

（3）安全管理

安全生产是总包部在整个施工过程中管理工作的关键环节，总包自始至终承担着安全管理责任。

总包部及各专业分包单位建立以项目经理为首的安全生产领导小组，有组织、有领导地开展安全生产活动；公司与总包项目经理签定安全责任状，明确双方在安全生产中的责任、权利和义务，以及具体的安全生产考核指标；总包经理与各专业分包单位经理签定安全生产协议，确定安全生产中的责任和奖罚指标；总承包部及各分包单位、分包单位与各下属职工分别签定安全生产协议书，使全体职工增强安全知识、提高安全意识；各级人员的安全协议签定后，项目经理（安全工程师）监督、检查本协议的落实情况，确保安全考核指标的完成；在施工生产中制定严格的安全防范措施，并落实到位，采取强有力的奖惩手段来确保安全管理目标的实施。

（4）进度控制

总承包部依据施工进展情况，编排合理的总进度计划，对生产诸要素（人力、机具、材料）及各工种进行计划安排，在空间上按一定的位置，在时间上按先后顺序，在数量上按不同的比例，合理地组织起来，在统一指挥下有序地进行，力争达到预定的目的。

总包部对施工进度计划的主要控制是形象进度、施工产值、工程质量、工料消耗、文明施工等内容。在计划的落实控制中，总包和分包的计划管理员，深入现场调查研究，掌握情况并用统计分析方法，找出实际完成情况与计划控制的差异，分析原因，制定措施，加强生产调度，及时调整计划，在动态中求平衡。根据实际情况，每周一次向业主、监理公司通报工程进度情况，对进度计划采取计划动员、建立例会制度、下达施工任务指令、工程进度分析等控制措施。

对出现进度滞后的情况，总包应采取积极果断措施，如组织会战等形式，确保进度按预期目标完成。

（5）文明施工

施工现场统一制作各种标识、宣传标语。编制现场文明施工管理制度，建立以项目总包经理为组长的施工现场文明施工管理领导班子，领导成员明确分工，各尽其职，并配置专职管理人员，监督检查现场文明管理。

（6）机具设备管理

机具设备管理工作由总包部统一负责，所有进入施工现场的机械设备都必须服从总包部的统一调度、统一协调，有计划地进退场。

(7) 材料管理

为加强材料管理工作，切实做到科学、合理地使用材料，遵循“确保质量、满足需要、降低成本”的原则。使材料管理工作做到职责清楚、奖罚分明。

(8) 现场水电管理

总包单位对现场内所有水电实行统一管理，为达到合理调度、节约使用的目的，制定临时用水、用电管理规定，各分包队伍均遵循此规定。

(9) 文件和资料管理

总包部文件资料管理包括技术资料、质量保证资料、质量检测资料及项目管理资料的管理，其中技术资料、质量保证资料、质量检测资料由项目总工负责，是保证整个工程保质、按期顺利完成的依据，也是工程竣工验收的必备资料。其中管理资料由项目经理负责，它是整个施工过程中施工管理的依据，施工成果的证据。其所涉及的各种制度、影响施工的各种因素，与业主、监理各分包之间联系函都是关系整个工程极其重要的文件，也是施工中索赔与反索赔惟一的证据。

总包和专业分包按照分级管理的原则进行，总承包部下设资料室，专职负责文件、资料的收发、整理、管理及归档工作，按照武汉市对文件技术资料存档的要求及时整理归档。

(10) 穿插和配合施工

穿插和配合施工是本工程总承包管理中非常重要的一款，为防止工序颠倒，影响施工的正常进行，我们制定了交叉施工作业管理规定。

(11) 合同和预决算管理

总包部由合约工程师负责合同的洽谈、签订，预决算的编制审核，报送业主审定。各专业分部设置专职的合约管理人员，负责本分部的合同及预决算工作；违反合同规定不能履工期、质量、安全等目标的分包单位，总包部将依据合同条款予以处罚。

(12) 工程款支付

工程款统一由总包负责向业主回收或由总包部确认各专业分包每月完成的工程量，达到合同约定的质量和数量要求后，由业主直接支付，各专业分包单位必须按总包的要求及时上报工程报表（包括工程款支付申请报告），由总包按照分包合同约定的条款审核后报送监理、业主批准，各专业分包单位的工程款，未经总包确认，业主不得支付工程款。

(13) 竣工及验收

总包部针对工程规模大、施工工艺复杂、分包单位多等特点，在装修工程进入后期，由质量部门拟定收尾竣工验收计划，并制定出保证计划顺利实现的措施，详细地列出了验收工作和督促检查工作的重点，落实到人。

7 工程质量管理

7.1 质量目标

本工程质量目标：确保鲁班奖（国优工程）；分部工程优良率90%以上。

7.2　质量保证措施

（1）各专业工程师在分项工程施工前认真熟悉施工图纸，掌握设计意图，并会同业主、监理工程师、设计院做好图纸会审工作，编制合理的分部分项工程施工方案，在编制施工方案时，明确提出质量目标和标准要求，并组织实施。

（2）上部工程开工前，对场区定位控制点和标高点重新复核一遍，确认无误后，方可进行上部工程轴线、标高的测量，并对±0.000m以下的柱子轴线认真复核一遍，做好复核记录。

（3）在施工过程中，保持过程控制，坚持“三检”制度，确保质保体系的有效运行，每项工程施工过程中，各专业工程师和质监工程师跟踪检查，发现问题及时整改。工程施工完后，由作业工长（兼职质监员）、工程处负责人进行自检，自检符合要求后，各专业工程师复检后，通知业主、监理工程师、设计部门等进行验收，隐蔽工程做好隐蔽记录，同意后，方可进行下道工序的施工。

（4）加强计量试验管理，所有原材料、半成品均严格按国家标准进行试验，确保各类材料质量、性能合格。

（5）为加快工期，提高生产效率，既经济又标准地完成本工程的施工，我们在施工中积极推广建设部推广的新技术、新工艺。

（6）认真编写好季节性施工方案，并组织实施，详见本施工组织设计“11　特殊季节施工技术措施”。

7.3　质量奖惩措施

（1）在签订劳务合同和总分包合同时，对质量标准提出明确要求，达不到质量要求的工程处，除令其限期整改直至符合要求外，还根据合同有关条款进行处罚。

（2）由项目总工程师组织，带领技术质量部各专业工程师和质监工程师每周对现场进行大检查评比，对在大检查中质量好的工程处和较差的单位分别给予奖励和惩罚。

8　安全管理

8.1　安全生产目标

本工程安全生产目标：轻伤事故频率控制在1‰以内，无重大伤亡事故，创武汉市安全优良项目。

8.2　安全保证体系的建立

（1）总包项目经理部成立由总包项目经理、总工程师、安全副经理及分管副经理、安全监察部各成员和各专业工程师组成的安全领导小组，将各工程处负责人、安全员、作业工长（兼职安全员）列为安全生产责任人，形成完善的安全保证体系。

在安全保证体系运行过程中，明确每一成员的职责，进行具体分工，发挥各自在安全生产管理中作用，使安全保证体系有效运行，安全生产得到保障。

(2) 总包项目经理是本项目安全生产的第一责任人，全面负责施工现场的安全管理工作；安全副经理直接对安全负责，监督、安排各项安全措施的落实，并随时检查。

(3) 项目总工程师是安全技术负责人，审定各项安全生产技术措施，并负责特殊作业如吊装、塔吊安拆等安全技术措施的制定。

(4) 安全监察部：督促施工全过程的安全生产，制定一般作业安全技术措施并送总工程师审定后组织实施，纠正违章作业，对工程处进行安全教育，开展一系列安全生产活动，传达宣传国家或上级有关安全生产文件指示精神。

(5) 各专业工程师：监督本专业施工中的安全生产，善于发现安全隐患，经常性地与安全监察部及其他责任人沟通，共同做好安全生产工作。

8.3 安全管理制度

安全管理制度是安全施工的保障，也是我们安全管理工作的依据。我单位在项目开工前，将针对施工生产的特点，制定一系列规章制度，以指导安全生产管理工作。

8.4 安全技术措施

(1) 施工用电安全技术措施

配备专职的持证电工，负责临时用电的管理。所有用电现场必须有专业电工值班，非专业电工不准私自接线用电。

按照有关规定设置符合标准的临时配电箱，安装漏电保护开关，坚持“一机一闸一保护”。

施工现场的电缆线路室外埋地敷设，深度为0.6m，并在电缆上下各均匀铺设50mm厚的细砂，然后覆盖砖等硬质保护层，电缆保持完好无损，安全可靠。沿墙或电杆敷设时用绝缘子固定，不能用金属裸线作绑扎，接头要牢固、可靠。

主要机具设置可靠接地，临时配电线路由专职电工安装，经安全验收后使用，并相应做好避雷措施。

各种机械设备使用前调试运转正常，并经动力和安全部门验收合格后投入使用，设置“安全操作规程”标牌，操作人员和指挥人员持证上岗。

危险区域、配电箱等处设置相应的安全标志牌。机械在修理、停电时必须切断电源。

主要机具设置可靠接地，临时配电线路由专职电工安装，经安全验收后使用，并相应做好避雷措施。

施工用电严禁使用塑料线，所用绝缘导线型号及截面必须符合临时用电设计要求；电气设备所用的保险丝，禁止用其他金属丝替，并且与设备容量相匹配。

(2) 脚手架施工安全防护符合以下规定

搭设脚手架前编制施工方案和安全技术措施，经有关技术负责人审批合格后，方可进行。

钢管脚手架搭设采用外径ϕ51×3.5钢管，不得使用严重锈蚀、弯曲、压扁或裂纹的钢管，其杆件连接使用合格的专用扣件，不得使用钢丝和其他材料绑扎。

脚手架立杆间距为1.5m，基础要有垫木，设扫地杆。大横杆间距为1.2m。

脚手架按楼层与墙体或柱拉结牢固，拉结点垂直距离不超过4m，水平距离不超过6m，每15m设剪刀撑。

脚手架的操作面满铺脚手板，外侧设挡脚板和1.2m高两道护身栏杆。脚手架上不得有探头板和飞跳板，脚手板下面设安全兜网。

脚手架外立面挂阻燃绿色密目安全网全封闭。

模板工程的支撑系统，根据不同部位确定拆除时间，以保证结构安全。

(3)“四口”、“临边”处安全防护措施

现浇混凝土的预留洞口，尺寸在150cm×150cm以内的，加固定盖板；超过150cm×150cm的孔洞口，四周设两道防护栏，中间挂水平安全网。

电梯井口采用可开启的标准化定型钢制防护门，高度1.2m，电梯井内首层设置一道水平安全网，电梯井内不得做垂直运输。

楼梯通道随层设置防护栏杆。建筑物出入口搭设长3.6m，且宽于出入通道两侧各1m长的防护棚，棚顶满铺5cm厚的脚手板，非出入口和通道两侧封严，楼梯口临边设两道防护栏。

临近施工区域的人行通道支搭防护棚，并设明显的标志牌，确保行人安全。

职工宿舍在塔吊臂长半径内，门前搭设宽4.0m的防护棚。

(4) 塔吊安全技术措施

塔吊拆装人员经专业培训，并取得地方政府主管部门颁发的许可证后上岗。

塔吊安装和拆除前制定施工方案，派专人监护，由专业人员操作，安装后经检验合格并办理施工手续后使用。

经常检查塔吊的安全装置（四限位、两保险）是否齐全、有效，不得带病运转，电缆严禁随地拖拉。

塔吊在六级以上大风、雷雨、大雾天气或超过限重时不能使用。

严格遵守起重机械作业的“十不吊”规定。

(5) 吊装安全防护及保证措施

采取防滑措施，防止高空坠落。

高空作业人员使用的工具、螺栓等放入随身工具包，严禁随意高空扔下，特别是保护作业平台不受损坏。

高空作业人员系好安全带。

构件起重绑扎可靠，安装牢固后方可松钩。起吊前计算好重心位置，防止重心偏移，使构件倾翻和滑坠。

吊装作业听从统一指挥号令，严格各种操作规程，严禁违章作业。

吊装作业时，起重臂下不得站人，专职安全员现场督促。

(6) 给排水专业安全保证措施

使用“A”字扶梯时，扶梯脚用橡皮包好，中间加铁链拉牢，使用时摆稳，上下扶梯时防止断档及滑下跌伤，仰角不得小于60°。

使用氧气-乙炔时，氧气瓶与乙炔瓶间距不小于5m，正确使用开关，防止回火。

在有氧气-乙炔的地方，电焊施工现场配置手提式灭火器。

使用砂轮切割机时，砂轮片要有防护罩，防止砂轮片飞出伤人，操作人员戴防护眼镜，防止铁屑溅入眼内，烫伤眼睛。

蒸汽及热水管道系统在试运行时，做好自我保护措施，防止意外事故的发生。

(7) 电气工程安全保证措施

电气安装使用的扶梯平稳、牢靠，并采取防滑措施，防止跌倒。

电气试验员在进行电气试验工作时，正确穿戴和使用电气绝缘用具，电气绝缘用具经定期试验鉴定合格后方可使用。

安装调试时严禁带电作业，电气试验运转后，及时做好试验现场的清理工作。

试送电操作需要有两人执行，由对设备情况较熟悉者作为监护人，送电合闸按照母线侧刀闸、开关的顺序，依次进行操作，不得带负荷拉刀闸。

试送电阶段开始以后，在已经停电，但尚未拉开有关刀闸，做好必要的安全措施前，在场人员均不得触及设备或进入遮栏，以防突然来电。

高空作业系好安全带，增强自我保护意识，防止意外事故的发生。

9 文明施工

9.1 文明施工目标

本工程是湖北省重点工程，也是武汉地区的形象工程，受到武汉乃至于湖北人民的广泛关注，为此我们将严格按照武汉标准化施工现场的要求及管理办法，配合总包方建设文明清洁、标准规范的精品施工现场，共同创武汉市文明施工样板工地。

9.2 文明施工管理措施

(1) 施工现场统一制作各种标识，宣传标语条幅。

(2) 施工现场建立以项目经理为组长的施工现场文明施工管理领导班子，领导成员明确分工，各尽其职，并配置专职管理人员，监督检查现场文明施工管理。

(3) 编制现场文明施工管理制度，简明扼要，把责任落实到人，把场容管理制度化。

(4) 全体员工树立遵章守纪思想，采用挂牌上岗制度，安全帽、工作服统一规范。施工管理人员和各类操作人员佩戴不同颜色安全帽以示区别：

1) 施工管理人员戴黄色安全帽；

2) 生产班组人员戴白色安全帽；

3) 机械操作人员戴蓝色安全帽；

4) 机械吊车指挥戴红色安全帽；

5) 经理以上管理人员及外来检查人员戴红色安全帽。

(5) 搞好周围环境卫生，协调周围群众关系。

加强职工教育工作，要求工人严守纪律，严禁各类违法行为或对周围群众造成不良影响。

(6) 职工工作、生活文明卫生管理：

1) 施工现场生活卫生，纳入工地总体规划，有专职卫生管理人员和保洁人员，设置必须的卫生设施。

2) 食堂管理符合《食品卫生法》，有隔绝蝇鼠的防范措施，有盛残羹的加盖容器，内外环境清洁卫生。

3）现场厕所及建筑物周围须保持清洁，无蛆少臭、通风良好，并有专人负责清洁，不能随地大小便，厕所及时用水冲洗。

4）现场设茶水桶，茶水桶有明显标志并加盖，派专人添供茶水及管理好饮水设施。

5）宿舍管理以统一化管理为主，制定详尽的宿舍管理条例。要求每间宿舍排出值勤表，每天打扫卫生，以保证宿舍的整洁。宿舍内不允许私拉电线及各种电器。宿舍必须牢固，安全符合标准，卧具摆放整齐，换洗衣物干净，晾挂整齐。

6）施工现场设专人打扫，保持现场整洁。

7）施工排出的渣土要及时组织清理，保证施工场区整洁。

8）机械设备必须持牌运转，在行人通过地方要设置施工标志牌。

9）对施工现场进行合理布置，做到忙而不乱，井然有序，保证一个整齐、洁净的施工环境。

10）加大现场宣传力度，创造一股热火朝天的工作气氛，鼓舞干劲，昂扬士气，促进现场文明施工水平的提高。

11）严格施工总平面管理，坚持合理的施工顺序，不打乱仗，力求均衡生产。

12）食堂下水道和厕所化粪池要定期清理并清毒，防止有害细菌的传播。

13）施工现场、施工区、办公区、生活区划分明确，安排合理，现场材料分类标识，堆放整齐。

9.3 文明施工现场形象设计

（1）为搞好文明施工，让工地现场给人清新自然、耳目一新的感觉，我单位将根据总包方和业主的要求，在现场平面布置及企业标识方面加大宣传力度，搞好现场文明施工。

（2）现场所有机具、配电箱等标有企业特点的鲜明标识，各种操作规程、警示标语、安全宣传等统一布置，且定期换新，切实起到警示、宣传作用。

10 成品保护

10.1 成品保护的组织管理

（1）在准备工作阶段，由项目总工程师领导，配合总包方对施工进行统一协调，合理安排工序，加强工种的配合，正确划分施工段，避免因工序不当或工种配合不当造成损坏，研究确定成品保护的组织管理方式及具体的保护方案，重要设备的保护下发作业指导书。

（2）建立成品保护责任制，责任到人，派专人负责各专业所属业务成品保护责任人进行定期的巡回检查，将成品的监护作为项目重要工作进行。

（3）专业工程师会同各分区的成品保护责任人进行定期的巡回检查，将成品的保护作为项目重要工作进行。

（4）加强职工的质量和成品保护教育及成品保护人员岗前教育，树立工人的配合及保护意识，建立各种成品保护临时交接制，做到层层工序有人负责。

(5) 除在施工现场设标语外，在制成品或设备上贴挂成品保护醒目的警示标志，唤起来往人员的注意。

(6) 对成品保护不力的单位和个人以及因粗心、漠视或故意破坏工地成品的单位和个人，视不同情况和损失，予以不同程序的处罚。

10.2 成品保护技术措施

(1) 制成品保护

制成品即由厂家直接运至工地的产品。

1) 场地堆放要求：地基平整，排水良好，必要时采用横木搁置，所有成品按指定位置堆放，便于运输。

2) 成品堆放。

各成品分类、分规格堆放整齐、平直，下枕垫木，对于可叠层堆放的堆放高度及搁置部位必须符合图集及规范要求，保证构件水平且各搁置点受力均匀，以防变形损坏，侧向堆放除垫木外还需加设斜向支撑，以防倾覆。

成品堆放做好防霉、防污染、防锈蚀措施。

3) 成品运输。

成品运输时计算好装车宽度、高度及长度，运输时捆扎牢固、开车平稳，装卸车做到轻装轻卸，吊运时合理布置吊点，保证吊件不致变形过大。

(2) 风机盘管成品保护

1) 风机盘管运至现场后要采取措施，妥善保管，码放整齐，应有防雨、防雪措施。

2) 冬期施工时，风机盘管水压试验后必须随即将水排放干净，以防冻坏设备。

3) 风机盘管安装施工要随运随装，与其他工种交叉作业时要注意成品保护，防止碰坏。

4) 立式暗装风机盘管，安装完后要配合好土建安装保护罩，屋面喷浆前应采取防护措施，保护已安装好的设备，保证清洁。

(3) 管道工序成品保护

1) 管道预制加工，安装、试压等工序应紧密衔接，如施工有间断，应及时把有分开的管口封闭，以免进入杂物，堵塞管子。

2) 吊装重物不得采用已安装好的管道作为吊点，也不得在管道上施放脚手板踩蹬。

3) 安装用的管洞修补工作，必须在面层粉饰之前全部完成；粉饰工作结束后，墙、地面建筑成品不得碰坏。

4) 粉饰工程期间，必要时应设专人监护已安装完的管道、阀门部件、仪表等，防止其他施工工序插入时碰坏成品。

(4) 空调系统调试成品保护

1) 空调设备动力的开动、并闭，应由电工操作，并有监护人员。

2) 自动调节系统的自控仪表元件，控制箱等应作特殊保护措施，以防电气自控元件丢失及损坏。

3) 空调系统全部测定调整完毕后，及时办理交接手续，由使用单位运行启用，负责空调系统成品保护。

11 特殊季节施工技术措施

11.1 雨期施工措施

针对武汉地区夏秋两季多雨的气候，合理制定雨期施工技术措施，以确保施工生产顺利进行，确保工程质量，对此，我们首先对现场工人宿舍、食堂、库房、办公室、机具棚等做全面检查和维修，做好防淋防漏工作。重点抓好以下工作：

（1）做好现场排水系统。将地面及场内雨水有组织及时排入指定排放口。在塔吊基础四周、道路两侧及建筑物四周设排水沟，保证水流通畅，雨后不陷、不滑、不存水。通道入口、窗洞、梯井口等处设挡水设施。

（2）所有机械棚搭设严密，防止漏雨，机电设备采取防雨、防淹措施。安装接地安全装置，电闸箱要防止雨淋、不漏电，接地保护装置灵敏有效，各种电线防浸水漏电。

（3）在槽、坑、沟等地面以下部分设排水沟和集水井，备水泵及时排除积水。将排水沟和集水井进行混凝土硬化处理，以保证现场干净、整洁。

（4）做好防雷电设施。塔吊和电梯安装避雷装置，认真检查做好接地系统。

（5）在暴风雨期间，着重做好防止脚手架连接不牢、滑移等安全检查工作。

（6）雨期施工中，在工程质量上注意如下事项：

1）砌体不得过湿，防止发生墙体滑移。加强对已完砌体垂直度和标高的复核工作；

2）浇筑框架混凝土时，先需了解2～3日的天气预报，尽量避开大雨；浇混凝土遇雨时，立即搭设防雨棚，用防水材料覆盖已浇好的混凝土；

3）遇大雨停止外装修、砌体工程施工，并做好成品防雨覆盖措施，雨后及时修补已完成品及半成品；

4）对砂、石含水量及时测量，掌握其变化幅度，及时调整配合比；

5）加强对原材料的覆盖防潮措施，尤其对水泥防止变潮，对钢材加强保管，以免锈蚀；

6）及早进行基坑回填以减少基坑暴露时间；

7）钢纤维防水层施工时尽量避开雨期，且准备好足够的彩条布等防雨器材；

8）下大雨时停止所有吊装作业。

11.2 高温季节施工措施

针对武汉地区夏季气温高、时间长的特点，重点做好安全生产和防暑降温工作，保证工程质量，保障广大职工的安全和健康，防止各类事故的发生，确保夏季施工顺利进行。

（1）成立夏季施工领导小组。由总包项目经理任组长，综合办公室主任担任副组长，对施工现场管理和职工生活管理做到责任到人，切实改善职工食堂、宿舍、办公室、厕所的环境卫生，定期喷洒杀虫剂，防止蚊蝇孳生，杜绝常见病的流行。关心职工，特别是生产第一线和高温岗位职工的安全和健康，对高温作业人员进行体格检查，凡检查不合格者不得在高温条件下作业。保证茶水和清凉饮料的供应。

（2）做好用电管理。夏季是用电高峰期，定期对电气设备逐台进行全面检查、保养，禁止乱拉电线，特别是对职工宿舍的电线及时检查，加强用电知识教育。做好各种防雷装置接地阻测试工作，预防触电和雷击事故的发生。

(3) 加强对易燃、易爆等危险品的贮存、运输和使用的管理，在露天堆放的危险品采取遮阳降温措施。严禁烈日暴晒，避免发生泄露、自燃、火灾、爆炸事故。

(4) 高温期间合理安排生产班次和劳动作息时间，对在特殊环境下（如露天、封闭等环境）施工的人员，采取诸如遮阳、通风等措施或调整工作时间，早晚工作，中午休息，防止职工中暑、窒息、中毒和其他事故的发生，炎热时期派医务人员深入工地进行巡回防治观察。一旦发生中暑、窒息、中毒等事故，立即进行紧急抢救或送医院急诊抢救；同时，教育职工不得擅自到江河湖泊中洗澡、游泳，以免发生意外事故。

(5) 夏季施工中注意以下几点：

1) 对塔吊、脚手架和室外架空线路等定期进行安全防患检查，防止大风暴袭击造成事故；

2) 砌体要充分湿润，砌筑砂浆稠度稍加大，控制在9cm左右；

3) 对混凝土、水泥砂浆等半成品派专人分片管理，及时用草袋覆盖或浇水养护；

4) 对特殊材料采取遮阳或特殊管理，以防材料变质；

5) 屋面工程安排在上午或下午4：00后进行，尽量避开高温时间。

11.3 冬期施工措施

(1) 施工准备

1) 气象资料。

当室外日平均气温连续五天低于5℃时，按冬期施工采取措施。据有关资料表明，武汉地区冬期施工期约为12月10日～2月20日，共70d。最低气温达到－5℃。结合武汉体育中心体育场施工实际，在部分混凝土框架、看台钢纤维混凝土、抹灰、装饰及安装等工程中进行冬期施工。

2) 准备工作：

① 进行冬期施工的工程项目，必须复核施工图纸，查对其是否适应冬期施工要求；

② 进行冬期施工前，对掺外加剂人员、测温保温人员及管理人员专门组织技术业务培训，学习本工作范围内有关知识，明确职责；

③ 指定专人进行气温观测并作记录，收听气象预报防止寒流突然袭击；

④ 根据实物工程量提前组织有关机具、化学外加剂和保温材料进场；

⑤ 搭建烧热水炉灶，备好柴煤等燃料，对搅拌机棚应进行保温；

⑥ 对工地的地上临时供水管外包石棉毡，做好保温防冻工作；

⑦ 做好冬期施工混凝土、砂浆及掺外加剂的试配、试验工作，提出施工配合比；

⑧ 冬期施工采取有效的防滑措施，特别是看台施工时，防止人员滑倒；

⑨ 大雪后将架子上的积雪清扫干净，并检查马道平台，如有松动下沉现象，务必及时加固；

⑩ 亚硝酸钠有剧毒，钠盐（钙盐）派专人保管，防止发生误食中毒。

(2) 抹灰工程

抹灰工程的冬期施工，采用两种施工方法，即：室内热作法和室外冷作法。

热作法是利用房屋的永久热源和临时热源来提高和保持操作环境的温度，使抹灰砂浆硬化和固结。

冷作法是在抹灰用的水泥砂浆或混合砂浆中掺加化学附加剂，以降低砂浆的冰点。

考虑到武汉地区情况和已有经验，本工程抹灰拟按冷作法施工。主要措施如下：

冷作法施工时，在制作砂浆时掺入适量的化学附加剂（如氯化钠、氯化钙、亚硝酸钠、漂白粉等）。其掺量根据工程具体要求由试验室提出。

一般参考以下方法：

1）在砂浆中掺入氯化钠，其数量按当日的气温而宜。氯化钠的掺入量与大气温度的关系参见表 11-1。

氯化钠掺入量（%）　　　　**表 11-1**

项目 \ 掺量 \ 温度	室外大气温度(℃)				备　注
	0～－3	－4～－6	－7～－8	－9～－10	
墙面抹水泥砂浆	2	4	6	8	掺量均以水泥用量的百分比计
挑檐、看台	3	6	8	10	
贴面砖	2	4	6	8	

2）采用氯化钠作为化学附加剂时，由专人配制成溶液，提前 2d 用冷水配制 1∶3（重量比）的浓溶液，将沉淀杂质清除后倒入大缸内，再加清水，配制成若干种符合要求密度的溶液。

3）氯化钠可掺入一般硅酸盐水泥和矿渣硅酸盐水泥中，禁止掺入高铝水泥，各种砂浆要求随拌随用，冻结后的砂浆待融化后再搅拌均匀方可使用。

（3）混凝土工程

混凝土工程的冬期施工，要从施工期间的气温情况、工程特点和施工条件出发，在保证工程质量、加快进度、节约能源、降低成本的前提下，采用适宜的冬期施工措施。

1）冬期施工拌制的混凝土，为了缩短养护时间，选用普通硅酸盐水泥，水泥强度等级不低于 32.5 级，每立方米混凝土中的水泥用量不宜少于 300kg，水灰比控制在 0.6 内。

2）为了减少冻害，将配合比中的用水量降低至最低限度。主要是控制坍落度，加入早强减水剂，掺量 1.5%～2%左右，具体由试验室确定。

3）冬期拌制混凝土采用加热水的方法。水可加热到 80℃左右，水泥不得与水直接接触，投料时，先投入骨料和已加热的水，然后再投入水泥。由于水泥不得直接加热，使用前事先运入暖棚内存放。

4）拌制混凝土时，清除骨料中的冰雪及冻团，拌合时间比常温施工时的时间延长 50%。对含泥量超标的石料提前冲洗备用。

5）根据试验级配，由专人配制化学附加剂，严格掌握掺量。

6）混凝土拌合物的出机温度不宜低于 10℃，入模温度不得低于 5℃。

7）浇筑混凝土前，清除模板和钢筋上的冰雪和污垢。

8）混凝土拌合物的运输，为尽量减少热量损失，采取下列措施：

① 尽量缩短运距，选择最佳运输路线；

② 运输车辆采取保温措施；

③ 尽量减少装卸次数，合理组织装入、运输和卸出混凝土的工作。

9）根据武汉地区的气温及施工的实际情况，本工程混凝土浇筑成型后采用蓄热法养护。

蓄热法具有经济简便、节能等优点，混凝土在较低温度下硬化，其最终强度损失小，而耐久性高，可获得较优质量的制品。由于蓄热法施工，强度增长较慢，优先选用强度等级较高、水化热较大的普通硅酸盐水泥；同时，选用导热系数小的保温材料，保温层敷设后做好防潮和防止透风，对于构件边棱、端部与角部要加强保温。

① 混凝土浇筑后加强测温工作，如发现混凝土温度下降过快或遇寒流袭击，立即采取补加保温层或人工加热等措施，以保证工程质量。

② 模板和保温层，在混凝土冷却到5℃后方可拆除。拆模后的混凝土表面，采用临时覆盖，使其缓慢冷却。

10）混凝土的质量检查和测温。

混凝土工程的冬期施工，除按常温施工的要求进行质量检查外，重点检查以下项目：

① 化学附加剂的质量和掺量；

② 水的加热温度和加入搅拌时的温度；

③ 混凝土在出模时、浇筑后和硬化过程中的温度；

④ 混凝土温度的测量采用蓄热法养护时，养护期间每昼夜测量4次；

⑤ 室外空气温度及周围环境温度每昼夜测量4次；

⑥ 除按常温施工要求留置试块外，另增做两组补充试块与构件同条件养护，一组用以检验混凝土受冻前的强度，另一组在与构件同条件养护28d后转入标准养护28d再测定其强度。

为加快施工进度及强度增长，采取搭设暖棚、掺加复合型化学附加剂及提高一级混凝土强度等级等方法。

（4）安装工程

在冬期进行安装工程施工，从技术质量方面的要求同常温施工一样，十分突出的问题是安全，为保证安装工程的顺利进行，采取以下安全技术措施：

1）各类钢管风管及辅件堆放整齐，冰雪及时清理干净，以免影响使用。

2）高空作业人员系好安全带，严禁穿皮革和不防滑的塑料底鞋。地面人员戴好安全帽。

3）为便于施工登高，要由登高钢梯上下，以免意外，发生坠落事故。

4）施工现场用的电动机械和设备均须接地，不使用破损的电线和电缆，严防设备漏电。施工用电器设备和机械的电缆相应集中在一起。

5）高空作业人员在工作中要有一定的休息时间，并定期检查身体，以防意外事故发生。

6）严禁现场生火取暖，施工时注意防火，现场配备必要的灭火设备。

7）当风速为10m/s时，有些室外安装工作停止；当风速达到15m/s时，所有室外安装工作全部停止。

（5）装饰工程

1）外墙面施工时，避开风雪天气，贴砖用砂浆采用温水拌制并掺氯化钠防冻，掺量同抹灰工程。

2）外墙施工时，设置顶部覆盖及侧边挡风措施，防止雨、雪上墙。

3）瓷砖、外墙板整齐堆放，废料及时收集到楼层。

4）遇大风天气暂停施工。施工前，及时清理脚手架的积雪。

12　计算机应用技术

12.1　概述

计算机技术发展和各种管理技术软件的开发和应用，提高了企业的生产技术和资料管理水平，为能够动态控制工程进度和合理安排时间、人力、物力资源，提供了新的方法。为了使本工程能优质、高速、低成本地组织施工，充分发挥总承包管理的职能，在体育场工程施工过程中，我们运用了现代管理与计算机应用技术来辅助于我们进行总承包管理。

12.2　计算机技术应用

在实施总承包管理过程中，将计算机技术应用于生产的各个方面，对工程质量、进度、成本进行动态控制，并借助于局域网和互联网，实现了信息传递和资源共享，为局总部和公司对工程进展实施监控，实现“零距离”管理提供了方便。

（1）信息传递，对工程实行全方位监控

工程施工过程中，应用了我局开发的“工程项目管理系统软件”（图 12-1），该软件由项目明细、报表系统、评价预警三部分组成，通过菜单中的“数据上传”命令可以将数据及时传递给局或公司，局或公司如发现项目进展情况与预定目标相着甚远，可通过评价预警向项目发出警示，以便项目部能及时发现问题，并进行纠正。在项目实施过程中，很好地运用了这个工程项目管理软件，并借助于局域网和互联网技术，实现了项目部与局总部和公司之间的信息传递，使得局总部和公司能够及时掌握项目进展情况，对工程实行全方位监控。

（2）进度计划管理

工程施工中，我们引进了“梦龙动态项目控制系统”（图 12-2），该软件能够实现真正的动态管理，将工程完成情况输入计算机，就可显示带前锋线的网络图，项目可根据前锋线预测完工时间，并给出新的网络图及相对原计划提前或落后的时间，为领导决策提供准确数据；锁定模拟预测的网络图，通过调度会的形式，根据实际情况及计算机提供的数据，对影响总工期的关键工作按费用最低原则进行调整，最终形成新的下一轮计划，这样往复进行，就可以做到真正的优化动态控制。

（3）施工技术管理

1）施工组织和施工方案编制。

施工组织设计和施工方案编制历来工作量大，项目总工的大量时间用于方案的文字处理方面。应用施工组织设计快速编制软件（图 12-3），能编制施工组织设计和施工方案，解决了以往工程施工已完成、方案或施工组织设计还没有完成的现象，也使项目总工能有更多的时间考虑施工技术的完善和处理，解决日常施工管理问题。

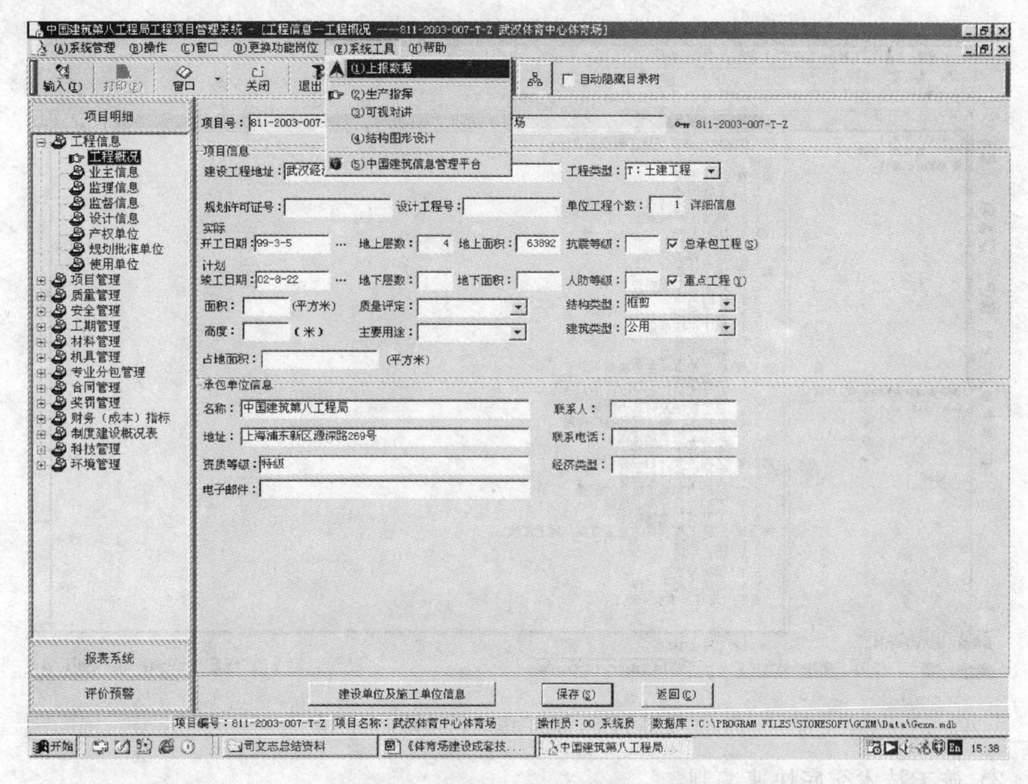

图 12-1 工程项目管理系统软件

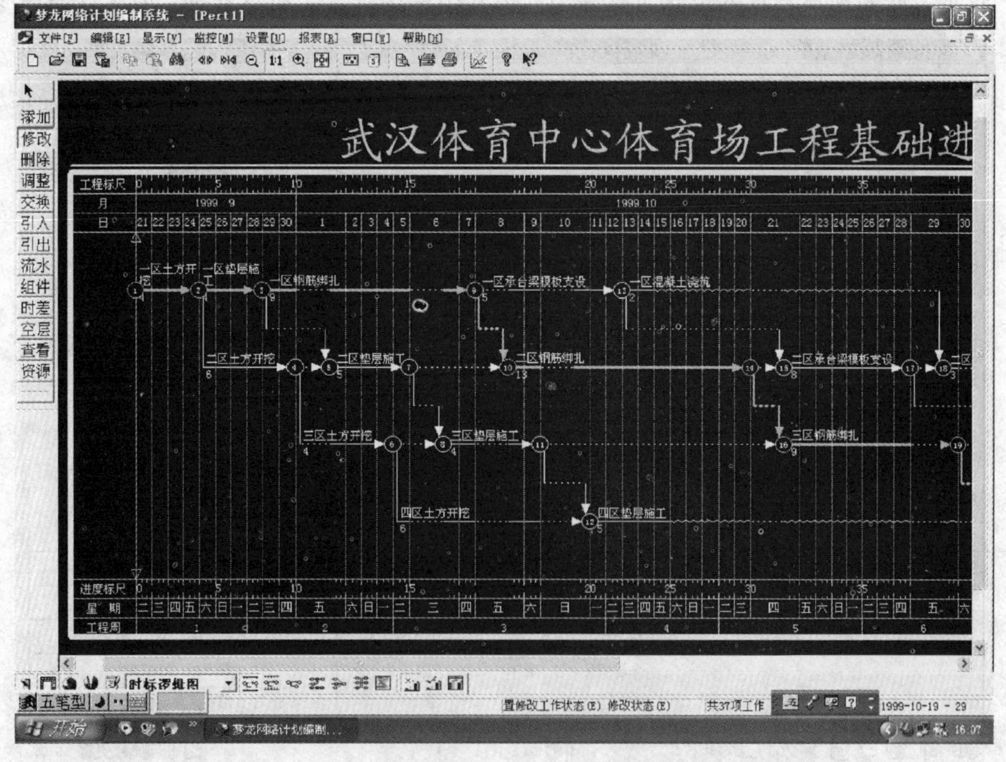

图 12-2 梦龙动态项目控制系统

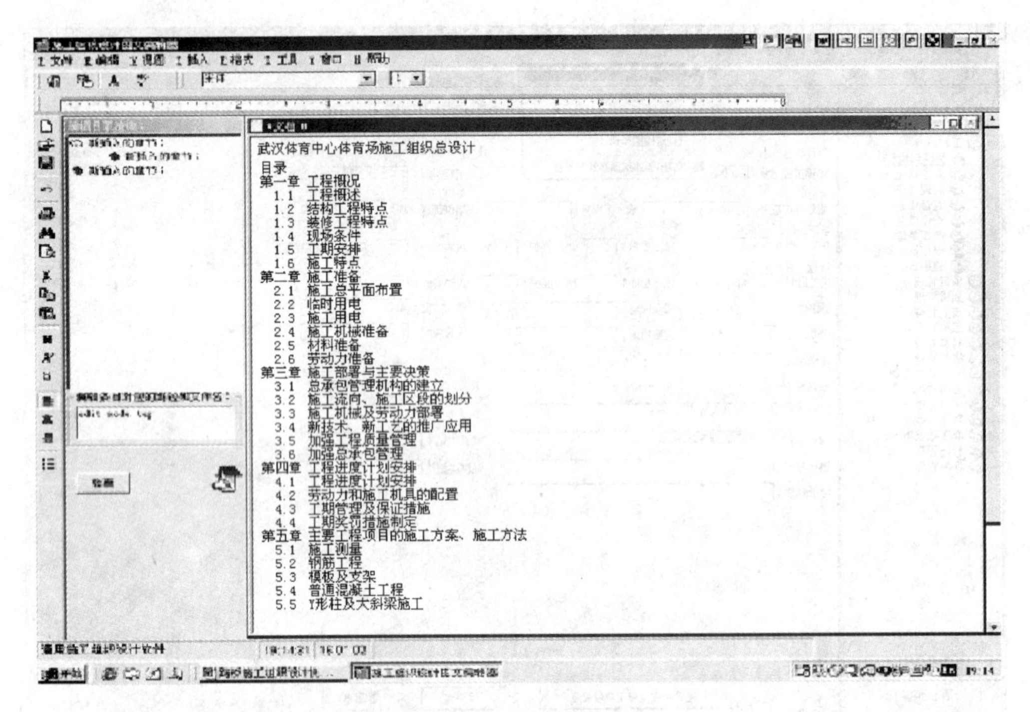

图 12-3　施工组织设计编制

2）施工技术交底快速编制。

技术交底是项目管理人员及工程施工人员介绍操作规范、质量要求、有关注意事项以

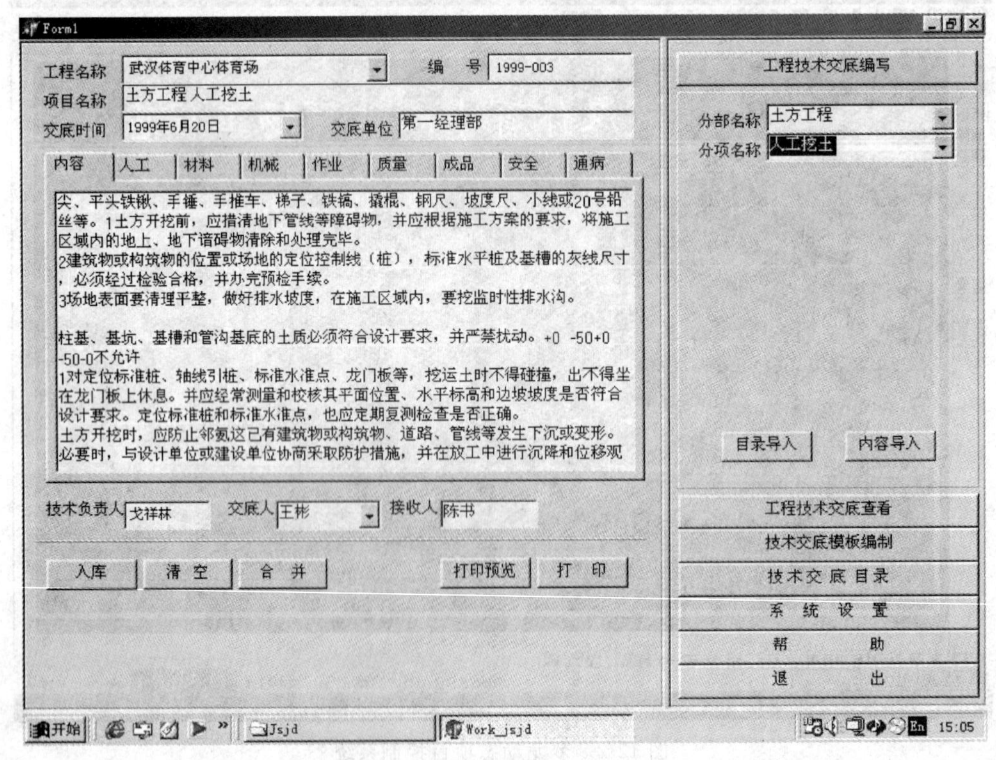

图 12-4　技术交底编写

及所需的人员、材料、机具，是项目管理的重要组成部分，是工程质量事先控制、事后检查的依据之一。技术交底的质量好坏是造成工程质量波动的因素之一，直接影响到施工人员作业水平和工作质量，造成管理层与作业层之间相互扯皮的原因。

由于技术交底涉及的知识面范围比较广泛，对于新材料、新工艺要求了解比较全面，对于长期在单项工程施工管理人员来讲，其了解的范围和知识结构以及经验积累，容易造成其视野面小、知识更新速度慢等特点。对于新施工技术的要求，不宜及时掌握，会造成在技术交底时，使用旧方法、旧规范等不应有的错误。因此，严格、规范技术交底是加强基础项目管理工作的重点之一。施工技术交底快速编制软件则使得项目技术人员能够高质量、高速度地编制技术交底。

（4）计算机绘图

利用“AutoCAD”软件进行施工图设计和现场放样，有利于施工图的修改和保存，使现场施工图的绘制更标准、规范，同时也提高了工作效率。

本工程花岗石地面铺贴量较大，且涉及考虑公共场所地面需要具有一定的艺术性，花岗石地面拼板较为复杂，施工前必须进行配板设计，提出花岗石加工图。另外，在编制地面砖施工方案时，亦应对室内地砖等地面提前画出布板图，便于施工排砖（图 12-5）。采用计算机画图，修改方便，大大提高了工作效率。

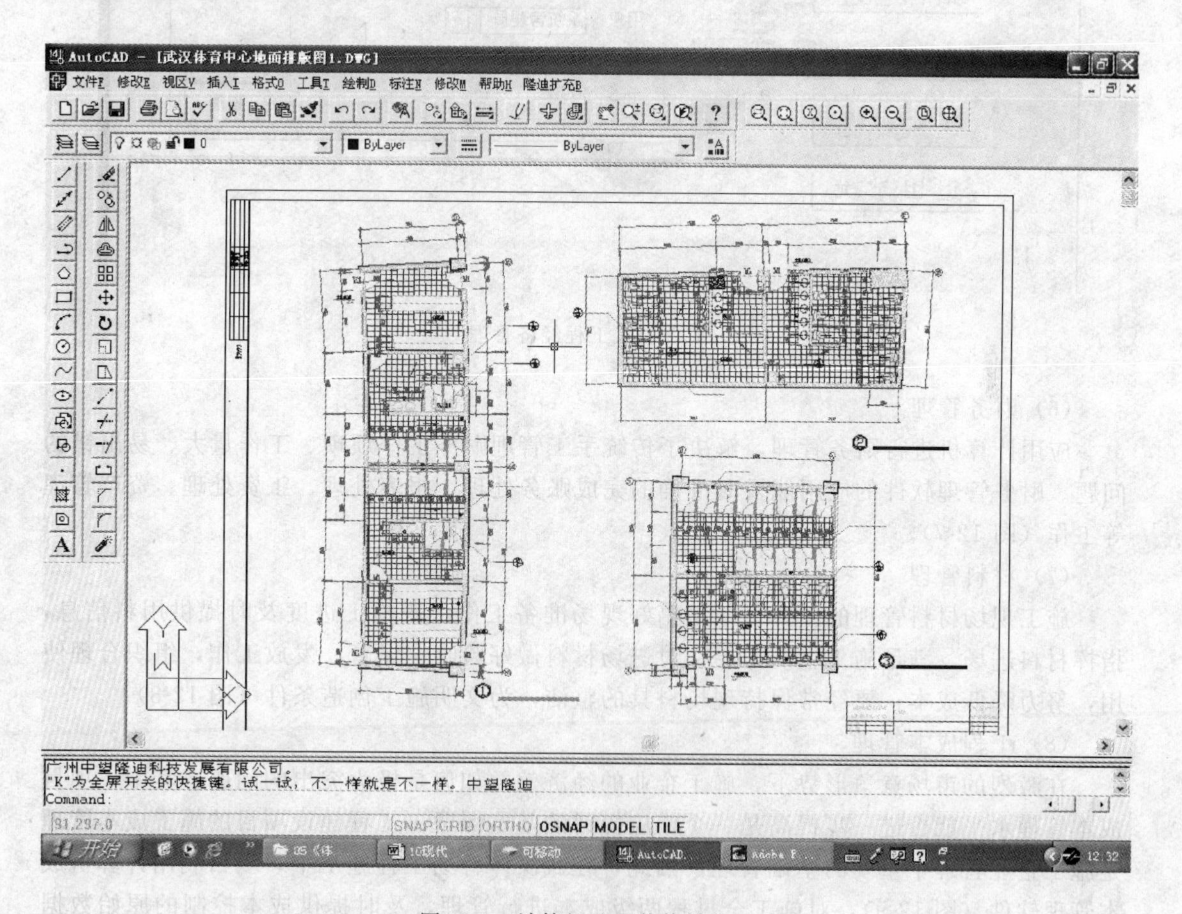

图 12-5 计算机地面装修排版图

（5）预（决）算管理

工程预算不仅是确定工程造价的依据，也是项目进行成本核算的重要依据。工程量计算出来后套用定额分析软件，进行定额分析→计算复件→合成直接费→取费→计算工程造价→工、料、机分析→经济技术分析等一系列工作，都由计算机自动完成（图 12-6）。从而大大减轻了预算人员的劳动强度。

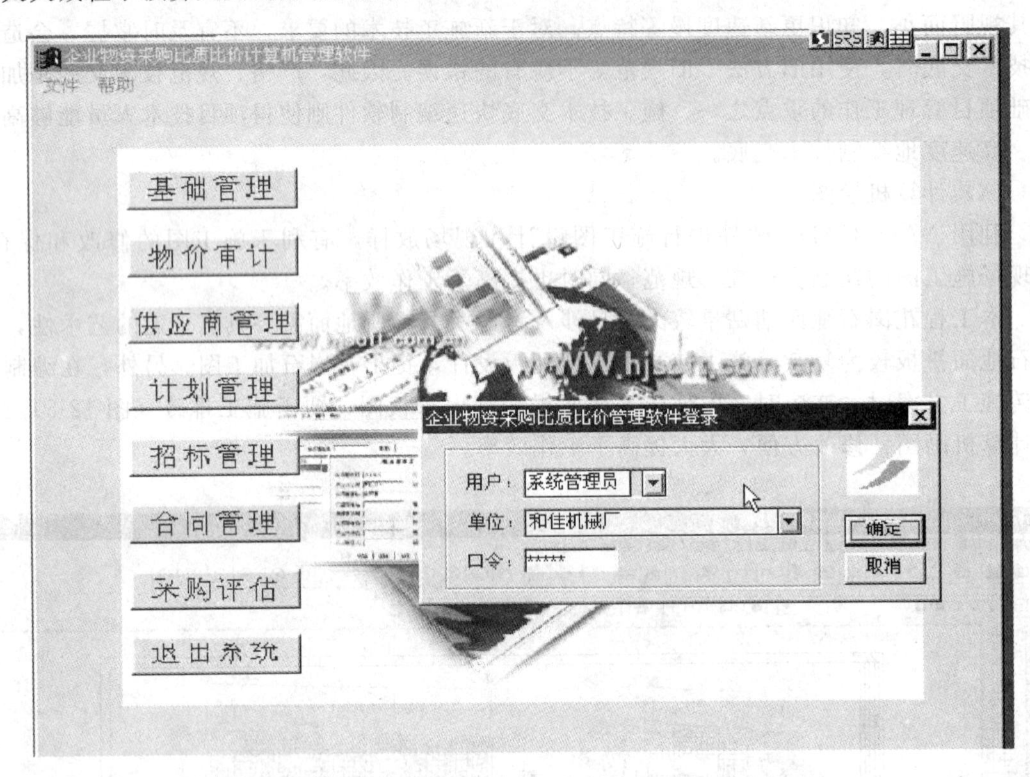

图 12-6 工程经济管理

（6）财务管理

应用计算机进行财务管理，解决了传统手工管理财务工作烦琐、工作量大、易出错的问题。财务管理软件的应用能及时准确的完成账务处理、报表处理、工资处理、资产管理等工作（图 12-7）。

（7）材料管理

施工现场材料管理的主要任务是搞好现场准备工作，按施工进度及时提供用料信息，指挥材料进场，满足施工生产需要；对进场材料做好验收、保管、发放工作，组织合理使用，努力降低成本；要经常保持现场料具的整洁，为文明施工创造条件（图 12-8）。

（8）工程成本管理

在激烈的市场竞争形势下，施工企业的经济效益如何是极为突出的问题。其中，项目成本管理水平能否进一步提高是一个极应探讨的基本课题。工程建设项目的施工成本管理是施工企业管理中重要的基础管理。因此，在武汉体育场工程施工中，项目利用计算机成本管理软件（图 12-9），对施工全过程两级成本进行管理，及时提供成本控制的原始数据和节超分析。总分包预算、签证、工程进度、完成工作量、材料价格、市场信息、成本

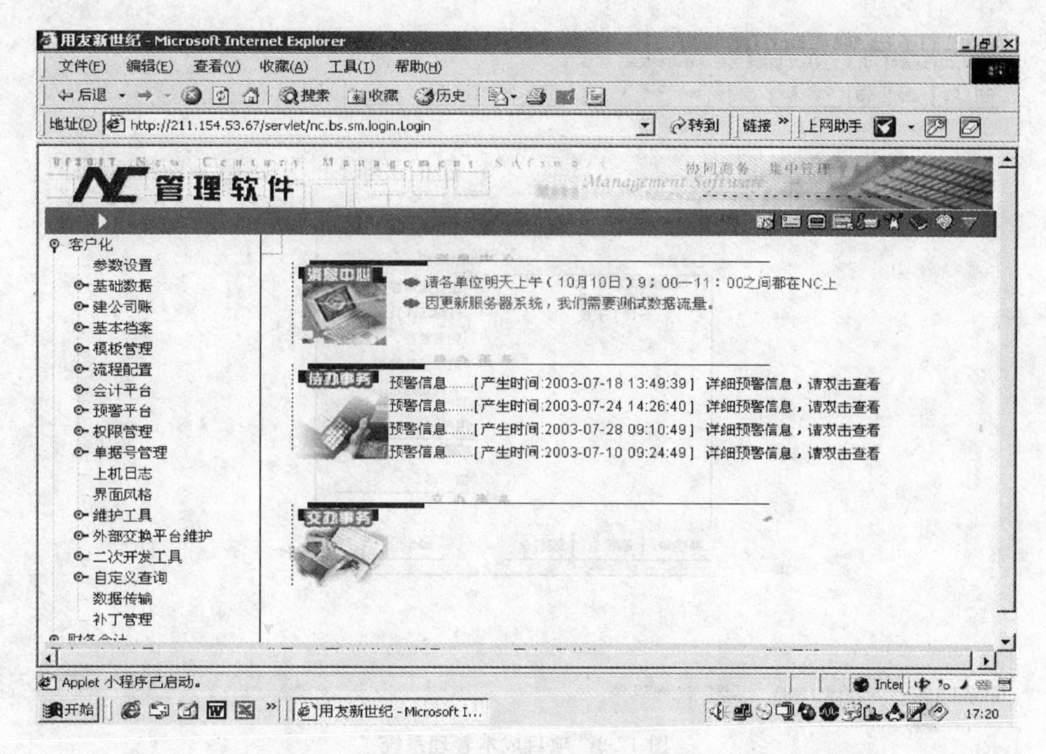

图 12-7 计算机财务管理

图 12-8 材料管理

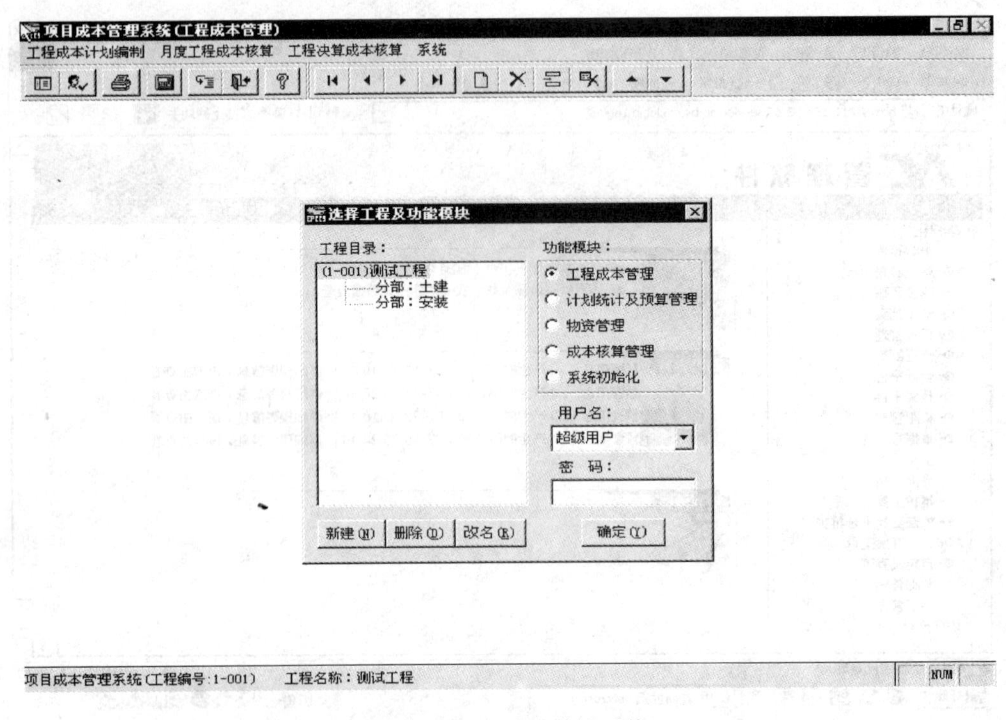

图 12-9　项目成本管理系统

预估、成本支出、成本分析随时可知。做到先算后干、边干边算，心中有数。各项开支能省就省，精打细算，有效地控制了成本。

(9) 资料及文档管理

每个工程都需要有一套完整的工程技术资料，这是一项琐碎而繁杂的工作。技术交底、施工方案、与其他单位的日常工作联系等都需要文字性的东西，用计算机打印出的文字避免了手写潦草、不规范的弊病，给人以清晰明了、整洁的感觉。

13　施工总结

武汉体育中心体育场是一座造型独特、结构复杂、设备完善、功能齐全、设施先进的现代化大型体育建筑，总建筑面积 $63629m^2$，工程总造价 24300 万元（约 3800 元/m^2），混凝土用量 1.11m^3/m^2、模板用量 0.92m^2/m^2，总用工量 97 万个。

本工程在实施过程中，通过应用新技术，精心组织、精心策划、精心实施，在工程质量、经济和社会效益方面均取得了丰硕的成果：取得直接经济效益 1500 万元，并通过了中建总公司科技推广示范工程验收；工程先后获中建总公司“CI 创优工程”；武汉市“文明施工现场”；武汉市“文明样板工地”；武汉市优质工程“黄鹤杯金奖”；中建八局“十佳优质工程”；“中建总公司优质工程金奖”；“湖北省优质工程楚天杯”；“国家优质工程银质奖”；“詹天佑土木工程大奖”。

同时，通过对武汉体育中心体育场施工技术精华的提炼、整理，总结了一批施工新技术的应用、关键技术的创新、施工工法和专利成果，培养了一大批技术人才，对今后类似工程的施工有很强的借鉴意义。

总承包管理系统为建筑业带来全新的信息化施工管理模式，为探索体育场总承包管理提供了值得借鉴的经验。本工程由于采用了总承包信息管理系统，项目管理过程中，节省大量的人、财、物，保证了合同工期，所带来的经济效益是无法估量的，特别是树立企业的现代化管理形象，增强建筑企业的综合实力，其影响和所带来的社会效益是巨大的。

第十一篇

中国人民大学多功能体育馆施工组织设计

编制单位： 中建八局

编 制 人： 李建伟　刘桂新　田宝吉

目 录

1 工程概况

1.1 总体简介

(1) 工程名称：中国人民大学多功能体育馆

(2) 工程地址：北京市海淀区海淀路 175 号人民大学西郊校园内

(3) 建设单位：中国人民大学基建处

(4) 监理单位：北京建扶工程建设监理公司

(5) 设计单位：中旭建筑设计事务所

(6) 勘察单位：建设部综合勘察研究院

(7) 质量监督单位：北京市海淀区建设工程质量监督站

(8) 施工总承包单位：中国建筑第八工程局总承包公司

(9) 施工主要分包单位：中国京冶工程总承包公司

(10) 投资来源：国家投资

(11) 合同承包范围：结构、内外装修、水、电、暖安装工程

(12) 结算方式：中标价加增减账

(13) 合同工期：518d

(14) 合同质量目标：结构："长城杯"，竣工："长城杯"，争创"鲁班奖"。

1.2 施工现场条件

(1) 地理位置：中国人民大学院内体育场西侧；

(2) 环境、地貌：场地较平坦；

(3) 地上、地下物情况：无障碍物；

(4) 三通一平状况：道路、水电均已接通，场地已整平；

(5) 现场水、电源供应点：水源在场地西侧 30m（城市管网），电源在场地的西北角，供应量均满足要求。

1.3 建筑设计简介

见表 1-1。

建筑设计简介 表 1-1

序号	项目	内容			
1	建筑功能	多功能体育馆			
2	建筑特点	本工程功能齐全，平面布局合理，主馆设 3800 余个座位			
3	建筑面积	总建筑面积(m^2)	19468	占地面积(m^2)	6113
		地下建筑面积(m^2)	7760	地上建筑面积(m^2)	11708
		标准层建筑面积(m^2)	无		
4	建筑层数	地上 一层，局部三层	地下	一层，局部二层	
5	建筑层高	地下部分层高(m)	地下1层	9.50	
			地下夹层	3.90	
		地上部分层高(m)	首层	15.00	
			观众夹层	7.20、5.40	
			观众层	12.55～4.60	
			机房、水箱间	无	

续表

序号	项目	内容			
6	建筑高度	±0.00 标高(m)	56.20	室内外高差(m)	3.90
		基底标高(m)	－10.840	最大基坑深度(m)	－18.844
		檐口高度(m)	24.50	建筑总高(m)	24.50
7	建筑平面	横轴编号	①～⑱	纵轴编号	Ⓐ～Ⓙ
		横轴距离(m)	7.0、8.0、15.0	纵轴距离(m)	8.43、9.0、4.70
8	建筑防火	防火等级为二级			
9	屋面保温	外墙为 300mm 厚陶粒混凝土切块			
10	外装修	檐口	复合铝板		
		外墙装修	面砖、涂料、花岗石、玻璃幕墙		
		门窗工程	铝合金门窗		
		屋面工程	不上人屋面		
			100mm 厚金属夹芯屋面板		
		主入口	花岗石台阶、楼面		
11	内装修	顶棚	涂料、吸声顶棚		
		地面工程	木地板、地砖、水泥		
		内墙	吸声墙面、涂料		
		门窗工程	木制门窗		
			隔声门、防火门		
		楼梯	通体砖、钢制栏杆		
		公用部分	地砖、涂料、不锈钢护栏		
12	防水工程	地下	结构自防水，SBSⅡ＋Ⅲ型		
		屋面	彩色 1.5mm 厚三元乙丙橡胶卷材		
		厨房	无		
		厕浴室	聚氨酯防水		
		屋面防水等级	Ⅱ级		

1.4　结构设计简介

见表 1-2。

结构设计简介　　**表 1-2**

序号	项目	内容	
1	结构形式	基础结构形式	独立柱基、条基
		主体结构形式	框架
		屋盖结构形式	钢网架
2	土质、水位	基底以上土质分层情况	①填土层；②砂质黏土；③黏质粉土
		地下水位标高	上层滞水：－9.2～－16.2m
			区域潜水：－24.06～－26.06m
		地下水质	无侵蚀性

续表

序号	项目	内容	
3	地基	持力层以下土质类别	⑤卵石;⑥粉质黏土;⑦细砂
		地基承载力	④细砂或⑤卵石 280kPa
		土渗透系数	地质报告未提供
4	地下防水	结构自防水	补偿收缩混凝土
		材料防水	SBSⅡ+Ⅲ型
		构造防水	500mm 宽 2:8 灰土
5	混凝土强度等级	基础垫层	C10
		地下室底板防水保护层	C20 细石混凝土
		防水底板、外墙、地下水池	C30P8
		基础及主体结构	C30、C40:⑦~⑪/Ⓑ~Ⓗ轴±0.00 层梁板与Ⓐ~Ⓑ/①~⑯轴室外看台梁板
6	抗震等级	工程设防烈度	8°
		框架抗震等级	二级
		剪力墙抗震等级	无
7	钢筋类别	非预应力筋及等级	HPB235、HRB335
		预应力筋类别及张拉方式	无粘结及有粘结;后张法
8	钢筋接头形式	冷挤压	12.60m 梁平台以上柱筋
		锥螺纹	无
		搭接绑扎	防水底板及板筋
		焊接	电渣压力焊,熔槽绑条焊,闪光对焊
9	结构断面尺寸	基础底板厚度(mm)	400
		外墙厚度(mm)	500
		内墙壁厚度(mm)	无
		柱断面尺寸(mm)	600×600;850×850;1150×1150;850×1000;950×950
		梁断面尺寸(mm)	600×1000;500×1350;160×370
		楼板厚度(mm)	80、100、120、130、150
10	楼梯、坡道结构形式	楼梯结构形式	板式
		坡道结构形式	无
11	结构转换层	设置位置	无
		结构形式	无
12	结构混凝土工程预防碱-集料反应管理类别	Ⅱ类、地下室为潮湿环境	
13	人防设置等级	无	
14	建筑沉降观测	设计不需要	
15	构件最大几何尺寸	无	
16	构件最大重量	无	
17	室外水池、化粪池埋置深度	室外工程图纸未提供	

1.5 专业设计概况

见表1-3。

专业设计概况 **表1-3**

名称	设计要求	系统做法	管线类别
上水	竖向分为一个区	市政管网直接供水，螺纹、法兰连接	热镀锌钢管
下水	地下夹层及以上采用重力自流，地下室污废水排入排水泵坑，经潜水泵排出	地下夹层及以上采用承插口胶粘剂粘接连接方式，污水泵坑管道采用焊接方式	排水硬聚氯乙烯管、焊接钢管
雨水	内排水	内排水，排至室外地面散水	排水硬聚氯乙烯管
热水	电热水器供热水	将电热水器安在淋浴室内	热镀锌钢管
饮用水	电开水器供热水	将电热水器安在开水间内	热镀锌钢管
消防	平时压力由市政管网维持压力，火灾时加压泵供水	加压泵一用一备，消防泵由消火栓处的按钮直接启动	焊接钢管
喷淋	平时压力由稳压泵维持，火灾时喷洒泵加压	喷洒泵稳压泵均设两台一用一备	热镀锌管
报警	联动报警	自动报警及手动	焊接钢管
监控	集中控制，分层监控	分层安装	焊接钢管、镀锌钢管
排烟	机械排烟	采用排烟风机，经由风管排出	风管由镀锌钢板制作
通风	机械通风	采用轴流风机直接连通室外	
空调	全空气空调系统，风机盘管系统，风机盘管加新风	全空气空调系统，风机盘管系统，风机盘管加新风	
采暖	重力循环双管制	中供中回双管系统	焊接钢管
照明	普通照明和应急照明	树干式竖向供电	焊接钢管和镀锌钢管500V铜芯线
动力	给排水、通风、排烟、设备供电和控制	放射式供电	焊接钢管和镀锌钢管、铜芯电缆
变配电	高压变配电	集中自动补偿方式	焊接钢管、交联聚乙烯电缆
避雷	二类防雷	基础接地极	结构主筋
电梯	普通货梯	普通货梯	焊接钢管
电视	有线电视	分支分配系统	焊接钢管、同轴电缆
通信	普通电话和校网		钢管RVS-2×0.5线
音响	应急广播和比赛音响		焊接钢管和镀锌钢管、多芯线

2 施工部署

2.1 任务划分

（1）总包：结构、内外装修及一般水、电、通风设备安装；

（2）总包内分包：防水、护坡、网架；

（3）总包外分包：无；

（4）业主自管：无；

（5）设备构配件加工采购分工：业主采购主要设备。

2.2 施工部署总原则、总顺序

根据混凝土结构特点，结构施工阶段－10.3m以下分三个施工段，－10.3～±0.00m

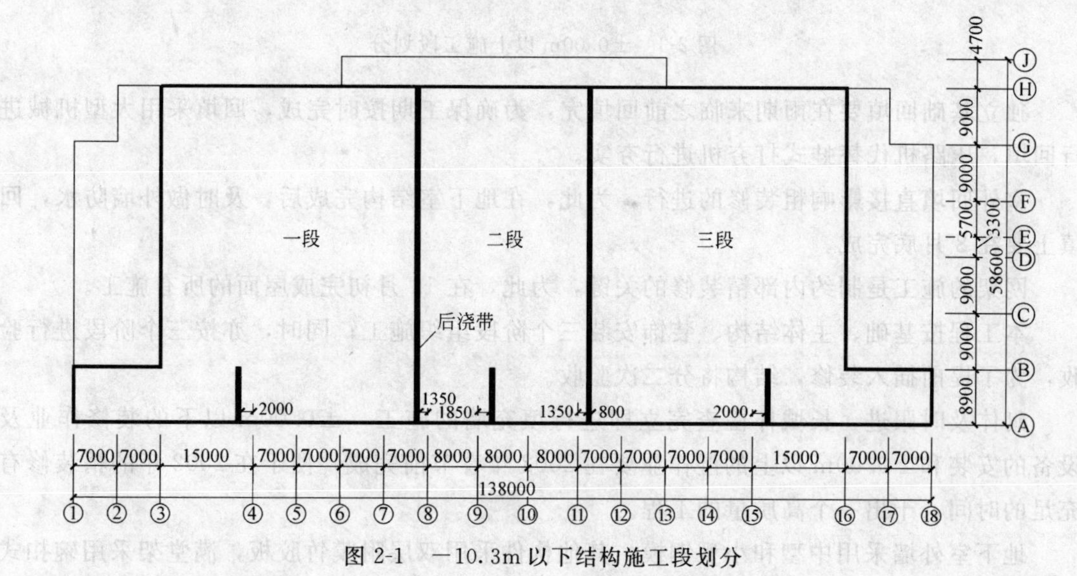

图 2-1 －10.3m以下结构施工段划分

图 2-2 －10.3～±0.00m施工段划分

分五个施工段，±0.00 以上结构从南到北分五个施工段（图 2-1～图 2-3）。

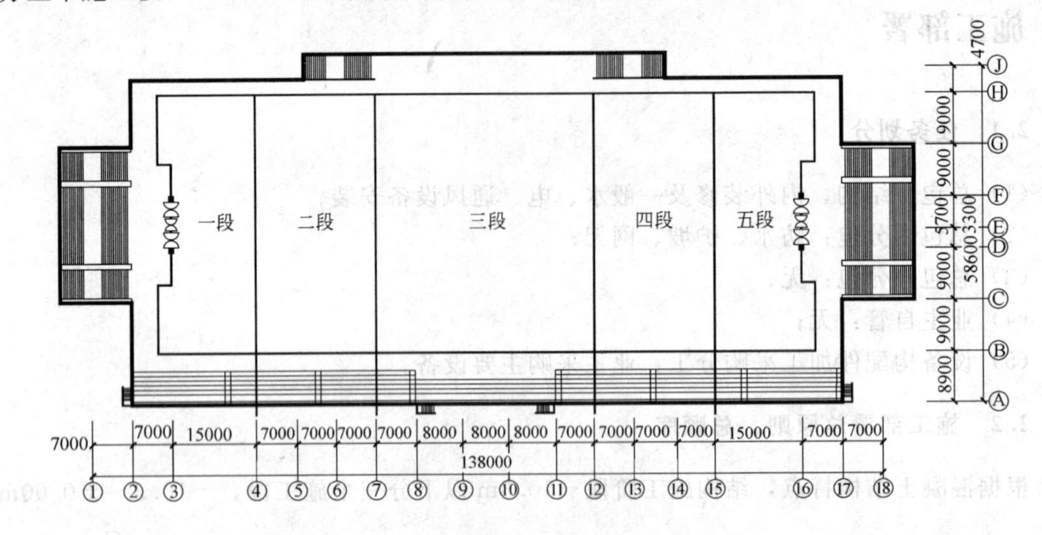

图 2-3　±0.00m 以上施工段划分

独立基础回填要在雨期来临之前回填完，为确保工期按时完成，回填采用大型机械进行回填，压路机代替蛙式打夯机进行夯实。

室外回填直接影响粗装修的进行，为此，在地下室结构完成后，及时做外墙防水，回填土要在 8 月底完成。

网架的施工是制约内部精装修的关键，为此，在 11 月初完成屋面的所有施工。

本工程按基础、主体结构、装饰安装三个阶段组织施工；同时，亦按三个阶段进行验收，为了提前插入装修，结构将分二次验收。

砌体及时跟进，长城杯检查完立即进行填充墙的施工，±0.00m 以下的装修作业及设备的安装和±0.00m 以上的湿作业要在 2002 年春节前完成，便于在 2002 年的精装修有充足的时间，干出一个高质量的工程。

地下室外墙采用中型和小型钢模，其他构件采用双层附膜竹胶板，满堂架采用碗扣式脚手架。

由于建筑物占地面积 6500m^2，在基坑的西侧设置两台塔吊。

2.3　工程目标

（1）质量目标

质量目标：优良，确保北京市“长城杯”。

（2）工期目标

2001 年 2 月 28 日开工，2002 年 7 月 31 日竣工交付使用，总工期 518d。

（3）安全目标

确保不发生重大安全事故，轻伤事故发生率小于 2‰。

（4）文明施工目标

达到北京市安全文明样板工地标准。

2.4 施工总进度计划

（1）施工总进度计划与工期控制点

为保证工期目标的顺利实现，特制定以下关键工期控制点（表 2-1）。

总进度计划工期控制点 **表 2-1**

形象进度	起止日期	自开工起持续时间
土方工程	2001.2.28～2001.4.15	47d
±0.00m 以下结构	2001.3.31～2001.7.15	105d
±0.00m 以上结构	2001.7.1～2001.8.20	50d
网架就位	2001.8.31～2001.11.1	60d
主支管打压保温	2001.11.28～2002.6.5	183d
装修	2001.8.20～2002.5.15	237d
设备联动调试	2002.5.15～2002.6.30	46d
竣工验收	2002.6.25～2002.7.31	36d

（2）施工总进度计划网络图

略。

2.5 主要工程量及资源需用量计划

（1）主要工程量（表 2-2）

主要工程量及资源需用量计划 **表 2-2**

序号	材料名称	单位	用量	进场时间	备注
1	钢筋	t	1520	分批进场	
2	水泥	t	6950	分批进场	
3	混凝土	m^3	13700	分批进场	
4	木材	m^3	500	分批进场	
5	预应力筋	t	13.8	2001.6.25	
6	抗渗剂	t	178	分批进场	地下室底板及外墙
7	焦渣	m^3	420	2001.10.20	楼地面基层
8	粉煤灰砖	万块	4.3	2001.8	砌体砌筑
9	陶粒砌块	m^3	3700	2001.8	砌体
10	三元乙丙卷材 2mm 厚	m^2	1887.8	2001.10	屋面
11	聚氨酯涂膜	kg	15577	2001.8.31	楼地面
12	地面面砖	m^2	4400	2001.9.25	
13	花岗石板材	m^2	1800	2002.3.10	
14	内墙瓷砖	m^2	1500	2001.9.25	
15	硬木地板	m^2	5000	2001.9.10	
16	防火涂料	t	36.7	2001.9.10	钢网架
17	球节点网架	t	273	2001.8.15	钢网架
18	铝合金窗	m^2	670	2001.9.15	
19	木防火门，木门	m^2	180,500	2001.10.15	
20	中空玻璃幕墙	m^2	390	2001.11.01	

（2）施工材料进场计划

1）地面材料（表2-3）。

地面材料进场时间 **表 2-3**

序号	材 料 名 称	进场时间(年/月/日)
1	防滑地砖、通体砖	2001/9/25
2	双层木地板、网络地板、单层木地板、强化木地板	2001/9/10
3	地毯	2002/3/31
4	塑胶地面材料	2001/9/25
5	丙烯酸地板漆	2001/9/25
6	花岗石板材	2002/3/10
7	20mm厚汉白玉板材	2002/3/10
8	花岗石条石	
9	10mm厚广场砖	
10	60mm厚广场砖	

2）内墙面材料（表2-4）。

内墙面材料进场时间 **表 2-4**

序 号	材 料 名 称	进场时间(年/月/日)
1	立邦漆	2001/9/30
2	内墙面砖	2001/9/25
3	吸声墙面材料	2001/10/15
4	木墙面材料	2001/9/30
5	镜面吸声墙面材料	2002/3/31

3）墙裙材料（表2-5）。

墙裙材料进场时间 **表 2-5**

序 号	材 料 名 称	进场时间(年/月/日)
1	木墙裙材料	2001/9/30
2	不锈钢扶手	2001/9/30
3	油漆墙裙材料	2001/9/30

4）踢脚线（表2-6）。

踢脚线进场时间 **表 2-6**

序 号	材 料 名 称	进场时间(年/月/日)
1	通体砖	2001/9/25
2	木踢脚	2001/10/15
3	花岗石板材	2002/3/10

5）顶棚材料（表2-7）。

顶棚材料进场时间　　表 2-7

序　号	材　料　名　称	进场时间(年/月/日)
1	吸声顶棚材料	2001/10/20
2	矿棉板	2002/3/10
3	吸声顶板材料	2002/3/10
4	网架吸声顶棚	2002/4/15
5	80mm厚金属夹芯板	2001/9/10
6	水泥加压板	2001/10/15

6）外墙饰面材料（表 2-8）。

外墙饰面材料进场时间　　表 2-8

序　号	材料名称	进场时间(年/月/日)	备　注
1	铝板	2002/3/1	设计预埋件图应于 2001.7.10 前提供
	绿色镀膜玻璃幕墙	2001/11/01	
2	淡暖色面砖	2002/3/10	
3	深暖色面砖	2002/3/10	
4	白色涂料	2002/3/10	

7）门窗材料（表 2-9）。

门窗材料进场时间　　表 2-9

序　号	材　料　名　称	进场时间(年/月/日)
1	铝合金外门窗	2001/9/15
2	防火门	2001/9/15
3	隔声门	2001/9/15
4	玻璃门	2002/3/10

8）座位（表 2-10）。

座位进场时间　　表 2-10

序号	材　料　名　称	进场时间(年/月/日)
1	玻璃钢看台椅	2002/5/10
2	扶手软椅	2002/5/10

2.6　主要劳动力阶段投入

本工程劳务层选用曾经施工过两个“鲁班奖”及多个优质工程的队伍。所有管理人员、技工及普工，均具备良好素质。在施工管理上、技术上、质量上都有很好的保证。

各专业施工队伍，根据施工进度与工程状况按计划分阶段进退场，保证人员的稳定和工程的顺利展开。根据工程总体控制计划、工程量、流水段的划分，装修、机电安装的需要，各阶段劳动力投入见表 2-11～表 2-13。

基础施工时劳动力投入表 表 2-11

工种	木工	钢筋工	混凝土工	架子工	电工	防水工	管道工	其他	合计
人数	80	50	30	10	15	20	10	15	230

结构施工时劳动力投入表 表 2-12

工种	木工	瓦工	钢筋工	架子工	电工	管道工	网架及屋面	其他	合计
人数	260	60	110	15	15	15	60	20	555

装饰及安装施工时劳动力投入 表 2-13

工种	木工	抹灰工	油工	架子工	电工	瓦工	防水工	管道工	通风工	焊工	防腐工	钳工	其他	合计
人数	80	60	40	10	30	150	12	60	10	12	10	5	20	499

2.7 主要施工设备投入

根据工程工期、工作量、平面尺寸和施工需要，基础施工前，现场安装1台36B型臂长60m的塔吊及1台FO/23B臂长50m的塔吊。主体后期至装修阶段安装两台井架配合施工，用于小型工具、材料运输。安装位置详见施工现场总平面布置图（图2-5）。

现场设小型半自动化搅拌站一座（用于砂浆、零星混凝土搅拌），由一台ZL30装载机组织上料，设一台90m³/h混凝土固定泵，底板及地下室施工时增加一台汽车泵，并采用一台HGY13全自动混凝土布料杆进行混凝土的输送，以满足现场混凝土泵送，加快浇筑速度。

主要施工机械投入见表2-14，位置详见“施工现场总平面布置图”。

多功能体育馆工程主要施工设备一览表　　表2-14

设备名称	数量	制造年份	自有还是租赁	性能
FO/23B塔吊	1	1997	自有	臂长50m,90kW
36B塔吊	1	1997	自有	臂长60m,90kW
HBT60混凝土输送泵	1	1995	自有	输送高度200m,70kW
汽车泵	1	1996		底板施工时增设
JS500砂浆搅拌机	1	1995	自有	18kW
施工井架	2	1996	自有	7.5kW
柴油发电机	1	1996	自有	160kW
交流电焊机	4	1997	自有	37.5kW
钢筋对焊机	1	1994	自有	150kW
电渣压力焊机	3	1993	自有	80kW
空压机两台	2	1993	自有	6m³/0.8MPa
钢筋切割机	2	1993	自有	ϕ40mm
钢筋弯曲机	2	1994	自有	ϕ40mm
钢筋调直机	1	1995	自有	7.5kW
插入式混凝土振捣器	10	1994	自有	行星式
平板式混凝土振捣器	2	1995	自有	
圆盘锯	2	1994	自有	
圆刨	2	1993	自有	双面压刨、平刨
SPJ-300钻机	4	1995	自有	
液压反铲挖掘机	4	1993	租赁	
装载机	1	1993	自有	
8t自卸车	12	1992	自有	
卷扬机	2	1993	自有	1～3t
电动套丝机	2	1995	自有	TQ3A
台式钻床	2	1994	自有	
电动试压泵	2	1996	自有	0～2.5MPa
卷板机	1	1994	自有	
咬口机	2	1994	自有	
流压煨弯机	1	1995	自有	WC27-108
风速仪	1	1995	自有	1～30m/h
GTS-301D全站仪	1	1996	自有	
LETAL-3200自动安平水准仪	1	1996	自有	

2.8 施工平面布置

（1）临时水、电方案计算、布置、选用

1）临时给、排水。

① 给水：

本工程临时供水，水源为市政自来水，接驳点在现场西侧，用ϕ150焊管，按临时用水平面图铺设于地下，埋深80cm。连接方式为焊接，并外缠玻璃丝布，涂刷热沥青作保护。

甩头原则：在拟建工程边、生活区、办公区、木工房、搅拌站、钢筋对焊区、门卫等区域均设阀门甩头，其中办公区、木工房、拟建工程边应单独设消火栓甩头，采用$\phi70$焊管，饮用自来水管采用$\phi25$镀锌钢管。施工用水单独引管，冬期露在室外部分需用岩棉作保温。在建筑物边、道路畅通部位设消火栓专用接口，并设有明显标志，不得挪作他用。

管线敷设完毕应进行水压试验，消防管水压不得小于1.2MPa，其他不小于0.6MPa。

用水量计算：

现场施工用水量：

$$q_1 = K \times Q \times N / T \times t \times 8 \times 3600 = 6.835\text{L/s}$$

注：本工程用水量仅考虑混凝土养护、砌筑工程及砂浆搅拌用水。

施工现场生活用水量：

$$q_2 = K \times P \times N / t \times 8 \times 3600 = 5.145\text{L/s}$$

N：施工现场生活用水定额（20～60L/(人·班)）

消防用水量：

$$q_3 = 10\text{L/s}\ （查表）$$

总用水量：

$$q = q_1 + q_2 = 11.98 > q_3$$

$$Q = q_3 + (q_1 + q_2)/2 = 15.99\text{L/s}$$

考虑管网漏水损失　$Q_1 = 1.1Q = 17.59\text{L/s}$

供应网路主管径的计算：

$$D = [4Q_1/(3.14V \times 1000)]^{1/2} = 0.148\text{m} < 0.150\text{m}$$

根据计算结果，可知满足设计要求。

② 排水：

首先规划施工现场排水区域，使雨水有组织汇流至就近沉淀池内，经过多级沉淀后，流至市政雨水管网。沉淀池盖采用740mm×440mm铸铁箅子。

在搅拌站、混凝土泵处设沉淀池，搅拌机、泵车冲洗用水经过二级沉淀池后，排放至市政污水管网。

工地厕所为水冲式，设在现场西侧，并在厕所外设化粪池，根据情况定期进行清掏。

2）临时用电

现场临时供电按《工业与民用供电系统设计规范》和《施工现场临时用电安全技术规范》设计并组织施工，供配电采用TN—S接零保护系统，按三级配电两级保护设计施工，PE线与N线严格分开使用，接地电阻不大于4Ω。施工现场所有防雷装置接地电阻不大于4Ω。开关箱内漏电保护器额定漏电动作电流不大于30mA，额定漏电动作时间不大于0.1s。

① 用电负荷计算、变压器选择：

根据各专业施工机电设备计划提供的用电设备功率（容量），计算负荷为：

$$P = 1.05 \times (K_1 \sum P_1 / \cos\varphi + K_2 \sum P_2 + K_3 \sum P_3)$$

其中，利用系数K_1、K_2、K_3分别取：

$$K_1 = 0.5 K_2 = 0.5 K_3 = 0.8 \cos\varphi = 0.75 \text{（功率因数）}$$

式中，$\sum P_1$ 电动机总功率，$\sum P_2$ 电焊设备总功率，$\sum P_3$ 照明总功率。

$$\sum P_1 = 288\text{kW}，\sum P_2 = 302\text{kW}，\sum P_3 = 20\text{kW}$$

则 $P = 1.05 \times (0.5 \times 288/0.75 + 0.5 \times 302 + 0.8 \times 20) = 376.95\text{kV} \cdot \text{A}$

本工程用电从业主引入的拟建工程西北角接入，两路供电，能满足工程用电需要。

② 应急发电机组：

考虑到意外停电因素影响，本工程配置一台柴油发电机组（160kW），在停电时，供办公室、地面保安照明、楼层照明、混凝土连续浇筑应急用电。

③ 配电方式：

临时用电系统根据各种用电设备的情况，采用三相五线制树干式与放射式相结合的配电方式。地平面电缆暗敷设于电缆沟内，馆内干线电缆沿内筒壁卡设，干线电缆选用XV型橡皮绝缘电缆。施工配电箱采用统一制作的标准钢质电箱，箱、电缆编号与供电回路对应。

（2）临时道路、围墙

1）临时道路。

工程能否顺利进行，在很大程度上取决于合理的施工平面布置。保持各设备的布局，施工现场道路的畅通将是至关重要的。加强总平面管理首先要建立总平面管理责任制；其次，严格施工平面和道路交通管理，各种作业场地、机具、材料都按划定的区域和地点操作或堆放，车辆进场路线也按规划安排，避免混乱。

施工场地道路全部硬化，用C15混凝土，厚度100mm。

现场总平面布置详见基础、主体、装饰施工阶段总平面图，如图2-4～图2-6所示。

2）围墙。

本工程四面围墙均采用定型、钢制、可周转使用的围墙板，高度×宽度＝2000mm×1000mm。

围墙上面的标语按照CI要求布置。

（3）生产性暂设工程安排、分布、计划

1）混凝土结构施工阶段场内将安排：

钢筋堆放、加工区；木材加工区；半自动搅拌站；周转材料等堆放区；钢网架及安装材料加工、堆放场；安装加工区（通风空调在地下室）。布置详见结构施工平面图（图2-5）。

2）装修阶段安排：

半自动搅拌站；安装材料堆放区；装修材料堆放区。布置详见装修施工平面图（图2-6）。

装修阶段的材料部分进入楼层。

（4）大型临时生活设施安置

我公司在本施工现场北面，布置工人住宿用房，征得甲方与主管部门的批准，将管理人员办公区安排在场区北侧，并进行中间隔挡，实行办公区、生活区与施工区完全隔离布置。生活办公区适当进行绿化，植草种花，做到施工不忘环保，把工地建成花园式的生产区。

（5）加工定货计划

主要周转工具：竹胶板、碗扣式脚手架管（带可调底座）和早拆头等。用量如下：

覆膜竹胶板14000m^2，脚手管920t，早拆头6000套。

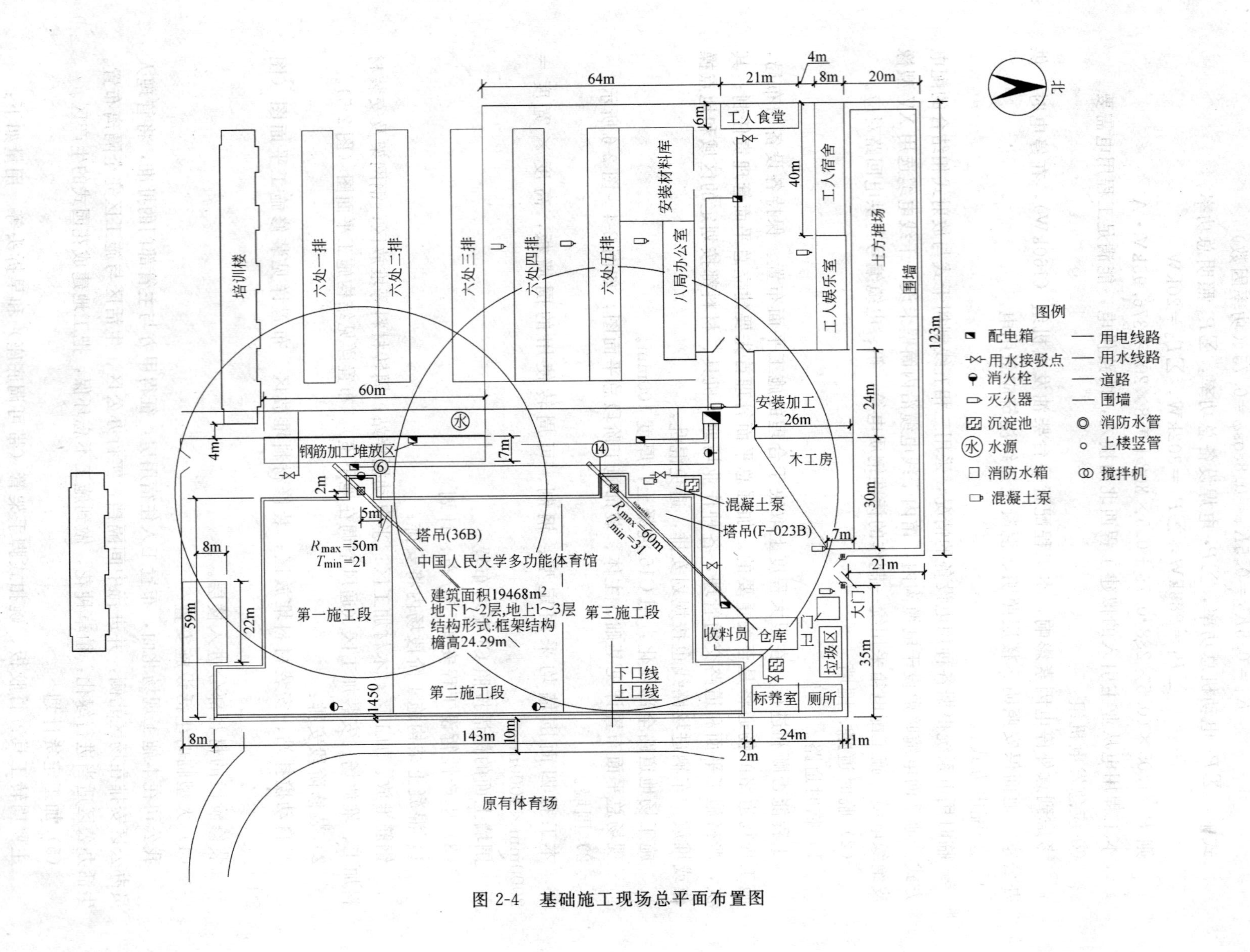

图 2-4 基础施工现场总平面布置图

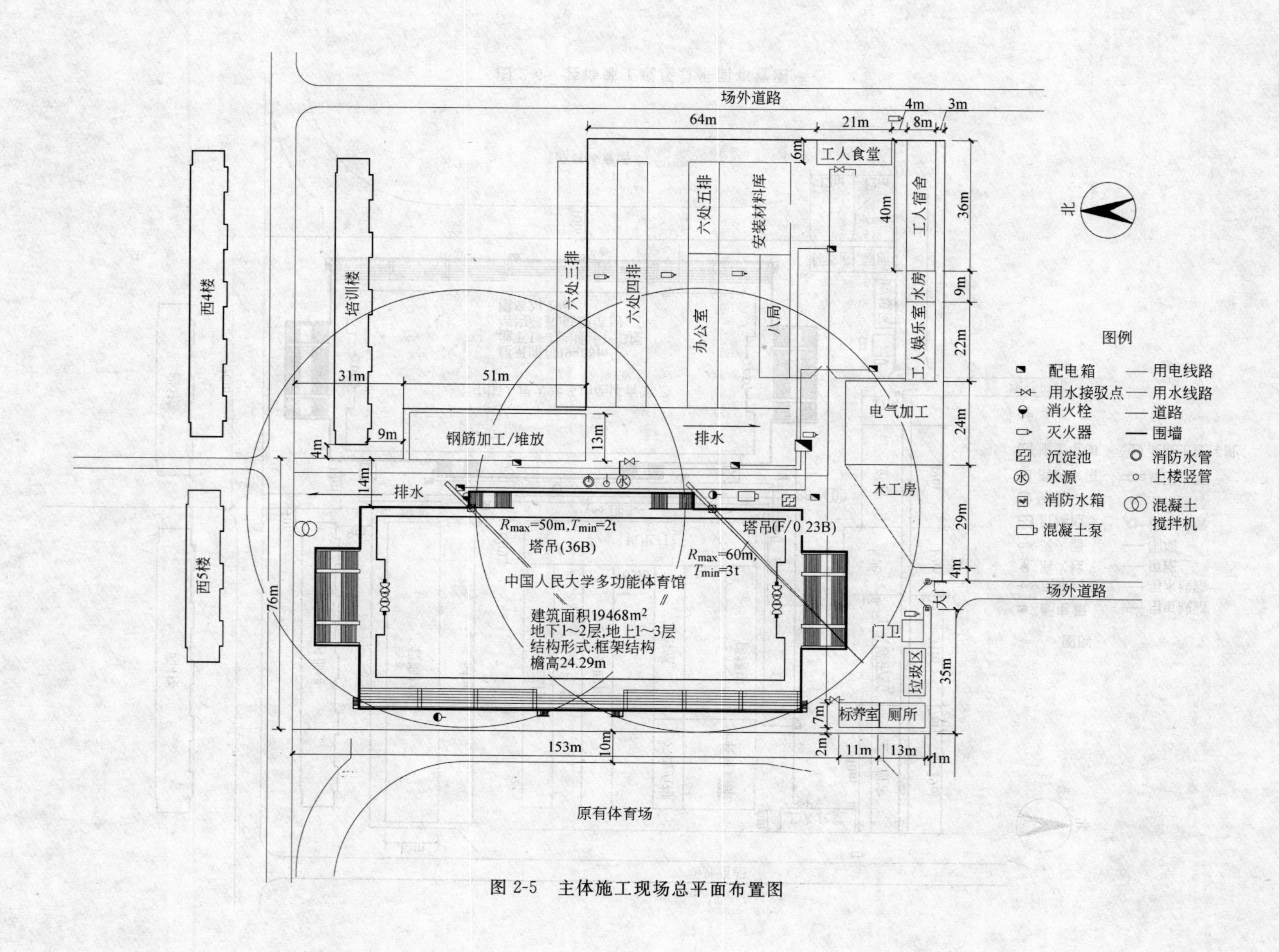

图 2-5 主体施工现场总平面布置图

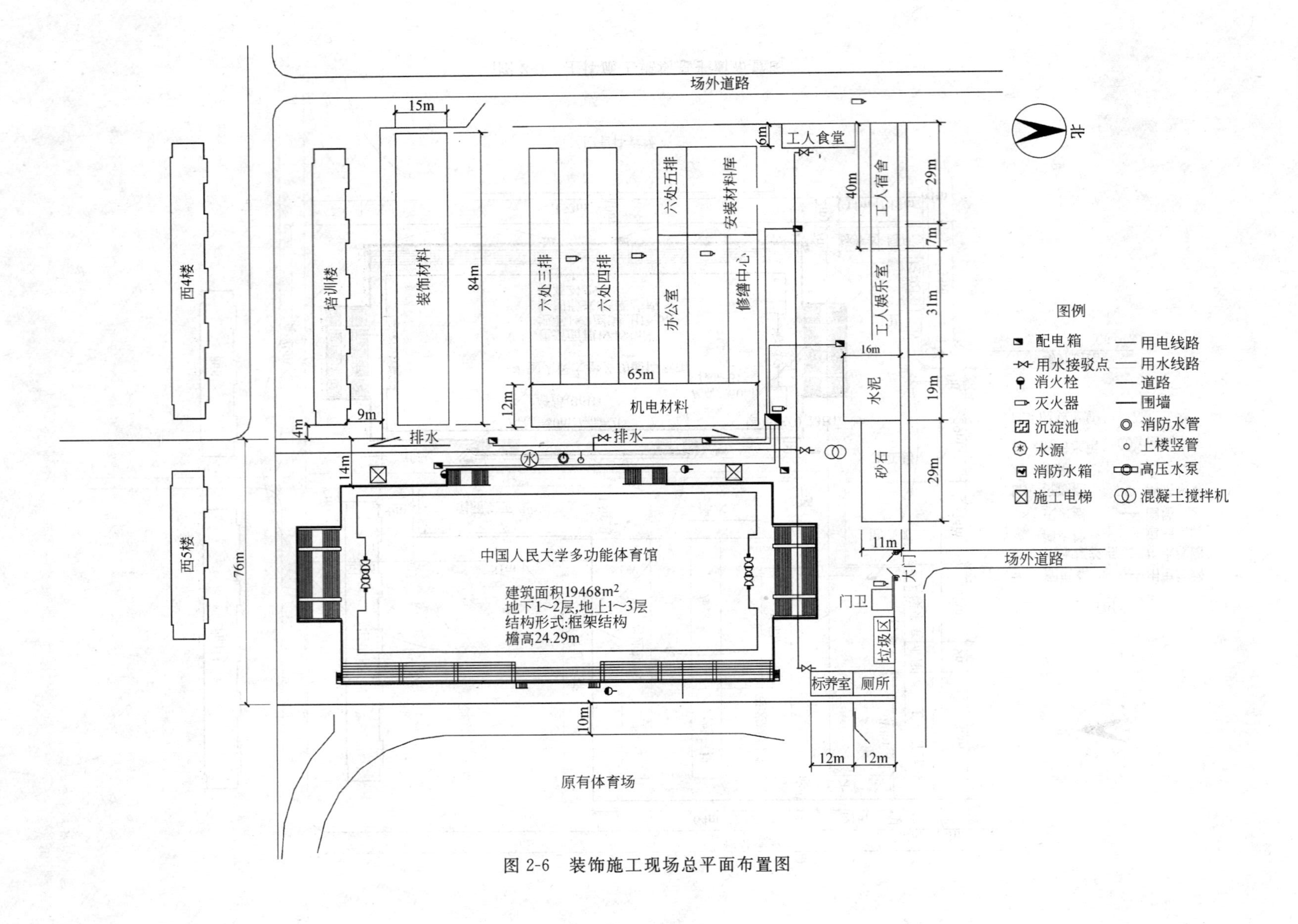

图 2-6 装饰施工现场总平面布置图

3 主要施工方法及技术措施

3.1 施工测量

工程开工前，对场区坐标控制点、水准点进行全面复查，复查结果报业主、监理批准认可，方可开工。

施工现场的测量工作，由专职测量员负责，并上报阶段测量成果，以保证整体工程施工准确。

放线采用轴线交会法和极坐标法两种，放样出主轴线的位置。

3.1.1 施工测量控制网的测设

根据规划院提供的C、D控制桩，利用TCR-303全站仪建立平面控制网。首先根据建筑物的轴线位置建立施工测量坐标系（以C点为坐标原点，平行于A轴的北方向为X轴，东方向为Y轴）。控制网布设采用两步：首先在图上确定控制点的坐标，进行粗略放样；其次，再用全站仪按测边网测设方式施测，利用间接平差方式平差，求出控制点的平差坐标。根据理论数据，实地进行现场改正，将点位归化到正确位置。

高程控制依据甲方提供的水准点，用S3水准仪按三等水准的要求进行往返测，各平面控制桩上均引测高程，同时作高程控制点。

控制点埋设：埋设在距建筑物开挖线8m外，采用1.2mϕ25钢筋并浇筑混凝土稳固。

3.1.2 高程测量和垂直度控制

标高控制根据甲方提供的水准点（+52.130m），利用水准仪、塔尺、钢尺（均经鉴定合格）传递至（52.400m）施工现场，再传递至底板及各层楼板上来控制层高。如图3-1所示。

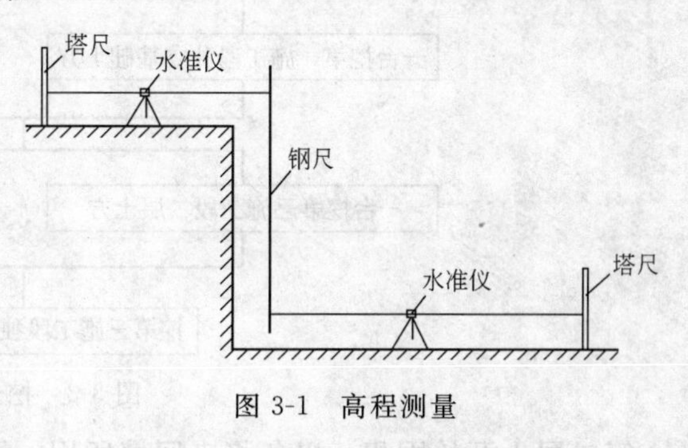

图3-1 高程测量

工程按外控法埋设轴线控制桩及加密控制桩。当本工程施工到±0.00m以后，随着结构层的升高，将轴线逐层向上投测，用以作为各层施工依据。

3.1.3 沉降观测

设计要求本工程不需要沉降观测。

3.2 土方工程

场地三通一平→降水施工→抽排地下水→土方分步开挖、施工喷锚，基础施工→剩余土方开挖，基础施工→收坡道，基础施工。

3.2.1 土方开挖

此建筑原是二炮单位所在地，地下管线复杂，机械挖土前，应进行人机配合探坑。发现异样，及时汇报监理与业主。

施工规范中要求：基础底部的土严禁扰动，所以，当挖土机挖到垫层附近时，预留

200mm的土方由人工清理。挖土前把上口线、下口线以及结构外边线一同用白灰撒出，并且对挖土队长进行书面交底、签字认同，放线员与工程师一同到现场再进行具体交底。

（1）放坡

－10.84m以上基坑四周放坡为1∶0.1；－10.84m基坑内部的独立基础放坡为1∶0.3～0.5（根据现场土质情况而定）。基坑内的土方运输坡道的坡度为1∶4～5。

（2）开挖

两台挖掘机从南到北挖第一二三施工段第一层土，到－7.4m；随后两台挖掘机同时开挖第一二三施工段的第二层，到－10.840m；其后，两台挖掘机开挖第一施工段基坑到－13.0m，其后一台在－13.0m的基础上继续开挖独立基础，另一台挖掘机继续挖第二、三施工段的第三层独立基础。

挖土施工工艺流程如图3-2所示。

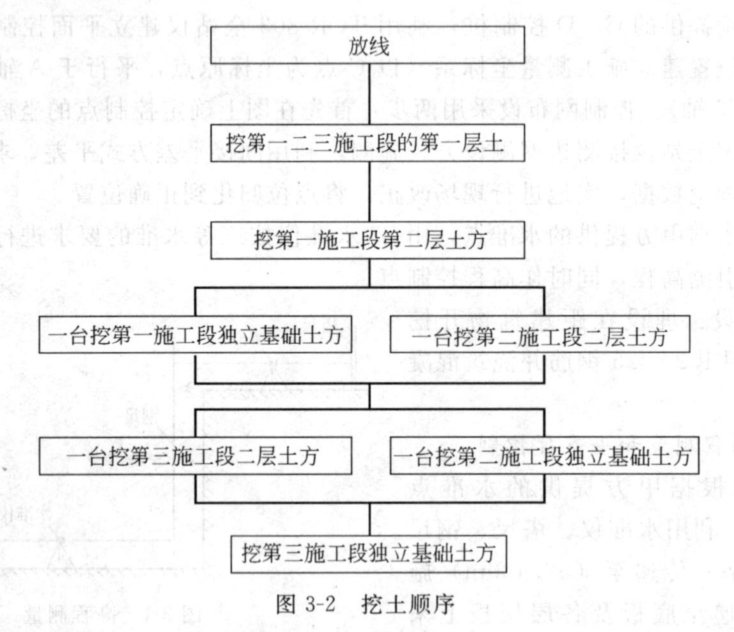

图3-2　挖土顺序

第二层土开始囤积，以备将来回填所用，囤积方量18000m³。堆土部位在工人生活区的后面。

（3）降水

由于本工程基础埋深差异大，根据设计变更要求，降水、护坡按－11.40m考虑；挖土面积因设计室外地坪标高－3.9m，故场地平整绝对标高应为52.3m，实际开挖深度为7.5m。

本地区地下土层滞水水位较高，根据地质报告，开挖工作范围内土层除①层外，其余各层均为饱和状态，其含水量应在25%以上，在这样的土层上是无法正常工作的，为保证雨期边坡安全和基础施工安全顺利进行，应进行降水工作。该降水作业不仅仅考虑上层滞水，还应考虑与潜水有水力联系的基础持力层的含水量，通过上下土层的水力联系，经降水后，疏干持力层。因滞水含水层渗透性较差，水位降低比较困难，根据本工程基础深度、水文地质情况、日降排水量和我们在北京地区各类地层中的降水经验，采用大口井方法进行基坑降水，降水要兼顾护坡施工、基坑开挖以及基础作业。

降水井施工工艺流程，如图 3-3 所示。

(4) 护坡

因建筑场地周边狭窄，无安全放坡空间，须进行基坑支护。护坡设计根据现场实际情况，采用喷锚（土钉墙）支护。

1) 护坡水平位移监测。

① 监测目的：

为掌握土钉墙的位移规律，特别是监测土钉墙随土方开挖的水平位移情况，以确保土钉墙的安全、正常工作以及当发现水平位移出现异常情况时，及时发出预报，以便采取应急处理措施，应进行水平位移监测。

② 监测点数量及观测办法：

本工程每 50m 设观测点一个，监测点分别位于基坑边的中间部分，具体位置待开工后，根据现场情况确定。

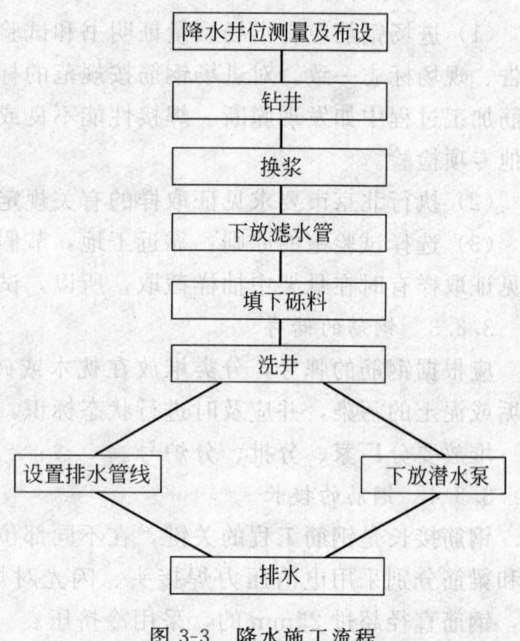

图 3-3 降水施工流程

根据土方开挖进度情况，确定何时进行测试。一般应在土方开挖前进行第一次测试，第一次测试的结果作为位移初值（即此时认为位移为零）。此后，等土方开挖开始后，应每隔 2～3d 测试一遍，根据测试结果，如发现位移变化明显，应加密测试；如位移变化微小，可减小测试的密度。

2) 观测终结：当土方挖至设计标高后，连续测量 3～5 次；如达变形稳定，可终止测试。

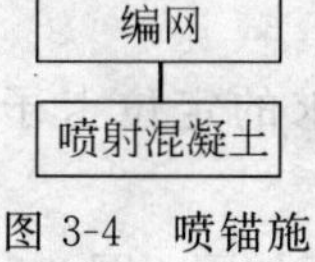

修坡
成孔
下钢筋
注浆
编网
喷射混凝土

图 3-4 喷锚施工流程

基底清土至设计标高后要立即钎探，并及时通知甲方、监理、勘察、设计进行验槽。

土方开挖方向由南向北施工，分步以 3.5m 左右为宜，边开挖边喷锚护坡。喷锚的工作面预留 3m。在工作面范围内第一层厚度为 2000mm，以下各层分别为 1500mm。

3) 喷锚施工工艺流程（图 3-4）。

3.2.2 独立基础、室外回填

(1) 独立基础

独立基础回填土将近 10000m³，为了保证质量，按时完成，采用大型机械回填，租赁一台压路机，进行夯实；两台装载机，一台在基坑的上部装土，另一台在基坑内部进行倒运，配合压路机施工。

(2) 室外回填

采用机械回填，租赁两台小型的振动压路机。南部和西部、北部同时回填，最后回填东部。

3.3 钢筋工程

3.3.1 钢筋工程施工

本工程钢筋采用现场集中存放、加工。

3.3.2　原材料要求

（1）进场钢筋应有出场质量证明书和试验报告单，每捆钢筋应有标牌，标牌应与试验报告、现场标志一致。对进场钢筋按规范的标准抽样做机械性能试验，合格后方可使用。钢筋加工过程中如发现脆断、焊接性能不良或机械性能不正常时，应进行化学成分检验或其他专项检验。

（2）执行北京市要求见证取样的有关规定。

（3）选择试验室的原则：靠近工地，节假日照常工作，符合北京市要求的试验室。由于见证取样有时在骨架中抽样截取，所以，试验室能够当天得出结果，最迟到第二天。

3.3.3　钢筋的储存

应根据钢筋的牌号，分类堆放在枕木或砖砌成的高 30cm、间距 2m 的垄上，以避免污垢或泥土的污染，并应及时进行状态标识，严禁随意堆放。

堆放要分厂家、分批、分炉号。

3.3.4　钢筋的接长

钢筋接长是钢筋工程的关键，在不同部位根据设计和规范要求在混凝土墙、柱、底板筋和梁筋分别采用电渣压力焊接头、闪光对焊、熔槽帮条焊、绑扎连接等不同的施工方法，钢筋直径超过 25mm 的，采用冷挤压。

（1）梁筋接长的原则：梁主受力筋采用闪光对焊、熔槽帮条焊，腰筋、架立筋，优先采用焊接。

（2）柱筋接长的原则：采用闪光对焊、熔槽帮条焊、冷挤压。

（3）墙筋接长的原则：采用闪光对焊。

（4）板筋接长的原则：优先采用闪光对焊。

3.3.5　钢筋的下料绑扎

（1）认真熟悉图纸，准确放样并填写料单。

（2）核对成品钢筋的钢号、直径、尺寸和数量等是否与料单相符。

（3）钢筋相对位置的原则，从下到上依次：主梁钢筋、次梁钢筋、板筋。

3.3.6　控制钢筋的相对位置

（1）绑扎前，在模板或垫层上放线，标出板筋位置，在柱、梁及墙筋上画出箍筋及分布筋位置线，以保证钢筋位置正确。

（2）墙筋、柱筋，按长城杯要求的定位卡子进行固定。

（3）底板钢筋的位置采用凳筋进行加固（图 3-5）。

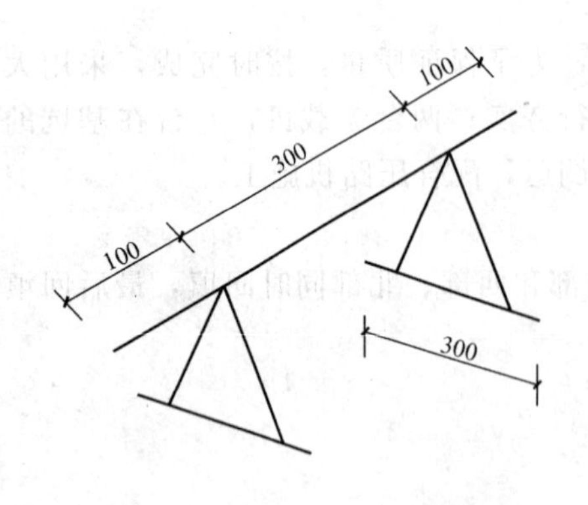

图 3-5　底板、楼板凳筋示意图

3.4　模板工程

先进的模板体系是保证工程质量的重要环节，因此，结合本工程特点和以往同类工程的施工经验，我们设计出适合本工程特点的适用而科学的模板支撑体系，满足该工程质量要求。

3.4.1　地下室墙模

（1）本工程地下室墙体采用中型、小型相结合钢模板组拼施工。

(2) 柱子、板、楼梯、梁采用双层覆膜的竹胶板。

(3) 地下室墙对拉螺栓：外墙、水池墙体选用防水对拉螺栓，间距 750mm×450mm，中间部分带－2mm×60mm×60mm 止水片，定位采用小木块，做防水卷材前，把木块凿出。

(4) 为防止漏浆，模板缝之间加海绵条。

(5) 保护层垫块采用塑料垫块。

3.4.2 顶板模板

(1) 顶板模板采用 10mm 厚覆膜竹胶板，其板面光洁，硬度好，周转次数较高，混凝土成型质量好。满堂架采用碗扣式脚手架支撑体系与普通钢管相结合的方式，具有多功能、效率高、承载力大、安装可靠、便于管理等特点。

(2) 顶板竹胶板内肋采用 50mm×100mm 木方，外肋采用双钢管放置在顶托上，采用早拆养护支撑。

(3) 按规范规定起拱：两端支撑的梁、楼板超过 4m 起拱高度为全跨长度的 1/1000，悬臂梁、悬臂板起拱高度为 $L/300$。

(4) 保护层垫块采用塑料垫块。

3.4.3 柱模支法

(1) 柱模板采用 15mm 厚覆膜竹胶板。

(2) 安装前要检查模板底部混凝土面是否平整，若不平整应先在模板下口处铺一层水泥砂浆（10～20mm 厚），以免混凝土浇筑时漏浆而造成柱底烂根。柱角部连接角膜内贴海绵条，以保证柱子角部混凝土观感美观。柱箍采用槽钢，竖向间距 500mm。

(3) 为防止漏浆，板缝之间加海绵条。

(4) 保护层垫块采用塑料垫块。

3.4.4 梁模支法

(1) 模板采用 10mm 厚的竹胶板。内肋 50mm×100mm 方木，外肋普通钢管，下部支撑采用满堂架。

(2) 梁高超过 600mm 时，留有一侧模板后封，待钢筋和垃圾清理完后再封。

(3) 在梁的两端留有清扫口，大小为梁宽×200mm。

(4) 梁侧的垫块采用塑料垫块，底部采用钢筋头，钢筋头内刷防锈漆和外刷水泥浆处理。

3.4.5 模板的拆除及加固

(1) 拆模时，混凝土强度应达到以下要求：

(2) 不承重的模板（如柱、墙），其混凝土强度应在其表面及棱角不致因拆模而受损害时，方可拆除。

(3) 承重模板应在混凝土强度达到表 3-1 所规定强度时拆模。

承重模板拆模时混凝土强度 表 3-1

项　次	结构跨度(m)	按设计强度取百分率(%)
板	$L\leqslant 2$	50
	$2<L\leqslant 8$	75
梁	$L\leqslant 8$	75
	$L>8$	100
悬梁	$L>2$	100
	$L\leqslant 2$	75

表中所指混凝土强度应根据同条件养护试块确定。

3.5 混凝土工程

3.5.1 混凝土的施工顺序

(1) 柱子

独立柱基的浇筑顺序，锥形基础与柱子分开浇筑，锥形基础坍落度控制在120mm。柱子超过6m，分两次浇筑。柱子和梁板分开浇筑。箍筋进行调整，以便软管能够进入柱子。

柱子断面超过600mm×600mm时，最容易引起过振，导致底部表面流泪、漏砂。

坍落度要控制在120mm。

(2) 梁、板

梁板一同浇筑，浇筑方向要在交底中详细标出。

坍落度要控制在160mm左右。

(3) 看台

从下向上浇筑，翻浆上移。每一跨为一段。

3.5.2 原材料的要求

(1) 结构施工采用商品混凝土。后期装修零星混凝土采用现场小型搅拌站搅拌。

(2) 搅拌站选取的原则：离施工现场近，交通方便，服务态度较好，混凝土连续浇筑的能力大于150m³/h。为此，我们选取中建一局搅拌站。

(3) 严格控制混凝土坍落度、砂率。

(4) 为满足低水灰比和泵送要求，选用高效减水剂，以改善混凝土性能。

3.5.3 混凝土浇筑前的准备工作

(1) 对施工人员进行技术交底。

(2) 混凝土浇筑会签单。

(3) 混凝土浇筑申请单。

(4) 检查模板及其支撑（见模板工程）。

(5) 请监理对隐蔽部位进行验收，填好隐蔽验收记录。严格执行混凝土浇灌令制度。

(6) 填写混凝土搅拌通知单，通知搅拌站所要浇筑混凝土的强度等级、配合比、搅拌量、浇筑时间。

3.5.4 混凝土的泵送

(1) 底板结构混凝土浇筑采用一台90m³/h混凝土地泵和一台汽车泵。

(2) 地上结构室内看台采用一台地泵、汽车泵、一台布料杆。

(3) 其余采用一台汽车泵和一台布料杆相结合。

3.5.5 混凝土的振捣

柱、墙、梁、板混凝土均采用插入式振动棒。

3.5.6 混凝土的养护

(1) 柱、墙拆模后，喷以M9养护剂养护。

(2) 楼板要保证在浇筑后覆盖薄膜，7d内处于足够的湿润状态。

(3) 防水混凝土湿润养护14d。

3.5.7 试块留置原则

（1）每一施工段的每一施工层，每一班组，不同强度等级的混凝土每 100m³（包括不足 100m³）取样不得少于一组标养抗压试块。为了及时拆除梁板下部的模板和支撑，要留不少于 3 组同条件试块，并放置在结构件边进行自然养护。

（2）抗渗试块的留置：浇筑量为 500m³，应留两组抗渗试块，每增加 250～500m³ 留两组。其中一组标养，另一组同条件下养护。

（3）冬期施工混凝土试块的留置：除按上述要求留置标养试块与同条件试块外，还应增做两组补充试块和构件同条件试块养护，一组用于检验混凝土受冻前的强度；另一组在与构件同条件养护 28d 后，转入标准养护 28d，再测定其强度。

3.5.8 施工缝处理

（1）一般要求

1）梁板及地下室外墙施工缝处，用木模加双层钢丝网封堵。注意施工缝留置必须与梁、板和墙的轴线垂直，不得留斜槎。在下次混凝土浇筑前，应将施工缝处的混凝土进行凿毛处理，不得留有浮浆和松动的石子、油污，并将此处清扫干净，浇水湿润不少于 12h，并在新混凝土浇筑前在此处坐浆。

2）地下室外墙水平施工缝、竖向施工缝均加止水钢板（宽度为 300mm）。

（2）施工缝处防水处理

1）外墙水平施工缝留在底板以上 30cm 处，竖向施工缝按设计设置，施工缝外侧均附加 300mm 宽防水卷材一层。

2）地下室外墙采用中型组合钢模施工，表面光滑，局部用砂轮机磨平或用防水砂浆修补即可，不用做找平层，可以为外墙防水施工赢得时间。

3）底板施工时，施工缝处的卷材应甩出 50cm 搭接长度。卷材甩头应进行适当保护。

3.6 填充墙工程

3.6.1 概况

（1）外墙厚 300mm；内墙厚 200、150、100mm，主要厚度是 200mm。材料为陶粒空心砖。

（2）砌筑面积 25000m²，共需要 6000 个工日。

（3）计划完成：地下填充墙，2001.7.18～2001.9.18；地上填充墙，2001.8.18～2001.10.18。

3.6.2 方案选择

（1）脚手架搭设：采用碗扣式，剪刀撑采用普通钢管。

（2）运输：前期地上填充墙利用塔吊运料，后期利用卷扬机。地下填充墙利用卷扬机运送。

（3）拉结筋与混凝土结构连接方式：混凝土结构放置预埋钢板。

（4）腰带钢筋与混凝土结构连接方式：应用膨胀螺栓，外挂钢板，钢筋焊在钢板上。

（5）设计变更，填充墙移位时：混凝土结构无预埋件，采用膨胀螺栓。

（6）构造柱、腰带、过梁、抱框拆抹之后应凿毛。

（7）采用样板引路。

3.6.3　施工准备

(1) 放线：应有门洞尺寸、轴线、墙体内外线、结构 50cm 线。

(2) 材料选样：应提前一个月进行选样，结构长城杯验收完。

3.6.4　施工工艺

在施工技术交底中，施工技术要求按照施工规范进行详细地编写，施工要点根据施工经验和施工现场实际情况进行编写。

3.7　地下防水工程

3.7.1　工程概述

地下工程防水有两道防线：刚性防水——抗渗混凝土底板、外墙 C30P8，柔性防水——Ⅱ＋ⅢSBS 改性沥青防水卷材。

3.7.2　方案选择

(1) 刚性防水

1) 底板浇筑时，根据后浇带分三个施工段，采用两个泵进行浇筑，从东部向西部浇筑。外墙吊模 300mm，施工缝中放置止水钢板。

2) 外墙浇筑时，根据工程量分五个施工段，采用一个泵浇筑，外墙先浇筑，施工缝中放置止水钢板。对拉螺栓中部焊接止水钢片，预留洞所用木模下部要打眼。

(2) 柔性防水

底板卷材施工，采用满粘方式，卷材从东到西方向铺贴，混凝土面层要光洁，保护层采用细石混凝土浇筑时采用汽车泵与塔吊结合的方式，汽车泵泵管达不到的部位，采用塔吊。一段卷材验收完，及时浇筑保护层。卷材四周要甩出 500mm，预备将来外墙卷材搭接，对甩出的卷材要进行保护。

外墙卷材防水施工，采用满粘方式，卷材从下到上的原则铺贴。结构面要经过处理，把板缝夹渣处理掉，尤其下部条形基础。在外部回填土施工过程中，打夯机容易破坏卷材，外部采用聚苯板保护方式，聚苯板用胶带纸事先粘在卷材上。

3.7.3　组织管理

(1) 质量控制

原材控制、普通取样和见证取样、过程控制，执行本企业的《质量控制措施条例》。

(2) 计划控制

每天下午 16：30 在现场召开小型协调会，解决第二天的问题，发现施工中存在的问题，拿出书面整改通知单。根据总网络的要求对防水分项进行细化，进场前签订一个协议，主要包括管理人员、技术员、工人、机械、奖罚、工期要求、质量要求。

3.8　屋面防水、室外看台防水

3.8.1　工程概述

(1) 屋面采用三元乙丙橡胶防水卷材防水，室外看台采用聚氨酯防水。

(2) 屋面防水面积 7000m²，看台防水面积 1300m²。

(3) 计划完成：屋面要及时穿插到网架施工中，施工期为 2001.10.1～2001.1.21；看台在东部回填土完成之后跟进，施工期为 2001.9.10～2001.9.30。

3.8.2 施工准备

首先让安装各专业确认安装全部完成（填写确认单），不可能再有凿洞；然后，再进行屋面、看台防水施工。

3.8.3 方案选择

(1) 先闭水试验，发现薄弱环节，此处特别加强，进行初步防水，进行局部闭水试验；发现无渗漏，然后再进行大面积的施工。

(2) 在完成防水保护层之后，还要再次做闭水试验。

3.9 室内防水

3.9.1 工程概述

(1) 厕所、淋浴间都要进行聚氨酯防水。

(2) 面积：$300m^2$。

(3) 计划完成：在11月底完成。

3.9.2 施工准备

(1) 楼板施工时，应随浇随抹平压光，使自身形成一道防水层。基层表面应清洁、干净、平整、光滑、无松动，对于残留的砂浆块或突起物应用铲刀刮平，不允许有凹凸不平、起砂现象及黏土、砂粒等污物。阴阳角处基层应抹圆弧形，基层应干燥，含水率小于9%为宜。

(2) 所有楼板的管洞、套管洞周围的缝隙均用掺加膨胀剂的豆石混凝土浇灌严实抹平，孔洞较大的，进行吊模浇筑膨胀混凝土。待全部处理完后进行灌水试验，24h无渗漏，方可进行下道工序。

3.9.3 组织管理

本工程卫生间等部位防水施工，由于此部位工种交叉繁多，是防水重点，故采用如下控制程序，程序为：

安装、预留洞、管道就位正确→土建、堵洞→灌水试验→处理基层→防水层→闭水试验→保护层→灌水试验→交接手续。

实行工序交接验收卡制度。

厕浴间工序验收卡（一）（表3-2）。

工序验收卡（一） 表3-2

工程名称： 部位： 层数：

项目 / 检查结果 / 房间编号	各种管道的甩口、地漏位置、标高正确	管道堵洞	施工检查人员签字		日期
			水暖工长	质检员	

厕浴间工序验收卡（二）（表3-3）。

工序验收卡（二） 表 3-3

工程名称： 部位： 层数：

项目 检查结果 房间编号	防水层施工（卷起高度、节点做法正确，面层完好等）	蓄水试验	施工检查人员签字		日期
			土建工长	质检员	

卫生间防水施工严格按此程序执行，职责分明，有可追溯性。下道工序拿不到上道工序签字验收卡不得开始施工，否则责任自负。

3.10 网架工程

3.10.1 工程概况

本工程屋盖结构采用正放抽空四角锥焊接球网架，其中部为三层网架，其余部分为双层网架。网架跨度 45m×80m，周边长度 51.9m×124.1m，总面积 6440.79m²。网架杆件从 D76×4mm～D219×16mm 共 8 种规格，球节点从 D300×12mm～D600×22mm 共 7 种规格。

除屋盖钢网架外，本工程屋面檩条、天沟过梁及马道也采用钢结构。檩条用［18a 及 C180×60×20×3，天沟过梁用［18a，马道用槽钢、角钢、圆钢。

3.10.2 组装方案及施工工艺

（1）本工程钢结构主要分为屋盖网架、天沟过梁、型钢檩条、马道等，根据现场安装时间、安装顺序配套加工。

（2）半成品在场外加工，拼装在现场。

（3）搭设三部分脚手架，在一、三、五施工段搭设脚手架。

（4）网架防火涂料与拼装同步进行。

（5）焊缝质量达到二级要求。

（6）脚手架采用普通钢管，上部满铺木板。

（7）在一、三、五脚手架平台上制作小单元预制胎架。

（8）网架分片滑移及空中对接：在一五段拼装，分别向中央滑移，与三段的网架进行空中对接。三段脚手架被用作双层网架的拼装。

（9）屋面檩条、天沟过梁等待整个网架安装验收后，进行安装。

3.11 预应力工程

3.11.1 工程概况及技术特点

体育馆中部大梁采用有粘结预应力体系，体育馆看台采用无粘结预应力体系。混凝土等级为 C40。预应力筋采用高强低松弛钢绞线，直径 15.24mm，抗拉强度标准值 $f_{ptk}=1860N/mm^2$，抗拉强度设计值 $f_{py}=1260N/mm^2$，张拉控制应力 $\sigma_{con}=0.7\times f_{ptk}=1302N/mm^2$，采用 3%超张拉。

钢绞线尺寸及性能见表 3-4。

钢绞线性能 表 3-4

钢绞线结构	钢绞线公称直径(mm)	强度级别(N/mm²)	截面面积(mm²)	整根钢绞线的最大负荷(kN)	屈服负荷(kN)	伸长率(%)	无粘结塑料皮厚度(mm)
1×7	φ15.24	1860	139.98	259	220	3.5	0.8～1.2

3.11.2 方案选择

(1) 预应力锚具

锚具采用北京市建筑工程研究院生产的B&S锚固体系中的系列锚具，是Ⅰ类锚具。

张拉端：有粘结形式采用多孔夹片锚，无粘结形式采用单孔夹片锚具。

固定端：采用单束挤压锚，由挤压锚具、锚板、螺旋筋组成。

(2) 张拉设备

单根无粘结预应力筋张拉，采用YCN-25型或YCN-23型前卡千斤顶，配套手提式超高压小油泵；有粘结预应力筋张拉采用250t前卡内置式千斤顶。

(3) 灌浆孔设置

灌浆孔设在锚垫板上。

排气孔设在梁上。

波纹管的搭接采用同类型的波纹管，然后用胶带密封。

预应力筋在浇筑混凝土前穿进波纹管。

(4) 预应力筋铺放

和普通钢筋绑扎进行合理的穿插，预应力筋的定位采用电焊焊在箍筋上。预应力筋的相对三个位置偏差都要控制在5mm以内，波纹管的位置控制在10mm以内。

为防预应力筋外漏部分生锈，外包塑料纸。

(5) 预应力混凝土的浇筑

防止波纹管上浮，波纹管要和定位钢筋扎牢。混凝土把锚垫板覆盖，待拆模之后凿出锚垫板。

(6) 张拉

采用双控的原则，拉力和伸长量相对比。达到设计强度后张拉，张拉过后可以拆除满堂架，与后浇带无影响。

(7) 灌浆

要在张拉完及时灌浆，灌浆量与理论设计量要一致。

(8) 封堵

采用坍落度比较小的混凝土进行封堵，模板采用斜槽的方式。

3.11.3 施工要点

波纹管的铺放、预应力筋的穿束、预应力筋的定位、预应力筋的张拉、灌浆是工程的施工要点，在预应力施工方案中要详细叙述。

3.12 脚手架工程及垂直运输

(1) 脚手架工程

满堂架在模板方案中有说明，现着重说明外脚手架。

±0.00m以下脚手架落在基坑中，±0.00m以上落在±0.00m外挑板上。网架脚手架采用外挑方式。采用普通钢管，全封闭式，外挂绿色编织网。

基础施工过程中，人行坡道设在西部，固定式，以方便塔吊的搬移。

主体结构和后期外墙装修时，人行坡道设在脚手架内部。

(2) 垂直运输

结构施工采用两部塔吊，装修施工采用四部卷扬机。

3.13 装饰工程

3.13.1 装饰概况

装修材料繁多，层高复杂，装饰档次高，这是本工程的特点。为了保证工期，要根据总网络计划，定出各种材料的进货时间，以及各种材料的选样时间。

各个程序的合理穿插和成品保护是施工过程的难点。为此，进入装修阶段，每星期召开一个协调会；为了保证质量，对每个装修分项，不只是有技术交底，还应该有每个分项的施工方案。

装修阶段总的原则：年底前湿作业完成，精装修完成50%；屋面防水及时完成，给精装修创造条件；外装修在年底完成，及时把体育馆的外部形象展现出来，也能保证室内作业的温度、环境。

每一个装修程序都采用样板引路的原则。

每个分项的工艺流程、技术要求、施工要点、容易出现的问题、北京地区有特殊要求的部位、工序穿插、工序交接，都在分项的施工方案和技术交底有详细的编写。

3.13.2 抹灰

抹灰工程量有15000m²，为了避开冬期施工和及时跟进精装修抹灰，要在9月底完成。

抹灰要紧跟在砌体后面。

3.13.3 门窗工程

门窗尺寸大都不统一，材料种类多样。为此样板要多样。

湿作业进行时，门窗及时跟进，优先安装外部门窗。

3.13.4 楼地面

首先施工功能区部分，然后再施工公共部分。

在墙面完成及吊顶龙骨完成之后，进行楼地面的施工。

水泥砂浆地面：混凝土浇筑时采用一次压光，表面再采用耐磨腻子处理。

木地板地面：先进行外部考察，再做样板，在2002年3月份施工。

地砖地面：面砖颜色的选取、排板、留缝，与踢脚线、门口的衔接是工程的重点。

花岗石楼地面：如同地砖。

3.13.5 顶棚

重点是分隔、龙骨的样式、板材的颜色。

板材镶嵌要待下部的湿作业、空调工程管道已打压完毕施工。吊顶龙骨先行。

3.13.6 外部装修

大理石的颜色、尺寸的选取，要由甲方、设计决定。

大理石的排板与玻璃屏幕、门窗洞口、吊顶的衔接是施工中重点考虑的。

3.14 给排水、采暖工程

3.14.1 工程概况

(1) 本工程设冷水、热水、排水、消防（消火栓、自动喷水）水、采暖等系统。

（2）给水系统竖向分为一个区，由院内市政管网直接共给，供水压力为0.3MPa。

（3）生活热水由电热水器加热制备，在开水间内设电开水器一台。

（4）地下夹层及以上污水采用重力流排出。地下室污水及废水经污水泵提升后排至室外，每个污水坑设两台潜污泵。

（5）屋面雨水采用内排水系统，并排至室外地面散水。

（6）消火栓给水系统平时压力由室外市政管网压力维持，消防时由消火栓加压泵供水。泵房内设两台加压泵，一用一备，并设一个消防水池。室外设一套水泵接合器。

（7）自动喷淋系统平时压力由稳压泵维持，稳压泵由管网上压力控制器控制启停。消防时，压力下降，启动自动喷水泵。喷水泵和稳压泵均设两台，一用一备，室外设一套水泵接合器。

（8）采暖系统采用中供中回双管系统，热源由学校锅炉房供95～70℃热水，散热器采用灰铸铁四柱760型。

3.14.2　施工配合

（1）预留预埋配合

专业人员按设计图纸将管道及设备的位置、标高及尺寸测定，标好孔洞的部位，将预制好的模盒、预埋件在绑扎钢筋前按标记固定牢，在混凝土浇筑时派专人看管、校对。

穿越地下室外墙及水池池壁时埋设刚性防水套管，穿楼板设刚套管，套管比所穿管道大1～2号。

（2）卫生间施工配合

在土建主体施工时配合进行安装留孔，地面防水完成后安装卫生器具及地漏，最后完成卫生间地面。

（3）成品保护配合

安装施工不得随意在土建墙上打洞，因特殊原因必须打洞，应与土建协商。确定位置及孔洞大小，安装施工中应注意对墙面的保护，避免污染，与其他工种协调，共同搞好安装成品保护，施工人员不得随意搬动已安装好的管道、线路、开关、阀门，未交工的卫生间禁止使用，不得随意取走预埋管道管口的管堵。

3.14.3　施工原则

先地下、后地上，先预制、后安装，先主干管、后立支管及附件，先设备就位、后配制管路，给水让排水，小管让大管。

3.14.4　主要施工方法

（1）一般要求

1）管材及管件在使用前均应认真检查，必须符合国家技术质量鉴定文件，具有产品合格证；消防产品具有消防使用许可证；铸铁管管壁薄厚均匀，内外光滑，不得有砂眼、裂纹等；镀锌管内外镀锌层均匀，无锈蚀现象；

2）所有材料必须经甲方、监理及施工单位负责人验收，方可入库；

3）各种管道须经核对其规格、型号及外观，检查无问题后方可使用，管道及阀门内的污物须清理干净；

4）管道的支吊、托架一律采用机械切割，固定方式采用膨胀螺栓或预埋钢板。支架位置、标高应正确，牢固可靠。

（2）给排水工程施工关键工序的工艺流程

安装准备→套管安装、管道预制加工、支吊架安装→管道、设备安装→水压试验→孔洞处理→管道防腐保温→系统调试→竣工验收。

（3）消防管道安装工艺流程

安装准备→干管安装→报警阀安装→立管安装→喷洒分层干支管、消火栓及支管安装→水流指示器、消防水泵、水箱、水泵接合器安装→管道试压→管道冲洗→报警阀配件、消火栓配件安装、喷洒头安装→系统通水调试。

（4）卫生器具安装工艺流程

安装准备→卫生器具配件检验→卫生器具安装→卫生器具及配件安装→卫生器具外观效果检查→通水及盛水试验。

（5）采暖管道及散热器安装工艺流程

安装准备→预制加工→卡架安装→干管安装→立管安装→散热器安装→支管安装→冲洗试压→防腐保温→调试。

（6）设备安装工艺流程

施工准备→设备基础验收→设备二次运输→设备开箱检验→设备安装→设备配管穿线→设备单体试运转→联动试车→竣工验收。

（7）施工方法及技术要求

1）给水管道安装：

横管支架最大间距见表3-5。

横管支架最大间距　　表3-5

公称直径(mm)		15	20	25	32	40	50	70	80	100
最大间距(m)	保温	1.5	2	2	2.5	3	3	4	4	4.5
	不保温	2.5	3	3.5	4	4.5	5	6	6	6.5

2）排水管安装：

① 室内排水管采用硬聚氯乙烯塑料排水管，粘接；与潜污泵连接管道采用焊接钢管，焊接；阀门及需拆卸的部位采用法兰连接。

② 立管底部应设支墩或采取牢固的固定措施。

③ 连接两个以上的大便器或三个以上的器具的污水横管应设清扫口，污水管起点的清扫口与管道相垂直的墙面距离不得小于200mm；若设置代替清扫口的器具，与墙体距离不小于400mm。

④ 排水管坡度：$DN150$，$i=0.01$；$DN100$，$i=0.02$；$DN75$，$i=0.025$；$DN50$，$i=0.035$。

⑤ 排水管的横管与横管、横管与立管的连接应采用45°三通或45°四通和90°斜三通或90°斜四通，立管与排出管端部的连接宜利用两个45°弯头或弯曲半径不小于4倍管径的90°弯头。

⑥ 在立管上每二层设置一个检查口，并且在最底层和有卫生器具的最高层设置检查口，检查口中心高度距地面1m，偏差为±20mm。

⑦ 排水管安装应设伸缩节。层高不超过4m，排水立管每层设1个伸缩节；层高超过

4m，每层设2个伸缩节。横支管直线管段长度超过2m时设伸缩节，伸缩节之间最大间距不得超过4m，伸缩节应尽量设在靠水流汇合管件处，配合伸缩节设置滑动和固定支架。

⑧ 排水立管穿楼板应设置防火套管。

3）卫生器具安装：

① 位置正确，允许偏差：单独器具10mm，成排器具5mm。安装平直，垂直度的允许偏差不得超过3mm。

② 安装高度必须符合图纸设计要求及施工规范规定。

③ 卫生器具的接口与排水管道连接时，应清除管道内杂物，连接处用油灰或1：5白灰水泥混合膏填入抹平，以防污水外流。

④ 地漏应安装在地面的最低处，其管子顶面应低于地面5mm。

4）消防管道安装：

① 消火栓管道采用焊接钢管，焊接接口、阀门及需拆卸部位采用法兰连接。自动喷水系统采用镀锌无缝钢管，管件连接。自动喷水管采用电信号蝶阀，消火栓管采用双向密封蝶阀，水泵出水管上均设水锤消声止回阀。

② 安装室内消火栓，栓口应朝外，栓口中心距地面1.1m，允许偏差20mm，阀门距箱侧面为140mm，距箱后墙表面为100mm，允许偏差5mm。

③ 喷淋管道在相邻的两喷头间设支吊架一个，当喷头间距小于1.8m时，可隔段设置，但支吊架间距不应大于3.6m。支吊架与喷头间距不小于300mm，与末端喷头的距离不应大于750mm。

④ 喷淋不同管径的管道连接用异径管，在弯头处不得采用补芯，大于$DN50$mm管不采用活接头。

⑤ 喷淋在每层干管的末端设置一个试验喷头，并在管道上装设压力表。

⑥ 在每段供水干管或配水点上应设置一个防晃支架，管径≤50mm可以不设，管线过长或改变方向，须增设防晃支架。

⑦ 管道坡度：配水支管不小于0.004，配水点和配水干管不小于0.002。

⑧ 喷头安装：喷头的两翼方向应成一排。安装喷头应使用特制专用扳手，填料宜采用聚四氟乙烯带（生料带）。

喷头距墙不得小于600mm，不得大于1800mm，喷头间距不得大于3600mm，向上喷头溅水盘与楼板下距离不大于300mm，不小于75mm。

⑨ 报警阀安装：报警阀应设在明显、易于操作的位置，距地面高度为1m左右，报警阀处地面有排水措施，环境温度不应低于5℃，报警阀组装时应按产品说明书和设计要求，控制阀应有启闭指示装置，并使阀门工作处于常开状态；水力警铃安装高度不得超过报警阀所在高度2.0m。

⑩ 水流指示器水平安装，倾斜度不宜过大，保证叶片活动灵敏，水流指示器前后应保持有5倍安装管径长度的直管段，安装时，注意水流方向与指示器的箭头一致。

5）采暖管道与散热器安装：

① 与土建施工配合，保证主管留口和地面标高的准确性，以避免造成散热器安装困难，避免出现锯、卧、垫现象。

② 管道坡度为0.003。管道穿过墙壁和楼板，设置钢制套管，套管规格应比管道大两

号。安装在楼板内的套管，其顶部应高出地面20mm，卫生间套管高于地面50mm，底部与楼板底面相平，安装在墙壁内的套管两端应与饰面相平。

③ 安装管径小于或等于32mm不保温的采暖双立管道，两侧中心的距离应为80mm，允许偏差5mm，供水管置于面向的右侧。

④ 采暖管道的安装，管径小于或等于32mm，宜采用螺纹连接；管径大于32mm宜采用焊接，支管煨弯上下一致，角度均匀。

⑤ 散热器的支管坡度：当支管全长小于或等于500mm，坡度值为5mm，大于500mm为10mm，当一根立管接往两根支管，任一根超过500mm，其坡度均为10mm。

⑥ 散热器与管道连接，必须安装可拆装的连接件。

⑦ 采暖管道水平管变径采用偏心变径，变径位置不大于分支点300mm。

⑧ 方形伸缩器宜用整根管煨制；如有焊口，应在垂直臂中间，弯曲半径应符合规范要求。伸缩器一般布置在两个固定支架的中间，安装前应进行预拉伸。波纹伸缩器应按要求位置安装好导向支架和固定支架。

⑨ 散热器支管长度大于1.5m，应在中间安装管卡或托钩。

⑩ 管道的对口焊缝或弯曲部位严禁焊接支管，接口焊缝距起弯点、支吊架边缘必须大于50mm。

6）设备安装：

① 地脚螺栓在安装前，应将油脂和污垢或锈斑清除干净，螺纹部分应涂润滑油，以防时间长了拆卸困难；地脚螺栓安装前应垂直，不垂直度不应超过10‰，尾度弯钩处不得碰壁和孔底，距孔底至少有30～100mm间隙；距孔壁各个方面的间隙不得少于15mm。拧紧螺母后，螺栓必须露出螺母2～3牙。

② 垫铁应均匀、对称、整齐地放在地脚螺栓两侧，相临两组间距不大于500mm，每组垫铁不超过4块，总高30～70mm；二次灌浆前，各垫铁组应点焊牢固，并将灌浆清理干净；灌浆前，用细碎石混凝土捣固密实，注意不要碰斜地脚螺栓，以保证设备安装精度。

③ 设备就位后，其主轴中心线应与基础上的墨线相重合，允许偏差为5mm，找正时，标高允许偏差为±5mm；水平度允许偏差：纵向0.5mm/m，横向0.01mm/m。静置设备垂直度允许偏差$H/1000$，且不大于30mm。

3.14.5　管道系统的试压冲洗、保温

（1）给水管道

1）水压试验：试验压力为0.6MPa，10min压降不大于0.05MPa，降至工作压力做外观检查，不渗、不漏为合格。

压力排水管按水泵扬程的两倍进行水压试验。10min压降不大于0.05MPa，降至工作压力做外观检查，不渗、不漏为合格；

2）管道冲洗：冲洗时，以系统最大设计流量冲洗，直到出口水色和透明度与入口目测一致为合格。

（2）消防管道

1）消火栓系统水压试验：试验压力为1.4MPa，保持2h无明显渗漏为合格；如在冬期结冰季节，不能用水进行试验时，可采用0.3MPa压缩空进行试压，其压力保持24h不降压为合格。

2）自动喷水灭火系统需做强度试验和严密性试验。强度试验压力为1.4MPa，30min后无渗漏、无变形，压降小于等于0.05MPa为合格。严密性试验在强度试验和管网冲洗合格后进行，试验压力为0.82MPa，稳压24h，无渗漏为合格。

3）水池做充水试验，满水72h，无渗漏和明显阴湿为合格。

4）消防管道冲洗水量应达到消防时的最大设计流量（自动喷水系统应在喷头安装前冲洗），将管道冲洗干净为合格。

(3) 排水管道

1）埋地及吊顶内的排水管须做灌水试验。满水15min后，若水面下降，再灌满延续5min，液面不下降为合格。

2）系统安装完毕应进行通水试验。打开1/3配水点，排水管道畅通，不渗、不漏为合格。

3）通水试验完毕后进行通球试验。将2/3管径的小球从立管顶端投入，顺利流入检查井为合格。

(4) 卫生器具

1）做盛水试验，满水24h后，液面不下降为合格；

2）室内雨水管做闭水试验，注水满至上部雨水斗，30min不渗、不漏为合格。

(5) 采暖系统

1）散热器安装前逐组进行水压试验，试验压力1.0MPa，2～3min不渗、不漏为合格；

2）暖气干管安装后在保温前应进行单项试验，系统安装完毕后做综合试压，试验压力为1.0MPa，5min内压降不大于0.02MPa为合格。

(6) 管道保温

1）应在防腐及水压实验合格后进行；如需先做保温层，应将管道的接口及焊缝处留出，待水压试验合格后，将接口处保温；

2）立管保温时，每层应设一个支撑托盘，支撑托盘应焊在立管卡子上部200mm处，托盘直径不大于保温层的厚度；

3）保温管道的支架处应该留有膨胀伸缩缝，并用石棉绳或玻璃棉填塞；

4）保温层表面应平整、美观，搭槎合理，封口严密，无空鼓及松动。

(7) 系统调试

1）水泵单机试运转：

先将泵壳和出水管灌满水，再将出水管阀门关闭，开泵后逐渐把它打开。运转中要注意泵轴运转声音、电机温度、压力表和真实表的指数值，各接口是否有渗漏现象，滑动轴承温度不得超过70℃，滚动轴承温度不得超过75℃。当声音不正常时停泵，检查泵轴是否有卡着的地方，并及时修理，修好后再运转。待试运转正常后，填写试运转记录，交业主验收，技术资料存档。

2）给排水、采暖系统调试：

按照设计要求调整好水泵的工作压力，检查各用水点的水流情况，保持一定的使用压力，保证各供水点的压力达到使用要求，各线路阀门开启灵活，无渗漏现象。

排水管道按规范做排水的负荷试验，将每根排水立管所负担排水的配水点的总数打开1/3，能将水全部排净、畅通为合格。

3）消防系统调试：

消火栓喷水试验：应在系统的最不利点做消火栓的射流试验。开启消防水泵，将最不利点的消火栓开启，装好水龙带，水枪引至屋顶雨水口，打开消火栓阀门喷水，水枪出口充实水柱7～8m为合格，此时消防水泵的压力为工作压力。

4）暖气系统调试：

通暖后分系统进行热工调试。将泄水阀门关闭，干、立管的阀门打开，打开系统最高点的放风阀，将系统内的冷风排净。正常运行半小时后，检查全系统；如有热度不均，应调整各分路立管、支管上的阀门，使其达到平衡。测试房间内的温度，达到设计要求为合格。

5）联动试车：

消火栓、自动喷淋系统配合电气进行联动试车。其自动喷淋系统及消火栓系统由管道专业确定调试方案，并为主操作；消防报警由弱电专业提出方案，并为主操作。

3.15 通风、空调工程

3.15.1 工程概况

本工程设有空调系统、通风系统和防排烟系统系统。

空调系统：比赛大厅、首层门厅、三层文体用房、地下夹层多媒体教室采用低速全空气空调系统，地下室、地下夹层的办公、艺术教室、管理等采用风机盘管空调系统，首层办公、值班、贵宾室、休息室、新闻中心等采用风机盘管加新风系统，新风做加湿处理。空调水系统采用双管制异程系统，冬期空调的加湿采用高压水喷雾加湿。

通风系统：比赛大厅上部、地下层、地下夹层无窗房间、卫生间、淋浴设机械排风系统。

防排烟系统：比赛大厅、地下层、地下夹层及地下夹层内走廊设机械排烟系统。

3.15.2 通风与空调专业配合

（1）与土建配合

首先核查通风空调专业混凝土楼板、墙洞是否全部在结构图中有反映；若有遗漏，及时增补。在绑扎每一部位钢筋前将事先加工好的木盒子运至现场，若风管尺寸为$A\times B$，则木盒子外框尺寸为（$A+100$mm）×（$B+100$mm），结构绑扎钢筋时放置木盒子，并固定，拆模后核实。

（2）安装与二次装修的配合

风管安装与吊顶龙骨安装配合：为了与二次装修共同配合，制作安装风管尽量按系统，做完一个安装一个。在安装次序上，应先风管安装，安装前应先做好吊点检查等准备工作，再集中力量突击安装，为吊顶龙骨安装尽早投入创造条件。

散流器安装与龙骨安装调整的配合：安装在吊顶上的散流器风口应随龙骨安装的调整而进行，以便散流器风口进行固定。

3.15.3 施工工序

（1）风管施工程序

施工准备→配合土建预留、预埋→测绘施工草图→板材下料加工→风管及配件、支托、吊架制作→设备及支托、吊架安装→风管安装、支风管与设备、附件连接→保温→风量测定及调整→系统调试。

(2) 空调水施工程序

施工准备→配合土建预留→支托、吊架、主干管预制→支托、吊架、主干管安装→管道附件、主支管安装→管道试压冲洗→防腐保温→系统调试→竣工验收。

3.15.4 施工措施及工艺

(1) 通风、空调风管

本工程本着先地下后地上的原则，前期配合土建，预留、预埋及预制，中期以安装为主，后期配合装修，安装调试，直至最后联动试车，交工验收。就暖通工程的施工方法而言，总体上是：平行流水，立体交叉，大面积预制化。

方形变径：沿墙敷设，一般变径管靠墙面平，在管线高度方向变径时，一般管底平。其他情况一般用双面变径，变径管长度不可太短。

(2) 部件安装

防火阀安装时不能装错种类。易熔片应在系统安装后再安装，且朝向迎风面。防火阀应单独设支架，其重量不得由风管承担。各类风口安装应横平竖直、表面平整、分布均匀，安装于吊顶上的风口面应与顶棚平行，风口安装时应与装饰队伍密切配合。

(3) 消声器安装

消声器框架应牢固，壳体不得漏风。消声材料应均匀贴紧，不能脱落，并且拼缝要密实，表面平整，不能凹凸不平。

消声弯管的平面边长大于800mm时，应加设导流吸声片。

消声器、消声弯头在安装时应单独设支吊架，使风管不承受其重量。

(4) 空调水安装

冷冻冷却水管及热水管，小于$DN100$采用焊接钢管，大于等于$DN100$采用无缝钢管；冷凝水管采用镀锌钢管，小于等于$DN32$采用丝扣连接，大于$DN32$采用焊接钢管，冷凝水管采用丝扣连接。空调水系统施工方法及要求与给排水工程基本一致，但支托、吊架安装时，管道与支托、吊架之间采用经防腐处理的木托隔开，木托厚度应与隔热层厚度相同，宽度与支架一致，表面平整。凝结水管应有0.005坡度坡向排水口。

(5) 设备安装工程

1) 制冷机组吊运：

制冷机组是比较大的设备，吊运采用一台16t吊车和一台15t载重汽车，把设备运至大楼设备孔处，用吊车放至地下一层，再用卷扬机和滚杠的办法运至设备基础附近，垂直吊运制冷机前，应在制冷机预留孔的顶部，也就是一层顶板，在浇筑混凝土前，事先埋好吊耳或预留孔，以便垂直运输使用，其他泵类的吊运及安装也可以采用同样的方法。

2) 空调机组的吊装：

主体结构完成之后，砌外墙之前，利用施工塔吊，把设备先运至各层。吊运方法：在设备的入口处选择最佳位置，用[18号槽钢焊制临时托架，设备吊起时先放在临时支架上，然后用捯链、滚杠运至相应位置。临时支架的安装，应先把预埋件埋好且要牢固；然后，在外脚手架拆除之前先把支架焊制好，设备运完后及时将支架拆除，以免影响土建外装饰。

3）设备安装：

① 风机盘管安装。

风机盘管和诱导器安装前，应逐台检查电机壳体及表面交换器有无损伤、锈蚀、缺件等缺陷，并应逐台进行通电和水压试验。通电试验：机械部分不得有摩擦，整机不应有抖动不稳，电气部分不得漏电。水压试验：试验压力为系统工作压力的 1.5 倍。先升至工作压力进行全面检查，无渗漏再升至工作压力的 1.5 倍，观察 5min 压力不降为合格；

风机盘管用膨胀螺栓、[5 槽钢、$\phi 8$ 圆钢固定；

风机盘管进出水管接软接头，接管平直；如果管道为最高点，设排气阀；

凝结水管道坡度 $i=0.005$，坡向应符合设计要求；

风机盘管上方应留有检修口，便于检修。

② 风机安装。

整体安装风机吊装时直接放置在基础上，用垫铁找平找正，垫铁一般应放在地脚螺栓两侧，斜垫铁必须成对使用。设备安装好后，同一组垫铁应点焊在一起，以免受力时松动。

风机安装在无减振器的机座上时，应垫上 4～5mm 厚的橡胶板，找平找正后固定牢。

风机安装在有减振器的机座上时，各组减振器承受的荷载压缩量应均匀，不偏心。

通风机的机轴必须保持水平度，风机与电动机用联轴节连接时，两轴中心线应在同一直线上。

4）防腐、保温：

① 空调水管及冷凝水管采用自熄性聚乙烯发泡塑料管壳；

② 风管采用铝箔超细玻璃棉板，保温厚度为 30mm；

③ 水管保温前应除锈，刷红丹油两道，再缠两道玻璃丝布作为蒸汽隔气层用，管道保温做好后，在适当位置刷油漆环。

5）设备单机试运转：

① 风机试运转。

风机安装完毕，试运转前必须加上适度的润滑油，并检查各项安全措施，转动叶轮，应无卡阻和摩擦现象，方向必须正确，滑动轴承最高温度不得超过 70℃，滚动轴承最高温度不得超过 80℃。试运转检查一切正常，再进行连续运转，运转连续时间不少于 2h。

② 水泵试运转。

运转时不应有异常声音；水泵的旋转方向应正确；正常运转后电流不超过额定值。水泵运转时，滚动轴承温度不超过 75℃，滑动轴承不超过 70℃；径向振幅不超过规定。检查一切正常后，再进行 2h 以上的连续运转。

③ 冷却塔试运转。

试运转时，检查喷水量和吸水量是否平衡；测定风机的电机启动电流和运转电流值；测量轴承的温度；检查喷水的偏流状态；冷却塔出入水口冷却水的温度。无异常现象，连续运转 2h。

④ 冷水机组试运行。

检查电机的旋转方向时，应将电机与螺杆压缩机断开。用手盘动压缩机应无阻滞及卡阻现象。冷冻机油的规格和油面高度应符合随机文件规定，油泵运转正常，油压保持

0.15～0.3MPa。调节四通阀，使其处于减负压或增负压位置，并检查滑板移动，必须灵活正确，并把滑板处于能量最小位置。保护继电器安全装置的整定值应符合规定，其动作灵活、可靠。油冷却装置的水系统应畅通。

6）风、空调系统无负荷试运转测定与调整：

① 风机盘管系统调试：

注入冷（热）媒后，逐个开启风机盘管，检查送、回风口是否正常工作，业主和我方逐个房间检验验收，达到设计要求的室温，盘管运转正常，开关灵活好用，双方签字后为合格。

② 制冷系统试运转：

试运转应首先启动冷却水泵和冷冻水泵。螺杆式压缩机启动前应先加热，油温不低于25℃，油压应高于排气压力 0.15～0.3MPa，经过滤器前后压差不超过 0.1MPa，冷却水温度应不高于 32℃，吸气压力不低于 0.05MPa，排气压力不高于 1.6MPa。系统带制冷剂正常运转应不少于 8h。试运转正常后，必须先停止制冷机、油泵（主机停车后尚需继续供油 2min，方可停止油泵），再停冷冻水泵、冷却水泵。

③ 空调系统调试：

将一个系统的新风机组开启，打开并检查通风管道上的阀门，在风机出口上测量风压、风量，满足要求后，检查风管法兰连接处是否严密，有无漏风现象，检查防火调节阀是否灵活、好用，风量差要满足规范规定，即小于设计风量的 10%～15%，逐个测量系统所负担房间的送风口，应使空调房间的温度、相对湿度、气流速度及每个风口风量均衡，达到设计规定参数，每个系统依次进行。

④ 排烟系统调试：

首先检查每层的排烟阀门是否开启灵活、严密。检查无误后，开启排烟风机，逐层检查，测定排风量。符合设计及规范要求，系统合格。

3.16 电气工程

3.16.1 工程概况

本工程包括变配电系统、电力照明供电及控制系统、防雷及接地系统、空调自动控制系统、火灾自动报警及控制系统、体育馆扩音系统、计时计分系统、电话及综合布线系统、有线电视系统九部分。

（1）变配电系统

本工程自校总配电站引入两路 10kV 高压电源，通过高压真空开关柜接入变压器，通过变压器变压后，为低压开关柜供电。

（2）电力照明供电及控制系统

照明、空调及电力用电采用放射式和树干式相结合的供电方式，服务于体育比赛的重要电源采用双回路供电，所有消防用电负荷均双电源供电，末端互投。

（3）防雷及接地系统

本工程为二级防雷，利用基础钢筋做接地极，利用柱内钢筋做引下线，总接地电阻不大于 1Ω。

（4）空调自动控制系统

本工程采用DDC楼宇自动控制系统，冷冻机提供与DDC间的通信接口。

(5) 火灾自动报警及控制系统

本工程在地下夹层设消防控制室，对整个消防系统进行集中控制，在火灾时可将体育馆扩音系统切换到紧急广播状态。

(6) 体育场扩音系统

本工程扩音系统可满足体育比赛、文艺演出、群体活动及大型集会的不同要求，在火警时可转换为紧急广播状态。

(7) 计时计分系统

本工程设两块计时计分牌，与计算机同步显示，全数字式传输，控制室设在一层。

(8) 电话及综合布线系统

本工程由校计算机中心和电话总机房分别引入一路6芯光缆，与200对电话电缆至综合布线总配线室，再分别引至各用户点。

(9) 有线电视系统

本工程有线电视信号由校内引入，前端箱设在地下夹层机房内。本工程采用分支分配系统，图像清晰度在四级以上。

3.16.2　主要施工程序

施工准备→材料进场检验→预留预埋→支吊架制作安装→桥架、线槽制作安装→部分明敷管线安装→控制箱、盘柜安装→电缆敷设→管内穿线→低压器具安装接线→送电调试→交付使用。

3.16.3　主要施工方法及技术要求

(1) 施工准备

进入施工现场后，专业技术人员及班组长必须对照现场情况熟悉本专业施工图纸，有问题的地方立即联系业主及设计院，组织详细的图纸会审。对于专业之间交叉配合的问题，在前期施工准备过程中，专业技术人员就要做到心中有数。

根据图纸及现场进度安排，提出备料及分批采供计划，编写施工方案。

(2) 材料检验

所有材料进入现场，必须报请甲方，会同监理进行检验，对于甲供设备，要有甲方、监理及我方专业技术人员到场，共同进行开箱检查。

(3) 预留、预埋

1) 钢管暗配：

管线施工过程中，对于管线的连接和固定，必须严格按施工规范要求施工和检查，薄壁钢管严禁熔焊，束节要上紧并焊接跨接线，厚壁钢管采用套管焊接，管线进入接线盒2～3丝，两面以锁母锁紧，进入接线盒（箱）的管口要用适配的堵头堵紧，并将接线盒内以填料（锯木屑及砂土）填实、绑扎，然后紧贴地模板上固定，接线盒位置要严格按照图纸位置放置。土建浇筑混凝土过程中，要全程派人监护，及时协调处理各种预料不到的情况。在土建拆模以后，要立即组织人员进行清理，找出接线盒（箱），要在管线内穿入钢丝，以利下一步穿线工作的进行。

2) 预留孔洞：

预留孔洞应在土建绑扎钢筋前确定好位置，根据箱体、设备几何尺寸，留出大小、位置。

3）钢管明配：

在配管前，应按设计图纸确定好配电设备，各种箱、盒及用电设备安装位置，并将箱、盒与建筑物固定牢固。然后，根据明配管路应横平竖直的原则，顺线路的垂直和水平位置进行弹线定位，并应注意管路与其他管路相互间位置及最小距离。测量出吊架、支架等固定点的具体位置和距离。吊顶内管子敷设，应按明配管方法施工。明配钢管敷设时，管与管或管与盒的连接，均应采用丝扣连接。管与盒连接时，应顺直进入，不应使管子斜穿到接线盒内。应在盒的内、外侧均套锁紧螺母固定盒体，并应焊好接地跨接线。

(4) 支、吊架预制安装

合理利用材料，成批制作，综合考虑各种支架长度，以尽量利用定尺型材，做到物尽其用。下料尺寸由班组长按技术要求严格把关，并在下料过程中严格掌握尺寸，最大限度地降低废品率。采用型钢焊接支架，必须配备焊接专用钢平台，以保证支架制作质量，大批量预制需制作靠模，以提高劳动效率。型钢焊接必须保证至少三面满焊，焊后立即清除焊渣。支架应刷防锈漆两道，外露支架加刷调合漆两道（颜色由业主确认）。支架安装采用适配的膨胀螺栓固定，打膨胀螺栓要严格按照规程操作，做到牢固、可靠，支架横担水平度应保证在0.1mm以内，所有支架横担高度偏差不得超过1mm。

(5) 桥架、线槽制作安装

桥架安装保证横平竖直，同一水平面内水平度偏差不超过5mm，直线度偏差不超过5mm。桥架本体接地采用连接螺栓跨接软铜线实线，如为喷塑桥架，则需刮除喷塑层，以保证电气连通。桥架固定采用底部打孔与支架横担以螺栓联接固定方式固定。非标弯通制作时，应采用电焊点焊，注意电流调整，以免焊透母材，焊后清除焊渣，并刷防锈漆两道，最后进行二次镀锌式喷塑。注意，非标弯通内部不可出现90°以下的尖角，以免施放电缆时刮伤电缆护套。并列安装桥架，需按由下而上、由内而外次序安装。

(6) 管内穿线（缆）工程

考虑导线（电缆）截面大小，根数多少，将导线（缆）与带线进行绑扎，绑扎处应做成平滑锥形状，便于穿线。穿线前应在管口加装护口，两人配合协调，一拉一送，管路较长、转弯较多时，要在管内吹入适量滑石粉，截面大、长度长的线缆考虑机械牵引（如捯链）。敷设于垂直管路中的导线，当长超过下列长度时，应在管口处和接线盒中加以固定（截面积为50mm^{2}及以下的导线30m；截面积为70～95mm^{2}的导线20m；截面积为180～240mm^{2}之间的导线18m）。穿线完毕，用摇表测线路，照明回路采用500V摇表，绝缘电阻值不小于0.5MΩ；动力线路采用1000V摇表，绝缘电阻值不小于1MΩ，并做好记录。

(7) 箱、盘、柜安装

配电设备到场后要会同甲方及监理等相关单位进行开箱检查并填写记录，主要检查零件及备品是否齐全，有无随机图纸及文件，是否有划伤或受潮现象，二次原理图与要求是否相吻合，并临时标明安装编号、位置及名称，以利于施工时区分。盘柜二次运输：按照设备体积及重量区分，较重的设备要制定二次倒运及吊运方案，在二次运输过程中，要固定可靠，防止磕碰，严防元件、油漆及仪表的损坏。落地式配电柜以[10号槽钢作基础，如无预埋钢板，须以膨胀螺栓打孔固定于地面，配电柜用螺栓固定在槽钢基础上，其他箱盘按设计标准安装。配电设备安装需要在土建室内工程完工后进行，以防面板污染及内部元件的丢失。配电设备外壳严禁以焊、割工具开孔。

配电盘、柜安装完毕后，盘、柜面要清洁、无灰尘，所有操作机构灵活。水平、垂直度及盘间隙符合要求，所有门锁装置完好，并处于关闭状态。

（8）电缆敷设

本工程电缆规格、品种多，延长米量大，进行电缆施工前，需由专业工长会同技术负责人编制电缆敷设计划，包括起止位置、路径、长度、规格、人员配备、工具配备及进度计划。电缆敷设前必须进行绝缘测试，绝缘电阻大于0.5MΩ。电缆敷设时严禁绞、拧，以免影响绝缘程度。电缆绝缘护套不得有划伤缺陷。电缆沟及桥架内敷设电缆，按照先大后小原则施放，电缆沟内应将电缆与支架牢固固定，竖向电缆放完后要马上组织绑扎固定。在下列部位，电缆上应装设标志牌：终端头、中间接头处、桥架竖向两端，标志牌上注明电缆编号。电缆敷设时，要从盘的上端引出，避免电缆在支架及地面摩擦或拖拉。电缆切断后，盘上的断头要有封套封闭，以免受潮。

（9）灯具安装

灯具安装必须在土建、装饰结束后进行。因此，施工中要注意其他专业成品保护。网架上的灯具安装前先对吊钩做荷载试验，牢固可靠后方可安装。灯具安装同一区域内必须一致，成排灯具中心偏差不超过5mm。

（10）开关及各种插座安装

开关、电力、有线电视及电话插座的安装要严格按设计标高进行，其周边紧贴墙壁不留缝隙，同一场合标高误差不超过5mm，并列安装时，如尺寸不一样则需下边平齐。

（11）消防探头的安装

探测器的安装位置、方向、接线方式将直接电接影响到整个火灾报警系统的工作质量，因此，自动消防系统的安装，应在厂家及消防有关部门的指导下进行。安装时严格按施工图纸及规范施工，避开照明出线口且宜水平安装。探测器的底座固定牢靠，其导线连接必须可靠压接或焊接。

（12）系统调试

1）配电系统调试：配电箱在调试前要检查其接线是否正确，若接线正确方可进行调试。合闸后用万用表测量二次输出端是否有电压，若有则进行关闭接线，完毕后合闸带负荷，检查指示灯具是否显示，控制按钮是否动作，多股线在箱内连接用接线端子连接。配电柜在通电前要甩掉所有负荷，检查配电柜空载运行是否正常，合闸是否动作，指示灯具显示是否正常；若正常，检查负荷接地是否正确，负荷绝缘电阻是否满足要求。

2）电机调试：电动机试运行一般应在空载的情况下进行，空载进行时间为2h，并做好电动机空载电流电压记录，电机试运行接通电源后，如发现电动机不能启动和启动时转速很低或声音不正常等现象，应立即切断电源检查原因；启动多台时，应按容量从大到小逐台启动，不能同时启动。

3）照明系统调试：照明系统在安装灯具前，要检测每一回路的绝缘电阻是否大于0.5MΩ，并做好记录，符合要求方可通电试运行。通电后应仔细检查和巡视，检查灯具的控制是否灵活、准确，开关与灯具控制顺序是否相对应；如发现问题必须先断电，然后查找原因进行修复。插座安装前要摇测线路绝缘电阻，做好记录归入技术资料中；符合要求后，方可安装插座。安装插座要严格按照规范规定，四孔、三孔的相线、零线及地线，不可接反。

3.17　季节性施工

3.17.1　冬期施工方案

(1) 规程规定

《建筑工程冬期施工规程》规定：当室外日平均气温连续5d稳定低于5℃，即进入冬期施工；反之，当室外日平均气温连续5d高于5℃，即解除冬期施工。

(2) 本地情况

北京地区在每年的11月15日至次年的3月15日，为冬期施工，总计128d。冬期施工又包括一般低温阶段和极低温阶段。

一般低温阶段的时间为每年的11月15日至12月中旬，和次年的2月中旬至3月15日，总计90d，此阶段的工作环境基本处于正温。

极低温阶段时间是：每年的12月下旬至次年的2月中旬，特别是1月份最冷，最低气温达－13℃左右。

进入冬期施工以后，应和气象台建立联系，开始每天测温，提前做好气温突然下降的防冻准备工作。

(3) 技术组织措施

1) 组织有关人员学习冬期施工规范，组织冬期施工领导小组，责任到人，把冬期施工的各种措施、制度贯彻好，实施好。

2) 准备好冬期施工用具：麻袋片、塑料薄膜、草包垫子等保温材料。

3) 结构工程：结构施工只有土方开挖处于一般低气温施工，应每天进行测温监控工作，将开挖完的基槽，用塑料薄膜加麻袋片进行覆盖，防止基地受冻。

4) 管道工程：管道、卫生设备试水后，必须将管道内及存水弯处的水放净。做水压试验时，水温不应低于5℃，管道清洗应用压缩空气。

管道焊接时，应保证焊接区不受恶劣天气影响。当环境温度较低时，应采取适当措施(如预热、暖棚、加热)，保证焊接所需的足够温度。焊条应烘干后放保温筒内，在室外焊接时，如风力大于4级以上应设防风屏障，雨、雪天应设挡雨棚。

(4) 冬期施工技术质量、安全管理

1) 冬期施工前，应将冬期施工所用的材料、机械、工具等备足备齐、落实到人，专人负责、统一调度。建立健全冬期施工领导班子，确保冬期施工措施落到实处。

2) 测温后应将温度变化及时反馈，以便采取相应处理措施。做好每天气象记录，并应及时公布天气预报情况。

3) 塑料管线妥善保管，避免露天放置，积雪覆盖，使管线变脆，影响工程质量。

4) 电源开关、控制箱等设施要统一布置，加锁保护，防止乱拉电线使用电炉、碘钨灯、热水器、大功率灯泡等电器而发生触电事故。设专人负责安全用电管理，每日进行例行检查，确保施工用电安全，并记录在案。

5) 加强夜间巡逻，做好防火、防盗工作，给工程冬期施工创造有利条件，保证工程质量和工程进度。

3.17.2　雨期施工方案

北京地区6、7月份即进入了雨期，为此，在雨期施工应采取以下措施：首先，应在现场布置好排水沟，规划雨水分流区，保证场内不积水。

（1）基础和主体部分

地下夹层及主体结构施工在雨期。

1）基坑排水：雨期来临时，在坑内设排水沟、集水井，用水泵排水，并随时检查基坑边坡稳定情况，发现问题及时处理。在基坑周围砌筑200mm高的挡水堰，防止雨水流入基坑内。

2）混凝土工程：本工程砂、石料分开存放，地面硬化，以保证砂、石料的干净清洁。浇筑混凝土时，应根据配比单结合砂、石的含水量及时调整配料比例。提前了解天气情况，尽量避免雨天施工，尤其是具有抗渗要求的底板混凝土；当不能避开时，新浇筑的混凝土应用塑料薄膜覆盖，底板及外墙抗渗混凝土不能停止浇筑，以防止产生施工冷缝。垫层上的雨水可以引入周边明沟，汇集到集水井排出。地上的梁板在雨天施工时，可把施工缝设在跨中的1/3处中断混凝土浇筑；如有部分混凝土因下雨未来得及覆盖，表面水泥浆被冲刷掉，可在雨停后，撒素水泥，重新用木抹子抹压平整。水泥砂浆抹面完成后，在强度未达到要求之前，在雨天也应用塑料覆盖，以防止表层水泥浆被冲刷。

3）钢筋工程：钢筋堆放场地及加工场地应铺以碎石清洁现场，以避免泥土污染钢筋。

钢筋加工区应砌240mm×300mm（宽×高）、间距2m的砖垄上，以避免污垢或泥土的污染。绝对不允许钢筋存放在积水中。钢筋加工区应搭设钢筋棚，加工出的成品应垫高存放，不得直接放在地上，以防雨天泥土污染成品筋。闪光对焊钢筋应在钢筋棚内进行，不得在室外对焊，以防雨淋。尤其是刚对焊出的钢筋，绝对禁止放在雨中或水中冷却，大风雨天气对焊钢筋应终止进行。电渣压力焊钢筋，应选在无风雨天气进行，刚焊出的钢筋也应禁止雨淋，以防止改变钢筋受力性能。总之，焊接钢筋应避开阴雨天气；否则，应用石棉瓦遮挡，避开雨水直淋钢筋焊区。在绑扎钢筋中，有时遇到阴雨天气，一般情况不影响钢筋绑扎施工，但工人在上下班或搬运钢筋时，鞋上沾的泥巴易污染钢筋网片，应采取以下措施：一是钢筋上的泥巴，应用钢丝刷，配合自来水冲洗干净；二是工人在进入钢筋绑扎区前，清理干净鞋底或换干净的鞋进行施工。

4）网架拼装：雨天应尽量避免焊接操作，脚手架及网架拼装块，应有防雷接地措施。当遇到五级以上大风时，不宜进行高空安装，并严禁雨天用电。

5）模板工程：本工程地下室墙体采用中型组合钢模组拼施工，楼板采用覆膜竹胶板。

对于钢制模板的堆放，应专门设存放区，并硬化地面坚固结实，平整度不得大于5mm，分规格分区存放。覆膜竹胶板应平放在平整的混凝土地面上，下部垫以10cm×10cm木方，间距50mm，上部应覆盖塑料薄膜，防雨淋变形。绝对禁止竹胶板浸泡水中。

6）屋面工程：屋面防水应选在无风雨的晴天进行，基层的含水率应不大于9%；如果施工中遇雨，应及时用塑料薄膜覆盖，雨过后基层满足含水率要求后，才能继续施工。管根、换风口根及阴阳角部位更应注意保护。网架屋面板防水油漆施工，也应保持基层清洁、干燥，严禁雨天施工。

7）土方回填：肥槽内的土方回填，应保证肥槽内没有积水，没有垃圾及有机物。应根据要求分层夯实，雨天不得进行土方回填。未回填完的肥槽被雨淋后，应在下次回填前，将水排干净，含水量符合要求后方可施工。基坑回填土用彩条布覆盖防止雨淋，影响回填土的质量。雨水浸泡过的灰土要挖除，重新回填。

8）装饰与安装工程：在主体工程施工装饰用的保温板、木门、铝合金窗及安装用的保温棉、电力设备等均采取防雨措施，覆盖塑料布或石棉瓦，木门窗之类受潮易变形的成品、半成品应贮存在仓库内；否则，变形后无法安装使用。电力设备淋雨后易造成短路、漏电事故，必须存放在通风避雨的地方。

9）其他：做好塔吊、脚手架等高耸物件的防雷与防台风措施。塔吊顺风停放。避雷采用 $\phi12$ 钢筋接地。脚手架上铺防滑材料。落地脚手架立杆应垫在 5cm 厚木方上，基础应有良好的排水措施，脚手架底部均设扫地杆。大风雨过后，应重新检查塔吊和脚手架，确保无变化后，方可继续使用。对临时道路和排水沟，要经常维修和疏通，以保证暴雨后能通行和排水。雨期时准备 10 台 $\phi50$ 水泵排水。搅拌站应搭设防雨棚，封闭施工。现场使用的中小型机械必须按规定加设防雨罩，安装漏电保护器。通往地下室的出口，应砌挡水台，防止雨水倒灌入地下室内。雨期施工，应在现场设环行道路，保证现场道路畅通，道路路面可加铺炉渣、砂砾或其他防滑材料，必要时应加固路基，道路两侧应修好排水沟。

4 主要施工管理措施

4.1 工程质量保证措施

4.1.1 质量目标

本工程单位工程质量：优良；确保北京市“长城杯”，争创“鲁班奖”。

4.1.2 质量保证体系

工程将建立以项目经理、总工程师领导控制、专业监理工程师基层检查、作业层的操作质量管理三级质量管理系统。推行区域责任工程师和专业监理工程师责任制，对施工全过程工程质量进行监控。形成一个横向从土建、安装、装饰及各分包项目，纵向从项目经理到作业班组的质量管理网络。使质量保证体系延伸到各施工单位、公司内部各专业分公司，保证质量目标予以实现。建立高度灵敏的质量信息反馈系统，以试验、技术管理、质量检查为信息中心，负责搜集、传递质量信息给决策机构，对异常情况迅速作出反应，并将新的指令信息传递到执行机构，调整施工部署，纠正质量偏差，确保优良目标的实现。质量保证组织体系如图 4-1 所示。

4.1.3 质量保证措施

（1）组织保证措施

根据质量组织保证体系图，建立岗位责任制和质量监督制度，明确分工职责，落实施工质量控制责任，各岗位各行其职。职能表见“项目管理职责”。

（2）质量管理程序与质量预控

1）过程质量执行程序：

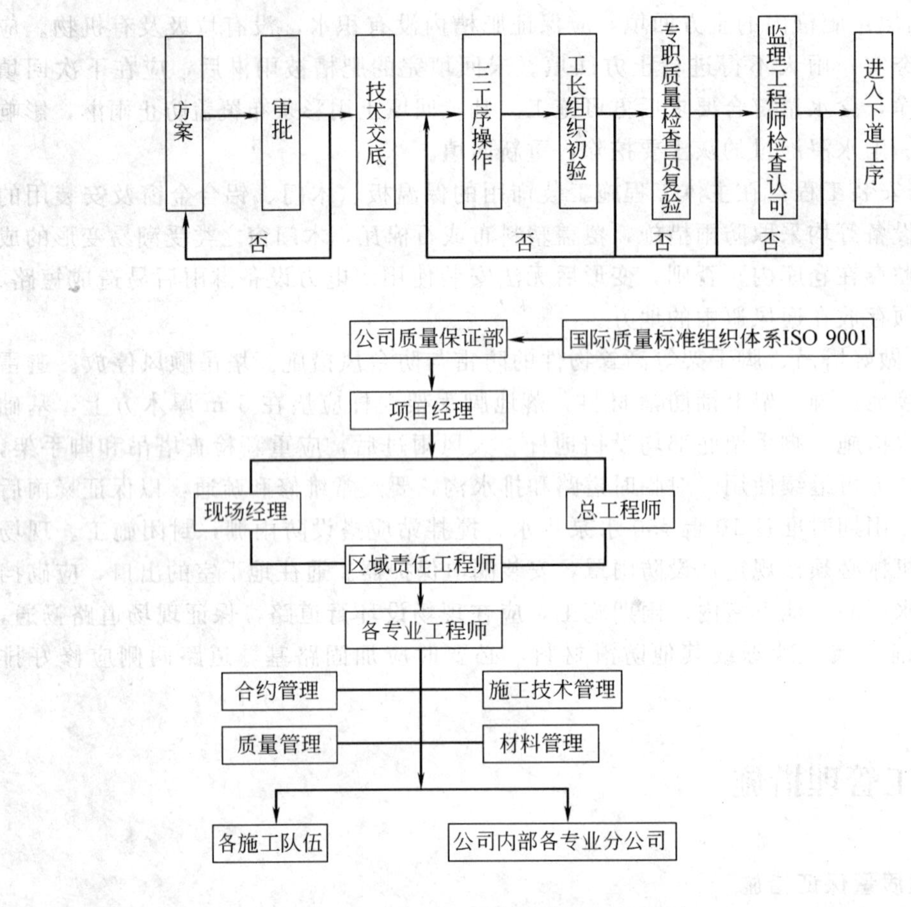

图 4-1　质量组织保证体系图

2）质量保证程序：

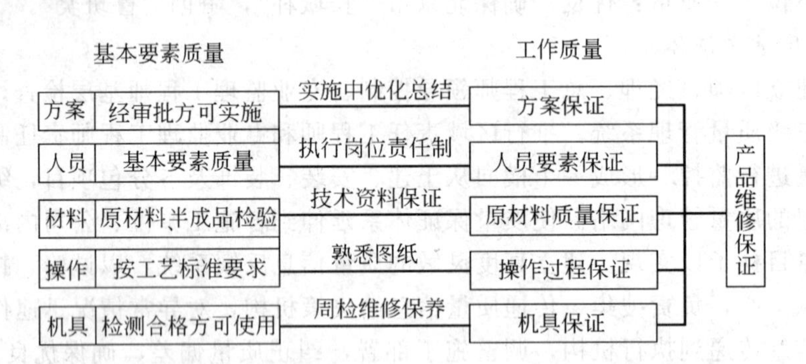

3）施工质量预控：

① 模板工程质量程序控制（图 4-2）；

② 钢筋工程质量程序控制（图 4-3）；

③ 混凝土工程质量程序控制（图 4-4）；

④ 防水混凝土工程质量程序控制（图 4-5）；

⑤ 防水卷材工程质量程序控制（图 4-6）。

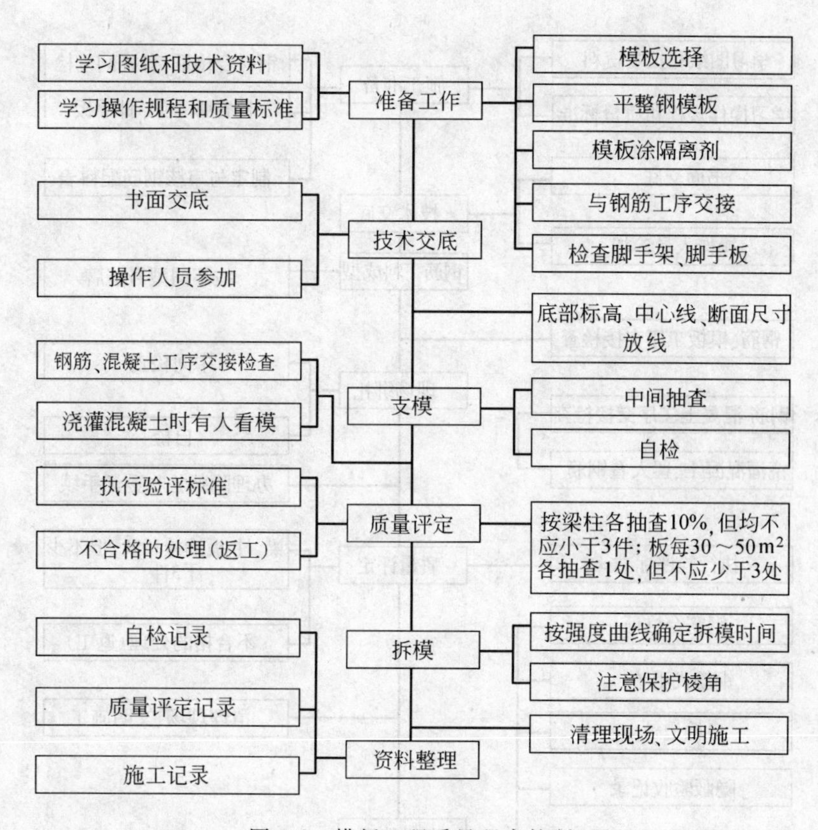

图 4-2 模板工程质量程序控制

(3) 采购物资质量保证

项目施工管理部负责物资统一采购、供应与管理，并根据 ISO 9002 质量体系标准和公司物资“采购手册”，对所需采购和分供方供应的物资进行严格的质量检验和控制，主要采取的措施如下：

1) 采购物质时，须在确定合格的、有信誉的分供方或厂家采购，所采购的材料或设备必须有出厂合格证、材质证明书，对材料、设备有疑问的禁止进货。

2) 物资分公司委托分供方供货，事先已对分供方进行了认可和评价，建立了合格的分供方档案，材料的供应在合格的分供方中选择。

3) 实行动态管理。物资分公司、公司工程部、合约部和项目经理部等主管部门定期对分供方业绩进行评审、考核并记录，不合格分供方从档案中予以除名。

4) 加强计量检测。采购物资（包括分供方采购的物资），根据国家、地方政府主管部门规定、标准、规范或合同规定要求及按批准的质量计划要求抽样检验和试验，并做好标记。对其质量有怀疑时，就加倍抽样或全部检验。

(4) 技术保证措施

1) 专业施工保证：

我公司目前有如下专业分公司可以提供先进的技术装备和技术指导、施工服务：混凝土搅拌中心，模板架料租赁公司，机械租赁站，机电施工部，装饰施工部，物资分公司，中心试验室等。这些将作为项目管理的支撑和保障，为工程项目实现质量目标提供专业化技术手段。

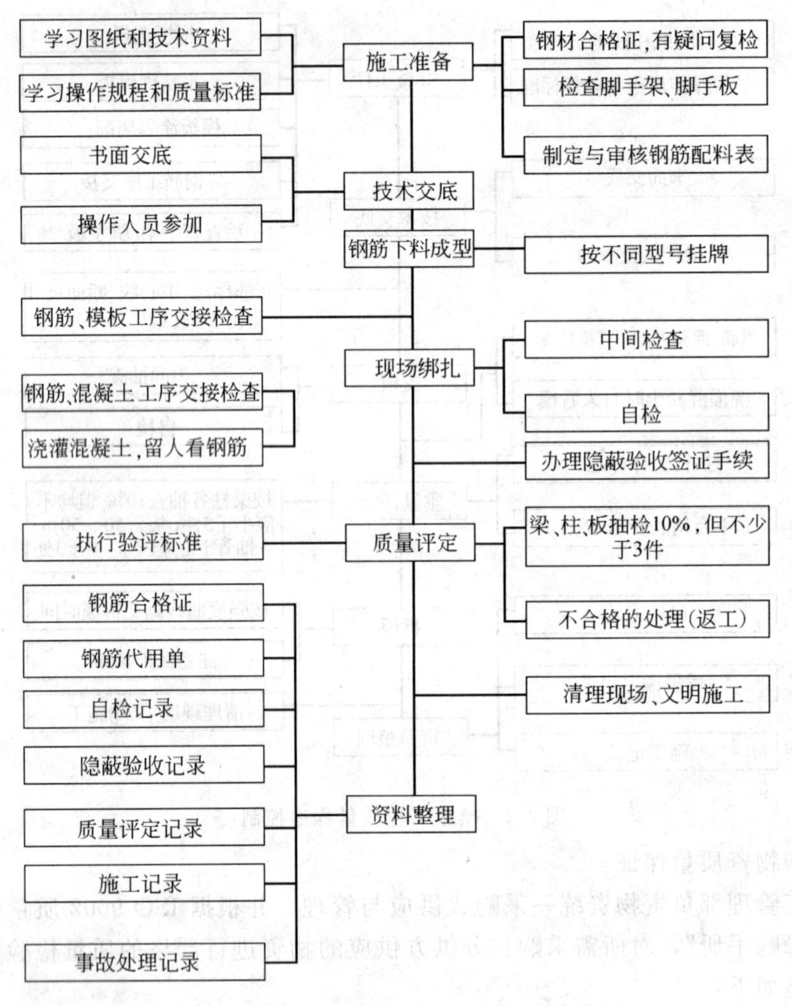

图 4-3　钢筋工程质量程序控制

2）先进的模板体系：

墙模采用组合钢模板系，有足够的刚度，重量轻，灵活性强；顶板采用竹胶板，易拆除，成型后的混凝土表面光滑、平整，感观好，可以不抹灰。详见“模板施工工程”。

3）采用泵送混凝土：

采用泵送混凝土技术，解决了混凝土的水平和垂直运输，提高了劳动生产率，加快了混凝土浇筑速度，保证了混凝土的质量。

4）钢筋连接技术：

钢筋采用电渣压力焊、闪光对焊技术施工，我公司有专业作业队，都是持证上岗。在钢筋施工中，将严格按技术规程操作，加强质量检测和验收，确保钢筋连接质量。

5）防水工程保证：

防水工程采用专业防水施工队施工，严格按防水操作规程施工，操作工人持证上岗。卫生间、厨房、外墙铝合金窗等重点防水部位，将设质量控制点，开展 QC 活动，确保滴水不漏。

6）劳务素质保证：

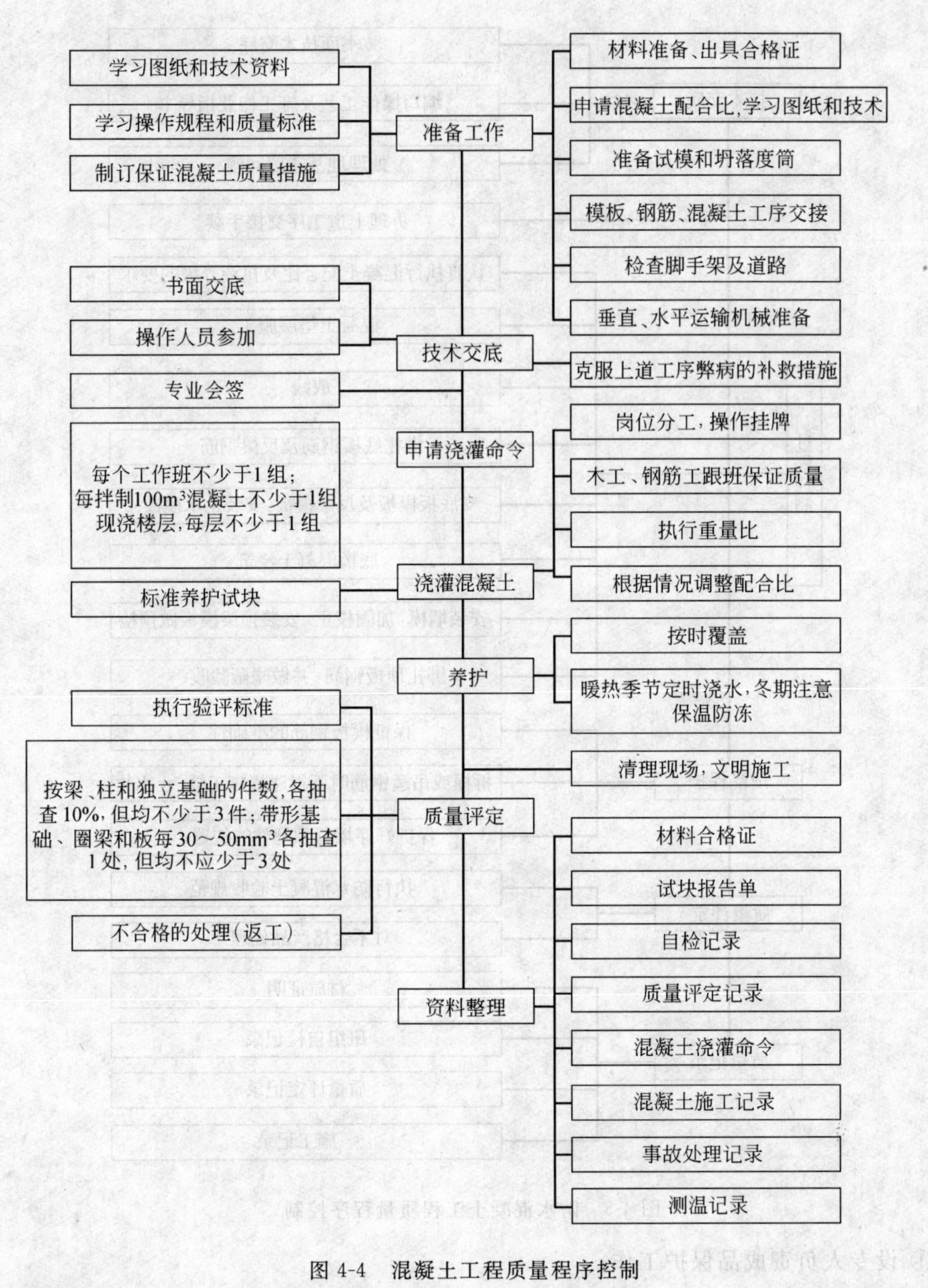

图 4-4 混凝土工程质量程序控制

本工程选择曾经施工过两个“鲁班奖”工程的劳务队参与施工。本工程的项目经理部和这支队伍有着多年的合作基础，互相非常了解，容易沟通，管理顺畅，施工工程中不会有任何项目指令不畅的问题。

7）加强成品保护：

由于工期紧，装修等级高，各工种交叉频繁，对于成品和半成品，通常容易出现二次污染、损坏和丢失，特别是工程装修材料，一旦出现污染、损坏或丢失，将影响工程进展，增加额外费用。因此，成品保护须足够重视。

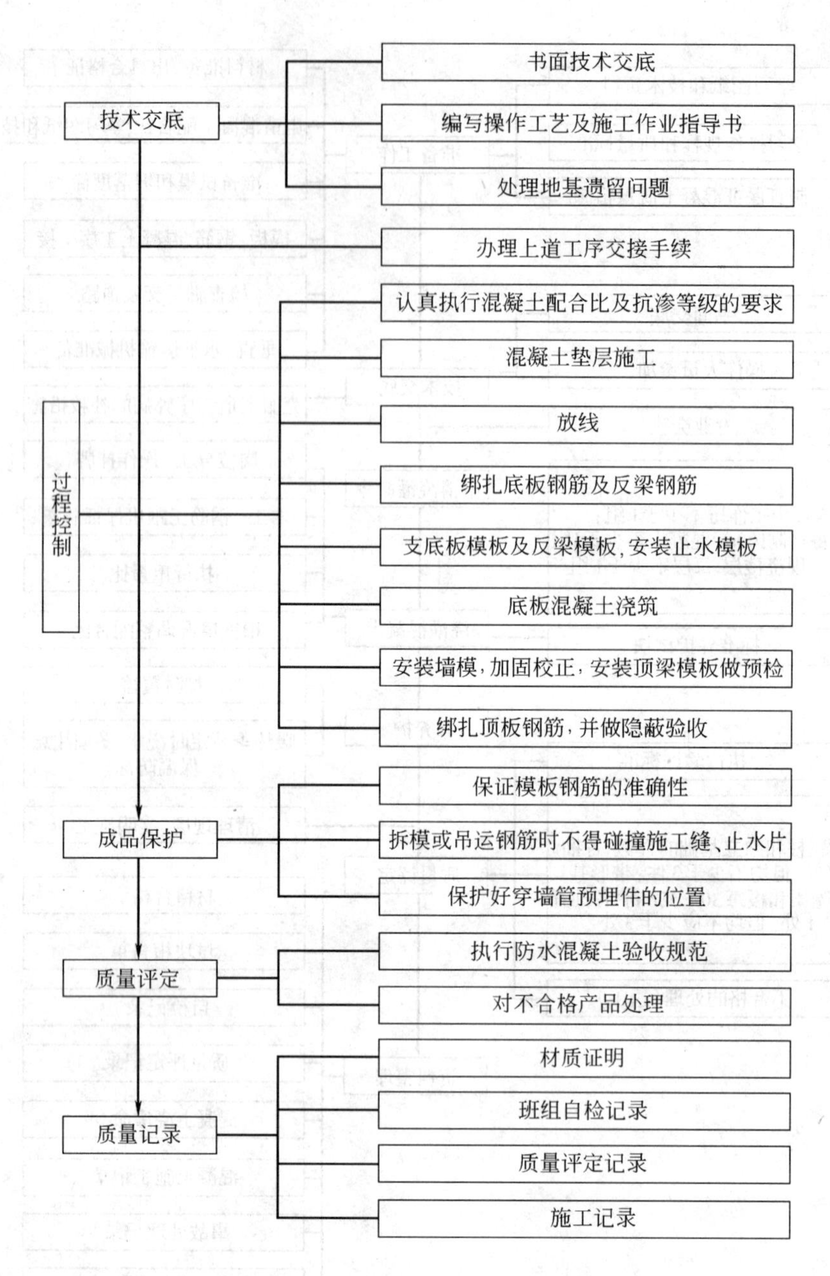

图 4-5　防水混凝土工程质量程序控制

① 设专人负责成品保护工作；

② 制定正确的施工顺序：制定每个房间（或部位）的施工工序流程，将土建、水、电、暖、消防、装修等各专业工序相互协调，排出工序流程表，各专业工序严格按流程、按时间插入施工，施工有序不乱；

③ 做好工序标识工作：在施工中对易污染、破坏的成品、半成品标识“正在施工，注意保护”的标牌；

④ 采取护、包、盖、封防护：采取“护、包、盖、封”的保护措施，对成品、半成品进行防护，并由专门负责人经常巡视检查，发现有保护措施损坏的，要及时恢复；

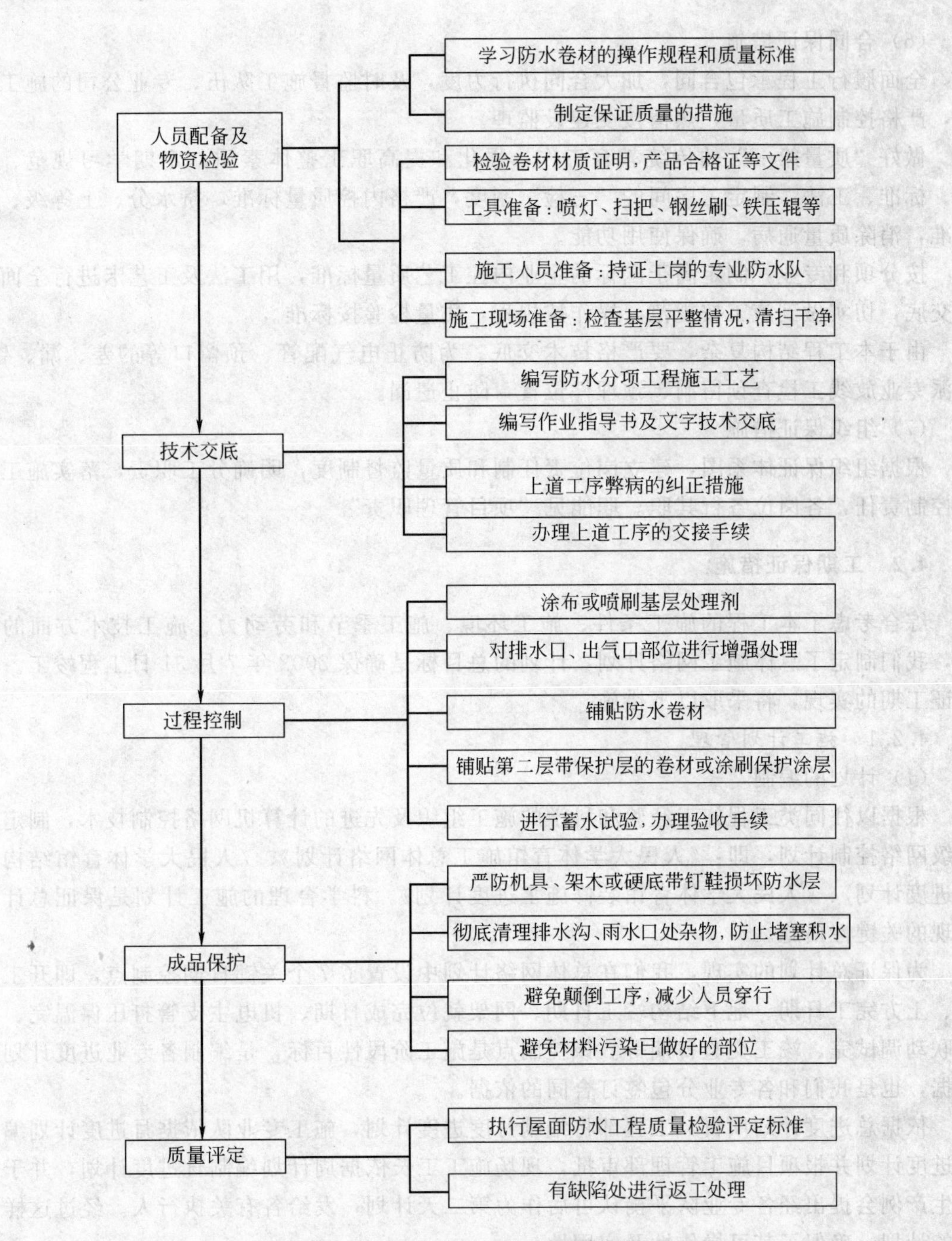

图 4-6 防水卷材工程质量程序控制

⑤ 工序交接全部采用固定表格、书面形式由各方签字认可，由下道工序作业人员和成品保护负责人同时签字确认，并保存工序交接书面材料，下道工序作业人员对防止成品的污染、损坏或丢失负直接责任，成品保护专人对成品负监督、检查责任。

（5）经济保证措施

保证资金正常运作，确保施工质量、安全和施工资源正常供应；同时，为了更进一步搞好工程质量，引进竞争机制，建立奖罚制度、样板制度，对施工质量优秀和低劣的班组、管理人员，要奖罚分明，严格纪律和制度。

（6）合同保证措施

全面履行工程承包合同，加大合同执行力度，及时监督施工队伍、专业公司的施工质量，严格控制施工质量，热情接受建设监理。

做好“质量第一”的传统教育工作，强化和提高职工整体素质，定期学习规范、规程、标准、工法，制定工序间的“三检”制度，严格内控质量标准，挤水分、上等级、达标准，消除质量通病，确保使用功能。

按分项和专业，制定高于国标的企业内控工艺质量标准，用工法及工艺卡进行全面技术交底，切实做到施工按规范，操作按规程，质量检验按标准。

由于本工程结构复杂，要严格技术交底。为防止电气配管、预留口等的差、漏、错，要派专业放线工检查预留洞、预埋件位置，防止遗漏。

（7）组织保证措施

根据组织保证体系图，建立岗位责任制和质量监督制度，明确分工职责，落实施工质量控制责任，各岗位各行其职。职能见“项目管理职责”。

4.2　工期保证措施

综合考虑了本工程的施工条件、施工环境、施工季节和劳动力、施工技术方面的因素，我们制定了总体施工网络计划，计划的总目标是确保2002年7月31日工程竣工。为保证工期的实现，将采取以下措施：

4.2.1　施工计划管理

（1）计划的编制

根据以往同类工程施工经验和科学的施工组织及先进的计算机网络控制技术，制定了三级网络控制计划，即：《人民大学体育馆施工总体网络计划》、《人民大学体育馆结构施工进度计划》、《人民大学体育馆装修施工进度计划》。科学合理的施工计划是保证总计划实现的关键性措施。

为保证总计划的实现，我们在总体网络计划中设置了7个关键日期控制点，即开工日期、土方完工日期、地下结构竣工日期、网架就位完成日期、机电主支管打压保温完、设备联动调试完、竣工交验日期等。该控制点是施工阶段性目标，是编制各专业进度计划的依据，也是我们和各专业分包签订合同的依据。

依据总进度计划项目，工程部将编制月度进度计划，施工专业队依据月进度计划编制周进度计划并报项目施工管理部审批，现场施工工长依据周计划编制日进度计划，并于每天生产例会提出经各专业队平衡认可后作为第二天计划，发给各有关执行人。经过这样编制的计划，确保了其可操作性及实用性。

（2）计划的执行与控制

建立例会制度：每月一次的工程总结会，做阶段性总结；每周一次的工程例会，安排检查月进度；日巡查会，检查作业进度，并做日报、周报和月报。控制保证计划的层层落实。

施工中影响进度及各专业协调的问题在例会上要及时解决；如工期有延误，要找出原因，制定追赶计划。编制施工进度计划的同时也应编制相应的人力、资源需用量计划，如劳动力计划，现金流量计划，材料、构配件加工、装运到场计划等，并派人追踪检查，确保人力资源满足计划执行的需要，为计划的执行提供可靠的物资保证。

4.2.2 施工组织管理

为保证计划完成，我公司将选派曾经施工过同类工程的一级项目经理担任该工程的项目经理，该同志有丰富的现场施工组织管理经验，总工程师由有类似工程施工经历并有多年施工经验的高级工程师担任；同时，将集中公司经验丰富、精力充沛的现场工程师任工长。强大的项目管理班子将确保工期有组织的实现。

采用微机技术加强调度管理，合理安排工序穿插和工期，建立主要形象进度控制点，运用网络计划跟踪技术和动态管理方法。坚持月平衡、周调度，确保总进度计划实施。为了充分利用施工空间、时间，应用流水段均衡施工工艺，合理安排工序，在绝对保证安全、质量的前提下，充分利用施工空间，科学组织结构、设备安装和装修三者的立体交叉作业。

为早日插入装修，结构分二次验收，第一次±0.00m 以下结构验收后插入装修；第二次主体结构完成后，即可以全面展开装饰及安装施工。

对各专业分包实施严格的管理控制。各专业分包进场前，必须根据项目部进度计划编制各专业施工进度计划，报项目经理部，各分包必须参加项目工程部每日召开的生产例会，把每天存在的问题，需协调的问题当天解决。如因专业分包延误影响总进度关键工期，项目部应要求其编制追赶计划并实施；否则，对其处以罚款，直至解除合同。

严格各工序施工质量，确保一次验收合格，杜绝返工，以一次成优的良好施工质量获取工期的缩短。

建筑施工综合性强，牵扯面广，社会经济联系复杂，有可能由于难以预见的因素而拖延工期；尤其在装修阶段，为保证工期，在结构施工阶段我方就必须开始装修的做法认定、材料选定、样板确定，当然这些工作也需要业主的密切配合。

充分发挥群众积极性，开展劳动竞赛，对完成计划好的予以表扬和奖励，对完成差的予以批评和处罚。

工序管理，为最大限度地挖掘关键线路的潜力，各工序施工时间尽量压缩。结构施工阶段，水电埋管、留洞随时插入，不占用工序时间，装修阶段各工种之间建立联合签认制，确保空间、时间充分利用，同时保证各专业良好配合，避免互相破坏或影响施工，造成工序时间延长。

4.2.3 劳动力及施工机械化对工期的保证

为确保工期完成，我公司将选择一支具有很高专业素质的施工队进场承担施工任务，该队来自我公司多年的固定劳务分包基地。1994 年、1997 年在我公司承担施工的工程中，分别获得国内建筑行业最高奖“鲁班奖”。施工人员相对固定，不会因节假日或农忙季节导致劳动力缺乏。

为缩短工期、降低劳动强度，我公司将最大限度地采用机械作业，如基础部分的垂直运输，在塔吊安装前配备汽车起重机解决，混凝土采用混凝土泵输送，各专业配备专用中、小型施工机具。现场大型机械将配备塔吊、外用井架、混凝土泵等，这是完成计划的有力保证。

4.2.4 资金材料对工期的保证

本工程执行专款专用制度，以避免施工中因为资金问题影响工程进度，同时专款专用制度也为项目部应付万一某一环节完不成关键日期而采取果断措施提供了保证。

本工程主要材料由公司统一采购，零星材料及急用材料由现场采购，在资金保证的前提下，材料供应能够保证。

4.2.5 施工技术对工期的保证

积极推广应用新工艺、新材料，从科技含量上争取工期缩短，钢筋工程是占用工期总时间的主要工作程序，为缩短该工序施工时间，采取如下技术措施：钢筋对焊、电渣压力焊及连接流水线焊接技术；同时，采用先进的混凝土外加剂、覆膜竹胶板、网架安装移动平台、分段流水施工及统筹法施工技术，缩短了工期。

现场工程师协助施工队及时解决施工中出现的各种技术问题，做详细的施工方案和施工技术交底。与设计、甲方随时沟通联系，第一时间把问题解决。

采用新材料，压缩工序流水节拍。

4.2.6 良好的外围环境对工期的保证

积极主动和各级政府主管部门联系，为施工提供方便。

做细致的工作，争取学校和居民的理解与支持，减少扰民和民扰，尽量延长工作时间。

4.2.7 完善的季节性施工措施对工期的保证

该工程施工阶段跨越冬期和雨期，做好冬雨期施工是能否保证工期的关键，为此，我们制定了完善的季节性施工措施。详见“季节性施工”。

4.3 技术管理措施

(1) 钢筋工程：控制好钢筋原材料进场及钢筋加工成型质量，钢筋的绑扎严格按图纸及规范要求进行，注意克服钢筋纵横间距偏大、过大；墙、柱主筋跑位，搭接位置错误；垫块不到位等质量问题。

(2) 模板工程：做好模板的配板设计工作，严格按方案进行，模板的垂直平整度及接缝高差必须控制在规范标准内；同时，做好模板的清理、修整、刷脱模剂工作。

(3) 混凝土工程：把好进场商品混凝土的质量、浇筑成型及养护等各道工序质量关，并分别设专人负责，予以落实。

(4) 地下防水工程：选质量过硬的防水施工队伍，做好基层处理工作，施工过程中跟踪检查，交工质量达到防水工程验收规范标准。

(5) 对钢筋、模板、混凝土等分项工程分别成立 QC 小组，运用 PDCA 循环，对工程质量进行控制监督，层层落实，把好关键工序的质量关。

(6) 在施工中，严格按国家颁发的验收规范、操作规程和质量评定标准统一施工，坚持认真审图、按图纸施工，发现质量问题立即采取有效措施，不留隐患。

(7) 认真执行施工方案，并对每道工序进行详细的技术交底，落实责任制，把施工中要点、难点、工艺、质量标准和技术措施，通过施工技术交底形式明确和统一起来，做到操作者心中有数。

(8) 分部分项工程做好自检、互检、交接检制度，并将资料在下道工序施工前报送监理检验，待监理检验、认可后，再进行下道工序施工。

(9) 各种原材料、半成品必须有材质证明或复试报告、出厂合格证，不合格的原材料、半成品在工程中禁止使用。在施工过程中，认真做好检验及计量工作，保证技术资料与工程施工同步进行。

(10) 搞好文明施工，严格场容管理，是创优质工程的必要条件。

(11) 分片区落实责任制，做到工完场清，并加强产品保护。

(12) 贯彻执行质量样板制、挂牌制、岗位责任制。

(13) 分项工程未达优，坚决返工重做。

4.4 安全保证措施

4.4.1 安全管理目标方针

安全管理方针是"安全第一，预防为主"。

该工程地处学校院内，过往车辆和行人较多，施工中要认真贯彻"企业负责、行业管理、国家监察、群众监督"的安全生产管理制度，杜绝重大人身伤亡事故和机械事故，一般工伤事故频率控制在2.0‰以下，确保安全生产。

4.4.2 安全组织保证体系

以项目经理为首，由总工程师、现场经理、安全总监、区域责任工程师、专业监理工程师、各专业分公司等各方面的管理人员组成安全保证体系（图 4-7）。

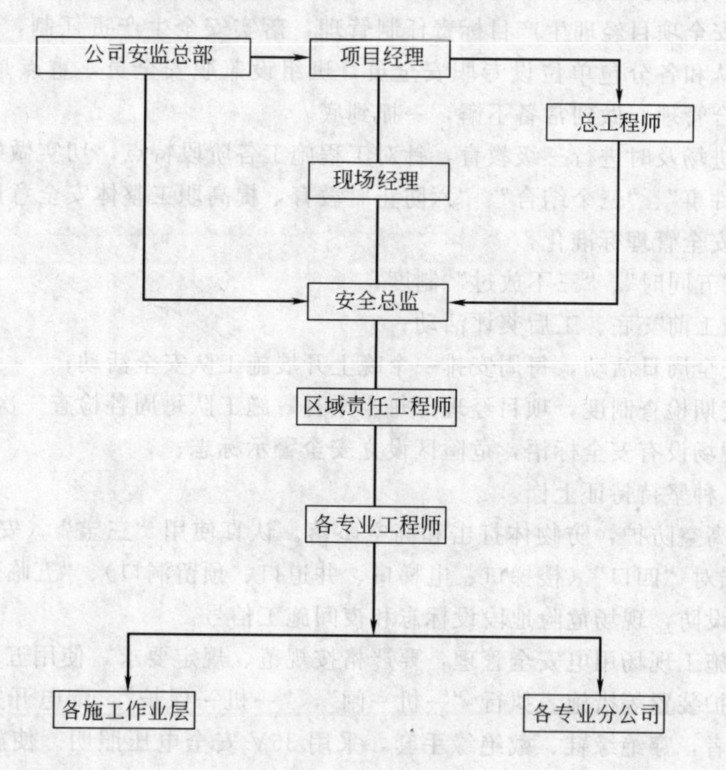

图 4-7　安全保证体系

4.4.3 安全管理制度

(1) 安全技术交底制：工程开工前，根据安全措施要求和现场情况，各级管理人员亲自逐级进行书面交底。

(2) 班前检查制：区域责任工程师和专业工程师必须督促与检查施工队、专业分公司对安全防护措施是否进行了检查。外脚手、大中型机械安装实行验收制，不经验收，一律不得投入使用。

（3）周一安全活动制：经理部每周一要组织全体工人进行安全教育，对上一周安全方面存在的问题进行总结，对本周的安全重点和注意事项做必要的交底，使广大工人能心中有数，从意识上时刻绷紧安全这根弦。

（4）定期检查与隐患整改制：经理部每周要组织一次安全生产检查，对查出的安全隐患必须定措施、定时间、定人员整改，并做好安全隐患整改消项记录。

（5）管理人员和特种作业人员实行年审制：每年由公司统一组织进行，加强施工管理人员的安全考核，增强安全意识，避免违章指挥。

（6）实行安全生产奖罚制与事故报告制。

（7）危急情况停工制：一旦出现危及职工生命财产安全险情，要立即停工；同时，即刻报告公司，及时采取措施排除险情。

（8）持证上岗制：特殊工种必须持有上岗操作证，严禁无证操作。

4.4.4　安全管理工作

（1）认真贯彻落实国家和北京市企业安全生产法规、规程，建立健全施工安全检查、监督网络体系，做好安全检查与防护，做到经常化、制度化、标准化。

（2）抓好安全项目经理生产目标责任制管理，落实安全生产责任制，实行“一把手”负责制。施工队和各分包单位设专职安全员，班组设兼职安全员，重点是“三长二员”，负责现场的综合管理，做到常备不懈，一抓到底。

（3）队伍进场及时进行三级教育，针对工程施工各阶段特点，切实做好“三基”、“三个时间”、“三件事”、“三个结合”、“六防止”教育，提高职工整体安全意识。

（4）加强安全管理标准化：

1）坚持“五同时”、“三不放过”制度；

2）坚持施工前交底、工后奖评活动；

3）坚持安全周日活动，每周安排一个晚上开展施工队安全活动；

4）坚持定期检查制度，项目经理部每半个月，施工队每周各检查一次；

5）施工现场设有安全标语，危险区设立安全警示标志；

6）特殊工种坚持持证上岗。

（5）抓好高空防护，防物体打击和高空坠落。认真使用“三宝”（安全帽、安全带、安全网），加强对“四口”（楼梯口、电梯口、井道口、预留洞口）、“五临边”（脚手架边、坑边……）的设防，现场危险地段设标志和夜间施工信号。

（6）抓好施工现场用电安全管理，要严格按规范、规定要求，使用五芯电缆、钢制配电箱、漏电保护装置等措施。执行“一机一闸”，“一机一保护”，配电开关箱加锁。使用移动电动工具者，穿绝缘鞋、戴绝缘手套，采用36V安全电压照明。使施工用电安全防护达到定型化、工具化。

（7）抓好对塔吊等大型垂直运输机械的管理。塔吊安装、顶升、拆卸作业应设立警戒区，坚持“十不吊”，塔吊不准带病作业，若遇大风、暴雨、浓雾不起钩，起吊重物时不得拖吊和超载起吊，离地0.3m暂停起升，检查安全稳定后运转就位，防止机械伤害和触电事故。

(8) 脚手架必须按 JGJ 59 的规定搭设。双排脚手架重点把好“连接、承重、检验”三关。严禁在其上堆放重物，并按规定进行全封闭，防止物体打击。

(9) 施工期间，严禁非施工人员进入施工区，外单位参观人员要有专人陪同。

(10) 施工现场按总平面布置设置围护，对外通道建岗设卡，保证现场安全。

(11) 做好防火工作，特别是进入装修阶段，狠抓预防。在每层的楼梯处设灭火器，每楼层均有临时供水设施，并设有水箱用于消防。

4.4.5 制定施工现场安全防护基本标准

主要有：安全防护基本标准，如电梯井、楼梯、基坑等防护标准；脚手架搭设及使用防护标准；施工现场消防工作管理标准等。

5 经济技术指标

本工程工期紧，施工内容多，质量要求高，为确保我公司在兑现合同全部内容的前提下保证效益，获得利益，根本途径在于采取一切可行的措施，降低工程实施过程中的消耗。

5.1 主要经济技术指标

(1) 工期：518d。

(2) 质量：所有分部分项工程合格率100%，优良率75%。其中，基础、主体、安装、装饰分部必须优良。

(3) 安全目标：安全防护检查达标 85 分以上，杜绝发生重大事故。

(4) 劳动生产率（土建）：87000 元/(人·年)。

(5) 单方用工：6 个/m^2。

(6) 机械：利用率70%，完好率95%。

(7) 水泥节约率：1.8%。

(8) 钢材节约率：2%。

(9) 木材节约率：10%。

(10) 场容管理、文明施工检查达标 80 分以上。

5.2 实施指标措施

(1) 根据本工程的特点、合同要求，结合相关工程的成本管理经验，通过科学的预测制订“成本控制计划”，该计划是实现成本目标的具体安排，是施工过程中成本管理工作的行动纲领。

(2) 充分利用公司现有资源，降低现场费用。有公司强大的技术、管理优势做后盾，以智力密集型的项目法施工模式的成功经验，使得项目班子组成可以精练高效，减少了管理费开支；工具式办公房和工具式围墙等减少了临建费用；公司自有的大型机械设备和周转工具降低了机械费、模板等方面的开支。

(3) 采用分段流水施工缩短工期、降低成本。工期缩短大大减少机械使用时间、减少模板占用量和使用时间、减少人工投入量、减少间接费用的开支，从而使综合成本降低。

(4) 网架安装采用滑移法施工，可使脚手架的使用数量减少，从而降低脚手架和人工费用。

(5) 采用先进的施工技术降低材料消耗：

1) 混凝土采用外掺粉煤灰技术，混凝土掺加一定配比的粉煤灰，不仅减少水泥的水化热，降低混凝土内部温升，增加混凝土的和易性、可泵性，而且节约水泥，降低造价；

2) 采用覆膜竹胶模板和中型钢模板，可保证墙面平整度，达到不抹灰的程度，减少整个工程的抹灰量，减少垃圾，降低成本；

3) 先进的钢筋连接技术，本工程采用闪光对焊和电渣压力焊技术，可节约大量钢材，从而降低成本；

4) 泵送混凝土技术，可加快施工速度，降低劳动力投入，减少劳动量，减少混凝土遗撒，达到高效、节约的目的。

(6) 降低质量损失成本，施工项目质量成本包括内部质量损失成本、外部质量损失成本。降低内部质量损失成本的途径是以优良的施工质量杜绝返工和修补，降低外部质量损失成本的途径是以优良的质量减少下一步工序的施工人员、材料的投入。如本工程的混凝土浇筑过程中，采用合理的模板体系、严格控制振捣、拆摸养护工序，从而达到清水混凝土不抹灰的标准，减少后期工程量；另外，严格地控制成品、半成品的采购质量，不合格品不准进场，降低损耗率，也是降低外部质量损失成本的重要手段。

(7) 定期进行成本核算，随时掌握收集信息并与成本计划比较，对施工项目的各项费用实施有效控制，发现偏差则分析原因，并采取措施纠正，从而实现成本目标。

(8) 强化全员成本意识，降低成本不是一个人一个部门能够实现的，必须使参与施工的各部门、每个员工具有积极的成本意识，在施工的每一个环节中进行控制。建立严格的奖罚制度，对成本管理中做出成绩的员工或部门给予奖励，对造成成本亏损、消耗增加的员工、部门进行处罚，以充分调动群众的积极性。

第十二篇

上海旗忠森林体育城网球中心工程施工组织设计

编制单位：中建三局建设工程股份有限公司（沪）
编 制 人：章胜炎　杨剑

【简介】 上海旗忠森林体育城网球中心工程占地面积大，结构新颖，是亚洲最大的网球赛馆。该工程采用了预应力结构，开启式屋盖钢结构（国内首创），施工范围还包括市政道路等，内容齐全。该施工组织设计对主要施工方案都作了详细阐述，如预应力、钢结构、市政道路等，各项保证措施针对性也较强，具有很好的借鉴价值。

目　录

1　编制说明与编制依据

1.1　编制说明

上海旗忠网球中心工程施工范围包括PHC管桩桩基工程、土方工程、无缝碗状看台主体结构工程（整个圆形看台结构分仓施工，不设置变形缝）、预应力工程（含径向和环向预应力同时受力，后张法）、开启式钢屋顶钢结构工程（八片钢结构叶瓣在各自独立转轴上同步、同向转动，开启后像上海市“白玉兰”市花，其技术在国内外是一流的）、室外总体工程、水电风安装工程、各类装饰工程以及电梯、消防、弱电、煤气等其他专业工程施工协调和配合，并纳入总承包范围内等内容，为本施工组织设计编制范围。根据本施工组织设计组织、指导现场施工。

1.2　编制依据

（1）旗忠森林体育城网球中心工程承包合同。

（2）现有土建、安装、预应力、钢结构、室外总体工程设计图纸。

（3）图纸会审记录。

（4）国家现行有关法律法规以及地方技术规程等。

2　工程概况及特点

2.1　工程概况

上海旗忠森林体育城网球中心位于闵行区马桥镇，为大型公共体育建筑，是亚洲最大的网球赛馆，其开启式钢屋顶是国内首创。她是上海市2003～2005年重大工程之一，也是2005～2007年“国际网球大师杯”赛事的举办地。基地面积338836m^2，总建筑面积51633m^2。整个工程由两个区域组成：

东面为国际比赛区域，包括主赛场、能源中心、水泵房、垃圾房、门卫房2、门卫房3、十八片网球场及周围停车场、市政和绿化工程等。

西面为高级网球俱乐部区域，包括俱乐部A、室外变电所、门卫房1及周围停车场、市政和绿化工程等。工程全貌如图2-1所示。

（1）国际比赛区域

1）主赛场：

主赛场为中心网球场馆（图2-2），占地面积约2万m^2，建筑面积42076m^2，地上四层，最大可容纳15000人，室内外高差1.05m。建筑物总高度41m。+5.430m以上为现浇预应力混凝土看台结构，钢屋盖为开启式钢结构，一级抗震。

该工程造型独特，结构复杂：无缝碗状结构为现浇结构框架和预应力工程相结合，主要由斜梁、环梁、内柱和看台板组成。预应力工程包括环向、径向，同时受力，类似桶箍原理。顶部近4000t的PL4环梁悬挑7.65m，通过128根斜梁和外围32根柱子、一层结

图 2-1 工程全貌图

图 2-2 主赛场全貌图

构梁板传至桩基础，而且上部还有近 4300t 的钢结构动荷载。主赛场受力结构杆件截面大，尺寸变化较多，尤其是斜梁有多种倾斜角度。

结构混凝土强度等级较高，且各层次不同：主体结构基础至＋5.43m 混凝土为 C60，＋5.43m 以上Ⓤ～Ⓥ轴之间结构为钢筋混凝土现浇结构，混凝土为 C55；＋5.43m 以上Ⓥ轴以外结构为预应力钢筋混凝土现浇结构，混凝土为 C55。

结构框架梁有 KL01～KL08、KTL1～KTL4 等多种型号，混凝土为 C55；柱截面尺

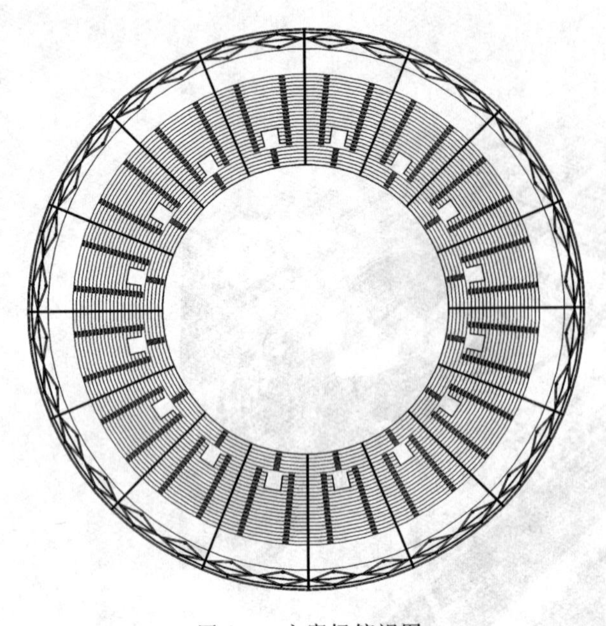

图 2-3　主赛场俯视图

寸为 600mm × 1000mm、800mm × 1200mm，混凝土为 C55；看台板厚度 80mm，悬挑环廊板厚度 120mm，楼梯结构板厚度有 150、180mm 两种，混凝土为 C55。

开启式钢屋顶包括倒置式钢环梁、8 组机械传动装置、8 片钢结构叶瓣、铝板屋顶、屋顶水箱、太阳膜等组成。

屋面为上人屋面，Ⅰ级防水，满铺大理石。外墙装饰：二层以上为玻璃幕墙和铝板，二层以下为白色真磁漆。

主赛场俯视图和剖面图如图 2-3、图 2-4 所示。

2）能源中心：

建筑面积 1625m^2，为主赛场提供能源，大型设备均设置在此，是本工程的核心之一，通过地下共同沟向主赛场输送能源。

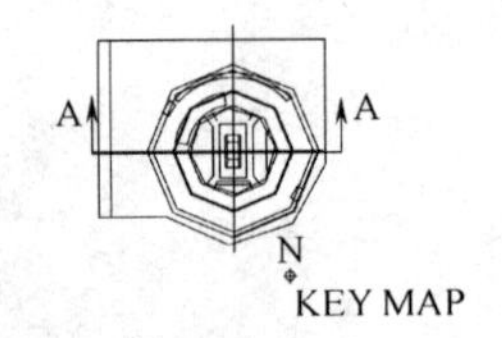

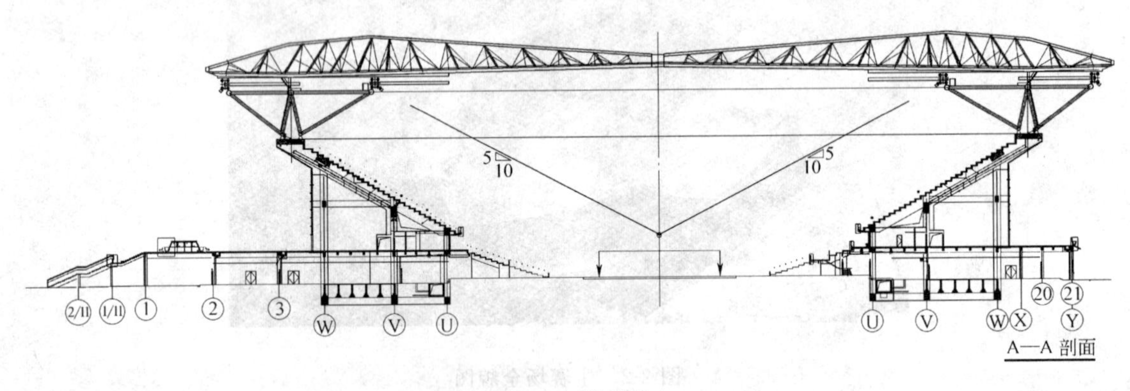

图 2-4　剖面图

结构基础为条形带基，主体结构为框架结构，二层，三级抗震。建筑物总高度为 8.5m。

屋面为不上人屋面，Ⅰ级防水，满铺 4cm 厚混凝土隔热板，刷灰色反光漆。外墙装饰为铝板和灰色真磁漆。能源中心平面与剖立面图如图 2-5、图 2-6 所示。

室外网球场 18 片，采用进口材质，占地面积约 15300m^2；

室外停车位 720 个；绿化面积 62783m^2。

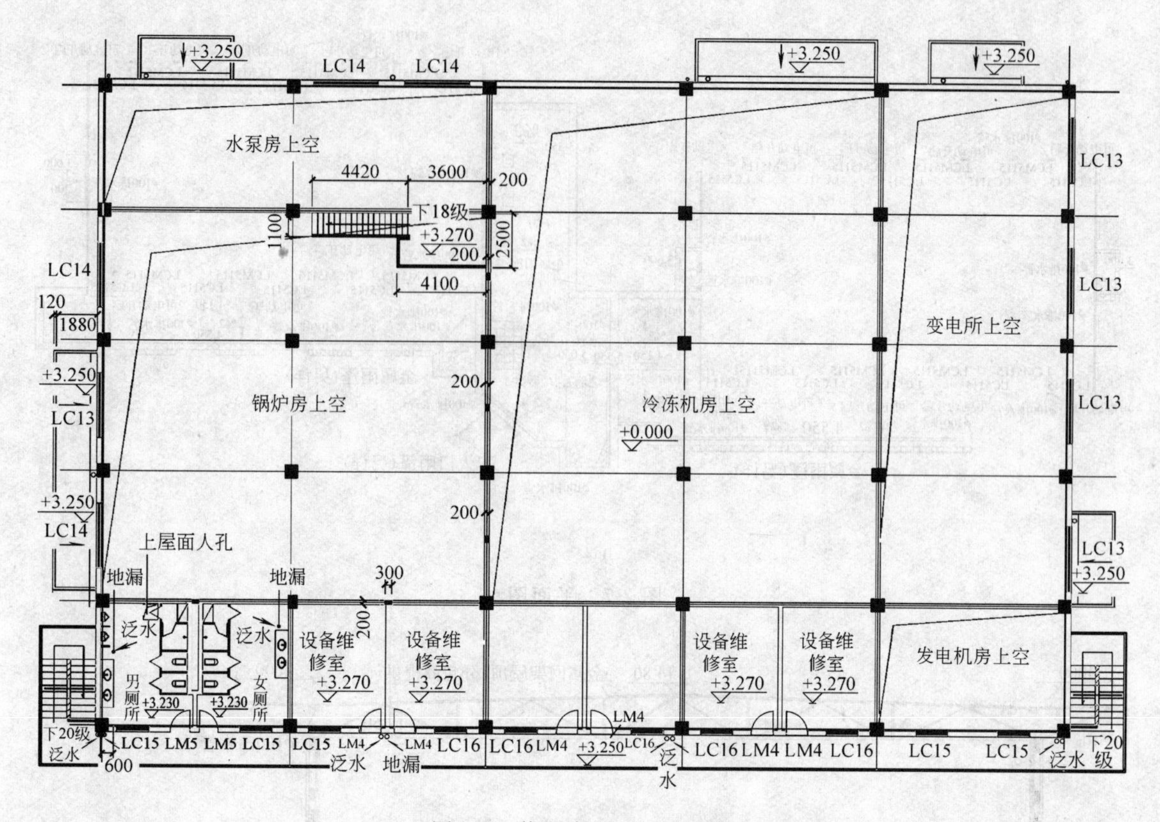

图 2-5 能源中心二层平面图

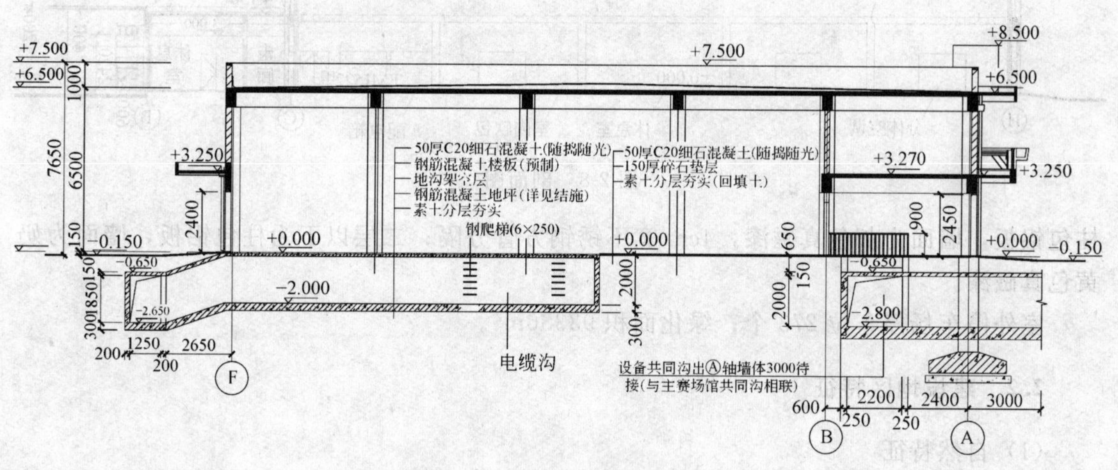

图 2-6 能源中心剖立面图

(2) 高级网球俱乐部区域

1) 俱乐部 A:

建筑面积 6170m²，由两个网球场馆和附属用房组成，每个网球场馆各含四片网球场。现浇钢筋混凝土框架结构，室内网球馆净高 12.5m，室内网球场的屋盖为轻钢网架结构。室内网球场为一层，三级抗震。建筑物高度 14.8m；其平面与剖面图如图 2-7、图 2-8 所示。

屋面为不上人屋面，Ⅰ级防水，满铺 4cm 厚混凝土隔热板。外墙装饰：二层以上为

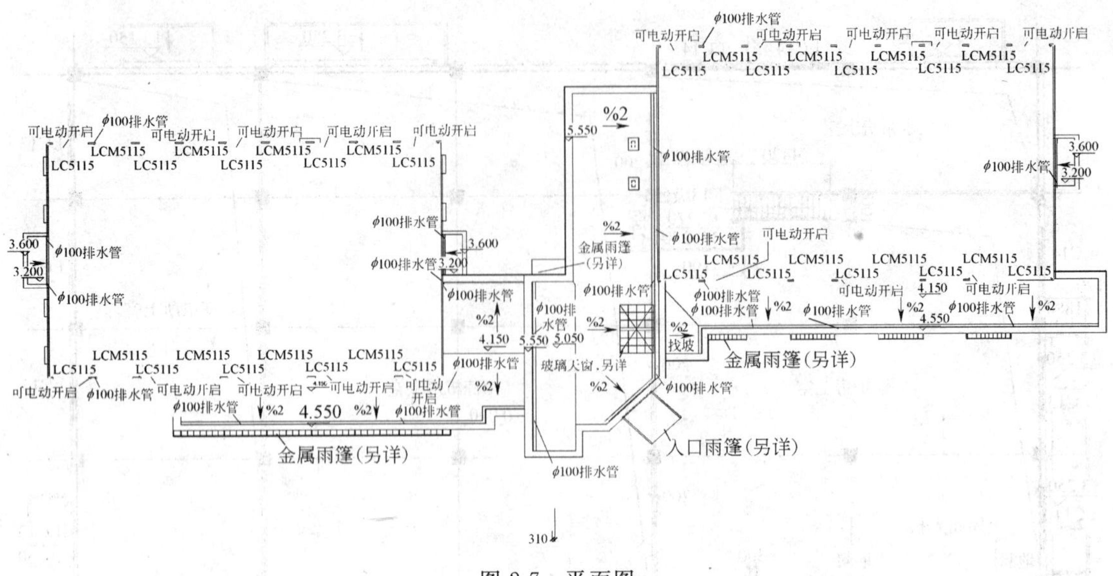

图 2-7　平面图

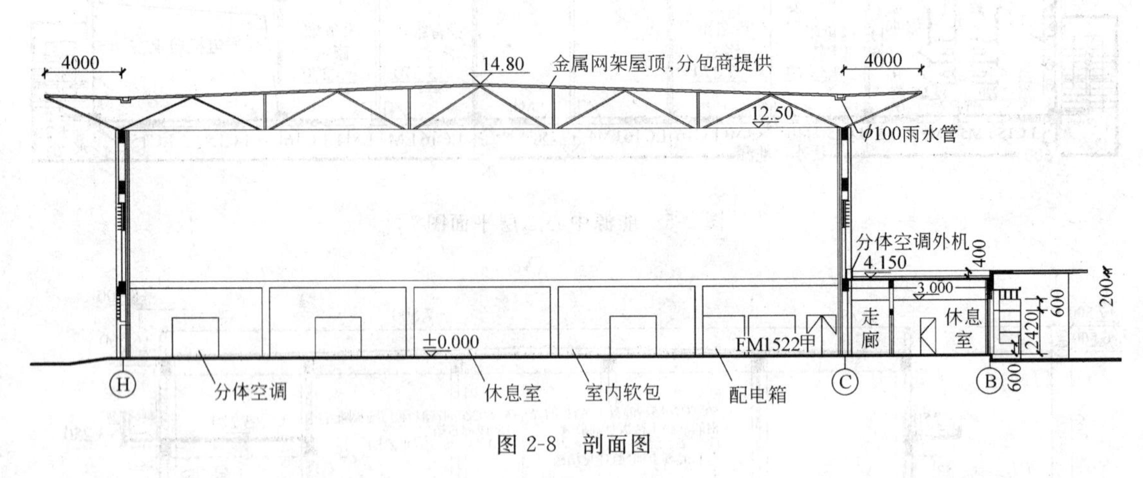

图 2-8　剖面图

柱包铝板，墙面为灰色真磁漆，4cm 宽不锈钢方管分隔；二层以下为柱包铝板，墙面为奶黄色真磁漆。

室外停车场停车位 273 个；绿化面积 93336m^2。

2.2　建设地区特征

(1) 自然特征

上海地区四季分明，特色各异：春季细雨霏霏，五、六月为黄梅雨节，八、九月为夏季高温季节，九、十月又是台风、暴雨多发季节，十二月进入冬季，地区全年最高温度可达 40℃，最低温度达－5～－8℃，年降雨量约 1500mm，最大日降雨量约为 200mm。

(2) 工程地质及水文地质特征

本工程场地所处地貌单一，属滨海平原，地势平坦、广阔，地面标高 4.0～4.4m。地层沉积正常，第①层为填土，厚度为 1m，第②～⑤层为黏土、粉质黏土，厚度为 45.43m，第⑦1 层为粉砂层，厚度为 6.5m，主赛场西南侧第⑦1 层缺失。场地地基为软弱场地土，属Ⅳ类场地。

本场地地下水位埋深0.3～1.5m，浅层地下水属潜水类型，主要补给来源为大气降水，其水位动态为气象型，地下水对混凝土无腐蚀性。

本场地内有暗浜等不良地质现象存在。

(3) 地域特征

本工程周围主要道路已经建成，交通便捷。工程北为三号河、南为元江路、东为昆阳北路、西为中青路。场地内现有工厂、农民中心村，居民住宅将予以拆除，现场无需要保留的建筑物。

(4) 施工条件

建筑物所在地段施工条件良好，三通一平完成，业主在施工现场内配有ϕ150mm给水管水源点二处、500kV·A变压器二台，能满足施工需求。

2.3 工程特点及技术要点分析

(1) 本项目场地土以粉质黏土和黏土为主，较软弱，根据岩土工程勘察报告，采用预制桩，在沉桩时易产生超孔隙水压力；同时，产生挤土作用，易使④、⑤层黏性土土体发生水平、垂直位移，并可能导致已沉入桩偏位、挠曲，因此，在沉桩顺序、沉桩速率上采取措施，减少沉桩影响。

(2) 主赛场+5.43m标高以上结构采用现浇预应力看台结构，由64道预应力斜梁和环向二道预应力水平环梁以及二道混凝土环梁，形成赛场看台圆环主体受力结构体系。看台由环向预应力梁受力，其技术关键在于保证现浇预应力构件施工精度、预应力张拉施工、预应力性能长期监控，是本工程的技术重点。

(3) 本工程+5.430m上部混凝土结构构件体积大，PL1、PL2斜梁为变截面，最大处深达3m，PL3预应力环梁为2.0m×0.8m，PL4预应力环梁为4.55m×0.8m，斜梁悬挑长度将近8m。故结构施工支撑系统的安全稳定性是本工程技术攻关的重点。

(4) 本工程屋顶为八片花瓣状可开启钢结构屋顶，屋顶位于环形钢桁架上，每片钢结构屋顶叶瓣重量大（约200～300t），制作精度要求高，吊装难度大，机械制动轨道装置定位要求准确。该开启钢结构屋顶为国内外首次采用，是本工程又一技术关键点。

(5) 本工程为国际比赛区域和高级网球俱乐部区域组成的群体工程，需依据总体进度目标要求合理部署，确保机械、人员、材料投入的均衡连贯，质量、进度、成本的目标统一。

(6) 本工程由众多系统组成，较多专业系统工程由业主指定专业分包。总承包单位实施工程项目总管理、总协调、总进度控制、安全和质量总控制。协调、控制任务重。需针对性组建管理组织结构，建立管理网络，切实做好质量、安全、文明等各项施工的协调、控制。

3 施工部署

3.1 工程目标

在中标之前，我局向业主承诺实现以下目标。

(1) 质量目标

严格按照施工验收规范及设计要求组织施工，全面落实局 ISO 9001：2000 质量管理体系，一次交验合格，质量优良，确保“白玉兰奖”，力争“鲁班奖”。

（2）工期目标

开工日期：2003 年 9 月 20 日；计划竣工日期：2005 年 9 月 30 日（业主调整，原合同为 2005 年 1 月 31 日）；2005 年 9 月 30 日前完成本工程合同所规定的所有总承包管理范围内的施工任务，并确保业主对相关节点里程碑的时间要求。

（3）安全目标

完善安全措施，提高安全意识，杜绝死亡和重伤事故的发生，创上海市施工现场安全标准化管理合格工地，通过施工现场安全生产保证体系审核。

（4）文明施工目标

按企业 CI 标识规定结合上海市有关建筑工程施工现场标准化管理规定，布置整个施工现场，划分职责，严格总平面管理，确保“上海市文明施工工地”。

（5）服务目标

信守合约，密切配合，认真协调与各有关方面的关系，接受业主和监理对工程质量、工程进度、计划协调、现场管理和控制的监督。

3.2　总体思路

（1）抓住桩基施工

根据合同要求，桩基工程为业主指定分包，但总承包人的总工期包括桩基施工工期，为 2003 年 10 月 30 日。为了确保土方工程能够尽快施工，作为总承包，我们应协助、督促桩基施工单位，在确保工程质量的情况下，按期完成任务。

（2）赶抢＋5.43m 结构施工

因为本工程开启式钢结构屋顶在国内是首创，设计和施工难度均相当大，其设计需参考结构模拟试验结果来定，所以在＋5.43m 以上结构设计图纸没出来之前，要尽快完成＋5.43m 结构施工任务，确保延期责任不在我方；另一方面，可以给业主和设计增加压力，加快上部结构设计出图时间。

（3）配合做好结构模拟实验

在履行合同的同时，我们尽一切可能的方式协助业主完成结构模拟试验（增加的工作内容，原合同没有），争取缩短结构模拟试验，为后期施工增加更多的施工时间。

（4）突击主体结构施工，为钢结构施工做准备

一旦结构模拟试验成功结束，结构设计出图后，立即决策可行的施工方案，并快速组织所需要的劳动力、材料、机械设备进场，确保主体结构施工进度，尽量压缩该段施工周期，为钢结构提前进场施工做好准备。

（5）加快预应力工程施工，确保按期拆除支撑系统

主体结构施工时，根据需要多做两组结构混凝土 7d 和 14d 的试块；结构封顶后，立即进行预应力张拉准备工作，并及时做出结构混凝土 7d 和 14d 的试块强度报告，提供给设计，以确定预应力可提前张拉时间，为下一步支撑系统拆除做好充分准备。

（6）提前插入钢结构胎架场地施工，为钢结构制作进场做好准备

在主赛场结构封顶前 20d 左右，开始组织钢结构胎架场地施工，为钢结构制做进场做

好准备，此时结构施工所需材料基本用上去，对结构施工不会产生影响，也为钢结构制作缩短时间。

(7) 安全、快速拆除主赛场支撑系统，为钢结构吊装施工提供条件

预应力张拉完后，根据一点吊装区域和钢结构进场、制作、组装、吊装的需要提供场地区域，从该范围开始拆除（包括预应力张拉顺序亦如此），安全、快速地进行拆除，组织大量的劳动力、车辆进行支撑用的钢管、扣件等料具的退场，尽量缩短退场时间，为钢结构吊装施工提供条件。

(8) 大力配合钢结构吊装，确保成功吊装

本工程开启式钢结构屋顶在国内是首创，是亚洲最大的网球场馆，其吊装和滑移施工难度均相当大，国内无类似工程经验可参考。本工程钢结构屋顶为开启式的8片形似花瓣的钢结构叶瓣组成，通过机械传动装置可旋转进行开启，每片叶瓣重达164t，为偏心构件。而钢环梁为倒梯形钢桁架结构，总重达1780t，也为偏心构件。为了保证整个工程按期竣工，主赛场附房结构施工还必须提前施工，所以，钢结构吊装施工必须采用平面一点吊装，整体滑移施工技术。

因钢结构杆件大，现场还须进行组装、拼装，所需施工场地大，现场运输必须方便，以及交叉施工作业的安全保证，所以作为总承包方，我们须从整体出发，尽量克服自身困难，以钢结构施工为主线，主动为钢结构制作、吊装单位创造有利的施工条件，确保其顺利进行现场组装、拼装和成功吊装，使整个工程进度有一个良好的保证。

(9) 主赛场附房结构穿插施工

在主赛场看台结构支撑系统拆除后，在不影响钢结构吊装的前提下，穿插赶抢施工，为二次结构施工尽快创造工作面，因为大量的砌体工程在主赛场附房区域。

(10) 赶抢二次结构施工，为装饰施工创造工作面

因钢结构的施工难度大，造成其施工工期的不确定性很大，在需要保证结构安全和吊装安全的前提下，我们做好其可能会延期的准备，赶抢二次结构施工，为装饰施工创造出附房大面的工作面，减少后期装饰施工压力。

(11) 突击钢结构屋面工程收工，为主赛场装饰施工提供条件

主赛场装饰施工直接受钢结构屋面工程的施工进度影响，而8片钢结构叶瓣顶面均为曲线形，形状不规则，屋面板加工制作难度大；另外，因其轻且易变形以及屋顶上风大，其垂直运输难度也相当大。

作为总承包，我们有责任大力配合、协调钢结构屋面分包单位突击完成钢结构屋面工程，为主赛场装饰施工提供条件。

(12) 齐抓装饰进度，确保一次验收合格，减少返工，缩短工期

在钢结构屋面工程基本完工后，装饰施工快速插入，此时工程竣工只差一步之遥了，但我们在抓进度的同时，不能忽视了装饰工程施工质量，因为它就像人穿的外衣，直接影响工程的第一感观效果，必须做到一次验收合格，减少和避免返工，实际上也就缩短了施工工期。

3.3 施工组织机构

(1) 项目组织机构表

项目经理部设项目经理1名、总工程师1名、项目副经理2名。

项目组织机构“上海旗忠森林体育城网球中心工程施工组织机构图”如图3-8所示。

(2) 项目部管理人员表

见表3-1。

项目部机构及人员表　　表3-1

姓名	学历	职称	拟担任职务	主要职责
裴××	本科	高工	总协调人	总协调
朱××	本科	高工	项目经理	行使项目经理职责
丁××	本科	高工	总工程师	指导项目技术工作
李××	本科	高工	深化设计负责人	图纸深化工作以及技术指导工作
李××	中专	助工	项目常务副经理	负责工程全面施工
王××	本科	助工	项目副经理	主赛场和能源中心施工
章××	本科	工程师	项目技术负责人	项目技术管理工作和总承包管理
郑××	本科	工程师	安装负责人	主持安装工程工作
敬××	专科	经济师	合约负责人	合约工作
周××	中专	经济师	劳资负责人	劳资工作
陆××	大专	经济师	财务负责人	财务工作
刘××	专科	助工	质量负责人	质量检查工作
黄××	中专	技术员	安全负责人	安全检查工作
鲁××	大专	经济师	材料负责人	全面负责有关材料方面工作
黄××	大专	助工	机电工长	工地供水、供电保障工作
肖××	本科	助工	综合工长	全面负责施工工作
杨××	大专	助工	木工工长	负责木工施工管理工作
王××		助工	木工工长	负责模板施工管理工作
何××		技术员	钢筋工长	负责钢筋施工管理工作
梁××		技术员	钢筋翻样员	负责钢筋翻样工作
陈××		技术员	混凝土工工长	负责混凝土和围护结构施工管理工作
刘××		技术员	测量负责人	测量工作

3.4　施工区段划分

根据工程群体建筑的构成特点及规模分布，整个工程拟划分主赛场、网球活动中心、网球俱乐部等三个独立施工区域。

施工区域划分如图3-1所示。

(1) 主赛场区域：

包含主赛场建筑，为整个工程施工重点，以打桩为工程起点、精装饰完成为工程终点，是贯穿整个工程施工的主线。5.43m标高以下现浇钢筋混凝土结构分10个区域，跳仓施工，按照设计要求两个区之间施工间隙为20d，组织流水施工，上部预应力看台径向分三段施工，环向按照8个区跳仓施工，施工间隔为20d，组织流水施工。

主赛场分区详见：

1) +5.43m标高以下施工区段划分（图3-2）。

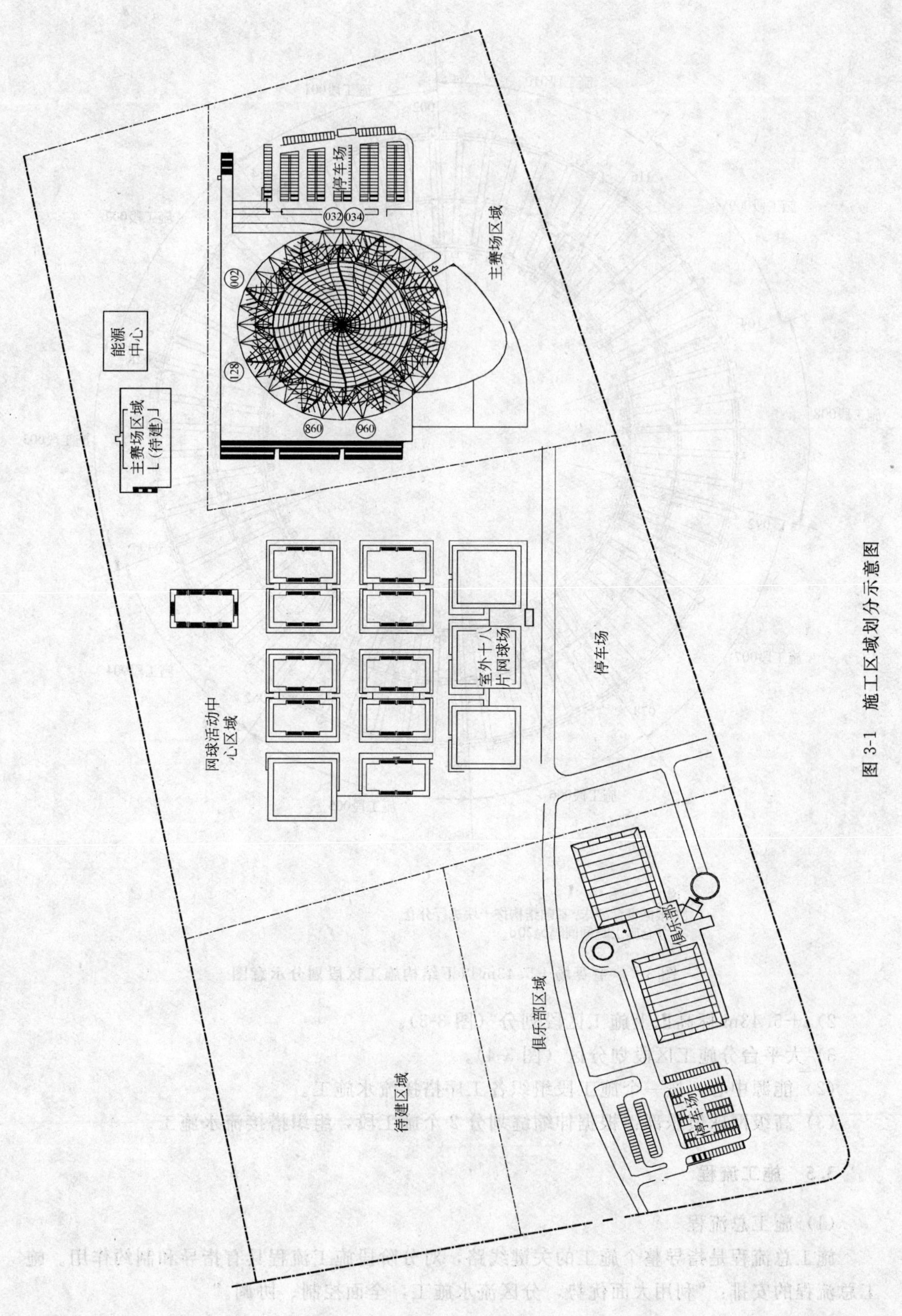

图 3-1 施工区域划分示意图

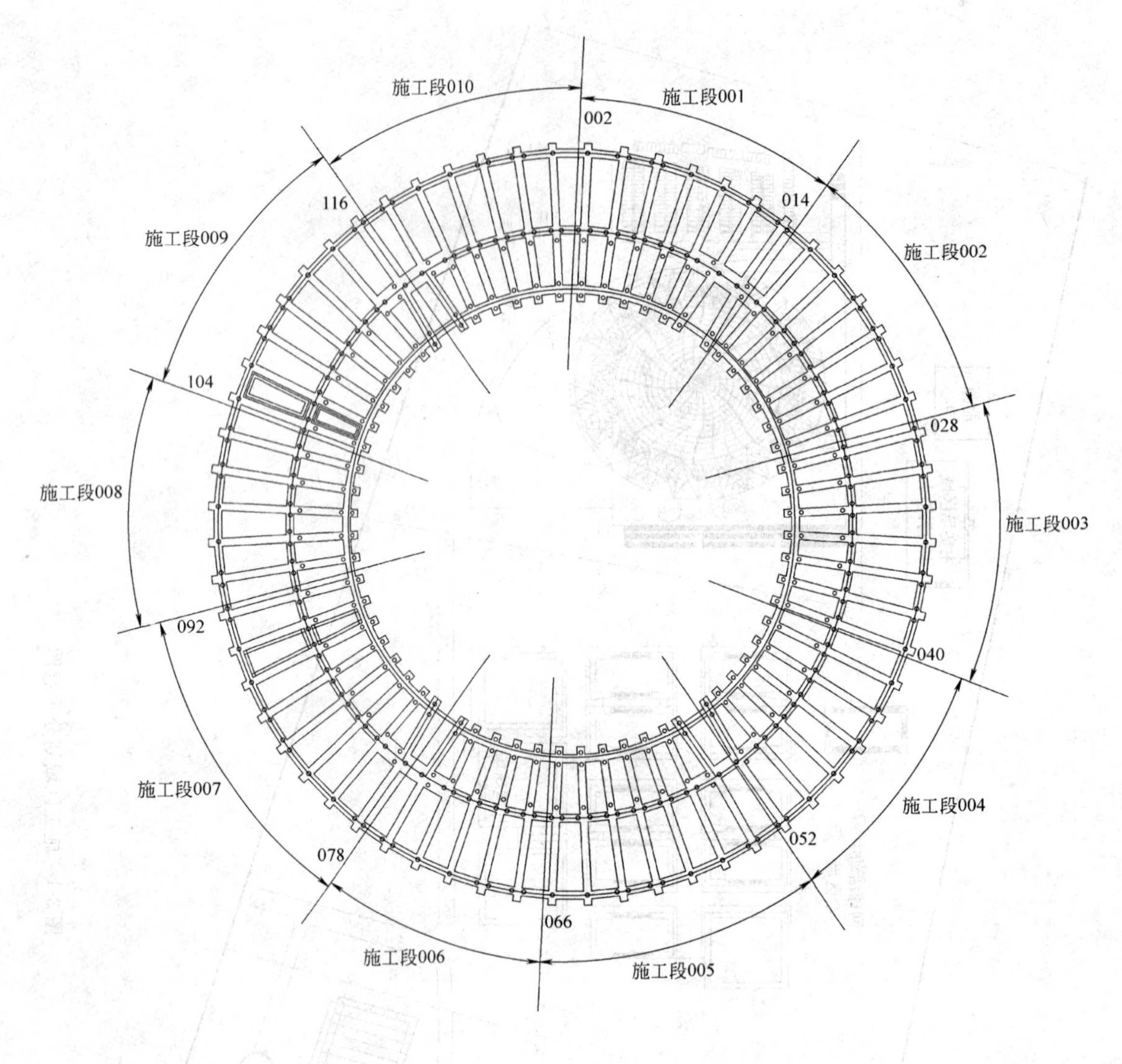

图 3-2 主赛场+5.43m以下结构施工区段划分示意图

2）+5.43m标高以上施工区段划分（图 3-3）。

3）大平台分施工区段划分区（图 3-4）。

（2）能源中心：按一个施工段组织各工序搭接流水施工。

（3）高级网球俱乐部：根据伸缩缝划分 2 个施工段，组织搭接流水施工。

3.5 施工流程

（1）施工总流程

施工总流程是指导整个施工的关键线路，对分阶段施工流程具有指导和制约作用。施工总流程的安排："利用大面优势，分区流水施工，全面控制、协调。"

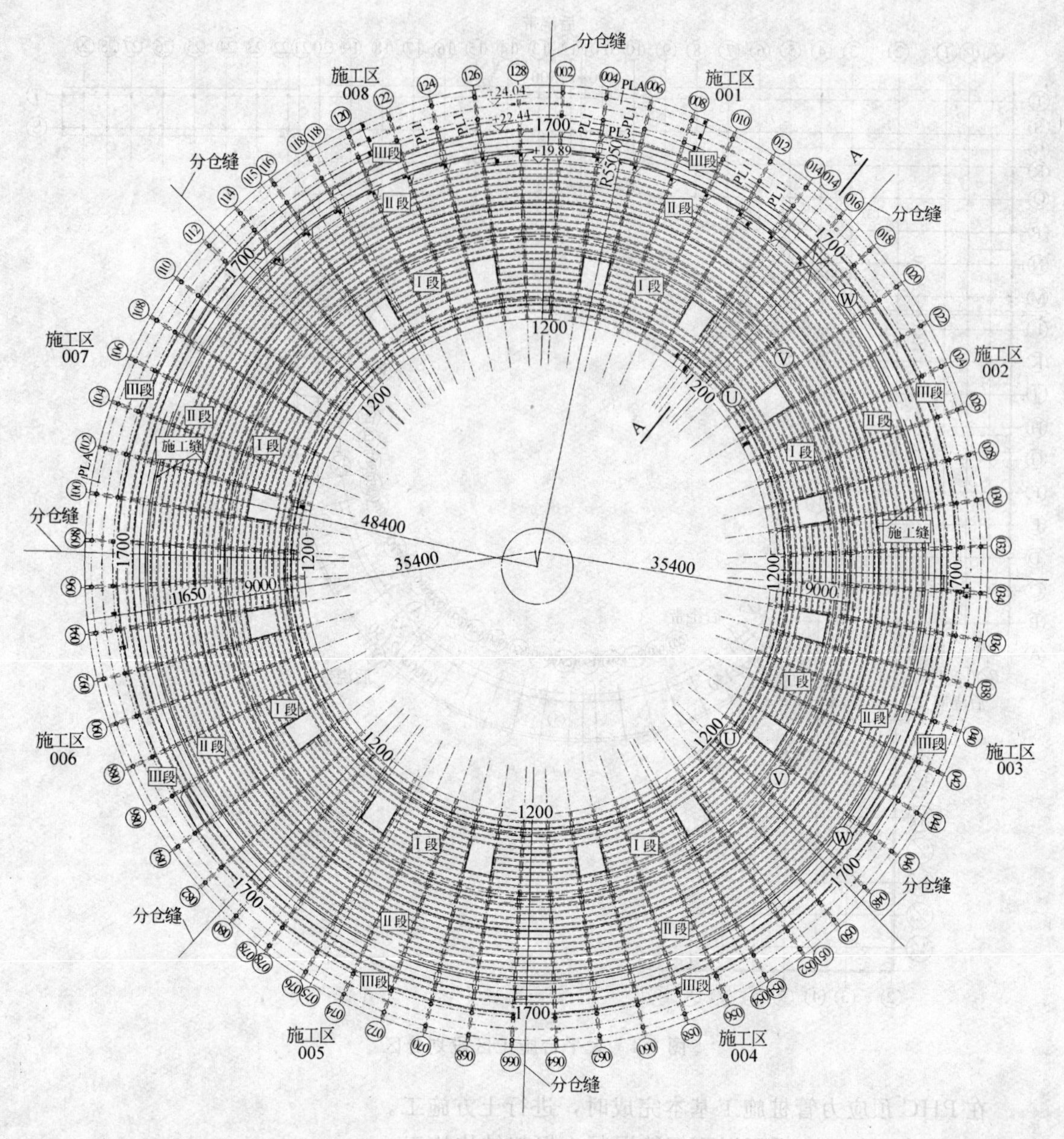

说明：
1.经设计要求与模拟试验一致，+5.43m以上结构分仓，按照八块进行分仓。
2.从结构施工方便和对满堂支撑架、结构安全考虑，径向分三段施工。

图 3-3 主赛场＋5.43m 标高以上施工区划分

施工总体流程如图 3-5 所示。

（2）主赛场施工流程

1）桩基工程施工。

PHC 预应力管桩施工采取桩机分片、跳打施工。同期进行临建搭设、结构施工技术准备工作。

2）土方开挖施工。

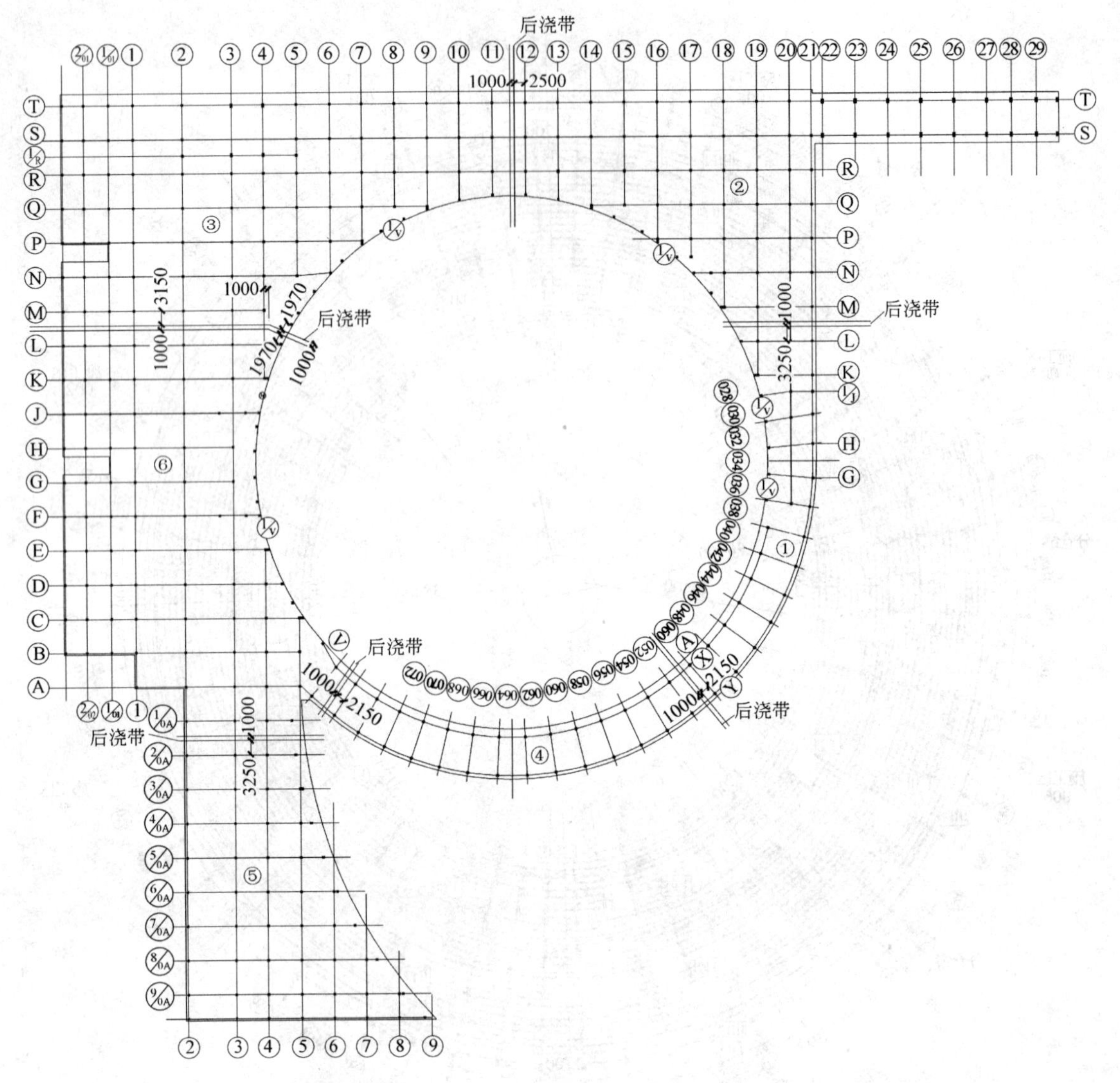

图 3-4　大平台施工区段划分区

在 PHC 预应力管桩施工基本完成时，进行土方施工。

3）基础、5.43m 标高以下钢筋混凝土框架结构施工。

箱形基础、5.43m 以下钢筋混凝土框架结构灵活，按设计要求均分十个区跳仓流水施工，保证结构混凝土施工的连续进行。

4）预应力混凝土看台结构施工。

预应力看台结构径向分三段施工，环向分八个区域跳仓流水施工，保证结构混凝土施工的连续进行。

5）5.43m 大平台结构施工。

在看台结构所使用的满堂支承架拆除后进行＋5.43m 大平台结构施工，除吊装区域外，其他区域大平台组织流水施工。5.43m 大平台结构施工与钢结构同时施工。

6）钢结构施工。

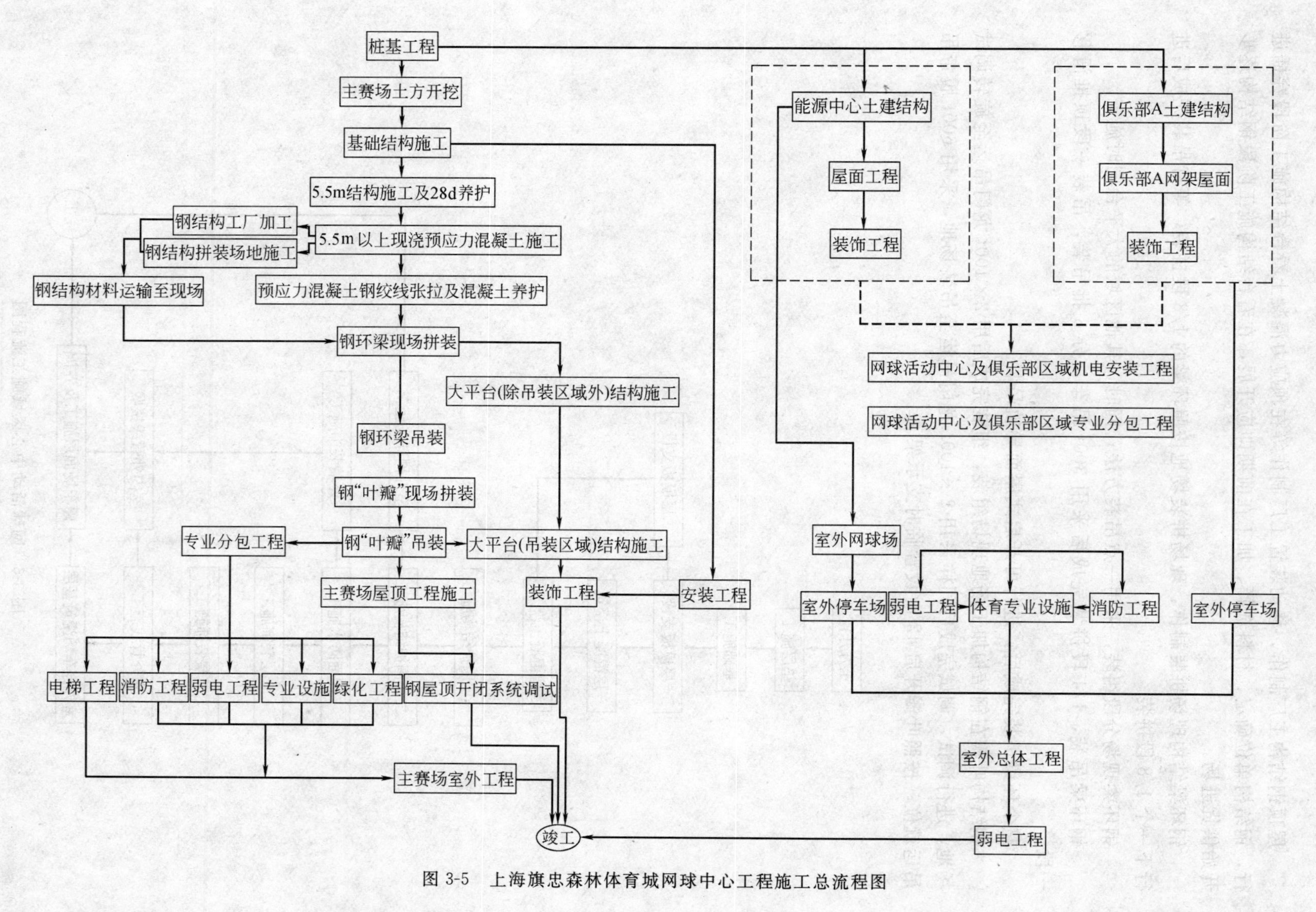

图 3-5 上海旗忠森林体育城网球中心工程施工总流程图

屋顶钢结构工厂制作、移动装置工厂制作等在预应力混凝土看台结构施工阶段穿插进行，钢结构单位确定、材料选择、加工在前期即应开展，在看台结构施工阶段钢结构逐步开始供货进场。

钢环梁结构现场拼装制作，现场拼装场地按照环梁的1/8段拼装，等待吊装完成后进行下一个1/8段拼装。

钢环梁现场分段组装，采用一点吊装方法；同时，其他区域的大平台同时施工。

钢环梁吊装，1/4段拼装完成后采用300t吊车，分8批吊装，吊装一段顶推滑移一段。

整个环梁吊装完成后，进行可开启式屋面导轨吊装。

钢结构叶瓣在钢结构加工场地现场组装，组装完成后用2×100t龙门吊运至旋转调试场地，进行调试，调试完成后同样采用2×100t龙门吊运至吊装场地，采用600t履带吊吊运就位；按照叶瓣开启42°时设置临时支承架。

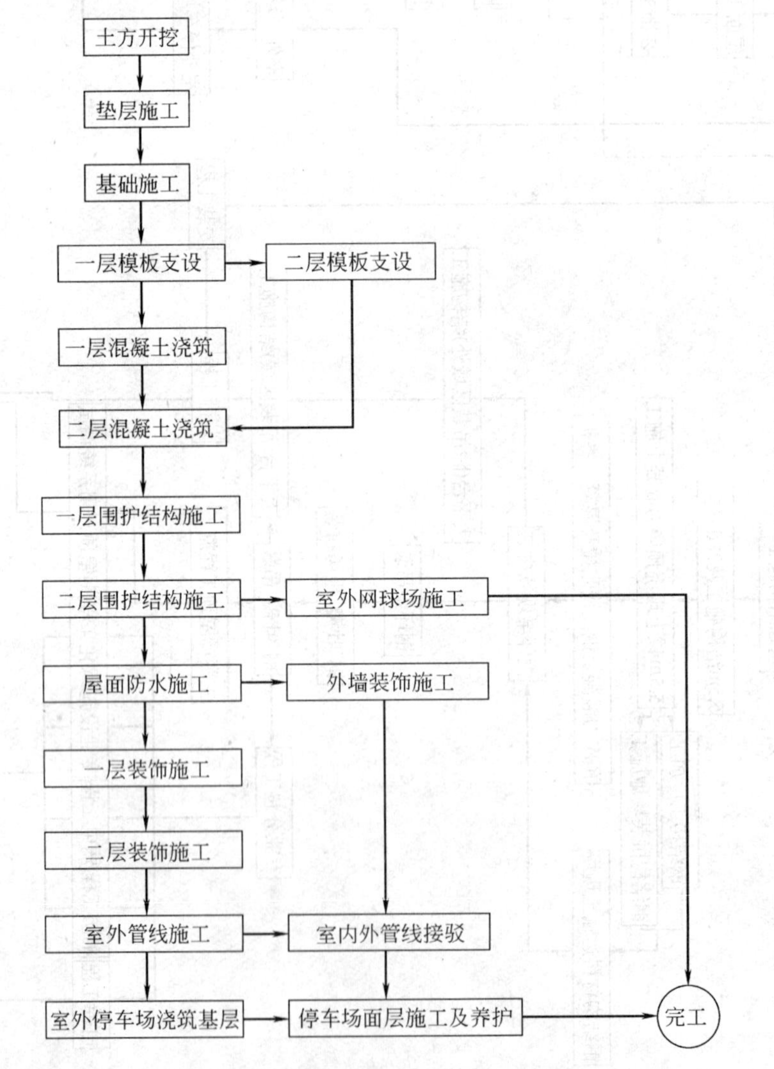

图3-6　网球活动中心区域施工流程图

钢结构屋顶全部完成后，拆除屋顶支架，进行开闭系统试运转。

7）内外装饰工程。

室内装修开始少量施工（包括做样板间），通过各方认可后大面积展开。

内外装饰施工中，粗装饰在相关结构完成、工作面具备后即可插入进行。

（3）网球活动中心区域施工流程

网球活动中心区域施工流程图详见图 3-6。

（4）网球俱乐部施工流程

网球俱乐部施工流程图详见图 3-7。

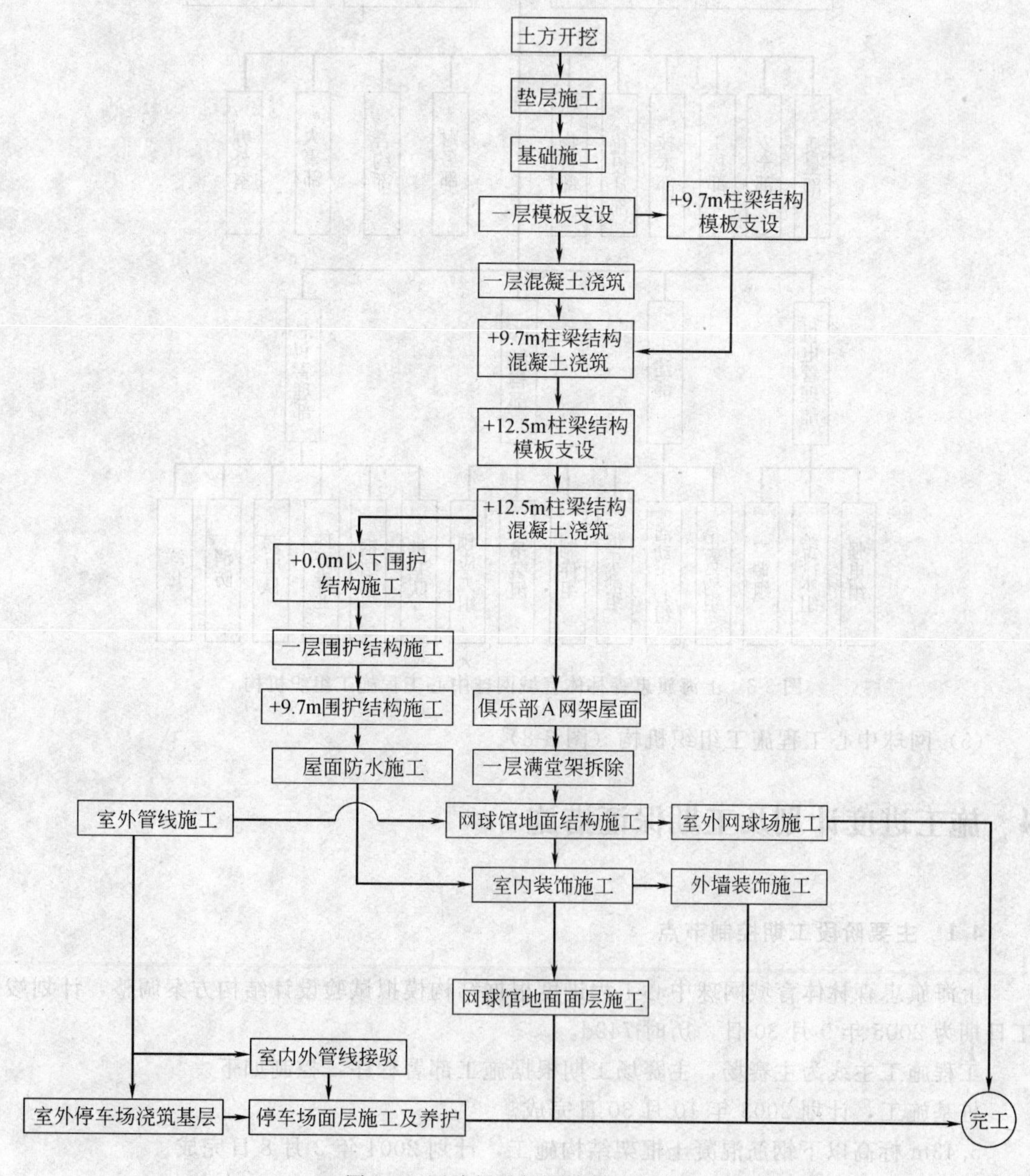

图 3-7 网球俱乐部区域施工流程图

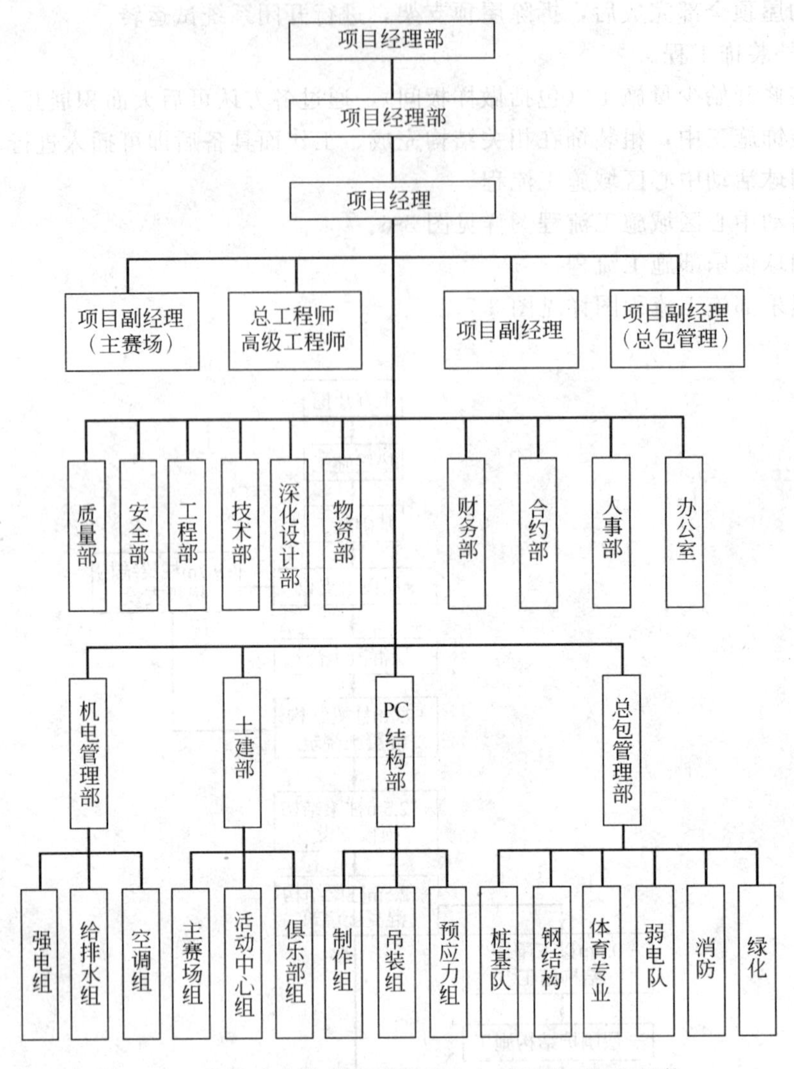

图 3-8 上海旗忠森林体育城网球中心工程施工组织机构

（5）网球中心工程施工组织机构（图 3-8）

4 施工进度计划及工期保证措施

4.1 主要阶段工期控制节点

上海旗忠森林体育城网球中心工程进度根据结构模拟试验设计结构方案调整，计划竣工日期为 2005 年 9 月 30 日，历时 742d。

工程施工主线为主赛场，主赛场工期根据施工部署程序，控制如下。

桩基施工，计划 2003 年 10 月 30 日完成。

5.43m 标高以下钢筋混凝土框架结构施工，计划 2004 年 3 月 8 日完成。

结构模拟试验与设计出图，计划 2004 年 5 月 28 日完成。

＋5.43m 以上结构，2004 年 10 月 3 日前封顶。

钢结构加工场地，计划 2004 年 9 月 30 日完成。

钢环梁制作拼装，计划 2005 年 1 月 3 日完成。

钢环梁吊装，计划 2005 年 1 月 4 日完成。

钢叶瓣制作拼装，计划 2005 年 4 月 15 日完成。

钢叶瓣吊装，计划 2005 年 4 月 25 日完成。

钢结构屋顶工程封闭，计划 2005 年 8 月 30 日完成。

大平台结构施工，计划 2005 年 5 月 30 日完工。

装饰工程，计划 2005 年 9 月 30 日完工。

专业分包系统工程与土建、装饰同步，计划 2005 年 9 月 30 日完工。

能源中心结构与装饰施工，计划 2005 年 5 月 30 日完工。

俱乐部 A 结构与装饰施工，计划 2005 年 8 月 10 日完工。

室外总体工程总体工程施工，计划 2005 年 8 月 31 日完工。

4.2 施工进度计划表

(1) 上海旗忠森林体育城网球中心施工总进度计划（一级横道图）图 4-1。

(2) 上海旗忠森林体育城网球中心主赛场施工进度计划（二级横道图）图 4-2。

(3) 上海旗忠森林体育城网球中心能源中心施工进度计划（二级横道图）图 4-3。

(4) 上海旗忠森林体育城网球中心俱乐部施工进度计划（二级横道图）图 4-4。

4.3 工期保证措施

(1) 加强总包统一管理，明确各项制度

1) 项目成立总承包管理部，由精通钢结构、系统安装、体育专业等施工的人员组成，加强整个工程的进度控制。

2) 明确内部责任制，将施工进度计划的控制结果作为对项目的重点考核指标，根据总进度进行计划分解，分解编制月、周施工进度计划，以月度进行全面检查，并制定项目岗位责任制、配套奖罚办法等激励机制。

3) 加强合同管理，根据招标文件要求，对业主指定承包商的施工进行协调配合，在施工总进度计划中，纳入其施工作业计划，明确进退场的时间表。为此，在与分包签订的分包合同中，亦根据总进度进行计划分解，明确进度要求，明确奖罚条例。

4) 建立定期例会制度，主要商议和解决施工过程中的交叉、插入作业的配合和矛盾，理顺施工过程。每次例会均应形成会议纪要文件，其中决定的事项，在下次例会中检查当事单位执行情况，落实到位。

(2) 组织流水施工，加大穿插力度

在施工中抓主导工序，找关键矛盾，安排合理的施工程序，组织流水施工，加大穿插

标识号	任务名称	工期	开始时间	完成时间
1	总工期	742 工作日	2003-9-20	2005-9-30
2	主赛场区域施工	742 工作日	2003-9-20	2005-9-30
3	桩基工程	40 工作日	2003-9-20	2003-10-29
4	土方工程	20 工作日	2003-10-30	2003-11-18
5	基础工程	36 工作日	2003-11-15	2003-12-20
6	5.5m 标高结构(U-W 轴线)	78 工作日	2003-12-21	2004-3-7
7	结构模拟试验与设计出图	191 工作日	2003-11-20	2004-5-28
8	5.5m 标高以上结构施工	128 工作日	2004-5-29	2004-10-3
9	钢结构胎架场地施工	18 工作日	2004-9-13	2004-9-30
10	钢环梁制作与拼装	95 工作日	2004-10-1	2005-1-3
11	钢环梁导轨施工	34 工作日	2004-10-10	2004-11-12
12	钢环梁吊装	41 工作日	2004-11-25	2005-1-4
13	叶瓣"制作与拼装	110 工作日	2004-12-27	2005-4-15
14	叶瓣"吊装	57 工作日	2005-2-28	2005-4-25
15	5.5m大平台(除吊装区域外)结构	72 工作日	2004-11-26	2005-2-5
16	5.5m大平台(吊装区域)土建工程	85 工作日	2005-4-26	2005-7-19
17	钢结构屋顶工程	103 工作日	2005-5-20	2005-8-30
18	内外装饰工程	99 工作日	2005-5-25	2005-8-31
19	机电安装工程	656 工作日	2003-11-15	2005-8-31
20	主赛场周边室外工程	85 工作日	2005-5-28	2005-8-20
21	专业分包工程	350 工作日	2004-9-15	2005-8-30
22	钢结构屋面开闭系统调试	73 工作日	2005-7-20	2005-9-30
23	网球活动中心区域	504 工作日	2004-3-25	2005-8-10
24	能源中心	159 工作日	2004-3-25	2004-8-30
25	装饰工程	132 工作日	2004-12-20	2005-4-30
26	机电工程	396 工作日	2004-3-31	2005-4-30
27	室外网球场	95 工作日	2005-5-8	2005-8-10
28	室外停车场	247 工作日	2004-11-26	2005-7-30
29	高级网球俱乐部区域	530 工作日	2004-3-20	2005-8-31
30	高级网球俱乐部 A	509 工作日	2004-3-20	2005-8-10
31	室外停车场	420 工作日	2004-7-8	2005-8-31
32	活动中心、俱乐部区域专业分包	499 工作日	2004-4-20	2005-8-31
33	室外总体工程	459 工作日	2004-5-30	2005-8-31

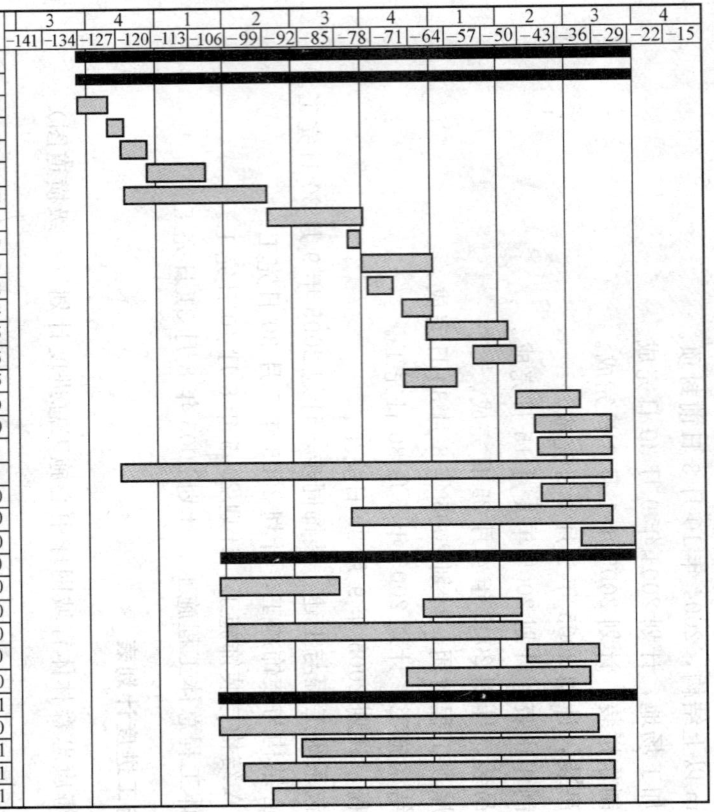

图 4-1　网球中心施工总进度计划

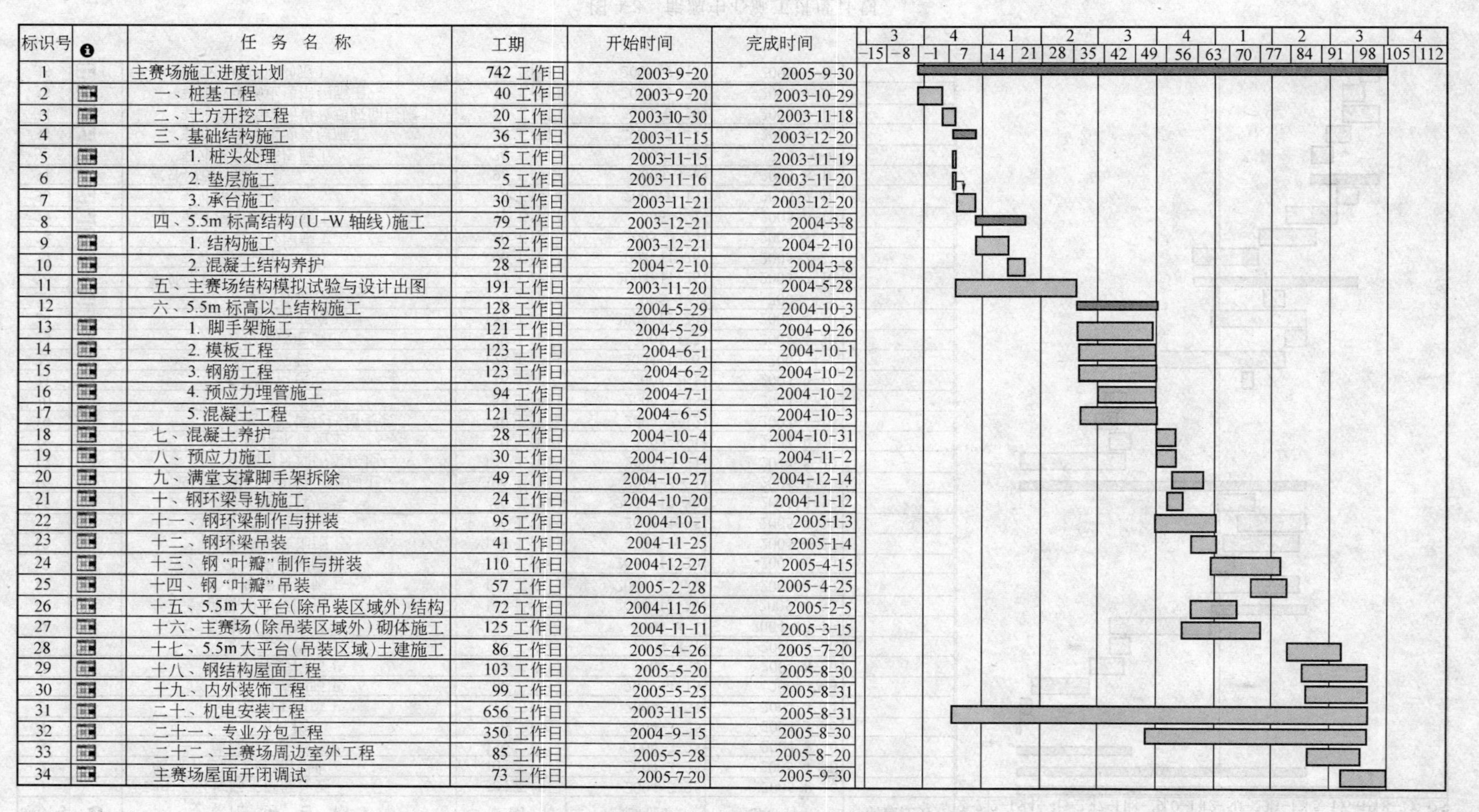

标识号	任务名称	工期	开始时间	完成时间
1	主赛场施工进度计划	742 工作日	2003-9-20	2005-9-30
2	一、桩基工程	40 工作日	2003-9-20	2003-10-29
3	二、土方开挖工程	20 工作日	2003-10-30	2003-11-18
4	三、基础结构施工	36 工作日	2003-11-15	2003-12-20
5	1. 桩头处理	5 工作日	2003-11-15	2003-11-19
6	2. 垫层施工	5 工作日	2003-11-16	2003-11-20
7	3. 承台施工	30 工作日	2003-11-21	2003-12-20
8	四、5.5m 标高结构（U-W 轴线）施工	79 工作日	2003-12-21	2004-3-8
9	1. 结构施工	52 工作日	2003-12-21	2004-2-10
10	2. 混凝土结构养护	28 工作日	2004-2-10	2004-3-8
11	五、主赛场结构模拟试验与设计出图	191 工作日	2003-11-20	2004-5-28
12	六、5.5m 标高以上结构施工	128 工作日	2004-5-29	2004-10-3
13	1. 脚手架施工	121 工作日	2004-5-29	2004-9-26
14	2. 模板工程	123 工作日	2004-6-1	2004-10-1
15	3. 钢筋工程	123 工作日	2004-6-2	2004-10-2
16	4. 预应力埋管施工	94 工作日	2004-7-1	2004-10-2
17	5. 混凝土工程	121 工作日	2004-6-5	2004-10-3
18	七、混凝土养护	28 工作日	2004-10-4	2004-10-31
19	八、预应力施工	30 工作日	2004-10-4	2004-11-2
20	九、满堂支撑脚手架拆除	49 工作日	2004-10-27	2004-12-14
21	十、钢环梁导轨施工	24 工作日	2004-10-20	2004-11-12
22	十一、钢环梁制作与拼装	95 工作日	2004-10-1	2005-1-3
23	十二、钢环梁吊装	41 工作日	2004-11-25	2005-1-4
24	十三、钢“叶瓣”制作与拼装	110 工作日	2004-12-27	2005-4-15
25	十四、钢“叶瓣”吊装	57 工作日	2005-2-28	2005-4-25
26	十五、5.5m大平台（除吊装区域外）结构	72 工作日	2004-11-26	2005-2-5
27	十六、主赛场（除吊装区域外）砌体施工	125 工作日	2004-11-11	2005-3-15
28	十七、5.5m大平台（吊装区域）土建施工	86 工作日	2005-4-26	2005-7-20
29	十八、钢结构屋面工程	103 工作日	2005-5-20	2005-8-30
30	十九、内外装饰工程	99 工作日	2005-5-25	2005-8-31
31	二十、机电安装工程	656 工作日	2003-11-15	2005-8-31
32	二十一、专业分包工程	350 工作日	2004-9-15	2005-8-30
33	二十二、主赛场周边室外工程	85 工作日	2005-5-28	2005-8-20
34	主赛场屋面开闭调试	73 工作日	2005-7-20	2005-9-30

图 4-2　主赛场施工进度计划

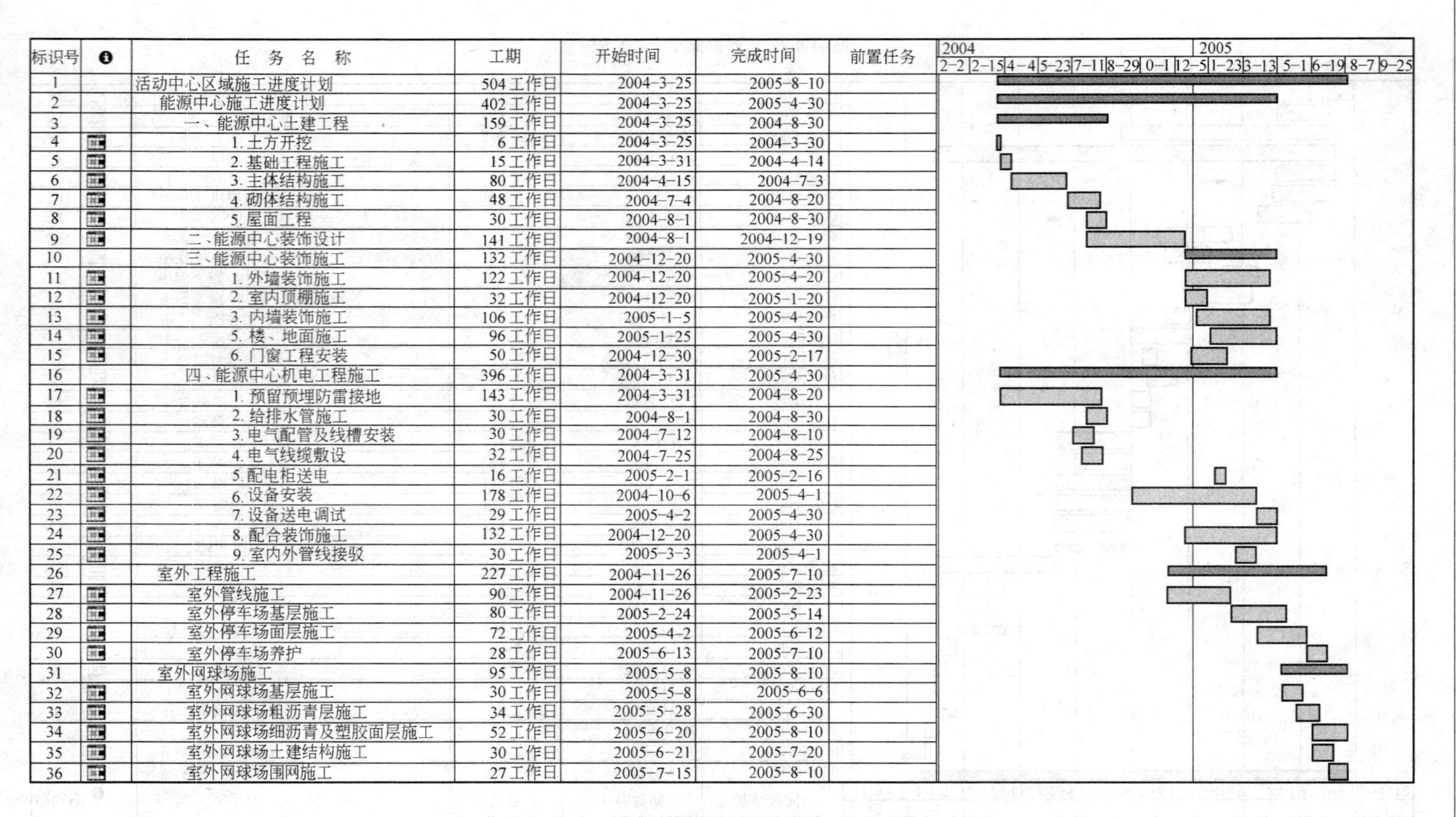

标识号	任务名称	工期	开始时间	完成时间	前置任务
1	活动中心区域施工进度计划	504 工作日	2004-3-25	2005-8-10	
2	能源中心施工进度计划	402 工作日	2004-3-25	2005-4-30	
3	一、能源中心土建工程	159 工作日	2004-3-25	2004-8-30	
4	1. 土方开挖	6 工作日	2004-3-25	2004-3-30	
5	2. 基础工程施工	15 工作日	2004-3-31	2004-4-14	
6	3. 主体结构施工	80 工作日	2004-4-15	2004-7-3	
7	4. 砌体结构施工	48 工作日	2004-7-4	2004-8-20	
8	5. 屋面工程	30 工作日	2004-8-1	2004-8-30	
9	二、能源中心装饰设计	141 工作日	2004-8-1	2004-12-19	
10	三、能源中心装饰施工	132 工作日	2004-12-20	2005-4-30	
11	1. 外墙装饰施工	122 工作日	2004-12-20	2005-4-20	
12	2. 室内顶棚施工	32 工作日	2004-12-20	2005-1-20	
13	3. 内墙装饰施工	106 工作日	2005-1-5	2005-4-20	
14	5. 楼、地面施工	96 工作日	2005-1-25	2005-4-30	
15	6. 门窗工程安装	50 工作日	2004-12-30	2005-2-17	
16	四、能源中心机电工程施工	396 工作日	2004-3-31	2005-4-30	
17	1. 预留预埋防雷接地	143 工作日	2004-3-31	2004-8-20	
18	2. 给排水管施工	30 工作日	2004-8-1	2004-8-30	
19	3. 电气配管及线槽安装	30 工作日	2004-7-12	2004-8-10	
20	4. 电气线缆敷设	32 工作日	2004-7-25	2004-8-25	
21	5. 配电柜送电	16 工作日	2005-2-1	2005-2-16	
22	6. 设备安装	178 工作日	2004-10-6	2005-4-1	
23	7. 设备送电调试	29 工作日	2005-4-2	2005-4-30	
24	8. 配合装饰施工	132 工作日	2004-12-20	2005-4-30	
25	9. 室内外管线接驳	30 工作日	2005-3-3	2005-4-1	
26	室外工程施工	227 工作日	2004-11-26	2005-7-10	
27	室外管线施工	90 工作日	2004-11-26	2005-2-23	
28	室外停车场基层施工	80 工作日	2005-2-24	2005-5-14	
29	室外停车场面层施工	72 工作日	2005-4-2	2005-6-12	
30	室外停车场养护	28 工作日	2005-6-13	2005-7-10	
31	室外网球场施工	95 工作日	2005-5-8	2005-8-10	
32	室外网球场基层施工	30 工作日	2005-5-8	2005-6-6	
33	室外网球场粗沥青层施工	34 工作日	2005-5-28	2005-6-30	
34	室外网球场细沥青及塑胶面层施工	52 工作日	2005-6-20	2005-8-10	
35	室外网球场土建结构施工	30 工作日	2005-6-21	2005-7-20	
36	室外网球场围网施工	27 工作日	2005-7-15	2005-8-10	

图 4-3 能源中心施工进度计划

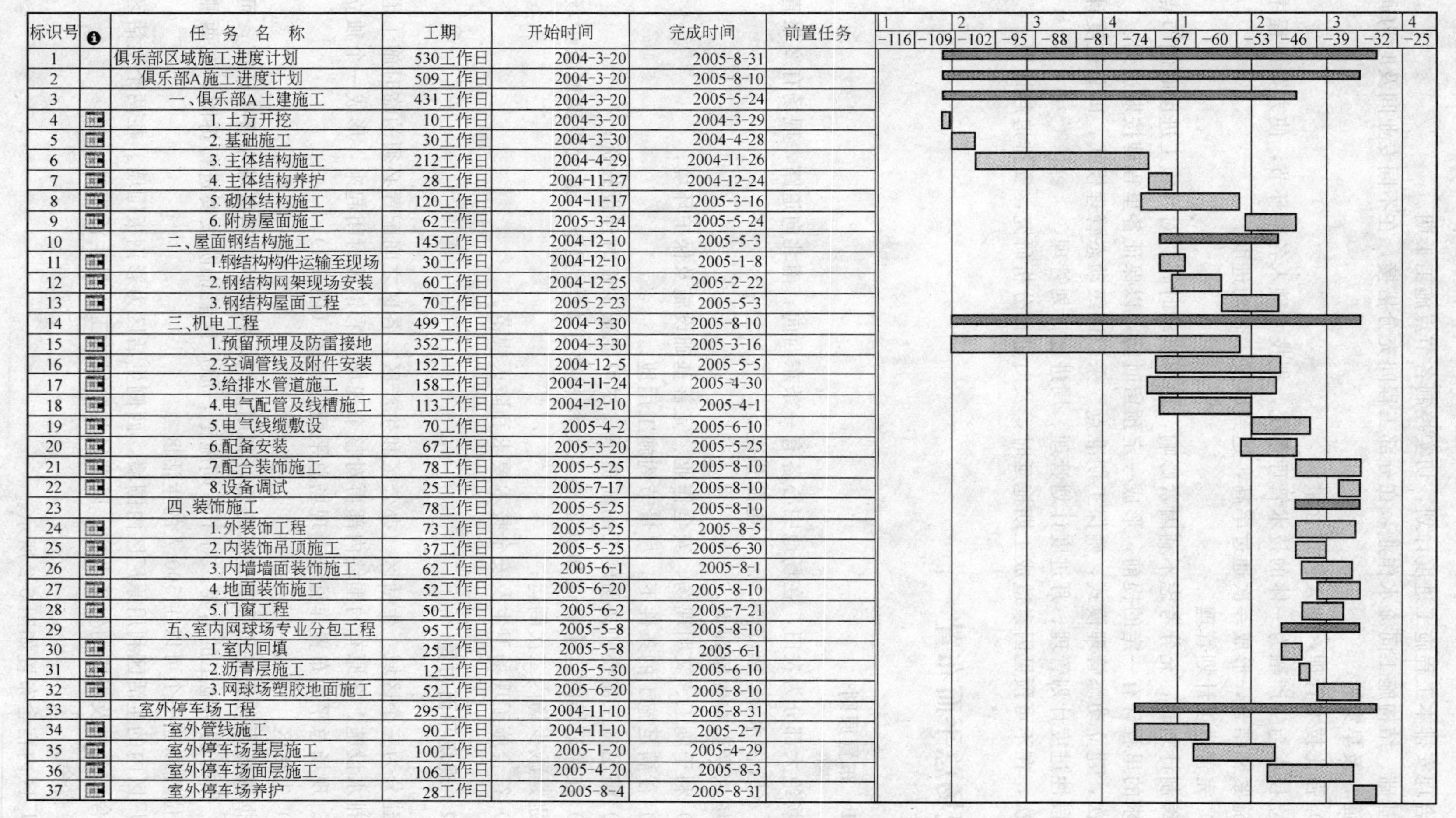

标识号	任务名称	工期	开始时间	完成时间	前置任务
1	俱乐部区域施工进度计划	530工作日	2004-3-20	2005-8-31	
2	俱乐部A施工进度计划	509工作日	2004-3-20	2005-8-10	
3	一、俱乐部A土建施工	431工作日	2004-3-20	2005-5-24	
4	1. 土方开挖	10工作日	2004-3-20	2004-3-29	
5	2. 基础施工	30工作日	2004-3-30	2004-4-28	
6	3. 主体结构施工	212工作日	2004-4-29	2004-11-26	
7	4. 主体结构养护	28工作日	2004-11-27	2004-12-24	
8	5. 砌体结构施工	120工作日	2004-11-17	2005-3-16	
9	6. 附房屋面施工	62工作日	2005-3-24	2005-5-24	
10	二、屋面钢结构施工	145工作日	2004-12-10	2005-5-3	
11	1.钢结构构件运输至现场	30工作日	2004-12-10	2005-1-8	
12	2.钢结构网架现场安装	60工作日	2004-12-25	2005-2-22	
13	3.钢结构屋面工程	70工作日	2005-2-23	2005-5-3	
14	三、机电工程	499工作日	2004-3-30	2005-8-10	
15	1.预留预埋及防雷接地	352工作日	2004-3-30	2005-3-16	
16	2.空调管线及附件安装	152工作日	2004-12-5	2005-5-5	
17	3.给排水管道施工	158工作日	2004-11-24	2005-4-30	
18	4.电气配管及线槽施工	113工作日	2004-12-10	2005-4-1	
19	5.电气线缆敷设	70工作日	2005-4-2	2005-6-10	
20	6.配备安装	67工作日	2005-3-20	2005-5-25	
21	7.配合装饰施工	78工作日	2005-5-25	2005-8-10	
22	8.设备调试	25工作日	2005-7-17	2005-8-10	
23	四、装饰施工	78工作日	2005-5-25	2005-8-10	
24	1.外装饰工程	73工作日	2005-5-25	2005-8-5	
25	2.内装饰吊顶施工	37工作日	2005-5-25	2005-6-30	
26	3.内墙墙面装饰施工	62工作日	2005-6-1	2005-8-1	
27	4.地面装饰施工	52工作日	2005-6-20	2005-8-10	
28	5.门窗工程	50工作日	2005-6-2	2005-7-21	
29	五、室内网球场专业分包工程	95工作日	2005-5-8	2005-8-10	
30	1.室内回填	25工作日	2005-5-8	2005-6-1	
31	2.沥青层施工	12工作日	2005-5-30	2005-6-10	
32	3.网球场塑胶地面施工	52工作日	2005-6-20	2005-8-10	
33	室外停车场工程	295工作日	2004-11-10	2005-8-31	
34	室外管线施工	90工作日	2004-11-10	2005-2-7	
35	室外停车场基层施工	100工作日	2005-1-20	2005-4-29	
36	室外停车场面层施工	106工作日	2005-4-20	2005-8-3	
37	室外停车场养护	28工作日	2005-8-4	2005-8-31	

图 4-4 网球中心俱乐部施工进度计划

力度，合理安排本工程施工进度计划，切实控制各节点施工工期。

在基础、结构施工间流水作业，在分部工程间充分搭接，在不同专业间及时沟通，互创工作面，及早穿插。

（3）强化技术管理，加大科技含量

建立技术与生产融为一体的技术管理系统，把技术融入各个环节，使方案、程序的制定、实施紧密结合，形成一次通过率高，达到以技术带动进度。

（4）完善进度计划管理

在编制计划时，充分考虑不利因素影响，预留机动时间。对各施工进度时间节点，较业主要求的里程碑有一定的提前，形成一定预留时间，以保证各里程碑按期达到。

其次，建立动态管理模式，确保工期准点。采取四级动态管理模式，即总进度计划管理、阶段性进度计划管理、月进度计划管理、周进度计划管理。

再次，在不可预见因素造成工期拖延时，及时进行分析研究，安排追赶计划。

5　现场总平面布置

5.1　布置原则

现场绝大部分为农田，在场地中心各有一条东西向、南北向道路，现场有 2 根直径为 150mm 水管供水，2 座 500kV·A 电源供电。

现场总平面布置原则为：

（1）利于施工、文明现场、安全作业、完善基础设施及保护环境；

（2）在满足施工的条件下，尽量节约施工用地；

（3）满足施工需要和文明施工的前提下，尽可能减少临时建设投资；

（4）在保证场内运输畅通和满足施工对材料要求的前提下，最大限度地减少场内运输，特别是减少场内二次倒运；

（5）符合施工现场卫生及安全技术要求和防火规范。

5.2　现场平面布置

临建分为三个区域：生活区、办公区和生产区，各区之间配置必须的临时施工道路与相应的排水设施。在原有的围墙内部再对整个现场用彩钢板封闭起来，形成一个独立的施工现场。现场总平面布置详见施工现场总平面布置图（图 5-1）。

（1）生活区

根据现场原有条件和后期施工需要，利用前期未拆除的厂房区域布置生活区，可以住 400 人，作为前期施工的需要。对于后期施工，原厂区装饰阶段要进行拆除，在西侧俱乐部 B 的位置拟建一个可以住 500 人的生活区。

原厂区内的生活区利用原厂区内围墙，西侧生活区为彩钢板围墙。在两个生活区内均搭建宿舍、食堂及相应的生活设施，以满足各阶段施工人员生活需求。

1）宿舍。

原厂区内宿舍布置如图 5-2 所示。

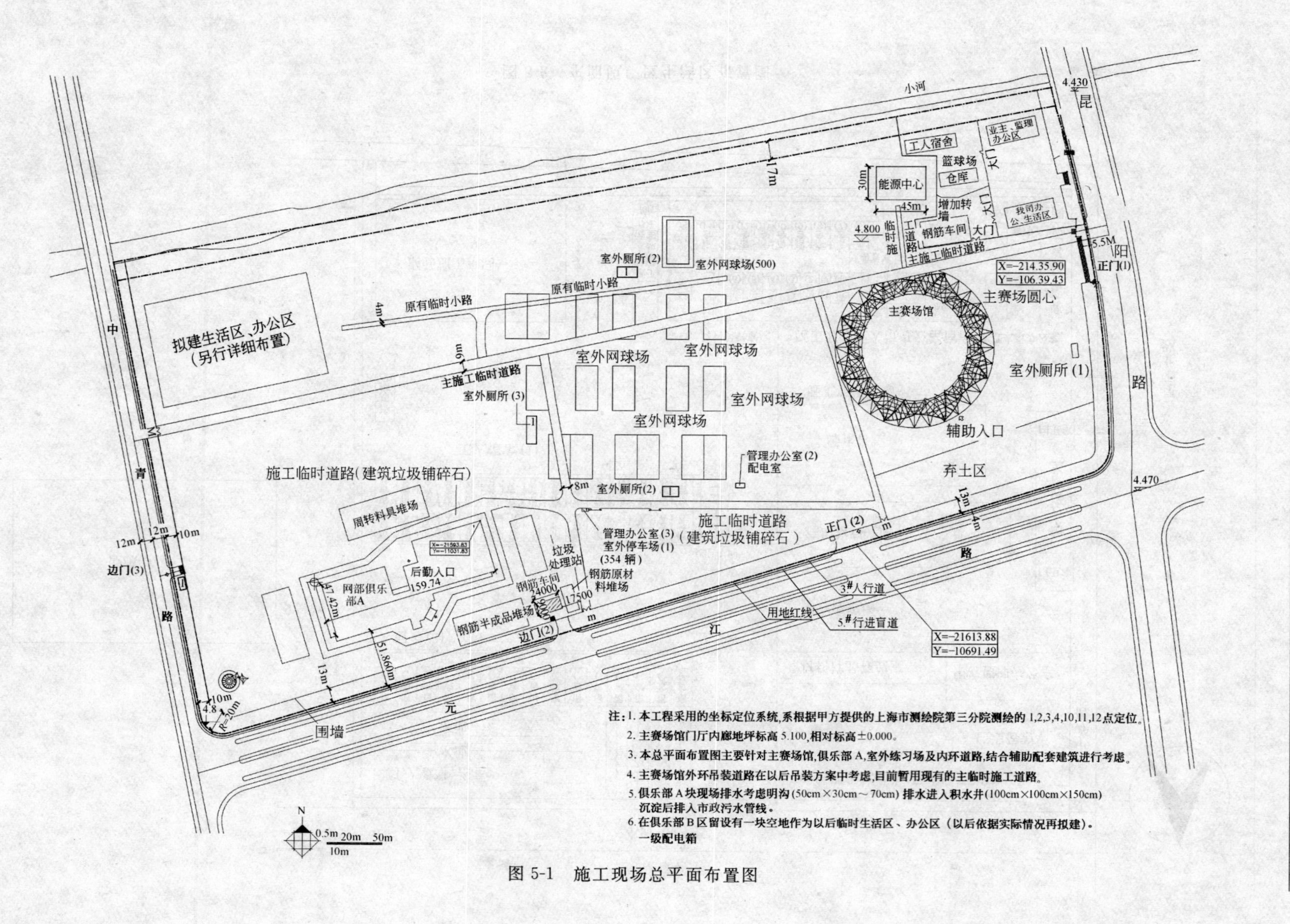

图 5-1 施工现场总平面布置图

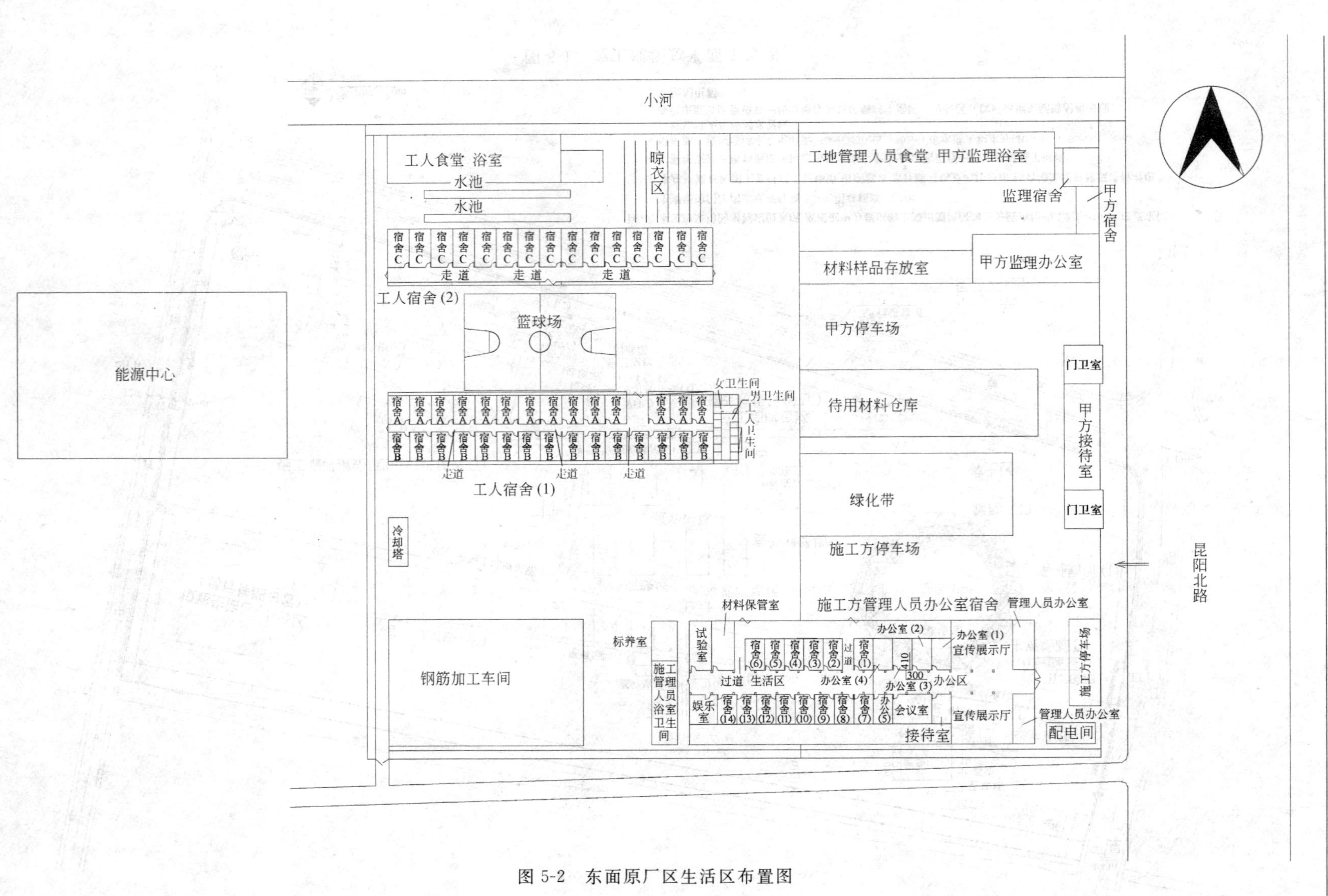

图 5-2　东面原厂区生活区布置图

西侧生活区宿舍布置如图 5-3 所示。

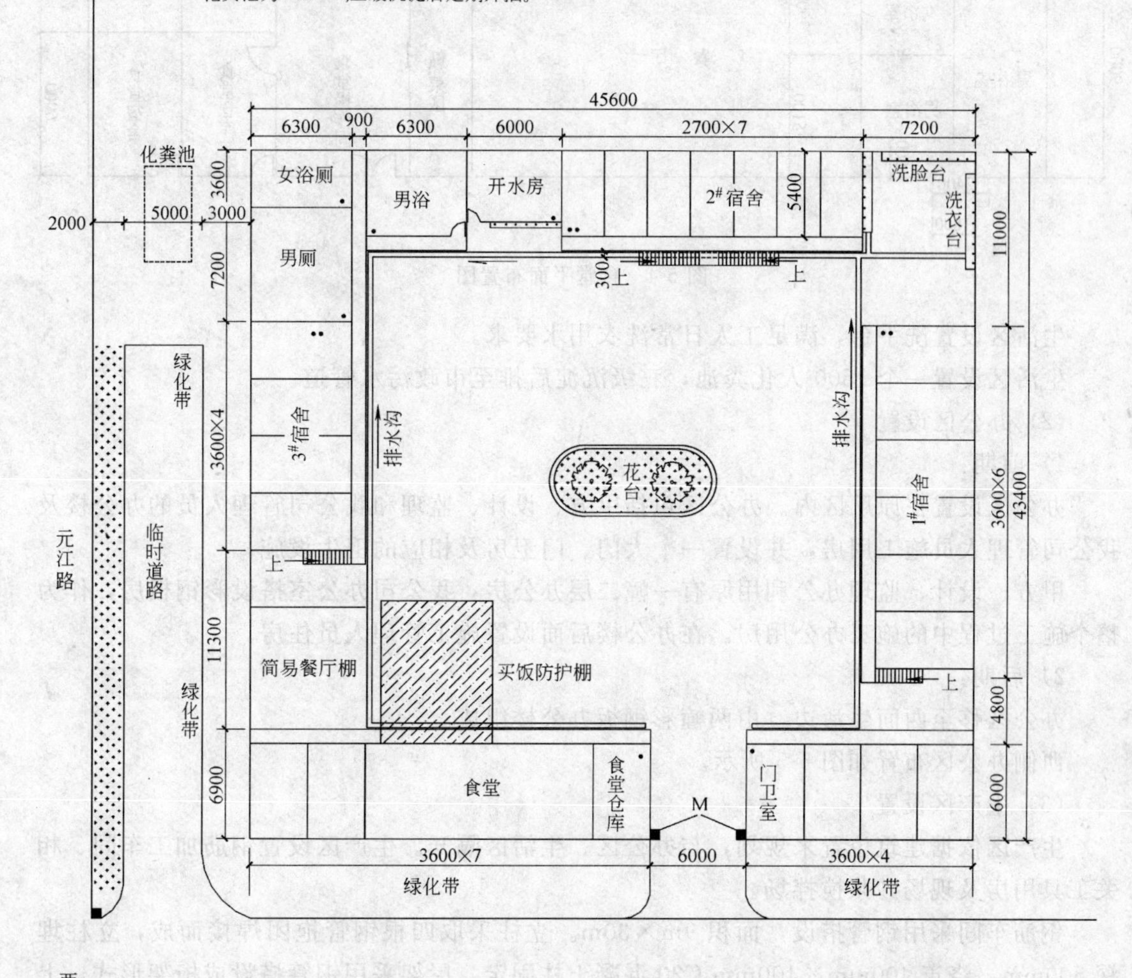

图 5-3 西面生活区平面布置图

2）食堂及辅助设施。

在生活区内设置食堂、小卖部、洗衣房；另外，还设置男女浴室与男女厕所。根据现场施工最高峰期人数，男女厕所共设置蹲位男厕 35 个，女厕 5 个，平均 23

人/个，能够满足现场施工人员生活要求。

食堂设置远离男女厕所，按照上海市卫生防疫站要求进行布置，如图 5-4 所示。

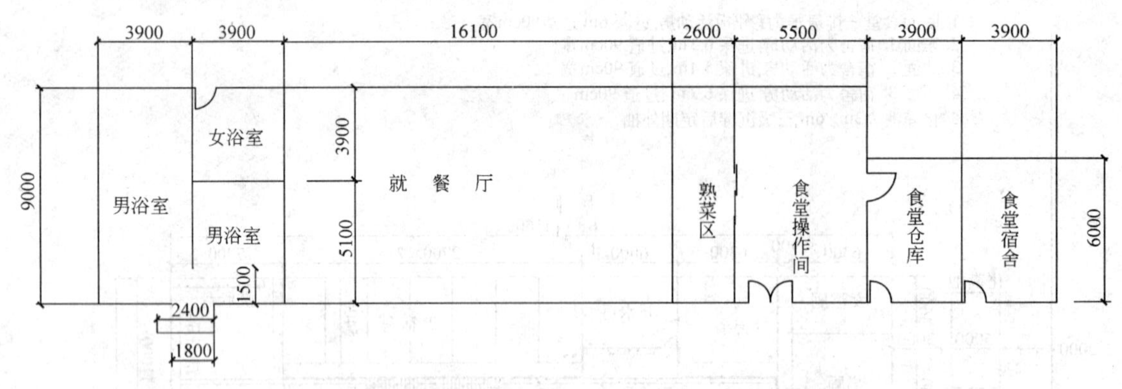

图 5-4　食堂平面布置图

生活区设置洗手台，满足工人日常洗衣用水要求。

生活区设置一个 1500 人化粪池，三级沉淀后排至市政污水管道。

（2）办公区设置

1）前期：

办公区设置在原厂区内。办公区包括甲方、设计、监理和我公司管理人员的办公楼及我公司管理人员施工用房，并设置一个大门、门卫房及相应的卫生设施。

甲方、设计、监理办公利用原有一幢二层办公房，我公司办公室搭设彩钢板房，作为整个施工过程中的施工办公用房。在办公楼后面设置施工管理人员住房。

2）后期：

办公区移至西面生活边，由两幢彩钢板办公楼组成。

西侧办公区布置如图 5-5 所示。

（3）生产区设置

生产区依据建筑位置来规划，与办公区、生活区隔开。生产区设置钢筋加工车间、相关工具用房及现场砂浆搅拌场。

钢筋车间采用钢管搭设，面积 9m×30m。立柱采取四根钢管抱团焊接而成，立柱埋深 500mm，浇筑 400mm×400mm C20 混凝土柱固定。屋架采用钢管搭设成桁架形式，上盖石棉瓦。钢筋车间另配置原材料堆场与半成品堆场。原材料堆场为 12m×25m，下垫 200mm×200mm×4000mm 枕木。半成品堆场采用人工回填土铺平后再铺一层碎石（约 3cm 厚）。

相关用房包括门卫、实验室、现场会议室、电工房、材料仓库与材料办公室、木工房等，详见“现场总平面布置图”。

（4）施工临时用电布置

临时用电线路系统根据各种用电设备在施工现场的布置情况，采用树干式与辐射式相结合的配电方式。主线路采用高架线路，由高架线路分设配电箱下来，过道路时电缆外套钢管保护，其余位置采取埋设至地面下 30cm 深，沟底铺设细砂 10cm 厚。

现场用电平面布置图如图 5-6 所示。

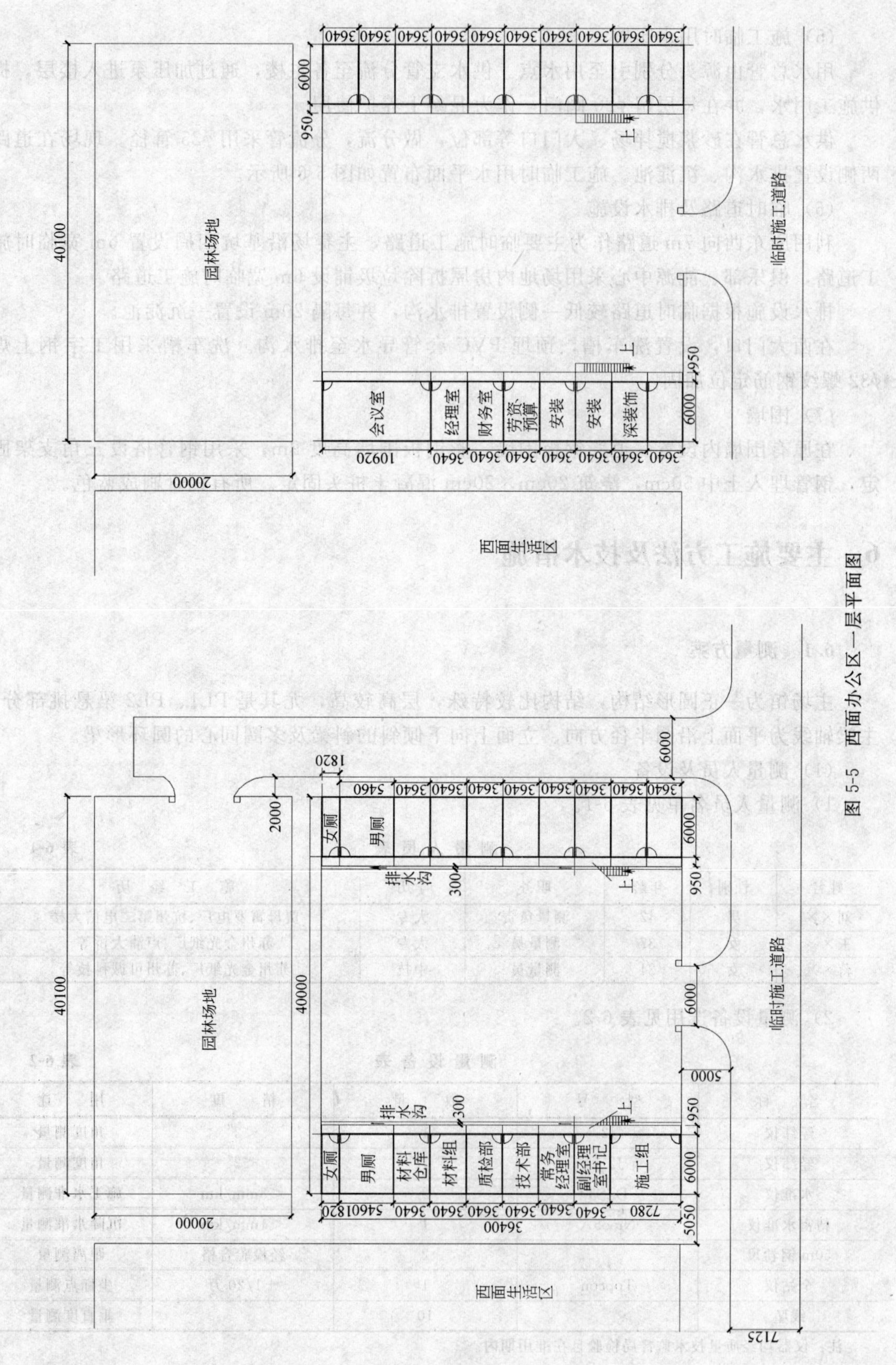

图 5-5 西面办公区一层平面图

(5) 施工临时用水布置

用水总管由源头分别引至用水点。供水支管分流至各主楼，通过加压泵进入楼层，提供施工用水，并在每层留 ϕ20 阀门，作为混凝土养护使用。

供水总管在砂浆搅拌场、大门口等部位，做分流，分流管采用 ϕ25 管径。现场在道路两侧设置排水沟、沉淀池。施工临时用水平面布置如图 5-6 所示。

(6) 临时道路及排水设施

利用原东西向 7m 道路作为主要临时施工道路，主赛场沿基坑四周设置 6m 宽临时施工道路，俱乐部、能源中心采用场地内房屋拆除垃圾铺设 6m 宽临时施工道路。

排水设施根据临时道路较低一侧设置排水沟，并每隔 20m 设置一沉淀池。

在西大门口，设置洗车槽，预埋 PVC 套管导水至排水沟。洗车槽采用工字钢上焊 ϕ32 螺纹钢筋定位加固。

(7) 围墙

在原有围墙内设置一道彩钢板围墙，彩钢板围墙高度 2m，采用钢管搭设三角支架固定，钢管埋入土中 50cm，浇筑 20cm×20cm 混凝土桩头固定。所有钢管刷成蓝色。

6　主要施工方法及技术措施

6.1　测量方案

主场馆为一正圆形结构，结构比较特殊，层高较高，尤其是 PL1、PL2 梁悬挑部分。主梁轴线为平面上沿圆半径方向、立面上向下倾斜的斜梁及多圈同心的圆环形梁。

(1) 测量人员及设备

1) 测量人员名单见表 6-1。

测量人员表　　　　**表 6-1**

姓名	性别	年龄	职务	学历	施工经历
刘××	男	42	测量负责	大专	贾母霄罗电厂、杭州第二电信大楼
王××	女	37	测量员	大专	苏州金光纸厂、卢浦大桥等
蒋××	女	24	测量员	中技	苏州金光纸厂、苏州可诚科技等

2) 测量设备选用见表 6-2。

测量设备表　　　　**表 6-2**

名称	型号	数量	精度	用途
经纬仪	J2	1	<2″	角度测量
经纬仪	J2-1	1	<2″	角度测量
水准仪	DZS3	2	<3mm/km	施工水准测量
精密水准仪	Nioo5A	1	<1mm/km	沉降水准测量
50m 钢卷尺		2	经检验合格	距离测量
全站仪	Topcon	1	±1/20 万	坐标点测量
线坠		10		垂直度测量

注：仪器均经质量技术监督局检验且在准用期内。

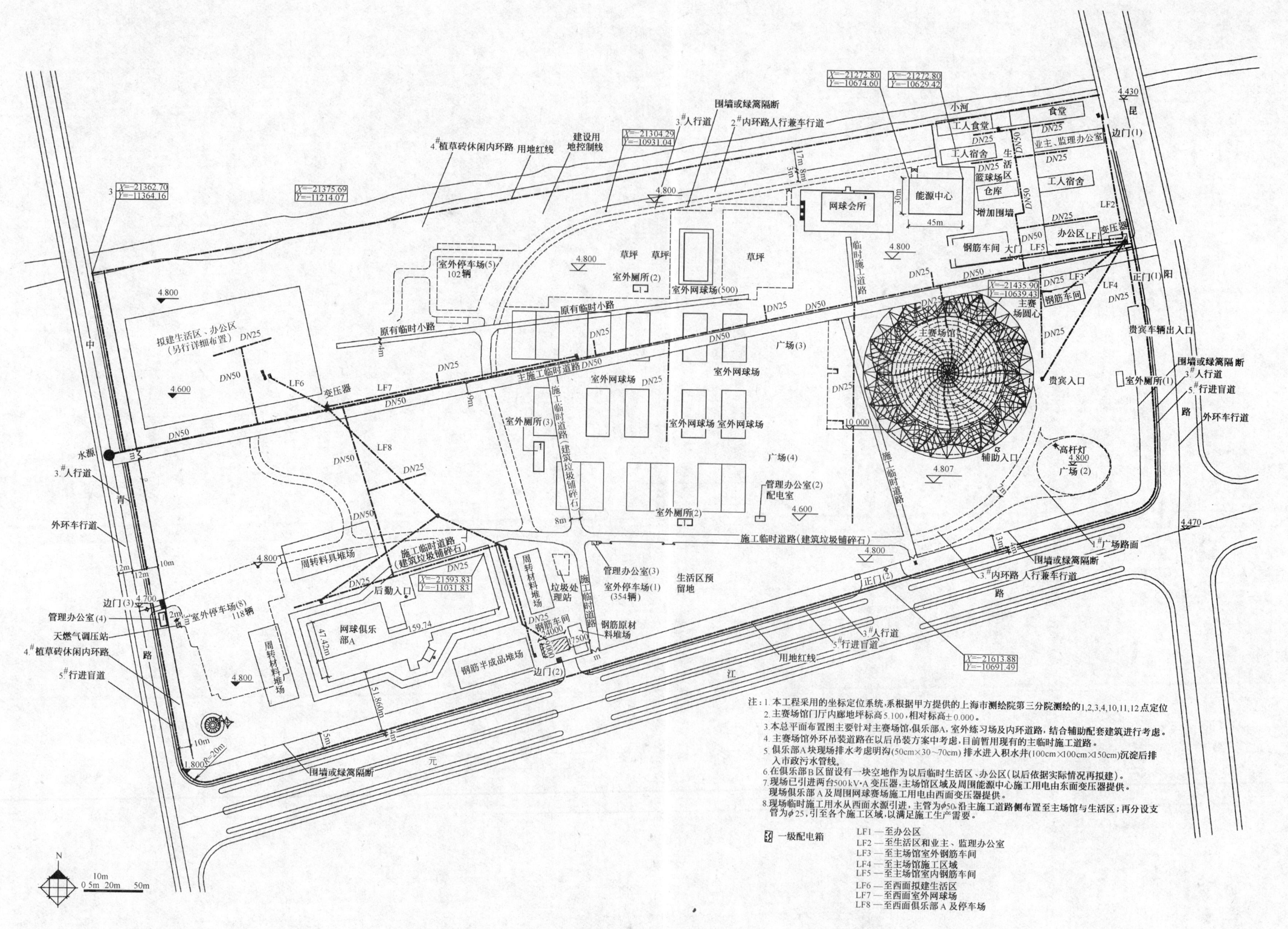

注：1. 本工程采用的坐标定位系统，系根据甲方提供的上海市测绘院第三分院测绘的1,2,3,4,10,11,12点定位

2. 主赛场馆门厅内廊地坪标高5.100，相对标高±0.000。

3. 本总平面布置图主要针对主赛场馆，俱乐部A，室外练习场及内环道路，结合辅助配套建筑进行考虑。

4. 主赛场馆外环吊装道路在以后吊装方案中考虑，目前暂用现有的主临时施工道路。

5. 俱乐部A块现场排水考虑明沟(50cm×30~70cm)排水进入积水井(100cm×100cm×150cm)沉淀后排入市政污水管线。

6. 在俱乐部B区留设有一块空地作为以后临时生活区、办公区(以后依据实际情况再拟建)。

7. 现场已引进两台500kV·A变压器，主场馆区域及周围能源中心施工用电由东面变压器提供。现场俱乐部A及周围网球赛场施工用电由西面变压器提供。

8. 现场临时施工用水从西面水源引进，主管为ϕ50，沿主施工道路侧布置至主场馆与生活区；再分设支管为ϕ25，引至各个施工区域，以满足施工生产需要。

一级配电箱

LF1 —至办公区
LF2 —至生活区和业主、监理办公室
LF3 —至主场馆室外钢筋车间
LF4 —至主场馆施工区域
LF5 —至主场馆室内钢筋车间
LF6 —至西面拟建生活区
LF7 —至西面室外网球场
LF8 —至西面俱乐部A及停车场

图5-6 现场临时用水、用电平面布置图

（2）测量程序和控制点设置

1）测量程序。

测量操作人员必须按照操作程序、操作规程进行操作，经常对仪器、观测点和测量设施进行检查验证，配合好各工序的穿插和检查验收工作，将误差严格控制在标准允许的范围以内，保证测距、测角、标高的精度。

2）测量总体控制网络控制点设置。

在体育场内部圆心处设置1个二级控制点，在外围设置4个二级控制点，主赛场施工就以5个控制点组成测量总体控制网络。所有二级控制点由元江路一侧业主提供的2个基准点引测过来，二级控制点作为平面及高程测量的基准点。

主赛场测量二级控制点设置示意图如图6-1所示。

1号控制点设置：一号控制点为两层框架结构，层高6m，平面尺寸4m×4m，上面一层四周设置1200mm高钢管防护栏杆，1～2层顶板中间留设250mm×250mm方形洞口，洞口正对首层预埋的不锈钢板。1号点测量平台设计示意图如图6-6所示。

2、3、4、5号控制点做法：从地面以下2m起做一个2000mm×2000mm×400mm的长方体混凝土基础，在基础上浇筑一根截面为800mm×800mm、高为8m的混凝土柱子，柱子顶部中心埋设ϕ20圆钢，圆钢伸出柱子顶面高约20～40mm，作为一号点架设测量仪器的观测后视点。

在控制点桩位周围以钢管围成一个1.5m×1.5m的封闭区域，钢管刷以红白相间的油漆并挂上醒目标记，防止控制点在施工过程中因意外碰撞发生偏移。

（3）平面测量控制

主体结构，测量放线采用外控法，施测方法如下：

根据二级控制点组成的整体控制网络，将主赛场的轴线（共计64条）投射到二层楼面上，然后再利用轴线测放细部尺寸。

轴线具体做法：首先在1号控制点（圆心）上架好全站仪，对好后视点，将64条轴线分别向左右各偏32′的位置投出两条射线，并标出与Ⓤ、Ⓥ、ⓦ轴的交点，每次放线都要向正反两个方向旋转36°，使其能够在精度误差许可范围内闭合；然后，以该128条辅助线为控制线，在楼面上弹出主轴线，再以主轴线为基准，弹出各构件细部尺寸线。

对于平面曲线的放线，采用全站仪，根据施工图提供的圆弧半径及角度放线。根据辐射轴线和纵横轴线计算出柱在该圆弧曲线上的极坐标，采用全站仪在平面上定出此点，并采用加密测量点的方法定出柱间加密点，连接各加密点就形成圆弧曲线段。

施工看台梁板时，用线坠将各构件细部尺寸线吊到施工楼面上，然后用钢管扣件将大梁底模板临时固定；当该区的大梁底模板全部临时固定后，由测量人员用架设在1号控制点的全站仪对其进行检查复核，对于超过误差允许范围的梁底模板，立即进行调整固定，当所有的梁轴线偏差全部在误差允许范围之内后，将梁底模最终固定；然后，进入下一道工序施工，看台板肋梁（直梁）的平面测量定位应在主梁固定后，按其与主梁的关系在主梁上、在主梁侧板分出各肋梁的位置。

主赛场结构测量控制平面图见图6-2。

俱乐部A测量控制平面图见图6-3。

能源中心测量控制平面图见图6-4。

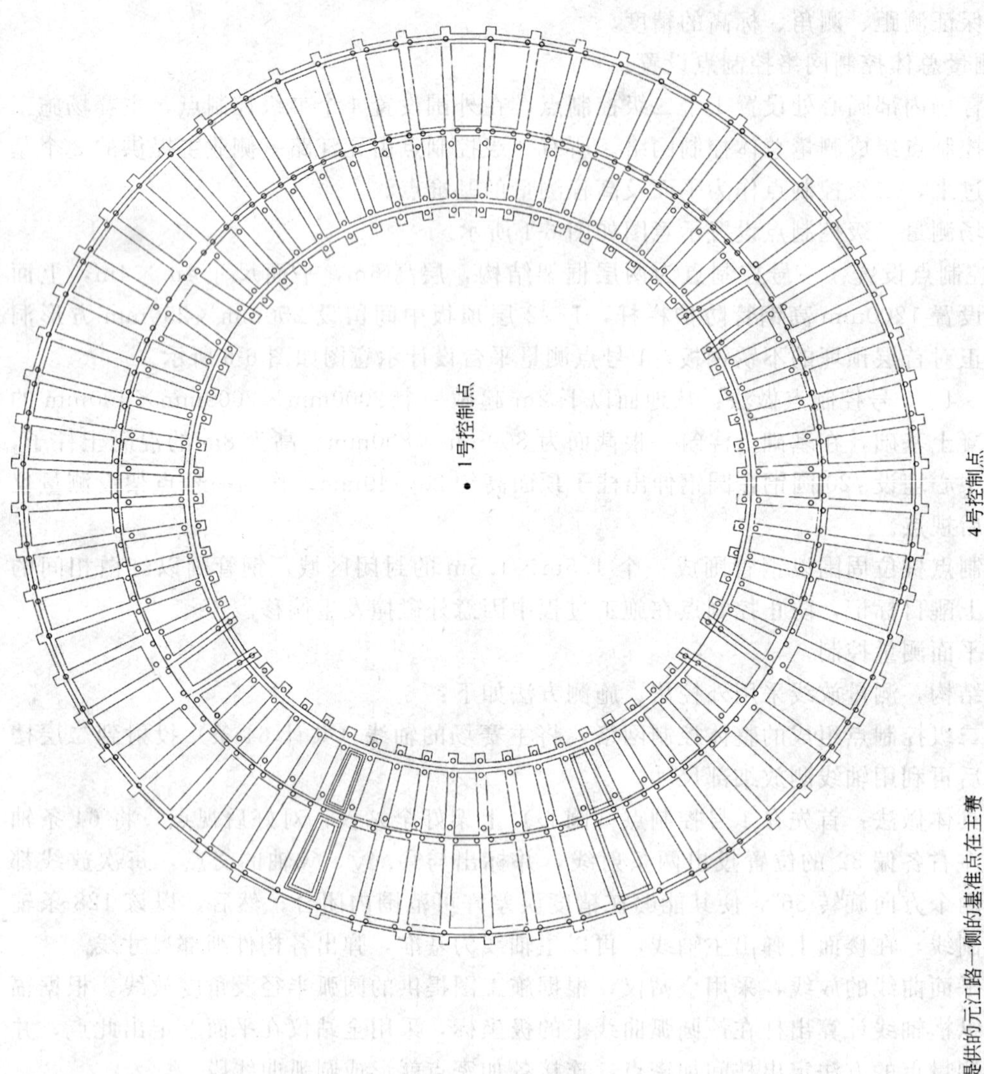

说明：首先根据业主提供的元江路一侧的基准点在主赛场附近设立四个二级控制点，中间控制点为体育场圆心。四点在体育场外面，且纵横三点应尽量处于一条直线上。五个二级控制点组成主赛场施工总体控制网络。

图 6-1 主赛场二级测量控制点

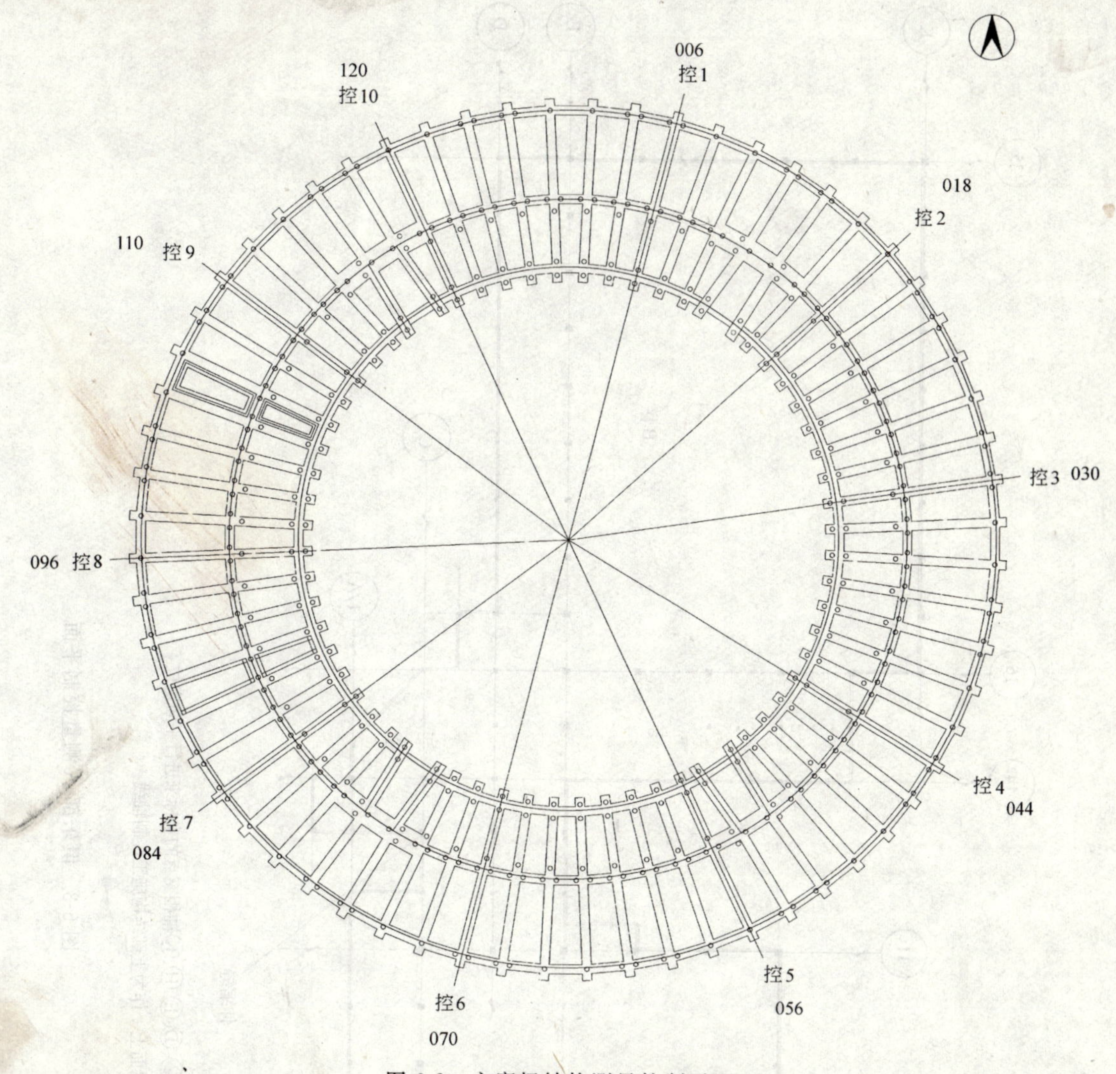

图 6-2 主赛场结构测量控制平面

大平台测量控制平面图见图 6-5。

（4）高程控制

利用业主提供的水准点，将绝对高程换算成相对高程，并由测量人员在Ⓥ轴已经浇筑并将模板拆除完毕的混凝土柱子上，每隔三根柱子引两个标高点（＋6.000m、＋10.000m），供施工人员在施工过程中复核模板标高。当每个施工分区的第一段混凝土浇筑完毕后，测量人员及时地将 15.430m 标高引至看台肋梁的侧面上，每个区段引两个点。

高程的竖向传递采用钢卷尺沿铅直线方向，向上量至施工层，并画出正米数的水平线。各层的标高控制线均由各层的起始标高线直接向上量取。

看台梁板施工时，对于环梁底模、看台肋梁底模及看台板底模，先用水准仪将标高引至梁板下部的竖向钢管上，再用 5m 卷尺量出构件底模板水平钢管的位置；同时，用水准仪在操作面上部复核模板的标高。对于倾斜大梁（PL1、PL2），先将大梁两端的底标高用水准仪引至大梁侧的竖向钢管上，用建筑麻线将该两点拉直，然后以该直线为基准找出

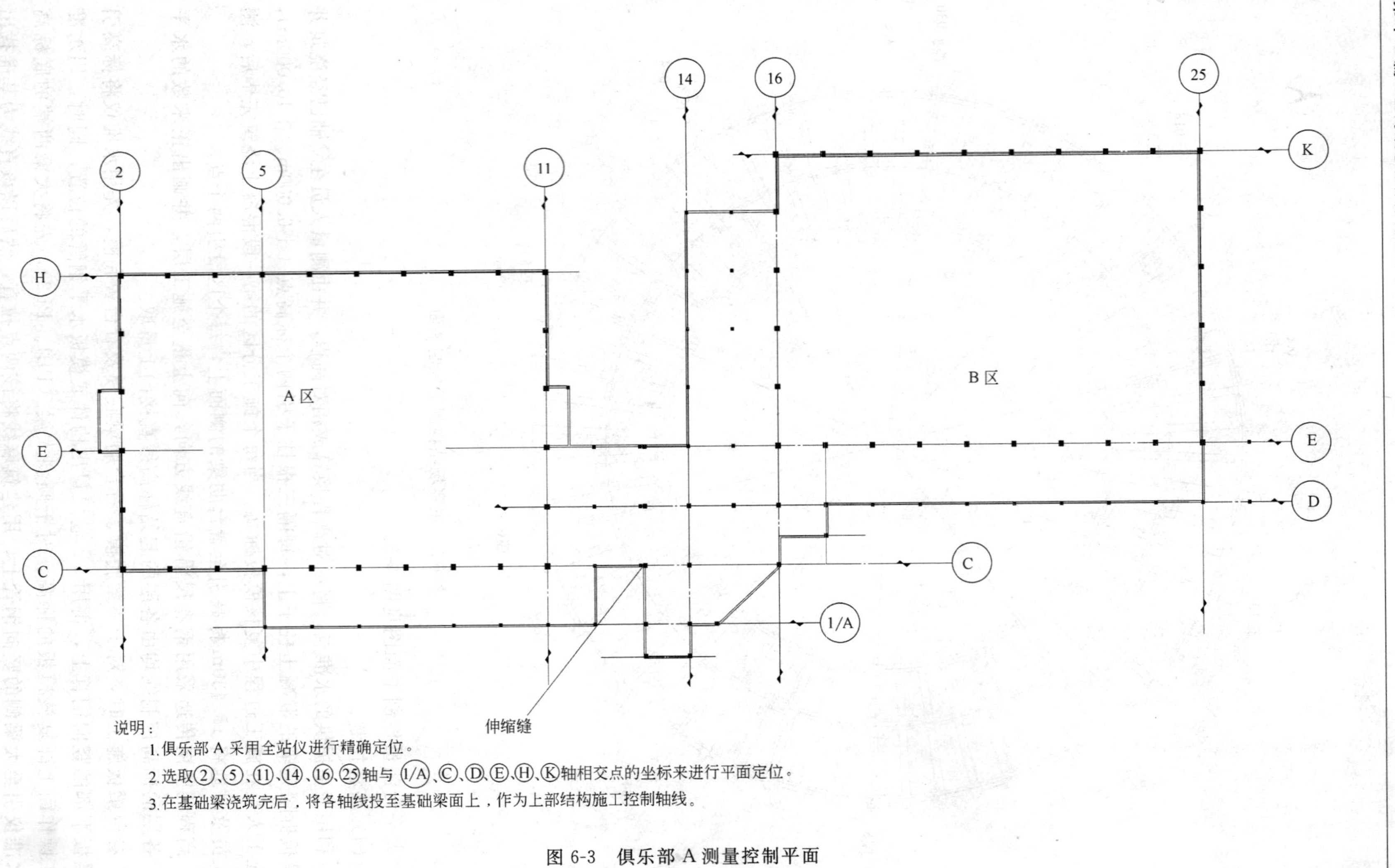

说明：

1.俱乐部A采用全站仪进行精确定位。

2.选取②、⑤、⑪、⑭、⑯、㉕轴与1/A、Ⓒ、Ⓓ、Ⓔ、Ⓗ、Ⓚ轴相交点的坐标来进行平面定位。

3.在基础梁浇筑完后，将各轴线投至基础梁面上，作为上部结构施工控制轴线。

图 6-3　俱乐部A测量控制平面

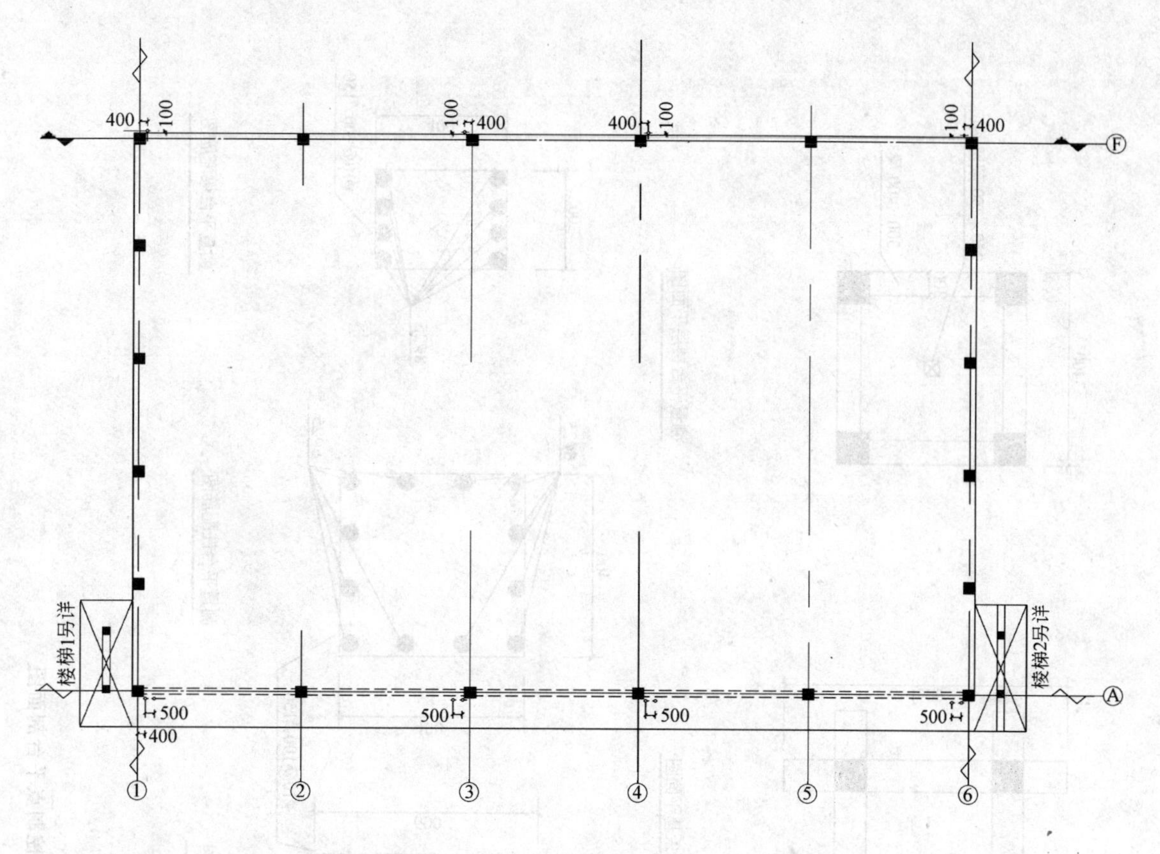

说明：

1. 俱乐部A采用全站仪进行精确定位。
2. 选取①、⑥轴与Ⓐ、Ⓕ轴相交点的坐标来进行平面定位。
3. 在基础梁浇筑完后，将各轴线投至基础梁面上，作为上部结构施工控制轴线。

图 6-4 能源中心测量控制平面

梁底水平支撑钢管的位置，最后再用水准仪复核梁底标高。

（5）PL4 环梁监测方案

为了了解结构施工阶段和屋顶钢结构吊装前后的结构变形情况，以便设计师准确知道相关实际位移变形数据，及时对现场作出准确的判断和方案纠正，要求对 PL4 梁的三个方向的位移变形进行观测。根据设计意见，要求在 64 条轴线与 PL4 梁最外端的交点处各设置一个观测点，用于观测各点的垂直、径向、环向的位移变形值。

在第三段结构施工时，将主赛场的轴线投射到＋24.04m 梁面钢筋上，然后再利用投放的轴线，固定位移观测点。位移观测点采用 15cm 长不锈钢圆棒，顶端为圆形，焊接在 PL4 梁主筋上，保证混凝土浇筑过程中不被掩埋或破坏。不锈钢圆棒的顶端高出混凝土梁面为 10mm。如图 6-7 所示。

径向位移观测具体做法：首先在 1 号控制点上架好全站仪，对好后视点，将反光棱镜放在位移观测点顶端上，根据全站仪测出变形后的实际距离，与原始距离比较差值，得出径向位移值。

环向位移观测具体做法：首先在 1 号控制点上架好全站仪，对好后视点，利用反光棱

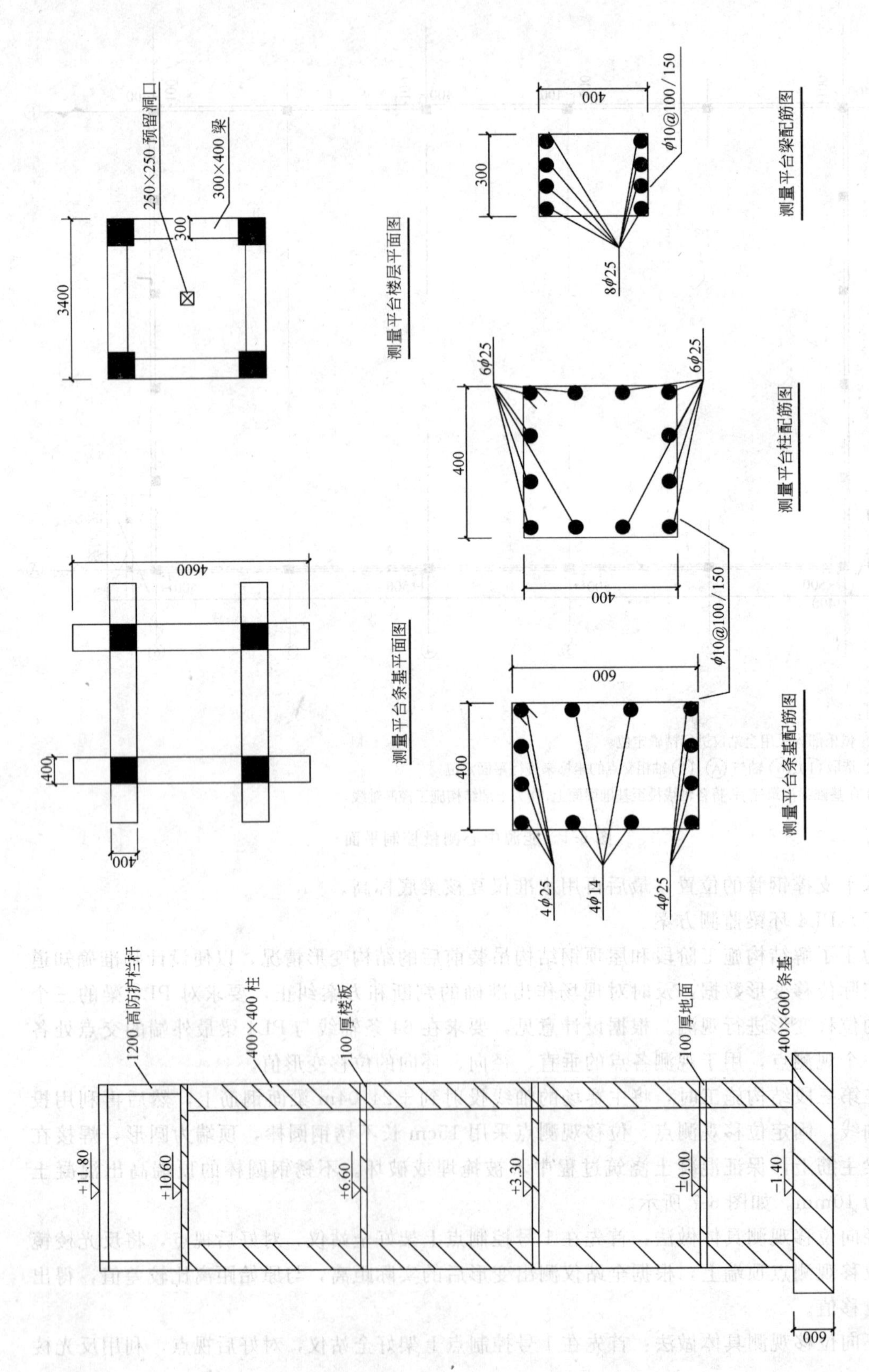

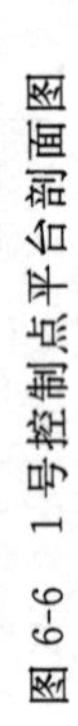
图 6-6 1 号控制点平台剖面图

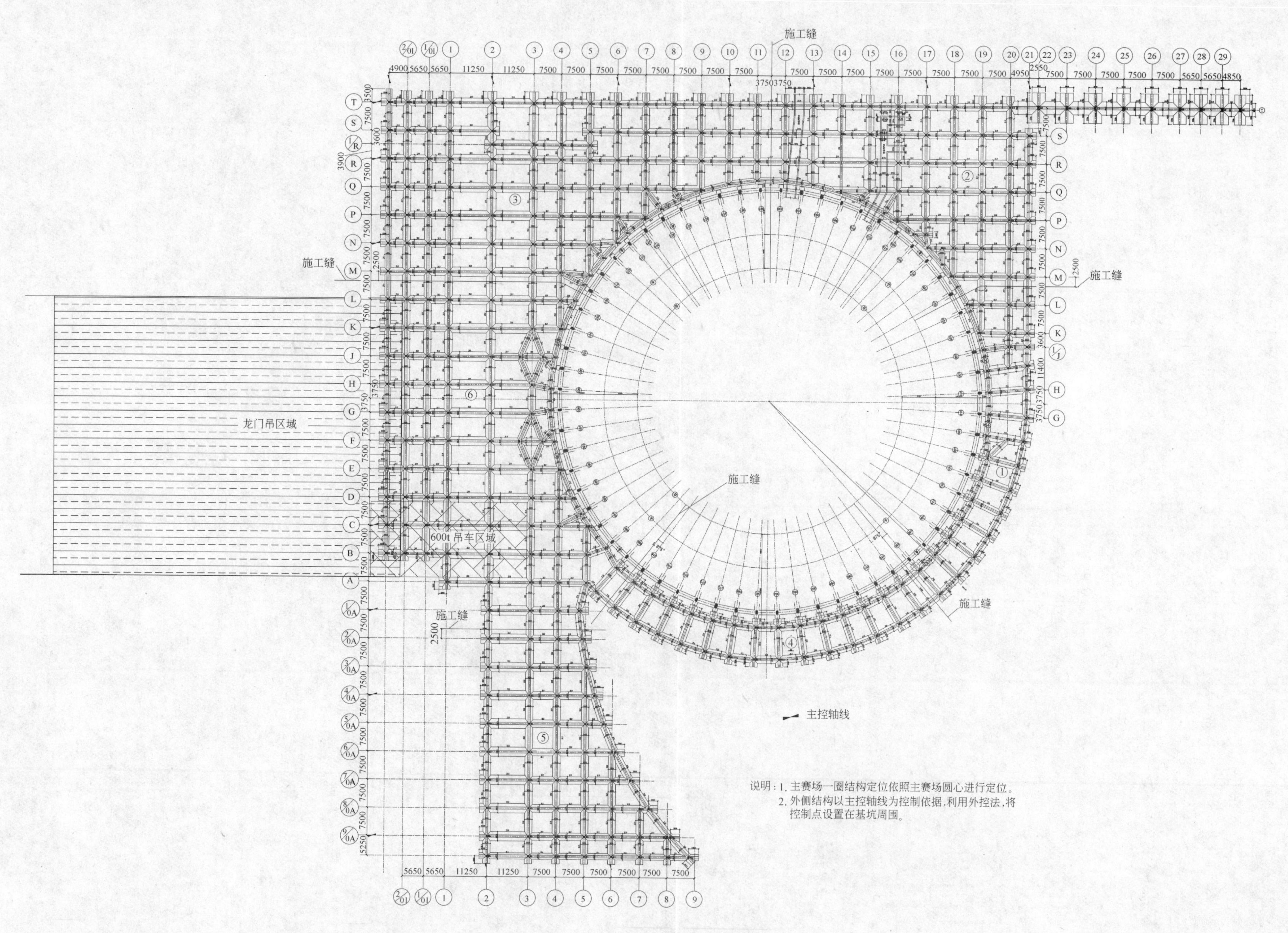

图 6-5 大平台测量控制平面

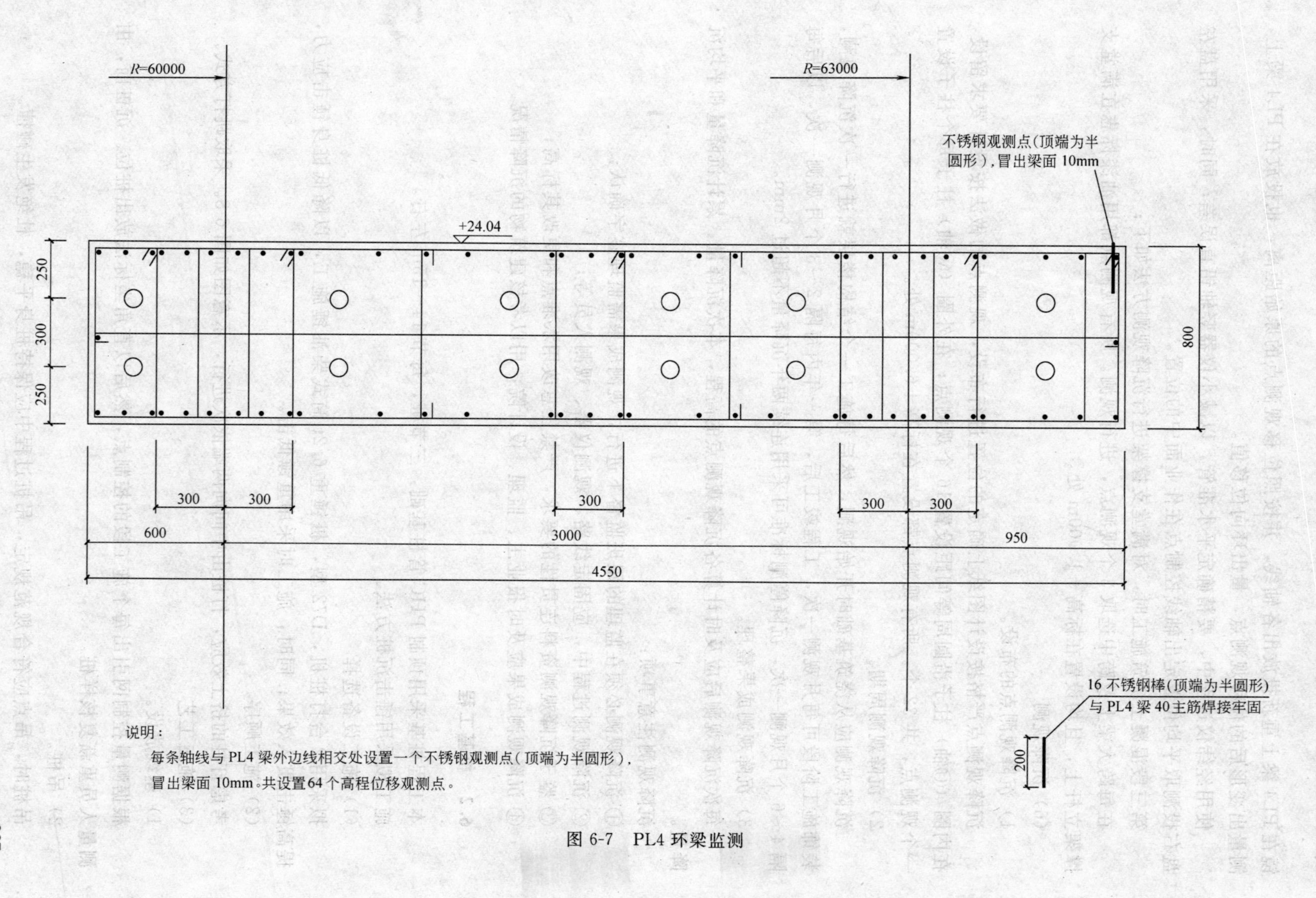
R=60000
R=63000
不锈钢观测点(顶端为半圆形),冒出梁面 10mm
+24.04
250
300
250
800
300
300
300
300
300
600
3000
950
4550
16 不锈钢棒(顶端为半圆形)
与 PL4 梁 40 主筋焊接牢固
200
说明:
每条轴线与 PL4 梁外边线相交处设置一个不锈钢观测点(顶端为半圆形),
冒出梁面 10mm。共设置 64 个高程位移观测点。

图 6-7 PL4 环梁监测

镜在 PL4 梁上重新投放出各轴线，并按照位移观测点的原始距离，也投放在 PL4 梁上，测量出变形后的位移观测点，量出环向位移值。

使用经纬仪过程中，要精确定平水准管，以减小仪器竖轴铅直误差；同时，采用盘左盘右投测取平均位置定出轴线控制点在作业面中的位置。

第三段混凝土浇筑施工时，对满堂支撑架进行沉降观测方法如下：

在每跨大梁上及跨中选取 3 个观测点，进行观测。所有观测点都用油漆标志在满堂支撑架立杆上，且均设置在标高＋1.000m 处。

(6) 沉降观测

1) 沉降观测点的布设。

沉降观测点严格按设计图纸上确定的位置进行布设，观测点的做法按设计要求留设，在内圈（Ⓤ轴）柱子沿圆周等间距设置 16 个观测点；在外圈（Ⓦ轴）柱子每个柱子设置一个观测点，共 32 个。所有观测点都设置在标高＋6.000m 处。

2) 沉降观测周期。

沉降观测应从浇筑基础时开始观测，然后每施工一个结构楼层就进行一次沉降观测，装饰施工阶段可每月观测一次，工程竣工后，第一年内每隔 2～3 个月观测一次，以后每隔 4～6 个月观测一次，沉降停测标准可采用连续两年沉降量不超过 2mm。

3) 沉降观测成果整理。

每次沉降观测后应及时计算各沉降观测点的高程，本次沉降量、累计沉降量和平均沉降量。

沉降观测注意事项：

① 沉降观测必须在监理的跟班监督下进行，观测成果需监理签字确认；

② 沉降观测过程中，应固定线路、观测仪器、观测人员等；

③ 鉴于沉降观测资料连贯性的要求，严禁任意改用水准点和更改其标高；

④ 沉降观测成果应及时报业主、监理、设计院，用以考核建筑物的沉降情况。

6.2 桩基工程

本工程桩基采用预制 PHC 管桩基础，三节桩，每节 14～15m 左右。

施工拟采用锤击沉桩方法。

(1) 施工设备选择

拟采用 2 台打桩机，D72 型，桩锤重 6.2t 筒式柴油锤施工，以降低桩身锤击应力，提高锤击贯入效果；同时，施工时采用重锤低击。

(2) 施工顺序

考虑打桩的挤土效应，打桩由中间向两端依次进行，示意图如图 6-8。采取跳打方式。

(3) 施工工艺

1) 基线放设。

根据测量控制网引出每个施工段的控制点，然后以直角坐标法放出桩位。沉桩前，由测量人员重新复核样桩。

2) 吊桩。

吊桩时，吊点应符合规范规定，吊桩过程中应保持桩身平稳，杜绝发生碰撞。

3）喂桩、插桩：

① 以桩机的主钩为主，履带吊辅助，在两名起重指挥的配合下，将套着桩帽的桩顶缓缓送入桩帽内，然后把桩尖对准桩位；

② 先沉入的桩已将土挤密，继续插桩时，桩位应略移向先沉好的桩；

③ 插好桩后，应立即将桩头用锤压住，检查锤、桩帽和桩的中心是否一致，并检查桩位有无移动及桩的垂直度或倾斜度是否符合规定。

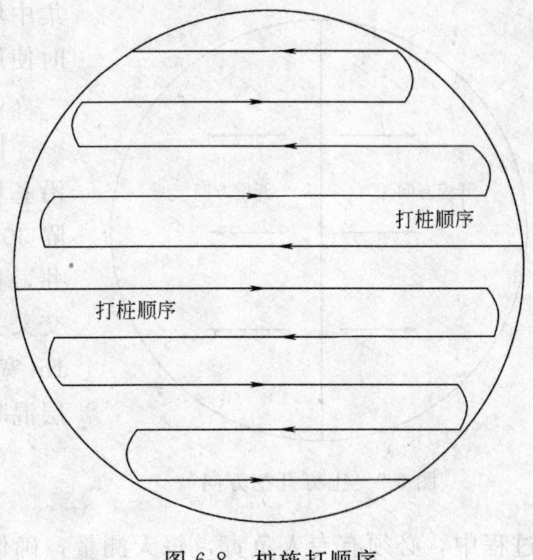

图 6-8 桩施打顺序

4）校正垂直度。

从正面和侧面，利用两台经纬仪，校正下节桩垂直度后压锤，无偏移或倾斜后锤击；桩身贯入度无异常时，方可连续锤击，下节桩露出地面 1m 时停止锤击。

在第一节桩入土±3m 时，应停桩复核桩架导杆的垂直度；如发现问题，必须校正后方可继续沉桩。

5）焊接接桩。

接桩前清除干净上、下端面上的污垢、铁锈。接桩时，上节桩和下节桩应对直，桩中心偏差小于 3mm，桩端板应闭合，其缝隙不应大于 4mm，分层焊接，焊缝厚度不应小于 11mm，焊好后，自然冷却 5min 后方可施打。

6）送桩。

桩顶靠近地表时，请甲方和监理进行中间验收，后换送桩器送桩到设计标高。送桩器必须与桩保持垂直。

7）停锤标准。

以设计桩顶标高控制为主，以贯入度进行复核。

6.3 土方工程

（1）土方开挖

四周场地比较充裕，基坑大面开挖深度为 1.7m，大开挖深度将到基础梁底后，留 200～300mm 厚的土方进行人工清土；然后，进行局部承台基础落低部分的开挖。土方开挖坡度考虑 1∶1.5 放坡，因基坑深度较浅，且四周场地空旷，堆场较大，从成本角度考虑，不进行水泥砂浆护坡处理，主要项目加强日常检查，周转料具等材料堆在基坑外临时道路外侧，防止异常情况发生。

土方开挖方法示意图如图 6-9 所示。

土方开挖计划配备 4 台挖土机进行。开挖过程中绝不允许挖土机碰撞桩体，以保证工程桩的施工质量。

（2）弃土

为了不影响基础施工，并保持现场整洁，土方严禁乱倒乱卸，由于现场场地较大，可

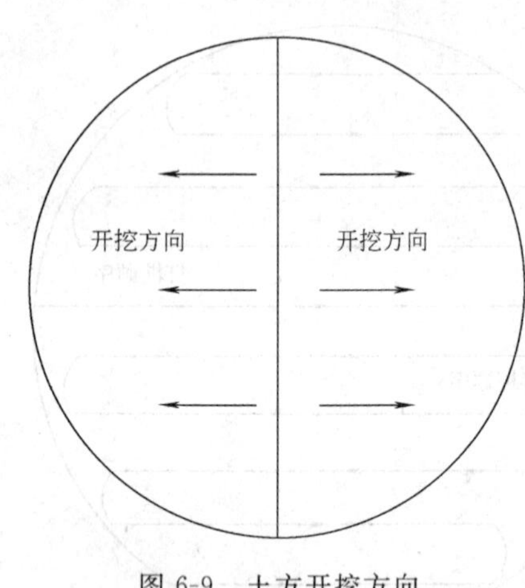

图 6-9　土方开挖方向

集中堆置在场区内临时弃土点，以方便土方回填时使用。

（3）基坑排水

因基坑深度较浅，基坑排水采取明沟排水。沿基坑四周设置 300mm 宽、300mm 深明沟，且每隔 30m 设置一个 800mm×800mm×600mm 集水井，排至原厂区内污水管道；另外，因基础梁成交叉井字形，易积水，因此，在每跨环向梁中部 1m 宽范围内，在垫层下铺设 15cm 厚碎石，浇筑垫层混凝土前铺上塑料薄膜，以利于将积水导至明沟。

（4）挖土注意事项

基坑开挖前，设立若干观察点，在开挖后施工过程中，必须有专人负责，每天测量，确保安全。

基槽挖好后若无异常现象，应立即进行验槽，并尽快组织基础施工。基坑回填前，清理基坑中的杂物；回填时，用原土在基础四周均匀回填，分层夯实。

6.4　基础施工

（1）垫层施工

垫层的施工按开挖一块、置换一块、浇筑一块的方式进行，严格控制垫层面标高和平整度。在垫层上放线后，进行基础钢筋的绑扎和柱钢筋的预留。

（2）钢筋工程

现场留足够的钢筋材料堆场，以便原材料的统一堆放。钢筋加工场地集中布置，配备钢筋加工设备 2 套。

根据图纸及规范要求进行钢筋翻样，经总工程师对钢筋翻样料单审核后，方可进行加工制作。

基础结构部分所使用的钢筋，采取墩粗直螺纹套筒和焊接两种工艺进行连接。

主赛场基础钢筋施工顺序为：测量放线→管桩钢筋笼绑扎→基础承台钢筋绑扎→基础梁钢筋绑扎→柱插筋绑扎。

俱乐部 A、能源中心、大平台基础钢筋施工顺序为：测量放线→基础梁钢筋绑扎→柱插筋绑扎。

（3）模板工程施工

模板选用高强双面镀胶多层胶合板。模板加固采用 ϕ48mm 钢管与打入土内钢管桩（深度至少在 50cm 以上）连成一个整体，形成加固支撑体系。

当基础钢筋绑扎完毕隐蔽验收通过后，便进行侧向模板施工。模板就位后，基础模板采用钢管进行加固，采取 1～2 道对拉螺栓加固，顶端加一道钢管扣件，整个区域连成整体的方式进一步加固。

主赛场承台基础模板加固如图 6-10 所示。

俱乐部 A、能源中心、大平台条形基础模板加固如图 6-11 所示。

（4）混凝土工程施工

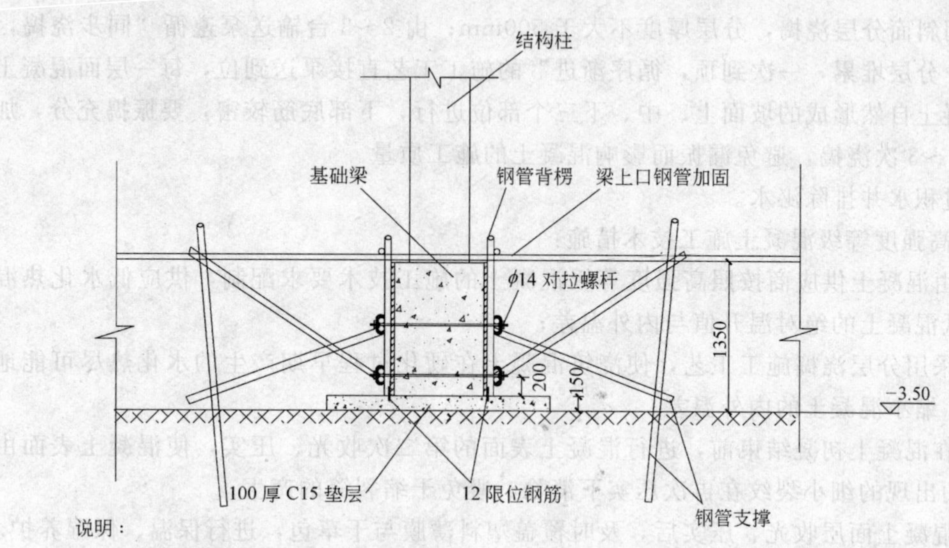

结构柱
基础梁
钢管背楞
梁上口钢管加固
ϕ14 对拉螺杆
1350
200
150
-3.50
100 厚 C15 垫层
12 限位钢筋
钢管支撑

说明：

1. 基础梁吊模施工采取一道对拉螺杆和一道钢管扣进行加固，梁下口采用焊接 $\phi10\sim\phi12$ 钢筋定位，上口钢管扣必须保证整个基础连成整体。
2. 打入土壤内的钢管支撑，深度至少在 70cm 以上，并略为倾斜，设剪刀撑。

图 6-10 主赛场承台基础模板加固图

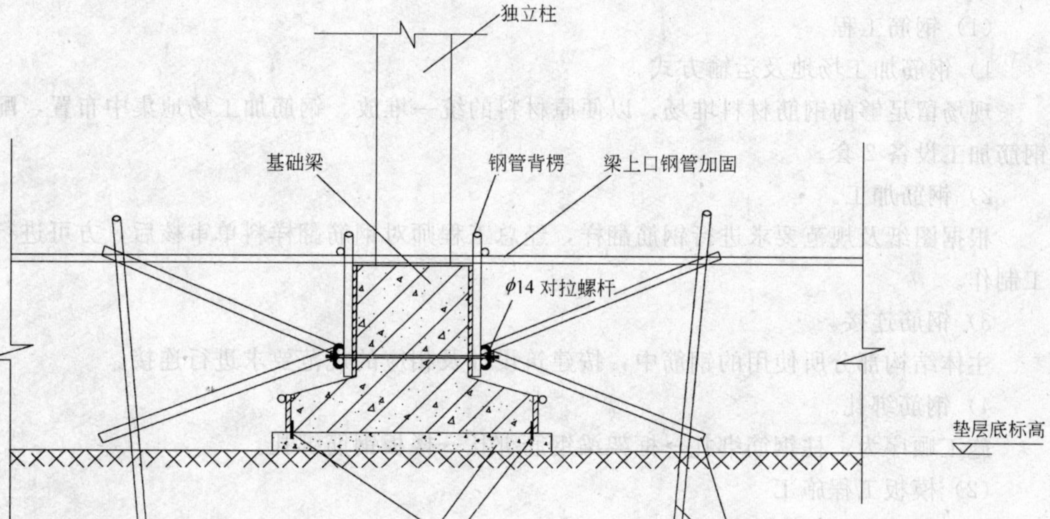

独立柱
基础梁
钢管背楞
梁上口钢管加固
ϕ14 对拉螺杆
垫层底标高
100 厚 C15 垫层
12 限位钢筋
钢管支撑

说明：

1. 基础梁吊模施工采取一道对拉螺杆和一道钢管扣进行加固，梁下口采用焊接 $\phi10\sim\phi12$ 钢筋定位，上口钢管扣必须保证整个基础连成整体。
2. 打入土壤内的钢管支撑，深度至少在 70cm 以上，并略为倾斜，设剪刀撑。

图 6-11 条形基础模板加固图

因周围场地交通比较方便，混凝土输送采用移动输送泵进行。

基础全部采用商品混凝土。为防止高强度等级混凝土出现温度、收缩裂缝，除按常规施工外，还应在以下方面做好技术控制：

1）混凝土浇筑：

采用斜面分层浇捣，分层厚度不大于500mm；由2～3台输送泵遵循“同步浇捣，同时后退，分层堆累，一次到顶，循序渐进”的施工工艺直接泵送到位，每一层面混凝土振捣在混凝土自然形成的坡面上、中、下三个部位进行，下部底筋较密，要振捣充分，加深部位分2～3次浇捣，避免漏振而影响混凝土的施工质量。

通过积水井排除泌水。

2）高强度等级混凝土施工技术措施：

① 由混凝土供应商按照高强度等级混凝土的施工技术要求配制，供应低水化热混凝土，降低混凝土的绝对温升值与内外温差；

② 采用分层浇捣施工工艺，使浇筑混凝土在硬化过程早期产生的水化热尽可能地向外释放，缩小混凝土的内外温差；

③ 在混凝土初凝结束前，进行混凝土表面的第二次收光、压实，使混凝土表面由水分蒸发而出现的细小裂纹在再次压实下消除，避免干缩裂缝的产生；

④ 混凝土面层收光、压实后，及时覆盖塑料薄膜与干草包，进行保温、保湿养护。

6.5　框架主体结构施工

主赛场、能源中心、俱乐部A均为现浇钢混凝土框架结构，均采用常规钢筋混凝土施工工艺。

（1）钢筋工程

1）钢筋加工场地及运输方式。

现场留足够的钢筋材料堆场，以便原材料的统一堆放。钢筋加工场地集中布置，配备钢筋加工设备2套。

2）钢筋加工。

根据图纸及规范要求进行钢筋翻样，经总工程师对钢筋翻样料单审核后，方可进行加工制作。

3）钢筋连接。

主体结构部分所使用的钢筋中，按建筑设计及相应的规范要求进行连接。

4）钢筋绑扎。

施工顺序为：柱钢筋绑扎→框架梁钢筋绑扎→楼板钢筋绑扎。

（2）模板工程施工

1）模板选用。

模板选用高强双面镀胶多层胶合板作为模板体系。模板的支撑体系采用ϕ48mm钢管支撑体系。

2）柱、梁模板施工

当柱钢筋绑扎完毕隐蔽验收通过后，便进行竖向模板施工，首先在柱底部进行标高测量和找平，然后进行模板定位卡的设置和保护层垫块的设置，经查验后支柱模板，柱模实行散装拼合。模板就位后，柱模采用钢管箍进行加固，大于700mm截面的柱采取穿对拉螺栓的方式进一步加固。

梁板模施工时先测定标高，铺设梁底模，铺设梁底模时根据设计要求起拱，起拱高度为起拱6mm/m。根据楼层上弹出的梁线进行平面位置校正、固定。

梁板加固示意图如图 6-12 所示。

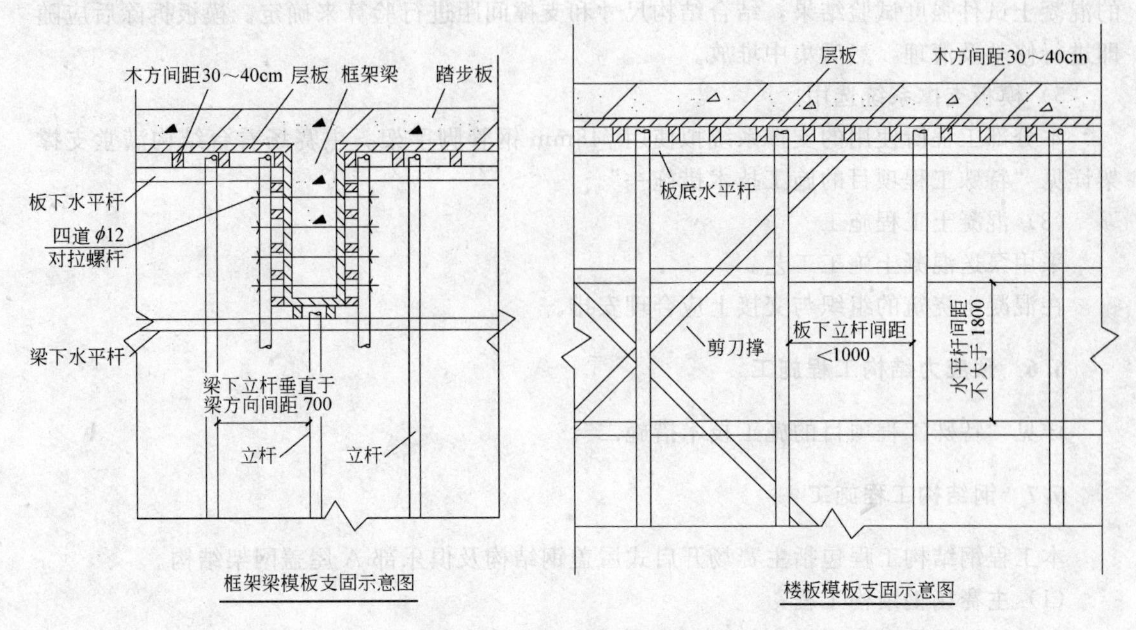

图 6-12 梁板模板加固示意图

3）楼梯模板施工。

楼梯底板采取胶合板，踏步侧板及挡板采用 50mm 厚木板。踏步面采用木板封闭。由于浇混凝土时将产生顶部模板的升力，因此，在施工时须附加对拉螺栓，将踏步顶板与底板拉结，使其变形得到控制。

楼梯模板加固示意图如图 6-13 所示。

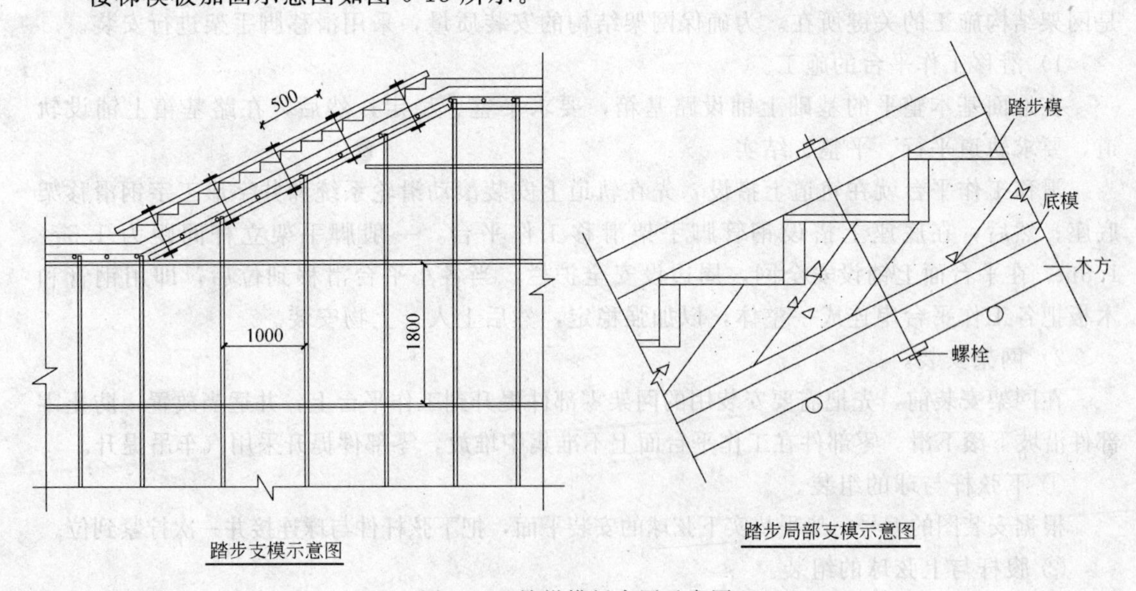

图 6-13 楼梯模板支固示意图

4）模板拆除。

对竖向结构，待其自身混凝土强度能保证构件不变形、不缺棱掉角时，方可拆模。梁板等水平结构早拆模板部位的拆摸时间，在满足设计要求的情况下，应通过同一条件养护的混凝土试件强度试验结果，结合结构尺寸和支撑间距进行验算来确定。模板拆除后应随即进行修整及清理，然后集中堆放。

5）模板支撑系统选用。

本分部工程所使用的支撑系统拟使用 ϕ48mm 钢管脚手架。主赛场看台结构满堂支撑架详见“特殊工程项目的施工技术措施一”。

（3）混凝土工程施工

采用泵送混凝土施工工艺。

在混凝土浇筑的组织与交接上应合理安排。

6.6 预应力结构工程施工

详见“特殊工程项目的施工技术措施二”。

6.7 钢结构工程施工

本工程钢结构工程包括主赛场开启式屋盖钢结构及俱乐部 A 屋盖网架结构。

（1）主赛场钢结构工程：

主赛场钢结构工程详见“特殊工程项目的施工技术措施三”。

（2）俱乐部 A 屋盖网架结构：

网球馆屋面网架结构的安装在其下部土建混凝土结构施工完成后进行。网球馆屋面网架安装采用搭设满堂脚手架的方式进行。

钢网架安装施工工艺如下：

工程网架结构形式比较规则，但由于是螺栓球节点网架，面积较大，拼装质量的控制是网架结构施工的关键所在。为确保网架结构的安装质量，采用滑移脚手架进行安装。

1）滑移工作平台的施工。

在地面基本整平的基础上铺设路基箱，要求平整、稳定；然后，在路基箱上铺设轨道，要求轨道平行、平整、结实。

滑移工作平台就在轨道上搭设，先在轨道上安装滚动滑轮系统和井字形工字钢滑移架底座；然后，在底座上搭设钢管脚手架滑移工作平台，一般脚手架立杆间距为 1.5～1.8m。在平台面上铺设安全网，周边设安全护栏，当各小平台滑移到位后，即用钢管和木板把各工作平台串连成一整体，以加强稳定，然后上人、上物安装。

2）网架安装。

在网架安装前，先把需要安装用的网架零部件提升到工作平台上，并适当放置，防止零部件沿坡下滚下滑。零部件在工作平台面上不准集中堆放，零部件提升采用汽车吊提升。

① 下弦杆与球的组装。

根据安装图的编号，垫平垫实下弦球的安装平面，把下弦杆件与球连接并一次拧紧到位。

② 腹杆与上弦球的组装。

腹杆与上弦球应形成一个向下四角锥，腹杆与上弦球的连接必须一次拧紧到位，腹杆与下弦球的连接不能一次拧紧到位，主要是为安装上弦杆起松口服务。

③ 上弦杆的组装。

上弦杆安装顺序由内向外传，上弦杆与球拧紧应与腹杆和下弦球拧紧依次进行。

④ 支座安装定位是网架控制点之一，必须用全站仪定位准确。待网架安装后检验合格，即可紧跟着进行油漆涂装。

⑤ 对网架安装的要求：

a. 螺栓应拧紧到位，不允许套筒接触面有肉眼可观察到的缝隙；

b. 杆件不允许存在超过规定的弯曲；

c. 已安装网架零部件表面清洁、完整，不损伤、不凹陷、不错装，对号准确，发现错装及时更换；油漆厚度和质量要求必须达到设计规范规定；

d. 钢网架安装完成后，应用油腻子将所有接缝处填嵌严密，将多余的螺孔封口，补刷防腐漆两道；

e. 钢网架安装完成后，其安装的允许偏差应符合规范规定。

6.8 装修工程施工

依设计图纸，主体馆装修主要包括石材地面、吊顶、地毯及涂料工程。

(1) 石材地面

1) 施工程序。

石材地面面层铺贴施工程序：清理基层→弹线→安装标准块→铺贴→灌缝→养护。

2) 施工要点：

① 清理基层：抹底层灰，要求平整、洁净；

② 弹线：弹出中心线；在房间内四周墙上取中，在地面上弹出十字中心线，按板的尺寸加预留缝放样分块，铺板时按分块的位置，每行依次挂线；地面面层标高由墙面水平基准线返下找出；

③ 安装标准块：标准块是整个房间水平标准和横缝的依据，在十字线交点处最中间安放；

④ 铺贴：地面缝宽控制在1～2mm；粘结层砂浆为15～20mm厚干硬性水泥砂浆，抹粘结层前在基层刷素水泥浆1遍，随抹随铺板块；

⑤ 灌缝：板块铺贴后次日，用素水泥浆灌2/3高度，再用与面板相同颜色的水泥浆擦缝，然后用干锯末拭净擦亮；

⑥ 养护：在拭净的地面上，用干锯末覆盖保护，2～3d内禁止上人。

(2) 吊顶

吊顶施工时应注意的问题有：

① 应与安装进行良好的配合，使吊顶内的设备定位美观合理；

② 不同的吊顶材料要进行翻样，吊顶要整齐、美观；

③ 大面积吊顶收边和接缝处理要合理、严密，确保使用过程中不出现目测裂缝；

④ 大面积吊顶应适当起拱，从视觉上保证平顶的整体美感。

(3) 地毯铺设

1) 工艺流程：

检验地毯质量→技术交底→准备机具设备→基底处理→弹线套方、分格定位→地毯剪裁→钉倒刺板条→铺衬垫→铺地毯→细部处理收口→检查验收。

2) 操作要点：

① 清理基层：水泥砂浆或其他地面其质量应符合验评标准。地面铺设地毯前应干燥，其含水率不得大于8%。对于酥松、起砂、起灰、凹坑、油渍、潮湿的地面，必须返工后方可铺设。

② 裁割：地毯裁割首先应量准房间的实际尺寸，按房间长度加长2cm下料。地毯宽度应扣去地毯边缘后计算；然后，在地毯背面弹线。

③ 固定：地毯沿墙边和柱边的固定方法：先在离踢脚板8mm处，用钢钉按中距300～400mm将倒刺板条钉在地面上。倒刺板用12000mm×(24～25)mm×(4～6)mm的三夹板条，板上钉两排斜铁钉。

④ 缝合：先在地面上弹一条直线，沿线铺一条麻布带，在带上涂刷一层地毯胶粘剂，然后将地毯接缝对好、粘平。亦可用胶带粘结，但须熨烫，用扁铲在接缝处碾压平实。

⑤ 铺设：先将地毯的一条长边固定在沿墙的倒刺板条上，将地毯毛边塞入踢脚板下面空隙内；然后，用小地毯撑子置于地毯上用手压住撑子，再用脚顶住撑子胶垫，从一个方向向另一个方向逐步推移，使地毯拉平拉直。多人同步作业，反复多次，直至拉平为止；最后，将地毯固定在倒刺板上，多余部分割掉。

⑥ 修整、清洁：铺设完毕，修整后将收口条固定；然后，吸尘器清扫一边。

(4) 涂料工程

1) 工艺流程：

基层处理→修补腻子→磨砂纸→第一遍满刮腻子→磨砂纸→第二遍满刮腻子→磨砂纸→弹分色线→刷第一道涂料→补腻子磨砂纸→刷第二道涂料→磨砂纸→刷第三道涂料→磨砂纸→刷第四道涂料。

2) 施工工艺：

① 基层处理：将墙面上的灰渣等杂物清理干净，将墙面浮土扫净；

② 修补腻子：用石膏腻子将墙面、门窗口角等磕碰破损处、麻面、风裂等处分别找平补好，干燥后用砂纸将凸出处磨平；

③ 满刮腻子：满刮一遍腻子干燥后，用砂纸将腻子残渣、斑迹等打磨平、磨光，然后将墙面清扫干净；

④ 涂刷油漆涂料：第一遍可涂刷铅油，第一遍涂料干燥后个别缺陷或漏刮腻子处要复补，待干透后打磨砂纸。

6.9　室外总体工程施工

(1) 道路、停车场、广场

1) 施工准备：

① 开工前，全面熟悉施工图纸和施工现场；

② 对主体阶段的临时建筑予以拆除，清理并平整场地。

2) 施工工艺：

① 测量放线：

a. 根据测量控制网络，确定道路、停车场、广场等中线、边线；

b. 对原主体结构施工中的水准点及室内±0.000m标高进行复核。

② 施工排水：

施工前，采取疏导、堵截、隔离等临时排水措施，以保证场地内无积水。

③ 基层处理：

施工前将现场建筑垃圾等清理干净，平整场地，并用压路机压实压严后铺垫层。基层处理中应注意下列问题：

a. 填土或原土经碾压夯实后不得有翻浆、“弹簧”现象；

b. 基土中不得含有淤泥、腐殖土及有机物质等；

c. 土方挖填要预留土厚，在机械夯实、辗压后达到垫层底标高，施工中严格控制开挖深度，避免超挖；

d. 为提高压实效果保证压实质量，碾压前填土含水量控制在最佳含水量的±2%以内；土质太干时洒水湿润。

④ 沥青混凝土面层施工程序为：

验收合格联结层、道牙→测设高程网→卸料→摊料→摊铺沥青混凝土→轻压→筛补→接缝（槎）处理→重压碾压→养护。

施工要点：

a. 采用混凝土摊铺机摊铺，对路面狭窄、半径过小的道路及加宽部分，不具备机械摊铺条件，用人工摊铺沥青混合料；

b. 采用全路幅摊铺，严格控制摊铺温度；

c. 机械摊铺时与道牙保持 10cm 间隙，由人工找补，防止机械挤坏道牙；

d. 相邻两幅摊铺至少搭接 10cm，并派人专用热料填补纵缝空隙，整平接槎，使接槎处的混合料饱满，防止纵缝开裂；

e. 凡接触沥青混合料的机械、工具的表面，涂一薄层油水混合液或进行加热；

f. 碾压时压路机从外侧向中心碾压。相邻碾压带重叠 1/3～1/2 轮宽，最后碾压路中心部分。

（2）道牙

1）准备工作：

在做完基层后，按设计边线，准确放线钉桩。

2）施工要点：

① 钉桩：直线部分桩距 10～15m，弯道部分桩距 5～10m，路口部分桩距 1～5m；

② 安砌：卧底砂浆虚厚 2cm，内侧上角挂线，让线 5cm，缝宽 1cm，勾缝宜在路面铺筑完成后进行；

③ 后背：灰土夯实厚度不小于 50cm，高度不小于 15cm；

④ 湿法养护 3d，防止碰撞。

（3）室外石材铺面

1）工艺流程：

检验土质→实验确定施工参数→技术交底→准备机具设备→基底清理→分层铺土、耙平→分层夯实→检验密实度→修整找平验收。

2）对石材铺贴前，应将基底地坪上的杂物、浮土清理干净。

石材铺设砂浆要做到随拌、随用、随铺。刚完成的铺面上，禁止行人或车辆行走，养护 7d 后方可通行。

(4) PVC排水管

1) 测量放样。

根据设计图纸测设管道中心和窨井中心位置，设立中心桩。根据施工管道直径大小，按照规定的沟槽宽度定出边线，开挖前用石灰画线控制。在沟槽外窨井位置的两侧设置控制桩，并记录两桩至窨井中心的距离，以备校核。

沿施工范围测放临时水准点，沿线每隔100m设置一个，临时水准点设置后，要统一编号，在图纸上注明，并根据施工阶段定期复测。在每座窨井的位置架设坡度样架（龙门板），用来控制管道及基础的标高和坡度。

2) 开槽埋管。

下水道由雨水、污水管组成，管材为U-PVC加筋管，均采用开槽埋管法施工。按照沟槽深度、施工操作规程和设计要求进行支撑。

3) 施工排水。

沟槽开挖后，在槽底两侧设置排水沟，将地表水或槽底、槽壁渗流出来的地下水汇集到集水坑，再用污水泵抽走。

4) 沟槽开挖。

沟槽开挖采用挖掘机挖土，当挖至槽底设计标高以上20cm时，预备地层土采取人工挖除，修整槽底，并立即进行基础施工。挖土与支撑相互配合，机械挖土要及时支撑，防止槽壁失稳，导致沟槽坍塌。

5) 沟槽支撑。

沟槽断面采取直槽，1m以下沟槽采用横列板支撑。挖土深度至1.2m，必须采用撑头挡板，每次撑板高度为0.6～0.8m横列板水平放置，板缝严密，板头齐整，深度到碎石基础面。最下面的一块竖列板应插至碎石基础面，在拆除抵挡钢撑柱进行排管前，用短木在基础侧面与竖列板之间设置临时支撑。上下两块竖列板交错搭接。

6) 管道敷设。

排管前，检查混凝土基础的标高、轴线，复核无误后开始排管，排管时以控制管内底标高为准。下管采用人工配合下管，由地面人员将管材传递给沟槽底施工人员。排管铺设结束后，进行一次综合检查，当线型、标高、接口等符合质量要求方可进入下一道工序。

7) 窨井砌筑。

所用砖材要浇水湿润，砖砌体使用的水泥砂浆要随拌随用。在砌筑过程中，按设计要求预留支管和连管的管头，预留管头考虑方向、高度、坡度正确。

8) 沟槽回填。

沟槽回填采用黄砂回填至管顶，并洒水密实，管顶以上回填土须分层夯实。回填土不得含有淤泥、有机物、石块、冻土块等杂物。回填时槽内不得积水，不得带水回填。

7 特殊工程项目的施工技术措施

7.1 主赛场悬挑看台结构满堂支撑架方案

(1) 工程概况

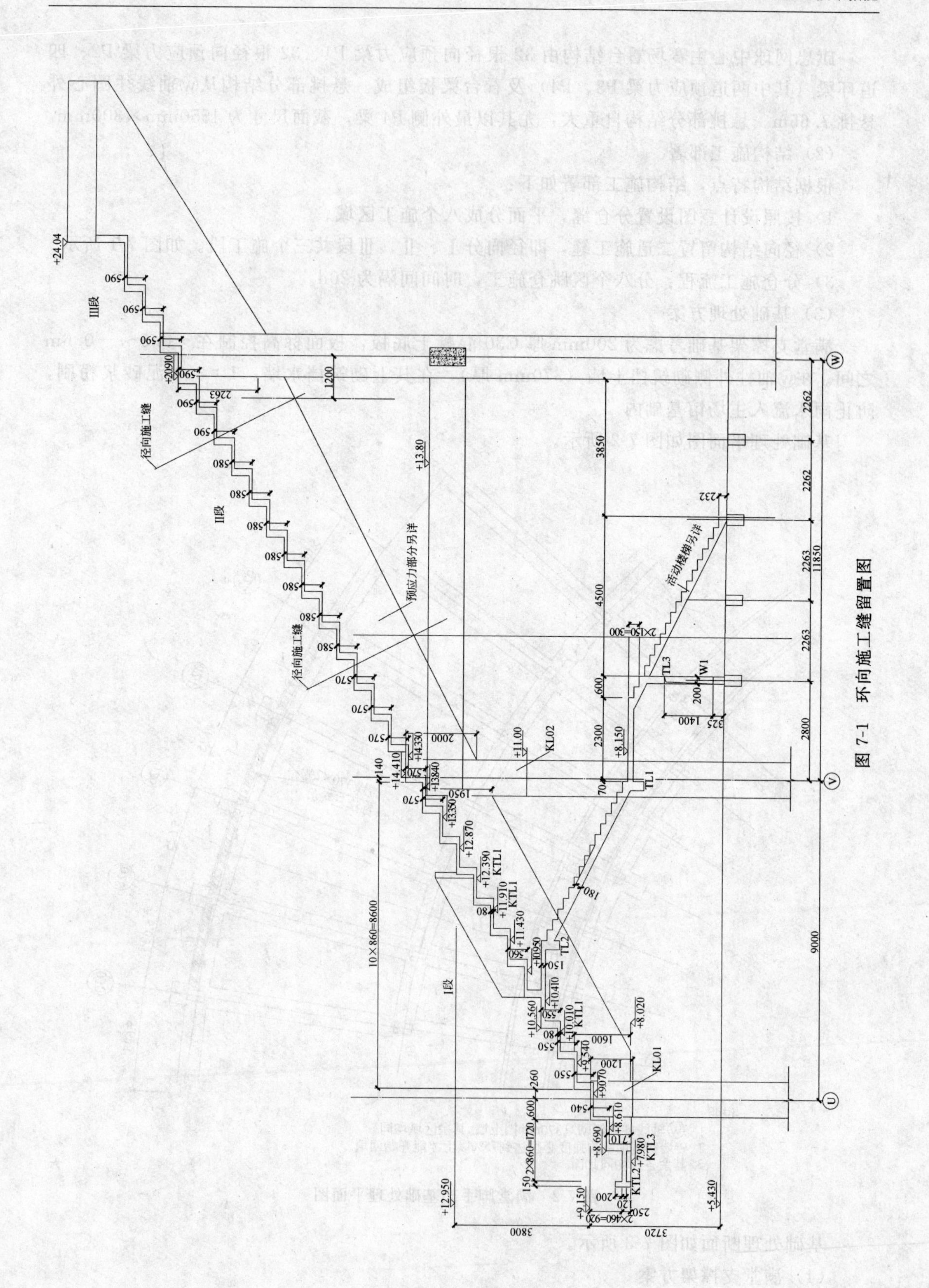

图 7-1 环向施工缝留置图

旗忠网球中心主赛场看台结构由32根径向预应力梁P1、32根径向预应力梁P2、四道环梁（其中两道预应力梁P3、P4）及看台梁板组成。悬挑部分结构从ⓦ轴线往圆心外悬挑7.65m。悬挑部分结构自重大，尤其以最外侧P4梁，截面尺寸为4550mm×800mm。

（2）结构施工部署

根据结构特点，结构施工部署如下：

1）按照设计意图设置分仓缝，平面分成八个施工区域。

2）径向结构留置二道施工缝，即径向分Ⅰ、Ⅱ、Ⅲ段共三个施工段。如图7-1所示。

3）分仓施工流程：分八个区跳仓施工，时间间隔为20d。

（3）基础处理方案

满堂支撑架基础考虑为200mm厚C30混凝土底板，板面标高控制在－0.5～－0.6m之间。在ⓦ轴柱外侧砌筑挡土墙（370mm厚），在其上砌筑挡水墙，1∶3水泥砂浆粉刷，防止雨水流入主场馆基础内。

基础处理平面图如图7-2所示。

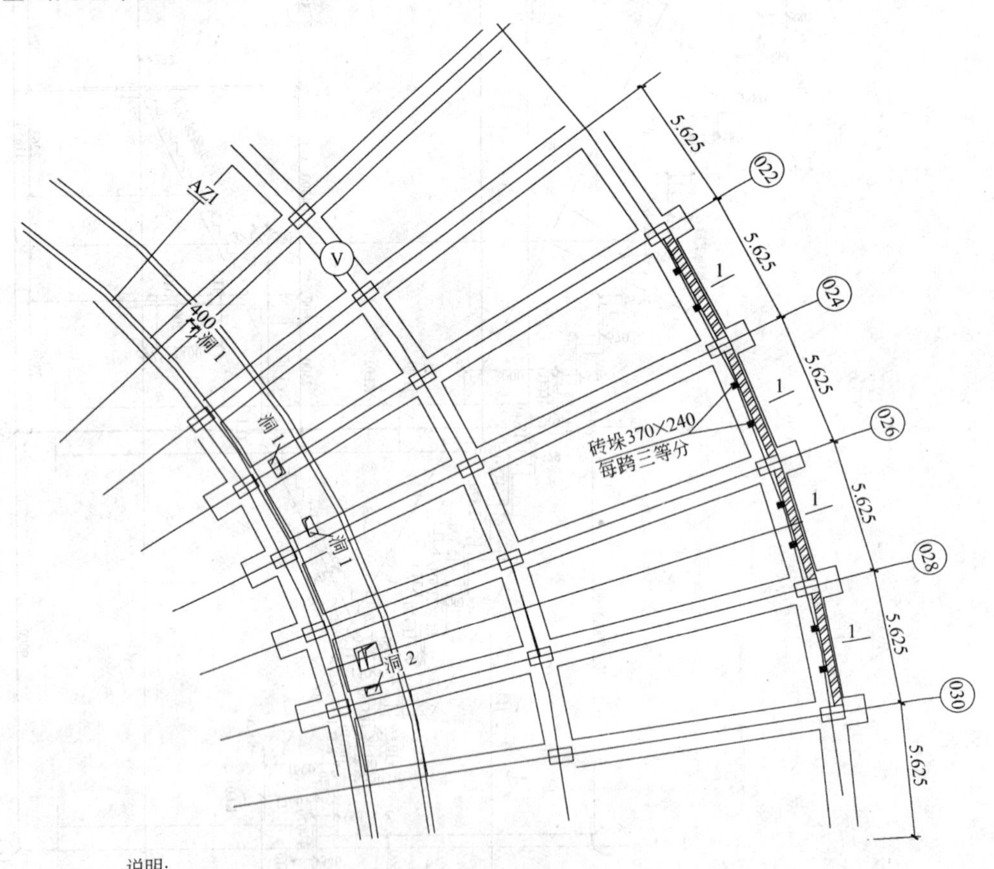
AZ1
V
400
洞1
洞1
洞1
洞2
5.625
022
024
026
028
030
1
砖垛370×240
每跨三等分
说明:
1. ⓦ轴线柱外侧砌筑370mm挡土墙，其余区域均同。
2. 砖墙和压顶梁的强度必须达到75%以上才能开始回填。
3. 其余各跨均同此图。

图7-2 满堂脚手架基础处理平面图

基础处理断面如图7-3所示。

（4）满堂支撑架方案

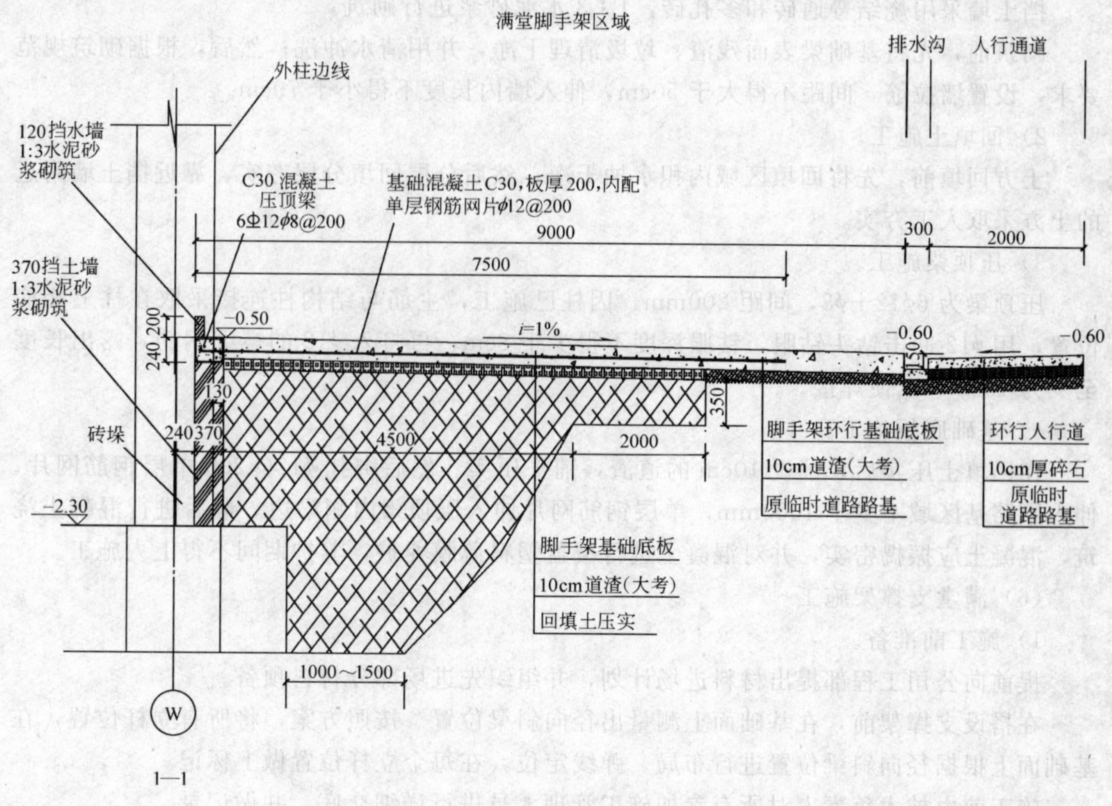

图 7-3 满堂脚手架基础处理剖面图

悬挑结构施工满堂支撑架选用钢管支撑架，采用 ϕ48×3.0mm 钢管、十字扣件、对接扣件和旋转扣件进行搭设。

满堂支撑架搭设参数如下：

所有斜梁处有 3 排立杆，间距为 500mm，且在顶部 4550mm×800mm 环梁交叉位置立杆径向间距加密，间距为 400mm，在每跨顶环梁下中部三跨立杆加密，间距为 380mm，其余梁板区域立杆径向间距均为 800mm，环向间距最外环间距为 760mm，最内环间距为 675mm。所有立杆步距为 1200mm。

径向剪刀撑设置：在每道斜梁两侧各设置一道径向剪刀撑，且在每跨中部也设置一道径向剪刀撑，与+5.43m 结构上满堂支撑架连成一个整体。环向剪刀撑设置：Ⓦ轴外侧设置三道，Ⓦ轴内侧设置五道。水平剪刀撑设置：每三步步高设置一道，间距为 3.6m。剪刀撑斜角控制在 45°～50°之间。

在满堂支撑架外侧一圈设置外保护架与满堂支撑架相连，立杆纵距 1.5m，立杆横距 1.15m，立杆步距为 1.8m。挂上绿色安全网。

在满堂支撑架内设置两道安全兜网，防止物体坠落伤人。

（5）基础处理施工

基础处理施工流程为：挡土墙砌筑→达到强度→回填土→道渣回填→压顶梁内侧模板支设→压顶梁钢筋和回填区域加强钢筋网片绑扎→基础边模支设→基础混凝土浇筑。

1）挡土墙砌筑。

挡土墙采用烧结普通砖和多孔砖，1∶3水泥砂浆进行砌筑。

砌筑前，先将基础梁表面残渣、垃圾清理干净，并用清水冲洗；然后，根据砌筑规范要求，设置墙拉筋，间距不得大于50cm，伸入墙内长度不得小于70cm。

2）回填土施工。

土方回填前，先将回填区域内积水抽干净，然后分层回填分层夯实，靠近挡土墙附近的土方采取人工夯实。

3）压顶梁施工。

压顶梁为6ϕ12+ϕ8，间距200mm，因柱已施工，主筋与结构柱连接采取在柱上相应位置，用ϕ12冲击钻头钻眼，钻眼深度不得少于8cm，再打入ϕ12的螺纹钢筋，露出长度至少为15cm，以便焊接。

4）基础底板施工。

在回填土压实后，铺设10cm的道渣，铺平压实。然后绑扎ϕ12@200单层钢筋网片，伸入原路基区域不少于1000mm，单层钢筋网片伸入压顶梁内侧梁边。最后进行混凝土浇筑，混凝土应振捣密实，并对混凝土进行覆盖塑料薄膜养护，养护期间不得上人施工。

（6）满堂支撑架施工

1）施工前准备。

提前向公司工程部提出材料进场计划，并组织先进场部分材料预备。

在搭设支撑架前，在基础面上测量出径向斜梁位置。按照方案，将所有立杆位置，在基础面上根据径向斜梁位置进行布局、弹线定位，在每个立杆位置做上标记。

施工前由技术负责人对所有参加施工管理人员进行详细交底，并做记录。

2）施工计划安排。

满堂支撑架搭设时间计划安排在2004年6月26日至2004年8月29日。

满堂支撑架拆除时间计划安排在2004年10月28日至2004年11月26日。

3）搭设方法：

① 搭设参数。

满堂支撑架搭设参数：径向立杆间距为800mm（斜梁、加密区为400mm），环向立杆间距为680～760mm（斜梁下为500mm、加密区为380mm），立杆步距为1200mm。满堂支撑架平面图如图7-4所示。

外围护架搭设参数：立杆纵距1.5m，立杆横距1.15m，立杆步距为1.8m，小横杆间距0.75m。

② 悬挑结构满堂支撑架、外围护架与ⓦ轴～Ⓤ轴主体结构满堂支撑架的连接。

外围护架与悬挑结构满堂支撑架隔两步共用一道水平杆，一排立杆，整体性可以满足要求。悬挑结构满堂支撑架与ⓦ轴～Ⓤ轴主体结构满堂支撑架隔两步共用一道水平杆，因此，在ⓦ轴～Ⓤ轴主体结构满堂支撑架先施工时，每步水平杆按照搭接错开要求进行布置，待悬挑结构满堂支撑架施工上来后，与ⓦ轴～Ⓤ轴主体结构满堂支撑架连接成一个整体。详见图7-5所示。

③ 支撑架支撑（剪刀撑）的设置。

悬挑结构满堂支撑架应设置水平、环向和径向三个方向的支撑（剪刀撑）。悬挑结构满堂支撑架的宽度为9m，所以对整个满堂支撑架每三步布置一道水平剪刀撑，径向在每

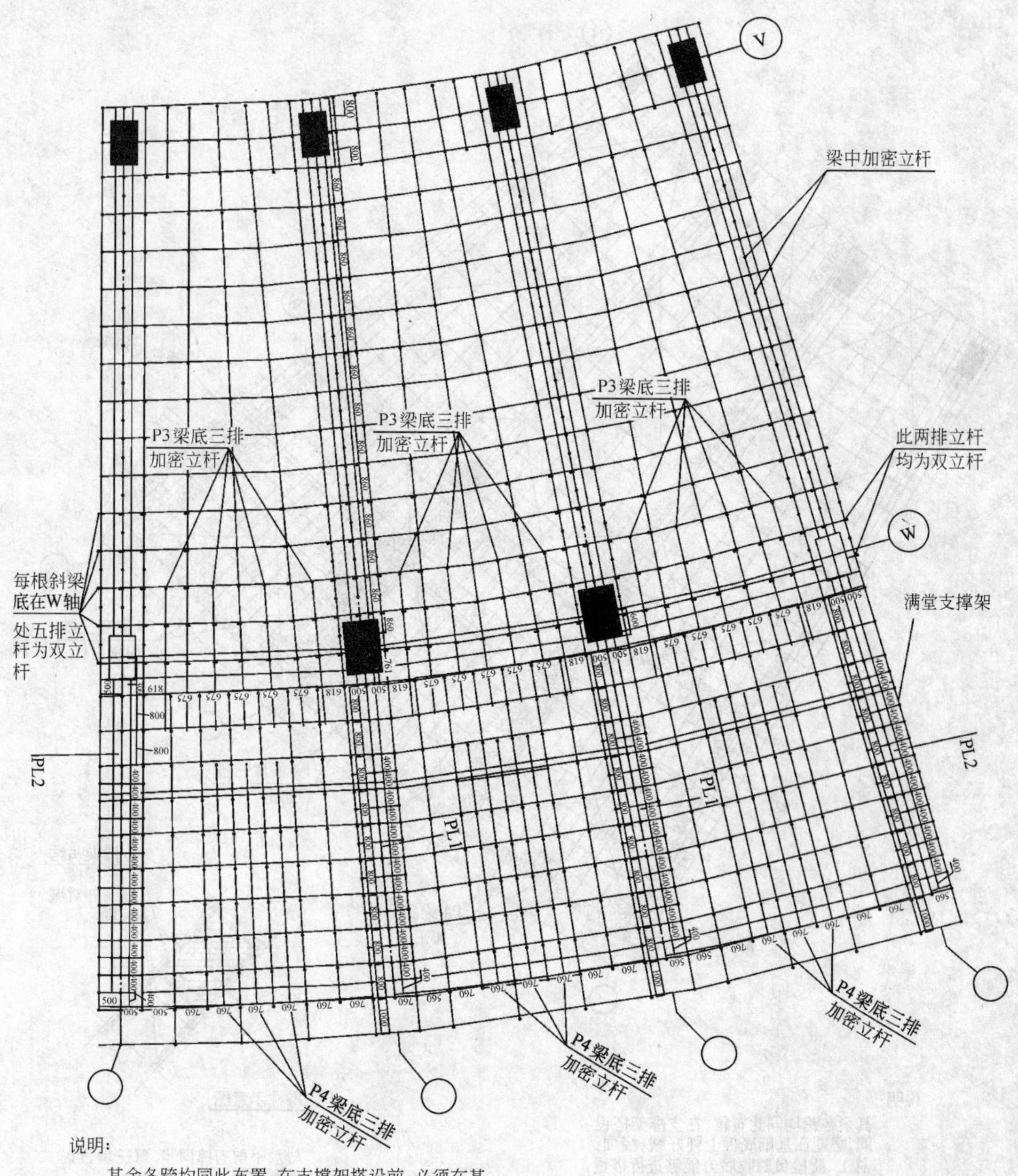

图 7-4 满堂支撑架平面图

根斜梁下左右各布置一道径向剪刀撑，且在每跨中部另加设一道径向剪刀撑，环向在Ⓥ～Ⓦ轴线之间和Ⓦ轴线外侧各布置五道、四道环向剪刀撑，其布置详见平面、构造图，如图7-5～图7-7所示。

④ 满堂支撑架拆除：

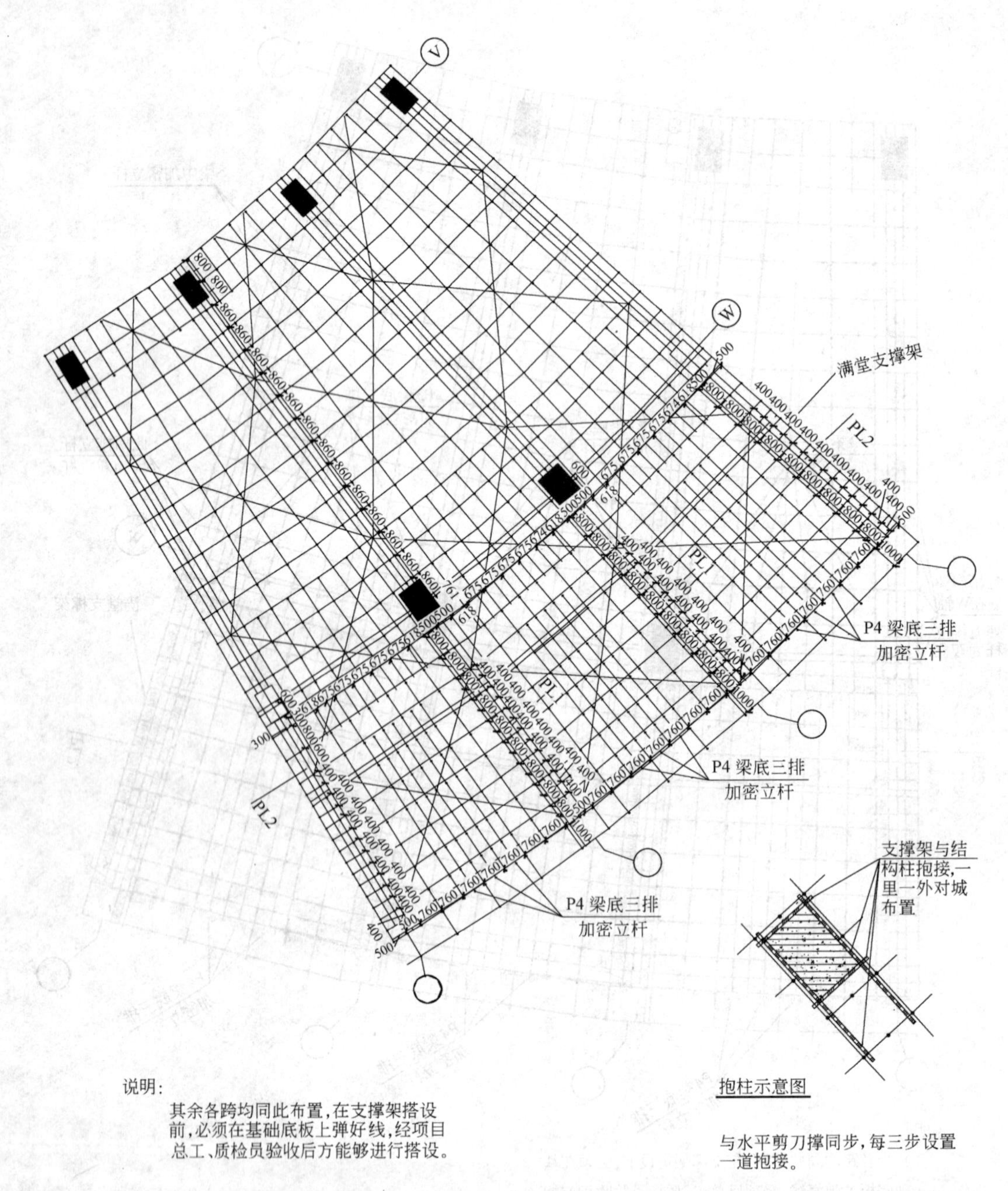

图 7-5 满堂支撑架水平剪刀撑平面图

a. 拆除支撑架前应根据施工方案编制更为详细的拆除作业指导书，交由项目技术负责人审核。由项目技术、安全部门逐级进行安全技术交底。拆除时应设警戒区，设置明显的标志，并有专人警戒。

b. 开始拆除前，应全面检查支撑架的扣件连接、拉接杆、支撑体系是否符合安全要求。对不安全或存在隐患的部位与节点应先进行补强处理，经项目安全小组一起检查通过后才能开始。

c. 拆除顺序自上而下进行，不能上下同时作业。拆下的扣件和配件应及时运至地面，

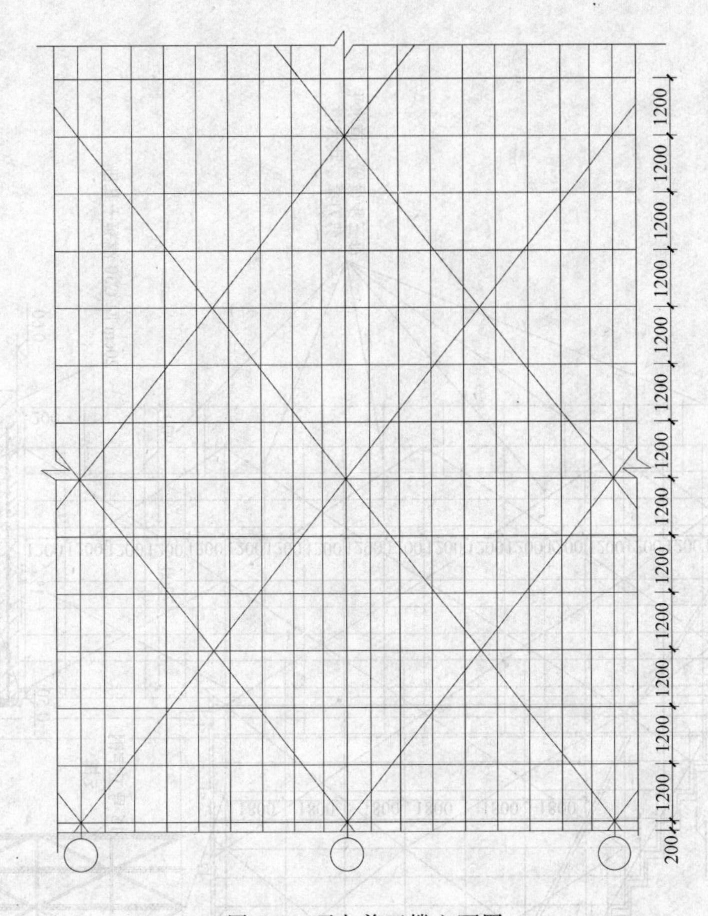

图 7-6 环向剪刀撑立面图

严禁高空抛掷。

d. 支撑架拆除顺序为：安全网→挡脚板→脚手板、竹笆→扶手→大横杆→立杆→斜撑→拉杆。

(7) 质量控制措施

1) 施工过程中对立杆垂直度、水平杆水平偏差、支撑架的步距、立杆横距、纵距等进行跟踪测量，及时发现问题，迅速做出整改。

2) 严格按照施工方案、施工作业指导书及技术负责人、工长的书面技术交底进行监督施工。

3) 所有钢管、扣件进场后进行验收，对不符合要求的予以剔除。

4) 采取保险措施，如大梁底所有立杆与下部撑立杆，均采用双扣件防止下滑。

(8) 安全控制措施

1) 架子工必须持证上岗，高空作业禁止穿硬底鞋，应扎好安全带，严禁有恐高症、高血压等疾病和酒后上架操作。

2) 钢管扣件必须用绳子绑牢提升运输，严禁高空抛投物体。

3) 高空作业面应满铺脚手板，脚手板必须铺设牢固，无跳头板。

4) 外架应设防雷接地装置，采用 $\phi 12$ 圆钢作为接地引下线。

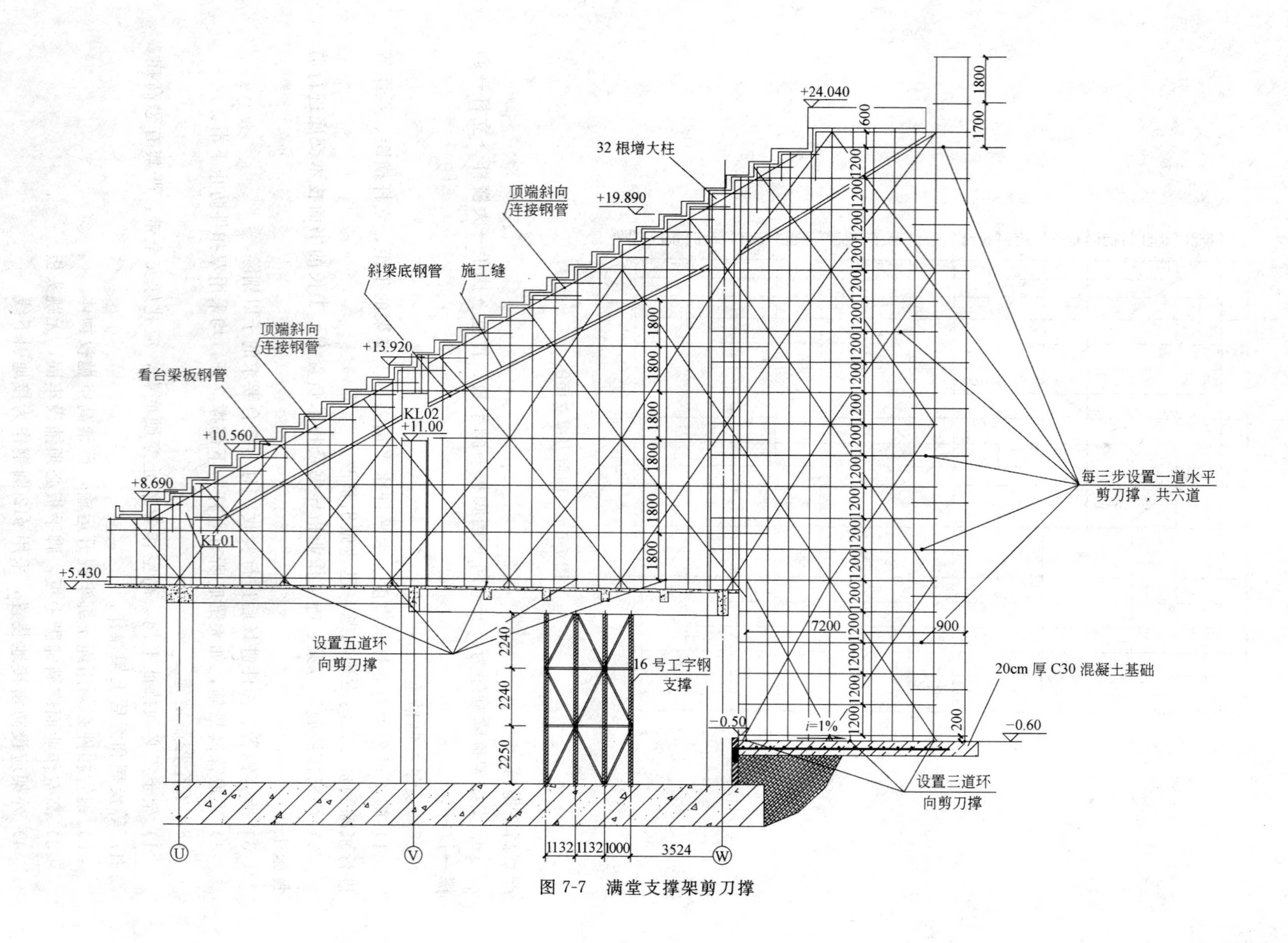

图 7-7　满堂支撑架剪刀撑

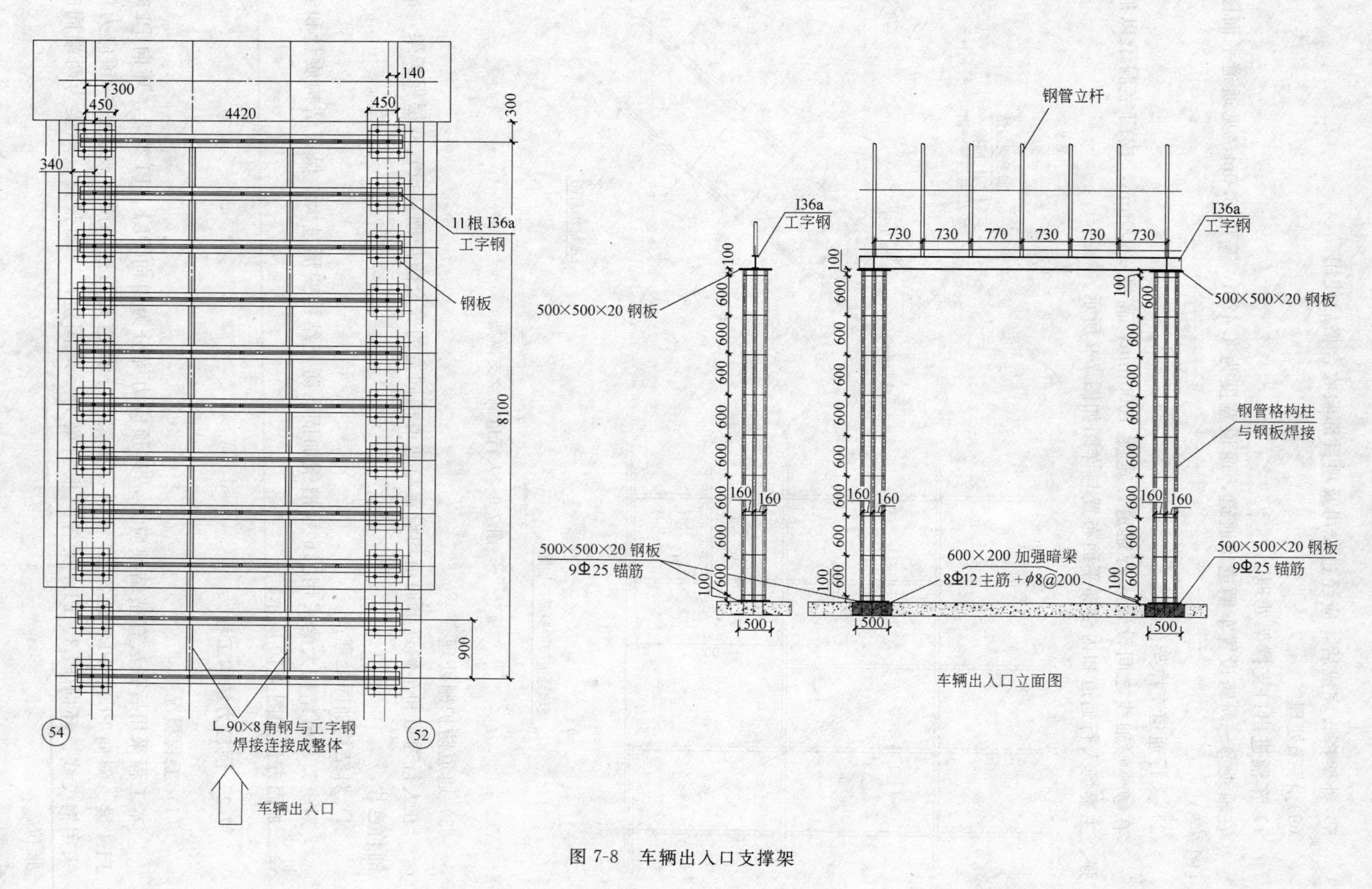

图 7-8 车辆出入口支撑架

5）外架搭设完成后，应经过公司及项目部验收合格后使用。

（9）特殊处理

1）车辆进出口支撑架处理。

在轴线⑫～⑭跨设置车辆进出通道，通道宽度为4.42m，高度5.0m，见通道平面图（图7-8）。

2）人行通道支撑架处理。

在⑩～⑩轴线之间设置人行通道，宽度1500mm，高度2600mm，按门字洞予以加强。主赛场人行通道和内楼梯平面布置与详图如图7-9所示。

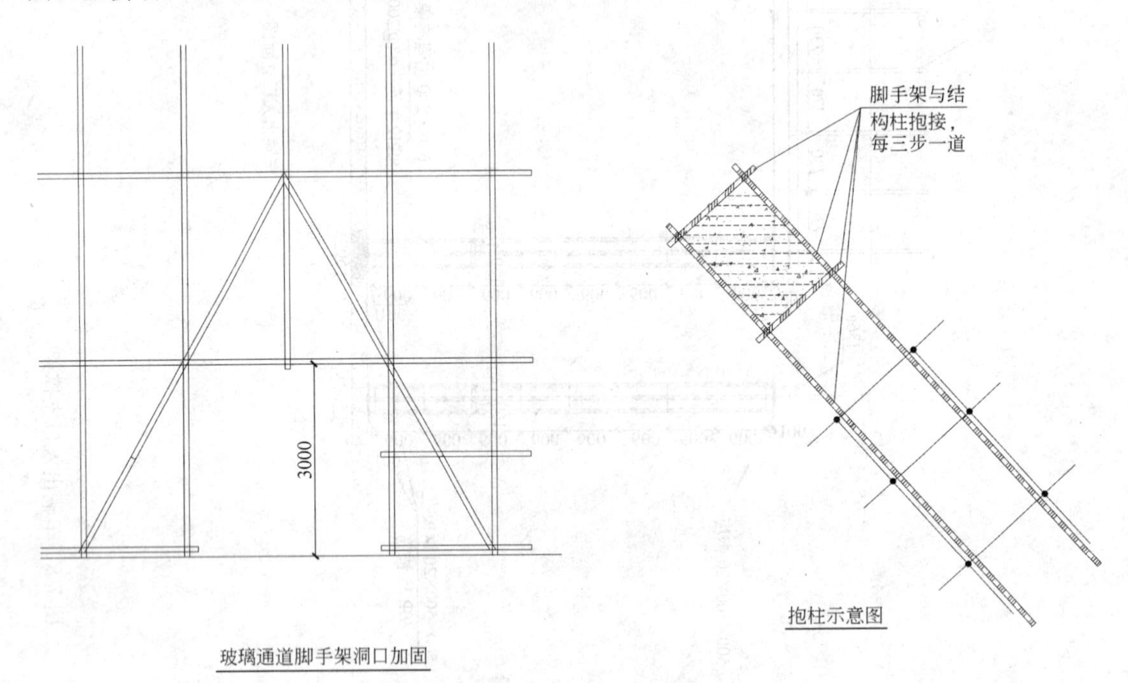

图7-9　人行道满堂支撑架

3）通道防护棚处理。

在人行通道和车辆进出通道均设置与通道稍同宽的安全防护棚，设置双层保护架，满铺竹笆片。

4）对结构加固处理：

对+5.43m结构大梁采用[16号槽钢加固，防止结构变形过大，保证结构质量和安全。加固方法如图7-10所示。

7.2　预应力结构工程

（1）工程概况

本工程采用后张法有粘结预应力，其预应力梁分为斜向PL1、PL2梁，环向PL3、PL4梁。斜向PL1、PL2梁各32根，每根梁上下两道共四根，预埋波纹管，预应力筋采用钢绞线。环向PL3、PL4梁各一根斜梁为一端固定，一端张拉，环梁为两端同时张拉。

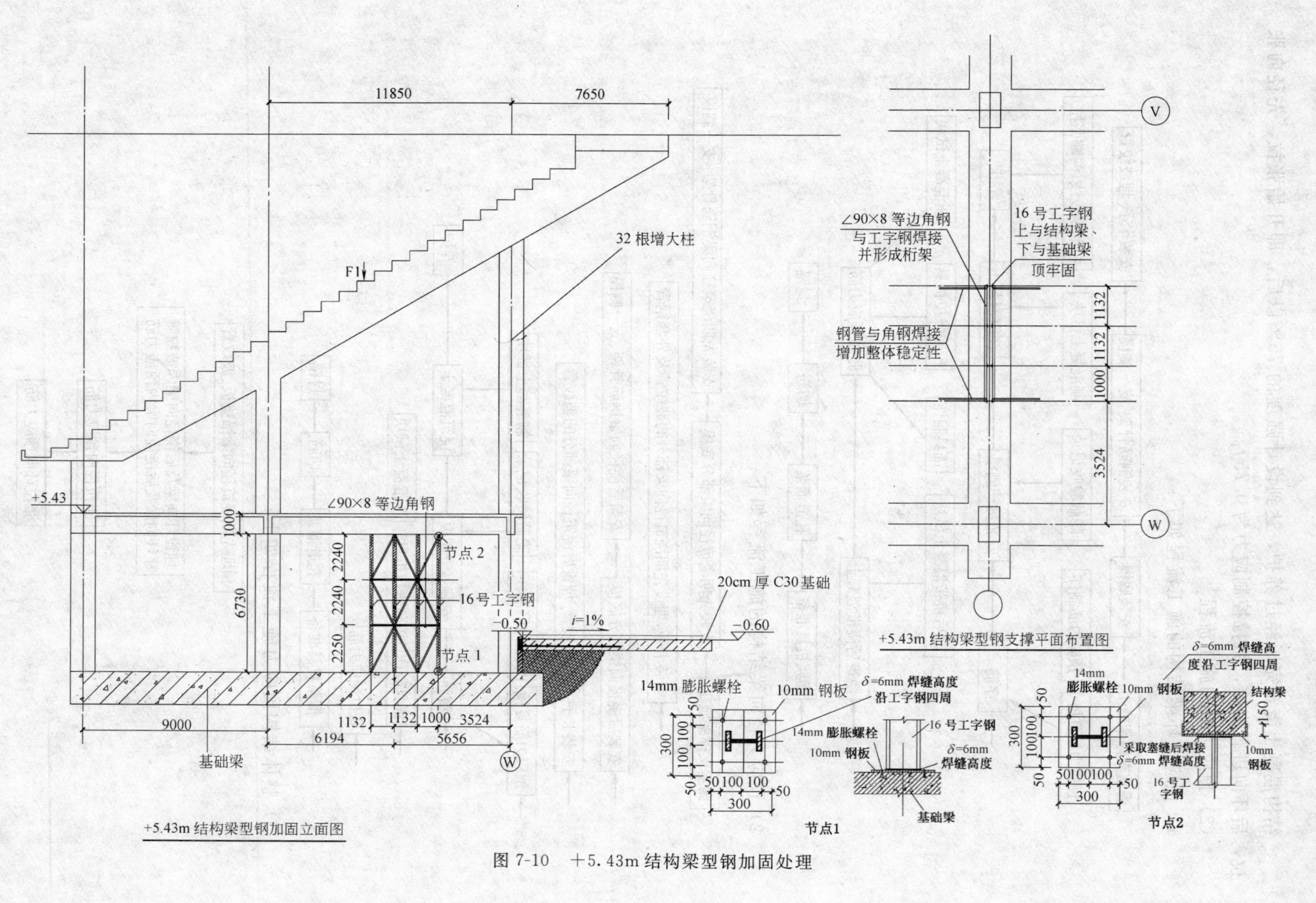

图 7-10 +5.43m 结构梁型钢加固处理

结构混凝土浇筑完毕经过养护，达到设计强度的75%以后，即开始张拉，先径向张拉，后环向进行张拉，张拉控制应力为$0.75f_{ptk}$。

(2) 预应力结构施工流程

1) 预应力环梁结构的施工流程如下：

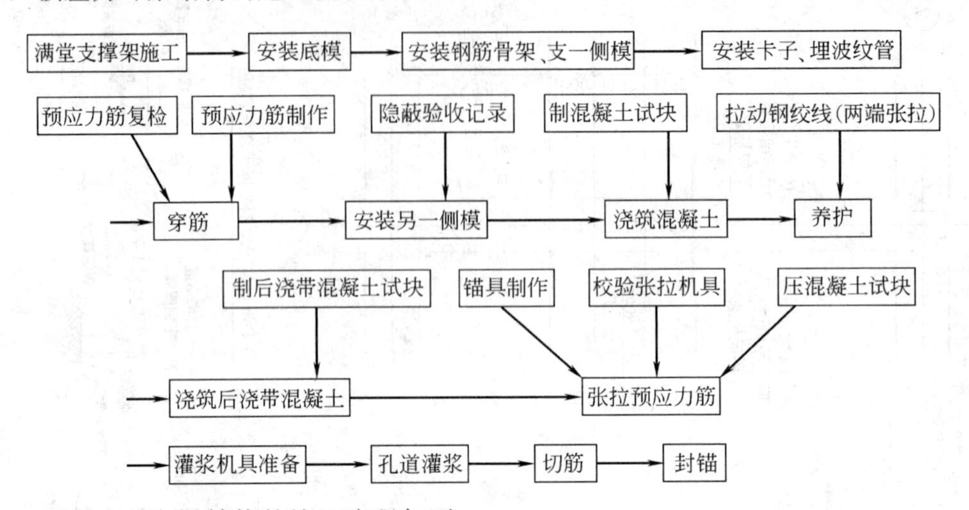

2) 预应力径向梁结构的施工流程如下：

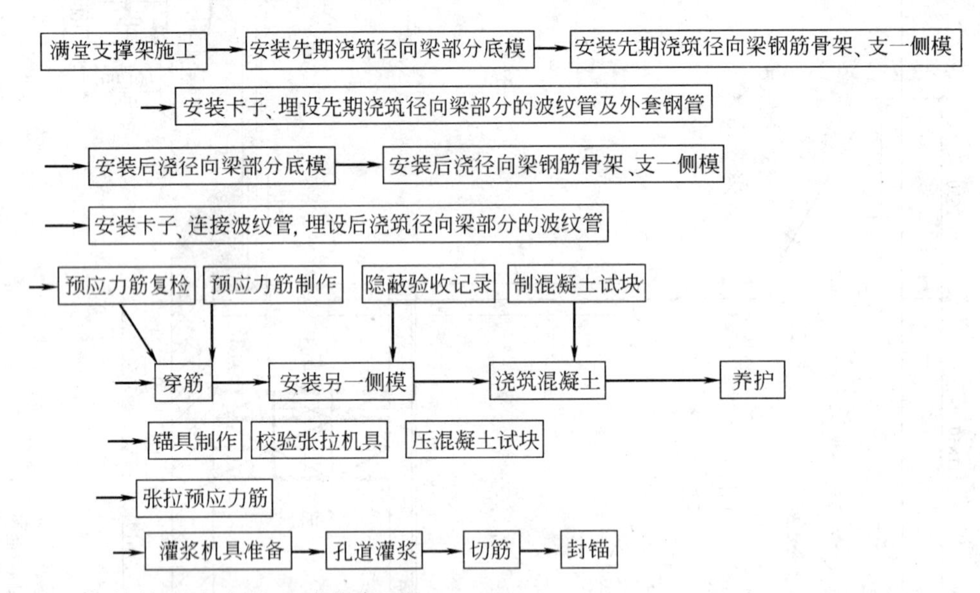

3) 整体结构预应力施工流程如下：

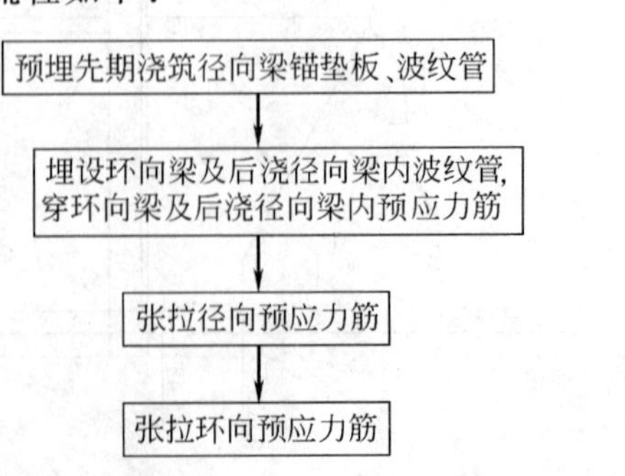

(3) 关键施工工艺

1) 径向梁后浇区接头处理：

径向梁分两次浇筑，波纹管也分两次进行布设，具体做法如图 7-11 所示。

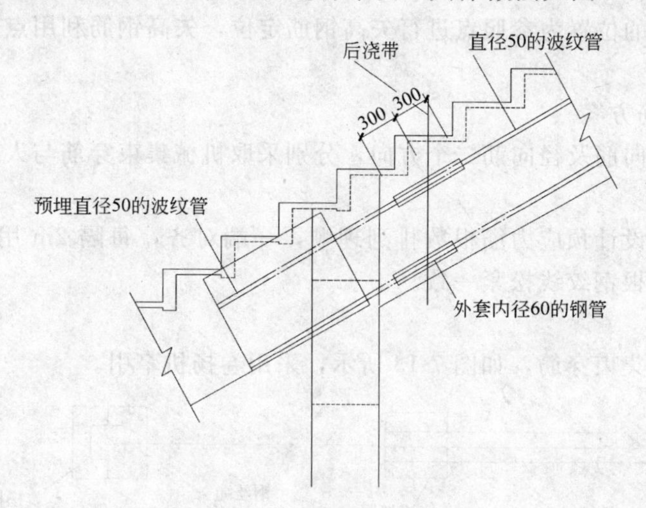

图 7-11 后浇区接头处理

2) 张拉设备移动方向及张拉方向。

采用 4 台千斤顶同步进行张拉，千斤顶的位置及张拉移动方向如图 7-12 所示。

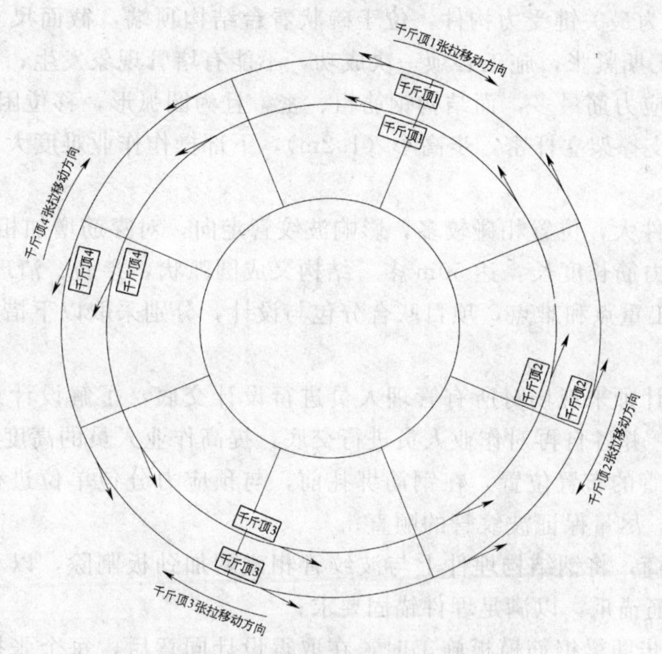

图 7-12 千斤顶的位置及张拉移动方向

(4) 预应力钢绞线铺设

1) 预应力筋制作。

钢绞线应采用放线架放线，从内圆抽头放线，并使用卷尺量测下料长度。钢绞线应在平坦、干燥的场地上直接用砂轮锯逐根切断，严禁用电弧焊切割。制作好的钢绞线束，应按照规格、型号、长度编号挂牌，分别堆放在垫木上。

2）预应力筋（波纹管）矢高定位。

先支底模板及外侧模板，并铺放梁纵向普通钢筋，进行预应力梁箍筋绑扎。根据设计图纸，以外侧模板的位置为参照点进行矢高钢筋定位，矢高钢筋利用点焊固定在梁的箍筋或底筋上。

3）预应力穿筋方案。

预应力筋有环向筋及径向筋二个方向，分别采取机械集束穿筋与人工集束穿筋以及人工逐根穿筋。

集束穿筋前按设计预应力筋根数排列理顺，一端对齐，每隔 2m 用 20 号钢丝编织成束，编织时应使每根钢绞线松紧一致。

① 环向筋。

环向筋均采用集束穿筋，如图 7-13 所示，采用卷扬机牵引。

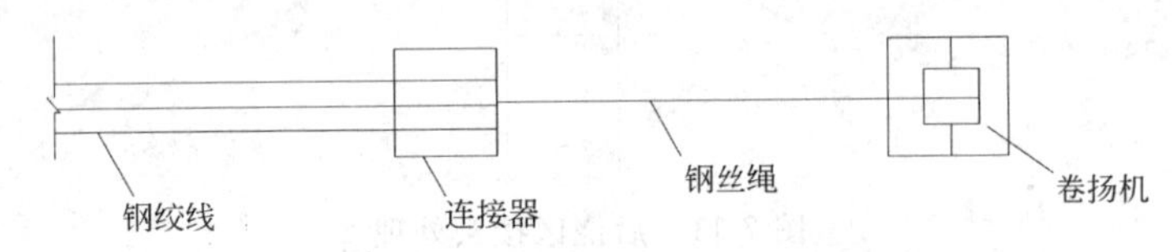

图 7-13　机械穿束示意图（夹片式）

环向筋施工重点和难点：

a. 环梁 PL4 为最关键受力构件，位于碗状看台结构顶端，截面尺寸最大，结构混凝土强度等级高，工期紧张，施工必须一次成功，不能有堵管现象发生；

b. 布置的预应力筋最多，而结构钢筋粗、密，且为圆弧形，移位困难；

c. 结构满堂支撑架立杆密，步高小（1.2m），下部操作作业难度大，与上部作业协调难度大；

d. 钢结构埋件大，位置相碰较多，影响波纹管走向，对穿筋增加相当大的难度；

e. 每段预应力筋长度长，达 50m 多，结构又成圆弧状，穿筋、清理波纹管难度大。

针对以上施工重点和难点，项目联合分包与设计，分别采取以下措施，取得了较好的效果：

a. 请结构设计师来现场对所有管理人员进行设计交底，了解设计意图，明确每一道施工工序的关键，并各自再对作业人员进行交底，提高作业人员的高度重视和质量意识；

b. 根据波纹管的布置位置，在钢筋绑扎前，与预应力分包单位进行协商，在能进行位置适当调整的，尽量保证波纹管的顺直；

c. 与设计协商，将钢结构埋件上与波纹管相碰的加劲板割除，以利于波纹管顺直穿过，然后加焊钢筋锚爪，以满足埋件锚固要求；

d. 在最上一步肋梁钢筋模板施工时，在取得设计同意后，每个张拉端处预留一个施工口，以便施工人员进出以及后期张拉施工，张拉完后予以封闭；

e. 对预应力筋过长，采取将预应力筋套在圆盘机上，逐步穿筋，逐步推进，防止预应力筋被污染和损坏以及降低人员操作难度；

f. 因施工交叉作业多，在预应力波纹管预埋完成后，实行工序交接制，由下一工序作业者为负责人，必须承担保护工作；另外，总包和预应力施工单位同时派专人进行看护，及时发现被意外破坏情况，并立即予以修复，确保波纹管在混凝土浇筑时是完好的；

g. 对混凝土施工时，也同步派专人进行检查和监督，防止浇筑过程中被破坏。在混凝土开始浇筑前，先将波纹管底端封住，灌满水，在混凝土浇筑完后，立即进行放水，并继续灌水试验，确认是否有堵管现象发生。通过重新抽动预应力筋，排通波纹管或经过细致检查、确保无堵管后，当班作业人员才能休息。

PL3 环梁亦同。

② 径向梁。

径向梁采用人工集束穿筋，穿束时在钢绞线端部安装穿束头，穿束头分为集束穿束头与单根穿束头（图 7-14）。

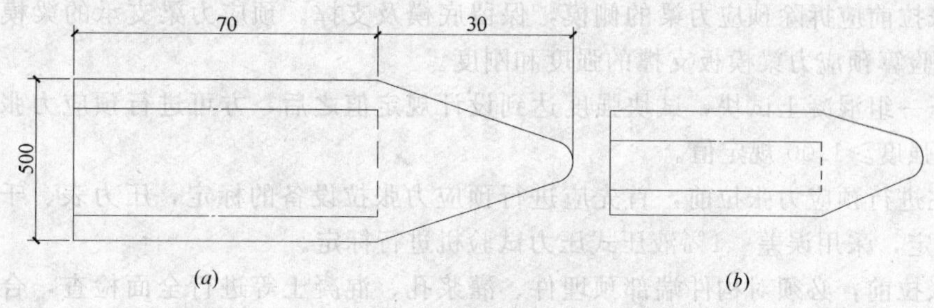

图 7-14 人工穿束头

(a) 集束穿束器；(b) 单根穿束器

径向筋在穿束前应搭设操作台，操作台沿孔道方向大于 3m，宽度为 2m，如示意图 7-15。

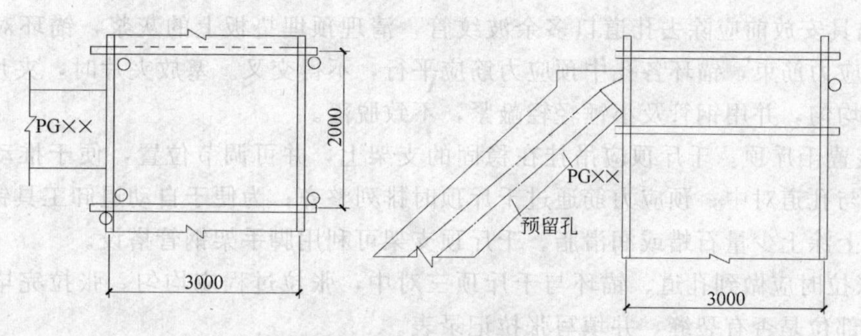

图 7-15 操作台示意图

径向筋施工重点和难点：

a. 环梁 PL1、PL2 也是关键受力构件，起传递受力作用，截面尺寸较大，施工也必须一次成功，不能有堵管现象发生；

b. 梁截面相对较小，布置的预应力筋较多，但结构钢筋粗、密，且为台阶状，移位困难；

c. 结构满堂支撑架立杆密，步高小（1.2m），下部操作作业难度大，与上部作业协调难度大；

d. 每段预应力筋长度较长，达 20m 多，但作业面小，安全隐患大，穿筋、疏理波纹管难度大。

针对其施工重点和难点，采取措施与环梁基本相同，主要是解决其作业面的问题，为了确保其作业安全性，在每个梁端外侧搭设一个悬挑作业平台，确保了施工安全，也保证了施工质量。

4）设置压浆板及泌水管。

径向预应力梁泌水孔设在梁的最高点，环向预应力梁的泌水孔原则上不超过25m设置一个，在泌水孔处，先在波纹管上覆盖带嘴的塑料弧形压板，并用钢丝与波纹管扎牢，再用黑钢管插在嘴上，并将其引出梁顶面，高出顶面约300mm。

（5）预应力张拉

1）准备工作：

① 施加预应力，以张拉力为控制量、张拉伸长值为校核量。

② 张拉前应拆除预应力梁的侧模，保留底模及支撑。预应力梁支承的梁模板先行拆除时，应验算预应力梁模板支撑的强度和刚度。

③ 压一组混凝土试块，试块强度达到设计规定值之后，方可进行预应力张拉。本工程混凝土强度≥1.00规定值。

④ 在进行预应力张拉前，首先应进行预应力张拉设备的标定，压力表、千斤顶、油泵配套标定，采用误差＜1%液压式压力试验机进行标定。

⑤ 张拉前，必须对构件端部预埋件、灌浆孔、混凝土等进行全面检查，合格后方可进行张拉。

2）施加预应力：

① 预应力筋的张拉顺序应符合设计要求，本工程的环向预应力梁采用一端张拉另一端补拉的张拉方案，径向预应力采用一端张拉的方案。

② 锚具安放前应除去孔道口多余波纹管，清理预埋垫板上的灰浆，锚环对准孔道中心套入预应力筋束，锚环各孔中预应力筋应平行，不得交叉。塞放夹片时，夹片间隙及留出长度应均匀，并用钢管及小锤轻轻敲紧，不致脱落。

③ 装置千斤顶。千斤顶应吊挂在稳固的支架上，并可调节位置，便于推动千斤顶靠拢锚具并与孔道对中；预应力筋通过千斤顶时排列整齐；为便于自动退卸工具锚，可在工具锚夹片上涂上少量石蜡或润滑脂。千斤顶支架可利用脚手架钢管搭设。

④ 张拉时应做到孔道、锚环与千斤顶三对中，张拉过程应均匀。张拉完毕须检查端部及其他部位是否有裂缝，并填写张拉记录表。

⑤ 张拉工艺：张拉最终控制应力σ_{con}按设计要求取用。

⑥ 张拉程序：

0→10%σ_{con}（读初始伸长值L_1并做好记录）→1.03σ_{con}（量测伸长值L_2并做好记录）→锚固。

⑦ 张拉伸长值。

预应力张拉：以张拉力和伸长值进行双控，并以张拉力为主。伸长值校验方法如下：0.1σ_{con}量测千斤顶活塞伸长值L_1，张拉至1.03σ_{con}时量测千斤顶活塞伸长值L_2；张拉伸长值$\Delta L=L_2-L_1+L_0$（初应力以下推算伸长值）；实际张拉伸长值与理论伸长值相比较误差不超过−6%～+6%；否则，应停机检查原因，查明原因并予以解决后方可继续张拉。

⑧ 预应力筋张拉及放松时，应填写预应力张拉记录表。

(6) 预应力筋张拉顺序

1) 结构张拉总体顺序图。

预应力环梁采用四台千斤顶从四个方向同时对称张拉，总体张拉顺序见总体张拉顺序图（图 7-16）。

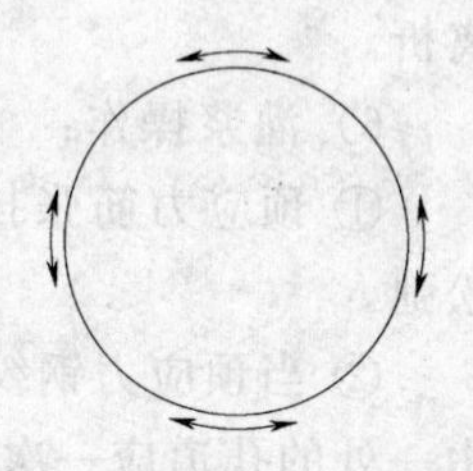

图 7-16 总体张拉顺序图

预应力径向梁在每个施工段内对称张拉。

预应力环梁待预应力径向梁张拉完毕后张拉，张拉时也采用四台千斤顶从四个方向同时对称分批一次性张拉到设计控制应力。

2) 各预应力梁各阶段具体张拉顺序。

各环梁的张拉顺序如图 7-17～图 7-19 所示。

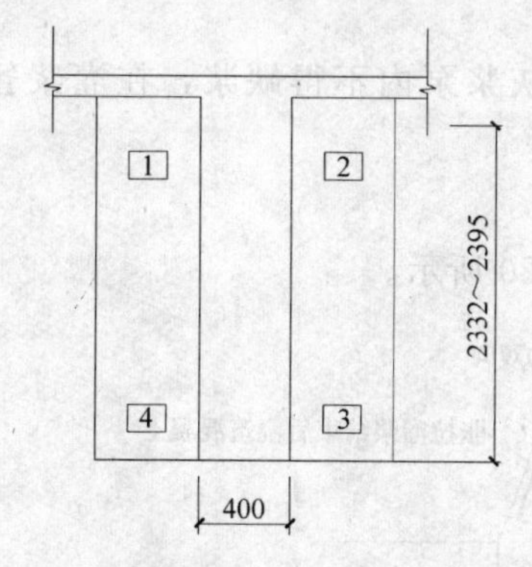

图 7-17 径向梁 PL1、PL2 具体张拉顺序图

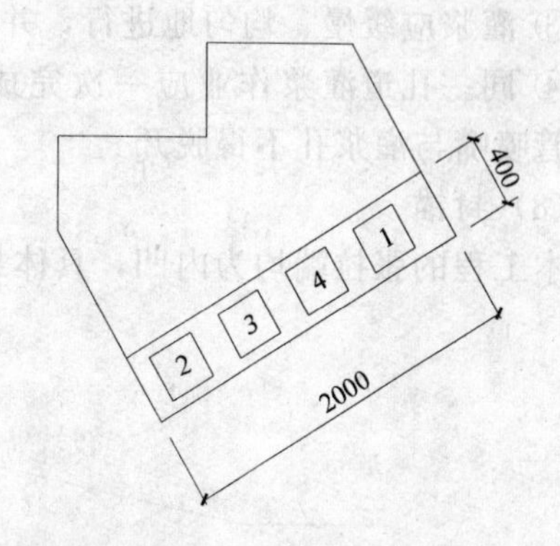

图 7-18 环梁 PL3 具体张拉顺序图

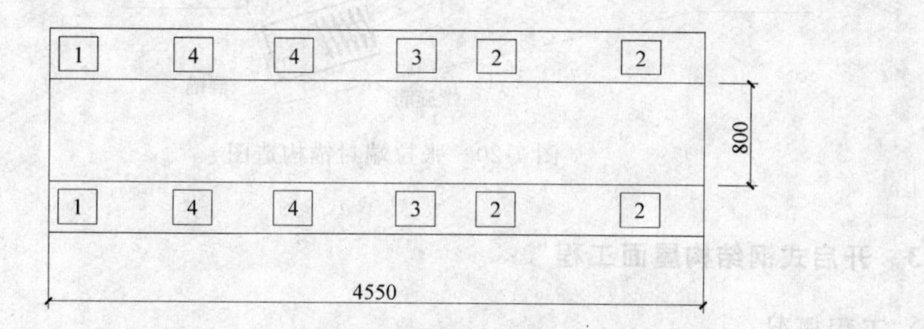

图 7-19 环梁 PL4 具体张拉顺序图

(7) 孔道灌浆

1) 张拉后应及时检查张拉记录及锚固情况，经认可后再准备灌浆。

2) 灌浆前，应全面检查预应力构件孔道及进浆孔，排气、排水孔是否畅通；检查灌浆设备、管道及阀门的可靠性，压浆泵压力表应进行计量校验。

3) 为使孔道灌浆流畅，并使浆液与孔壁结合良好，预埋波纹管的孔道，可用水冲洗，经检验孔道畅通后方可进行孔道灌浆。

4) 水泥浆体进入压浆泵前，必须经过不大于 5mm 筛孔筛网过滤。

5) 制浆要求：

① 孔道灌浆应采用 42.5 级普通硅酸盐水泥配制的水泥浆；

② 水泥浆水灰比不宜超过 0.4～0.45，为改善水泥浆得性能，可掺入减水剂；

③ 水泥浆应保证有足够的流动性，灌浆前应检查水泥浆的黏稠度；发现流动性较差

时，应停止灌浆并汇报给工程部；

④ 水泥浆自拌合至灌入孔道得间隔时间不宜大于 20min，灌浆前应防止浆体沉淀离析。

6）灌浆操作：

① 预应力筋张拉结束后，应尽快灌浆，一般不宜超过 48h，以免预应力筋锈蚀或松弛。

② 当预应力钢绞线超过一排时，孔道灌浆顺序为先灌下面孔道，后灌上面孔道，集中一处的孔道应一次完成，以免孔道串浆。发现串浆现象时，应用压力水将串浆孔道冲洗通畅。

③ 灌浆应缓慢、均匀地进行，并应排气通顺。

④ 同一孔道灌浆作业应一次完成，不得中断。灰浆泵内不得缺浆，在灌浆暂停时，输浆管喷嘴与灌浆孔不得脱开。

（8）封锚

本工程的张拉端均为内凹，具体封锚做法如图 7-20 所示。

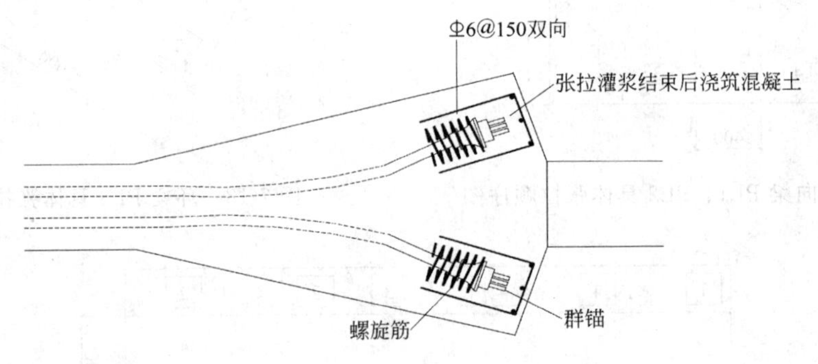

图 7-20　张拉端封锚构造图

7.3　开启式钢结构屋面工程

（1）工程概况

主赛场开启式钢结构屋面工程，包括：钢环梁、机械传动装置和钢叶瓣，钢结构总吨位约为 4000t。环梁为倒梯形钢桁架结构，重量达 1780t，环梁投影是一个外径达 144m、内径为 96m 的圆环，钢环梁桁架高 7m。屋盖是由 8 片“叶瓣”组成，通过机械传动装置可旋转进行开启。每个“叶瓣”重达 180t，机械传动装置主要由转轴、支承台车、反力滚轮、轨道梁“A”、“B”、“C”和夹轨器等组件组成。机械传动设备钢结构重量约 1020t。

（2）施工流程

施工流程如图 7-21 所示。

（3）施工重点、难点分析及其采取的措施

1）钢环梁桁架拼装。

钢环梁桁架拼装精度受拼装环境、胎架适用性及温度变化等多方面的影响，因而，桁架拼装的质量将直接影响到整个工程的质量。

2）钢环梁桁架安装。

钢环梁桁架采用管形截面，组成高度 7m、宽度 24m 的倒梯形，仅在其最低点通过支座与混凝土结构连接，且自重大，须采取安全可靠的方法吊装钢环梁桁架。

3）屋顶开闭结构桁架安装。

屋顶开闭结构桁架的构件采用管形截面，组成高度约 6m、长度 72m 的“花瓣”形状。单个“花瓣”投影面积达 $2280m^2$ 余，且构件重、桁架精度要求高，需进行合理的吊装方式。

4）安装工况验算。

屋盖钢结构，采用结构完工状况为计算模型，而在结构安装过程中结构在各阶段的受力状况均与完工状态有较大差别，要求对安装过程中各阶段进行结构的内力、稳定性、位移量做理论计算，以确保整个安装过程的结构安全性。

5）构件制作质量。

① 本工程构件形式规格多，构件截面形状复杂，同时大多是空间曲面的构件，加工时必须按照构件空间曲面外形设计加工专用的加工胎模架，构件的组装加工难度大，构件加工尺寸精度和形状精度要求高。

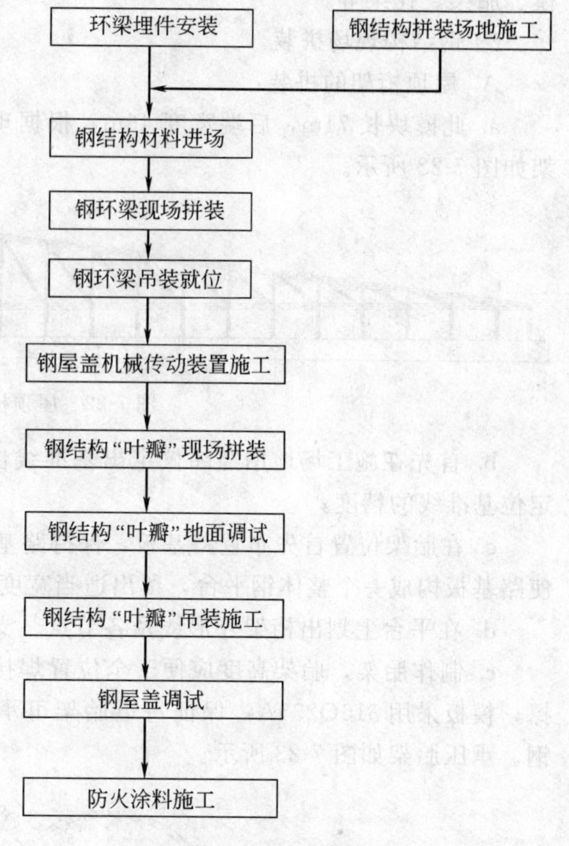

图 7-21　施工流程

② 八片“叶瓣”曲面复杂，构件的相贯面设计加工复杂。整个屋面结构都支撑在 24.09m 环梁上，结构易变性大，加工的尺寸精度要求很高。

（4）施工主要技术措施

1）钢结构拼装场地。

钢结构自重大，工程施工车辆大。为了保证结构外形尺寸，现场设置三个大型拼装平台用来制作屋顶桁架，设置一个拼装平台用来制作环形桁架；另外，设置钢管拼装及环梁小拼平台各一个。

2）钢结构制作：

① 施工工艺：

a. 细部设计。

根据设计院提供的图纸文件及 CAD 图型文件，按部套分类进行细部设计结构的部套图、分段图、杆件图、机加工零件图，注明接头位置、焊接符号、坡口尺寸及制造技术要求等；

b. 工艺设计。

根据设计方案，编制制作工艺、焊接工艺、现场拼装工艺文件、设绘工装、夹具、套模、胎架、托架等。

② 钢结构现场拼装。

A. 屋顶桁架的拼装：

a. 此模块长 71m，后端宽度 46m，根据现场起吊能力，整体制作。屋顶桁架拼装胎架如图 7-22 所示。

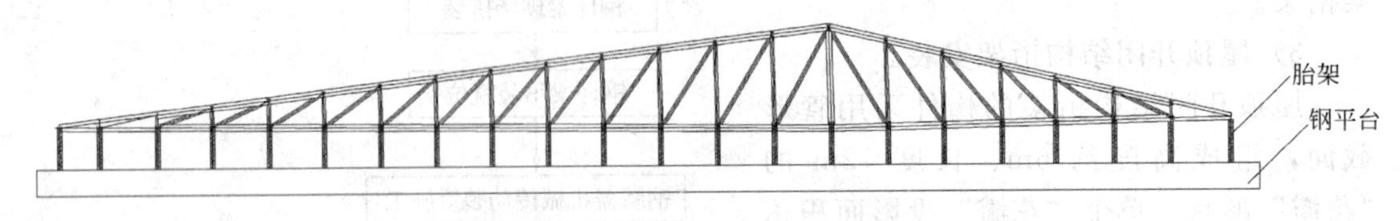

图 7-22 屋顶桁架拼装胎架

b. 首先在施工场地用经纬仪定出基准线位置，局部点位采用电子全站仪定位，保证定位基准线的精度。

c. 在胎架位置首先布置路基板，保持路基板的平整。路基板间采用钢构件焊接固定，使路基板构成一个整体钢平台，留出适当宽度的道路。

d. 在平台上划出桁架外形线及各节点、支管的位置投影线。

e. 制作胎架，胎架高度应便于全位置焊接。下弦管定位的承压胎架采用[16a 型钢支撑，模板采用 δ16Q235A，保证每道胎架可承重 20t 以上。上弦管定位胎架采用[25b 型钢。承压胎架如图 7-23 所示。

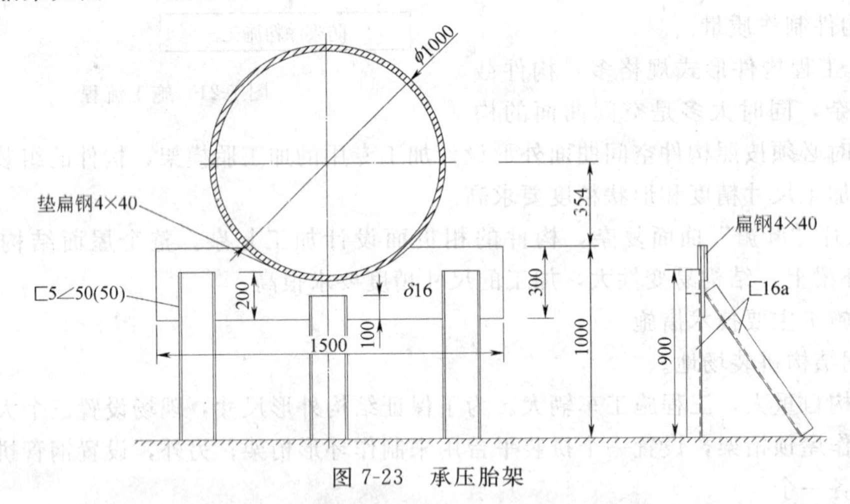

图 7-23 承压胎架

f. 胎架上首先定位铸钢节点，调整位置及角度，然后拼装主、次桁架弦杆结构，再拼装侧面腹杆及各支杆，形成分段结构整体。

g. 分段之间的接口处管构件采用临时支撑加以固定。

h. 分段的焊接为全位置焊接，对于主撑管安排两个焊接工位进行对称焊。

i. 结构验收后，划出分段基准线及对合线，进行分段标记，转移至涂装场地，进行结构涂装。

j. 胎架可以重复利用，局部需进行模板调整，每次使用前均需复测。

B. 环形桁架的拼装：

a. 在现场施工场地，用经纬仪定出总拼装的胎架基准位置。根据施工胎架图纸，布置混凝土平台和胎架埋件，作为拼装平台基础。

b. 拼装采用卧造法，所示胎架均用平面胎架，在拼装平台上进行。

c. 在拼装平台上放出钢柱中心线及各分段的接口线，胎架的位置应配合分段位置安放，每个分段接口端两边各安排一个胎架，便于分段的定位。

d. 结构焊接时，注意控制焊接程序，合理安排焊接工位，采用对称焊、分段焊等方法加强焊接控制，以减少焊接变形。

e. 钢柱在胎架上整体拼装完成后，解除工装夹具的约束固定，使其处于自由状态，并在此状态下测量各项控制尺寸，提交监理进行验收。

f. 结构验收后，划出分段基准线及对合线，进行分段标记，转移至涂装场地，进行结构涂装。

g. 胎架可以重复利用，局部需进行模板调整，每次使用前均需复测，确保制作精度。

C. 焊接要求：

a. 焊接顺序的选择应当考虑焊接变形的因素，尽量采用对称焊，对收缩量大的部位先焊，使焊缝变形及收缩量减少。

b. 现场钢管焊接应由四级以上焊工进行，并经过焊接球节点与钢管连接的全位置焊接工艺考核合格，方可参与施工。

c. 所用焊缝应由施工、监理、质检部门根据设计确定的焊缝质量等级，按国家现行标准《钢结构工程检验评定标准》（GB 50221—95）进行检查和验收，对不满足要求、存在问题的焊缝必须彻底清除重焊。

d. 预热和后热：

a）当板厚≥50mm 的 Q235 钢板和板厚≥36mm 的 Q345 钢板焊接时，应根据工作地点、环境温度、钢材材质及厚度对焊件进行预热，预热温度宜控制在 100～150℃。板厚＞30mm 的 Q345 钢板应进行后热处理，处理温度为 200～300℃，后热时间为 1h/30mm 板厚，加热范围为焊缝两侧各 100mm 区域内，按规定时间保温。

b）接头预热温度的选择以较厚板为基准，应注意保证厚板侧的预热温度，严格控制薄板侧的层间温度。

c）预热时，焊接部位的表面用火焰或电加热均匀加热，加热区域为被焊接头中较厚板的两倍板厚范围，但不得小于 100mm 区域。

d）预热和层间温度的测量应采用测温表或测温笔进行测量。

e）当环境温度（或母材表面温度）低于 0℃（当板厚大于 30mm 时为 5℃），不需预热的焊接接头应将接头区域的母材预热至大于 21℃，焊接期间应保持规定的最低预热温度以上。

D. 钢结构涂装工艺：

a. 钢材表面处理的操作方法及技术要求：

对钢材表面喷砂除锈。喷砂除锈的操作过程如下：

a）开启空压机，达到所需压力 5～7kg/cm^2。

b）操作工人穿戴好特制的工作服和头盔（头盔内接有压缩空气管道提供的净化呼吸空气）进入喷砂车间。

c）将干燥的磨料装入喷砂机，喷砂机上的油水分离器必须良好（否则，容易造成管路堵塞和影响后道涂层与钢材表面的结合力）。

d）将钢材摆放整齐，就能开启喷砂机开始喷砂作业。

e）喷砂作业完成后，对钢材表面进行除尘、除油清洁，对照标准照片检查质量是否符合要求，对不足之处进行整改，直至达到质量要求，并做好检验记录。

b. 涂装质量要求：

a）漏涂、针孔、开裂、剥离、粉化均不允许存在。

b）干膜检查采用特殊检测仪检查，对所有工件100％检查并做好记录。

c）涂层干膜厚度必须达到2个90％的规定才为合格，即90％检测点的干膜厚度达到和超过规范及技术要求的涂层干膜厚度。各处检测值不能低于规范要求和技术要求规定的各涂层膜厚的90％。

d）附着力的检测按《色漆和清漆漆膜的划格实验》（GB 9286—88）。

c. 喷涂前的构件检验：

a）钢构件应无严重的机械损伤、变形；

b）对焊件的焊缝应平整，不允许有明显的焊瘤和焊接飞溅物；

c）钢构件所需喷涂的表面不允许有油污；若钢构件所需喷涂的表面局部存在油污时，应用有机溶剂清洗，除去油污。对水分、磁粉层、尘埃等用揩布、铁砂纸或钢丝刷进行清理。

3）钢结构吊装。

① 工程难点：

A. 工程组织难度大。钢结构工程承上启下，需与周边其他混凝土工程、屋面围护系统工程相互配合，协调统一。

B. 环梁、叶瓣施工难度大。环梁分段重量大、吊装高度高，安装精度受现场环境、温度变化等多方面的影响，施工难度大。“叶瓣”根据设计要求必须整榀安装，“叶瓣”重量达164t，施工难度大。

C. 安装精度控制难。在环梁合拢后，必须对整个环梁的控制点进行测量、精校。

② 施工总体技术路线。

环梁地面分段分批拼装、分阶段定区域安装、整体累积旋转滑移、叶瓣整榀拼装、分阶段定区域逐个安装、整体旋转滑移到位，即环梁地面分段、分批拼装，共分三十二段，在同一胎架分三批拼装，每批十二段，高空安装采用一台300t履带吊逐段安装，每安装八段（1/4圆弧）整体累积旋转滑移90°，吊机在同一区域安装下一批分段环梁，环梁最后设合拢口，合拢口采用散装法。叶瓣采用地面整榀拼装，拼装胎架上的叶瓣用行走式龙门吊吊装至旋转调试胎架，再用一台600t履带吊吊起单机安装叶瓣。每榀叶瓣安装完毕后，环梁旋转滑移，吊装下一片叶瓣，直至八片叶瓣全部安装完毕，最后钢结构和混凝土连接支座按设计要求连接固定，整体钢结构调试、检测。

③ 吊装阶段与安装流程：

A. 吊装阶段：

a. 根据现场场地条件、工期要求、吊机的搭配情况，决定采用“分阶段定区域安装，整体旋转滑移”的施工工艺，整个钢结构工程吊装阶段分成环梁安装、机械传动设备安装和叶瓣安装三个施工阶段，施工阶段中间穿插整体旋转滑移。

b. 环梁吊装阶段：一台 300t 履带吊作为主吊机，一台 150t 履带吊作为配合吊机。环梁分段单机定区域吊装，每安装 1/4 钢环梁，钢结构整体旋转滑移 90°。300t 吊机在同一区域安装下一批分段环梁，直至环梁整体合拢。

c. 机械传动设备安装阶段：钢环梁整体合拢后，用全站仪对钢环梁上平面上的机械传动设备节点板中心点进行测量，整理好测量数据，形成技术文件，进行数据分析，对叶瓣的转轴、轨道梁 A、台车 B、台车 C 节点板进行精校。用一台 300t 履带吊定区域安装七榀叶瓣的转轴、轨道梁 A、台车 B、台车 C。在环梁吊装区域安装机械传动设备，每安装 2 套叶瓣的机械传动设备，环梁旋转滑移 90°一次，每套机械传动设备安装需精校到位，并且把第八榀叶瓣的转轴、轨道梁、台车基准点做标记、打冲眼。

d. “叶瓣”吊装阶段：叶瓣安装前，先用一台 300t 吊机安装轨道梁 C 的临时支撑支架和安装第 1 榀叶瓣的轨道梁 B、C 和台车 A 等其他机械传动设备。以后每榀叶瓣安装前，用一台 600t 履带吊先安装轨道梁 B、C 和台车 A 等其他机械传动设备，并且每安装就位一榀叶瓣，钢结构整体旋转滑移一次，直至 8 榀叶瓣全部安装到位，调试检测成功。

B. 安装流程：

a. 施工总体安装流程，如图 7-24 所示。

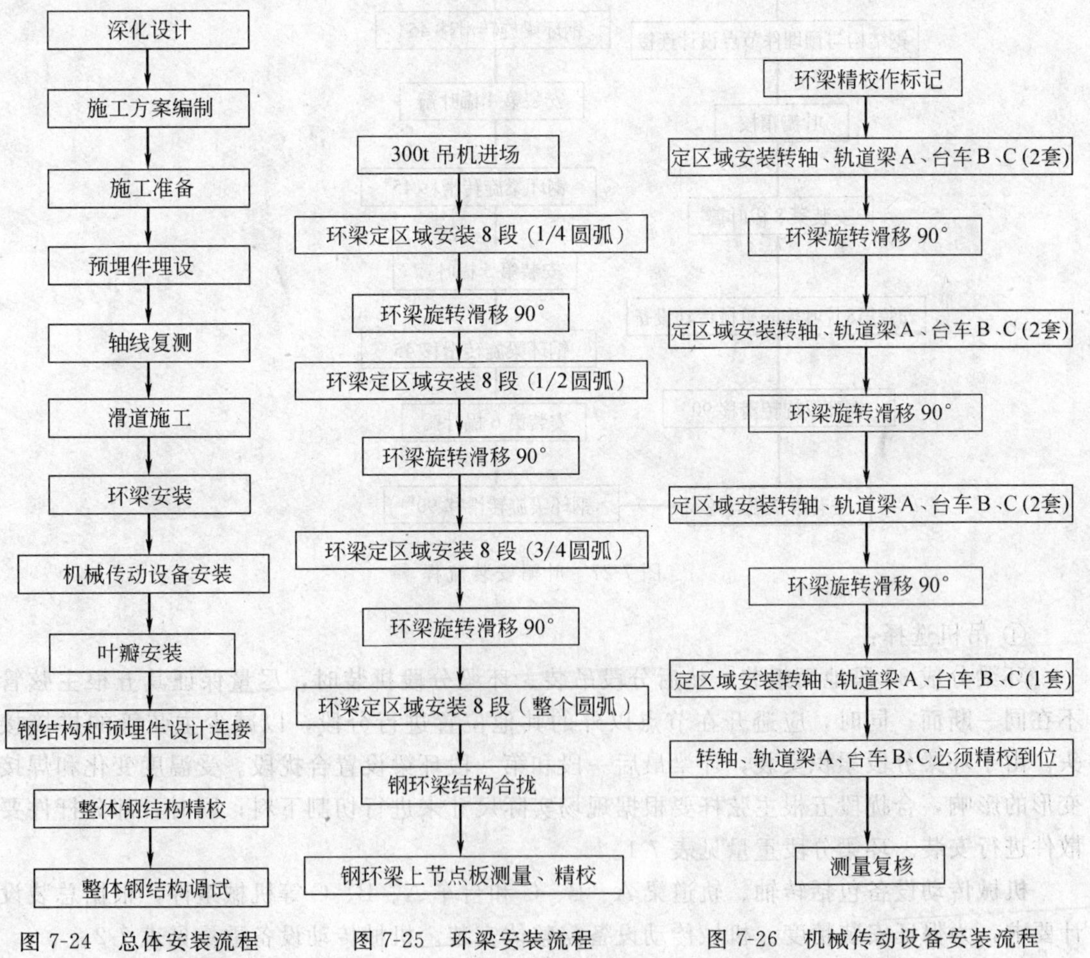

图 7-24 总体安装流程　图 7-25 环梁安装流程　图 7-26 机械传动设备安装流程

b. 环梁安装流程，如图 7-25 所示。

c. 机械传动设备安装流程，如图 7-26 所示。

d. 叶瓣安装流程，如图 7-27 所示。

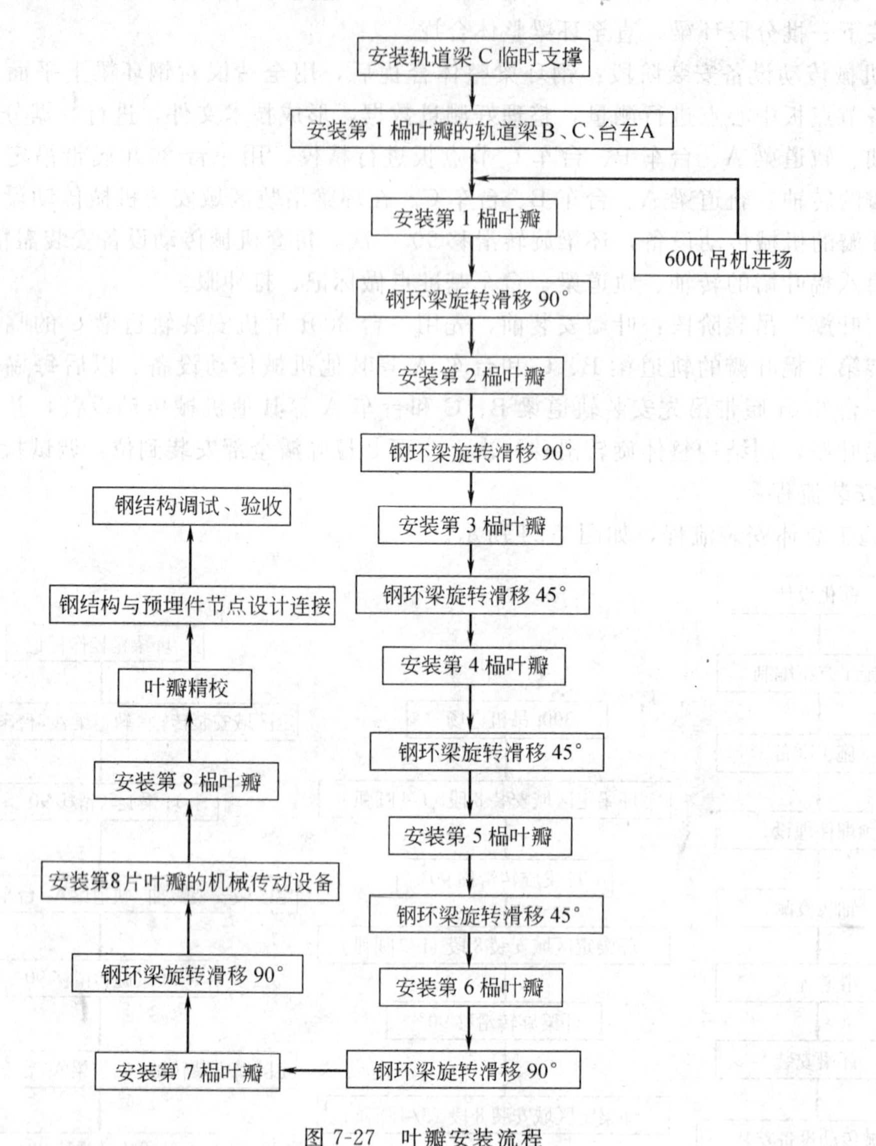

图 7-27　叶瓣安装流程

④ 吊机选择：

环梁分成 32 段地面组装，然后分段吊装。环梁分段拼装时，尽量保证其五根主弦管不在同一断面；同时，应避开在节点以外的其他位置进行分段，以减少主弦管的拼接接头。由于环梁分段累积安装，环梁最后一段和第一段环梁设置合拢段。受温度变化和焊接变形的影响，合拢段五根主弦杆要根据现场实际尺寸来进行切割下料；同时，部分杆件要散件进行安装。环梁分段重量见表 7-1。

机械传动设备包括转轴、轨道梁 A、B、C 和台车 A、B、C 等机械组件，根据总装设计要求，为保证安装精度，机械传动设备需整体安装。机械传动设备重量见表 7-2。

环梁分段重量 表 7-1

分　段	节点段	非节点段	合拢段
弧长(m)	18	18	12
重量(t)	62	58	52
数量(段)	8	23	1

注：分段重量中不包含散装杆件的重量。

机械传动设备重量 表 7-2

序号	名　称	重量(t)	序号	名　称	重量(t)
1	转轴	7.8	7	反力滚轮	5.8
2	台车	7.5	8	夹轨器	3.5
3	轨道梁 A	12.8	9	插销	1.2
4	轨道梁 B	28.1	10	缓冲装置	1.0
5	轨道梁 C	28.6	11	封闭装置	3.3
6	驱动装置	8.0			

根据设计要求“叶瓣”安装需整榀安装，共 8 榀，每榀“叶瓣”重量为 164t。叶瓣通过机械传动装置和钢环梁连接，其中转轴、轨道梁 A、台车 B、台车 C 固定在钢环梁上，轨道梁 B、C、台车 A 和叶瓣连接。

钢结构工程吊装施工机械见表 7-3。

钢结构工程主要机械选用表 表 7-3

序号	吊　机	数量	扒杆工况	半　径	用　途
1	CC2800 型 600t 履带吊	1 台	48m 主臂，36m 副臂，SFSL 工况	$R=32m, Q=178t$ 超起压铁 250t	安装部分机械传动设备和叶瓣
2	CC2000 型 300t 履带吊	1 台	36m 主臂，24m 副臂	$R_{max}=22m, Q=59t$ $R_{min}=18m, Q=74t$	安装环梁
			36m 主臂，36m 副臂	$R=34m, Q=33.06t$	安装机械传动设备
			48m 主臂	$R=11m, Q=150t$	安装龙门吊大梁
3	60m－2×100t 龙门吊	1 台	跨度 60m，高 30m	$D=12m, G=100t$	叶瓣水平运输
4	150t 履带吊	1 台	48m 主臂	$R=14m, Q=41t$	配合江南厂环梁拼装
5	50t 履带吊	3 台	25m 主臂	$R=5.43m, Q=26.55t$	600t 吊机辅机，组装龙门吊
6	25t 汽车吊	3 台			安装预埋件和其他配合工作

⑤ 环梁安装工艺：

A. 安装状态：环梁地面分段、分批拼装，分三十二段，在同一胎架分三批拼装，每批十二段，高空安装采用一台 300t 履带吊逐段安装，每安装 8 段（1/4 圆弧）整体旋转滑移 90°后，吊机在同一区域安装下一批分段环梁，环梁最后设合拢口，合拢口采用散装法。要完成环梁安装，必须解决滑道施工、滑块设置、环梁吊装、环梁同步顶推旋转滑移、环梁支腿固定等施工工艺。

B. 安装措施：

a. 安装前，应根据设计要求进行验收，验收合格后方可安装；

b. 分段环梁采用四点吊装就位；

c. 吊装前，应先根据分段环梁的重心确定吊点的位置，并选择合适的吊具。

环梁分段吊装吊点如图 7-28 所示。

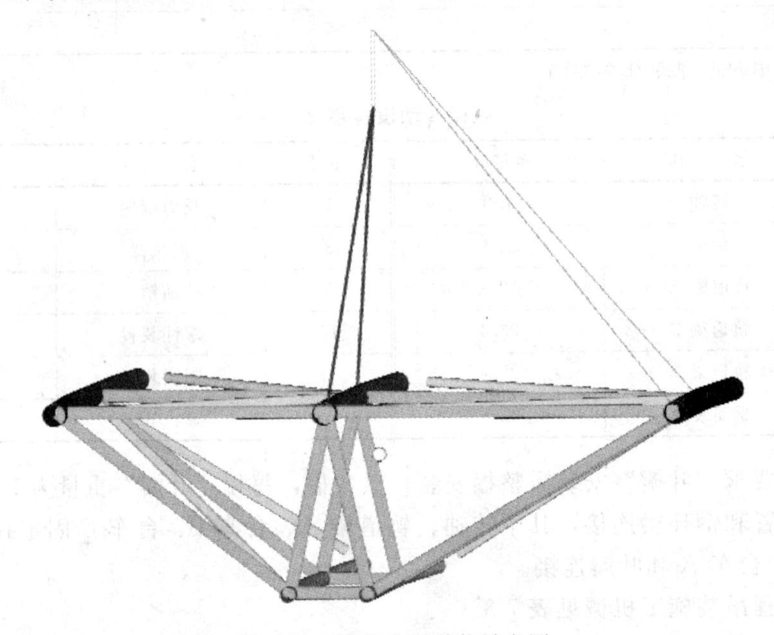

图 7-28　环梁分段吊装吊点图

分段环梁吊装索具配置表见表 7-4。

索具配置表　　表 7-4

序　号	名　称	规　格	数　量	备　注
1	千斤	ϕ60.5×6m	1 根	
2	平衡滑轮	80t	1 只	
3	千斤	ϕ60.5×16m	1 根	
4	卸甲	45t	2 只	
5	千斤	ϕ42×8m	2 根	
6	千斤	ϕ32.5×15m	2 根	
7	千斤	ϕ32.5×5m	2 根	
8	神仙葫芦	10t	2 只	

⑥ 滑道施工。

滑道设置在钢环梁下弦杆下方，为二道环形滑道，直径分别为 120m 和 126m 圆弧上。为避开混凝土环梁的预应力锚固块，滑道高出混凝土环梁（+24.04m）400mm，为增加滑道的抗水平力，在混凝土环梁上需每隔 0.5°预留二根 ϕ20（HRB335 级）钢筋，滑道采用 400mm 高、530mm 宽的混凝土。如图 7-29 所示。

在浇灌滑道混凝土时，因滑道内外曲率不同，为保证滑道质量，需采用特殊的专用模板，如图 7-30 所示。

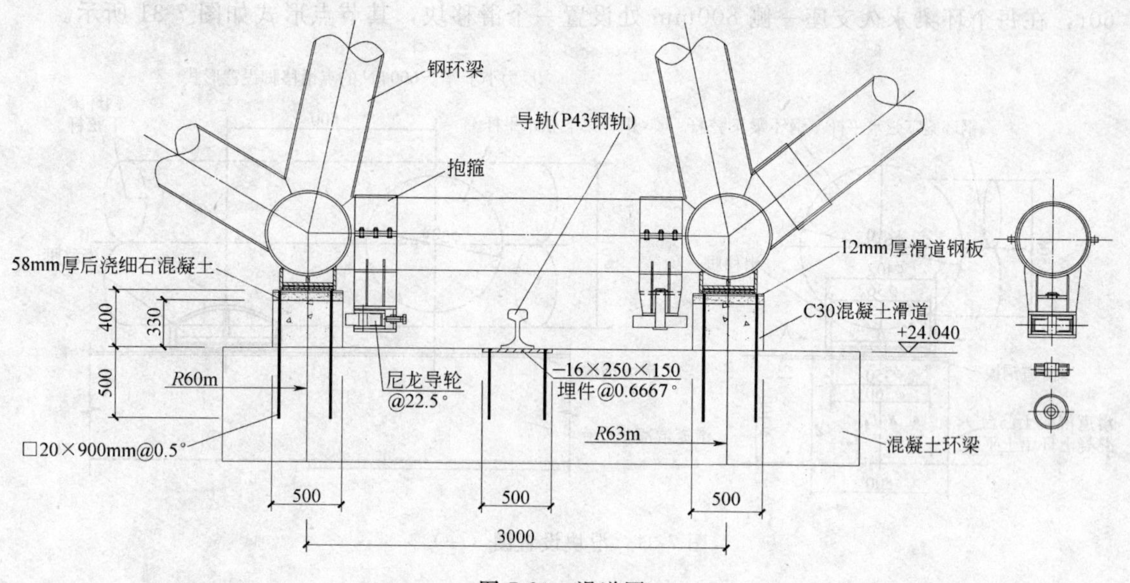

图 7-29 滑道图

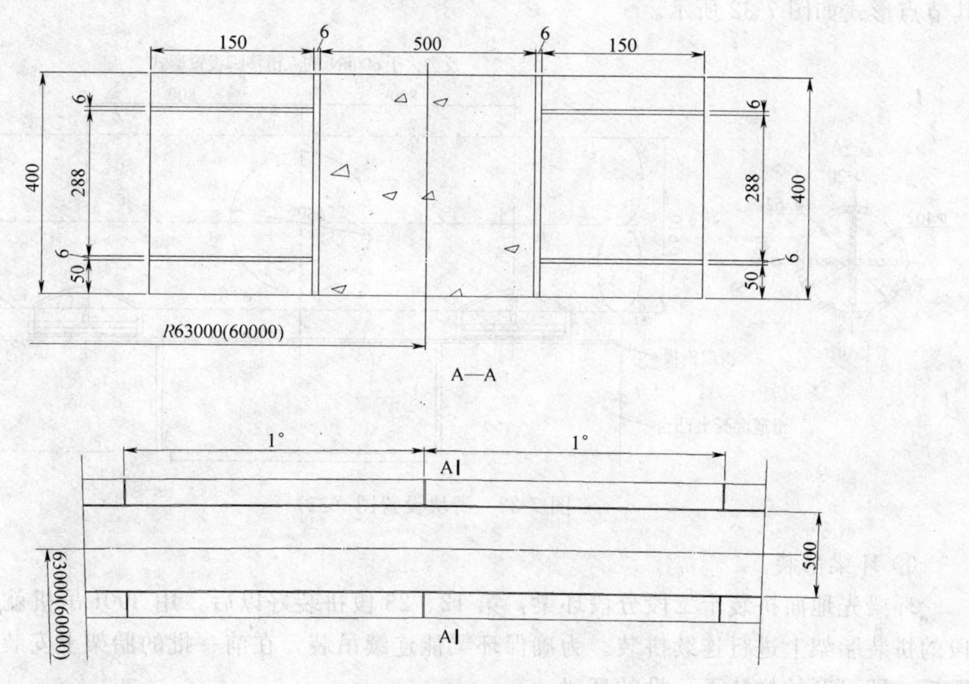

图 7-30 滑道模板图

滑道导轮行走侧由于混凝土表面平整度要求比较高，需用钢模板。

因滑道高出混凝土平台 400mm，分段环梁下弦杆现场对接处焊接比较困难，设置七个预留口作为环梁焊接部位。分段环梁安装时，在预留口处进行焊接。旋转滑移时，焊接 H 型钢作为预留口的滑道。

⑦ 滑块设置。

根据环梁在滑移过程中滑块承载力的不同，分两种节点形式。当滑块承载力小于等于

60t，在每个环梁永久支座一侧800mm处设置一个滑移块，其节点形式如图7-31所示。

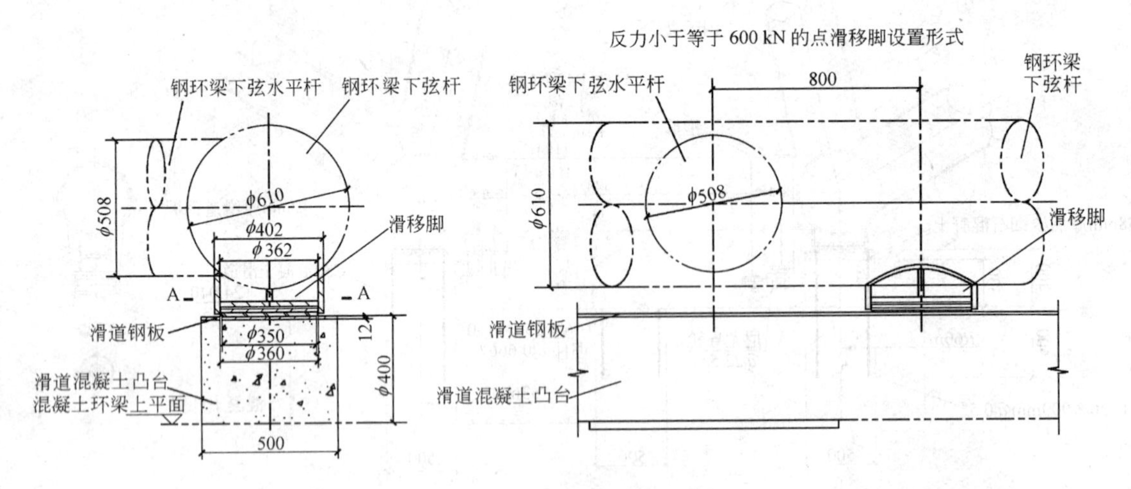

图7-31　滑块设置图（一）

当滑块承载力大于60t时，在每个环梁永久支座处两侧800mm处各设置一个滑块，其节点形式如图7-32所示。

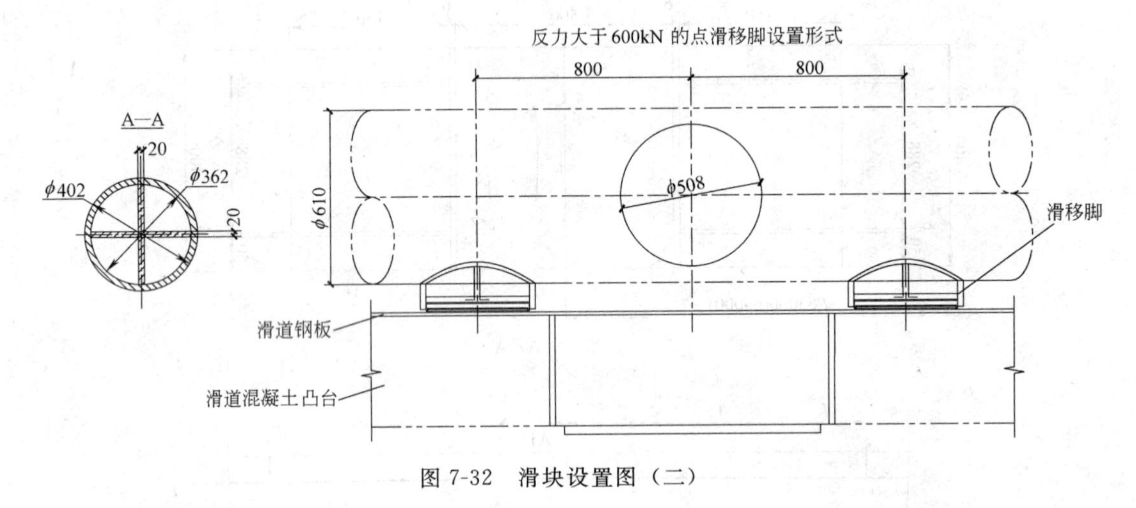

图7-32　滑块设置图（二）

⑧ 环梁吊装。

环梁先地面拼装十二段分段环梁，第12、23段拼装好以后，用300t吊机就位到第一段的拼装胎架上进行连续拼装。为确保环梁能连续吊装，在前一批的胎架上安装完二段环梁后，即可开始拼装下一批的环梁。

环梁在胎架上经验收合格后吊装，在吊装前必须将滑块按图7-31和图7-32固定在环梁上。

环梁安装第1、2段时，由于环梁内侧主弦杆壁厚大，并内侧环梁悬挑大，重心偏离较大，因此，在安装环梁前两段时，利用混凝土梁导轨埋件。使得分段环梁和混凝土环梁连接可靠固定，另外环梁上平面内、外侧弦杆用φ21.5和5t神仙葫芦临时固定。第3段开始，由于分段环梁搁置在混凝土梁上有多个支点，形成整体稳定，不需加临时可靠固定措施。

⑨ 环梁顶推滑移。

当第一批 1/4 环梁安装焊接完毕，并验收合格后，需顶推旋转滑移 90°，再安装第二批环梁。当第二批环梁安装完毕，环梁完成 1/2 圆环，再将半环顶推旋转滑移 90°，再拼装下一 1/4 环梁，直至环梁合拢。环梁合拢后，安装机械传动设备，每安装二组机械传动设备，钢结构整体旋转滑移 90°，直至安装七组机械传动设备。每安装一片“叶瓣”，环梁再顶推旋转滑移一次，直至八片“叶瓣”全部安装到位。

环梁顶推旋转滑移必须由以下系统组成（图 7-33）。

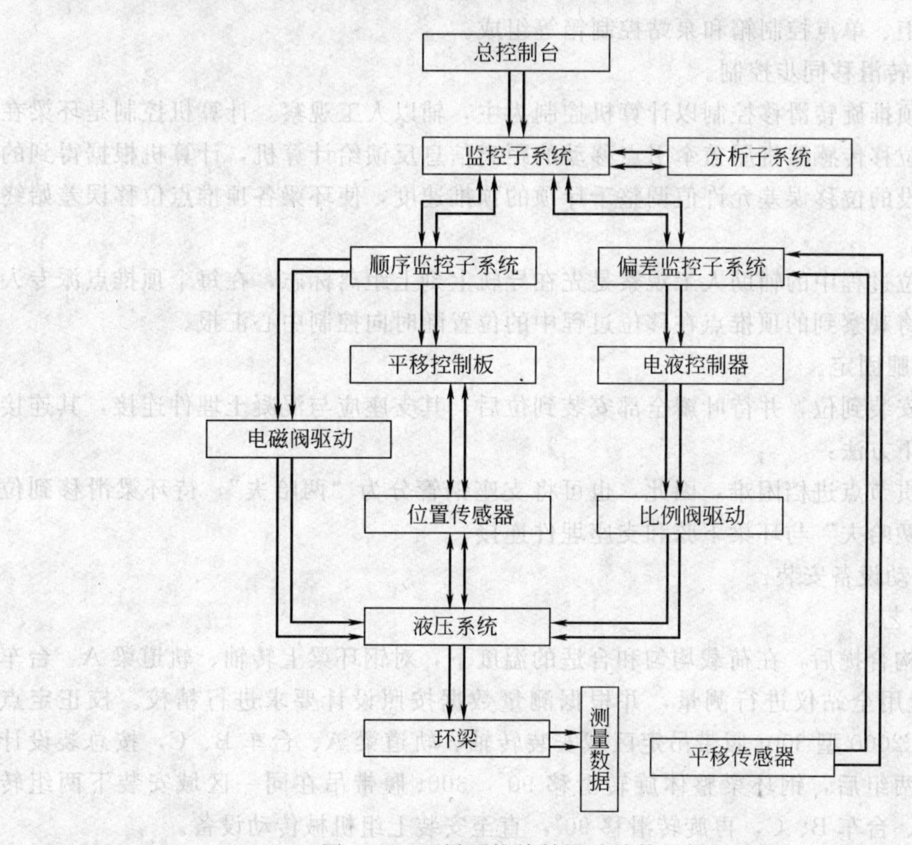

图 7-33 环梁顶推旋转滑移计算机控制系统

A. 滑道滑块导轨系统。

滑道滑块系统由滑道和滑块、导轨三部分组成，在整个旋转滑移过程中，滑道滑块系统起承重作用，导轨起着导向作用。为使滑块更好地在滑道上滑移，滑移时可在滑道上铺设 5mm 厚的镜面不锈钢板或镀锌钢板，并涂上润滑剂。

B. 计算机同步控制系统。

计算机控制系统主要功能是控制液压千斤顶的同步顶推，并将各顶推点的位移控制在允许范围内。计算机控制系统由顺序控制系统、偏差控制系统和操作台监控子系统组成。其控制参数为：二点同步顶推距离 48.302（圆心角 45°）～96.604m（圆心角 90°）；水平移位速度 5m/h；同步移位与顶推基准点水平移位误差≤10mm；水平移位加速度≤0.08m/s²。

C. 液压顶推系统。

液压牵引系统由液压千斤顶、泵源、反力架等组成。

根据本工程的顶推力和我公司的现有设备，本工程选用 120t 级的液压千斤顶 12 台，总共能提供 1560t 的顶推力。

反力架是安装液压千斤顶的重要受力机构，反力架按照自锁原理，将顶推反力传递到导轨轨道上，由导轨轨道将水平力传递到混凝土结构上。

D. 电气系统。

电气系统的主要功能是对整个同步顶推系统的设备进行供电；检测液压千斤顶油缸行程，将顶推点位移输入计算机；根据计算机指令驱动液压系统。电气系统由配电箱、位移传感器、控制柜、单点控制箱和泵站控制箱等组成。

E. 环梁旋转滑移同步控制。

环梁同步顶推旋转滑移控制以计算机控制为主，辅以人工观察。计算机控制是环梁在平移时，通过位移传感器将屋盖牵引点移动的距离信息反馈给计算机，计算机根据得到的位移信息和预设的位移误差允许值调整千斤顶的顶推速度，使环梁各顶推点位移误差始终在允许范围内。

屋盖在移位过程中的辅助人工观察是先在导轨上刻上距离标志，在每个顶推点派专人负责观察，并将观察到的顶推点在移位过程中的位置随时向控制中心汇报。

F. 环梁支腿固定。

环梁全部安装到位，并待叶瓣全部安装到位后，其支座应与混凝土埋件连接，其连接形式拟采用以下方法：

考虑到相贯节点进档困难，因此，也可将支座钢管分为“两哈夫”，待环梁滑移到位后，直接将“两哈夫”与环梁下弦和支座埋件连接。

⑩ 机械传动设备安装：

A. 安装工艺。

钢环梁结构合拢后，在荷载均匀和合适的温度下，对钢环梁上转轴、轨道梁 A、台车 B、C 空间位置用全站仪进行测量，并根据测量数据按照设计要求进行精校。校正定点后，用一台 CC2000 型 300t 履带吊定区域安装转轴、轨道梁 A、台车 B、C，按总装设计要求安装就位两组后，钢环梁整体旋转滑移 90°，300t 履带吊在同一区域安装下两组转轴、轨道梁 A、台车 B、C，再旋转滑移 90°，直至安装七组机械传动设备。

叶瓣安装前，用一台 300t 履带吊安装轨道梁 C 的临时支撑胎架。临时支撑胎架采用桁架式支撑，高度约 34m。在每片叶瓣安装前，先用一台 600t 履带吊安装轨道梁 B、C、台车 A 等机械传动设备（图 7-34、图 7-35）。

B. 技术措施：

a. 由于机械传动设备的安装精度要求高，安装先必须对环梁进行整体检测，特别是对环梁和轨道梁的节点板的标高和空间位置进行复测、调整、精校，并形成技术文件进行数据分析；

b. 机械传动设备即轨道梁 A、B、C 和台车、转轴等固定在环梁上。其中转轴、A 轨道梁及 B、C 轨道梁的台车可直接按设计要求固定在环梁上；B 轨道梁一端搁置在台车上，另一端和中间点搁置在临时固定支座上，临时固定支座安装在环梁的上弦杆上；C 曲梁一端搁置在台车上，另一端和中间点搁置在临时支架上，临时支架约 34m 高，由桁架式支撑做成，为保持支架的稳定性，在旁边要安装一个临时稳定支架，三个支架用导梁连

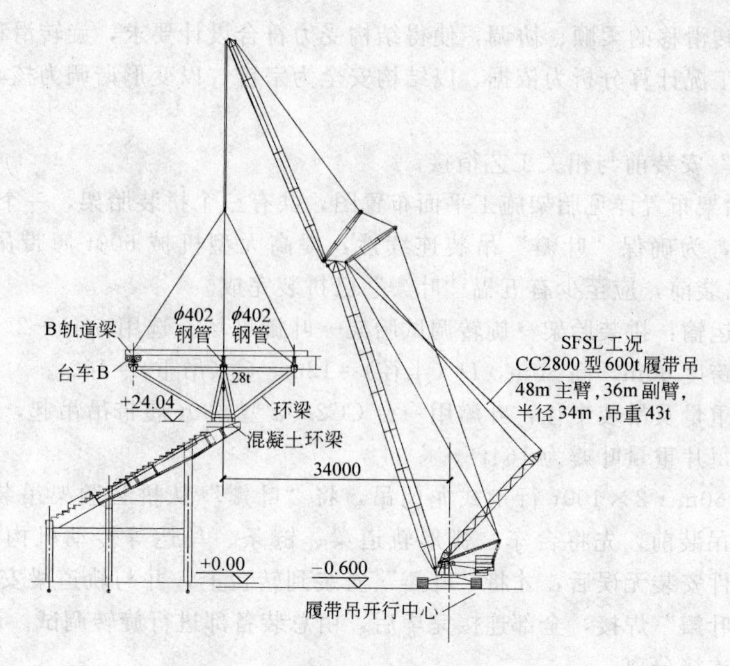

图 7-34　轨道梁 B 吊装工况立面图

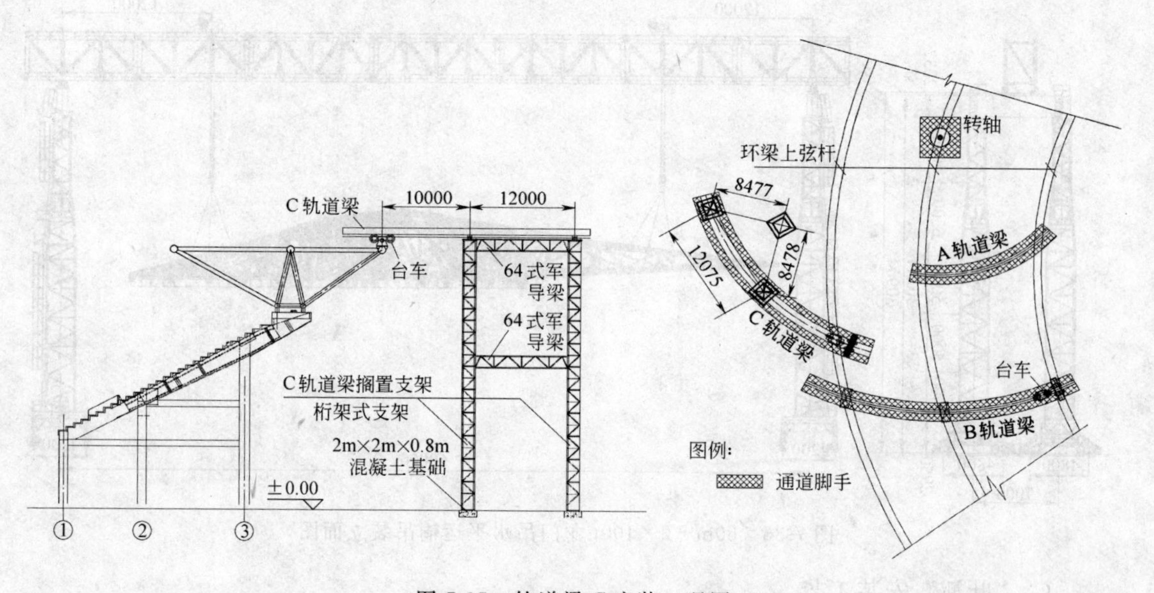

图 7-35　轨道梁 C 安装工况图

成整体，做成一个稳定的结构。

⑪“叶瓣”安装：

A.“叶瓣”安装施工工艺。

“叶瓣”安装采用一台 600t 履带吊单机整体吊装法，每片叶瓣安装前必须按照设计要求先安装就位机械传动装置，叶瓣就位后，环梁整体旋转滑移，安装下一榀“叶瓣”。为保证“叶瓣”安装到位的精度和机构的传动性能，“叶瓣”在正式安装前，必须先在地面转台上作旋转调试，并在地面转台上确定与弧形轨道梁的连接节点位置。

为保证旋转滑移的柔顺、协调，使得结构受力符合设计要求，旋转滑移必须遵循以下原则：以结构工况计算分析为依据、以结构安全为宗旨、以变形谐调为核心、以全程监测为手段。

B. “叶瓣”安装前与相关工艺衔接。

“叶瓣”胎架布置详见胎架施工平面布置图，共有三个拼装胎架，一个地面旋转胎架、二个叶瓣堆场，为确保“叶瓣”吊装连续性，提高大型机械600t履带吊的利用率，在“叶瓣”正式吊装前，应至少有五榀“叶瓣”已拼装完成。

叶瓣水平运输：拼装胎架→旋转调试胎架→叶瓣堆场。选用60m－2×100t行走式龙门吊，龙门吊跨度60m，高30m，D（半径）＝12m，G（吊重）＝100t。

根据叶瓣重量及吊装半径，叶瓣用一台CC2800型600t履带吊吊起，单机吊重178t，可安装叶瓣（每片重量叶瓣为164t）。

一台改装60m－2×100t行走式龙门吊，将“叶瓣”从拼装胎架吊装到旋转胎架上（图7-36）。在吊装前，先将台车、弧形轨道梁、链条、马达等传动机构安装到转台上，在确认上述部件安装无误后，才将“叶瓣”安装到转台上，并与轨道梁安设计要求连接，将连接件与“叶瓣”焊接，全部连接完毕后，由总装备部进行旋转调试。调试结束后，将叶瓣与轨道梁连接分离。

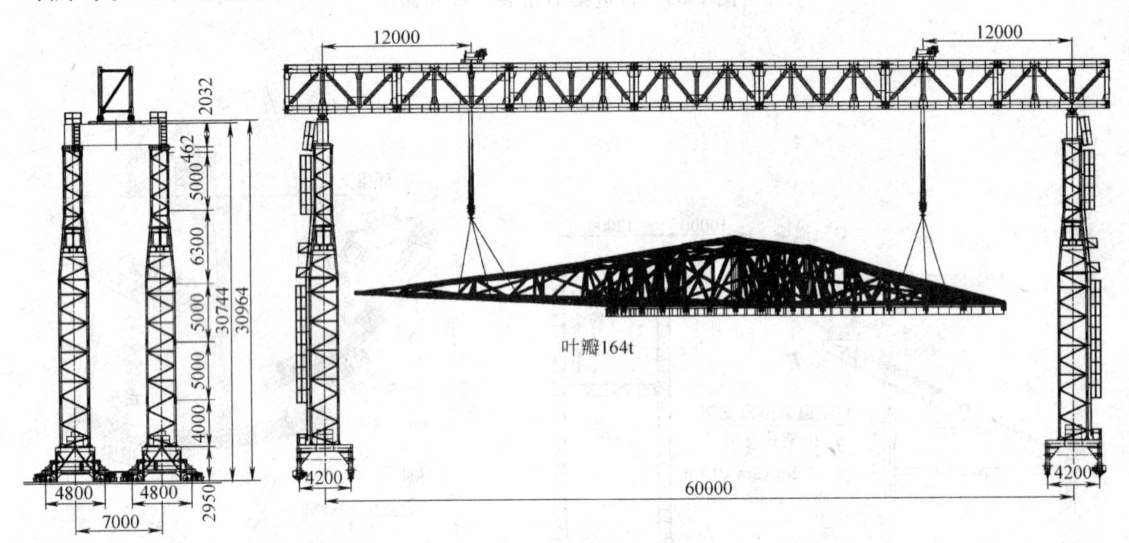

图7-36　60m－2×100t龙门吊水平运输吊装立面图

C. “叶瓣”安装工艺。

经过工况计算，叶瓣在开启45°状态下安装受力最合理，结构变形最小。叶瓣吊装前，必须将A、B、C轨道梁和台车、转轴固定在环梁上。叶瓣在转台调试完毕和轨道梁、台车、转轴就位完毕后，即可进行吊装。

叶瓣安装前预先在旋转胎架上进行预拼装（轨道梁B和C），安装时，把叶瓣和转轴、轨道梁、台车按照设计要求连接固定。

D. 叶瓣安装技术措施。

“叶瓣”体形大、重量大、节点多、吊装高度和作业半径都很大，安装时不易于调节，吊装难度大。叶瓣吊装前后和吊装过程中采取以下技术措施：

a. 设置质量控制点。叶瓣安装以转轴、轨道梁和台车为基准面，转轴、轨道梁和台车按照总装设计要求进行精校后安装叶瓣；

b. 叶瓣和机械传动设备在安装前需进行预拼装；

c. 由于叶瓣安装是非对称安装，在叶瓣安装过程中，结构变形不协调。因此，八片叶瓣安装必须有一个同一的基准面和参照点。即环梁合拢后结构在静荷载下，环梁节点板精校后的平面为基准。

8 主要施工机械的选用与劳动力配备

8.1 主要施工机械配备

见表 8-1。

主要施工机械设备 表 8-1

序号	机械名称	型号规格	数量	功率	备注
1	吊车	25t	6 台		外租
2	混凝土输送泵	柴油	4 台		含在商品混凝土内
3	砂浆搅拌机	JZ350	6 台	7.5kW	共 42 个月
	混凝土搅拌机	JS500	2 台	15kW	共 22 个月
4	施工井架	1t	4 台	10kW	共 20 个月
5	振动器	插入 HZ50	40 台	1kW	
		附着式 HZ7	2 台	1.5kW	
6	交流电焊机	BX1-630	12 台	16kW	
7	对焊机	UN-100	2 台	60kW	
8	水泵	污水泵	12 台	5kW	
9	手提电锯	SJ-120	18 台	1.2kW	
10	冲击钻	HJ-22	12 台	1kW	
11	空压机	$1m^3$	4 台	4.4kW	
12	钢筋切断机	QJ40-1	4 台	2kW	
13	钢筋弯曲机	WJ40-1	4 台	1.4kW	
14	压路机	16t	2 台	10kW	共 4 个月
15	打夯机	HW-20	3 台	4.5kW	
16	挖土机	$1m^3$	6 台		共 24 个月
17	推土机		4 台		共 24 个月
18	翻斗车		40 部		
19	卷扬机	5t	2		大型设备安装
20	电焊机	BX3-320	8		管道焊接
21	套丝机		4		管道口加工
22	液压弯管机	D150	3		管道加工
23	电动试压泵	1.0MPa	4		试压
24	咬口机		4		加工风管
25	剪板机		1		加工风管
26	折方机		1		加工风管

劳动力组织计划

表 8-2

号	工种名称	2003年				2004年												2005年							
		9	10	11	12	1	2	3	4	5	6	7	8	9	10	11	12	1	2	3	4	5	6	7	8
1	木工	10	10	60	120	120	120	120	60	60	180	180	180	180	120	120	120	120	80	60	150	150	120	80	60
2	钢筋工	10	80	120	120	120	120	120	20	20	160	160	160	160	100	100	100	100	60	60	120	120	100	60	30
3	混凝土工			30	30	30	30	30	20	20	30	30	30	30	30	30	30	30	30	30	30	30	30	20	20
4	瓦工										20	20	20	20	60	60	60	60	80	80	80	80	80	60	30
5	普工	30	45	45	45	45	45	45	45	45	45	45	45	60	60	60	60	60	60	60	60	60	60	60	60
6	预应力人员											50	50	50	50	20									
7	起重工														10	40	40	40	40	40	40	10			
8	钢结构工人														80	100	150	220	220	220	160	40			
9	电焊工	5	5	5	5	5	5	5	5	5	5	5	5	5	5	5	5	20	20	20	20	20	5	5	5
10	架子工				20	20	50	50	50	50	50	50	50	50	50	50	20	30	10	10	30	30	30	20	20
11	机械操作工	2	2	5	5	5	5	5	5	5	5	5	5	5	30	30	30	30	30	30	10	5	5	5	5
12	机修工	5	5	5	5	5	5	5	5	5	5	5	5	5	5	5	5	5	5	5	5	5	5	5	5
13	维修电工	5	5	5	5	5	5	5	5	5	5	5	5	5	5	5	5	5	5	5	5	5	5	5	5
14	测量工	6	6	6	6	6	6	6	6	6	6	6	6	6	6	6	6	6	6	6	6	6	6	6	6
15	油漆工	4	4	4	4	4	4	4	4	4	4	4	4	4	60	60	60	60	60	60	30	30			
16	防水工												10	10									30	30	
17	安装水电管工			30	55	55	55	40	40	40	60	60	120	150	150	150	150	150	150	150	150	150	150	150	150
18	装饰人员															30	90	90	90	90	90	160	200	200	220
19	桩基人员	50	50																						
20	土方人员			40																					
	合计	127	212	355	420	420	450	435	265	265	575	625	695	740	821	871	931	1026	946	926	986	901	826	706	596
	劳动力资源动态图																								

钢结构工程主要机械选用表详见“7”。

8.2 劳务力配备

选择劳务力操作人员的原则为：具有良好的质量、安全意识；具有较高的技术等级；具有相类似工程施工经验的人员。

劳务层划分为三大类：

第一类为专业化强的技术工种，配备人员约为300人，其中包括机操工、机修工、维修电工、钢结构吊装工、焊工，CO_2 保护焊工、起重工等，持有相应上岗操作证的人员，平均技术等级为4.5级，配备相应技师、高级技师。

第二类为普通技术工种，配备人员约为500人，其中包括木工、钢筋工、混凝土工、瓦工、粉刷工等，其平均技术等级为4.0级。

第三类为非技术工种，配备人员约为150人，主要为普工。

根据本工程的施工规模和工期要求，劳务层的劳动力用量高峰期为950人。

上述劳动力按计划分批分阶段进退场，并保证各施工阶段人员的稳定，确保现场劳动力满足施工需要。

劳动力组织详见劳动力计划表，见表8-2。

9 质量、安全施工保证措施

9.1 质量保证措施

(1) 工程质量目标

严格按照施工验收规范及设计要求组织施工，一次交验合格，质量优良，确保“白玉兰奖”，力争“鲁班奖”。

(2) 施工质量保证措施

工程质量总控制图如图9-1所示。

1) 建立施工质量管理体系。

建立全面的施工质量管理体系，进行质量的管理及控制。

施工质量管理体系图如图9-2所示。

2) 明确质量管理职责。

项目主要管理责任人与项目签定岗位责任状，明确质量管理职责，做到责任到位。

① 项目经理的质量职责：

作为项目的最高领导者，应对整个工程的质量全面负责，并在保证质量的前提下，平衡进度计划，经济效益等各项指标的完成，并督促项目所有管理人员树立质量第一的观念，确保“质量保证计划”的实施与落实。

② 项目技术负责人（质量经理）的质量职责：

项目技术负责人作为项目的质量控制及管理的执行者，应对整个工程的质量工作全面管理，从质保计划的编制到质保体系的设置、运转等，均由项目技术负责人负责；同时，主持质量分析会，监督各施工管理人员质量职责的落实。

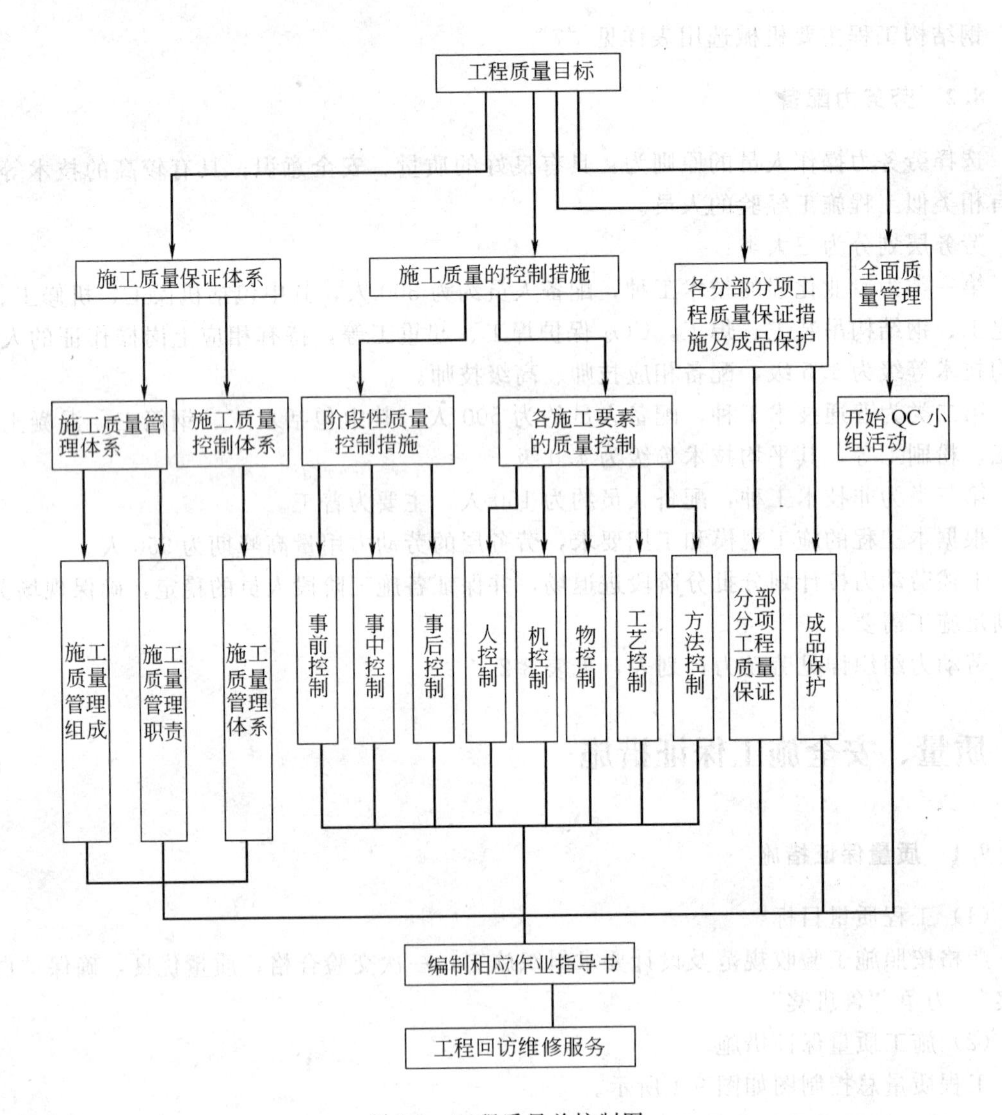

图 9-1 工程质量总控制图

③ 项目副经理的质量职责：

项目副经理作为负责生产的主管项目领导，应把抓工程质量作为首要任务，在布置施工任务时，充分考虑施工难度对施工质量带来的影响，在检查正常生产工作时，严格按方案、作业指导书等进行操作检查，按规范、标准组织自检、互检、交接检的内部验收。

④ 质检人员的质量职责：

质检人员作为项目对工程质量进行全面检查的主要人员，应有相当的施工经验和吃苦耐劳的精神，在质量检查过程中有相当的预见性，提供准确而齐备的检查数据，对出现的质量隐患及时发出整改通知单，并监督整改以达到相应的质量要求，并对已成型的质量问题有独立的处理能力。

⑤ 施工工长的质量职责：

施工工长作为施工现场的直接指挥者，首先其自身应树立质量第一的观念，并在施工过程中随时对作业班组进行质量检查，随时指出作业班组的不规范操作及质量达不到要求

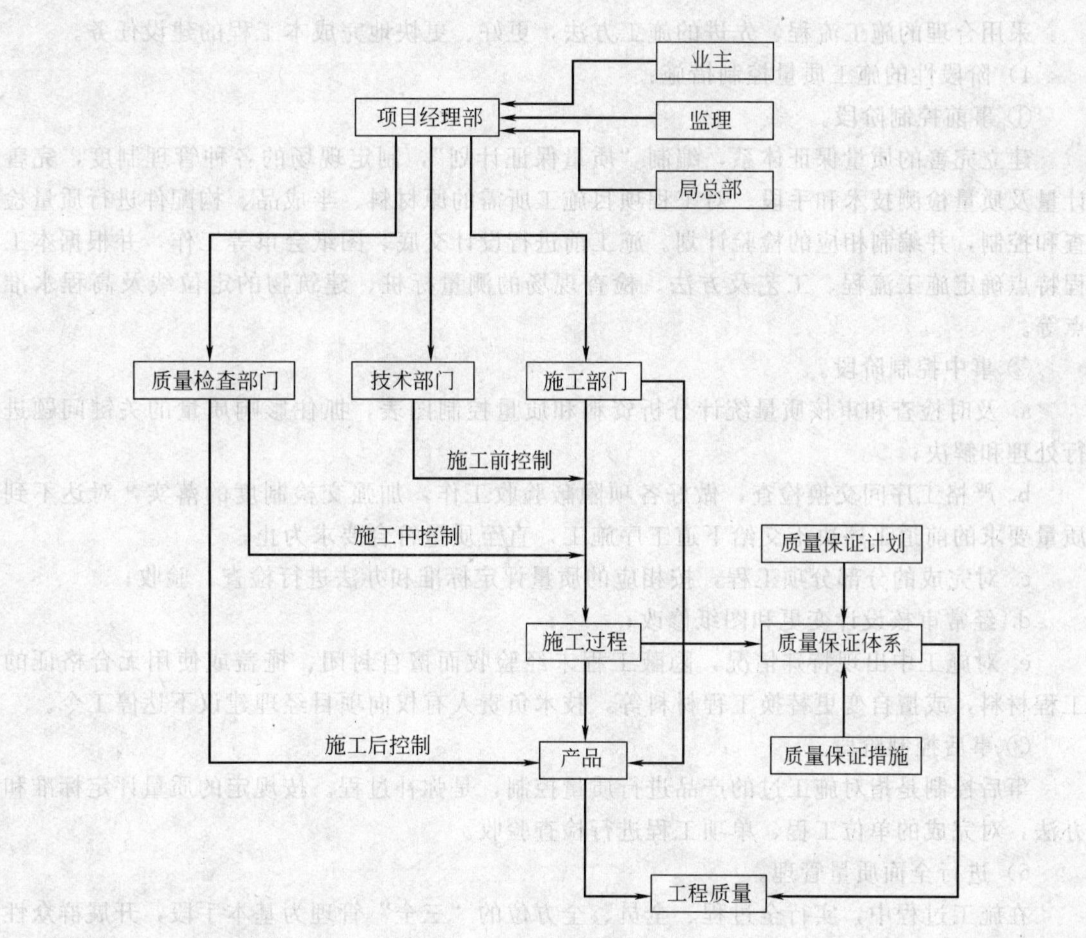

图 9-2 施工质量管理体系图

的施工内容，并督促整改。

3）施工质量控制体系的落实。

施工质量控制体系围绕“人、机、物、环、法”五大要素，在施工生产全过程中进行明确地落实。

①“人”的因素。

在进场前，对所有的施工管理人员及施工劳务人员进行各种必要的培训，关键的岗位必须持有效的上岗证书才能上岗。

在施工中，加强对施工人员的管理工作，又要加强施工人员的评定工作，实施层层管理、层层评定的方式进行。

②“机”的因素。

在施工机械进场前，必须进行一次全面的保养，使施工机械在投入使用前就以达到最佳状态，而在施工中，加强对施工机械的日常养护、检修。

③“物”的因素。

采取货比三家的原则采购优质价廉的材料，既保证工程质量，又降低成本。对进场材料进行专人负责，尤其是特殊材料，还须有专项保护措施。

④“环”与“法”的因素。

采用合理的施工流程、先进的施工方法，更好、更快地完成本工程的建设任务。

4）阶段性的施工质量控制措施：

① 事前控制阶段。

建立完善的质量保证体系，编制“质量保证计划”，制定现场的各种管理制度，完善计量及质量检测技术和手段。对工程项目施工所需的原材料、半成品、构配件进行质量检查和控制，并编制相应的检验计划。施工前进行设计交底、图纸会审等工作，并根据本工程特点确定施工流程、工艺及方法。检查现场的测量标桩、建筑物的定位线及高程水准点等。

② 事中控制阶段。

a. 及时检查和审核质量统计分析资料和质量控制图表，抓住影响质量的关键问题进行处理和解决；

b. 严格工序间交换检查，做好各项隐蔽验收工作，加强交检制度的落实，对达不到质量要求的前道工序决不交给下道工序施工，直至质量符合要求为止；

c. 对完成的分部分项工程，按相应的质量评定标准和办法进行检查、验收；

d. 经常审核设计变更和图纸修改；

e. 对施工中出现特殊情况，隐蔽工程未经验收而擅自封闭、掩盖或使用无合格证的工程材料，或擅自变更替换工程材料等，技术负责人有权向项目经理建议下达停工令。

③ 事后控制阶段。

事后控制是指对施工过的产品进行质量控制，是弥补过程。按规定的质量评定标准和办法，对完成的单位工程、单项工程进行检查验收。

5）进行全面质量管理。

在施工过程中，实行全过程、全员、全方位的“三全”管理为基本手段，开展群众性的质量管理和 QC 小组活动。

建立由管理人员、操作人员共同组成的 QC 小组，以开展质量活动来提高专项分部工程的质量，在本工程拟建立 3 个 QC 小组。

① 钢结构工程施工 QC 小组

成立此 QC 小组主要是与专业分包单位共同协调，确保钢结构制作和吊装施工质量。

② 预应力施工 QC 小组

成立此 QC 小组主要是解决环向预应力施工质量，确保结构主体各项质量指标达到相应的要求。

③ 施工进度计划管理 QC 小组

主要解决施工进度计划在施工过程中的落实，在保证质量、安全、文明施工的前提下，按时完成周计划、月计划至分阶段计划，直至总施工进度计划。

9.2　安全施工目标及保证措施

（1）安全施工目标

完善安全措施，提高安全意识，杜绝死亡和重伤事故的发生，创上海市施工现场安全标准化管理合格工地，通过施工现场安全生产保证体系审核。

（2）建立安全生产制度

1）建立安全生产责任制：

以项目经理为主，项目技术负责人为辅，各级工长及班组为主要执行者，保卫、安全员为主要监督者，医务人员为保障者的安全生产责任制。各自的具体职责如下：

① 项目经理：全面负责施工现场的安全措施、安全生产等，保证施工现场的安全；

② 项目副经理：直接对安全生产负责，督促、安排各项安全工作，并随时检查；

③ 项目技术负责人：制定项目安全技术措施和分项安全方案，督促安全措施落实，解决施工过程中不安全的技术问题；

④ 安全负责人：督促施工全过程的安全生产，纠正违章，配合有关部门排除施工不安全因素，安排项目内安全活动及安全教育的开展；监督劳防用品的发放和使用；

⑤ 机电负责人：保证所使用的各类机械的安全使用，监督机械操作人员保证遵章操作，并对用电机械安全检查；

⑥ 施工工长：负责上级安排的安全工作的实施，进行施工前安全交底工作，监督并参与班组的安全学习；

⑦ 消防负责人：保证防火设备的齐全、合格，消灭火灾隐患，对每天动火区域记录在册，开具动火证，组织建立现场消防队和日常消防工作；

⑧ 医务人员：及时诊治各种疾病，保证施工人员的身体健康，对突发性安全事故，采取一定的应急措施。

2）执行安全生产制度。

根据上海有关文件规定，并结合本工程的实际情况制定关于安全教育、检查、交底、活动等四项制度，要求所有进入本施工现场的人员以班组为单位进行检查，制定本项目《安全生产奖罚条例》，以确保制度及各项措施的落实。

（3）安全生产技术措施

1）结构施工阶段的防护措施：

① 做好结构内洞口、临边的防护。

在工程上有大大小小诸多预留孔洞，为减轻后期防护工作，在结构施工时，楼板钢筋在洞口均贯通，结构施工完一层后，在其上用层板盖住即可。

楼梯处用钢管搭设临时扶手，楼层临边部位亦用钢管搭设防护栏杆，并用立网围护。

② 外架的防护。

采用全封闭外架防护系统。对外脚手架及所有操作面必须满铺竹笆，操作面外侧设防护栏杆、挡脚，并用竹笆遮挂，同时满挂安全网。

③ 底层安全防护。

在建筑物，人员来往频繁，在建筑底层的主要出入口将搭设双层防护棚及安全通道。

2）吊装施工阶段的防护措施：

① 进入施工现场必须戴安全帽，2m 以上高空作业必须佩戴安全带；

② 吊装前起重指挥要仔细检查吊具是否符合规格要求，是否有损伤，所有起重指挥及操作人员必须持证上岗；

③ 高空操作人员应符合超高施工体质要求，开工前检查身体；

④ 高空作业人员应佩戴工具袋，工具应放在工具袋中，不得放在钢构件或易失落的地方，所有手工工具（如手锤、扳手、撬棍）应穿上绳子，套在安全带或手腕上，防止失

落，伤及他人；

⑤ 高空作业人员严禁带病作业，施工现场禁止酒后作业，高温天气做好防暑降温工作；

⑥ 吊装时应架设风速仪，风力超过6级或雷雨时应禁止吊装，夜间吊装必须保证足够的照明，构件不得悬空过夜；

⑦ 焊接平台上应做好防火措施，防止火花飞溅。

3）装修、设备安装阶段的防护措施：

① 外装修时，经常性检查外脚手架及防护设施的设置情况，发现不安全因素，及时整改、加固；

② 随时检查各种洞口临边的防护措施情况，因施工需要拆除的防护，应在施工结束后及时恢复。

4）冬、雨期施工阶段的防护措施：

① 加强机械检查、安全用电，防止漏电、触电事故；

② 下雨、下雪尽量不安排在外架上作业；如因工程需要必须施工，则应采取防滑措施，并系好安全带；

③ 拆除外架时，应在天气晴好时间，不得在下雨、下雪的时间内进行；

④ 冬期施工时，应在上班操作前除掉机械上、脚手架和作业区内的积雪、冰霜，严禁起吊与其他材料结冻在一起的构件。

10　文明施工保证措施

10.1　文明施工保证措施

（1）建立文明施工制度

成立以总包为领导，各分包单位文明施工管理负责人参加的施工现场文明施工检查小组，进行现场文明施工管理。每周进行一次大检查，对检查中所发现的问题，开出“隐患问题通知单”，各施工单位在收到“隐患问题通知单”后，应根据具体情况，定时间、定人、定措施予以解决。

（2）文明施工技术措施

1）在施工过程中，督促检查各作业班组做到工完场清，保证施工楼层面没有多余的材料及垃圾，并派专人对各楼层进行清扫、检查，使每个已施工完的结构面清洁，对运入各楼层的材料要求堆放整齐；

2）厕所派专人打扫保洁。施工现场设置小便斗，专人负责收集；

3）现场道路地坪硬化，做到平整、无积水；建筑物周围系统排水设施排水畅通；

4）建筑、生活垃圾分类围挡堆放，及时清运；

5）现场施工人员登记成册，作业人员佩证上岗，大门口设立昼夜值班，所有人员三证齐全、有效；

6）加强施工现场用电管理，严禁乱拉、乱接电线，并派专人对电器设备定期检查，对所有不合规范的操作限期整改。

10.2 成品保护措施

（1）一般成品的保护方法

1）钢筋按图绑扎成型完工后，应将多余钢筋、扎丝及垃圾清理干净。绑扎成型完工的钢筋上，后续工种、施工作业人员不能任意踩踏或重物堆置，以免钢筋弯曲变形。

2）安装预留、预埋应在支模时配合进行，不得任意拆除模板及重锤敲打模板、支撑，以免影响质量。模板侧模不得堆靠钢筋等重物，以免倾斜、偏位，影响模板质量。

3）混凝土浇筑完成，应将散落在模板上的混凝土清理干净并按方案要求进行覆盖保护。冬雨期施工混凝土成品，应按冬雨期要求进行覆盖保护。混凝土终凝前，不得上人作业，应按方案规定确保间隔时间和养护期。

4）不得随意开槽打洞，安装应在混凝土浇筑前做好预留预埋。

5）混凝土承重结构模板应达到规定强度方可拆除。

6）水泥砂浆及现浇细石混凝土及块料面层的楼地面，应设置保护栏杆，到成品达到规定强度后方能拆除。

7）下道工序进场施工，应对施工范围楼地面进行覆盖保护，对油漆料、砂浆操作面下，楼面应铺设防污染塑料布，操作架的钢管应设垫板，钢管扶手挡板等硬物应轻放，不得抛、敲、撞击楼地面。

8）所有室内外，楼上楼下、厅堂、房间，每一装饰面成活后，均应按规定清理干净，进行成品质量保护工作。不得在装饰成品上涂写、敲击、刻画。

9）屋面防水施工完工后应清理干净，做到屋面干净，排水畅通。

10）装饰安装分区或分层完成成活后，应专门组织专职人员负责成品质量保护，值班巡查，进行成品保护工作。

11）成品保护专职人员，按规定的成品保护职责、制度办法，做好保护范围内的所有成品检查工作。

（2）钢结构成品保护措施

1）构件进场应堆放整齐，防止变形和损坏；堆放时，应放在稳定的枕木上，并根据构件的编号和安装顺序来分类；

2）构件堆放场地应做好排水，防止积水对钢结构构件的腐蚀；

3）在拼装、安装作业时，应避免碰撞、重击；

4）减少现场辅助措施的焊接量，能够采用捆绑、抱箍的尽量采用；

5）焊接部位及时补涂防腐涂料；

6）其他工序介入施工时，未经许可，禁止在钢结构构件上焊接、悬挂任何构件；

7）支座的防护：交工验收前，在已完成的支座周围设置围栏，以免支座受到碰撞和损坏。

11 施工总承包管理

11.1 施工总承包管理目标

（1）质量目标：严格按照施工验收规范及设计要求组织施工，一次交验合格，质量优良，确保“白玉兰奖”，力争“鲁班奖”。

（2）工期目标：以总工期742个日历天完成本工程招标文件、招标图纸所规定的所有总承包管理范围内的施工任务，并确保相关节点里程碑要求。

（3）安全目标：完善安全措施，提高安全意识，杜绝死亡和重伤事故的发生，创上海市施工现场安全标准化管理合格工地，通过施工现场安全生产保证体系审核。

（4）文明施工目标：按企业CI标识规定，结合上海市有关建筑工程施工现场标准化管理规定，布置整个施工现场，划分职责，严格总平面管理，确保“上海市文明施工工地”。

（5）服务目标：信守合约，密切配合，认真协调与各有关方面的关系，接受业主和监理对工程质量、工程进度、计划协调、现场管理和控制的监督。

11.2 工程质量控制管理

（1）施工准备阶段的总包质量控制措施

1）对分包单位的进场、开工报告进行审查，确保其机构、人力、机械设备、施工方案等满足工程质量要求；

2）参加各分包单位的技术交底会，将有关设计文件、总包管理要求、质量标准向分包做详细的书面交底；

3）对施工现场的主要坐标、轴线、标高等相关技术资料进行交接。

（2）施工阶段的总包质量控制措施

1）建立质量保证金管理机构，即所有分包在进场后，向总包交纳一万元质量保证押金，签定质量协议，由质检部门负责监管，对竣工后达不到质量要求的实行扣除质量保证金予以惩罚，以达到总包质量管理部门的管理力度，增强分包单位对工程质量的重视意识；

2）定期组织各分包单位，对前阶段工程质量状况进行全面大检查及实测实量，并组织各分包单位召开质量问题分析会，就上次会议提出问题的落实情况进行检查通报，并研究措施进行整改、落实；

3）所有用于工程的原材料、半成品、设备等进场后，必须由分包自检后报总包进行质量验收，需试验检验的由总包通知监理公司进行见证取样送检，检验合格的材料方能使用；

4）总包对各分包的各施工工序质量全面跟踪检查，对检查出的质量问题向责任分包发出整改通知；

5）各工序严格执行“三检”制，隐蔽工程和中间验收由总包自检合格后报监理或业主验收，验收合格后方可转入下道工序施工。

11.3 工程进度控制管理

（1）建立进度控制体系

建立包括业主、施工单位、供应单位等相关组织联合协调的进度控制体系，明确各方的人员配备、进度控制任务和相互关系。

（2）进度协调管理

1）每周召开工程进度协调会，各分包单位进度负责人参加；

2）协调设计单位的设计图纸提供进度，确保能满足施工要求；

3）若发现某一分包单位影响其他单位的施工进度，责令其提出赶工措施，并监督实施。

11.4　工程组织协调管理

（1）土建与钢结构之间协调

1）克服困难，缩短土建施工周期，为钢结构尽早吊装提供工作面；

2）主体结构施工完成后及时清理现场，为钢结构吊装提供场地；

3）土建应积极配合安装、钢结构工程做好预留、预埋工作；

4）做好主体结构的标高控制，以确保钢结构的安装质量。

（2）专业设施与精装修之间施工协调

专业安装与装饰在施工时存在工种搭接顺序矛盾，首先分析审核专业安装与装饰的施工计划，然后调整现场专业安装与装饰交叉时间，确保装饰、专业安装的施工进度和质量。

（3）施工平面管理协调

在工程实施前，制定详细的大型机具使用、进退场计划，主材及周转材料生产、加工、堆放、运输计划，以及各分包、各工种施工队伍进退场调整计划；同时，制定以上计划的具体实施方案，严格依照执行标准、奖罚条例，实施施工平面的科学、文明管理。

11.5　工程安全管理

（1）做好建筑物周边、“五临边”、“四口”的防护工作。

（2）对现场安全用电进行综合整治、检查、管理。

（3）定期对机械设备进行安全防护。

（4）对施工人员进行安全防护，加强安全操作规程、劳动防护用品合格佩戴和个人安全防患意识的培训和教育。

（5）建立防火责任制，加强施工现场防火措施，制定应急预案。

（6）进行一月一次的安全大检查。发现问题，提出整改意见，发出整改通知单，由责任人负责整改。

11.6　文明施工管理

（1）对所有现场划片分区，由各分包商及总承包进行承包管理。

（2）对各分包商自行施工区域必须做到工完场清，有专人定期进行检查，督促整改。

12　科技进步经济效益说明

上海旗忠森林体育城网球中心项目部在施工过程中采用了建设部推广使用的建筑业推广应用10项新技术中的六项技术：预应力混凝土应用技术、粗钢筋直螺纹套筒连接技术、电渣压力焊工艺、新型建筑材料防水技术、新型墙体材料、计算机应用和管理技术，以及自主研发的三项技术：新型建筑施工缝模板技术，超高满堂支撑架设计、验算技术，大跨度可开启钢结构屋盖吊装、安装技术，用科技进步取得较好的经济效益。各单项新技术经济效益情况如下：

（1）新型施工缝模板技术

主要应用于主赛场基础、结构，大平台基础和结构施工缝处理，该项技术出现在2004年第一、第三以及2005年第一季度，合计产生7.637万元的经济效益。

（2）预应力混凝土技术

主要应用于主赛场预应力看台结构，其施工时间为2004年第三、第四季度，合计产生60.28万元的经济效益。

（3）超高满堂脚手架设计、验算

主要应用于主赛场预应力看台结构施工时临时支撑，由于该项技术经济效益具有连贯性，故作为一项整体分析，不按照季度分析。该项技术产生80.6万元的经济效益。

（4）粗钢筋直螺纹套筒连接技术

主要应用于主赛场、大平台、能源中心、俱乐部的基础以及主体结构。出现在2004年第一、二、三季度，2005年第一、二季度合计产生72.3211万元的经济效益。

（5）电渣压力焊工艺

主要应用于主赛场、能源中心、俱乐部结构柱钢筋连接。主要出现在2004年第一、二、三季度，合计产生4.6629万元的经济效益。

（6）新型墙体材料

应用于工程墙体砌筑，合计产生30.429万元的经济效益。

（7）新型建筑防水技术

应用于土建结构屋面防水，合计产生8万元的经济效益。

（8）大跨度可开启钢结构屋盖吊装、安装技术

应用于主赛场钢结构屋面制作、安装。该项技术合计产生120万元的经济效益。

（9）计算机应用及管理技术

贯穿整个施工过程，合计产生8万元的经济效益。

综合上述体育城网球中心项目科技进步效益，主要是由推行九项新技术在工程施工过程中应用取得的，新技术的广泛应用所带来的经济效益明显，合计产生391.93万元的经济效益；同时，也为公司带来良好的社会效益。

第十三篇

烟台市体育公园跳水游泳馆工程施工组织设计

编制单位： 中建国际建设公司

编 制 人： 吴春军　赵景耀　贵　忠　王力尚　周炳涛　王　俊　王　君

【简介】 本工程造型新颖独特，犹如两片“数倍放大”的“树叶”，轻轻地飘落在黄海之滨—美丽城市烟台的沙滩上。弯曲的叶脉在此衍变成弯曲的大跨度钢梁，覆盖了大面积的弧形跳水游泳馆，未来主义的特征结合了绿色、节能、合理资源利用的观念，体现了体育运动的速度、协调、准确的意向，极富现代气息。本工程将建设成为一座符合国际泳联标准要求的现代化的跳水、游泳专项比赛和训练体育场馆，是烟台市体育公园的主题建筑之一。

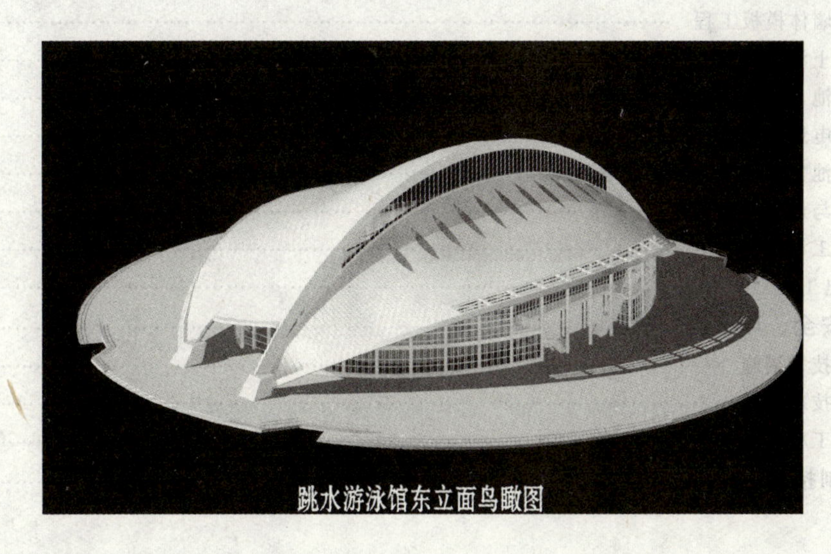

跳水游泳馆东立面鸟瞰图

目　　录

1 工程概况

1.1 工程位置

烟台市体育中心跳水游泳馆工程位于烟台市莱山区体育公园内，其周边规划及道路情况如图1-1所示。

图1-1 跳水游泳馆位置

1.2 建筑设计概况

烟台体育中心跳水游泳馆占地面积11000m²，建筑总面积32188m²，建筑规模1800个座位，主要由比赛使用区、教学区、洗浴中心区、设备及办公区组成，包括1个25m×50m的9泳道标准游泳池，1个50m×13m的4泳道热身训练池，1个跳水池和其他辅助功能设施。总平面尺寸约140m×108.58m，地下深度约7.3m，局部最深达8m，地上建筑高度约33.8m。

1.3 结构设计概况

（1）结构类型

混凝土部分为框架结构，屋盖结构为大跨度空间钢管桁架，屋面为镀铝锌钢板屋面。

（2）基础类型

桩基、钢筋混凝土地下室。

（3）框架柱尺寸

600mm×600mm、ϕ600、800mm×800mm、800mm×1000mm、800mm×1200mm。

（4）宽扁梁尺寸

1.2m×1.0m、1.2m×0.8m、1.2m×0.7m、0.8m×0.6m、0.8m×0.8m、0.5m×1m、0.8m×0.5m。

(5) 混凝土强度等级

C30、C40、C50混凝土，抗渗等级P8。

1.4 机电设计概况

(1) 给排水工程

给水排水工程包括：生活给水排水系统、消火栓及自动喷洒消防给水系统、生活热水给水系统、虹吸式雨水内排水系统、中水系统、生活消防水泵房、游泳池跳水池水处理循环系统、灭火器配置、管道直饮水系统。最高日用水量800m^3，最大小时用水量150m^3。室内三池分别与消防贮水池连通，池水循环系统水质标准执行国际游泳协会(FINA)关于游泳池水水质卫生标准的规定。其中，生活给水及中水系统管道采用了孔网钢带聚乙烯复合管和PP-R塑铝稳态管；生活污废水采用螺旋消音型UPVC管材和高档节水型卫生洁具；虹吸式雨水内排水系统采用HDPE高密度聚乙烯管；消防给水管道采用热浸镀锌钢管沟槽式连接和丝接；泳池水循环系统采用钢板网骨架增强塑料复合管电热熔连接。

(2) 通风空调及采暖工程

通风空调及采暖包括：观众区空调通风系统、游泳区采暖通风及空调系统、运动员洗浴中心空调通风系统、运动员休息部分空调通风系统、地下层设备用房通风系统、游泳区散热器采暖及地面辐射采暖系统、消防通风及空调通风系统、防火系统。其中：空调系统采用了全空气系统和风机盘管加新风加排风的方式，设置压差传感器和温度传感器，采用变频设备，系统连锁控制。比赛区空调为独立系统，分前后两部位送风，前部位送风通过送风夹墙自看台前部挡墙上的百叶风口送出，自看台下部回风，以阻挡池区热气流对观众区的干扰，保证空调效果。空调水管材采用热镀锌钢管、热镀锌无缝钢管、PPR管，风管采用双侧贴铝箔的酚醛板制作。

采暖系统为下供下回双管同程式，各供热系统水温为自动控制。比赛区冬季采用钢铝复合型散热器采暖、热风采暖及PEX管地板辐射采暖，自成系统，平均采暖热指标为330W/m^2；此外，为防止屋面网架结露，专设加热送风系统。

(3) 电气工程设计概况

电气工程包括配电、照明、防雷接地、消防、安全防范、游泳专业扩声、游泳比赛计时、LED显示屏、广播、空调设备监控自动化、现场显像采集回放、综合布线、有线电视13个系统。

本工程消防设施电源、比赛场地照明电源、主席台与贵宾接待室照明电源、电声系统、广播与电视转播电源、新闻摄像电源、计时计分用电子计算机系统电源、综合布线系统主机房电源、保安监控系统主机电源以及各种技术用房为一级负荷，其余为二级负荷。一级负荷采用双路电源配电，在末端箱处互投。其中，计时计分用电子计算机系统电源作为特别重要的一级负荷，加配了UPS不间断电源。

比赛场地采用金属卤化物灯具，由微机控制系统分级控制，按照一级负荷进行配电，分别由两路电源进行末端切换，相临灯具由两路电源线路交叉配电，提高场地照明供电的可靠性。相临的灯具接在不同的相序，消除了气体放电灯的频闪效应。

本工程为二级防雷建筑，将全部构造物金属体连接为一体。采用联合接地系统，在变配电室设总等电位联结箱，并在各弱电专业技术机房设置专用接地等电位箱，在各弱电系统及消防中心的强电配电箱设置过电压浪涌保护器。

本工程为一类防火建筑，消火栓系统、喷淋系统、防排烟系统、应急照明系统、火灾应急广播、消防对讲电话系统构成了工程的消防系统。消防控制室设在一层，采用具有独立处理信息、点对点相互通信技术的微电脑全智能型报警系统。

1.5 工程场地概况

（1）工程地形地貌

本工程位于烟台市莱山区，烟台大学南侧。逛荡河穿过体育公园，造成局部场区内各岩土层层位不稳，变化较大。整个场区地貌单元属滨海相沉积地貌单元。

（2）水文地质

本场区主要地层依次为素填土、淤泥质粉质黏土、细砂、中粗砂、淤泥质粉质黏土、粉质黏土、角砾土、强风化云母岩、中风化云母岩、微风化云母岩。最大平均厚度为7.23m，最小平均厚度为1.27m。其中，主要含水层为第四层细砂、第五层及第八层中粗砂。

地下水主要受大气降水的渗入和地下水侧向径流补给，其排泄一部分以大气形式蒸发，另一部分以地下水径流向更低的地方运移并最终排泄。地下水对混凝土及混凝土钢筋有中等强度腐蚀性。

除杂填土层外，最大承载力特征值为1500kPa，最小承载力特征值为60kPa。场区内存在第3层、第六层淤泥质粉质黏土软弱下卧层，需进行地基处理。

场区内有轻微液化土层，场地土类型为中软、Ⅱ类建筑场地。

烟台地区最大冻土深度为0.5m，烟台市设计地震分组为第一组，地震抗震设防烈度为7度，设计基本地震加速度为0.1g。

（3）气象情况

烟台市地处山东半岛中东部，属温暖带季风型海洋型气候，雨水丰富、空气湿润、气候温和。年平均气温12.7℃，极端最高气温为38.4℃，极端最低气温为－17.1℃。年平均降水量为637～753.8mm，多集中在7、8两个月，无霜期年平均为190d，冻土深度不超过0.5m。

烟台市主要为南西或西南向季风，最大平均风速为25m/s，极大风速为39.6m/s，风向为东北向。大风日数分布为：3～5月最多、6～8月次之、12～2月较少、9～11月最少，年平均风速为4.0m/s。

1.6 工程的重点和难点

（1）工程重要性

烟台市体育中心跳水游泳馆工程为烟台市10大新建城建重点工程，该工程的建成，将改善城市体育基础设施情况，对烟台市争取城市运动会和带动城市体育、社会、经济、文化的发展具有重要意义。

（2）工期要求紧

本工程施工周期紧，要求2006年初完工，总工期仅为505d，其中还包括法定的节假日，实际可以施工的工期仅为480d左右，对施工组织要求较高。

(3) 施工质量标准高

本工程质量要求确保山东省最高建筑工程质量奖——“泰山杯”。

(4) 工作内容多、专业性强

本工程包括了地下室、混凝土框架结构、屋面大跨度钢管空间桁架梁结构、轻型金属屋面结构、玻璃幕墙、铝合金幕墙、各种装饰做法，大量的空调系统设备安装，专业灯光、音响系统安装工程，功能完备的智能安装工程，跳水和游泳专业设施安装，专业运动体育器材安装等复杂的内容，施工组织和工程质量管理的幅度、跨度、深度加大。

(5) 冬雨期的影响

本工程经历两个雨期和冬期，土方工程、混凝土工程、钢筋工程、砌筑工程、部分装修工程和机电工程均经历冬雨期，都需要必要的技术准备和防护措施，降低施工效率，增加质量控制难度，对工程的进度和质量控制影响较大。

(6) 钢结构工程

1) 钢桁架横立面、纵立面均为圆弧，每一榀桁架均为曲线，整个屋盖为三维空间连续曲面，拼装、安装测控难度大。

2) 单榀桁架上弦曲线为两圆弧外相切曲线，较高端呈弧形上拱；外围靠近圆柱较低端，曲线呈反弯曲线，部分支点外有悬挑。单榀桁架两点支撑就位后存在侧向倾力，又存在高差引起的下滑趋向，增加了安装定位难度。

3) 单榀桁架空间跨度大，安装过程稳定性差。

4) 空间钢桁架节点设计形式为热轧无缝钢管杆件相贯节点，T、K、Y形节点交叉空间过小，节点定位设计要求高，焊接量大，UT探伤检测困难。

5) 钢桁架受现场条件的限制，分成多个桁架节段制作后，用吊车进行吊装，节段管端口对接精度的控制将直接影响到安装质量，节段管端口对接精度控制是本工程制作的重点和难点。

6) 由于本工程的结构比较复杂，并且有腹杆需要高空散装，对焊接提出了较高的要求，为了保证本工程的建造精度能满足设计要求，保证现场安装的顺利进行，焊接变形的控制和制作精度控制是本工程的重点和难点之一。

7) 由于本工程杆件种类多，加工精度要求高，而杆件的制作质量将直接影响到屋盖钢结构的整体质量，因此，如何做好施工图纸的深化设计工作及确定先进、合理的加工方法、投入何种加工机械，以确保杆件的制作质量是本工程实施的重点。

(7) 游泳池和跳水池

游泳池和跳水池的施工精度要求高，必须达到国际泳联的标准要求；池边的溢水槽节点设计复杂，形式各异，增加了模板及支撑体系难度；跳塔上各种跳板的底面均设计为曲线形；柱子独立高度高达15.4m，柱子钢筋、模板、混凝土施工要求特殊。

(8) 外墙装饰

外墙装饰主要大部分为玻璃幕墙，少部分为干挂花岗石，施工工艺专业性要求较高；外观质量直接影响工程的创优工作，是质量控制的重点；同时，外装饰工程又是内装修工程施工的前提，是整个工程进度中的关键线路，是工程进度控制的重点。

(9) 新材料、新工艺、新技术的应用

本工程承台混凝土施工采用高性能混凝土技术；框架柱、墙、梁结构中，直径22mm以上的 HRB335、HRB400 级钢筋均采用 GHG40 钢筋滚压直螺纹成型机，实现等强度剥肋滚压直螺纹连接技术；水池采用超长无缝钢筋混凝土结构施工技术。此外，项目管理引用计算机管理，采用 Project2002 管理软件和公司的 Notes 平台，借助互联网实现公司和项目的信息传输。

新技术的采用在保证工程质量的同时，对项目人员从管理到操作各层面人员均提出了较高的要求。

（10）机电安装工程的影响

本工程设施齐全，建筑智能化程度高，实现全自动化控制。场地照明按照高标准设计，安保、休息、通讯、信息传输、新闻播报等电气配套设施均为国际一流。各式灯具安装位置的精确度高、高湿度区域温湿度的控制及气流组织复杂。

（11）测量工程

本工程总面积 32188m^2，轴线距离长为 140m；工程弧形较多，造型新颖复杂，施工测量有一定的难度。为了保证测量施工的质量，加快工程进度，配备 TC2003（0.5″，1+1ppm）全站仪一台，采用一级导线平面控制方法建立 4 个平面控制和高程控制点；并用高精度水准仪（DS1）采用符合和闭合导线方法，按一、二级技术指标，保证定位准确，并达到高程控制和沉降观测精度要求，准确而快速地解决工程测量中的各种难点，使测量成果、技术复核等报验及测量合格率达到 100%。

（12）金属屋面工程的重点和难点

1）单榀桁架空间跨度大，在彩色钢板的纵向上要考虑温度效应。

2）屋面有隐式天沟，增加了防水工程的难度；同时，金属屋面板有大量接缝，造成了防水困难。

3）烟台靠近沿海，海风较大，抗风吸力以及金属屋面板固定点数量的计算很难精确。

4）金属屋面板的内部构造要考虑通风问题。

2 施工部署

2.1 总体和重点部位施工顺序

（1）地下工程施工阶段

放线→土方开挖→破除桩头→地基验槽→混凝土垫层→基础侧壁模板→基础防水找平层→基础防水层→基础防水保护层→弹线、绑扎承台、地梁、底板钢筋→承台、底板混凝土→拆模板、养护、放线→绑扎竖向结构钢筋→支设模板→竖向结构混凝土→拆模、养护→顶板模板→弹线、绑扎顶板钢筋→顶板混凝土→养护、拆模→基础结构验收→侧壁外防水工程→防水验收→土方回填。

（2）主体结构施工阶段

抄平放线→柱、墙钢筋绑扎→柱、墙模板→浇筑柱、墙混凝土→拆除柱、墙模板、养护→搭设梁板支撑架→支设主、次梁底模板→绑主、次梁钢筋→支主、次梁侧模→铺板底模板→封柱头模板→绑扎板底钢筋→预埋安装管件、绑扎板顶钢筋→浇筑梁板混凝土→混凝土养护→拆梁板模板→砌筑墙体。

（3）钢结构及屋面板系统安装阶段

钢结构场外提前预制→钢结构现场预拼装→测量放线→吊装就位→临时固定→组合拼装完成→安放檩条检查验收→安放檩条→安装屋面板→检查验收。

（4）装饰装修施工阶段

1）外装饰施工顺序：

随主体结构施工预埋件→排板、放线→安放幕墙龙骨→检查验收→安装玻璃或花岗石→检查验收。

2）内装修施工顺序：

砌筑外围护墙、隔墙和安装玻璃幕墙→测设各层标高线→安装门、窗框→水电专业暗管敷设→顶棚、墙面抹灰→卫生间防水→楼、地面施工→养护→做墙裙、踢脚→安装门窗扇→安装吊顶→安装玻璃→油漆、粉刷→暖气片、灯具及开关插座安装→验收。

（5）机电施工阶段

施工准备→机具、人员进场→图纸会审→材料进场、报验→预留、预埋→预制加工→各专业安装→各专业系统试验、检验→保温防腐→单机试车→单项验收→联动试车→总体验收。

（6）收尾竣工

零星装修→水、暖、电等收尾→现场清理→组织竣工验收→交付。

2.2　流水段划分情况

根据工程地下结构和主体结构施工的不同特点，施工区段按照地下结构和主体结构两

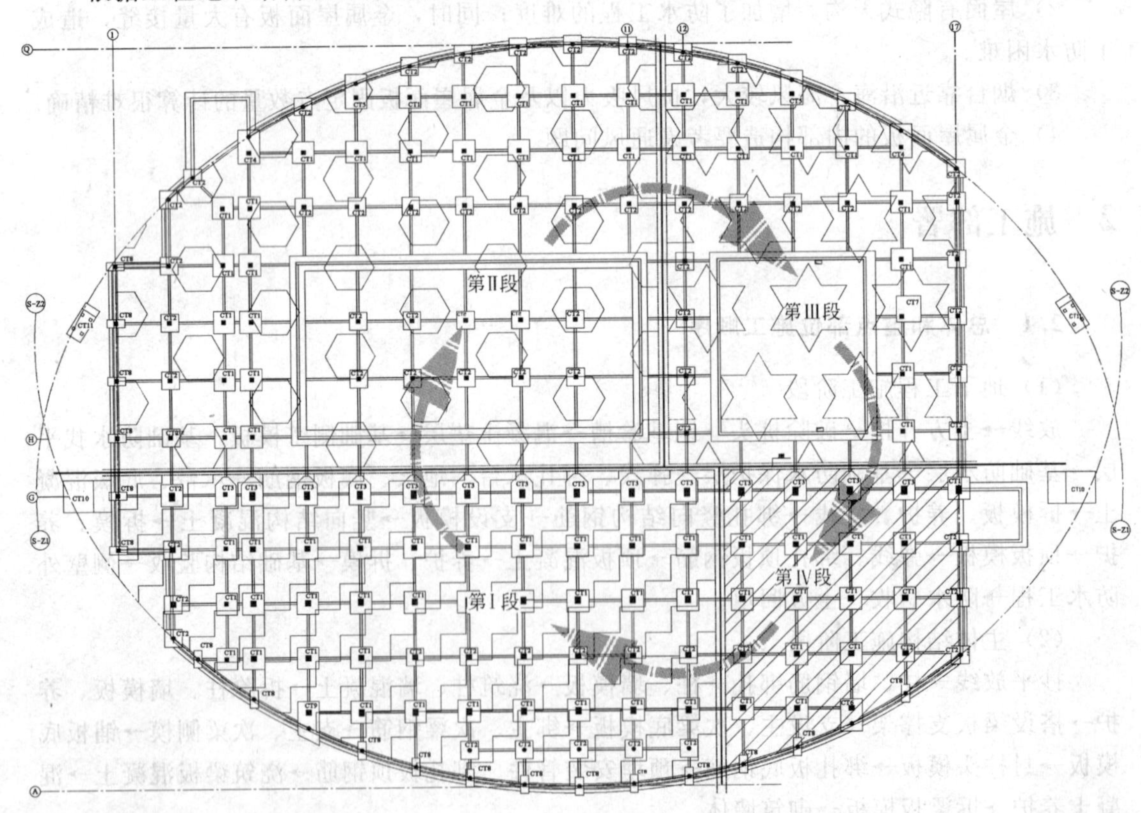

图 2-1　地下结构流水段划分

个阶段划分。

（1）地下结构施工阶段

基础、底板和外墙由于有防水的要求，应遵循尽可能减少混凝土施工的冷缝原则。因此，基础、底板和外墙的流水段根据后浇带的设置要求，自然地划分为四个施工流水区段。如图 2-1 所示。

（2）地下柱、顶板及主体结构施工阶段

地下柱、顶板及主体结构施工流水段的划分，基本遵循均衡节拍流水的施工技术要求进行，如图 2-2 所示。

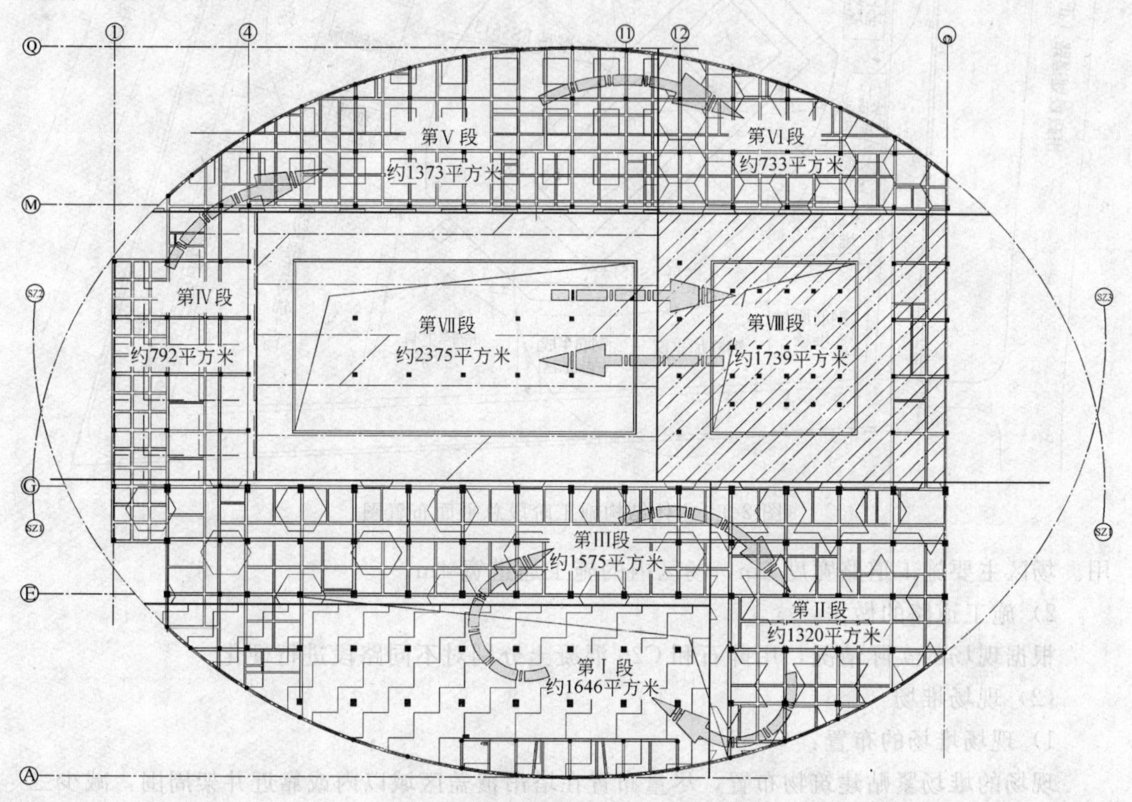

图 2-2　地下竖向和主体结构施工流水

在地下竖向结构和主体结构施工阶段，第Ⅰ段、第Ⅱ段和第Ⅲ段组成一个独立的第一施工区域；第Ⅳ段、第Ⅴ段和第Ⅵ段组成一个独立的施工第二区域；第Ⅶ段和第Ⅷ段组成一个独立的第三施工区域。第三施工区域安排专业的施工班组精工细作，确保工程的施工质量和施工精度。

2.3　施工平面布置情况

主体结构施工阶段总平面布置和钢结构及装修阶段平面布置如图 2-3、图 2-4 所示。

（1）场区道路及堆场

1）场区道路的布置：

结合体育公园的总体规划，综合考虑跳水游泳馆的施工工作内容要求，场区内的施工道路成环形布置在 85m 圆形室外广场范围以外，确保在室外工程施工的时候仍然可以利

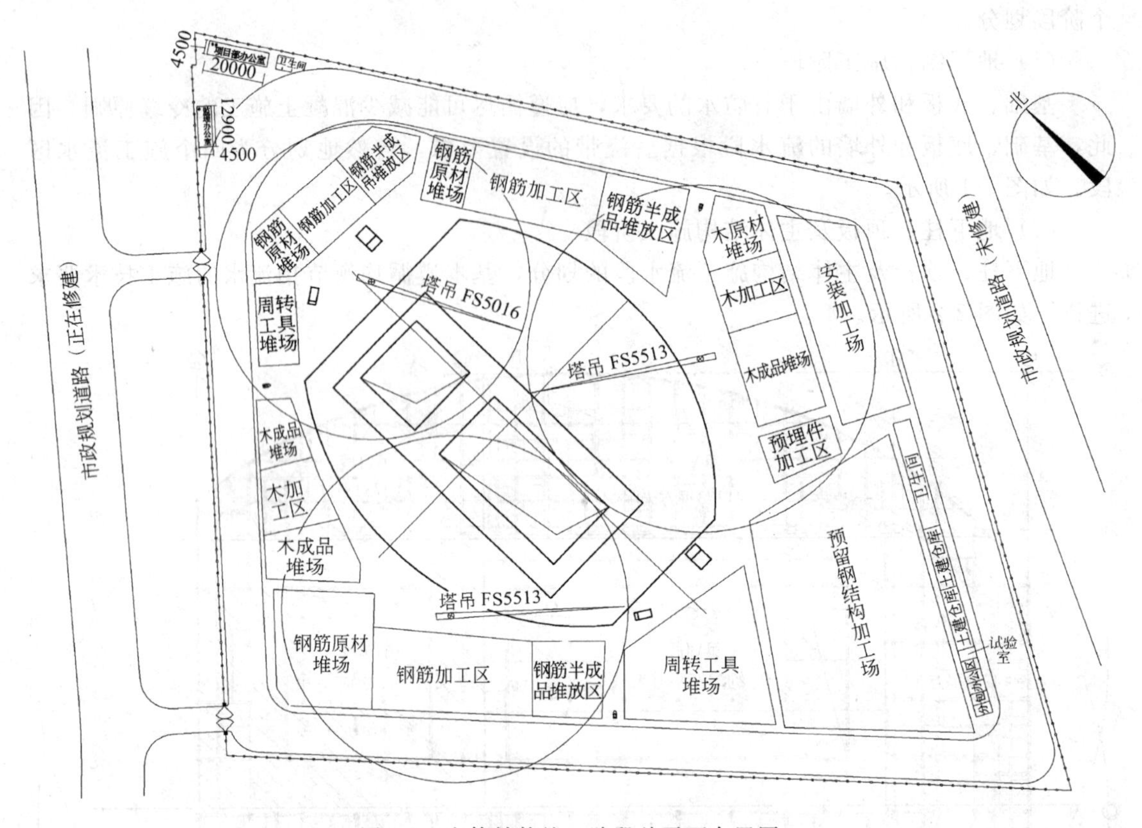

图 2-3 主体结构施工阶段总平面布置图

用。场区主要施工道路宽度 6m，场区内的施工通道宽 4m。

2）施工道路的做法：

根据现场的实际情况，用碎石和 C20 混凝土分别对不同路段进行硬化。

（2）现场堆场

1）现场堆场的布置：

现场的堆场紧贴建筑物布置，尽量布置在塔吊覆盖区域以内或靠近井架周围，减少二次搬运量。

2）在现场根据垃圾的不同，设置分类垃圾堆场。

将有毒有害的垃圾、不可回收利用的垃圾和可以回收利用的建筑废料区分开来设置专门的堆场，确保环境保护目标——绿色建筑目标的实现。

3）堆场硬化做法

为保证场地整洁和符合建筑安全文明施工的要求，场地用碎石进行硬化。硬化时，应注意向场地外找坡，确保堆场不积水。

（3）现场围挡

1）出入大门

场地的东西两侧规划有两条市政道路，现在正在施工，修有施工便道，利于车辆的出入组织，因此，大门设置在这两侧，东侧设置为主出入口，门宽度为 8000mm；西侧设置为次出入口，门宽度为 6000mm。厂区设置两个大门，并能保证在施工场地以内不出现车

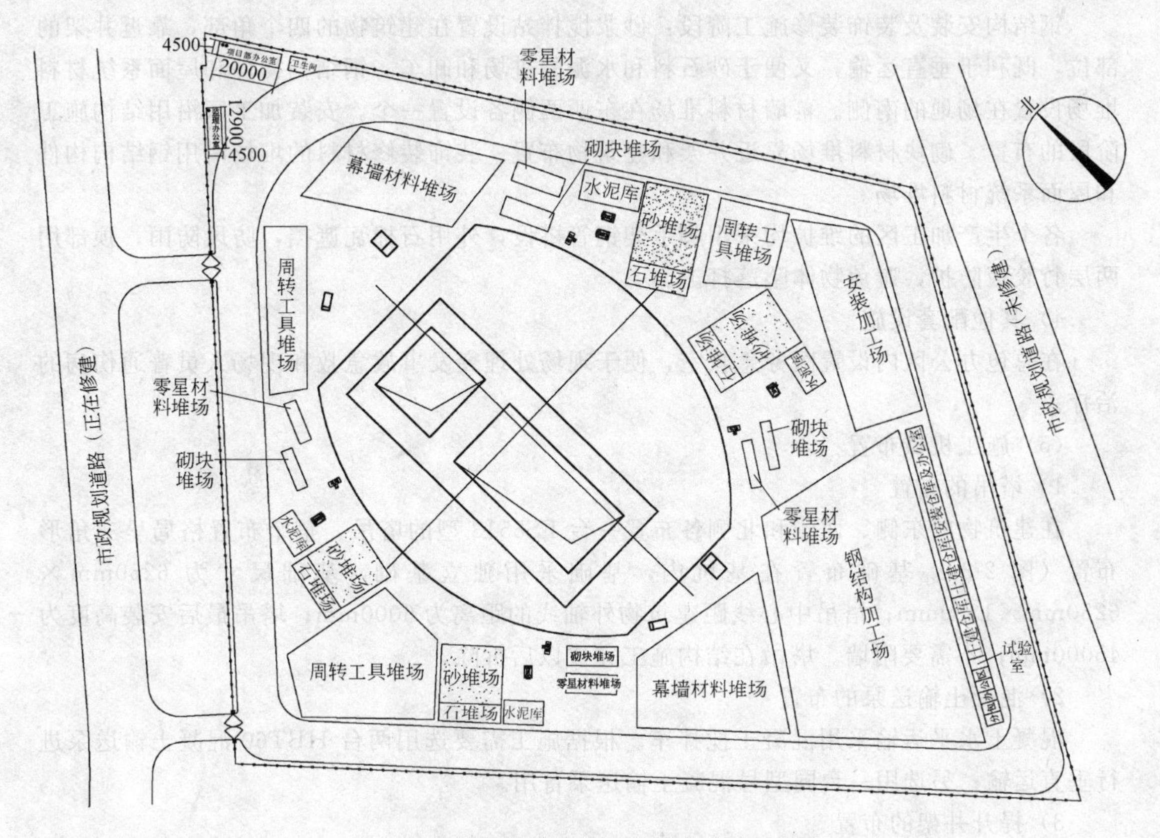

图 2-4 钢结构及装修施工阶段总平面布置图

辆的堵塞，利于交通组织，并根据我公司现场 CI 的要求，大门采用钢质大门。

2）现场围挡

为保证施工的安全有序、不受外界的影响和满足文明施工的要求，在施工现场周围设置全封闭的临时施工围挡。根据我公司现场 CI 的要求和安全文明工地的要求，现场围挡选用压型钢板围挡，并根据公司要求进行美化。

（4）临时设施

1）办公设施

在场地的东侧，靠近施工现场的主出入口处设置两层集装箱式盒子房作为办公室，并在旁侧设有停车位，便于业务联系。在场地的南侧设置一层板房，作为分包的办公用房。

2）生活设施

生活区根据业主要求设置在场地以外业主指定的区域，管理人员生活区与工人生活区相对隔离，便于管理；职工生活区布置成四合院的形式，形成相对独立封闭的环境。管理人员生活区采用砖砌房；工人生活区采用板房和部分砖砌建筑（食堂、卫生间、浴室等）。

3）生产设施

结构施工阶段：混凝土搅拌站设置在场地的西南角，远离生活区和办公区，靠近施工场地的主出入口，便于砂石料和水泥等大宗施工物资的运进。木工加工棚、模板区、钢筋加工棚及钢筋堆放区、安装加工区、预埋件加工区等加工区紧靠建筑物周围设置，尽量设置在塔吊覆盖半径之内。

钢结构安装及装饰装修施工阶段：砂浆搅拌站设置在建筑物的四个角部，靠近井架的部位，既利于垂直运输，又便于砂石料和水泥的进场和卸车。钢结构构件和屋面系统材料堆场设置在场地的南侧。幕墙材料堆场在东西两侧各设置一个。安装加工区沿用结构施工阶段的布置。砌块材料堆场靠近井架和建筑物布置。装饰装修材料的堆场沿用钢结构构件和屋面系统材料堆场。

各个生产加工区的维护均采用脚手架钢管搭设，外用石棉瓦遮挡，防风防雨；顶部用两层竹胶板防护，避免物体坠落打击。

4）其他配套设施

在总包办公区内设置医务急救室，便于现场处理突发事故急救和现场人员普通伤病的治疗。

（5）施工机械布置

1）塔吊的布置

在建筑物的东侧、西侧和北侧各布置一台 FS5513 型的塔吊，整个布置格局呈三角形布置（图 2-3）。基础布置在基坑内，基础采用独立基础，基础尺寸为 6250mm×6250mm×1350mm；塔吊中心线距建筑物外轴线的距离为 6000mm；塔吊最后安装高度为 45000mm；不需要附墙。塔吊在结构施工完成以后拆除。

2）混凝土输送泵的布置

混凝土水平运输采用混凝土搅拌车。根据施工需要选用两台 HBT60 混凝土输送泵进行垂直运输；另选用一台同型号混凝土输送泵备用。

3）提升井架的布置

为配合砌体和装修施工配置四台井架，负责砌块材料、砂浆和各种装修材料的垂直运输。井架布置在建筑物的四个角部，最大提升重量为 1t，卷扬机距离井架 30m 的位置设置。井架只准许上料，不允许载人。

4）小型施工机械的布置

钢筋机械和木工机械等小型机械的布置原则是随着加工区的布置而变动。

（6）供水、供电线路布置

1）供水管线的布置

用 *DN*150 镀锌钢管在业主指定的位置将施工用水接驳到施工现场以内，用 *DN*100 和 *DN*70 等规格的钢管沿着施工道路内侧布置，作为供水主管线，场区内设置四个 ϕ50 的室外消防栓，在建筑物的四周设置四个 *DN*50 竖向钢管供楼层施工用水和消防用水。生活用水用 *DN*32 的镀锌钢管引入到生活区以内分头。

2）施工临时用电线路的布置

施工现场从业主指定地点引入的动力电缆采用五芯电缆沿着临时施工道路边缘设多级配电箱后接通至生产、生活场地。所有现场的临电均采用暗埋方式敷设。

（7）现场排水、排污

沿建筑周围设置截排水沟，防止雨水和场区内的水流入基坑；场区内的排水沟沿施工道路内侧布置，有组织地排出施工场区内的雨水和污水；生活区的排水沟在庭院中间设置；在混凝土搅拌站和砂浆搅拌站均设置沉淀池，大小为 1500mm×1500mm×1000mm；在厨房设置沉油池，大小为 1000mm×1000mm×500mm；在厕所处设置化粪池，大小为

4000mm×4000mm×3000mm；在进入市政管网以前设置二级沉淀池，大小为 2000mm×2000mm×1000mm。所有排水沟和池子做法为：垫层为 100mm 厚 C15 混凝土，侧壁为 240mm 厚砖砌和抹 1∶3 水泥砂浆。

2.4 施工进度计划情况

(1) 总工期

本工程计划施工总工期为 460d，开工日期为 2004 年 10 月 19 日，通过细分流水段，合理组织劳动力，调动全公司资源，确保投入足量的周转材料和先进的施工机械设备，本工程于 2006 年 1 月 31 日交付。

(2) 阶段性工期

1) 施工现场准备阶段

本阶段的工作内容：①测量放线；②临时道路及场地平整；③临时建筑、围墙及设施；④临水临电；⑤塔吊基础施工；⑥塔吊安装；⑦其他准备工作。考虑到现场条件比较成熟，为缓解后续任务的工作时间，本阶段安排工期 20d。

2) 基础工程

工作内容：①土方开挖；②清理桩头；③局部地基处理；④垫层；⑤承台、地梁；⑥底板防水；⑦防水保护层；⑧地下外墙防水；⑨防水保护墙；⑩室外回填。

工期安排：基础工程划分为四个流水作业区，其中进场同时开始土方开挖，随工程进展组织流水作业，安排工期 60d。

3) 地下结构工程

工作内容：①柱；②竖墙，包括跳水池墙壁；③梁板，包括热身池、泳池底板。按四个区，接基础承台工程组织流水施工，安排工期 24d。

4) 地上结构工程

工作内容：①一层柱、梁板、看台工程施工；②二层柱、梁板、看台工程施工；③三层柱、梁板、看台工程施工。在地下结构Ⅰ区梁板完成后，仍按四区组织流水施工，全部工程在 2005 年 2 月 5 日前完成，共安排工期 48d。

5) 屋面钢网架及屋面板工程及幕墙工程

屋面钢网架及屋面板工程是本项目的关键工作，其构件的加工、制作均在场外进行，在场内吊装安排工期 90d，装饰工程在结构工程验收后开始，幕墙工程随屋面钢网架及屋面板工程同时进行。

6) 装饰装修工程

装饰装修工程内容繁多，作业条件要求高，质量标准高，是工程创优的重点。必须确保有足够的时间进行精雕细琢，为此，安排装饰装修施工阶段的工期为 285d。

7) 室外工程

本工程的室外工程量较大，施工作业面积大，对室内工程影响大。为此，室外工程分段穿插进行，安排本阶段的施工工期为 85d。

8) 安装预留预埋配合施工工期安排

安装工程预留、预埋，在主体结构和砌体施工全过程都配合进行。

(3) 主要工期控制点

为确保工期目标的实现，特制订以下九个进度控制点，见表 2-1。

进度控制点　　表 2-1

节点号	控制里程碑点	完成时间
1	现场准备、基础工程	2004 年 12 月 20 日
2	地下结构工程	2004 年 12 月 31 日
3	主体结构工程	2005 年 2 月 5 日
4	屋面钢网架及屋面板工程	2005 年 6 月 13 日
5	幕墙工程	2005 年 6 月 31 日
6	装饰工程	2005 年 12 月 20 日
7	机电安装工程	2006 年 1 月 13 日
8	室外工程	2005 年 11 月 7 日
9	安装调试	2006 年 1 月 20 日
10	交工收尾	2006 年 1 月 31 日

2.5　周转物资配置情况（表 2-2）

主要周转材料需用计划表　　表 2-2

序号	材料名称	规格型号	单位	配置量	备注
1	模板	10mm 竹胶板	m^2	29000	
2	木方	50mm×100mm	m^3	750	
3	钢管	ϕ48×3.5	t	1900	
4	扣件	铸钢	个	180000	
5	密目安全网	2000 目以上/100cm²	m^2	6300	
6	大孔安全网		m^2	3000	
7	木脚手板	50mm×200mm×3000mm	m^3	400	
8	组合钢模板		m^2	3000	
9	蝴蝶卡		个	6000	
10	快拆 U 托		个	6000	
11	模板夹具		个	1100	
12	对拉螺栓	ϕ16	t	4	
13	槽钢	10#	t	20	

2.6　施工机械选择情况

（1）土建主要施工机械设备（表 2-3）。

（2）安装工程施工机具设备用表（表 2-4）。

（3）测量仪器（表 2-5）。

主要施工机具设备　　表 2-3

序号	类别	机械或设备名称	规格型号	单位	数量	额定功率(kW)	进场时间	备注
1	土方机械	推土机	TY160B	台	1	117.6	2004.10	
2		挖掘机	PC200	台	3	—	2004.10	
3		汽车	8t	辆	12	—	2004.10	
4		蛙式打夯机	HW-60	台	8	3	2004.11	
5		压路机	SRI2B	台	1	80	2005.08	
6	混凝土设备	混凝土输送泵	HBT60	台	2	90	2004.11	
7		插入式振捣器	ZX50C	台	6	1.1	2004.11	
8		平板式振捣器	ZB11	台	2	1.1	2004.11	
9	钢筋机械设备	钢筋切断机	GQ40FB	台	3	3	2004.11	
10		钢筋弯曲机	GW40B	台	3	3	2004.11	
11		低速卷扬机	JJZ-1.5	台	3	7.5	2004.11	
12		钢筋对焊机	UN1-100A	台	2	100	2004.11	
13		直螺纹成型机	GHB40	台	3	4.1	2004.11	
14		无齿锯	WCB1.5	台	3	1.5	2004.11	
15		直流焊机	ZX5-250	台	2	14.5	2004.11	
16		交流焊机	SBX3-300	台	4	22.5	2004.11	
17	木工机械设备	圆盘锯	MJ225	台	3	3	2004.11	
18		压刨机	MB103	台	3	4.5	2004.11	
19		平刨机		台	3	3	2004.11	
20	垂直运输设备	塔吊	FS5513	台	3	55	2004.11	
21		井字架	单笼 1t	台	4	15	2004.12	
22	其他	潜污水泵	50QW15-15-2.2	台	16	2.2	2004.11	
23		砂浆搅拌机	HJ250	台	5	2.2	2004.12	
24		手电钻	GBW500	把	12	0.5	2005.03	
25		冲击电锤	GBH2-20S	台	5	0.5	2004.12	
26		射钉枪	JD80	把	6		2005.01	

安装工程施工机械　　表 2-4

序号	设备名称	规格型号	电功率(kW)	需用量(台)	进场时间	备注
1	手动试压泵	S-YS80/4		2	2004.10	
2	套丝机	QT4-AⅠ	0.75	1	2004.10	
3	轻便套丝机	QT2-CⅠ	0.75	2	2004.11	
4	台钻	LT-13	0.37	2	2004.10	
5	砂轮切割机	SQ-40-2	2.2	5	2004.10	
6	手电钻	回 J/Z-13	0.21	4	2004.11	
7	手枪电钻	回 J/Z-10	0.25	15	2004.11	

续表

序号	设备名称	规格型号	电功率(kW)	需用量(台)	进场时间	备注
8	角向磨光机	W23-180		5	2004.12	
9	金刚石钻机	ZIZS-200	0.8	2	2004.12	
10	云石机	CM4SB	1.24	4	2004.12	
11	手动液压弯管机	XS-0198	0.5	2	2004.11	
12	液压式开孔器			2	2004.11	
13	油压钳			5	2004.11	
14	数字万用表	DT890C		4	2004.11	
15	万用表	MF368		5	2004.11	
16	钳形电流表	MG28		2	2004.11	
17	绝缘电阻测试仪	ZC25B-4		1	2004.11	
18	交流焊机	SBX3-300	22.5	5	2004.11	
19	热熔器	RJQ110	1.5	4	2004.11	
20	水平尺	1.0m		10	2004.11	

测量仪器　　　　**表 2-5**

序号	仪器名称	型号	数量	精度	用途
1	全站仪	TC2003	1	0.5″,1+1ppm	距离和角度测量
2	电子条码精密水准仪	TNA03	1	0.02mm	沉降观测
3	经纬仪	J2	2		角度测量
4	水准仪	S3	2	3mm	水准测量
5	铝合金塔尺	5m	3		水准仪用尺
6	钢尺	50m	3		量距
7	条码铟瓦尺	2m	2		沉降观测用尺
8	钢卷尺	5m	4		量距

2.7　劳动力组织情况

根据施工总体部署的原则，考虑各施工阶段的特点与工序交叉的要求，各专业主要工种人员的配备见表 2-6。劳动力用量曲线如图 2-5 所示。

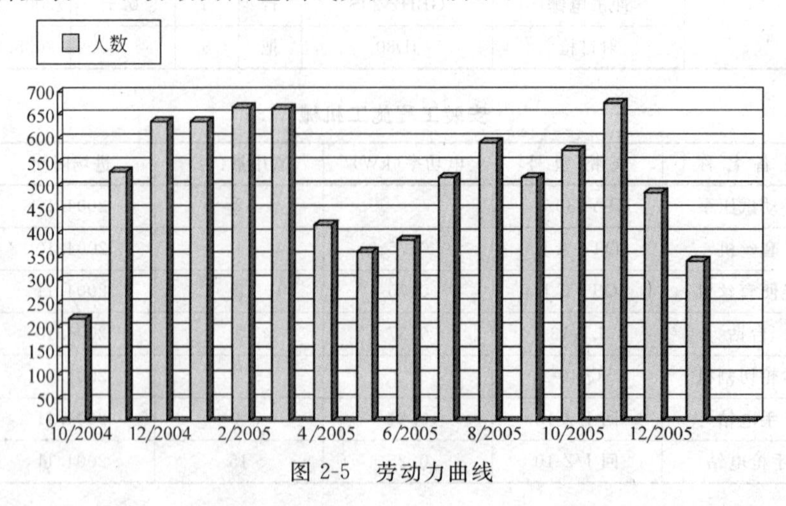

图 2-5　劳动力曲线

劳动力资源配置一览表 表 2-6

时间 工种	2004年			2005年												2006年
	10月	11月	12月	1月	2月	3月	4月	5月	6月	7月	8月	9月	10月	11月	12月	1月
测量工	4	4	2	2	2	2	3	4	4	2	2	2	2	3	1	1
起重工	2	6	6	6	6	6	2	12	12	12	12	2	2	2	2	1
井架工	0	0	0	0	0	0	8	8	8	8	8	8	8	8	8	4
信号工	4	6	6	6	6	6	2	10	10	10	10	2	2	2	1	1
架子工	6	20	20	20	20	10	5	20	26	26	15	15	15	15	10	6
抹灰工	20	20	20	20	20	20	20	30	40	120	160	20	20	20	10	5
木工	30	240	300	300	320	260	50	50	20	20	15	60	80	100	60	40
瓦工	40	10	10	10	40	150	180	40	30	20	20	20	15	15	10	10
钢筋工	20	100	150	150	150	100	40	20	20	10	10	10	10	10	10	10
混凝土工	15	30	40	40	30	30	20	20	15	10	10	10	30	40	20	10
防水工	6	30	10	3	0	0	0	0	0	15	15	0	0	0	0	0
装饰工	6	0	0	0	0	0	10	10	20	80	100	120	120	180	120	60
普工	50	30	30	30	20	20	10	30	40	40	30	30	20	20	20	20
电焊工	2	12	12	12	12	12	6	24	24	22	10	10	10	10	6	4
设备工	2	2	2	2	2	2	12	12	20	26	26	30	30	20	16	18
电工	6	8	12	16	16	16	6	26	36	36	60	80	80	100	80	50
管工	4	8	12	12	12	20	20	20	30	30	50	60	80	80	60	60
其他专业	2	4	4	6	10	10	23	25	30	30	40	40	50	50	50	40
总计	219	530	636	635	666	664	417	361	385	517	593	519	574	675	484	340

3 主要项目施工方法

3.1 土方开挖与排水工程

（1）土方开挖方量和场地情况

本工程基坑形式为椭圆形，基坑面积12077m²，本工程标高±0.00＝7.800m，坑底标高0.440m（相对高程为－7.360m），局部坑底标高0.360m（相对高程为－7.260m）。自然地面标高平均按3.810m考虑，则基坑实际开挖深度为3.370m，局部开挖深度为3.470m。土方开挖工程量约为46000m³。

1）水文地质及工程地质概况。

基坑施工影响范围内的地层从上到下分别为：

素填土：为近期回填，层底标高－1.74～3.70m，平均厚度3.06m。

细砂层：松散状态，层底标高－1.66～1.50m，平均厚度1.27m。

淤泥质粉质黏土层：流塑～软塑状态，层底标高－3.4～0.3m，平均厚度2.2m。

细砂：饱和，稍密－中密状态，含有少量黏性土，层厚介于0.3～2.8m，平均厚度为1.46m。

2）水文地质条件。

根据地质报告，场区主要含水层为第④层细砂、第⑤层中粗砂、第⑧层中粗砂。基坑开挖范围是第①层素填土和第②层细砂层，场区内地下水位标高位于基础标高之下。但是，我单位进场后对基坑进行了试挖，发现现场水文地质情况与地质报告出入较大，根据现场挖掘实测，稳定地下水位为自然地坪下1.50m（绝对标高2.31m）。基坑底面在地下水位线以下1.85m。因此，必须采取降水措施。

（2）施工方法及技术措施

1）基坑放坡开挖设计。

本工程开挖深度不大，现场施工场地较开阔，考虑采取放坡开挖的基坑开挖方式。依据土方施工验收规范，放坡坡度取1∶0.67，以保证边坡稳定和施工操作安全。

2）土方开挖施工组织。

计划在场地内安排四条马道，以加快土方外运进度。降水井施工结束，正常抽水4d后进行土方开挖施工。本工程土方总量为46000m^3，土方开挖共需要约15d，相当于平均每天出土3000m^3，每台机械工作20h，可出土1600m^3，正常情况下两台挖土机可满足要求，必要时增加一台挖土机。

本工程基坑开挖深度为3.37m，机械开挖至3.17m，最后留0.2m人工清底。土方开挖采用2～3台反铲挖掘机。基坑应分段开挖分段验收；验收一段浇筑一段垫层，土方外运至业主指定地点。土方开挖沿东西方向开挖，一台挖土机开挖8m宽度。

3）土方开挖施工方法。

施工程序：测量放线—切线分层开挖—修坡—人工清槽。

场地表面清理平整，根据图纸撒出开挖上口线，验收合格后方可开挖，自上而下分层开挖。机械开挖至基底标高以上20cm时，统一进行一次清底。为了减少对基底土的扰动，本工程考虑留置20cm人工清底层，土方机械开挖深度3.17m，人工清土紧随其后。在挖至距槽底0.20m以内时，测量人员应抄出距槽底0.20m水平线，在挖至接近槽底标高时，用钢卷尺随时校核槽底标高，最后清除槽底土方，修底铲平，严禁超挖；最后请地质勘察单位、设计单位、甲方、监理施工单位验槽，合格后及时进行下步垫层施工。

弃土应及时运出，材料不得堆放在基坑坡顶外围1m范围之内。

截桩头随土方开挖进行，采用风镐破除桩头，并随土方及时运出场外。桩基队必须紧密配合我公司土方开挖的施工，不得因此延误工期。

4）保护桩体的技术措施。

本工程土方是桩间挖土，一定要采取措施保护桩体，避免对工程桩造成扰动。土方开挖前，一定要将桩基础承台的位置上撒出灰线，承台内桩间土要在周围土方挖完露出桩头后才掏挖，挖土时要有人指挥，不能碰到桩头。机械挖不到的位置用人工清理。

5）排水施工。

据工程地质报告和现场实地考察，本工程基坑底在地下水位之上，需采取降水措施；

同时，土方开挖在雨期施工，必须采取排水措施。

基坑内排水措施：在坑底距坡脚 20cm 沿基坑底部周圈设置排水沟，并每隔 30m 设一个集水井。排水沟用碎石填满；集水井深 1m，采用无砂水泥管，底部填充 30mm 厚 20～40mm 碎石。共设置 16 个集水井，每个井配置一台 50QW15-15-2.2 型潜污泵，共 16 台。为防止雨水大量流入基坑内，在基坑坡顶挖截水沟，截水沟沿基坑布置一周，距基坑边 0.5m，深 40cm，宽 30cm，砖砌水泥砂浆抹面。

6）土方回填。

基础回填在地下室外墙防水施工完毕后开始回填，回填采用人工回填的方式。采用蛙式打夯机夯实。回填土宜采用黏土，填方的压实系数为 94%以上。回填前对回填土料做击实试验，确定最大干密度和最优含水量。填土的每层虚铺厚度不大于 25cm，每层夯3～4 遍，一夯压半夯。按照每层每 $500m^2$ 用环刀取试样一组，测定压实土的干密度，保证密实度达到设计要求。

3.2 防水工程

（1）防水设防体系

1）地下室防水：地下室防水等级为一级，防水部位包括底板、外墙。防水采用三道设防，采用刚柔相济的设计方案：钢筋混凝土自防水（抗渗等级 P8）和一道 4mm 厚 SBS 防水卷材和一道 3mm＋3mm 厚 SBS 防水卷材。

2）泳池跳水池防水：泳池跳水池底板、立面采用钢筋混凝土自防水（抗渗等级 P8），辅助防水为 2mm 厚 LM 高分子防水涂料涂膜防水。

3）洗浴中心、卫生间、淋浴间、游泳池周边地面防水：采用 2mm 厚高分子防水涂料涂膜防水。

4）桩头、后浇带、地下一层加药间控制室、臭氧发生间等处采用水乳型橡胶沥青涂膜防水。

（2）防水材料要求

1）防水材料应有出厂合格证、材料使用说明书及质量检验报告。材料进场时有专人负责材料进场验收和材料报验，填写材料进场验收记录和材料报验单。

2）防水材料使用前必须按规定分批进行复试，复试合格方可使用；材料复试取样时，必须有监理工程师或业主代表在场，并在现场封样，以保证试验结果的真实、可信。

3）防水材料进场后应存放在规定库房，防止雨淋日晒，并远离火源。库房周围设立防火标志，并配备足够的消防器材。

（3）防水工程施工方法

1）自防水混凝土施工要点：

a. 防水混凝土的施工应一次浇筑完成；

b. 施工期间应做好基坑自身的防水工作，严防地下水及地表水流入基坑，造成积水，影响混凝土的正常硬化，导致防水混凝土强度及抗渗性的降低；

c. 模板的对拉螺栓应采用止水环，止水环满焊；

d. 钢筋不得用钢丝或钢钉固定在模板上，必须采用同强度等级细石混凝土或高强度砂浆块作垫块；

e. 模板表面平整，拼缝严密，吸水性小，结构坚固；浇筑混凝土前，应将模板内部清理干净；

f. 防水混凝土的配合比应通过多组试验选定，报监理审批后方可施工；

g. 混凝土运输过程中，要防止产生离析和坍落度、含气量损失及漏浆现象；运输后若出现离析现象，必须进行二次搅拌；当坍落度有损失时，应加入原水灰比的水泥砂浆；

h. 防水混凝土必须振捣密实，采用机械振捣时，振捣时间以混凝土表面泛浆和不再沉落为度；采用插入式振捣器时，其插入间距不应超过有效半径的1.5倍；

i. 本工程防水混凝土处在高温季节施工，混凝土浇筑后应注意保湿养护，水平结构采用蓄水覆盖养护，竖向结构采用涂刷养护液养护，养护时间不少于14d。

2）底板后浇带、施工缝、穿墙管预埋件等细部构造的防水施工：

a. 后浇带部位采取超前止水的防水设计，后浇带部位局部加厚，外贴沥青卷材，并埋设钢板止水带。沥青卷材防水层与涂料防水层的接槎处应加强处理。

后浇带混凝土应在两侧混凝土施工2个月后再施工；应采用补偿收缩膨胀混凝土，其强度比两侧混凝土高一个强度等级。模板应严密、稳固，不得漏浆与变形。膨胀剂和外加剂掺量应准确。后浇带混凝土的养护时间不得少于28d。防水后浇带的施工应注意界面的清理及止水带的保护。

b. 施工缝的防水施工应将其表面浮浆和杂物清理干净，浇水湿润不少于24h，并及时浇筑混凝土，外墙水平施工缝处应确保钢板止水带位置准确，固定牢固，焊接接缝应双面焊接，搭接长度为200mm。

c. 穿墙管道的防水止水环与主管或翼环与套管应连续满焊，并做好防腐处理；穿墙管处防水层施工前，应将套管内表面清理干净；套管内的管道安装完毕后，应在两管间嵌入衬填料，柔性套管穿墙时，穿墙内侧应用法兰压紧。穿墙管外侧防水层铺设严密，不留接槎。

d. 埋设件端部或预留孔底部的混凝土厚度不得小于250mm；当厚度小于250mm时，必须局部加厚或增加防水附加层。预留孔洞、沟槽内的防水层应与孔（槽）外的结构防水层保持连续。

3.3　水池墙体模板工程

（1）模板布置

墙体的模板采用15mm木胶合板。模板的竖向次背楞采用50mm×100mm木方、间距300mm，水平背楞采用双根ϕ48×3.5钢管、间距500mm。侧面模板采用ϕ14对拉螺栓拉接、间距纵横500mm，模板之间及模板与角模之间均采用企口连接方式，以确保拼接缝严密、不漏浆。对拉螺栓中间加焊100mm×100mm×2mm厚钢板止水片，螺栓迎水面（距池壁内口）20mm处加焊两根50mm长的ϕ6的钢筋头，外加套40mm×40mm×20mm的木片；同时，在浇筑底板混凝土时，离墙2m预埋钢筋头，间距1000mm，以布置斜撑，保证墙体的垂直度。墙体两侧搭设双排脚手架，满布脚手板以用作操作平台，双排脚手架的小横管顶紧模板，以提高模板体系的刚度。模板图如图3-1～图3-4所示。

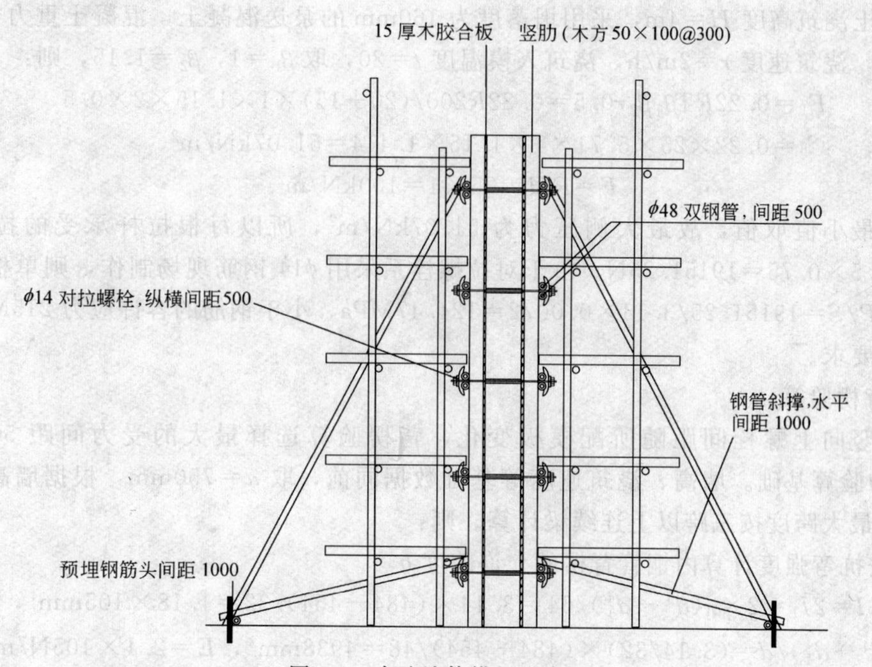

图 3-1　水池墙体模板示意图

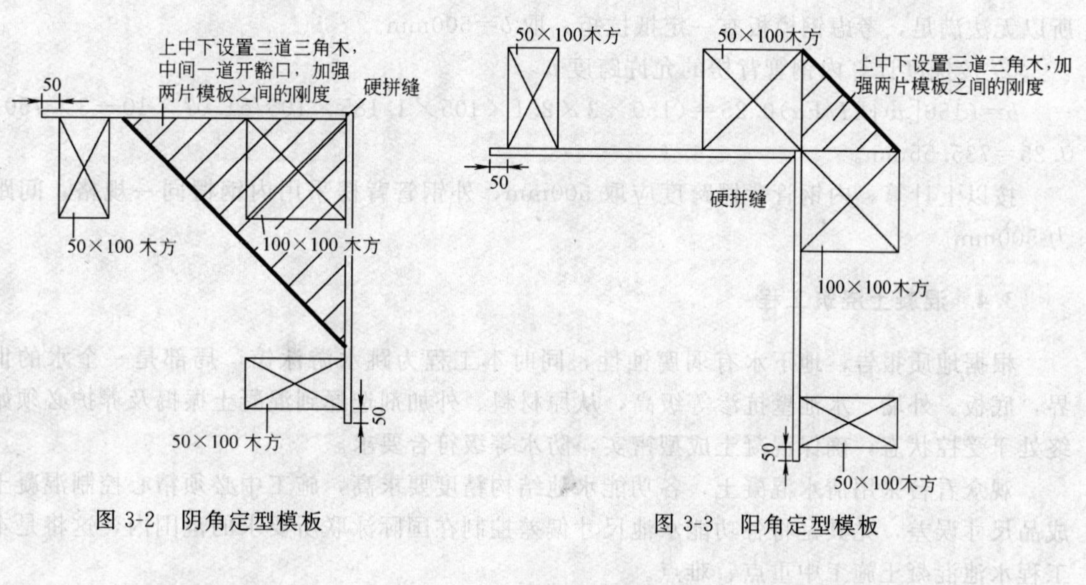

图 3-2　阴角定型模板

图 3-3　阳角定型模板

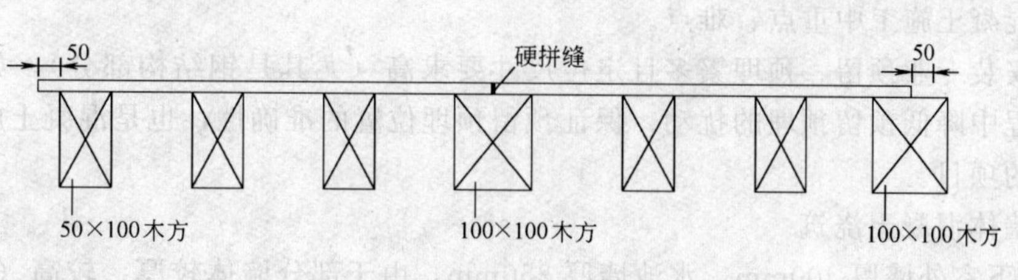

图 3-4　模板拼装平面

（2）强度验算：

1）对拉螺栓验算：

混凝土浇筑高度 $H=4$m，采用坍落度为 160mm 的泵送混凝土，混凝土重力密度$R=25$kN/m^3，浇筑速度 $r=2$m/h，浇筑入模温度 $t=20$，取 $\beta_1=1$，$\beta_2=1.15$，则：

$$F_1=0.22RT\beta_1\beta_2 r0.5=0.22R200/(20+15)\times1\times1.15\times2\times0.5$$
$$=0.22\times25\times5.71\times1\times1.15\times1.414=51.07\text{kN/m}^2$$
$$F=RH=25\times4=100\text{kN/m}^2$$

按照最小值取值，故最大侧压力为 51.07kN/m^2，所以每根拉杆承受的拉力 $P=51070\times0.5\times0.75=19151.25$N。由于对拉螺栓系采用 ϕ14 钢筋现场制作，则单根承受拉应力 $F=P/S=19151.25/3.14\times0.0072=124.47$MPa，小于钢筋的容许应力 215MPa，故满足使用要求。

2）背楞验算：

由于竖向上螺栓间距随所配模板变化，背楞验算选择最大的受力间距 500mm×750mm 为验算基础。墙高、浇筑速度等基础数据同前，取 $a=750$mm，根据墙高，内钢管背楞的最大跨度按三跨以上连续梁计算。则：

① 按抗弯强度计算内钢管背楞的允许跨度 b

已知 $I=2I_1=2\times\pi(d^4-d_1^4)/64=3.14\times(484-454)/32=1.18\times105\text{mm}^4$，$W=2\times\pi/32\times(d^4-d_1^4)/d=(3.14/32)\times(484-454)/48=4938\text{mm}^3$，$E=2.1\times105\text{N/mm}^2$，$f=215\text{N/mm}^2$，由 $b=(10FW/Fa)0.5=(10\times215\times4938/51.07\times10-3\times750)0.5=526$mm，所以无法满足，考虑钢模板有一定抵抗矩，取 $b=500$mm。

② 按挠度计算内钢管背楞的允许跨度 b

$b=(150[w]EI/Fa)0.25=(150\times3\times2.1\times105\times1.185\times105/51.07\times10-3\times750)0.25=735.55$mm。

按以上计算，内钢管背楞跨度应取 500mm，外钢管背楞采用内钢楞同一规格，间距为 500mm。

3.4　混凝土浇筑工程

根据地质报告，地下水有弱腐蚀性，同时本工程为跳水游泳馆，局部是一个水的世界，底板、外墙、水池壁抗渗等级高，从原材料、外加剂选择到混凝土振捣及养护必须始终处于受控状态，确保混凝土成型密实，防水等级符合要求。

观众看台采用清水混凝土，各功能水池结构精度要求高，施工中必须精心控制混凝土成品尺寸误差，尤其是将各功能水池尺寸偏差控制在国际泳联所要求的范围内，这将是本工程水池混凝土施工中重点、难点。

工程安装专业预留、预埋繁多且定位尺寸要求高（尤其是钢结构部分），如何在混凝土施工过程中降低预留预埋的扰动，保证预留预埋位置的准确性，也是混凝土施工过程中应该主控的项目。

（1）墙体混凝土浇筑

1）地下室外墙厚 400mm，水池墙厚 350mm，由于部分墙体较厚、较高（6000mm），且暗柱与暗梁（或连梁）相交处钢筋密集，因此，墙体混凝土浇筑应分层下料、分层振捣，确保混凝土下料不离析、振捣密实不胀模，且不出现施工冷缝。

2）墙体混凝土主要采用混凝土拖式泵及布料杆进行浇筑，浇筑时按照墙的长度方向转圈分层进行浇筑，并保证在下层混凝土初凝之前将上层混凝土浇筑下去，避免出现施工冷缝；分两个班组进行交叉浇筑（图 3-5）。

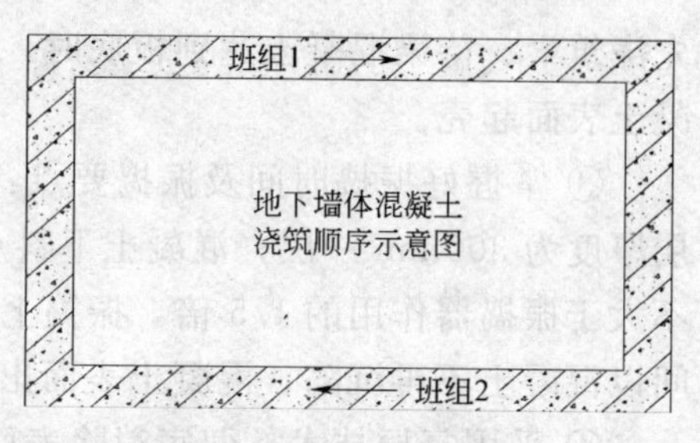

图 3-5 混凝土浇筑顺序

3）设计上考虑设置后浇带、局部采用加强混凝土带，故在后浇带及不同混凝土交接处要用双层钢板网沿不同等级混凝土处（或后浇带处）拦截，防止不同等级混凝土混淆（图 3-6）。

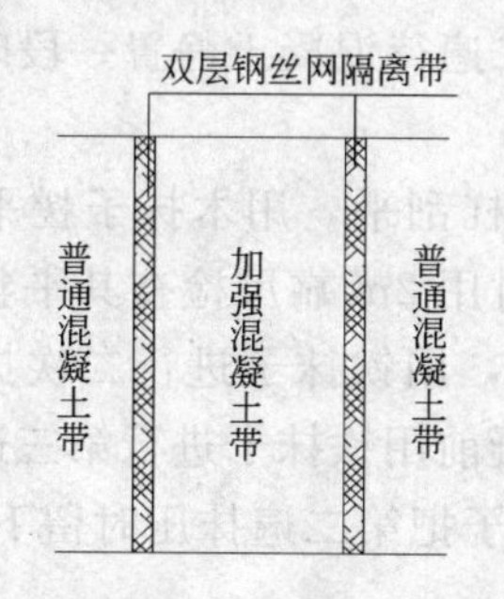

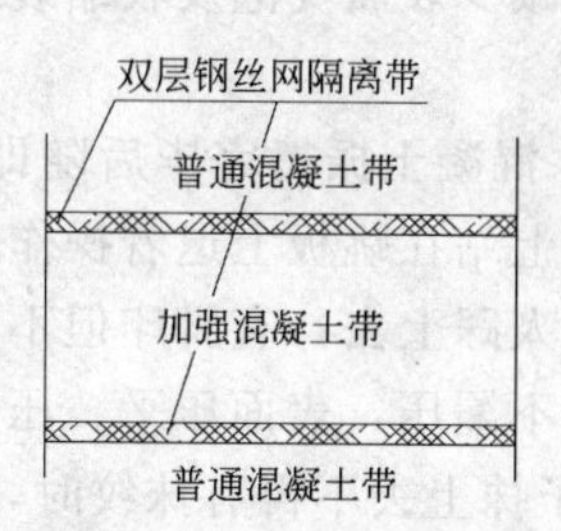

图 3-6 不同等级混凝土浇筑隔离措施

4）墙体混凝土浇筑前，先在底部均匀浇筑适量厚度与墙体混凝土成分相同的水泥砂浆，以免底部出现蜂窝现象；浇筑时，使用 $\phi50$ 和 $\phi30$ 振捣棒（$\phi30$ 振捣棒用于钢筋密集处位置），分层浇筑高度为 400mm，用标尺杆随时检查混凝土高度，振捣棒移动间距 400mm 左右，振捣插入点如图 3-7 所示。

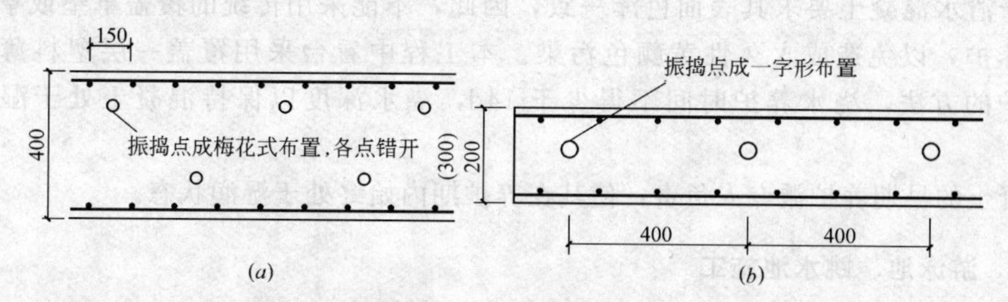

图 3-7 混凝土振捣

（*a*）墙厚≥400mm 时振捣插入点；（*b*）墙厚＜400mm 时振捣插入点

5）浇筑混凝土的过程中应派专人看护模板，发现模板有变形、位移时立即停止浇筑，并在已浇筑的混凝土终凝前修整完好，再继续浇筑。振捣时，须保证混凝土填满、填实。

6）墙上口找平：墙体混凝土浇筑完后，将上口甩出的钢筋加以整理，用木抹子按标高线添减混凝土，将墙上表面混凝土找平。

（2）看台清水混凝土浇筑

本工程观众看台混凝土为清水混凝土，涉及混凝土配合比设计、混凝土振捣、养护以及成品保护等多方面的综合施工技术。

1）混凝土浇筑要点：

① 加强清理：混凝土浇捣前，要进行模板内部清理，采用空压机清尘及杂物（局部采用清水冲洗），干净后用水湿润（但不得有积水）方可浇筑。

② 整体浇筑一次成型：看台流水段划分以后浇带为界，看台施工时由下往上浇筑，

先浇筑梁、待梁混凝土达到板底时，与板混凝土一起浇筑，随打随抹，一次成型，避免混凝土表面起壳。

③ 掌握好振捣时间及振捣要点：厚度超过500mm的梁采用分层浇筑，分层振捣，分层厚度为300mm一层；混凝土下料点分散布置，连续进行浇筑，插入式振捣器移动间距不大于振捣器作用的1.5倍，振捣上层时插入下层混凝50mm交叉振捣；每一振捣延续时间以混凝土不再沉陷、混凝土表面出现少许浮浆为度。

④ 采用复振技术，彻底消除表面气泡及收缩裂纹：第一遍在混凝土浇筑时采用插入式振捣器振捣，为减少表面气泡及收缩裂纹；第二遍待混凝土静置一段时间再振捣，间隔时间宜为30min。

⑤ 多次抹压：混凝土振捣完毕后随即用长刮杠刮平，用木抹子搓平、铁抹子压第一遍光，要求从下往上站在跳板上退着操作，并随时用2m靠尺检查其平整度；在混凝土初凝后、终凝前（即人踩上去，有脚印但不下陷时），用铁抹子进行二次抹压，边抹压边把坑凹处填平，要求不漏压，表面压平、压光；终凝前用铁抹子进行第三遍压光（人踩上去稍有脚印），铁抹子抹上去不再有抹纹时，用铁抹子把第二遍抹压时留下的全部抹纹压平、压实、压光（必须在终凝前完成）。

看台板找平面标高采用经纬仪控制。

混凝土浇筑前实行隐蔽会签制度，避免土建、安装专业因遗漏隐蔽内容而造成剔凿返工。

2）混凝土养护。

由于清水混凝土要求其表面色泽一致，因此，不能采用传统的覆盖草垫或草袋的方法进行养护，以免造成永久性黄颜色污染。本工程中看台采用覆盖一层塑料薄膜浇水自然养护的方法，浇水养护时间不得少于14d，浇水深度以保持混凝土处于湿润状态为度。

混凝土的早期养护派专人负责，使其在养护期内始终处于湿润状态。

3.5　游泳池、跳水池施工

本工程游泳池为25m×50m的10泳道标准游泳池，施工的关键问题是按照国际泳联标准及设计要求把误差控制在允许范围内：即水池内表面平面偏差不超过±3mm，水池内表面垂直偏差不超过±1mm，底板底面标高、池壁顶面标高误差不超过±1mm；同时，又要有严格的防水、抗渗和防裂措施，这两点是游泳池施工的技术难关，必须从测量、模板选材及支设、混凝土施工以及瓷砖贴面等多方面采取措施解决。

（1）精度控制

1）把握好测量放线第一关：

a. 测量放线是工程施工的第一环节并贯穿于各个工序之中，测量放线的精确与否直接影响水池结构的几何尺寸，是保证水池结构达到高精度要求的基础。施工中主要从施工竖向精度、平面轴线测量、标高测量三个方面控制。

b. 结构施工时，应从建筑物的基准轴线量测，细致地测设池体各个位置线，并反复校核。按测放的位置线支模，反复校核与纠正模板的各项尺寸偏差。

2）装修贴面应待混凝土收缩基本稳定后进行，在游泳池四角分别布置4个控制点，作池长基线控制。经测绘部门在试水前、试水中与试水后多次以激光测长仪进行测长，测出不同温度、荷载情况下池长值，并准确地在池底面、池壁装修面内测设＋0.5m 控制线，作为镶贴釉面砖和安装各项池的附件的基准控制线。

3）跳水池跳台的标高控制是关键，必须认真校核跳水台的标高控制点，提高测量的精度，反复测量，并在施工过程加强测量工作的过程检查，确保其标高精度达到国际泳联标准的精度。

（2）水池中分项工程施工精度控制措施

1）钢筋翻样与下料；

2）钢筋加工；

3）钢筋绑扎；

4）模板选型及支设控制；

5）混凝土施工控制；

6）面砖镶贴质量控制；

7）水下附件安装质量控制。

3.6 防静电地板工程

（1）作业条件

1）在铺设防静电地板面层时，应待室内各项工程完工和超过地板承载力的设备进入房间预定位置以及相邻房间内部也全部完工后，方可进行，不得交叉施工。

2）铺设防静电地板面层的基层已做完，一般是水泥地面或现制水磨石地面等。

3）墙面＋50cm 水平标高线已弹好，门框已安装完，并在四周墙面上弹出面层标高水平控制线。

4）大面积施工前，应先放出施工大样，并做样板间，经各有关部门鉴定合格后，再继续以此为样板进行操作。

（2）工艺流程

基层处理→找中、套方、分格、弹线→安装支座和横梁组件→铺设防静电地板面层→清擦和打蜡。

（3）操作工艺

1）基层处理；防静电地板面层的金属支架应支承在现浇混凝土基层上或规制水磨石地面上，基层表面应平整、光洁、不起灰，含水率不大于 8%。安装前应认真清擦干净，必要时根据设计要求，在基层表面上涂刷清漆。

2）找中、套方、分格、弹线：首先量测房间的长、宽尺寸，找出纵横线中心交点。当房间是矩形时，用方尺量测相邻的墙体是否垂直；如互相不垂直，应预先对墙面进行处理，避免在安装活动板块时，在靠墙处出现异形板块。

3）根据已量测好的平面长、宽尺寸进行计算；如果不符合活动板板块模数时，依据已找好的纵横中线交点，进行对称分格，考虑将非整块板放在室内靠墙处，在基层表面上按板块尺寸弹线并形成方格网，标出地板块安装位置和高度（标在四周墙上），并标明设备预留部位。此项工作必须认真细致，做到方格控制线尺寸准确（此时应插入铺设防静电地板下的管线，操作时要注意避开已弹好支架底座的位置）。

4）安装支座和横梁组件：检查复核已弹在四周墙上的标高控制线，确定安装基准点；然后，按基层面上已弹好的方格网交点处安放支座和横梁，并应转动支座螺杆，先用小线和水平尺调整支座面高度至全室等高，待所有支座柱和横梁构成一体后，应用水平仪抄平。支座与基层面之间的空隙应灌注环氧树脂，连接牢固，亦可根据设计要求，用膨胀螺栓或射钉连接。

5）铺设防静电地板面层：根据房间平面尺寸和设备等情况，应按防静电地板模数选择板块的铺设方向；当平面尺寸符合防静电地板板块模数，而室内无控制柜设备时，宜由里向外铺设；当平面尺寸不符合防静电地板板块模数时，宜由外向里铺设；当室内有控制柜设备且需要预留洞口时，铺设方向和先后顺序应综合考虑选定。

铺设前，防静电地板面层下铺设的电缆、管线已经过检查验收，并办完隐检手续。

先在横梁上铺设缓冲胶条，并用乳胶液与横梁粘合。铺设防静电地板块时，应调整水平度，保证四角接触处平整、严密，不得采用加垫的方法。

铺设防静电地板块不符合模数时，不足部分可根据实际尺寸将板面切割后镶补，并配装相应的可调支撑和横梁。切割的边应采用清漆或环氧树脂胶加滑石粉按比例调成腻子封边，或用防潮腻子封边，也可采用铝型材镶嵌。

在与墙边的接缝处，应根据接缝宽窄分别采用防静电地板或木条刷高强胶镶嵌，窄缝宜用泡沫塑料镶嵌。随后立即检查调整板块水平度及缝隙。

防静电地板面层铺设后，面层承载力不应小于 7.5MPa，其体积电阻率值为 105～109Ω。

6）清擦和打蜡：当防静电地板面层全部完成，经检查平整度及缝隙均符合质量要求后，即可进行清擦；当局部沾污时，可用清洁剂或皂水用布擦净晾干后，用棉丝抹蜡，满擦一遍，然后将门封闭。如果还有其他专业工序操作时，在打蜡前先用塑料布满铺后，再用 3mm 以上的橡胶板盖上，等其全部工序完成后，再清擦打蜡交活儿。

3.7 游泳池、跳水池循环水处理系统

（1）设计参数：

1）标准竞赛泳池设计参数见表 3-1。

标准竞赛泳池设计参数 **表 3-1**

参数名称	数据	参数名称	数据
泳池规格	50m×25m×2.0m	泳池容积	2500m^3
循环周期	5h/次	循环水量	500m^3/h
池水温度	26℃	室内温度	高于水温 1～2℃
热媒性质	热水	热媒要求	85℃以上热水

2）标准跳水池设计参数见表 3-2。

3）训练泳池设计参数见表 3-3。

4）放松泳池设计参数见表 3-4。

标准跳水池设计参数 表 3-2

参数名称	数据	参数名称	数据
泳池规格	25m×25m×5m	泳池容积	3150m³
循环周期	10h/次	循环水量	315m³/h
池水温度	27℃	室内温度	高于水温 1～2℃
热媒性质	热水	热媒要求	85℃以上热水

训练池设计参数 表 3-3

参数名称	数据	参数名称	数据
泳池规格	50m×13m×1.5m	泳池容积	975m³
循环周期	4h/次	循环水量	240m³/h
池水温度	27℃	室内温度	高于水温 1～2℃
热媒性质	热水	热媒要求	85℃以上热水

放松池设计参数 表 3-4

参数名称	数据	参数名称	数据
泳池规格	待定	泳池容积	5m³
循环周期	1h/次	循环水量	5m³/h
池水温度	30～35℃	室内温度	高于水温 1～2℃
热媒性质	热水	热媒要求	85℃以上热水

(2) 泳池循环水净化工艺说明

本方案中竞赛池、跳水池及训练池采用“池底满天星”布水方式，将布水器均匀设置于池底，全部循环水自下而上进入泳池，并由设置在池体四周溢水槽内的溢水器溢流至机房的循环水箱，参与循环净化的方式。本方案中放松池采用“顺流式”布水方式，即将布水器设置于池侧壁，并由池底回水的布回水方式。

其中，“池底满天星”布水方式特点如下：

1) 池水自下向上，形成了均流向上的矩阵布水，死水区极少，循环程度彻底，为目前国际泳联推荐布水方式；

2) 推动池底污物向上移动经溢水槽溢出，减少了污物沉淀的机会；

3) 溢流回水，池面污物易于带出，不产生局部污物滞留；

4) 通过循环水箱向泳池补水，故池水温度不受影响，水温易于恒定；

5) 池水水位高度稳定，不会因设备反冲洗及溢流等原因造成池面水位变化。

泳池循环净化系统最终达到国际游泳协会（FINA）关于游泳池水水质卫生标准的规定，标准要求较高，为便于使用和管理，分别设置各自独立的池水逆流循环净化给水系统，所有大口径控制阀采用手动与自动两种控制方式，采用循环水过滤和分流量臭氧消毒的过滤消毒系统。臭氧是一种强氧化剂，也是一种理想的消毒剂，它的氧化能力非常强，比氯高数倍。系统换热装置采用板式换热器，具有占地小、安装方便、不易结垢等优点，为保证水温稳定、均衡，配备了自动温控装置，只需将温度值设置于仪表中，即可通过电动阀门，自动将水温保持在同一温度值。

循环水管道采用钢板网骨架增强塑料复合管，电热熔连接。板式换热器热媒管及出水管口与未被加热水混合处之间的管道采用不锈钢及相应的配件，卡压连接，工作压力1.0MPa。

(3) 施工方法

1) 首先应按照设计方案完成系统设备及材料的选型；

2) 依据设备材料厂家提供的有效产品样本及清单，编制详尽的预留预埋的施工方案，并报业主及相关部门审核；

3) 由专人负责管道预留预埋及设备基础施工工作；

4) 提出系统设备及相关物资的进场、安装及调试时间，将泳池循环水系统的施工安装纳入总包管理程序中；

5) 对地下层内管线综合布置，组织合理的管道施工安装工序，控制施工工期。

3.8　采暖与通风空调工程

(1) 风管及配件制作

镀锌钢板风管及辅助材料规格要符合要求，镀锌钢板不能有锈蚀，不能有漏铆及铆钉脱落现象，角钢法兰翻边要平整。各种阀门及部件开关要灵活可靠。不合格产品不得进入下步工序，风管成品要按系统及管道顺序依次编号，为下一步运输安装创造有利条件。

风管制作前要检查采用的材料质量是否合格，有无合格证或质量鉴定文件，进行外观检查应符合下列要求：

1) 板材表面应平整，厚度均匀。不得有裂纹、砂眼、刺边及严重锈蚀情况。尤其是镀锌钢板不得有损伤和锈蚀的痕迹；风管板材厚度见表3-5。

钢板风管管材厚度 (mm)　　　　**表3-5**

类　别	圆形风管	矩形风管	类　别	圆形风管	矩形风管
$D(b)<320$	0.5	0.5	$630<D(b)<1000$	0.75	0.75
$320<D(b)<450$	0.6	0.6	$1000<D(b)<1250$	1	1
$450<D(b)<630$	0.75	0.6	$1250<D(b)<2000$	1	1

2) 型钢应该同型、均匀，不应有裂纹、气泡、窝穴及其他质量缺陷；

3) 其他材料不能因有缺陷而导致成品强度下降或影响其使用；

4) 风管加工采用机械操作。镀锌钢板画出大样，用剪板机下料，折方机折边，联合咬口机咬口。用铁锤将法兰与风管轴边连接。弧线形走向的风管，采用直管加弯头，以折线完成弧形。风管加工前必须进行现场实测。矩形风管大边边长2630mm，且其管段长度大于1.2m以上时应采取加固措施，可采用以下两种方法。角钢框加固，角钢规格小于角钢法兰规格一号，用角钢加固大边，适用于风管大边长大于630mm、而小边小于630mm的情况。角钢规格与法兰相同。角钢框角钢与风管采用镀锌铆接。风管咬口采用联合咬口。金属板材的拼接，圆形风管的闭合缝均采用单咬口。加工运输过程中，要注意保护钢板的镀锌层。

(2) 镀锌钢板风管法兰的制作

1) 在加工法兰时，一般情况下其内径比风管的外径略大2～3mm。法兰表面加工平整。矩形风管法兰的四角都应设置螺栓孔，螺栓孔直径大于 2mm，螺栓及铆钉的间距不大于 150mm。螺栓孔的位置处于角钢或扁钢中心孔的排列，要使正方向法兰任意旋转时，四面的螺栓孔都能对准。角钢法兰的立面与平面应保证互成 90°，连接用的螺栓和铆钉采用同样规格。风管与角钢法兰连接，并采用翻边连接，风管与法兰连接。采用翻边，翻边的尺寸应不小于 9mm，不得盖住法兰螺孔，翻边应平整。翻边外裂缝和空洞应涂密封胶带。防排烟系统用石棉绳以防凝结水的渗漏，填料不得凸入风管内。法兰连接平整、严密，垫料不得突出，螺栓拧紧，螺母方向一致。

2）法兰型钢规格按表 3-6、表 3-7 选取。

圆形风管法兰　　表 3-6

圆形风管直径	法兰用料规格(mm)		圆形风管直径	法兰用料规格(mm)	
	扁钢	等边角钢		扁钢	等边角钢
150～280	└25×4		530～1250		└30×4
300～500		└25×4	1320～2000		└40×4

矩形风管法兰　　表 3-7

矩形风管大边长(mm)	法兰用材规格(mm)	矩形风管大边长(mm)	法兰用材规格(mm)
<630	└25×3	1600～2000	└40×4
800～1250	└30×3		

(3) 支架制作安装

风管支吊架的制作安装据设计图纸及施工现场并参照土建基线放出的风管标高确定标高后，按照风管在设计图纸上的平面位置，定出风管支吊架位置、形式、数量。不靠墙安装的水平风管采用吊装，如图 3-8 所示。其用料规格见表 3-8、表 3-9。

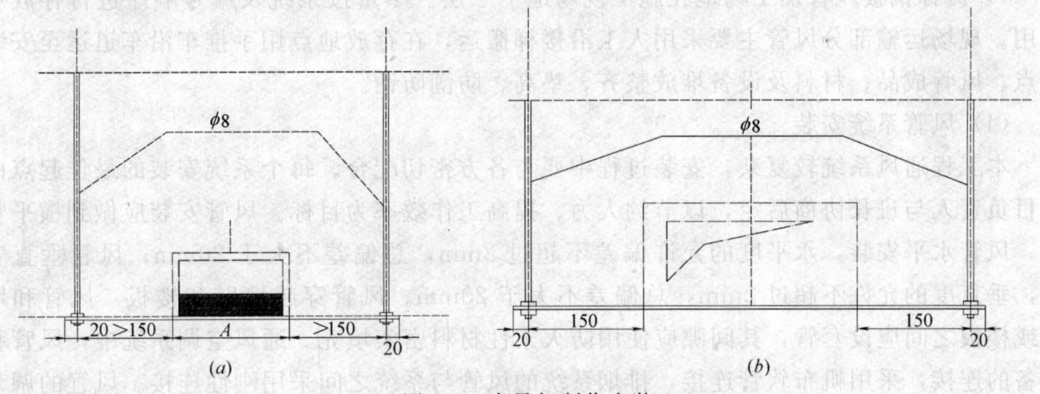

图 3-8　支吊架制作安装

(a) 保温风管的吊架制作；(b) 不保温风管吊架的制作

不保温风管的吊架制作采用角钢规格 (mm)　　表 3-8

AB	120～200	250～500	630～1000	1250～2000
120～200	└40×4	└45×4	└56×4	└75×5
250～500	└40×4	└45×4	└63×4	└75×5
630～1000	└50×4	└56×4	└70×4	└80×6
1250～2000	└63×4	└63×5	└70×5	└90×6

注：吊架吊杆采用 φ8 的圆钢。

保温风管的吊架制作采用角钢规格（mm）　表 3-9

AB	120～200	250～500	630～1000	1250～2000
120～200	∟45×4	∟50×4	∟70×4	∟90×8
250～500	∟50×4	∟63×5	∟75×5	∟90×8
630～1000	∟63×4	∟63×5	∟80×5	
1250～2000	∟75×6	∟75×6	∟90×7	

注：吊架吊杆采用 ϕ8 圆钢。

1）靠墙或靠柱安装的水平风管易采用悬臂支架或用斜撑支架；靠墙安装的垂直风管采用悬臂托架或用斜支架；不靠墙柱穿楼安装的垂直风管采用抱箍支架。

2）吊架的吊杆要平直，螺纹完整、光洁，吊杆拼接采用螺纹连接或焊接。螺纹连接任意端的连接螺纹均要长于吊杆直径，并有防松动措施，焊接拼接采用搭接，搭接长度不小于吊杆直径的 6 倍，并在两侧焊接。支吊架上螺孔采用机械加工，不得用气割机。

3）风管的末端转弯处与部件及设备连接处要设置防止摆动的固定点。矩形风管支架要紧贴风管，折角应平直，连接处要留有螺栓收紧的距离；圆形风管抱箍圆弧要均匀且要与风管外径相一致，抱箍要能箍紧风管。风管安装时，要及时进行支架的固定和调整其位置正确，受力均匀。支吊架不得设置在风口、阀门、检查门、自控机构处等活动部件。吊杆不要直接固定在法兰上。风管支架的间距要符合下列规定：风管水平安装，直径或长边尺寸小于 400mm，间距不大于 4m；大于或等于 400mm，间距不大于 3m。风管垂直安装间距不大于 4m，但每根风管的固定件不小于 2 个。

4）镀锌钢板风管加工场地在施工现场地下一层。尽量按系统及编号顺序进行存放和取用。现场运输部分风管主要采用人工沿楼梯搬运，在存放地点用手推车沿车道运至安装地点。风管成品、材料及设备堆放整齐、垫高、防潮防锈。

（4）风管系统安装

本工程通风系统较复杂，安装过程中要与各方密切配合。每个系统安装的最佳起点由项目负责人与班长协商后定，以节约人力、提高工作效率为目标。风管安装应做到横平竖直。风管水平安装，水平度的允许偏差不超过 3mm，总偏差不大于 20mm；风管垂直安装，垂直度的允许不超过 2mm，总偏差不大于 20mm。风管穿越墙壁和楼板，风管和墙壁或楼板之间应设套管，其间隙应使用防火柔性材料密实填充。通风空调系统中，风管和设备的连接，采用帆布软管连接，排烟系统的风管与系统之间采用刚性连接。风管的调节装置，安装在便于操作的部位，各类风口安装平整，位置正确和连接牢固。风管安装质量按 GBJ 243—82 要求。镀锌风管与法兰翻边铆接，铆接风管法兰时，在平钢板上进行，先把两端法兰连接在风管上，并使管端露出法兰 10mm。然后将法兰和风管铆接在一起，铆好后，再用小锤将管端翻边。使风管翻边平整并紧贴法兰且保证翻边宽度不小于 7mm，将铆接好法兰的风管按规范要求铆好加固框，编上标号。钢板风管（$\delta=2$mm）同法兰的连接采用满焊或翻边间断焊，翻边平整，不要遮住螺孔，四角铲平，不能有缺口，以免漏风。风管与小部件及短支管等连接处，三通、四通分支处要严密，缝隙处采用锡焊或密封胶堵严，以免漏风。

(5) 阀部件制作安装

系统中部件与风管连接主要采用法兰连接方式，其连接要求和所有接口相同。风管长边大于1000mm应设消声弯头，消声弯头内设导流叶片，具体安装做法见标准图集91SB6且弯头的弯曲半径相同。多叶阀、蝶阀等各种阀门在安装前检查其结构是否牢固，调节装置是否灵活，安装时手动操作机构放在便于操作的位置。风口的安装，长边大于630mm的防火阀应加独立支架。

风口的安装，各类送回风口、新风口，安装在大墙面或吊顶上。风口安装要与土建装饰工程配合进行，保证质量和美观。风口与房间内的顶线和腰线协调一致，风口具体位置由土建吊顶装修确定。要求土建吊顶风口处安木框，保证风口面无损伤。携带调节装置风口，应保持启动调节灵活，安装前应把风口擦拭干净，风口安装与装修面紧贴、无缝隙，横平竖直，不扭歪，自攻螺钉或拉铆钉留在风口侧面。风口安装后无变形，无损伤。

(6) 风管与保温节点的保温

施工主要流程：

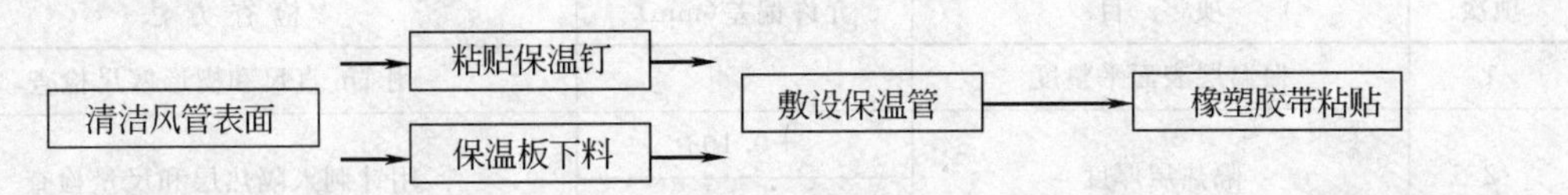

1) 保温所使用的材料，必须符合设计要求及规范规定。保温采用橡塑海绵，厚度为30mm。

2) 保温材料下料要准确，切割面要平整。在截料时，要使水平、垂直面搭接处以短面两头放在大面上。如图3-9所示。

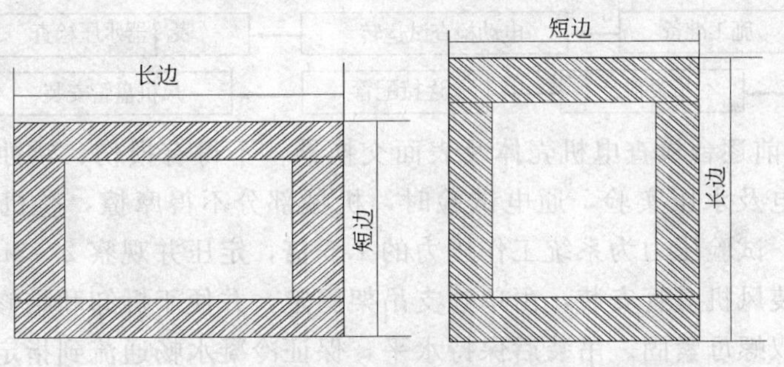

图3-9 长短面搭接

3) 粘接保温钉前，要将风管壁上的尘土等擦净，将胶粘剂分别涂在管壁和保温钉的粘结面上，稍后再将其粘上。保温钉粘接密度见表3-10。

保温钉粘接密度 **表3-10**

使用隔热层材料	风管侧面、下面	风管上面
闭孔橡胶	12只1	9只1

保温钉距边及钉与钉之间的距离分布如图3-10所示。

4) 保温材料铺覆，纵横缝要错开，小块保温材料尽量铺覆在水平面上，如图3-11所示。

5) 保温层平整度、保温层厚度的允许偏差和检验方法见表3-11。

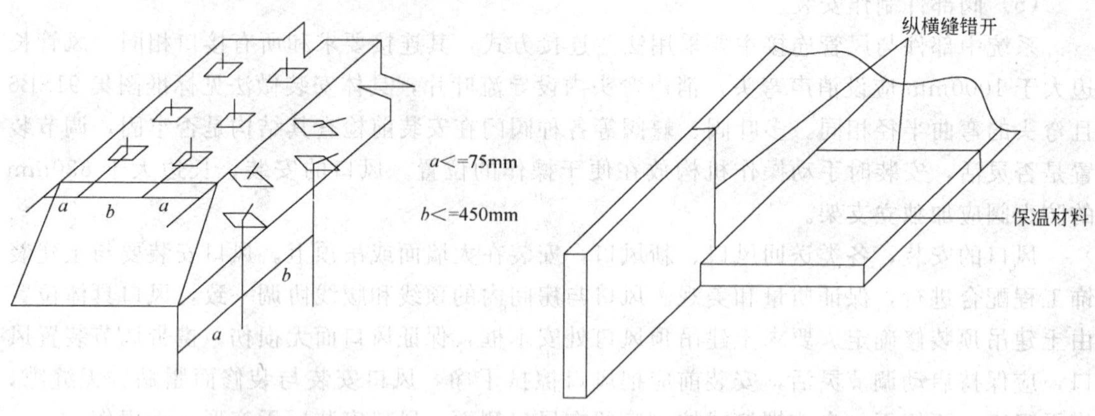

图 3-10　保温钉布置　　图 3-11　保温材料铺设

平整度和厚度允许偏差　　**表 3-11**

项次	项　目	允许偏差(mm)	检 查 方 法
1	保温层表面平整度	5	用 1m 直尺和楔形塞尺检查
2	隔热层厚度	$+0.10\delta$ -0.05δ	用针刺入隔热层和尺量检查

注：法兰接口和阀门的保温按图集 91SB6 第 35 页。

(7) 风机盘管安装

工艺流程：

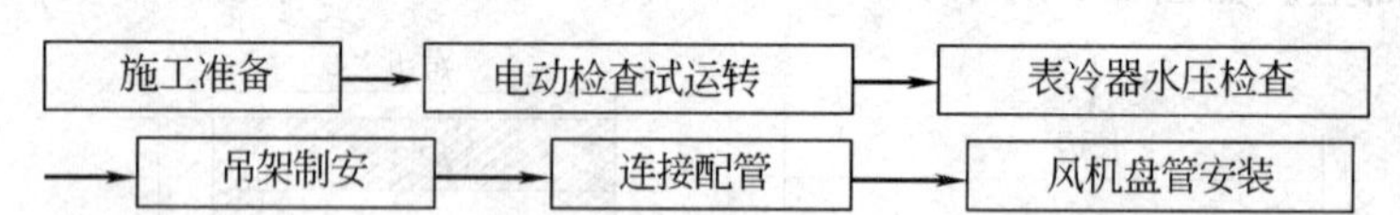

1) 盘管安装前逐台检查电机壳体及表面交换器，不得有损伤、锈蚀、缺件等。然后对盘管作单机通电及水压实验，通电试验时，机械部分不得摩擦，整机不得抖动、不稳固。水压试验时，试验压力为系统工作压力的 1.5 倍，定压并观察 2～3min，不漏、稳压为合格。卧式吊装风机盘管安装，由单独支吊架固定，并便于拆卸和维修，支吊架架杆与盘管相连处采用双螺母紧固。吊装后保持水平，保证冷凝水畅通流到指定位置。暗装卧式盘管下部的吊顶留有活动检查口。风管、回风箱及风口与风机盘管机组连接处严密牢固。

2) 为了减少系统振动和防止由刚性连接引起的泄露，风机盘管供回水管与风机盘管采用弹性软管连接。风机盘管的凝结水管与盘管滴水盘出水口的连接采用 20cm 长塑料软管连接，且保证凝结水管的坡度严格和设计要求一致，使凝结水通畅地排放到指定位置。

3.9　电气工程

(1) 施工阶段

1) 基础的防雷接地体和引下线的隐蔽。

2) 配合土建做好电缆桥架和穿墙套管洞口的预留，以及电缆沟、配电箱和接线盒等洞口的预留，完成楼板和墙体内穿线导管的预埋工作。

3) 各种设备基础和埋件的埋设工作。

(2) 安装阶段

1) 电缆桥架、信息线槽、配电箱、接线盒的安装，以及各种控制柜及配电屏的安装就位。

2) 管内穿线、线槽及桥架内电缆的敷设以及网络信息线的布设。

3) 线路通断试验和绝缘测试。

4) 各种灯具、插座以及各种信息点、现场探测器点的线头拚头和搪锡，电缆头制作。

5) 灯具、低压电器及专用设备的安装。

(3) 调试阶段

1) 单机调试和单元调试。

2) 系统联动调试。

3) 整理报验。

(4) 施工工艺标准和质量要求

1) 材料设备的验收：

① 对到场的各种材料首先要进行外观检查，核对其型号、规格是否符合要求，管材要检查壁厚和内外径，线材要检查线径和绝缘层厚度等，检查产品合格证、检测报告是否齐全；

② 对设备的验收要首先检查外包装是否牢固，配电屏或消防主机柜或弱电主控器以及电梯设备等的外包装是否牢固，起吊位置、表面保护层等外观有无损伤，内包装的检查包括购货卡、防雨防潮措施、防振措施、层间隔离措施等；

③ 做好开箱验收记录，收集好相关的技术资料等。

2) 安装工艺和质量要求：

① 配管工程；

② 管内穿线；

③ 低压电气设备及照明器具安装；

④ 桥架线槽安装及电缆敷设；

⑤ 配电柜（箱）的安装；

⑥ 系统调试。

3.10 弱电工程

(1) 安装程序

(测位→固定支架、托架→汇线槽组装→配管及穿线→控制室及现场仪表柜控制柜安装→现场探测器安装→敷设电缆→对线、校线)→调试程序（仪表设备的外观检查→线路检查→绝缘测试→单体测试→模似试验)→收尾、联动阶段。

(2) 施工工序要求

1) 弱电部分新设备、新技术、新材料多，按图纸设计，首先对各个系统的交叉元器件开箱检查，各设备、配套硬件、随机附件及技术资料是否齐全、完备，做好开箱检查。

2) 探测器安装严格按图纸要求，划线定位，做到前后左右一条线，探测器整齐端正。特别在管线预埋时，就要定位准确，要有电气专业人员跟班作业。

3) 综合布线采用的 YG 钢管及套件要求壁厚不得小于 1.6mm，管路连接处必须涂电力复合脂对堵。电视视频线与综合布线共线槽时，线槽加隔板将两者分开布线，信息插座与电源插座之间距离不小于20cm，电视插座可与电源插座靠近安装。

4）电源线与信号、控制电缆分槽、分管敷设，接地系统除特殊要求外可以共用一个接地体，但弱电系统接地干线必须与强电接地干线分开，屏蔽电缆的屏蔽层必须一点接地。

5）按施工工艺和相关的施工及验收规范分阶段进行质量控制；每个工序或工种施工结束后，填写相应的施工记录或安装表格。

6）做好电管、线槽、线缆敷设及隐蔽工程的施工记录和验收；按工程验收规范、设计和产品技术说明书的要求，做好单体设备的测试和调试记录。

7）系统测试和调试正常后，按照相应的工程验收规范和设计图纸的要求进行交接验收，提交完整的工程技术档案资料。

4　质量、安全、环保技术措施

4.1　质量技术措施

（1）涂料防水施工

1）施工前，由专业工程师依据已获批准的防水施工方案对专业分包进行技术交底，并检查技术交底的执行情况。

2）所用防水材料必须具有产品合格证、检测报告、市建委颁发备案表、复试报告及监理见证取样试验报告。

3）专业工程师及质量工程师负责对操作者上岗证、施工设备、防水资质、作业环境及安全防护措施进行检查，并由现场经理对首件产品进行鉴定，填写“特殊过程预先鉴定记录”，只有在预先鉴定通过后才能进行大面积施工。

4）施工过程中注意基层应保持清洁、干燥，涂料与基层必须粘结牢固，每层的接槎（搭接）应错开，填写成品保护情况等方面内容。

5）专业工程师负责施工过程的连续监控并做好记录，填写“特殊过程连续监控记录”。

（2）地下室及泳池抗渗混凝土自防水施工

1）项目要针对商品混凝土搅拌站所用材料进行控制，水泥必须有市建委颁发的备案证明、出厂合格证和现场复试报告，抗渗剂必须持有备案证明、出厂合格证，砂、石原材料必须持有复试报告；不合格证材料不得用于工程。

2）施工前，由专业工程师依据已获批准的抗渗混凝土施工方案，对施工班组进行技术交底，并检查技术交底执行情况。

3）项目主管专业工程师在上道工序验收合格并填写混凝土浇筑申请书，项目总工程师负责批准此申请。

4）主管专业工程师及质量工程师负责对操作者上岗证、施工设备、作业环境及安全防护措施进行检查，并由现场经理组织混凝土开盘鉴定并填写“特殊过程预先鉴定记录”，只有在预先鉴定通过后才能进行大面积施工。

5）专业工程师负责施工过程的连续监控并做好记录，填写“特殊过程连续监控记录”。

（3）施工测量的质量控制

1）施工所用的测量仪器要定期送检，始终保持在良好状态。

2）测量员要严格遵守操作规程，一定按有关规定作业。

3）阴雨、暴晒天气，在露天测量时要对仪器进行遮盖。

4）在观测过程中，经常检查仪器圆水泡是否居中，检查后视方向是否有变化，并及时调整好。观测完成后，一定要闭合或附合检查，防止仪器变化或偶然读错造成误差。

5）施工现场控制用点，经常复核、检查。

6）轴线、标高竖向传递要与基点校核，控制在规范范围内，确保精度要求。

7）每个单体工程的测量人员固定，采用固定的仪器进行观测。

（4）钢结构工程质量控制

1）保证原材料完全合格。

2）钢结构加工、安装方案指导性强，切实可行，质量要求高。

3）安装过程中放线定位后先用螺栓“活接”，形成整体，检验合格后开始焊接。充分考虑焊接变形，避免返工。

4）高强螺栓的紧固要求用扭力扳手，确保紧固、可靠而不破坏螺杆丝扣与螺母。

5）主要采用 CO_2 气体保护焊，质量稳定、效率高、免除焊渣。

6）焊条的使用有严格的控制程序，采购控制—保管—领用—操作制度。使用前按要求烘烤干燥，达到使用标准。

7）焊工持证上岗，焊缝饱满、不流瘤、无气孔、不咬边、不留焊渣。

8）按要求刷防锈漆，再刷防火涂料，不得遗漏。

（5）预埋管件、预留孔洞质量控制

预埋件、预留孔洞是本工程中不可缺少的重要部分，它直接影响到机电设备安装和建筑装饰的施工和质量，因此，采取以下措施保证预埋件、预留孔洞不漏设、不错设，位置、数量、尺寸大小符合设计要求。

1）图纸会审。

开工前由项目总工程师对土建结构设计图与下道工序相关的设备安装、建筑装饰等图纸进行对照审核，对各类图纸中反映的预埋件、预留孔洞作详细地会审研究，确定预留埋件、预留孔洞的位置、大小、规格、数量、材质等是否吻合，编制预埋件、预留孔埋设计划。发现预埋件不吻合时，应及时向监理及设计院以书面报告的形式进行汇报，待得到设计院的变更设计或监理的正式批复书后，再将预埋件、预留孔洞单独绘制成图，责成专人负责技术指导、检查，并做好技术交底工作。

2）测量放线。

根据设计要求，分段对预埋件、预留孔洞进行测量放线，测量放线应执行测量“三级”复核制。对板的预埋件、预留孔洞应在土模或基础垫层、模板上用红油漆标出预埋件、预留孔洞的位置或预留孔洞形状、大小。

3）施工控制。

预留孔洞模型应按设计大小、形状进行加工制作，其精度应符合设计要求。预埋件应按设计规定的材质、大小、形状进行加工制作，并严格按测量放线位置正确安装，保证焊接牢固、支撑稳固、不变形和不位移。

4）检查验收。

预留孔洞模型安装、预埋件安装完成后，由总工程师、质检、工序技术人员组织检查验收，重点检查预埋位置、数量、尺寸、规格是否符合设计要求。自检合格后，报请驻地监理工程师检查验收，并办理签证手续。签认后，方能进行下道工序施工。

5）结构混凝土浇筑时的保护。

工序技术负责人在施工现场指挥，跟班把关，并对施工人员进行现场技术交底，使操作人员清楚预埋件、预留孔洞的位置、精确度的重要性。预防预埋件、预留孔洞中线移位或预留孔洞外边缘变形等发生质量问题，并制定质量保证措施。

6）模板拆除。

禁止使用撬棍沿孔边缘硬撬。拆模后，测量组要对预埋件、预留孔洞位置、孔洞尺寸、孔壁垂直度等进行复测，超出允许误差的尽快修复，以满足规范要求。对接地体或易破坏的预埋件、预留孔洞应采取保护措施。

4.2　安全技术措施

（1）脚手架防护

1）外墙脚手架搭设所用材质、标准、方法均应符合国家标准。

2）外脚手架每层满铺脚手板，使脚手架与结构之间不留空隙，外侧用密目安全网全封闭。

3）提升井架在每层的停靠平台搭设平整牢固。两侧设立不低于1.8m的栏杆，并用密目安全网封闭。停靠平台出入口设置用钢管焊接的统一规格的活动闸门，以确保人员上下安全。

4）每次暴风雨来临前，及时对脚手架进行加固；暴风雨过后，对脚手架进行检查、观测；若有异常，及时进行矫正或加固。

5）安全网在国家定点生产厂购买，并索取合格证。进场后，由项目部安全工程师验收合格后方可投入使用。

（2）“四口”防护

1）施工入口处的洞口防护采用钢管搭设双层防护，水平铺设竹胶合板，竖向用密目网封闭。在通道口搭设完成后还应按公司CI策划进行美化处理，入口正上方处挂“安全通道”标示牌，并设置警示灯。自道路至防护区之间采用防护栏杆与其他场地分隔，防护栏杆做法与道路防护相同，均为钢管体系防护，水平杆两道，立杆间距2m，防护高度1400mm。楼内安全通道主要利用楼梯，并做好安全指示牌，标明通道的方向，在安全通道两侧搭设斜撑进行加固。安全通道的搭设如图4-1所示。

2）预留洞口：

工程室内有较多较大洞口也需进行临边防护，采用钢管支设，高度1200mm，立杆间距1200mm，水平杆设两道，下部设180mm高竹胶合板挡脚板，防护栏杆挂密目网，如图4-2（*a*），洞口处挂水平安全网，如图4-2（*b*）所示。

① 楼层安装预留洞采用竹胶合板覆盖防护，楼层钢筋不断，可以固定竹胶合板，如图4-3所示。

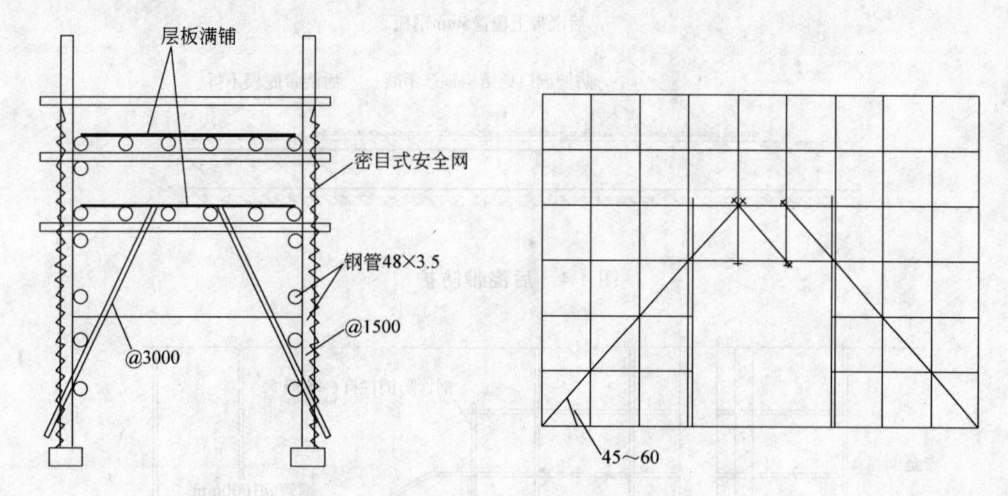

图 4-1 安全通道搭设

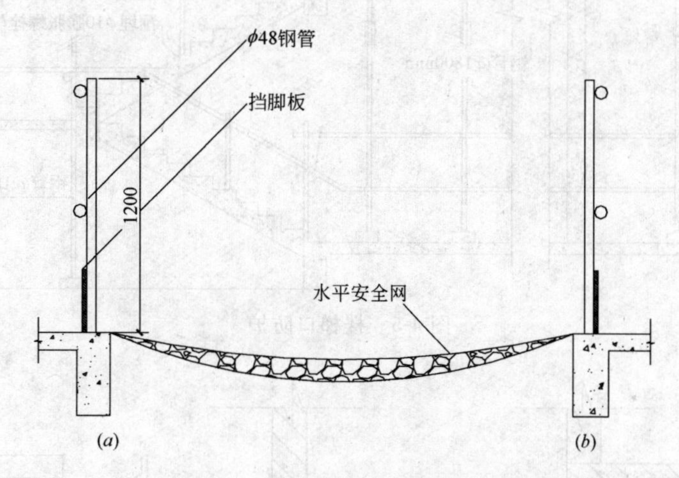

图 4-2 楼层洞口临边防护

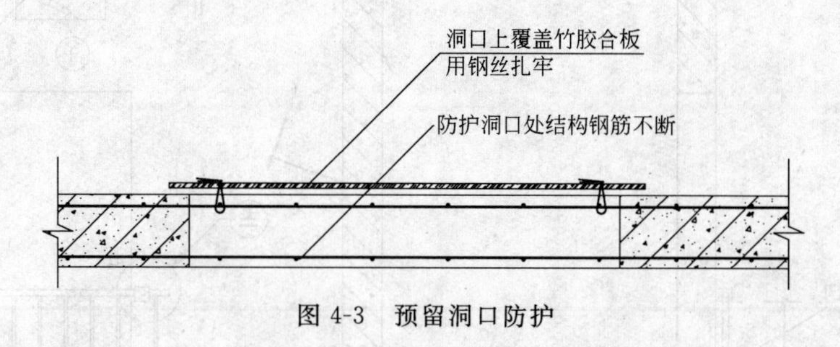

图 4-3 预留洞口防护

② 后浇带防护采用 5mm 厚钢板覆盖防护，钢板每边搭接不小于 50mm，如图 4-4 所示。

3）楼梯口。

楼梯扶手用钢管搭设，栏杆的横杆应为两道。如图 4-5 所示。

4）电梯井口：电梯间入口及层间均需作安全防护，在电梯入口用 $\phi16$ 钢筋焊接铁栅栏固定，并刷红白漆，悬挂好安全警示标志；电梯间每两层作一道水平安全网防护，如图 4-6 所示。

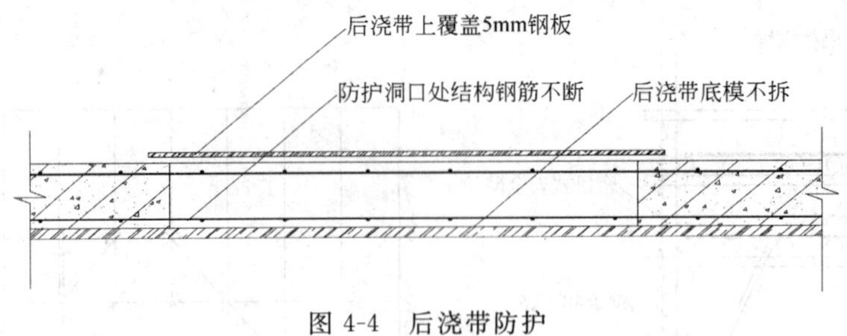

图 4-4　后浇带防护

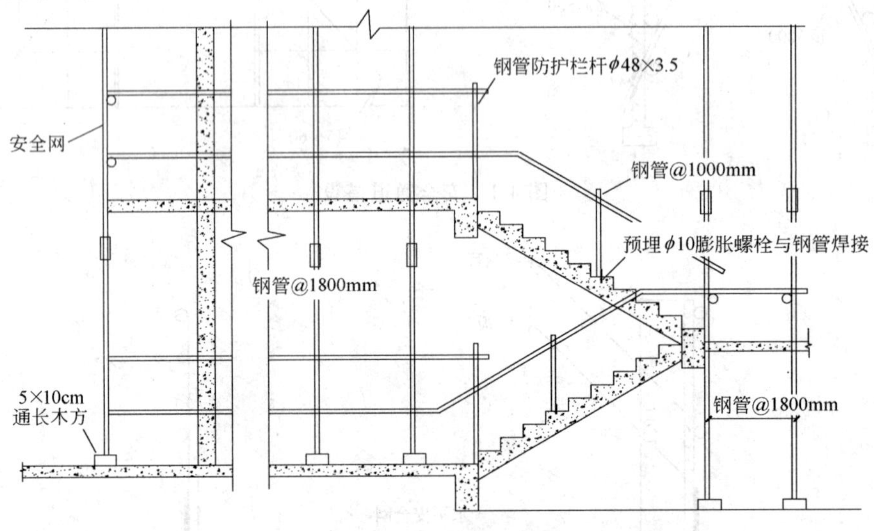

图 4-5　楼梯口防护

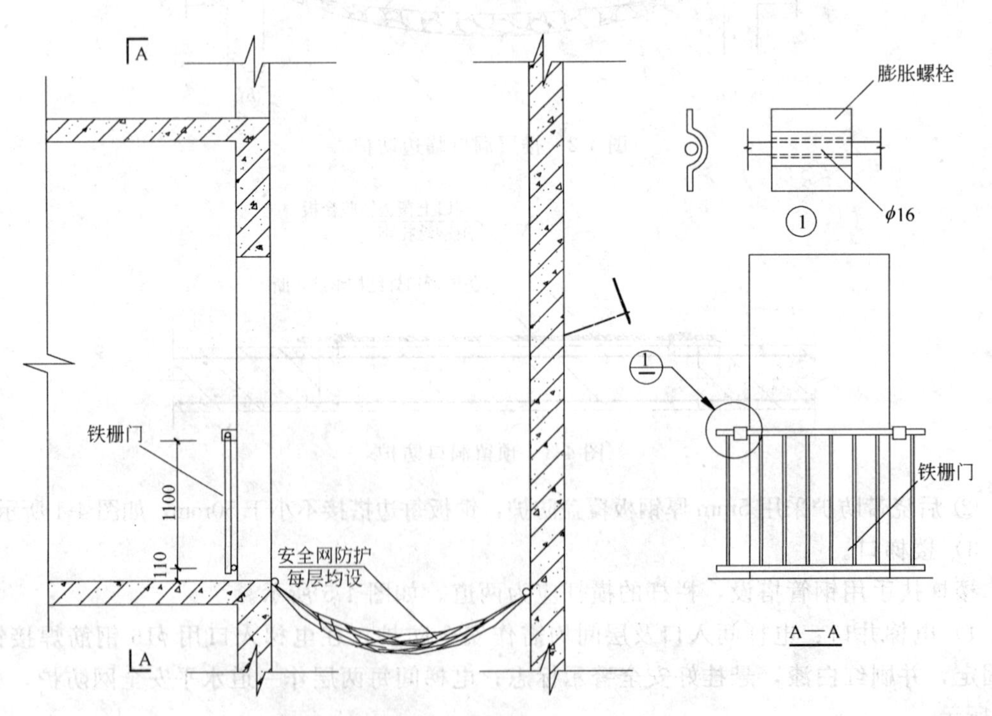

图 4-6　电梯洞口防护

正在施工的电梯井筒内搭设满堂钢管架，操作层满铺脚手板，并随着竖向高度的上升逐层上翻。井筒内每两层用木板或竹笆封闭，作为隔离层。

（3）临边防护

1）在基坑四周、楼层四周、屋面四周等部位，凡是没有防护的作业面均必须按规定安装两道围栏和挡脚板，确保临边作业的安全。外挑板在正式栏杆未安装前，用粗钢筋制作成临时护拦，高度不小于1.2m，外挂安全网。

2）基坑四周防护栏杆须先在立杆下做240mm宽、300mm高砌体基础，将立杆埋入，立杆间距1800mm，钢管设水平杆两道，总高1500mm，外设排水明沟，如图4-7所示。

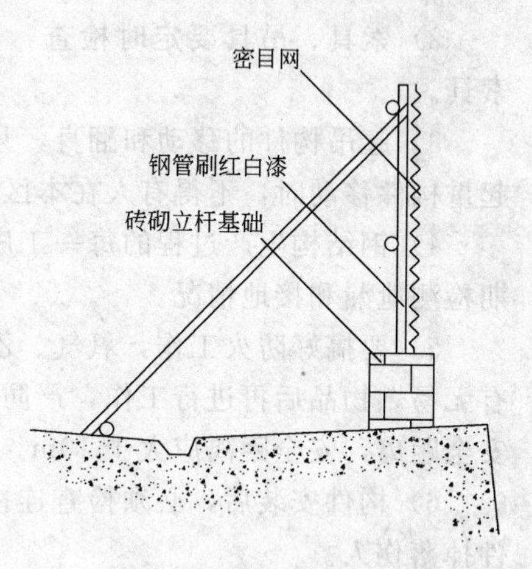

图4-7 基坑四周防护

3）本工程周圈采用钢管网防护，钢管立杆间距1200mm，立杆下部30cm设第一道水平杆，水平杆间距1200mm，内侧下口设挡脚板，外挂密目网，并与框架柱拉结及利用钢管斜撑加固。如图4-8所示。

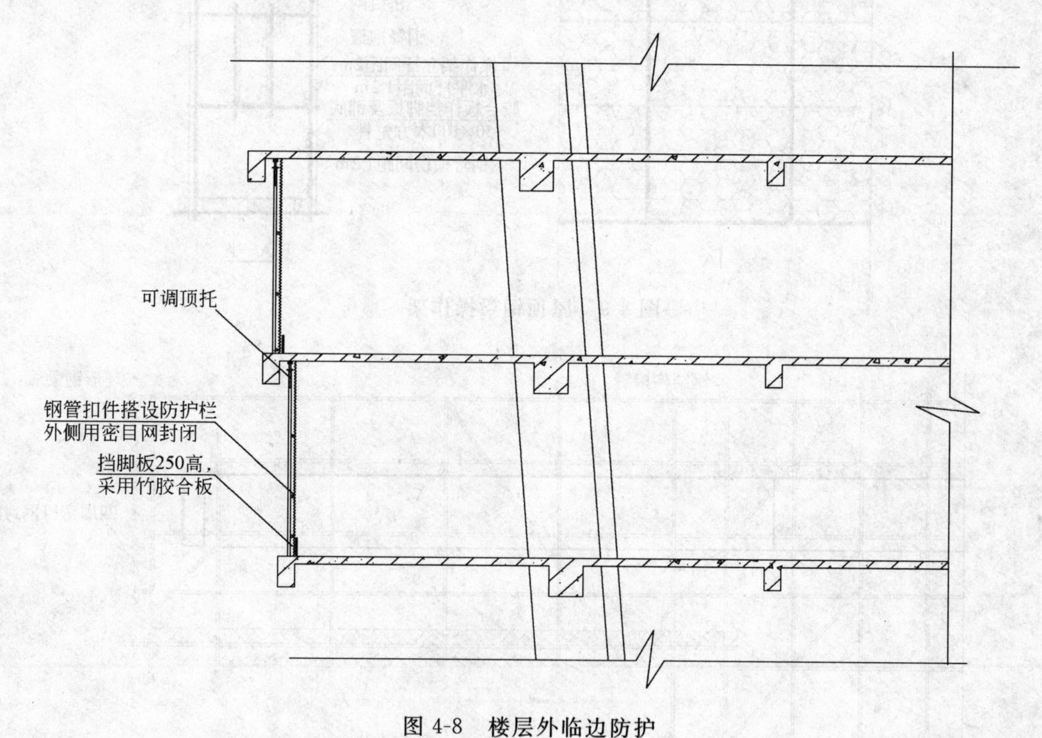

图4-8 楼层外临边防护

4.3 分项工程施工安全技术措施

（1）钢结构工程

1）所有构件的堆放、搁置应十分稳固，欠稳定的构件应设支撑或固结定位，构件安置要求平稳、整齐。

2）索具、吊具要定时检查，不得超过额定荷载。焊接构件时不得留存、连接起吊索具。

3）起吊构件的移动和翻身，只能听从一人指挥，不得两人并列指挥或多人参与指挥。起重构件移动时，不得有人在本区域投影范围内滞留和通过。

4）钢结构生产过程的每一工序所使用的氧气、乙炔、电源必须有安全防护措施，定期检测泄漏和接地情况。

5）要搞好防火工作，氧气、乙炔要按规定存放使用。电焊、气割时要注意周围环境有无易燃物品后再进行工作，严防火灾发生。氧气瓶、乙炔瓶应分开存放，使用时要保持安全距离，安全距离应大于10m。

6）构件安装后，必须检查连接质量无误后，才能摘钩或拆除临时固定工具，以防构件掉落伤人。

7）高空操作人员使用的工具及安装用的零部件，应放入随身佩戴的工具袋内，不可

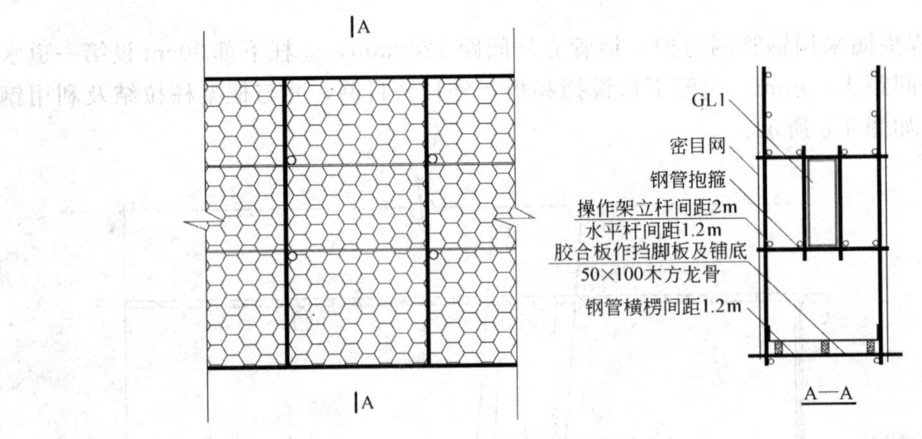

图 4-9　屋顶钢梁操作架

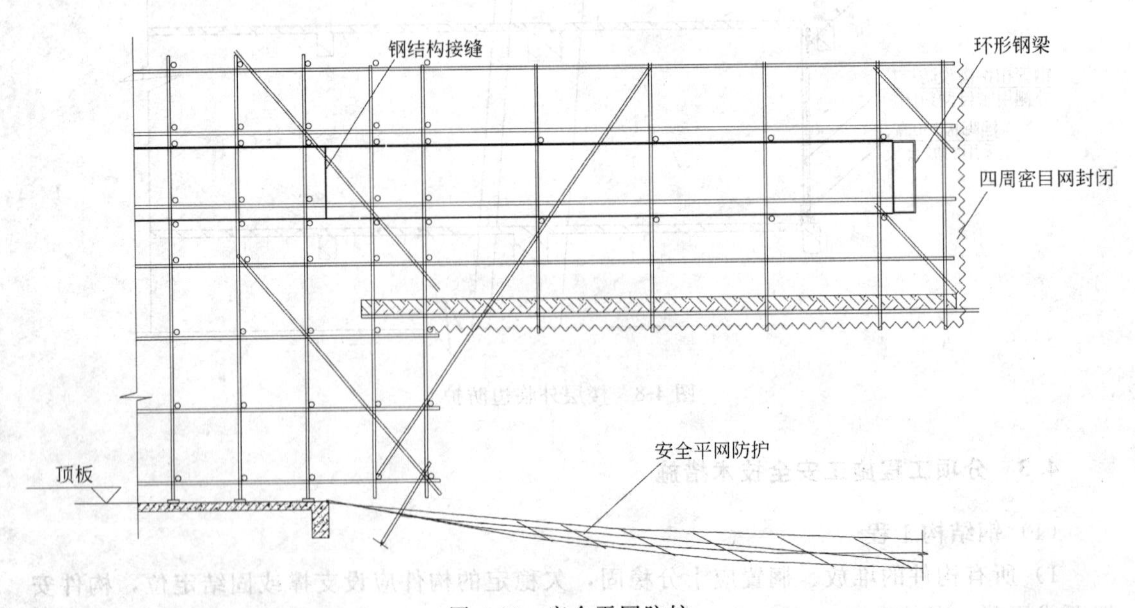

图 4-10　安全平网防护

随便向下丢掷。

8）为防止高空坠落，操作人员在高处作业时，必须正确使用安全带。安全带应高挂低用。

9）进行钢结构焊接时，应布置操作平台，水平杆间距1.2m，操作台下用于焊接人员行走，用竹胶合板满铺，50mm×100mm木方作龙骨，钢管横楞间距1200mm，行走道边设250mm高挡脚板，操作台在钢梁端部挑出长度为1m。如图4-9、图4-10所示。

（2）金属屋面板安装

1）施工人员操作时，必须穿胶鞋，防止滑倒。

2）合理安排施工工艺流程，避免高低空同时作业。

3）屋面施工材料必须随时捆绑固定，做好防风工作。

4）高温天气施工，须做好防暑降温措施。

5 成本控制措施

（1）技术组织措施

项目经理是成本管理的第一责任人。项目成本控制是项目成本管理的直接责任者，根据施工预算和公司下达的成本目标与工程进度计划，制订项目总造价、成本预控计划和季度、月度成本预控计划，并分解落实，责任到人，保证工程成本始终处于动态受控状态。技术部、工程部是施工进度和技术的负责部门，应在保证工期、质量的前提下采用先进技术，降低成本。每月组织召开造价、成本分析会，考核执行结果，总结经验教训，针对问题制订改进措施，不断提高控制造价、成本工作质量。

（2）加强合同管理

商务合约部主管合同实施和管理工作，负责进度款的申报；项目经理组织有关人认真学习合同，合同履行责任逐条分解，落实到人，保证全面、及时和严格履行，杜绝违约损失。

（3）加强质量管理

严格执行公司质量管理程序文件，加强过程控制，严格监督、检查和验收，确保工序质量达到规范标准，做到一次成优，避免返工和修补损失；同时，重点消灭质量通病，在施工过程中编制“质量通病手册”，加强对操作人员的培训，开展QC活动，确保质量目标的实现。

（4）加强进度管理

计划进度控制师通过细分流水段，科学合理地穿插工序，合理缩短工期，减少固定资产和流动资产的占用期，节省折旧、租赁费和现场管理费用。

（5）加强施工组织

机械设备和周转材料按需准时人场和用后及时退场，充分利用各项资源，避免影响施工和资源积压、闲置浪费。

（6）材料管理

材料采购采取招标方式，实行“三比”，择优选择供应商，堵塞采购漏洞。加强计划管理，严格按分期使用计划采购，避免积压占用资金和剩余材料处理损失。严格材料进场验收，防止不合格材料入场和亏量。加强仓储管理，防止丢失和损坏，最大限度地减少库损。加强使用管理，严格限额领料，合理配用，做到物尽其用，杜绝浪费，使用剩余材料及时回收入库，禁止挪作他用。严格奖罚，充分调动职工的积极性，努力节约原材料。

(7) 加强水电使用管理

制订水、电管理使用制度，配备维修管理专职人员，保证管道、线路及设施经常处于良好状态，施工设备优先选用节能产品，安装水表、电表，努力节约能源。

(8) 加强安全管理

杜绝死亡和重大机械事故，严格控制轻伤频率，把安全事故减小到最低限度，减少意外开支。

(9) 选择科学、先进合理、经济的施工方案，关键性及特殊工艺采用多方案比选后确定。设置合理化建议奖项，充分调动职工的积极性，挖掘生产潜力，提高生产效率。

第十四篇

中央党校体育中心工程施工组织设计

编制单位：中建国际建设公司

编 制 人：王志浩　狄刚　王文杰　喻立鸿

【简介】 中央党校体育中心为框架-筒体主体，屋面网架结构的综合性体育馆，主要包括篮球、网球、游泳、保龄球馆等及一些配套设施。建筑物标高层次较多，地下室顶板以上结构流水施工复杂，结构施工时必须认真组织，使工序合理搭接。作为比赛场馆，游泳池长精度要求高，池壁两端从水面上0.30m至水面下0.80m之间各点误差为−0.000m到+0.003m，是施工质量控制的重点与难点。屋面钢网架为球形焊接网架，网架矢高2.4m，网球馆以及游泳馆网架为波浪形，有一定的弧度，加工及安装要求精度高。篮球馆网架为椭圆形，边网杆件加工特殊，需进行精确计算。由于该工程网架为焊接网架，安装时焊接工程量大，质量要求高，需要高级别的焊工完成。该工程网架安装量大，网架跨度最大70m，安装高度最高20m，满堂红脚手架用量大，是屋面施工的质量重点及施工难点。装修做法多，工艺要求高。施工前对工程的重点难点进行了详细分析，通过合理的施工组织，使各场馆施工在满足工期的前提下达到了很高的质量要求。

目 录

1 工程概况

1.1 工程概况

(1) 工程建设概况

工程名称：中央党校体育中心

工程地址：北京市海淀区大有庄100号中央党校校园内（综合教学楼东侧）

建设单位：中共中央党校

设计单位：上海华东建筑设计研究院有限公司

监理单位：北京华城建设监理有限公司

工程承包范围：施工图纸范围内土建工程、机电安装工程

工期：2003.4.4～2004.8.31，计514日历天

质量等级：优良

(2) 建筑设计概况

1) 建筑功能：本工程是一座综合性体育馆，主要包括篮球、网球、游泳、保龄球馆及一些配套设施。

2) 总建筑面积：23348m^2。

建筑高度：屋面为钢网架波浪形状屋面，檐高16～24m。

3) 层数：地上二层，地下一层，局部有夹层。

4) 外墙装修：外墙明框玻璃幕墙、干挂石材、砌筑蘑菇石、剁斧石、仿石漆。

5) 内隔墙：陶粒混凝土空心砌块及多孔砖墙体。

6) 内装修：

顶棚：水泥加压板吊顶、铝条板吊顶、装饰石膏板吊顶、板底涂料、铝方格栅吊顶。

地面：实木地板、弹性塑胶地面、塑胶地板、架空地板、地砖楼面、热辐射采暖地面、混凝土楼地面、防滑地面。

内墙：乳胶漆墙面、抹灰墙面、釉面砖、大理石板、吸声墙面。

门窗：铝合金门窗、木门。

7) 防水：

地下：P8（C30）抗渗混凝土加1层4mm厚APP改性沥青防水卷材。

屋面：2层APP（2mm/层）改性沥青防水卷材加刚性防水层。

游泳馆地面（除泳池外地面）：1.5mm厚聚氨酯防水涂料。

游泳池：P8（C30）抗渗混凝土＋水泥基渗透结晶型防水层加多层抹面防水。

8) 设防烈度：8度。

9) 人防等级：平时车库/战时六级人防。

(3) 结构设计概况

1) 基础结构形式：筏形基础、条形基础。

2) 主体结构形式：框架结构。

3) 框架抗震等级：一级。

4）混凝土强度等级及抗渗要求：

基础垫层：C10素混凝土；基础底板、基础梁：C30，抗渗等级P8；地下室外墙及地下室外墙中的框架柱：C30，抗渗等级P8；车道侧壁混凝土墙及车道侧壁墙中的框架柱：C30；其余的柱：C40；梁、板：C30；水箱、水池：C30，抗渗等级P8。

5）钢筋：类别：HPB235、HRB335；吊钩、锚筋—HPB235，不得用冷拉钢筋加工。

埋件钢材：Q235B。

钢筋接头：钢筋$<\phi20$为绑扎搭接；$\geqslant\phi20$为滚压直螺纹连接。

（4）地基及场地条件概况

1）本工程位于中央党校校内，西侧紧邻已建成的综合教学楼，南侧为现有水景，±0.000m相当于49.80m，室内外高差0.60m；

2）本工程基础为筏基及条基两种，基础底面坐落于中细砂③层上，局部基底下为黏性土②层，要先挖除，后用人工级配砂石分层回填夯实；

3）现场东南角处原42号楼暂不拆除，施工中作为总包及分包办公室使用；

4）施工现场东北角处74、75号楼为现有建筑，施工中存在扰民问题，将重点解决；

5）施工现场地面以下分布着原有的各种管线，施工前必须依照原管道图纸进行勘查。

1.2　工程承包范围

本工程承包范围为土建、给排水系统、消防系统、喷淋系统、采暖系统、通风空调系统、电气、BA系统、电梯、电话、广播、电视、火灾报警、综合布线、安保、游泳池系统等，各种管线做到室外1.5m。

1.3　工程重点与难点分析

（1）地理位置特殊，现场安全保护需加强

中央党校是国家的重要机关，本工程又地处中央党校院内，紧邻党校综合教学楼，因此，现场的安全、保卫、消防等工作成为工作的重中之重。

（2）高标准的质量要求

该工程的重要性和业主的要求决定了该工程严格的质量标准，如何通过严格的程序控制和过程控制，实施过程精品，确保长城杯，争创鲁班奖，把该工程建造成一流的艺术精品，是本工程的核心任务。

（3）保证现场搅拌混凝土的质量

根据合同要求，本工程所使用的混凝土全部为现场搅拌，包括地下室、游泳池、水箱等抗渗混凝土，混凝土用量大，因此，在完成混凝土浇筑的情况下，保证混凝土的浇筑质量是本工程的关键。

（4）结构标高变化多，施工工序需认真组织

本工程为一座综合性体育馆，建筑物标高层次较多，地下室顶板以上结构流水施工复杂，结构施工时必须认真组织，使工序合理搭接。

（5）具体结构剖面图

如图1-1所示。该工程屋面钢网架为球形焊接网架，网架矢高2.4m，网球馆以及游

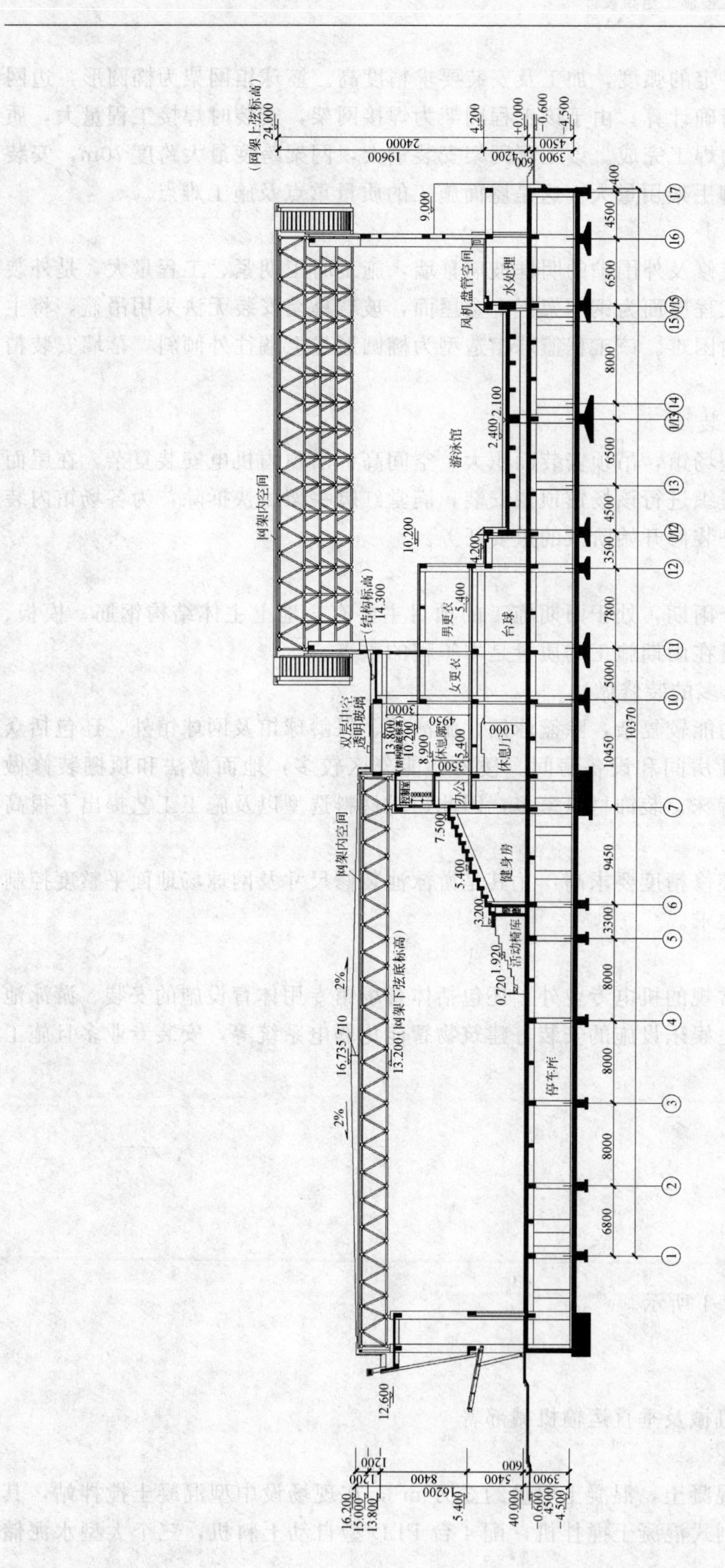

图 1-1 钢网架安装剖面图

泳馆网架为波浪形，有一定的弧度，加工及安装要求精度高。篮球馆网架为椭圆形，边网杆件加工特殊，需进行精确计算。由于该工程网架为焊接网架，安装时焊接工程量大，质量要求高，需要高级别的焊工完成。该工程网架安装量大，网架跨度最大跨度70m，安装高度最高20m，满堂红脚手架用量大。这是屋面施工的质量重点及施工难点。

(6) 玻璃幕墙施工

作为该工程主要外装修及外围护的明框玻璃幕墙，施工时工期紧、工程量大，是外装饰施工的重点。由于该工程屋面为钢网架铝合金屋面，玻璃幕墙安装无法采用吊篮，将主要由井架上料，玻璃运输困难。该工程篮球馆造型为椭圆形且上端往外倾斜，幕墙安装精度要求高，技术复杂。

(7) 各主场馆顶棚安装

该工程共有4个大型场馆，吊顶安装面积大，空间高，吊顶内机电安装复杂，在屋面板安装完后，如何尽快组织进行该场馆顶棚安装，满堂红脚手架尽快拆除，为各场馆内装修及地面施工创造条件是装修开始阶段的重要任务。

(8) 雨期施工项目多

本工程施工包括两个雨期，处于雨期施工的项目主要有：地上主体结构钢筋、模板、混凝土等，保证以上项目在雨期施工的质量是本工程的重点。

(9) 特殊的功能和众多的装修做法

本工程建筑物使用功能较复杂，除篮球馆、游泳池、保龄球馆及网球馆外，还包括众多的常规性用房、功能性房间和设备房间。楼内功能分区较多，地面做法和顶棚装修做法、墙面做法等都较为特殊，装饰材料繁多，因此，对材料选型以及施工工艺提出了很高的要求。

另外，体育场馆对装修精度要求高，尤其是游泳池装修尺寸及网球场地面平整度控制必须能够满足国际比赛要求。

(10) 机电工程复杂

本工程机电工程除常规的机电专业外，还包括体育场馆专用体育设施的安装、游泳池水处理设备的安装、水上娱乐设施的安装、建筑物智能化弱电系统等，安装专业多且施工要求高。

2　施工部署

2.1　施工总体流程

施工总体流程如图2-1所示。

2.2　施工总体部署

(1) 主要大型施工机械及垂直运输机械部署

1) 混凝土搅拌机械。

该工程为现场搅拌混凝土，混凝土用量约3万m^3，在现场设中型混凝土搅拌站，其中主机为4台JS500强制式混凝土搅拌机，配4台PLD型自动上料机，三个大型水泥储

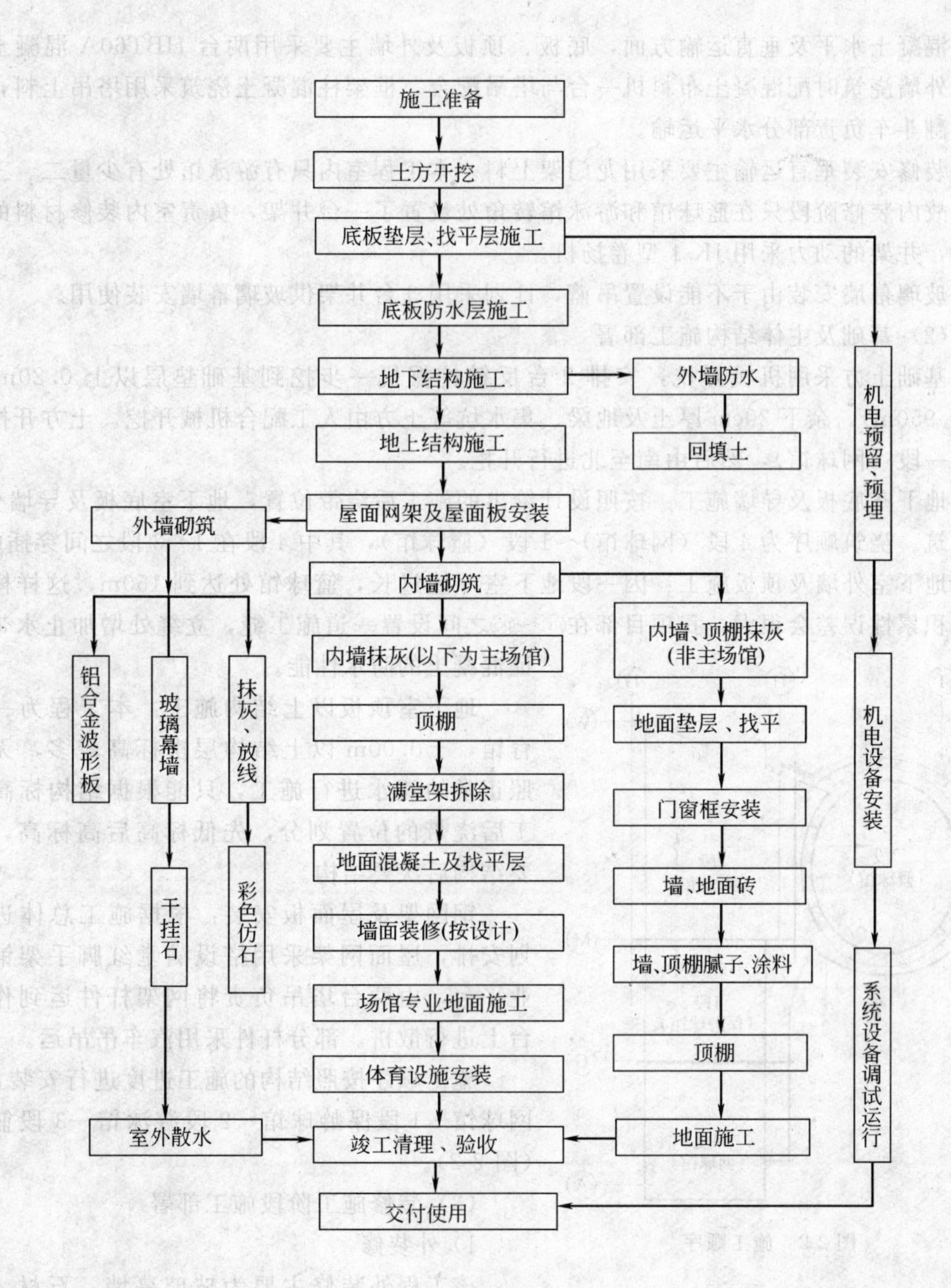

图 2-1 施工总体流程

料罐，两台铲车供自动上料机的砂石供应。每台搅拌机每小时额定生产能力为 30～48m³，两台搅拌机在综合考虑现场各项影响后可达 60m³/h 的生产能力。

2）垂直运输机械。

由于该工程占地面积大，经综合研究，现场布置两台固定式塔吊（K30/21），臂长 R＝70m，负责施工所有材料的垂直运输及网架屋面材料吊装工作。一台布置在基坑东侧，另一台布置在篮球馆位置。两台塔吊在建筑网架屋面及金属屋面板安装完成后拆除。网球馆和篮球馆部分塔吊无法覆盖的部分采用汽车吊。

混凝土水平及垂直运输方面，底板、顶板及外墙主要采用两台 HBT60A 混凝土泵送料，外墙浇筑时配混凝土布料机一台与塔吊配合。框架柱混凝土浇筑采用塔吊上料，并配三台翻斗车负责部分水平运输。

装修安装垂直运输主要采用龙门架上料。本工程室内只有游泳馆处有少量二、三层结构，故内装修阶段只在篮球馆和游泳馆转角处设置了一台井架，负责室内装修材料的垂直运输，井架的动力采用 JK-1 型卷扬机。

玻璃幕墙安装由于不能设置吊篮，计划采用 3 台井架供玻璃幕墙安装使用。

(2) 基础及主体结构施工部署

基础土方采用机械开挖，安排 2 台反铲挖掘机一步挖到基础垫层以上 0.20m 标高(−4.950m)，余下 20cm 厚土及地梁、集水坑等土方由人工配合机械开挖。土方开挖首先施工一段（网球馆），然后由南至北进行开挖。

地下室底板及导墙施工：按照设计给出的施工后浇带位置，地下室底板及导墙分为 4 次浇筑。浇筑顺序为 4 段（网球馆）～1 段（篮球馆），其中 4 段在 1～3 段之间穿插施工。

地下室外墙及顶板施工：因一段地下室外墙过长，篮球馆处达到 150m，这样模板浇筑时积累性误差会很大，我项目部在(1/P)～(1/Q)之间设置一道施工缝，立缝处增加止水带，保证混凝土的防水性能。

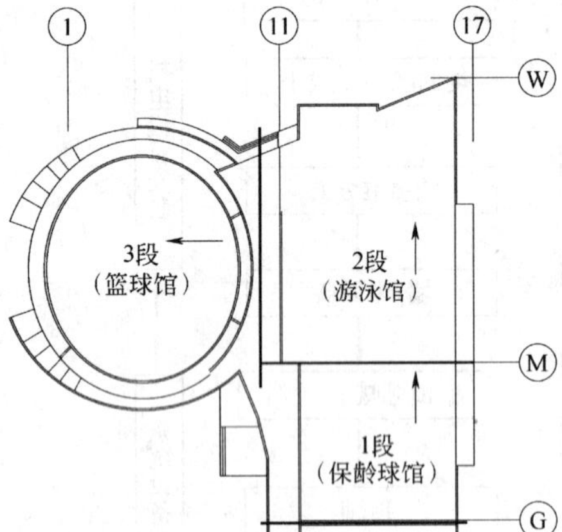

地下室顶板以上结构施工：本工程为一座体育馆，±0.00m 以上结构层次标高较多，无法按照正常的流水进行施工，只能根据结构标高和施工后浇带的位置划分，先低标高后高标高，先主要结构后次要结构。

钢网架及屋面板安装：根据施工总体进度计划安排，屋面网架采用搭设满堂红脚手架铺设作业平台，由两台塔吊负责将网架杆件运到作业平台上进行散拼。部分杆件采用汽车吊吊运。

施工顺序按照结构的施工进度进行安装：4 段网球馆—1 段保龄球馆—2 段游泳馆—3 段篮球馆（图 2-2）。

图 2-2　施工顺序

(3) 装修施工阶段施工部署

1) 外装修

该工程外装修主要为玻璃幕墙、石材、仿石漆。外装修主要按照四个场馆屋面完成的先后顺序进行，安装顺序为由上及下进行。先进行铝装饰板及玻璃幕墙施工，然后进行干挂、砌筑石材施工。外仿石漆根据易于成品保护及避开冬期施工合理安排。

由于内装修需要较为封闭的环境，外装修玻璃幕墙将是该工程控制进度的重点环节，玻璃幕墙完成的早晚直接影响内装修的进度安排。

2) 内装修

该工程为一综合体育馆，建筑物使用功能较复杂，除篮球馆、游泳馆、保龄球馆及网球馆大型场馆外，还包括其他众多小型场馆、常规性用房、功能性房间和设备房间。该工程地下一层，地上两层，单层平面面积较大，装修施工不能按常规多高层建筑以楼层作为流水施工阶段组织施工。根据工程特点，本工程装修施工将以建筑功能划分作为流水段，每一功能类型的房间根据常规施工工序安排施工先后顺序。经综合考虑，将本工程装修分为六个功能区域进行，各区域之间根据装修工序进行流水施工。主要划分如下：

第一功能区：设备房间。

该工程设备房间较多，同时机电工程安装需要土建先行提供安装条件，因此，设备房间作为该工程第一功能区首先进行装修。

第二功能区：网球馆。

第三功能区：篮球馆。

第四功能区：游泳馆。

网球馆、游泳馆、篮球馆作为该工程的三大主要场馆，建筑空间大，装修专业性高以及装修的不同特点，该三大场馆的装修将作为该工程的质量控制重点。

第五功能区：办公、附属用房、小型场馆及公共区域。

该类房间虽然不是该工程的重要区域，但属其他各功能区域的连接纽带，同时装修做法繁多，属于该工程控制工期的主要线路，其装修贯穿装修阶段的始终，是工序安排的重点。

第六功能区：地下车库、保龄球场馆等。

该工程地下一层，建筑面积约 9000m^2，装修量在内装修中比重较大，因此，地下结构计划先行组织验收，使装修提前插入，缓解全面内装修时的工作量。同类功能类型的房间装修将首先从地下室开始，例如设备间、卫生间等装修。

该工程装修根据进度计划将完全跨越冬期施工，由于工程室内空间大，不宜进行冬施保温加热措施，为避免冬期施工对工程装修质量的影响，工程抹灰、地面找平层、卫生间瓷砖等湿作业将主要安排在冬施前进行，为实现该目的，将增加前期劳动力的投入。

三大场馆顶棚安装需要满堂红脚手架，脚手架用量非常大，因此，三大场馆的顶棚将在屋面完成后集中，各项资源包括机电安装等尽早完成，及早拆除脚手架，为场馆地面工程的进行提供条件。

该工程机电安装复杂，但其安装受环境影响较小，其安装除配合装修外，将主要安排在冬期进行，为冬施结束后的装修创造条件，提高装修效率。

为保证工程质量，公共区域的墙地面砖及石材、墙顶腻子等工作将安排在冬施结束后先行进行，其他工作按照由上及下、由内到外、避免交叉污染的原则顺序进行。主要工序安排见进度计划。

2.3 流水段划分

(1) 流水段的划分

总体施工顺序：地下室底板——地下室剪力墙——独立柱——梁板。

(2) 地下室底板

本工程从使用功能方面可以分为四个主要体育场馆（篮球馆、游泳馆、保龄球馆及网球馆），从结构方面，根据设计院设计的 1 条沉降缝及 2 条施工后浇带可将基础底板分为 4 部分，地下室施工中按照 1→3 的顺序施工，4 段将在地下室施工期间穿插进行。其中，靠近Ⓖ轴处需待1段（保龄球馆）地下室外墙防水施工完成后施工。具体位置如图2-3所示。

（3）地下室墙体

地下室底板施工完毕后，开始进行地下室外墙施工。考虑到3段外墙长度过长，尤其是篮球馆的圆弧约150m，因此，增加1道施工缝，将原3段分为2部分施工（地下室外墙立面施工缝设置钢板止水带和遇水膨胀止水带），共分为4个流水段。5段在1段Ⓖ轴防水完成后施工。施工1～4段时穿插施工，具体时间见施工进度计划。具体位置如图2-4所示。

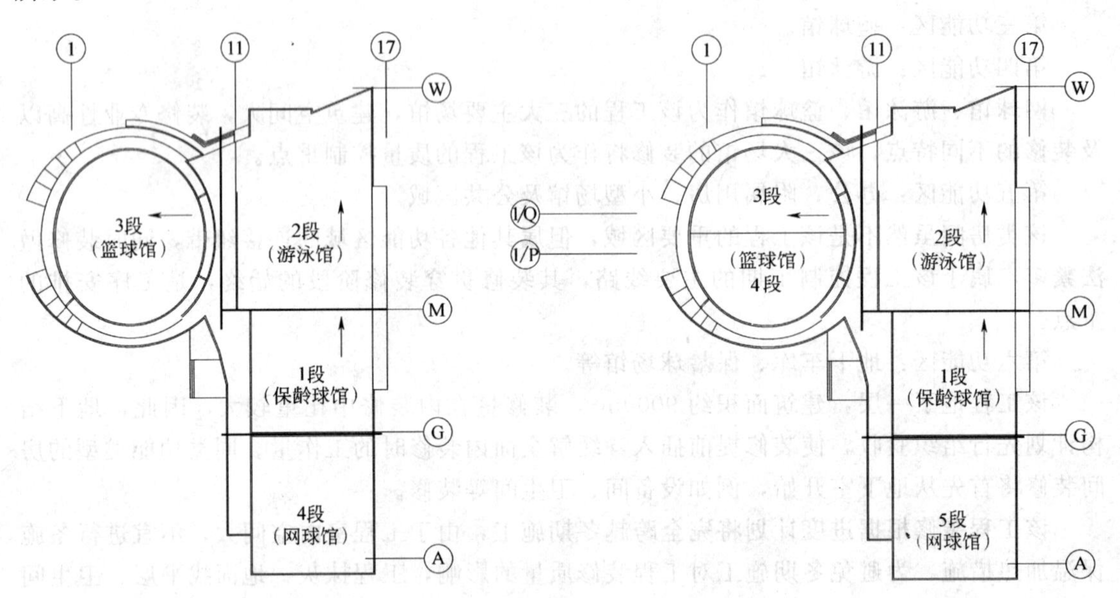

图2-3　地下室底板施工顺序　　　图2-4　地下室墙板施工顺序

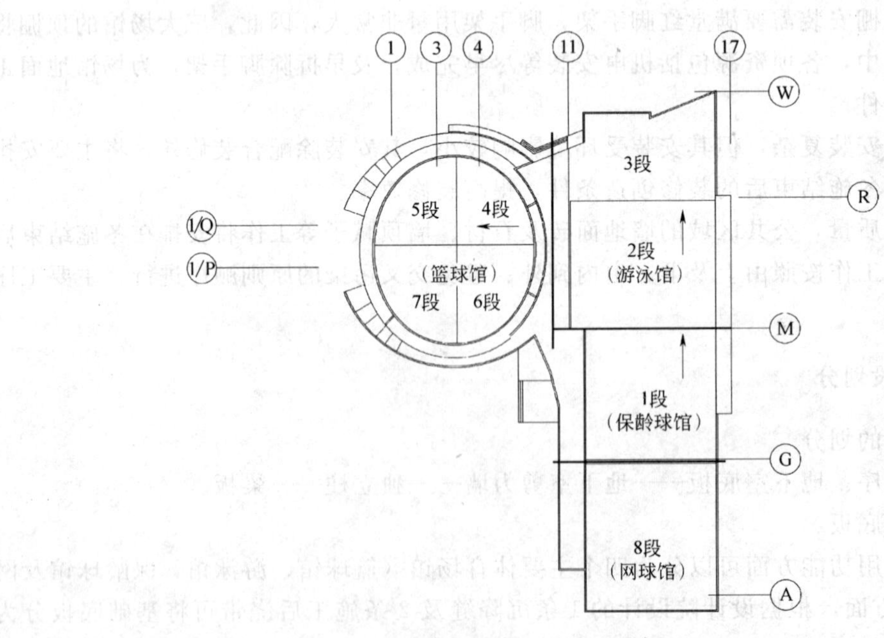

图2-5　独立柱施工顺序

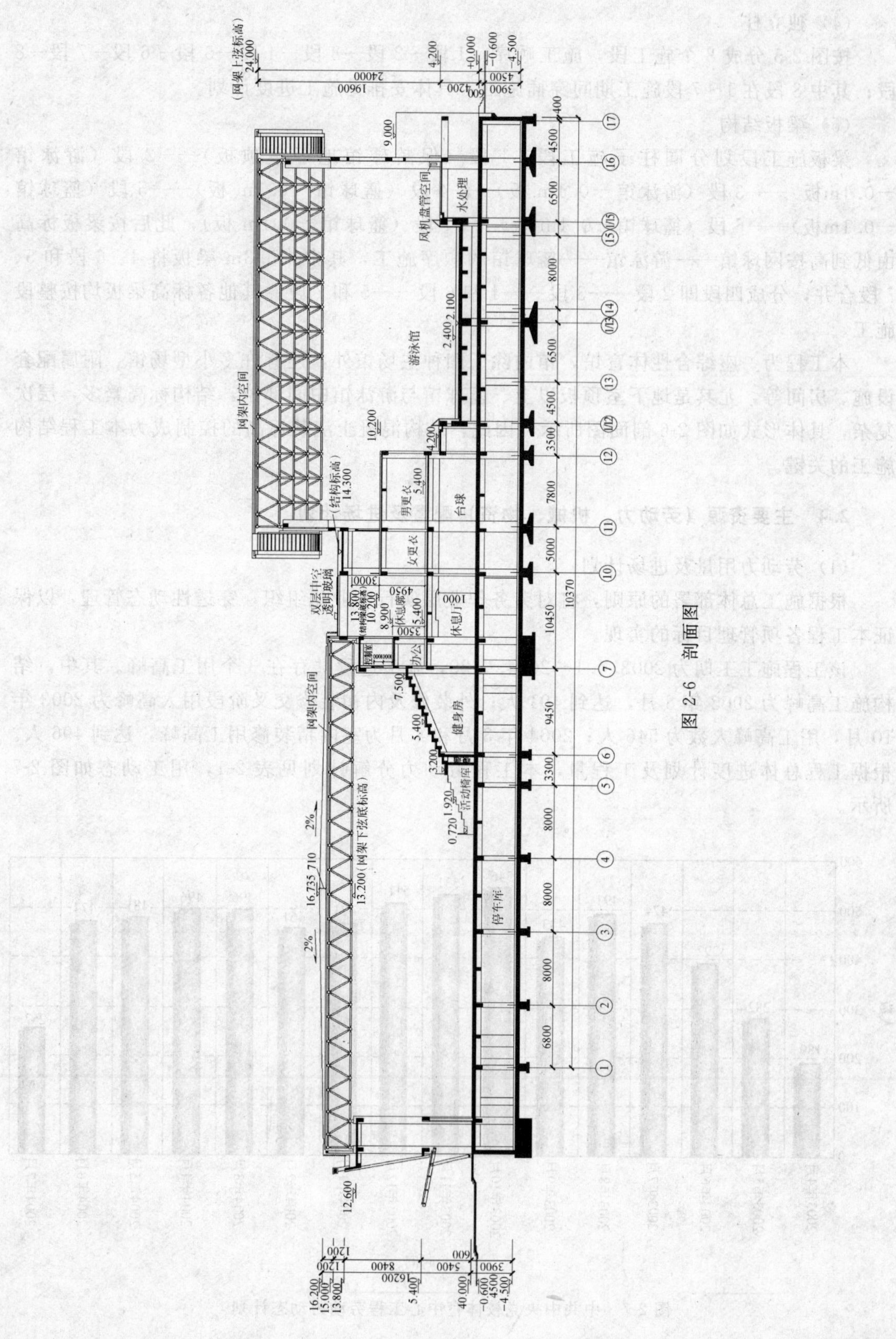
网架内空间
游泳馆
水处理
风机盘管空间
台球
男更衣
女更衣
休息厅
办公
健身房
活动看台
停车库
双层中空透明玻璃
(网架上弦标高)
(结构标高)
(网架下弦底标高)

图 2-6 剖面图

（4）独立柱

按图 2-5 分成 8 个施工段，施工顺序：1 段—2 段—3 段—4 段—5 段—6 段—7 段—8 段；其中 8 段在 1～7 段施工期间穿插施工，具体安排见施工进度计划。

（5）梁板结构

梁板施工段划分同柱子施工段。1 段（保龄球馆地下室顶板）——2 段（游泳馆－0.1m板）——3 段（游泳馆－0.1m 板）——4 段（篮球馆－0.1m 板）——5 段（篮球馆－0.1m板）——6 段（篮球馆－0.1m 板）——7 段（篮球馆－0.1m 板），此后按梁板标高由低到高按网球馆——游泳馆——篮球馆的顺序施工，其中＋5.3m 梁板将 4、6 段和 5、7 段合并，分成四段即 2 段——3 段——4 和 6 段——5 和 7 段。其他各标高梁板均按整段施工。

本工程为一座综合性体育馆，馆内除了四种主场馆外，还有许多小型场馆、附属配套设施、房间等，尤其是地下室顶板以上、篮球馆与游泳馆中间部位，结构标高繁多，层次复杂，具体形式如图 2-6 剖面图所示，因此，结构混凝土浇筑标高的控制成为本工程结构施工的关键。

2.4　主要资源（劳动力、机械、物资）配置及进场计划

（1）劳动力用量及进场计划

根据施工总体部署的原则，将对劳务作业层实行专业化组织，穿透性动态管理，以保证本工程各项管理目标的实现。

该工程施工工期为 2003.4.1～2004.6.29，施工过程共存在 3 个用工高峰。其中，结构施工高峰为 2003 年 8 月，达到 491 人；外装修及内初装修交叉阶段用人高峰为 2003 年 10 月，用工高峰人数为 546 人；2004 年 3 月和 4 月为室内精装修用工高峰，达到 496 人。根据工程总体进度计划及工程量，本工程劳动力分解计划见表 2-1，用工动态如图 2-7 所示。

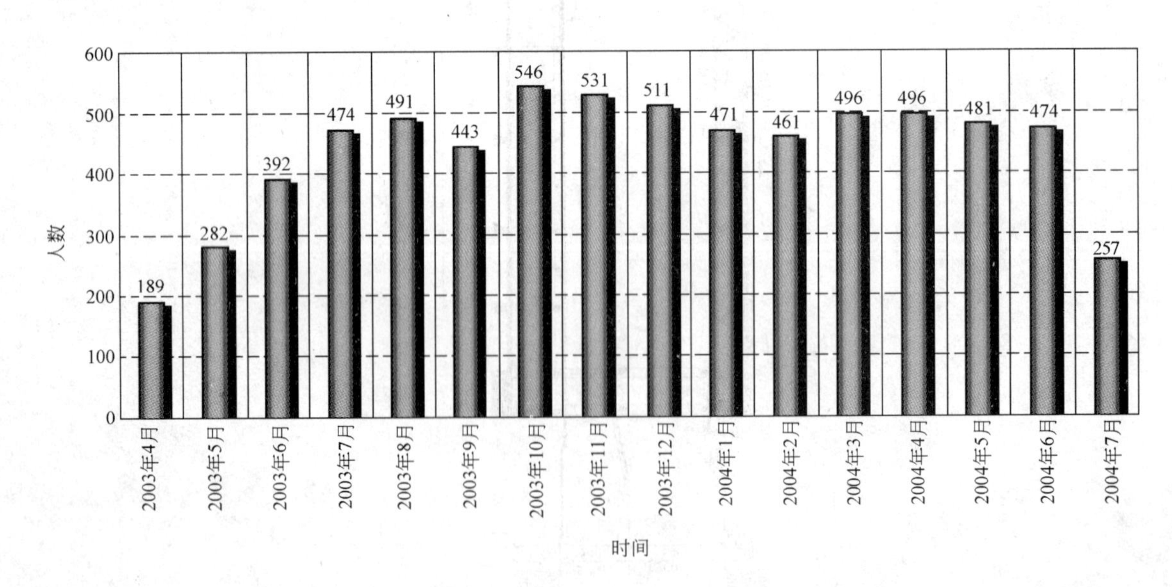

图 2-7　中共中央党校体育中心工程劳动力动态计划

劳动力计划表 表 2-1

时间 / 工种	2003									2004					
	4	5	6	7	8	9	10	11	12	1	2	3	4	5	6	7
木工	20	45	80	100	100	40	40	40	20	20	20	20	15	15	20	15
钢筋工	20	45	80	100	100	40	20	10	10	5	5	5	0	0	0	0
混凝土工	15	30	40	50	50	20	15	10	10	5	5	5	5	5	5	5
机操工	10	10	15	15	15	15	15	15	15	15	15	15	15	15	15	10
修理工	4	4	4	4	6	6	6	6	6	6	6	6	6	6	6	4
电工	4	6	15	15	20	30	30	35	35	40	40	40	40	40	40	20
焊工	6	6	8	10	10	30	50	50	40	20	15	10	10	10	10	6
瓦工	20	15	10	10	10	30	50	50	30	20	20	20	5	5	5	5
抹灰工	15	15	10	10	10	20	40	40	40	40	20	50	50	50	50	20
架子工	8	10	10	20	20	25	25	25	20	15	15	10	10	10	5	5
油漆工	4	2	2	2	2	2	10	10	15	5	5	5	15	20	20	10
钳工	0	0	5	6	6	10	15	15	15	15	15	15	15	15	15	10
管工	5	6	6	10	20	25	30	30	30	30	30	30	35	35	35	15
通风工	0	0	5	15	15	20	35	35	35	35	30	30	40	40	40	15
起重工	6	6	10	10	10	10	15	15	15	15	15	10	10	10	5	5
测量工	2	2	2	2	2	5	5	5	5	5	5	5	5	5	3	2
装饰工	0	15	15	15	15	15	50	50	80	100	100	120	120	120	120	80
防水工	10	15	15	0	0	0	15	10	10	0	0	0	0	0	0	0
普工	40	50	60	80	80	100	80	80	80	80	100	100	100	80	80	30
合计	189	282	392	474	491	443	546	531	511	471	461	496	496	481	474	257

(2) 主要施工机械用量及进场计划

1) 土建施工机械见表2-2。

2) 机电安装施工机械见表2-3。

土建施工机械用量 表2-2

序号	设备名称及用途		型号	数量
1	土方工程	反铲挖掘机	EX300(1.6m³)	2
2		自卸式汽车	TATRA	15
3		压路机	12t	1
4		蛙式打夯机	HW-60	10
5	垂直和水平运输机械	塔吊(固定式)	K30/21(R=70m)	2
6		卷扬机(提升井架)	JK-1	4
7	混凝土、砂浆施工机械	混凝土地泵	HBT60A	2
8		混凝土搅拌机	JS500	4
9		砂浆搅拌机	JS350	2
10		配料机	PL800	3
11		水泥仓	100t	3
12		铲车	Z15	2
13		插入式振捣器	ZN508M	10
14		平板式振捣器	PZ-50	5
15		振捣棒电机	1.1kW	10
16		混凝土布料机	BL12	1
17		翻斗车	1t	3
18	钢筋加工机械	钢筋切断机	50	2
19		钢筋弯曲机	50	3
20		钢筋调直机	JJM-5	2
21		钢筋切割机	400型	5
22		交流电焊机	500型	6
23		滚压直螺纹机械	GHG40	2
24		卷扬机	5t	2
25		空压机	YV0.9/7	2
26	雨期施工	潜水泵	φ100	10
27	木工加工机械	圆盘锯	MJ114	2
28		木工刨床	MB104A	2
29		木工电刨	M1292	2
30		木工电锯	φ1000	10
31		砂轮机	MQ3225	2
32		备用柴油发电机	300kA	1
33		镝灯	DDG3.5	7

机电安装机械　　表 2-3

序号	名称	规格型号	单位	数量
1	电动试压泵	3D-SY 543/4	台	2
2	套丝机		台	6
3	电动液压弯管机	XS-0198	台	2
4	台钻	LT-13	台	2
5	电动砂轮切割机	SQ-40-2	台	6
6	电动空压机	0.6m³/min	台	1
7	电焊机		台	6
8	电焊条烘干箱	ZYHC-150	台	1
9	电锤		台	14
10	金刚石钻机	ZIZS-200	台	1
11	联合角咬口机		台	6
12	电动剪板机	Q11-6.3×2500	台	1
13	角钢卷圆机	JY-40	台	1
14	手动折方机	WS-12	台	1
15	数位式温湿度计	MX4-TES-1360	台	1
16	热球式电风速计	BJ57-QDF-3	台	1
17	数字万用表		台	7
18	数字压力表	910B	台	2
19	接地电阻测试仪	GCT	台	1
20	绝缘电阻测试仪	3141	台	2
21	综合布线成套工具		套	2

（3）检测、测量及试验设备配备计划

1）工程测量仪器见表 2-4。

工程测量仪器表　　表 2-4

序号	设备名称	精度指标	数量	用途	检测状态
1	Topcon-601 全站仪	2mm+2ppm	1 台		合格
2	TDJ2E 电子经纬仪	2″	1 台	施工放样	合格
3	S3 水准仪	2mm	2 台	标高控制	合格
4	50m 钢尺	1mm	2 把	施工放样	合格
5	激光经纬仪	1/20000	2 台	内控点竖向传递	合格
6	对讲机		2 部	通信联络	

2）工程检测仪器见表 2-5。

工程检测仪器表　　表 2-5

序号	名称	数量	检测状态
1	靠尺	2	合格
2	30m 尺	1	合格
3	7.5m 钢卷尺	15	合格
4	塞尺	1	合格
5	角尺	2	合格
6	小锤子	4	

3）工程试验、计量仪器见表2-6。

工程试验、测量仪器 表2-6

序号	名称	数量
1	天平	1台
2	振动平台	1个
3	SWMSZ型温湿度自动控制器	1套
4	坍落度筒	2个
5	混凝土模具150mm×150mm×150mm	15组
6	抗渗混凝土模具 $D=150$，$h=150$mm	8组
7	环刀	1套
8	砂浆模具	5组
9	坍落度标尺	1把

（4）主要材料用量及进场计划

1）土建主要材料用量计划见表2-7。

土建主要材料用量计划 表2-7

序号	主要材料	单位	数量	备注
1	钢筋	t	3760	
2	钢板	m^2	240	
3	混凝土	m^3	23850	
4	砌块	m^3	325	
5	水泥	t	9270	
6	砂子	t	15470	
7	石子	t	28500	
8	直螺纹套筒	个	44180	
9	塑护套	个	16050	

2）防水、装饰工程材料见表2-8。

防水、装饰工程用料量 表2-8

序号	材料名称	单位	数量	备注
1	APP改性沥青防水卷材(3mm)	m^2	15920	
2	聚氨酯防水涂料	kg	6576	
3	嵌缝膏CSPE	支	3734	
4	外加剂	t	556	
5	聚苯乙烯泡沫塑料板	m^3	24	
6	钢网架	t	535	
7	电焊条	kg	3650	
8	防锈漆	kg	3900	
9	钢结构薄形防火涂料	t	80.9	
10	铝合金屋面板	m^2	10090	
11	中空玻璃采光屋面	m^2	178	

续表

序号	材料名标	单位	数量	备注
12	铝合金波形板	m^2	2811	
13	松木毛地板	m^2	2141	
14	硬木长条企口地板	m^2	2141	
15	硬木踢脚线	m	714	
16	地面砖	m^2	4580	
17	花岗石板	m^2	2285	
18	内墙釉面砖	m^2	3080	
19	磨光花岗石	m^2	4846	
20	厚花岗石板(毛面)厚100mm以外	m^2	2439	
21	装饰石膏板(600mm×600mm×12mm)	m^2	2640	
22	铝合金方板 浮搁式	m^2	776	
23	铝合金100mm×100mm×50mm	m^2	1133	
24	铝合金立柱(明框)150系列	m	3075	
25	铝合金横梁(明框)	m	2520	
26	明框玻璃幕墙中空玻璃	m^2	3027	
27	泡沫塑料条	m	9900	
28	玻璃胶(密封胶)	支	7936	
29	仿石涂料	kg	6600	
30	白色耐擦洗涂料	kg	2338	
31	乳胶漆	kg	2725	
32	耐水腻子	kg	1070	
33	室内乳胶漆	kg	4124	
34	水性封底漆(普通)	kg	3200	
35	水性中间(层)涂料	kg	412	
36	油性透明漆	kg	412	
37	橡胶弹性地板	m^2	3420	

(5)模板、脚手架材料用量计划

见表2-9。

模板、脚手架材料用量　　表2-9

类别	选型	配置数量	备注
筏形基础周圈模板	240mm砖胎膜	$30m^3$	
框架圆柱	定型组合钢模板	ϕ800:2套 ϕ900:10套	
框架方柱	15mm厚 2440mm×1220mm覆膜木胶合板	42套	
地下室外墙	15mm厚 2440mm×1220mm覆膜木胶合板	多层板:$583m^2$、木方$9.62m^3$	采用防水对拉螺栓
梁板、楼梯模板及支撑体系	15mm厚 2440mm×1220mm覆膜木胶合板	多层板:$13700m^2$,木方$548m^3$,脚手架980.2t(含扣件)	梁板底模配置1.5层,梁侧模配置2段

续表

类　别	选　型	配 置 数 量	备　注
网架安装满堂红脚手架	满堂红架（ϕ48×3.5 钢管）	脚手架 512t（含扣件）	架体横、纵杆及步距：1.8m×1.8m×1.8m
外脚手架	双排架（ϕ48×3.5 钢管）	191.5t（含扣件）	扣件式脚手架（外墙面积 8150m^2）
密目安全网		8150m^2	外架满挂
防坠安全网		8890m^2	包括满堂红架及外架
木跳板		3550m^2	包括满堂红架及外架

(6) 专业分包项目及进场计划

见表 2-10。

专业分包项目进场计划　　表 2-10

序　号	专业分包工作内容	计划选定时间	进 场 时 间	资 质 要 求
1	防水专业分包	2003.04	2003.05	专业公司、一级施工资质
2	弹性塑胶地面	2004.03	2004.04	专业公司
3	钢网架安装	2003.07	2003.09	一级施工/甲级设计
4	消防系统	2003.07	2003.09	专业公司
5	电梯	2003.09	2003.11	厂家安装
6	弱电系统	2003.07	2003.09	专业公司
7	游泳池系统	2003.07	2003.09	专业公司

2.5　施工现场平面布置

(1) 施工现场平面布置的原则

1) 阶段平面布置要与该时期的施工重点相适应；

2) 施工材料堆放应尽量设在塔吊覆盖的范围内，以减少二次搬运为原则；

3) 临水、临电、机械的布置在满足安全要求的前提下最大限度地满足施工要求；

4) 生活区与施工区要分开；

5) 主要施工机具的布置应尽量避免扰民；

6) 阶段平面布置之间要具有连续性。

(2) 基础、主体结构施工阶段现场平面布置

本工程南北向长 153.00m，游泳馆、保龄球馆、网球馆宽 59.70m，篮球馆为一圆形建筑，直径 72.00m，为满足工程钢筋、模板、混凝土等材料垂直及水平运输，在施工现场布置两台固定式塔吊，型号为 K30/21，臂长 70m。即在场地东侧设置一台固定式塔吊，用于游泳馆、保龄球馆、网球馆结构施工所用；另外，为满足篮球馆施工，在场地西侧（篮球馆主入口处）设置一台固定式塔吊。

本工程所有混凝土均为现场搅拌，因此，必须在现场设置搅拌站，考虑到扰民问题，将搅拌站设置在远离 74、75 号居民楼的场地西南角。根据工程混凝土浇筑量计算，地下结构阶段搅拌站设置 4 台 JS500 搅拌机，配 4 台 PLD 型自动上料机，以及散装水泥罐 4 个和配套的砂、石堆放场地。地下室顶板施工完毕后，地上结构混凝土量大大减少，搅拌

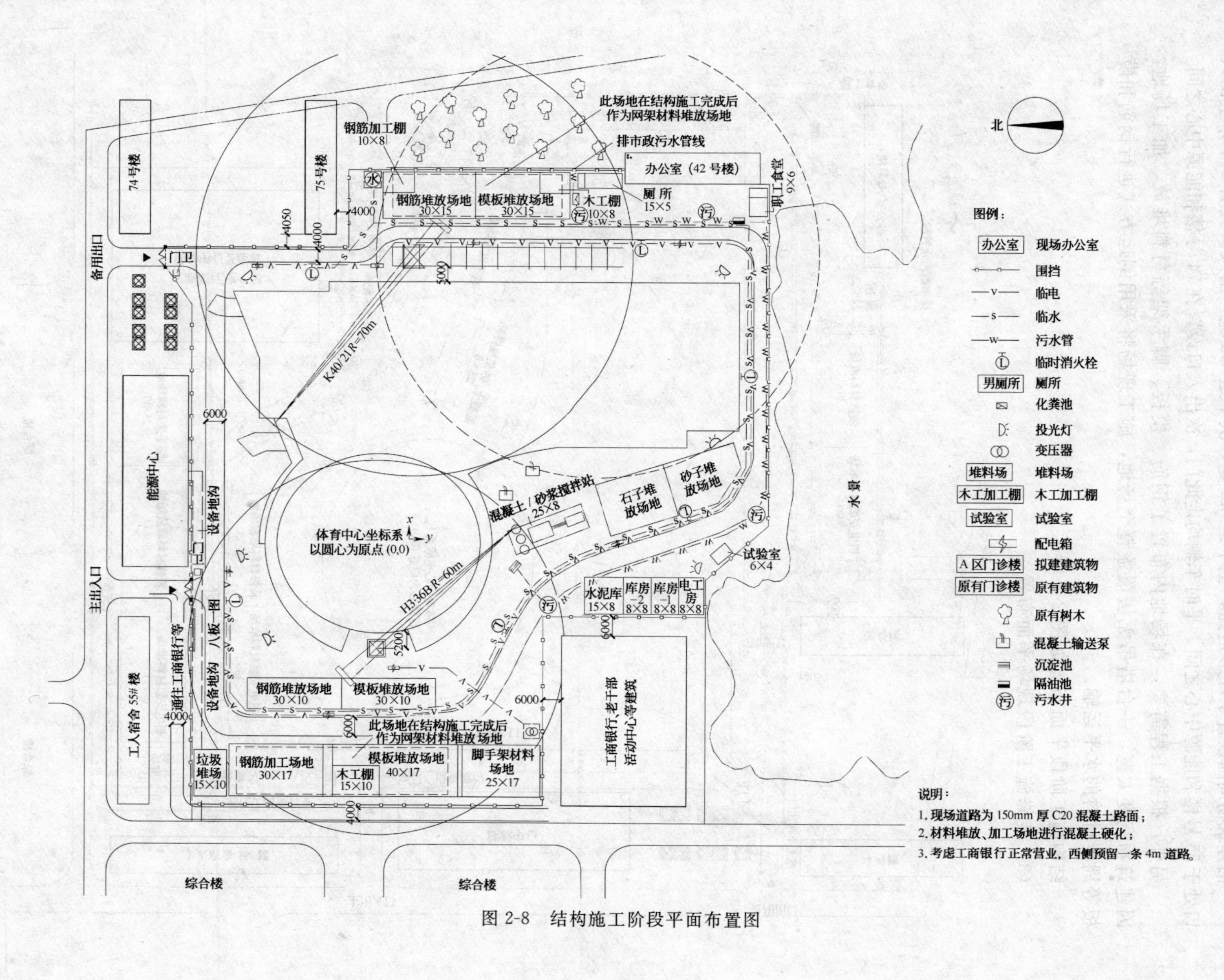

图 2-8　结构施工阶段平面布置图

机减为 2 台，其他机械不变。

沿建筑物周围设置了环形道路，主干道 6m 宽，次干道 4m 宽，出入口共有 2 个，主出入口处于 55 号楼和能源中心之间，平时车辆均走此门，次出入口设置在 74 号楼和能源中心之间。

另外，根据工程需要，在场地内布置了钢筋、模板、脚手架等材料堆放、加工场地，因建筑物宽度太宽，一台塔吊无法覆盖整个场地，施工现场将采用倒运方式进行钢筋和模板等周转材料的水平运输。

结构施工阶段平面布置如图 2-8 所示。

(3) 装修施工阶段现场平面布置

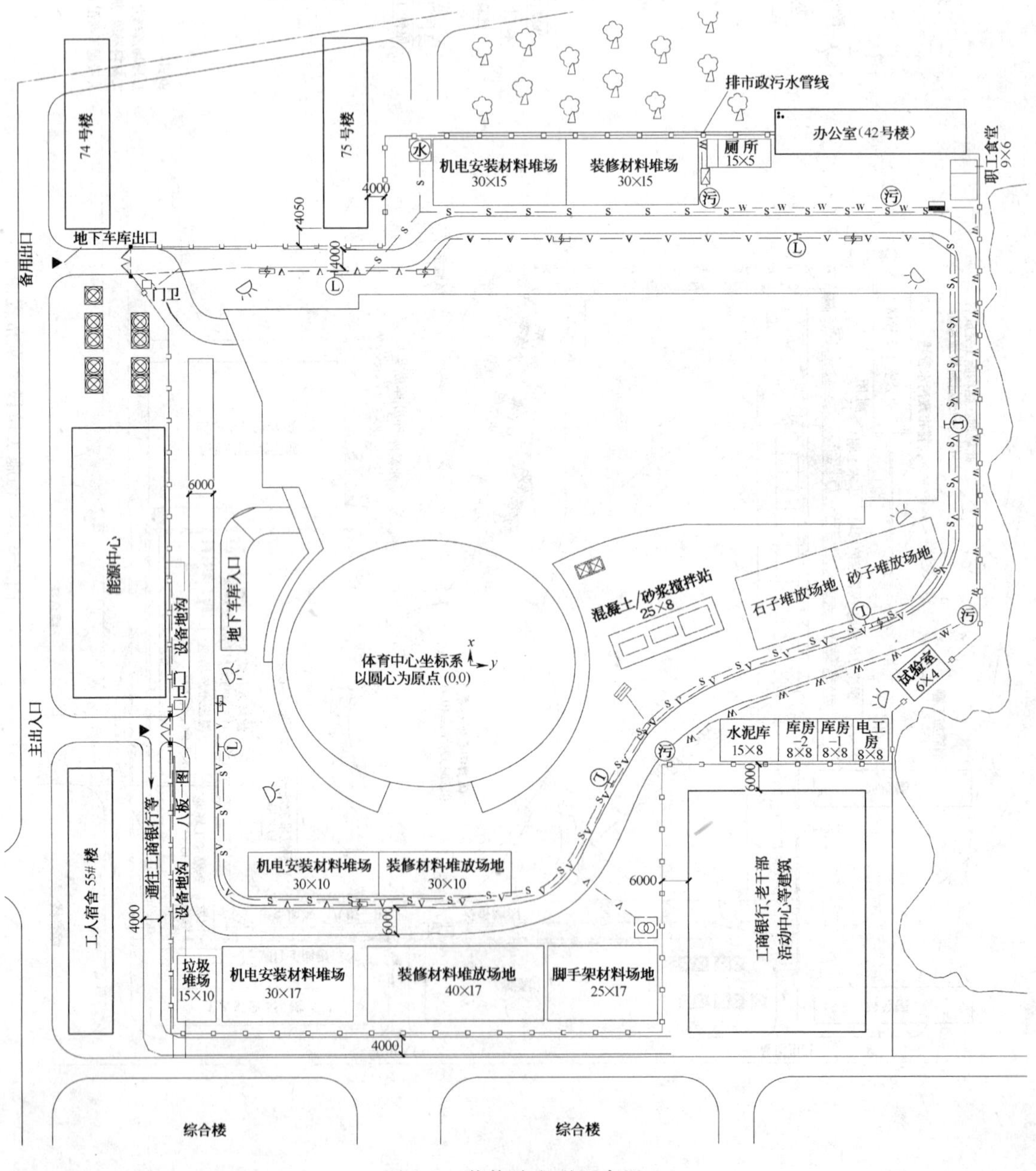

图 2-9　装修阶段平面布置

钢网架及屋面板安装完毕后将两台塔吊拆除，设置一台井架作为游泳馆处少量二、三层内装修作业使用。在幕墙施工时，单独设置 3 台井架供幕墙安装使用。装修施工期间，考虑到混凝土、砂浆一次性用量不大，将结构施工使用的 3 台 JS500 搅拌机换成 2 台 JS350 搅拌机，用于混凝土、砂浆搅拌。

装修施工阶段平面布置图如图 2-9 所示。

(4) 临建布置

1) 现场办公室：将现场北侧 55 号楼作为现场办公场所，东南角的 42 号楼作现场办公之用。

2) 职工食堂、隔油池：在现场办公室南侧设置职工食堂（$54m^2$），并根据公司 CI 标准规定设置隔油池，食堂产生的污水经隔油池流入污水管线后方可排放到市政管线。

3) 厕所、化粪池：在现场东侧设置厕所（$75m^2$），用于现场所有人员使用，并安排专人定期进行清扫，保持厕所内洁净、卫生。厕所产生的粪便流入化粪池（7 号，约 $20m^3$）排放至市政管线或由专业清洁公司定期进行清扫。

4) 试验室：现场西南角靠近搅拌站处设试验室 1 间，约 $24m^2$，提供混凝土的标准养护和同条件混凝土试块试验、砂石料含水率的测试等常规试验。

5) 道路、材料堆场：为满足施工过程中大型运输车行驶的需要，在现场铺 150mm 厚的 C20 混凝土道路环绕建筑物设置；材料堆放场地平整后铺设一层碎卵石及 50mm 厚的 C10 混凝土。

6) 围墙：为了避免工程竣工后建筑垃圾造成环境污染，按照公司 CI 标准，采用钢质围挡板作为施工现场围墙，外侧装饰内容经与业主协商后确定。

临建设施明细表见表 2-11。

临建设施表　　　表 2-11

序　号	临 建 名 称	单　位	数　量	结构类型/做法
1	总包办公室	间	15	钢结构盒子屋
2	业主办公室	间	1	原有建筑
3	监理办公室	间	2	原有建筑
4	分包办公室	间	5	原有建筑
5	现场会议室	间	1	原有建筑
6	门卫	m^2	8	砌体结构，石棉瓦屋面
7	试验室	m^2	24	砌体结构，石棉瓦屋面
8	厕所	m^2	75	砌体结构，石棉瓦屋面
9	食堂	m^2	54	砌体结构，石棉瓦屋面
10	职工宿舍	m^2	1200	砖混房
11	库　房	m^2	128	简易板房
12	水泥库	m^2	80	砖木结构，石棉瓦屋面
13	混凝土搅拌站	m^2	200	砖木结构，石棉瓦屋面
14	钢筋加工棚	m^2	150	砖木结构，瓦楞铁屋面
15	木工棚	m^2	150	砖木结构，瓦楞铁屋面
16	电工房	m^2	36	砖木结构，瓦楞铁屋面
17	临时砖砌化粪池	个	1	7 号，$20m^3$
18	临时隔油池	个	1	Ⅳ号
19	沉淀池	个	1	
20	八板一图制度牌	套	1	按公司标准做法

3 主要项目施工方法

3.1 钢筋工程

（1）钢筋：本工程采用 HPB235、HRB335 级钢筋，埋件钢材用 Q235B，吊钩、锚筋采用 HPB235 级钢筋。底板钢筋 ϕ20、ϕ22 两种；基础梁钢筋 ϕ25；条基钢筋 ϕ22、ϕ20、ϕ16、ϕ14；墙钢筋 ϕ20、ϕ18、ϕ16、ϕ14；柱筋主筋为 ϕ25 等；

（2）梁、柱、墙暗柱、底板主筋钢筋$\geqslant\phi$20 接头采用直螺纹机械连接接头；

（3）墙筋水平筋采用搭接接头，竖筋$\geqslant\phi$20 接头采用直螺纹机械连接接头，$<\phi$20 采用搭接接头；

（4）梁、柱中$\leqslant\phi$18 的钢筋采用绑扎搭接；

（5）板钢筋采用搭接接头；

（6）焊条：E43 型用于 HPB235 级钢及型钢，E50 用于 HRB335 级钢。

3.2 模板工程

（1）模板的选择

该工程混凝土质量要求高，所选择的模板施工工艺、模板品种和模板产品质量技术上均应先进可靠，以确保工程质量达到业主要求的质量标准。

本工程分部分项选择的模板类型见表 3-1。

模板类型　　表 3-1

序　号	分部分项工程	选择模板品种	备　注
1	条形基础	240mm 砖胎模	
2	筏形基础边模	240mm 砖胎模	
3	基础梁侧模	15mm 厚覆膜木胶合板	带基基础梁
4	地下室外墙	15mm 厚覆膜木胶合板	采用防水对拉螺栓
5	剪力墙	15mm 厚覆膜木胶合板	
6	框架方柱	15mm 厚覆膜木胶合板	采用防水对拉螺栓
7	框架圆柱	6mm 定型钢模板	
8	梁板模	15mm 厚覆膜木胶合板	
9	楼梯模板	15mm 厚覆膜木胶合板	
10	水平模板支撑系统	采用扣件钢管支架（ϕ48×3.5）	

（2）基础模板

地下室底板的施工段如图 3-1 所示。

1）模板形式：

① 底板条形基础、筏形基础。

篮球馆、游泳馆、保龄球馆基础筏板边模采用 240mm 砖胎模，保龄球馆承台和基础筏板边梁侧模和积水坑采用 15mm 厚覆膜木胶合板。

筏形基础边梁顶面支导墙模板，导墙模板下方作钢筋支撑（钢筋支撑点焊于底板梁筋

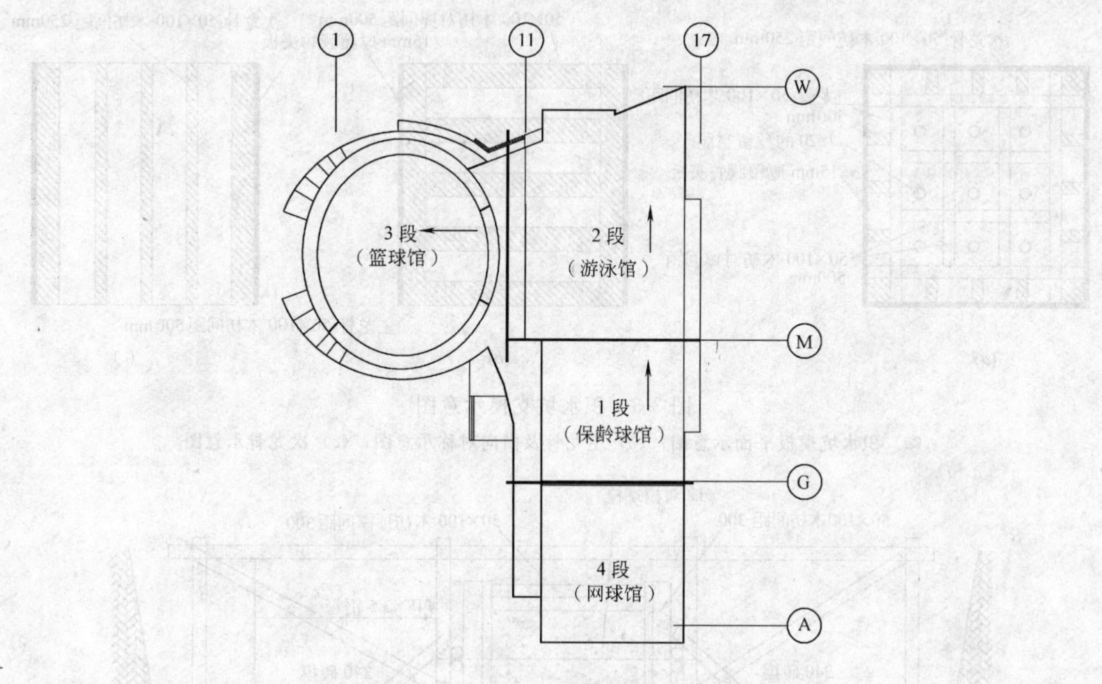

图 3-1 底板施工段

上)，支顶导墙模板；在导墙钢筋支撑上水平焊接钢筋顶撑，用以支顶基础边梁侧模。

模板支设方式如图 3-2 所示。

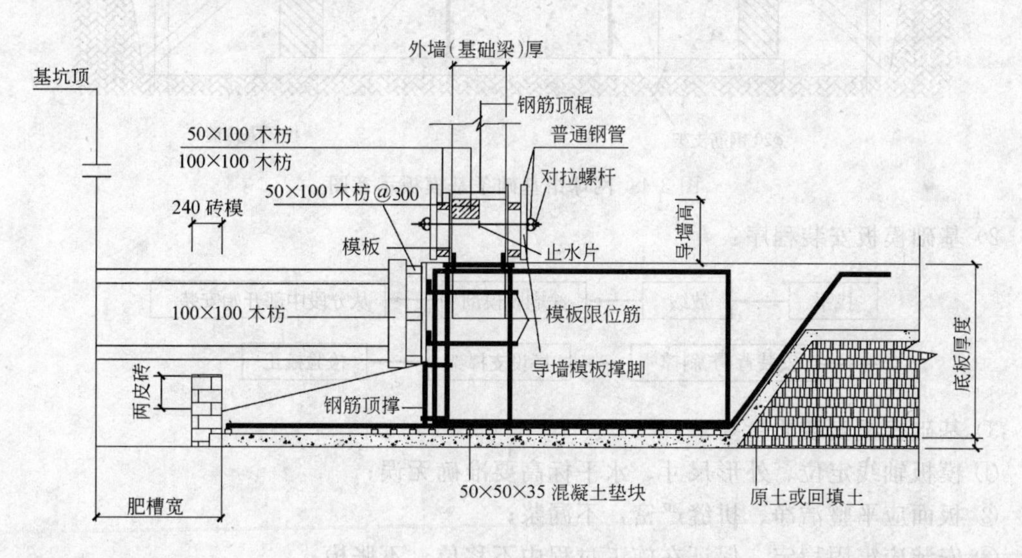

图 3-2 底板砖胎模、导墙、基础梁底板上部支模示意图

② 集水坑支模。

本工程底板集水坑模板采用 20mm 厚覆膜木胶合板，50mm×100mm 木枋背楞拼成整体模板，再用 100mm×100mm 木枋十字支撑做成整体筒模，基坑底部预留洞口以便振捣，待振捣完毕后封上。模板支设方式如图 3-3 所示。

③ 网球馆基础支模，网球馆基础条基模板示意图如图 3-4 所示。

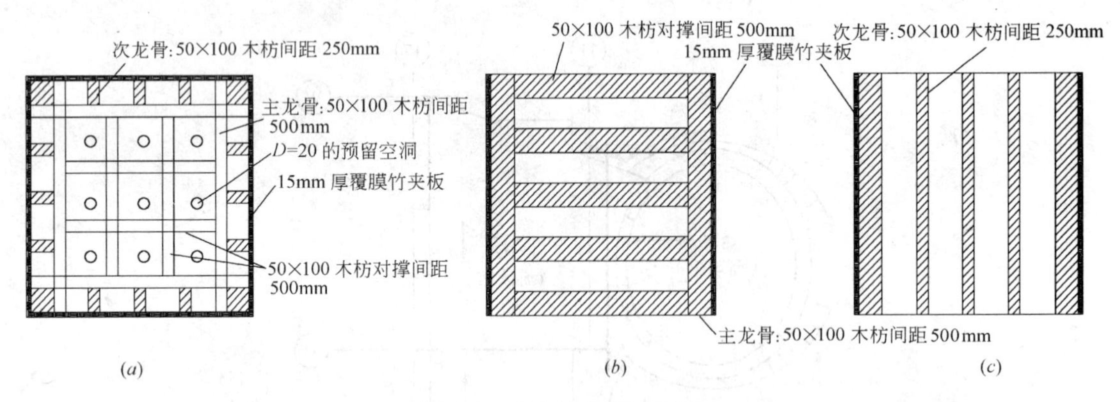

图 3-3 积水坑支模示意图

(a) 积水坑模板平面示意图；(b) 主龙骨及横向对称示意图；(c) 次龙骨示意图

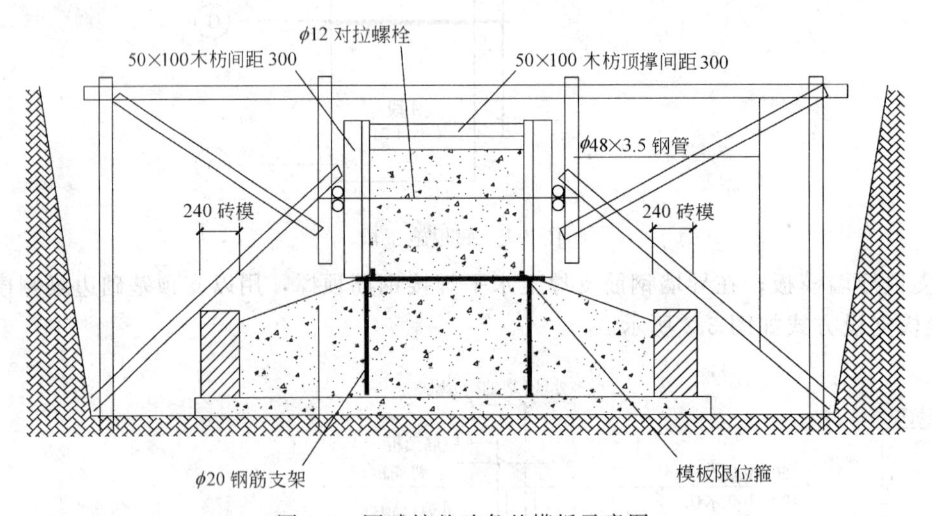

图 3-4 网球馆基础条基模板示意图

2）基础模板安装程序：

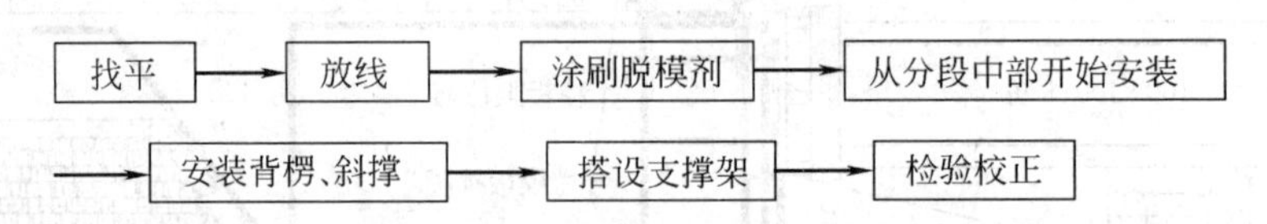

3）基础模板安装质量要求：

① 模板轴线定位、外形尺寸、水平标高要准确无误；

② 板面应平整洁净、拼缝严密，不漏浆；

③ 安装应牢固稳定，保证在施工过程中不移位、不胀模；

④ 模板安装偏差应控制在规范容许范围内。

(3) 柱子模板

1）柱子模板施工段。

① 柱子的施工段按图 3-5 分成 8 个施工段，施工顺序：1 段—2 段—3 段—4 段—5 段—6 段—7 段—8 段；其中 8 段在 1～7 段施工期间穿插施工；

② 4～7 段圆柱钢模按 4 段的 10 根柱子进行配制，方柱按 4 段 8 根柱子配模，配置高度按

地下室为 4.42m，分别由 4 段周转到 5、6 和 7 段使用，—0.1m 以上主体进行接模配置；

③ 1、2 和 3 段 800mm×800mm 柱模按 1 段保龄球馆高度配制 19 套模板，相应由 1 段周转到 2、3 段使用，地下室配模高度为 4.42m，多出的高度按接模配置，—0.1m 以上主体进行接模配置；

④ 8 段网球馆为 22 根 800mm×800mm 柱子，配模高度为 5.4m，其模板可周转到 1、2、3 段标高 5.3m 板以上 800mm×800mm 柱子使用；

⑤ 3 段的圆柱钢模共 8 根，按地下室配模高度为 4.42m，—0.1m 以上主体进行接模配置；

⑥ 其他柱模分别根据地下室高度单独配置，不进行水平周转；

⑦ 所有方柱模板根据以上方式配模，其周转次数均不超过 4 次，以保证模板的使用质量。

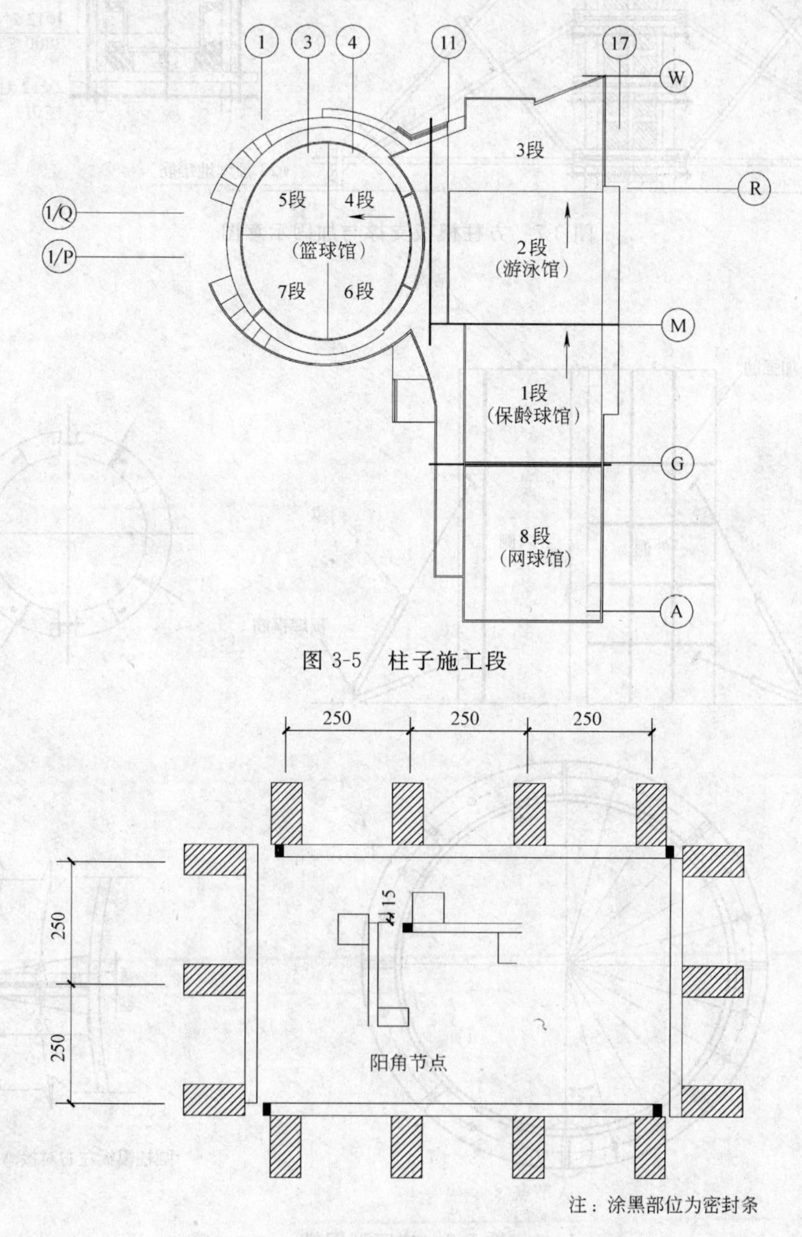

图 3-5 柱子施工段

图 3-6 方柱模板拼装示意图

2）模板形式：

① 独立方柱。

本工程方柱种类较多，有 1200mm×800mm、1000mm×800mm、500mm×500mm、1300mm×800mm 等尺寸，框架柱木模板、背衬 50mm×100mm 木枋，⊏10 号槽钢与 ϕ16

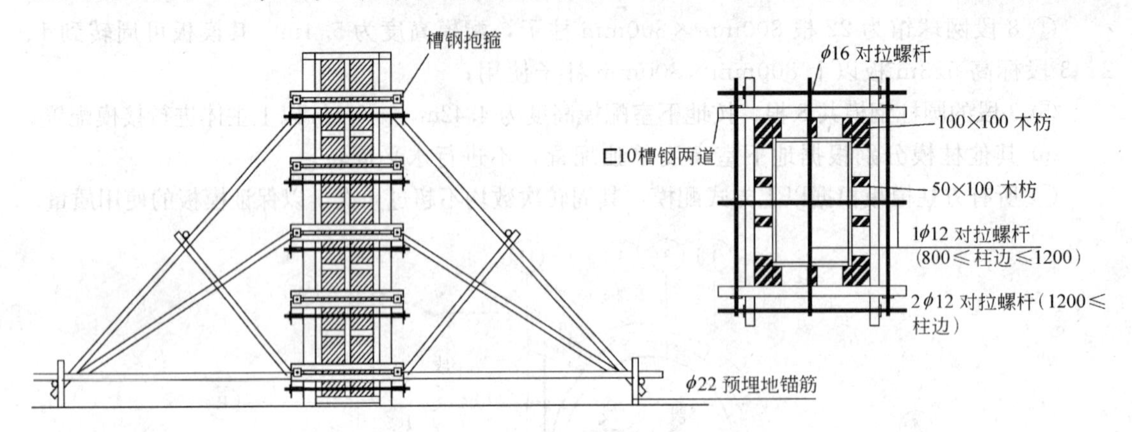

图 3-7　方柱模板支撑与加固示意图

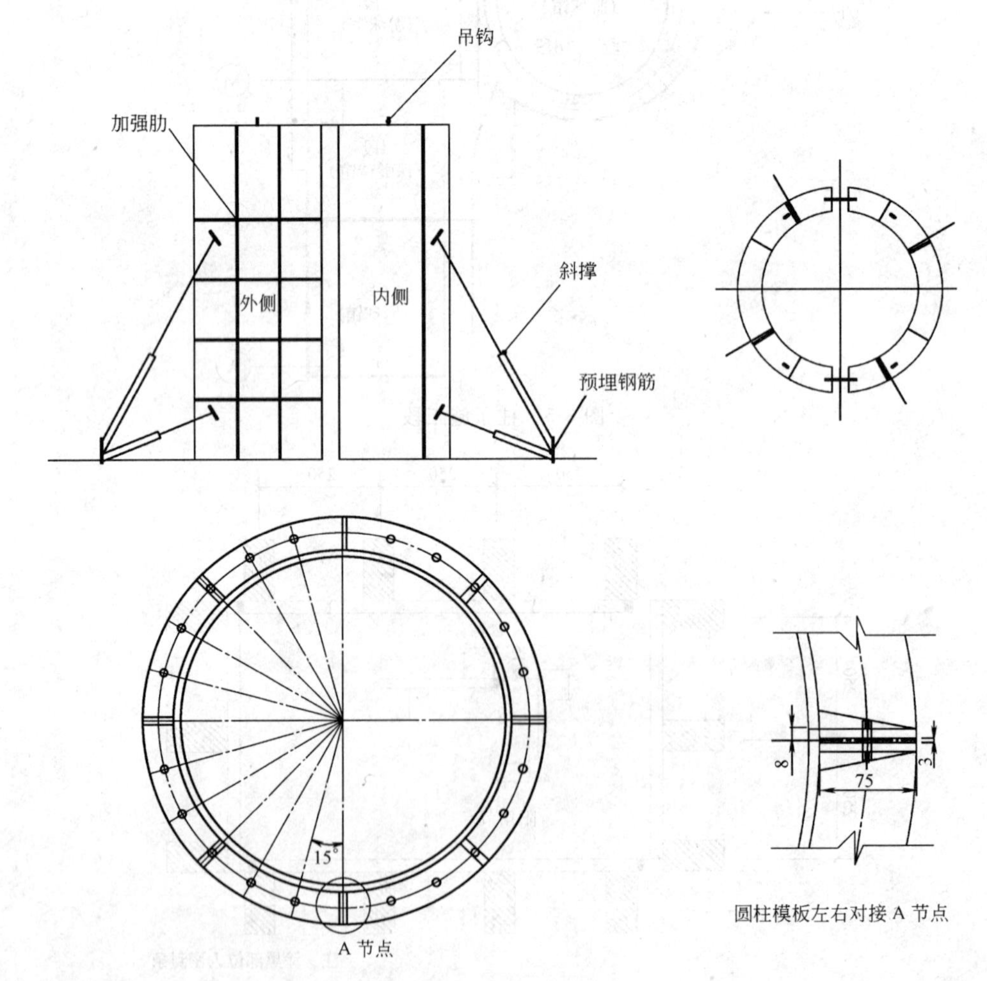

图 3-8　柱定型钢模

螺杆加固，柱中间采用 ϕ12 螺杆拉杆固定。800mm≤柱边长度≤1200mm，加一道 ϕ12 螺杆拉杆；1200mm≤柱边长度时，加两道 ϕ12 螺杆拉杆。

支设方法如图 3-6、图 3-7 所示。

② 圆柱。

圆柱采用定型钢模板，共有三种尺寸，直径 600、800、900mm。如图 3-8 所示。

圆形钢模板厚度 86mm，面板厚 6mm，竖肋为[8 槽钢，边框、横肋均为 6mm 钢板，分 2 个半圆加工制作。2 个半圆模板之间用 M16×40 螺栓连接成整圆，标准节模板高度 2000mm，调节模板高度 800mm，两节模板之间采取法兰连接，以 M16×40 螺栓连接紧固。每节模板各段设 2～4 个钢管连接件。用于同斜撑钢管或脚手架钢管连接，以稳定柱模，校正垂直度。

3）柱子模板安装程序：

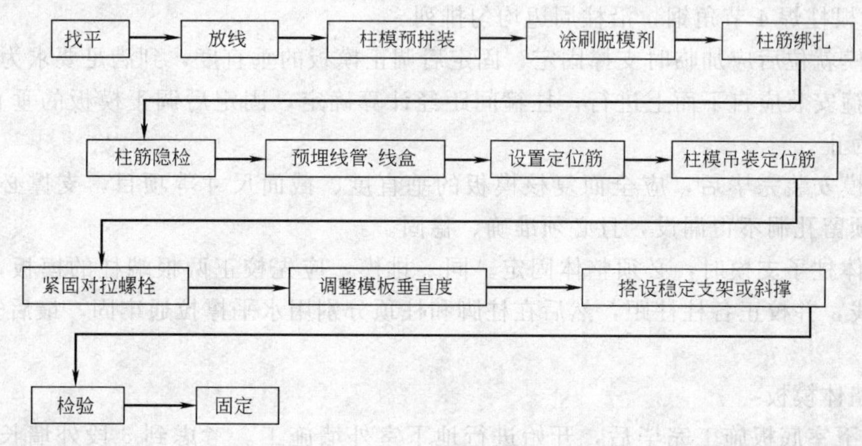

4）施工工艺：

① 矩形柱模采用 15mm 覆膜木胶合板；圆柱模采用 6mm 定型钢模板。柱箍采用[10 定型槽钢 ϕ16 螺杆加固，内用 ϕ12 螺杆加固，并加 ϕ48 钢管斜撑。板外加竖向木枋 50mm×100mm，间距 250mm，且板端各留一根 100mm×100mm 木枋，保证模板两端强度。4 片柱模必须有 1 片下边留有清扫口，待混凝土浇筑前模内清理完毕后再进行封堵，与下部基层接触处，用胶贴上海绵条，以防止混凝土漏浆。模板加工好后要求编号码放。

② 按已弹好的模板控制线把模板就位，夹好槽钢柱箍，外用 ϕ16 对拉螺栓紧固，柱内 ϕ12 对拉螺栓加固，柱箍间距 400mm，柱箍距梁底部、柱根部均为 150mm；最后，用钢管加可调式支撑作斜撑，并调校其位置、垂直度。

③ 因柱根部混凝土侧压力较上部大，易胀模，故采取以下措施：

a. 将柱箍在根部 1/3 处加密，柱箍间距为 300mm；

b. 为了确保模板、龙骨的尺寸，在楼板面上、柱子四周预留 8 根 ϕ22 钢筋撑脚。为防止柱模扭动，每沿高 2m 布置一道斜支撑，在柱顶处再布置一道。柱支模完成后，在龙骨与顶模筋之间塞 100mm×100mm 木枋，紧顶柱根部，保证根部的截面尺寸；

c. 边柱悬空一侧模板底部生根利用外脚手架的水平钢管或梁上穿墙螺栓孔，在水平管或穿墙螺栓孔支垫放木枋，垫与混凝土板面一样后，再在木枋上支装柱模；

d. 对通排柱模板，先安装两端头模板，校正固定后，再接通线校正中间各柱模板，最后做群体校正并固定；

e. 各柱模板通过钢管支架连成整体支撑体系，以确保各柱模的稳定性和各柱之间的相对位置；

f. 在定型多层模板阳角处及与墙体大模板连接处垫海绵条，防止漏浆；安装柱模板时，同一轴线上的柱必须拉通线；最大偏差应小于 2mm；柱模安装完，吊线检查四角的垂直度，误差要求小于 3mm；

g. 拆模后，及时清理模板，刷好脱模剂，按规格存放在指定地点，以备下次利用；

h. 使用以上模板体系，可使混凝土达到清水混凝土效果；

i. 定型组合钢柱模安装前，应先交换柱子轴线标记；拉通纵横轴线后，应弹出柱子中心线和模板安装内外边线；

j. 定位基准，采用短角钢定位，根据柱内边线将角钢焊于主筋上，角钢长 40～50mm，一根柱焊 4 节角钢，沿柱周边均匀排列。

④ 柱模就位后应加临时支撑固定，固定后调正模板的垂直度，到满足要求为止。

⑤ 柱箍安装应自下而上进行，柱箍间距经计算确定，固定后调正模板的垂直度，到满足要求为止。

⑥ 柱模安装完毕后，应全面复核模板的垂直度、截面尺寸等项目，支撑必须牢固，预埋件、预留孔洞不得漏设，且必须准确、稳固。

⑦ 群体柱子支模时，必须整体固定。同一排模，应先校正两根端柱的模板，接着在柱顶拉通线，并校正各柱柱距，然后在柱脚和柱顶分别用水平撑拉通牢固，最后安装剪刀撑和斜撑。

（4）墙体模板

1）地下室底板施工完毕后，开始进行地下室外墙施工。考虑到 3 段外墙长度过长，尤其是篮球馆的圆弧约 150m，因此，增加 1 道施工缝，将原 3 段各分为 2 部分施工（地下室外墙立面施工缝设置止水带），共分为 4 个流水段。5 段在施工 1～4 段时穿插施工，

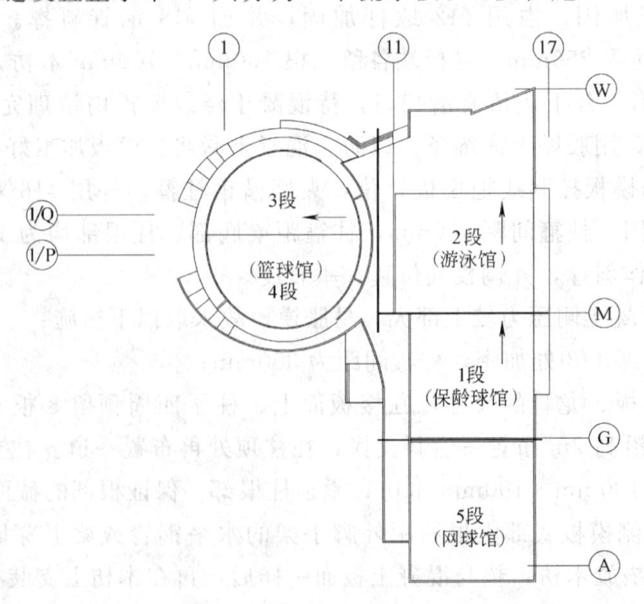

图 3-9 地下室墙体模板位置

具体时间见施工进度计划。

2）地下室墙体模板配置高度为4.42m。1、2和5段模板按2段模板用量配置周转使用，3段和4段按3段用量配置模板进行周转使用。1段−0.1m以上墙体采用补模。具体位置如图3-9所示。

3）地下室外墙墙体模板均采用15mm厚2440mm×1220mm覆膜木胶合板，后背50mm×100mm木枋，水平间距300mm，边框采用100mm×100mm木枋，用ϕ12螺杆加固。地下室外墙ϕ12螺杆上加焊5mm厚60mm×60mm的止水片，内墙套入与墙同厚的塑料套管。为了加强墙体模板的刚度，沿水平和竖直方向1.5m间距按梅花形布置ϕ20钢筋顶撑。如图3-10、图3-11所示。

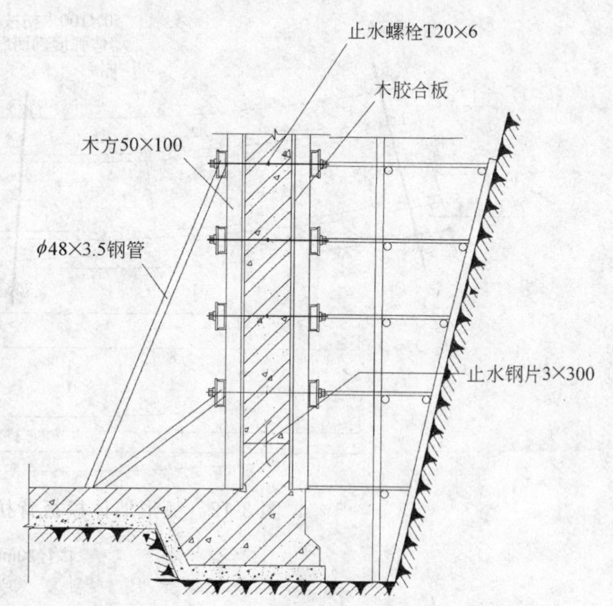

图3-10 地下室外墙模板

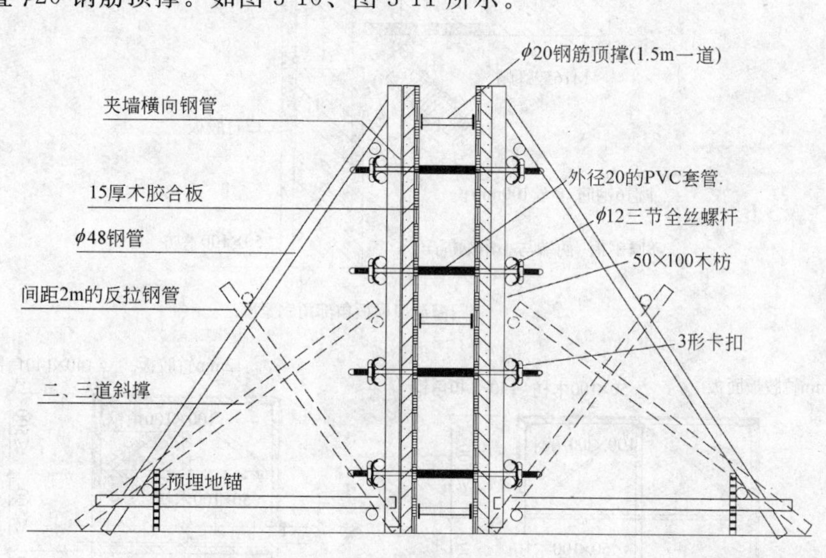

图3-11 地下室内墙支模示意图

由于篮球馆地下室剪力墙为弧线形，模板50mm×100mm背枋要做成弧线形。如图3-12所示。

4）门窗洞口采用50mm厚刨光木板，表面钉12mm厚竹胶板作模板，四角用可调角钢合页连接固定，浇制出的混凝土墙角方正顺直，观感好，且木枋安装拆卸方便。如图3-13所示。

5）模板安装工序为：检查清理→放模板就位线→做砂浆找平层→安放角模→安放内平模→安装穿墙螺栓→安装外模并固定→调整模板间隙、找垂直度→检查验模→浇筑混凝土→拆模清理。拆模工序反之。

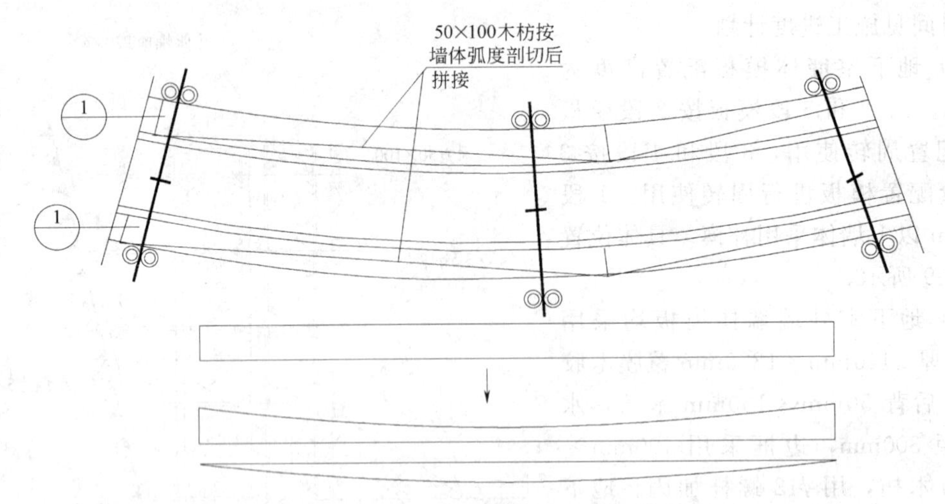

图 3-12　弧形墙体模板背枋平面示意图

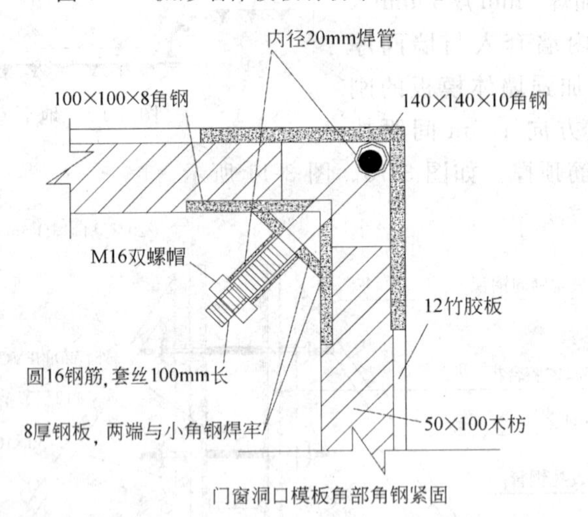

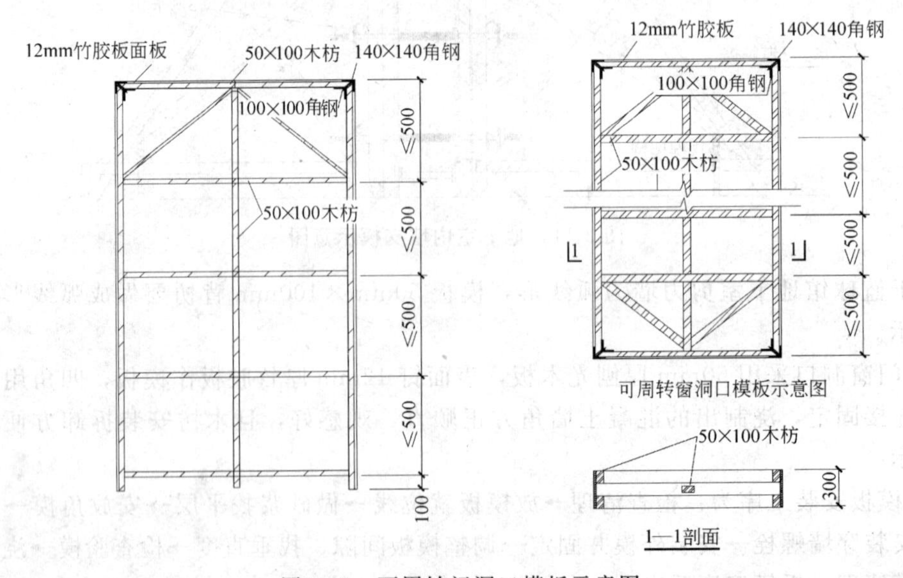

图 3-13　可周转门洞口模板示意图

6）剪力墙模板先在现场外拼装成片，拼装好的模板经检查符合要求后，在模板反面用醒目字体标注编号，按组装顺序编号堆放，以便支模时对号入座。模板拼制方式如图3-14所示，篮球馆外墙模板宽度将小于1220mm。

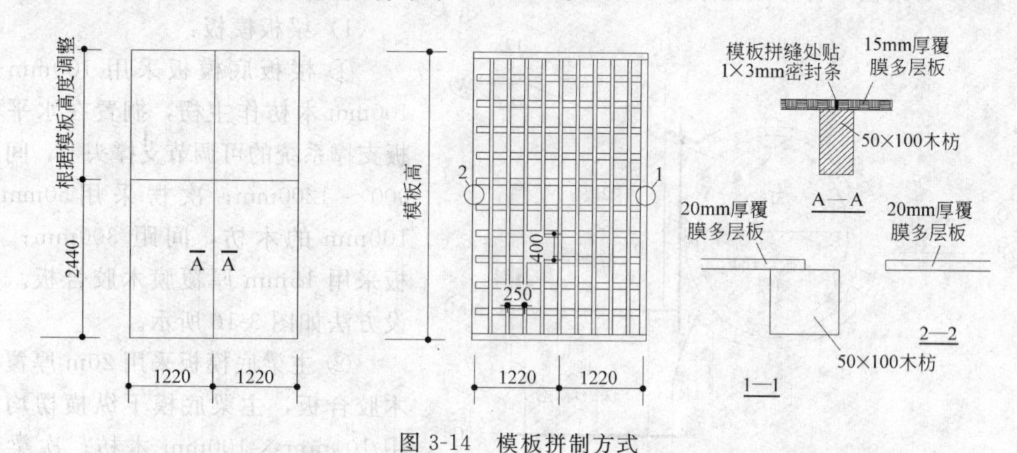

图3-14 模板拼制方式

7）楼板和墙体分开施工，混凝土墙的施工缝留在板底以上50mm。这样可保证施工完的楼板和墙体混凝土交接处的阴角顺直。墙体阴角采用特制的角模可以和墙体采用企口拼接整体，以及圆柱与墙体钢木结合处均采用特制的角模。

8）每道墙两片模板间必须有1片下边留有清扫口，在浇筑混凝土前模内清理后再封堵，模板与下部基层接触处，贴上海绵条，以防止混凝土漏浆。

9）按墙厚在混凝土板面上弹出墙体边线来控制模板的就位，在柱墙钢筋上部500mm做好高程控制点、预留洞尺寸线，墙基础必须先清理干净。

10）在合模前先对墙根混凝土楼面不平处，先用水泥砂浆找平。在合整片大模板前，按位置线先安装好门窗、洞口预埋框，预埋框内不小于3道水平支杆。预埋框用定位卡卡住，并控制垂直度和水平度。在制作和安装预埋框时，必须在窗预埋框下边留50mm见方的泛浆口。

11）安装时，先把阴角模板就位，再把外墙（或一侧）模板就位，穿入塑料套管（内墙）和穿墙螺杆，再把另一侧模板就位。第一块模板安装前，应先将角模用钢丝与钢筋绑牢，安装就位；然后，用平衡吊吊放大块平模就位。模板就位后，用斜支撑调整模板位置及垂直度。

12）在外墙外侧模板的底部、楼梯间内部四面墙体，利用下层的穿墙螺栓孔，穿入钢筋，再在钢筋上放置木枋，垫与混凝土楼板面一样平时，在墙上粘贴好海绵条，再在木枋上安装墙体模板，以垫好的木枋作为外墙外侧墙体模板的支点。

13）内外模板就位后，在板外用2ϕ48横向钢管，两排钢管间距500mm，横向钢管距底200mm，最后用穿墙螺栓紧固，穿墙螺栓用于地下室外墙时，还要在螺杆中间加焊5mm厚60mm×60mm的止水片，穿墙螺栓采用梅花形布置，间距是横向600mm，竖向600mm。组装时要保证每个螺栓松紧一致，模板上口用木枋封口，斜撑用ϕ48钢管加可调式支撑，在预留洞、模板下口与混凝土楼面接触处，梁、柱接缝处，要加海绵条密封。整片、整段模板支好后，拉通线进行校正，并用钢管作群体加固，在地锚上支顶钢管，与墙模的上、中、下各有一个支点，支顶钢管与地面夹角为45°，超过3m的在中间加一横杆，斜杆间距900mm一道。

(5) 水平模板

－0.1m梁板（含）以上水平模板施工段划分，如图3-15所示。

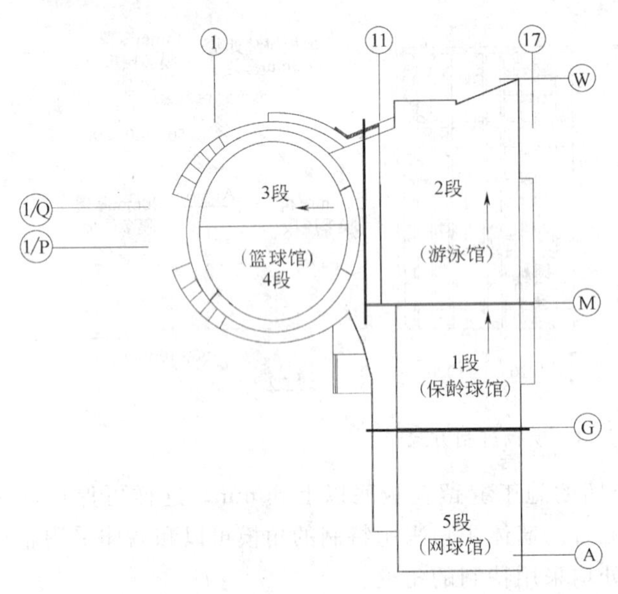

图3-15　－0.1m梁板以上水平模板施工段划分

1）梁板模板：

① 楼板底模板采用100mm×100mm木枋作主楞，搁置在水平模板支撑系统的可调节支撑头上，间距900～1200mm；次楞采用50mm×100mm的木枋，间距300mm；面板采用15mm厚覆膜木胶合板。支设方法如图3-16所示。

② 主梁底模板采用20m厚覆膜木胶合板，主梁底模下纵横楞均采用100mm×100mm木枋；次梁底模板采用20mm厚木胶合板，次梁纵楞采用50mm×100mm的木枋，横楞间距同支撑系统。

③ 梁侧模包梁底模，侧模底部落在横楞上。梁侧模采用20mm覆膜木胶合板作面板，50mm×100mm木枋作纵肋，侧模外侧设槽钢夹具，根据梁高不同，分别设1～2根对拉螺栓，间距600mm，侧模设斜撑于横楞上，以此校正侧模垂直度和平直度。

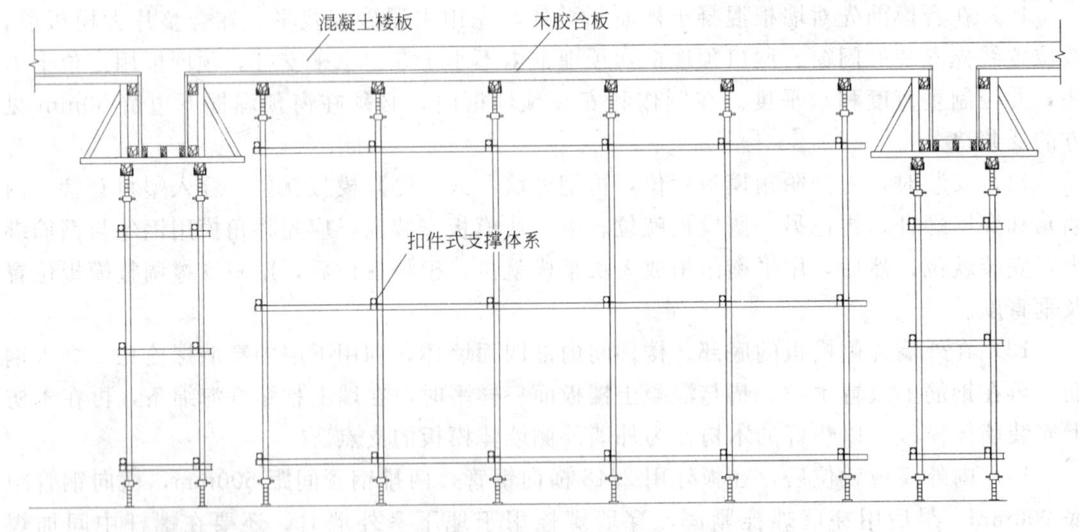

图3-16　梁板底模支设

④ 楼板底模压在梁侧模上，有利于侧模先拆除周转使用。支设方法如图3-17所示。

⑤ 工艺流程：复核轴线、底标高位置→搭梁水平管→支梁底模（按规范规定起拱）→绑扎钢筋→支梁侧模→复核梁模尺寸及位置→搭板水平管→铺木方→支设柱角模板→铺顶板模板→下部与相邻连接固定→模板预检→模板报验。当梁高小于700mm时，梁侧可用

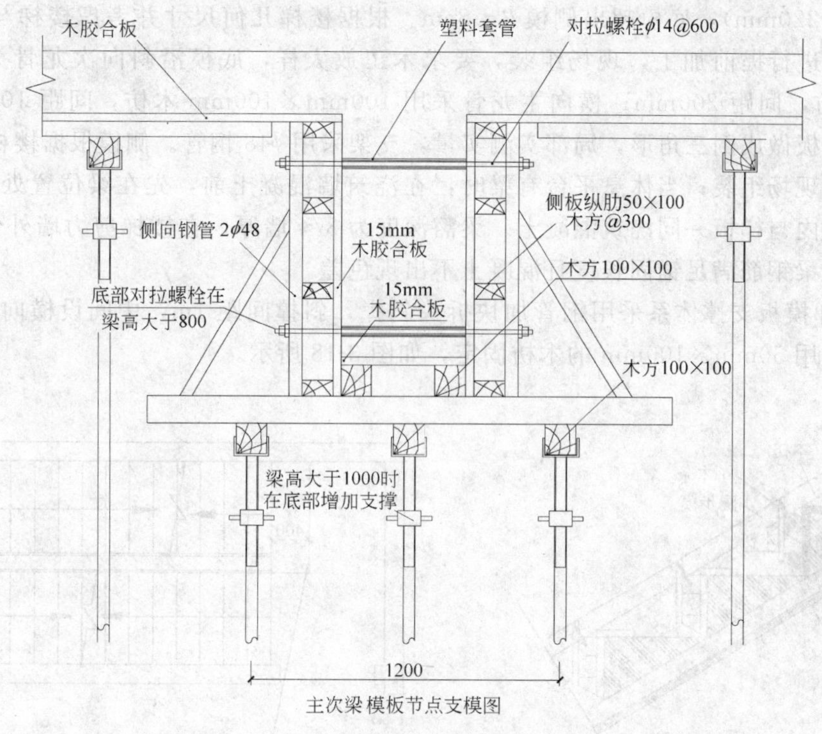

图 3-17 楼板底模压在梁侧模上

支撑板模的水平钢管顶撑；同时，用一部分短钢管斜撑，当梁高大于 700mm 时，增加对拉螺栓连接固定。

⑥ 顶板、梁模板采用 15mm 覆膜胶合板，侧面粘贴海绵条，模板拼缝＞1mm 处粘贴封箱纸，防止漏浆。

⑦ 在混凝土柱、墙上弹出梁轴线、水平 50cm 控制线，以控制梁板的位置和标高。

⑧ 梁下支撑采用钢管排架，间距按 900mm，排距 1200mm，板外加 50mm×100mm 木枋，水平间距 250mm，外侧加双排钢管围檩并加 φ14 对拉螺栓，延梁长方向每隔 600mm 一组，螺栓内穿 PVC 塑料管，并以斜撑加固，间距 600mm，螺栓距梁头 200mm。由于本工程梁跨度较大，中间考虑按规范要求考虑起拱，梁下部加一钢支柱，间距 900mm，最后在梁侧模上口拉线找直。每条梁必须在梁柱端头部位设一个清扫口，待模内清理完毕后再封堵。

⑨ 与混凝土面、板与板之间、板与梁间、板与柱间的接缝要用海绵条密封。板下部支撑采用钢管排架加可调式支撑。排架纵、横向间距均为 900mm，扫地横杆距地 150mm，往上每步架高 1500mm。各杆交叉点全部用扣件连接。板底铺 50mm×100mm 木枋，间距 250mm，由于本工程板跨较大，中间均按规范要求起拱。

⑩ 所有接缝用手刨刨直，不得有间隙。与梁模、柱模、墙体交接部位，用海绵条密封。

⑪ 竖向支撑采用钢支撑，立杆间距 100～120cm，最边立杆距墙 25cm。龙骨@300 采用 50mm×90mm 木枋，要求所有木枋弹线找平后方可铺设竹胶板，以确保顶板模板平整。

2）楼梯模板：

① 楼梯模板采用木模板。底模及休息平台顶板采用木胶合板（板厚 15mm，尺寸

2440mm×1220mm)，底模超出侧模 2～3cm。根据楼梯几何尺寸并考虑楼梯与休息平台的装修厚度进行提前加工，现场组装，要求木工放大样，底模沿斜向次龙骨为 50mm×100mm 木枋，间距 200mm；横向主龙骨采用 100mm×100mm 木枋，间距 1000mm。踏步模板用木板做成倒三角形，局部实测实量，支架采用 ϕ48 钢管。侧模根据楼梯几何尺寸提前加工，现场组装；当休息平台有梁时，在浇筑墙混凝土前，先在梁位置处预留梁豁，梯梁伸入墙内与梯板一同浇筑混凝土。梁豁深度为 3/4 墙厚，在楼梯剪力墙外侧留出 1/4 墙厚，确保梁钢筋满足锚固长度且混凝土不出现色差。

② 楼梯模板支撑体系采用钢管加快拆头斜撑，斜撑间距 1m，中间设横向拉杆一道。侧模固定采用 50mm×100mm 的木枋固定，如图 3-18 所示。

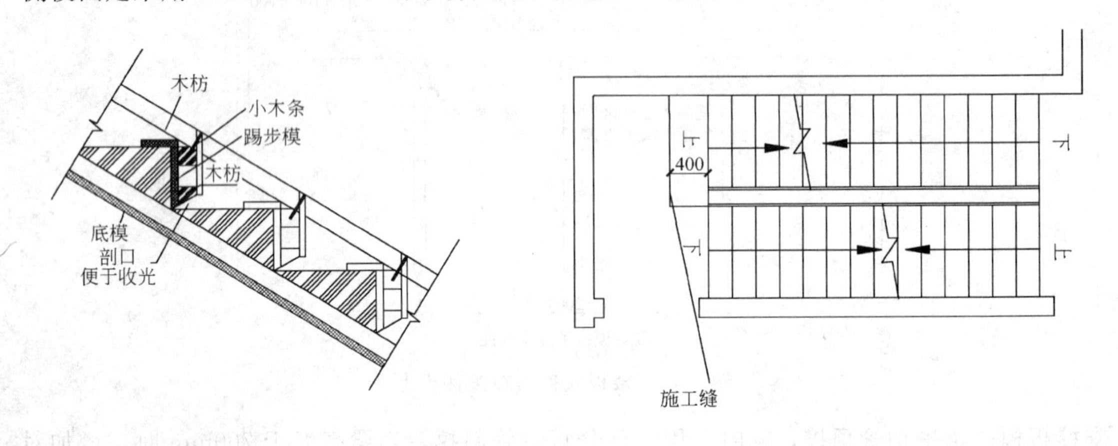

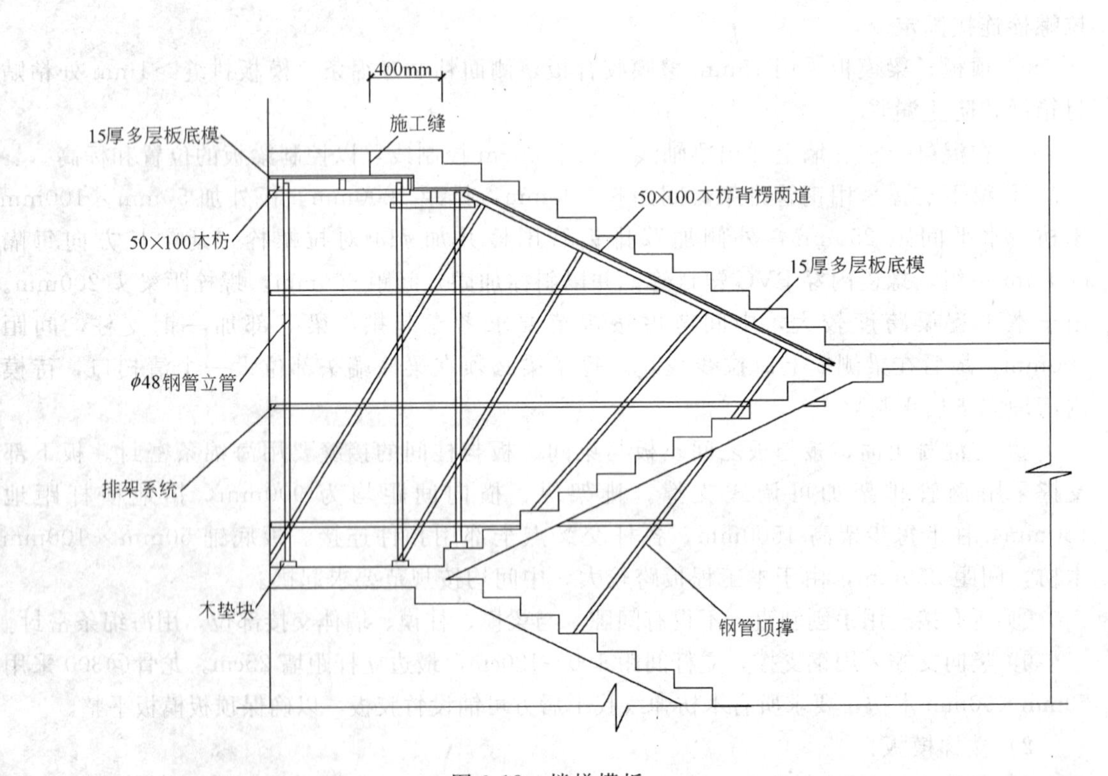

图 3-18 楼梯模板

(6) 特殊部位的模板安装

1) 看台板的支模方法：

① 按设计图纸尺寸和标高要求，在平坦地面放 1∶1 大样线，制作斜梁外侧模板、内侧模板及斜梁底模板；

② 采用钢管搭设阶梯形模板支撑系统，铺设纵横向搁栅；

③ 按看台板每步高度及宽度逐步铺设看台底模和底侧模；

④ 在绑扎看台钢筋后，靠立面钢筋位置安放保护层垫块，安装看台板外侧模，安装对拉螺栓；

⑤ 台阶部位悬吊模板下部可用钢筋马凳支撑，间距 1m。如图 3-19 所示。

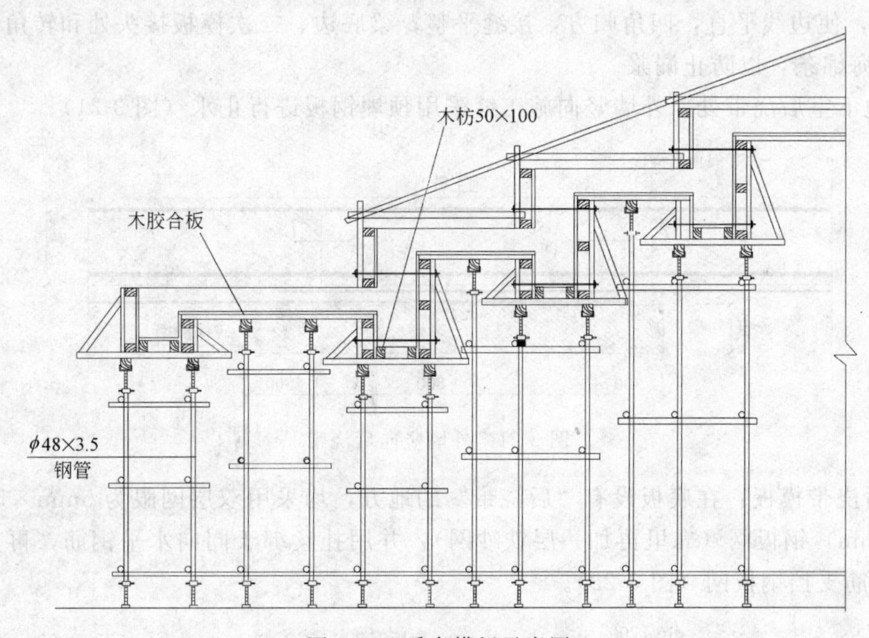

图 3-19 看台模板示意图

2) 梁柱节点模板：

① 梁柱节点模板采用 15mm 厚覆膜木胶合板，按实际尺寸放样制作；当柱子拆模后，其上安装节点模板，梁柱节点与水平楼板一起浇筑。

② 所有模板体系在预制拼装时，将模板刨边，使边线平直，四角归方，接缝平整；梁底边、二次模板接头处、转角处均加垫 10mm 厚海绵条，以防止混凝土浇筑时漏浆。采用[10 槽钢抱箍方式进行加固。

3) 不同混凝土交接处模板：

本工程梁柱交接处为不同混凝土交接的部位，此部位混凝土要连续浇筑，故采用钢板网进行临时封挡，钢板网应和墙、梁、板

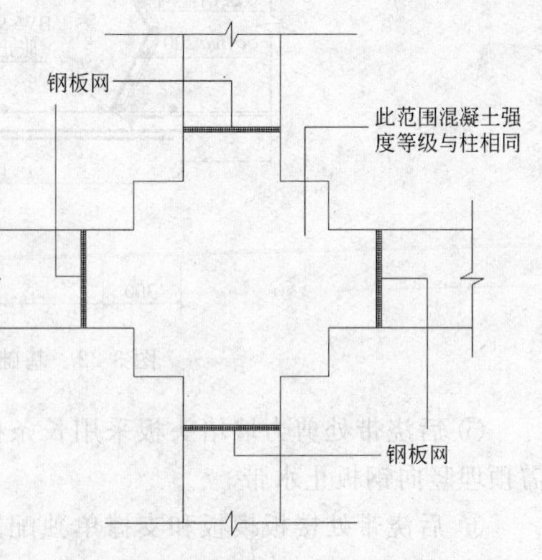

图 3-20 不同混凝土交接处模板

的钢筋绑扎牢固、严密。各部位留设位置如图 3-20 所示。

4）圆弧墙模板：

采用 15mm 厚覆膜木胶合板作为墙模，50mm×100mm 木枋作为竖向背楞，间距 300mm，每块模板宽度小于 1220mm。水平楞采用 ϕ48 钢管两道，每道间距 600mm，用穿墙螺栓与木方和墙体连接牢固，穿墙螺栓在外墙内设置止水片。

5）施工缝、后浇带模板：

① 墙、柱根部处理：为确保墙、柱根部不烂根，在安装模板时，所有墙柱根部均需加砂浆找平层，以防止混凝土浇筑时因漏浆而导致烂根。

② 墙板接头处处理：要求模板接缝平整且缝隙小。所有模板体系在预制拼装时，将模板刨边，使边线平直，四角归方，接缝平整；梁底边、二次模板接头处和转角处均加垫 10mm 厚海绵条，以防止漏浆。

③ 地下室后浇带处，外墙竖向施工缝采用预埋钢板进行止水（图 3-21）。

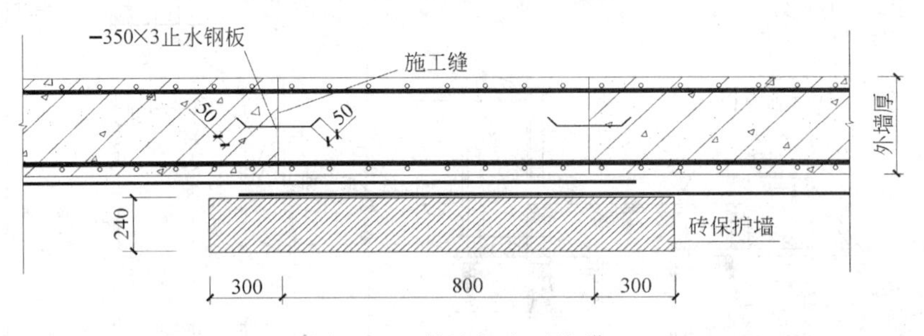

图 3-21　外墙竖向后浇带

④ 后浇带模板：在底板设有“后浇带”的地方，均采用双层网眼为 5mm×5mm（或 3mm×3mm）钢板网（靠里再加一层铁纱网），并用扎丝绑于同向水平钢筋，再支设竖向附加短钢筋支挡钢板网（图 3-22）。

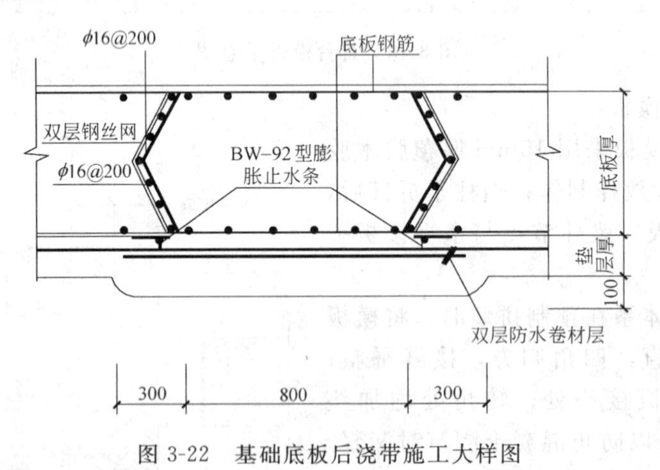

图 3-22　基础底板后浇带施工大样图

⑤ 后浇带处剪力墙堵头板采用长条模板支挡，并用短木枋支撑牢固。地下室部分还需预埋竖向钢板止水带。

⑥ 后浇带处楼板模板和支撑单独配置，在浇筑该处混凝土之前，底部模板和支撑不拆。分隔的模板作成梳子状，用短木枋支挡；为防止漏浆，木枋与钢筋间隙处填塞海绵

条。后浇带支撑应一次到位，将板底模及梁底模、侧模连同支撑一起支设完毕，后浇带两侧各搭设一列双排脚手架，脚手架立杆间距为1200mm，扫地杆距地面300mm，纵向水平杆步距不大于1500mm，并设横向水平杆将四根立杆连成一体。每根立杆底部及顶部均设50mm×100mm木枋，立杆上部加设快拆头，使木枋与板底或梁底模板顶紧。有梁的部位在梁宽中部加设两根立杆，并将该立杆与其他立杆连接起来。后浇带上部采用12mm厚竹胶合板进行封闭，避免垃圾等杂物进入后浇带，并应在后浇带两侧采用砂浆做好挡水措施。如图3-23所示。

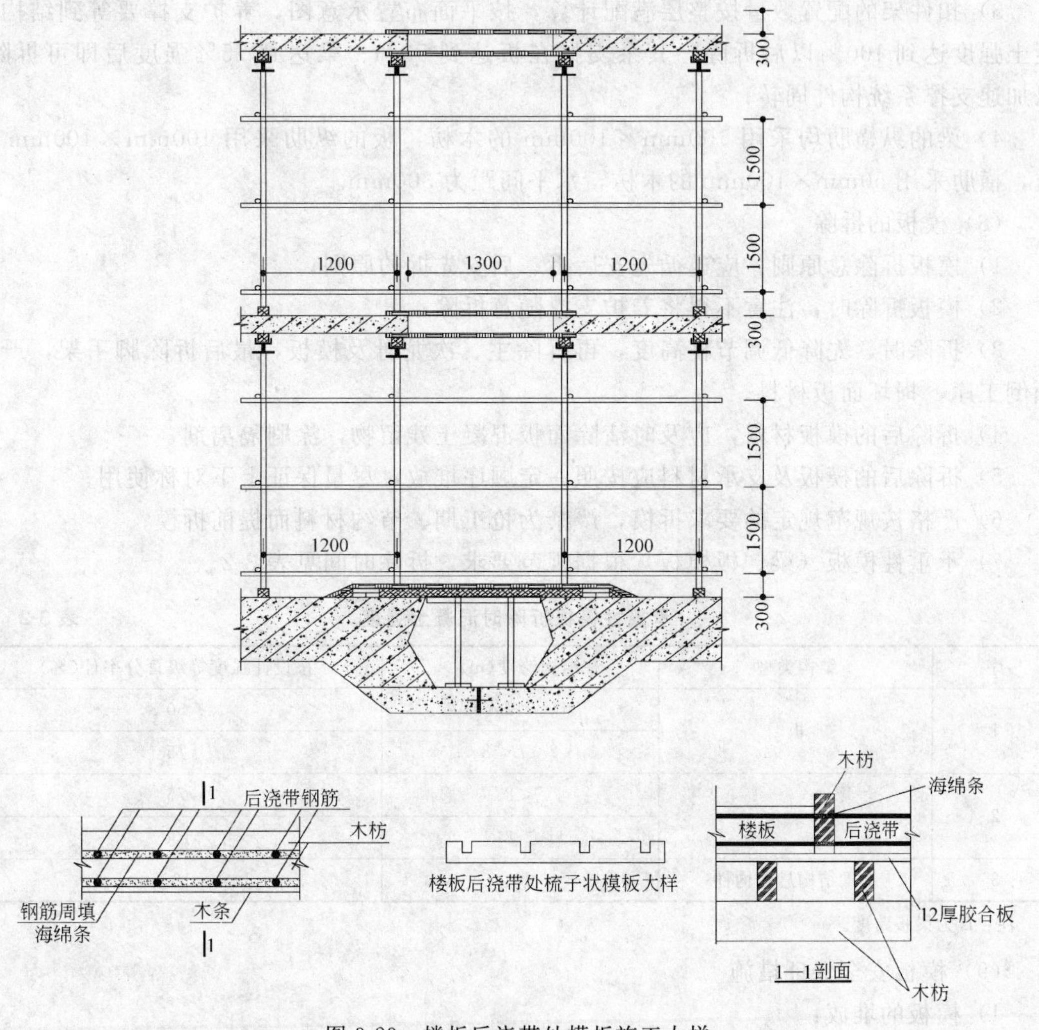

图3-23　楼板后浇带处模板施工大样

6）与剪力墙相交的梁板模板。

在主次梁、楼梯休息平台梁板与剪力墙交接的部位，为保证墙体混凝土的外观效果，剪力墙应连续浇筑，在这些部位预留出梁、板的位置。梁采用模板制作成与梁同宽同高的盒子放入墙内，板采用预埋聚苯板的方式。

7）门窗洞口模板。

在现场所加工易于拼装和拆卸的定型模板，在安装时为了防止门模跑模，可以用ϕ14

@600mm的短钢筋（顶棍）焊在附加筋上，限制门窗、洞口模板的位置。为了保证门窗、洞口模板与大钢模之间的接缝不漏浆，在模板两侧边四周粘接密封条，在安装墙体模板时固定紧，保证不漏浆及线条的顺直。

（7）梁板支撑系统

1）本工程梁板支撑系统采用扣件式脚手架，钢管架底部设可调底座，顶部设可调U形支撑头，以适应不同层高和梁板高度的变化；

2）梁底立杆间距900mm×900mm，板底立杆间距1200mm×1200mm；

3）扣件架的配置数量按整层满配计算，按平面布置示意图，养护支撑要等到结构混凝土强度达到100%以后拆除，其余支撑在板达到50%、梁达到75%强度后即可拆除，以加速支撑系统构件周转；

4）梁的纵横肋均采用100mm×100mm的木枋，板的纵肋采用100mm×100mm木枋，横肋采用50mm×100mm的木枋，水平间距为300mm。

（8）模板的拆除

1）模板拆除总原则：应遵循先安后拆、后安先拆的原则；

2）模板拆除时，注意不得将养护支撑随意拆除；

3）拆除时，先降低调节杆高度，再拆除主、次龙骨及模板，最后拆除脚手架，严禁颠倒工序，损坏面板材料；

4）拆除后的模板材料，应及时清除面板混凝土残留物，涂刷隔离剂；

5）拆除后的模板及支承材料应按照一定顺序堆放，尽量保证上下对称使用；

6）严格按规范规定的要求拆模，严禁为抢工期、节约材料而提前拆模；

7）承重性模板（梁、板模板）根据规范要求，拆除时间见表3-2。

承重性模板拆除时混凝土强度　　**表3-2**

序	结构类型	结构跨度(m)	按设计强度等级百分率计(%)
1	板	＜2	50
		2＜L＜8	75
2	梁	＜8	75
		＞8	100
3	承重结构悬臂构件		100

注：L为梁板跨度。

（9）模板安全保证措施

1）模板的堆放：

① 大模板存放保持自稳角度75°，两块大模板应采用板面对板面的存放方法。长期存放模板，要将模板连接成实体；

② 大模板存放在施工楼层上，必须有可靠的安全措施，不得沿墙周边放置，要垂直于外墙存放；

③ 没有支撑或自稳性不足的大模板要存放在专用的堆放架上，或者平卧堆放。不得靠在其他模板或构件上，严防下滑倾倒。

2）吊钩安全：

① 模板在进施工现场前，应对吊钩进行全面检查，检查吊钩是否焊接牢固，如有开焊应进行补焊；

② 按设计组装模板块起吊，不得随便将两块模板连接后同时起吊；

③ 模板在现场使用过程中如发生碰撞，应立即对吊钩进行检查，看吊钩是否损坏，如发生破坏，应立即进行更换；

④ 在模板使用过程中，应经常对吊钩进行安全检查，一旦发现开焊，应立即进行补焊。

3）其他部位的安检：

① 斜支撑必须经常检查螺栓；如发现松动现象，立即进行紧固；

② 外挂架必须检查挂点处焊接牢固，挂钩螺栓必须逐一检查，窗口处设置洞口防护。

4）吊装安全：

① 模板起吊前，应将吊车的位置调整适当，做到稳起稳放，就位准确，禁止用人力搬动模板。严防模板大幅度摆动，碰倒其他模板。

② 在大模板拆装区城周围，应设置围栏，并挂明显的标志牌，禁止非作业人员入内。

③ 高空作业时，模板安装应有缆绳，以防模板在高空转动；风力超过5级时，应停止吊运模板施工。

④ 安装外侧模板时，操作平台上要设安全护拦，并沿周边布置安全网。

⑤ 专人指挥，指挥人员与司机要统一信号，明确指令。

（10）模板质量控制

1）模板安装前，由质检人员认真检查模板的平整度和几何尺寸，对于变形较大的或有破损的坚决不用。

2）模板安装时，应按序号对准模板的布置图吊装，按墙位线就位，并认真检查其垂直度、标高及截面尺寸，严格控制在规范允许范围之内。

3）门窗洞口模板的组装与大模板的固定必须牢固，门窗洞口模板角模和侧模作企口拼接处理，与墙体模板采用螺栓连接。

4）墙体支模时，上口必须用标准墙厚的卡具卡紧，保证墙体厚度符合设计。

5）构件成形板面不应有裂缝、结疤、分层等缺陷；如有擦伤、划痕和烧伤，其深度不得大于0.5mm，宽度不得大于2mm。

6）模板组装完毕后，其侧模和底模工作面之间的局部最大裂缝不得大于1mm，且0.8～1mm裂缝的累计长度不得大于每边总长度的25%。板面拼装应平整，相邻板面高差均不得大于2mm。整块板表面平整度不大于2mm，每层模板垂直度控制在3mm内。

7）浇筑墙梁板混凝土时，必须遵照规定的劳动组织认真进行浇灌和振捣，为防止模板内漏振，必须有专人采用敲击法检查模板，必须有专人看模，以防止跑模。

8）楼层平模铺设后，用塞尺、靠尺、水平仪检查其平整度与楼面标高，并进行校正。

9）对于楼板不够整模数的模板和窄条缝，用拼缝模嵌补，且拼缝严密。

10）拆除的模板应及时保养维修，均匀涂刷隔离剂。

11）模板支设过程中，木屑、杂物必须清理干净，在墙下口、梁根部每段至少留两个清扫口，将杂物及时清扫后再封上，避免发生质量事故。

12）模板安装前面板必须清理干净，并均匀涂刷脱模剂。

13）模板在支设前，施工缝处已浇筑的混凝土必须进行剔凿，露出石子，并清理干净。

14）各类模板制作须严格要求，应经质量部门验收合格后方可投入使用；模板支设完后先进行自检，其允许偏差必须符合要求；凡不符合要求的应返工调整，合格后方可报验。

15）模板验收重点为控制刚度、垂直度、平整度和接缝，特别应注意外围模板、电梯井模板、楼梯间模板等处轴线位置正确性，并检查水电预埋箱盒、预埋件位置及钢筋保护层厚度等。

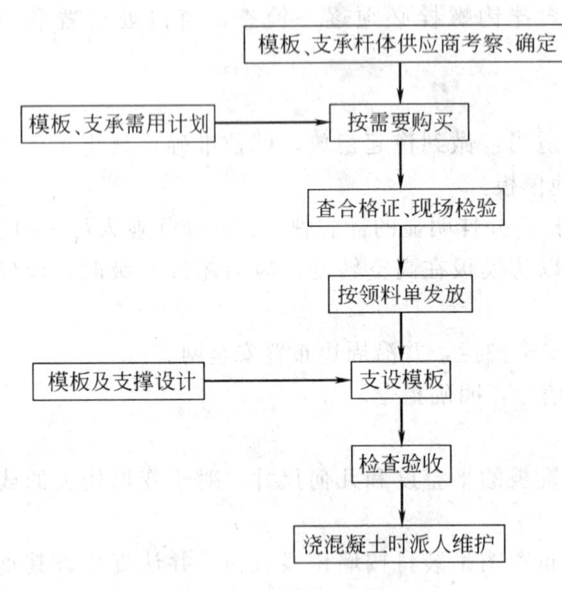

图 3-24　模板工艺流程

(11) 模板工艺流程为

模板工艺流程如图 3-24 所示。

(12) 模板的维护与管理

1）使用注意事项：

① 墙、柱大模板及梁侧、梁底模板等预先制作的模板，应进行编号管理，模板宜分类堆放，以便于使用；

② 模板安装及拆除时，起钩或落钩应轻起轻放，不准碰撞，不得使劲敲砸模板，以免模板变形；

③ 加工好的模板不得随意在上面开洞；如确需开洞，必须经过主管工长同意；

④ 模板根据尺寸不同分类堆放，需用何种模板直接拿取，不得将大张模板锯成小块模板使用；

⑤ 拆下的模板应及时清理；如发现翘曲、变形，应及时修理，损坏的板面应及时进行修补；

⑥ 水平结构模板支设后刷水溶性脱模剂。竖向结构采用复膜胶合板模板时，使用前应刷水溶性脱模剂；采用大钢模支设时，使用前刷油性脱模剂。

2）木模板的维护：

① 木模板应放在室内或干燥通风处，露天堆放时要加以覆盖，模板底层应设垫木，使空气流通，防止受潮；

② 拆除后的多层板或竹胶合板应将模板面上的混凝土清理干净，将留在上面的钉子起出，并分类堆码整齐。

3）钢模板的维护：

① 钢模板到达现场后，分类进行堆放；

② 钢模板存放应搭设脚手架，将模板靠在架子上，并应刷一层薄薄的机油，以防模板生锈；

③ 钢模板拆除后应及时进行清理，清除表面的混凝土；如发现板面及背楞变形，应及时进行修整；

④ 模板的连接件、配件应及时进行清理检查，对损坏、断裂的部件要及时挑出；

⑤ 暂时不用的零件应入库保存，分类管理，以备更换。

(13) 模板成型保护

① 预组拼的模板要有存放场地，场地要平整。模板平放并用木枋支垫，保证模板不扭曲、不变形。不可乱堆乱放或在组拼的模板上堆放分散模板和配件。

② 拆模必须执行拆模申请制度，严禁强行拆模。起吊模板时，信号工必须到场指挥。板浇筑完混凝土强度达到1.2MPa以后，方允许操作人员在上行走，进行一些轻便工作，但不得有冲击性操作。墙、柱阳角，楼梯踏步用小木条（或硬塑料条）包裹进行保护。满堂架立杆下端垫木枋。利用结构做支撑支点时，支撑与结构间加垫木枋。

3.3 混凝土工程

略。

3.4 脚手架工程

略。

3.5 钢结构工程

(1) 工程概况

1) 编制依据：

① 中央党校体育中心网架工程施工图；

② 国家关于工程施工和验收的规范与标准；

③ 国家关于工程施工和验收的法律法规；

④ 北京市关于工程施工和验收的规范与标准；

⑤ 本单位类似工程施工经验。

2) 钢网架的主要标准规范一览表（表3-3）。

主要标准规范表　　表3-3

序号	内容	编号
1	《网架结构设计与施工规程》	JGJ 7—91
2	《钢结构工程施工质量验收规范》	GB 50205—2001
3	《网架结构工程质量检验评定标准》	JGJ 78—91
4	《钢网架螺栓球节点》	JGJ 75.1—91
5	《钢网架检验验收标准》	JGJ 75.3—91
6	《工程测量规范》	GB 50026—93
7	《建筑钢结构焊接技术规程》	JGJ 81—2002
8	《钢结构高强度螺栓连接的设计、施工及验收规程》	JGJ 82—91
9	《钢网架螺栓球节点用高强度螺栓》	GB/T 16939—1997

续表

序号	内　容	编　号
10	《钢结构设计规范》	GB 50017—2003
11	《建筑结构荷载规范》	GB 50009—2001
12	《建筑结构抗震规范》	GB 50011—2001
13	《碳素结构钢技术条件》	GB 700—88
14	《优质碳素钢技术》	GB 699—88
15	《防火涂料应用技术规程》	CECS 24:90
16	《涂装前钢材表面锈蚀等级和除锈等级》	GB 8923—88
17	《建筑施工扣件式钢管脚手架安全技术规范》	JGJ 130—2001
18	《建筑施工高处作业安全技术规范》	JGJ 80—91
19	《北京建筑工程施工安全操作规程》	DBJ/T 01-62-2002
20	《建筑结构长城杯工程质量评审标准》	DBJ/T 01-69-2003
21	《建筑长城杯工程质量评审标准》	DBJ/T 01-70-2003

3）工程建设概况（表 3-4）。

钢结构工程概况 **表 3-4**

序号	项　目	内　容
1	工程名称	中央党校体育中心
2	工程地址	北京市海淀大有庄100号中央党校校园内(综合教学楼东侧)
3	建设单位	中共中央党校
4	主设计单位	上海华东建筑设计研究院有限公司
5	网架设计单位	中国人民解放军海军工程设计院
6	监理单位	北京华城建设监理有限公司
7	总承包施工单位	中国建筑工程总公司
8	专业分包施工单位	徐州东大钢结构建筑有限公司
9	工程承包范围	本工程的网架设计，钢网架及其马道的加工，安装，防火涂料的涂装
10	网架施工工期	2003.12.1～2004.3.15
11	质量目标	争创“长城杯”、“鲁班奖”

4）网架设计概况：

① 本网架工程是由 4 个场馆组成，总建筑面积 9200m^2，它的建筑功能属综合性体育馆。

② 网球馆：网架投影面积为 1773.7m^2。网架形式：正放四角锥螺栓球节点曲面弧形网架。网架长 44.566m，宽 39.8m，网架矢高为 2.4m；支承形式为：下弦支撑、橡胶弹性支座，网架设计荷载另见网架工程设计说明。

③ 保龄球馆：网架投影面积为：1749.8m^2。网架形式为正放四角锥，螺栓球节点弧形网架。长 43.965m，宽 39.800m，网架矢高为 2.4m；支承形式为：下弦支撑橡胶弹性支座，网架设计荷载另见网架工程设计说明。

④ 游泳馆：网架投影面积为：2713m^2，网架形式为：正放四角锥螺栓球节点曲面弧形网架，网架矢高为2.4m，长68.171m，宽为39.800m；支承形式为：下弦支撑，橡胶弹性支座。

⑤ 篮球馆：网架投影面积为：2814.8m^2，本网架为椭圆形，长轴63.818m，短轴55.832m；网架形式：正放四角锥，螺栓球节点变截面拱形网架，变截面矢高2.5＋0.774m；支承形式：下弦支撑橡胶弹性支座。网架设计荷载另见网架设计说明。

四个场馆网架均设有马道布置。

四个场馆全部采用薄型油性防火涂料，耐火极限为1.5h，游泳馆网架涂刷防火涂料外，外面再增刷881防腐耐潮涂料。

5）工程重点难点分析：

本工程属于拱形大跨度的异形结构网架，要保证挠度值控制在相应设计值的1.15倍；要采取有效措施，使工程达到规范验收要求。

6）网架工程设计说明：

① 网架的设计依据。

本工程钢网架工程根据建设单位的委托设计要求及华东院提供的建筑结构图进行设计，在依据上述规范的基础上，采用空间软件（GBSCAD）及空间钢结构软件（STAR）进行辅助设计。

② 网架的设计荷载（标准值）：

静荷载：上弦0.3kN/m^2；下弦无马道0.3kN/m^2，有马道0.9kN/m^2；

活荷载：上弦0.5kN/m^2；下弦无马道0.3kN/m^2，有马道1.0kN/m^2；

下弦：有风管处1.0kN/m^2；

2、3、1号网架周边2.1kN/m线荷载；

抗震设防裂度：8度；

风荷载：$W_{K1}=2.04\times0.8\times1.72\times0.45=1.27kN/m^2$；

$W_{K2}=2.04\times(-0.8)\times1.72\times0.45=-1.27kN/m^2$；

$W_{K3}=2.04\times(-0.5)\times1.72\times0.45=-0.79kN/m^2$。

③ 网架材料说明：

a. 本网架工程采用钢管的种类：

ϕ60×3.5、ϕ75.5×3.75、ϕ88.5×4、ϕ114×4、ϕ140×4.5、ϕ159×6、ϕ159×8、ϕ180×10、ϕ180×12、ϕ180×14共10种。网架杆件小于ϕ114×4的选用高频电焊钢管，大于等于ϕ114×4的杆件采用无缝钢管，采用Q235B及20号钢材，其性能材质符合GB 700—88和GB 699—88的规定。

b. 本网架工程采用螺栓球规格有：

ϕ100、ϕ120、ϕ150、ϕ200、ϕ250、ϕ300、ϕ350、ϕ400共8种。网架连接用的螺栓球选用优质碳素结构钢，其性能材质符合GB 699—88规定的45号钢，经热煅制成。

c. 本网架工程采用的高强螺栓有：

M20、M24、M30、M36、M42、M48、M56、M60、M64共9种。网架用的高强螺栓选用合金钢，其性能材质符合GB 699—88规定的40Cr钢材。

网架用的锥头和封板，选用Q235钢材，其性能应符合GB 700—88的规定。

网架用套筒，当 $D<30$ 时，选用 Q235 钢；$D\geqslant30$，选用 45 号钢，性能材质分别符合 GB 700—88 和 GB 699—88 的规定。

d. 网架用紧固螺钉；选用冷拔高强度钢丝制成。

e. 网架用普通螺栓：支座及支托均选用 GB 700—88 规定的 Q235 钢。

f. 焊条：选用《碳钢焊条》（GB 5117—85）规定的 E4303 型焊条。

④ 网架的制作加工与施工安装要求：

a. 材料表中所注材料型号不允许任意代换，表中材料长度为理论下料长度，实际下料长度应考虑焊接收缩量，材料表经核实无误后方可下料，材料编号有“—”者为压杆。

b. 钢管壁厚大于 4mm 时，管端应打坡口，焊缝厚度为钢管壁厚的 1.2 倍；壁厚不大于 4mm 时，管端不打坡口，焊缝高度 6mm。

c. 网架杆不允许受拉杆有接缝，受压杆件接缝时需加衬管焊接，且每个接点有接缝不得多于一根，不允许任何荷载作用在网架的杆件上，所有荷载必须作用在节点上。

d. 参加网架制作安装的焊工应进行专门培训，经过考试并取得焊工合格证后方可上岗，焊工必须按焊接工艺规定进行施工，包括焊条的烘干保存、施焊参数。多层焊接应连续施工，每一层焊完后应及时清理，焊缝质量必须达到 GB 50205—2001 规定的二级焊缝要求。

e. 网架支座预埋件位置及顶标高必须按设计要求施工准确，以保证网架的准确定位，安装顺利。网架安装前，土建施工单位应用墨线弹出支座中心线，并用仪器测出每个支座中心点的高度及偏差，测量结果应详细记录。网架施工单位在进现场前，必须对土建单位的测量结果复查，并做出复查结果，方可进行网架安装。

f. 本工程为曲面异形网架，支座位置复杂，在施工前应先校对支座无误后再装网架。

g. 本网架防火等级为一级，耐火极限 1.5h。

h. 网架拼装前宜在厂内进行试组装，以检验螺栓球节点连接配合精度。

i. 网架结构整体总装后，应将所有接缝和多余孔用油腻子嵌封严密。钢构件均做喷砂除锈，刷两道防锈漆，外刷防火涂料。

⑤ 网架的竣工验收。

网架竣工验收应提供的资料：

a. 网架竣工图和设计变更文件；

b. 网架用的全部原材料出厂合格证及试验报告，包括网架厂的抽样试验报告，每个高强螺栓均需复检；

c. 网架用的高强螺栓等各种零件、部件产品合格证及试验报告；

d. 网架结构焊缝质量检验报告及允许焊工上岗施焊的焊工证明；

e. 网架总装就位后，几何尺寸误差实测报告、网架挠度的实测报告；

f. 网架制作安装工程质量检验评定表。

(2) 网架的生产加工

在工厂进行加工的网架零配件主要有以下几种：

1) 螺栓球

① 螺栓球毛坯的加工：

原材料检验合格后，即可进行下料加工：

a. 锯床下料：根据球的体积确定下料长度；

b. 反射炉加热：把圆钢放入反射炉内加热至900℃左右；

c. 模锻：把加热烧红的圆钢放入锻模内，加工成圆球；

d. 检验：球成形后即可进行外观检查，应无皱折、无过烧；

用十倍放大镜检查有无裂纹；

用游标卡尺测量球的直径偏差与测量球的圆度。

e. 检验合格后入库并挂标识牌。

② 螺栓球的机械加工：

a. 基准面的加工：在X62机床上，根据图纸加工好平面；

b. 基准孔的加工：在Z3035机床上钻孔，然后用丝锥加工M20螺孔；

c. 螺栓球节点螺孔加工：基准孔加工检验合格后，就可以进行下道工序加工，根据图纸尺寸、角度、螺孔数量、螺孔直径，把这些数据输入机械加工中心，把螺栓球固定在加工中心机床上，螺栓球一次加工成形，加工完后先自检，合格后轻拿轻放，整齐摆放在车间的安全黄线内；

d. 检验：螺栓球螺孔端面与球中心距偏差±0.20mm，两螺孔（同一轴线）端面平行度：

$D\leqslant120$　0.15mm；

$D>120$　0.20mm。

e. 入库：经自检与专检检验合格后即可入库，分类堆放整齐，挂上标识牌。

2）锥头

① 锥头毛坯的加工：原材料检验合格后，即可进行下料加工。

a. 锯床下料：根据图纸和工艺流程卡，确定下料长度；

b. 反射炉加热：把型钢放入反射炉内加热至900℃，呈樱桃红色；

c. 模锻：把加热烧红的型钢放入锻模内锻打成形；

d. 除锈：采用喷砂除锈，除锈等级为（Sa2.5）级；

e. 检验：检验模锻后成形，不能产生皱折，并有足够的加工余量。检验除锈是否达到除锈等级。

② 机械加工：

a. 加工：根据图纸与工艺流程卡，在C616或CD6140机床上加工锥头平面、中心孔及外径，加工完后应轻拿轻放，避免磕碰，整齐摆放在车间安全黄线内；

b. 检验：锥头孔径+0.4mm；平行度≤0.1mm；底板厚度+0.5mm；

锥头同轴度-0.3mm；锥头厚度≤0.10mm。

c. 入库：经自检与专检合格后即可入库，摆放整齐，挂上标识牌。

3）网架杆件

网架杆件加工生产工艺：

① 杆件下料：

a. 根据网架图纸杆件编号下料，小直径钢管用砂轮切割机下料，大直径钢管气割下料；

b. 小直径钢管下料：根据杆件下料尺寸，在专用砂轮切割机上定好尺寸，然后开机下料，切割好第一支后，必须检验；

c. 检验内容：

下料长度≤1mm，端面倾斜≤0.4mm，钢管弯曲度＜$L/1000$；

检验合格后再进行批量下料，下料时要经常检查下料长度、端面倾斜，杆件下料后应排放整齐，挂上标识牌，放在车间安全黄线内。

d. 大直径钢管下料：

根据杆件下料尺寸，用气割下料，管端应打角度为30°坡口，钝边为1mm。

然后检验下料偏差：长度±1mm，端面倾斜不大于0.4mm，钢管弯曲度＜$L/1000$。批量下料时，要经常检查下料长度、端面倾斜、弯曲度，符合规范与图纸要求，杆件下料检验合格后，挂上标识牌，排放整齐，放在车间安全黄线内。

② 杆件组装：

a. 把检验合格的锥头、封板、钢管、高强螺栓运到装配台。

b. 按照装配杆件的长度把装配平台的工装尺寸调整好，用钢尺从几个面进行检查，检验合格后，把工装装配平台的螺栓紧固。

c. 按照图纸要求把高强螺栓穿入锥头或封板内，然后把锥头放入管子两端。

d. 把穿有锥头、高强螺栓的杆件放入装配工作台上，把高强螺栓用相应的螺母紧固在装配工作台上，用J506焊条，在杆两端4点对称点固。

e. 把两端点固好的杆件从装配工作台上拿下来进行检验，检验杆件长度偏差、同轴度，并记录下来，作为焊接收缩量调整的参数。

f. 用烘焙过的J506焊条、焊接电流100～120A在焊接滚动工作台焊接。等完全冷却后再测量一次杆件长度，把这次测量长度与杆件未焊前长度相比，求出焊接收缩量，为批量生产做好准备工作。

g. 检验杆件合格，符合图纸要求时即可批量生产，生产中应经常对杆件长度进行测量，相应地也经常对装配工作台进行校验测量。

h. 把点固好的杆件堆放整齐，放在车间安全黄线内，挂好标识牌。

③ 杆件焊接：

检查杆件符合图纸技术要求后即可批量生产。

a. 焊接烘焙：经检合格的焊条放入烘箱内进行烘焙，烘焙温度为100～150℃，烘焙时间为1h。

b. 焊接参数：焊条选用J506、ϕ3.2焊条，焊接电流为100～120A，采用多层平焊，焊缝等级为二级。

c. 把杆件放在焊接滚动工作台上，滚动焊接，焊接时必须在焊道内打火引弧，严禁在网架杆件上打火引弧；如有划伤，补焊后磨平。

d. 焊后杆件去除药皮及飞溅，做到焊缝美观，自检无缺陷。

④ 焊后检验：

焊后杆件降至常温后进行检验，检验内容包括：杆件长度偏差、端面倾斜、同轴度、弯曲度，焊缝为二级，检验方法为超声波探伤。焊缝尺寸用焊检尺检查。

把检验合格的杆件堆放整齐，摆放在车间安全黄线内，并挂标识牌。

⑤ 杆件涂装：

除锈：

a. 把检验合格的网架杆件运到喷砂车间，摆放整齐；

b. 把空压机压力调至 $8kg/cm^2$，砂径选至 2～3mm；

c. 喷砂时速度应缓慢均匀，可做直线或环状喷射；

d. 除锈等级为（Sa2.5）级；

e. 除锈检验：把喷砂工序完成后进行检验，合格后摆放整齐，挂标识牌。

涂装：

a. 把检验合格的防腐漆运至涂装现场，开桶后应无凝胶、无起皮；

b. 把除锈合格后的杆件摆放整齐，表面应无油污、无灰尘；

c. 喷漆速度应缓慢均匀；

d. 涂装时不能漏涂、误涂，不能产生针孔、流坠现象；

e. 室内温度高于 0℃时才能喷漆。

4）支座

① 支座加工：

支座底板与支座十字节点板下料，钢板检验合格后运至下料场地。

a. 划线：根据图纸在钢板上划线，划线时留出 2mm 切割余量，然后测量对角线，不大于 3mm 即可下料；

b. 切割：采用氧气-乙炔半自动切割机下料，氧气压力采用 $6kg/cm^2$，乙炔压力 $0.50kg/cm^2$；

c. 检验：下料后检验长度与宽度，偏差≤1mm，对角线偏差≤3mm，切口倾斜偏差≤0.5mm；

d. 清渣入库：把氧化渣清理干净，检验合格后，运至仓库，排放整齐，挂上标识牌。

② 支座板钻孔：

a. 划线：在划线平台上用高度游标尺划出 4 个圆孔的位置；

b. 钻孔：把工件放在 Z3035 钻床上，钻 4 个圆孔；

c. 检验：检验 4 孔位置偏差≤1mm，4 孔直径偏差≤0.5mm；

d. 入库：检验合格后，入库排放整齐，挂上标识牌。

③ 支座组装：

a. 把检验合格的支座零部件运至工作场地；

b. 根据图纸校对装配工装的垂直度等；

c. 把底板放在装配工装内，然后依次把支座肋板放入装配工装内；

d. 把底板与 4 个肋板用焊条点固；

e. 检验支座装配是否符合图纸要求。

④ 支座焊接：

a. 支座点固检验后，即可焊接；

b. 焊材烘焙：经检验合格后的焊条放入烘箱内，烘焙温度为 100～150℃，烘焙时间为 1～1.5h；

c. 焊接参数：选用 E4303、$\phi3.2$ 焊条，焊接电流为 100～120A，采用多层平焊，焊缝等级为二级；

d. 把支座装在可翻转工作台上，翻转平焊。

⑤ 焊后检验：

a. 焊后支座降至常温后进行检验，检验内容：包括支座底板的平直度偏差≤2mm，焊缝不能咬边、弧坑及夹渣气孔；

b. 把检验合格的支座运至半成品仓库，排放整齐，挂上标识牌；

c. 支座防腐涂装工艺与杆件涂装工艺相同。

（3）钢网架安装

1）网架进场检验：

① 当网架从工厂拉至现场后，首先进行网架零配件检验。

检验内容包括：网架的出厂证明文件、合格证和现场网架零配件的抽检。

② 网架出厂证明文件的检验。

检查内容：杆件、锥头、封板、高强螺栓、紧固螺钉的复试报告，出厂合格证是否齐全，原材料是否符合设计要求。

③ 网架构件的进场检验：

网架进场后应依照国家标准、行业标准、北京地方标准、出厂清单、网架施工图纸进行检验。

a. 螺栓球：

用 10 倍放大镜进行检查，有无过烧、皱折、裂纹。

内螺纹是否有无损坏，用游标卡尺测量，螺栓球直径是否在允许偏差内。

b. 杆件：

长度偏差：±0.8mm；弯曲度小于 $L/1000$；但不能大于 5mm。

杆件焊缝有无夹渣、气孔、咬边、缺陷。

c. 套筒：

是否有裂纹，用游卡尺检查平行度＜0.3mm。

d. 高强度螺栓：

不得磕碰，用 10 倍放大镜检查有无裂纹。

e. 杆件涂装：

是否有脱漆磕碰、运输中变形弯曲现象。

以上检查认真做好记录，检验后把合格品与不合格品分别堆放，应挂合格品与不合格品标识牌，不合格品不得进入安装工序。

根据出厂清单，核对清点数量、品种、规格是否齐全。

将准备齐全的技术文件、测量报告、出厂合格证、进场检查记录、工程物资报验表，报监理单位、总包单位审查同意后，方可进行安装施工。

2）钢混凝土柱顶预埋件的检查：

① 根据图纸首先检查柱顶埋件的标高尺寸、位置偏移，水平度的测量，纵横轴线的测量。

② 根据土建 50cm 基准线测量混凝土柱端埋件高度，检查是否符合规范要求的标高尺

寸允许偏差的要求。

③ 根据图纸尺寸用墨线弹出纵横轴线，用经纬仪、钢卷尺测量纵横轴线长度、宽度是否符合图纸及规范要求。

④ 根据弹出墨线，检查每个埋件的位置偏差，埋件偏差不应大于5mm。

⑤ 检查埋件的水平度是否符合规范要求。

⑥ 以上测量做好记录，并画出测量图。

3）安装前的准备工作。

网架零配件检验合格后，基础测量合格后，才能进入安装工序。

① 杆件分类。

首先根据图纸把杆件分类，根据杆件号分别堆放。

② 上套筒。

把高强螺栓从杆件内磕出，把套筒装至高强螺栓上，然后把紧固螺栓拧上，但不宜拧紧。

③ 检查脚手架是否安全牢固，脚手架验收合格后，方可施工。

④ 施工人员学习规范熟悉图纸，使每个工人做到心中有数。

4）网架安装

钢网架安装采用高空散装法，用满堂脚手架配合。采用高空散装法对于钢网架安装质量能有效控制，安装中如出现水平偏差、位置偏差，挠度值都可以随时调整，大大提高安装精度，挠度值可用临时支撑点控制达到设计要求。

① 安装总体基本顺序与基本原则：

a. 网架安装按纵向轴线方向：从一端向另一端安装；

b. 网架安装向横向轴线方向：从中间向两边安装；

c. 球节点安装：先安装下弦节点，后安装上弦节点；

d. 杆件安装：先安装下弦杆，后安装上弦杆与腹杆；

e. 有高差的网架从低端向高端安装；

f. 根据安装顺序与安装基本原则，本工程纵向以Ⓕ轴向Ⓐ轴安装，横向轴线为中心向⑯、⑪轴安装。

② 网架安装顺序

本工程网架按1—2—3—4的顺序进行安装。

③ 小拼单元拼装与测量。

小拼单元是以纵向轴线方向按一个网格为拼装单位的安装。

首先把Ⓕ轴的过渡板、橡胶板、支座放在混凝土柱埋件上，把⑯轴的Ⓕ轴～Ⓔ轴，⑪轴的Ⓕ轴～Ⓔ轴段的过渡板、橡胶板、支座放在混凝土柱埋件上，然后把下弦杆与节点螺栓球连接起来，用扳手或专用扳手把套筒顺时针方向拧紧，这时套筒带动杆件内的高强螺栓，把杆件与螺栓球紧固，套筒拧紧后，再把套筒上的螺钉紧固。

小拼单元测量：

小拼单元测量，节点偏移2mm，球节点与钢管中心的偏移≤1.6mm，横向轴线距离＋3～－8mm，上下弦杆对角线偏差≤2mm，测量起拱度为8mm；如果测量后发现网架小拼单元超出以上数值时，要找出原因及时纠正。

小拼单元安装测量合格后，方可进行下一小拼单元的安装。

从⑬轴线为中心向两边安装。

首先把4个千斤顶沿横向轴线均布，中间2个千斤顶顶面高于支座中心线30mm，两边2个千斤顶高于支座中心线15mm，然后沿横向轴线中间向两边安装。

安装时首先装下弦杆，安好下弦杆后把上弦球与腹杆组装成人字形，再与下弦球连接，连接时用活扳手或专用扳手把套筒顺时针拧紧，拧紧时用力均匀，拧紧后检查套筒与螺栓球、封板（锥头）之间一定不能有间隙，最后拧紧套筒上的顶丝。

沿横向轴线把上弦杆、腹杆、下弦杆安装好后，即可进行小拼单元测量，安装过程中一定要按图纸，将上弦杆、下弦杆、腹杆、螺栓球对号入座，使套筒拧紧程度达到一致。在安装中不能强行装配，以免产生装配应力。

④ 中拼单元安装与测量：

中拼单元安装是以纵向轴线距离为安装单位，称为中拼单元。本工程纵向轴线距离为8m，中拼单元安装单位为8m。

小拼单元安装完成并测量合格即可进行中拼安装，中拼安装方法与小拼单元相同，挠度值控制仍然是关键，每一个网格下弦杆都用4个千斤顶作为控制点。中拼单元安装仍以Ⓕ轴线向Ⓔ轴线安装。当安装好Ⓕ—Ⓔ轴线后，即可进行中拼单元测量，测量长度±3mm，特别是安装中一定要注意⑪轴、⑯轴的偏移，偏移控制在3mm之内；如果＞3mm时必须调整，如果单元长度超差，也要控制在总长不超过±20mm，宽度不超过±15mm，每装一个柱距必须测量水平度、位置偏移。

⑤ 总拼安装与测量：

总拼安装是在小、中拼单元的基础上完成的，完成后首先测量纵横轴线长度。

纵向长度偏差不超过20mm，横向长度不超过20mm，然后再测量支座中心偏移不超过15mm，两相邻高差≤8mm，支座总高差≤10mm。安装过程中，不能采用强行装配，以免产生装配应力，套筒拧紧程度要均匀一致，在拧紧后时隔24h后再进行二次紧固。

要做好标记逐行、逐层、逐个进行二次紧固，紧固后用油腻子封堵多余的螺栓孔，并把套筒与球、锥头、封板之间的间隙用油腻子封严。

⑥ 支座与球、过渡板的焊接：

当测量合格后，即可把支座与球、过渡板焊接。

a. 支座与过渡板的焊接：

支座与过渡板材料为Q235B，可用E4303（J422）焊条进行焊接，焊接时应选在无风天气；如温度低于0℃，必须采用冬期施工措施。

进行焊前预热，焊后保温措施。焊前用氧气-乙炔焰进行加热，加热温度150℃。加热时，火焰可作环状或直线运动，加热宽度为50～100mm。焊接时可用ϕ3.2mm焊条，焊接电流为100～120A，焊时一定要保证焊接质量，应多层焊接，确保焊角高度。

焊后应及时保温，保温用石棉布包裹。保温时间直至降至常温，降至常温后，清除飞溅焊渣，保证焊缝美观。

b. 支座与球的焊接：

螺栓球的材质为45号钢，焊接时应采用低氢型506焊条，规格ϕ3.2，焊接电流 130A。

焊前焊条必须进行烘焙，温度为 300℃，烘焙时间为 2h。烘焙时，应做好烘焙记录，焊条应无药皮脱落，焊芯无锈蚀现象。有合格证，批号齐全。烘焙后，拿到保温桶内现场使用，取出时间不宜超过 2h，烘焙时间不宜超过 2h，且烘焙次数不超过 2 次。

⑦ 网架工程安装允许偏差见表 3-5。

网架安装允许偏差及检验方法 **表 3-5**

项次	项目			允许偏差(mm)	检验方法
1	拼装单元节点中心偏移			2.0	用钢尺及辅助量具检查
2	小拼单元为单锥体	弦杆长		±2.0	
3		上弦对角线长		±3.0	
4		锥体高		±2.0	
5	拼装单元为整榀平面桁架	跨长	≤24m	+3.0 −0.7	
			>24m	+5.0，−10.0	
6		跨中高度		±3.0	
7		设计不要求起拱		$\pm L/5000$	
8	分条分块网架单元长度	≤20m		±10	
		>20m		±20	
9	多跨连续点支承时分条分块网架单元长度	≤20m		±5	
		>20m		±20	
10	网架结构整体交工验收时	纵横向长度 L		$\pm L/2000$，且≤30	用经纬仪等检查
11		支座中心偏移		$L/3000$	
12		周边支承网架	相邻支座(距离 L_1)高差	$L_1/400$ 且≤15	用水准仪等检查
13			最高与最低支座高差	30	
14		多点支承网架相邻支座(距离 L_1)高差		$L_1/800$ 且≤30	
15		杆件轴线平直度		1/1000 且≤5	用直线及尺量测检查

⑧ 挠度测量。

网架安装后，即可进行挠度测量，挠度测量时，在钢网架低处放上木板，把水准仪放在木板上，按照图纸节点号找出挠度测量点，然后找出纵向轴线的 1/4 的距离，再找出横向轴线的 1/4 距离，以中间点为中心向纵横轴线找出 4 点，包括中间共 5 点，这就是挠度测量点，然后分别测出它们横向轴线方向与测量点的差为挠度值。测量时认真校正仪器，减少振动，以保证测量精度，测量时应精益求精，并认真做好记录。

(4) 马道制作安装

1) 型钢矫正。

型钢不能有弯曲；如有弯曲，可用火焰矫正法或用外力矫正，弯曲≤5mm。

2) 钢材除锈。

钢材检验合格，型钢矫正后，即可除锈，钢材采用半机械化除锈，打磨至露出金属光泽，除完锈后，用软布擦去浮尘，堆放整齐，等待刷防腐漆，从打磨光洁至涂刷防腐漆不能超过4h。

3) 防腐涂装：

① 钢材除锈完毕后，即可进行防腐涂装，油漆必须在保质期内，不能有结皮、结块。油漆稀释剂与防腐漆要匹配。

② 涂装前，检查马道零配件上无油污、无水迹、无灰尘，方能施工，涂装温度必须在0℃以上，必须是无风天气。

③ 涂装时要认真施工，不能漏涂、误涂，不能有针眼、气孔、流坠现象。

4) 马道组装与焊接：

① 首先根据图纸，确定马道位置，在下弦节点球上点焊马道支撑型钢，焊条采用J506系列$\phi 3.2$，焊接电流100～120A。

② 在马道支撑型钢上焊C形钢，点焊C形钢时应对接准确，对接错边量≤1mm、弯曲度≤3mm，C形钢宽度偏差≤3mm，焊条采用E4303，焊条直径$\phi 3.2$，焊接电流100～120A。

③ 点焊马道内底型钢：根据图纸要求找出方管间距。在C形钢内侧点焊方管，方管安装时应间距准确，两方管间距偏差≤2mm，点焊与焊接采用E4303焊条，焊条直径3.2mm，焊接电流100A。

④ 点焊马道内两边扶手，扶手型钢应下料准确，立梃下料长度偏差≤2mm，端面倾斜偏差≤1mm，点焊扶手立梃时应垂直于C形钢，倾斜度≤2°，点焊扶手型钢时，扶手型钢应水平度1/1000，然后扶手连接件与腹杆用螺栓连接，连接件与腹杆决不能焊接。

⑤ 焊接时，决不能在腹杆上打火、引弧，造成腹杆损伤后一定修补磨平，并补刷防腐漆两道。为了减少变形，应尽量采用对称焊接，把焊接变形控制在最小范围内。

5) 焊后检验：

① 马道焊接应根据图纸对其几何尺寸进行检验，检验是否符合图纸设计要求；

② 如有局部变形，可用火焰矫正法进行局部矫正，用氧气-乙炔焰进行三角形加热，然后快速冷却，达到矫正的目的；

③ 焊后应清除焊渣，看是否有夹渣气孔咬边，如有缺陷应修补；

④ 检查腹杆如有电焊划伤，用角磨机清理后补漆二道。

6) 二次涂装。

当检验合格后，即可对马道进行防腐涂装，涂装工艺同第四项。

(5) 网架涂装

网架结构的防锈、防腐、防火涂装工程应在网架工程制作、安装验收合格后进行。四个场馆全部采用薄型油性防火涂料，耐火极限为1.5h；游泳馆网架涂刷防火涂料，外面再增刷881防腐耐潮涂料。

1）总体要求。

涂装时的环境温度和相对湿度应符合涂料产品说明书的要求，当产品说明书无要求时，环境温度宜在5～38℃之间，相对湿度不应大于85%。涂装时，构件表面不应有结露，涂装后4h内应保护，免受雨淋。

2）网架防腐涂料涂装：

① 涂装前，钢材表面除锈应符合设计要求和国家现行有关标准的规定。处理后的钢材表面不应有焊渣、焊疤、灰尘、油污、水和毛刺等。

② 涂料、涂装遍数、涂层厚度均应符合设计要求。每遍涂层干漆膜厚度的允许偏差为$-5\mu m$。

③ 构件表面不应误涂、漏涂，涂层不应脱皮和返锈等。涂层应均匀，无明显皱皮、流坠、针眼和气泡等。

④ 涂装完成后，构件的标志、标记和编号应清晰完整。

3）网架防火涂料涂装：

① 防火喷涂保护应经过培训合格的专业施工队施工；

② 防火涂料涂装前，钢材表面除锈及防锈底漆应符合设计要求和国家现行有关标准的规定；

③ 防火涂料的粘结强度、抗压强度应符合国家现行标准《钢结构防火涂料应用技术规程》（CECS 24：90）的规定；

④ 薄涂型防火涂料的涂层厚度应符合有关耐火极限的设计要求；

⑤ 防火涂料必须有国家检测机构的耐火极限检测报告和理化性能检测报告，必须有防火监督部门核发的生产许可证和生产厂方的产品合格证；

⑥ 防火涂料出厂时，产品质量应符合有关标准的规定。并应附有涂料品种名称、技术性能、制造批号、储存期限和使用说明；

⑦ 薄涂型防火涂料涂层表面裂纹宽度不应大于0.5mm；

⑧ 防火涂料涂装基层不应有油污、灰尘和泥砂等污垢；

⑨ 防火涂料不应有误涂、漏涂，涂层应闭合不脱层、空鼓、明显凹陷、粉化松散和浮浆等外观缺陷，乳突已剔除。

4）薄涂型防火涂料施工：

① 薄涂型钢结构防火涂料的底涂层宜采用重力式喷枪喷涂，其压力约为0.4MPa。局部修补和小面积施工，可用手工抹涂。面层装饰涂料可刷涂、喷涂或滚涂；

② 底层施工应满足下列要求：

a. 钢基材表面除锈和防锈处理符合要求，尘土等杂物清除干净后方可施工；

b. 底层一般喷2～3遍，每遍喷涂厚度不应超过2.5mm，必须在前一遍干燥后，再喷涂后一遍；

c. 喷涂时应确保涂层完全闭合，轮廓清晰；

d. 操作者要携带测厚针检测涂层厚度，并确保喷涂达到设计规定的厚度；

e. 当设计要求涂层表面要平整光滑时，应对最后一遍涂层做抹平处理，确保外表面均匀、平整。

③ 面涂层施工应满足下列要求：

a. 当底层厚度符合设计规定，并基本干燥后，方可施工面层；

b. 面层一般涂饰 1～2 次，并应全部覆盖底层；

c. 面层应颜色均匀，接槎平整。

3.6　装饰工程

略。

4　游泳池工程主要施工方法及技术措施

本工程的游泳池部分为我单位施工中重点控制内容之一，因此，特将其控制方式、方法及其措施在此详细叙述。其控制目标是达到国际比赛泳池标准。

按照《体育建筑设计规范》JGJ 31—2003 要求，作为体育比赛场馆，游泳池长精度要求高，池壁两端从水面上 0.30m 至水面下 0.80m 之间各点误差为 −0.000m 到 +0.003m；泳道宽度 2.5m，最外一条分道线距池边至少 50cm；池壁及池岸应防滑，池岸、池身的阴阳交角均按弧形处理，比赛池壁和池底应按规则设置标志线。

游泳池施工的程序：支撑搭设→侧模、底模→钢筋绑扎→预埋件调校、固定→池内导墙模板安装、调校→泳池底板混凝土施工→池壁模板施工→池壁混凝土施工→清理养护→泳池专用砖铺贴。

4.1　游泳池钢筋施工措施

(1) 钢筋翻样与下料

1) 由于本工程游泳池部分结构变化较大，需组织翻样人员熟悉节点变化，认真读图、了解复杂节点处的尺寸、截面变化等。

2) 池底板钢筋尽可能利用钢筋的自然长度，并考虑到接头尺寸、总体尺寸等因素，防止超长，使模板变形。

(2) 钢筋加工

1) 作好尺寸控制，在钢筋加工间设立好平整、水平、牢固的加工平台，平台要经常清理干净。

2) 采用整尺钢筋加工前也应复核其尺寸的准确，不得直接使用。

(3) 钢筋绑扎

1) 钢筋绑扎过程中即完成如观察窗框、攀梯、浮标挂钩等的预埋件的设置，并初步固定，待钢筋成型后再精确定位、固定，避免后设预埋件时对钢筋网片的破坏。

2) 绑扎中要控制好止水片的定位、固定。

3) 按不同的构件制作素混凝土垫块，并保证钢筋保护层厚度。

4.2　游泳池模板施工措施

游泳池底部支撑架需要专门作出详细方案设计，并考虑到养护阶段的水量。

游泳池模板必须采用整体性好、刚度大的模板，综合选择刚度好、表面强度高的双面覆膜木模板制作成整拼大模板，为保证在长方向结构尺寸的准确性，在两个部位可采用铝合金龙骨，减小其变形。制作时，在表面平整的加工平台上，制作完成后对内模进行预拼，以校核其精度。

泳池内壁模板采用吊模，利用导墙上的最后一道拉杆做模板托铁，对拉螺杆中间焊止水片。

泳池下部支撑采用钢管扣件加快拆支架、U形托组成支撑体系，柱根据模板截面尺寸加工成四块木制大模板，面板采用15mm厚覆膜多层板制作，竖向龙骨采用50mm×100mm木枋，间距250mm，横向龙骨采用50mm×100mm木枋，间距600mm，每块柱模板接缝做成企口形式，拼缝处贴密封条。详细形式如图4-1所示。

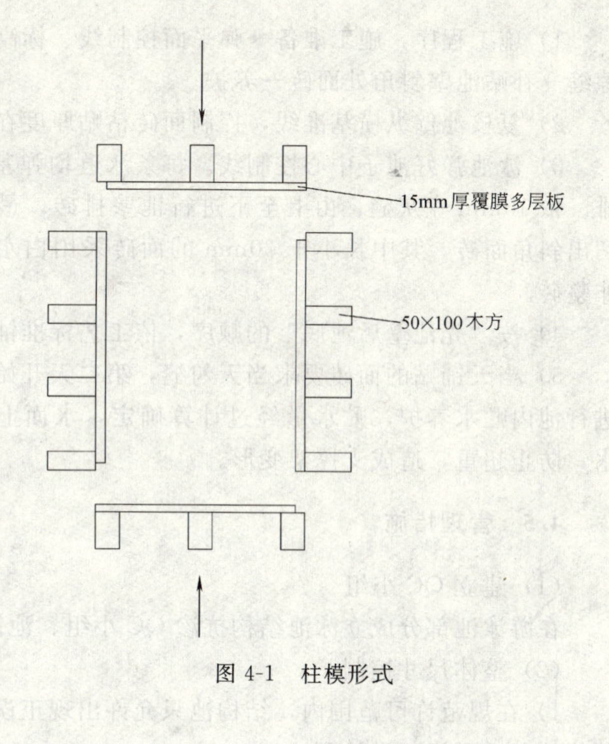

图4-1 柱模形式

4.3 游泳池混凝土施工措施

(1) 池底混凝土施工时按长方向浇筑，浇筑时要严格检查导墙内部净空尺寸不得低于设计要求。

(2) 在泳池底板混凝土施工设两个组找平，三组进行测量控制。

(3) 池壁混凝土必须采用人工下料，禁止将泵管直接入模。

(4) 混凝土布料、振捣由短边开始，然后引出两个浇筑流线，向两个长边方向推进，齐头并进，最终汇于另一短边池壁。

(5) 在侧壁施工时，设两个测量组负责长方向尺寸控制，不得超标。

4.4 游泳池面层装饰

(1) 基层施工

1) 施工程序：施工准备→池体基准线施测→基层处理→水泥基渗透结晶型防水层→20mm厚1∶3水泥砂浆抹面→多层防水砂浆－10mm厚1∶3水泥砂浆铺贴蓝色（白色）；

2) 本阶段是游泳池施工的重要阶段，稍有不慎都会对泳池的质量带来意想不到的结果，只有通过严格的测量放线控制及现场放样等措施加以控制；

3) 先采用激光测距仪准确地测出池体结构长度，放出池体内防水、抹灰贴面砖基准控制线及标高基准线；

4) 该阶段组织四个测量小组对八条泳道划分到组，在铺贴长方向专用面砖时，做到每块砖在铺贴时至少测放一次，每排砖必须复测一次。

(2) 游泳池采用全套专用饰面砖施工

1）施工程序：施工准备→弹平面控制线、标高线→池壁贴面砖、擦缝→池底贴面砖、擦缝→补贴池壁斜角处面砖→养护。

2）复核池壁纵横基准线，控制面砖粘贴厚度在预先核算好的厚度。

3）泳池弹好池子中心控制线。每条泳道均弹基准控制线，并以此为基准进行面砖预排。依 10mm 宽灰缝，由上至下进行池壁排砖，最下排非整砖，采用切割机依池底坡度切出斜角面砖，其中长小于 30mm 的面砖采用白水泥砂浆抹出假斜角，横向要求不出现非整砖。

4）按“先池壁后池底”的顺序，依工艺标准铺贴面砖。

5）当天铺贴的面砖要求当天勾缝，第二天开始淋水养护至整个池内面砖铺贴完成后，进行池内贮水养护，贮水量经过计算确定，水面上部分采用淋水养护，并及时排除多余水，防止超重，造成支撑架变形。

4.5　管理措施

（1）建立 QC 小组

在游泳池部分成立泳池结构抗渗 QC 小组、池体精度 QC 小组、面砖 QC 小组。

（2）整体尺寸控制

1）在规范许可范围内，结构池只允许出现正误差，即在放线时两边各放大 5mm，待装修施工时再恢复设计尺寸；

2）采用计量单位校验过的 50m 钢尺（测量温度、计算尺长校正系数），由专职测量人员放出底板及池壁尺寸线，合模后再次进行整体尺寸复核，池壁面砖预排时，采用激光测距仪精确测放出面砖基准线，控制整体误差。

（3）池底顶面标高控制

1）结构施工时，依据池底标高走向在底板上点焊 $\phi12$、间距 2000mm 短钢筋，在其上画出标高线以控制标高；

2）装修施工时，直接在底板上采用 C10 素混凝土制作标高控制墩，同时在纵向池壁上弹出标高线以控制标高，施工时采用激光水准仪进行随时复查。

（4）装修质量控制

制作灰缝条，控制面砖灰缝匀整；制作 2m 长刮杆和靠尺，检查抹灰和面砖铺贴质量，加强养护工作，杜绝其开裂、空鼓。

（5）泳道标志线标准

见表 4-1。

泳道标志线标准　　表 4-1

内　容	尺寸(m)
池底及池壁泳道标志线及两端横线宽度	0.20～0.30
池端标志终点横线宽度	0.50
池壁泳道标志线中心横线深度	0.30
池底泳道两端横线宽度	1.00
各泳道标志线间距	2.50
池底泳道两端横线距池端距离	2.00
电子触板规格	2.40×0.90×0.01

5 质量保证措施

5.1 质量保证体系

严格按照工程质量管理制度进行质量管理，尤其严格执行“三检制度”，为此，已经形成了一套成熟的完整的质量过程管理体系，如图5-1所示。

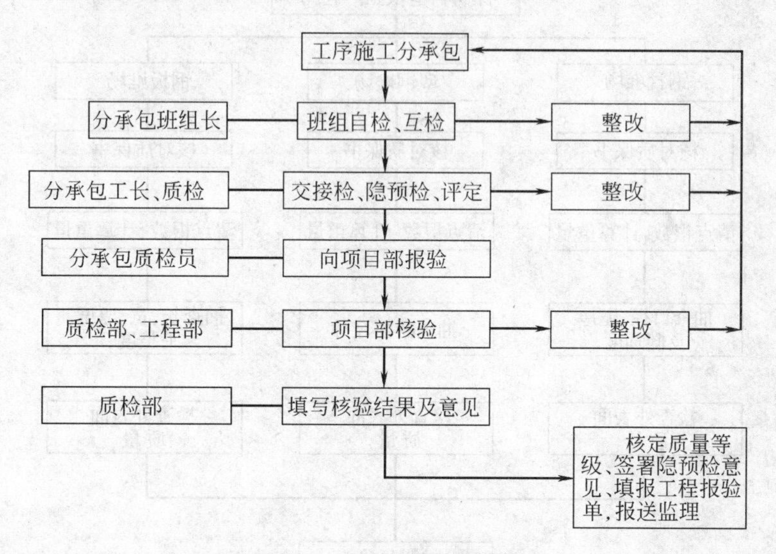

图5-1 质量过程管理体系

5.2 质量保证措施

(1) 防水工程质量控制

1) 选择几家资质等级高、实力强的防水分包队伍进行招投标，择优录用；

2) 材料进场后要取样复试，要求全部指标达到标准规定；

3) 基层清理平整并经干燥后铺贴防水卷材，底油应涂刷均匀，卷材与基层粘贴紧密，表面防水层应平整、洁净，阴阳角等呈圆弧角或钝角，禁止空鼓；

4) 对设计要求特殊部位和阴阳角、管根、水落口等处需要加附加层等部位，进行重点监控；

5) 地下室后浇带、外墙施工缝处，采用止水钢板带或膨胀止水条进行处理，并进行隐检。

(2) 钢网架质量控制

本工程所有材料将根据设计院图纸要求进行订货。对于制作所采用的材料，需严格把好质量关，以保证整个工程质量。

1) 材料入库后，由本公司物资供应部门组织质量管理部门对入库材料进行检验和试验。

① 按供货方提供的供货清单，清点各种钢管和钢板数量，并计算到货重量；

② 按供货方提供的钢管、型钢和钢板尺寸及公差要求，对于型钢，抽查其断面尺寸；

对于各种规格钢板，抽查其长宽尺寸、厚度及平整度，并检查钢管、型钢及钢板的外表面质量；

③ 汇总各项检查记录，交现场监理确认，并报项目部；

④ 选取合适的场地或仓库储存该工程材料，按品种、按规格集中堆放，加以标识和防护，以防未经批准的使用或不适当的处置，并定期检查质量状况，以防损坏；

⑤ 原材料检验程序如图 5-2 所示。

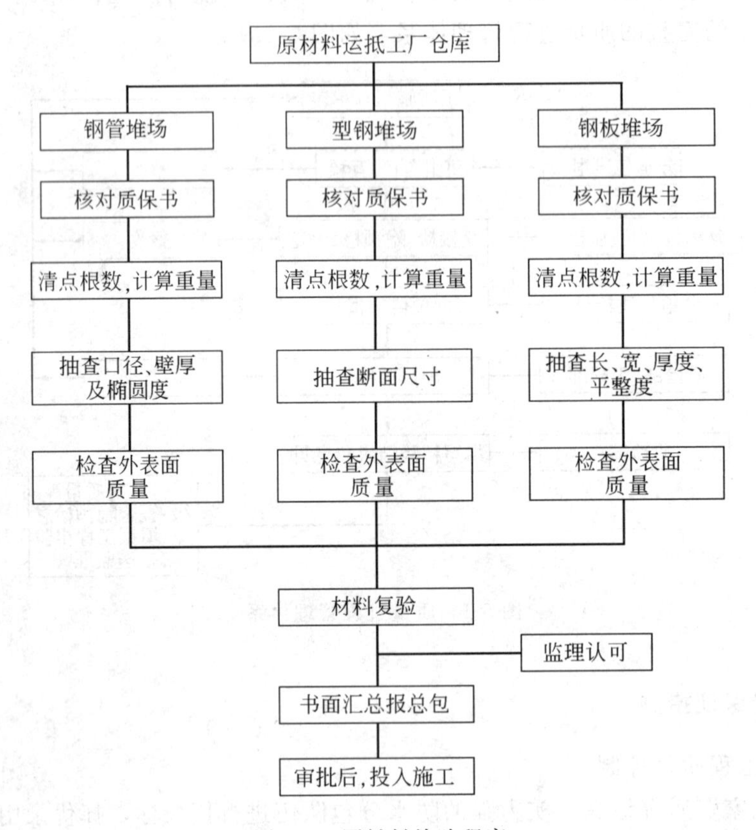

图 5-2　原材料检验程序

2）工厂加工制作质量保证措施：

① 放样的质量控制：

a. 放样前，放样人员必须熟悉施工图和工艺要求，核对构件及构件相互连接的几何尺寸和连接有否不当；如发现施工图有遗漏或错误，以及其他原因需要更改施工图时，必须取得原设计单位签具的设计变更文件，不得擅自修改。

b. 放样使用的钢尺，必须经计量单位检验合格，并与土建、安装等有关单位使用的钢尺相核对丈量尺寸，应分段叠加，不得分段测量后相加累计全长。

c. 放样应在平整的放样台上进行。凡复杂图形需要放大样的构件，应以 1：1 的比例放出实样；当构件零件较大难以制作样杆、样板时，可绘制下料图。

d. 放样的样杆、样板材料必须平直；如有弯曲或不平，必须在使用前予以矫正。

e. 样杆、样板制作时，应按施工图和构件加工要求，作出各种加工符号、基准线、眼孔中心等标记，并按工艺要求，预放各种加工余量，然后号上冲印等印记，用磁漆（或其他材料）在样杆、样板上写出工程、构件及零件编号、零件规格、孔径、数量及标注有关符号。

f. 放样工作完成后，对所放大样和样杆样板（或下料图）进行自检，无误后报专职检验人员检验。

g. 样杆、样板应按零件号及规格分类存放，妥善保存。

② 号料的质量控制：

a. 号料前，号料人员应熟悉样杆、样板（或下料图）所注的各种符号及标记等要求，核对材料牌号及规格、炉批号。当供料或有关部门未作出材料配割（排料）计划时，号料人员应作出材料切割计划，合理排料，节约钢材。

b. 号料时，针对该工程的使用材料为型钢和钢板焊接的特点，将复核所使用材料的规格，检查材质外观，型钢的几何尺寸、厚度、凹凸率、垂直度、边角立度、扭曲度等质量进行严格控制，制定测量表格加以记录；凡发现材料规格不符合要求或材质外观不符要求者，须及时报质管、技术部门处理；遇有材料弯曲或不平值超差影响号料质量者，须经矫正后号料，对于超标的材料退回生产厂家。

c. 凡型材端部存有倾斜或板材边缘弯曲等倾斜，号料时应去除缺陷部分或先行矫正。

d. 根据锯、割等不同切割要求和对刨、铣加工的零件，预放不同的切割及加工余量和焊接收缩量。

e. 因原材料长度或宽度不足需焊接拼接时，必须在拼接件上注出相互拼接编号和焊接坡口形状；如拼接件有眼孔，应待拼接件焊接、矫正后加工眼孔。

f. 相同规格较多、形状规则的零件可用定位靠模下料。使用定位靠模下料时，必须随时检查定位靠模和下料件的准确性。

g. 按照样杆、样板的要求，对下料件应号出加工基准线和其他有关标记，并号上冲印等印记。号孔应按照工艺要求进行，对钻孔的眼孔，应在孔径上号上五梅花冲印。在每一号料件上用漆笔写出号料件及号料件所在工程/构件的编号，注明孔径规格及各种加工符号。

h. 下料完成，检查所下零件的规格、数量等是否有误，并做出下料记录。

③ 切割的质量控制：

a. 根据工程结构要求，构件的切割可以采用剪切、锯割或采用手工气割、自动或半自动气割等；

b. 钢材的切断，应按其形状选择最适合的方法进行；

c. 剪切或剪断的边缘，必要时应加工整光，相关接触部分不得产生歪曲；

d. 剪切的材料对主要受静载荷的构件，允许材料在剪断机上剪切，毋需再加工；

e. 剪切的材料对受动载荷的构件，必须将截面中存在有害的剪切边清除；

f. 切割前，必须检查核对材料规格、牌号是否符合图纸要求；

g. 切口截面不得有撕裂、裂纹、棱边、夹渣、分层等缺陷和大于1mm的缺棱，并应去除毛刺；

h. 切割的构件，其切线与号料线的允许偏差，不得大于±1.0mm，其表面粗糙度不得大于200；

i. 切割前，应将钢板表面的油污、铁锈等清除干净；

j. 切割时，必须看清断线符号，确定切割程序。

④ 矫正和成型的质量控制：

a. 钢材的初步矫正，只对影响号料质量的钢材进行矫正，其余在各工序加工完毕后再矫正或成型；

b. 钢材的机械矫正，一般应在常温下用机械设备进行，矫正后的钢材，在表面上不应有凹陷、凹痕及其他损伤。

3）网架拼装质量控制和检测：

① 在拼装前，拼装人员必须熟悉施工图、制作拼装工艺及有关技术文件的要求，并检查零部件的外观、材质、规格、数量，合格无误后方可施工。

② 在拼装前，拼装人员应检查胎架模板的位置、角度等情况。批量拼装的胎模，复测后才能进行后续构件的拼装施工。

③ 拼装焊缝的连接接触面及沿边缘 30～50mm 范围内的铁锈、毛刺、污垢等，必须在拼装前清除干净。

④ 板材、型材的拼接焊接，在部件或构件整体组装前进行；构件整体组装应在部件拼装、焊接、矫正后进行。

⑤ 构件的隐蔽部件应先行焊接、涂装，经检查合格后方可组合。现场拼装构件的焊接参见焊接的质量控制。

4）屋面系统质量控制和检测：

① 辊轧机安装到位后应进行调试，轧制样品检查是否符合设计要求。轧制样品符合要求后，方可投入现场轧制生产。

② 基板轧制前，应检查是否有裂纹或镀层缺陷。在确保基板无裂纹、镀层无缺陷后才可进行轧制。

③ 屋面板的轧制精度、表面质量是制作检测的主控项目。

④ 屋面板的安装顺序要严格地按安装规范要求进行，应保证安装后平整、顺直，板面无施工残留物和污物。檐口和围护系统下端呈直线，不应有未经处理的错钻孔洞。压型金属板、泛水板和包角板等固定可靠，防腐涂料涂刷和密封材料敷设完好，连接件数量、间距符合设计要求，并满足国家现行有关标准。压型金属板应在支撑构件上连接。由于本屋面系统是 360°暗扣式板，因此，在相邻两块板对扣时应用专用设备进行施工。

⑤ 安装误差必须满足表 5-1 所规定的偏差范围。

安装允许偏差　　**表 5-1**

序号	项　目	允许偏差(mm)
1	檐口与屋脊的平行度	12.0
2	压型金属板波纹线对屋脊的垂直度	$L/800$,且不大于 25
3	檐口相邻的两块压型金属板端部错位	6.0
4	压型金属板卷边板件最大波高	4.0

注：L 为屋面半坡或单面坡长。

5）防腐质量控制和检测。

① 喷涂前的构件检验：

a. 构件应无严重的机械损伤、变形；

b. 对焊件的焊缝应平整，不允许有明显的焊瘤和焊接飞溅物；

c. 构件所需喷涂的表面不允许有油污；若钢构件所需喷涂的表面局部存在油污时，应用有机溶剂清洗，除去油污；对水分、磁粉层、尘埃等，用揩布、铁砂纸或钢丝刷进行清理；

d. 除锈质量达不到工艺要求应重新除锈；

e. 除锈在自检合格后，应报请甲方和业主监理予以验收，验收合格后并在报检单上签字，方可进行下道工序的施工。

② 涂装质量要求：

A. 涂装环境：雨、雪、雾、露等天气时，相对湿度应按涂料规定进行严格控制，相对湿度以自动温湿记录仪为准，现场以温湿度仪为准进行操作；

B. 安装焊缝处留出100mm用胶带贴封，暂不涂装；

C. 涂层质量要求：

漏涂、针孔、开裂、剥离、粉化均不允许存在；

D. 膜厚检测方法：

a. 用干膜测厚仪，对平面、超宽度的型材表面以每5～10m² 间测一点，允许偏差－10μm；

b. 小三角板、自由边及周围15mm等不作检测区域。

③ 涂装的质量保证措施：

a. 构件的除锈要彻底，钢板边缘棱角及焊缝区，要研磨圆滑，质量达不到工艺要求不得涂装。

b. 露天涂装作业应在晴天进行。雨、雪、雾、露等天气时，涂装作业应在工棚内进行，且应以自动温湿记录仪或温湿度仪为准，湿度超过85%，不得进行涂装操作。

c. 操作人员在作业前填写"涂装作业申请单"，经批准后方可进行涂装作业；同时，填写"涂装作业施工安全监护通知单"。

d. 喷涂应均匀，经常用湿膜测厚仪或干膜测厚仪检测，完工的干膜厚度应达到2个85%，漏涂、针孔、开裂、剥离、粉化、流挂现象不允许存在。

e. 经常检查喷涂机、喷漆轮、喷嘴、高压胶管之间的连接情况，当天作业后，清洗喷涂设备，以供第二天使用。

（3）钢筋工程质量控制

1）钢筋进场后严格检查出厂合格证，并进行复试和见证取样，做好见证记录。检验合格后分类堆放，做好标识。

2）钢筋半成品作标识，分批分类堆放，防止用错。

3）在钢筋加工制作前，先检查该批钢筋的标识，验证复检是否合格。制作严格按照料表尺寸。

4）根据设计图纸检查钢号、直径、根数、间距等是否正确，特别是要注意检查负筋位置。

5）加强检测，检查钢筋连接接头的质量以及钢筋接头的位置和搭接长度。

6）加强钢筋的定位，尤其劲性钢柱与梁钢筋节点的定位，并严格控制钢筋保护层厚度。

（4）模板工程质量控制

地上框架柱和游泳池支模尺寸的精确度是本工程支模的重点，它直接影响到空间网架的正确安装和游泳池的标准程度。

1）模板拆模后，及时清理、修整，并集中堆放；所有模板体系在预制拼装时，用手刨将模板刨边，使边线平直，四角归方，接缝平整，采用硬拼，不留缝隙；

2）做好地下室外墙施工缝的防水工作；

3）梁底边、二次模板接头处、转角处均加塞密封条，以防止混凝土浇筑时漏浆；

4）为确保墙、柱根部不烂根，在安装模板时，所有墙柱根部除抹水泥砂浆垫层外，均加垫海绵条；

5）模板安装要注意整体稳定性，墙柱之间尽量加水平对撑支杆；模板安装完毕后检查角模与墙模的严密性，防止有漏浆、错台现象；检查每道墙上口是否平直，用扣件或螺栓将两块模板上口固定；办完模板工程的预验收，方准浇筑混凝土；

6）模板拆除前，查看同条件养护试块是否达到拆模强度，并严格实行拆模申请制度；

7）拆模时，不要用力过猛，拆下来的材料要及时运走，拆下后的模板要及时清理干净，并封堵螺杆洞口，有覆膜破损处刮腻子、刷脱模剂进行修整。

（5）混凝土拌制的质量控制：

1）混凝土搅拌前水泥的品种、强度等级、厂别及牌号应符合混凝土配合比通知单的要求。水泥应有出厂合格证及进场试验报告。水泥要有出厂合格证及3d强度试验报告（以后补28d强度报告）。对于有质量问题或水泥出厂日期超过三个月的要坚决退货。水泥进场后要进行取样试验。

2）砂：本工程采用中骨料河砂。混凝土搅拌前砂的粒径及产地应符合混凝土配合比通知单的要求。砂中含泥量：含泥量≤5%。砂中泥块的含量（大于5mm的纯泥），其泥块含量应≤2%。砂应有试验报告单。砂进场后要进行取样试验。

3）石子（碎石或卵石）：本工程采用粒径5～25mm的碎石。混凝土搅拌前，石子的粒径、级配及产地应符合混凝土配合比通知单的要求。

石子的针、片状颗粒含量应≤25%。

石子的含泥量（小于0.8mm的尘屑、淤泥和黏土的总含量）：应≤2%。

石子的泥块含量（大于5mm的纯泥）：C20，应≤0.7%；C10时，应≤1%。

石子应有试块报告单。

石子进场后进行取样试验。

4）搅拌混凝土采用饮用水。

5）主要机具：主体结构混凝土拌制采用混凝土强制搅拌机，二次结构施工时可采用自落式搅拌机。计量设备采用电子计量设备，水计量采用流量计，上料采用铲车。

6）混凝土施工作业条件：

① 试验室已下达混凝土配合比通知单，并将其转换为每盘实际使用的施工配合比，并公布于搅拌配料地点的标牌上；

② 所有的原材料经检查，全部应符合配合比通知单所提出的要求；

③ 搅拌机及其配套的设备应运转灵活、安全可靠；电源及配电系统符合要求，安全

可靠；

④ 所有计量器具必须有检定的有效期标识；地磅下面及周围的砂、石清理干净，计量器具灵敏可靠，并按施工配合比设专人定磅；

⑤ 混凝土工长向作业班组进行配合比、操作规程和安全技术交底；

⑥ 需浇筑混凝土的工程部位已办理隐检、预检手续，混凝土浇筑的申请单已经监理批准；

⑦ 新下达的混凝土配合比，应进行开盘鉴定；开盘鉴定的工作已进行并符合要求。

7）混凝土的搅拌：

① 基本工艺流程如图 5-3 所示。

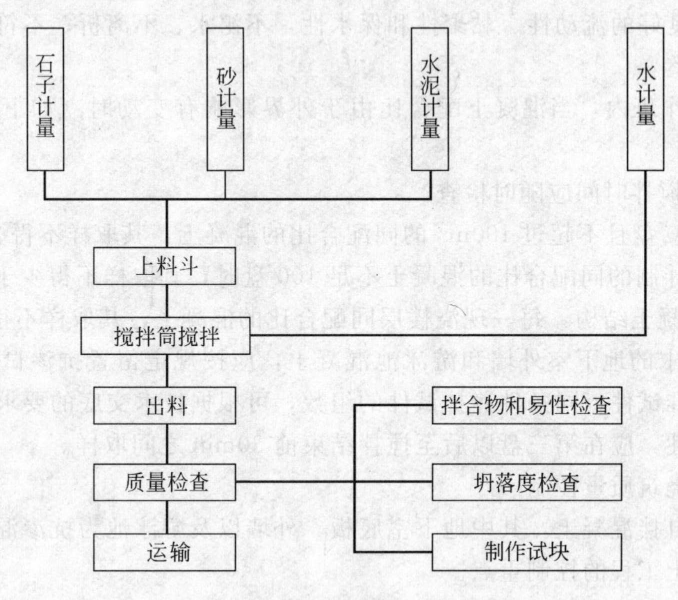

图 5-3 混凝土搅拌工艺流程

② 每台班开始前，对搅拌机及上料设备进行检查并试运转，对所用计量器具进行检查并定磅，校对施工配合比，对所用原材料的规格、品种、产地、牌号及质量进行检查，并与施工配合比进行核对，对砂、石的含水率进行检查；如有变化，及时通知试验人员调整用水量。一切检查符合要求后，方可开盘拌制混凝土。

③ 计量：

a. 砂、石计量。贮料斗及计量设备需调整好斗门关闭的提前量，以保证计量准确。砂、石计量的允许偏差应≤±3%。

b. 水泥计量：水泥计量的允许偏差应≤±2%。

c. 混合料计量：允许偏差应≤±2%。

d. 水的计量：允许偏差应≤±2%。

④ 上料顺序：石子、水泥、混合物、砂。

⑤ 第一盘混凝土拌制的操作：

每次上班拌制第一盘混凝土时，先加水使搅拌筒空转数分钟，搅拌筒被充分湿润后，将剩余积水倒净。搅拌第一盘时，由于砂浆粘筒壁而损失，因此，石子的用量应按配合比减半。从第二盘开始，按给定的配合比投料，并进行开盘鉴定。

⑥ 搅拌时间控制：混凝土搅拌的最短时间，本工程采用的是JS500强制式混凝土搅拌机，每盘搅拌量500L，最短搅拌时间为90s。

⑦ 搅拌混凝土出料：出料时，先少许出料；如搅拌均匀，颜色一致，具有良好的流动性、黏聚性和保水性，不泌水、不离析；用坍落度测试仪测其坍落度，其坍落度值在5～7cm即可出料。每盘混凝土拌合物必须出尽。

⑧ 混凝土搅拌质量的检查。

a. 检查拌制混凝土所用原材料的品种、规格和用量，每一个工作班至少两次；

b. 检查混凝土的坍落度及和易性，每一工作班至少两次。混凝土拌合物应搅拌均匀、颜色一致，具有良好的流动性、黏聚性和保水性，不泌水、不离析；不符合要求时，应查找原因，及时调整。

c. 在每一工作班内，当混凝土配合比由于外界影响有变动时（如下雨或原材料有变化），应及时检查。

d. 混凝土的搅拌时间应随时检查。

e. 每拌制100盘且不超过100m^{3}的同配合比的混凝土，其取样不得少于一次。

f. 每工作班拌制的同配合比的混凝土不足100盘时，其取样不得少于一次。

g. 对现浇混凝土结构，每一现浇楼层同配合比的混凝土，其取样不得少于一次。

h. 有抗渗要求的地下室外墙和游泳池混凝土，应按规定留置抗渗试块。每次取样应至少留置一组标准试件，同条件养护试件的组数，可根据技术交底的要求确定。为保证留置的试块有代表性，应在第三盘以后至搅拌结束前30min之间取样。

（6）混凝土浇筑质量控制

本工程采用自拌混凝土，其中地下室底板、外墙以及游泳池为抗渗混凝土，其混凝土浇筑质量为混凝土工程的控制重点。

1）对原材、外加剂、混凝土配合比、坍落度、初凝时间、混凝土搅拌时间等做出严格要求。

2）现场试验员，详细记录每天砂石的含水率，并认真检查混凝土配合比标识牌的各项填写数据是否与实际情况相符合。混凝土的搅拌时间是否满足要求。工长要对混凝土的浇筑时间做好记录，以便分析混凝土在供应过程中质量是否能得到有效保障。

3）混凝土浇筑前要检查混凝土的坍落度及和易性，每一工作班至少两次。混凝土拌合物应搅拌均匀、色泽一致，具有良好的流动性、黏聚力和保水性，不泌水、不离析；不符合要求时，应检查原因，及时调整。在每一工作班内，当混凝土配合比由于外界影响有变化时（下雨或原材料有变化），应及时检查。

4）现场混凝土除按浇筑量留设试块以外，还要留设同条件试块，作为现场混凝土结构的拆模标准。

5）混凝土同条件试块在现场制作，在浇筑地点养护，用特制钢筋笼存放试块，并编号管理。现场试验室设振动台，标养室采用恒温恒湿全自动设备控制，切实保证恒温恒湿条件。

6）施工缝处待已浇筑混凝土的抗压强度超过1.2MPa且不少于48h，才允许继续浇筑。在继续浇筑混凝土前，彻底清除施工缝处的松散游离的混凝土，并用压力水冲洗干净，充分湿润后，刷1∶1水泥砂浆一道，再进行混凝土浇筑。混凝土下料时，要避免靠近缝边，缝边人工插捣，使新旧混凝土结合密实。

7）加强混凝土的浇筑、养护工作。在水平混凝土浇筑完毕后，常温下水平结构在12h内加以覆盖和浇水，始终保持混凝土有足够的湿润状态，养护期不少于7d。竖向构件拆模后涂刷养护剂进行养护。

8）确保玻璃幕墙、干挂石材、拉结筋、安装线槽等的预留、预埋工作的施工质量。

6 文明施工措施

6.1 成品保护措施

（1）成立成品保护管理组

成品保护的好坏必将对整个工程的工程质量产生极其重要的影响，也是文明施工的重要标志。只有重视并妥善地进行好成品保护工作，才能保证工程优质、高速地进行施工。这就要求我们成立成品保护管理组，协调各专业、各工种一致动作，有纪律、有序地进行穿插作业，保证用于施工的原材料、制成品、半成品、工序产品以及已完成的分部分项产品得到有效保护，确保整个工程的施工质量。

（2）成品保护管理的运行方式

1）组织专职检查人员跟班工作，定期检查，并根据具体的成品保护措施的落实情况，制定对有关责任人的奖罚建议。

2）检查影响成品保护工作的因素，以一周（或一旬）为周期召开协调会，集中解决发现的问题，指导、督促各工种开展成品保护工作。

3）对于本综合体育馆作好成品保护是保证工程质量优良的最后一道工序，也是顺利完工的关键。因此，做好成品保护工作，有利于保证施工质量和施工进度，并可节约材料和人工。对于本工程成品要采取的保护措施，其主要包括测量定位、混凝土结构、空间网架、构件防腐处理、水电安装、预埋件安装、游泳池防水、玻璃幕墙、内外墙干挂面板、砌体、墙面、楼地面、装饰工程、屋面工程、水电安装工程的各种设备系统、各种体育设备。

4）成品保护主要是针对已施工完的分部分项工程成品进行，即以分项工程为单位，如经检验合格的钢筋、浇筑完毕的楼板混凝土等；不直接形成工程产品的分项工程，原则上不纳入成品保护的范围，如模板等。

5）项目部管理人员将协助施工队班组做好已完分项的保护工作，并在施工方案、工艺上合理安排施工顺序流向，并为施工班组的成品保护提供措施保证。在思想上要抓好宣传教育工作，使全体从思想上重视、行动上注意。成品保护措施将纳入分部、分项工程施工合同，在原则上是哪个班组施工，哪个班组负责各自施工内容的成品保护，并制定相应的奖罚措施。

6）在结构工程施工中编制具体、可行的成品、半成品、保护措施。

（3）土建主要分项工程成品保护措施

1）钢筋工程。

钢筋绑扎施工完经检验合格以后，钢筋施工班组应指派保护工对完成的钢筋做好保护工作，直至本楼层混凝土浇筑施工完成方可离开。在钢筋保护过程中，施工人员不得随意在钢筋上行走或堆积重物或施加振动荷载（防止绑扎好的垫块位移），梁、板混凝土施工时必须搭设架空的马道。在混凝土班组浇筑混凝土时，钢筋保护人员应控制无关人员在钢筋上走动，并督促钢筋保护工做好混凝土施工过程发生位移的钢筋和垫块的复位工作。

2）混凝土工程。

梁板混凝土施工完成以后在混凝土强度达到1.2MPa以后，方准在其面上进行操作及安装结构用的支架和模板，并按规定做好混凝土的养护和防雨淋工作，直至强度满足施工要求。梁、板模须在混凝土强度达到100％时方可拆模。浇筑混凝土时，不得挤压水电预埋管线盒及预埋件；成品墙面、墙体阳角不得受到重物碰撞。在混凝土施工前，对天气情况进行准确地了解，下雨天尽量不安排混凝土施工，或提前准备好防雨措施等。混凝土浇筑完成后，应将散落在模板上的混凝土清理干净，并按方案要求进行覆盖保护。雨期施工混凝土成品，应按雨期要求进行覆盖保护。混凝土终凝前，不得上人作业，按方案规定确保养护时间。

3）玻璃幕墙。

铝合金框料及各种附件，进场后分规格、分类码放在防雨的专用库房内，不得在上压放重物。运料时轻拿轻放，防止碰坏划伤。玻璃要防止日光暴晒，要存放在库房内，分规格立放在专用木架上，设专人看管和运输，防止碰坏和划伤表面镀膜。

安装铝合金框架过程中，注意对铝框外膜的保护，不得划伤。搭设外架子时，注意对玻璃的保护，防止撞坏玻璃。

在安装过程中防止构件下落，因此，要支搭安全网。

靠近玻璃幕墙的各道工序，在施工操作前对玻璃作好临时保护，如用纤维板遮挡。

4）内外墙干挂石面板。

蘑菇石、花岗石、剁斧石、门窗套等安装完后，对所有面层的阳角应及时用木板保护；同时，要及时清擦干净残留在门窗框、扇的砂浆，特别是铝合金门窗框、扇，事先应及时粘贴好保护膜，预防污染。

蘑菇石、花岗石、剁斧石镶贴完后，应及时贴纸或贴塑料薄膜保护，以保证墙面不被污染。

饰面板的结合层在凝结前，应防止风干、暴晒、水冲、撞击和振动。

拆除架子时，注意不要碰撞墙面。

5）包括定位标准桩、轴线引桩、标准水准点应用铁栅栏围好，避免碰坏。

6）屋面和卫生间柔性防水层不得受到碰坏、损伤。

7）所有体育场馆的预埋件在混凝土浇筑前后均要设专人进行保护，并做好标记，不得碰撞、踩踏。

8）对于水电安装剔凿洞口应严格控制。

（4）钢构件的成品保护措施

1）钢网架工厂制作成品保护措施。

① 构件的堆放：

a. 待包装或待运的构件，按种类、安装区域及发货顺序，分区整齐存放，标有识别标志，便于清点；

b. 露天堆放的构件，搁置在干燥、无积水处，防止锈蚀；底层垫枕有足够的支承面，防止支点下沉；构件堆放平稳、垫实；

c. 相同构件的叠放时，各层钢构件的支点应在同一垂直线上，防止钢构件被压坏或变形；

d. 构件的存储、进出库，严格按企业制度执行。

② 构件的包装：

a. 构件的包装和固定的材料要牢固，以确保在搬运过程中构件不散失、不遗落；

b. 构件包装时，应保证构件不变形、不损坏，对于长短不一容易掉落的物件，特别注意端头加封包装；

c. 机加工零件及小型板件，装在钢箱中发运；

d. 包装件必须书写编号、标记、外形尺寸，如长、宽、高、全重，做到标志齐全、清晰。

2）运输过程中成品保护措施：

① 吊运大件必须有专人负责，使用合适的工夹具，严格遵守吊运规则，以防止在吊运过程中发生振动、撞击、变形、坠落或其他损坏；

② 装车时，必须有专人监管，清点上车的箱号及打包件号，车上堆放牢固、稳妥，并增加必要的捆扎，防止构件松动、遗失；

③ 在运输过程中，保持平稳，超长、超宽、超高物件运输，必须由经过培训的驾驶员、押运人员负责，并在车辆上设置标记；

④ 严禁野蛮装卸，装卸人员装卸前，要熟悉构件的重量、外形尺寸，并检查吊钩、索具情况，防止发生意外；

⑤ 构件到达施工现场后，及时组织卸货，分区堆放好。

3）现场拼装及安装成品保护：

① 构件保护：

a. 构件进场应堆放整齐，防止变形和损坏，堆放时应放在稳定的枕木上，并根据构件的编号和安装顺序来分类；

b. 构件堆场应作好排水，防止积水对钢结构构件的腐蚀；

c. 在拼装、安装作业时，应尽量避免碰撞、重击；

d. 避免现场焊接过多的辅助措施构件，以免对母材造成影响；

e. 在拼装时，在地面铺设刚性平台、搭设刚性胎架进行拼装，拼装支撑点的设置要进行计算，以免造成构件的永久变形；

f. 进行网架的吊装验算，避免吊点设计不当，造成构件的永久变形。

② 涂装面的保护：

构件在工厂涂装底漆、防腐底漆的保护是半成品保护的重点。

a. 避免尖锐的物体碰撞、摩擦；

b. 减少现场辅助措施的焊接量，能够采用捆绑、抱箍的尽量采用；

c. 现场焊接、破损等母材外露表面，在最短时间内进行补涂装。

4）后期成品保护：

后期的成品保护重点是网架屋盖系统成品及面层在其他工序介入施工后的保护。

① 本工程安装后需铺设屋面板、安装马道系统和水、电、风系统，在其他工序介入施工时，需注意以下事项：

a. 严禁集中堆放建筑材料；

b. 严禁其他施工单位未经许可，在钢结构构件上进行焊接和钻孔；

c. 严禁直接在杆件上吊物。

② 焊接部位及时补涂防腐涂料；

③ 设备安装、高级装修如与网架结构有交接，需通过监理单位与网架结构施工单位办理施工交接手续，然后方可在网架结构构件上进行下一道工序。

6.2　文明施工保证措施

（1）文明施工责任区制度

建立现场文明施工责任区制度，根据文明施工管理员、材料负责人、各施工工长具体的工作将整个施工现场划分为若干个责任区，实行挂牌制，使各自分管的责任区达到文明施工的各项要求，项目定期进行检查，发现问题，立即整改，使施工现场保持整洁。

（2）工完场清制度

认真执行工完场清制度，每一道工序完成以后，必须按要求对施工中造成的污染进行认真的清理，前后工序必须办理文明施工交接手续。

由项目经理、文明施工管理员、保卫干事定期对员工进行文明施工教育、法律和法规知识教育及遵章守纪教育，提高职工的文明施工意识和法制观念。要求现场做到"五有、四整齐、三无"以及"四清、四净、四不见"，每月对文明施工进行检查，对各责任人进行评比、奖罚，并张榜公布。

（3）文明生活区管理制度

建立管理体系和管理制度，丰富职工的工余生活，及时制止不正当活动，消除非正常伤亡隐患，形成运转灵活的工作体系。经常开展检查评比，使生活区的各项制度能够得到落实。

7　降低工程造价措施

在保证工程质量、工期和安全文明施工的前提下，根据本工程特点、合同要求，结合同类型项目经验，积极采用先进、科学的施工方案、方法和现代化管理手段，降低工程成本。具体措施如下：

（1）在施工前和施工过程中，积极提出合理化建议，优化施工方案。

（2）在施工过程中发现问题及时与业主和设计沟通。

（3）施工中我们将尽量存储一部分土方，供工程土方回填，从而减少从现场之外的取土量，以加快进度，降低造价。在地下室土方回填时插入Ⅱ区C段（网球馆）的土方开挖，减少土方转运，从而降低成本。

（4）楼面混凝土一次性根据设计要求进行压光或压平，这样施工的楼地面整体性好，无一般质量通病，省去装修施工时楼面找平层，从而节约水泥、砂、石的用量及人工费。

(5) 混凝土中按配合比掺加适量粉煤灰，在满足混凝土强度的同时，既可增加混凝土和易性，又可减少水泥用量，从而降低成本。

(6) 独立方柱采用可变截面柱模技术，可提高工作效率，在加快工程进度、保证工程质量的同时又降低了施工成本。

(7) 钢筋接头采用镦粗直螺纹（各方向粗直径连接)、闪光对焊（各方向辅助连接）和电渣压力焊（竖向连接)，节约钢筋用量。

(8) 采用先进合理的流水施工工艺，可以节约模板、机械设备及劳动力的投入。

(9) 项目管理采用计算机管理技术和信息化施工技术，提高管理工作质量，确保工程质量。

(10) 大宗材料的采购采取由公司招标，中小型机械设备采用租赁，项目材料的使用严格实施材料限额领料。

(11) 工期管理实施网络计划管理，合理优化工期，降低管理费及租赁费。